NATURA

Biologie für Gymnasien

bearbeitet von

Ulrich Bielefeld
Claudia Dreher
Roland Frank
Robert Gegler-Tautz
Alexander Maier
Jürgen Schweizer

Kursstufe

Ernst Klett Verlag
Stuttgart • Leipzig

Online-Link
045640-0002

Gefahren und Experimente im Unterricht

Eine Naturwissenschaft wie Biologie ist ohne Experimente nicht denkbar. Auch in Natura findet sich eine Reihe von Versuchen.

Experimentieren mit Chemikalien ist jedoch nie völlig gefahrlos. Deswegen ist es wichtig, vor jedem Versuch mit dem Lehrer die möglichen Gefahrenquellen zu besprechen. Insbesondere müssen immer wieder die im Labor selbstverständlichen Verhaltensregeln beachtet werden. Die Vorsichtsmaßnahmen richten sich nach der Gefahr durch die jeweils verwendeten Stoffe.

Die geltenden Richtlinien zur Vermeidung von Unfällen beim Experimentieren sind zu beachten. Da Experimentieren grundsätzlich umsichtig erfolgen muss, wird auf die üblichen Verhaltensregeln und die Regeln für die Sicherheit und den Gesundheitsschutz beim Umgang mit Gefahrstoffen im Unterricht nicht bei jedem Versuch gesondert hingewiesen.

Beim Experimentieren muss immer eine Schutzbrille getragen werden.

Zu gefährlichen Stoffen und Gefahrensymbolen befinden sich Informationen unter dem oben genannten Online-Link.

1. Auflage 1 5 4 3 2 | 14 13 12 11 10

Alle Drucke dieser Auflage sind unverändert und können im Unterricht nebeneinander verwendet werden.
Die letzte Zahl bezeichnet das Jahr des Druckes.

Autoren: Dr. Ulrich Bielefeld, Stuttgart; Claudia Dreher, Ludwigsburg; Roland Frank, Stuttgart; Robert Gegler-Tautz, Karlsruhe; Alexander Maier, Rottenburg (Neckar); Dr. Jürgen Schweizer, Stuttgart

Redaktion: Rolf Strecker
Herstellung: Marlene Klenk-Boock

Gestaltung: Prof. Jürgen Wirth; Visuelle Kommunikation, Dreieich
unter Mitarbeit von Matthias Balonier, Evelyn Junqueira, Nora Wirth
Umschlaggestaltung: normaldesign GbR, Schwäbisch Gmünd
Illustrationen: Prof. Jürgen Wirth; Visuelle Kommunikation, Dreieich unter Mitarbeit von Matthias Balonier, Evelyn Junqueira, Nora Wirth; Wolfgang Herzig, grafik-design · illustration, Essen;
Reproduktion: Meyle + Müller, Medien-Management, Pforzheim
Druck: Firmengruppe APPL, aprinta druck, Wemding

Printed in Germany
ISBN 978-3-12-045640-7

9 783120 456407

Zu diesem Buch

Der Wissenschaft ist es gelungen, viele Phänomene von der Ebene der Organismen bis in den molekularen Bereich hinein zu erforschen. Wichtige Lebensvorgänge lassen sich auf der Ebene der Moleküle beschreiben und erklären. Mit diesem Buch kann man sich auch diesen Bereich der Biologie erschließen, der nicht mehr der direkten Anschauung zugänglich ist. Mithilfe mikroskopischer und elektronenmikroskopischer Fotos sowie zahlreicher Abbildungen wird das Wesentliche anschaulich dargestellt. So ist es möglich, eine eigene Vorstellung des nicht Sichtbaren zu entwickeln. Wenn dabei in der eigenen Gedankenwelt Modelle entstehen, die benutzt, übertragen, überprüft und korrigiert werden, so ist das Eintauchen in die Welt der Naturwissenschaft gelungen und wesentliche Kompetenzen sind erworben.

Um diesen Prozess zu erleichtern, enthält dieses Buch viele Seiten, die nicht nur der Vermittlung von Wissen dienen, sondern zur vielfältigen Auseinandersetzung mit den biologischen Themen anregen.

Dieses Buch beinhaltet alle Themen, die im Biologieunterricht der Kursstufe in Baden-Württemberg behandelt werden. Darüber hinaus findet man weitere Themen, welche wissenschaftlich besonders interessant oder aktuell sind und die verpflichtenden Inhalte ergänzen.

Grundlagenseiten: Wichtiges Grundwissen aus der Sekundarstufe I ist für jedes Kapitel auf einer Doppelseite dargestellt und damit stets verfügbar.

Startseiten: Sie stehen am Beginn eines Kapitels und geben einen Überblick über seinen Aufbau. Startseiten sind insbesondere beim selbstständigen Lernen eine große Hilfe, weil sie in übersichtlicher Form die Beziehung zwischen den Inhalten des Kapitels zeigen.

Thema

Knoten zeigen Beispiele, auf die das Prinzip angewendet wird.

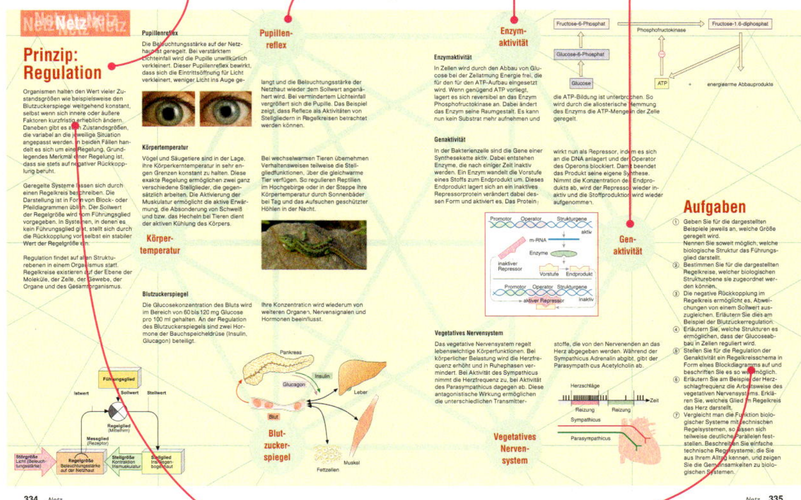

Einleitung Sie stellt das biologische Prinzip allgemein dar.

Aufgaben fordern zurAuseinandersetzung mit dem biologischen Prinzip auf.

Informationsseiten: Sie enthalten die grundlegenden Information zu einem Thema. Die Inhalte sind verpflichtend für das Verständnis der folgenden Seiten. Am Ende stehen kurze Aufgaben, mit denen sich Wissen und Verständnis überprüfen lässt.

Im **Zettelkasten** stehen nicht verpflichtende Inhalte, die sich an das Thema der Seite anschließen und es ergänzen.

Netzseiten: Biologie ist eine komplexe Wissenschaft, bei der zwischen den verschiedenen Teildisziplinen viele — teils abstrakte — Beziehungen bestehen. Netzseiten zeigen Verbindungen zwischen unterschiedlichsten Themen auf. Sie stellen biologische Prinzipien dar und ermöglichen es, Faktenwissen zu ordnen, zu strukturieren und sich so gezielt die Basiskonzepte der Biologie zu erschließen. Aufgaben fordern zur Auseinandersetzung mit den Beispielen auf, zur Suche nach weiteren Parallelen und Bezügen aus dem Alltag. Auf einigen Seiten, die im Inhaltsverzeichnis rot markiert sind, wird die Bedeutung des Prinzips erläutert. Hier finden Sie einen Verweis ▶ auf die einzelnen Netzseiten.

Weitere Sonderseiten

Lexikonseiten: Diese Seiten enthalten keine verpflichtenden Inhalte, regen jedoch zum Weiterlesen an. Hier sind zusätzliche Informationen zu finden, durch die das bisher Gelernte in einen größeren Zusammenhang gestellt wird.

Praktikumsseiten: Hier finden Sie Anleitungen zu Versuchen, die Sie selbst durchführen können.

Materialseiten: Hier findet man Informationen und Aufgaben zu einem speziellen Thema. Die Bearbeitung erfordert eine intensive Auseinandersetzung mit dem Material und den zugehörigen Informationsseiten. Der Schwierigkeitsgrad der Aufgaben ist ansteigend und orientiert sich an den Anforderungen der gymnasialen Oberstufe. Am Ende eines jeden Kapitels stehen **Materialseiten** zum **Testen, Üben und Vertiefen**. Hier finden Sie Aufgaben zu zentralen Inhalten des Kapitels. Damit ist es möglich, das Erreichen der Standards zu überprüfen.

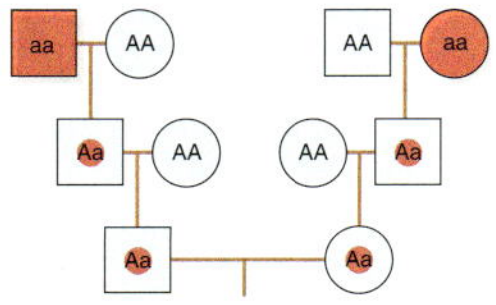

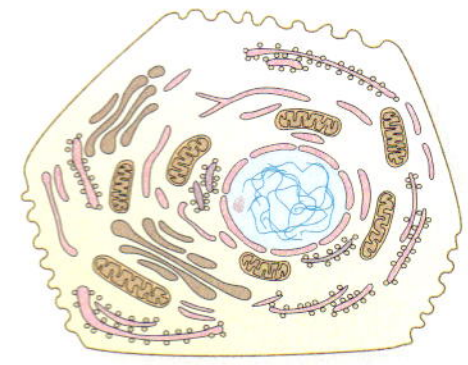

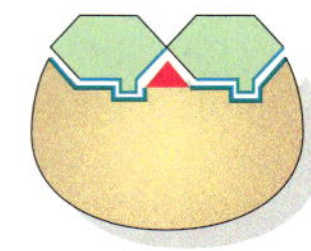

Grundlagen

Zelle und Stoffwechsel

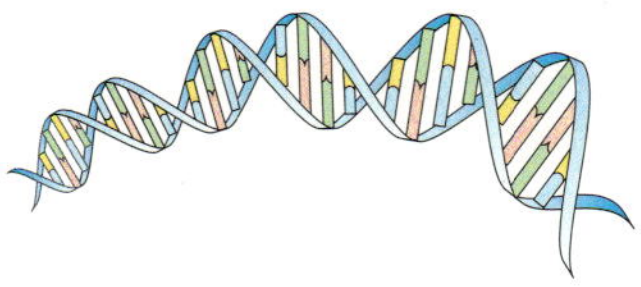

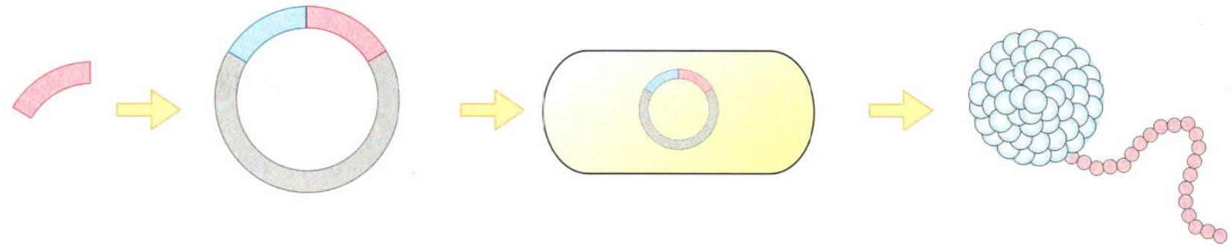

Genetik

Angewandte Biologie

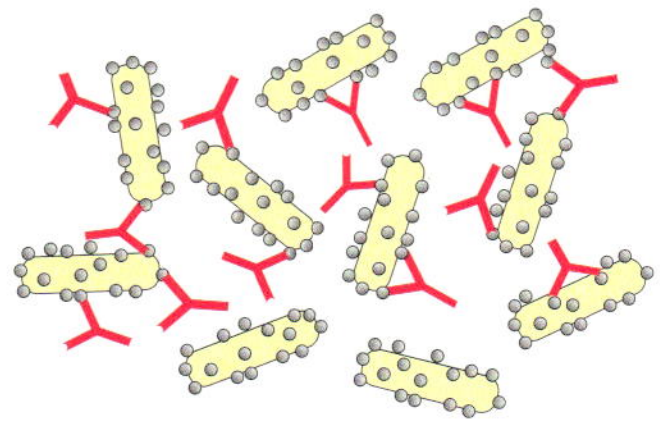

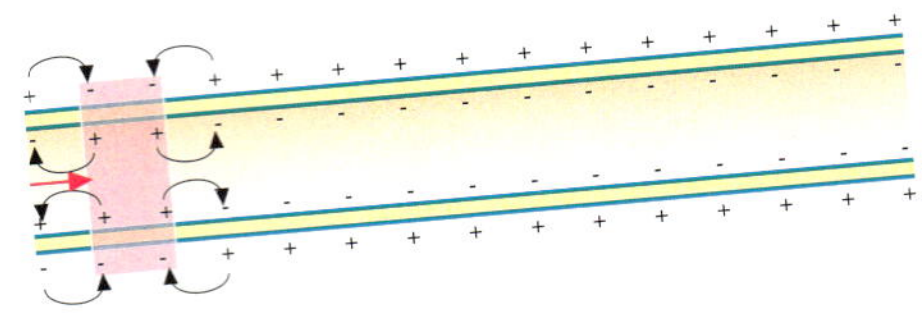

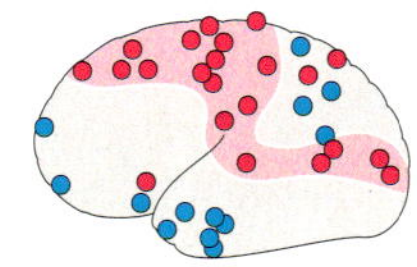

Immunbiologie

Neurobiologie

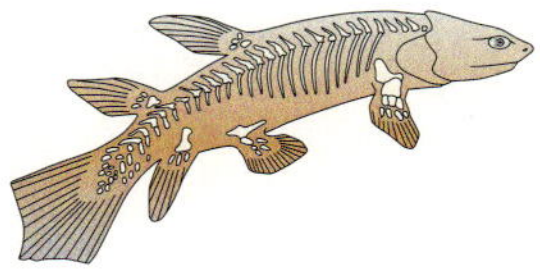

Evolution

Netz — Netz — Netz

Zellen sind Grundbausteine der Lebewesen

Alle Organismen bestehen aus Zellen. Sie sind die kleinsten selbstständig vermehrungsfähigen Einheiten und zeigen einen ähnlichen Aufbau. Unterschiedliche Differenzierungen ermöglichen die Erfüllung verschiedenster Aufgaben.
Als Grundbaustein aller Lebewesen zeigt die Zelle alle **Merkmale des Lebendigen:**
- Wachstum und Differenzierung
- Stoff- und Energieumwandlung
- Beweglichkeit
- Reizbarkeit
- Fortpflanzung und Vermehrung

Bestandteile der Zellen

- Die *Zellwand* der Pflanzenzellen gibt der Zelle ihre Form und ihre Festigkeit.
- Die *Zellmembran* kontrolliert den Stoffaustausch mit der Umgebung.
- Der *Zellkern* (Nucleus) mit dem *Nucleolus* (Kernkörperchen) enthält den Träger der Erbinformation, die DNA. Er steuert den Stoffwechsel und die Entwicklung der Zelle.
- Die *Mitochondrien* sind die Organellen der Zellatmung. Sie stellen Energie in Form von ATP zur Verfügung.
- In den *Chloroplasten* der grünen Pflanzenzellen findet die *Fotosynthese* statt.
- Die *Ribosomen* sind nur im Elektronenmikroskop sichtbar. An ihnen erfolgt die Proteinsynthese.
- Die *Zellsaftvakuolen* in Pflanzenzellen enthalten Wasser, Säuren, Farbstoffe, Salze, Zucker u. a. gelöste Stoffe. Sie sind „Vorratskammer" und „Abfallbehälter".
- Das *Zellplasma* bildet die Grundsubstanz der Zelle, in der die verschiedenen Organellen eingelagert sind. Es besteht aus Wasser und verschiedenen gelösten Stoffen.

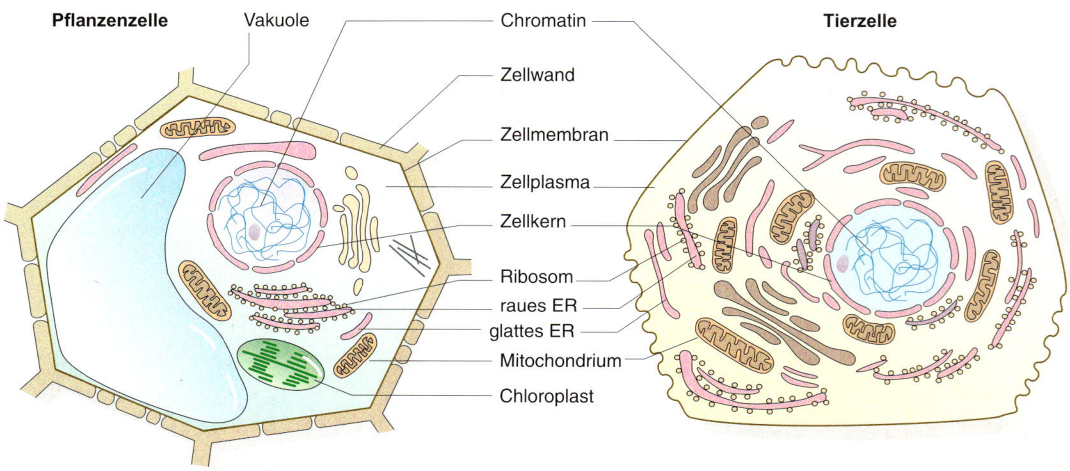

Zellen bilden Gewebe und Organe

Zellen von ähnlicher Gestalt und gleicher Funktion bilden Zellverbände, die sogenannten *Gewebe*. Mehrere verschiedene Gewebe können gemeinsam die nächst höhere funktionelle Einheit, das *Organ*, bilden. Verschiedene, in ihren Funktionen zusammenwirkende Organe ergeben Organsysteme und diese letztlich einen *Organismus*.

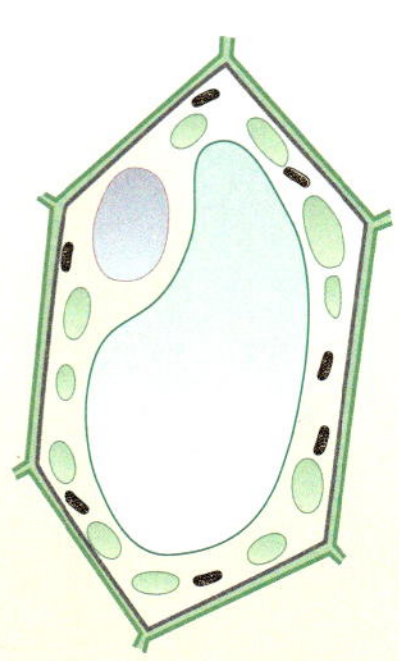

Zelle
beinhaltet z. B. Zellkern, Chloroplasten, Zellsaftvakuole und Zellplasma.

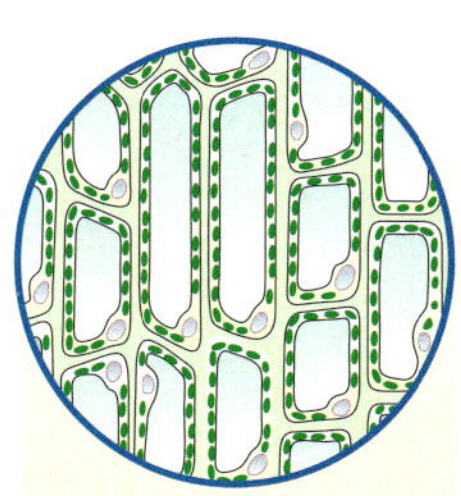

Gewebe
besteht aus gleichartigen Zellen mit einer bestimmten Aufgabe.

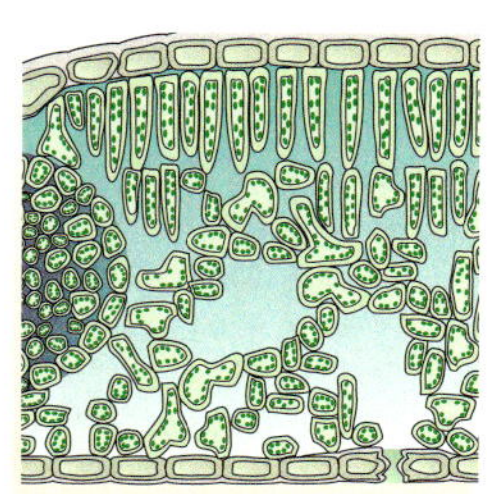

Organ
wird aus mehreren Geweben gebildet, die gemeinsam eine übergeordnete Aufgabe haben.

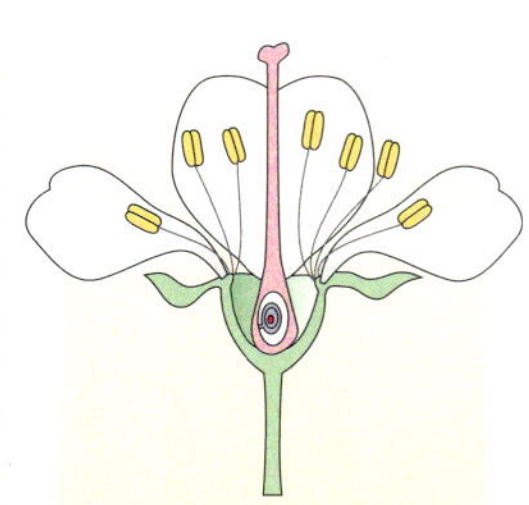

Organsystem
ist aus mehreren Organen aufgebaut, die gemeinsam eine größere Funktionseinheit bilden.

Organismus
ist das Lebewesen, das sich aus mehreren Organen und Organsystemen zusammensetzt.

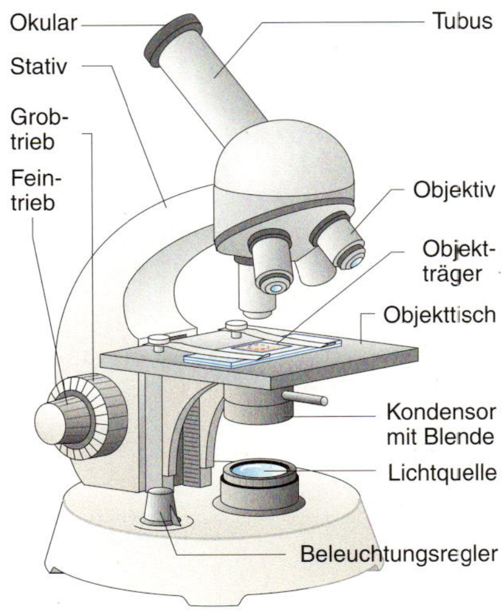

Das Lichtmikroskop

Das *Lichtmikroskop* ist das wichtigste Hilfsmittel, um Strukturen von lebenden Systemen zu untersuchen, insbesondere Zellorganellen, Zellen, Gewebe und Organe. Organismen und bestimmte Lebensvorgänge können direkt beobachtet werden.

Aus physikalischen Gründen liegt die Auflösungsgrenze bei etwa 0,2 µm. Die maximale Vergrößerung ist etwa 1 000fach. Das bedeutet, dass beispielsweise Zellkern, Chloroplasten Mitochondrien und Bakterien im Lichtmikroskop erkennbar sind. Für höhere Auflösungen bzw. stärkere Vergrößerungen benötigt man ein Elektronenmikroskop. Hier sind auch Viren und kleinere Zellorganellen erkennbar.
Für die Untersuchung von biologischen Prozessen auf molekularer Ebene sind mikroskopische Methoden ungeeignet, hier ist man auf Laborexperimente angewiesen.

Zellen sind für verschiedene Funktionen spezialisiert

Die *Spezialisierung* auf bestimmte Funktionen ist das Ergebnis eines langen Entwicklungsprozesses: Alle höheren Lebewesen entstehen aus einer befruchteten Eizelle, der *Zygote*. Sie kann sich zu jedem Zelltyp der entsprechenden Art entwickeln, sie hat also noch alle Entwicklungsmöglichkeiten. Die Zygote teilt sich im Laufe der Embryonalentwicklung vielfach. Die dabei entstehenden Zellen erfahren eine *Determinierung*, d. h. sie verlieren bestimmte Entwicklungsmöglichkeiten und können nur noch einen ganz bestimmten Zelltyp hervorbringen. Im weiteren Verlauf der Embryonalentwicklung erfolgt eine *Differenzierung*, d. h. die Zellen weisen bestimmte strukturelle Besonderheiten auf, durch die sie für eine bestimmte Funktion spezialisiert sind.

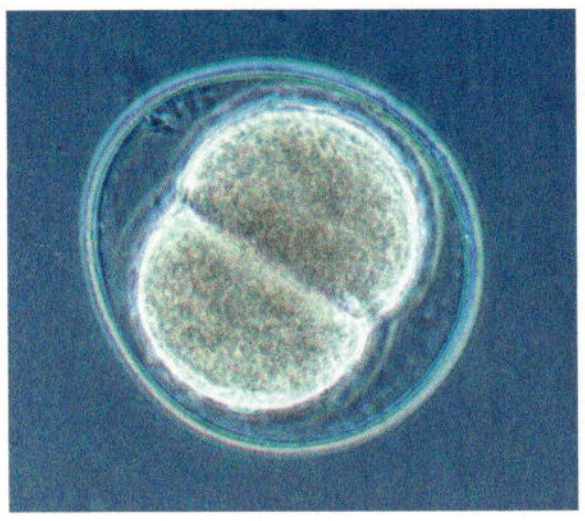

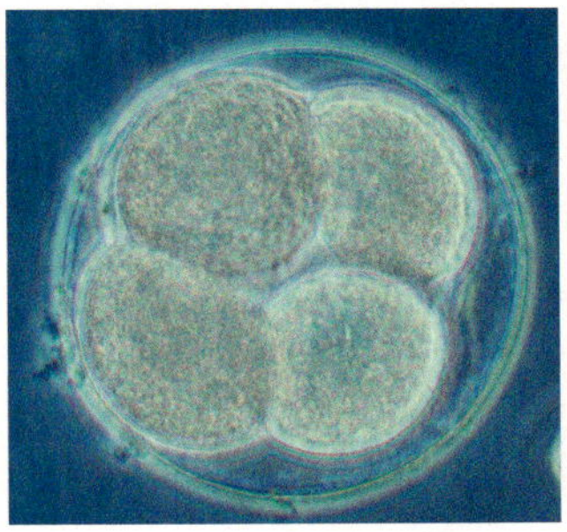

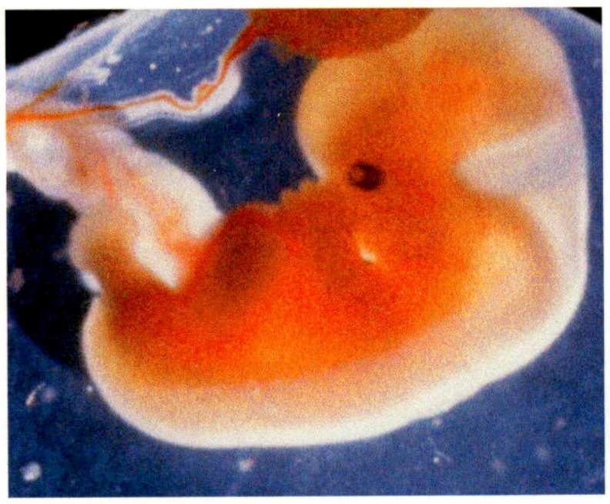

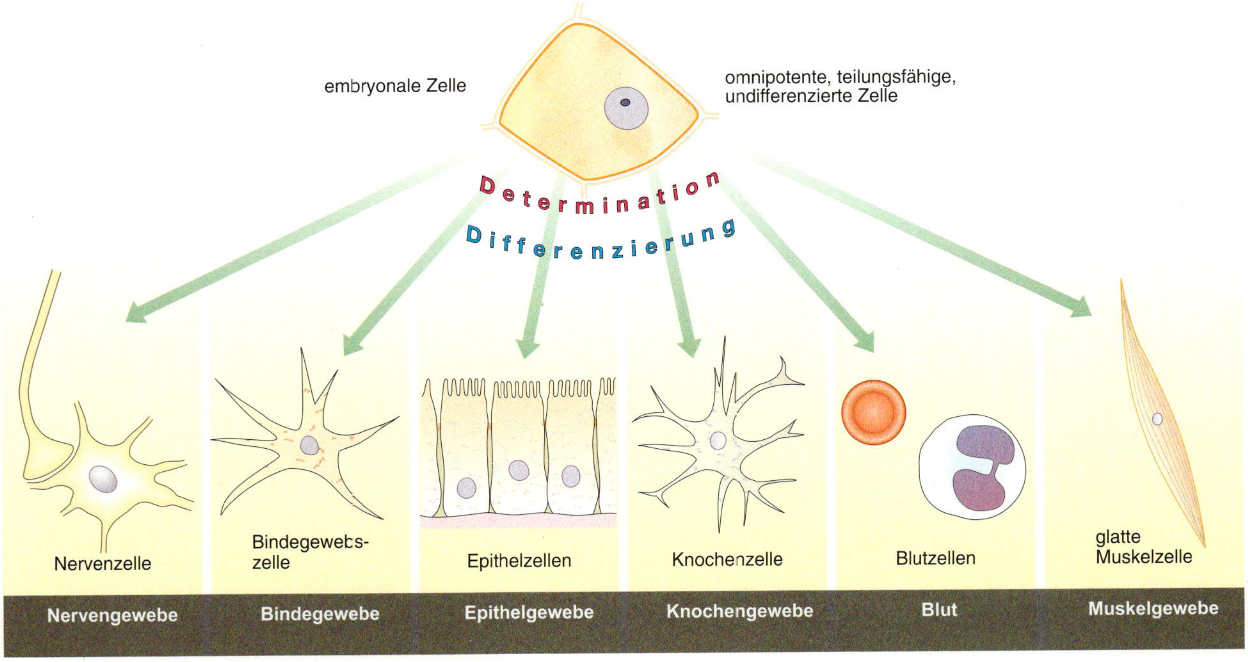

Energieumwandlung und Stoffwechsel

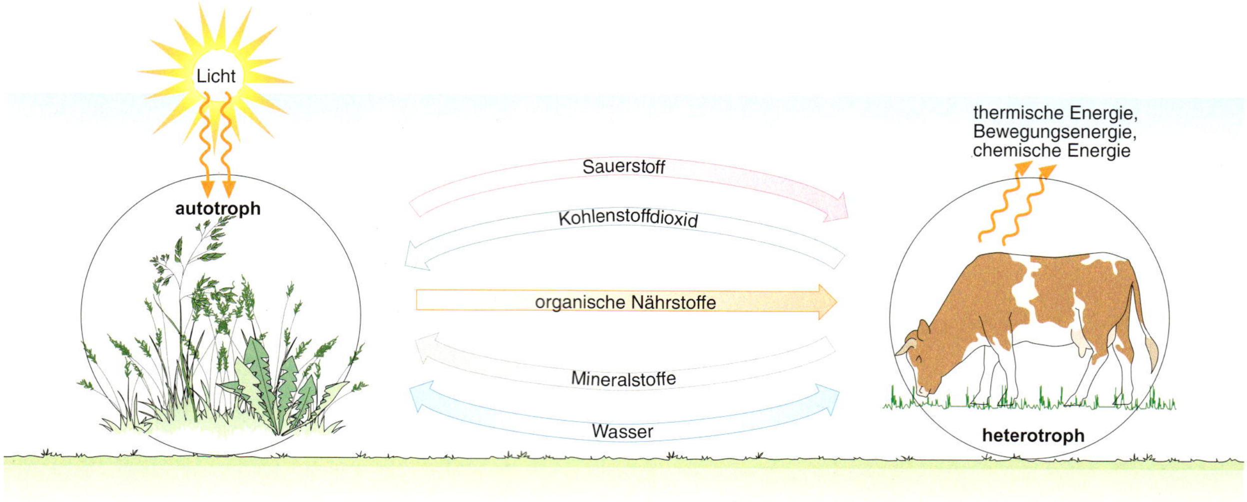

Organismen benötigen Energie und Stoffe

Organismen nehmen körperfremde Stoffe aus der Umwelt auf und wandeln sie in körpereigene Stoffe um.

Autotrophe Organismen können durch die Fotosynthese energiereiche organische Stoffe selbst herstellen. Dazu genügen ihnen energiearme anorganische Stoffe, wie Mineralstoffe, Kohlenstoffdioxid und Wasser. Zusätzlich benötigen sie noch Energie, Pflanzen erhalten sie aus dem Sonnenlicht.

Heterotrophe Organismen müssen energiereiche organische Stoffe in Form von Nahrung aus der Umgebung aufnehmen. Sie können diese in körpereigene Stoffe umwandeln oder zur Gewinnung von Energie für den Stoffwechsel einsetzen. Alle Organismen bauen energiereiche organische Stoffe zu energiearmen anorganischen Stoffen ab. Beim Prozess der *Zellatmung* wird Sauerstoff verbraucht und viel Energie freigesetzt. Die freiwerdende Energie setzen die Lebewesen für die verschiedensten Lebensvorgänge ein, z. B. für Bewegung oder Wachstum.

Zellen wandeln Energie um

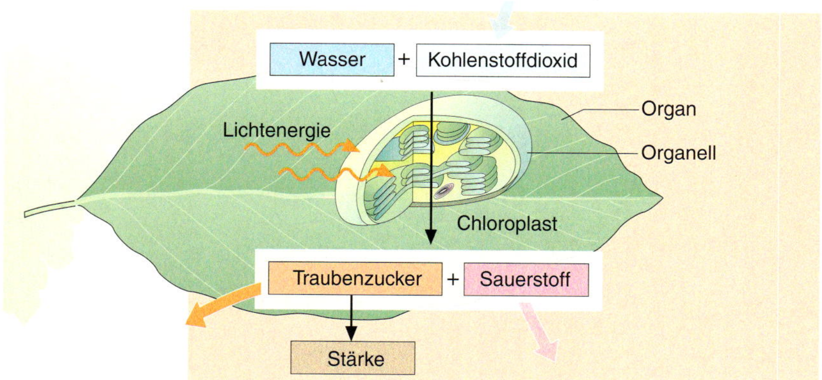

Gleichung der Fotosynthese: $6\,CO_2 + 6\,H_2O \rightarrow C_6H_{12}O_6 + 6\,O_2$

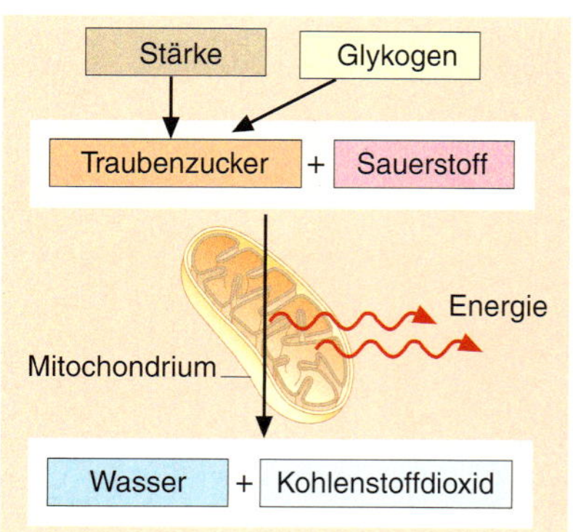

Gleichung der Zellatmung:
$C_6H_{12}O_6 + 6\,O_2 \rightarrow 6\,CO_2 + 6\,H_2O$

Fotosynthese
Die *Fotosynthese* erfolgt in den *Chloroplasten.* Das darin enthaltene Chlorophyll (Blattgrün) absorbiert Licht und macht es als Energielieferant für die Fotosynthese nutzbar. Dabei werden aus Kohlenstoffdioxid und Wasser energiereiche Stoffe wie z. B. der Einfachzucker Glucose oder der Vielfachzucker Stärke gebildet. Der ebenfalls entstehende Sauerstoff ist für die Pflanze ein Nebenprodukt, das sie nach außen abgibt.

Zellatmung
Die *Zellatmung* (innere Atmung) findet im Zellplasma und in den *Mitochondrien* statt. Die dabei freiwerdende Energie wird für die verschiedenen Lebensvorgänge verfügbar. Die Zellatmung findet bei allen Lebewesen statt. Die benötigten Energieträger, z. B. Glykogen oder Stärke, werden zunächst in Glucose gespalten. Diese wird unter Verbrauch von Sauerstoff zu Kohlenstoffdioxid und Wasser abgebaut.

ATP (Adenosintriphosphat)
Bei der Zellatmung und bei der Fotosynthese entsteht als wichtigstes Reaktionsprodukt das *ATP*. Dieser energiereiche Stoff dient bei vielen Stoffwechselvorgängen, z. B. bei der Synthese von Proteinen als universell verwendbarer Energielieferant. Man bezeichnet ATP deshalb auch als „Energiewährung der Zelle“. Zellen mit hohem Energieumsatz enthalten demzufolge viele Mitochondrien und bilden viel ATP.

Organische Makromoleküle sind Bau- und Betriebsstoffe

Viele biologisch wichtige Stoffe sind aus Makromolekülen aufgebaut. Sie bestehen aus riesigen kettenförmigen oder verzweigten Molekülen, die durch die Verknüpfung von mehreren hundert oder sogar tausend Einzelbausteinen entstanden sind. Wichtige Beispiele sind die Proteine oder die Stärke aus unserer Nahrung. Bei der Verdauung werden sie in ihre kleinen Bausteine zerlegt. Diese sind am Aufbau körpereigener Stoffe beteiligt, dem *Baustoffwechsel*. Bei Bedarf können energiereiche Stoffe aber auch abgebaut werden und sichern die Energiebereitstellung im *Betriebsstoffwechsel*.

Makromolekül	Bausteine	Symbol	Bedeutung
Kohlenhydrat, z. B. Stärke	Monosaccharid, z. B. Glucose		v. a. im Betriebsstoffwechsel
Protein	Aminosäuren		v. a. im Baustoffwechsel
Fett	Glycerin und Fettsäuren		v. a. im Betriebsstoffwechsel

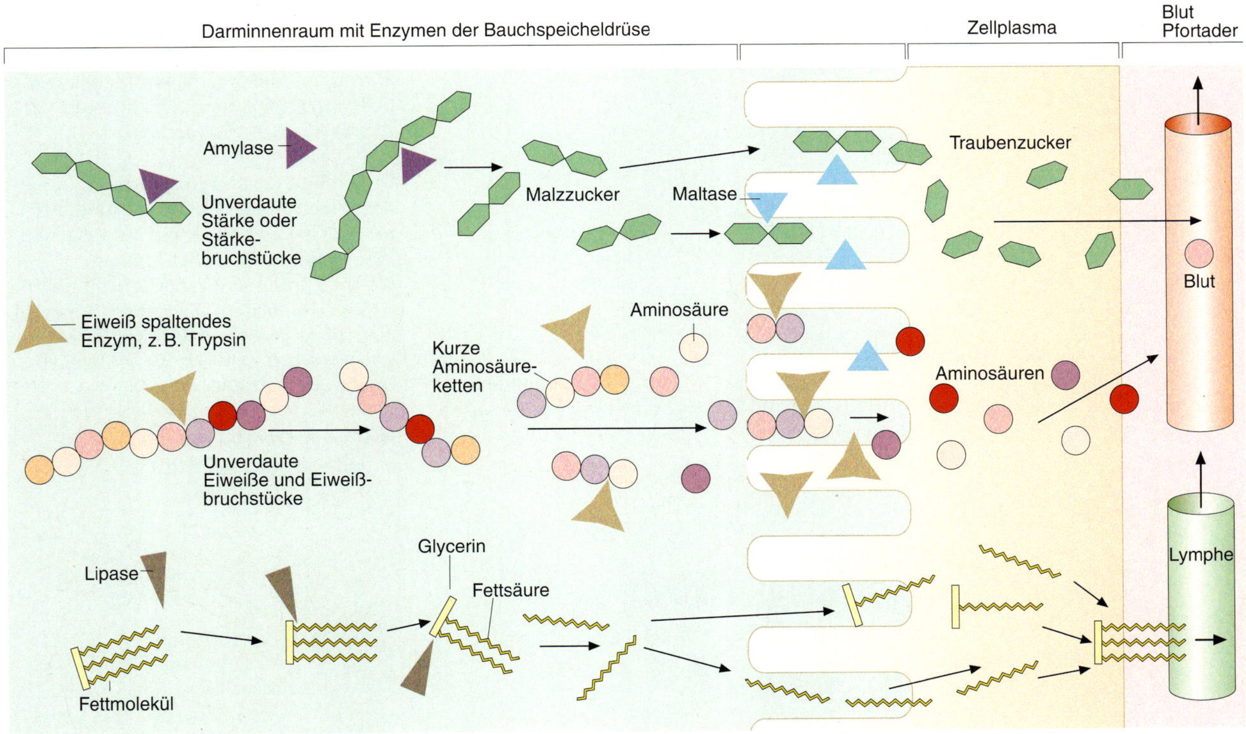

Enzyme

Katalysatoren sind Stoffe, die die Aktivierungsenergie bestimmter chemischer Reaktionen senken, deren Geschwindigkeit erhöhen und die dabei selbst nicht verbraucht werden. Die leistungsfähigsten Katalysatoren findet man in Lebewesen. Man nennt sie *Enzyme*. Sie ermöglichen chemische Reaktionen, die sonst bei Körpertemperatur nicht ablaufen könnten. Am bekanntesten sind die Verdauungsenzyme im Dünndarm, wo sie für den Abbau hochmolekularer Nährstoffe benötigt werden. Die dabei entstehenden kleinen Bausteine, Einfachzucker, Aminosäuren, Glycerin und Fettsäuren, können durch die Darmwandzellen zu Blutgefäßen und Lymphbahnen transportiert werden. Daneben sind Enzyme aber auch am

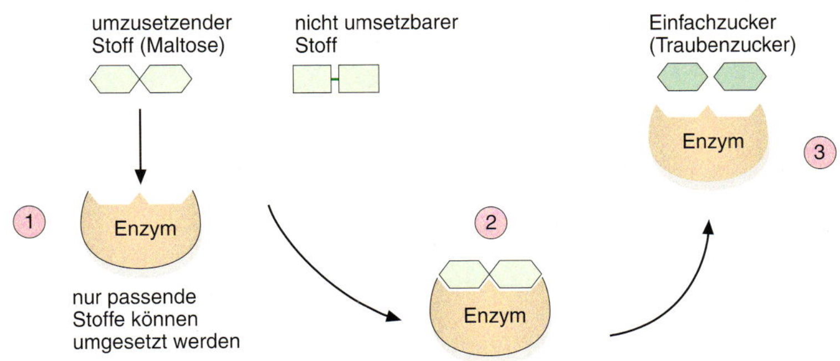

Aufbau körpereigener Stoffe beteiligt, z. B. des Hautfarbstoffs Melanin, der bei Sonneneinstrahlung gebildet wird. Für Enzyme ist charakteristisch, dass sie nur ganz bestimmte Ausgangsstoffe in ganz bestimmte Reaktionsprodukte umwandeln können, z. B. Malzzucker (Maltose) in Traubenzucker (Glucose).

Monohybride Kreuzung

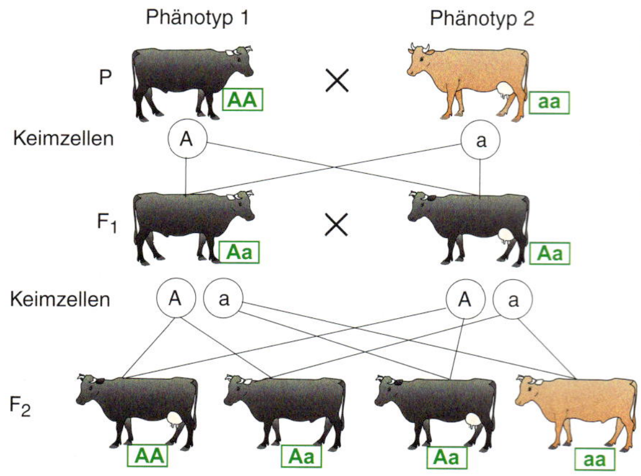

1. Merkmalspaar
Fellfarbe
schwarz und braun

Allele
A: Allel für schwarz
a: Allel für braun

Dihybride Kreuzung

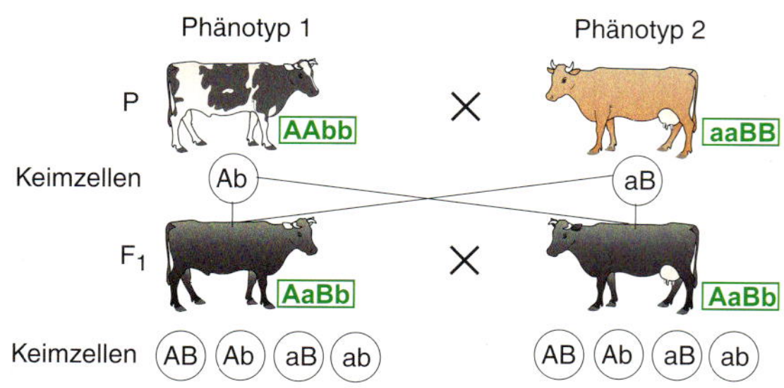

2. Merkmalspaar
Musterung
einfarbig und
gefleckt

Allele
B: Allel für einfarbig
b: Allel für gefleckt

Mendelsche Regeln beschreiben Erbgänge

Erste mendelsche Regel:
Kreuzt man zwei Individuen einer Art miteinander, die sich in einem Merkmal reinerbig unterscheiden, so sind die Nachkommen in der F_1-Generation in Bezug auf dieses Merkmal untereinander gleich. (*Uniformitätsregel)*

Zweite mendelsche Regel:
Kreuzt man die F_1-Generation untereinander, so treten in der F_2-Generation auch die Merkmale der Elterngeneration P in einem festen Zahlenverhältnis wieder auf. Beim dominant-rezessiven Erbgang erfolgt die Aufspaltung im Verhältnis 3 : 1. *(Spaltungsregel)*

Dritte mendelsche Regel:
Kreuzt man zwei Lebewesen einer Art, die sich in mehr als einem Merkmal reinerbig unterscheiden, so können die Merkmalspaare in neuen Kombinationen auftreten. Die Gene werden also unabhängig voneinander verteilt. *(Unabhängigkeits-* und *Neukombinationsregel)*

Neukombination von Merkmalen ist Grundlage der **Varibilität.**

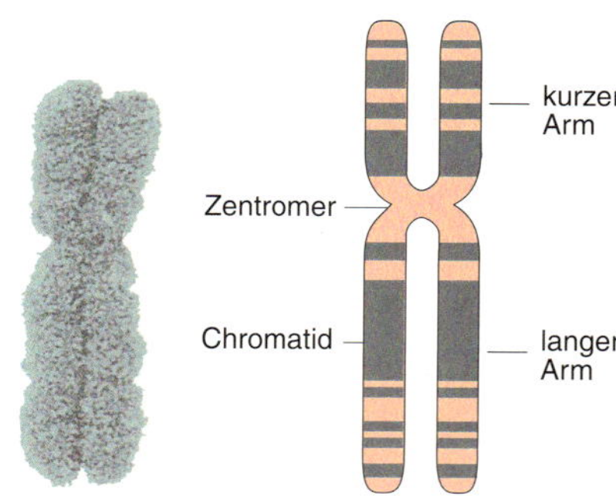

Chromosom
(REM-Aufnahme)

Chromosomen sind Träger der Erbanlagen

Eukaryoten besitzen in ihren Körperzellen eine artspezifische Anzahl von Chromosomen, dabei gleichen sich jeweils zwei in Form und Größe, diese beiden nennt man *homologe Chromosomen*. Da Chromosomen paarweise auftreten, spricht man von einem doppelten oder *diploiden Chromosomensatz*. Keimzellen besitzen nur einen einfachen Chromosomensatz, sie sind *haploid*.

Chromosomen bestehen aus DNA und Proteinen. Chromosomen sind Träger der Erbanlagen *(Gene)*. Gene können in einer Zelle in verschiedenen Varianten vorliegen, die man *Allele* nennt. Jeder Organismus besitzt in seinen Körperzellen zwei Allele jedes Gens, jeweils eines auf jedem der beiden homologen Chromosomen. Die Allelkombination eines Organismus, sein *Genotyp*, legt eindeutig sein Erscheinungsbild, den *Phänotyp*, fest. Dem selben Phänotyp können jedoch verschiedene Genotypen zugrunde liegen. Den Genotyp Aa bezeichnet man als *heterozygot*, die Genotypen AA und aa als *homozygot*. Im heterozygoten Zustand dominiert meist ein Allel über das andere. Das *dominante* Merkmal wird ausgeprägt, das *rezessive* Merkmal unterdrückt.

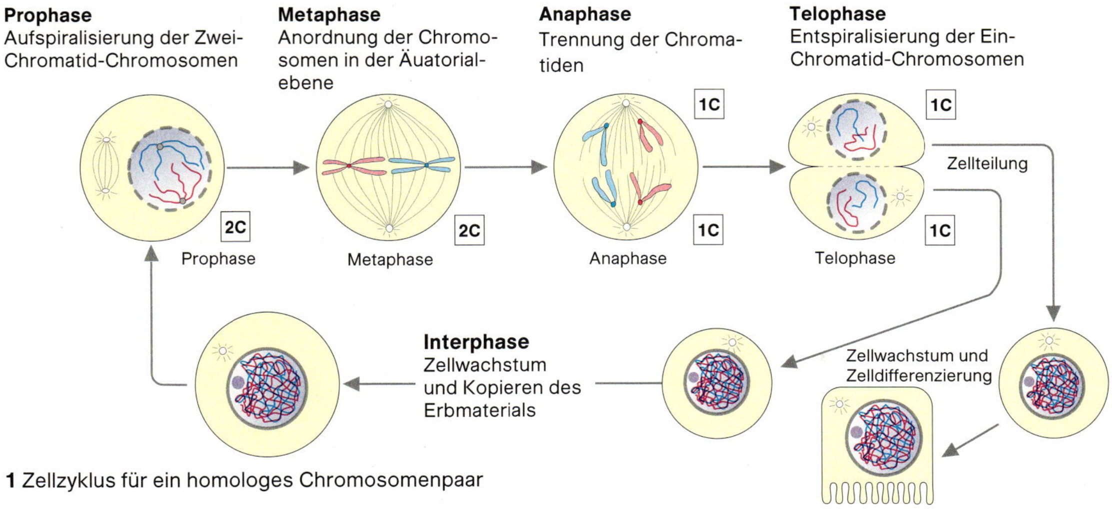

1 Zellzyklus für ein homologes Chromosomenpaar

Mitose

Die Entwicklung einer befruchteten Eizelle zu einem vielzelligen Organismus, der Ersatz gealterter Zellen, die Heilung einer Wunde durch Bildung neuer Zellen und Gewebe, all diese Vorgänge können nur ablaufen, wenn bereits vorhandene Zellen sich teilen (Abb. 1). Damit dabei erbgleiche Tochterzellen entstehen, muss das Erbmaterial in der Interphase zunächst kopiert werden, jedes Chromosom besteht dann aus zwei Chromatiden (2C). In der Mitose werden diese Zwei-Chromatid-Chromosomen getrennt und die Chromatiden gleichmäßig auf die Tochterzellen verteilt. Jede Zelle besitzt dann wieder den ursprünglichen diploiden Satz von Ein-Chromatid-Chromosomen (1C). Menschliche Körperzellen besitzen 22 Chromosomenpaare + XX bzw. XY.

Meiose

Für die geschlechtliche Fortpflanzung bilden Lebewesen Keimzellen. Keimzellen entstehen durch *Meiose* aus diploiden Urkeimzellen. Dabei wird der doppelte Chromosomensatz auf einen einfachen reduziert (Abb. 2).
In der *ersten Reifeteilung* der Meiose werden die homologen Chromosomenpaare getrennt. Es entstehen zwei haploide Tochterzellen, die jeweils einen einfachen Satz von Zwei-Chromatid-Chromosomen enthalten. Die *zweite Reifeteilung* verläuft im Prinzip wie eine mitotische Teilung. Die Schwesterchromatiden werden getrennt, sodass vier haploide Keimzellen mit je einem einfachen Satz Ein-Chromatid-Chromosomen vorliegen. Menschliche Keimzellen besitzen 22 Chromosomen + X bzw. Y.

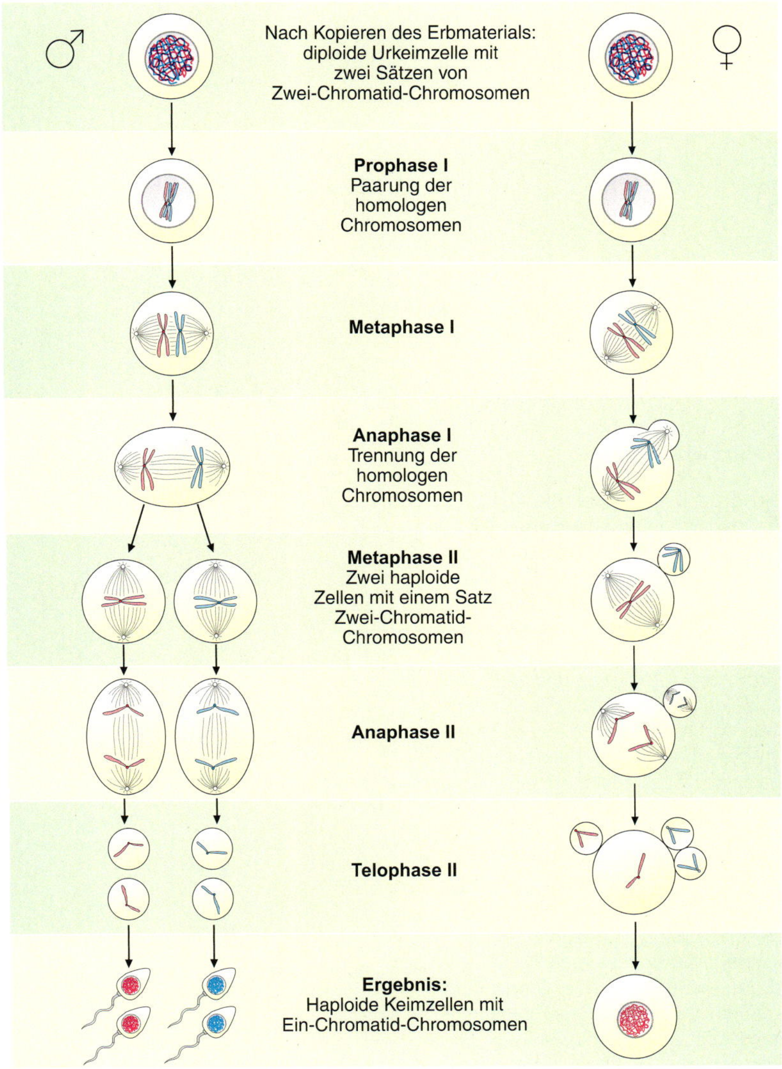

2 Meiose und Keimzellenbildung

Bakterien

Bakterien sind wenige Mikrometer große Einzeller, die mit dem Lichtmikroskop gerade noch erkennbar sind. Man findet sie fast in allen Lebensräumen. Sie besitzen eine Zellwand mit Murein, einem Stoff, der die Zellwand stabilisiert und nur bei Bakterien vorkommt. Manche Bakterien bilden zusätzlich eine Schleimhülle aus. Das Erbmaterial liegt frei im Zellplasma. Sie besitzen keinen Zellkern. Unter idealen Bedingungen können sich Bakterien sehr schnell durch Teilung vermehren. *Escherichia coli* teilt sich auf Nähragar alle 20 min. Aus einem Bakterium entsteht über Nacht eine mit bloßem Auge sichtbare Kolonie aus Milliarden Zellen. Bei ungünstigen Bedingungen bilden manche Bakterien Dauerstadien.

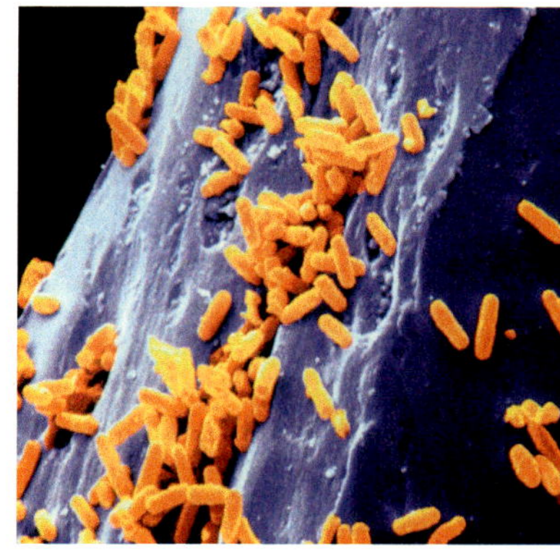

1 Bakterien auf Nadelspitze

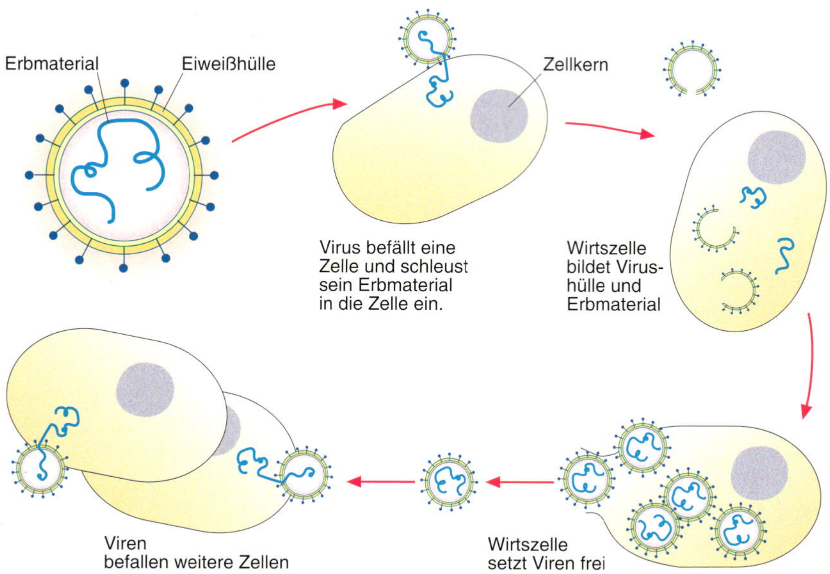

2 Vermehrungszyklus von Grippe-Viren

Viren

Viren sind deutlich kleiner als ein Mikrometer und bestehen aus Erbmaterial, das von einer Eiweißhülle umgeben ist. Sie sind keine Lebewesen, da sie keinen eigenen Stoffwechsel, keine aktive Bewegung und keine eigene Fortpflanzung besitzen. Um sich zu vermehren, müssen sie ihr Erbmaterial in eine Zelle einschleusen. Die Zelle produziert dann neue Viren, indem das Erbmaterial des Virus abgelesen wird und alle Bestandteile für neue Viren gebildet werden.
Die Virusbestandteile lagern sich selbstständig zu neuen Viren zusammen. Schließlich platzt die Wirtszelle und setzt diese frei.

Immunabwehr

Unser Körper verfügt über ein Abwehrsystem gegen Krankheitserreger. Dieses lässt sich in eine *unspezifische Abwehr* und eine *spezifische Abwehr* unterteilen. Zur unspezifischen Abwehr zählen Barrieren, die das Eindringen von Erregern verhindern, und Fresszellen, die Bakterien und Viren aufnehmen und verdauen. Wichtige Elemente der spezifischen Abwehr sind Antikörper, die spezifisch an Erreger binden und T-Killerzellen, die infizierte Körperzellen erkennen und zerstören.

Bei einer Erstinfektion dauert es oft einige Tage, bis ausreichend Antikörper produziert werden, um die Krankheitserreger erfolgreich zu bekämpfen. Die Antikörper sind nach einigen Wochen abgebaut, aber Gedächtniszellen bleiben über Jahre erhalten. Bei einer Zweitinfektion erfolgt dadurch die Bildung von Antikörpern deutlich schneller und in größerer Menge.

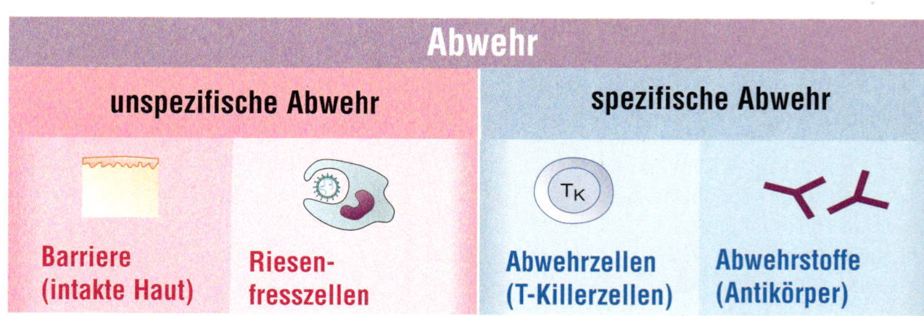

Übersicht über die Immunabwehr

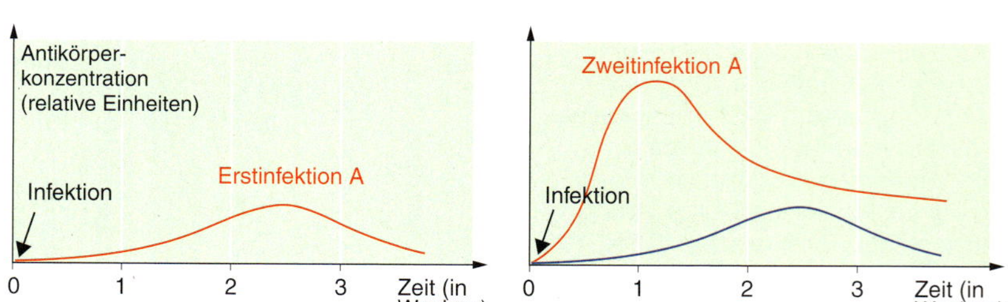

3 Antikörperkonzentration nach einer Infektion

Immunisierung durch Impfung

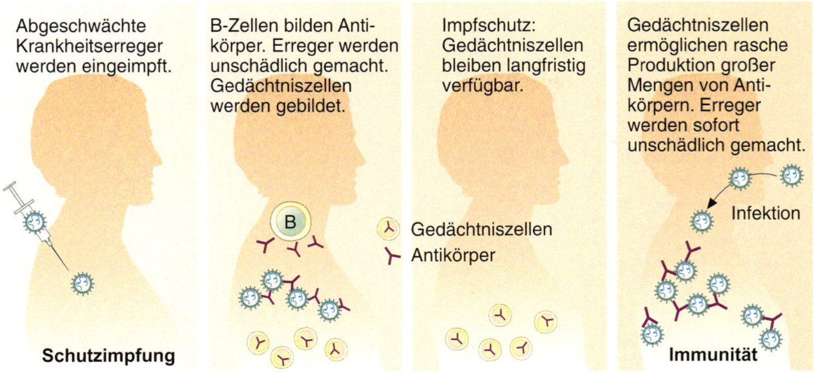

4 Aktive Immunisierung

Nach dem Kontakt mit einem Krankheitserreger ist der Körper oft immun gegen die betreffende Krankheit. Eine Immunität kann auch durch Impfungen erreicht werden. Dabei unterscheidet man zwischen aktiver und passiver Immunisierung. Bei der *aktiven Immunisierung* werden abgeschwächte Erreger oder einzelne Bestandteile eines Erregers in die Blutbahn injiziert. Der Körper bildet nun passende Antikörper und Gedächtniszellen. Bei einer erneuten Infektion mit diesem Erreger werden durch die Gedächtniszellen sehr schnell so viele Antikörper gebildet, dass die Krankheit nicht ausbricht. Der Körper ist immun.

Bei der *passiven Immunisierung* wird die Immunabwehr eines Patienten während einer akuten Erkrankung mit Antikörpern unterstützt. Die Antikörper aus dem Impfserum verklumpen die Erreger und verstärken so die Abwehr des Menschen. Da aber in diesem Fall vom Körper keine Gedächtniszellen gebildet werden, besteht keine langfristige Immunität gegen die Krankheit. Die Antikörper für das Impfserum erhält man, indem abgeschwächte Erreger einem Tier verabreicht werden. Nach einigen Tagen lassen sich aus dessen Blut Antikörper gegen den Erreger gewinnen.

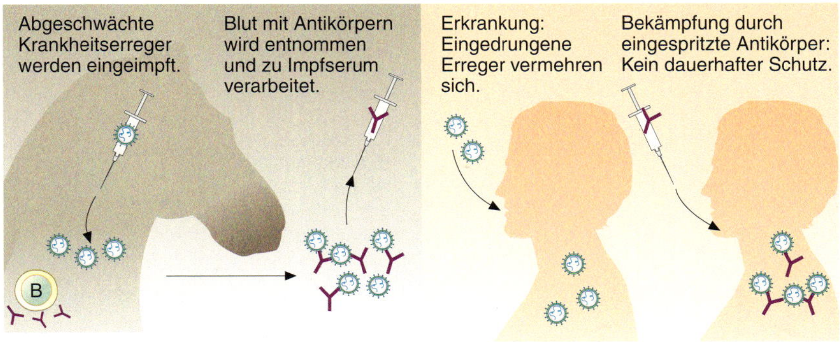

5 Passive Immunisierung

Zusammensetzung des Blutes

Blut besteht zu etwa 44 % aus festen Bestandteilen, die sich durch Zentrifugation vom flüssigen *Blutplasma* trennen lassen. Zu den festen Bestandteilen gehören rote Blutzellen, weiße Blutzellen und Blutplättchen. Rote Blutzellen und Blutplättchen besitzen keinen Zellkern und können sich daher nicht teilen. Sie haben nur eine begrenzte Lebensdauer und werden ständig im Knochenmark neu gebildet. Das gelbliche Blutplasma besteht aus Wasser und gelösten Stoffen, wie z. B. dem Gerinnungsstoff Fibrin. Entfernt man Fibrin aus dem Blutplasma erhält man farbloses *Blutserum*.

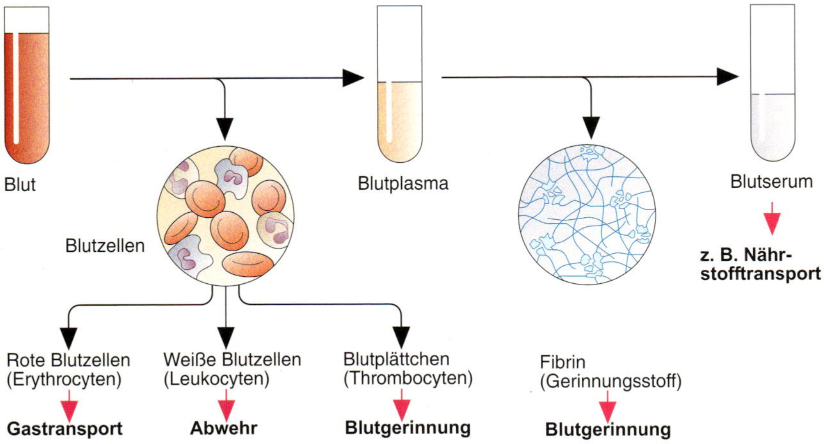

6 Zusammensetzung und Aufgaben des Blutes

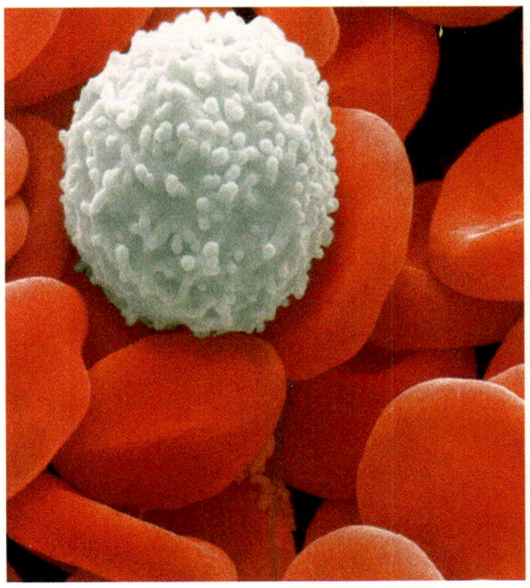

7 Blutzellen

Reize und Sinnesorgane

Die Fähigkeit, die Umwelt wahrzunehmen, bezeichnet man als *Sinn*. Die Sinnesorgane dienen der Aufnahme unterschiedlicher Signale aus der Umwelt, den *Reizen*. Jedes Organ kann nur durch Signale einer bestimmten physikalischen oder chemischen Form erregt werden, durch *adäquate Reize*.

Mit den Reizen gelangen *Informationen* in den Organismus. Sie werden über Nerven zum Gehirn transportiert und verarbeitet. Das ermöglicht die Wahrnehmung der Umwelt, die Orientierung und ein zweckmäßiges Verhalten in unterschiedlichsten Situationen.

Sinn	Sinnesorgan
Sehen	Auge
Hören	Ohr
Drehen Raumlage	Innenohr
Riechen	Nase
Schmecken	Zunge
Temperatur	Haut

1 Sinne und Sinnesorgane

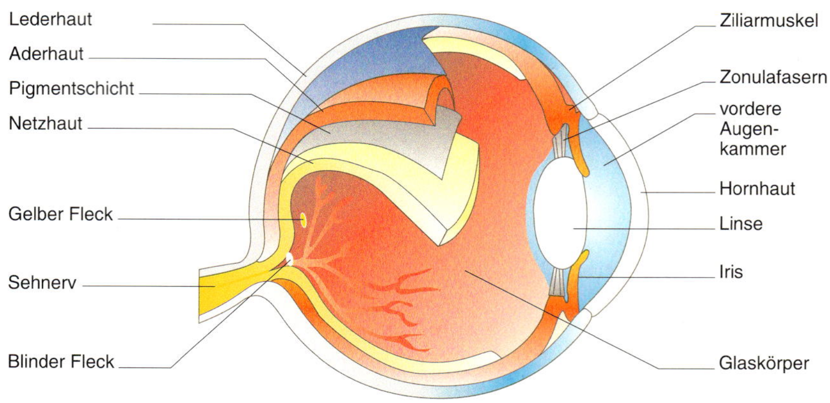

2 Schematischer Längsschnitt durch das menschliche Auge

Auge — Aufbau und Akkommodation

Das Auge liegt gut geschützt im Schädelknochen. Es ist ein komplex aufgebautes Sinnesorgan. Die Augenwand besteht aus mehreren übereinander liegenden Häuten:

- Lederhaut
- Aderhaut
- Pigmentschicht
- Netzhaut

Die weiße, zähe Lederhaut ist an ihrer vorderen Seite klar und lichtdurchlässig. Dieser Abschnitt, durch den Licht ins Auge gelangt, wird als *Hornhaut* bezeichnet. Die Hornhaut und die elastische *Augenlinse* brechen das eintreffende Licht. Sie wirken zusammen wie eine optische Linse. Dadurch entsteht auf der Netzhaut ein optisches Bild der Umgebung.
Die lichtempfindlichen *Sinneszellen*, die *Stäbchen* und *Zapfen*, befinden sich in der Netzhaut. Sie absorbieren Licht und werden dadurch erregt. Das führt zur Aktivierung von Nervenzellen. Ihre Nervenfasern sind gebündelt und bilden den *Sehnerv*. Über den Sehnerv gelangen Signale zum Sehzentrum im Gehirn. Hier findet die *Sehwahrnehmung* statt.
Der *Gelbe Fleck* (Fovea), ist die Netzhautstelle, die besonders scharfes Sehen ermöglicht. Hier befinden sich nur sehr dicht aneinander stehende *Zapfen*.

Nahe und ferne Gegenstände können nicht zugleich scharf abgebildet werden. Das Auge wird für jede Entfernung eines Objekts passend eingestellt. Der Vorgang heißt *Akkommodation*. Bei Ferneinstellung des Auges hat der ringförmige *Ziliarmuskel* einen großen Durchmesser, die Linse ist abgeflacht und ihre Brechkraft für das Licht gering. Nähert sich ein Gegenstand dem Auge, dann zieht sich der Ziliarmuskel zusammen. Sein Durchmesser wird geringer. Die *Linsenfasern* (Zonulafasern), die zuvor starken Zug auf die Linse ausgeübt haben, ziehen nun weniger stark. Die Linse wölbt sich, ihre Brechkraft nimmt zu und erzeugt damit wieder ein scharfes Bild des sich nähernden Objekts auf der Netzhaut.

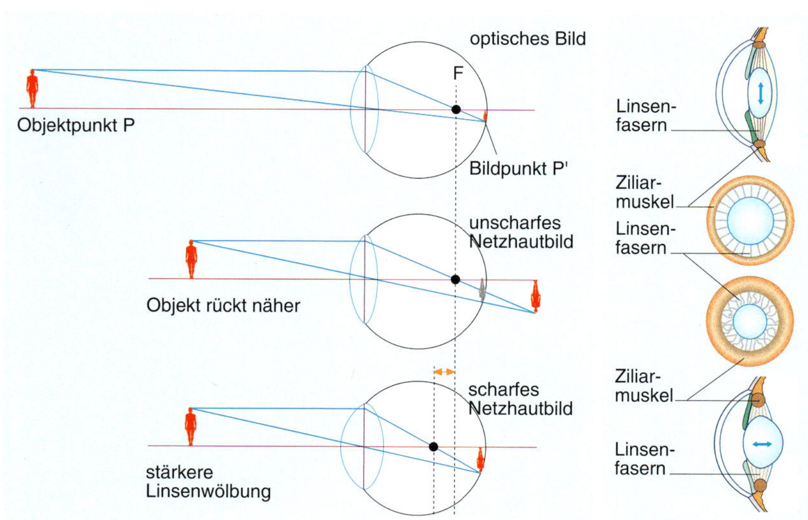

3 Fern- und Nahakkommodation

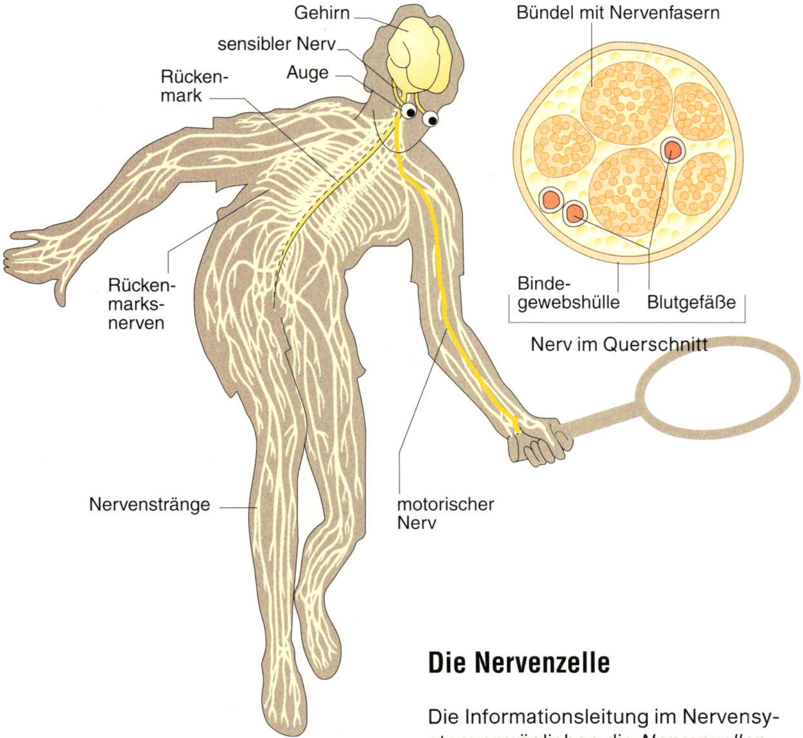

Struktur des Nervensystems

Nervensysteme dienen der Leitung und Verarbeitung von Informationen. Die Nervensysteme des Menschen und anderer Wirbeltiere sind vergleichbar aufgebaut. Zum *zentralen Nervensystem (ZNS)* gehören *Gehirn* und *Rückenmark*. Überall im Körper verlaufen weitere Nervenfasern. Sie bilden das *periphere Nervensystem*. Die Rückenmarksnerven, die zwischen den Wirbeln der Wirbelsäule austreten, verbinden das ZNS mit dem peripheren Nervensystem

Nerven sind Bündel aus Nervenfasern und Blutgefäßen. Sie sind von einer Bindegewebshülle umschlossen. Nerven, die Signale zum ZNS leiten, bezeichnet man als *sensorisch*. Sie transportieren Informationen von Sinneszellen zum ZNS. Laufen die Signale in Gegenrichtung, so handelt es sich meist um *motorische* Nerven, die Muskeln aktivieren.
Ein Teil des zentralen und peripheren Nervensystems unterliegt der willentlichen Kontrolle. Dieser Teil stellt das *somatische Nervensystem* dar. Der andere Teil ist das *vegetative Nervensystem*. Es lässt sich meist nicht willentlich beeinflussen und regelt wichtige Körperfunktionen wie Atmung, Blutdruck oder Verdauung.

Die Nervenzelle

Die Informationsleitung im Nervensystem ermöglichen die *Nervenzellen*. Wird eine Nervenzelle an ihren *Dendriten* erregt, so entstehen elektrische Signale, die dann über die *Nervenfaser* weitergeleitet werden. Diese kann mehrere Dezimeter lang sein und endet in Endknöpfchen. Von hier können Signale auf andere Nervenzellen oder Muskelfasern übertragen werden. Wird auf diesem Weg eine Muskelfaser erregt, so zieht sie sich zusammen.

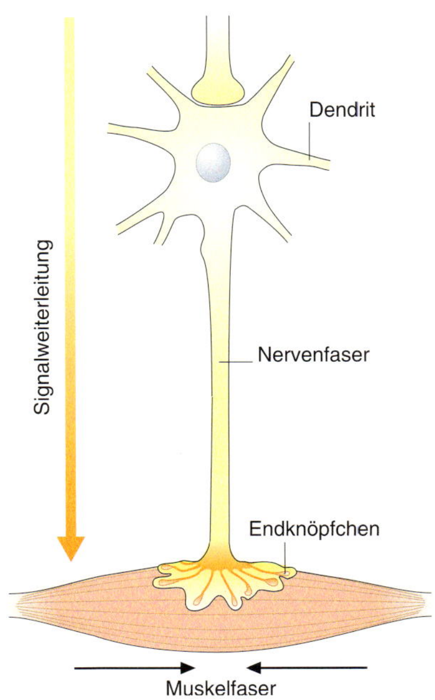

Hormone — Bildungsorte und Wirkungweise der Botenstoffe

Das *Hormonsystem* ist ein weiteres Informationssystem. *Hormone* sind Botenstoffe, die im Blut in sehr geringer Konzentration auftreten. Mit dem Blutstrom werden sie im gesamten Organismus verteilt. Ihre Wirkung entfalten sie nur an bestimmten *Zielzellen*. Sie besitzen Rezeptoren, an die sich Hormonmoleküle nach dem Schlüssel-Schloss-Prinzip anlagern. Die Verbindung eines Hormonmoleküls mit dem passenden Rezeptor ist ein Signal, das eine bestimmte Stoffwechselaktivität der Zelle auslöst.

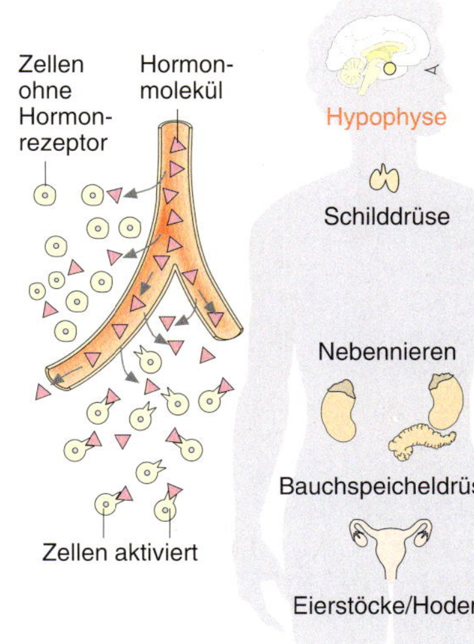

Viele Hormone des Menschen werden in Hormondrüsen gebildet. Die übergeordnete Drüse ist die Hirnanhangsdrüse im Zwischenhirn, die *Hypophyse*. Viele *Hypophysenhormone* wirken direkt auf andere Hormondrüsen im Körper (z. B. Schilddrüse, Eierstöcke bzw. Hoden) ein und veranlassen sie so zur Hormonabgabe.
Die *Bauchspeicheldrüse* bildet zwei Hormone, die der Regulation des Blutzuckerhaushalts dienen: *Glucagon* steigert den Blutzuckerspiegel und *Insulin* senkt ihn. Bei der *Zuckerkrankheit* ist der Blutzuckerspiegel erhöht. In vielen Fällen ist ein Insulinmangel die Ursache der Erkrankung. Die Bauchspeicheldrüse bildet zu wenig oder gar kein Insulin mehr. Patienten erhalten dann Insulin, das mehrmals täglich gespritzt werden muss. Die Insulinmenge muss genau abgestimmt sein auf die Menge an Kohlenhydraten, die der Patient zu sich nimmt.

Ökosysteme

Ein *Ökosystem* besteht aus einem Lebensraum, dem *Biotop,* und den Organismen, die in ihm leben. Alle Lebewesen im Ökosystem werden als *Biozönose* bezeichnet. Typische Ökosysteme sind beispielsweise ein Wald, ein Bach, eine Alpenwiese oder eine Meeresküste. Auf die Lebewesen in einem Ökosystem wirken verschiedene Faktoren ein. Licht, Wasser oder Temperatur sind Beispiele für *abiotische Faktoren.*

Biotische Faktoren sind andere Lebewesen, die auf einen Organismus einwirken. Beispiele sind Nahrungskonkurrenten, Fressfeinde oder auch Parasiten.

Ökologische Nische

Verschiedene Arten können in einem Ökosystem gemeinsam leben, indem sie die dort vorhandenen Möglichkeiten unterschiedlich nutzen, d. h. verschiedene *ökologische Nischen* besetzen. Allgemein versteht man unter einer ökologischen Nische die Gesamtheit aller Umweltfaktoren, die für die Existenz einer Art von Bedeutung sind.

Nahrungskette und Energiefluss

In Ökosystemen werden fortwährend Stoffe umgesetzt. Mit dem Stoffumsatz ist untrennbar ein Energieumsatz verbunden. Im Stoffwechsel der Organismen wird stets auch thermische Energie an die Umgebung abgegeben. Da die Energie ständig über die Sonne nachgeliefert wird, gibt es in jedem Ökosystem einen Energiefluss.

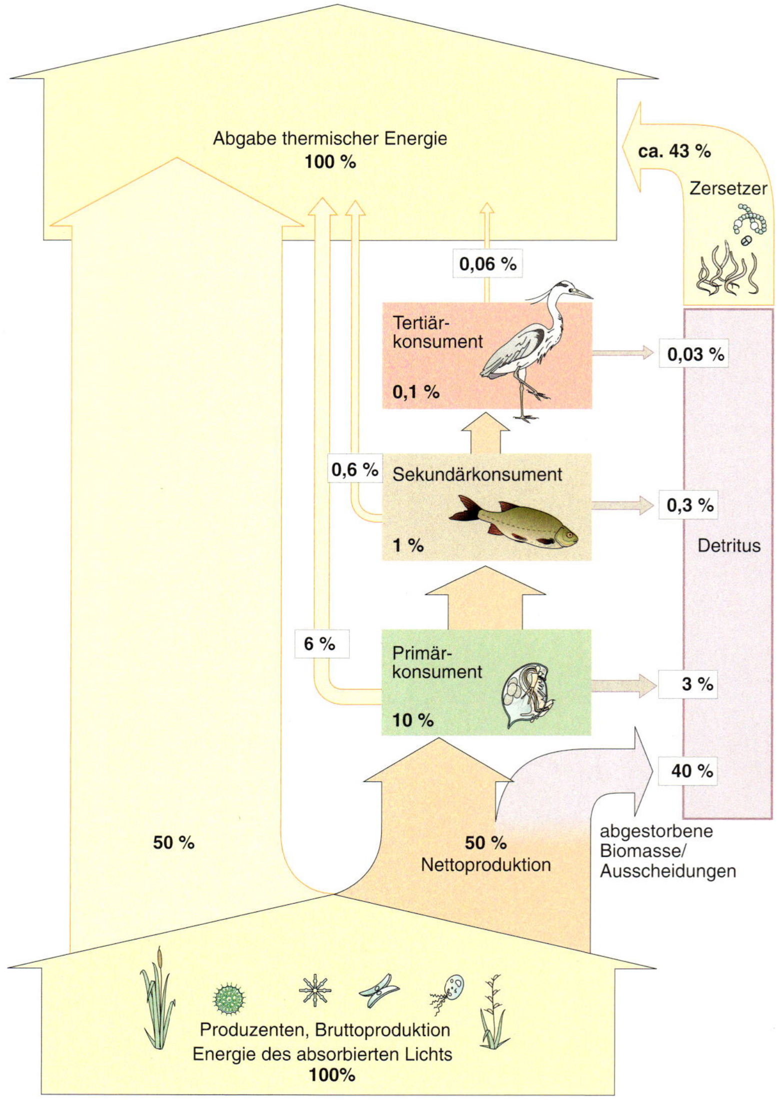

2 Nahrungskette und Energiefluss

Bei der Fotosynthese nehmen Pflanzen als *autotrophe*, d. h. sich selbst ernährende Organismen die Energie des Lichts auf und wandeln sie in chemische Energie, d. h. in organische Stoffe um. Diese werden zum Teil für den eigenen Energiestoffwechsel benötigt oder in den Pflanzenkörper eingebaut. So steht die Energie als Nahrung für *heterotrophe* („sich von anderen ernährende") Organismen zur Verfügung. Die Pflanzen sind die *Produzenten* und die Pflanzenfresser sind die *Primärkonsumenten.* Organismen, die sich von den Pflanzenfressern ernähren, bezeichnet man als *Sekundärkonsumenten.*

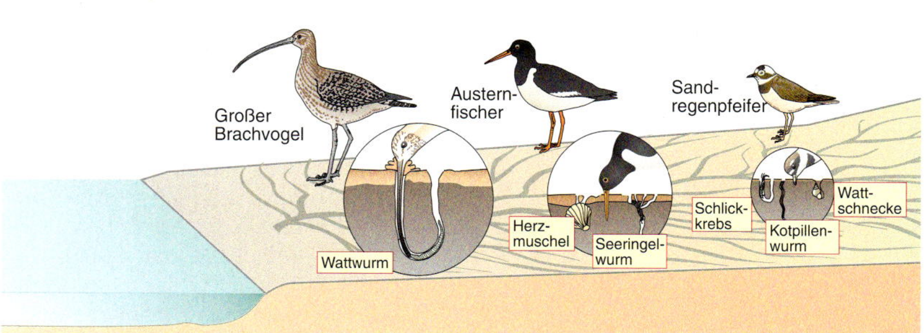

1 Ökologische Nischen verschiedener Wattvögel

Diese wiederum können von *Tertiärkonsumenten* gefressen werden. Produzenten und Konsumenten bilden verschiedene Nahrungsebenen. In Ökosystemen sind die Organismen durch *Nahrungsketten* miteinander verbunden, die ein *Nahrungsnetz* bilden.

Mutation

Mutationen sind zufällige und spontane Änderungen im Erbmaterial der Organismen. Häufig führen sie zum Tod oder zu einer Beeinträchtigung des Trägers der Mutation. Sie können aber auch Veränderungen von Merkmalen bis hin zur Entstehung neuer Eigenschaften bewirken.

Die Wahrscheinlichkeit für das Auftreten von Mutationen in Keimzellen ist gering, dennoch reicht sie aus, um die genetische Variabilität zu erzeugen.

3 Heideschnecken

Rekombination

Bei der Befruchtung werden die Chromosomen der Eltern miteinander neu kombiniert. Dadurch entstehen neue Genotypen und neue Phänotypen. Das kann man bei dihybriden Erbgängen, erkennen.

Die Neukombination von Genen bzw. der DNA wird als *Rekombination* bezeichnet. Die Zahl der möglichen verschiedenen Keimzellen bei Menschen beträgt 2^{23}. Daraus ergeben sich bei der Befruchtung 2^{46} Kombinationsmöglichkeiten Diese Zahl ist sehr viel größer als die Zahl Menschen, die jemals auf unserem Planeten gelebt haben.

Mutation und *Rekombination* sind die Ursachen der *genetischen Variabilität*, diese ist wiederum die Ursache für die Variabilität der Phänotypen.
Ohne Variabilität innerhalb und zwischen den Populationen gäbe es keine *Evolution*.

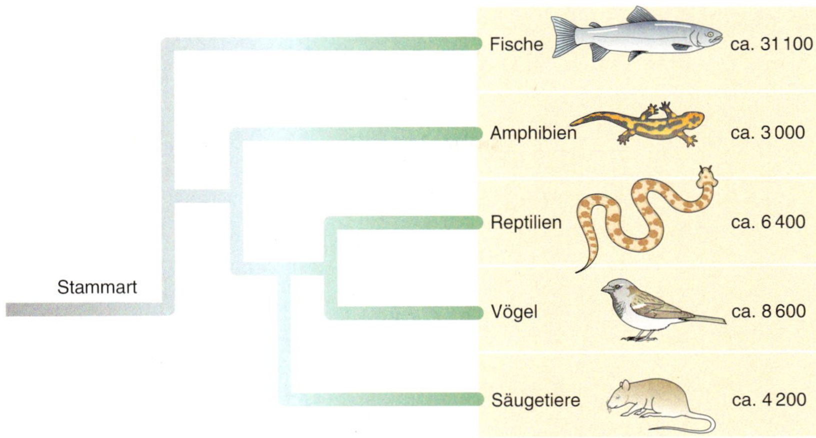

4 Verwandtschaftsbeziehungen und Artenzahlen der Wirbeltierklassen

Selektion

Nicht alle Nachkommen haben in einer Population gleiche Überlebenschancen. Diejenigen, deren Eigenschaften besser zu den vorherrschenden Umweltbedingungen passen, überleben bevorzugt und haben einen höheren Fortpflanzungserfolg *(survival of the fittest)*.

Der Auswahlprozess, der den besser angepassten Individuen größere Überlebenschancen garantiert heißt Selektion. Dadurch bleiben die zum Überleben besonders günstigen Merkmalskombinationen erhalten. Die Selektion bewirkt somit *Angepasstheit*.

Ein Beispiel für Angepasstheit sind die langen, scharfen und gebogenen Krallen des Mäusebussards (s. Abb. 5).

5 Raubvogel

Evolution der Wirbeltiere

Durch Fossilfunde wissen wir, dass es bereits vor 500 Millionen Jahren kieferlose Fische gab. Unter ihnen lebten die Vorfahren der heutigen Fische und der Wirbeltiere, die vor etwa 350 Millionen Jahren begannen das Land zu erobern. Dort fanden sie zahlreiche freie ökologische Nischen vor, die im Lauf der Evolution von den Amphibien, dann vor etwa 280 Millionen Jahren von den Reptilien nach und nach besetzt wurden. Vor etwa 180 Millionen Jahren begannen die ersten Vögel eine neue ökologische Nische, den Luftraum, zu erobern. Die Entwicklung der Säugetiere begann vor ca. 230 Millionen Jahren. Sie können, wie die Vögel, ihre Körpertemperatur konstant halten. Daher waren sie in der Lage weitere Nischen, wie zum Beispiel Wüsten oder Polargebiete zu besetzen. Die Entwicklung des Lebens an Land war mit einer Vergrößerung der Artenzahlen verbunden. Eine Übersicht über die Anzahl der heute bekannten Wirbeltiere liefert Abb. 4.

Die Wirbeltiere werden in fünf Klassen eingeteilt:
1. Fische sind vollständig an den Lebensraum Wasser gebunden.
2. Amphibien sind vierbeinige Landbewohner, die mit Lungen atmen. Ihre Fortpflanzung und die Entwicklung erfolgt im Wasser.
3. Reptilien leben vollständig an Land. Sie sind wechselwarm und die Entwicklung erfolgt in Eiern mit einer festen Schale.
4. Vögel legen Eier mit einer festen Schale. Sie sind gleichwarm. Ihr Körper ist mit Federn bedeckt.
5. Säugetiere sind wie die Vögel gleichwarm. Ihre Körperbedeckung besteht aus einem Fell. Die Embryonalentwicklung erfolgt im Mutterleib. Jungtiere werden gesäugt.

Zelle und Stoffwechsel

Die Struktur der Zelle

Mikroskopie

Das elektronenmikroskopische Bild der Zelle

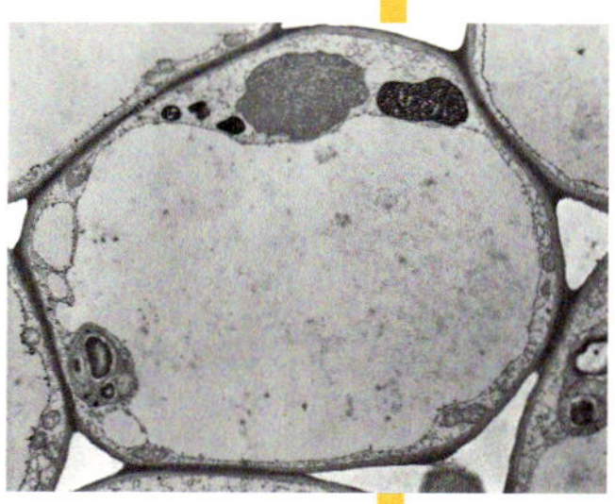

Bakterien und Viren

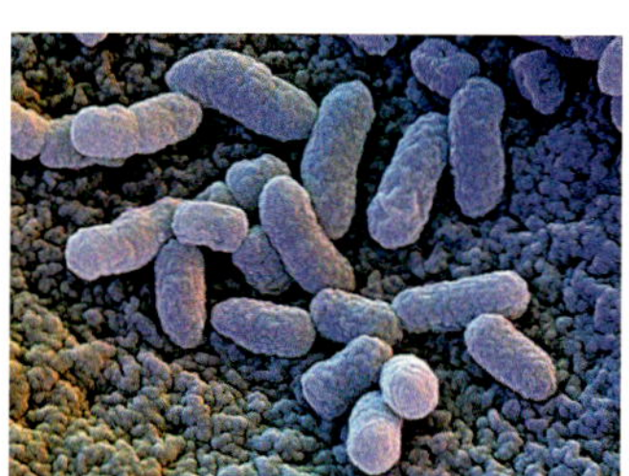

Zellen werden wegen ihrer geringen Größe mit Licht- und Elektronenmikroskop genauer untersucht. Das elektronenmikroskopische Bild der Zelle ist die Grundlage für das Verständnis vieler biologischer Strukturen und Reaktionen.

Das System Zelle

Transportvorgänge

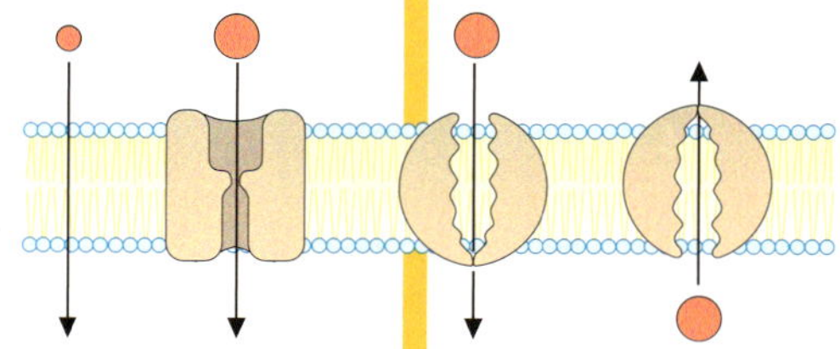

Chemische Grundlagen

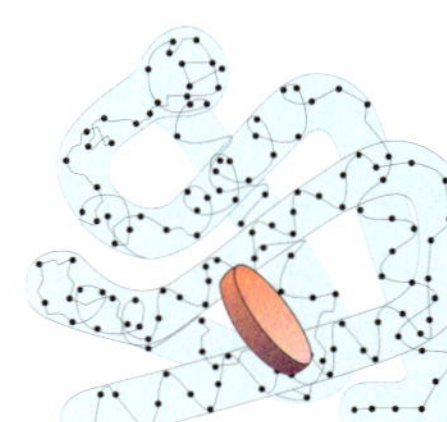

Biomembranen und Stofftransport

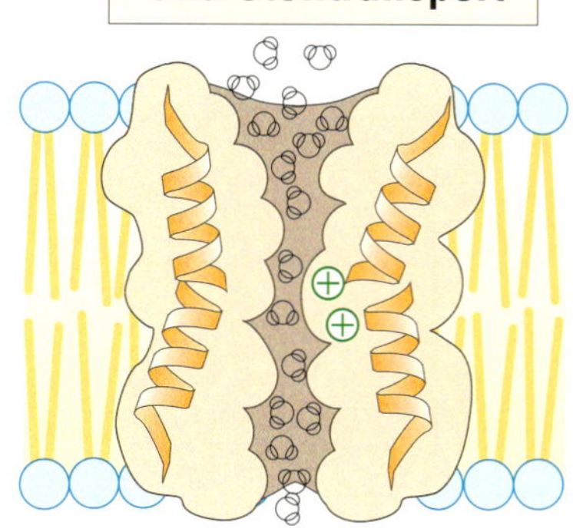

Zellen stehen in ständigem Stoff- und Energieaustausch mit ihrer Umgebung. Dabei spielen Biomembranen die entscheidenden Rollen. Für das Verständnis ihrer Struktur und Funktion sind chemische Grundlagen erforderlich. Das Modell der Biomembran ermöglicht ein vertieftes Verständnis des Stofftransports.

Online-Link
045640-0021

Energie und Energieumwandlung

Energie und Entropie

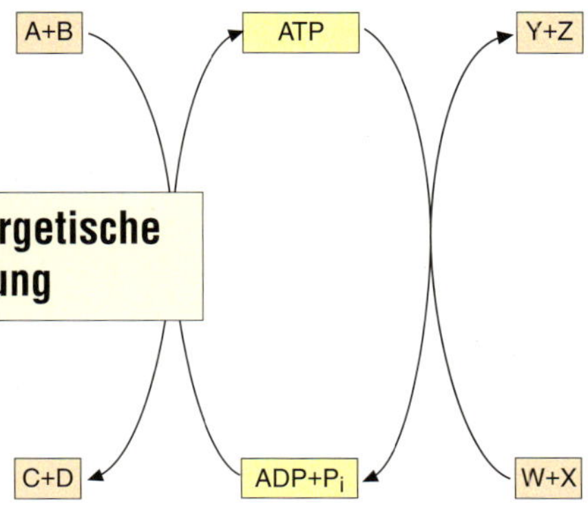

ATP und energetische Kopplung

Mitochondrien und Chloroplasten

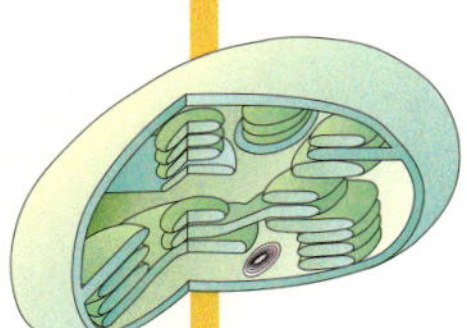

Globale Wirkung

Lebensvorgänge sind an Stoff- und Energiewechsel geknüpft. Eine wesentliche Rolle spielt der Energieüberträger ATP. Mitochondrien und Chloroplasten sind die wichtigsten Organellen des Energiestoffwechsels. Deren Reaktionen haben Auswirkungen auf das Ökosystem Erde.

Enzyme

Enzyme als Biokatalysatoren

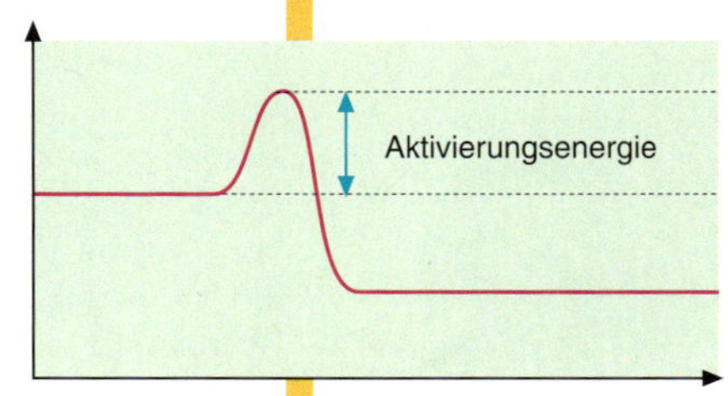

Reaktionsbedingungen und Regulation der Aktivität

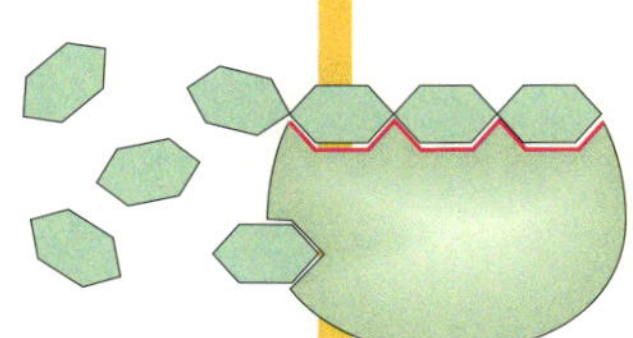

Enzyme in Haushalt und Industrie

Enzyme ermöglichen durch ihre katalytischen Wirkungen den Ablauf von Lebensvorgängen. Ihre Aktivität hängt von bestimmten Bedingungen ab. Durch Regulation ihrer Aktivität können die Stoffwechselprozesse einer Zelle beeinflusst werden.

Die Zelle – Baustein der Lebewesen

Die Entdeckung der Zelle

THEODOR SCHWANN

MATTHIAS SCHLEIDEN

Bis zum 17. Jahrhundert waren viele anatomische Erkenntnisse über den Aufbau der Organismen zusammengetragen. Man kannte Organe und Gewebe, wusste aber nichts über ihren Feinbau. Die Naturforscher konnten nur Strukturen einer Größe von mindestens 0,1 mm mit dem bloßen Auge erkennen. Die Entdeckung der Zelle als Grundbaustein der Lebewesen ist daher eng verknüpft mit der Entwicklung optischer Geräte, die das begrenzende Auflösungsvermögen des menschlichen Auges erweitern.

Der Niederländer ANTONIE VAN LEEUWENHOEK hat vermutlich als erster im Jahr 1678 Bakterien gesehen. Er entdeckte bewegliche Spermien, beschrieb die Fortbewegung von Wimpertierchen und erkannte Blutzellen als reguläre Blutbestandteile. Für seine Forschung entwickelte er einfache Mikroskope mit etwa 200facher Vergrößerung. Der englische Physiker ROBERT HOOKE baute für seine Untersuchungen ein Mikroskop mit Okular und Objektiv. Er beobachtete in Dünnschnitten von Flaschenkork viele nebeneinander liegende, kleine Kammern. Für ein Kämmerchen prägte er bereits 1665 mit „cellula" den heutigen Begriff *„Zelle"*.

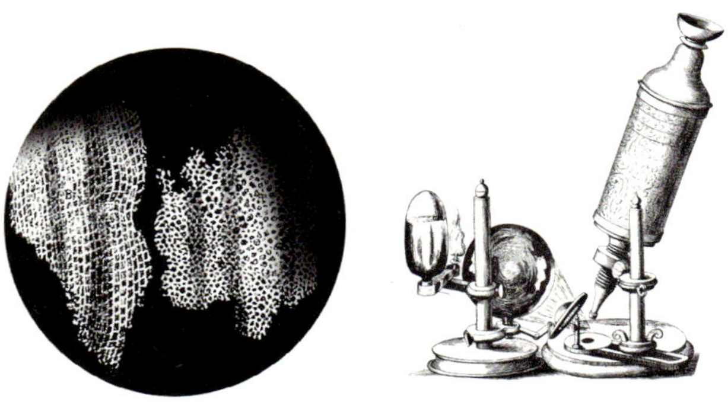

1 Mikroskop von HOOKE und die von ihm gezeichneten Korkscheibenzellen

Eine wichtige Beobachtung zur Struktur des Zellinhaltes erfolgte erst zwei Jahrhunderte später. 1831 stellt ROBERT BROWN fest, dass der Zellkern – er nennt ihn Nucleus – ein fester Bestandteil von Zellen ist.

Die Zelltheorie

Die Bedeutung der Zellen als Kennzeichen des Lebendigen wurde im 19. Jahrhundert durch die deutschen Biologen MATTHIAS SCHLEIDEN und THEODOR SCHWANN nachhaltig gefestigt.

SCHLEIDEN mikroskopierte Pflanzen und stellte bei jedem Präparat fest, dass Pflanzen aus Zellen aufgebaut sind. SCHWANN kam bei der Untersuchung unterschiedlichster Tiergewebe zur gleichen Erkenntnis. Gestützt auf zahlreiche Einzelbeobachtungen veröffentlichte SCHWANN im Jahr 1839 die Zelltheorie. Sie besagt: „Alle Lebewesen sind aus Zellen aufgebaut." Die Zelltheorie wurde durch nachfolgende Forschergenerationen bestätigt und weiter ausgebaut. So erkannte der deutsche Arzt RUDOLF VIRCHOW 1855 nach mikrobiologischen Versuchen, dass alle Zellen aus Zellen hervorgehen. Bei seinen Untersuchungen von Seeigeleiern beobachtete der Biologe OTTO HERTWIG 1875, dass ein vielzelliger Organismus durch die Vereinigung zweier Zellen zu einer Zygote entsteht.

2 Eizelle kurz vor der Befruchtung

Die Zelltheorie ist ein Fundament moderner Biologie. Heute zeigen weitere zellbiologische Untersuchungen, dass ein Organismus alle Leistungen des Lebendigen wie beispielsweise Stoffwechsel, Wachstum, Reizbarkeit oder Fortpflanzung, durch die Funktion seiner Zellen erhält. Weiterhin ist nachgewiesen, dass die Zellen aller Organismen in wesentlichen Strukturen übereinstimmen.

Prinzip: Zelluläre Organisation

Die Zelltheorie gilt grundsätzlich für alle Lebewesen, daher spricht man von dem biologischen **Prinzip** der **zellulären Organisation** (► s. Seite. 342).

Moderne Zellforschung

Seit dem 19. Jahrhundert nennt man die wissenschaftliche Arbeitsrichtung, die sich mit Bau und Funktion der Zelle beschäftigt, Zellenlehre, *Cytologie*. Auch im 20. Jahrhundert werden die Fortschritte in der Zellenlehre begleitet durch die Weiterentwicklung mikroskopischer Technologien. Das erste Elektronenmikroskop (1931) der deutschen Physiker ERNST RUSKA und MAX KNOLL wurde schon 1939 für die Virusforschung eingesetzt.

Heute erreicht das Auflösungsvermögen moderner Elektronenmikroskope seine Grenze unter 0,2 nm, dabei erfolgt eine Vergrößerung um eine Million. Leistungsfähige Lichtmikroskope können Zellstrukturen bis 200 nm bei einer 1000fachen Vergrößerung auflösen.

Aufgaben

① Stellen Sie zentrale Aussagen der Zelltheorie zusammen.
② Tragen Sie die Entdeckungen zur Zelltheorie auf einem Zeitstrahl ein.
③ Rechnen sie mit Hilfe der Angaben aus Abb. 3 aus, wie groß das abgebildete Grippe-Virus darzustellen wäre, wenn der infizierte Mensch (Größe 1.80 m) auf die Größe der Bundesrepublik Deutschland (Flensburg- Oberstdorf: ca. 1000 km) ausgedehnt würde. (Abb auf Randspalte).
④ In einem Bach finden Sie einen Kieselstein, der von einem grünen Belag überzogen ist. Sie möchten klären, ob es sich bei dem Belag um lebendes oder totes Material handelt. Schlagen Sie eine Untersuchungsmethode zur Klärung der Frage vor.
⑤ Bei der Untersuchung eines Marsmeteoriten wurden stäbchenförmige Strukturen von einigen Nanometer Länge mikroskopiert und als fossile Zellen interpretiert. Begründen Sie, ob es sich tatsächlich um eine Zelle handeln könnte. Erklären Sie, welche Bedeutung dieser Befund hätte.

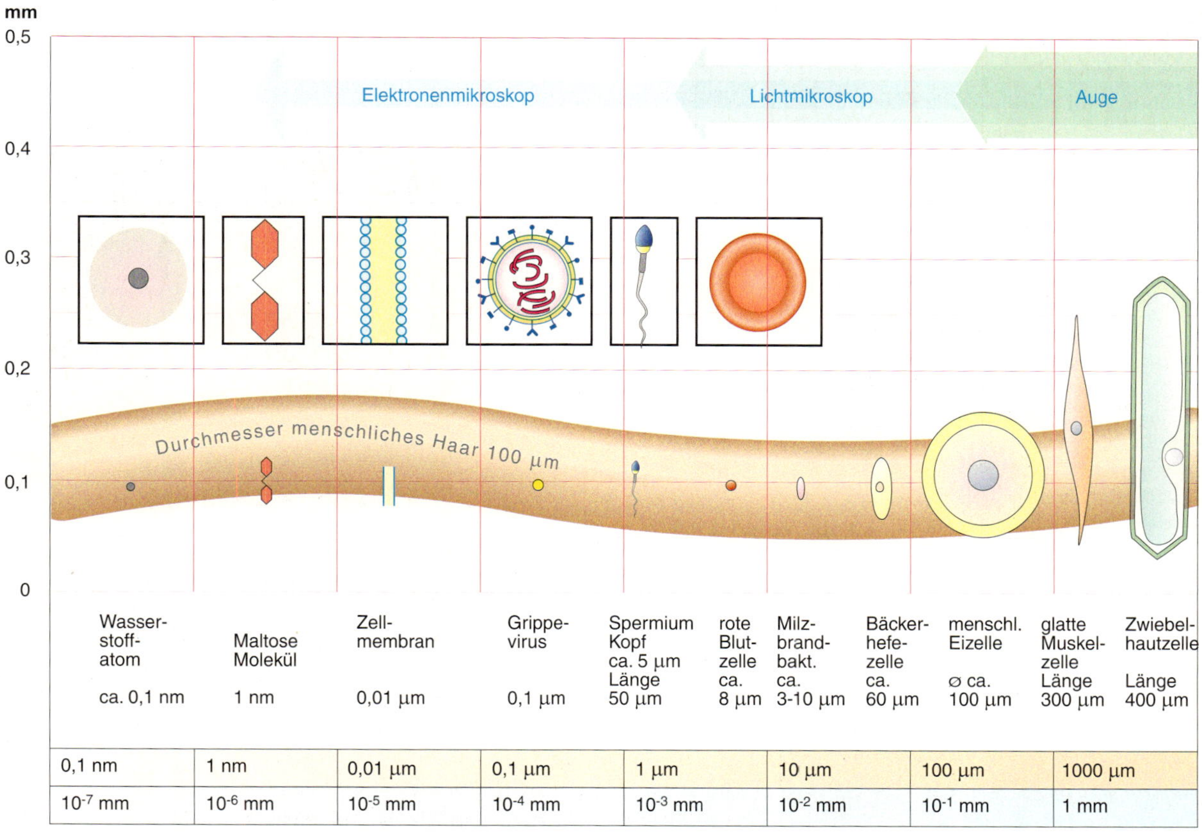

3 Schematischer Größen- und Formenvergleich von Zellen

Lichtmikroskopische Untersuchungen

Material:
Mikroskop, rote Küchenzwiebel, Tomate, Objektträger, Deckgläser, Rasierklinge, Pipette, Holzspatel oder Teelöffel, Methylenblaulösung, Eosinlösung.

Pflanzliche Frischpräparate

Durchführung:
Zerschneiden Sie eine Küchenzwiebel und ritzen Sie ein kleines Rechteck in das Zwiebelhäutchen auf der Innenseite einer Zwiebelschuppe. Bei der Tomate ritzen Sie die Haut von außen ein. Ziehen Sie das Häutchen von beiden Objekten mit einer Pinzette vorsichtig ab und legen Sie es jeweils in einen Tropfen Wasser auf einem Objektträger. Bedecken Sie die Präparate mit Deckgläschen. Saugen Sie überschüssiges Wasser mit Filterpapier ab.

Aufgaben

① Betrachten Sie die Präparate mit möglichst hoher Vergrößerung und zeichnen Sie einen Ausschnitt mit wenigen Zellen.
② Beschriften Sie alle erkennbaren Strukturen in ihrer Zeichnung.
③ Wo befindet sich der rote Farbstoff in den Zellen der Zwiebel und der Tomate?

Färben von Zellen

Mit über 100 verschiedenen Färbemethoden können unterschiedliche Zellstrukturen im Lichtmikroskop besser sichtbar gemacht werden.

Durchführung:
Mit einem Holzspatel oder einem Teelöffel schabt man vorsichtig aus der Mundhöhle etwas Schleim ab, der Mundschleimhautzellen enthält, und verteilt diese in einen Wassertropfen auf mindestens 3 Objektträger. Auf dem zweiten und dritten Objektträger wird eine Methylenblaulösung und eine Eosinlösung unter dem Deckgläschen hindurchgesaugt.

Aufgaben

④ Mikroskopieren Sie die Präparate und vergleichen Sie.
⑤ Beschreiben und benennen Sie die Zellstrukturen, die durch die Farbstoffe angefärbt werden.

Die Abb. 1 zeigt einen Schnitt durch die Mundschleimhaut bei 1000facher Vergrößerung. Gefärbt wurde mit Azokarmin/Anilinblau. In der Haut befinden sich becherförmige Schleimzellen und Zellen mit kleinen Flimmerhärchen, die mit winzigen Bewegungen die Schleimschicht wegdrücken.

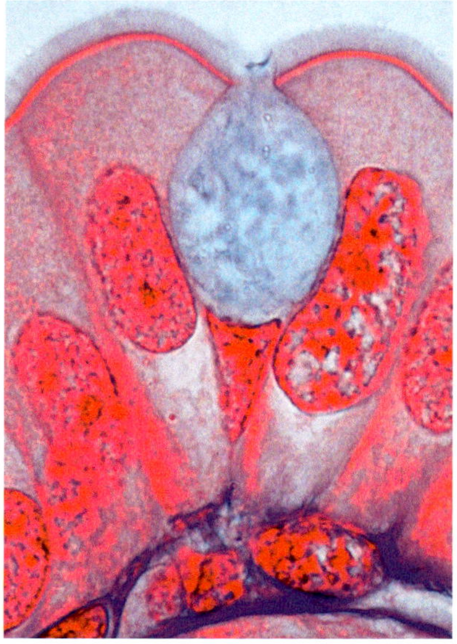

1

Aufgaben

⑥ Welche Strukturen werden durch die Farbstoffe jeweils rot, rosa, und blau angefärbt?
⑦ Beschreiben Sie die zwei verschiedenen Zelltypen im Epithel, achten Sie dabei besonders auf den oberen Bereich der Zellen.

Die Abb. 2 zeigt einen Längsschnitt durch gefaltetes Dünndarmepithel bei einer 100fachen Vergrößerung. Unter Epithel versteht man die Zellschicht, die den Darm auskleidet. Das Gewebe wurde mit Hämatoxilin/Eosin gefärbt.

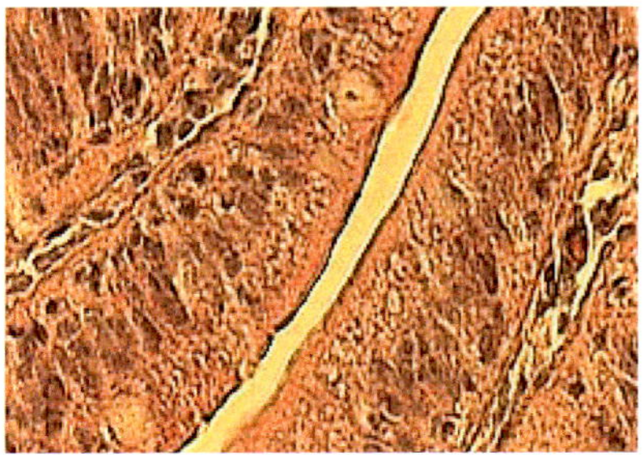

2

Aufgaben

⑧ Zeichnen Sie eine Übersicht über die angeschnittenen Epithelien. Benennen Sie auch das Darminnere und das lockere Bindegewebe.
⑨ Welche Strukturen werden jeweils gelb, welche Strukturen rot angefärbt?
⑩ Obwohl man die Zellgrenzen nicht erkennen kann, ist es möglich mit Hilfe der Kerne einzelne Zellen zu identifizieren. Beschreiben Sie Zellen des Darmepithels und des Bindegewebes in Form, Größe und Anordnung.

Das Mikrophoto (Abb. 3) zeigt einen Querschnitt durch das Gewebe einer Schilddrüse. Die Drüse besteht aus Drüsenbläschen, die von einschichtigen Epithelien mit Drüsenzellen ausgekleidet sind. Das Gewebe wurde mit Azokarmin/Anilinblau gefärbt.

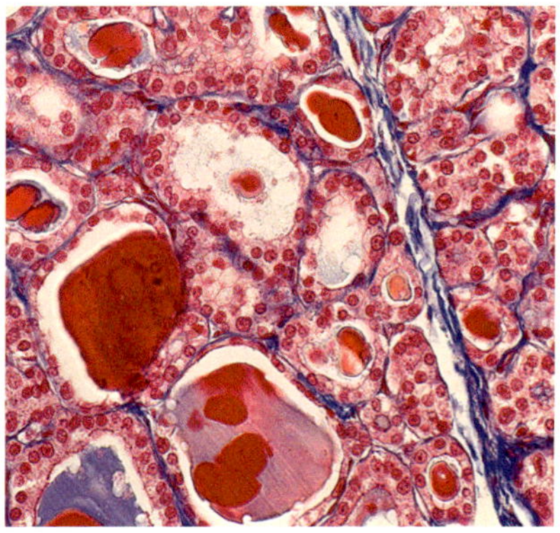

3

Aufgaben

⑪ Schätzen Sie die Vergrößerungsstufe dieser Abbildung und die Dimensionen eines Drüsenbläschens ein. An welchem Zellbestandteil können Sie sich orientieren?
⑫ Zeichnen Sie eine Übersicht über ein Drüsenbläschen. Es besteht aus einer Bindegewebshülle, dem einschichtigen Epithel und dem zellfreien grauen oder roten Inhalt.

Material

Zellen

Auszählen von Zellen

Bei einem „Blutbild“ wird in medizinischen Laboren die Zahl der weißen Blutzellen, die in der Immunreaktion aktiviert werden, als Hinweis auf die Schwere und den Verlauf der Infektion herangezogen. Zählkammern (Abb. 1) ermöglichen das präzise Auszählen von Zellzahlen.,

Gezeigt wird ein 250fach verdünnter Blutaustrich roter Blutzellen in einer Zählkammer, die 0,1 mm hoch ist.

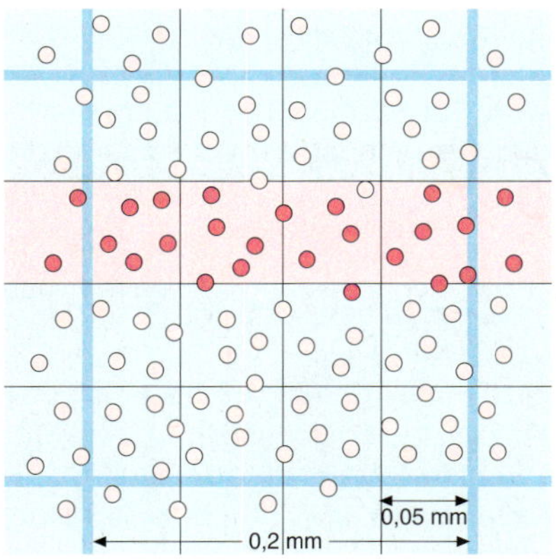

1

Aufgaben

① Bestimmen Sie die Zahl der Blutzellen im rot markierten Bereich und im gesamten Zählfeld. Errechnen Sie mit beiden Ergebnissen die Menge roter Blutzellen in einem mL Blut.

② Bei einer Infektion übersteigt die Leukozytenzahl im Blut den Wert von 4 – 10 Millionen/mL. Wieviele Leukozyten müssten Sie auf der gesamten Zählfläche bei einem Kranken mindestens erwarten. Welches Bild erwarten Sie bei einem AIDS-Kranken?

Vergrößerung und Auflösungsvermögen des Lichtmikroskopes

Mit dem Lichtmikroskop werden dünne Präparate im Durchlicht betrachtet. Licht, das durch das Objekt strahlt, gelangt ins Objektiv. Dieses erzeugt im Tubus des Mikroskops ein vergrößertes Zwischenbild. Das Okular wirkt wie eine Lupe, so dass das Zwischenbild auf der Netzhaut im Auge des Beobachters abgebildet wird.

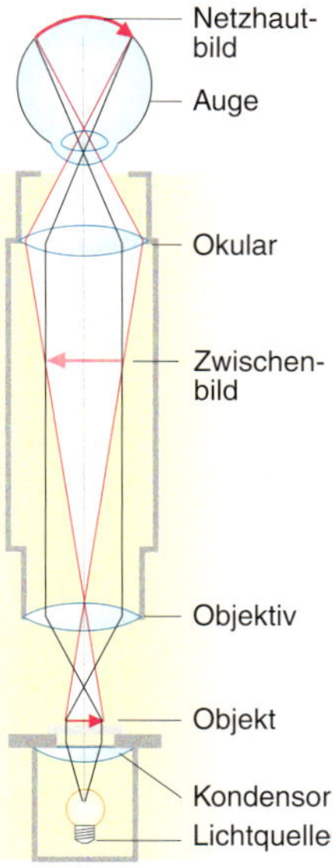

2

Die entscheidende Kenngröße für die Qualität eines Mikroskopes ist das Auflösungsvermögen des Objektivs. Darunter versteht man die Mindestentfernung, die zwei Objektpunkte haben müssen, damit sie noch getrennt voneinander abgebildet werden.

Die Bedeutung dieser Kenngröße des Objektivs verdeutlicht ein Vergleich mit einer Großleinwand. Auf dieser Leinwand werden nur die Details abgebildet, die durch die aufnehmende Filmkamera ursprünglich erfasst werden konnten. Wenn man sich der Großleinwand nähert, kann man nur die einzelnen Bildpunkte, nicht aber feinere Details der aufgenommenen Objekte erkennen. Die Qualität der Filmkamera entscheidet primär über die Details des abgebildeten Objektes, nicht die Größe der Projektionsfläche.

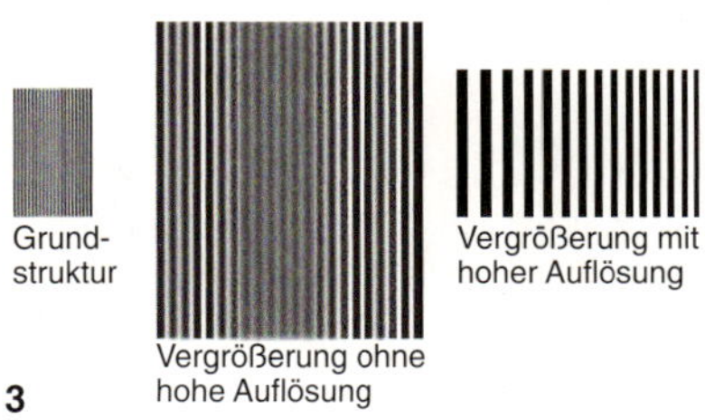

3

Aufgaben

③ Erklären Sie den Unterschied zwischen Auflösung und Vergrößerung mithilfe der Abb. 3

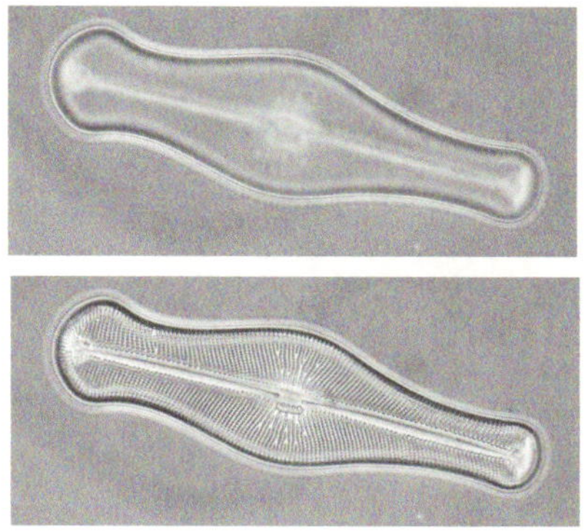

④ Vergleichen Sie die beiden Abbildungen der Kieselalge in Bezug auf Vergrößerung und Auflösung.

Das Auflösungsvermögen d_{min} ist durch die Wellennatur des Lichts begrenzt. Es lässt sich näherungsweise berechnen:

$$d_{min} = \frac{\lambda}{2n \cdot \sin\alpha}$$

Lambda λ ist die Wellenlänge des verwendeten Lichts, n die Brechungszahl des Mediums zwischen Deckglas und Objektiv, α der halbe Öffnungswinkel des Objektivs. Das Produkt aus n und $\sin\alpha$ heißt *numerische Apertur* des Objektivs und ist meist auf den Objektiven angegeben.

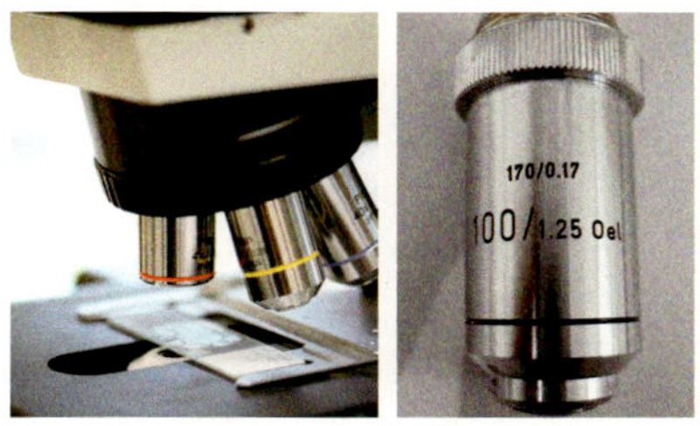

Auf einem 100er Objektiv finden Sie neben der Angabe zur Apertur (n = 1,25) auch den Hinweis „Öl“. Beim Mikroskopieren muss sich ein Tropfen Immersionsöl zwischen Deckglas und 100er Objektiv befinden, um das Objekt scharf stellen zu können.

Aufgaben

⑤ Welchen Faktor der Formel verändert das Immersionsöl?

⑥ Erklären Sie Möglichkeiten, das Auflösungsvermögen über die Größe λ zu erhöhen.

Elektronenmikroskopie

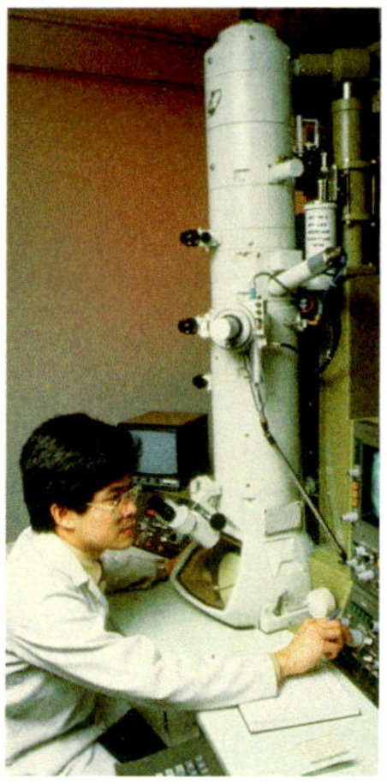

Transmissionselektronenmikroskop (TEM)

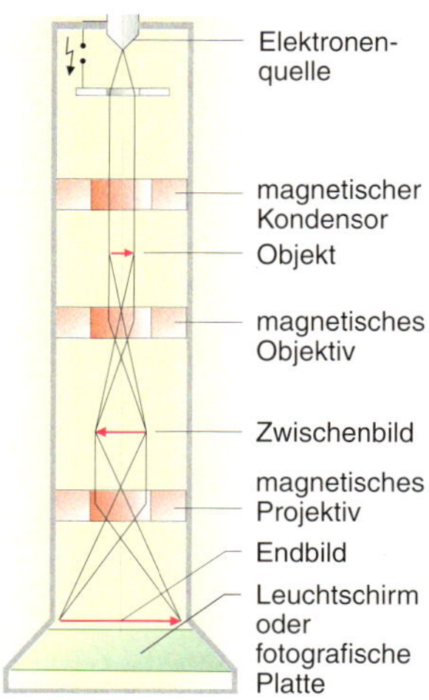

Transmissionselektronenmikroskop, Schema

Transmissionselektronenmikroskop (TEM)

Das Auflösungsvermögen des Lichtmikroskops wird begrenzt durch die Wellenlänge des sichtbaren Lichtes. Die kürzeste Wellenlänge liegt bei 400 nm. Demgegenüber erzeugen modernste Transmissionselektronenmikroskope (TEM) Elektronenstrahlen von ca. 0,1 nm Wellenlänge. Die maximale Auflösung des TEM liegt unter 0,2 nm und bis zu 1 000 000fache Vergrößerungen sind möglich. Bei biologischen Präparaten erbringt ein TEM gegenüber einem Lichtmikroskop in der allgemeinen Praxis die ca. 1 000fach verbesserte Auflösung.

Von außen betrachtet besteht ein TEM aus einer ca. 2 m langen Stahlröhre, an deren oberen Ende durch Hochspannung Elektronenstrahlen erzeugt werden. Da die Elektronenstrahlen von Luft oder Glas abgebremst werden, muss das TEM luftleer gepumpt werden. In dem Hochvakuum lassen sich die Strahlen mithilfe magnetischer Felder, deren Wirkung den Linsen im Lichtmikroskop entsprechen, ablenken und bündeln. Schließlich werden auf einem Bildschirm oder Film die Unterschiede in der Durchlässigkeit des Objektes für Elektronen dargestellt. (Abb. 1)

Fixierung der Objekte

Für den Elektronenstrahl im Vakuum des TEM müssen die Objekte stabilisiert werden. Dazu werden die Zellstrukturen mittels chemischer Substanzen (Formaldehyd und Osmiumtetroxid) oder durch Gefriertrocknung fixiert. Die Objekte müssen auch entwässert werden, damit im Vakuum nicht das Wasser verdampft. Lebendbeobachtungen sind daher im TEM nicht möglich.

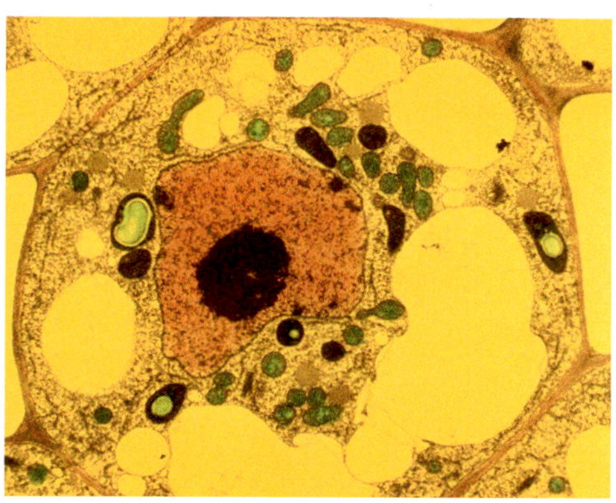

1 Kolorierte TEM-Aufnahme einer Pflanzenzelle

2 Ultramikrotom

Ultradünnschnitttechnik für TEM

Für das TEM muss man die Objekte sehr dünn schneiden, um den Elektronenstrahl hindurch zu lassen. Bei der *Ultradünnschnitttechnik* wird das Präparat nach dem Fixieren und Entwässern in Kunstharz eingebettet und dann mit einem Ultramikrotom geschnitten (s. Abb. 2). Dieses Gerät ermöglicht es, Schichten in einer Dicke von 50 nm abzuschaben.

Biologische Strukturen bieten dem Elektronenstrahl nur wenig Widerstand, sodass die entstehenden Bilder zunächst nur Grauwerte mit geringem Kontrast aufweisen. Daher werden vor dem Mikroskopieren die Präparate mithilfe von Schwermetallen „kontrastiert“. Bei diesem Vorgang lagern sich die Metalle bevorzugt an Membranstrukturen an. Heute ermöglichen Bildverarbeitungsprogramme noch nachträglich bestimmte Bereiche und Strukturen einzufärben (Abb. 1).

Ultradünnschnitte geben Einblick in den inneren Aufbau biologischer Strukturen. Mithilfe von Schnitt-Serien werden auch räumliche Darstellungen von inneren Zellstrukturen gewonnen.

Gefrierätztechnik für TEM

Mit der *Gefrierätztechnik* (Abb. 4) werden andersartige Präparate für das TEM hergestellt.
Bei diesem Verfahren fixiert man die Zellen, indem man sie schockgefriert. Anschließend wird das Objekt seitlich aufgebrochen. Diesen Vorgang kann man sich vorstellen, indem man einen Pfirsich aufbricht. Man kann nun die Bruchfläche betrachten, die den Kern oder den Kernabdruck darbietet. Für das TEM wird auf die feinstrukturierten

Bruchflächen eine Platinschicht schräg aufgedampft. Dieser Abdruck wird dann durch eine weitere schräg aufgedampfte Kohleschicht stabilisiert.

Die TEM-Bilder der Abdrücke vermitteln durch die unterschiedlich starke Ablagerung beim schrägen Bedampfen einen räumlichen Eindruck (Abb. 5) der Bruchflächen. Sie geben insbesondere Aufschluss über den Feinbau biologischer Membranen, da die Präparate entlang der Oberfläche oder innerhalb der Membranen aufbrechen.

Rasterelektronenmikroskopie (REM)

Im *Rasterelektronenmikroskop* (REM) werden ebenfalls Elektronenstrahlen erzeugt. Die Auflösungsgrenze liegt heute bei wenigen nm. Im REM werden Oberflächen von fixierten, getrockneten und mit Gold beschichteten Präparaten mit dem Elektronenstrahl abgerastert. Die reflektierten oder aus der Oberfläche herausgeschleuderten Elektronen werden gemessen und von einem Computer in Helligkeitswerte umgesetzt.

Die Bilder vermitteln einen hochauflösenden, räumlichen Eindruck von der äußeren Gestalt und Oberfläche eines Objektes (Abb. 6).

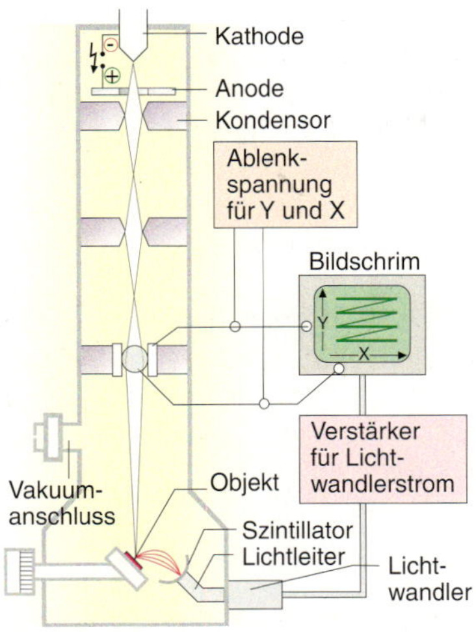

3 Rasterelektronenmikroskop, Schema

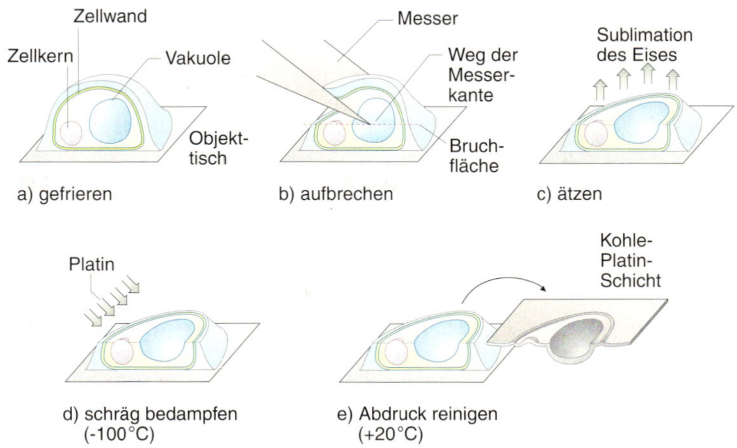

4 Schritte bei der Gefrierbruch- und Gefrierätztechnik

5 Kolorierte TEM-Aufnahme eines Zellkerns nach Gefrierätztechnik

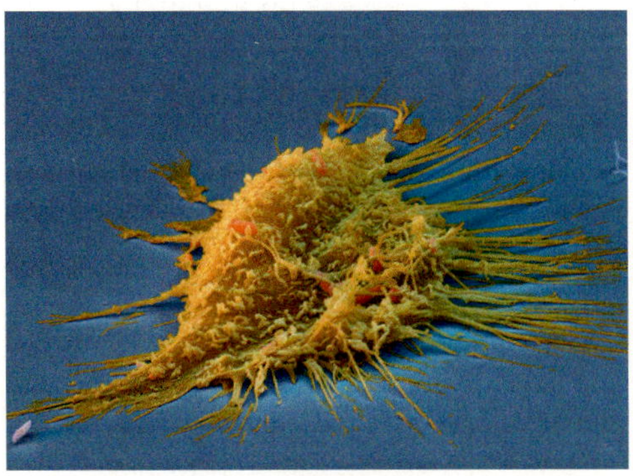

6 Ein Makrophage (kolorierte REM-Aufnahme)

Aufgaben

① Tragen Sie die Gemeinsamkeiten und die technischen Unterschiede zwischen TEM und Lichtmikroskop zusammen.

② Stellen Sie Vor- und Nachteile der Elektronenmikroskopie im Vergleich zur Lichtmikroskopie dar.

③ Besprühen Sie eine zerknitterte durchsichtige Folie schräg mit grauem Sprühlack. Glätten Sie die Folie und betrachten sie als Projektion eines Overheadprojektors. Vergleichen Sie den Eindruck mit dem Bild eines Gefrierätzpräparates von Abbildung 5.

Das elektronenmikroskopische Bild von Tier- und Pflanzenzelle

Im TEM ist wie im Lichtmikroskop sowohl bei Pflanzen- als auch bei Tierzellen der Zellkern deutlich zu erkennen. Bei einer Pflanzenzelle treten dazu noch die Zellwand, die Zellsaftvakuole und die Chloroplasten aufgrund ihrer Größe und Lage besonders hervor.
Darüber hinaus zeigt das TEM schon bei 2000facher Vergrößerung als elektronendichte (Doppel-)Linien die Membranen. Die Zellmembran umgibt das Zellplasma (Cytoplasma). Im Zellinneren begrenzen Membranen „Bläschen", die in unterschiedlicher Größe, Verteilung und Funktion in tierischen und pflanzlichen Zellen vorkommen können. Komplexe Systeme von gestapelten Membranen durchziehen das Cytoplasma und unterteilen es dadurch in eine Vielzahl abgegrenzter dreidimensionaler Räume, die *Kompartimente*. Gleichzeitig werden die inneren Oberflächen, an denen biochemische Prozesse ablaufen, aufgefaltet. Funktionseinheiten innerhalb der Zelle werden *Organellen* (kleine Organe) genannt.

Aufgaben

① Zeichnen Sie die Pflanzen- und Tierzelle der TEM-Bilder von Abb. 2 und 4.
② Beschriften Sie die Zellbestandteile in ihren Zeichnungen mithilfe der Informationen aus den Graphiken der Abb. 1 und Abb. 3.

Organell
Funktionseinheit

Kompartiment
Reaktionsraum

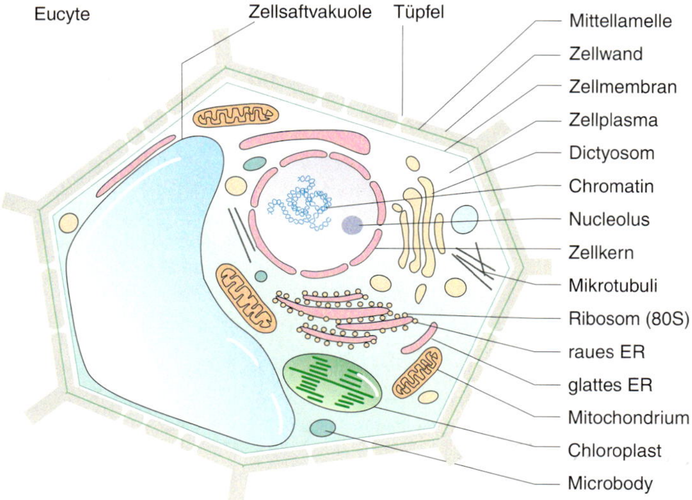

1 Pflanzenzelle (Schema)

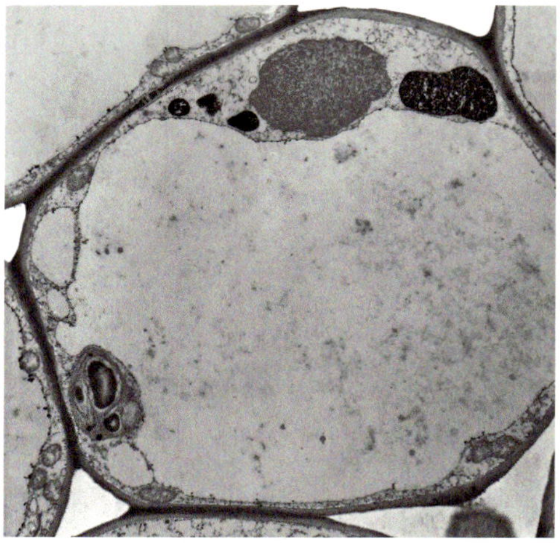

2 TEM-Aufnahme einer Pflanzenzelle, 2000fach

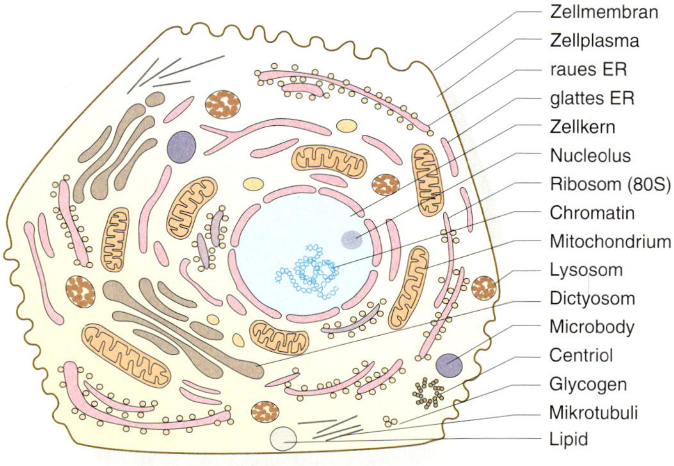

3 Tierzelle (Schema)

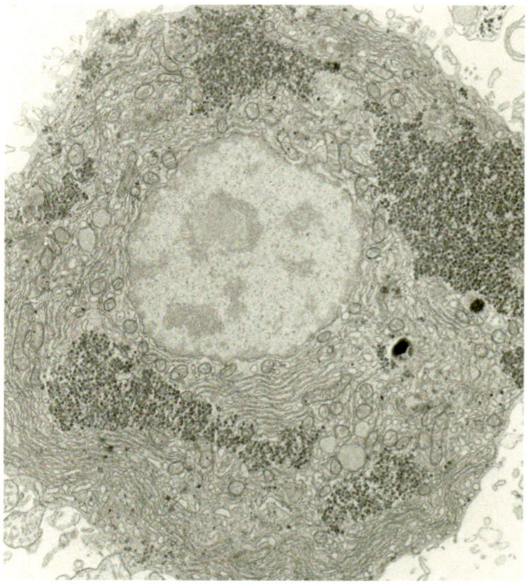

4 TEM-Aufnahme einer Tierzelle, 5000fach

Der Feinbau von Zellkern, Chloroplast und Mitochondrium

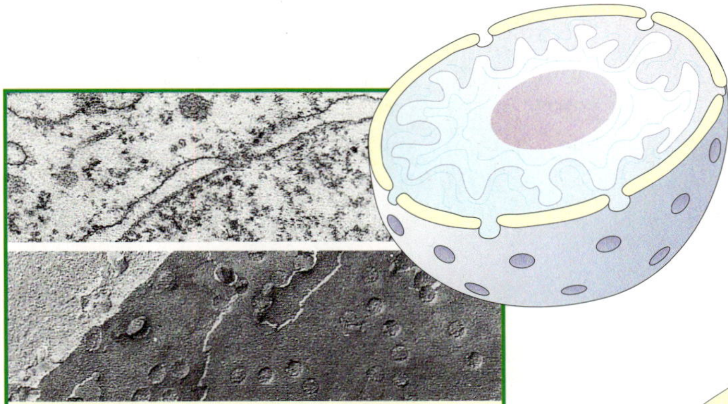

Zellkern (Nucleus; Vergr. 20 000fach)

Der Zellkern ist gegen das Cytoplasma durch zwei Membranen, die dicht nebeneinander verlaufen, abgegrenzt. Die *Kernhülle* ist von Kernporen durchbrochen (s. Seite 27, Abb. 5). Im Zellkern befindet sich Erbmaterial aus Desoxyribonucleinsäure, *DNA*. Das Kernkörperchen, *Nucleolus*, bildet einen elektronendichten Bereich, in dem Bestandteile von Ribosomen synthetisiert werden.

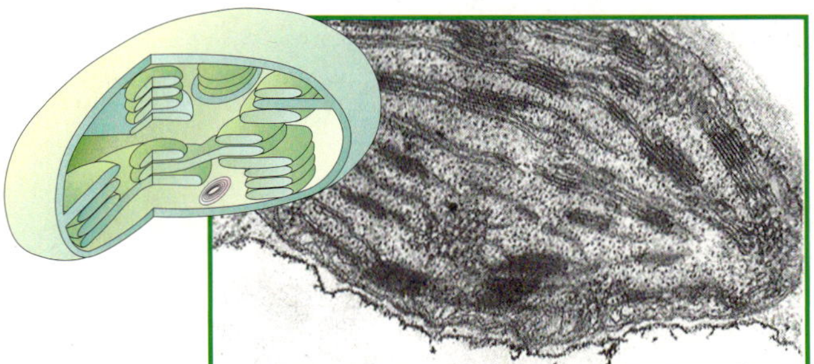

Chloroplast (Vergr. 20 000fach)

Chloroplasten sind von zwei Membranen umhüllt und besitzen so zwei Kompartimente. Die innere Membran umschließt einen Matrixraum, das *Stroma*. Darin befinden sich flächige, lamellenförmige Membransysteme, die *Thylakoide*. Diese sind zum Teil wie Geldrollen sehr dicht gestapelt. Ein Stapel heißt *Granum* (Mehrzahl: *Grana*). Wie die Mitochondrien besitzen die Chloroplasten eine eigene DNA sowie 70 S-Ribosomen. Die Thylakoidmembran enthält u. a. Chlorophylle und Carotinoide. Mithilfe dieser Farbstoffe wird Licht absorbiert. Die Chloroplasten sind die Organellen der Fotosynthese. Neue Chloroplasten entstehen nur durch Teilung vorhandener Chloroplasten.

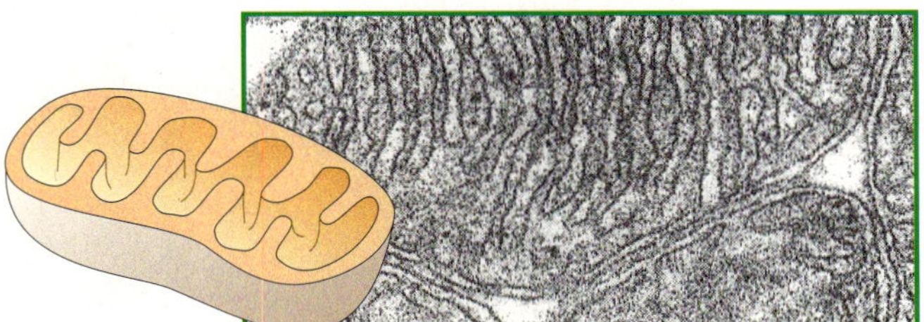

Mitochondrium
(Cristae-Typ; Vergr. 50 000fach)

Mitochondrien sind von einer Hülle aus zwei Membranen umgeben; sie bilden zwei Kompartimente: Eines liegt zwischen der äußeren und der inneren Hüllmembran, das andere, die plasmatische Matrix, wird von der inneren, stark gefalteten Membran umgeben. Durch die lamellenförmigen Einstülpungen entstehen große Oberflächen. In der Matrix befinden sich u. a. eine eigene DNA sowie 70 S-Ribosomen (s. Seite 30).

Mitochondrien kommen gehäuft in Zellen mit hohem Energiebedarf vor, z. B. Muskelzellen und Leberzellen. Die Mitochondrien sind die Orte der Zellatmung. Bei Oxidationsprozessen wird Energie aus Nährstoffen zum ATP-Aufbau eingesetzt. Neue Mitochondrien entstehen nur durch Teilung vorhandener Mitochondrien.

Der Feinbau des Endoplasmatischen Retikulum, Dictyosom und Lysosom

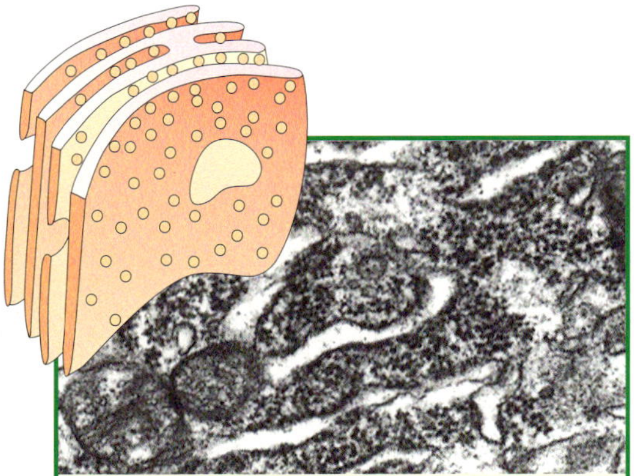

Endoplasmatisches Retikulum (Vergr. 20 000fach)

Das **Endoplasmatische Retikulum** (ER) ist ein Membransystem. Es durchzieht in Form eines dreidimensionalen Netzwerkes das gesamte Cytoplasma. Die Membranen umschließen flache Innenräume, die *Zisternen*. Das ER kann mit anderen Membranen in Verbindung stehen, z. B. mit der Kernhülle. An den Membranflächen befinden sich zum Teil dicht nebeneinander *Ribosomen*, wodurch das ER ein raues Aussehen erhält. Andere Bereiche sind frei von Ribosomen. Deshalb unterscheidet man zwischen *rauem* und *glattem ER*. Wichtigste Funktion des ER sind die Synthese von Proteinen und der Stofftransport innerhalb der Zelle. Manchmal schnüren sich von den Membranen auch Bläschen *(Vesikel)* ab, in denen Stoffe weiter transportiert werden. Drüsenzellen sind besonders stark vom ER durchzogen. In den Zisternen werden viele Stoffe gebildet, umgewandelt oder gespeichert.

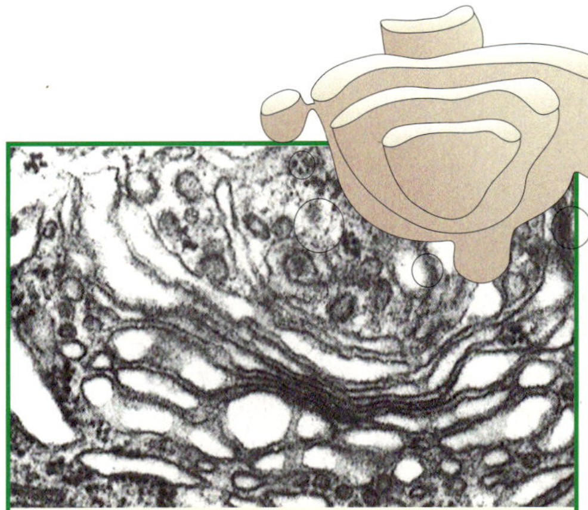

Dictyosomen (Golgi-Apparat; Vergr. 32 000fach)

Dictyosomen sind Stapel aus flachen Aussackungen, die ebenfalls in Drüsenzellen in großer Zahl vorkommen. Nach ihrem Entdecker wird die Gesamtheit der Dictyosomen in einer Zelle auch *Golgi-Apparat* genannt. Im Inneren der Membranzisternen befinden sich vor allem Proteine, bei pflanzlichen Zellen auch Baustoffe für die Zellwand. Sie werden dort nicht gebildet, sondern nur konzentriert und gelagert. Am Rande der Membranstapel können sich – ähnlich dem ER – Bläschen *(Golgi-Vesikel)* abschnüren.

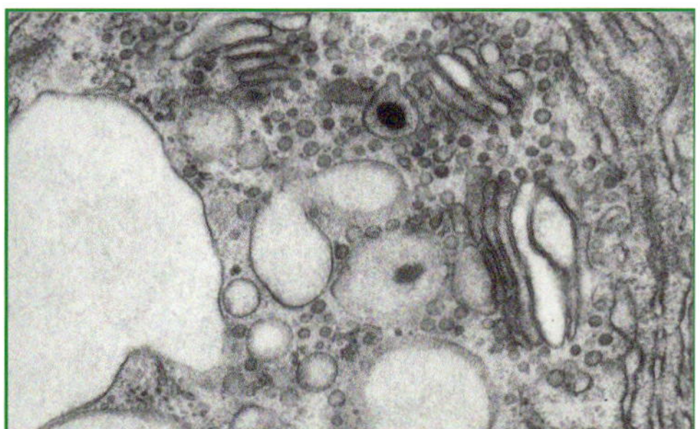

Lysosomen (Vergr. 30 000fach)

Lysosomen können in vielen Größen vorkommen. Sie werden von einer Membran umgeben und enthalten Verdauungsenzyme, die unter sauren Bedingungen aktiv sind. In den Lysosomen wird zelleigenes oder von außen aufgenommenes Material abgebaut. Die Enzyme werden im Golgi-Apparat gebildet und über Vesikel herantransportiert. Auch das Material von außen wird in membranumhüllten Vesikeln transportiert.

Der Feinbau weiterer Zellstrukturen

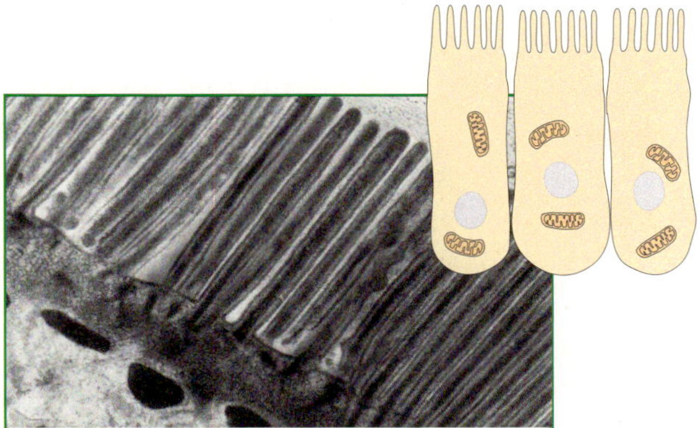

Microvilli (Vergr. 15 000fach)

Tierische Zellen, die wie Darmzellen mit ihrer Umgebung in intensivem Stoffaustausch stehen, besitzen fingerartige Ausstülpungen an der Oberfläche, die Microvilli. Diese Ausstülpungen sind bis zu 2 µm lang und werden durch Aktinfilamente stabilisiert. An der Basis der Microvilli können *Endocytosen* beobachtet werden: Stoffe, die die Membran nicht passieren können, gelangen über Vesikel in die Zelle.

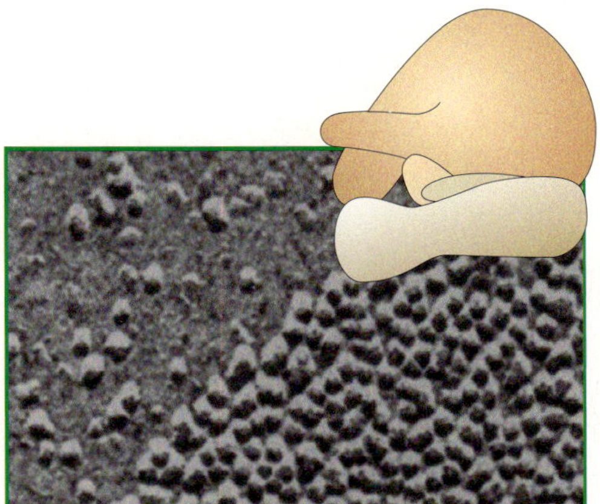

Ribosomen (Vergr. 175 000fach)

Ribosomen besitzen keine Membran. Diese kleinen Organellen (15—30 nm) werden aus zwei Untereinheiten gebildet, die zu 40 % aus Nucleinsäuren *(Ribonucleinsäuren, r-RNA)* und zu 60 % aus Proteinen bestehen. Ribosomen sind die Bildungsstätten der Proteine.

Es gibt zwei Typen von Ribosomen, die sich in ihrer Größe unterscheiden. Technisch kann man Ribosomen durch Zentrifugation von den übrigen Zellbestandteilen trennen. Je nach Größe, sedimentieren sie mit unterschiedlicher Geschwindigkeit. Für große Ribosomen, die nur im Cytoplasma von Eucyten auftreten, ist der Sedimentationskoeffizient 80 *Svedberg* (= S), für kleine 70 S. (vgl. S. 34)

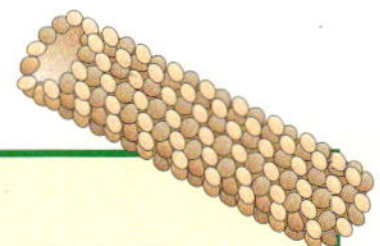

Cytoskelett

Das Cytoskelett bestimmt die Form der Zellen und kann diese auch aktiv verändern. Auch innerhalb der Zelle werden Organellen wie z. B. Chloroplasten vom Cytoskelett bewegt. Das Cytoskelett ist aus Mikrotubuli, dies sind Röhren von 25 nm Durchmesser, und Aktin, dies sind langgestreckte Proteinfäden, aufgebaut.

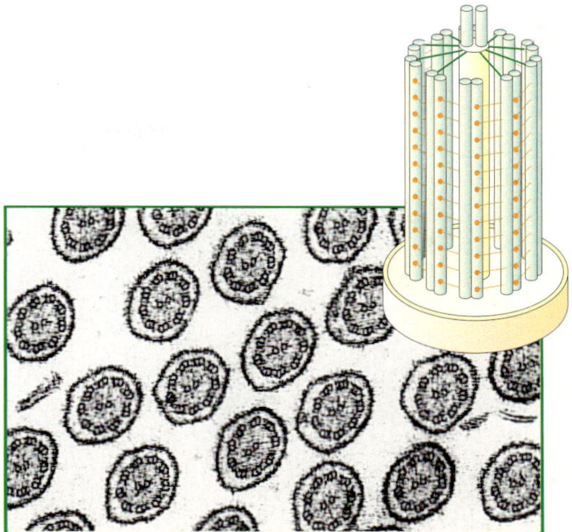

Cilien und Geißeln (Vergr. 15 000fach)

Bei Einzellern, Pflanzen, den Spermien oder Epithelzellen unserer Atemwege gibt es Geißeln. Im Querschnitt sind alle gleich aufgebaut: zwei miteinander verbundene Mikrotubuli sind umgeben von einem Ring aus jeweils neun Paaren von Mikrotubuli.

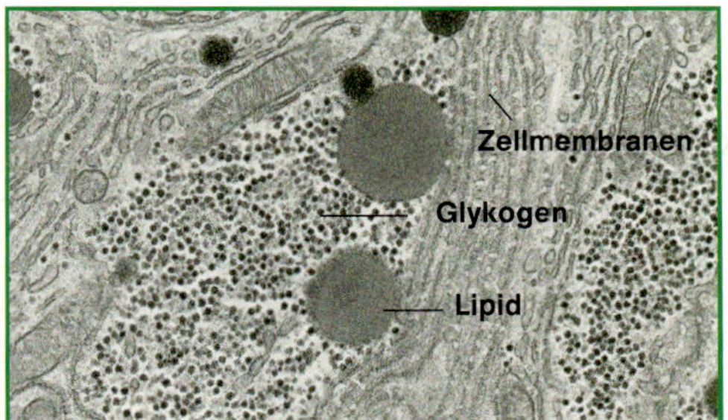

Glykogen, Lipid (Vergr. 2 000fach)

In tierischen Zellen erscheint Glykogen als elektronendichte Körner von 20 nm Durchmesser, im TEM leicht mit Ribosomen zu verwechseln. Lipid erscheint als elektronenlichte „Tropfen", die nicht von Membranen umhüllt sind.

Aufgaben

① Stellen Sie den Aufbau und die Funktion der dargestellten Zellstrukturen in einer Tabelle zusammen.

② Fertigen Sie Schemazeichnungen von ER, Dictyosom, Mitochondrium und Chloroplasten an.

③ Beschriften Sie Ihre Skizzen und tragen Sie Maßstäbe ein.

Angewandte Zellenlehre

Zelle und Umwelt

Umwelteinflüsse auf Organismen können auch auf der Ebene der Zellen mithilfe der Elektronenmikroskopie beschrieben und analysiert werden. Wissenschaftler vergleichen die Zellen von Tieren, die in einer ökologisch belasteten Umwelt leben müssen, mit Kontrolltieren, die unter optimalen Bedinungen leben.

Für die Untersuchungen nimmt man Fische. Der Stoffwechsel und zelluläre Aufbau dieser Wirbeltiere ist dem des Menschen grundsätzlich ähnlich. Insbesondere bei Umweltbelastungen der Gewässer sind Fische somit geeignete Anzeiger von Gefahren für den Menschen.

Als Organ für die Untersuchungen entnimmt man den Fischen die Leber. Die Leber baut Giftstoffe oder defekte Blutzellen ab, der „Abfall" wird über Gallengänge in den Darm abgegeben. Die Leber dient auch als Speicherorgan für energiereiche Verbindungen, dem *Lipid* und der tierischen Stärke, *Glykogen*.

Abb. 1 zeigt Leberzellen einer Forelle, die unter günstigen, genau festgelegten Kontroll-Bedingungen gehalten wurde. Unter die Leberzellen schmiegen sich Blutgefäße, die das Blut an die Zellen heranführen. Die Blutgefäße sind von einer einzelligen Haut ausgekleidet, dem sogenannten Endothel. Die Blutzellen haben Kerne. Die Leberzellen stoßen mit ihren Spitzen in einem eng zusammengedrückten kleinen Gallengang zusammen, der die Abbauprodukte von den Leberzellen zur Gallenblase und schließlich zum Darm abführt.

Aufgaben

1. Zeichnen Sie in eine Schemazeichnung die Umrisse und Organellen von zwei der vollständig angeschnittenen Leberzellen, die um einen kleinen Gallengang herum angeordnet sind. Beschriften Sie ihre Zeichnung.
2. Beschreiben Sie für die eingezeichneten Organellen deren Aufgaben in einer Leberzelle.
3. Stellen Sie Hypothesen auf, welche Auswirkungen auf die Feinstruktur von Leberzellen natürliche Einflüsse wie Hunger oder die Bildung von Keimzellen haben könnten.

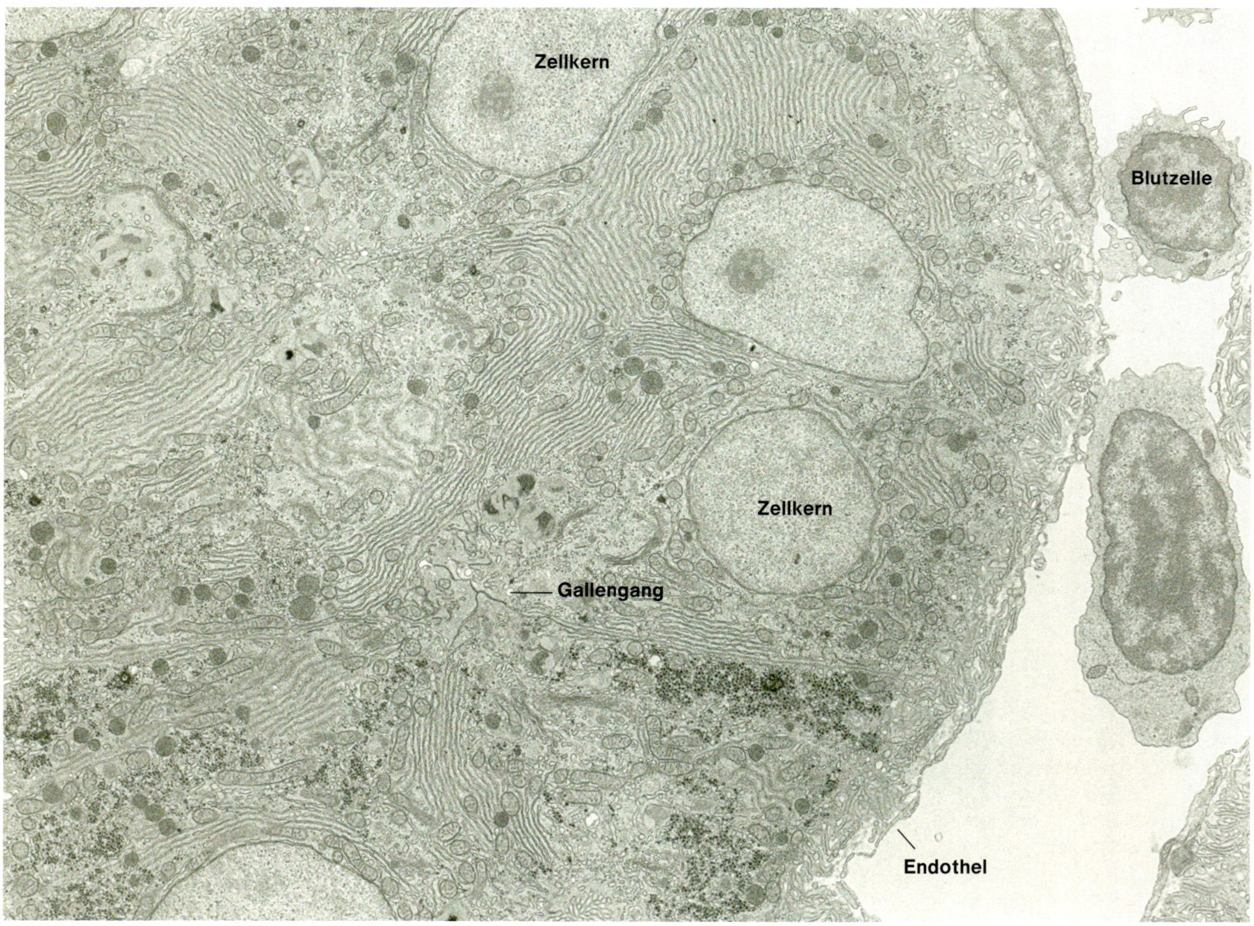

1 Leberzellen einer Forelle (3000fach)

Rückstände von Medikamenten im Abwasser

Eine aktuelle Untersuchung weist im Abwasser, welches in die Flüsse eingeleitet wird, regelmäßig Rückstände von Medikamenten nach. Dazu gehören der Entzündungshemmer Diclofenac und das fettsenkende Medikament Clofibrinsäure, das auch bei Schlankheitskuren eingesetzt wird. In Deutschland werden ca. 90 Tonnen Diclophenac umgesetzt, davon gelangen ungefähr 70 % mit den menschlichen Ausscheidungen in das Abwasser. Bei Clofibrinsäure liegen vergleichbare Werte vor. Beide Medikamente werden in den Kläranlagen nicht abgebaut. Eine Fragestellung des Umweltschutzes lautet daher, wie diese Arzneimittel auf einheimische Fische wirken.
Zur Klärung wurden Forellen für 3 Wochen in Laboraquarien gehalten, in die man jeweils die beiden Medikamente eingeleitet hat. Am Ende der Versuche wurde der Feinbau der Leberzellen von belasteten Forellen und von Kontrolltieren im TEM untersucht.
Typische Bilder von Leberzellen belasteter Tiere werden in Abb. 2 und 3 dargestellt.

Zusätzlich zu den mikroskopischen Untersuchungen wurden die Mengen von bestimmten Leberenzymen gemessen, um die Stoffwechselaktivität der Leber zu bestimmen.

Die mit Diclophenac belasteten Tiere produzieren mehr von den Enzymen, die in den Lysosomen vorkommen. Gleichzeitig kann man eine erhöhte Zahl von abgestorbenen Leberzellen nachweisen. Clofibrinsäure erhöht den Energieumsatz, hierbei werden auch die Glykogen-Reserven abgebaut.

Aufgaben

④ Beschreiben Sie besonders auffällige Unterschiede zwischen den Zellen der Kontrolltiere (Abb. 1) und den Leberzellen der belasteten Tiere (Abb. 2 und Abb. 3).

⑤ Geben Sie eine mögliche Erklärung für die Veränderungen der Organellen als Reaktion auf die Medikamente. Beachten Sie bei Ihren Erklärungen auch die Veränderungen im Stoffwechsel.

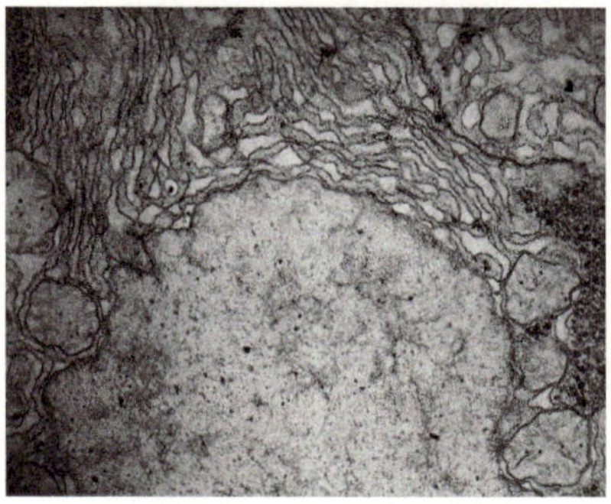

2 500 µg/L Diclofenac (3 000fach)

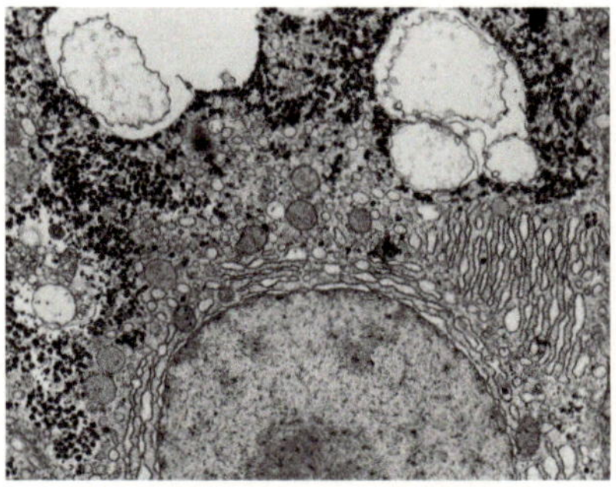

3 50 µg/L Clofibrinsäure (3 000fach)

Leberzellen in Kultur

Ein möglicher Ersatz für Experimente mit Fischen sind Untersuchungen mit Zellkulturen. In Petrischalen werden einzelne Zellen mit geeigneten Nährstoffen versorgt. Die isolierten Zellen kann man dann mit den Giftstoffen belasten.

Abb. 4 zeigt eine isolierte Leberzelle kurz nachdem man sie mithilfe von Enzymen aus dem Gewebe herausgelöst und in eine Petrischale übertragen hat. Abb. 5 ist eine Detailaufnahme nach 5 Tagen im unbelasteten Nährmedium.

Aufgaben

⑥ Beschreiben Sie den Aufbau der frisch isolierten Zelle und vergleichen Sie mit den Zellen aus dem intakten Lebergewebe. Interpretieren Sie die Gemeinsamkeiten und die Unterschiede.

⑦ Beschreiben Sie die Autophagosomen, die in den Zellkulturen nach 5 Tagen gehäuft auftreten.
Welche Schlussfolgerungen können Sie aus dieser Beobachtung in Hinblick auf die Anwendung von Zellkulturen in der Forschung ziehen?

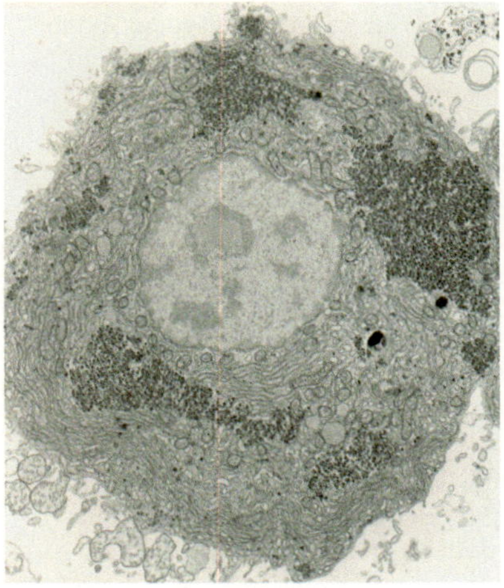

4 Isolierte Leberzelle (3 000fach)

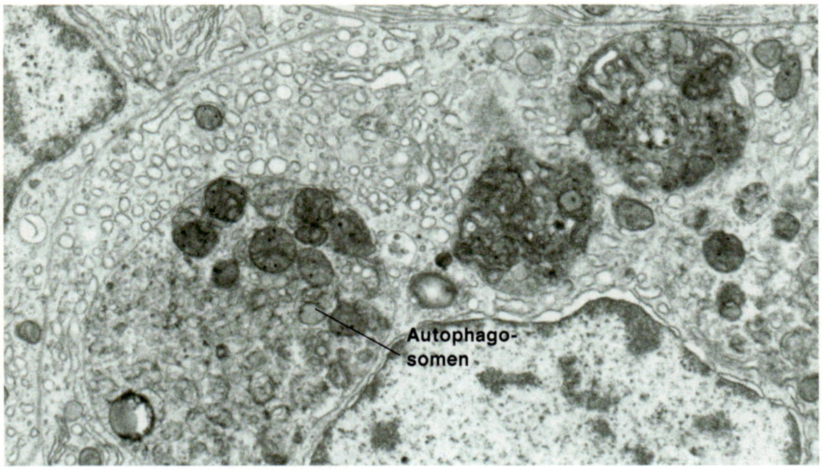

5 Detailaufnahme einer Leberzelle (10 000fach)

Forschungsmethoden der Zellbiologie

Neben der Mikroskopie sind in der cytologischen Forschung weitere Untersuchungsverfahren bedeutsam. Sie dienen der Isolation von Zellorganellen, der Funktionsuntersuchung der Zellbestandteile und der Analyse chemisch-physikalischer Eigenschaften von Molekülen.

Das Prinzip der Zentrifugation

Verteilt man verschieden große Zellen, z. B. ein Gemisch aus Blutzellen und Bakterien, gleichmäßig in einer wässrigen Lösung, werden die Zellen durch die Schwerkraft im Laufe der Zeit zum Gefäßboden gezogen. Je größer und schwerer die Zellen sind, desto schneller verläuft das Absinken, die Sedimentation. Das Verfahren eignet sich zum Trennen von Objekten unterschiedlicher Schwere und Größe. Je größer die Kraft ist, die auf ein Objekt einwirkt, desto schneller sedimentiert es. Bei kleinen Objekten dauert der Vorgang meistens lange, die Erdanziehungskraft lässt sich aber nicht erhöhen.

Unterwirft man aber die zu trennenden Objekte einer hohen Beschleunigung, so erfahren sie entsprechend große Beschleunigungskräfte. In Zentrifugen werden Zellen und Zellbestandteile Beschleunigungen ausgesetzt, die um ein Vielfaches größer sind als die im Vergleich dazu relativ kleine Erdbeschleunigung (g).

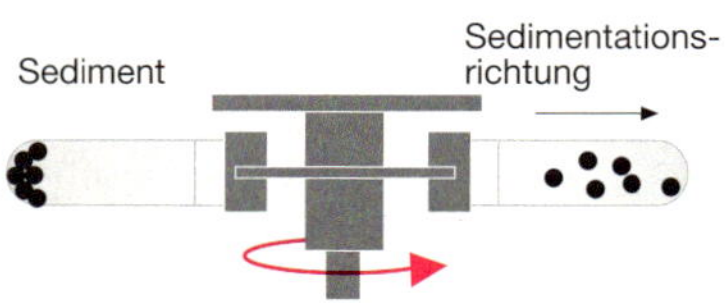

Die Trennung von Zellbestandteilen duch Zentrifugation

Mithilfe der Zentrifugation werden einzelne Zellorganelltypen gezielt angereichert. Man erhält sogenannte Fraktionen, z. B. von Zellkernen oder Chloroplasten. Dazu werden die Zellen zunächst mechanisch mit einem Homogenisator oder durch Zerreiben mit feinem Quarzsand „aufgebrochen".

Das entstandene Zellhomogenat wird zentrifugiert. Die schweren Zellkerne setzen sich schneller als Sediment am Grund des Zentrifugenröhrchens ab als leichtere Organellen. Gießt man den Überstand ab (*Dekantieren)*, so bleibt eine fast reine Zellkernfraktion zurück.

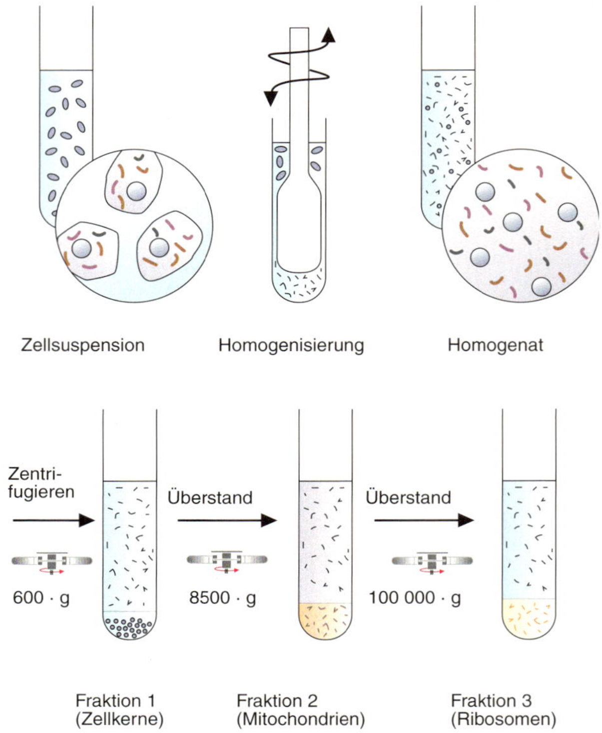

2 Trennung von Zellbestandteilen

Bei der *Differentialzentrifugation* wird der dekantierte Rest des Homogenats nacheinander bei verschiedenen Drehzahlen zentrifugiert und so weiter fraktioniert. Das geschieht in Ultrazentrifugen, die Drehzahlen von mehr als 1000 Umdrehungen pro Sekunde erreichen. Dabei treten Beschleunigungen auf, die bis zu einigen hunderttausend Mal größer sind als die Erdbeschleunigung. So lässt sich am Grund des Zentrifugenröhrchens auch die Konzentration kleiner Partikel vergrößern.

Mithilfe der Ultrazentrifugation lässt sich der *Sedimentationskoeffizient* von Zellorganellen bestimmen. Dieser „S-Wert", benannt nach dem Schweden Svedberg, ist abhängig von der Größe und der Masse der Partikel. Er ist ein Maß für die Geschwindigkeit, mit der Teilchen bei einer bestimmten Beschleunigung sedimentieren. Im Prinzip gilt: Je kleiner die Teilchen, desto langsamer sedimentieren sie, desto kleiner ist ihr S-Wert. So hat man beispielsweise zwei verschiedene Ribosomentypen entdeckt: größere mit 80 S und kleinere mit 70 S. 80 S Ribosomen kommen im Zellplasma eukaryoter Zellen vor, 70 S Ribosomen in Bakterien, Mitochondrien und Chloroplasten (vgl. S. 30).

Elektrophorese

Um die in einem Proteingemisch enthaltenen Proteine zu analysieren, müssen sie zunächst getrennt werden. Hierbei bedient man sich der Eigenschaft, dass Proteine geladen sind. Die Reste der Aminosäuren, aus denen sie aufgebaut sind, tragen teilweise Überschussladungen. Daher

tragen Proteinmoleküle auch als Ganzes Überschussladungen.
Beim Trennungsverfahren der Elektrophorese wird das Proteingemisch auf einen elektrisch leitenden Träger, meist ein Gel, gebracht. Träger und Proteine werden einem elektrischen Feld ausgesetzt, in dem zwischen den Enden des Trägers eine Gleichspannung von ca. 120 V angelegt wird. Die einzelnen Proteine wandern nun mehr oder weniger schnell zum Plus- oder Minuspol: Proteine, die positive Ladungen tragen zum Minuspol, Proteine mit negativer Überschussladung dagegen zum Pluspol. Da die einzelnen Proteine je nach Ladungsstärke und Molekülgröße unterschiedlich schnell wandern, werden sie voneinander getrennt. Zur Identifizierung schneidet man die einzelnen Proteinbanden auf dem Träger aus und kann das darin enthaltene Protein weiter untersuchen.

Dieses Verfahren zur Auftrennung von Gemischen aus Makromolekülen lässt sich auch zur Untersuchung von DNA anwenden. DNA ist aufgrund der Phosphatgruppen negativ geladen und wandert im elektrischen Feld vom Minus- zum Pluspol.

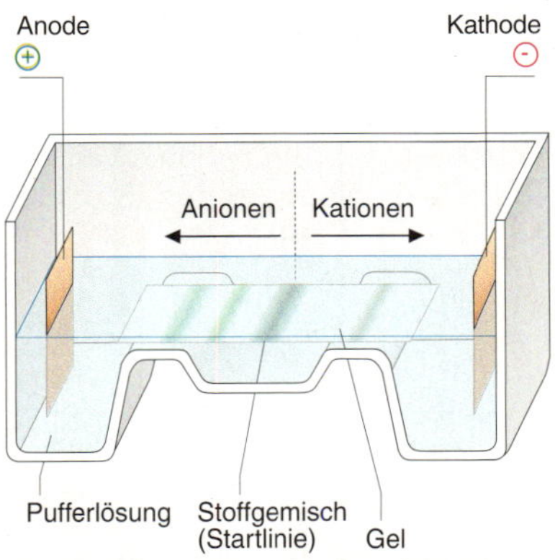

Autoradiografie

Mit der Autoradiografie ist es möglich, Stoffe in der Zelle zu lokalisieren. Damit lassen sich Reaktionsorte für Stoffwechselreaktionen erkennen oder auch die Funktionen von Zellorganellen aufdecken.

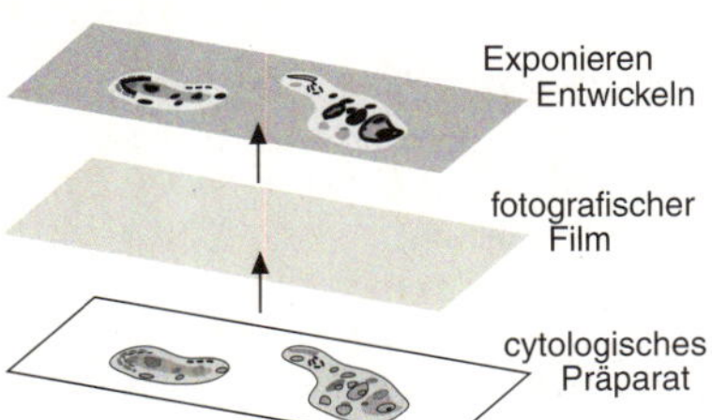

Das Prinzip beruht darauf, dass der Zelle mit radioaktiven Isotopen markierte Grundbausteine angeboten werden, die dann in zelleigene Stoffe überführt werden. Fixiert man die Zelle, so ist der Stoff mit dem radioaktiven Grundbaustein am Reaktionsort gebunden. Zum Aufspüren werden die Präparate mit einem Film bedeckt. Austretende radioaktive Strahlung „belichtet" die fotografische Schicht. Das Präparat mit der entwickelten Fotoschicht wird anschließend mikroskopisch untersucht. Schwärzungen sind an den Stellen zu finden, wo das Isotop gestrahlt hat. Damit ist der Ort der markierten Substanz bestimmt.

Mit dem Elektronenmikroskop lässt sich sogar die Gestalt von Makromolekülen, zum Beispiel Proteine oder DNA, erkennen.

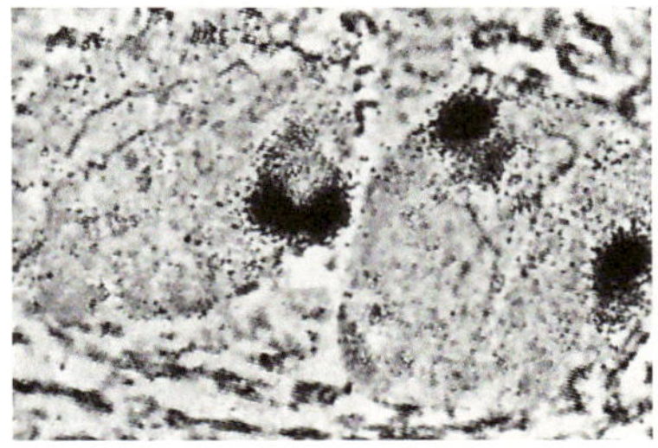

Schwarze Punkte zeigen neu gebildetes Insulin.

Fluoreszenzmikroskopie

Fluoreszenzfarbstoffe nehmen Licht einer bestimmter Wellenlänge auf und senden daraufhin Licht mit größerer Wellenlänge aus. Zum Beispiel regt UV-Licht den Farbstoff DAPI an blau zu leuchten. Diesen Vorgang nennt man Fluoreszenz. Fluoreszenzfarbstoffe heftet man an Antikörper, die wiederum an bestimmte Strukturen von Zellen spezifisch binden. Mit Hilfe der Fluoreszenz kann man die gesuchten Strukturen im Mikroskop lokalisieren. Dazu benötigt man ein Fluoreszenzmikroskop mit zwei Sperrfiltern und einem Durchlichtspiegel. Der erste Sperrfilter lässt das Licht mit anregender Wellenlänge hindurch, der zweite Sperrfilter nur das gewünschte Fluoreszenzlicht. Verschiedene Farbstoffe können in einer Zelle nach Filterwechsel lokalisiert werden. Auch lebende Zellen können mit Farbstoffen markiert werden, so dass man Bewegungen von Strukturen in Zellen verfolgen kann.

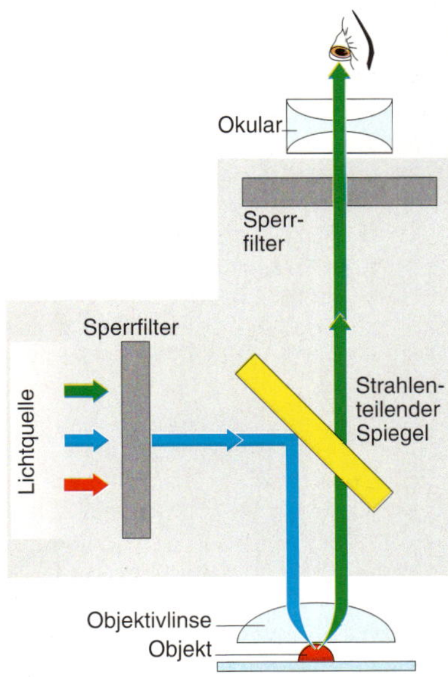

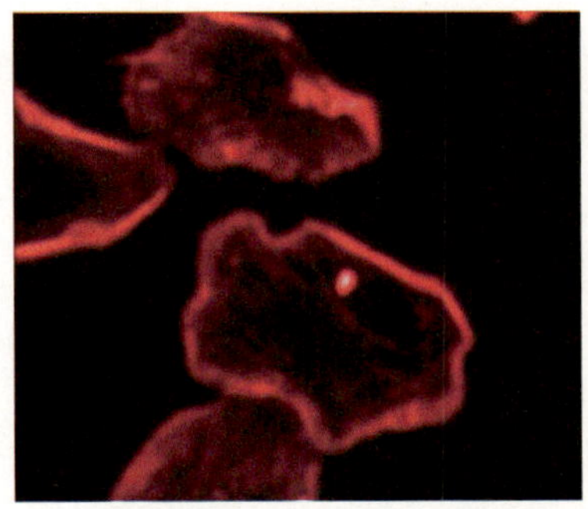

Das grün fluoreszierende Protein (GFP) wurde 1961 aus einer Qualle isoliert. Mithilfe von gentechnischen Methoden wird das GFP-Gen mit dem Gen eines gesuchten Proteins verbunden. Wenn nun grüne Fluoreszenz auftritt, heißt das, dass das gesuchte Protein zu diesem Zeitpunkt von der Zelle hergestellt und an bestimmten Orten eingesetzt wird. Die GFP-Markierung erlaubt also räumliche und zeitliche Lokalisation. Für die Untersuchungen mit GFP werden Laser als Strahlungsquelle in Fluoreszenzmikroskopen eingesetzt.

Die Bakterienzelle

Mikrokokken

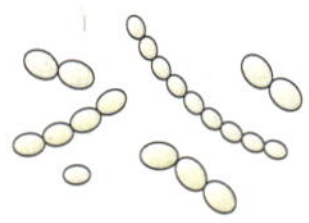

Streptokokken

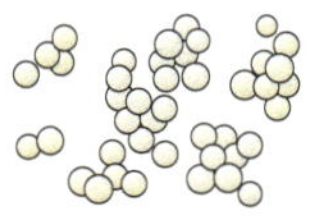

Staphylokokken

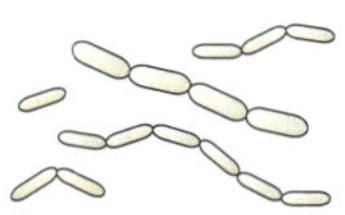

Stäbchenbakterien

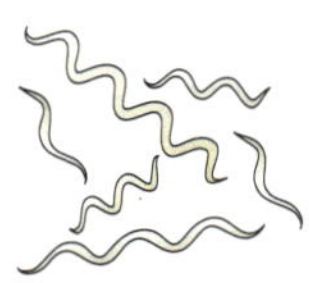

Spirillen

Die Zellen der Bakterien enthalten keinen Zellkern, deshalb bezeichnet man diese Organismen als Prokaryoten (griech. karyon der Kern). Ihnen stehen die Eukaryoten (Einzeller, Pilze, Pflanzen und Tiere) gegenüber, die aus kernhaltigen Zellen aufgebaut sind. Kernhaltige Zellen wurden auf den vorangehenden Seiten beschrieben. Die Prokaryoten zeigen jedoch einen anderen Aufbau.

Im Lichtmikroskop erscheinen Bakterien meistens als kugelige oder stäbchenförmige Zellen (Abb. Randspalte). Innere Strukturen sind nicht erkennbar, da sie oft nur 1 bis 5 µm groß sind.

Manche Bakterien haben eine Geißel, die es ihnen ermöglicht, sich schwimmend fortzubewegen. In der Regel gibt es eine Zellwand, die *Murein* enthält, ein Stoff, der nur bei Bakterien zu finden ist.

Im Elektronenmikroskop erscheinen die Prokaryoten wesentlich weniger kompartimentiert als eukaryotische Zellen (Abb. 1). Besonders auffällig ist, dass Bakterien keinen membranumhüllten Zellkern besitzen. Die ringförmige DNA, *Bakterienchromosom,* liegt frei im Plasma. Außerdem können kleinere DNA-Ringe, *Plasmide*, vorhanden sein. Bakterien besitzen kleinere Ribosomen (70S, vgl. S. 34) im Zellplasma als die kernhaltigen Zellen. Mitochondrien, Plastiden und Dictyosomen sind nicht vorhanden. Die Zellmembran zeigt Einfaltungen, an denen Stoffwechselprozesse zur Energiegewinnung ablaufen. So enthalten Fotosynthese betreibende Formen Einfaltungen, *Thylakoide*, mit Bakterienchlorophyll. Die Prokaryoten vermehren sich durch Zellteilung.

Aufgrund der großen genetischen Unterschiede unterteilt man die Prokaryoten in die eigentlichen Bakterien, *Bacteria*, und die urtümlichen Bakterien, *Archaea*, die extreme Lebensräume besiedeln können.

Die zahlreichen Bakterienstämme unterscheiden sich durch ihre vielfältigen aeroben oder anaeroben Stoffwechselwege, über die sie energiereiche Verbindungen aufbauen oder zur Energiegewinnung zersetzen können.

Aufgaben

① Erstellen Sie einen tabellarischen Vergleich von Prokaryoten und Eukaryoten.

② Berechnen Sie überschlägig, wie viele Bakterien auf einen i-Punkt passen. Welche Fläche würde die gleiche Anzahl dicht gedrängt stehender Menschen benötigen?

③ Belegen Sie die ökologische Bedeutung der Bakterien durch möglichst vielfältige Beispiele aus ökologischen Stoffkreisläufen.

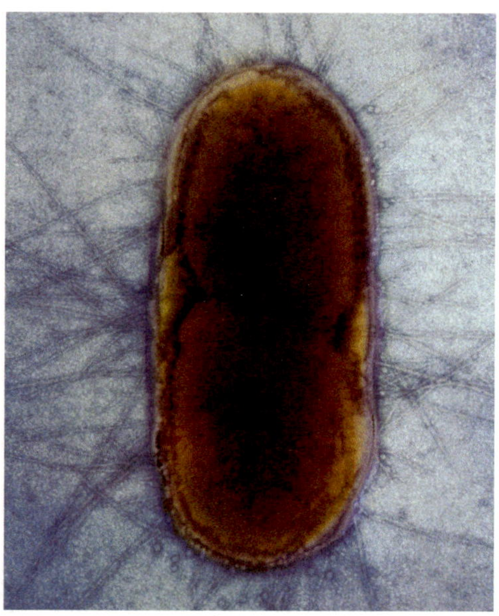

1 TEM-Aufnahme einer Bakterienzelle

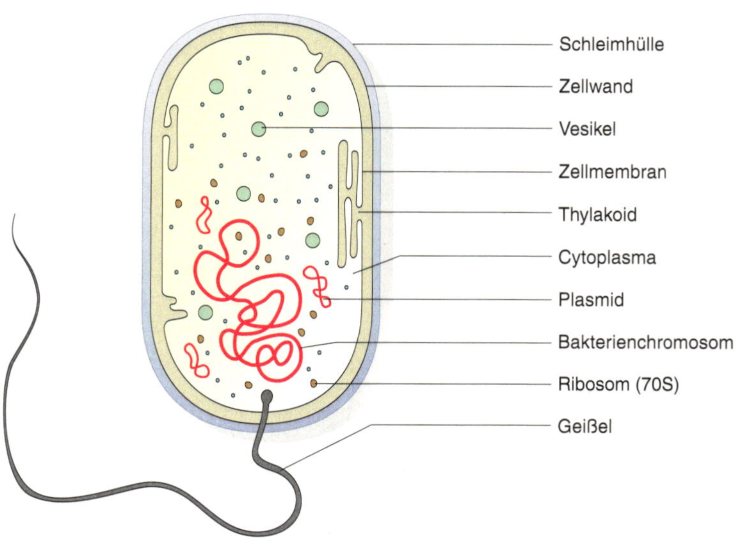

2 Bakterium

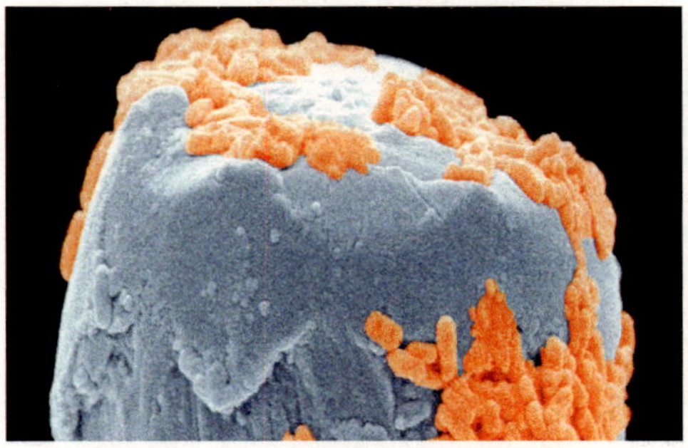

1 REM-Aufnahme von Bakterien auf einer Nadelspitze

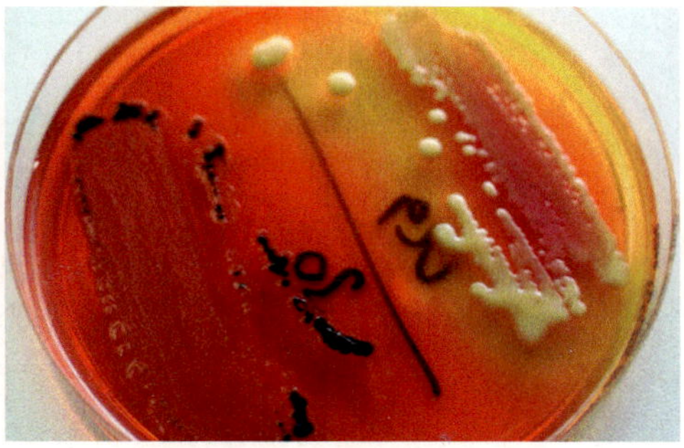

2 Bakterienkolonien

Bakterien — Gefahren und Nutzen

Man kann Bakterien fast überall nachweisen (siehe Abb. 1). Über 4500 Arten sind schon beschrieben, man vermutet aber die 10-fache Artenvielfalt.

Symbionten des Menschen

Ein Mensch besteht aus etwa 10 Billionen Zellen, aber auf und in ihm befinden sich etwa zehnmal so viele Bakterien. Sie bilden und erhalten den Säureschutzmantel auf unserer Haut. Die Bakterien im Darm versorgen den Menschen mit Vitaminen und energiereichen Stoffen und regen die Darmbewegung an. Die Besiedlung mit erwünschten Bakterien im Darm unterbindet auch die Ausbreitung von unerwünschten Krankheitserregern.

Krankheitserreger und Diagnose

Aus medizinischen Diagnosen sind uns Streptokokken, Salmonellen oder andere Bakteriennamen bekannt. Eine rasche und möglichst präzise Identifizierung der Erreger ist notwendig, um mit einem wirksamen Antibiotikum den Betroffenen gezielt zu helfen. Als erster Schritt werden beim Arzt zunächst vom infizierten Gewebe Abstriche hergestellt. Die so entnommenen Bakterien werden auf einem Objektträger nach „Gram" (so benannt nach dem Erfinder dieser Methode) gefärbt. Bei einer bestimmten Dicke der Mureinwand wird der Farbstoff fest eingelagert und die Keime erscheinen im Lichtmikroskop violett (s. Randspalte). Sie können somit als *grampositive* oder *gramnegative Bakterien* eingeteilt werden. Zu den grampositiven Bakterien gehören die Streptokokken, sie reagieren auf Penicillin. Zur genaueren Identifikation werden Bakterienstämme auf Nährböden in verschlossenen Petrischalen zu Kolonien herangezogen. Verschiedene Nährstoffe oder zugesetzte Antibiotika entscheiden über das Wachstum. Nach wenigen Tagen können die Kolonien aufgrund ihrer Stoffwechseleigenschaften, durch Farbe, Form oder der Resistenz gegenüber den Antibiotika identifiziert werden (siehe Abb. 2).

Häufig sind der mureinhaltigen Zellwand von Bakterien noch stark wasserhaltige Schichten aufgelagert, die dünne Schleimhüllen und Kapseln bilden. Diese Kapseln verhindern, dass die Bakterien von Abwehrzellen aufgenommen werden können. Daher sind Bakterien mit Kapsel stärker krankheitserregend als kapsellose Formen der selben Art.

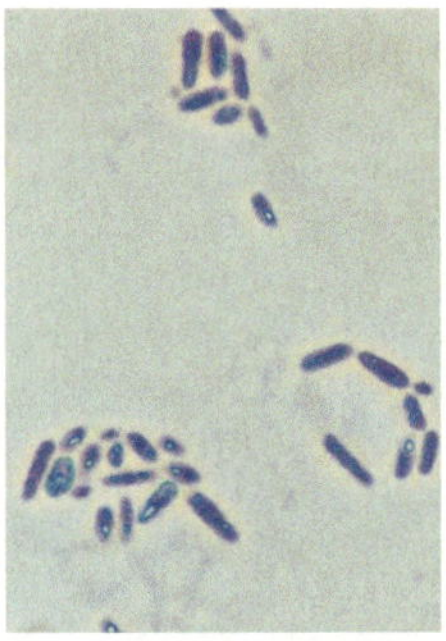

Grampositive Bakterien

Biotechnologie

Nach traditionellen Verfahren sind Milchsäurebakterien vor allem bei der Käse-Herstellung beteiligt. Der gentechnologische Einsatz von Bakterien ist im Bereich der molekularbiologischen Forschung unübersehbar vielfältig und als Methode unentbehrlich geworden (s. Kap. Angewandte Biologie). Eine herausragende Rolle spielt dabei das menschliche Darmbakterium *Escherichia coli.* Diese Bakterien sind weitgehend ungefährlich, weil sie zur natürlichen Darmflora des Menschen gehören. Im Trinkwasser dürfen E.coli aber nicht nachweisbar sein, weil sie Verunreinigungen durch menschliche Fäkalien anzeigen.

Aufgaben

① Recherchieren Sie mikrobiologische Sterilisationsverfahren und stellen Sie die jeweiligen Vor- und Nachteile tabellarisch zusammen.

② Nennen Sie Lebensmittel, bei deren Herstellung Bakterien traditionell eingesetzt werden.

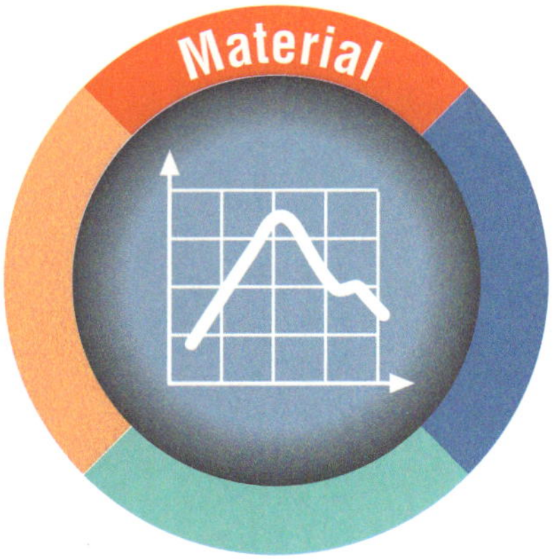

Die Entdeckung der Viren

Im Jahr 1876 gelang es dem deutschen Arzt Robert Koch, Bakterien als Milzbrand-Erreger zu identifizieren, kurz danach folgte sein Nachweis des bakteriellen Erregers der Tuberkulose und der Cholera. Daher war es sinnvoll, dass auch bei Pflanzenkrankheiten nach Bakterien als Erreger gesucht wurde.
1886 beschäftigte sich der deutsche Chemiker Adolf Mayer mit einer Krankheit der Tabakpflanzen. Sie heißt „Tabakmosaikkrankheit", (Abb. 1 u. 2), weil ein Muster aus hellen und dunklen Stellen auf den infizierten Blättern entsteht.

1 Tabakblatt gesund

2 Tabakblatt infiziert

Bakterien als Erreger?

Mayer schrieb:
"Wenn man ein krankes Blatt mit Beifügung einiger Tropfen Wasser fein reibe und die so entstandene Emulsion durch fein ausgezogene kapillare Glasröhrchen aufsaugen lasse und diese in die Blattnerven eines älteren Blattes einsteche, so könne man die Krankheit auf gesunde Pflanzen übertragen."
Mayer selbst konnte keinen Erreger finden, stellte aber die Hypothese auf, es handele sich um ein besonderes Bakterium.

Aufgabe

① Entwickeln Sie einen Versuch (Material, Durchführung, erwartete Ergebnisse), mit dem Mayer seine Hypothese für Bakterien als Erreger hätte bestätigen können.

Bakteriengifte?

Der russische Forscher D. Iwanowskij beschäftigte sich 1892 ebenfalls mit der Tabakmosaikkrankheit. Er stellte zunächst fest, dass der Extrakt aus erkrankten Tabakblättern selbst dann noch infektiös ist, wenn er bakteriendichte Filter (Porengröße 0,1 bis 0,5 μm) passiert hat. Iwanowskij erklärte seine Ergebnisse mit sehr kleinen Bakterien oder Bakteriengiften.

In einem weiteren Versuch überführte er das Filtrat auf lebende Blätter sowie auf ein zellfreies Medium. Die Krankheit konnte anschließend nur mit dem Extrakt erneut ausgelöst werden, welches er aus den lebenden Blättern, nicht aber aus dem zellfreien Medium gewonnen hatte.

Aufgabe

② Diskutieren Sie beide Erklärungen von Iwanowskij und das Ergebnis des zweiten Versuches.

Ein lebender flüssiger Erreger?

Fast zur gleichen Zeit konnte der niederländische Bakteriologe Martinus W. Beijerinck folgende Eigenschaften des Erregers zeigen:
- Der Erreger übersteht Trocknung und Kälte, wird jedoch durch Kochen zerstört.
- Der Erreger lässt sich verdünnen, stellt jedoch dann auf den Blättern viele Kopien von sich selbst her.
- Der Erreger kann diffundieren.

Beijerinck stellte nun die Hypothese von einem „contagium vivum fluidum" einem lebenden, flüssigen Erreger auf.

Der Aufbau der Erreger

1935 gelang es amerikanischen und englischen Biochemiker in dem infektiösen Filtrat der erkrankten Tabakblätter Proteine und Nukleinsäuren nachzuweisen. Weitere Untersuchungen zeigten, dass bei chemischer Veränderung der Proteine die Infektiosität erhalten blieb. Dagegen beeinträchtigt ein Enyzm, welches DNA zerstört, die Infektiosität.

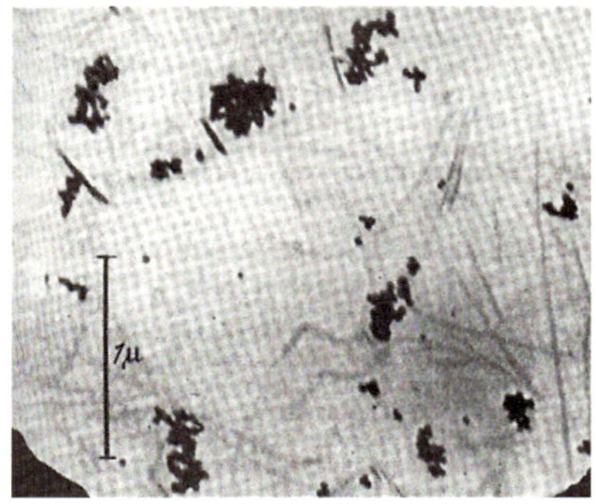

3 TMV (TEM-Aufnahme, 1939)

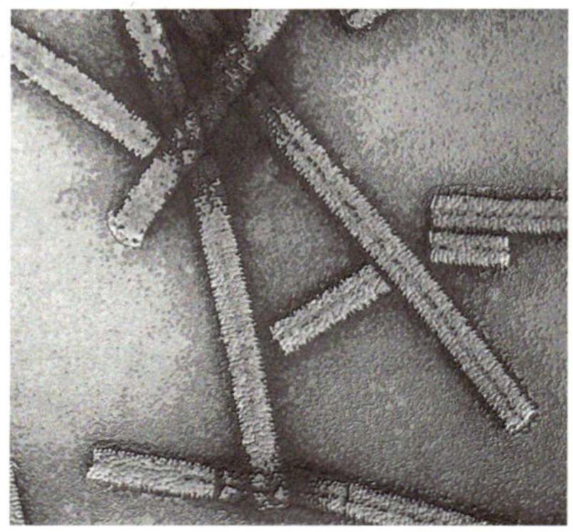

4 TMV (TEM-Aufnahme modern)

Den Erfindern des TEM, E. Ruska und seinen Mitarbeitern, gelang im Jahr 1939 die erste Aufnahme des Tabakmosaikvirus (Abb. 3 und 4).

Aufgaben

③ Formulieren Sie die Schlussfolgerungen aus den biochemischen Befunden der 1930er Jahre.
④ Erklären Sie die Bedeutung der Darstellung des Tabakmosaikvirus mit dem TEM.
⑤ Stellen Sie auf einem Zeitpfeil die Entwicklung der Erkenntnisse über das Tabakmosaikvirus dar.
⑥ Aufgrund welcher Eigenschaften muss man annehmen, dass es sich bei Viren nicht um Lebewesen handelt?

Bau und Vermehrung von Viren

Als Virus bezeichnet man infektiöse Partikel. Mit einer typischen Größe unter 500 nm sind Viren deutlich kleiner als Bakterien, so dass sie im Lichtmikroskop nicht sichtbar sind. Da Viren nicht zu einem eigenen Stoffwechsel fähig sind, werden sie nicht als Lebewesen angesehen. Viren unterscheiden sich aufgrund ihres Erbmaterials und ihrer Proteinhüllen. Retroviren enthalten RNA, andere Viren DNA als Einzel- oder Doppelstrang.

Zu ihrer Vermehrung benötigen sie den Stoffwechsel von eu- oder prokaryotischen Wirtszellen. Viren, die Bakterien befallen, werden *Phagen* genannt.

Phageninfektion

Trifft ein Phage zufällig auf ein Bakterium, so findet zunächst auf molekularer Ebene ein Erkennungsprozess statt, wenn seine Rezeptormoleküle auf dem Bakterium geeignete Strukturen finden, an denen sie sich anheften können: *Adsorption*. Die Zellwand des Wirtsbakteriums wird enzymatisch aufgelöst und die Phagennucleinsäure gelangt bei der *Injektion* durch das hohle Schwanzrohr in die Bakterienzelle.

Lytischer Phagenzyklus

Durch die genetische Information des Virus kommt es zur radikalen *Umsteuerung* der Bakterienzelle. Es werden nun Phagenenzyme aufgebaut, viele Bakterienenzyme unwirksam gemacht, sowie Proteine und DNA des Bakteriums in die Grundbausteine zerlegt. Nun wird die Nucleinsäure des Phagen vervielfältigt, solange die DNA-Bausteine in der Bakterienzelle dafür ausreichen – etwa 50- bis 200-mal. Währenddessen läuft auch die Synthese von Phagenproteinen aus den Bausteinen des Wirtes an.

In der Phase der *Phagenreifung* setzen sich diese Teile selbstständig zu neuen Phagen zusammen. Lysozym löst schließlich die Bakterienzellwand auf und zerstört das Bakterium endgültig. Bei dieser Lyse werden pro Bakterienzelle 50 bis 200 Phagen freigesetzt, die ihrerseits neue Zellen infizieren können. Der Prozess aus Vermehrung und Reifung wird als *lytischer Phagenzyklus* bezeichnet.

Lysogener Phagenzyklus

Bakteriophagen können ihre Wirtszellen auch befallen, ohne sie sofort zu lysieren. Beim lysogenen Zyklus wird die Phagen-DNA in die DNA des Bakteriums integriert. Sie liegt als Prophage vor und wird bei jeder Teilung der Bakterienzelle mitkopiert.

Die Aktivierung des Prophagen und der Eintritt in den lytischen Zyklus erfolgt spontan, kann aber auch durch äußere Faktoren, wie UV-Strahlen oder durch bestimmte Chemikalien, ausgelöst werden. Die Phagen-DNA wird dazu aus dem Bakterienchromosom ausgeschnitten und der lytische Zyklus gestartet, der zur Zerstörung der infizierten Zellen führt.

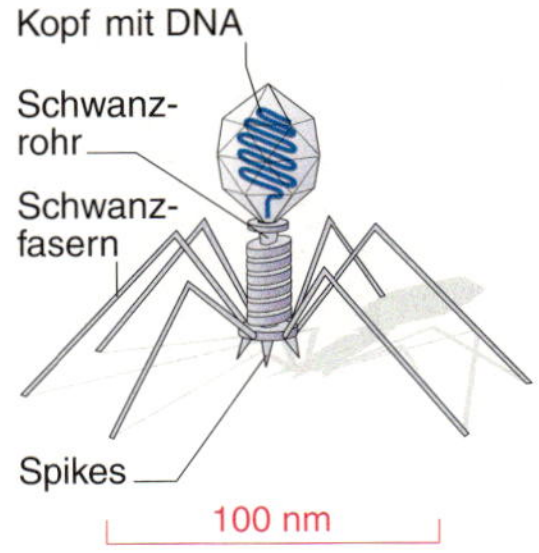

Bakteriophage T4

Bau eines Bakteriophagen

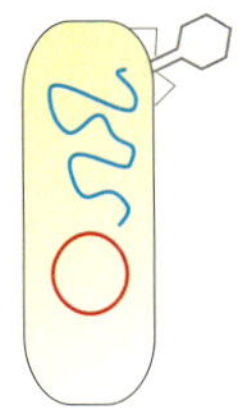
Nach ca. 5 min: Umsteuerung der Bakterienzelle, Vervielfältigung der Phagennucleinsäuren

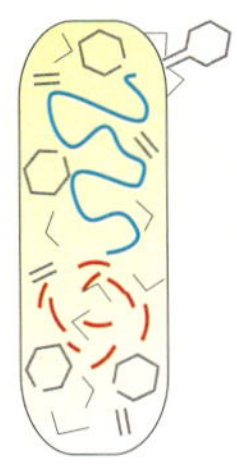
Nach ca. 6 –15 min: Synthese von Phagenproteinen und -bauteilen

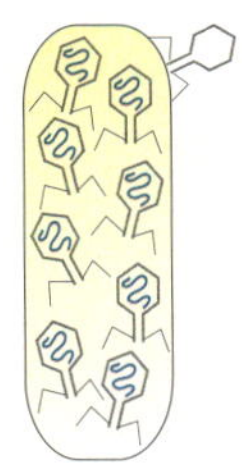
Nach ca. 20 min: Phagenreifung

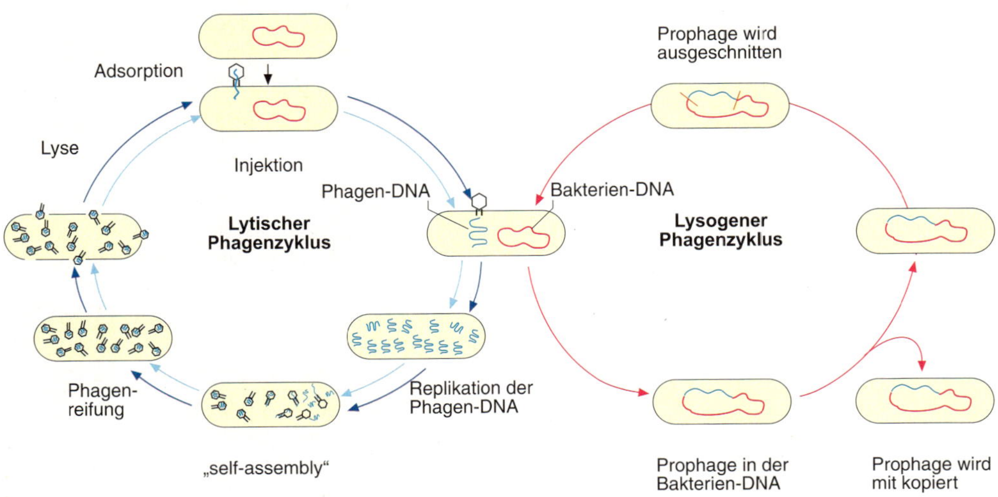

1 Lytischer und lysogener Phagenzyklus

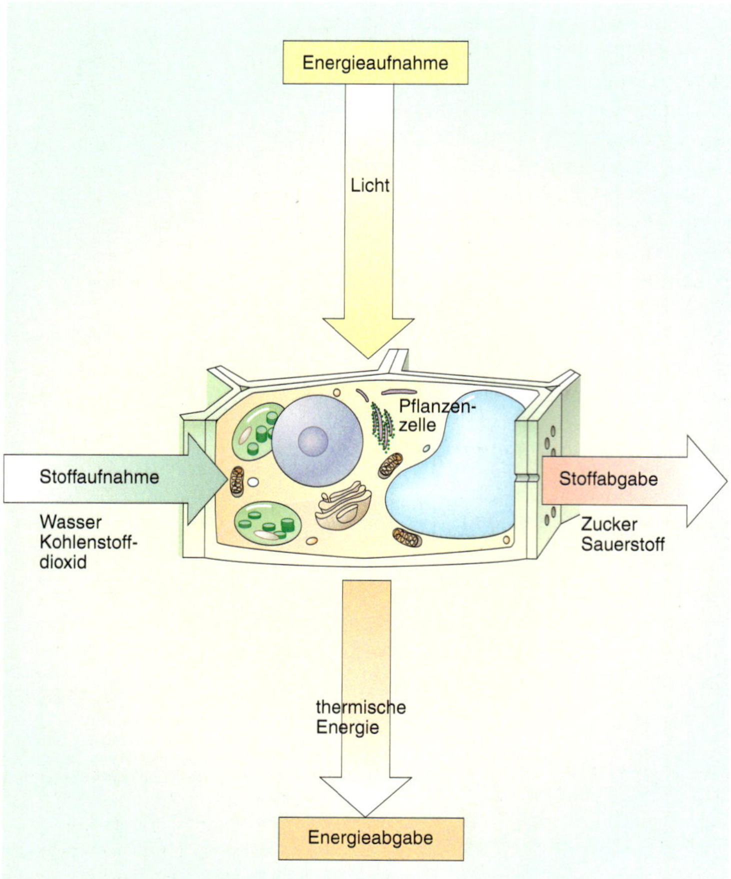

1 Dynamisches Gleichgewicht

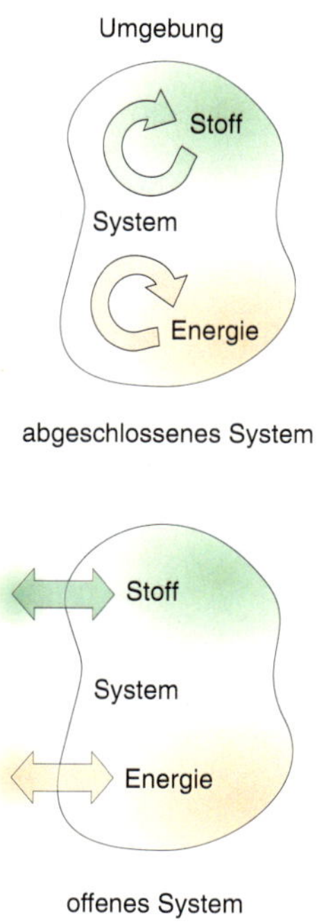

Die Zelle – ein offenes System

Lebende Zellen nehmen ständig Stoffe und Energie auf und geben zugleich auch Stoffe und Energie wieder ab. Dies soll an zwei Beispielen verdeutlicht werden. Die Zellen des Palisadenparenchyms in den Blättern von Pflanzen bilden mithilfe der Fotosynthese energiehaltige Zucker, die zum Teil über Leitungsbahnen zu nichtgrünen Pflanzenteilen gelangen. Die fotosynthetisch aktiven Zellen nehmen die energiearmen Stoffe Kohlenstoffdioxid und Wasser auf und benötigen die Energie des Lichts für den Stoffwechselprozess. Körperzellen von Wirbeltieren nehmen energiehaltige Glucose und Sauerstoff aus dem Blut auf. Energiearme Abbauprodukte, Kohlenstoffdioxid und Wasser, verlassen die Zellen. Außerdem geben die Zellen thermische Energie ab, denn wie viele Stoffwechselprozesse, verläuft auch die Zellatmung unter Freisetzung von thermischer Energie. Diese Auswahl an Beispielen zeigt deutlich: Eine lebende Zelle ist kein abgeschlossenes System. Sie ist weder stofflich noch energetisch von ihrer Umgebung isoliert, sondern es besteht ein ständiger Stoff- und Energiefluss zwischen einer Zelle und ihrer Umgebung. Die Zelle ist ein *offenes System*. Allerdings ist der Stoffaustausch selektiv, d. h. die Zelle nimmt nicht alle verfügbaren Stoffe auf, sondern nur diejenigen, die für ihren Stoffwechsel von Bedeutung sind. Diese Selektion ermöglicht die *Zellmembran*. Sie ist eine lebenswichtige Barriere, die den Stoffaustausch kontrolliert **Biologische Systeme** (▶ s. Seite 342).

Auch wenn an dieser Barriere ein reger Stoff- und Energiefluss stattfindet, ändert sich in einer ausdifferenzierten Zelle über längere Zeit wenig. Weder wächst sie, noch wird sie kleiner und auch die Zahl ihrer Zellorganellen oder ihrer Energievorräte nimmt nicht wesentlich zu oder ab. Je Zeiteinheit verlassen die Zelle etwa gleiche Stoffmengen wie aufgenommen werden. Der Zufluss an chemischer Energie in Form energiereicher organischer Verbindungen oder Licht entspricht der Abgabe an Energie in Form von Wärme und chemischer Energie. Die Zelle befindet sich in einem *Fließgleichgewicht*. Ihre komplexen und hochgeordneten Strukturen erscheinen im Wesentlichen unverändert. Dies ist nur scheinbar so. Tatsächlich zerfallen Makromoleküle immer wieder spontan. So wird ein Teil der zufließenden Energie immer wieder dazu benötigt, diese Moleküle neu zu bilden. Die Zelle befindet sich im ständigen Umbau. Erst mit dem Absterben wird das Fließgleichgewicht gestört, die Strukturen verändern sich; sie zerfallen und werden auch durch zelleigene Enzyme zersetzt.

Aufgaben

① Nennen Sie Beispiele, bei denen der Energiezufluss und Energieabfluss bei Zellen stoffgebunden und nichtstofflich erfolgt.

② Leben ist nur bei ständigem Energiezustrom möglich. Erläutern Sie.

③ Beschreiben Sie das Fließgleichgewicht am Beispiel arbeitender Muskelzellen. Zeichnen Sie dazu ein Schema ähnlich wie in Abb. 1.

Stofftransport

Membranen haben in lebenden Systemen zwei scheinbar widersprüchliche Aufgaben: einerseits grenzen sie die Zelle gegen die Umgebung ab und schaffen innerhalb der Zelle getrennte Reaktionsräume. Dadurch können alle wichtigen Lebensvorgänge räumlich und zeitlich geordnet ablaufen. Anderseits dürfen Zellen und Organellen nicht völlig von ihrer Umgebung abgetrennt werden, da sie ständig bestimmte Stoffe selektiv mit ihr austauschen müssen.

Teilchenbewegung

Material:
Objektträger, Deckgläser, Milch oder Tusche, destilliertes Wasser, Tropfpipette, Mikroskop

Durchführung:
Geben Sie auf einen Objektträger einen Tropfen mit Wasser verdünnter Milch oder schwarzer Tusche (50 Teile Wasser und 1 Teil Milch oder Tusche), legen Sie ein Deckglas auf und beobachten Sie mit mindestens 400facher Vergrößerung.

Aufgabe

① Erläutern Sie Ihre Beobachtungen. Gehen Sie insbesondere auf den Zusammenhang zwischen Temperatur und Teilchenbewegung ein.

Osmose

Material:
Rohrzucker, Kochsalz, Stärke, Kartoffel, Messer, Spatel

Durchführung:
– Schneiden Sie von der Kartoffel drei ca. 1 cm dicke Scheiben ab und kratzen Sie in der Mitte der Scheibe jeweils eine Vertiefung aus. In diese Vertiefung wird jeweils etwas Kochsalz, Rohrzucker oder Stärke gegeben.

Aufgaben

② Notieren Sie nach etwa 10 Minuten Ihre Beobachtung. Erläutern Sie diese. Begründen Sie, warum eine Kartoffel Stärke und nicht Zucker speichert.

③ Die Abbildung zeigt einen Versuch mit einem Filmdosen-Osmometer zu Beginn, nach 30 und nach 60 min Versuchsdauer. Erläutern Sie den Versuch. Gehen Sie dabei insbesondere auf die Versuchsbedingungen ein.

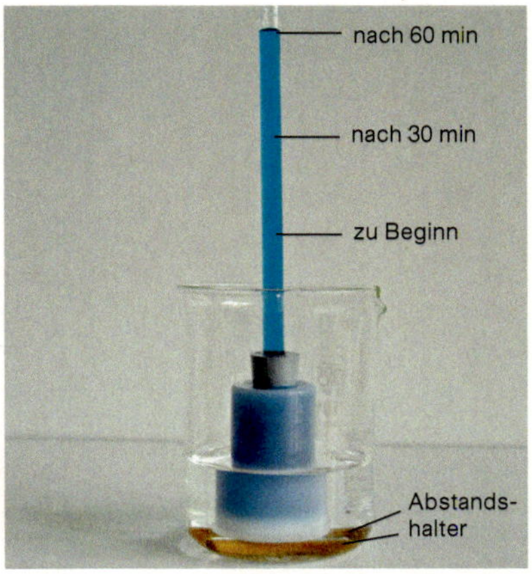

Plasmolyse und Deplasmolyse

Material:
Rote Küchenzwiebel (auch geeignet sind: Spirogyra, Fruchtfleisch von Ligusterbeeren), Objektträger, Deckgläser, Tropfpipetten, destilliertes Wasser, konzentrierte Kaliumnitratlösung (oder Rohrzuckerlösung), Fließpapier, evtl. Pinzette und Skalpell, Mikroskop

Durchführung:
Stellen Sie ein Zwiebelschuppenpräparat von der rot gefärbten, äußeren Zwiebelschuppenepidermis her. Bei mittlerer Vergrößerung werden gut überschaubare Zellen in die Bildmitte gebracht. Ein Tropfen konzentrierte Salzlösung wird an die eine Deckglaskante gegeben und auf der anderen Seite mit Fließpapier das Wasser abgesaugt, sodass dieses durch die Salzlösung ersetzt wird. Dieser Vorgang wird optisch kontrolliert. Werden keine Veränderungen sichtbar, ist das Durchsaugen von Salzlösung zu wiederholen. Anschließend wird eine Zelle mit gut sichtbaren Veränderungen in die Gesichtsfeldmitte gebracht und im Detail genau beobachtet.

Aufgabe

④ Vergleichen Sie diese mit weiteren Zellen. Zeichnen Sie anschließend eine Zelle im Ausgangszustand und in verschiedenen Phasen der Veränderung. Nach Anfertigung der Skizzen wird die Salzlösung durch destilliertes Wasser ersetzt. Notieren Sie Ihre Beobachtung. Erläutern Sie die Vorgänge der Plasmolyse und Deplasmolyse.

Bestandteile der Zellmembran

Zellen von Rotkohlblättern enthalten in ihrer Vakuole einen Farbstoff. Werden die Zellmembranen beschädigt, läuft der gefärbte Zellsaft aus.

Material:
Frische Rotkohlblätter, Wasser, Spülmittel, Ethansäure (Essigsäure) (w = 10 %), Speiseöl, Eiklar, 9 Reagenzgläser mit Reagenzglashalter oder 9 kleine Bechergläser, Schneidebrett, Glasschale, Messer

Durchführung:
Rotkohlblätter werden in etwa 5 mm breite Streifen geschnitten. Diese Streifen werden ca. 3 min in Wasser gelegt, bis kein Farbstoff mehr austritt. Gegebenenfalls muss das Wasser gewechselt werden. In die Reagenzgläser bzw. die Bechergläser gibt man

1. Rotkohlstreifen und Wasser
2. Öl und Wasser
3. Öl und Spülmittellösung
4. Rotkohlstreifen und Spülmittellösung
5. Eiklar und Ethansäurelösung
6. Eiklar und Spülmittellösung
7. Öl und Ethansäurelösung
8. Rotkohlstreifen und Ethansäurelösung
9. Eiklar und Wasser

Aufgaben

⑤ Beschreiben Sie die Beobachtungen, die Sie nach ca. 10 min in den verschiedenen Gefäßen machen können.

⑥ Entwickeln Sie eine begründete Hypothese für die unterschiedliche Farbe des austretenden Farbstoffs in den verschiedenen Versuchsansätzen.

⑦ Inwiefern handelt es sich bei diesen Versuchen um indirekte Nachweise von Lipiden und Proteinen?

1 Trüffelschwein bei der Suche

Diffusion und Osmose

Diffusion

Diffusion
von selbst eintretende Vermischung von Stoffen aufgrund der Teilchenbewegung

Osmose
Diffusion durch selektiv permeable Membranen

Trüffel gehören zu den begehrtesten Speisepilzen. Trüffelschweine (Abb. 1) können sie sehr gut riechen. Die Pilze enthalten einen Stoff, der dem Duftstoff von Ebern ähnlich ist. Die Moleküle des Duftstoffes verteilen sich im Boden und in der darüber befindlichen Luft. Auch in Flüssigkeiten lässt sich dieser Vorgang der Verteilung der Moleküle beobachten (Abb. 2). Sie sind in ständiger Bewegung. Diesen Vorgang, bei dem Moleküle sich aufgrund ihrer zufälligen Bewegung gleichmäßig verteilen, nennt man *Diffusion*.

Die Bewegung der Teilchen beobachtete 1827 ROBERT BROWN, als er Pollen auf einem Wassertropfen unter dem Mikroskop betrachtete. Die Pollen bewegten sich mit einer Zitterbewegung in alle Richtungen. Diese Bewegung wird ausgelöst durch die Bewegung der Wasserteilchen (Brownsche Teilchenbewegung), welche die Pollen zufällig von allen Seiten anstoßen. Die Geschwindigkeit der Teilchen ist von ihrer Größe, dem umgebenden Medium und der Temperatur abhängig. Durch viele zufällige Bewegungen und Zusammenstöße kommt es allmählich zu einer gleichmäßigen Verteilung, dabei entsteht ein Konzentrationsausgleich (Abb. 2).

Osmose

Behindert wird die Diffusion, wenn verschiedene Lösungen durch eine Membran getrennt sind. Salz- oder Zuckerteilchen z. B. können die Zellmembranen nicht passieren, wohl aber die kleineren Wasserteilchen. Solche Membranen, die aufgrund ihrer geringen Porengröße nicht für alle Teilchen durchlässig sind, nennt man *selektiv permeable Membranen*.

Sind Wasser und eine Zuckerlösung in einem Gefäß durch eine selektiv permeable Membran getrennt, liegt in dem einen Volumen eine höhere Zuckerkonzentration als im anderen vor. Die Wasserkonzentration hingegen ist in der Zuckerlösung geringer. Von beiden Seiten stoßen Teilchen gegen die Membran. Da die Zuckermoleküle sie nicht durchqueren können, sind ihre Stöße gegen Poren wirkungslos, während die Wasserteilchen durch die selektiv permeable Membran diffundieren (Abb. 3). Diese Diffusion des Wassers durch eine selektiv permeable Membran nennt man Osmose. Sie führt zu einer steigenden Anzahl von Wasserteilchen in der Zuckerlösung und zu einer Abnahme der Anzahl von Wasserteilchen auf der Wasserseite. Dadurch nimmt das Volumen auf der Seite der Zuckerlösung zu, auf der Wasserseite ab.

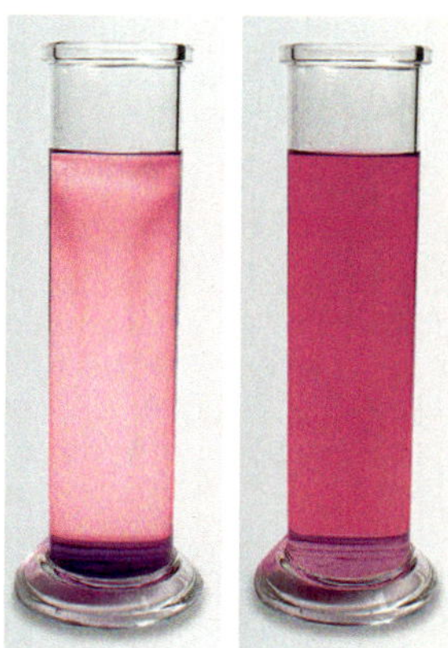

2 Diffusion

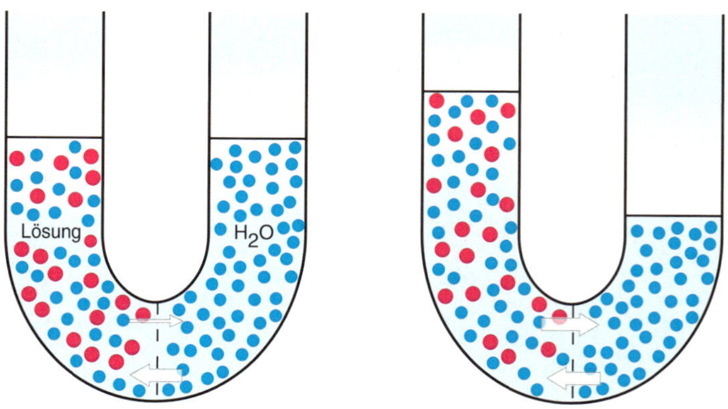

3 Omose: Ausgangszustand und Endzustand

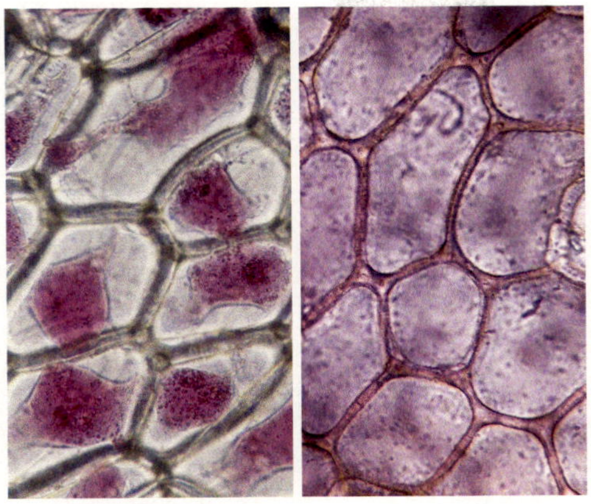

1 Plasmolyse, Deplasmolyse bei Rotkohlzellen

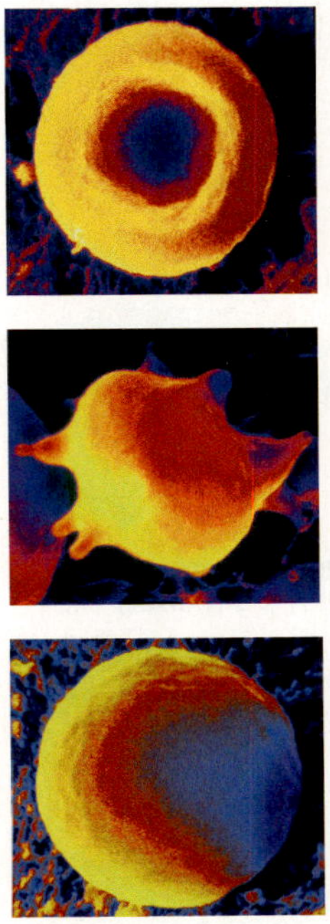

Erythrocyten in unterschiedlichen Lösungen

Plasmolyse

Die Vorgänge der Osmose findet man auch in Lebewesen. Die Zellmembran stellt hierbei eine selektiv permeable Membran dar. Jeder kennt das Phänomen bei frisch zubereitetem Salat. Nach kurzer Zeit sehen die Blätter welk und zusammengefallen aus, während die nicht verwendeten Blätter sich nicht verändert haben. Ursache sind Zucker, Essig und Salz in der Salatsoße. Außerhalb der Zellen der Salatblätter ist deren Konzentration höher als in den Blattzellen. Die Lösung ist *hypertonisch* gegenüber dem Zellsaft. Da die Salz- und Zuckerteilchen zwar die Zellwand, aber nicht die selektiv permeable Zellmembran passieren können, findet ein Wasserausstrom aus den Zellen statt. Untersucht man Zellen des Rotkohls kann man den Vorgang des Wasserverlustes beobachten (Abb. 1). Umgibt die Zellen eine konzentrierte Zucker- oder Salzlösung, schrumpft die Vakuole und die Zellmembran löst sich leicht von der Zellwand. Die Vakuole wird immer kleiner, das Zellplasma löst sich schließlich vollständig von der Zellwand. Diesen Vorgang nennt man *Plasmolyse*.

Ersetzt man die Zucker- oder Salzlösung durch destilliertes Wasser, läuft der Vorgang bei intakten Zellen wieder in die andere Richtung. Das Außenmedium ist *hypotonisch*. Wasser diffundiert in die Zelle, der Protoplast vergrößert sich und legt sich wieder an die Zellwand an (*Deplasmolyse*). Lösungen mit gleicher osmotisch wirksamer Konzentration nennt man *isotonisch*.

Aufgaben

① Abb. 3 auf Seite 42 zeigt den U-Rohr-Versuch zur Osmose. Erläutern Sie, ob es zu einem Konzentrationsausgleich zwischen den Lösungen in den Schenkeln des U-Rohrs kommen kann.

② Patienten mit Blutverlust kann man eine Infusion mit sog. physiologischer Kochsalzlösung geben, deren Konzentration an Natriumchlorid (Kochsalz) w(NaCl) = 0,9 % beträgt. Erläutern Sie mithilfe der Abbildungen in der Randspalte, welche Folgen es hätte, wenn die Salzkonzentration zu hoch oder zu niedrig wäre.

③ Queller und Sumpfdotterblume sind Pflanzen feuchter Standorte. Die eine Art lebt in Meeresnähe, die andere kommt an Bächen vor. Entwickeln Sie eine Hypothese, in welcher der beiden Pflanzenarten der Zellsaft eine höhere Konzentration aufweist. Entwerfen Sie einen Versuch, mit dessen Hilfe Sie Ihre Hypothese überprüfen können.

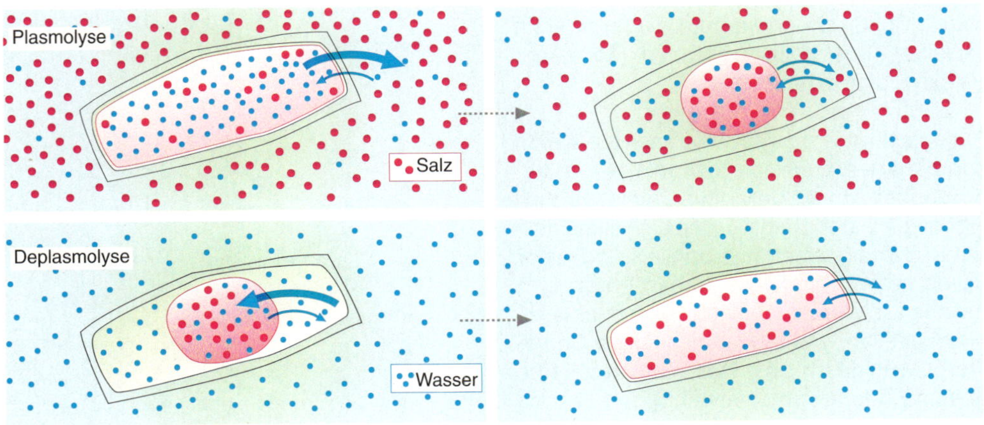

2 Plasmolyse und Deplasmolyse (Schema)

Lipide

Lipide, Kohlenhydrate und Proteine sind als Nährstoffe bekannt. Darüber hinaus haben sie bei der Bildung biologischer Strukturen große Bedeutung. Beispielsweise zeigen die Versuche mit Rotkohlblättern auf Seite 41, dass Proteine und Lipide zu den Bausteinen einer Membran gehören. Lipide gehören zu einer Stoffgruppe deren gemeinsames Merkmal die Löslichkeit in unpolaren Lösungsmitteln ist. Sie sind somit lipophil bzw. hydrophob. Bekanntestes Beispiel sind die Fette, die bei Pflanzen und Tieren den wichtigsten Reservestoff bilden. Ein Baustein ist das Propantriol (*Glycerin*). Dazu kommen bestimmte, langkettige Carbonsäuren, die man wegen ihres Vorkommens in Fetten *Fettsäuren* nennt. Glycerin und Fettsäuren können zu Fett verestert werden.

Häufig vorkommende Fettsäuren sind z. B. Stearin- und Palmitinsäure. Beide gehören zu den *gesättigten Fettsäuren*, da sie keine C-C-Doppelbindungen besitzen. *Ungesättigte Fettsäuren*, z. B. Ölsäure und Linolsäure, zeichnen sich dagegen durch das Vorhandensein einer oder mehrerer C-C-Doppelbindungen aus. Mehrfach ungesättigte Fettsäuren sind für den Menschen meist *essenziell*, d. h. sie müssen mit der Nahrung aufgenommen werden.

Die in den Zellmembranen enthaltenen *Phospholipide* weisen ein polares und ein unpolares Ende auf. Eine der drei Fettsäuren ist durch eine Phosphatgruppe mit daran gebundenem, positiv geladenem Rest ersetzt. Die hydrophilen Eigenschaften werden dadurch verstärkt. Solche Moleküle richten sich gegenüber Wassermolekülen aus. Ihr polarer Teil orientiert sich zum Wasser hin, sodass sich die unpolaren, langen Kohlenwasserstoffketten nebeneinander anordnen. Durch Schütteln entstehen in Wasser fein verteilte Phospholipidtröpfchen (*Micellen*). Es bildet sich eine Emulsion.

Biologische *Membranen* bestehen aus einem komplizierten Gemisch hydrophiler und hydrophober Stoffe. Derartige Gemische sind eigentlich instabil, sie würden sich allmählich unter Bildung einer hydrophilen und einer davon getrennten hydrophoben Phase entmischen. Lipide mit polaren und unpolaren Molekülteilen, wie z. B. Lecithin und Cholesterol, verhindern dies: Ihre unpolaren Reste gehen Bindungen zu benachbarten Lipiden ein, ihre polaren Gruppen gehen Bindungen zu benachbarten hydrophilen Teilchen ein.

Bildung eines Fettmoleküls aus einem Glycerinmolekül und drei Fettsäuremolekülen unter Abspaltung von drei Wassermolekülen

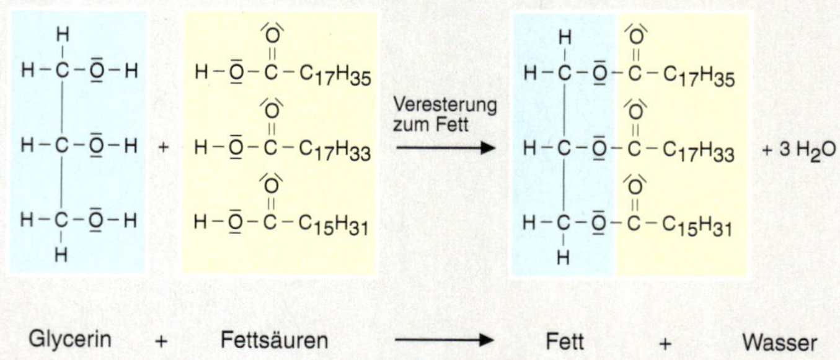

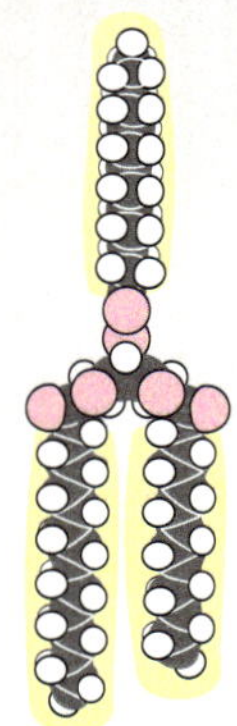

Kalottenmodell eines Fettmoleküls

Gesättigte Fettsäuren		
Name	**Summenformel**	**Schmelztemp.**
Palmitinsäure	$C_{15}H_{31}COOH$	+ 63 °C
Stearinsäure	$C_{17}H_{35}COOH$	+ 71 °C
Ungesättigte Fettsäuren		
Ölsäure	$C_{17}H_{33}COOH$	+ 16 °C
Linolsäure	$C_{17}H_{31}COOH$	– 05 °C
Linolensäure	$C_{17}H_{29}COOH$	– 11 °C

Struktur des Phospholipids Lecithin

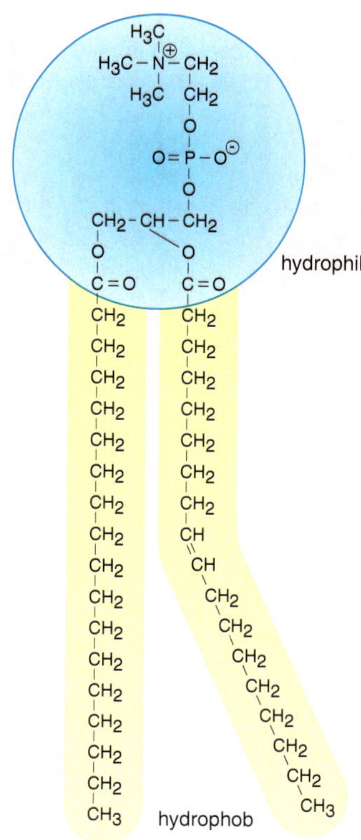

Orientierung von Phospholipiden an Grenzflächen und im Wasser

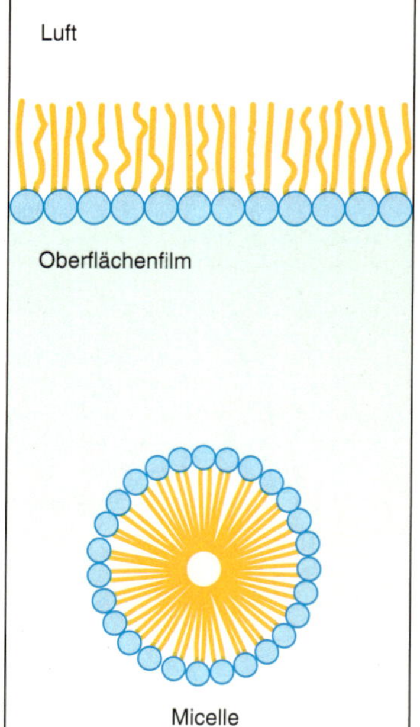

Kohlenhydrate werden bei starkem Erhitzen in Kohlenstoff und Wasser zersetzt. Sie haben die allgemeine Summenformel $C_m(H_2O)_n$. Als Zucker bezeichnet man i. a. süß schmeckende, wasserlösliche Stoffe. Diese Definitionen sind chemisch nicht eindeutig. Sie können durch exaktere Begriffe ersetzt werden, z. B. bestehen Monosaccharide aus Molekülen mit mehreren Hydroxylgruppen und einer Aldehyd-oder Ketogruppe.

Monosaccharide

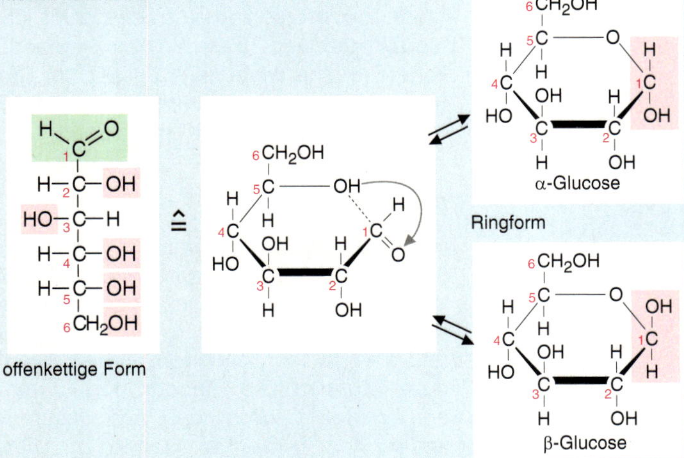

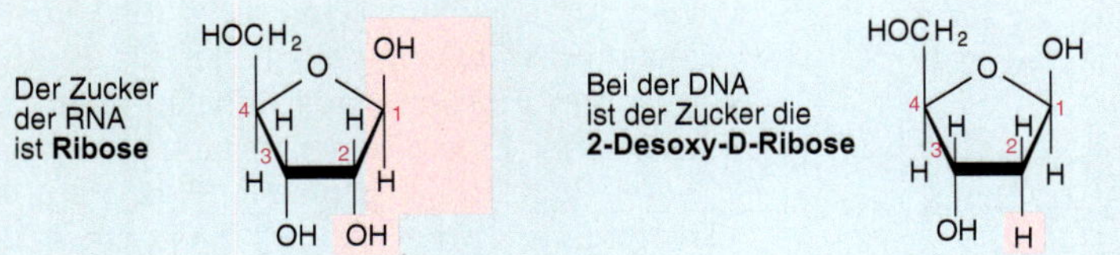

Disaccharide

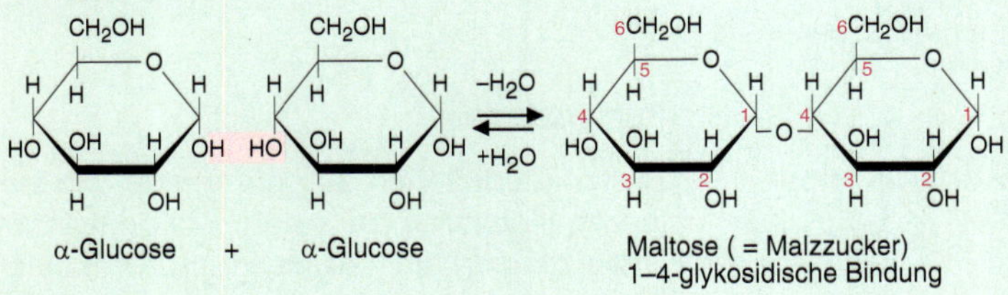

Polysaccharide

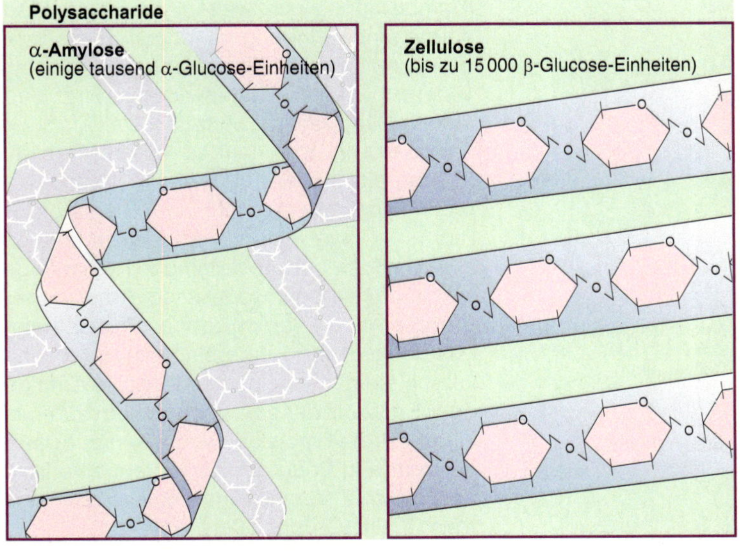

Kohlenhydrate

Kohlenhydrate kennen wir vor allem als Bestandteile der Nahrung, z. B. Stärke und Zucker. Es sind Energielieferanten. Am Beispiel der *Glucose* soll der Aufbau eines Kohlenhydrates verdeutlicht werden. Seine Zusammensetzung wird durch die Summenformel $C_6H_{12}O_6$ angegeben. Die Strukturformel gibt die Verknüpfung der einzelnen Atome im Molekül an. Mithilfe solcher Strukturformeln kann man darstellen, dass Glucose in mehreren Formen existiert. Man kennt eine offenkettige Form, die sich zu ringförmigen Molekülen, α-Glucose oder β-Glucose, schließen kann. Von anderen Zuckern unterscheidet sich Glucose vor allem durch die unterschiedliche Anordnung der OH-Gruppen. Außer Hexosen, deren Moleküle aus 6 C-Atomen aufgebaut sind, gibt es auch Pentosen der Zusammensetzung $C_5H_{10}O_5$. Wichtigstes Beispiel ist die Ribose, ein Bestandteil der Ribonucleinsäuren. Ist am 2. C-Atom eines Ribosemoleküls die OH-Gruppe durch ein H-Atom ersetzt, nennt man diesen Zucker *2-Desoxyribose*, ein Bestandteil der Desoxyribonucleinsäure (DNA).

Glucose ist ein *Monosaccharid*, sie besteht aus einem einzigen Zuckerbaustein. Durch Verknüpfung zweier Monosaccharide entstehen *Disaccharide*. Dabei reagiert eine Hydroxylgruppe des einen Zuckers mit einer Hydroxylgruppe des anderen, wobei ein Molekül Wasser abgespalten wird. Die beiden Zuckermoleküle sind dann über ein Sauerstoffatom miteinander verbunden. Durch Wasseraufnahme kann umgekehrt ein Disaccharid gespalten werden. Wichtige Disaccharide sind *Maltose* (Malzzucker), *Saccharose* (Rohrzucker), *Lactose* (Milchzucker) und *Zellobiose*.

Stärke, Glykogen und Zellulose sind *Polysaccharide*. In diesen Stoffen sind jeweils viele Glucosemoleküle zu einem Makromolekül verknüpft. Bei dem pflanzlichen Reservestoff *Stärke* sind es α-Glucosemoleküle. Stärke besteht aus zwei Bestandteilen, der *Amylose* und dem *Amylopektin*. *Glykogen* wird manchmal als „tierische Stärke" bezeichnet, da es tierischen Organismen als Kohlenhydratspeicher dient. Unser Körper kann ca. 500 Gramm davon in Leber und Muskulatur speichern. Der pflanzliche Gerüststoff Zellulose hingegen besteht aus β-Glucosebausteinen. Das Makromolekül stellt eine lang gestreckte Fibrille dar. Durch parallele Anordnung vieler derartiger Moleküle entstehen Fasern.

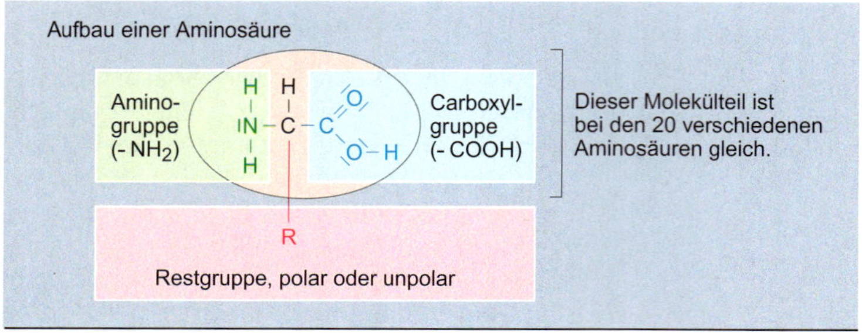

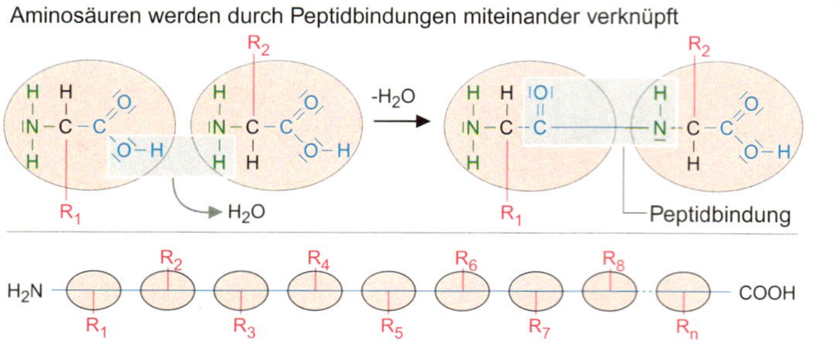

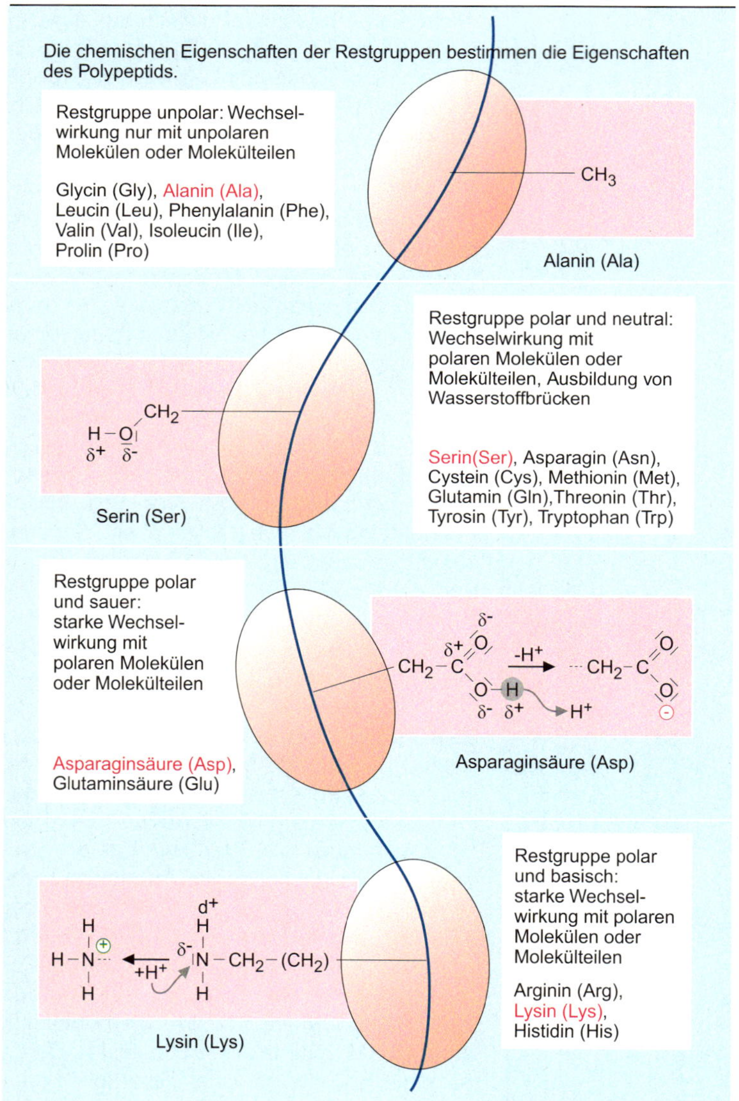

Aufbau der Proteine

Proteine sind an vielen Strukturen und Funktionen eines Organismus beteiligt. So bestehen die Muskeln zu einem großen Teil aus Protein, und unsere Haut enthält elastische Proteinfasern. Die Zellen werden durch ein Zellskelett stabilisiert, das aus Proteinen besteht. Im Unterschied zu diesen unlöslichen Gerüstproteinen übernehmen wasserlösliche Proteine wichtige Aufgaben im Stoffwechsel. Die Antikörper im Blut und die Enzyme gehören zu dieser Stoffgruppe.

Aminosäuren

Proteine sind aus Bausteinen, den Aminosäuren, aufgebaut. Es kommen 20 verschiedene Aminosäuren vor. Kennzeichnende Merkmale sind die saure Carboxylgruppe und die basische Aminogruppe als funktionelle Gruppen. Die Aminogruppe ist immer am zweiten C-Atom des Aminosäuremoleküls, dem α-C-Atom, gebunden. Dieses ist außerdem noch mit einem H-Atom und einem organischen Rest verknüpft. Nur in diesem Rest unterscheiden sich die 20 Aminosäuren. Er kann neutral, sauer oder basisch sein. Eine Sonderstellung weist das Cystein auf: Sein organischer Rest trägt die Thiolgruppe (S-H-Gruppe). Sie enthält ein Schwefelatom, das bei der Stabilisierung der Tertiärstruktur (s. u.) eine besondere Rolle spielt.

Primärstruktur

Proteine entstehen durch Verknüpfung vieler Aminosäuren zu einem Makromolekül. Dabei reagiert die Carboxylgruppe der einen Aminosäure unter Wasserabspaltung mit der Aminogruppe einer zweiten Aminosäure. Die entstehende Bindung nennt man *Peptidbindung.* Aus zwei Aminosäuren entsteht ein *Dipeptid.* Durch Kettenverlängerung entstehen Oligopeptide, in denen zwei bis zehn Aminosäuren miteinander verknüpft sind. Polypeptide haben mehr als 10 Aminosäuren. Polypeptide mit mehr als 100 Aminosäuren nennt man *Proteine.* Im Prinzip können alle Aminosäuren in beliebiger Reihenfolge verknüpft werden, sodass eine fast unbegrenzte Anzahl verschiedener Proteinmoleküle möglich ist. Heute sind einige tausend verschiedene Proteine bekannt. Die Abfolge oder Sequenz der einzelnen Aminosäuren in einem Proteinmolekül wird *Primärstruktur* genannt. Ein Ende der Kette trägt eine freie NH_2-Gruppe (Aminoende), das andere eine freie COOH-Gruppe (Carboxylende).

Sekundärstruktur

Proteine können übergeordnete räumliche Strukturen bilden. Diese ermöglichen die Ausübung spezieller Funktionen. Die Sekundärstruktur beschreibt kleinere Abschnitte des Proteins. Die Molekülachse kann eine Rechtsschraube bilden. Sie wird als *α-Helix* bezeichnet; diese kommt z. B. im α-Keratin der Haare vor. Eine andere Sekundärstruktur bildet sich, wenn mehrere Polypeptidstränge nebeneinander liegen und sich falten. Dann spricht man von *β-Faltblattstruktur*, die z. B. in der Seide vorkommt. Beide Strukturen werden durch Wasserstoffbrückenbindungen stabilisiert.

Tertiärstruktur

Oft wird eine Tertiärstruktur ausgebildet, indem sich das ganze Molekül faltet (Abb. 1 oben). Für die Stabilität sind die Anziehungskräfte zwischen den Resten der Aminosäuren verantwortlich (Abb. 2). Wenn bei der Faltung die unpolaren Reste in der Mehrzahl zum Molekülinneren orientiert sind und die polaren Reste nach außen zeigen, ist das Proteinmolekül meist wasserlöslich. Durch die Faltung liegen einzelne Abschnitte innerhalb des Moleküls nebeneinander, deren Lage durch Wechselwirkungen zwischen verschiedenen Resten stabilisiert wird. Wasserstoffbrückenbindungen, ionische Wechselbeziehungen, Van-der-Waals-Bindungen und Disulfidbrücken halten die Nachbarabschnitte im Molekül zusammen. Disulfidbrücken sind Verbindungen über zwei Schwefelatome des Cysteins. Parallel liegende Abschnitte besitzen häufig die β-Faltblattstruktur, die durch β-Helix-Abschnitte verbunden sind. Die Tertiärstruktur bestimmt die Funktion eines Proteins. Man kann sich das so vorstellen, dass ein Protein z. B. taschenförmige Vertiefungen besitzt, in die ganz genau die Reaktionspartner hineinpassen und umgesetzt werden können. Diese Eigenschaft geht verloren, wenn die Tertiärstruktur zerstört wird. Den Vorgang der Zerstörung der Tertiärstruktur nennt man *Denaturierung* (Abb. 3).

In einigen Fällen bilden mehrere Proteinmoleküle eine funktionsfähige Einheit. Ihre der Tertiärstruktur übergeordnete Struktur nennt man *Quartärstruktur.* Ein Beispiel dafür ist das Hämoglobin, der rote Blutfarbstoff (Abb. 4). Es besteht aus vier Untereinheiten, an die zusätzlich je eine nicht aus Eiweiß bestehende Hämgruppe gebunden ist. Nur diese Struktur kann Sauerstoff binden.

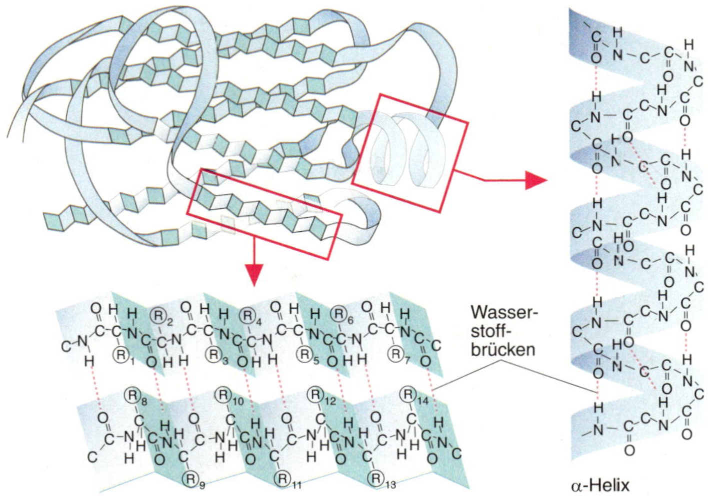

1

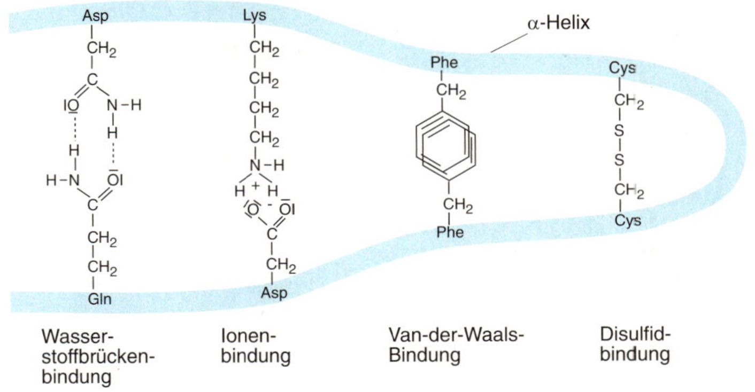

2

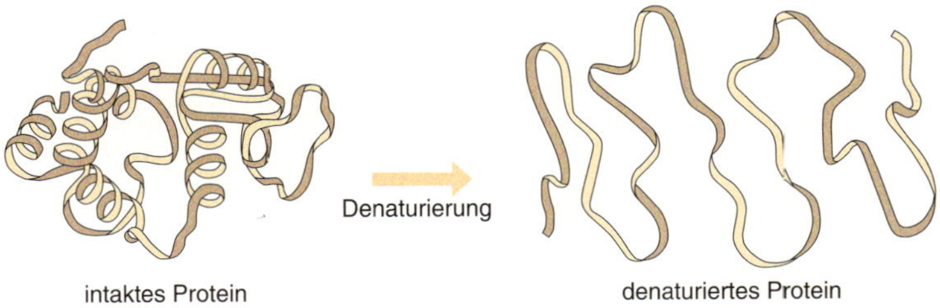

3 Denaturierung

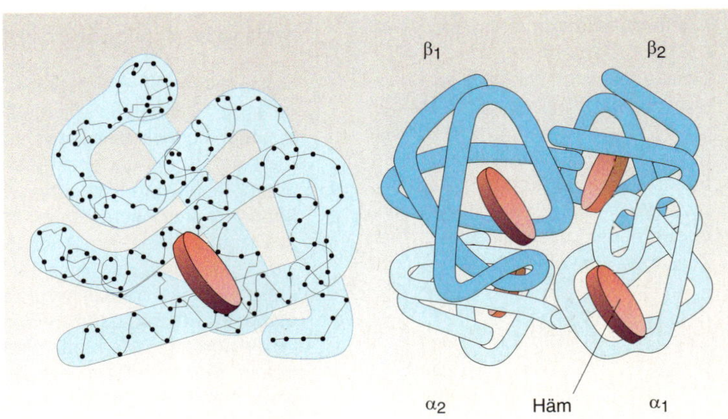

4a α-Untereinheit des Hämoglobins

4b Hämoglobin, Quartärstruktur

Membranmodelle

Die Anordnung der verschiedenen Membrankomponenten wurde zu unterschiedlichen Zeiten erforscht und führte zu immer genaueren Modellvorstellungen.

1917: Langmuir
Langmuir vermutete aufgrund von Experimenten, dass die Lipide als Einzelschicht auf der Wasseroberfläche schwimmen, wobei sie sich so anordnen, dass sich die polaren Lipidenden in der wässrigen Phase befinden und die unpolaren Kohlenwasserstoffketten die Fettsäuren vertikal aus dem Wasser herausragen.

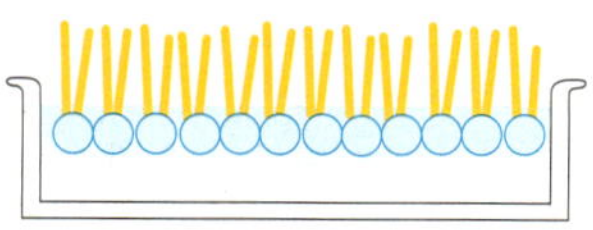

1 Lipideinzelschicht ohne Proteine

1925: Gorter und Grendel
Die beiden extrahierten mit unpolaren Lösungsmitteln die Lipide aus der Zellmembran von Erythrocyten und brachten diese auf eine Wasseroberfläche auf. Sie wiesen nach, dass diese Lipidfläche doppelt so groß war wie die errechnete Oberfläche aller Erythrocytenmembranen. Messwert: $0{,}92\,\mu m^2$, berechneter Wert: $0{,}47\,\mu m^2$. Daraus folgerten sie, dass es sich nicht um eine Einzelschicht, sondern um eine *Lipiddoppelschicht* handeln muss. Spätere Untersuchungen am Elektronenmikroskop bestätigten diese Vermutung: zwei dunkle, elektronendichte Linien, die einen hellen Zwischenraum einschließen.

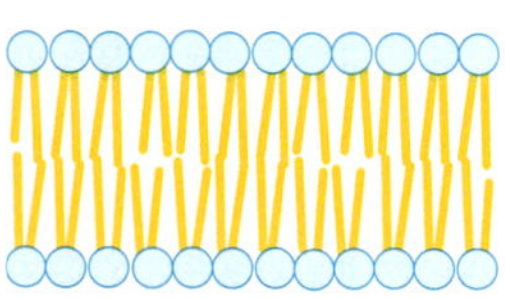

2 Lipiddoppelschicht

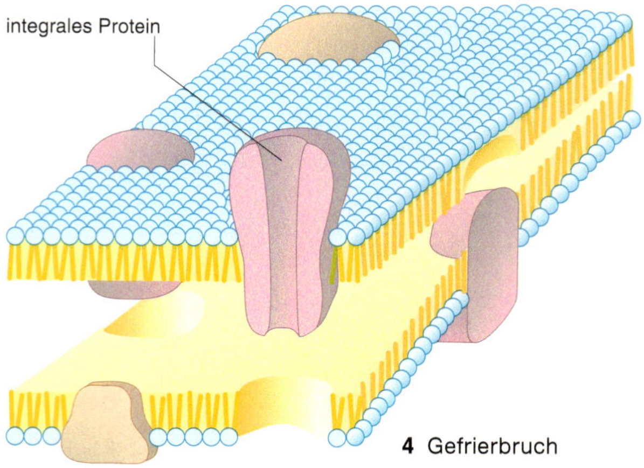

4 Gefrierbruch

1935: Danielli und Davson
Sie veröffentlichten das erste allgemein anerkannte Membranmodell. Sie fanden heraus, dass aus Membranen isolierte Lipide Proteine adsorbieren können. Daraus folgerten sie, dass die Lipiddoppelschicht beidseitig mit Proteinen bedeckt ist.

1972: Singer und Nicolson
Aufgrund verfeinerter elektronenmikroskopischer Methoden (z. B. Gefrierätztechnik) konnte ein in Grundzügen heute noch gültiges Membranmodell entworfen werden. Tiefgefrorene Biomembranen trennen sich entlang der

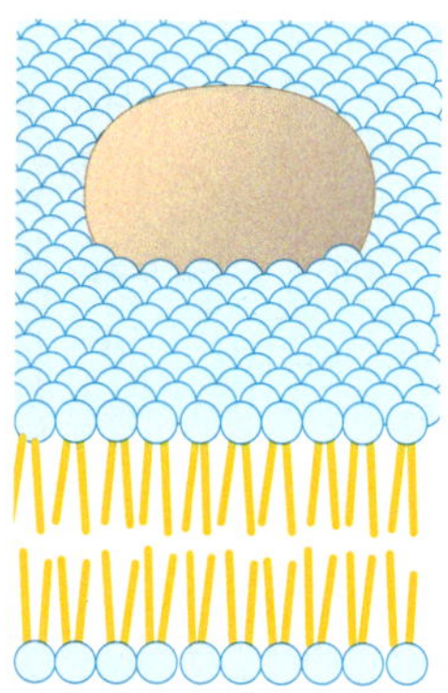

3 Membran mit aufgelagerten Proteinen

Lipidschichten besonders leicht voneinander. Die beiden komplementären Lipidschichten waren jedoch nicht glatt, sondern strukturiert. Auf der einen Hälfte waren Erhebungen zu erkennen, auf der komplementären Hälfte Vertiefungen. Diese Abbildungen wurden so gedeutet, dass der Bruch um ein Proteinmolekül herumläuft. Dies bedeutet aber, dass die Proteinmoleküle durch die Membran hindurchgehen *(integrale Proteine)*. Zusätzliche chemische Untersuchungen zeigten, dass 20 % der Proteine sich leicht von der Membran ablösen lassen, die restlichen fest in der Membran verankert sind. Hieraus folgerte man, dass die leicht ablösbaren Proteine auf der Membran liegen, die anderen durch sie hindurchgehen.

1972: Frye und Edidin
Zur gleichen Zeit wurden Versuche mit Proteinen durchgeführt, die mit Farbstoffen markiert waren. Auf zwei Zellen wurden mit farbigen Antikörpern jeweils bestimmte Membranproteine markiert. Die beiden verschiedenfarbig markierten Zellen wurden vereinigt. Die zunächst getrennt vorliegenden Farbbereiche vermischten sich. Hieraus folgerten Frye und Edidin, dass die Membran nicht statisch sein kann, sondern ständig in Bewegung ist. Die Proteine schwimmen „wie Eisberge in der See" *(fluid-mosaic-Modell)*.

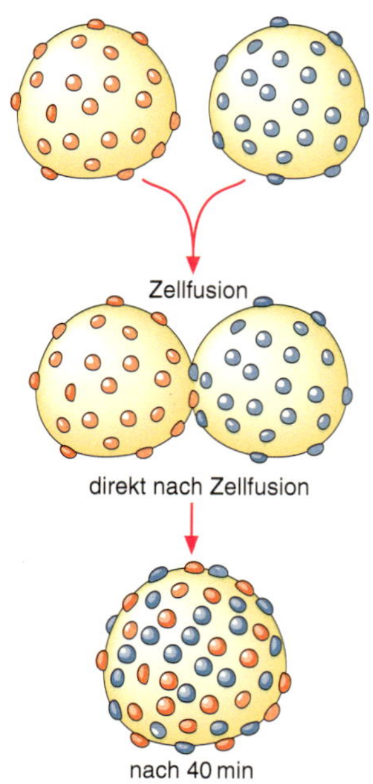

5 Zellfusion

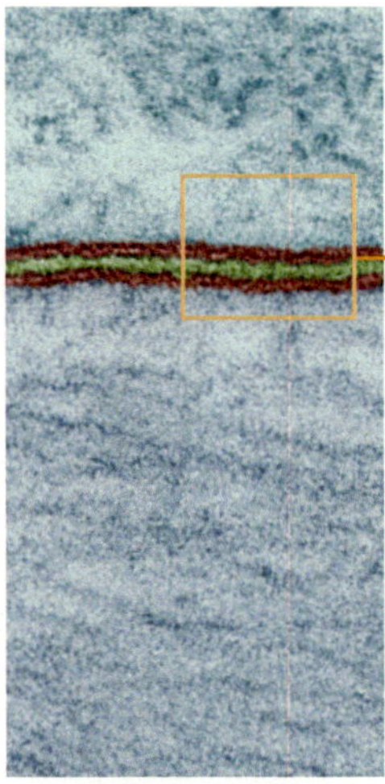

1 Elektronenmikroskopisches Bild einer Biomembranen (koloriert)

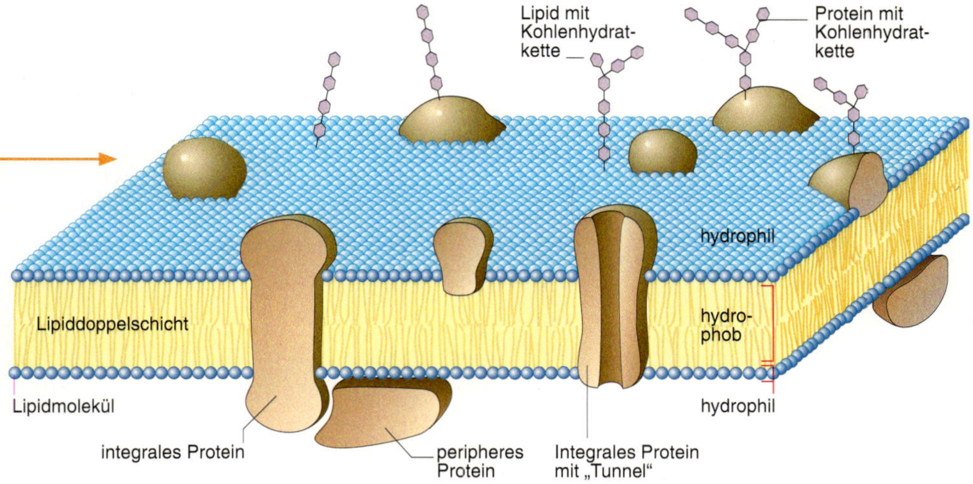

2 Modell einer Biomembran

Biomembran
Grundtyp der biologischen Membran

Zellmembran
Biomembran, die das Zellplasma gegen die Umgebung abgrenzt

Aufbau der Biomembranen

Das Elektronenmikroskop gibt einen ersten Eindruck vom Aufbau der *Biomembran.* Bei starker Vergrößerung sind drei Schichten sichtbar: Eine mittlere helle Schicht (ca. 3 nm) wird von zwei dunkleren Schichten (jeweils 2,5 nm) umgeben. Alle Membranen besitzen diese Grundstruktur.

Membranen bestehen zu einem großen Teil aus Lipidmolekülen, vor allem *Phospholipiden,* wie z.B. *Lecithin.* Diese Moleküle haben sowohl einen hydrophoben Bereich, verursacht durch die beiden Fettsäuren, als auch einen hydrophilen Bereich, bedingt durch die Phosphatgruppe (s. Seite 44). *Glykolipide*, in denen statt der Phosphatgruppe Zuckermoleküle gebunden sind, und Cholesterol sind weitere Bestandteile. Die hydrophoben Enden der Lipide befinden sich im mittleren Teil, der im Bild hell erscheint. Die Lipidmoleküle sind in zwei Lagen parallel angeordnet. In dieser *Lipiddoppelschicht* zeigen die hydrophilen Anteile zur wässrigen Phase, also zum Cytoplasma und zur Zellumgebung. Unter dem Mikroskop erscheinen sie aufgrund des hydrophilen Kontrastmittels dunkel (Abb. 1). Die hydrophoben Anteile sind zur Membranmitte gerichtet. Die Lipiddoppelschicht bildet die Grundstruktur der Membran und bestimmt Eigenschaften wie Stabilität, Flexibilität und Undurchlässigkeit für große hydrophile Teilchen.

Neben Lipiden sind globuläre Proteinmoleküle mit hydrophoben und hydrophilen Abschnitten am Membranaufbau beteiligt. Sie sind unregelmäßig verteilt, lagern der Lipidschicht auf oder durchdringen sie teilweise oder ganz. Mit ihren hydrophoben Abschnitten sind sie in der Lipidschicht verankert.

Die Membran ist unregelmäßig strukturiert und befindet sich in ständigem Auf- und Umbau. So sind Wachstum und Formänderungen der Zelle möglich. Die Lipidmoleküle tauschen ständig infolge der Eigenbewegung ihre Plätze mit Nachbarmolekülen. Dieses dynamische Modell der Membran wird als *„fluid-mosaic-Modell"* bezeichnet. Die Proteine verhalten sich in der Lipidschicht wie schwimmende Eisberge. Die integralen Membranproteine ermöglichen einen kontrollierten Stoffaustausch.

Die intrazellulären Membranen der Zellorganellen dienen der Abgrenzung verschiedener Reaktionsräume *(Kompartimente)* mit unterschiedlichen Reaktionsbedingungen. Nur so ist ein geordneter Ablauf unterschiedlicher Stoffwechselvorgänge zur gleichen Zeit in einer Zelle möglich. Je nach Aufgabe zeigen Membranen charakteristische Eigenschaften. Entsprechend findet man bei verschiedenen Membrantypen erhebliche Unterschiede im Anteil und der Zusammensetzung der Membranproteine und anderer Makromoleküle.

Aufgabe

① Wie viele Biomembranen müssten übereinander gelegt werden, um die Dicke einer Buchseite (0,08 mm) zu ergeben?

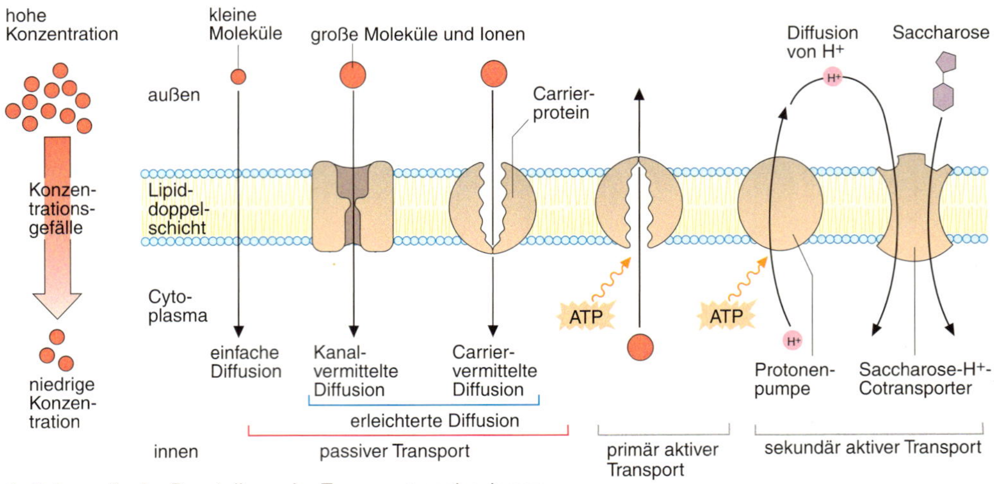

1 Schematische Darstellung der Transportmechanismen

Stofftransport durch Membranen

Die Zelle als ein offenes System steht in ständigem Stoffaustausch mit ihrer Umgebung. Innerhalb der Zelle ist die Bildung von *Reaktionsräumen* oder *Kompartimenten* durch Membranen Voraussetzung für einen kontrollierten Ablauf der Stoffwechselreaktionen. Membranen müssen also für bestimmte Stoffe besonders gut durchlässig sein. Dazu gibt es in der Zelle verschiedene Transportmechanismen, die man in passive und aktive Transportvorgänge gliedern kann (Abb. 1).

Passiver Transport

Passive Transportvorgänge laufen stets ohne Energieaufwand ab. Die Stoffe können dabei nur vom Ort höherer Konzentration zum Ort geringerer Konzentration gelangen.

- *Diffusion*: Lipidähnliche, unpolare Moleküle können Membranen aufgrund ihrer Ähnlichkeit mit den Membranlipiden relativ leicht durchdringen. Sie diffundieren zwischen den sich ständig in Bewegung befindlichen Membranlipiden hindurch.
- *Wasserporen* (Aquaporine) sind kanalförmige Proteine, die durch die ganze Membran reichen (Abb. 2). Sie sind hoch selektiv für Wassermoleküle durchlässig. Pro Sekunde und Kanal können bis zu 3 Mrd. Wassermoleküle transportiert werden. Durch zahlreiche positive Ladungen im Kanal werden positive Ionen abgestoßen, die polaren Wassermoleküle können jedoch rasch transportiert werden.
- *Ionenkanäle:* Für Ionen stellt die Lipiddoppelschicht aufgrund ihres hydropho-

Zettelkasten

Unselektive Aufnahme von Gefahrstoffen

Seit mehreren Jahrzehnten ist Benzol als gefährlicher, Krebs erregender Gefahrstoff bekannt. Trotzdem war es in manchen europäischen Ländern als Antiklopfmittel im Ottokraftstoff in Konzentrationen bis zu etwa 5% enthalten. Seine Giftigkeit beruht darauf, dass die Zellen des menschlichen Körpers die kleinen, hydrophoben, flachen Moleküle des Benzols leicht durch die Lipiddoppelschicht der Zellmembran aufnehmen können und es über sehr giftige Zwischenstufen abbauen.

Alkohol (Ethanol) kann ebenfalls aufgrund seines Molekülbaus sehr leicht in die Zellen gelangen: Sein Ethylrest ist unpolar, seine Hydroxylgruppe ist polar. Ethanol ist also hydrophil und hydrophob. Auch bei seinem Abbau entstehen giftige Zwischenprodukte: Das Enzym Alkoholdehydrogenase katalysiert die Oxidation des Alkohols zu Acetaldehyd. Alkoholmissbrauch führt zu schweren Leber- und Gehirnschäden.

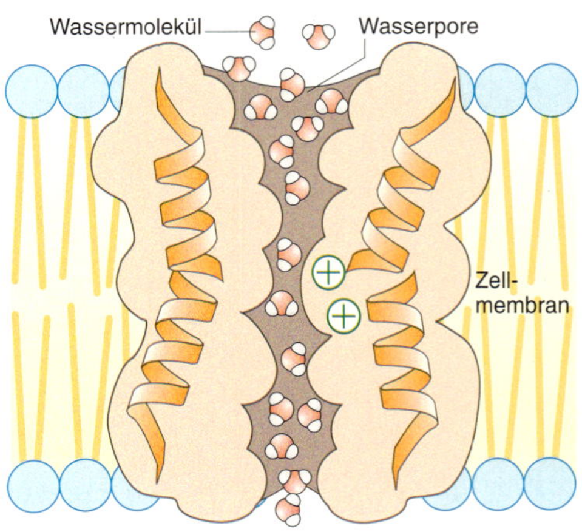

2 Wasserpore

ben Charakters eine Barriere dar. Für Ionen gibt es spezielle Kanalproteine, die Ionenkanäle, deren Poren je nach Bedarf geöffnet oder geschlossen werden können.

— *Carrier:* Carrier sind Transportproteine, die meist nur ganz bestimmte Teilchen durch eine Membran transportieren können. Dabei verändern sie ihre Form. Sie können z.B. zunächst nach außen geöffnet sein und ein Teilchen aufnehmen. Danach schließt sich die Öffnung nach außen und eine Öffnung nach innen entsteht. Ein Beispiel für einen passiven Carriertransport ist die Glucoseaufnahme aus dem Blut in die roten Blutzellen.

Aktiver Transport

Aktive Transportvorgänge laufen unter Energieaufwand ab. Sie ermöglichen dafür den Transport eines Stoffes vom Ort niedriger zum Ort hoher Konzentration. Das wichtigste Beispiel ist der aktive Carrier-Transport. Er erfolgt ähnlich wie der passive, allerdings kann er aufgrund der Energiezufuhr gegen das Konzentrationsgefälle arbeiten. Ein Beispiel ist die Natrium-Kalium-Ionenpumpe. Unter Verbrauch von Energie werden Natriumionen aus der Zelle in die Umgebung abgegeben, während gleichzeitig Kaliumionen ins Zellinnere gelangen. Durch diesen Mechanismus wird eine ungleiche Verteilung von Ionen aufrecht erhalten. Die Natrium-Kalium-Ionenpumpe ist ein Beispiel für einen primär aktiven Transport, dabei dient ATP direkt als Energielieferant.

Im Gegensatz dazu stehen die sekundär aktiven Transportvorgänge: Protonenpumpen erzeugen ein Membranpotential. Die in ihm gespeicherte Energie kann für aktive Transportvorgänge genutzt werden.

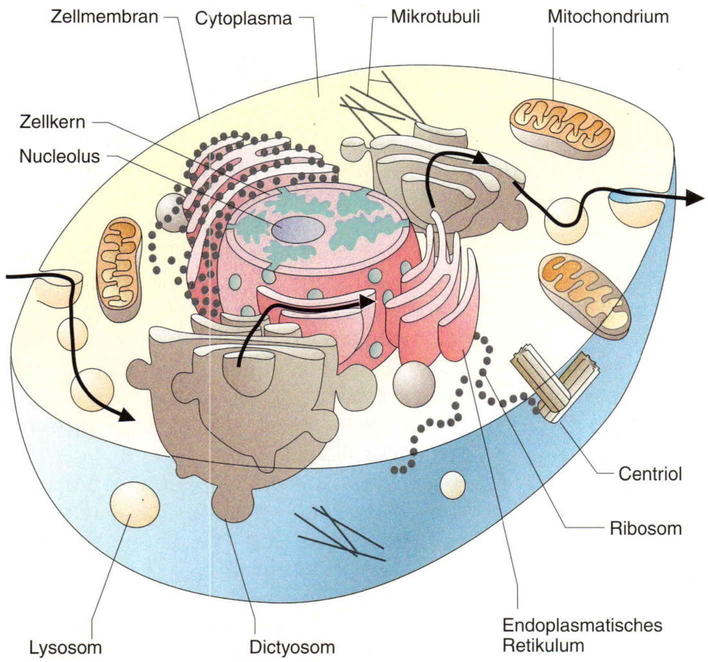

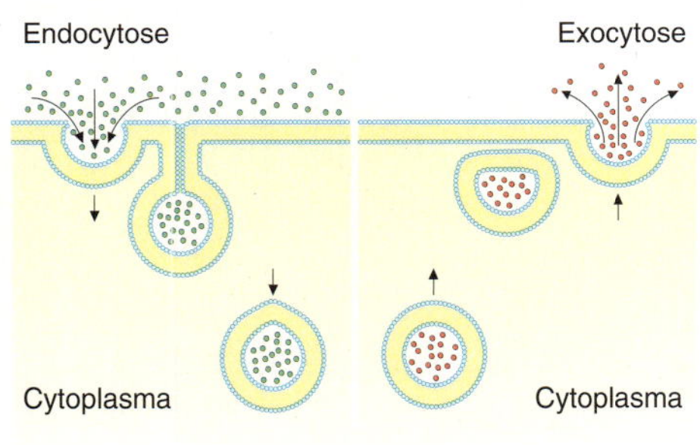

Endocytose und Exocytose

Auch größere Partikel, die nicht durch die Zellmembran transportiert werden können, werden von der Zelle aufgenommen oder abgegeben. Bei der Aufnahme in die Zelle umfließt die Zellmembran ein Flüssigkeitströpfchen oder einen festen Partikel, z.B. ein Bakterium, sodass schließlich membranumschlossene Vesikel mit den aufgenommenen Substanzen nach innen ins Cytoplasma abgeschnürt werden. Man spricht dann von einer *Endocytose.* Die Aufnahme von Flüssigkeiten nennt man *Pinocytose*, die von festen Partikeln *Phagocytose.* Im Zellplasma können die Vesikel mit Lysosomen verschmelzen. Deren Enzyme bauen den Inhalt der Vesikel ab. Die Endocytose hat u.a. bei der Abwehr von Krankheitserregern eine große Bedeutung: Bei der *Exocytose* werden Flüssigkeitströpfchen oder feste Partikel umgekehrt aus dem Cytoplasma nach außen geschleust. Dabei werden von den Dictyosomen Golgi-Vesikel abgeschnürt, die zur Zellmembran wandern, mit ihr verschmelzen und ihren Inhalt nach außen abgeben. Bestimmte Drüsenzellen erfüllen ihre Funktion auf diese Weise.

Aufgaben

① Erstellen Sie eine tabellarische Übersicht über folgende Transportmechanismen: Kanalvermittelte Diffusion, Carrier-vermittelte Diffusion, aktiver Carrier-Transport, Endocytose

② Entwickeln Sie eine begründete Hypothese, ob es sich bei Endo- bzw. Exocytose um aktive oder passive Transportvorgänge handeln könnte.

Leben braucht Energie

Die Gesetze der Physik und Chemie gelten nicht nur für unbelebte Materie, sondern auch für alle Lebewesen. Dazu gehören auch energetische Betrachtungen, ohne die viele Lebensvorgänge unverständlich bleiben.

Grundlagen der Energetik

Alle Stoffe haben ein bestimmtes *Energieniveau*, das sich allerdings von Stoff zu Stoff erheblich unterscheiden kann. Beispielsweise kann durch oxidativen Abbau von 1 g Fett etwa doppelt so viel Energie frei werden (38,9 kJ/g) wie durch Abbau von 1 g Zucker (17,2 kJ/g). Andererseits sind manche Stoffe so energiearm, dass aus ihnen keine Energie mehr freigesetzt werden kann, z. B. Wasser oder Kohlenstoffdioxid. In *Energiediagrammen* bringt man dies dadurch zum Ausdruck, dass man energiereichere Stoffe weiter oben einträgt und energieärmere weiter unten (Abb. Randspalte).

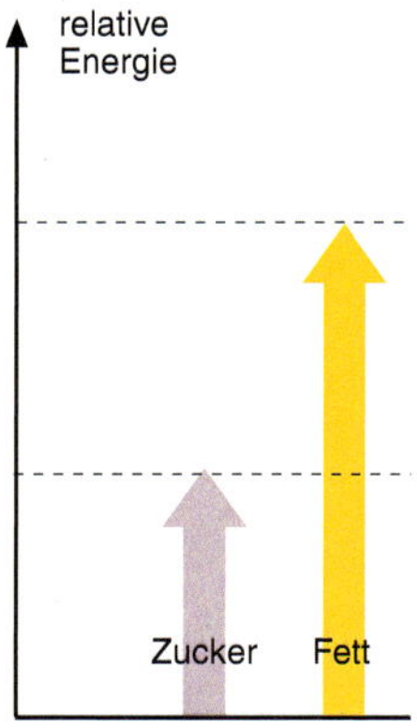

Energiediagramm

Da bei chemischen Reaktionen die Ausgangsstoffe ein anderes Energieniveau aufweisen als die Produkte, sind chemische Reaktionen mit einer *Energieübertragung* verbunden. Dabei unterscheidet man mehrere biologisch wichtige Fälle:

- Die Reaktionsprodukte sind energiereicher als die Ausgangsstoffe (Edukte). Solche Reaktionen bezeichnet man als *endotherm*. Sie laufen nur ab, wenn ständig Energie zugeführt wird (Abb. 1a). Ein wichtiges biologisches Beispiel ist die Fotosynthese.
- Die Reaktionsprodukte sind energieärmer als die Ausgangsstoffe. Die Energiedifferenz wird in Form von thermischer Energie oder Licht abgegeben. Derartige Reaktionen nennt man *exotherm*. Bei exothermen Reaktionen muss man zwei Fälle unterscheiden:
  - Die Reaktion kann spontan ablaufen, sobald die Reaktionspartner zusammen gebracht werden. (Abb. 1b)
  - Häufiger ist der Fall, dass die Reaktionspartner nicht spontan reagieren können, obwohl sie energiereich sind, man nennt sie reaktionsträge. Erst nach Zufuhr von *Aktivierungsenergie* reagieren sie (Abb. 1c). Bei biologischen Reaktionen kann die Temperatur nicht beliebig erhöht werden, um die nötige Aktivierungsenergie zuzuführen. Katalysatoren vermindern die Aktivierungsenergie und erhöhen so die Reaktionsgeschwindigkeit. *Enzyme* sind Katalysatoren in Lebewesen.

Die Entropie

Außer der Reaktionswärme gibt es noch eine zweite Größe, die über den Ablauf biologischer Reaktionen entscheidet, die sogenannte Entropie. Man stellt sie sich anschaulich als die *Unordnung* in einem System vor. Im Kohlenstoffdioxidmolekül sind nur drei Atome in einer linearen Struktur angeordnet. In gasförmigem Kohlenstoffdioxid diffundieren die Moleküle frei im Raum. Im Glucosemolekül sind insgesamt 24 Atome hoch geordnet. In fester Glucose bilden die Moleküle ein geordnetes Gitter. Entsteht bei der Fotosynthese aus Kohlenstoffdioxid Glucose, so steigt die Ordnung des Systems, d. h. die Entropie nimmt ab. Dies erfordert Energiezufuhr von außen, in diesem Fall durch das Sonnenlicht.

Endotherme Reaktionen, bei denen die Entropie abnimmt, sind grundsätzlich nur unter ständiger Zufuhr von Energie möglich. Solche Reaktionen nennt man *endergonisch*. Exotherme Reaktionen, bei denen die Entropie zunimmt, können ohne Energiezufuhr ablaufen. Man nennt sie *exergonisch*.

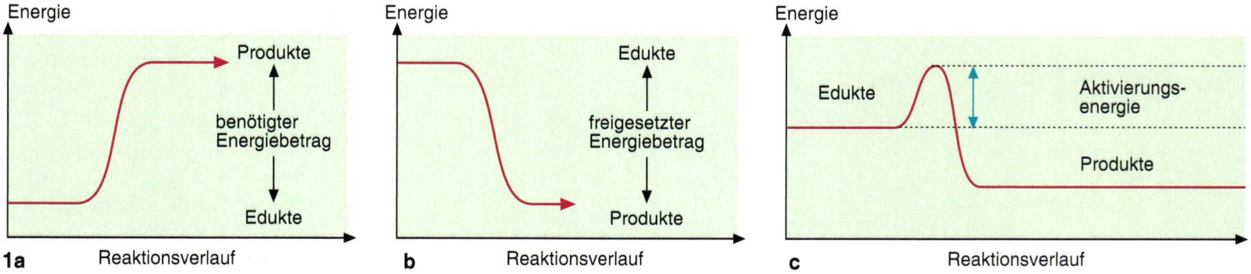

1a b c

Zettelkasten

Entropie

Das Energie-Prinzip

Es ist eine alltägliche Beobachtung, dass in der Natur nur bestimmte Vorgänge spontan ablaufen: Abgestorbenes Laub vermodert, Milch wird sauer. Messungen zeigen, dass bei all diesen Vorgängen Energie frei wird. Derartige Beobachtungen führten Mitte des 19. Jahrhunderts zur Formulierung des *Energieprinzips*: Die Richtung einer Reaktion wird durch das Streben nach einem *Energieminimum* bestimmt. Dabei gibt das System Energie an seine Umgebung ab, was beispielsweise an einer Erhöhung der Temperatur in der Umgebung erkennbar ist.

Das Entropie-Prinzip

Allerdings kann man gelegentlich auch Beobachtungen machen, die mit dem Energieprinzip nicht hinreichend erklärt werden können: Bestimmte Salze lösen sich unter Abkühlung spontan in Wasser, bestimmte Stoffe reagieren spontan endotherm. Dies zeigt, dass neben der Energie noch eine weitere Größe für den Ablauf von Reaktionen maßgeblich ist. Man nennt sie *Entropie*. Oft genügt es in der Biologie, sich Entropie als Maß für den Ordnungszustand eines Systems vorzustellen: Hohe Entropie bedeutet, dass sich das System in einem Zustand hoher Wahrscheinlichkeit und damit hoher Unordnung befindet (Abb.1).

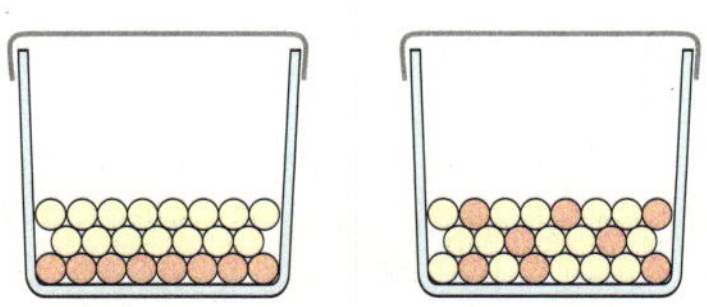

Modellversuch der Entropiezunahme. Nach dem Schütteln des Glases ist ein Zustand höherer Unordnung wahrscheinlicher, die Entropie nimmt zu.

Die Entropie nimmt zu mit dem Übergang vom festen zum flüssigen und zum gasförmigen Zustand. Die Entropie steigt ebenfalls, wenn bei einer Reaktion die Teilchenzahl steigt oder sich Teilchen in einem Raum ausbreiten. Das *Entropieprinzip* lautet: Die Richtung einer chemischen Reaktion wird durch das Streben nach einem *Entropiemaximum* bestimmt.

Die freie Enthalpie

Energie und Entropie wurden zu der „freien Enthalpie" miteinander verknüpft. Dieser Zusammenhang wird durch die Gibbs-Helmholtz-Gleichung beschrieben: $\Delta G = \Delta H - T\Delta S$

Dies bedeutet in Worten formuliert: Die Änderung der freien Enthalpie (ΔG) ist gleich der Enthalpieänderung (ΔH Reaktionsenthalpie, d. h. Reaktionswärme unter konstantem Druck) minus dem Produkt aus absoluter Temperatur (T) und der Entropieänderung (ΔS). Die freie Enthalpie besagt, ob eine Reaktion freiwillig ablaufen kann ($\Delta G < 0$) oder ob Energie zugeführt werden muss ($\Delta G > 0$).
Für den Zusammenhang zwischen Enthalpieänderung und Entropieänderung sind mehrere Möglichkeiten denkbar. Wir betrachten zwei wichtige Fälle:

- Fall 1: Die Entropie nimmt zu, also ist $\Delta S > 0$. Die Reaktion ist exotherm, also ist $\Delta H < 0$. In diesem Fall ist $\Delta G < 0$, die Reaktion kann spontan ablaufen, man nennt sie exergonisch.
- Fall 2: Die Entropie nimmt ab, die Reaktion ist endotherm. In diesem Fall ist $\Delta G > 0$. Die Reaktion kann nicht spontan ablaufen, sondern erst nach Zufuhr von Energie. Man nennt die Reaktion endergonisch.

Zunächst soll ein einfaches Beispiel aus der Chemie Fall 1 veranschaulichen: Tropft man verdünnte Salzsäure auf Magnesium, so misst man eine Temperaturerhöhung, die Reaktion ist also exotherm. In Magnesium befanden sich die Atome auf Gitterplätzen, die Entropie war niedrig. In dem entstehenden Gas können sich die Moleküle frei bewegen, die Entropie hat bei der Reaktion also zugenommen. Diese Reaktion ist somit exergonisch.

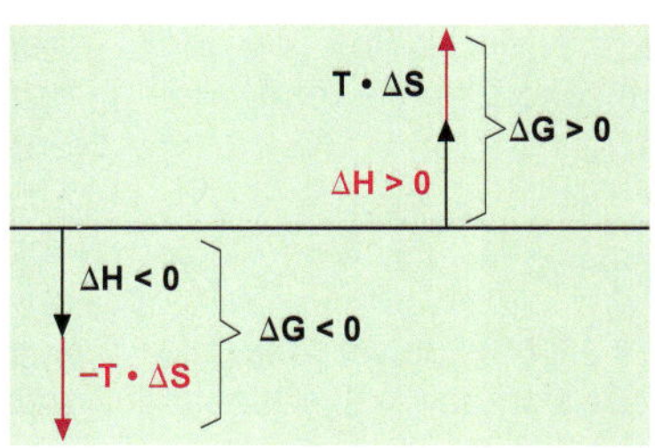

Die biologische Bedeutung

Auf der Grundlage dieser Erkenntnisse kommt man zu einem vertieften Verständnis biologischer Vorgänge, z. B. der Fotosynthese. Wie die Reaktionsgleichung $6\ CO_2 + 6 H_2O \rightarrow C_6H_{12}O_6 + 6\ O_2$ zeigt, nimmt dabei die Teilchenzahl ab und es kommt zur Bildung eines Feststoffes, insgesamt wird also ein Zustand höherer Ordnung erreicht, d. h. die Entropie nimmt ab. Aus energiearmen Ausgangsstoffen entstehen energiereiche Reaktionsprodukte, die Reaktion ist also endotherm. In diesem Beispiel ist somit die freie Enthalpie größer Null, die Reaktion ist endergonisch, sie kann nicht spontan ablaufen. Bei unseren bisherigen Überlegungen haben wir nur die Pflanzenzelle betrachtet, nun müssen wir die Umgebung mit einbeziehen: Das Sonnenlicht liefert so viel Energie, dass die notwendige Reaktionsenthalpie aufgebracht werden kann und dass die Entropieabnahme energetisch möglich wird (Abb. 3).

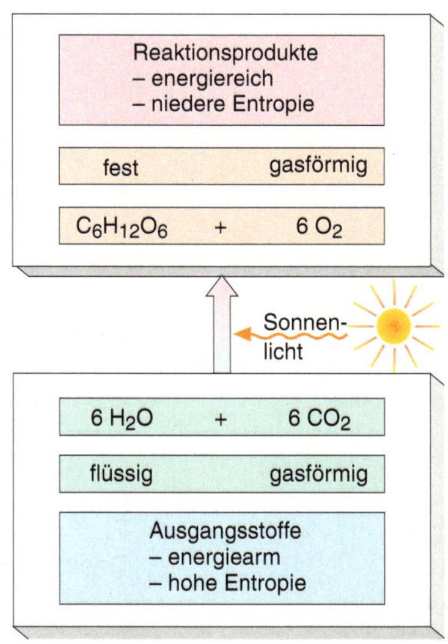

Das folgende Zitat zeigt die grundlegende Bedeutung derartiger Betrachtungen für das Leben auf der Erde: „Die Organismen schwimmen folglich nur vorübergehend auf Kosten ihrer Umgebung gegen den die gesamte reale Welt durchfließenden Entropiestrom, um dann bei ihrer Dekomposition nach dem Tode von ihm mitgerissen zu werden".

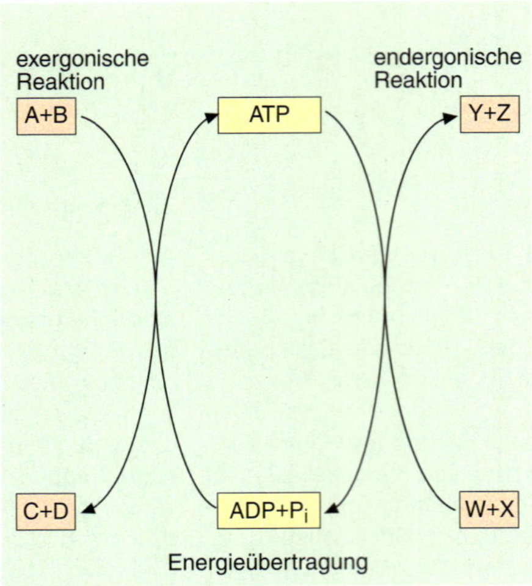

1 Energetische Kopplung

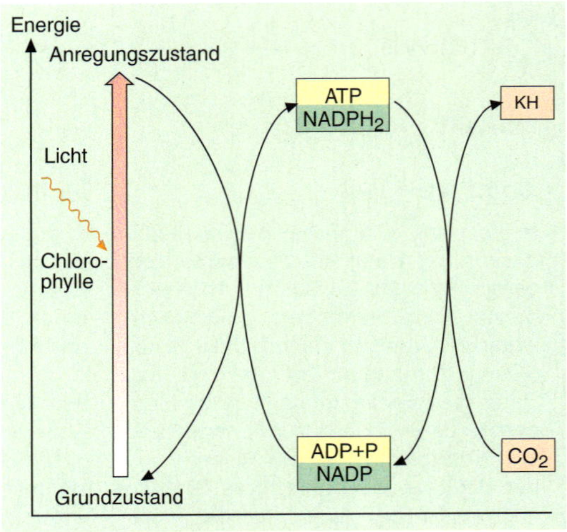

2 Energetische Kopplung bei der Fotosynthese

ATP und energetische Kopplung

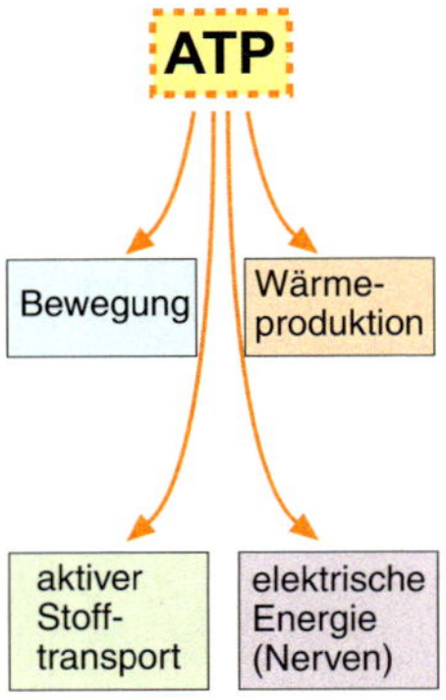

Lebewesen stehen viele verschiedene Energiequellen zur Verfügung, z. B. Licht, Glucose, Stärke, Fette. Anderseits laufen in Lebewesen auch viele verschiedene Reaktionen ab, z. B. die Bildung von Proteinen, Lipiden, Kohlenhydraten, DNA. Stets finden dabei nicht nur Stoff- sondern auch Energieumwandlungen statt. Dabei vermittelt häufig ein spezieller Energieüberträger, das Adenosintriphosphat ATP, den Energieaustausch zwischen den Reaktionspartnern.

Energieumwandlungen

Energie nennt man die Fähigkeit eines Systems, Arbeit zu verrichten. Man kann verschiedene Energieformen unterscheiden:
- kinetische Energie
- potenzielle Energie oder Lageenergie
- elektrische Energie
- chemische Energie
- thermische Energie

Energie kann nicht verschwinden oder aus dem Nichts entstehen. Es können nur verschiedene Energieformen ineinander umgewandelt werden. Dabei wird oft ein gewisser Anteil der Energie, z. B. durch Reibung oder Strahlung, in thermische Energie umgewandelt.

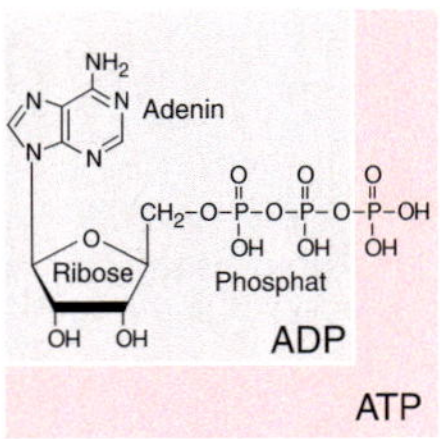

Der Energieüberträger ATP

Die Bedeutung des ATP als universeller biologischer Energieüberträger (Randspalte) machen einige Beispiele deutlich: Beim aktiven Stofftransport werden Stoffe gegen ein Konzentrationsgefälle transportiert. Die Transportmoleküle nutzen ATP als Energielieferant. An den Ribosomen werden bei der Proteinbiosynthese aus vielen einzelnen Aminosäuren hochmolekulare Proteine gebildet. Dabei werden die Aminosäuren durch Peptidbindungen verknüpft, die benötigte Energie liefert das ATP. Die Tätigkeit der Ionenpumpen in den Neuronen erfordert ATP.

Betrachtet man die *Strukturformel* des ATP genauer, so erkennt man drei charakteristische Strukturen (Bild Randspalte): Das komplizierte Ringsystem mit den N-Atomen ist das Adenin, wie es auch in der DNA und RNA (Seite 84) vorkommt. Die Ribose ist ein Zucker, der auch in der RNA auftritt. Beide Molekülteile bleiben bei energetischen Vorgängen unverändert, sind also am Energieaustausch nicht unmittelbar beteiligt.

Für den Energiestoffwechsel entscheidend muss also die Atomgruppierung mit den drei miteinander verbundenen *Phosphatgruppen* sein: Unter Aufnahme von Wasser kann die äußere Phosphatgruppe abgespalten werden. Dabei entsteht ADP und ein anorganisches Phosphatteilchen (P_i), 30,5 kJ/mol Energie werden dabei abgegeben. Sie kann für viele biologische Zwecke eingesetzt werden. Unter Energiezufuhr kann diese Reaktion wieder umgekehrt werden, so dass ATP auch wieder nachgebildet werden kann, z. B. bei der Fotosynthese. Sowohl die Spaltung des ATP als auch seine Neubildung erfolgen mit sehr hoher Geschwindigkeit.

Energetische Kopplung

Vorgänge können spontan ablaufen, wenn sie in dem betrachteten System zu einer Abnahme der Energie führen. Die Reaktion der energiearmen Ausgangsstoffe Kohlenstoffdioxid und Wasser zu den energiereichen Reaktionsprodukten Kohlenhydrate (KH) und Sauerstoff bei der Fotosynthese wäre also energetisch gesehen nicht möglich.

Ermöglicht werden derartige Reaktionen durch die energetische Kopplung (Abb. 1): Eine Energie liefernde Reaktion ist verbunden mit einer Energie verbrauchenden Reaktion. Diese Kopplung wird erreicht über ein bestimmtes Zwischenprodukt, z. B. ATP, oder über unterschiedliche Konzentrationen bestimmter Stoffe an Membranen. Für das Beispiel Fotosynthese bedeutet dies: Chlorophylle gelangen durch Lichtabsorption in einen energiereichen Anregungszustand.

Bei der Rückkehr in den energiearmen Grundzustand wird die freiwerdende Energie durch energetische Kopplung zur Bildung der energiereichen Zwischenprodukte ATP und $NADPH_2$ genutzt. Diese wiederum können durch energetische Kopplung die Bildung von Kohlenhydraten aus energiearmen Ausgangsstoffen ermöglichen (Abbildung 2).

Beispiel Zellatmung

Die Übertragung derartiger Fakten auf biologische Probleme betrachten wir am Beispiel der Zellatmung.

$$C_6H_{12}O_6 + 6\,O_2 \rightarrow 6\,CO_2 + 6\,H_2O$$

Die Produkte gehören zu den energieärmsten Stoffen. Von den Edukten ist die Glucose energiereich. Es handelt sich somit um eine exotherme Reaktion. Da die Entropie zunimmt, muss es sich um eine exergonische Reaktion handeln. Glucose gehört zu den reaktionsträgen Stoffen. Mithilfe von ATP wird sie aktiviert. Im Glucosemolekül kommen auf ein C-Atom zwei H-Atome und ein O-Atom. Im Kohlenstoffdioxidmolekül ist das Atomzahlverhältnis C : O = 1 : 2. Bei der Zellatmung wird die Glucose also oxidiert.
Da man **Energieumwandlungen** bei allen Lebewesen und auf allen Organisationsstufen des Lebendigen beobachten kann, handelt es sich dabei um ein biologisches **Prinzip** (▶ s. Seite 342).

Aufgaben

① Nennen Sie Eigenschaften des ATP, die es als Energieüberträger der Zelle geeignet machen.

② Sie produzieren täglich Ihr eigenes Körpergewicht an ATP. Erläutern Sie dies.

Zettelkasten

Redoxreaktionen

Redoxreaktion ist ein Kunstwort, das sich zusammensetzt aus **Red**uktions-**Ox**idations-Reaktion. Dies sind Reaktionen, bei denen Oxidation und Reduktion gleichzeitig ablaufen. Es gibt verschiedene Redoxbegriffe. Vereinfacht bezeichnet man als Oxidation eine Reaktion unter Aufnahme von Sauerstoff bzw. unter Abgabe von Wasserstoff, als Reduktion eine Reaktion unter Abgabe von Sauerstoff, bzw. Aufnahme von Wasserstoff. Bei organischen Stoffen verlaufen Oxidationen i. a. exergonisch, Reduktionen demzufolge endergonisch.
Bei vielen biologisch wichtigen Vorgängen, wie der Fotosynthese und der Zellatmung finden Redoxreaktionen statt. Dazu gibt es ein spezielles Überträgermolekül, das NAD^+. Es ermöglicht Redoxreaktionen zwischen Reaktionspartnern, die nicht direkt miteinander reagieren können. Beispielsweise wären die Reaktionen der Zellatmung ohne NAD^+ nicht möglich.
Die Redoxbegriffe können auch auf den Austausch von Elektronen zwischen den Reaktionspartnern bezogen werden: Oxidation wird als Elektronenabgabe bzw. als Erhöhung der Oxidationszahl und Reduktion als Elektronenaufnahme bzw. Verminderung der Oxidationszahl definiert. Bei der Fotosynthese (S. 60/61) und der Zellatmung (S. 58/59) findet der Austausch von Elektronen statt.

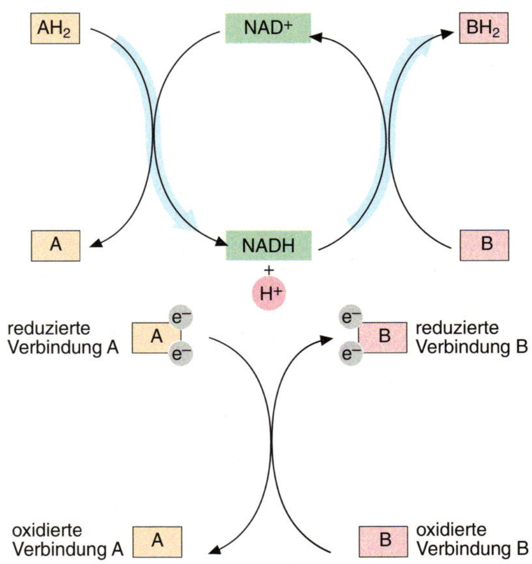

Energetische Kopplung und Fließgleichgewicht

Energetische Kopplung

Bei vielen biochemischen Reaktionen in der Zelle ist der Energieträger ATP. Dieses energiereiche Molekül dient als Energielieferant für viele verschiedene Reaktionen, indem es in ADP und Phosphat gespalten wird.

Untersuchung der Stärkebildung

Speicherstoff Stärke
Die Sprossknollen von Kartoffeln haben einen hohen Nährwert, bedingt durch den hohen Stärkegehalt. Die Kartoffelknolle dient der Überwinterung der Kartoffelpflanze. Mithilfe des Energiespeicherstoffs Stärke treibt die Kartoffelknolle nach dem Winter neue Sprosse aus. Sobald diese die Erdoberfläche erreichen und grün werden, beginnen sie die weitere Energieversorgung der Pflanze zu übernehmen.

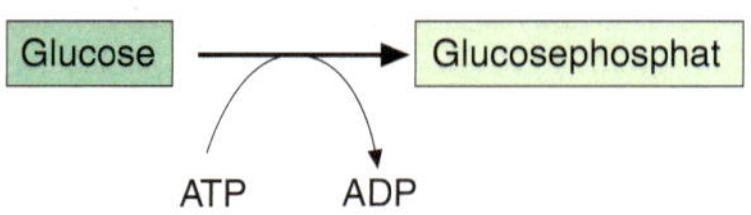

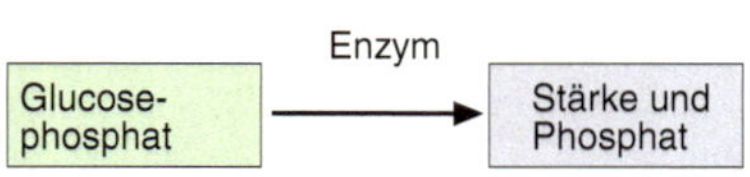

Stärke hat die Funktion eines langfristigen Energiespeichers. Chemisch betrachtet ist Stärke ein Vielfachzucker (*Polysaccharid*), der aus vielen tausend kettenförmig verknüpften Molekülen des Einfachzuckers (*Monosaccharid*) Glucose besteht. In der Knolle wird im Spätsommer und im Herbst Stärke aus Zuckermolekülen aufgebaut. Die Zuckermoleküle müssen dazu chemisch aktiviert werden. Durch Einsatz von ATP werden die Zuckermoleküle phosphoryliert. Dadurch sind diese Ausgangsstoffe der Stärkesynthese energiereicher als das Endprodukt. Nun kann der Stärkeaufbau ablaufen. Dabei reagieren die Zuckermoleküle unter Abspaltung von Phosphat miteinander. Diese Reaktion wird von einem Enzym katalysiert, das in den Zellen der Sprossknolle enthalten ist. Die gebildete Stärke wird in Form von Stärkekörnchen in den Zellen gelagert.

Versuch zum Stärkeaufbau
Material:
Kartoffel, Glucose-1-phosphat-Lösung (0,05 g in 5 mL aqua dest.), Glucose-Lösung (0,5 g in 5 mL aqua dest.), Iod-Kaliumiodid-Lösung, Reibe, Pipetten, Tüpfelplatte oder Petrischalen, Rührstäbchen aus Holz oder Glas, Stoppuhr.

Versuchsdurchführung:
Zur Untersuchung des Stärkeaufbaus wird folgender Versuch durchgeführt:
- Eine geschälte Kartoffel wird mit einer Reibe fein zerrieben und der entstandene Brei filtriert. Das Filtrat wird kühl gelagert.
- Auf einer Tüpfelpatte werden in drei nebeneinanderliegenden Reihen je 4 Tropfen des Kartoffelextrakts aufgetragen. Statt Tüpfelplatten lassen sich auch Petrischalen verwenden.
- Man startet die Stoppuhr und gibt zügig zu den vier Ansätzen in der ersten Reihe je einen Tropfen Glucose-Lösung und zu den Ansätzen in der zweiten Reihe einen Tropfen Glucose-1-phosphat-Lösung. Den Ansätzen der dritten Reihe wird nichts zugegeben.
- Jeweils nach 5, 10, 15 und 20 Minuten wird zu einem der drei verschieden Ansätze ein Tropfen Iod-Kaliumiodid-Lösung zugegeben und mit einem Stäbchen verrührt.

Aufgaben

① Beobachten Sie die Ansätze nach Zugabe der Iod-Kaliumiodid-Lösung. Protokollieren Sie die Färbung der 12 Versuchsansätze nach Versuchsende.

② Erklären Sie die Bedeutung der Iod-Kaliumiodid-Lösung und des Kartoffelextraktes für den Ablauf des Experiments.

③ Beschreiben Sie, in welchen Ansätzen eine nachweisbare biochemische Reaktion abgelaufen ist. Formulieren Sie die Bedingungen, unter denen diese Reaktion ablaufen kann.
Geben Sie die Bedeutung des Kartoffelextrakts für die Reaktion an.

④ In der Kartoffelknolle wird zur Überwinterung Stärke statt Glucose gespeichert. Im Frühjahr wird Stärke wieder zu Zucker (Glucose, Maltose) abgebaut.
Bilanzieren Sie Energieaufwand und Energieertrag für den Aufbau von Stärke aus Glucose und den Abbau zu Glucose.

⑤ Mit der Stärke speichert die Pflanze Energie, die zu einem späteren Zeitpunkt benötigt wird.
Beschreiben Sie am Beispiel der Kartoffelknolle die biologische Bedeutung der Energiespeicherung.

⑥ Der Energiespeicher Stärke besteht aus großen Molekülen. Die Energie wird häufig dann benötigt, wenn im Frühjahr viel Wasser zur Verfügung steht. Dabei könnte eine hohe Konzentration leicht löslicher Stoffe wie Glucose für die Zellen schädlich sein.
Erklären Sie diese Aussage. Beschreiben Sie daran die physiologische Eignung von Stärke als Speicherstoff.

⑦ Nennen Sie weitere Pflanzen, die Stärke als Speicherstoff enthalten. Erläutern Sie, welchen Vorteil Fette als Speicherstoffe haben.

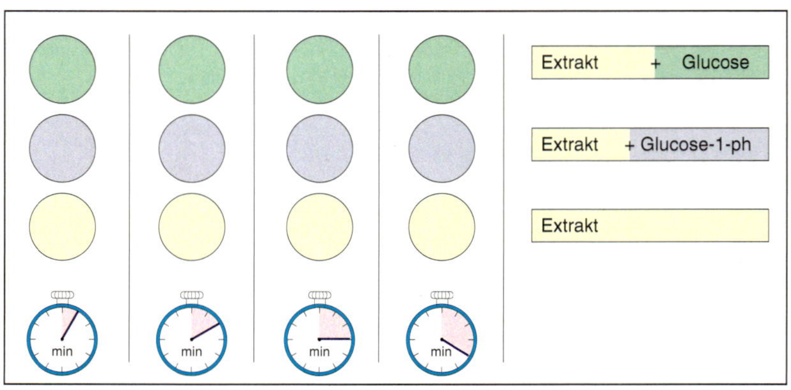

Biolumineszenz

Verschiedene Organismen, wie tropische Leuchtkäfer, Tintenfische oder Krebse, sind in der Lage, Licht zu erzeugen. Diese Fähigkeit wird als *Biolumineszenz* bezeichnet. Die Leuchtstoffe unterscheiden sich chemisch. Sie werden alle als *Luciferine* bezeichnet. Damit die chemischen Reaktionen, die zur Lichtaussendung führen, ablaufen können, sind Enzyme nötig. Sie werden als *Luciferasen* bezeichnet.
Zur Reaktion von Leuchtkäfer-Luciferin wird ein Energielieferant benötigt. Dagegen reagiert Leuchtkrebs-Luciferin mit Wasser und Sauerstoff unter Lichtaussendung.
Unter geeigneten Bedingungen erzeugen diese Stoffe auch im zellfreien System Licht. Damit lässt sich das Phänomen Biolumineszenz auch im Reagenzglas untersuchen.

Versuch 1
Material:
10 mg Adenosintriphosphat ATP, 10 mg Luciferin / Luciferase, Phoshatpuffer pH 7,5, Magnesiumsulfat-Lösung (w = 1 %), Pipetten, Reagenzgläser, verdunkelbarer Raum

Durchführung:
In einem Reagenzglas mischt man 2 mL Phosphatpuffer mit 0,2 mL Magnesiumsulfatlösung. Dazu gibt man das Luciferin-Luciferase-Gemisch. In einem zweiten Reagenzglas werden einige Körnchen ATP in 2 mL Wasser gelöst. Man verdunkelt den Raum und tropft so lange ATP-Lösung zur Luciferin-Luciferase-Lösung, bis die Flüssigkeit leuchtet.

Aufgaben

⑧ Beschreiben Sie den im Experiment ablaufenden Energietransfer.
⑨ Das Leuchten wird im Laufe der Zeit schwächer. Beschreiben Sie mögliche Ursachen. Welche Stoffe müssten sich jetzt in der Lösung nachweisen lassen, die zu Versuchsbeginn noch nicht vorhanden waren? Begründen Sie.
⑩ Zeigen Sie anhand dieses Experiments, dass das Leuchten nur bei Energiezufuhr möglich ist.
⑪ Bilden Sie begründete Hypothesen zur biologischen Bedeutung der Bioluminiszenz. Entwickeln Sie Vorschläge, wie Ihre Hypothesen überprüft werden könnten.

Versuch 2
Material:
Leuchtkrebschen (*Cypridina hilgendorfii*, gefriergetrocknet), Mörser, Pistill, Pinsel, Glasstab, Uhrglas, Reagenzglas, Wasserbad, verdunkelbarer Raum.

Durchführung:
Etwa 10 bis 15 Leuchtkrebschen werden im Mörser fein gemahlen und das Pulver mit einem Pinsel vollständig in ein Uhrglas überführt. Nachdem der Raum abgedunkelt ist, wird das Pulver mit einigen Tropfen Wasser versetzt. So erhält man den Ansatz A. Beobachten Sie, bis der Ansatz A nicht mehr leuchtet.

Aufgaben

⑫ Beschreiben Sie die Leuchterscheinung.

Durchführung:
Etwa 10 bis 15 Leuchtkrebschen werden in einem Reagenzglas mit etwa 1 mL Wasser versetzt. Das Reagenzglas wird sofort für 5 Minuten in ein kochendes Wasserbad gehalten. Anschließend zerreibt man die Krebschen vorsichtig mit einem Glasstab im Reagenzglas. Das ist Ansatz B. Überzeugen Sie sich davon, dass Ansatz B nicht leuchtet. Vermischen Sie nun die beiden nicht leuchtenden Ansätze A und B. Beobachten Sie.

Aufgaben

⑬ Beschreiben Sie, was sich am Gemisch der Ansätze A und B beobachten lässt.
⑭ Entwickeln Sie eine Hypothese für Ihre Beobachtung.
⑮ Planen Sie ein weiteres Experiment, mit dem sich Ihre Hypothese prüfen lässt. Führen Sie dieses Experiment durch.

Fließgleichgewicht

Zellen sind offene Systeme, die mit ihrer Umgebung Stoffe und Energie austauschen. Dabei nimmt eine ausdifferenzierte Zelle im zeitlichen Mittel so viel Substanz auf, wie sie abgibt. Eine Zelle ist ein System, das sich im Fließgleichgewicht mit seiner Umgebung befindet.

Versuch 3
Mit einem Modellexperiment wird das Verhalten eines dynamischen Systems untersucht.

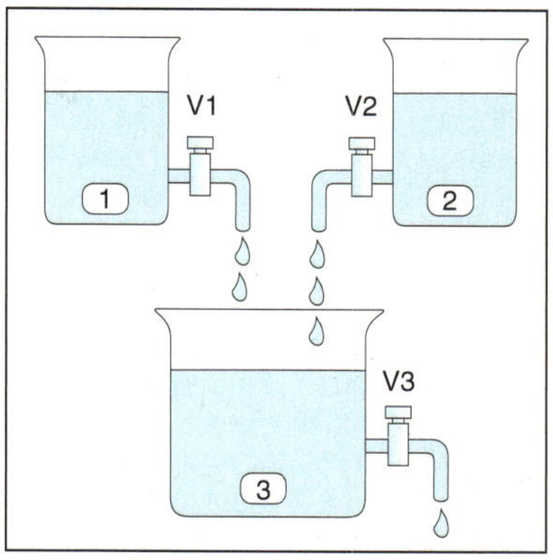

Material:
3 Wassergefäße ca. 1 Liter mit Abflussöffnung, davon 1 Gefäß mit Volumenmarkierungen oder 500 mL Markierung, 3 Sperrventile, Messzylinder, Stoppuhr.

Durchführung:
Aus zwei wassergefüllten Vorratsgefäßen (1) und (2) fließt langsam, gesteuert durch die Ventile V1 und V2, Wasser in ein größeres Gefäß (3). An der Unterseite von (3) fließt Wasser durch V3 ab. In diesem Modell stellt Gefäß (3) eine Zelle dar, in die zwei Stoffe eintreten und ein Stoff austritt.

Aufgaben

⑯ Stellen Sie die Ventile V1, V2 und V3 so ein, dass der Wasserspiegel im Gefäß 3 konstant hoch bleibt.
⑰ Messen Sie die Stoffzuflüsse. Bestimmen Sie hierzu mithilfe von Messzylinder und Stoppuhr die Wasserstromstärken und geben Sie die Werte in der Einheit Milliliter je Sekunde an.
Zeigen Sie durch eine weitere Messung, dass sich das System im Fließgleichgewicht befindet.
⑱ Vermindern Sie den Zufluss aus Gefäß (1) nach Augenmaß auf etwa die Hälfte. Messen Sie nun die neue Wasserstromstärke.
Berechnen Sie, wie lange es dauern wird, bis das Gefäß (3), das bis zur 500 mL Markierung Wasser enthält, bei den neuen Zuflussbedingungen leer sein wird.
Prüfen Sie experimentell, ob Ihre Berechnung mit den tatsächlichen Verhältnissen übereinstimmt.
⑲ Erklären Sie, inwieweit dieses Modellsystem der Zelle prinzipiell die Eigenschaft besitzt, bei reduziertem Wasserzufluss in einen neuen Gleichgewichtszustand zu gelangen.

Mitochondrien und Zellatmung

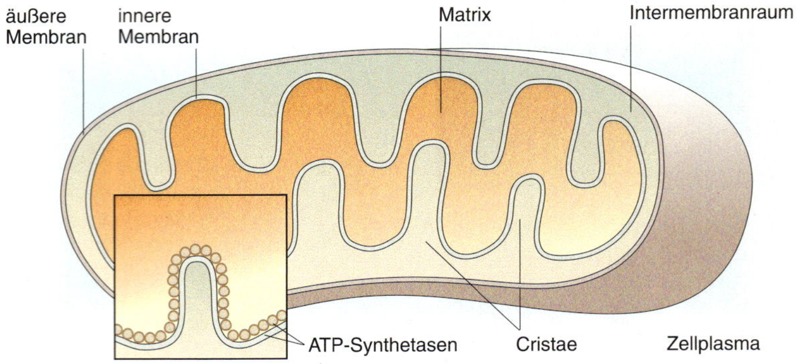

Mitochondrien sind die Organellen der Zellatmung und gelten als „Kraftwerke der Zelle". Das bedeutet, dass sie eine wichtige Rolle bei der Energieumwandlung in der Zelle spielen. In ihnen werden energiereiche Stoffe abgebaut, die freiwerdende Energie wird zur Bildung von ATP genutzt. So kommt es, dass man in Zellen mit besonders hohem Energiebedarf Mitochondrien in großer Zahl findet. Die Struktur der Mitochondrien ist an ihre Funktion angepasst. Die innere Membran weist zahlreiche Einstülpungen auf, wodurch die Oberfläche vergrößert wird und die Enzyme der Zellatmung verankert werden können.

Bei der Zellatmung wird Glucose unter Verbrauch von Sauerstoff vollständig zu Kohlenstoffdioxid und Wasser abgebaut. Die freiwerdende Energie wird zur Synthese von ATP eingesetzt. ATP kann als universell verwendbarer Energieüberträger der Zelle für viele Lebensvorgänge die nötige Energie liefern. Das folgende Reaktionsschema beschreibt summarisch die Reaktionen der Zellatmung:

$$C_6H_{12}O_6 + 6O_2 \rightarrow 6CO_2 + 6H_2O$$

Bei genauerer Betrachtung ergeben sich folgende Schlussfolgerungen:

- Im Glucosemolekül liegen die 6 Kohlenstoffatome miteinander verbunden vor, in den 6 Kohlenstoffdioxidmolekülen gibt es nur je ein Kohlenstoffatom. Daraus folgt, dass bei der Zellatmung das Glucosemolekül vollständig aufgespalten wird.
- Die 12 Wasserstoffatome eines Glucosemoleküls befinden sich nach der Reaktion in Wassermolekülen. Sie werden also von dem Glucosemolekül abgespalten.
- Würden diese Wasserstoffatome direkt auf Sauerstoffmoleküle übertragen, würde ähnlich wie bei der Knallgasreaktion schlagartig sehr viel Energie in Form von thermischer Energie frei. Es existiert also ein Mechanismus, durch den die Wasserstoffatome zunächst an einen Überträger gebunden werden, der sie schrittweise an Sauerstoffmoleküle weitergibt. Dabei wird die freiwerdende Energie zur Bildung von ATP genutzt.

Will man die Funktion der Mitochondrien genauer untersuchen, helfen elektronenmikroskopische Bilder nicht entscheidend weiter. Im Wesentlichen zeigen sie lediglich eine stark aufgefaltete innere Membran. Durch sie wird das Mitochondrium kompartimentiert in den Matrixraum und den Intermembranraum (Abb. 1). Biochemische Untersuchungen zeigen, dass in dieser Membran viele verschiedene Enzyme vorkommen.

Die Glykolyse

In einem mehrstufigen Prozess wird das Glucosemolekül in zwei Bausteine gespalten und zu einem Zwischenprodukt, der sog. Brenztraubensäure BTS oxidiert. Dabei wird Energie frei, die in Form von ATP gespeichert wird. Wie ein Vergleich der Summenformeln von Glucose ($C_6H_{12}O_6$) und BTS (2 $C_3H_4O_3$) zeigt, werden pro Glucosemolekül 4 Wasserstoffatome, genauer 4 Wasserstoffionen (Protonen H^+)und 4 Elektronen, abgespalten, die auf den Wasserstoffüberträger NAD^+ übertragen werden und bei der Endoxidation zur Gewinnung weiterer ATP-Moleküle dienen. BTS wird in die Mitochondrien transportiert.

Der Tricarbonsäurezyklus

In der Mitochondrienmatrix wird von der BTS zunächst Kohlenstoffdioxid abgespalten, anschließend wird sie oxidiert und an ein Trägermolekül, das Coenzym A, gebunden. Dabei entsteht die sog. Aktivierte Essigsäure (Acetyl-Coenzym A). Sie wird im Tricarbonsäurezyklus unter Bildung von ATP und anderen energiereichen Stoffen vollständig abgebaut. Pro Molekül ursprünglich vorhandener Glucose werden 6 Kohlenstoffdioxidmoleküle abgegeben. Die Glucose ist somit vollständig abgebaut. ATP wird gebildet. Die noch vorhandenen Wasserstoffatome werden von Wasserstoffüberträgern, FAD und NAD^+, übernommen, wobei $FADH_2$ und $NADH_2$ entstehen. Diese Stoffe werden bei der Endoxidation zur Bildung von ATP genutzt.

Die Endoxidation

Bei der Glykolyse und im Tricarbonsäurezyklus sind viele Wasserstoffakzeptoren durch die Aufnahme von Wasserstoffatomen reduziert worden. In diesen Molekülen steckt noch chemische Energie, die bei der Endoxidation zur Bildung von ATP genutzt werden kann. Dabei werden die Wasserstoffatome in einem mehrstufigen Prozess mit elementarem Sauerstoff zur Reaktion gebracht, wobei Wasser entsteht. Diese Vorgänge laufen so stark exergonisch ab, dass zahlreiche ATP-Moleküle gebildet werden können.

Gradienten speichern Energie

Die Endoxidation läuft an der inneren Membran der Mitochondrien ab. In ihr befinden sich die benötigten Enzyme. Ihr Wirkungsmechanismus wird nur vereinfacht dargestellt: Die im $FADH_2$ bzw. $NADH_2$ gebundenen Wasserstoffatome werden aufgespalten in Protonen und Elektronen. Die Protonen werden in den Intermembranraum transportiert, wo sie sich anhäufen. Dort herrscht somit ein Überschuss an positiver Ladung. Die Elektronen werden an der Matrixseite der Membran gesammelt,

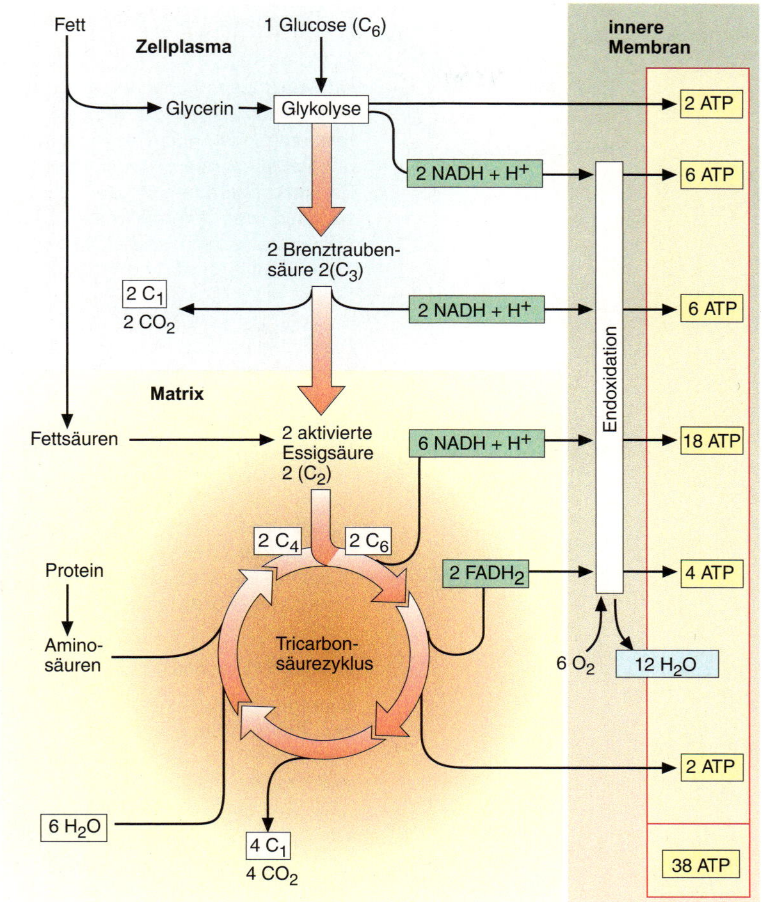

dadurch entsteht dort ein Überschuss an negativer Ladung. Diese Elektronen reagieren mit elementarem Sauerstoff formal zu negativ geladenen Oxidionen.

Insgesamt wird also an der inneren Mitochondrienmembran ein Konzentrationsgradient — an der Intermembranseite viele H^+-Ionen, an der Matrixseite wenige H^+-Ionen — und ein Ladungsgradient — an der Intermembranseite Pluspol, an der Matrixseite Minuspol — aufgebaut. Dadurch bildet sich ein elektrisches Feld. Das entscheidende Enzym, durch dessen Tätigkeit die im elektrischen Feld gespeicherte Energie zur ATP-Gewinnung verwendet wird, ist die ATP-Synthetase.

An eine Bindungsstelle werden die energiearmen Edukte ADP und Phosphat gebunden. Beim Protonentransport vom Intermembranraum in den Matrixraum durch das Enzym reagieren die Oxidionen mit den Wasserstoffionen zu Wasser. Die freiwerdende Energie wird dazu genutzt, aus ADP und Phosphat das energiereiche ATP zu bilden. Damit steht der Zelle ihr universeller Energieüberträger für ihre Stoffwechselprozesse zur Verfügung.

Aufgaben

① Beschreiben Sie die Energieumwandlung von der Glucose bis zum ATP.

② Zu den biologischen Prinzipien gehören die Energieumwandlung, die Kompartimentierung und der Zusammenhang Struktur-Funktion. Erläutern Sie diese Prinzipien am Beispiel der Mitochondrien.

③ Bei der Glykolyse und im Tricarbonsäurezyklus entstehen Wasserstoffüberträger wie $FADH_2$ und $NADH_2$. Erläutern Sie, ob es sich um energiereiche oder energiearme Stoffe handelt.

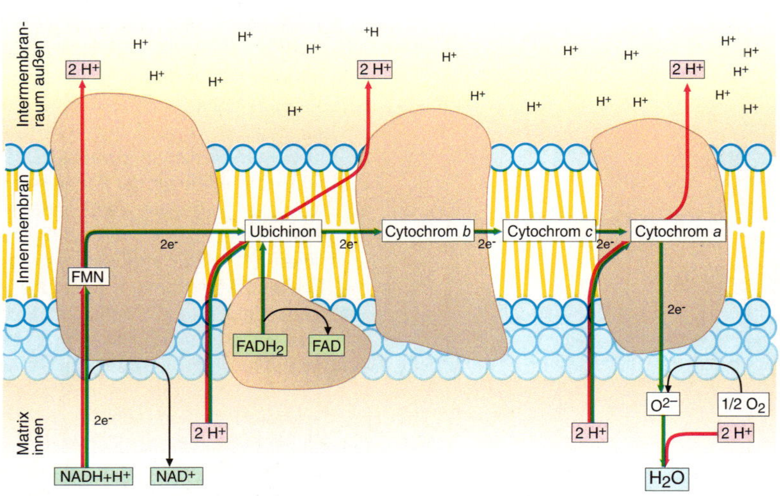

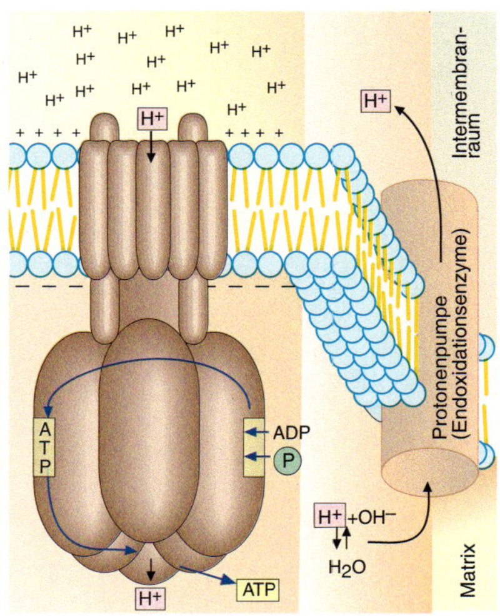

Chloroplasten und Fotosynthese

In den Chloroplasten laufen ähnlich wie in den Mitochondrien Reaktionen zur Energieumwandlung ab. Während Tiere energiereiche Nährstoffe aufnehmen müssen, können grüne Pflanzen mithilfe der Energie des Lichts in ihren Chloroplasten energiereiche Stoffe selbst herstellen. Die Struktur der Chloroplasten mit ihren umfangreichen Membraneinstülpungen ist an diese Funktion angepasst.

Alle grünen Pflanzenteile enthalten Chloroplasten und können Fotosynthese betreiben. Deshalb vermuteten Biologen schon früh, dass die Chloroplasten die *Organellen der Fotosynthese* sind. Diese Vermutung wurde experimentell bestätigt, als man beweisen konnte, dass isolierte Chloroplasten, d. h. Chloroplasten ohne umgebendes Zellplasma, zur Fotosynthese fähig sind.

Ähnlich wie bei den Mitochondrien ist auch bei den Chloroplasten die innere Membran stark aufgefaltet, sie bildet die Thylakoide. Diese Membranen können stapelförmig übereinander angeordnet sein und bilden so die sog. Grana (Abb. 1). In den Thylakoidmembranen sind die *Chlorophyllmoleküle* verankert (Abb. 2). Das Plasma der Chloroplasten nennt man Stroma (Abb. 3). In ihm befinden sich zahlreiche Enzyme der sog. lichtunabhängigen Reaktionen.

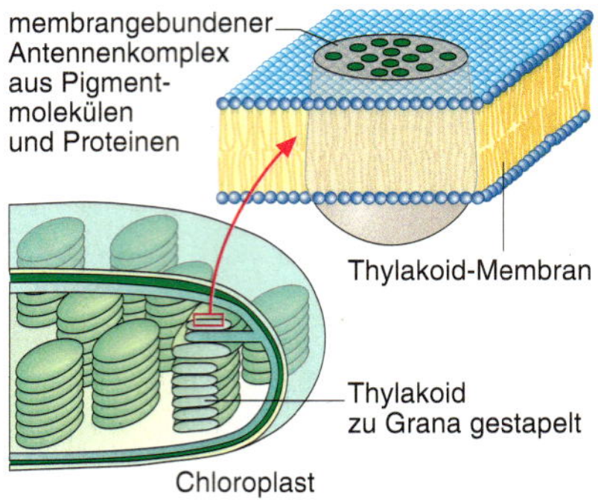

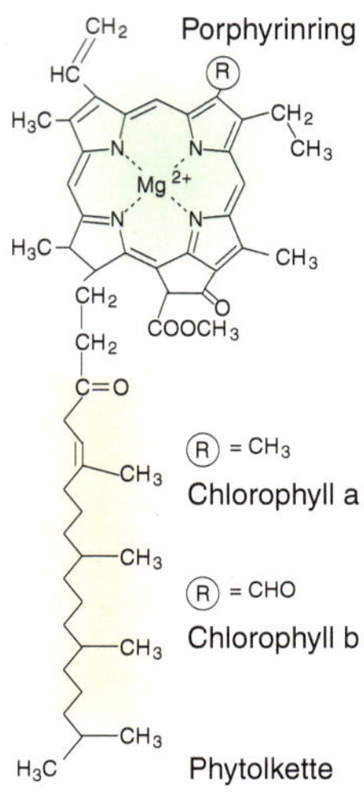

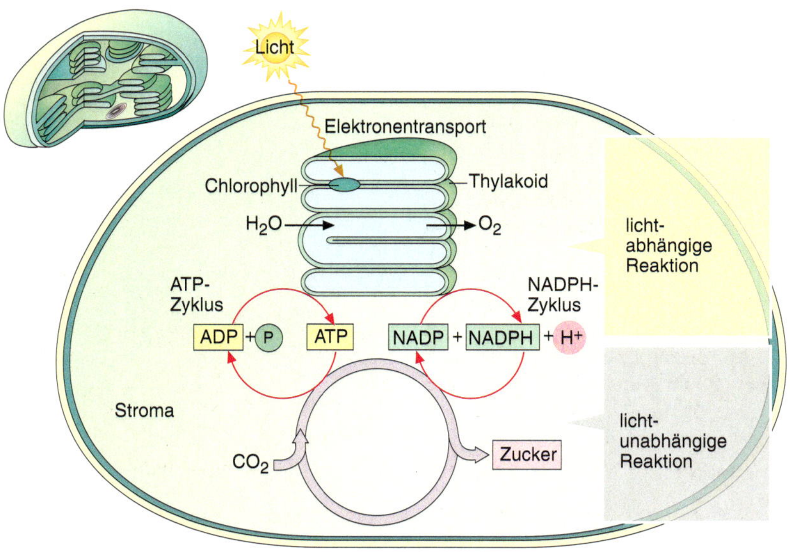

Das Reaktionsschema der Fotosynthese

$6\,CO_2 + 6H_2O \rightarrow C_6H_{12}O_6 + 6O_2$

Um Bau und Funktion der Chloroplasten verstehen zu können, muss man zunächst das Reaktionsschema der Fotosynthese genauer betrachten. Es lässt folgende Schlussfolgerungen zu: Aus den energiearmen Edukten Kohlenstoffdioxid und Wasser entstehen Sauerstoff und energiereiche Stoffe, wie z. B. Glucose.

Die Reaktion ist also endotherm. Da die Zahl der Teilchen abnimmt und ein hoch geordnetes Molekül wie Glucose entsteht, nimmt die Entropie ab. Insgesamt ist die Reaktion also endergonisch. Sie erfordert somit die ständige Zufuhr von Energieträgern. Bei der Fotosynthese wird Kohlenstoffdioxid reduziert zu einem Kohlenhydrat, also muss bei der Fotosynthese ein Reduktionsmittel gebildet werden.

Lichtabhängige Reaktionen

Weitere Aufschlüsse über den Ablauf der Fotosynthese ergaben sich bei Versuchen mit isolierten Thylakoidmembranen. Sie konnten bei Beleuchtung elementaren Sauerstoff bilden. Dazu war kein Kohlenstoffdioxid nötig. Damit war bewiesen, dass der entstehende Sauerstoff aus dem Wasser stammt und nicht aus dem Kohlenstoffdioxid, was man ursprünglich vermutet hatte. Wasser muss also aufgespalten worden sein. Dies nennt man die Fotolyse des Wassers.

$2H_2O \rightarrow O_2 + 4H^+ + 4e^-$

Unter normalen biologischen Bedingungen nimmt $NADP^+$ die Elektronen auf und wird zu $NADPH_2$ reduziert. Weitere biochemische Untersuchungen zeigten, dass auch ATP entsteht. Daraus kann man schließen, dass die Fotosynthese kein einheitlicher Prozess ist, sondern aus mehreren Teilprozessen bestehen muss: In einem ersten Schritt entstehen ATP als Energielieferant und $NADPH_2$ als Reduktionsmittel. Da diese Reaktionen nur im Licht ablaufen können, nennt man sie lichtabhängige Reaktionen. Allerdings werden noch keine Kohlenhydrate gebildet, es gibt somit noch weitere Reaktionsschritte, bei denen Kohlenstoffdioxid zu Kohlenhydraten reduziert wird.

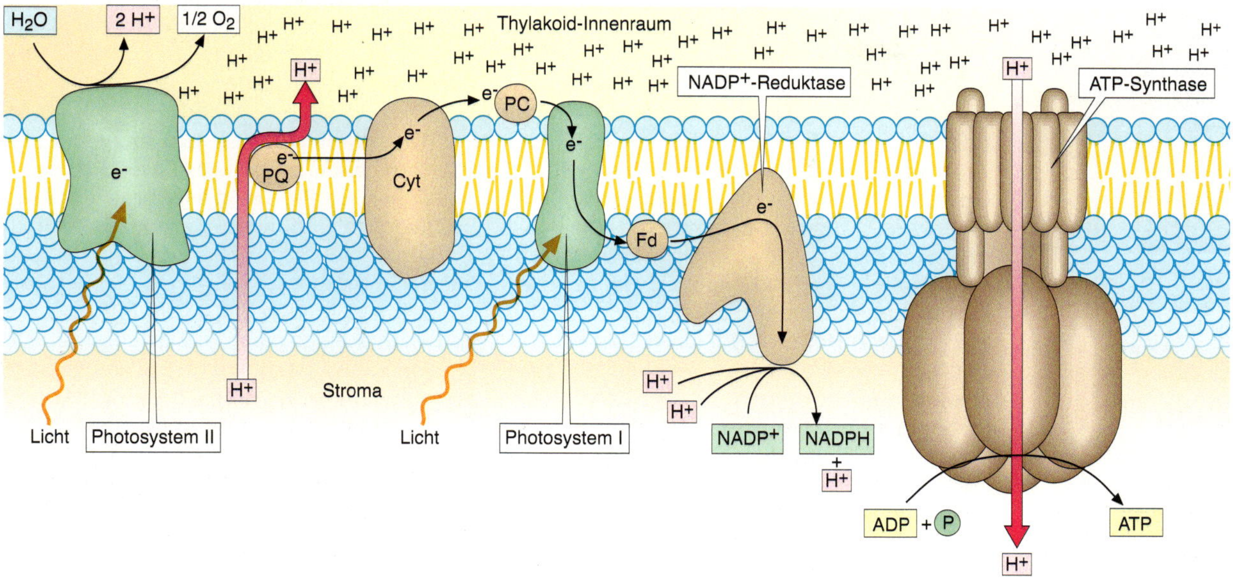

Reaktionen an den Thylakoiden

Chlorophylle können rotes und blaues Licht absorbieren und dadurch in einen energiereichen Zustand gelangen. Damit gekoppelt läuft die Spaltung von Wasser ab. Aus Wasser (H_2O) entstehen elementarer Sauerstoff (½ O_2), 2 Elektronen und 2 Protonen. Die Elektronen werden über verschiedene Chlorophylle und andere Elektronenüberträger auf die Stromaseite der Thylakoidmembran transportiert. Diese Elektronen reagieren zusammen mit $NADP^+$ und mit 2 Protonen aus dem Stroma zu $NADPH_2$. Gleichzeitig werden H^+-Ionen vom Stroma in den Thylakoidinnenraum gebracht. Es entsteht somit ein pH-Gradient, wobei im Thylakoidinnenraum sehr viel mehr Protonen sind (pH = 5) als im Stroma (pH = 8). Die H^+-Ionen gelangen durch das Enzym ATP-Synthetase wieder auf die Stromaseite. Die dabei frei werdende Energie wird zur Bildung von ATP aus ADP und Phosphat genutzt. Die beschriebenen lichtabhängigen Reaktionen laufen an den Thylakoidmembranen ab, wo alle benötigten Enzyme in der richtigen Position gebunden sind.

Die lichtunabhängigen Reaktionen

Bei der Bildung von Kohlenhydraten aus Kohlenstoffdioxid laufen lichtunabhängige Reaktionen ab. Diese Reaktionen erfolgen im Stroma. Zunächst wird Kohlenstoffdioxid an ein Akzeptormolekül, das Ribulosebisphosphat RudP, gebunden, das sehr schnell in zwei C-3-Bruchstücke zerfällt, die Phosphoglycerinsäure, PGS. Wie die Formel und der Name zeigen, ist sie noch kein Kohlenhydrat sondern eine organische Säure. Mit ihr läuft der entscheidende Schritt der lichtunabhängigen Reaktionen ab:

Die Säuregruppe wird unter Mitwirkung von $NADPH_2$ zur Aldehydgruppe reduziert. Die dafür benötigte Energie liefert das ATP. Aus PGS ist Phosphoglycerinaldehyd PGA, geworden. Glycerinaldehyd hat die Summenformel $C_3H_6O_3$, er enthält eine Aldehydgruppe und zwei Hydroxylgruppen, ist also ein Kohlenhydrat. Durch die Bildung von PGA ist die Energie des Sonnenlichts dauerhaft in chemischer Form gespeichert. Es schließen sich zahlreiche weitere Reaktionen an.
So können sich beispielsweise C-3-Körper zu Zuckern mit sechs C-Atomen zusammenlagern, z. B. zu Glucose oder Fructose. Weiterhin wird in einem komplexen Reaktionszyklus der CO_2-Akzeptor RubP zurückgebildet.

Aufgaben

① Beschreiben Sie den Energiefluss von der Absorption des Lichts durch das Chlorophyll bis zur Bildung von Kohlenhydraten.

② Energieumwandlung, Kompartimentierung und der Zusammenhang Struktur-Funktion sind grundlegende biologische Prinzipien. Erläutern Sie diese am Beispiel der Chloroplasten.

③ Vergleichen Sie mit Hilfe einer tabellarischen Übersicht Mitochondrien und Chloroplasten hinsichtlich der Stoff- und Energieströme.

④ Erläutern Sie mit Hilfe der Abb. 5, warum wir Laubblätter als grün empfinden.

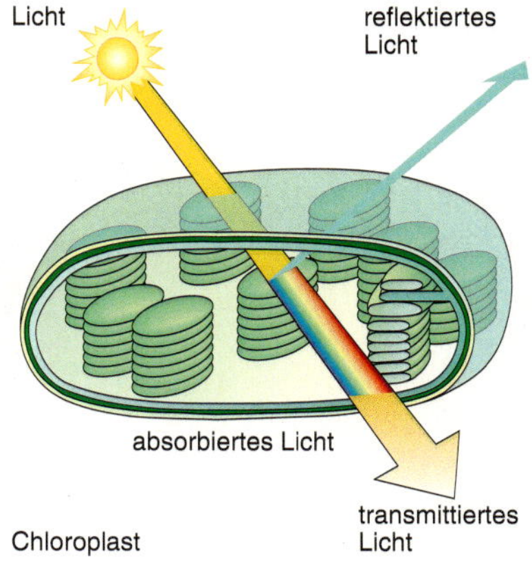

Globale Wirkung zellulärer Stoffwechselprozesse

Regenwald

Wattenmeer

Ackerfläche

Die Stoffwechselprozesse in den mikroskopisch kleinen Systemen Mitochondrien und Chloroplasten haben Auswirkungen auf riesige Ökosysteme und sogar auf die ganze Erde und ihre Atmosphäre.
In der Natur gibt es viele Kohlenstofflager, d.h. Stellen an denen Kohlenstoffverbindungen gespeichert sind. Dazu gehören die Atmosphäre mit gasförmigem Kohlenstoffdioxid, die Gewässer mit gelöstem Kohlenstoffdioxid, fossile Brennstoffe, Kalkgesteine und alle Lebewesen mit ihren vielen organischen Verbindungen. Zwischen all diesen Lagern findet Stoffaustausch statt, z.B. nehmen Korallen Kohlenstoffdioxid auf und bilden Kalk, bei der Verwesung organischer Stoffe entsteht Kohlenstoffdioxid. Im Laufe vieler Millionen Jahre hat sich zwischen den Ökosystemen ein Gleichgewicht zwischen Kohlenstoffdioxidproduktion und -verbrauch eingestellt, sodass langfristig die Kohlenstoffdioxidkonzentration in der Atmosphäre etwa konstant war.

Ökosysteme

Die Wälder, speziell die *tropischen Regenwälder* bilden nach einer häufig verwendeten Floskel die „grüne Lunge der Erde“. Diese Formulierung lässt vermuten, dass hier viel Kohlenstoffdioxid aus der Atmosphäre gebunden und Sauerstoff produziert wird. Bei genauerer Betrachtung der Stoffkreisläufe zeigt sich, dass die Pflanzen der tropischen Regenwälder tatsächlich sehr viel Kohlenstoffdioxid binden und Sauerstoff produzieren, anderseits wird aber praktisch genau soviel Sauerstoff nach ihrem Absterben für den Abbau ihrer Biomasse benötigt. Dabei entsteht soviel Kohlenstoffdioxid wie vorher gebunden worden war. Allgemein kann man sagen, dass Ökosysteme, die sich im *biologischen Gleichgewicht* befinden, netto weder Kohlenstoffdioxid und Sauerstoff produzieren noch verbrauchen.

Im *Wattenmeer* gibt es fast keine grünen Pflanzen, aber sehr viele Tiere. Die energiereichen Stoffe, die diese Tiere für ihren Stoffwechsel benötigen, werden mit der Flut in das Wattenmeer gespült. Beim Abbau dieser Energieträger gewinnen die Tiere die nötige Energie, geben Kohlenstoffdioxid ab und verbrauchen auch viel Sauerstoff. Allgemein kann man feststellen, dass in Ökosystemen mit sehr vielen *Konsumenten* und *Destruenten*, z.B. auch im Waldboden oder im Kompost, der Sauerstoffverbrauch und die Kohlenstoffdioxidproduktion überwiegen.

Auf einer *Ackerfläche* werden als Saatgut Getreidekörner ausgebracht. Nach der Keimung wachsen die Pflänzchen rasch heran. Dabei betreiben sie Fotosynthese. Sie nehmen viel Kohlenstoffdioxid auf, produzieren Sauerstoff und Biomasse. Bevor sie absterben und zersetzt werden, werden sie geerntet. Überwiegen in einem Ökosystem die *Produzenten* und werden diese vor ihrem Tod entfernt, so produziert dieses Ökosystem netto Sauerstoff und energiereiche Stoffe und vermindert die Menge an Kohlenstoffdioxid in der Atmosphäre. Allerdings wird die aus dem Getreide gewonnene Stärke in Mensch und Tier durch Zellatmung unter Sauerstoffverbrauch und Kohlenstoffdioxidabgabe abgebaut.

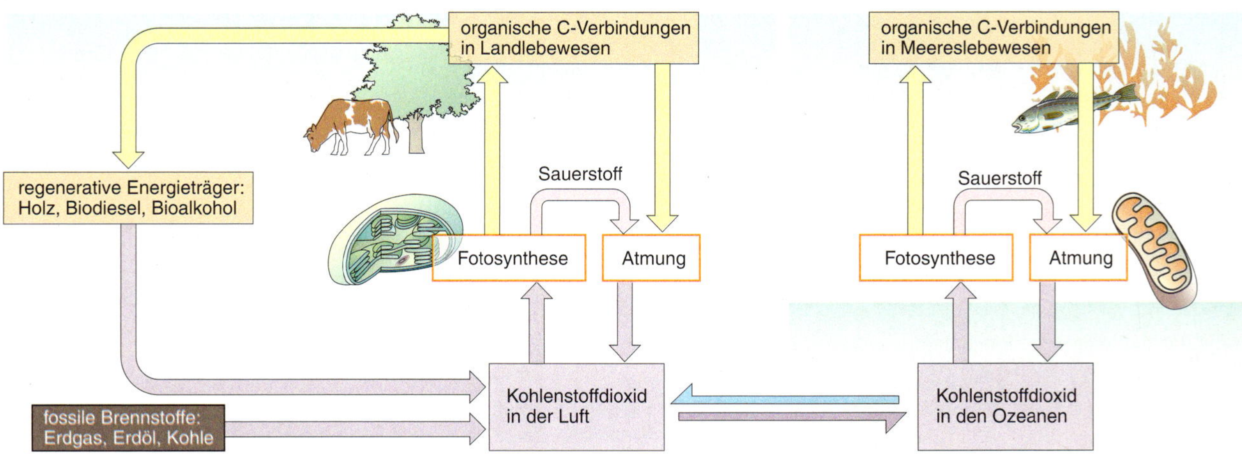

1 Stoffwechselprozesse und Kohlenstoffkreislauf

Fossile Energieträger

Vor mehreren Millionen Jahren gab es unter anderen Klimabedingungen Meere mit sehr intensivem *Planktonwachstum*. Starb das Plankton ab, sank es auf den Meeresgrund. Wurde es durch Ablagerungen überdeckt, konnte es infolge Sauerstoffmangels nicht vollständig abgebaut werden. Netto ist damals Kohlenstoffdioxid gebunden und Sauerstoff sowie Biomasse produziert worden, ähnlich wie bei der oben betrachteten Ackerfläche. Im Laufe mehrerer Millionen Jahre wurden unter hohem Druck und bei hohen Temperaturen die Überreste der Planktonorganismen zu *Erdöl* und *Erdgas*. Heute nutzen wir diese fossilen Energieträger. Bei ihrer Verbrennung wird der chemisch gebundene Kohlenstoff als Kohlenstoffdioxid in sehr kurzer Zeit wieder freigesetzt. Dies führte in den letzten 150 Jahren zu einem stetigen Anstieg der Kohlenstoffdioxidkonzentration in der Atmosphäre.

Nachhaltigkeit

Der Begriff der Nachhaltigkeit stammt aus der Forstwirtschaft. Damit ist gemeint, dass einem Wald langfristig nur so viel Holz durch Einschlag entnommen wird wie durch Aufwuchs der Jungpflanzen wieder nachwachsen kann. In der Diskussion über die Energieversorgung und die Folgen der Klimaänderung ist er wieder aktuell geworden. Durch die wachsende Nachfrage in den Schwellenländern, durch steigenden Lebensstandard, durch Spekulationen mit Rohstoffen und durch ein unreflektiertes Konsumverhalten kommt es zu einer Verknappung und damit auch V*erteuerung der Energieträger* mit den entsprechenden negativen sozialen Auswirkungen. In vielen Ländern verbreitet sich zudem die Erkenntnis, dass die *Klimaänderung* nur durch eine drastische Reduzierung im Verbrauch fossiler Energieträger abgemildert werden kann. Die Suche nach nachhaltigen oder regenerativen Energieträgern gewinnt immer mehr an Bedeutung.

Biodiesel oder *Bioalkohol* als Treibstoffe scheinen einen Ausweg zu bieten. Sie werden aus Nutzpflanzen wie Zuckerrohr oder Raps gewonnen. Bei ihrem Anbau wird soviel Kohlenstoffdioxid gebunden wie bei ihrem Abbau freigesetzt wird, sie sind also nachhaltig im Sinne von klimaneutral. Allerdings erfordert der Anbau der Nutzpflanzen erhebliche Ackerflächen, reduziert so den Anbau von Nahrungspflanzen und führt tendenziell zu einer Verteuerung der Lebensmittel. Inzwischen wird versucht, aus Pflanzenabfällen, die beim Anbau von Nahrungspflanzen ohnehin entstehen, regenerative Energieträger zu gewinnen.

Aufgaben

① Im Alltag werden die tropischen Regenwälder oft als „grüne Lunge der Erde“ bezeichnet. Begründe, ob dieser Vergleich zutreffend ist. Erläutere die Folgen einer Abholzung der Regenwälder.

② Die Abb. 2 zeigt schematisch den globalen Kreislauf des Kohlenstoffs. Erläutern Sie dieses Schema. Gehen Sie dabei auch auf den quantitativen Aspekt ein, d.h. erläutern Sie die umgesetzten bzw. gespeicherten Stoffmengen

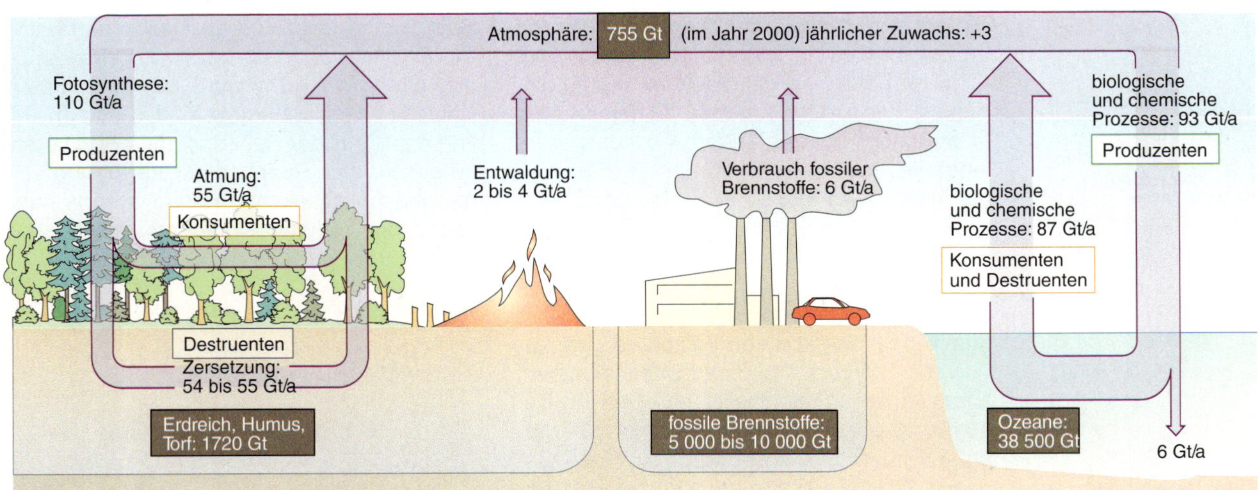

2 Globaler Kreislauf des Kohlenstoffs (Angaben in Gigatonnen pro Jahr)

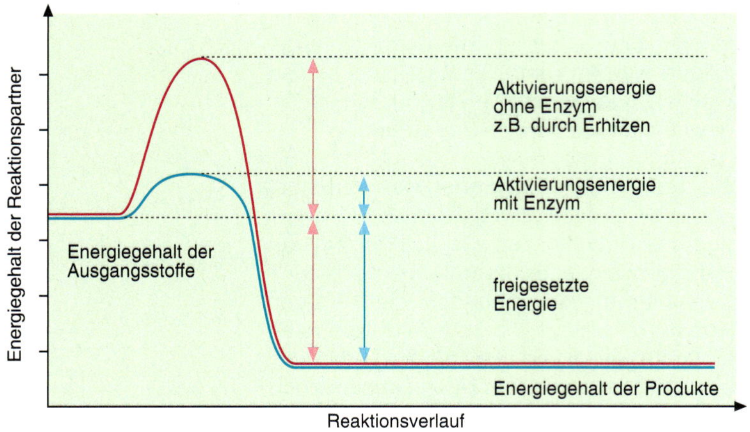

1 Ablauf einer enzymkatalysierten Reaktion

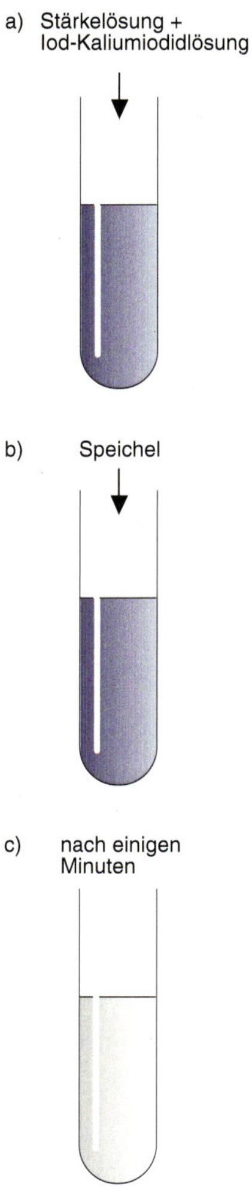

Stärkeverdauung durch Amylase

Enzyme sind Biokatalysatoren

Das hochgeordnete System Zelle regelt den Austausch von Stoffen und Energie über die Zellmembran. Moleküle werden aufgenommen, in der Zelle auf vielfältige Weise umgesetzt und Abbauprodukte werden ausgeschieden. Diese Stoffwechselprozesse, aber auch alle anderen Lebensprozesse wie die eigenständige Bewegung verlaufen erstaunlich rasch. Die hohe Geschwindigkeit biologischer Prozesse wird möglich, weil sie beschleunigt, *katalysiert* werden.

Biokatalysatoren

Biologische Katalysatoren arbeiten zum Beispiel bei der menschlichen Verdauung mit. Ein wichtiger Bestandteil unserer Nahrung ist die Stärke, ein Polysaccharid aus vielen Glucosemolekülen. Stärke ist zwar ein komplexes und energiereiches Molekül, aber in wässriger Lösung zerfällt sie nur extrem langsam. Stärke ist reaktionsträge. Während der Verdauung muss der Zerfall der Stärke beschleunigt werden, weil die Darmzellen nur gelöste Glucose in die Blutbahn abgeben können.
Im Reagenzglas kann man durch starkes Erhitzen oder Zugabe von Salzsäure den Abbau der Stärke zu Glucose beschleunigen. Gibt man etwas Speichel zu einer mit Iod-Kaliumiodid-Lösung blau angefärbten Stärkeaufschwemmung, so entfärbt sich das Gemisch ebenfalls schon nach kurzer Zeit. Für die Reaktionsbeschleunigung ist ein Protein aus dem Speichel verantwortlich: das Enzym *Amylase*. Proteine, die im Organismus Reaktionen beschleunigen, nennt man *Enzyme*. Sie wirken als *Biokatalysatoren*.

Herabsetzung der Aktivierungsenergie

Damit die Stärkespaltung — ohne Katalysator — ablaufen kann, muss zunächst ein bestimmter Energiebetrag aufgewendet werden (Abb. 1), die *Aktivierungsenergie* (E_A). Die zugeführte Aktivierungsenergie muss zunächst Bindungen aufbrechen, bevor an den entstehenden Enden andere Bindungen gebildet werden. Erst dann kann die Reaktion ablaufen, die bei der exothermen Stärkespaltung Energie freisetzt, die *freie Enthalpie*. Die Freisetzung wird in einem Energiediagramm (Abb. 1) dadurch veranschaulicht, dass dem Ausgangsstoff Stärke ein größerer Energiegehalt zugeordnet wird als den Spaltprodukten. Die graphische Verbindung zwischen dem Energiegehalt der Ausgangsstoffe, *Edukte*, und der Endstoffe, *Produkte*, stellt den Reaktionsverlauf dar.

Enzyme wie die Amylase sind in der Lage, die Aktivierungsenergie so weit zu senken, dass schon bei Körpertemperatur die Reaktion rasch abläuft. Die Richtung der Reaktion ändert sich dabei aber nicht, denn das Reaktionsgleichgewicht wird nicht verschoben.

Enzym-Substrat-Komplex

Die Herabsetzung der Aktivierungsenergie ist auf eine Wechselwirkung zwischen dem Enzym und dem umzusetzenden Stoff, *Substrat*, zurückzuführen. Das Substrat und das Enzym lagern sich kurzfristig zusammen und bilden einen Enzym-Substrat-Komplex. Nach der Umsetzung geht das Enzym unverändert aus der Reaktion hervor und steht erneut für eine Reaktion zur Verfügung. Eine enzymatisch katalysierte Reaktion kann daher mit folgendem Schema dargestellt werden:

$$E + S \rightarrow [ES] \rightarrow E + P$$

E = Enzym, S = Substrat
[ES] = Enzym-Substrat-Komplex
P = Produkt(e)

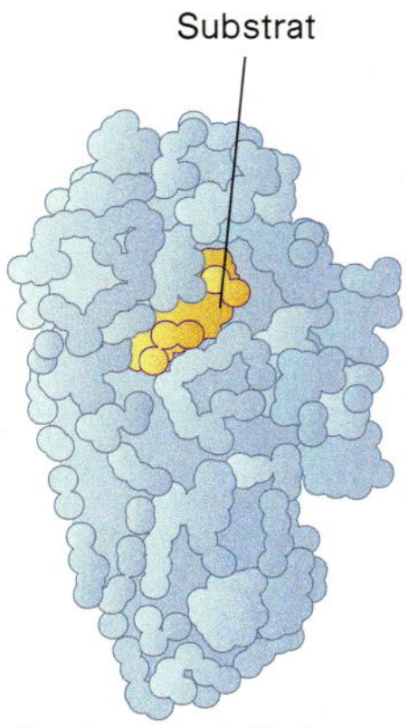

Strukturmodell eines Enzyms

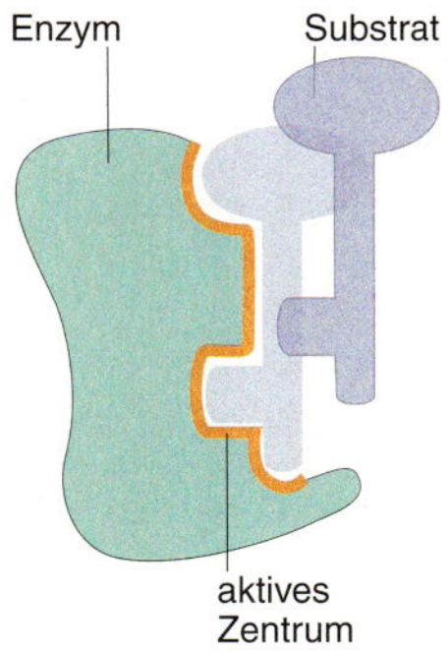

Substratspezifität

Die Komplexbildung wird durch die Struktur des Enzymmoleküls möglich. Alle Enzyme sind Proteine und besitzen daher eine ganz bestimmte räumliche Gestalt, die *Tertiärstruktur* (Abb. Randspalte).

Enzymmoleküle sind in der Regel wesentlich größer als ihre Substratmoleküle. Das Substrat besteht am Beispiel der Amylase aus einem Stärkebruchstück von 5 Glucosemolekülen. Das Enzym selbst besteht aus über 500 Aminosäuren. Das Enyzm besitzt in einem Bereich eine Raumstruktur, in die das Substrat wie ein Schlüssel ins Schloss hineinpasst. Die wie eine Passform konstruierte Bindungsstelle im Enzymmolekül enthält das *aktive Zentrum*. Das ist der eigentliche Ort für die katalysierte Reaktion. Andere Moleküle können in der Regel nicht gebunden und auch nicht in der entsprechenden Weise umgesetzt werden (Abb. 2). Enzyme sind also spezifisch für ein ganz bestimmtes Substrat.

Die molekulare Interaktion zwischen Substrat und Enzym folgt dem Schlüssel-Schloss-Prinzip und führt zu **spezifischen Molekülinteraktionen**. Es handelt sich um ein biologisches **Prinzip** (▶ s. S. 332). Auf molekularen Interaktionen beruht z. B. auch die Informationsaufnahme bei Nerven- oder Abwehr-Zellen.

Wirkungsspezifität

Aufgrund der Eigenschaften des aktiven Zentrums katalysiert ein Enzym zudem nur eine von mehreren möglichen Umsetzungen des Substrats, d. h. es entstehen nur ganz bestimmte Produkte. Enzyme besitzen also die Eigenschaft der Wirkungsspezifität. Die Tabelle zeigt für ein Substrat 3 passende Enzyme, die Reaktionen zu 3 verschiedenen Produkten katalysieren.

Substrat	Enzym	Reaktions-Produkt
α-D-Glucose-6-phosphat	Glucose-6-Phosphatase	Glucose
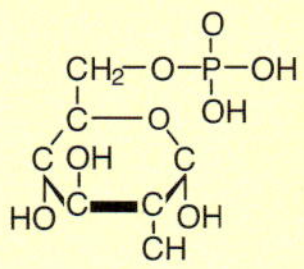	Glucose-6-phosphat-Mutase	Glucose-1-phosphat
	Glucose-6-Isomerase	Fructose-6-phosphat

Die Prozesse im aktiven Zentrum

Die Komplexbildung versetzt für kurze Zeit die Substrate in einen Übergangszustand, der den Reaktionsverlauf bei verringerter Aktivierungenergie ermöglicht. Beispielsweise können Enzyme kurzfristig die chemischen Ladungen des Substrates ändern (Abb. 3a). Abb. 3b zeigt ein Enzym, welches den Aufbau eines komplexeren Produktes aus zwei Edukten katalysiert, eine Synthase. Die Synthese wird dadurch beschleunigt, dass im aktiven Zentrum die reagierenden Substrate so zueinander auszurichtet werden, dass sich die Bindung sofort bilden kann.

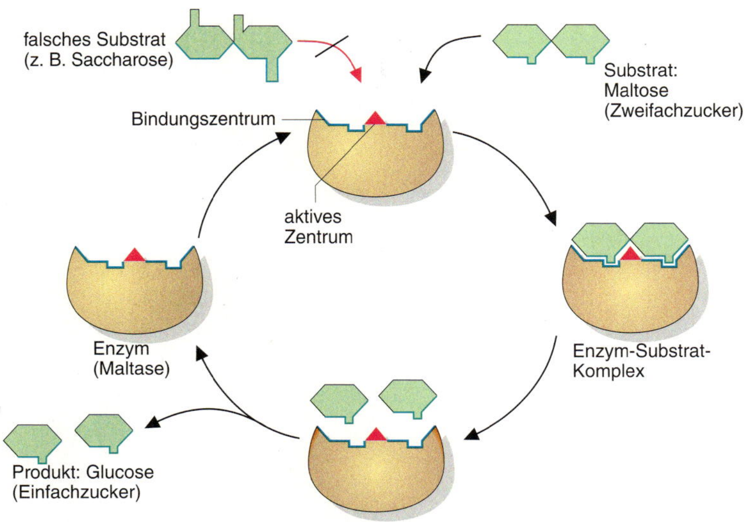

2 Schema zur Substrat- und Wirkungsspezifität

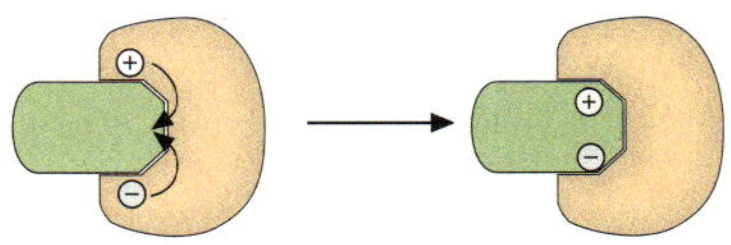

a Ladungsübertragung

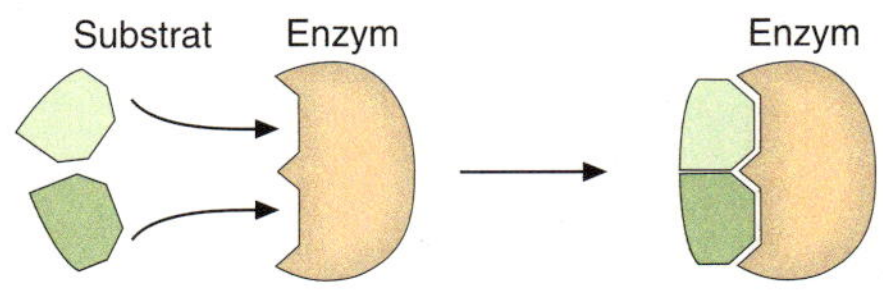

b Ausrichtung

3 Prozesse im aktiven Zentrum

Aufgaben

① Listen Sie stichwortartig alle bisher genannten Eigenschaften von Enzymen auf. Ergänzen Sie später die Liste mit Eigenschaften, die auf den folgenden Seiten beschrieben werden.

② Stellen Sie eine Hypothese auf, weshalb so viele verschiedene Enzyme in einer Zelle vorkommen können.

Zettelkasten

Systematik der Enzyme

Eine einheitliche Benennung hilft, die weit über 5000 bekannten Enzyme zu identifizieren. Ihre Endung „ase“ weist immer auf ein Enzym hin. Amylase, Peroxidase und Urease lassen erkennen, dass im ersten Teil ihrer Bezeichnung das umgesetzten Substrat genannt wird.
Bei vollständigen wissenschaftlichen Bezeichnungen erklärt der zweite Teil des Namens die Wirkung des Enzyms. Der Name Proteinhydrolase bedeutet z. B, dass dieses Enzym ein Protein umsetzt, indem es dieses unter Wasseranlagerung, *Hydrolyse*, spaltet.

In der Wissenschaft wird inzwischen ein vierstelliger Zahlencode zur systematischen Einordnung der Enzyme in 6 Hauptgruppen verwendet.

α-Amylase (EC 3.2.1.1)
β-Amylase (EC 3.2.1.2)
χ-Amylase (EC 3.2.1.3)

Neben den Hydrolasen gibt es die *Oxidoreduktasen*, die Redoxreaktionen katalysieren. Die katalytisierte Spaltung von Wasserstoffperoxid durch Katalase (H_2O_2-Oxidoreduktase) ist eine solche Reaktion. Eine weitere Hauptgruppe bilden die *Ligasen*. Sie katalysieren unter ATP-Verbrauch zum Beispiel die Synthese der DNA oder von Proteinen.

Vielfach sind aber auch noch Trivialnamen in Gebrauch. So bezeichnet Ptyalin die Mundspeichelamylase und *Chymotrypsin* eine Proteinhydrolase des Bauchspeichels.

Enzyme: Proteine und molekulare Partner

Die meisten Enzyme sind reine Proteine. Manche Enzyme bestehen aber aus einem Proteinanteil und aus einer Wirkgruppe, die für sich alleine keine Katalysatorfunktion hat.

Ist die Wirkgruppe fest mit dem Protein verbunden, so wird das Hilfsmolekül als *prosthetische* Gruppe bezeichnet. Das Biotin (Vitamin H) ist dafür ein Beispiel. Kann sich die Wirkgruppe vom Protein lösen und in einer weiteren Reaktion mit einem anderen Enzym verknüpfen, nennt man das Hilfsmolekül *Coenzym. Man bezeichnet es auch als Cosubstrat*, da es durch die Enzymreaktion selbst verändert wird und entsprechend nachgeliefert werden muss. Ein besonders wichtiges Coenzym ist das $NADH^+$ *(Nikotinamid-Adenin-Dinucleotid)*, das bei der enzymatischen Wasserstoffübertragung eine entscheidende Rolle spielt.

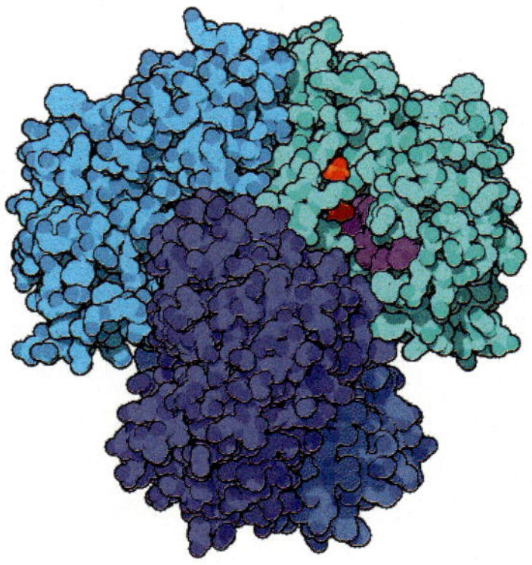

NAD als Coenzym

Vitamine, darunter das Biotin, Riboflavin, Thiamin, Retinol oder die Folsäure sind Beispiele für Coenzyme, die vom Körper des Menschen nicht selbst synthetisiert werden können. Sie müssen vollständig oder als Vorstufe mit der Nahrung aufgenommen werden.

Eisen-, Zink-, Kupfer- und andere anorganische -Ionen können ebenfalls für die Funktion von Enzymen notwendig sein. Die Alkoholdehydrogenase, welche den Alkoholabbau in der menschlichen Leber katalysiert, benötigt zum Beispiel Eisen-Ionen.

Aufgaben

① Vitamine und Spurenelemente müssen nur in geringen Mengen aufgenommen werden, sind aber dennoch für die Gesundheit des Menschen unverzichtbar. Begründen Sie.

② Im Text werden die Hydrolasen, Oxireduktasen und Ligasen als Hauptgruppe genannt. Recherchieren Sie die fehlenden 3 Hauptgruppen der Enzyme.

③ Im menschlichen Verdauungssystem kommen die Enzyme Pepsin und Trypsin vor. Erstellen Sie eine Tabelle mit der korrekten wissenschaftlichen Bezeichnung, Funktion und Vorkommen. Welche Krankheiten werden mit einer Störung dieser Enzyme in Verbindung gebracht?

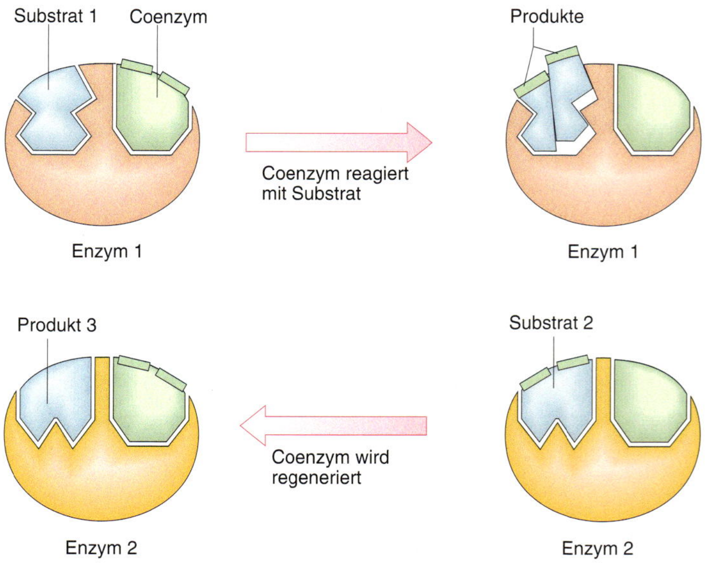

Wirkungsweise von Coenzymen

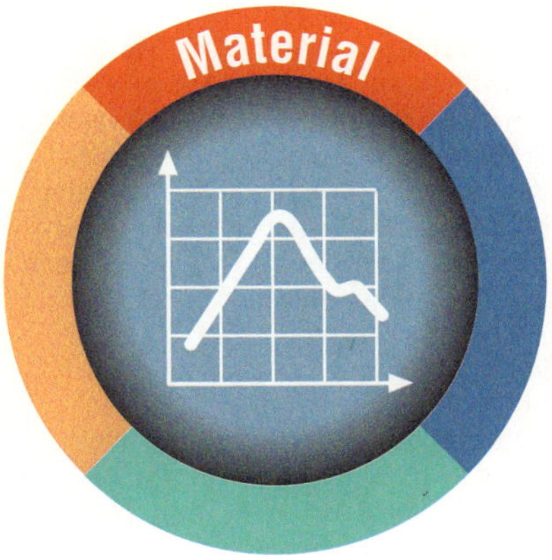

Enzyme

Ureasewirkung und Temperatur

Urease

$$H_2N\text{-}CO\text{-}NH_2 + H_2O \rightarrow CO_2 + 2NH_3$$

Urease katalysiert die Spaltung von Harnstoff in Kohlenstoffdioxid und Ammoniak. Die Produkte reagieren mit Wasser in einer Säure-Base-Reaktion, bei

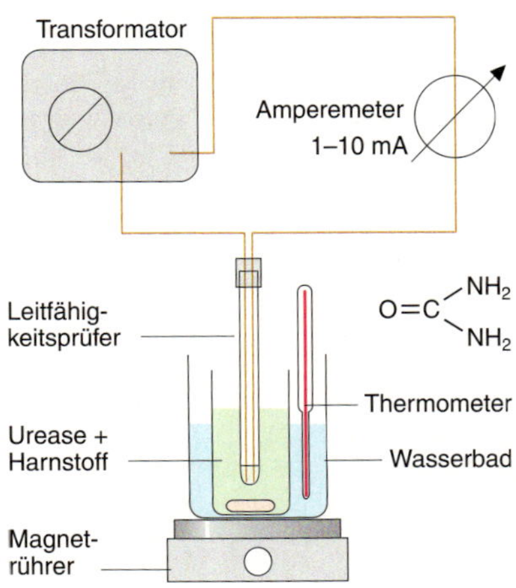

1

der Ionen entstehen. In einer wässrigen Lösung leiten sie im Gegensatz zum ungeladenen Harnstoff den elektrischen Strom. Setzt man Harnstofflösung mit Urease um, so erhöht sich die Ionenmenge, also auch die Leitfähigkeit. Für eine solche Messung benutzt man die in der Abbildung dargestellte Apparatur. Eine Heizplatte hält das Wasserbad auf der gewünschten Temperatur. Der Magnetrührer dreht indirekt einen Rührmagneten in der Harnstofflösung, sodass möglichst homogene Reaktionsbedingungen herrschen. Über eine Elektrode wird kontinuierlich die Leitfähigkeit gemessen. Nacheinander werden bei verschiedenen Temperaturen (5°, 20°, 30°, 40° und 60° C) jeweils 40 mL Harnstofflösung und 10 ml Enzymlösung zusammengegeben und die Leitfähigkeit über einen Zeitraum von 10 Minuten gemessen. Dabei werden in Abständen von 20 Sekunden die Leitfähigkeitswerte abgelesen. Das Ergebnis dieses Versuchs zeigt die folgende Graphik.

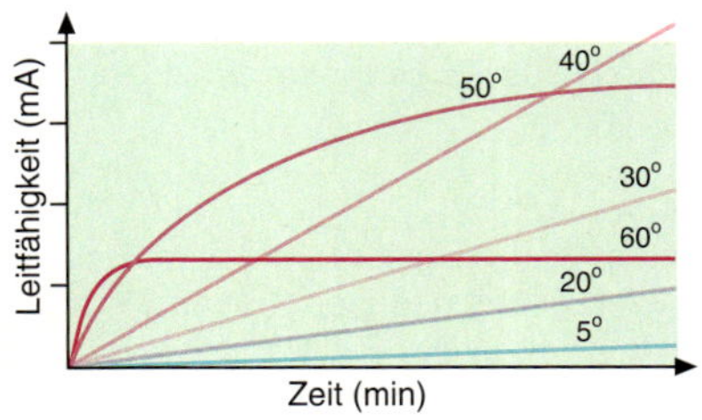

2 Abhängigkeit der Leitfähigkeit von der Temperatur

Aufgaben

① Begründen Sie, weshalb bei allen Versuchen mit jeweils derselben Menge Harnstoff- und Urease-Lösung gearbeitet wird.

② Erklären Sie, weshalb die gemessene Stromstärke ein Maß für die Enzymaktivität ist.

③ Beschreiben Sie den Kurvenverlauf bei 20° C, 40° C und 60° C.

④ Stellen Sie die Enzymaktivität in Abhängigkeit von der Temperatur in einem Diagramm dar.

⑤ Erläutern Sie die Abhängigkeit der Enzymaktivität von der Temperatur auf molekularer Ebene. Berücksichtigen Sie, dass Enzyme Proteine sind (vgl. S. 47).

Der Bau von Enzymen

Enzyme sind isoliert von der Zelle funktionsfähig. Bereits 1892 hatten Experimente ergeben, dass Hefeextrakte Glucoselösung zu Kohlenstoffdioxid und Ethanol umwandeln. Auf dieser Grundlage führten HARDEN und YOUNG im Jahre 1905 folgende Experimente durch: Hefezellen wurden zermörsert (Abb. 3a) und die größeren Zellbestandteile vom Zellsaft durch Filtration getrennt (Abb. 3b). Im Filter verblieben die größeren Zellbestandteile. Aus dem Trichter tropfte das Filtrat mit dem Zellsaft (Abb. 3c). Der unbehandelte Zellsaft enthält funktionsfähige Enzyme, er bildet die Lösung 0.

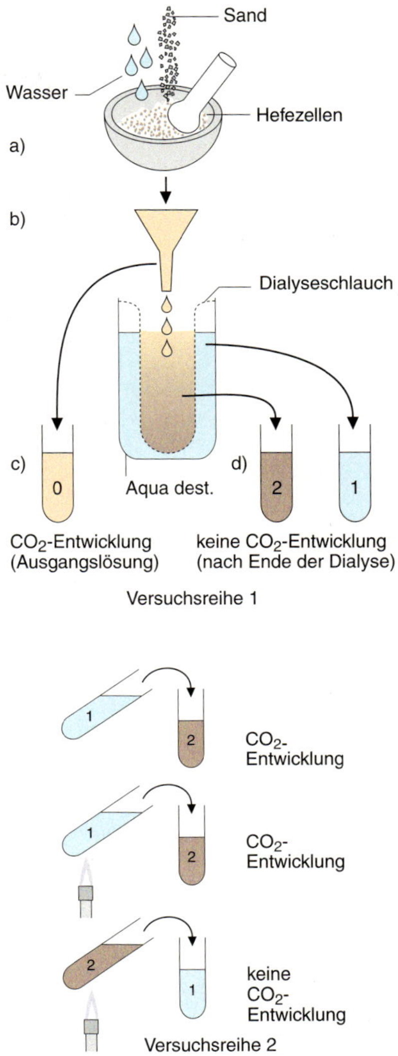

3

Ein Teil des Filtrates wurde 24 Stunden dialysiert, d. h. es wurde an einer Membran vorbeigeführt, die für kleinere Moleküle durchlässig ist, für größere aber nicht (Abb. 3d). Danach wurden aus dem Außenmedium (Probe 1) und dem Dialyseschlauch (Probe 2) Proben entnommen. Diese wurden wie das Filtrat 0 nach Zugabe von Glucoselösung auf Kohlenstoffdioxidentwicklung untersucht (Versuchsreihe 1) oder wie in Versuchsreihe 2 weiterbehandelt.

Aufgaben

⑥ Formulieren Sie Fragestellungen, die sich durch die beiden Versuchsreihen klären lassen.

⑦ Beschreiben Sie die Ergebnisse.

⑧ Stellen Sie Hypothesen über den Aufbau des Enzyms auf, welches hier aktiv ist.

⑨ Begründen Sie Ihre Hypothesen anhand der einzelnen Experimente.

Enzymreaktionen

Mit den folgenden Versuchen werden typische Eigenschaften von Enzymen an einfachen Beispielen erarbeitet.

Aufgaben zu Versuche 1 bis 9

① Lesen Sie die Anleitungen und formulieren Sie für alle Versuche jeweils die leitende Fragestellung.
② Führen Sie die Versuche durch.
③ Protokollieren Sie Material, Durchführung und Beobachtungen.
④ Formulieren Sie die Schlussfolgerungen als Antwort auf die Fragestellung.

Versuche mit Katalase

Wasserstoffperoxid H_2O_2 ist ein zellschädigendes Nebenprodukt oxidativer Stoffwechselprozesse. Alle Zellen von aerob lebenden Organismen enthalten Katalase, *Wasserstoffperoxid-Oxidoreduktase*. Das Enzym wandelt Wasserstoffperoxid zu Wasser und Sauerstoff.

$$2H_2O_2 \xrightarrow{\text{Katalase}} 2H_2O + O_2$$

Materialien:
Reagenzgläser (RG) mit Ständer und RG-klammern, Gummistopfen, Sand, Reibschale mit Pistill, Spatel, Kartoffel, Trockenhefe, H_2O_2-Lösung (3 %), [C], Braunsteinpulver (MnO_2) [Xn], verd. Salzsäure [Cl, verd. Natronlauge [Xi], Kochsalzlösung, Kupfersulfatlösung [Xn], Holzspan, drei 400 mL Bechergläser für drei Wasserbäder mit 4° C, 20° C, 37° C heißem Wasser, Eis, drei Thermometer, Münze und Zange.

Vorsicht:
Tragen Sie bei den Versuchen die Schutzbrille, denn Wasserstoffperoxid, Salzsäure und Natronlauge sind stark ätzend. Bei Hautkontakt sofort mit reichlich Wasser abspülen.

Durchführung:
Eine halbe Kartoffel wird in kleine Würfel (Kantenlänge 3 mm) für den 2. Versuch geschnitten. Dann wird die restliche Kartoffel in der Reibschale mit etwas Sand zerrieben. Dieses Homogenat stellt das Katalasepräparat für die Versuche 1 bis 4 dar. Alternativ kann auch eine Spatelspitze Trockenhefe eingesetzt werden.

Vorversuch 1
In drei Reagenzgläser werden je 2 mL H_2O_2 -Lösung gegeben. Geben Sie dann in das erste etwas Sand, in das zweite etwas Braunstein (ein anorganischer Katalysator) und in das dritte etwas Katalasepräparat (Homogenat oder Trockenhefe).

Halten Sie einen glimmenden Holzspan in die Reagenzgläser.

Versuch 2
In zwei Reagenzgläser werden je 2 mL H_2O_2 -Lösung gegeben. Geben Sie dann in das erste jeweils einen Würfel Kartoffel und in das zweite das Homogenat. Vergleichen Sie die Bläschenbildung in den beiden Reagenzgläsern.

Versuch 3
In drei Reagenzgläser wird etwas Katalasepräparat gegeben. In das erste wird anschließend 1 mL verdünnte Salzsäure gegeben, in das zweite 1 mL verdünnte Natronlauge, das dritte dient als Kontrolle. Lassen Sie die Lösungen 5 min einwirken und geben Sie dann je 2 mL H_2O_2-Lösung hinzu.

Versuch 4
In zwei Reagenzgläser wird etwas Katalasepräparat gegeben. Anschließend werden in das erste Reagenzglas wenige Tropfen Kupfersulfatlösung und in das zweite wenige Tropfen Kochsalzlösung hinzugegeben. Lassen Sie die Reagenzgläser 5 min stehen und geben Sie dann 2 mL H_2O_2-Lösung dazu.

Versuch 5
Erhitzen Sie eine Münze über einer Flamme und drücken Sie das heiße Metallstück eine Minute lang auf eine frische Kartoffelscheibe. Tropfen Sie danach auf die Oberfläche der Kartoffelscheibe eine H_2O_2 -Lösung.

Versuch 6
Bereiten Sie 7 RG für 4 Versuchsansätze (sh. Tabelle) vor:
- **RG 1:** Spatelspitze Trockenhefe und ca.1 mL (halbe Daumenbreite) Leitungswasser. Kochen Sie den RG-Inhalt kurz auf und lassen Sie es danach abkühlen.
- Geben Sie in **RG 2a, 3a** und **4a** je eine Spatelspitze Trockenhefe und ca. 1 mL Leitungswasser und rühren sie gut um.
  Geben Sie in **RG 2b, 3b** und **4b** je 2 mL Wasserstoffperoxid-Lösung.
  Stellen Sie die **RG 2a** und **b** in Eiswasser, **RG 3a** und **b** in ein Wasserbad mit der Temperatur des Leitungswassers und **RG 4a** und **b** in ein Wasserbad mit 37° C.
  Warten Sie etwa 5 min, bis sich die Temperatur der Lösungen angeglichen hat.
- Fügen Sie zu **RG 1** ca. 2 mL Wasserstoffperoxid-Lösung hinzu. Geben Sie die Lösung aus **RG 2b** zu **RG 2a,** aus **RG 3b** zu **RG 3a** und aus **RG 4b** zu **RG 4a**. Verschließen Sie die Gläser mit einem Gummistopfen und schütteln Sie um.

Ansatz RG	1 mL Hefesupension 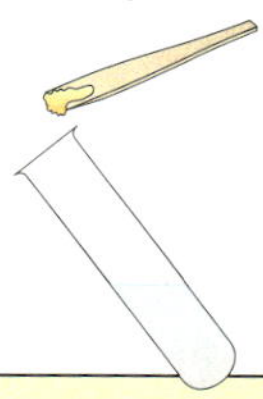 a	2 mL H_2O_2-Lösung 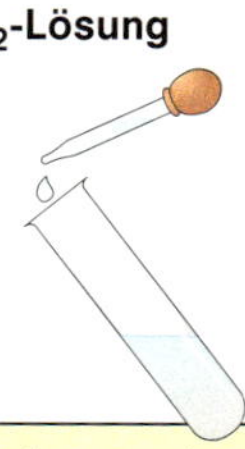 b
1	kochen	bei Zimmertemperatur
2	in Eiswasser	in Eiswasser
3	in Leitungswasser	in Leitungswasser
4	in 37° C Wasser	in 37° C warmes Wasser

Start der Reaktion: Ansatz a und b nach 5 min zusammenschütten

Versuche mit Urease

Säugetiere scheiden mit dem Urin Harnstoff aus. Bodenbakterien können ihn mit Hilfe des Enzyms Urease in Kohlenstoffdioxid und Ammoniak zerlegen (s. S. 67).

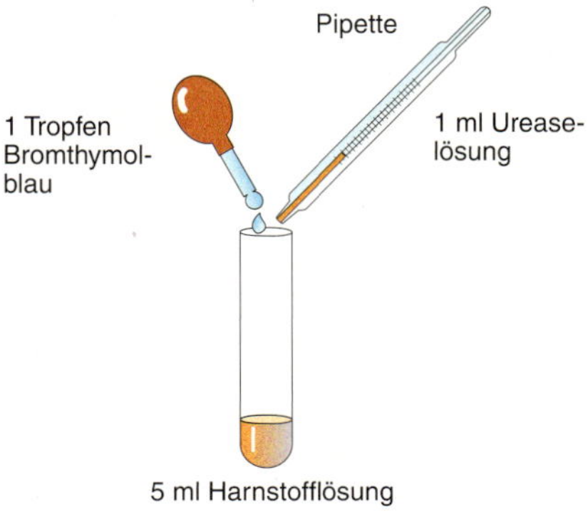

Material:
Reagenzgläser mit Ständer, Tropfpipetten, Ureaselösung (10 mg in 10 mL Wasser), Harnstofflösung (20 mg in 100 mL Wasser), Thioharnstofflösung (20 mg in 100mL Wasser) [Xn], gesondert entsorgen, Indikatorlösung Phenolphthalein, Messpipetten und Pipettierhilfe.
Vorsicht: Stets mit einer Pipettierhilfe arbeiten. Ohne Pipettierhilfe besteht Verätzungs- und Vergiftungsgefahr!

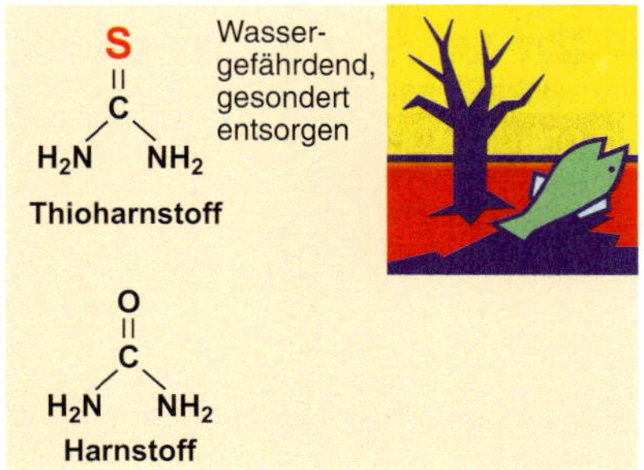

Vorversuch 7
Zu 5 mL Harnstofflösung wird 1 Tropfen Indikator gegeben. Dann wird 1 mL Ureaselösung hinzugegeben.

Versuch 8
Vier Reagenzgläser werden wie folgt gefüllt:

Stoff (mL)	Reagenzglas Nr.			
	1	2	3	4
Harnstoff	5,0	1,0	0,5	0,1
Wasser	0,0	4,0	4,5	4,9

Anschließend werden die vier Versuchsansätze möglichst gleichzeitig durch Hinzugabe von je 1 mL Ureaselösung gestartet.

Versuch 9
Drei Reagenzgläser werden wie folgt gefüllt:

Stoff (mL)	Reagenzglas-Nr.		
	1	2	3
Harnstoff	4,0	4,0	4,0
Thioharnstoff	0,0	0,4	4,0
Wasser	1,0	0,9	0,0

Nach Zugabe von 2 Tropfen Indikatorlösung und Schütteln werden die Versuchsansätze möglichst gleichzeitig mit je 1 mL Ureaselösung gestartet.

Versuche mit Lactase

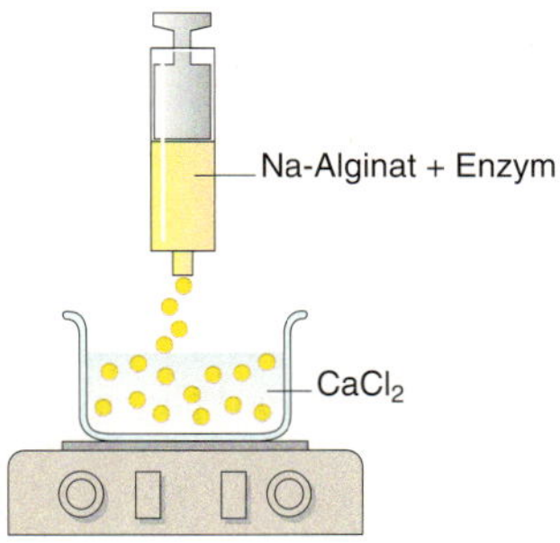

Material:
Natrium-Alginat-Lösung (w = 3%), Lactaselösung (eine Kapsel mit 4000 Einheiten mörsern und mit 50 mL Wasser aufschwemmen), Glucose-Test-Stäbchen, Becherglas (400 mL), gekühlte $CaCl_2$-Lösung (w = 2%), Lactose-Lösung (w = 1%), Plastikspritze, Magnetrührer und Rührmagnete.

Vorversuch: Lactase-Alginat-Perlen
5 mL Natriumalginatlösung + 5 mL Lactaselösung gut mischen. Das Becherglas zur Hälfte mit gekühlter Kalziumchlorid-Lösung füllen und mit Magnetrührer kontinuierlich rühren. Das Alginat-Lactase-Gemisch möglichst luftblasenfrei in eine Plastikspritze füllen und die Mischung langsam in die rührende Kalziumchlorid-

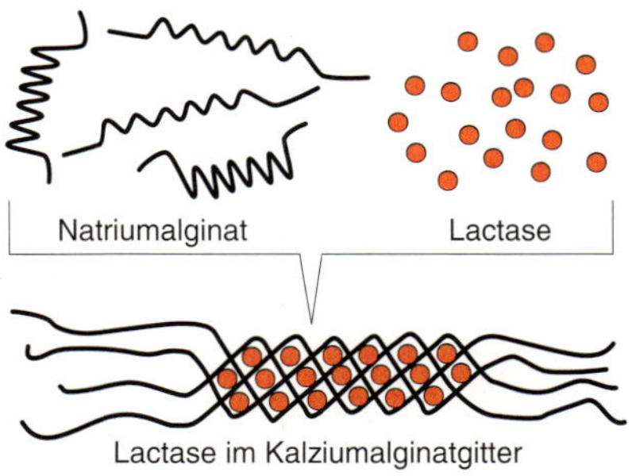

Lösung tropfen. Hier werden Na^+- gegen Ca^{2+}- Ionen ausgetauscht und das Alginat verfestigt sich in einer Gitterstruktur, in der das Enzym eingeschlossen ist. 10 Minuten weiter rühren, bis die Gelbildung abgeschlossen ist. Die Perlen können nun mit einem Sieb entnommen, vorsichtig gespült und kühl gelagert werden. Zum Einsatz sollten sie auf Zimmertemperatur aufgewärmt werden.

$$\text{Lactose} \xrightarrow{\textbf{Lactase}} \text{Glucose} + \text{Galactose}$$

Versuch 10
Testen Sie mit Glucose-Test-Stäbchen den Glucose-Gehalt der Lactose-Lösung.

Versuch 11
Überführen Sie die Lactase-Perlen für einige Minuten in eine frisch angesetzte Lactose-Lösung. Prüfen Sie mit einem Glucose-Teststäbchen den Glucose-Gehalt nach 5 min.

Versuch 12
Überführen Sie die Lactase-Perlen nach vorsichtigem Spülen in eine frische Lactose-Lösung und überprüfen später erneut den Glucose-Gehalt. Wiederholen Sie den Einsatz der Perlen mehrfach in jeweils neuen Lactose-Lösungen.

Aufgaben zu Versuch 10 bis 12

⑤ Formulieren Sie zu den Versuchen mit Lactase eine Fragestellung und das Versuchsergebnis.
⑥ Leiten Sie aus dem Ergebnis eine Eigenschaft von Enzymen ab.
⑦ Diskutieren Sie Vor- und Nachteile der Einbettung eines Enzyms in Alginat.
⑧ Welche Geschmacksveränderung erwarten Sie in Lactase-behandelter Milch?
⑨ Erläutern Sie mögliche Anwendungen der eingebetteten Lactase in der Lebensmittelindustrie.

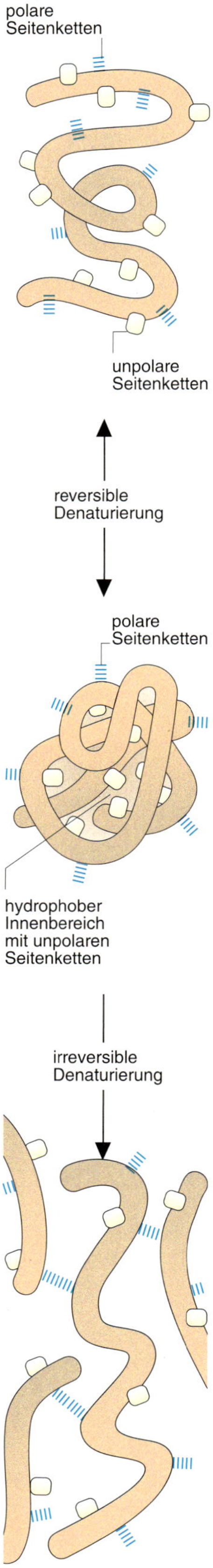

Die Reaktionsbedingungen bestimmen die Enzymaktivität

Um die Enzymaktivität quantitativ zu erfassen, misst man die Anzahl der von einer bestimmten Menge Enzyme umgesetzten Substrate in einer Sekunde. Die so gemessene *Wechselzahl* liegt zum Beispiel bei 0,5 beim *Lysozym* und 1 000 000 bei der *Peroxidase*. Die Wechselzahl gibt die Geschwindigkeit der enzymatischen Reaktion unter optimalen Bedingungen an. Die Leistung jedes Enzyms wird aber stark von den Reaktionsbedingungen beeinflusst.

Substratkonzentration

Bei niedrigen Substratkonzentrationen ist die Geschwindigkeit der Substratumsetzung gering. Diese lässt sich durch Erhöhung der Substratkonzentration steigern, bis schließlich weitere Erhöhungen zu keiner weiteren Steigerung der Geschwindigkeit führen (Abb. 1). Es handelt sich um eine Sättigungskurve. Da sich die maximale Geschwindigkeit (v_{max}) schlecht ablesen lässt, ermittelt man, bei welcher Substratkonzentration die halbmaximale Geschwindigkeit (½ v_{max}) erreicht wird.

Bei niedrigen Substratkonzentrationen sind nicht alle Enzyme mit einem Substratteilchen beladen, weil die Wahrscheinlichkeit, dass Enzym und Substrat sich treffen, gering ist. Mit zunehmender Anzahl der Substratteilchen steigt die Wahrscheinlichkeit, dass Enzym und Substrat sich treffen: die Reaktionsgeschwindigkeit steigt. Wenn die Enzymmoleküle bei maximaler Geschwindigkeit arbeiten, ist die Sättigung erreicht. Substrate können das aktive Zentrum nicht schneller besetzen, da sich das Produkt der vorigen Reaktion noch vom Enzym trennen muss. Bei zu hohen Substratkonzentrationen behindern sich die Substratmoleküle dabei, das aktive Zentrum zu besetzen. Diese Form der Hemmung nennt man Substrathemmung.

Der Einfluss der Temperatur

Die Stoffwechselprozesse in einem Organismus sind temperaturabhängig. Deshalb bewegen sich wechselwarme Tiere, wie Amphibien oder Insekten, bei tiefen Temperaturen in der Regel träge bzw. fallen in eine Kältestarre. Erst bei höheren Temperaturen werden sie wieder aktiv. Diese Abhängigkeit von der Temperatur kann man mit dem Ablauf enzymatischer Reaktionen begründen.

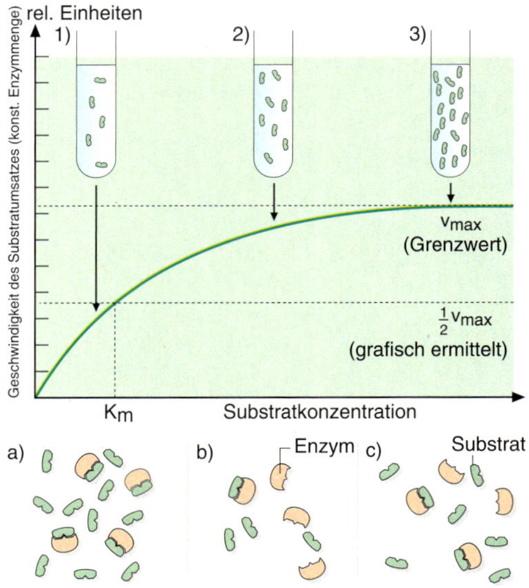

1 Reaktionsgeschwindigkeit und Substratkonzentration

Untersucht man experimentell die Aktivität eines Enzyms, so stellt man bei steigenden Temperaturen eine starke Erhöhung der Reaktionsgeschwindigkeit fest (Abb. 2 blaue Kurve). Bei einer bestimmten Temperatur wird ein Maximum erreicht. Dieses liegt bei den meisten Enzymen zwischen 30 °C und 50 °C. Bei weiter erhöhten Temperaturen nimmt die Geschwindigkeit der enzymkatalysierten Reaktion sehr schnell ab, bis schließlich überhaupt keine Wirkung des Enzyms mehr erkennbar ist. Es handelt sich um eine Optimumkurve.

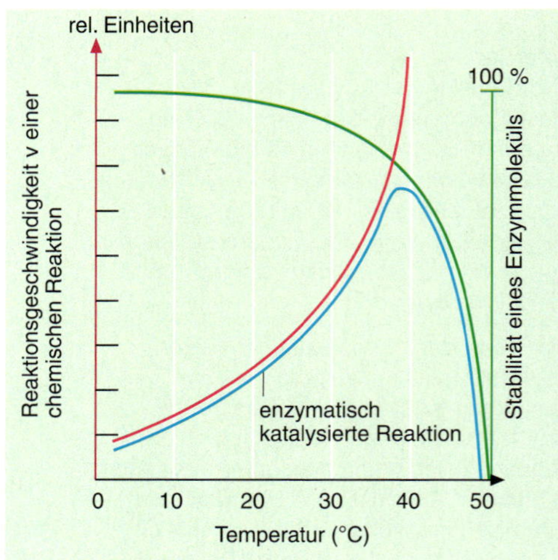

2 RGT-Regel und Enzymaktivität

Diese Optimumskurve wird durch zwei Faktoren beeinflusst. Zunächst einmal bewirken höhere Temperaturen eine stärkere Teilchenbewegung, sodass Enzym und Substrat mit einer größeren Wahrscheinlichkeit aufeinander treffen. Zudem werden die Bindungen zwischen Atomen gelockert. Die Folge ist ein höherer Stoffumsatz (Abb. 2 rote Kurve). Bei enzymkatalysierten Reaktionen erhöht sich die Reaktionsgeschwindigkeit bei einer Temperaturerhöhung um 10 °C um den Faktor 2 bis 4. Dieser Zusammenhang wird als *Reaktionsgeschwindigkeits-Temperatur-Regel*, kurz RGT-Regel, bezeichnet.

Bei Eiweißen, und damit auch bei Enzymen, haben Temperaturen ab 40 °C noch eine andere Wirkung: sie liefern so viel Energie, dass die meist geringen Bindungskräfte, welche die Raumstruktur des Proteinmoleküls aufrechterhalten, überwunden werden. Die Passform des Enzymmoleküls für das Substrat geht verloren. Da die Funktion des Enzyms von der Tertiärstruktur abhängt, wird die Abnahme der Enzymaktivität ab ca. 40° C und das vollständige Erliegen bei über 50°C (Abb. 2 grüne Kurve) verständlich. Die Zerstörung der Tertiärstruktur bezeichnet man als Denaturierung.

Nur wenige Enzyme werden erst bei höheren Temperaturen denaturiert. Die Tertiärstruktur dieser Enzyme von Bakterien, die in heißen Quellen mit Temperaturen um 90°C und mehr leben, wird in hohem Maße durch sehr stabile Disulfidbrücken aufrecht erhalten.

Der Einfluss des pH-Wertes

Die Aktivität der Verdauungsenzyme des Menschen zeigt den Einfluss eines weiteren Faktors, des pH-Wertes, auf die enzymatisch katalysierten Reaktionen (Abb. 3). Der Mundspeichel hat einen fast neutralen pH-Wert. Die in ihm enthaltene Amylase entfaltet bei fast neutralem pH-Wert ihre größte Aktivität. Gelangt die eingespeichelte Nahrung mit dem Schluckvorgang in den Magen, wird die Stärkespaltung eingestellt. Ursache hierfür ist der saure Magensaft, dessen pH-Wert aufgrund der Salzsäure zwischen 1,5 und 2,5 liegt. In diesem sauren Milieu wird die Amylase aus dem Mundspeichel inaktiviert; stattdessen ist ein anderes Enzym, das Pepsin, aktiv. Es katalysiert die Spaltung von Proteinen in größere Peptidabschnitte. Gelangt der Speisebrei weiter in den Zwölffinger- und dann in den Dünndarm, wird der Verdauungssaft leicht alkalisch. Das Pepsin stellt bei diesem pH-Wert seine Funktion ein. Eine

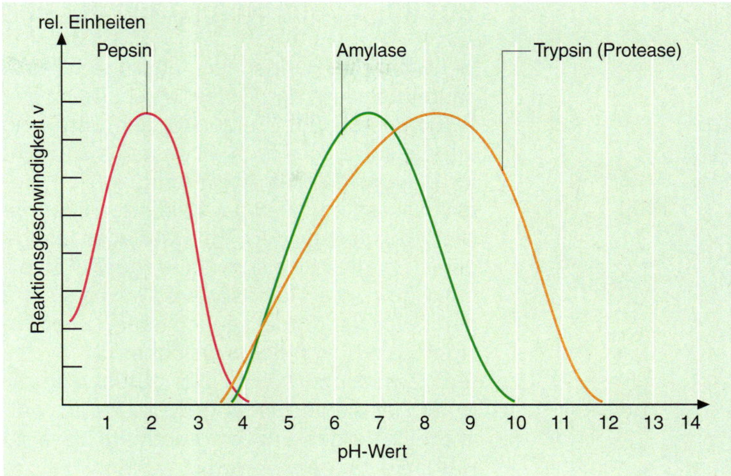

3 Abhängigkeit der Enzymaktivität vom pH-Wert

Amylase und Trypsin, eine *Protease*, aus der Bauchspeicheldrüse wird aktiv und sorgen für die weitere Verdauung.

Untersucht man die Enzymaktivität der Verdauungsenzyme in Abhängigkeit vom pH-Wert experimentell, so ergibt sich jeweils eine Optimumkurve (Abb. 3). Jedes Enzym hat sein spezifisches pH-Optimum. Bei deutlich höheren oder niedrigeren Werten sinkt die Aktivität stark ab, bis schließlich der Nullwert erreicht wird. Ursache ist, wie bei hohen Temperaturen, eine Denaturierung des Enzyms, da durch Säuren bzw. Basen an bestimmte Reste der einzelnen Aminosäurebausteine H^+-Ionen angelagert oder von ihnen abgespalten werden können. So wird die für die Passform wichtige Ladungsverteilung im Enzymmolekül verändert, sodass die spezifische Raumstruktur und damit die Struktur des aktiven Zentrums verloren geht (Abb. Randspalte).

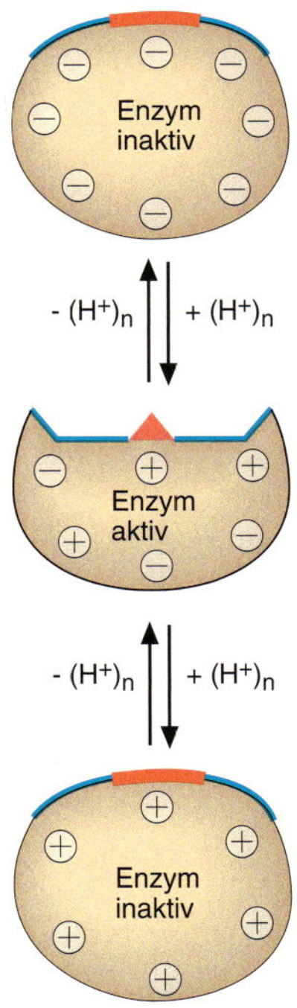

Einfluss des pH-Wertes auf die Enzymaktivität

pH-Wert unter 7	hohe H^+ Konzentration	sauer
pH-Wert über 7	niedrige H^+ Konzentration	alkalisch

Aufgaben

① Zeichnen Sie die Kurve von Abb. 1 unter den Bedingungen einer schrittweisen Erhöhung der Substratmenge über die optimale Konzentration hinaus.

② Ordnen Sie die modellhaften Darstellungen (a, b, c) in Abb. 1 den Stellen 1, 2, 3 der Kurve zu. Begründen Sie.

③ Erläutern Sie die Gründe dafür, dass hohes Fieber von 42° C lebensbedrohliche Folgen hat.

④ Stellen Sie eine begründete Hypothese für einen biologischen Regulationsmechanismus auf, mit dem die Enzymaktivität reguliert werden könnte.

Hemmung und Regulation der Enzymaktivität

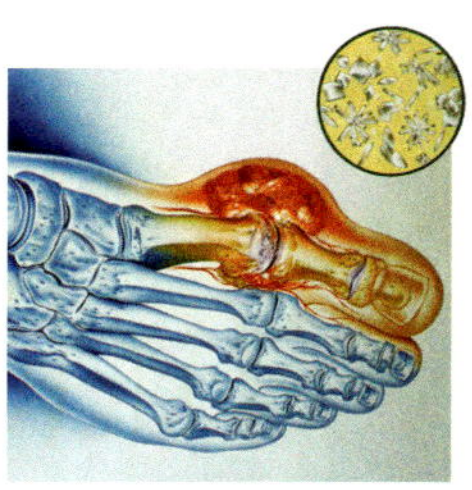

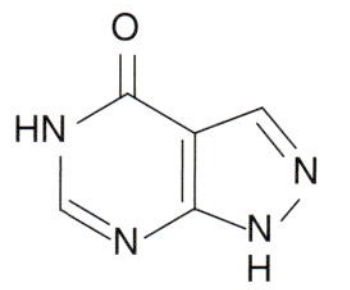

Hypoxanthin

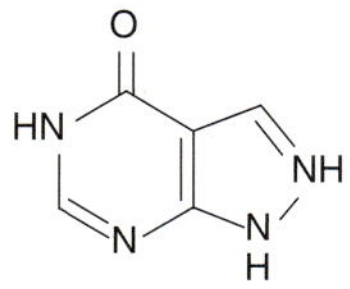

Allopurinol

Bei Gicht (sh. Randspalte) lagern sich Harnsäurekristalle in den Gelenken ab. Dies führt zu schmerzhaften Entzündungen und kann die Gelenke zerstören. Harnsäure entsteht im Organismus als Abbauprodukt von Nucleinsäuren und wird bei Gesunden über die Niere ausgeschieden. Entsteht aber infolge einer Stoffwechselschwäche oder Fehlernährung zu viel Harnsäure, so wird sie nicht mehr vollständig ausgeschieden, sondern lagert sich bevorzugt in Gelenken ab.
Ein Zwischenprodukt des Stoffwechselweges ist die Verbindung Hypoxanthin, welche mithilfe des Enzyms Xanthinoxidase zu Harnsäure abgebaut wird.

Gegen Gicht wird das Medikament Allopurinol verabreicht, das dem Hypoxanthin chemisch sehr ähnlich ist, aber von der Xanthinoxidase nicht umgesetzt werden kann. Allopurinol hemmt das Enzym, dadurch wird die Harnsäureeinlagerung in die Gelenke gemindert und Hypoxanthin wird mit dem Urin ausgeschieden. Die Hemmung hängt von der Menge des eingenommenen Medikamentes ab und endet nach dem Absetzen, da Allopurinol vom Enzym wegdiffundiert.

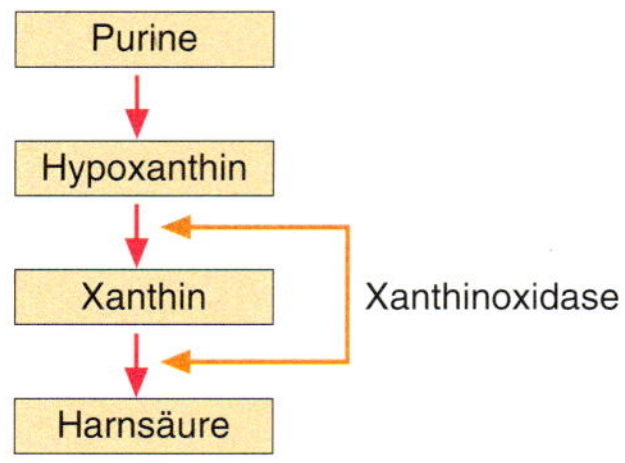

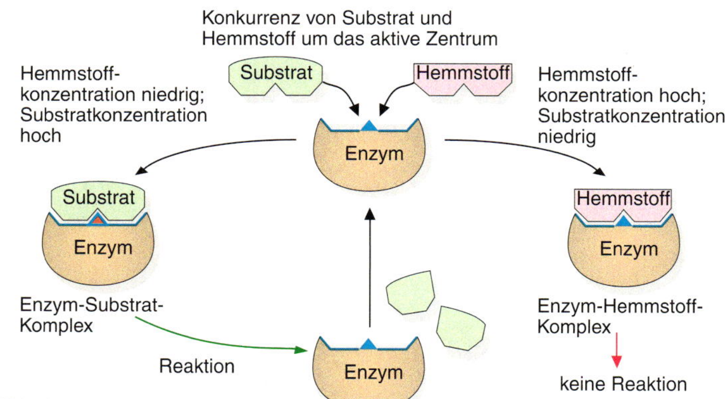

Prinzip der kompetitiven Hemmung

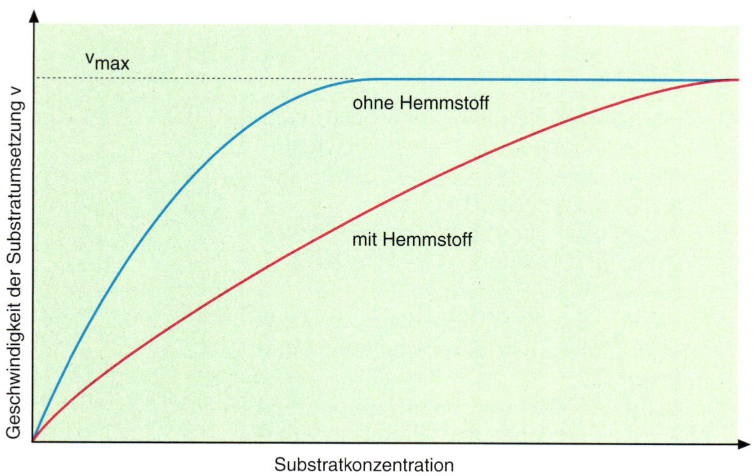

1 Kompetitive Hemmung

Kompetitive Hemmung

Die Wirkung von Allopurinol beruht auf einer kompetitiven Hemmung des Enzyms Xanthinoxidase. Diese Hemmung kann aufgehoben werden, sie ist reversibel. Man spricht von *kompetitiver Hemmung* der Enzymaktivität, wenn ein dem Substrat ähnlich gebauter Stoff mit dem Substrat um das aktive Zentrum konkurriert. Der Hemmstoff kann zwar an das Enzym gebunden, aber nicht umgesetzt werden. Er verdrängt das eigentliche Substrat (Abb. 1). Die Wirkung solcher Hemmstoffe ist umso größer, je höher ihre Konzentration im Vergleich zum Substrat ist. Umgekehrt kann der Hemmstoff verdrängt werden, wenn die Substratkonzentration erhöht wird.

Allosterische Effekte

Die Aminosäure Isoleucin ist das Endprodukt einer aufwändigen Stoffwechselkette. Wenn das erste Enzym in dieser Stoffwechselkette, die *Threonindeaminase*, aktiv ist, laufen sämtliche Schritte der Isoleucin-Produktion ab. Die Threonindeaminase wird durch Isoleucin gehemmt. Die Aminosäure Isoleucin bremst also seine eigene Produktion durch negative Rückkopplung, wenn es in ausreichender Menge in der Zelle vorliegt.
Das Isoleucin besetzt aber nicht das aktive Zentrum der Threonindeaminase, denn es ist dem Threonin zu unähnlich, sondern der Hemmstoff bindet an einer zweiten Bindungsstelle des Enzyms. Man spricht in diesem Fall von *allosterischer Hemmung*. Allosterische Enzyme haben neben dem aktiven Zentrum auch ein allosterisches Zentrum (Abb 2). Bindet dort ein allosterischer Hemmstoff, verändert dies die Form des aktiven Zentrums, sodass das Substrat am aktiven Zentrum nicht gebunden werden kann.

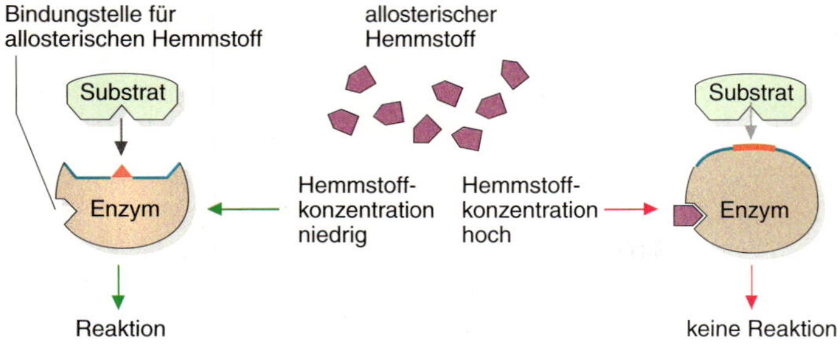

Prinzip der allosterischen Hemmung

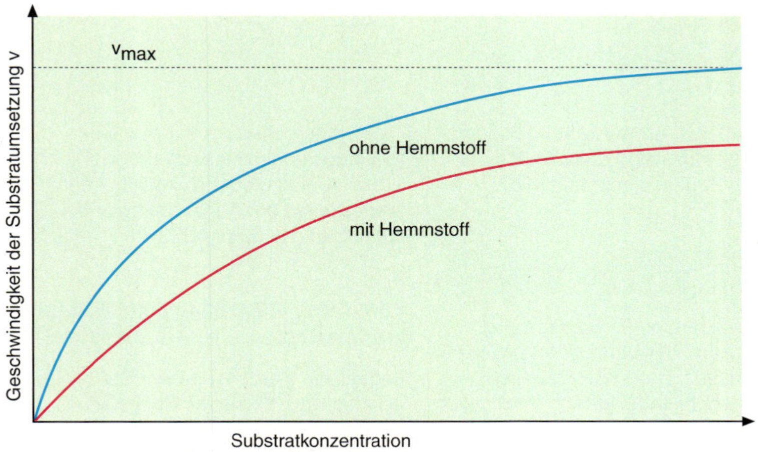

2 Allosterische Hemmung (nichtkompetitive Hemmung)

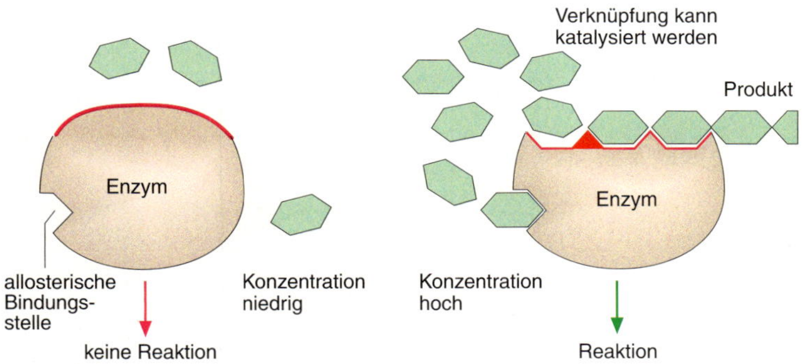

3 Allosterische Aktivierung

Diffundiert der Hemmstoff weg, kehrt es in seine ursprüngliche Form zurück. Die Hemmung ist reversibel.

Neben der Hemmung kommt auch Aktivierungen von Enzymen durch allosterisch bindende Moleküle vor. Ein Beispiel für ein allosterisch aktiviertes Enzym ist die Glykogensynthase. Das Enzym katalysiert die Verknüpfung von Glucosemolekülen an das Polysaccharid Glykogen nur dann, wenn Glucose-6-phosphat in ausreichender Menge anwesend und das allosterische Zentrum besetzt ist (Abb. 3).

An den Beispielen wird deutlich, dass die allosterische Aktivierung oder Hemmung bei der Regulation vieler Stoffwechselprozesse eine wichtige Rolle spielen kann. Regulationsvorgänge im Organismus sind die Voraussetzung für Stoffwechsel und Entwicklung. Man spricht von dem biologischen **Prinzip Regulation**, weil praktisch alle Lebensprozesse den vorgegebenen Bedingungen angepasst werden. (▶ s. Seite 334).

Irreversible Hemmung

Das Nervengas Sarin ist hochgiftig, weil es sich unlösbar, irreversibel, mit dem aktiven Zentrum der Acethylcholinesterase verbindet und somit die Informationsübertragung an der Synapse blockiert.

Besonders giftig für Organismen sind auch die Schwermetalle Quecksilber und Blei. Beide hemmen Enzyme, indem sie deren Raumstruktur und indirekt auch das aktive Zentrum verändern. Als zweifach positiv geladene Ionen zerstören sie die Disulfidbrücken von Enzymen, da sie mit Schwefel eine äußerst stabile Verbindung bilden, die nicht rückgängig gemacht werden kann. Die Hemmung der Enzyme durch Schwermetalle ist irreversibel.

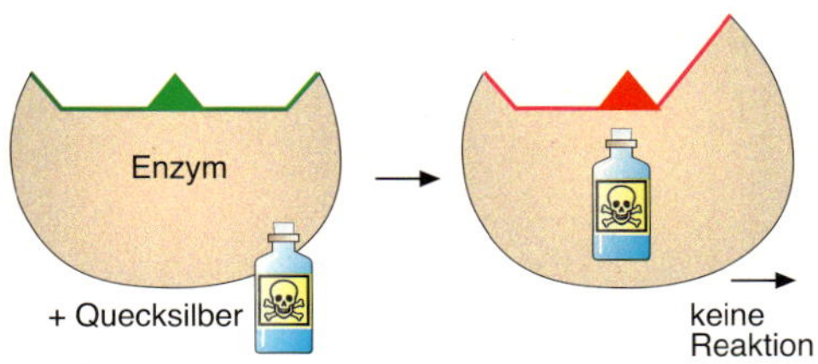

4 Irreversible Hemmung

Aufgaben

① Erläutern Sie die Wirkung des Allopurinols.
② Erklären Sie die Empfehlung der Ärzte, gleichzeitig mit Allopurinol eine Diät einzuhalten, die wenig Harnsäure entstehen lässt.
③ Stellen Sie mit einem Flussdiagramm die Vorgänge der allosterischen Hemmung am Beispiel Isoleucin dar.
④ Vergleichen Sie die Kurven zur Substratabhängigkeit bei kompetitiver und allosterischer Hemmung.
⑤ Stellen Sie dar, wie sich die Kurven kompetitiver und allosterischer Hemmung bei einer Erhöhung der Hemmstoffkonzentration verändern.

Lexikon

Enzyme in der Medizin

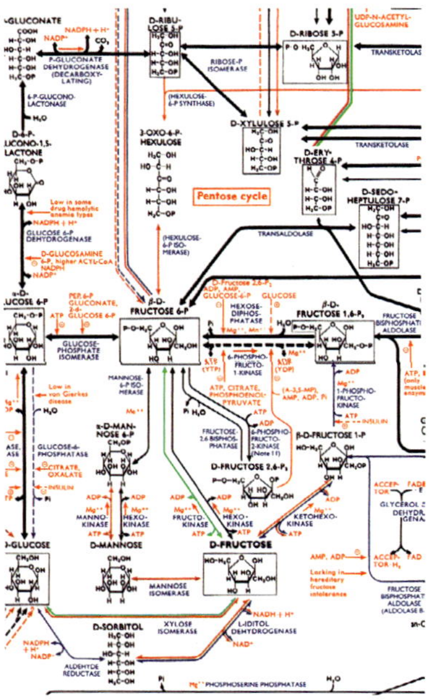

Biochemical-Pathways

In weltweit über einer Million Labor- oder Unterrichtsräumen hängt als Poster ein Überblick über die biochemischen Reaktionswege der Zellen. Dargestellt wird die Vielfalt der chemischen Stoffwechsel-Reaktionen und ihre Vernetzung. Die obige Abbildung zeigt einen Ausschnitt aus diesem Poster. Jeder Strich symbolisiert eine enzymatisch katalysierte Reaktion der beteiligten Verbindungen.

Enzyme katalysieren aber nicht nur unmittelbar den zentralen Energie- und den Baustoffwechsel (vgl. dazu DNA- Replikation und Proteinbiosynthese im Kapitel Genetik). Enzyme arbeiten auch bei der Signalübertragung durch intrazelluläre Botenstoffe oder extrazelluläre Hormone oder Transmitter mit (vgl. Kapitel Neurobiologie).

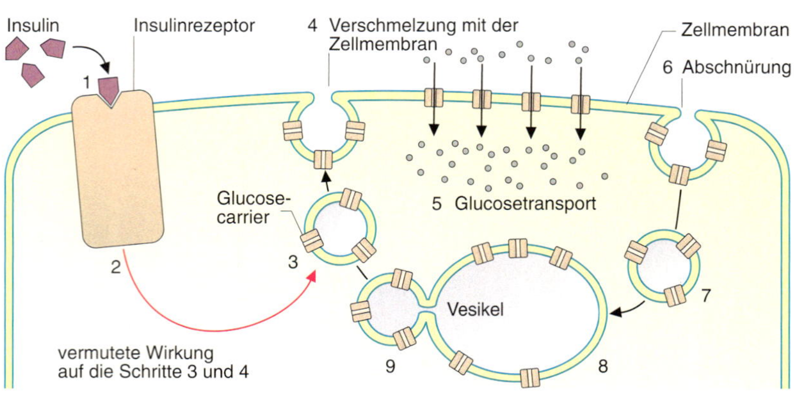

Auch bei der Körperabwehr oder dem Wundverschluss sind Enzyme aktiv (vgl. dazu Kapitel Immunbiologie).

Signalübertragung

Bei Zuckerkranken (Diabetikern) ist die Regulation der Blutzuckerkonzentration gestört. Das in der Bauchspeicheldrüse gebildete Hormon Insulin spielt dabei eine wichtige Rolle. Ein zu hoher Blutzuckerspiegel infolge zu geringer Insulinausschüttung führt zu osmotisch bedingtem Wasserverlust der Gewebe. Das Wasser wird dann mit übermäßig viel Salzen über die Niere ausgeschieden. Ein zu hoher Insulinspiegel senkt den Blutzuckergehalt. Eine länger andauernde Unterzuckerung kann z. B. zu einer Schädigung von Gehirnzellen führen. Diese haben einen überdurchschnittlich hohen Energiebedarf und sind auf eine ständige Zufuhr von Glucose angewiesen.

Insulinmoleküle entfalten ihre Wirkung dadurch, dass sie von Insulinrezeptoren der Zellmembran gebunden werden (Abb 2). Der Rezeptor besteht aus mehreren Untereinheiten. Auf der Innenseite der Zellmembran haben die Untereinheiten enzymatische Wirkung. Diese Enzyme aktivieren ein Signalprotein. Dieses Signal veranlasst den Einbau von Glucose-Carriern in die Zellmembran, sodass in der Folge vermehrt Glucose aus der Blutbahn in die Zelle einströmen kann. Beim Absinken des Insulinspiegels werden die Glucose-Carrier weiterhin kontinuierlich ins Zellinnere geschleust, sodass die Fähigkeit zur Glucoseaufnahme vermindert wird. Einen solchen Carriertransport von Glucose hat man bei roten Blutzellen und auch bei Gehirnzellen nachgewiesen.

Eine Signaltransduktion unter Beteiligung von enzmatisch aktiven Proteinkomplexen wird auch bei den Sinneszellen der Augennetzhaut beschrieben (vgl. Kapitel 5.3)

Multienzymkomplexe

Fettsäuren werden in einem Stoffwechselweg mit sieben Enzymen synthetisiert, wobei die Produkte jeweils die Substrate des benachbarten Enzyms darstellen. Während des Prozesses verlässt die entstehende Fettsäure nicht den Komplex. Ein Multienzymkomplex ist auch beim Komplementsystem der körpereigenen Abwehr aktiv (vgl. Kapitel 4.1 Immunbiologie).

Enzyme als Medikamente

Bestimmte Magen-Darm-Erkrankungen oder eine verminderte Ausschüttung von Enzymen durch die Bauchspeicheldrüse führen zu einer mangelhaften Verdauung der Nahrung. Sie können mit darmwirksamen Enzympräparaten behandelt werden (siehe Auszug aus einem Beipackzettel unten).

Kreon ® 25 000 Kapseln
Wirkstoff: Pankreatin

Der arzneilich wirksame Bestandteil ist Pankreatin. 1 Kapsel mit magensaftresistenten Mikropellets enthält 300 mg Pankreatin aus Schweinepankreas, entsprechend 25 000 Lipase-, 18 000 Amylase- und 1 000 Protease-Einheiten nach PH.Eur.

Stoffgruppe:
Verdauungsenzyme der Bauchspeicheldrüse (Pankreasenzyme)

Der Wundverschluss durch *Blutgerinnung* ist lebenswichtig. Entsteht ein Blutgerinnsel jedoch in einem Blutgefäß und verschließt dieses, kann das lebensbedrohend sein (Abb. 3). Ist ein Herzkranzgefäß davon betroffen, kommt es zum Herzinfarkt, bei dem ein mehr oder weniger großer Teil des Herzmuskels abstirbt. Vorangegangen ist immer eine sich langsam entwickelnde Verengung eines Kranzgefäßes, in dem sich dann bevorzugt ein solches Gerinnsel bildet. Durch den Einsatz bestimmter Enzyme kann man heute das Infarktrisiko senken. Die Enzyme sind in der Lage, das aus Eiweißen bestehende Fibringerüst des Blutgerinnsels aufzulösen, sodass der Weg wieder frei wird.

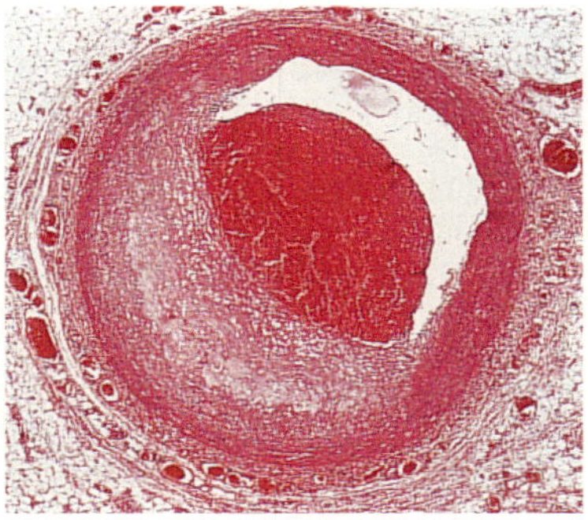

Hemmstoffe als Medikamente

Acetylsalicylsäure, kurz *ASS,* ist ein weit verbreiteter schmerzstillender, blutgerinnungs- und entzündungshemmender sowie fiebersenkender Wirkstoff. Das seit 100 Jahren hergestellte Medikament hemmt irreversibel die Cyclooxygenase, welche an der Bildung der entzündungsverstärkenden Gewebshormone beteiligt ist. Die gehemmten Enzyme werden abgebaut. Gleichzeitig werden neue Enzyme von den Zellen gebildet, wenn ASS abgesetzt wird.

Antibiotika, die bei bakteriellen Infektionen eingesetzt werden, zielen häufig auf die Enyzme der DNA-Replikation und Protein-Biosynthese der prokaryoten Krankheitserreger, da hier andere Enzyme als bei den Erkrankten vorkommen. Zum Beispiel katalysiert die Gyrase eine Entwindung der bakteriellen DNA.

Daher sind zunächst nur geringe Nebenwirkungen der Medikamente zu erwarten. In der Praxis werden aber auch die symbiontisch lebenden Bakterien der Erkrankten oder eukaryote Stoffwechselprozesse in Mitleidenschaft gezogen.

Enzyme in der med. Diagnosik

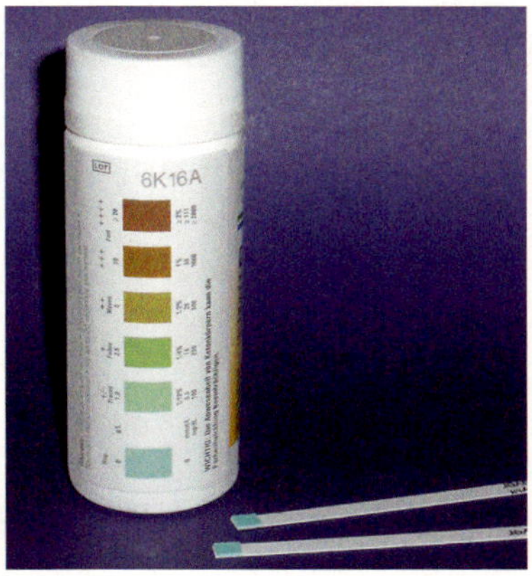

Wurde früher mithilfe der relativ unspezifischen Fehlingprobe der Harn auf Glucosegehalt überprüft, so wird heute eine schnelle und zuverlässige Teststäbchenmethode angewandt.

Das Teststäbchen enthält das Enzym Glucoseoxidase, welches Glucose zu Gluconolakton oxidiert. Der große Vorteil liegt in der Substratspezifität des Enzyms. Als weiteres Produkt entsteht Wasserstoffperoxid , welches durch die ebenfalls auf den Teststreifen aufgebrachte Peroxidase zu Wasser und Sauerstoff umgesetzt wird. Der Sauerstoff wiederum oxidiert einen Farbstoff, der dadurch blau wird. Die angezeigte Farbe ist somit ein Maß für den Glucosegehalt des Harns. Enthält der Streifen unterschiedlich empfindliche Testflächen, ergibt sich je nach Glucosegehalt eine Farbabstufung.

Blutzuckermessgerät

Ebenfalls auf dem Prinzip der Oxidation von Glucose durch das Enzym Glucoseoxidase beruht die mehrmalige tägliche Kontrolle des Blutzuckers durch die Zuckerkranken selbst. Der dem Körper entnommene Tropfen Blut wird mit einem kleinen Messgerät, das der Zuckerkranke ständig bei sich führen kann, auf den Glucosegehalt hin genau analysiert. In dem Messgerät ist Glucoseoxidase zwischen zwei Membranen in einem gelartigen Material eingeschlossen. Aus dem Bluttropfen können Sauerstoff und Glucose von der einen Seite in den Zwischenraum hineindiffundieren. Dort wird oxidiert. Das dabei entstehende H_2O_2 gibt auf der anderen Seite Elektronen an eine Elektrode ab, sodass ein elektrisches Signal gemessen werden kann. Dieses wird in eine direkte Anzeige des Glucosegehaltes umgesetzt (vgl. Abb. 5). Der Zuckerkranke kann anhand der selbst ermittelten Daten die Insulinmenge bestimmen, die er sich spritzen muss.

Inzwischen kann man eine Reihe weiterer Substanzen, z. B. Ethanol, mit einer Messsonde in ähnlicher Weise mengenmäßig genau bestimmen. Messsonden, deren Funktion auf Biomolekülen beruht, werden als Biosensoren bezeichnet.

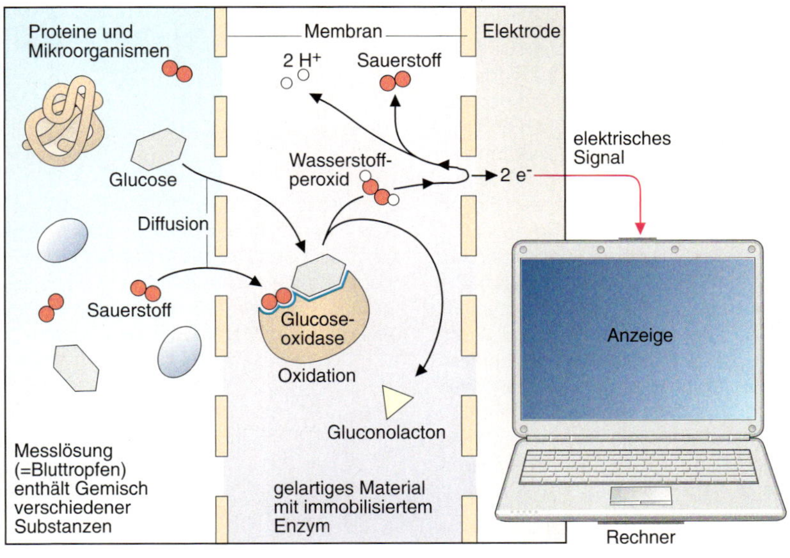

Material

Enzyme in Haushalt und Industrie

Ein Teil der über 5000 bekannten Enzyme wird heute großtechnisch hergestellt und findet im Haushalt, in Industrie und Medizin Verwendung. In den letzten Jahrzehnten hat sich die Enzymproduktion zu einem wichtigen Zweig der Biotechnologie entwickelt.

Saubere Wäsche

Die Qualität von Waschmitteln wird am Reinigungseffekt , dem schonenden Umgang mit den Textilien, und der Belastung des Wassers gemessen. Eine Verbesserung der Reinigungswirkung bei gleichbleibender Schonung der Textilien und der Umwelt wird durch den Einsatz von Enzymen ermöglicht. Heute sind nur noch wenige Waschmittel auf dem Markt, die keine Enzyme enthalten. Pro Jahr werden ca. 500 Tonnen Enzyme für die Waschmittelherstellung produziert. Möglich wurde die Herstellung solcher Mengen erst, als es gelang Proteasen großtechnisch zu gewinnen. Im Forschungslabor der dänischen Carlsberg-Brauerei fanden Wissenschaftler heraus, dass Bakterien der Gattung *Bacillus* Proteasen in das Kulturmedium ausscheiden.

Aufgaben

① Unter welchen Reaktionsbedingungen müssen die Waschmittel-Proteasen wirksam sein?

② Mit welchem Experiment könnte man die Reinigungswirkung eines Waschmittels mit Protease gegenüber einem enzymfreien Mittel überprüfen?

③ Welche Enzyme würden Sie in einem Waschmittel noch vermuten? Begründen Sie Ihre Hypothese.

④ Ein Hausmittel zur Reinigung hartnäckiger Verschmutzungen ist „Gall-Seife", sie enthält Emulgatoren aus Rindergalle. Begründen Sie, warum ein Einsatz von Emulgatoren die Wirkung der Waschenzyme unterstützen kann.

⑤ Erklären Sie, warum sich die Bakterien der Gattung Bacillus so gut für die großtechnische Gewinnung der Proteasen eignen.

Recyclingpapier

Ungefähr 15 Millionen Tonnen Altpapier werden in Deutschland gesammelt und recyceld. Bei der Herstellung von Recyclingpapier werden 2/3 Wasser, 80 % der Energie und Holz gegenüber konventionellem Papier eingespart. Das eingesetzte Altpapier muss aufgelöst und die Druckerfarben von den Fasern entfernt werden. Eingesetzt wird Natronlauge, Silikate, Peroxide und Tenside sowie die Enzyme Lipasen, Xylanasen und Laccasen.

Aufgaben

⑥ Erklären Sie die Funktion der drei Enzyme im Recyclingprozess.

⑦ Stellen Sie in einer Liste die Vor- und Nachteile von Recyclingpapier zusammen.

Von der Stärke zum Flüssigzucker

Pro Kopf verbraucht ein Bundesbürger ca. 30 kg Zucker pro Jahr. Als weißer oder brauner Kristallzucker, als Würfel- oder Kandiszucker gehört er zu unserem Alltag. Ein Glas Cola enthält zum Beispiel 32 g Zucker. Der im Haushalt verwendete Zucker, die Saccharose, ist ein Disaccharid aus Glucose und Fructose. Sie wird aus Zuckerrüben oder Zuckerrohr gewonnen.

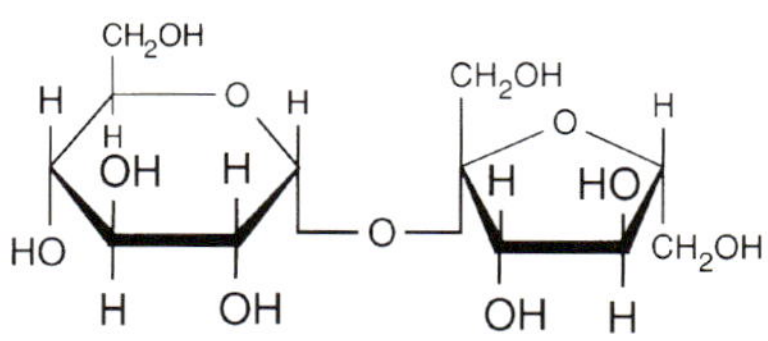

Verglichen mit Glucose oder Maltose hat Saccharose eine starke Süßkraft. Die Fructose übertrifft allerdings die Saccharose an Süßkraft deutlich.

Saccharose	100
Fructose	173
Glucose	74
Invertzucker	130
Maltose (Malzzucker)	32
Lactose (Milchzucker)	16

Relative Süßkraft verschiedener Zucker

Die Getränke-, Back-und Süßwarenindustrie benötigen jährlich mehr als 2 Millionen Tonnen Zucker. In flüssiger Form lässt er sich dabei in der Regel besser verarbeiten als in kristalliner und süßer ist Flüssigzucker auch. Flüssigzucker erhält man durch Stärkeverzuckerung von Mais unter Verwendung der Enzyme *Amylase* und *Glucoamylase*. Durch Amylase wird das Polysaccharid Stärke zunächst in Bruchstücke, nachfolgend durch Glucoamylase in das Monosaccharid Glucose zerlegt. Um die Süßkraft des so erhaltenen Sirups noch zu steigern, kann durch den Einsatz eines weiteren Enzyms, der *Glucoisomerase*, ein Teil der Glucose in Fructose umgewandelt werden. Das Produkt nennt sich Invertzucker.

Zuckerrüben

Aufgaben

⑧ Begründen Sie, warum im Gegensatz zur Bundesrepublik, die Verwendung von Flüssigzucker in den USA deutlich stärker verbreitet ist.

⑨ Stellen Sie in einem Flussdiagramm die Herstellung von Invertzucker dar.

⑩ Erklären Sie die hohe relative Süßkraft des Invertzuckers.

Käseherstellung

Bei der Käseherstellung ist der Einsatz von Enzymen zur Gerinnung der Milch unverzichtbar. Traditionell wird das Labferment aus Kälbermägen genutzt, die bei Schlachtungen als Nebenprodukt anfallen. Die Menge an natürlichem Labferment reicht aber für die heutige Käseproduktion nicht mehr aus. Hinzugekommen sind in den letzten Jahrzzehnten biotechnologisch erzeugte Enzyme aus Mikroorganismen.

Aufgaben

⑪ Recherchieren Sie, welche Organismen bei der Produktion von Vollmilch, Butter, Sahne, Quark, Joghurt, Hartkäse, Camembert und Molke beteiligt sind.

⑫ Erklären Sie die Wirkungsweise der zur Milchgerinnung eingesetzten Enzyme und die Ursache der Gerinnung.

Herstellung von Apfelsaft

Fruchtsäfte sind nach ihrer Herstellung naturtrüb durch Pektine aus den Zellwänden der verwendeten Früchte. Der Verbraucher bevorzugt aber die klaren Säfte. Durch Zentrifugieren oder Filtrieren kann man die feinen Flocken entfernen. Neuerdings werden Pektinasen dem naturtrüben Saft zugesetzt um die Ausbeute zu erhöhen und den Saft zu klären.

Aufgabe

⑬ Erläutern Sie die Vorteile des Einsatzes der Enzyme gegenüber den klassischen Methoden.

Biosensoren

Ein Messgerät ist mit einem Fühler ausgestattet, der Signale aufnimmt und an einen Signalwandler weiterleitet. Dieser wandelt das aufgenommene Signal in eine messbare, physikalische Größe wie Strom um. Zur kontinuierlichen Überwachung von biotechnologische Verfahren werden Messfühler mit Enzymen als biologische Komponente konstruiert. Man bezeichnet sie als *Biosensoren*. So kann in einem Kulturmedium, in dem Pilze das Antibiotikum Penicillin herstellen, mithilfe des Enzyms Penicillin-Acyclase die produzierte Menge Penicilin bestimmt werden. Das Enzym spaltet das Substrat Penicillin zu zwei Säuren.
Vor dem Einsatz solcher Sensoren mussten jeweils Stichproben entnommen und analysiert werden.

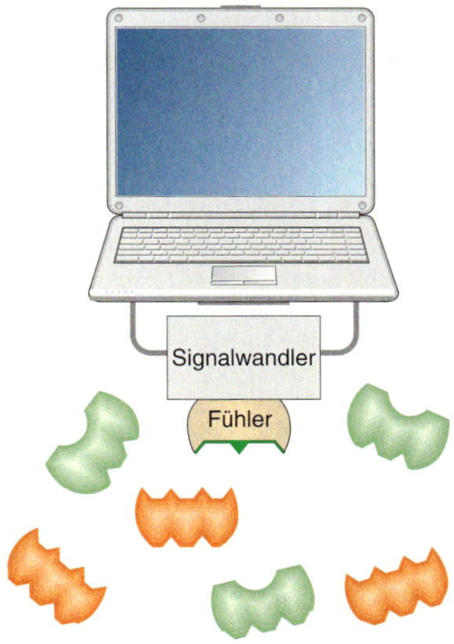

Aufgaben

⑭ Erklären Sie, wie der Penicillingehalt mit Hilfe des Enzyms Penicilin-Acyclase bestimmt werden kann.

⑮ Welche Vorteile bietet der Biosensor gegenüber dem bisherigen Verfahren?

Keimzahlbestimmung

Die Anzucht von Proben zur Bestimmung der Oberflächenkeimzahl von Fleisch dauert mit herkömmlichen bakteriologischen Methoden mindestens 3 Tage.

Innerhalb von Stunden kann ein Biolumineszenz-Verfahren über die Keimzahl Auskunft geben. Die Keime werden vorsichtig von der Oberfläche des Fleisches gespült, isoliert und die Zellen werden aufgebrochen. Nun steht das bakterielle ATP zur Verfügung, um ein Enzymsystem zu aktivieren. Das Enzym Luciferase katalysiert die Oxidation von Luciferin, und die freigesetzte Energie wird als Licht abgegeben. Die in dem standardisierten Verfahren gemessene Lichtmenge entspricht der Menge an bakteriellem ATP bzw. der gesuchten Zahl an Bakterien, die sich auf der Fleischoberfläche entwickelt haben.

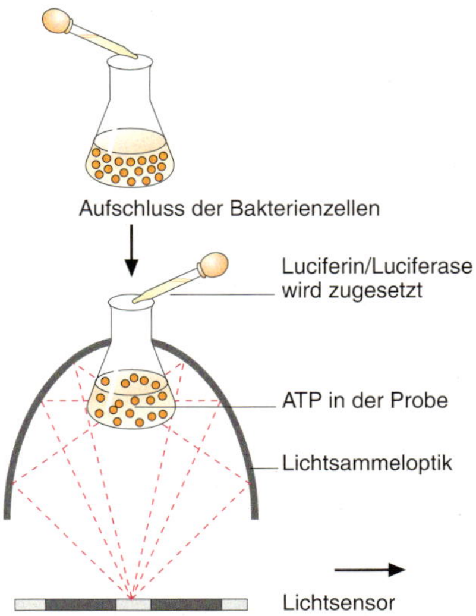

Aufgaben

⑯ Schlagen Sie weitere Einsatzmöglichkeiten dieser Technologie vor.

⑰ Diskutieren Sie mögliche Fehlerquellen bei dieser Methode zur Bestimmung der Keimzahl.

Stereoisomere

Die organische Chemie kennt zahlreiche Verbindungen, die in 2 stereoisomeren Formen vorkommen. Ein Beispiel ist die L- und die D-Form der Glucose. Für Synthesen kann aber nur eine der Formen genutzt werden, z. B. nur die D-Glucose für die Synthese pflanzlicher Stärke. Daher ist bei der biotechnologischen Produktion von Ausgangsstoffen die Raumstruktur von entscheidender Bedeutung.

Aufgaben

⑱ Begründen Sie den vorteilhaften Einsatz von Enzymen am Beispiel der rechts- und linksdrehenden Milchsäure.

Zelle und Stoffwechsel

Zellmembranen

Abb. 1 a bis d zeigt schematisch Ausschnitte aus Zellmembranen und verschiedene Funktionen ihrer Proteine.

Aufgaben

① Beschreiben Sie Abb. 1a und 1b. Erläutern Sie allgemein und anhand je eines selbst gewählten Beispiels die dargestellten Funktionen der Membranen.

② Die in Abb. 1c und 1d gezeigten Proteine sind Ihnen vermutlich noch unbekannt. Entwickeln Sie begründete Hypothesen, welche Funktion das Protein jeweils haben könnte. Erläutern Sie diese mithilfe selbst gewählter Beispiele. Überprüfen Sie Ihre Vermutungen.

Osmose

Ob bestimmte Pflanzenarten an bestimmten Standorten überleben können, hängt u. a. vom Salzgehalt der Umgebung ab. So gibt es im Salzwasser und im Süßwasser Algen, aber diese gehören verschiedenen Arten an.

Aufgaben

③ Begründen Sie, welche Konzentrationen an gelösten Stoffen Sie in den Zellen von Meeresalgen im Vergleich zu Süßwasseralgen erwarten.

④ Wenn eine welk gewordene Zimmerpflanze gegossen wird, soll man dem Gießwasser keinen Dünger zusetzen. Begründen Sie. Nach einigen Minuten hat sich die Pflanze meist erholt. Erläutern Sie den dabei ablaufenden Stofftransport.

2 welkende Pflanze

„Fliegen mit Algen“

Die niederländische Fluglinie KLM will „mit biologischem Treibstoff in die Lüfte steigen, der aus Algen gewonnen wird.“ Die niederländische „Algenfarm Algae Link soll die KLM mit dem Biokerosin beliefern.“ Wenn die Pilotprojekte erfolgreich verlaufen, sollen „mindestens zwölf Flugzeuge allein mit Biokerosin“ angetrieben werden.
„Der Biobrandstoff hat mehrere Vorteile: Er ist erstens billiger als das herkömmliche Kerosin. Zweiter Vorteil: es gibt keinen CO_2-Ausstoß“.
Die Algenfarm „züchtet Algen im großen Stil in sogenannten Foto-Bioreaktoren, wo die Algen sehr schnell wachsen, um sie rasch als Biomasse zu Treibstoff verarbeiten zu können.“

Aufgaben

⑤ Begründen Sie, ob die Aussage „es gibt keinen CO_2-Ausstoß“ wissenschaftlich haltbar ist.

⑥ Erläutern Sie, welche Gründe für Algen als Energielieferanten sprechen.

⑦ Erläutern Sie, welche Bedingungen in den Foto-Bioreaktoren eingehalten werden müssen, damit die Algen sehr schnell wachsen.

⑧ Beschreiben Sie, welche Verarbeitungsschritte erforderlich sind, um aus der Biomasse Treibstoff zu erhalten.

Eigenschaften von Enzymen

Abb. 3 zeigt das Bändermodell einer Protease. Dieses Enzym wird in Waschmitteln eingesetzt. Abb. 4 zeigt ein Beispiel einer enzymatischen Reaktion.

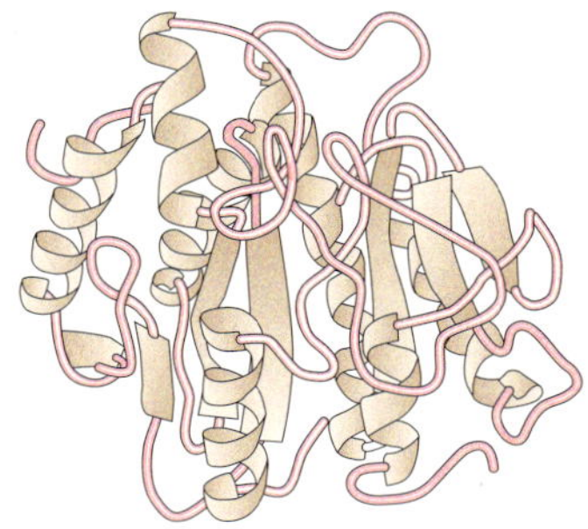

3

4

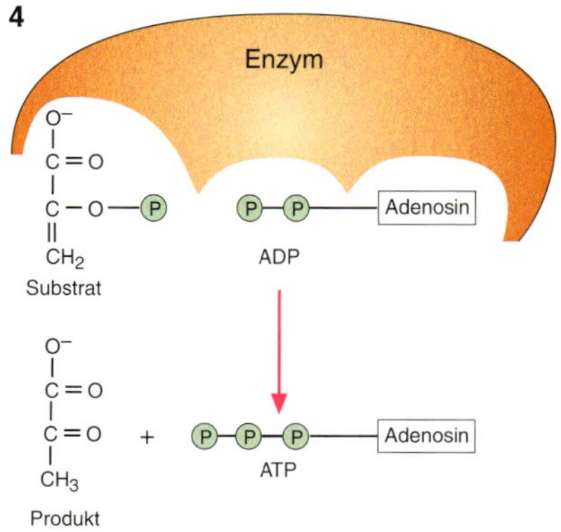

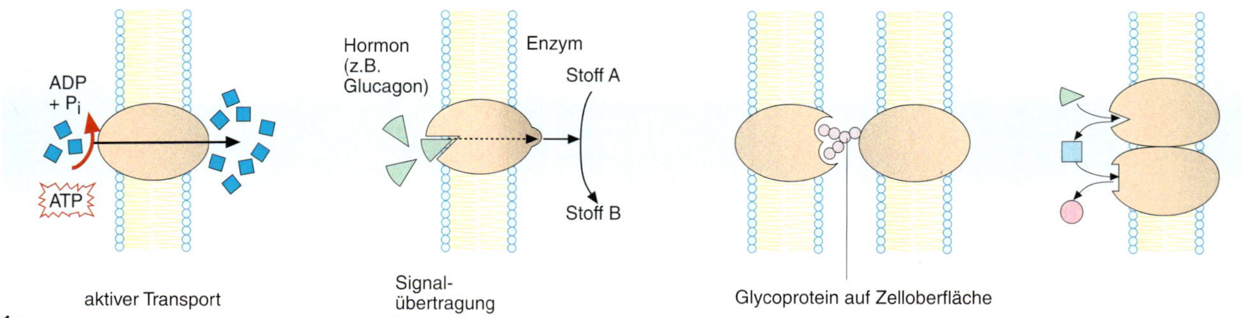

1a **b** **c** **d**

Aufgaben

⑨ Beschreiben Sie die Struktur dieses Enzyms, gehen Sie dabei insbesondere auf die erkennbaren Sekundär- und Tertiärstrukturen ein.

⑩ Die Verwendung in Waschmitteln erfordert bestimmte Eigenschaften des Enzyms. Begründen Sie Ihre Erwartungen hinsichtlich Temperaturoptimum, pH-Optimum und Substratspezifität.

⑪ Erläutern Sie anhand des Beispiels (Abb. 4) die Charakteristika enzymatischer Reaktionen.

⑫ Erstellen Sie eine tabellarische Übersicht zur Bedeutung des ATP bei biologischen Prozessen.

⑬ Glykol (Ethandiol) wird u. a. als Frostschutzmittel für Autokühler verwendet. Da es sehr süß schmeckt, wurde es früher auch missbraucht, um minderwertigen Wein „lieblicher“ zu machen. Vergiftungen mit Glykol kann man behandeln, indem man dem Patienten große Mengen Alkohol (Ethanol) zu trinken gibt.
Das Enzym Alkoholdehydrogenase oxidiert Ethanol zu Ethanal, aber auch Glykol zu der giftigen Oxalsäure.
Vergleichen Sie die Strukturformeln der beiden Stoffe und erläutern Sie, weshalb Glykolvergiftungen mit Ethanol behandelt werden können.

Beeinflussung der Enzymaktivität

Abbildung 5 zeigt die Abhängigkeit der Reaktionsrate eines Enzyms von der Temperatur.
Abbildung 6 zeigt ein Beispiel für die Hemmung von Enzymaktivitäten.

Aufgaben

⑭ Beschreiben Sie die Abbildung 5 und erklären Sie den Kurvenverlauf.

⑮ Entwerfen Sie eine Versuchsanleitung zur experimentellen Ermittlung derartiger Ergebnisse. Geben Sie an, welche Versuchsbedingungen konstant gehalten, bzw. welche variiert werden müssen.

⑯ Erläutern Sie die verschiedenen Möglichkeiten zur Hemmung von Enzymen.

⑰ Erläutern Sie anhand des abgebildeten Beispiels, wie und warum Stoffwechselwege reguliert werden müssen.

⑱ Begründen Sie, welche der besprochenen Möglichkeiten der Enzymhemmung den Stoffwechselweg in Abbildung 6 sinnvoll regulieren könnten.

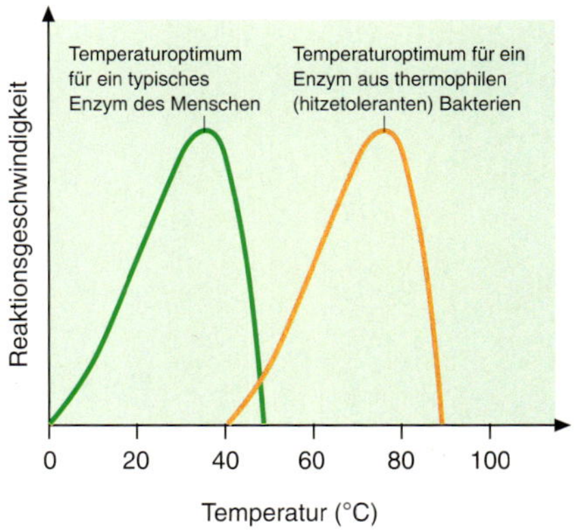

5

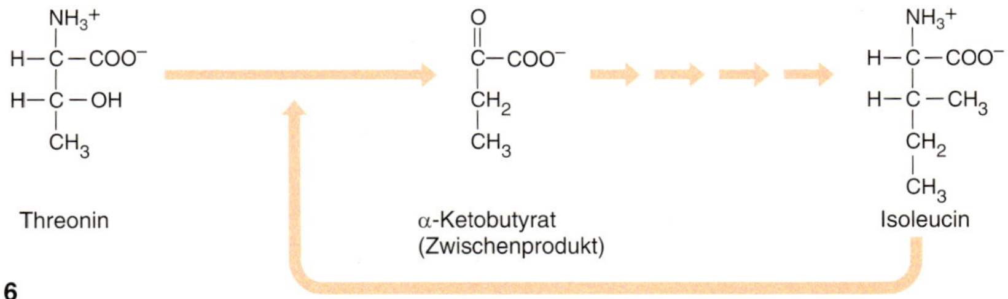

6

Versuche mit Pepsin

Enzyme spielen bei der Verdauung eine wichtige Rolle, da sie die Nahrung in kleine Bausteine zerlegen, die vom Körper aufgenommen werden kann. Die Magenschleimhaut bildet den Magensaft, der u. a. das Verdauungsenzym Pepsin enthält.

Pepsin kann Eiweiße zu kleinen Bruchstücken abbauen. In der Tabelle sind Versuche zum Eiweißabbau mit Pepsin dargestellt. Als Substrat dient hartgekochtes Hühnereiweiß. Der Abbau wird durch das Verschwinden der Eiweißstücke erkennbar.

Aufgabe

⑲ Erläutern Sie, welche Versuchsergebnisse Sie in den verschiedenen Versuchsansätzen erwarten. Erläutern Sie insbesondere die Bedeutung der Ansätze 1 und 2.

Ansatz	Eiweiß	Wasser	Pepsin	Salzsäure	Natronlauge	Temp. 37° C	Temp. 6° C
1	+	+				+	
2	+	+		+		+	
3	+	+	+			+	
4	+	+	+	+		+	
5	+	+	+		+	+	
6	+	+	+	+			+
7	+	+	+	+		+ (Pepsinlsg. aufgekocht)	

Genetik

Bau und Bedeutung der DNA

Bau der DNA

DNA-Replikation

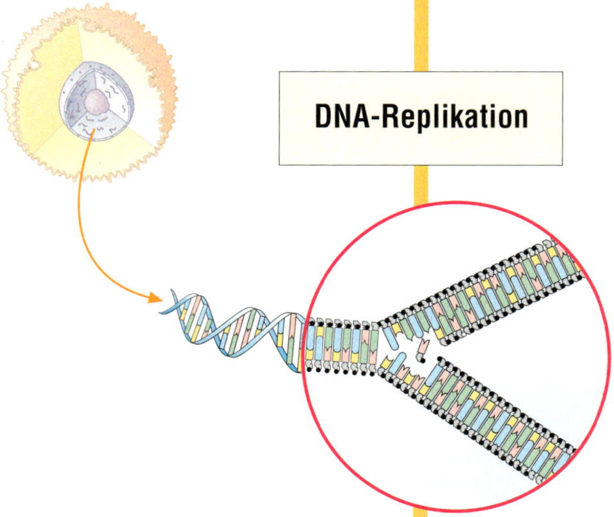

Mitose

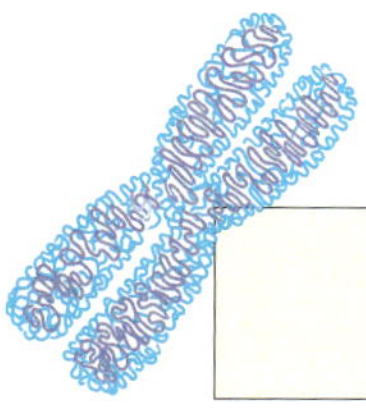

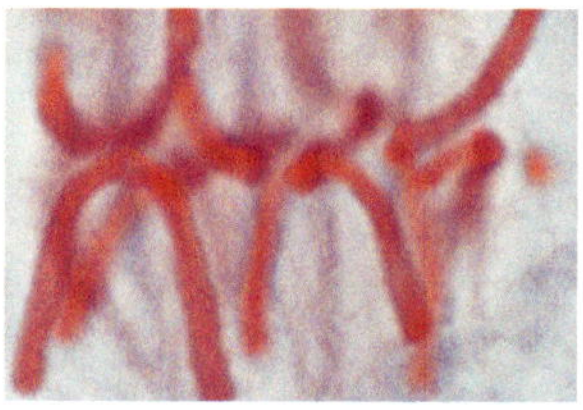

Die DNA ist Träger der genetischen Information, die in der Abfolge ihrer Basen verschlüsselt ist. Die Erbinformation wird von einer Zelle an ihre Tochterzellen weitergegeben, dazu wird die DNA in einem als Replikation bezeichneten Prozess vor jeder Mitose kopiert.

Vom Gen zum Merkmal

Gen

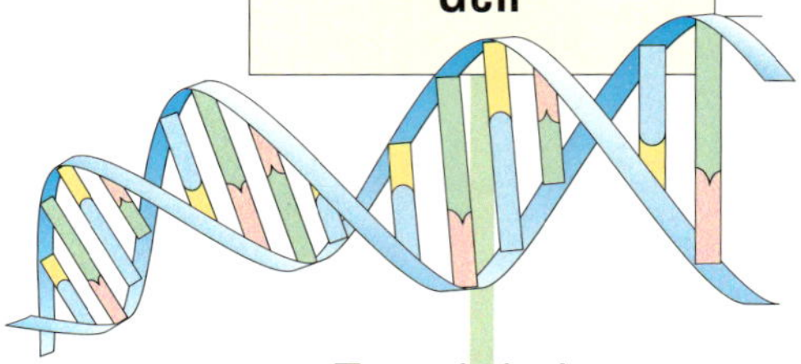

Transkription

m-RNA

Translation

Protein

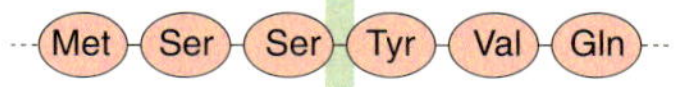

Merkmal

Die DNA enthält Bauanleitungen für Proteine. Entsprechend der Basenabfolge der DNA wird in der Proteinbiosynthese eine Aminosäurekette aufgebaut.
Das fertige Protein ist häufig ein Enzym, welches im Stoffwechsel bestimmte Aufgaben übernimmt und so zur Ausprägung eines Merkmals führt.

Online-Link
045640-0081

Regulation der Genaktivität

Genregulation

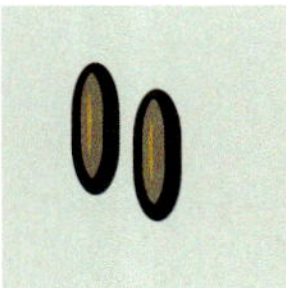

Differenzierung und Entwicklung

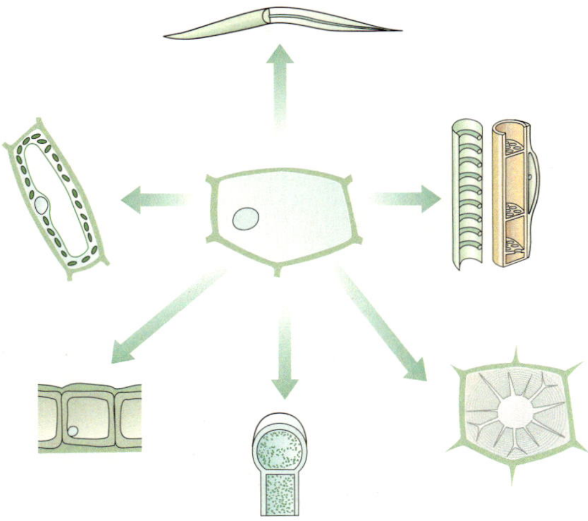

Jede Zelle enthält die vollständige DNA eines Organismus. Manche Genprodukte werden jedoch nur unter gewissen Bedingungen oder zu bestimmten Zeitpunkten benötigt. Deshalb müssen Gene in ihrer Aktivität reguliert werden.

Differenzierung und Entwicklung sind möglich, weil in verschiedenen Zellen und Entwicklungsstadien eines Organismus unterschiedliche Gene aktiv sind.

Mutationen

Mutagene

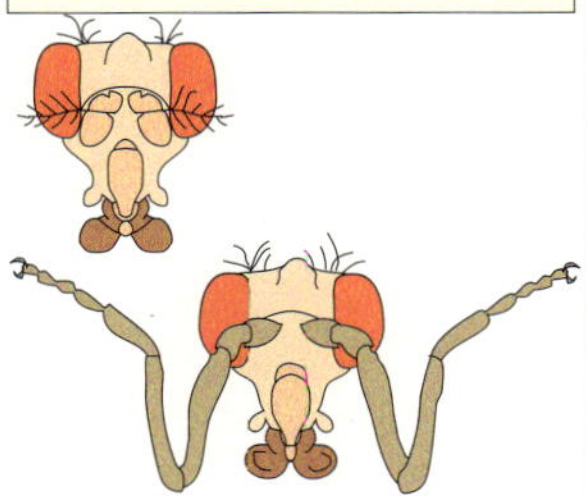

DNA-Reparaturmechanismen

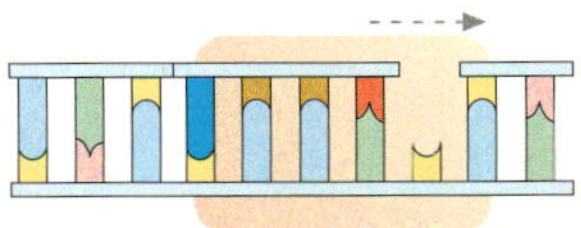

Krebs

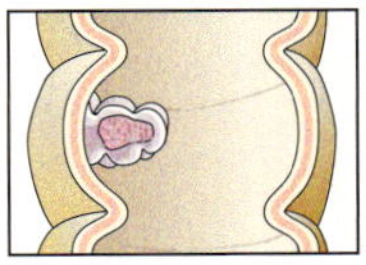

Äußere Einflüsse und giftige Substanzen (Mutagene) verändern die DNA. Werden Mutationen nicht durch DNA-Reparaturmechanismen korrigiert, kommt es zur Bildung von fehlerhaften und daher meist funktionslosen Proteinen. Veränderungen im Erscheinungsbild und von Körperfunktionen sowie auch Krebs sind die Folge.

DNA
Desoxyribonucleinsäure (engl. **d**eoxyribo**n**ucleic **a**cid)

Nucleotid
Baustein der DNA

Transformation
Genetische Veränderung einer Zelle durch Übertragung von DNA

DNA — Träger der Erbinformation

Zellkerne enthalten Proteine und DNA

Am Jahr 1869 isolierte der Schweizer Mediziner FRIEDRICH MIESCHER erstmals DNA aus weißen Blutzellen. Er arbeitete damals in der ehemaligen Küche des Tübinger Schlosses und gewann die Zellen aus frischem Eiter aus Wundverbänden der nahe gelegenen chirurgischen Klinik. MIESCHER untersuchte die chemische Zusammensetzung der Zellen und entdeckte im Extrakt der Zellkerne neben Proteinen einen bis dahin unbekannten Stoff, der große Mengen an Phosphat enthielt. Er gab diesem Stoff, der heute DNA genannt wird, den Namen Nuclein. Ohne etwas über die Funktion des Nucleins zu wissen, ahnte MIESCHER, dass es eine wichtige Aufgabe in den Zellen hat: „Die Erkenntnis der Beziehungen zwischen Kernstoffen, Eiweißstoffen und ihren nächsten Umsatzprodukten wird allmählich den Vorhang lüften helfen, der die inneren Vorgänge des Zellwachstums noch so gänzlich verhüllt."

Lange Zeit war die überwiegende Mehrheit der Wissenschaftler jedoch davon überzeugt, dass die komplizierter aufgebauten Proteine die Träger der Erbinformation seien. Während Proteine aus 20 unterschiedlichen Aminosäuren zusammengesetzt sind, besteht die DNA aus nur vier verschiedenen Bausteinen, den *Nucleotiden* — zu wenige, so glaubte man, um die Vielfalt der Erbinformationen speichern zu können. Noch in den 30er Jahren stand man vor der ungeklärten Frage, ob Proteine oder Nucleinsäuren die Träger der genetischen Information sind.

OSWALD AVERY (1877 - 1955)

Transformationsversuche von GRIFFITH

Abbildung 1 zeigt die Experimente von FREDERICK GRIFFITH. Er experimentierte 1928 mit dem Bakterium *Streptococcus pneumoniae*, das in zwei Varianten vorkommt:

- *S-Zellen* sind in der Lage Schleimkapseln zu bilden, die Kolonien erscheinen glatt (*smooth*). Diese Bakterien sind krankheitserregend und rufen bei Mäusen eine tödliche Form der Lungenentzündung hervor. Werden sie durch Hitze abgetötet, verlieren sie ihre Fähigkeit krank zu machen.
- *R-Zellen* bilden aufgrund genetischer Unterschiede keine Schleimkapseln aus, ihre Kolonien erscheinen rau (*rough*). R-Zellen sind nicht krankheitserregend.

GRIFFITH vermischte abgetötete S- und lebende R-Zellen. Überraschenderweise konnte dieses Gemisch bei Mäusen eine Lungenentzündung hervorrufen. Aus den erkrankten Tieren ließen sich lebende S-Zellen isolieren. Es hatte eine *Transformation* stattgefunden: Die Fähigkeit zur Kapselbildung war von den abgetöteten S-Zellen auf die lebenden R-Zellen übertragen worden und wurde auch vererbt. Sogar der Zellextrakt

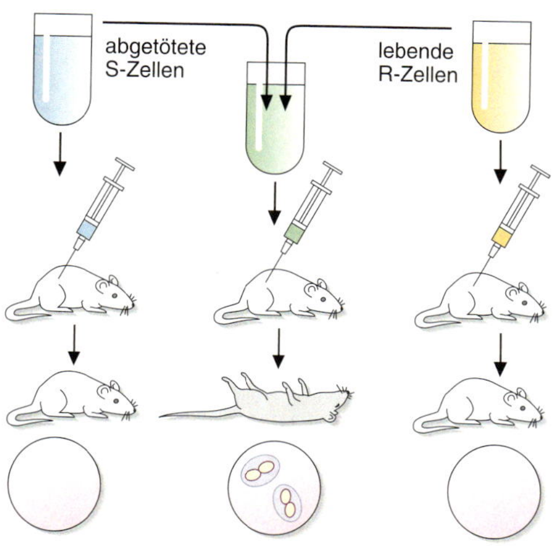

1 Versuche von GRIFFITH

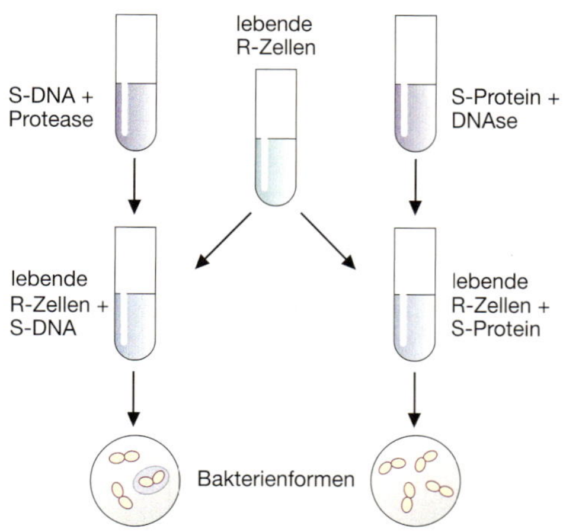

2 Versuche von AVERY

der toten S-Zellen konnte R-Zellen transformieren. Speicherung und Weitergabe von Erbinformation benötigen demnach kein lebendes System. Die Erbinformation ist an einen Stoff gebunden. Ob es sich bei diesem Stoff um Proteine oder Nucleinsäuren handelt, war zu diesem Zeitpunkt noch immer unklar.

Transformation durch DNA

Der Bakteriologe OSWALD AVERY nahm 1944 die Versuche von GRIFFITH wieder auf, um die transformierende Substanz zu identifizieren (Abb. 2). Er trennte DNA und Proteine abgetöteter S-Zellen voneinander ab und mischte anschließend lebende R-Zellen mit der DNA beziehungsweise getrennt davon mit den Proteinen der S-Zellen. Er wollte sehen, welcher Stoff die Transformation bewirkt. Die Proteine der S-Zellen waren dazu nicht in der Lage. In diesem Versuchsansatz blieben die Bakterien ohne Schleimkapsel. Dagegen übertrug die DNA der S-Zellen die Fähigkeit zur Kapselbildung auf die R-Zellen. Damit war bewiesen: Nicht Proteine, wie viele Wissenschaftler meinten, sondern die DNA ist der Träger der Erbinformation.

Aufgaben

① OSWALD AVERY behandelte abgetrennte DNA zusätzlich mit proteinspaltenden Enzymen (Proteasen) und die Proteine mit DNA-spaltenden Enzymen (DNAsen). Begründen Sie diese Maßnahme.

② AVERY versetzte die Bakterienkulturen mit Blutserum. Serum enthält eine Reihe von Enzymen. Hitzebehandeltes Serum beeinträchtigte seine Versuche nicht. Unbehandeltes Serum hingegen verhinderte oftmals eine Transformation von R-Zellen durch isolierte DNA aus S-Zellen. Erklären Sie.

③ In einem Brief an seinen Bruder beschreibt AVERY im Jahr 1943 seine Versuche (s. Abb.). Erstellen Sie ein Versuchsschema nach der Vorlage von Abb. 2.

Averys Brief an seinen Bruder

„... aber endlich haben wir es — vielleicht! Die aktive Substanz[1] wird nicht durch kristallines Trypsin[2] oder Verdauungstrypsin angegriffen, sie verliert ihre Aktivität nicht, wenn sie mit kristalliner Ribonuclease[3] behandelt wird. ... Polysaccharide können entfernt werden, Fette können extrahiert werden: die biologische Aktivität wird dadurch nicht beeinträchtigt! ... Wird der von Proteinen getrennte und gereinigte Extrakt tropfenweise mit reinem Äthylalkohol versetzt, ereignet sich etwas Interessantes. Wenn der Alkohol ungefähr eine Konzentration von 9/10 des Volumens erreicht hat, scheidet sich eine faserige Substanz ab, die sich wie ein Faden um eine Spule, um einen Glasstab wickelt, mit dem man die Mischung umrührt. ... Das fädige Material ist hochaktiv und die Elementaranalyse zeigt, dass es sehr genau mit den theoretischen Werten von reiner Desoxyribonucleinsäure übereinstimmt. (Wer hätte das vermutet?) ...
Es wurde gefunden, dass Depolymerase[4], die bekanntermaßen imstande ist, Proben von Desoxyribonucleinsäure zu schädigen, auch die Aktivität unserer Substanz zerstört — ein indirekter, aber überzeugender Beweis, dass das „transformierende Prinzip" zu dieser Klasse von chemischen Substanzen gehört.
... Wenn wir recht haben — natürlich ist es noch nicht bewiesen — so bedeutet dies, dass Nucleinsäuren nicht nur strukturell wichtige, sondern auch funktionell aktive Substanzen sind, welche die biochemischen Aktivitäten und die spezifischen Eigenschaften der Zellen determinieren. ... Aber heutzutage muss man eine Menge gut fundierter Beweise bringen, um jedermann zu überzeugen, dass das proteinfreie Natriumsalz der Desoxyribonucleinsäure möglicherweise mit derartigen biologischen Aktivitäten und diesen spezifischen Eigenschaften ausgestattet ist — und diese Beweise versuchen wir zu erbringen! — Es macht Spaß, Seifenblasen in die Luft zu pusten, aber es ist weiser, sie selbst anzustechen, bevor andere es versuchen."

[1] Die Substanz, mit der Avery arbeitete, war ein Rohextrakt aus S-Zellen. Die Begriffe „aktive Substanz", „biologische Aktivität" und „transformierendes Prinzip" beziehen sich auf die Fähigkeit der untersuchten Substanz zur Transformation.
[2] Trypsin ist ein proteinspaltendes Enzym, eine Protease.
[3] Ribonuclease ist ein Ribonucleinsäure (RNA)-spaltendes Enzym. Die RNA ist neben der DNA eine weitere Nucleinsäure.
[4] Depolymerase ist eine DNAse, ein DNA-spaltendes Enzym.

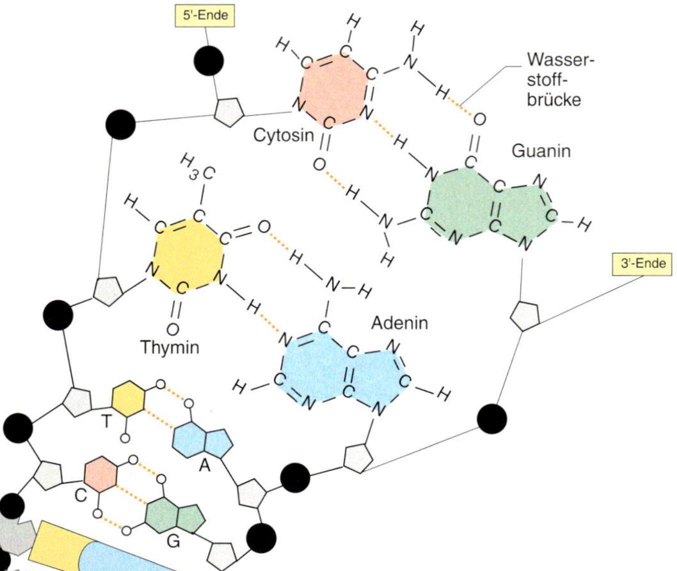

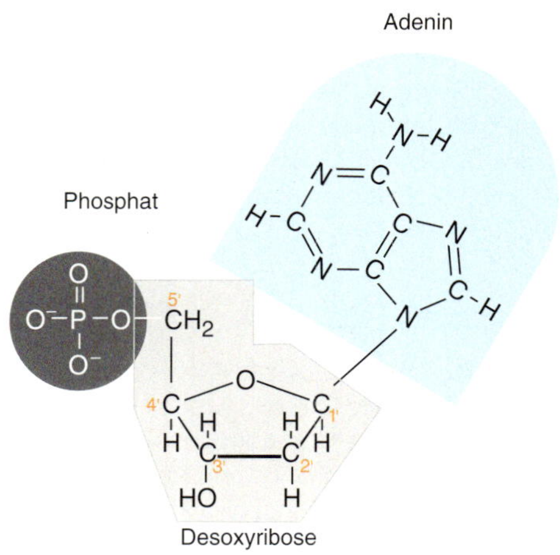

1 Nucleotid

DNA — der Stoff, aus dem die Gene sind

Bau der DNA

Bereits 1869 wurde die DNA als Zellbestandteil entdeckt. Um die Jahrhundertwende wurden die Einzelbausteine chemisch analysiert. Man fand gleiche molare Mengen von:

- *Desoxyribose*; ein C5-Zucker, dessen OH-Gruppen an den C-Atomen 1', 3' und 5' Sauerstoffbrücken zu anderen Molekülen bilden können.
- *Phosphorsäure*; sie geht gut Bindungen zu OH-Gruppen ein, wie Zucker sie haben.
- vier verschiedenen organischen Basen; den Purinbasen *Adenin* und *Guanin* und den Pyrimidinbasen *Thymin* und *Cytosin*.

Die Einzelbausteine treten in gleichen Stoffmengen auf. Dies lässt auf einen regelmäßigen Aufbau der DNA schließen. Ein Molekül Desoxyribose, eine Phosphatgruppe (am C5' des Zuckers) und eine organische Base (am C1' des Zuckers) bilden ein sogenanntes *Nucleotid*, den Grundbaustein der DNA (Abb. 1). Die DNA ist ein Polynucleotid und besteht oft aus mehreren Millionen Nucleotiden. Die Phosphatgruppe des einen Nucleotids ist darin mit dem C3' des nächsten Desoxyribosemoleküls verknüpft. So ergibt sich ein Einzelstrang mit einer bestimmten Leserichtung. Seine Enden werden nach den freien Gruppen der Desoxyribose benannt: Am 3'-Ende liegt eine freie Hydroxyl-, am 5'-Ende eine freie Phosphatgruppe.

ERWIN CHARGAFF verglich die DNA verschiedenster Lebewesen und fand, dass in jeder DNA die Anzahl der Adeninmoleküle der der Thyminmoleküle entspricht und die Anzahl der Guanin- der der Cytosinmoleküle.
WATSON und CRICK konnten auf der Basis dieser biochemischen Daten und mithilfe der Röntgenstrukturanalyse von ROSALIND FRANKLIN die räumliche Struktur der DNA aufklären. Im Jahr 1953 stellten sie das Doppelhelix-Modell der DNA auf. Alle erwähnten experimentellen Befunde können mit diesem Modell erklärt werden:

- Die DNA besteht aus zwei Einzelsträngen, die umeinander gedreht sind. Die Außenseite der Doppelhelix wird durch abwechselnd miteinander verknüpfte Zucker- und Phosphatgruppen gebildet.
- Die Basen der DNA zeigen ins Innere der Doppelhelix. Immer liegen Adenin und Thymin bzw. Guanin und Cytosin einander gegenüber. Adenin und Thymin bzw. Guanin und Cytosin sind *komplementäre Basen*. Die gegenüberliegenden Basen ziehen einander aufgrund ihrer Ladungs-

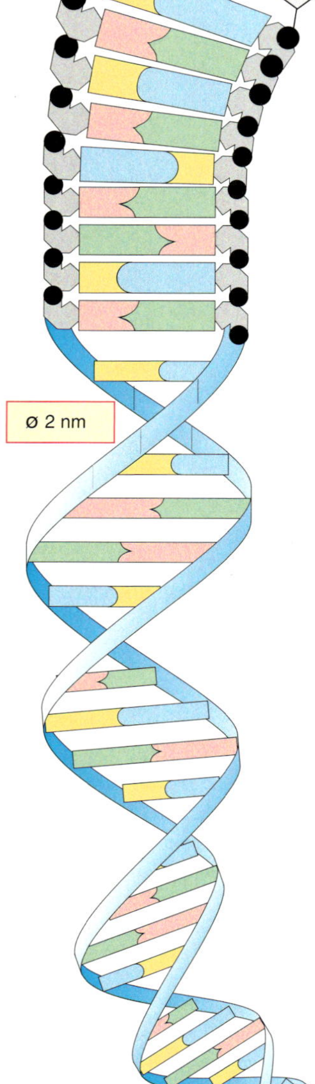

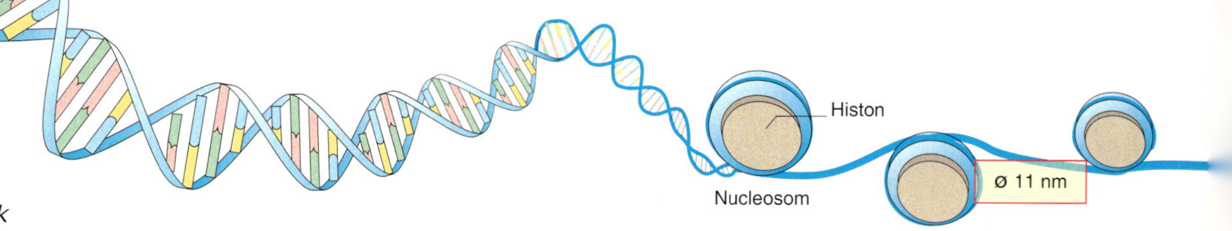

verteilung an. Adenin und Thymin bilden miteinander zwei, Guanin und Cytosin drei Wasserstoffbrücken. Wegen der vielen H-Brücken zwischen den vielen Basenpaaren einer DNA-Doppelhelix sind die beiden Einzelstränge der Doppelhelix nicht leicht voneinander zu trennen. Dieses Modell der komplementären Basenpaarung erklärt das von CHARGAFF gefundene Mengenverhältnis der Basen und die Stabilität der Doppelhelix.

- Komplementäre Basen können sich nur dann paaren, wenn die beiden Einzelstränge entgegengesetzt gerichtet sind, der eine also von 3' nach 5', der andere von 5' nach 3' läuft. Sie liegen *antiparallel*.

DNA als Informationsträger

Die DNA erfüllt nach diesem Modell alle Forderungen, die sich einem Träger von Information stellen.

- Sie kann *Informationen verschlüsseln.* Dazu sind mindestens zwei verschiedene Zeichen nötig. In der Computertechnik wird z. B. ein Code aus den beiden Zeichen 0 und 1 verwendet. Das Buchstabenalphabet verwendet mit 26 Buchstaben eine größere Anzahl von Zeichen. In der DNA wird die Erbinformation durch vier verschiedene Zeichen, die Basen, codiert. Die Basenabfolge, die Basensequenz, innerhalb eines Einzelstrangs, verschlüsselt die Erbinformation, wie Buchstaben hintereinander die Information von Wörtern ergeben.
- Da die DNA durch ihre Doppelhelixstruktur recht *stabil* ist und die Zelle außerdem über eine Reihe verschiedener Reparaturmechanismen für schadhafte DNA verfügt, wird die genetische Information über Generationen mit nur geringen Veränderungen weitergegeben.

DNA wird verpackt

Die genetische Information einer Zelle ist sehr umfangreich. Die gesamte Länge der DNA beträgt beim Bakterium *Escherichia coli* 1,1 mm (4,2 Millionen Basenpaare) und in jeder einzelnen menschlichen Zelle ca. 1,80 m (bzw. 6 Milliarden Basenpaare). Der Durchmesser des Zellkerns beträgt aber nur 0,006 Millimeter. Bei Eukaryoten wird die DNA daher in einem hoch geordneten Verpackungsprozess verdichtet. Dabei spielt eine Gruppe von Proteinen im Zellkern eine wichtige Rolle, die *Histone*. Die Histone wirken wie „Lockenwickler", um die die DNA-Doppelhelix je zweimal gelegt ist. So entsteht ein Nucleosom. Nucleosomen sind im Elektronenmikroskop wie Perlen an einer Schnur erkennbar. Dadurch erreicht die DNA eine größere Dicke (11 nm) und wird auf ca. 1/6 verkürzt. Der Nucleosomenstrang wird nochmals regelmäßig zu einer 30 nm dicken Faser aufgewunden, die durch andere Proteine weiter zu Schleifen geordnet wird. Sie werden wiederum bei einer Zellteilung um ein zentrales Proteingerüst zu einem 700 nm dicken Chromatid kondensiert.

Aufgaben

① Erstellen Sie aus geeigneten Materialien ein Strukturmodell der DNA. Ermitteln Sie den Durchmesser Ihres DNA-Doppelstrangs und berechnen Sie, welche Länge die DNA einer menschlichen Zelle in diesem Maßstab hätte.

② Eine Base auf einem DNA-Strang hat einen Informationsgehalt von 2 bit, da sie $2^2 = 4$ Zustände (A, T, G bzw. C) annehmen kann. Berechnen Sie den Informationsgehalt der DNA einer menschlichen Zelle. Vergleichen Sie mit einer CD bzw. einer DVD.

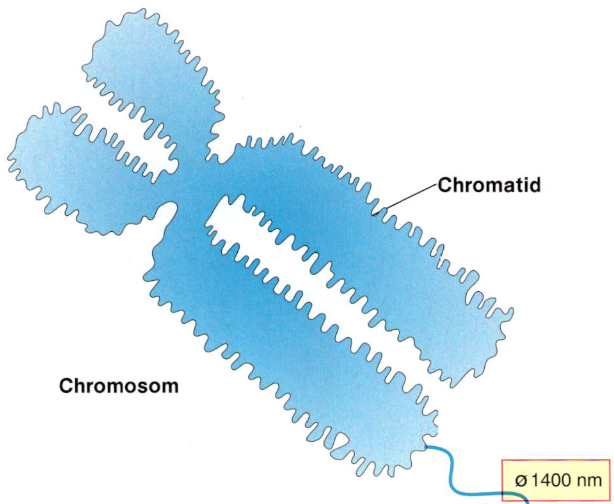

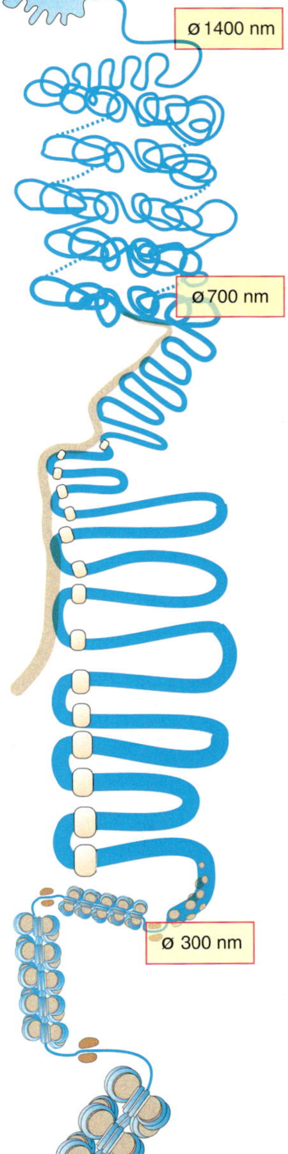

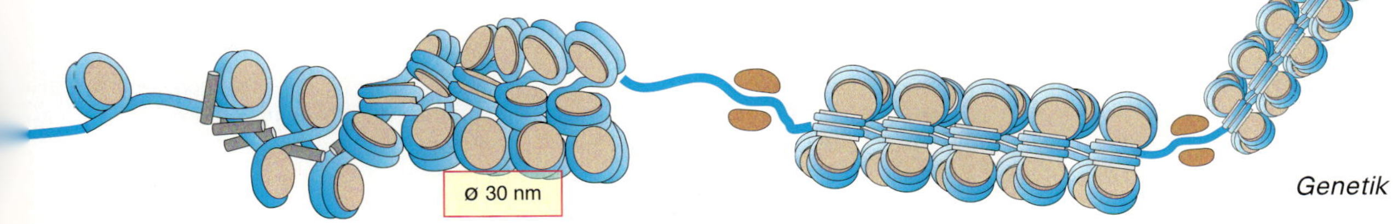

DNA-Extraktion

DNA-Extraktion aus Pflanzenzellen

Die folgende Methode zeigt das Grundprinzip der DNA-Extraktion aus Geweben. Das Gewebe wird zunächst mechanisch zerkleinert. Danach werden die Zell- und Kernmembranen durch die Tenside des Spülmittels zerstört. Zellreste bleiben beim Filtrieren im Filter zurück, die Nucleinsäuren gelangen durch die groben Poren des Kaffeefilters ins Filtrat. Um die Nucleinsäuren auszufällen, wird ihnen mithilfe von eiskaltem Spiritus die Hydrathülle entzogen. Ohne Hydrathülle lagern sich die langen DNA-Moleküle aneinander oder sie verknäueln sich.

Material:
Tomate, Kiwi oder Banane; Extraktionslösung: 44 g Natriumcitrat-dihydrat, 8,8 g Kochsalz, 100 mL Spülmittel (kein Konzentrat) mit destilliertem Wasser auf 1 L auffüllen; eiskalter Spiritus (rechtzeitig ins Gefrierfach stellen!); Messer, Schneideunterlage, Reibeschale mit Pistill, 50 mL-Messzylinder, Trichter, Kaffeefilter, Reagenzglasständer, zwei Reagenzgläser, Pipette.

Durchführung:
- Eine halbe Tomate, eine halbe Kiwi oder ein Viertel einer Banane in feine Würfel schneiden und in eine Reibeschale geben.
- 15 mL (bei Banane 20 mL) Extraktionslösung zugeben.
- Das Gemisch 5 min lang bei Zimmertemperatur stehen lassen.
- Den Inhalt der Reibeschale mit dem Pistill mind. 5 min lang zerreiben.
- Die erhaltene Suspension durch einen Kaffeefilter filtrieren, das Filtrat in einem Reagenzglas auffangen.
- Ein zweites Reagenzglas ca. 2 cm hoch mit eiskaltem (!) Spiritus füllen.
- Das Reagenzglas schräg halten und mit einer Pipette vorsichtig etwa die gleiche Menge Filtrat auf den Spiritus tropfen. Zwei Phasen entstehen.

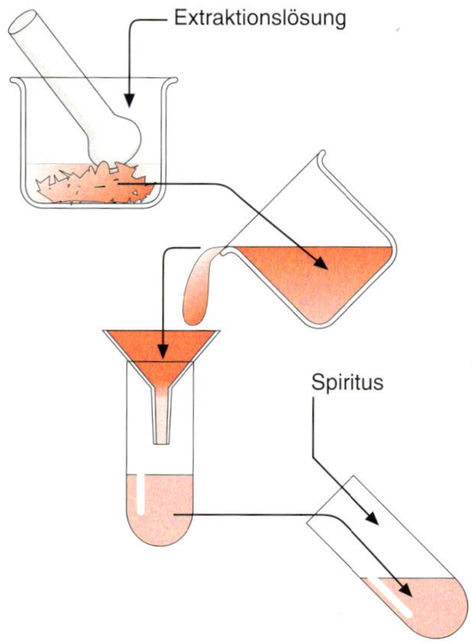

Die unlösliche DNA wird an der Grenze zwischen beiden Phasen ausgefällt.

Aufgaben

① Beschreiben Sie das Aussehen der DNA, die sich an der Phasengrenze sammelt.
② Erläutern Sie, weshalb die Extraktionslösung Spülmittel enthält.
③ Kiwis enthalten proteinspaltende Enzyme (Proteasen). Erläutern Sie, weshalb sich diese Früchte für eine DNA-Extraktion besonders eignen.
④ Beschreiben Sie ein prinzipielles Vorgehen, wie man mithilfe von DNAse prüfen kann, ob es sich bei der isolierten Substanz um DNA handelt.

Mundschleimhautzellen

Material:
5 mL Spülmittel (kein Konzentrat), 5 mL 0,9 %ige Salzlösung (0,9 g Kochsalz auf 100 mL Wasser), 5 mL eiskalter Spiritus (rechtzeitig ins Gefrierfach stellen!), Reagenzglas, Stopfen. (5 mL entsprechen etwa einem Teelöffel).

Durchführung:
- Spülmittel in das Reagenzglas geben.
- Zwei Minuten lang trocken kauen.
- Den Mund mit 1 TL Salzwasser intensiv spülen, dabei mit der Zunge am Gaumen reiben.
- „Spülwasser" in das Reagenzglas zum Spülmittel geben.
- Reagenzglas verschließen und vorsichtig 3- bis 5-mal wenden, Schaumbildung vermeiden!
- Vorsichtig mit eisgekühltem Spiritus überschichten, nicht mischen!
- Reagenzglas mindestens 5 min stehen lassen und beobachten.

Aufgaben

⑤ Beschreiben Sie das Aussehen der DNA, die sich an der Grenze zwischen den Phasen sammelt.
⑥ Bei manchen Anleitungen zur Ausfällung der DNA wird Waschmittellösung zugegeben. Waschmittel enthalten Proteasen. Proteasen sind proteinspaltende Enzyme. Mit welchen Proteinen ist die DNA assoziiert? Erläutern Sie.

Dichtegradientenzentrifugation

Die Dichtegradientenzentrifugation ist ein Verfahren zur Isolation von Zellorganellen und zur Auftrennung von Makromolekülen.

Material:
Glycerin, Spiritus, Gummiringe oder Plastikwürfelchen (unterscheiden sich je nach Farbe in der Dichte), Zentrifuge, Pipetten, Teesieb.

Vorbereitung:
Herstellung der fünf Glycerin-Spiritus-Lösungen:

Lsg.	Glycerin : Spiritus	Dichte (g/cm^3)
1	6 mL : 0 mL	1,26
2	4 mL : 2 mL	1,13
3	3 mL : 3 mL	1,04
4	2 mL : 4 mL	0,97
5	0 mL : 6 mL	0,79

Durchführung:
- Im schräg gehaltenen Zentrifugenröhrchen langsam je 2 mL der Lösungen 1 bis 5 überschichten.
- Auf diesen relativ stabilen „stufigen" Dichtegradienten gibt man ein Gemisch aus 5 bis 6 Würfelchen von jedem Typ.
- In der austarierten Zentrifuge etwa 30 Sekunden zentrifugieren. Nach Beendigung des Versuchs die Lösung mit den Würfelchen durch ein Sieb abgießen. Würfel mit destilliertem Wasser abspritzen und zur Wiederverwendung aufbewahren.

Aufgabe

⑦ Beschreiben Sie Ihre Beobachtung und geben Sie eine mögliche Erklärung.

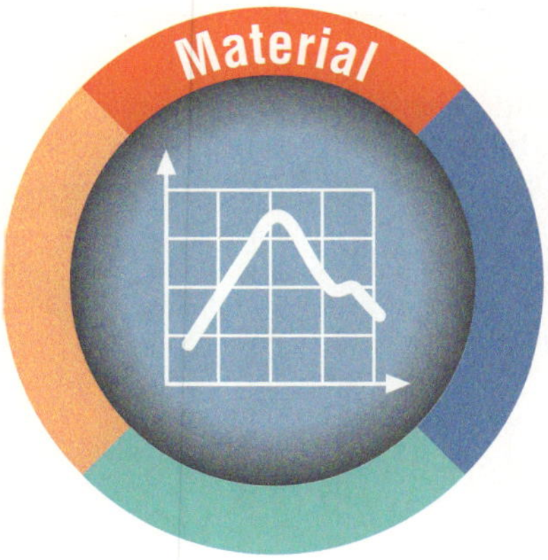

DNA kopieren — aber wie?

Vor jeder Zellteilung findet ein Kopieren der DNA (*Replikation*) statt. Abbildung 1 zeigt die verschiedenen denkbaren Replikationsmechanismen. Möglich wäre ein *konservativer* Mechanismus, bei dem wie beim Fotokopieren das Original unverändert erhalten bleibt und eine Kopie nach seiner Vorlage erzeugt wird. Ein *disperser* Mechanismus würde zu Tochtersträngen führen, in denen sich Abschnitte des Originalstrangs und neu gebildete Abschnitte abwechseln. Die von Watson und Crick 1953 vorgestellte DNA-Struktur legt jedoch eine *semikonservative* Replikation nahe: Der DNA-Doppelstrang wird in seine beiden Einzelstränge getrennt, an jeden der beiden Elternstränge wird ein komplementärer neuer Einzelstrang „angebaut".

Markierung der DNA

Durch Versuche mit markierter DNA konnten Matthew Meselson und Frank Stahl 1958 nachweisen, dass die DNA-Replikation tatsächlich semikonservativ erfolgt. Sie züchteten Bakterienzellen in einer Kulturflüssigkeit, die anstelle des in der Umwelt vorherrschenden leichten Stickstoffisotops ^{14}N das seltenere schwerere ^{15}N-Isotop enthielt. Bakterien können zwischen diesen beiden Isotopen nicht unterscheiden. Sie bauen den schweren Stickstoff in ihre DNA ein, die dadurch eine höhere Dichte hat („schwere" DNA).

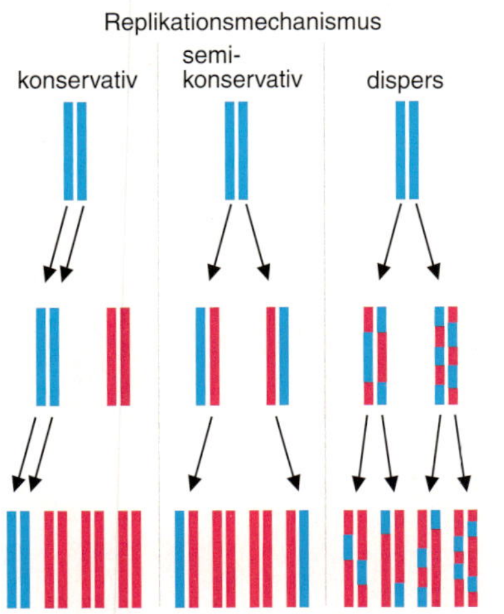

1 Denkbare Replikationsmechanismen

Anzucht der Bakterien

Meselson und Stahl ließen eine Kultur von E. coli über mehrere Generationen in einem Nährmedium mit ^{15}N wachsen. Diese Bakterien bildeten damit „schwere" DNA. Dann wurde das Nährmedium gewechselt und nur noch ^{14}N angeboten. Neu synthetisierte DNA enthielt also nur ^{14}N. Nach einer Generationszeit, also nach einer Replikation, wurden einige Zellen entnommen und die DNA extrahiert. Nach einer weiteren Replikation unter ^{14}N wurden erneut Zellen entnommen und deren DNA extrahiert.

Dichtegradientenzentrifugation

Eine Dichtegradientenzentrifugation ermöglicht es, normale „leichte" DNA von „schwerer" DNA zu unterscheiden. Diese Trennmethode basiert darauf, dass ein Teilchen in einer Lösung schwebt, wenn seine Dichte mit der Dichte der umgebenden Lösung übereinstimmt. Eine Schwermetallionenlösung wird in der Ultrazentrifuge einem sehr starken künstlichen Schwerefeld ausgesetzt. Im unteren Bereich des Röhrchens bildet sich eine höhere Dichte als im oberen. Ein Dichtegradient entsteht.

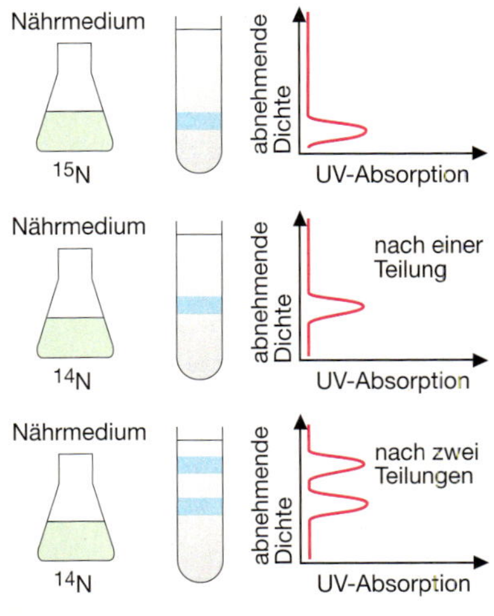

2 Die Ergebnisse von Meselson und Stahl

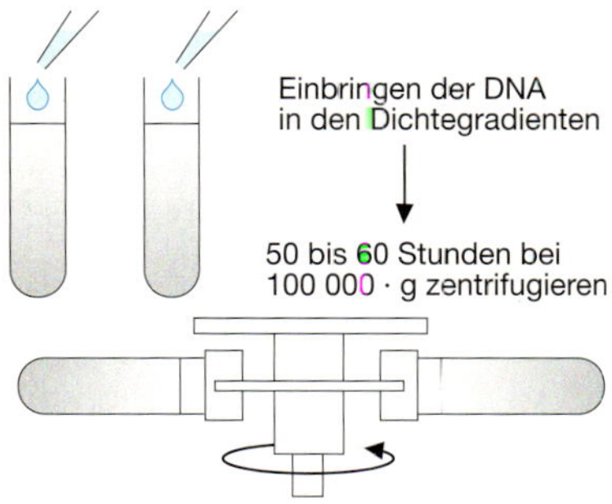

Gibt man eine DNA-Probe auf diesen Dichtgradienten und zentrifugiert erneut, sammelt sich die DNA in dem Bereich des Röhrchens, in dem die Dichte der Lösung ihrer eigenen Dichte entspricht. So entsteht in einer bestimmten Höhe des Röhrchens eine DNA-Bande. Die Lage der Bande kann durch die starke Absorption im UV-Bereich erkannt werden (s. Abb. 2).

Aufgaben

① Abbildung 1 zeigt die DNA-Varianten von drei aufeinander folgenden Bakteriengenerationen unter Annahme eines konservativen, eines semikonservativen bzw. eines dispersen Replikationsmechanismus. Charakterisieren Sie die dargestellte DNA als „schwer", „halbschwer" oder „leicht".

② Abbildung 2 zeigt die Ergebnisse der Dichtegradientenzentrifugation der Bakterien-DNA. Geben Sie an, welche „Schwere" die DNA der Bakterien nach der ersten Replikation hat. Vergleichen Sie mit den bei den drei verschiedenen Replikationsmechanismen zu erwartenden Verhältnissen. Begründen Sie, weshalb dieser Befund nicht mit einem konservativen Replikationsmechanismus vereinbar ist.

③ Leiten Sie aus den Ergebnissen in Abbildung 2 ab, welche DNA-Varianten nach zwei Replikationen vorliegen. Geben Sie auch die Mengenverhältnisse der verschiedenen DNA-Varianten an. Begründen Sie, weshalb ein disperser Replikationsmechanismus damit ausgeschlossen werden kann.

④ Welche Ergebnisse erwarten Sie nach der dritten Replikation auf Nährmedium mit ^{14}N? Begründen Sie Ihre Aussage.

⑤ Welche Ergebnisse wären bei den beschriebenen Versuchen zu erwarten, wenn die Replikation konservativ verliefe? Zeichnen Sie die zu erwartenden Bandenmuster.

DNA-Replikation — aus eins mach zwei

Vor jeder Zellteilung muss die DNA einer Zelle kopiert werden. Schon WATSON und CRICK erkannten, dass ein Kopieren der DNA leicht vorstellbar ist, indem die DNA-Doppelhelix in zwei Einzelstränge aufgetrennt wird und sich passende DNA-Nucleotide anlagern: „We imagine that prior to duplication the hydrogen bonds are broken, and the two chains unwind and separate. Each chain then acts as a template for the formation on to itself of a new companion chain, so that eventually we shall have two pairs of chains, where we only had one before. Moreover the sequence of the paired bases will have been duplicated exactly." (WATSON and CRICK 1953, Nature 171)

Den beschriebenen Kopiervorgang bezeichnet man als *Replikation*. Experimente mit markierter DNA von Prokaryoten haben die Vermutung von WATSON und CRICK bestätigt (s. S. 87). Auch die an der Replikation beteiligten Enzyme konnten identifiziert werden. Bei der ringförmig geschlossenen DNA-Doppelhelix des Bakteriums E. coli beginnt die Replikation an einem bestimmten DNA-Abschnitt, dem Replikationsursprung. Dort lagert sich ein Komplex aus verschiedenen Replikationsenzymen an. An dieser Stelle wird die DNA entschraubt, dann werden durch das Enzym *Helicase* die Wasserstoffbrücken zwischen den komplementären Basen gelöst und die DNA in ihre Einzelstränge aufgetrennt. Proteine heften sich locker an die freien Basen, sodass sich diese nicht wieder zusammenlagern können. Vom Replikationsursprung ausgehend verläuft die Replikation in beide Richtungen, es bilden sich also zwei Replikationsgabeln (s. Randspalte S. 89).

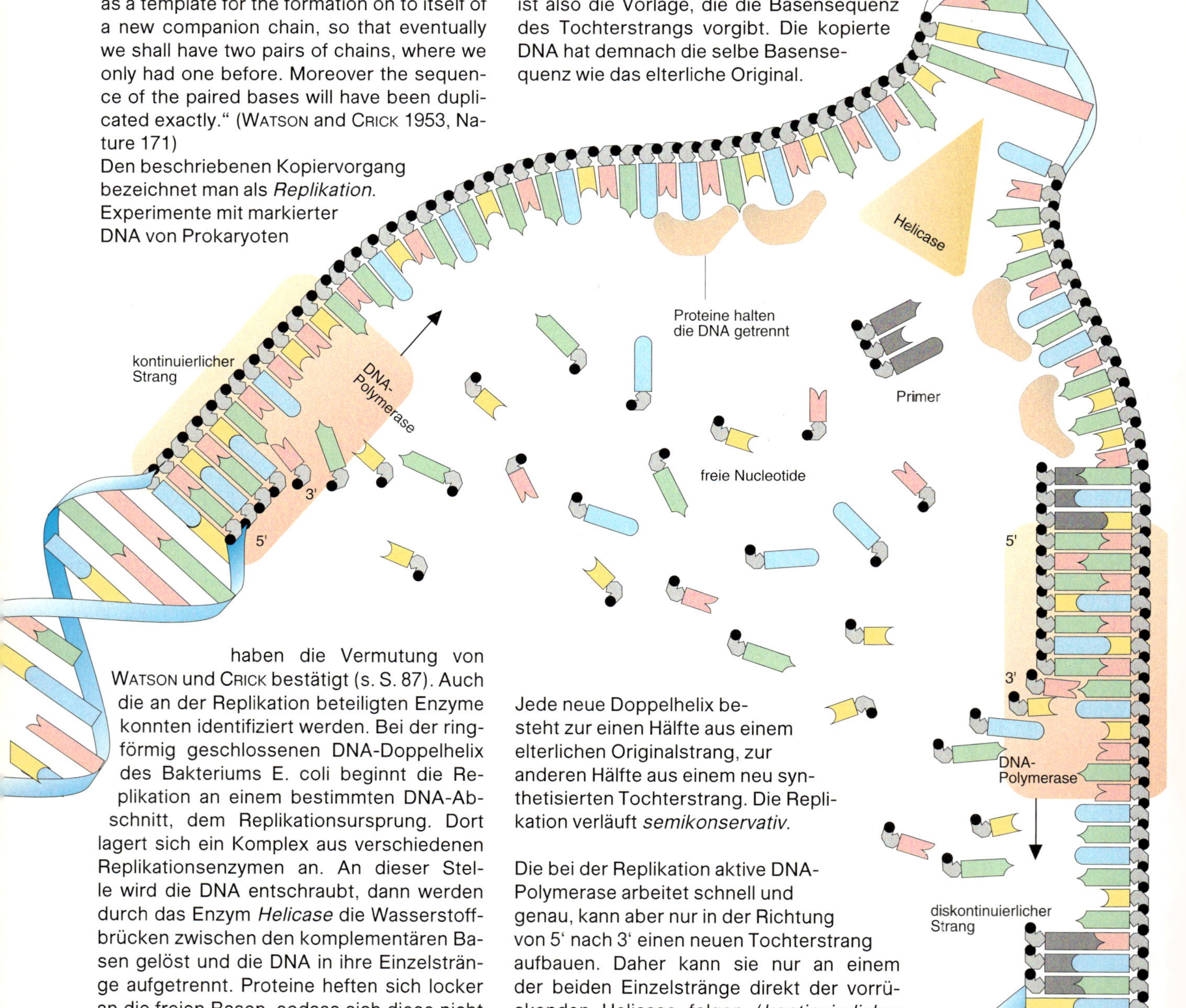

Das Enzym *DNA-Polymerase* wandert hinter der vorrückenden Helicase her. Freie DNA-Nucleotide lagern sich an die „Original"-Einzelstränge an, dabei verbinden sich jeweils die komplementären Basen A und T sowie G und C miteinander. Die DNA-Polymerase verknüpft die so aufgereihten Nucleotide zu einem durchgehenden Strang.

Die Basensequenz des elterlichen Strangs ist also die Vorlage, die die Basensequenz des Tochterstrangs vorgibt. Die kopierte DNA hat demnach die selbe Basensequenz wie das elterliche Original.

Jede neue Doppelhelix besteht zur einen Hälfte aus einem elterlichen Originalstrang, zur anderen Hälfte aus einem neu synthetisierten Tochterstrang. Die Replikation verläuft *semikonservativ.*

Die bei der Replikation aktive DNA-Polymerase arbeitet schnell und genau, kann aber nur in der Richtung von 5' nach 3' einen neuen Tochterstrang aufbauen. Daher kann sie nur an einem der beiden Einzelstränge direkt der vorrückenden Helicase folgen (*kontinuierlicher* Strang). Der andere Tochterstrang wird stückweise repliziert (*diskontinuierlicher* Strang). Er wird erst ergänzt, wenn ein größeres Stück des Doppelstrangs aufgetrennt ist. Zunächst synthetisiert das Enzym *Pri-*

mase an den freien Elternstrang eine kurze komplementäre Nucleotidsequenz, den *Primer*. Er dient als Ansatzstelle für eine DNA-Polymerase, denn dieses Enzym kann eine Nucleotidkette zwar verlängern, aber nicht neu beginnen. Ausgehend vom Primer baut die DNA-Polymerase dann entgegen der Wanderungsrichtung der Helicase (also von 5' nach 3') den fehlenden Einzelstrang auf, bis sie auf ein bereits repliziertes Stück stößt. Die Stücke werden durch das Enzym *Ligase* zu einem durchgehenden Strang verknüpft.

An einer bestimmten Basensequenz löst sich der Replikations-Enzymkomplex schließlich von der DNA ab, die Replikation ist damit beendet. Aus einem DNA-Molekül sind zwei identische DNA-Moleküle entstanden.
Im Gegensatz zur ringförmig geschlossenen Prokaryoten-DNA wird die lineare Eukaryoten-DNA in mehreren Abschnitten kopiert. Sie hat mehrere Replikationsursprünge. Nach ihrer Synthese werden die replizierten Abschnitte miteinander verknüpft. Vor der Replikation besteht jedes Chromosom aus einem, nach der Replikation aus zwei Chromatiden.

Die Replikation ist die molekulare Grundlage für jegliche Form der Reproduktion. **Reproduktion** ist ein **biologisches Prinzip** (▶ s. Seite 338).

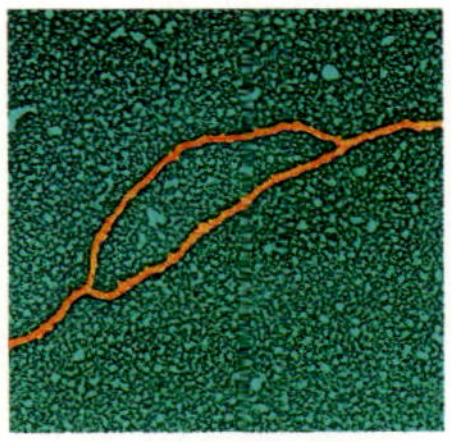

Replikationsgabeln in der DNA von E. coli

Zettelkasten

Vom Reißverschluss zur Schleife

Ein DNA-Doppelstrang besteht aus zwei in entgegengesetzte Richtungen verlaufenden (antiparallelen) DNA-Einzelsträngen. Die DNA-Polymerase kann DNA jedoch nur in einer Richtung (von 5' nach 3') synthetisieren. Einer der beiden Tochterstränge muss daher stückweise synthetisiert werden. Abbildung 1 zeigt die Replikation unter der Annahme, dass jeder Einzelstrang von einer eigenen, unabhängig arbeitenden DNA-Polymerase kopiert wird.

Die Isolierung und Analyse einzelner Replikationsenzyme hat inzwischen weitere Verfeinerungen des Replikationsmodells ermöglicht: Beide Stränge werden von einer einzigen DNA-Polymerase kopiert, die aus zwei fest miteinander verbundenen Syntheseeinheiten besteht. Da sich die DNA-Polymerase auf den beiden Strängen nicht gleichzeitig in entgegengesetzte Richtungen bewegen kann, geht man davon aus, dass einer der Stränge eine Schleife bildet (siehe Abbildung 2).

Im Schleifenbereich ist dann die DNA beider Stränge gleich ausgerichtet. So kann der diskontinuierliche Strang zusammen mit dem kontinuierlichen Strang von der DNA-Polymerase stückweise gleichsinnig (von 5' nach 3') synthetisiert werden.

Aufgabe

① Beschreiben Sie das in Abb. 2 gezeigte Modell. Geben Sie an, wofür die einzelnen Bestandteile stehen.

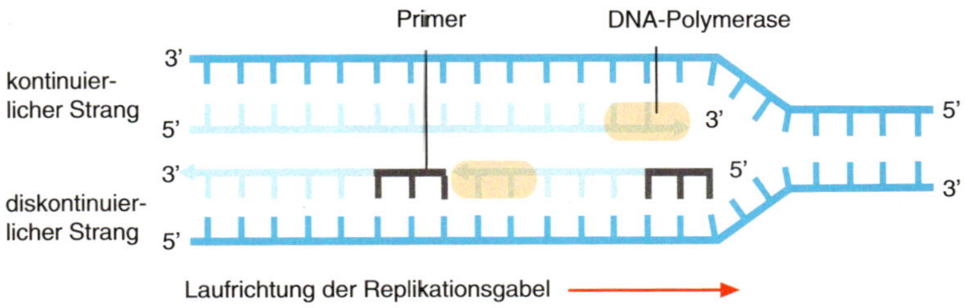

Replikationsgabel

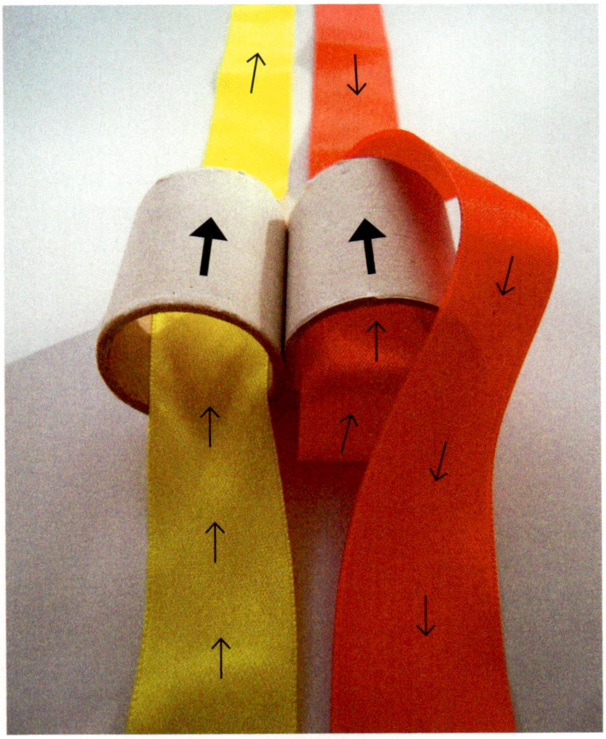

Modell zur Schleifenbildung bei der Replikation

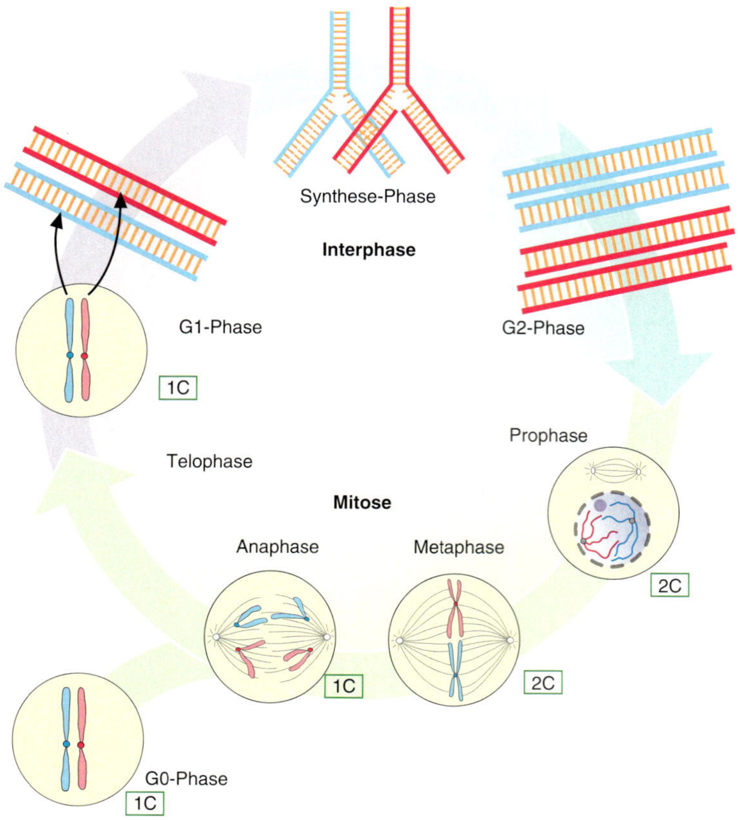

1 Zellzyklus

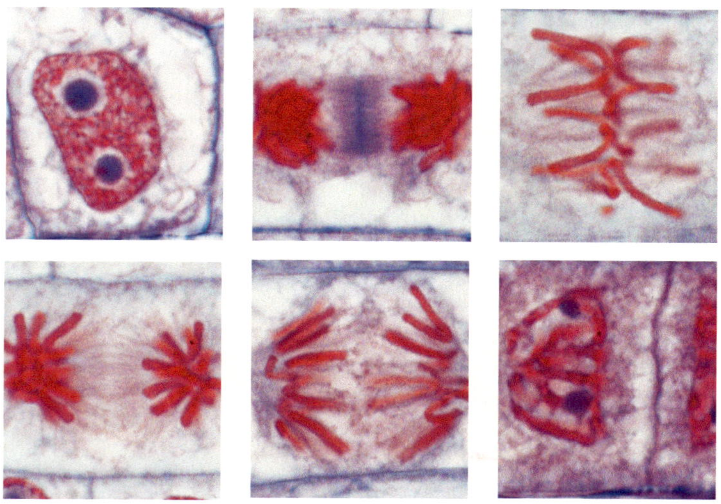

2 Mitosestadien

Phase	Dauer
Prophase	80 min
Metaphase	12 min
Anaphase	8 min
Telophase	50 min
Interphase	17,5 Std.

3 Dauer der Phasen des Zellzyklus bei Zwiebelzellen

Mitose – Verteilung genetischer Information

Die molekularen Mechanismen der Replikation wurden zuerst an Bakterien erforscht. Bei Eukaryoten sind die Abläufe aber prinzipiell gleich. Im Gegensatz zu Prokaryoten lässt sich bei den wesentlich größeren Zellen der Eukaryoten die Verteilung der Informationsträger, der *Chromosomen*, lichtmikroskopisch beobachten.

Vorgänge in der Interphase

Vor der Zellteilung muss das genetische Material kopiert werden. Dies geschieht in dem als *Interphase* bezeichneten Zeitabschnitt zwischen zwei Zellteilungen. Im Zellkern sieht man außer den Kernkörperchen *(Nucleoli)* kaum andere Strukturen. Die Chromosomen sind in der Interphase entspiralisiert. Sie bilden ein Fadengewirr, das im Lichtmikroskop nicht sichtbar ist.

Die Interphase wird in drei Abschnitte unterteilt. In der *G1-Phase* (G von engl. *gap* = Pause) finden Wachstumsvorgänge statt. Trotz intensiver Stoffwechselvorgänge treten im Zellkern keine sichtbaren Veränderungen auf. In der anschließenden *Synthese-Phase (S-Phase)* wird neue DNA synthetisiert. Dabei wird die gesamte DNA im Zellkern repliziert.

Die Replikation findet zugleich an allen Chromosomen statt. Nach einer Zellteilung liegen die Chromosomen als Ein-Chromatid-Chromosomen vor (1C). Durch die Replikation wird ein zweites Chromatid ergänzt, sodass am Ende der S-Phase alle Chromosomen als Zwei-Chromatid-Chromosomen (2C) vorliegen. Die beiden Chromatiden eines Chromosoms bestehen demnach jeweils aus identischen DNA-Doppelsträngen, die am *Zentromer* zusammenhängen.

Ablauf der Mitose

Nach einer zweiten Pause (*G2-Phase*) tritt die Zelle in die *Mitose* ein. Jetzt findet die Kernteilung statt. Sie ist ein kontinuierlicher Prozess, der in vier Phasen unterteilt wird. In der *Prophase* werden die fädigen DNA-Doppelstränge zunehmend aufspiralisiert und so die Chromosomen in eine kompakte Transportform gebracht (s. Abb. S. 84/85). Die Chromosomen sind im Lichtmikroskop sichtbar, Kernkörperchen und Kernmembran lösen sich auf. Nun entsteht der Spindelapparat, dessen Proteinfäden (Mikrotubuli) von speziellen Zellorganellen, den *Zentrosomen*, ausgehen und sich mit den Zentromeren der Chromosomen verbinden.

In der *Metaphase* werden die Chromosomen durch die Spindelfasern in die Äquatorialebene der Zelle bewegt. In der *Anaphase* entstehen durch Längsteilung aus jedem Zwei-Chromatid-Chromosom zwei eigenständige Ein-Chromatid-Chromosomen. Hier werden die beiden identischen Kopien der Erbinformation voneinander getrennt und auf die gegenüberliegenden Bereiche der Zelle, die beiden Zellpole, verteilt.

Wenn die Chromosomen die Zellpole erreicht haben, wird mit der *Telophase* die Mitose beendet. Der Spindelapparat wird aufgelöst, Kernkörperchen werden wieder sichtbar und die Kernmembranen neu gebildet. Die Chromosomen gehen wieder in ihre entspiralisierte, fädige Arbeitsform über. Jeder neu gebildete Zellkern enthält genau die gleiche genetische Information wie der ursprüngliche Zellkern. An die Teilung des Zellkerns schließt sich die Teilung des Zellplasmas an. Anschließend wachsen die Tochterzellen wieder auf die ursprüngliche Größe heran. Jede Tochterzelle kann sich dann teilen und der gesamte Vorgang beginnt erneut. Daher bezeichnet man den gesamten Vorgang als *Zellzyklus* mit der Phasenfolge G1-S-G2-M (Mitose).

Differenziert sich eine Zelle und übernimmt eine spezielle Funktion, so gelangt sie im Anschluss an die Mitose in die *G0-Phase*. Hier schließt sich keine S-Phase an, da sich differenzierte Zellen nicht mehr teilen. Es findet somit keine DNA-Replikation mehr statt, das Kopieren der Chromatiden der Chromosomen unterbleibt. In ausdifferenzierten Zellen liegen Chromosomen als Ein-Chromatid-Chromosomen vor.

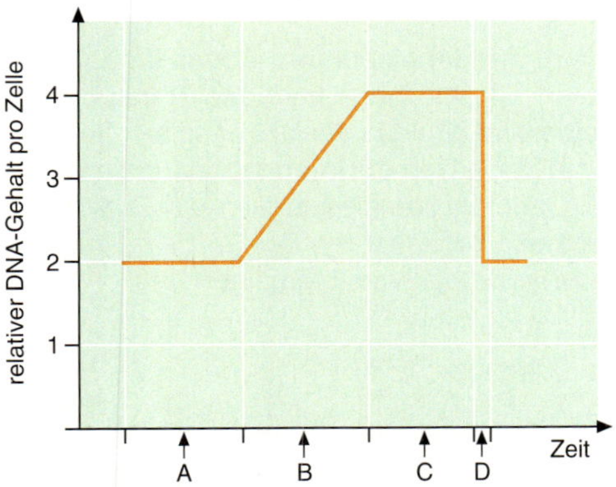

4 Relativer DNA-Gehalt einer Zelle

Aufgaben

① Ordnen Sie die Fotos der Abb. 2 den Phasen des Zellzyklus zu.
② Geben Sie für jedes Foto der Abb. 2 an, aus wie vielen Chromatiden ein Chromosom besteht.
③ Ordnen Sie die Phasen A bis D in Abb. 4 den einzelnen Phasen des Zellzyklus zu und begründen Sie Ihre Zuordnung.
④ DNA-Replikation vermehrt das genetische Material einer Zelle. Erläutern Sie, durch welche Prozesse es vermindert wird.

Zettelkasten

Untersuchungen zum Zellzyklus von Zwiebelzellen

Die Wurzeln der Küchenzwiebel wachsen rasch, die Zellen an ihrer Spitze teilen sich sehr häufig. Im lichtmikroskopischen Präparat einer Wurzelspitze sind Zellen in allen Mitose- und Zellteilungsstadien zu erkennen (s. Abb.). Die Häufigkeit, mit der bestimmte Mitosestadien zu beobachten sind, hängt davon ab, wie lange die Phasen jeweils dauern: Je länger eine Mitosephase dauert, desto größer ist die Wahrscheinlichkeit, dass sich eine Zelle zu einem bestimmten Zeitpunkt in genau dieser Phase befindet. Je mehr Zellen eines bestimmten Mitosestadiums also in einer solchen Momentaufnahme zu beobachen sind, desto länger dauert diese Phase. So kann man von der Häufigkeit auf den Anteil der betreffenden Phase an der Gesamtdauer der Mitose schließen. Für verlässliche Ergebnisse müssen allerdings viele Zellen ausgezählt werden.

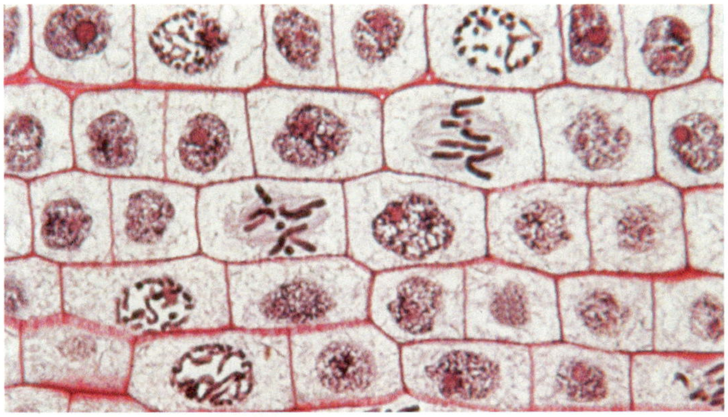

Wurzelspitze der Küchenzwiebel

Aufgaben

① Zählen Sie die Anzahl der Zellen in den unterschiedlichen Mitosephasen und tragen Sie die Werte in eine Tabelle ein.
② Ermitteln Sie für die Zellen in den einzelnen Mitosephasen jeweils den prozentualen Anteil an der Gesamtzellzahl.
③ Errechnen Sie aus den prozentualen Anteilen die zeitliche Dauer für die einzelnen Mitosephasen unter der Annahme, dass der Vorgang der Mitose bei Zwiebelzellen 2,5 Stunden dauert.
④ Vergleichen Sie die Ergebnisse dieser Untersuchung mit den Werten aus Abbildung 3.

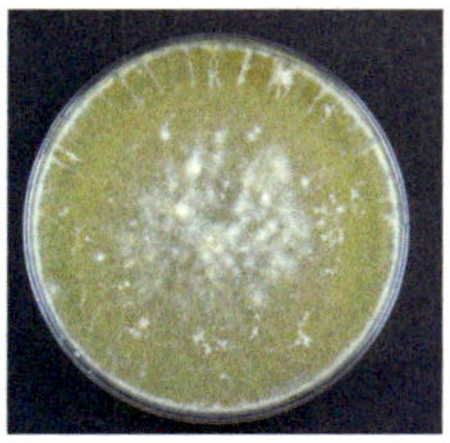

Neurospora

Gene
bestimmte Abschnitte der DNA, die für die Ausprägungen von Merkmalen verantwortlich sind

Genotyp
Gesamtheit der Gene eines Organismus

Phänotyp
Gesamtheit der Merkmale eines Organismus

Genom
Gesamtheit der genetischen Information einer Zelle

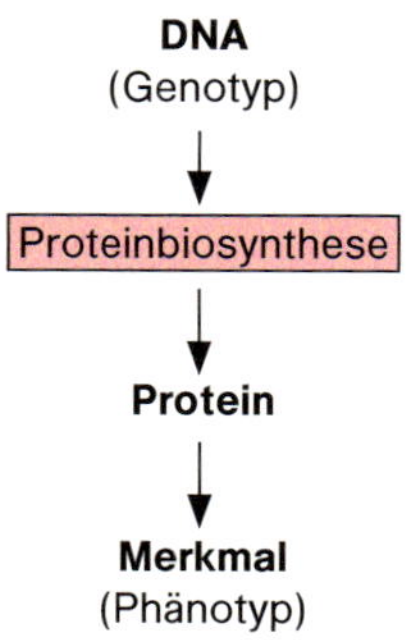

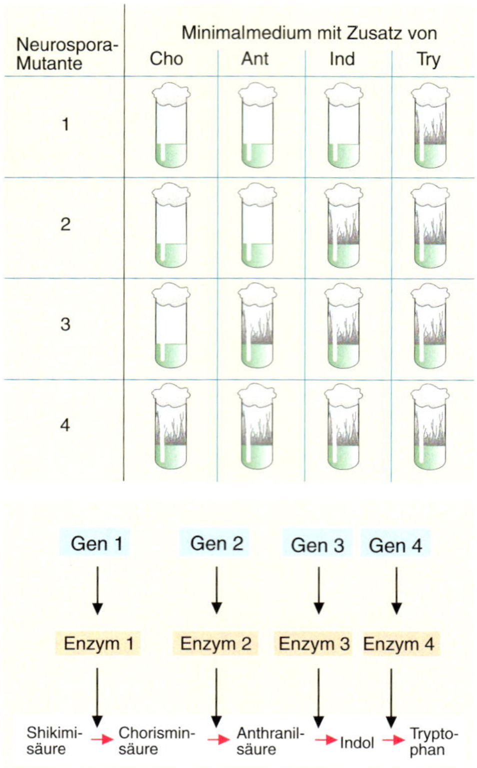

1 Mangelmutanten und Genwirkkette

Was ist ein Gen?

Als Begründer der Genetik gilt GREGOR MENDEL, der mit Kreuzungsversuchen an Erbsenpflanzen den Regeln der Vererbung auf die Spur kam. Er ging von den Merkmalen aus und nannte die erblichen Faktoren, von denen er weder eine strukturelle noch eine biochemische Vorstellung hatte, schlicht „Anlagen“. Den Begriff „Gen“ benutzte er nicht. Die Aufklärung der DNA-Struktur machte die Gene molekular fassbar: *Gene* sind Abschnitte der DNA, die für die Ausprägung von Merkmalen verantwortlich sind. Aber wie wird die genetische Information bei der Ausprägung eines Merkmals umgesetzt?

Bei Alkaptonurie, einer vererbten Stoffwechselstörung (s. S. 93), wird mit dem Urin eine Substanz ausgeschieden, die ihn schwarz färbt. Der Brite GARROD postulierte, dass Gesunde ein Enzym besitzen, das diese Substanz abbaut, während Betroffene einen genetischen Defekt und somit die Unfähigkeit geerbt haben, dieses Enzym zu bilden. Damit stellte er als Erster 1909 die Hypothese auf, dass Gene für Enzyme *codieren*, d.h. die genetische Information zum Aufbau von Enzymen tragen. Der Enzymbestand eines Organismus legt fest, welche Stoffwechselschritte ablaufen und welche Merkmale ausgebildet werden.

Bestätigt wurde seine Hypothese 1940 durch Versuche der Amerikaner GEORGE BEADLE und EDWARD TATUM. Sie experimentierten mit dem Schimmelpilz *Neurospora*. Die natürlich vorkommende Form kann alle benötigten Aminosäuren synthetisieren und so auch auf aminosäurefreien Nährböden *(Minimalnährböden)* wachsen. Bestrahlt man Pilzzellen mit UV, kann es zu *Mutationen* einzelner Gene kommen. Oft verlieren die Zellen und ihre Nachkommen dann die Fähigkeit, einen bestimmten Stoff aufzubauen. Sie sind zu *Mangelmutanten* geworden.

Unter den Mangelmutanten von *Neurospora*, die die Aminosäure Trypthophan nicht aufbauen können, gibt es vier verschiedene Typen. Bei jedem kann man den Tryptophanmangel durch Zusatz eines anderen Stoffs zum Nährmedium ausgleichen und so dem Pilz das Wachstum ermöglichen (Abb. 1). Aus der Biochemie war bekannt, dass *Neurospora* Tryptophan aus der Vorstufe Shikimisäure über drei Zwischenprodukte aufbaut. Diese vier Umwandlungen werden jeweils durch ein spezifisches Enzym katalysiert. Jedes der vier Enzyme wird durch ein Gen codiert. Abb. 1 zeigt die Tryptophansynthese in Form einer *Genwirkkette*. Bei jeder der vier Mangelmutanten wurde durch Mutation einer der Syntheseschritte blockiert. Die Veränderung eines Gens hatte also ein verändertes und daher funktionsloses Enzym zur Folge. Hier zeigte sich der Zusammenhang: *Ein Gen codiert ein Enzym.*

Nicht alle Gene codieren jedoch für Enzyme. Auch Strukturproteine oder Transportproteine sind direkt in der DNA codiert. Generell enthält ein Gen die Information für ein Protein. Daher wurde die Ein-Gen-ein-Enzym-Hypothese zunächst zur *Ein-Gen-ein-Polypeptid-Hypothese* verallgemeinert.

Aufgabe

① Geben Sie an, welches Gen bei den in Abb. 1 dargestellten Neurospora-Mutanten jeweils mutiert ist.

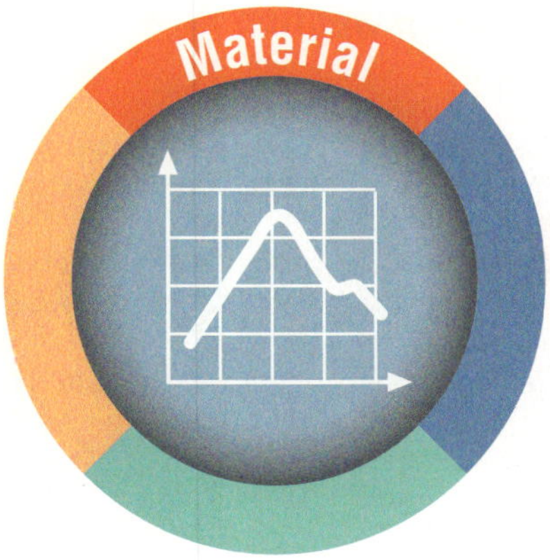

Genwirkketten

Argininsynthese

Bakterien der Art *Serratia marcescens* wurden auf einem Nährboden mit einem sogenannten Vollmedium gezüchtet. Ein Vollmedium enthält außer Zucker und Salzen alle von den Bakterien benötigten Aminosäuren. Wird ein steriler Samt-

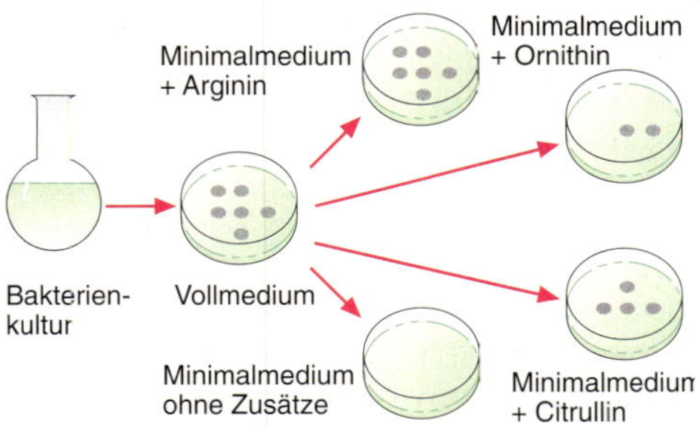

stempel vorsichtig auf einen Nährboden gedrückt, so bleiben von jeder (!) Kolonie einige Bakterien hängen. Auf diese Art lässt sich ein ganz bestimmtes Koloniemuster von einer Platte auf andere übertragen. Mit dieser Stempeltechnik wurden hier Bakterien einer Platte mit Vollmedium jeweils auf vier Platten mit Minimalmedien übertragen, die die genannten Zusätze enthalten. Anschließend wurden die Platten bebrütet.

Aufgaben

① Beschreiben Sie die Stoffwechseleigenschaften der Bakterien der sechs Kolonien auf dem Vollmedium.

② Erläutern Sie den Begriff Mangelmutante und begründen Sie, dass es sich bei den untersuchten Bakterien ausschließlich um Mangelmutanten handelt.

③ Nennen Sie Möglichkeiten, im Labor Mangelmutanten eines Bakteriums zu erzeugen.

④ Stellen Sie den Syntheseweg der Aminosäure Arginin in Form einer Genwirkkette dar.

⑤ Erläutern Sie an diesem Beispiel die Ein-Gen-ein-Polypeptid-Hypothese.

Phenylalaninstoffwechsel

Die Aminosäure Phenyalanin wird mit proteinhaltiger Nahrung aufgenommen. Sie ist der Ausgangspunkt verschiedener Stoffwechselwege, über die eine Reihe wichtiger Stoffwechselprodukte gebildet werden (siehe Abbildung). Jede biochemische Umsetzung wird dabei durch ein spezifisches Enzym katalysiert, jedes Enzym durch ein entsprechendes Gen codiert. Alle miteinander bilden eine Genwirkkette.

Ist eines dieser Enzyme aufgrund einer Mutation nicht funktionsfähig, so kommt es zu den verschiedensten Krankheitsbildern. Am schwerwiegendsten ist die sogenannte *Phenylketonurie* (*PKU*). Phenylalanin reichert sich bis zum 30-Fachen der normalen Konzentration im Blut und Gewebe an. Zum Teil wird es im Urin ausgeschieden, aber auch zu giftigem Phenylpyruvat abgebaut (Phenylketon). Dieses beeinträchtigt u. a. die Entwicklung des Gehirns und verursacht schwerste geistige Schäden.

Ein Mangel des Wachstumshormons Thyroxin führt zu erblichem *Kretinismus*. Betroffene leiden unter schweren Wachstumsstörungen sowie unter schweren Schäden am Nervensystem.

Albinismus ist zurückzuführen auf einen Mangel am Farbstoff Melanin. Er ist gekennzeichnet durch weiße Haare, helle Haut- und Augenfarbe und eine hohe Sonnenempfindlichkeit.

Fällt im Körper das Abbauprodukt Homogentisinsäure vermehrt an, so wird es mit dem Urin ausgeschieden, lagert sich aber auch im Knorpelgewebe ab. Durch Oxidation entsteht das schwarz gefärbte Alkapton, nachdem die *Alkaptonurie* benannt wurde.

Aufgaben

⑥ Ordnen Sie die beschriebenen Krankheitsbilder Mutationen der Gene der Enzyme A, B, C bzw. D zu. Begründen Sie.

⑦ Die oben beschriebenen Stoffwechselstörungen treten nur auf, wenn beide homologen Chromosomen von dem Gendefekt betroffen sind. Geben Sie eine mögliche Erklärung.

⑧ Neugeborene werden heute routinemäßig auf PKU untersucht. Beschreiben Sie eine mögliche Therapie im Falle eines positiven Tests.

⑨ PKU-Kranke fallen häufig durch eine besonders helle Haut, helle Haarfarbe und helle Augen auf. Begründen Sie diese Symptome anhand des Phenylalaninstoffwechsels.

⑩ Was ist bei einer Schwangerschaft einer PKU-kranken Frau zu beachten? Begründen Sie.

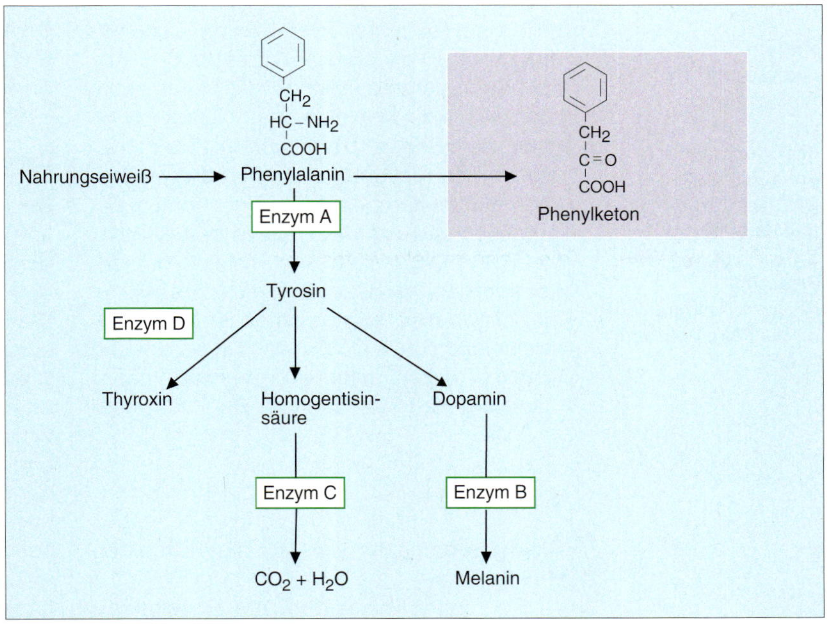

Phenylalaninstoffwechsel des Menschen

Transkription — die genetische Information wird beweglich

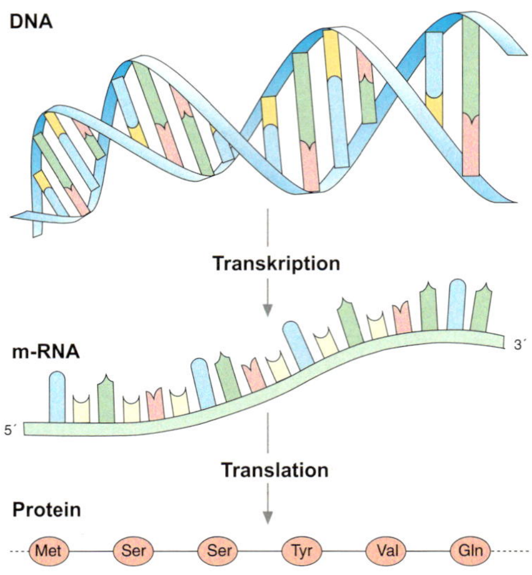

1 Vom Gen zum Protein

Transkription
(lat. transcribere: umschreiben)
Umschreiben eines Gens in m-RNA

Translation
Übersetzen einer m-RNA in ein Protein

Polypeptid
besteht aus bis zu 100 Aminosäuren

Protein
besteht aus über 100 Aminosäuren

codogener Strang
Vorlagenstrang der DNA, wird in m-RNA transkribiert

Promotor
Anlagerungsbereich für die RNA-Polymerase

Vom Gen zum Protein

Die DNA trägt die genetische Information einer Zelle. Sie enthält zahlreiche Gene, die Bauanleitungen für Proteine darstellen. Die Umsetzung der genetischen Information in ein Protein bezeichnet man als *Proteinbiosynthese*. Sie erfolgt in zwei Teilschritten (vergleiche Abb. 1):

1. *Transkription*
2. *Translation*

Transkription

Wird ein bestimmtes Protein in der Zelle benötigt, wird von dem entsprechenden Abschnitt des immens langen DNA-Moleküls zunächst eine Kopie erzeugt. Diesen Vorgang nennt man *Transkription*. Die genetische Information wird damit beweglich, kann bei eukaryotischen Zellen den Kern verlassen und von der DNA zu den Ribosomen, den Organellen der Proteinsynthese, transportiert werden. Das Transportmolekül für die genetische Information ist eine *Ribonucleinsäure* (*RNA*). Da sie die genetische Botschaft (engl. message) überträgt, nennt man sie genauer *messenger-RNA* oder kurz *m-RNA*.

Bau der RNA

RNA unterscheidet sich in einigen Punkten von der DNA:

- Sie besteht nur aus einem Einzelstrang von Nucleotiden.
- Sie ist wesentlich kürzer, da sie als m-RNA ja nur die Information eines Gens trägt.
- Anstelle der Desoxyribose dient das ähnlich gebaute Zuckermolekül *Ribose* als Grundbaustein.
- Anstelle der Base Thymin enthält sie die ähnlich gebaute, sich ebenfalls mit Adenin paarende Base *Uracil*.

Ablauf der Transkription

Die Transkription wird von dem Enzym *RNA-Polymerase* katalysiert. Die Transkription beginnt an einer bestimmten Startsequenz auf der DNA, dem *Promotor*. An diesen DNA-Abschnitt lagert sich die RNA-Polymerase an (Abb. 2a).

Die RNA-Polymerase bewegt sich nun schrittweise auf der DNA entlang, wobei sie die DNA entwindet und blasenartig öffnet, sodass die Nucleotide beider Stränge auf einem kurzen Bereich frei liegen. Einer der beiden DNA-Stränge fungiert dann als Vorlage, an die sich komplementäre RNA-Nucleotide anlagern. Diese werden durch die RNA-Polymerase zu einem m-RNA-Einzelstrang verbunden (Abb. 2b und c).

Das wachsende RNA-Molekül löst sich von der DNA und der DNA-Doppelstrang schließt sich hinter der Polymerase sofort wieder. Die Transkription endet, sobald die RNA-Polymerase auf eine bestimmte Basenfolge am DNA-Strang, die Stoppsequenz, stößt. Das Enzym löst sich dann von der DNA und setzt die m-RNA frei (Abb. 2d).

Bedeutung des codogenen Strangs

Da die DNA doppelsträngig ist, können von jedem Gen theoretisch zwei verschiedene m-RNA-Moleküle erstellt werden, je nachdem welcher Strang als Vorlage dient. Die genetische Information ist aber nur in einem der beiden DNA-Stränge enthalten. Die RNA-Polymerase braucht die Information, welchen DNA-Einzelstrang sie transkribieren soll. Der Promotor ist asymmetrisch und bindet die Polymerase daher nur in einer Richtung. Da die RNA-Polymerase RNA nur von 5‘ nach 3‘ aufbauen kann, liegt damit auch fest, welcher DNA-Einzelstrang abgelesen wird, nämlich der von 3‘ nach 5‘ verlaufende. Er ist der Vorlagenstrang und wird auch *codogener* Strang genannt.

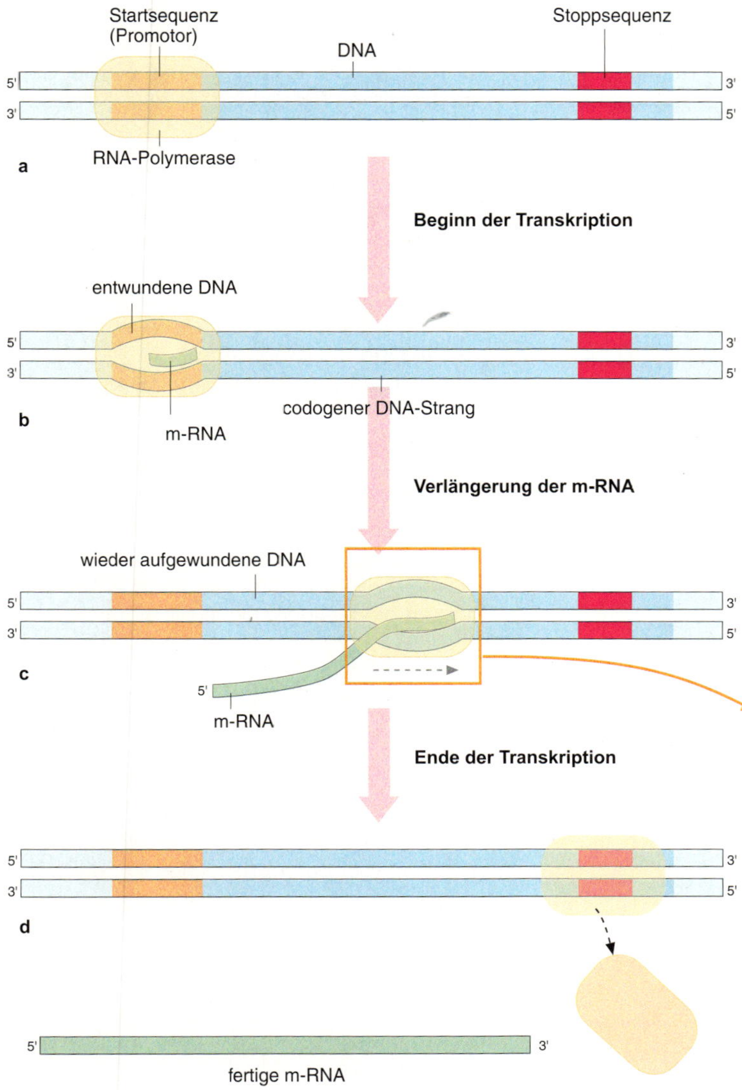

Aufgaben

① Geben Sie die m-RNA an, in die der folgende DNA-Abschnitt transkribiert wird.
5'AACTCCGATCTATGGCTTGGAAGA3'
3'TTGAGGCTAGATACCGAACCTTCT5'

② Vergleichen Sie tabellarisch DNA und RNA hinsichtlich Bausteinen, Aufbau, Länge und Funktion.

③ Vergleichen Sie die verschiedenen Formen von RNA-Molekülen in Bezug auf ihre Funktion (vergl. Kasten).

④ Stellen Sie tabellarisch DNA-Replikation und Transkription gegenüber, indem Sie die biologische Bedeutung, den Zeitpunkt im Zellzyklus, die zugehörigen Vorlagen, die beteiligten Enzyme sowie die verwendeten Nucleotide auflisten.

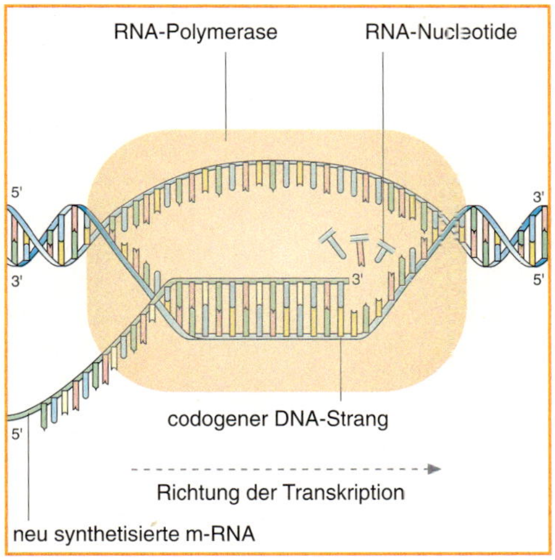

2 Transkription

Zettelkasten

Erweiterung des Genbegriffs

Neben der m-RNA, die die Information eines Gens von der DNA zu den Ribosomen transportiert, existieren weitere Typen von RNA. Sie werden, wie die m-RNA, durch Transkription aufgebaut (s. Abbildung), haben aber andere Aufgaben.

- Die *ribosomale RNA (r-RNA)* dient als Baueinheit der Ribosomen und entsteht an den Nucleoli im Zellkern.
- Die *transfer-RNA (t-RNA)* transportiert beim Proteinaufbau Aminosäuren zu den Ribosomen (s. Seite 98).

Nicht jeder DNA-Abschnitt wird demnach in eine m-RNA transkribiert und letztlich in ein Protein übersetzt. Manche Gene tragen vielmehr die genetische Information für t-RNA- oder r-RNA-Moleküle. Mit dieser Erkenntnis ist die Ein-Gen-ein-Polypeptid-Hypothese nicht vereinbar. Der Genbegriff wurde daher erweitert: *Ein Gen ist ein DNA-Abschnitt, der für eine RNA codiert.*

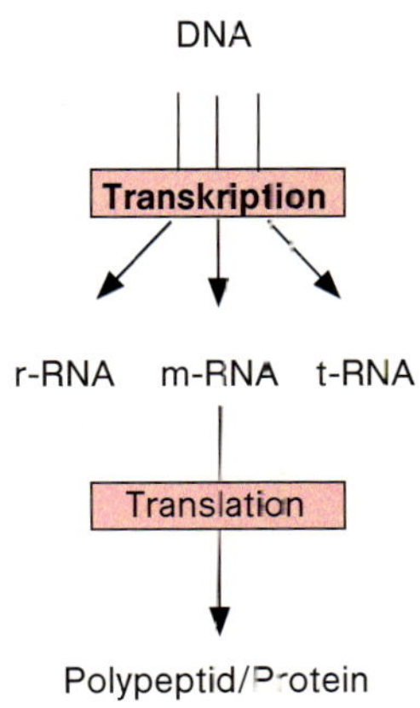

Translation und genetischer Code

Basentriplett
Gruppe aus drei aufeinanderfolgenden Basen

Codon
Basentriplett der m-RNA, das eine Aminosäure verschlüsselt (codiert)

genetischer Code
gibt an, welches Codon der m-RNA in welche Aminosäure „übersetzt“ wird

Codesonne
schematische Darstellung des genetischen Codes

Bei der Transkription wird die Information eines DNA-Abschnitts umgeschrieben in eine m-RNA (s. S. 94/95). Komplementäre m-RNA-Basen lagern sich an die DNA-Basen an. Die DNA dient direkt als Vorlage für die m-RNA-Synthese. Die Transkription ist vergleichbar mit dem handschriftlichen Abschreiben eines Absatzes eines gedruckten Buchs. Die Sprache ändert sich nicht und die verwendeten Zeichen sind sehr ähnlich. Bei der Übersetzung (*Translation*) der Information der m-RNA in die Aminosäuresequenz eines Proteins, handelt es sich dagegen um eine Übersetzung in eine andere Sprache, die völlig andere Zeichen verwendet.

Da es nur vier verschiedene Nucleotidbasen, aber 20 Protein bildende Aminosäuren gibt, kann es keine direkte Eins-zu-eins-Zuordnung zwischen den Basen A, U, C und G der m-RNA und den einzelnen Aminosäuren im Protein geben. Vielmehr muss eine Gruppe von mehreren Basen ein Codewort (*Codon*) bilden, das dann für eine bestimmte Aminosäure steht (*codiert*). Die Mindestgröße für ein Codon ist eine Dreiergruppe, ein *Basentriplett*. Bei Zweiergruppen von Basen wie AA, AU, AG usw. gäbe es nur $4^2 = 16$ mögliche Kombinationen. Erst bei Dreiergruppen wie AAA, AUA, AUG usw. ergeben sich $4^3 = 64$ verschiedene Kombinationsmöglichkeiten – genug um die 20 verschiedenen Aminosäuren zu verschlüsseln.

Experimente mit synthetisch hergestellten m-RNA-Molekülen (s. S. 97) bestätigten diese Überlegungen und ermöglichten die Zuordnung der einzelnen *Basentripletts* zu den verschiedenen Aminosäuren. Der *genetische Code* war somit geknackt! Abbildung 1 zeigt die Codesonne. Sie gibt an, welches Codon der m-RNA in welche Aminosäure „übersetzt“ wird. Das erste Nucleotid des Codons (5'-Ende) steht innen, die Codons werden von innen nach außen gelesen. GCA steht z. B. für die Aminosäure Alanin.

Da es mehr Tripletts als zu codierende Aminosäuren gibt, werden die meisten Aminosäuren durch mehrere Tripletts codiert. Der Code ist *redundant*, aber dennoch eindeutig. Jedem Codon ist genau eine Aminosäure zugeordnet.

Einige Codons haben spezielle Bedeutung: AUG gibt als *Startcodon* den Anfangspunkt für die Übersetzung der m-RNA in ein Protein an. Da AUG für die Aminosäure Methionin codiert, tragen alle neu gebildeten Proteine als erste Aminosäure Methionin. Diese wird aber später meist aus dem Protein entfernt. UAG, UAA und UGA entsprechen keiner Aminosäure, sondern stehen für den Endpunkt der Translation, sie sind die *Stoppcodons*. Die einzelnen Codons haben bei nahezu allen Lebewesen die gleiche Bedeutung. Der genetische Code ist *universell*.

1 Codesonne

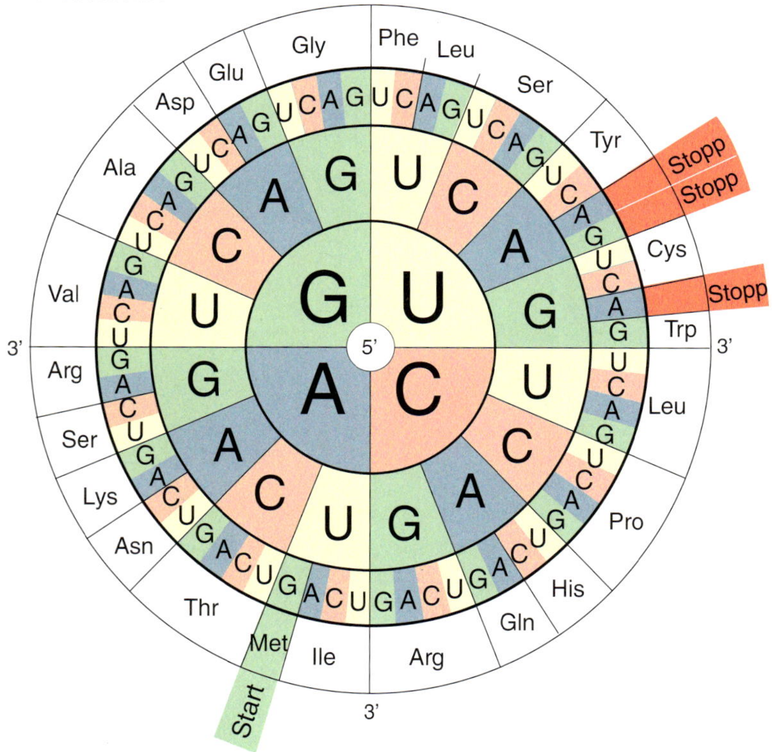

Ala = Alanin	Gly = Glycin	Pro = Prolin
Arg = Arginin	His = Histidin	Ser = Serin
Asn = Asparagin	Ile = Isoleucin	Thr = Threonin
Asp = Asparaginsäure	Leu = Leucin	Trp = Tryptophan
Cys = Cystein	Lys = Lysin	Tyr = Tyrosin
Gln = Glutaminsäure	Met = Methionin	Val = Valin
Glu = Glutamin	Phe = Phenylalanin	

Aufgaben

① Suchen Sie das Startcodon und übersetzen Sie die folgende m-RNA in eine Aminosäurekette.
5' UUAGAUGAGCGACGAACCC-CUAAAAUUUACCUAGUAGUAG 3'

② In welches Peptid wird folgender Abschnitt eines DNA-Strangs übersetzt?
3' CTGGCTACTGACCCGCTTCTTC-TATC 5'

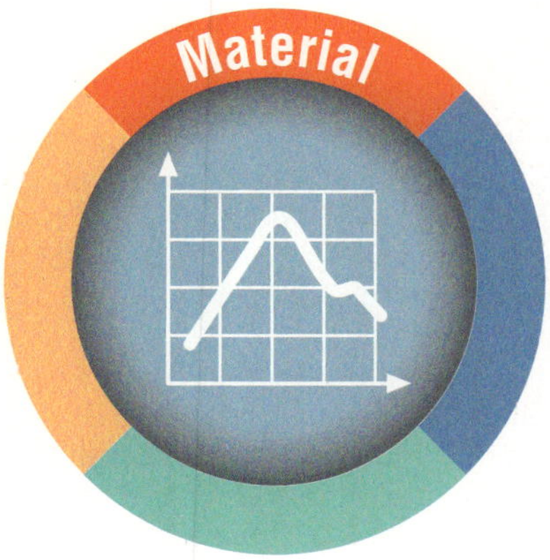

Die Entdeckung des genetischen Codes

Lange Zeit konnte keine eindeutige Aussage darüber getroffen werden, welches Basentriplett für welche Aminosäure codiert. Die beiden Wissenschaftler MARSHALL NIRENBERG und PHILIP LEDER beschrieben im Jahre 1964 einen experimentellen Ansatz, mit dem der genetische Code in der Folgezeit vollständig aufgeklärt werden konnte.

Der Triplettbindungstest

NIRENBERG und LEDER synthetisierten kurze m-RNA-Moleküle mit bekannter Basensequenz. Diese mischten sie mit Ribosomen, die aus Bakterien isoliert worden waren. Die Untersuchungen zeigten zunächst, dass die m-RNA-Moleküle an die Ribosomen binden.
In einem zweiten Schritt gaben sie alle zur Proteinbiosynthese notwendigen Bestandteile in ein Reagenzglas. In diesem zellfreien System befanden sich in der Hauptsache:
- gereinigte Ribosomen
- ein Gemisch aller 20 in Lebewesen vorkommenden Aminosäuren (jeweils von Versuch zu Versuch wechselnd war eine der Aminosäuren radioaktiv markiert)
- eine m-RNA aus drei Nucleotiden bekannter Basensequenz

Nachdem die genannten Komponenten zusammengebracht worden waren und aufeinander einwirken konnten, wurde das Gemisch auf einen Filter gegeben. Die Porengröße des Filters wurde so gewählt, dass es Teilchen von der Größe eines Ribosoms zurückhält, kleinere Teilchen hingegen passieren lässt. Dann wurde untersucht, ob sich das radioaktive Signal auf dem Filter oder im Filtrat befindet.

Vier Schlüsselexperimente

Die beiden Forscher gaben ihrem zellfreien System eine m-RNA der Basensequenz UUU hinzu. Markierten sie die Aminosäure Serin radioaktiv, fand sich das radioaktive Signal im Filtrat, gaben sie hingegen anstelle von Serin die radioaktiv markierte Aminosäure Phenylalanin hinzu, fand sich das Signal auf dem Filter. In einem weiteren Versuchsblock wurde dem System eine m-RNA der Basensequenz UCU zugegeben. Radioaktiv markiertes Serin fand sich auf dem Filter, radioaktiv markiertes Phenylalanin hingegen im Filtrat.

Aufgaben

① Skizzieren Sie den Versuchsaufbau von NIRENBERG und LEDERER, mit dem der genetische Code entschlüsselt wurde.
② Aufgrund der experimentellen Befunde lässt sich die Bedeutung der Tripletts UUU und UCU erschließen. Geben Sie diese an.
③ Vor den Triplettbindungstests wurden alle m-RNA-Moleküle der Herkunftszellen entfernt. Begründen Sie.

Weiterführende Versuche

Gibt man dem zellfreien System längerkettige m-RNA-Moleküle bekannter Basensequenz hinzu, werden nach der Anweisung der künstlichen m-RNA-Moleküle Polypeptide synthetisiert. Die Aminosäuresequenz der isolierten Polypeptide kann ermittelt werden.

Auf diese Weise war es M. NIRENBERG und H. G. KHORANA möglich, weitere Tripletts zuzuordnen. In der Tabelle finden Sie einige Ergebnisse der Versuche.

Links angegeben stehen die eingesetzten synthetischen RNA-Moleküle, rechts die dadurch aufgebauten Peptide. Die RNA ist in Kurzschreibweise angegeben; da es regelmäßige Polynucleotide sind, genügt es, ihre sich ständig wiederholenden Bausteine anzugeben. Poly-U bedeutet also eine RNA nur aus Uracil-Nucleotiden (—UUUUUUUUUUUUU—), Poly-A eine nur aus Adenin-Nucleotiden (—AAAAAAAAAAAAA—), Poly AC eine, in der sich regelmäßig immer Adenin- und Cytosin-Nucleotide abwechseln (—ACACACACACAC—).

Aufgaben

④ Verwendet man Poly-U, Poly-A, Poly-C bzw. Poly-G, erhält man die unten aufgeführten Peptide mit jeweils nur einer Aminosäureart. Damit ist die Bedeutung von vier Tripletts geklärt. Geben Sie diese an.
⑤ Verwendet man RNA, in der zwei Nucleotide abwechselnd vorkommen, erhält man Peptide, in denen sich zwei Aminosäuren abwechseln. Erklären Sie dies. Kann man durch diese Versuche die Bedeutung weiterer Tripletts eindeutig klären?
⑥ Verwendet man andere, regelmäßige Polynucleotide aus längeren Untereinheiten, erhält man im Gemisch verschiedene Peptide (s. unten).
Erklären Sie, weshalb dann jeweils mehrere verschiedene Peptide aufgebaut werden. Klären Sie die Bedeutung weiterer Tripletts.
⑦ Auch RNA-Moleküle mit vier regelmäßig wechselnden Nucleotiden wurden konstruiert. Welche Tripletts lassen sich mithilfe des Produktes (s. Tabelle) klären? Begründen Sie, weshalb sich die Primärstruktur nach vier Aminosäuren wiederholt.

RNA	Damit entstehende Peptide
Poly-U	Phe - Phe - Phe - Phe - Phe - . . .
Poly-A	Lys - Lys - Lys - Lys - Lys - Lys - . . .
Poly-C	Pro - Pro - Pro - Pro - Pro - Pro - . . .
Poly-G	Gly - Gly - Gly - Gly - Gly - Gly - . . .
Poly-AC	Thr - His - Thr - His - Thr - His - . . . oder His - Thr - His - Thr - His- Thr - . . .
Poly-AAC	Asn - Asn - Asn - Asn - Asn . . . oder Thr - Thr - Thr - Thr - Thr - Thr . . . oder Gln - Gln - Gln - Gln - Gln - Gln - . . .
Poly-ACC	Thr - Thr - Thr - Thr - Thr - . . . oder Pro - Pro - Pro - Pro - Pro - . . . oder His - His - His - His - . . .
Poly-ACCC	Thr - His - Pro - Pro - Thr - His - Pro - Pro - . . .

Translation – t-RNA als Vermittler

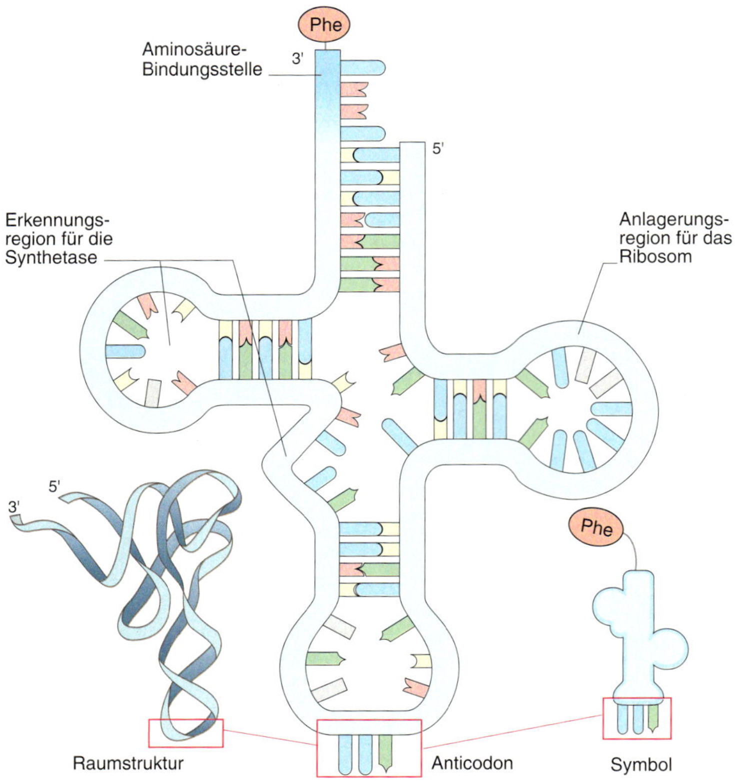

1 Bau der t-RNA

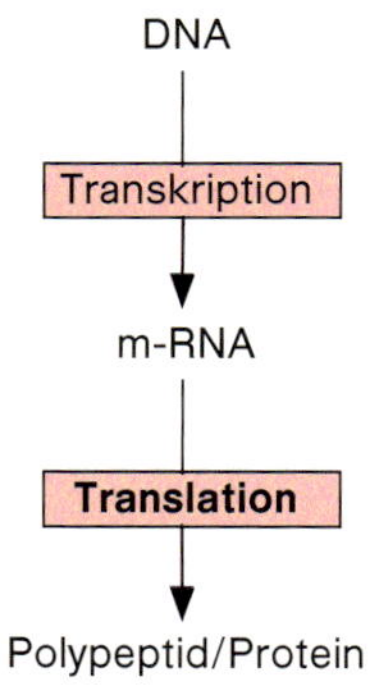

Bei der Translation wird die Basensequenz der m-RNA in eine Aminosäuresequenz übersetzt. Der genetische Code gibt an, welches Basentriplett in welche Aminosäure übersetzt wird (s. S. 96). Er ist das Wörterbuch für die Übersetzung. Eine besondere Nucleinsäure, die *transfer-RNA* (*t-RNA*), stellt das Bindeglied zwischen Basen- und Aminosäuresequenz dar. Sie transportiert die Aminosäuren aus dem Vorrat im Cytoplasma zu den Ribosomen, wo dann passende Aminosäuren zum Polypeptid verknüpft werden.

Bau der t-RNA

Die t-RNA wird wie die m-RNA durch Transkription aufgebaut. Sie besteht aus ca. 80 Nucleotiden und ist wie die m-RNA einsträngig. Sie enthält aber kurze Nucleotidbereiche, die zu anderen Abschnitten des selben Moleküls komplementär sind und mit diesem Basenpaarungen eingehen können. Dadurch entsteht eine Struktur, die in schematischer Darstellung wie ein Kleeblatt aussieht. Die tatsächliche Raumstruktur ist jedoch L-förmig (s. Abb. 1). Diese Raumstruktur ist von entscheidender Bedeutung für die Funktion der t-RNA bei der Proteinsynthese. Die t-RNA-Moleküle besitzen zwei exponierte ungepaarte Nucleotidbereiche, die als Bindungsstellen dienen:

- Das so genannte *Anticodon*, eine Folge von drei aufeinanderfolgenden Basen, paart sich mit dem komplementären Codon in einem m-RNA-Molekül.
- An der *Aminosäurebindungsstelle*, einer kurzen einsträngigen Region am 3'-Ende des Moleküls wird die Aminosäure, die zum Codon der m-RNA passt, angelagert.

Der genetische Code ist *redundant*, das heißt, mehrere Codons codieren die selbe Aminosäure. Daher gibt es für einige Aminosäuren mehrere t-RNAs. Manche t-RNAs können sich aber auch mit mehr als einem Codon der m-RNA paaren (s. Zettelkasten). Der genetische Code ist dennoch eindeutig: Jedem Codon ist genau eine Aminosäure zugeordnet.

Eine Zelle stellt demnach viele verschiedene t-RNA-Moleküle her, um den genetischen Code lesen zu können. Wie aber wird jede t-RNA mit genau der richtigen der 20 verschiedenen Aminosäuren gekoppelt?

Beladung der t-RNA

Für jede der 20 Aminosäuren gibt es hochspezifische Enzyme, die *Aminoacyl-t-RNA-Synthetasen*. Diese Enzyme beherrschen wie ein Übersetzer zwei Sprachen. Sie übersetzen die „Nucleotidsprache" in die „Aminosäuresprache". Sie erkennen das Anticodon einer t-RNA und beladen diese mit der dazugehörigen Aminosäure. Dies ist der entscheidende Schritt bei der Umsetzung des genetischen Codes.

In das aktive Zentrum der Synthetase passt nur die richtige Kombination aus Aminosäure und zugehöriger t-RNA. Nach dem Schlüssel-Schloss-Prinzip bindet die Synthetase zunächst die passende Aminosäure. Spezifische Nucleotide sowohl im Anticodon als auch in der Erkennungsregion ermöglichen der Synthetase die Erkennung und Anlagerung der richtigen t-RNA. Aminosäure und t-RNA werden unter ATP-Verbrauch verknüpft und die beladene t-RNA freigesetzt (s. Abb. 2).

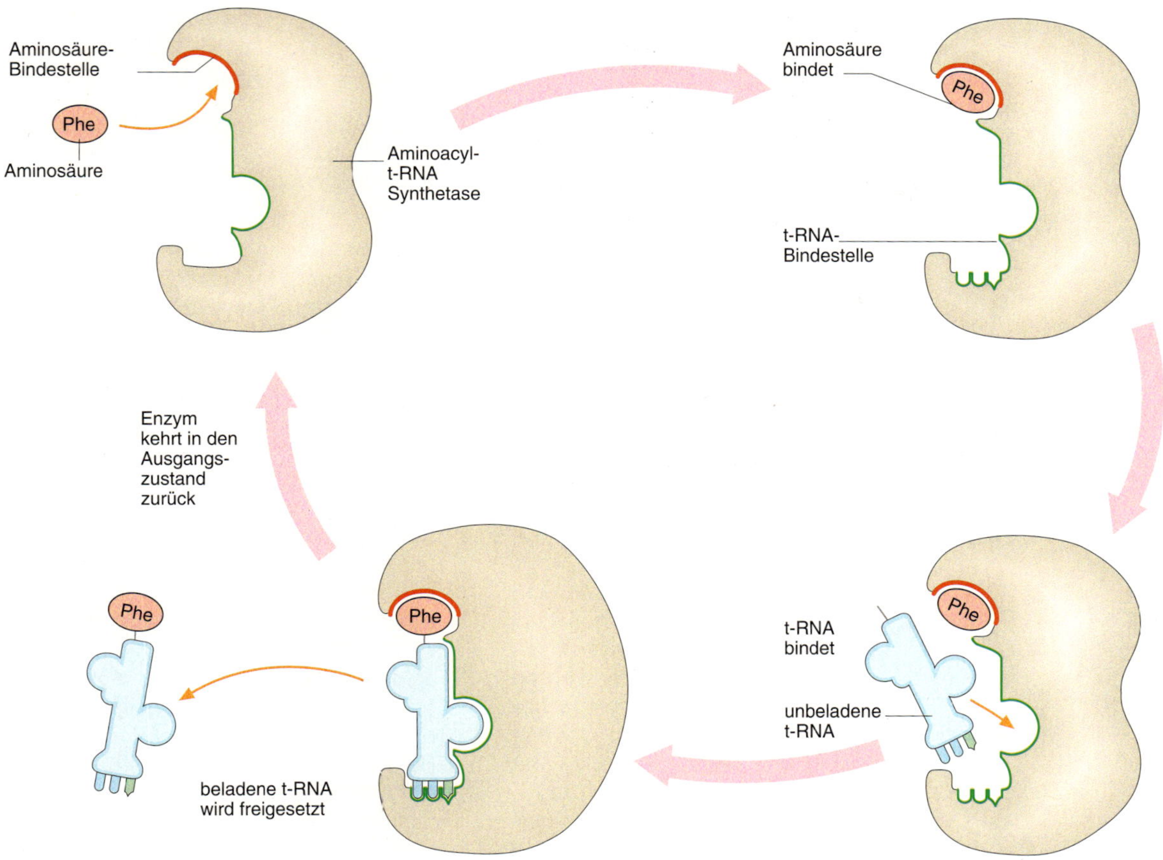

2 Beladung der t-RNA

Zettelkasten

Wobble-Hypothese

Eigentlich müssten in jeder Zelle 61 verschiedene t-RNAs vorkommen, eine für jedes der 61 m-RNA-Codons, die für eine Aminosäure codieren. Man weiß jedoch, dass in einer Zelle je nach Organismus nur bis zu 41 verschiedene t-RNA-Moleküle vorhanden sind. F. CRICK formulierte dazu die *Wobble-Hypothese* (engl. *wobble* = wackeln). Nur die ersten beiden Basen von m-RNA-Codon und Anticodon der t-RNA werden nach den Regeln der komplementären Basenpaarung über Wasserstoffbrücken verbunden. Beim dritten Basenpaar kann es aufgrund der Raumstruktur der t-RNA auch zu unüblichen Basenpaarungen – sogenannten „Wobble-Paarungen" – kommen, z. B. von G und U. Ein einziges Anticodon kann sich daher mit mehr als einem Codontyp paaren. Sowohl UCC als auch UCU codieren für die Aminosäure Serin.

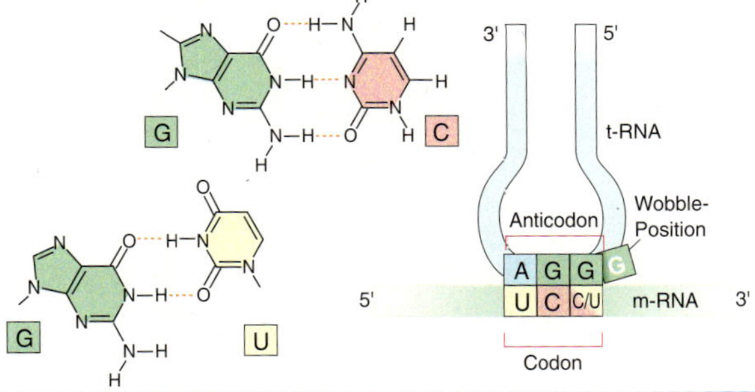

Einige Anticodons tragen am 5'-Ende die Base Inosin (I). Diese kann mit C, U und A Basenpaarungen eingehen. AUC, AUU und AUA codieren für die Aminosäure Isoleucin.

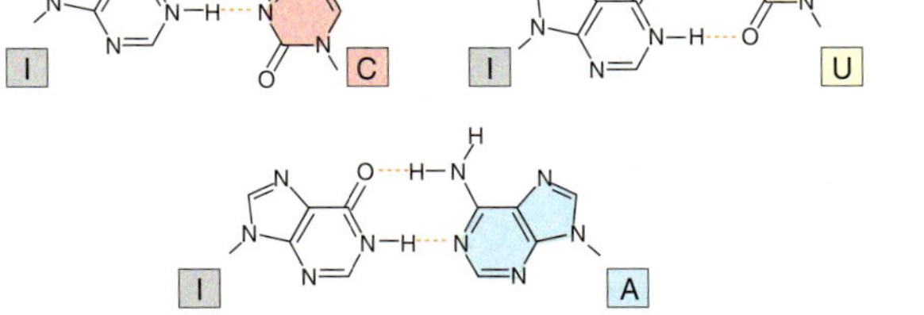

Mit der Wobble-Hypothese lässt sich erklären, warum sich die Codons für eine bestimmte Aminosäure oft nur im dritten Nucleotid unterscheiden. Die dritte Base spielt bei der Erkennungsspezifität oft eine geringere Rolle.

Translation — ein Protein entsteht

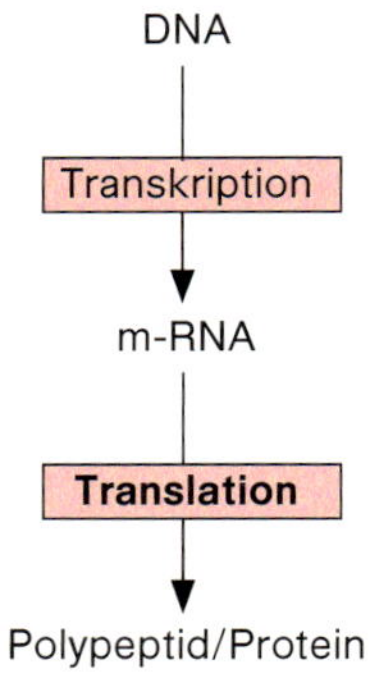

Die *Translation* ist nach der Transkription der zweite Schritt auf dem Weg vom Gen zum Protein. Dabei wird die Basensequenz der m-RNA in die Aminosäuresequenz eines Proteins übersetzt *(translatiert)*. Die Translation erfolgt an den Ribosomen. Das Ribosom wandert auf der m-RNA entlang und übersetzt dabei Codon für Codon die Nucleotidsequenz der m-RNA in eine Aminosäuresequenz.

Die t-RNA-Moleküle dienen dabei als Adapter, um jede Aminosäure an die richtige Position in der Peptidkette zu bringen. Sie werden im Cytoplasma von spezifischen Enzymen mit Aminosäuren beladen (s. S. 99) und transportieren diese zu den Ribosomen.

Translation
Übersetzen der Nucleotidsequenz der m-RNA in die Aminosäuresequenz eines Polypeptids oder Proteins

Ribosomen bestehen aus Proteinen und Nucleinsäure, der r-RNA. Sie sind aus zwei unterschiedlich großen Untereinheiten zusammengesetzt. t-RNA-Moleküle werden am Ribosom nur dann gebunden, wenn ihre Anticodons komplementär zu den Codons der m-RNA sind. Ein Ribosom besitzt drei Bindungsstellen für t-RNA-Moleküle: die A-, P- und E-Stelle (Abb. 1). An die *P-Stelle* bindet die t-RNA, die mit der wachsenden **P**eptidkette verbunden ist. An die *A-Stelle* bindet die t-RNA, welche die nächste **A**minosäure der Kette trägt. An der *E-Stelle* verlässt die **e**ntladene t-RNA das Ribosom.

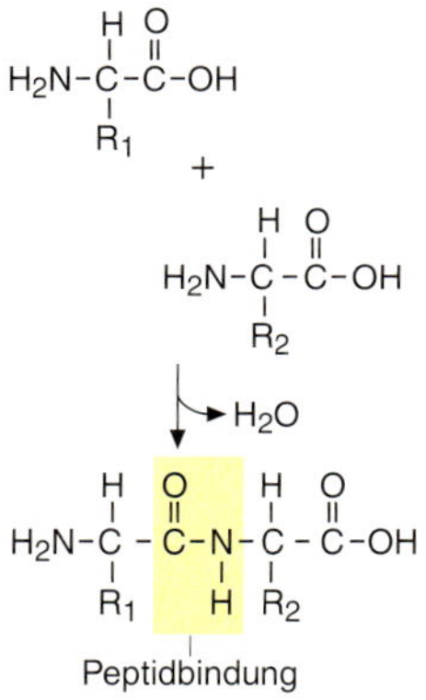

Beginn der Translation

Zunächst binden die mit Methionin beladene Start-t-RNA und die kleine Ribosomenuntereinheit an das 5'-Ende der m-RNA. Dieser Komplex wandert die m-RNA entlang, bis er auf das erste *Startcodon* AUG stößt (Abb. 2a). Dann wird auch die große Ribosomenuntereinheit angelagert. Die Start-t-RNA befindet sich an der P-Stelle, die A-Stelle ist bereit, die nächste t-RNA aufzunehmen (Abb. 2b).

Verlängerung der Peptidkette

Bei der Kettenverlängerung wird eine Aminosäure nach der anderen an die Start-Aminosäure angehängt. Dieser Vorgang erfolgt in drei Schritten:

- *Codonerkennung*: An der P-Stelle ist eine t-RNA mit der wachsenden Peptidkette gebunden. Eine t-RNA mit der nächsten Aminosäure der Kette bindet an die unbesetzte A-Stelle des Ribosoms, indem ihr Anticodon Basenpaarungen mit dem Codon der m-RNA eingeht, die an der A-Stelle exponiert ist (Abb. 3 a).
- *Peptidbindung*: Das Ribosom katalysiert eine Peptidbindung zwischen der wachsenden Peptidkette und der gerade angelieferten Aminosäure auf der t-RNA in der A-Stelle (Abb. 3 b). Dabei trennt sich das Polypeptid von der an der P-Stelle gebunden t-RNA und hängt nun an der t-RNA in der A-Stelle (Abb. 3 c).
- *Verschiebung*: Das Ribosom rückt daraufhin in 5'-3'-Richtung um genau drei Nucleotide, also um ein Codon, auf der m-RNA weiter. Die entladene t-RNA wird dadurch auf die E-Stelle verschoben und löst sich ab. Die t-RNA mit der wachsenden Peptidkette befindet sich an der P-Stelle (Abb. 3 d). An die freie A-Stelle kann die nächste mit einer Aminosäure beladene t-RNA binden.

So wird das Peptid jeweils um eine Aminosäure verlängert und zwar genau so, wie es die Codons der m-RNA vorschreiben.

Ende der Translation

Erreicht eines der *Stoppcodons* (UAA, UAG oder UGA) die A-Stelle des Ribosoms, so bindet statt einer beladenen t-RNA ein als *Freisetzungsfaktor* bezeichnetes Protein (Abb. 4 a). Daraufhin löst sich die wachsende Peptidkette ab und nimmt ihre Raumstruktur ein. Der Komplex aus Ribosom und m-RNA zerfällt (Abb. 4 b und c).

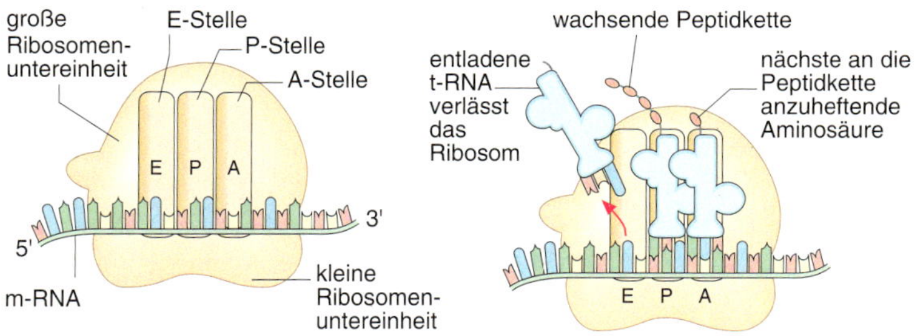

1 Ribosom

Aufgaben

① Das Codon AUG hat zwei verschiedene Bedeutungen, je nachdem, ob es sich am Anfang einer m-RNA befindet oder nicht. Begründen Sie.

② Ein Ausschnitt eines Peptids lautet: ... Ser - Val - Lys - Met - Ala ... Geben Sie eine mögliche Sequenz der m-RNA und der codogenen DNA an.

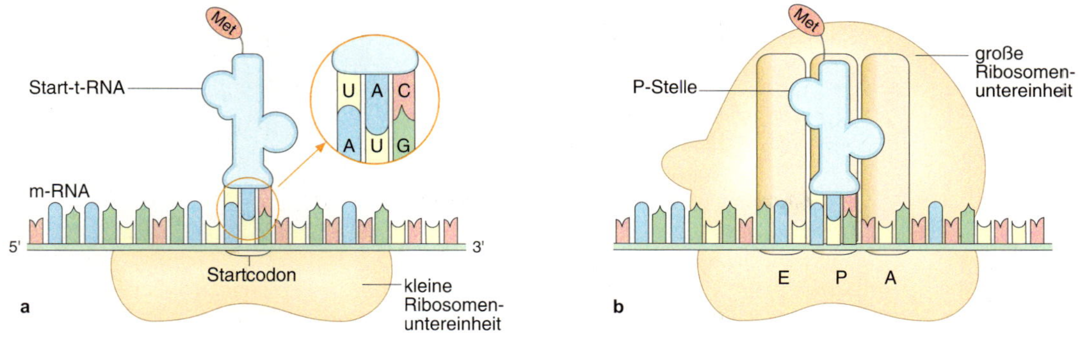

2 Beginn der Translation

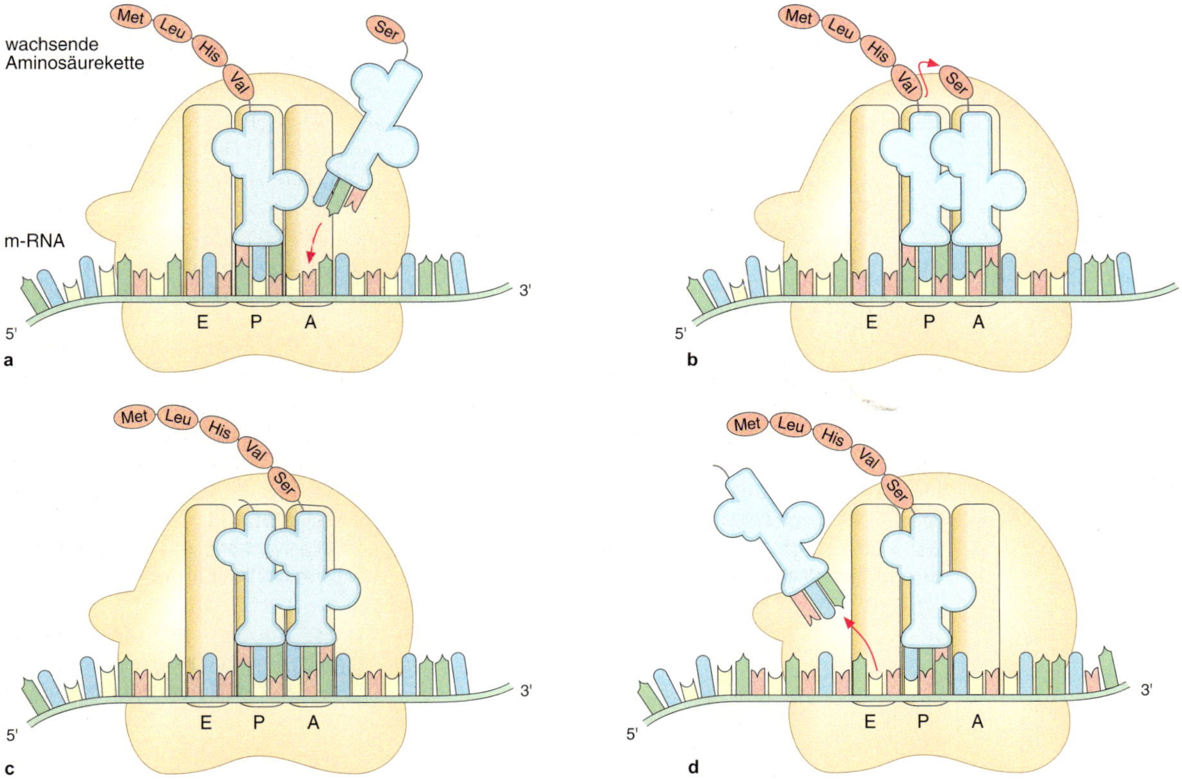

3 Verlängerung der Aminosäurekette

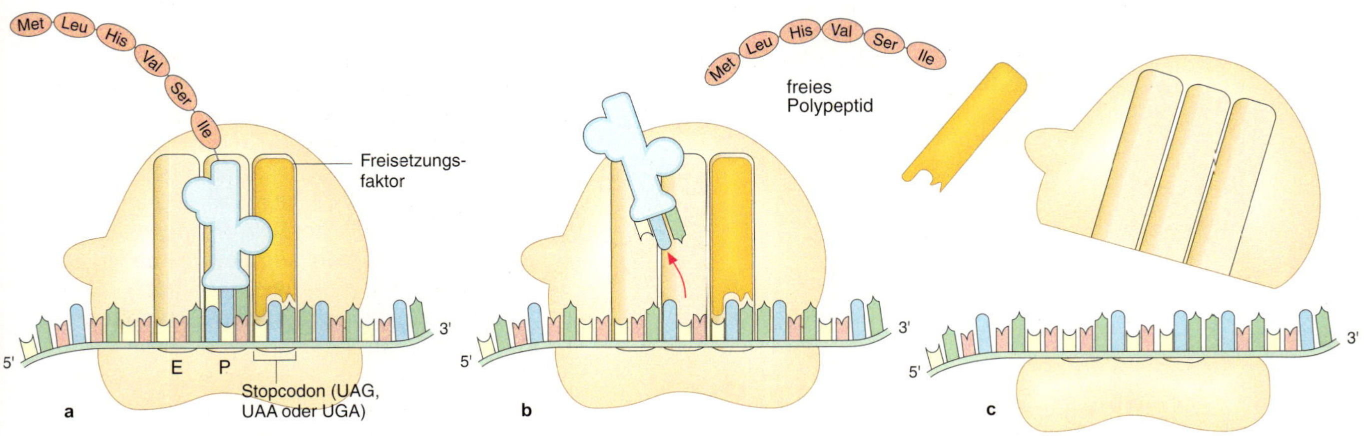

4 Ende der Translation

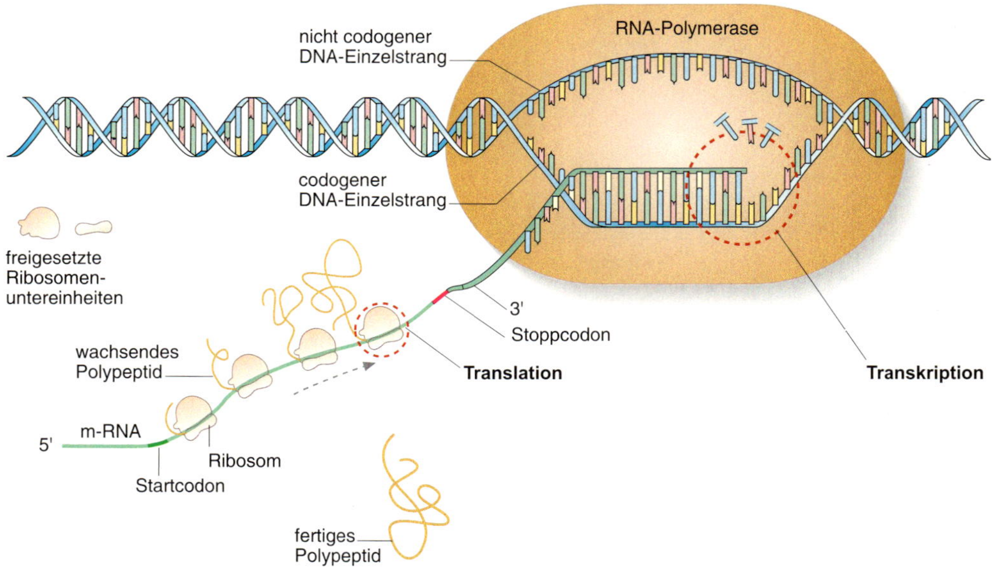

1 Übersicht über die Proteinbiosynthese bei Prokaryoten

Proteinbiosynthese bei Prokaryoten

Polysom
Gesamtheit der Ribosomen an einem m-RNA-Strang

Die Synthese der meisten Proteine dauert nur 20 Sekunden bis wenigen Minuten. Selbst während dieser kurzen Zeit wird eine m-RNA mehrfach abgelesen. Mehrere Ribosomen lesen gleichzeitig die selbe m-RNA ab, sodass gleichzeitig mehrere Peptide synthetisiert werden. Sobald ein Ribosom das Startcodon passiert hat und genügend Platz vorhanden ist, lagert sich das nächste Ribosom an. Oft wandert eine ganze Gruppe von Ribosomen an einer m-RNA entlang. Sie sind im Elektronenmikroskop als Perlenschnur erkennbar und bilden ein *Polysom* (s. Abb. 2).

Polysomen gibt es sowohl in prokaryotischen als auch in eukaryotischen Zellen. Prokaryoten können die Proteinsynthese aber noch weiter beschleunigen. Im Gegensatz zu eukaryotischen Zellen ist bei Prokaryoten der Ort der Transkription nicht durch eine Kernmembran vom Ort der Translation getrennt. Die Translation kann bei Prokaryoten bereits beginnen, bevor die Transkription der m-RNA beendet ist. Sobald sich das vordere 5'-Ende der m-RNA vom codogenen Strang löst, lagert sich das erste Ribosom an.

Abbildung 2 zeigt eine elektronenmikroskopische Aufnahme eines DNA-Strangs von E. coli, der durch RNA-Polymerasemoleküle transkribiert wird. An jedem Polymerasemolekül wächst ein m-RNA-Strang, der bereits von Ribosomen translatiert wird. Sie folgen in kurzem Abstand der RNA-Polymerase, die sich auf der DNA entlang bewegt. Je weiter das Ribosom bereits vorgerückt ist, desto länger ist die neu synthetisierte Peptidkette.

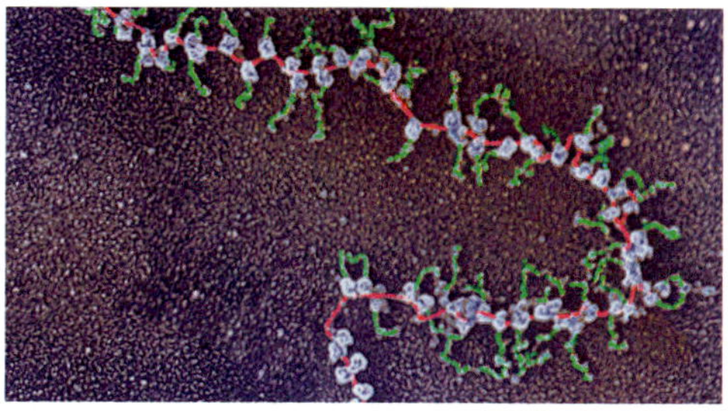

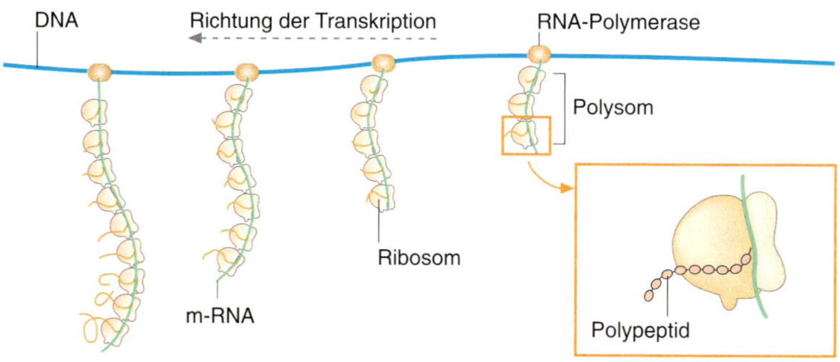

2 Polysom

Aufgabe

① Erläutern Sie, weshalb die Proteinsynthese bei Eukaryoten mehr Zeit erfordert.

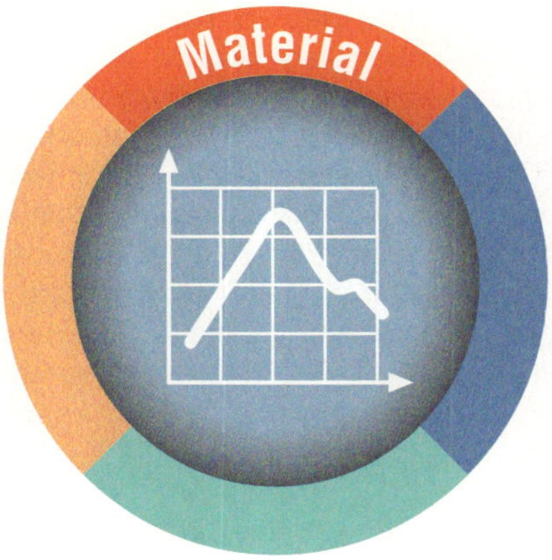

Wirkung von Hemmstoffen

Seit der Entdeckung des Penicillins im Jahr 1928 durch ALEXANDER FLEMING sind Antibiotika aus der Medizin nicht mehr wegzudenken. Neben verbesserter Hygiene und den Schutzimpfungen sind sie der Hauptgrund dafür, dass Infektionskrankheiten durch Bakterien inzwischen viel von ihrer Gefährlichkeit für den Menschen eingebüßt haben. Außer in der Medizin haben sie auch für die molekulargenetische Grundlagenforschung Bedeutung.

Ein Stoff, der als Antibiotikum Verwendung finden soll, muss zwei Bedingungen genügen: Er muss gegen Bakterien wirksam, aber für den Menschen ungefährlich und gut verträglich sein. Von Interesse sind daher die Unterschiede zwischen menschlichen und prokaryotischen Zellen.

Prokaryoten und Eukaryoten weisen Unterschiede auf zellulärer, aber auch auf molekularer Ebene auf. Eine Reihe von *Antibiotika* wirken als Hemmstoffe der Transkription und Translation (s. Tabelle).

Für Bakterien lebenswichtig ist z. B. die Zellwand, die aus langen vernetzten Molekülen besteht. Penicillinmoleküle werden von wachsenden Bakterienzellen an ihrer Stelle zur Vernetzung der Zellwand eingebaut, erfüllen aber diese Aufgabe nicht. Die Zellwände lösen sich auf, die Bakterien „zerfließen". Cephalosporine wirken ähnlich. Sulfonamide hemmen die Synthese der Folsäure, einem lebenswichtigen Stoff für alle Zellen. Sie wirken nicht auf den Menschen, weil er Folsäure ohnehin nicht synthetisieren, sondern als Vitamin der B-Gruppe aufnehmen muss.

Unterschiede gibt es auch im Bereich der Replikation und der Proteinbiosynthese. Bestimmte Stoffe hemmen diese Vorgänge bei Bakterien, nicht aber in eukaryotischen, also auch menschlichen Zellen und sind dadurch als Antibiotikum geeignet. An der Replikation sind bei Pro- und Eukaryoten unterschiedliche Enzyme beteiligt. Das Enzym Gyrase, das bei der Replikation bei Prokaryoten für die Entwindung der DNA-Doppelhelix verantwortlich ist, ist anders aufgebaut als die Topoisomerasen, die diesen Vorgang bei Eukaryoten katalysieren. Gyrase-Hemmer blockieren daher nur die Replikation von Bakterien und verhindern ihre Vermehrung. Sie finden bei einer Reihe von bakteriellen Entzündungskrankheiten, z. B. Harnwegs-, Blasen- und Niereninfekten Verwendung.

Aufgaben

① Ordnen Sie den in Abb. 1 mit Ziffern bezeichneten Wirkorten je einen Hemmstoff aus der Tabelle zu.

② Welche Stoffe aus der Tabelle kann man als Antibiotika einsetzen? Begründen Sie Ihre Auswahl.

③ Das wirksame Gift der Knollenblätterpilze ist Amanitin. Eine Knollenblätterpilzvergiftung wirkt oft deshalb tödlich, weil die Symptome wie Erbrechen, Durchfall und Leberschäden erst 8 bis 24 Stunden nach dem Verzehr auftreten. Begründen Sie das verzögerte Auftreten der Symptome.

④ Erkären Sie, weshalb Puromycin in Bakterien zur Bildung stark verkürzter und damit unbrauchbarer Proteine führt.

⑤ Begründen Sie, weshalb bereits ein Molekül Diphtherie-Toxin eine Zelle töten kann.

⑥ J. D. WATSON experimentierte mit Puromycin und fand heraus, dass es an einen Teil der Ribosomen in der Zelle gut, an den anderen praktisch nicht gebunden wird. Er schloss daraus auf das Vorhandensein der A- und P-Stelle der Ribosomen. Geben Sie die Stelle des Ribosoms und die Phase der Translation an, in der Puromycin gebunden wird.

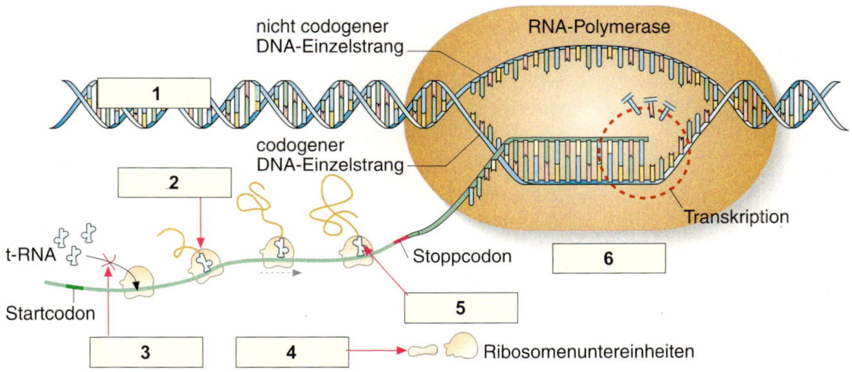

1 Wirkung von Hemmstoffen

Hemmstoff	Wirkung auf die Proteinbiosynthese
Actinomycin D	bindet an doppelsträngige DNA
Rifampicin	hemmt die RNA-Polymerase von Prokaryoten
Amanitin	hemmt die RNA-Polymerase von Eukaryoten
Streptomycin	bindet an die kleine Ribosomen-Untereinheit bei Prokaryoten
Tetracycline	verhindern Bindung der t-RNA an das Prokaryoten-Ribosom
Puromycin	wird anstelle einer beladenen t-RNA an das Ribosom gebunden
Chloramphenicol	verhindert die Verknüpfung der Aminosäuren am Prokaryoten-Ribosom
Kirromycin	verhindert das Vorrücken der t-RNA von der A- an die P-Stelle bei Prokaryoten
Cycloheximid	verhindert die Verknüpfung der Aminosäure am Eukaryoten-Ribosom
Diphtherie-Toxin	Enzym; verändert einen wichtigen Translationsfaktor chemisch und macht ihn unbrauchbar

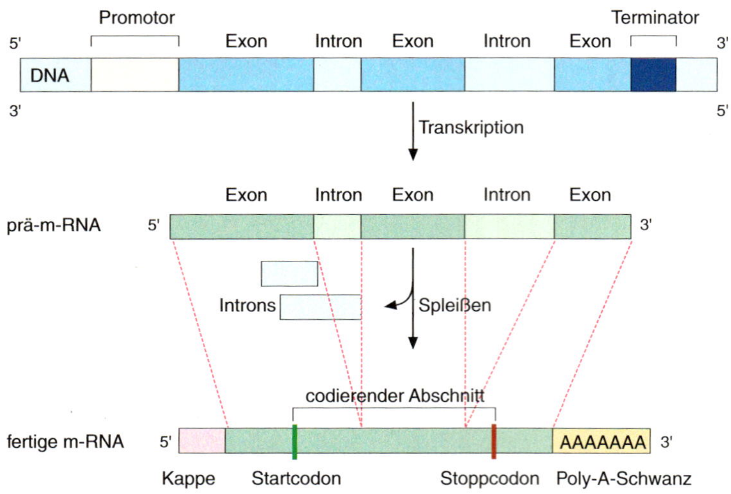

1 Spleißen

Proteinbiosynthese bei Eukaryoten

Bei Eukaryoten verläuft die Proteinbiosynthese prinzipiell in den gleichen Phasen ab wie bei den Prokaryoten. Auffällig ist, dass die durch Transkription entstehende m-RNA zunächst ungleich länger ist, als es das codierte Protein erfordern würde. Sie ist ein Vorläufer (*prä-m-RNA*) und muss vor der Translation in eine funktionsfähige m-RNA umgewandelt (*prozessiert*) werden. Nur einige Abschnitte des prä-m-RNA-Strangs, die *Exons*, enthalten die Information für das Protein. Dazwischen liegen nicht informationstragende Abschnitte, die *Introns*. Sie können zwischen 50 und 3000 Nucleotide lang sein. Die Introns werden an bestimmten Stellen durch Schneideenzyme zu Schleifen gelegt und ausgeschnitten. Die Exons werden zur eigentlichen m-RNA verknüpft. Dieser gesamte Vorgang wird als *Spleißen* bezeichnet (s. Abb. 1). Bei Prokaryoten existieren keine Introns und es gibt keine Spleißvorgänge.

Die prä-m-RNA kann je nach Bedarf in einer Zelle für unterschiedliche Proteine unterschiedlich prozessiert werden (s. Abb. 2). Die Ein-Gen-ein-Polypeptid-Hypothese gilt für Eukaryoten demnach nicht streng. Ein Gen kann mehrere unterschiedliche Proteine codieren. Durch alternatives Spleißen kann eine menschliche Zelle mit rund 30000 Genen viele Hunderttausend verschiedene Proteine herstellen.

Eukaryotische m-RNA-Moleküle haben eine wesentlich längere Lebensdauer als prokaryotische. An ihr 3'-Ende wird nach der Transkription ein Poly-A-Schwanz aus 150 bis 200 Adenin-Nucleotiden angehängt. Dadurch wird der enzymatische Abbau deutlich verlangsamt. Am 5'-Ende wird eine „Kappe" aus methyliertem Guanin aufgesetzt. Diese verzögert ebenfalls den Abbau und ist wichtig für den Kontakt zur kleinen Ribosomenuntereinheit zu Beginn der Translation. Die reife m-RNA wird aus dem Zellkern über die Kernporen ins Cytoplasma zum rauen Endoplasmatischen Retikulum transportiert. An dessen Ribosomen findet die Translation statt.

Nach ihrer Synthese an den Ribosomen werden viele eukaryotische Proteine noch verändert. Zahlreiche Proteine werden erst durch das Anhängen von Seitengruppen, wie Zuckerketten, in ihre biologisch aktive Form überführt. Zudem sind Proteine meist durch spezifische Signalpeptide gekennzeichnet. Diese legen den Bestimmungsort des Proteins innerhalb der Zelle fest und müssen wieder entfernt werden.

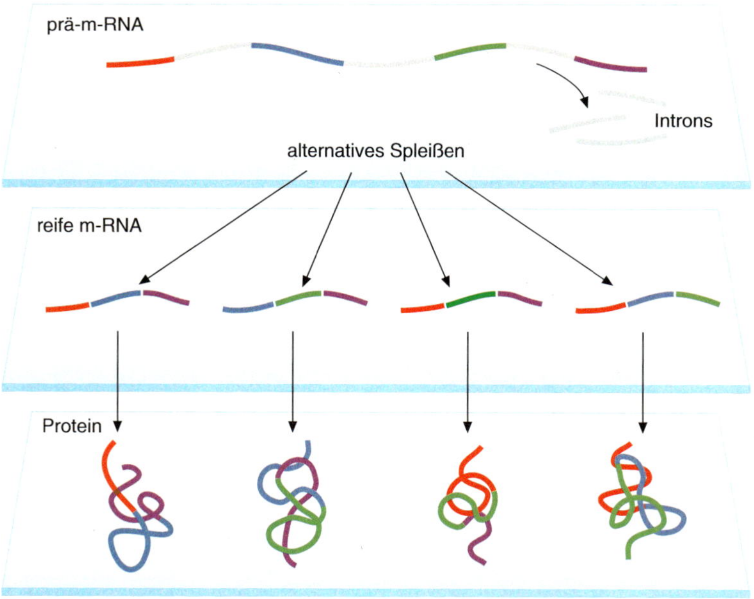

2 Alternatives Spleißen

Aufgabe

① Menschliche Proteinhormone können von „umprogrammierten" Bakterienzellen hergestellt werden. Erläutern Sie, welche Schwierigkeiten sich aufgrund der unterschiedlichen Genstruktur von Pro- und Eukaryoten ergeben.

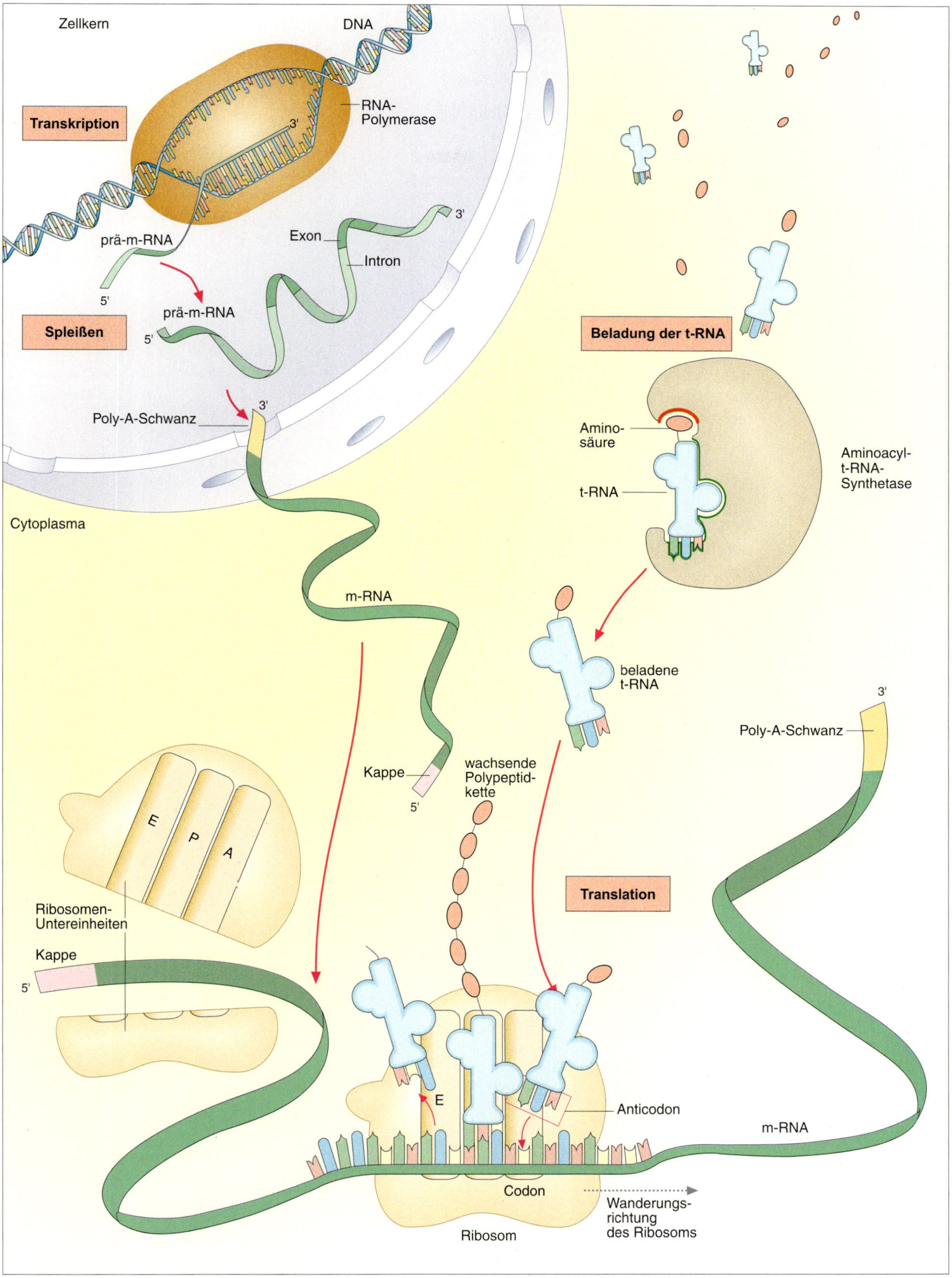

Aufgabe ① Vergleichen Sie die Proteinbiosynthese bei Pro- und Eukaryoten.

Genexpression
Synthese eines von einem Gen codierten Proteins oder RNA-Moleküls

Die Genexpression besteht aus Transkription und gegebenenfalls Translation.

Regulation der Genexpression

Viele Proteine werden in Zellen ständig benötigt, z. B. die Enzyme des Glucosestoffwechsels oder die Strukturproteine des Zellskeletts. Andere Proteine sind nur unter besonderen Bedingungen erforderlich. Wird beispielsweise E. coli-Bakterien anstelle von Glucose der Milchzucker Lactose als Nährstoff angeboten, stagniert die Vermehrung der Bakterien zunächst. Offensichtlich benötigen sie Zeit, um sich auf das veränderte Nährstoffangebot umzustellen. Die Enzyme zum Abbau von Lactose liegen in den Zellen nicht vor, sie müssen erst gebildet werden (s. Abb. 1).

Es gibt also viele Gene, die ständig transkribiert werden. Andere Gene werden je nach Bedarf kurzfristig an- oder abgeschaltet. Dadurch ist Regulation von Stoffwechselvorgängen möglich. Von dem Bakterium E. coli weiß man, dass nur etwa 600 der 3000 Gene gleichzeitig aktiv sind.

Das Operon-Modell

Die französischen Forscher Francois Jacob und Jaques Monod untersuchten an Bakterien den Mechanismus, der für das An- und Abschalten von Genen verantwortlich ist. Sie entwickelten das sogenannte *Operon-Modell*, für das sie 1965 den Nobelpreis erhielten. Ihr grundlegendes Modell zur Regulation der Genaktivität konnte später mithilfe molekularbiologischer Methoden bestätigt werden. Es gilt auch für die Regulation vieler eukaryotischer Gene.

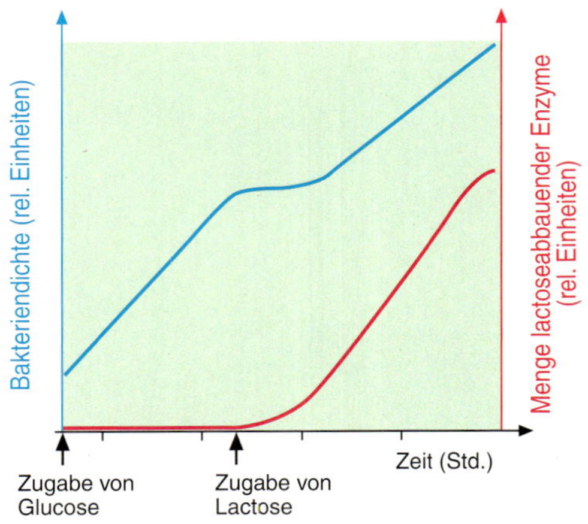

1 Konzentration lactoseabbauender Enzyme

Substratinduktion

Abbildung 2 veranschaulicht die Vorgänge, die bei Anwesenheit des Substrats Lactose zur Synthese lactoseabbauender Enzyme führen. Von einem *Regulatorgen* wird ein *Repressorprotein* codiert. Ist keine Lactose vorhanden, ist der Repressor an einen bestimmten DNA-Abschnitt, den *Operator*, gebunden und blockiert die Transkription der Gene des Lactosestoffwechsels (Abb. 2a).

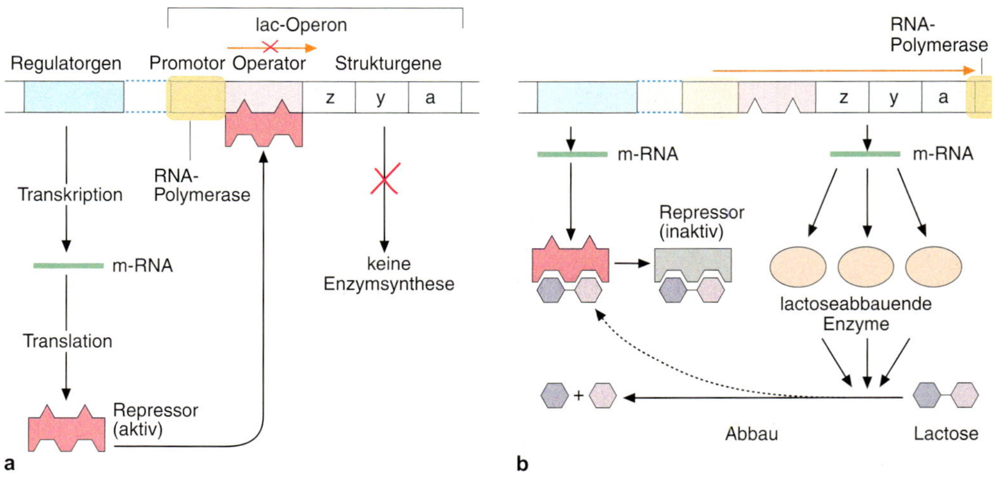

2 Substratinduktion beim Lactose-Operon

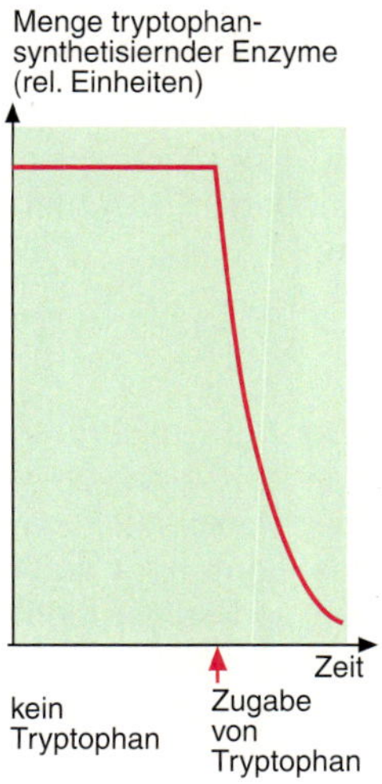

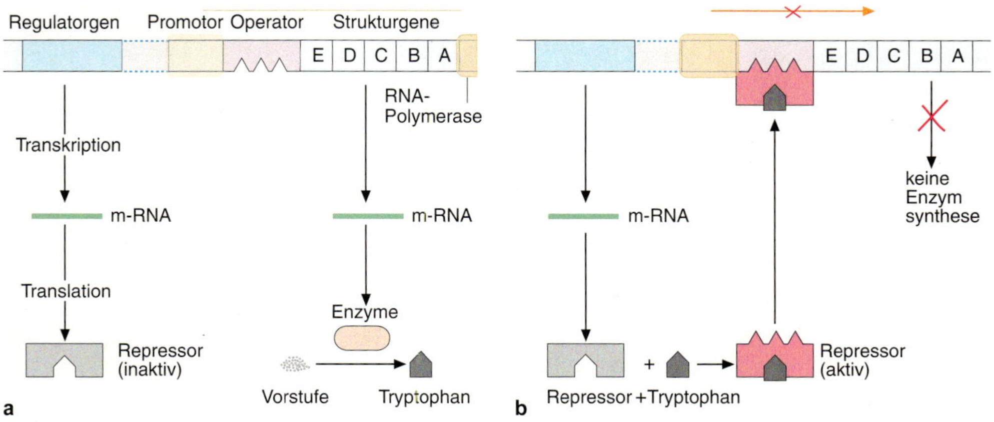

3 Endproduktrepression beim Tryptophan-Operon

Gelangt Lactose in die Zelle, lagert sich Lactose an den Repressor an. Dieser ändert daraufhin seine Raumstruktur, löst sich von der DNA ab und ist inaktiviert. Die RNA-Polymerase hat „freie Bahn“ und transkribiert die Gene des Lactosestoffwechsels (Abb. 2b). Die translatierten Enzyme spalten den Zweifachzucker Lactose in Glucose und Galactose, die dann im Stoffwechsel des Bakteriums weiter verwertet werden können.

Der Operator ist mit einem Schalter zu vergleichen, der darüber entscheidet, ob die Gene des Lactosestoffwechsels transkribiert werden oder nicht. Promotor, Operator und die von ihnen kontrollierten Gene bilden eine Funktionseinheit, das *Operon.* Beim lac-Operon schaltet das Substrat Lactose die Synthese an, man spricht von *Substratinduktion.*

Zettelkasten

DNA-bindende Regulatorproteine

DNA-bindende Regulatorproteine, wie zum Beispiel Repressorproteine, binden an bestimmte DNA-Abschnitte und regulieren so die Transkription eines Gens. Regulatorproteine erkennen dabei spezifisch bestimmte DNA-Sequenzen. Die Proteinoberfläche und die speziellen Oberflächeneigenschaften der DNA-Doppelhelix passen in diesem Bereich genau zusammen (s. Abbildung).

Das Protein bildet Wasserstoffbrücken, Ionenbindungen oder hydrophobe Wechselwirkungen mit den Basen aus, ohne dabei die komplementäre Basenpaarung der DNA zu stören.

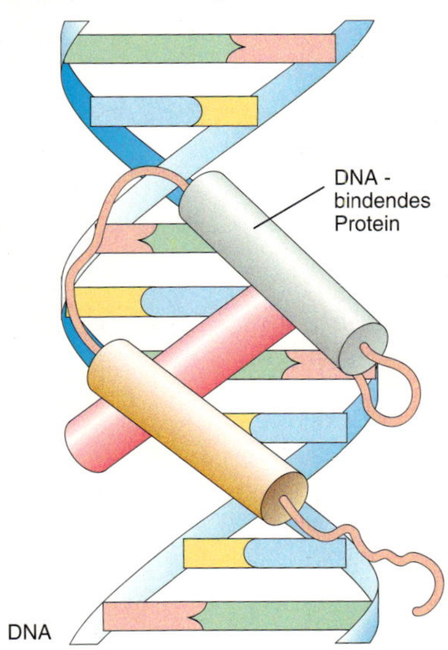

Endproduktrepression

Bei der *Endproduktrepression* bewirkt die ausreichende Konzentration des Endprodukts, dass der Syntheseweg abgeschaltet wird. Durch eine solche *negative Rückkopplung* wird verhindert, dass mehr produziert wird als nötig.

Die Synthese der Aminosäure Tryptophan ist ein solcher negativ rückgekoppelter Vorgang (s. Abb. 3). Durch ein Regulatorgen wird ein Repressorprotein erzeugt, das inaktiv ist, es bindet nicht an seinen Operator auf der DNA. Die Gene, die für die Enzyme des Tryptophanstoffwechselwegs codieren, werden ungehindert in m-RNA transkribiert und diese dann translatiert (Abb. 3a).

Die Tryptophankonzentration steigt infolgedessen in der Zelle an, bis es immer wahrscheinlicher wird, dass ein Tryptophanmolekül mit einem Repressorprotein in Kontakt kommt und bindet. Der Repressor ändert daraufhin seine Raumstruktur, wird aktiviert und lagert sich an seinen Operator an. Das Tryptophanoperon wird blockiert, die Transkription der Tryptophangene wird gestoppt, die Tryptophansynthese kommt zum Erliegen (Abb. 3b). Bei fallendem Tryptophanspiegel löst sich das Tryptophanmolekül wieder vom Repressorprotein, die Blockade ist reversibel. So wird die Tryptophankonzentration relativ konstant gehalten.

Genregulation bei Eukaryoten

Es gibt bei Eukaryoten viele Schritte auf dem Weg von der DNA zum funktionsfähigen Protein, die prinzipiell alle reguliert werden können (s. Abb. 1). Eine Zelle kann die Synthese ihrer Proteine auf verschiedenen Ebenen regulieren, indem sie beeinflusst,
- zu welchem Zeitpunkt und wie oft ein Gen transkribiert wird,
- wie die prä-m-RNA gespleißt wird,
- welche m-RNA-Moleküle an den Ribosomen translatiert werden und
- welche Proteine nach der Synthese selektiv aktiviert oder inaktiviert werden.

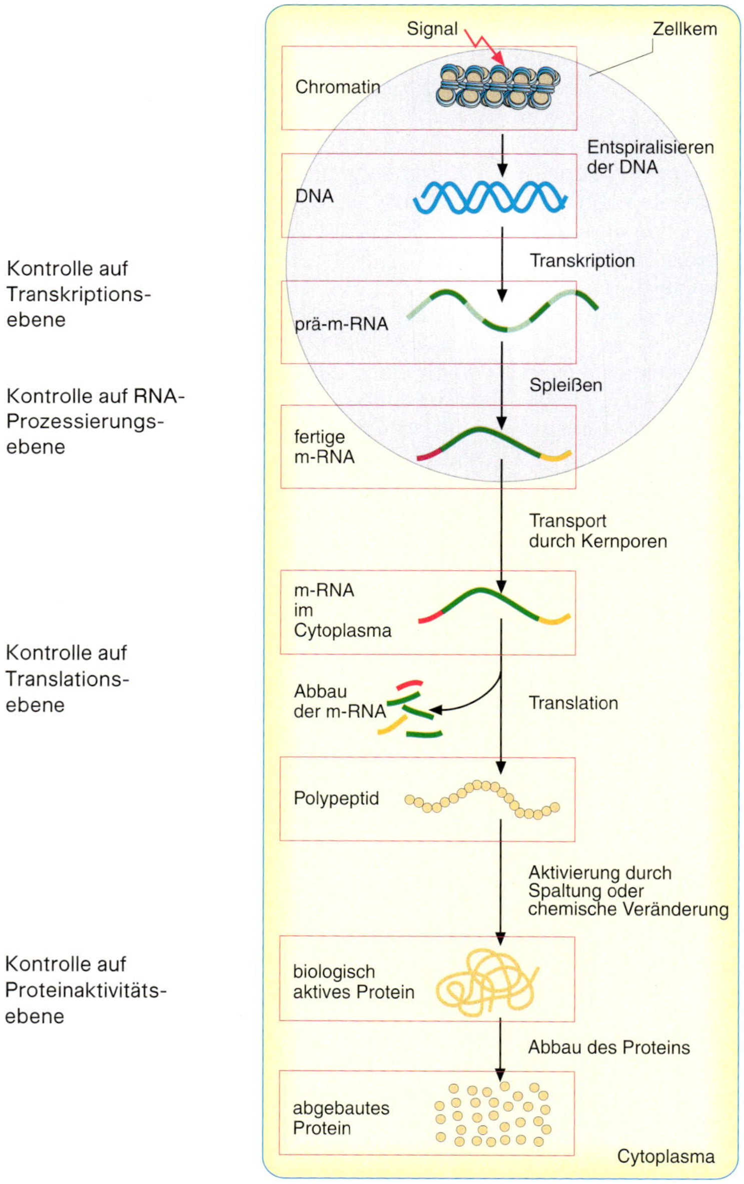

1 Regulation der Proteinbiosynthese

Am wichtigsten ist für die meisten Gene die Kontrolle der Transkription. Nur so kann verhindert werden, dass unnötige Zwischenprodukte gebildet werden.

Transkriptionsfaktoren

Die Transkriptionskontrolle bei Eukaryoten ist wesentlich komplexer als bei Prokaryoten. Eukaryotische DNA enthält Abschnitte, die in unmittelbarer Nähe des Gens oder auch weiter weg liegen können und selbst nicht transkribiert werden. An diese *regulatorischen DNA-Sequenzen* können spezifisch Proteine binden (s. Zettelkasten, S. 107). Erst wenn diese Proteine gebunden wurden, kann sich die RNA-Polymerase an die *Promotor*-Region eines Gens anlagern und die Transkription der m-RNA kann beginnen. Weitere regulatorische Proteine binden an die RNA-Polymerase und erhöhen dadurch die Wahrscheinlichkeit einer Bindung an den Promotor. Zum Start der Transkription sind also spezielle Proteine erforderlich. Diese Proteine bezeichnet man als *Transkriptionsfaktoren*. Abbildung 2 zeigt, wie Transkriptionsfaktoren durch eine Schleife in der DNA sowohl an regulatorische DNA-Sequenzen als auch an den Promotor binden können.

Neben aktivierenden gibt es auch hemmende Transkriptionsfaktoren. Diese *Repressoren* verhindern die Bindung der DNA-Polymerase an den Promotor und blockieren somit die Transkription. Über die Synthese bzw. die Aktivierung von Transkriptionsfaktoren kann die Zelle die Genexpression regulieren.

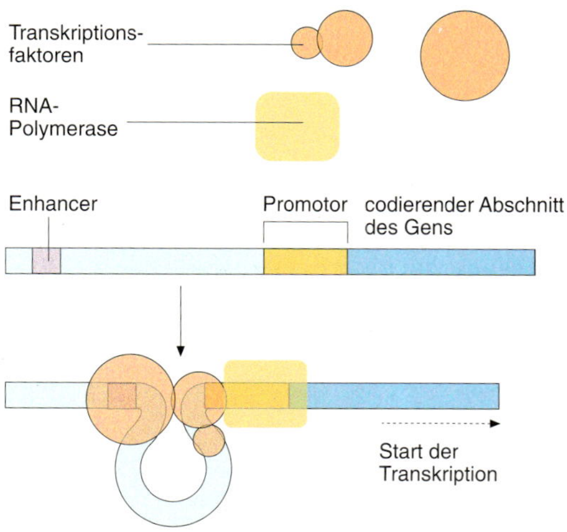

2 Transkriptionskontrolle

Genaktivierung

Auslöser für eine Genaktivierung bei Eukaryoten können beispielsweise Hormone sein. Abbildung 3 zeigt ein Modell der Genaktivierung durch lipophile Hormone. Lipophile Hormone können die Zellmembran durchdringen. Im Inneren der Zelle bindet das Hormonmolekül an ein spezifisches Rezeptorprotein. Dieses ist nur in Zielzellen vorhanden und passt zum Hormonmolekül wie ein Schlüssel zum Schloss. Es bildet sich ein Hormon-Rezeptor-Komplex. Dieser passiert die Kernmembran und lagert sich an eine spezifische regulatorische DNA-Sequenz an. Dadurch wird die Transkription bestimmter Gene in Gang gesetzt. Hydrophile Substanzen können die Zellmembran nicht passieren. Abbildung 4 zeigt einen typischen Signalübertragungsweg, der zur Regulation der Genaktivität im Zellkern führt. Ein Signalmolekül (Wachstumsfaktor, s. S. 119) löst eine Phosphorylierungskaskade in der Zelle aus. Die letzte Kinase der Kette wandert in den Zellkern und aktiviert dort ein Protein, das als Transkriptionsfaktor dafür sorgt, dass ein ganz bestimmtes Gen transkribiert wird.

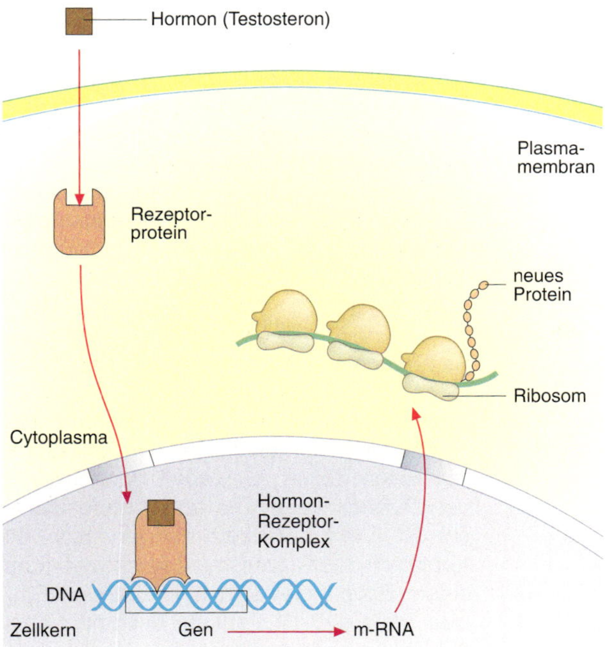

3 Genaktivierung durch Hormone

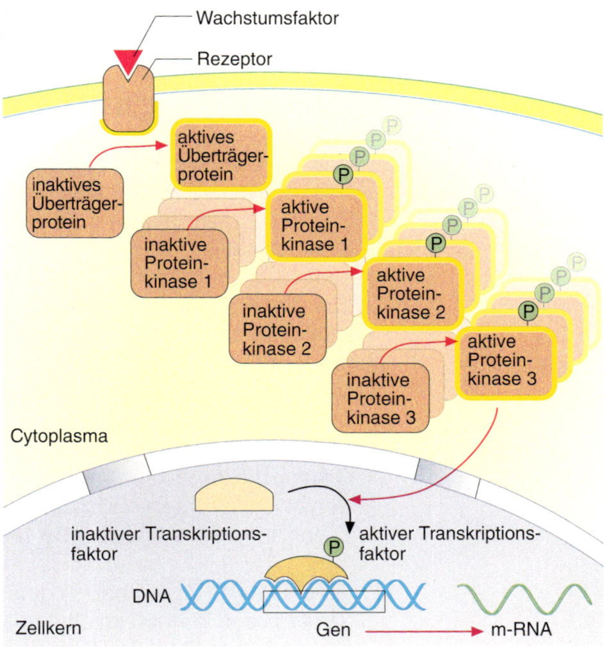

4 Genaktivierung durch Wachstumsfaktoren

Zettelkasten

Riesenchromosomen

Besonders gut untersucht ist die differentielle Genaktivität bei verschiedenen Insektenarten. Die Abbildung zeigt Riesenchromosomen aus den Speicheldrüsen von Zuckmücken. In einigen Bereichen, den *Puffs*, ist die DNA aufgelockert (s. S. 113).

An diesen Stellen ist die DNA aktiv. Während der Entwicklung des Insekts verändert sich das Muster der Puffs, was sich auch in der Menge der gebildeten Proteine zeigt.

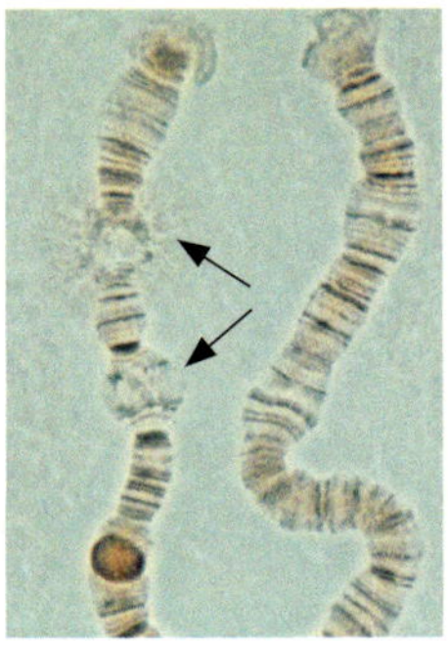

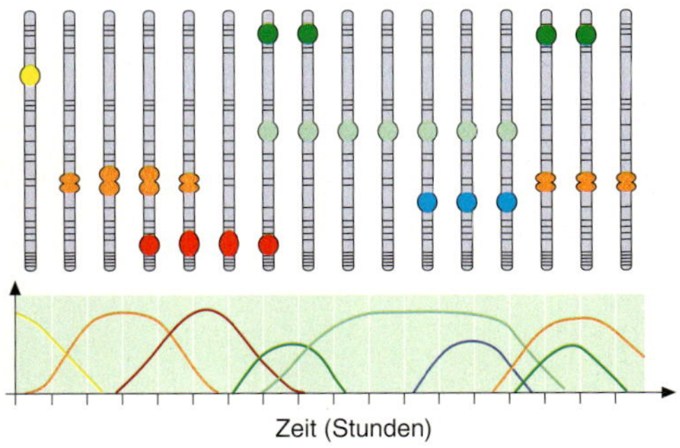

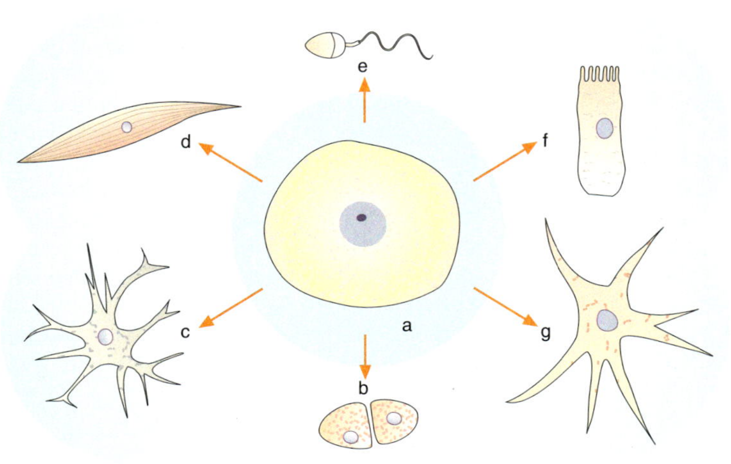

1 Beispiele für Differenzierungen von Tierzellen

Differenzierung und Entwicklung

Alle Tiere und Pflanzen entstehen aus einer befruchteten Eizelle. Der Zellkern dieser Zygote enthält in seiner DNA die gesamte Erbinformation des Lebewesens. Durch zahlreiche mitotische Teilungen entstehen aus dieser Zygote alle Zellen des sich entwickelnden Organismus. Da bei der Mitose alle Tochterzellen das gleiche Erbgut der Mutterzelle erhalten, sind alle diese Zellen genetisch identisch. Trotzdem findet man in einem Organismus zahlreiche verschiedene Organe, die aus vielen verschiedenen Gewebetypen aus unterschiedlich differenzierten Zellen aufgebaut sind (s. Abb. 1).

Differenzierung
Spezialisierung von Zellen in Struktur und Funktion

Differenzierte Zellen haben eine spezifische Struktur und können so eine spezielle Funktion ausüben. Mit der Differenzierung verlieren sie ihre Fähigkeit sich zu teilen. Einige Zellen des Organismus bleiben undifferenziert und damit auch teilungsfähig. Sie können sich zu jedem Zelltyp weiterentwickeln.

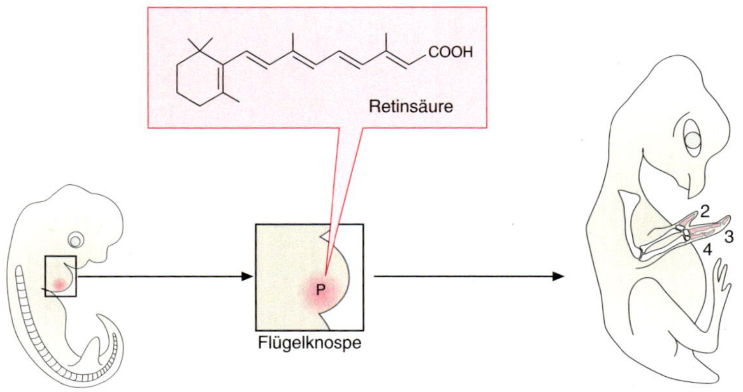

2 Flügelentwicklung beim Hühnchen

Differentielle Genaktivität

Die Differenzierung von Zellen ist möglich, weil in verschiedenen Entwicklungsstadien und verschiedenen Geweben unterschiedliche Gene aktiv sind. Man spricht von differentieller Genaktivität. In hochspezialiserten Zellen wie z. B. Nerven- und Muskelzellen ist nur ein winziger Bruchteil der vorhandenen Gene aktiv.

Eukaryoten verfügen über komplexe Kontrollmechanismen in der Genexpression, um eine gezielte und präzise Funktion des Organismus und der verschiedenen Gewebe zu gewährleisten (s. S. 108/109). Die Genaktivität wird durch innere Faktoren wie z. B. Hormone gesteuert, kann aber auch durch äußere Faktoren wie z. B. Temperatur, Strahlung oder bestimmte Chemikalien beeinflusst werden. Fehlsteuerungen der Genexpression führen zu Krankheiten bis hin zu Krebs.

Embryonalentwicklung

Seit langem beschäftigen sich Entwicklungsbiologen mit der Frage, wie aus genetisch identischen Zellen ein komplexer Organismus aus sehr unterschiedlich differenzierten Zellen, Geweben und Organen hervorgehen kann. Die befruchtete Eizelle enthält in ihrem Zellkern die genetische Information des Organismus, vergleichbar mit einem Bauplan. Wie aber wird dieser Bauplan realisiert? Im Verlaufe der Embryonalentwicklung werden bestimmte Gene in genau festgelegter Reihenfolge aktiviert.

Diese Steuergene tragen die genetische Information für regulatorische Proteine, die sich an die DNA anlagern und wiederum eine Reihe weiterer nachgeschalteter Gene aktivieren. Der Embryonalentwicklung liegt also eine Hierarchie von Genaktivierungen zugrunde. Durch die aufeinander folgende Aktivierung von Steuergenen, die schon vor der Befruchtung beginnt, werden immer feinere Details des Embryos festgelegt (s. Zettelkasten).

Organentwicklung

Gut untersucht ist die Bildung des Flügels während der Embryonalentwicklung des Hühnchens (s. Abb. 2). Zellen der Polarisierungszone, eines Bereichs der Flügelknospe, produzieren Retinsäure. Diese Substanz diffundiert in die Flügelknospe, wobei sich ein Konzentrationsgradient ausbildet.

Durch diesen Gradienten wird die Genexpression gesteuert. Eine relativ hohe Konzentration an Retinsäure bewirkt die Entwicklung der Finger 3 und 4.

Aufgaben

① Benennen Sie die Zelltypen a bis g in Abb. 1. Erläutern Sie an ausgewählten Zelltypen den Zusammenhang von Struktur und Funktion.

② Beschreiben Sie ein Experiment, mit dem man überprüfen könnte, ob Retinsäure die Flügeldifferenzierung hervorruft (Abb. 2).

Zettelkasten

Vom Ei zur Fliege

Wesentliche Einsichten in die Steuerung von Entwicklungsprozessen verdanken wir Untersuchungen an der Taufliege *Drosophila melanogaster* (s. Abb. 1).
CHRISTIANE NÜSSLEIN-VOLHARD vom Max-Planck-Institut für Entwicklungsbiologie in Tübingen erhielt für ihre grundlegende Arbeit 1995 den Nobelpreis.

Die Embryonalentwicklung des befruchteten Fliegeneies verläuft in drei aufeinander folgenden Schritten: Zunächst werden die Körperachsen des Tieres festgelegt (vorne und hinten, oben und unten). Dann werden die Segmente angelegt, die schließlich weiter differenziert werden, indem zum Beispiel Beine oder Flügel ausgebildet werden.

Festlegung der Körperachsen

Bereits vor der Befruchtung besitzen Eizellen eine Polarität. Das spätere Kopf- und Hinterende des Embryos sind bereits festgelegt. Nährzellen, welche die Eizelle im Eierstock umgeben, schleusen die m-RNA für ein bestimmtes Protein, das *Bicoid* genannt wird, in die unbefruchtete Eizelle ein. Die Konzentration der Bicoid-m-RNA ist am vorderen Eipol, dem späteren Kopfende, besonders hoch. Dieser Konzentrationsgradient bleibt auch nach der Befruchtung erhalten.

Mit der Befruchtung beginnt die Translation des Bicoid-Proteins. Vom vorderen Eipol aus diffundiert das produzierte Protein zum hinteren Ende des Eies. Dabei entsteht ein Konzentrationsgefälle, vorne ist die Konzentration hoch, hinten sehr niedrig (s. Abb. 2). Dadurch wird am Vorderende der Kopf gebildet. Das Bicoid-Protein bindet an DNA und löst die Tanskription nachgeschalteter Gene aus. Dort wo die Konzentration niedrig ist, sind die Gene für die Bildung des Hinterleibs der Larve aktiv. Fehlt das Bicoid-Protein oder ist es defekt, so entsteht eine Larve ohne Kopf und mit zwei Hinterteilen. Auf ähnliche Weise entstehen Konzentrationsgradienten, die Bauch- und Rückenseite des Embryos festlegen.

1

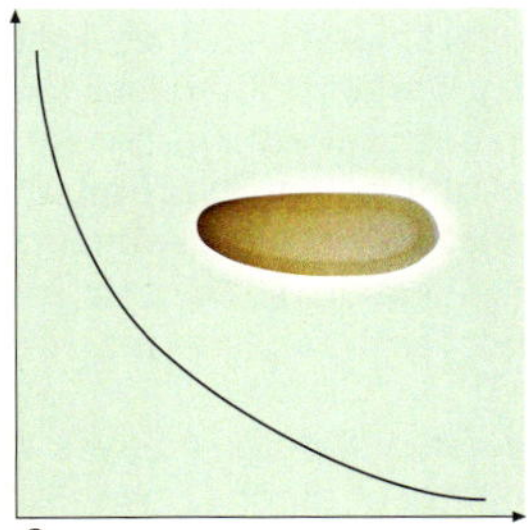
2

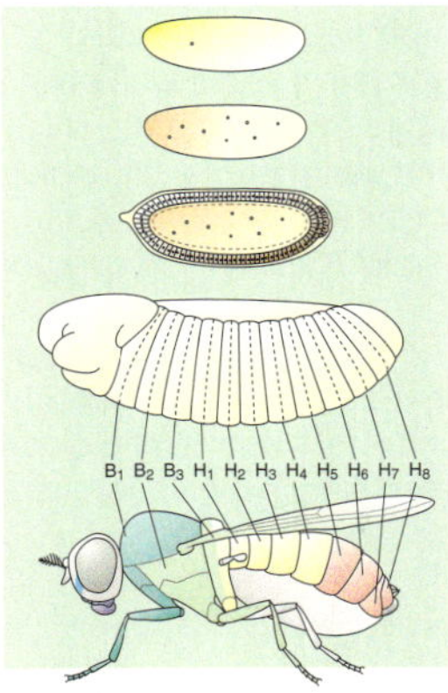

3

4

Segmentierung

Sind die Körperachsen festgelegt, bestimmen drei Gruppen von *Segmentierungsgenen*, die zeitlich nacheinander aktiviert werden, die Unterteilung in zunächst gleichartige Körperabschnitte, die Segmente zeigen unter anderem einen Embryo drei Stunden nach der Befruchtung. Zwei verschiedene Genprodukte der Segmentierungsgene wurden mithilfe von Antikörpern sichtbar gemacht. Der Embryo weist ein Streifenmuster auf. Die Segmentierung ist zu diesem Zeitpunkt also bereits angelegt.

Auch die Genprodukte der Segmentierungsgene sind DNA-bindende Proteine, die als Transkriptionsfaktoren einen nächsten Satz von Genen in der Musterbildungskaskade aktivieren.

Differenzierung der Segmente

Diese sogenannten *homeotischen Gene* bestimmen, ob ein Segment z. B. Flügel, Beine oder Antennen ausbildet (s. Abb. 3). Fruchtfliegen, bei denen diese Gene mutiert sind, bilden z. B. ein zusätzliches Flügelpaar oder Beine statt Antennen am Kopf aus (s. Abb. 4).

Vergleichbare Entwicklungsgene hat man nicht nur bei Insekten und anderen Gliedertieren gefunden, sondern auch bei Wirbeltieren und ebenso beim Menschen.

Aufgaben

① Erstellen Sie ein Flussdiagramm, das die Hierarchie der Genaktivierungen bei der Entwicklung einer Drosophilalarve veranschaulicht.

② Mutationen im Bicoid-Gen wirken sich erst in der Nachfolgegeneration aus. Begründen Sie.

Genregulation

Jede Zelle besitzt alle Gene des Organismus. In differenzierten Zellen ist für ihre Funktion nur ein Teil der Gene erforderlich, die bei Bedarf aktiviert werden. Als Folge der Genaktivierung entstehen Genprodukte, häufig Enzyme. Liegen die Enzyme vor, so können in der Zelle die zugehörigen Stoffwechselvorgänge ablaufen, wie beispielsweise der Abbau energiereicher Substrate oder der Aufbau zelleigener Stoffe.

Aufbau des Getreidekorns

Getreidekörner sind Früchte. Bei ihnen ist die Samenschale mit der Wand des Fruchtknotens verwachsen.

Material:
Weizenkörner, Iod-Kaliumioidid-Lösung, Rasierklinge, Lupe.

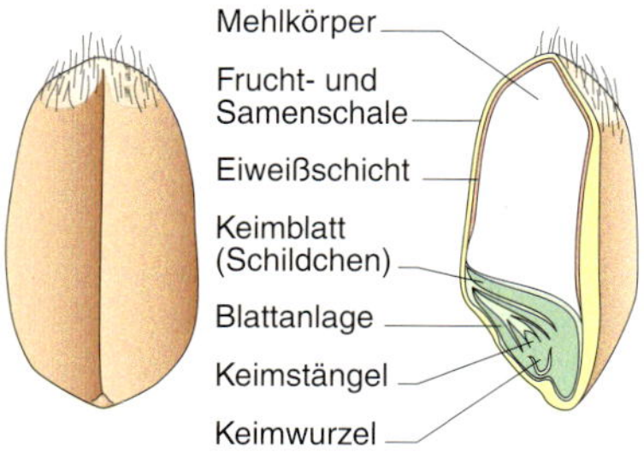

Durchführung:
Die Weizenkörner werden 2 bis 3 Stunden in Wasser gelegt. Ein gequollenes Korn wird längs geschnitten und mit der Lupe betrachtet. Anschließend wird mit Iod-Kaliumiodid-Lösung gefärbt.

Aufgaben

① Beschreiben Sie, welche Strukturen Sie erkennen.
② Welcher Teil des Präparates lässt sich färben? Geben Sie seine biologische Funktion an.

Genregulation bei der Keimung

Beim Keimen von Getreidekörnern wird die im Mehlkörper enthaltene Stärke durch Enzyme, vor allem durch α-Amylase, zu Zucker abgebaut. Für die Keimung muss im Getreidekorn α-Amylase gebildet werden. Bei der Durchführung dieses Experiments ist auf sauberes Arbeiten zu achten, weil sonst die Gefahr besteht, dass Mikroorganismen auf die Agarplatten gelangen.

Material:
Gerstenkörner, 8 Petrischalen (möglichst steril), Glasstab, Gibberellinsäurelösung (Gibberellin A3) 1 mg in 1 Liter Wasser, Iod-Kaliumiodid-Lösung, Agar, Stärke, destilliertes Wasser.

Durchführung:
Diese Arbeitsanleitung beschreibt den Vorgang für die Versuchsreihe einer Arbeitsgruppe.

Zuerst stellt man Iod-Stärke-Agarplatten her. Dazu werden 100 mg lösliche Stärke in wenig destilliertem Wasser aufgeschwemmt und dann in 200 mL Wasser bis zum Kochen erhitzt. Während die Flüssigkeit kocht, gibt man unter ständigem Rühren 4 g Agar hinzu.

Nachdem der Stärkeagar etwas abgekühlt ist, wird er durch Zugabe von Iod-Kaliumiodid-Lösung unter gründlichem Rühren mit einem Glasstab blau gefärbt. Der gefärbte Agar wird in die Petrischalen gegossen, sodass eine etwa 5 mm hohe Agarschicht entsteht. Nach dem Abkühlen der Platten auf Zimmertemperatur werden sie bis zur weiteren Verwendung im Kühlschrank gelagert.

Acht gleich lange Gerstenkörner werden mit einer Rasierklinge so geschnitten, dass eine Hälfte entsteht, die den Embryo trägt (A) und die andere embryofrei ist (B).

Nun werden jeweils vier der Hälften A und B in eine Petrischale mit Wasser gelegt sowie jeweils vier der Hälften A und B in eine Petrischale mit Gibberellinsäurelösung.

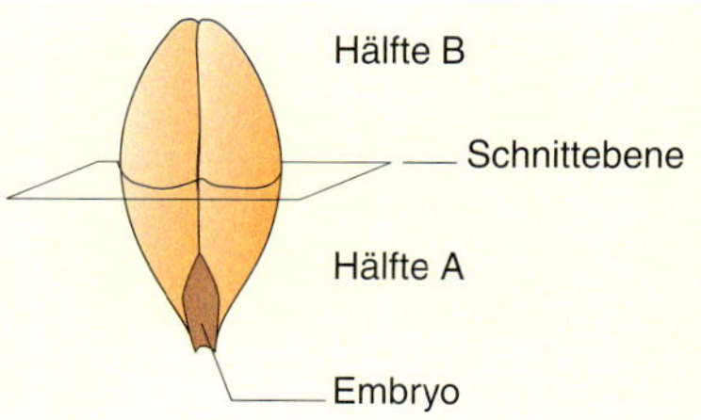

Nach drei Stunden entnimmt man die Hälften mit einer Pinzette und trocknet sie auf Filterpapier.

Mit Gibberellinsäure behandelte Hälften kommen auf eine Agarplatte, diejenigen aus dem Wasser auf eine zweite Agarplatte. Man setzt die Kornhälften mit der Schnittfläche auf die Agaroberfläche. Dabei ist unbedingt auf guten Kontakt zwischen Schnittfläche und Agar zu achten.

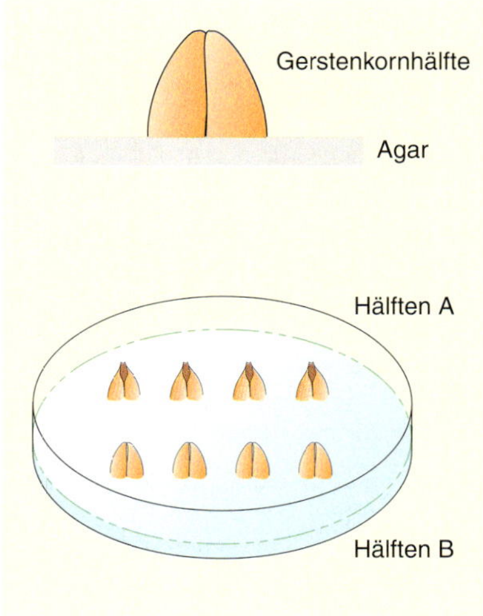

Nach 24 Stunden setzt man die Gerstenkornhälften auf neue Agarplatten um. Mithilfe von Stechzirkel und Lineal misst man die Durchmesser der kreisförmigen hellen Höfe, die sich auf den zuerst benutzen Agarplatten um die Kornhälften gebildet haben. Falls die Agarfärbung inzwischen schwach geworden ist, so kann man vorsichtig mit stark verdünnter Iod-Kaliumiodid-Lösung nachfärben. Für jeweils vier gleiche Gerstenkornhälften, die gleichen Bedingungen ausgesetzt waren, wird der Durchschnittswert ermittelt und in einer Tabelle notiert.

Nach weiteren 24 Stunden werden die hellen Höfe erneut gemessen und die Gerstenkörner nochmals auf neue Agarplatten umgesetzt. Die letzte Messung erfolgt nochmals 24 Stunden später. Der Versuch kann auch für weitere zwei Tage fortgeführt werden.

Tag	Wasser		Gibberellin	
	A	B	A	B
1				
2				
3				

Aufgaben

③ Berechnen Sie aus den Durchmessern der hellen Höfe die Kreisflächen. Übertragen Sie diese Werte in ein geeignetes Diagramm.

④ Erklären Sie die Entstehung der hellen Höfe um die Gerstenkornhälften. Verdeutlichen Sie daran, dass die Kreisflächen geeignetere Vergleichswerte darstellen als die Durchmesser.

⑤ Beschreiben Sie die Ergebnisse Ihres Experiments.
Erklären Sie die Wirkung von Gibberellinsäure auf die Gerstenkornhälften vom Typ A bzw. vom Typ B.

⑥ Entwickeln Sie eine Hypothese zur Wirkung von Gibberellinsäure auf die Gene in den Zellen des Gerstenkorns.

⑦ Zeigen Sie experimentell, dass die Gibberellinsäure nicht direkt auf Stärkeagar einwirkt.

Keimung von Samen

Das Sprosswachstum und die Chlorophyllbildung hängen bei der Samenkeimung von den Lichtverhältnissen ab.

Material:
Mindestens 30 Samen von Senf oder Kresse, ein Kopf Endiviensalat, 3 Bechergläser 100 mL, Filterpapier, 3 Kartonscheiben, Lineal.

Durchführung:
Auf die Böden der drei Bechergläser legt man Filterpapier und gibt jeweils 5 mL Wasser dazu. Auf das Filterpapier legt man 10 Samen und deckt anschließend die Bechergläser mit Kartonscheiben ab, damit das Wasser nicht verdunsten kann.

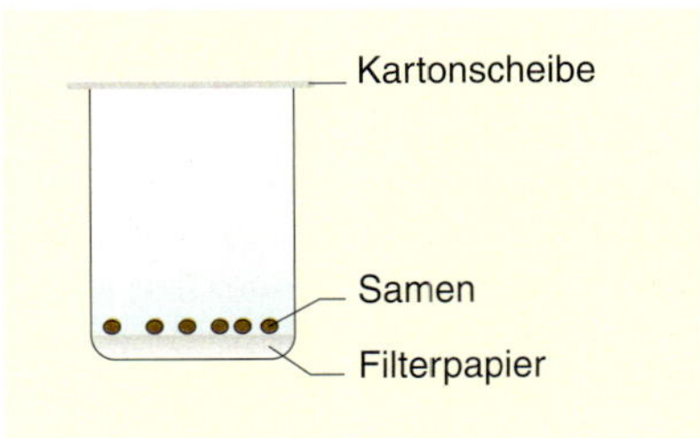

Anschließend werden alle drei Gläser im selben Raum und damit in etwa bei gleicher Temperatur gelagert. Glas 1 wird ans Fenster gestellt, Glas 2 an einen dämmrigen Ort und Glas 3 wird unter völligem Lichtabschluss aufbewahrt. In den Bechergläsern entwickeln sich Keimlinge, die nach 4 bis 7 Tagen entnommen werden.

Aufgaben

⑧ Vergleichen Sie die Pflanzenkeimlinge der drei Ansätze. Protokollieren Sie die Unterschiede in tabellarischer Form. Achten Sie dabei besonders auf die Färbung, die Länge der Keimsprosse sowie die Größe der am Sprossende befindlichen Primärblätter. Vergleichen Sie die Festigkeit der Sprosse miteinander.

⑨ Messen Sie mithilfe eines Lineals die Länge der Sprosse der drei Ansätze. Berechnen Sie jeweils die Mittelwerte und geben Sie die Unterschiede prozentual an.

⑩ Erklären Sie schlüssig an der unterschiedlichen Färbung der im Hellen und im Dunkeln gekeimten Pflanzen, dass die Aktivität von Genen durch Licht beeinflusst wird.

⑪ Halbieren Sie einen Salatkopf des Endiviensalates. Vergleichen Sie die Färbung und Festigkeit äußerer und innerer Blätter. Beschreiben und erklären Sie die Unterschiede.

Riesenchromosomen

In den Speicheldrüsenzellen von zweiflügligen Insekten (z. B. *Drosophila*) findet man Riesenchromosomen, die mehrere Millimeter lang sind. Sie entstehen durch vielfache Replikation der DNA ohne anschließende mitotische Chromatidentrennung. So können Chromosomen mit 1000 Chromatiden entstehen. Sie zeigen ein typisches Querbandenmuster. Bei der Färbung mit Toluidinblau erscheinen stark DNA-haltige Bereiche dunkel, RNA-haltige Bereiche dagegen rot.

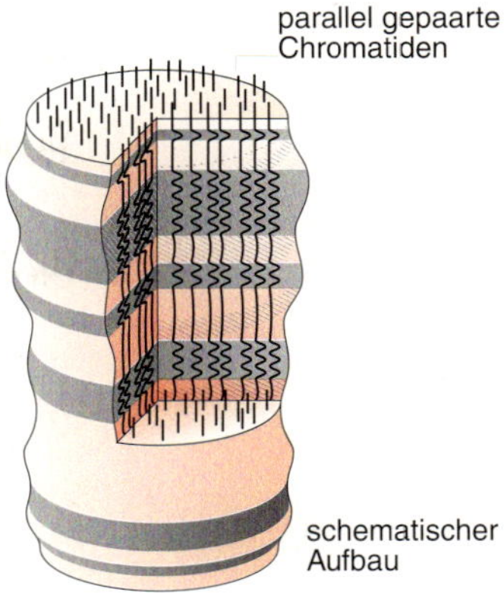

Material:
Mit Toluidinblau gefärbte Dauerpräparate von Riesenchromosomen, Mikroskop.

Durchführung:
Mikroskopieren Sie Riesenchromosomen mit der stärksten Vergrößerung.

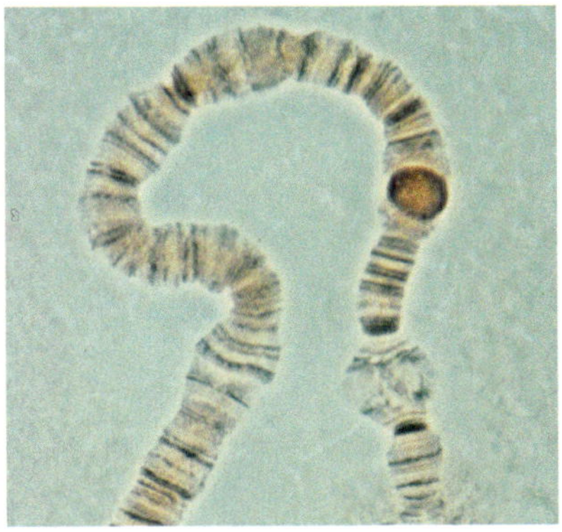

Aufgaben

⑫ Suchen Sie nach Stellen, an denen die Chromosomen verdickt sind. Zählen Sie die verdickten Stellen an einem Chromosom.

⑬ Die verdickten Stellen werden als die Orte der Chromosomen interpretiert, an denen Gene aktiv sind.
Inwiefern unterstützt die Färbung der Chromosomen diese Deutung? Geben Sie eine anschauliche Erklärung dafür, weshalb bei Riesenchromsomen aktive Gene mehr Raum beanspruchen als inaktive.

⑭ Welche Funktion könnten die in den Speicheldrüsen aktivierten Gene haben? Wieso ist das Auftreten von Riesenchromosomen in Speicheldrüsen biologisch sinnvoll? Begründen Sie jeweils Ihre Hypothesen.

⑮ Riesenchromosomen sind wesentlich länger als „normale“ Chromosomen in der Metaphase der Kernteilung. Betrachten Sie Seite 84/85 und erklären Sie diesen Befund.

Kleine Fehler — große Folgen: Genmutation

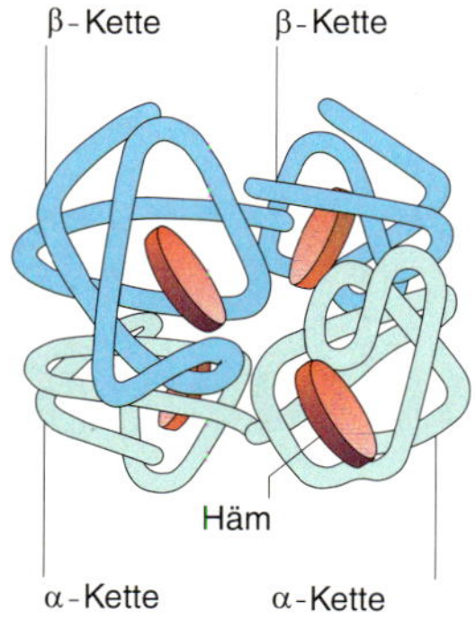

Genmutation
mikroskopisch nicht sichtbare Veränderung, die nur ein Gen betrifft

Sichelzellanämie ist eine erblich bedingte Krankheit, die vor allem bei Menschen afrikanischer Abstammung auftritt. Ihr Name leitet sich von der sichelartigen Form ab, die die Erythrozyten unter Sauerstoffmangel annehmen. Der rote Blutfarbstoff, das *Hämoglobin*, ist ein Protein, das aus je zwei α- und zwei β-Ketten besteht. Jede trägt eine eisenhaltige Häm-Gruppe, die den Sauerstofftransport ermöglicht (s. Abb. Randspalte). Untersuchungen des Hämoglobins von Betroffenen ergaben, dass das Sichelzellhämoglobin HbS bei Sauerstoffmangel auskristallisiert und die Form der roten Blutzellen verändert. Dies löst eine Vielzahl von Symptomen aus: In Blutgefäßen führen Sichelzellen zu Gefäßverschlüssen (Thrombosen), ihr beschleunigter Abbau führt zu Blutarmut (Anämie). Nieren- oder Herzversagen setzen die Lebenserwartung stark herab, ohne Behandlung sterben Sichler häufig vor Erreichen der Geschlechtsreife.

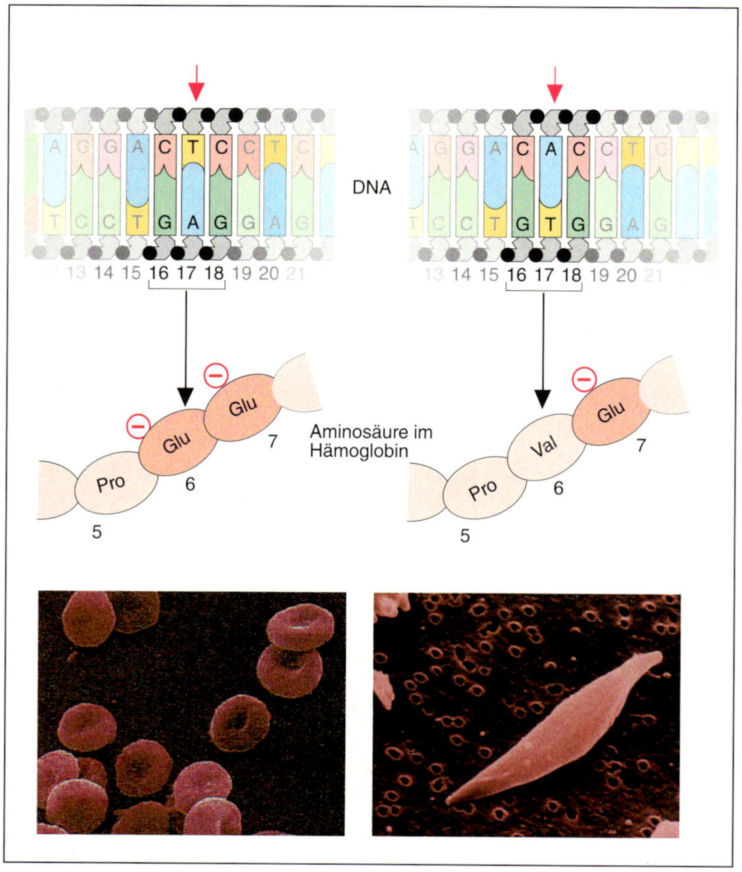

Mutation

Ursache der Sichelzellanämie ist eine Veränderung der DNA, eine *Mutation*. Mutationen werden verursacht durch Mutagene wie z. B. UV-Strahlung oder Chemikalien (s. S. 117). Mutationen erfolgen stets zufällig und ungerichtet. Man kann nicht vorhersagen, an welcher Stelle des Genoms sie auftreten. Sie können ein einzelnes Gen (*Genmutation*), die Struktur eines Chromosoms (*Chromosomenmutation*) oder auch die Chromosomenanzahl betreffen (*Genommutation*).

Punktmutation

Aus dem Erbgang der Sichelzellanämie kann man schließen, dass hier nur ein einzelnes Gen betroffen ist. Eine Untersuchung des zum HbS gehörigen Gens ergab, dass nur eine einzige Base des Gens verändert ist: Anstatt der Base Thymin steht an 17. Stelle die Base Adenin. Eine solche Mutation, die nur eine einzige Base eines Gens betrifft, bezeichnet man als *Punktmutation*.

Der veränderte codogene Strang der DNA führt in der Transkription zu einer veränderten m-RNA. Infolgedessen wird bei der Translation ein Protein synthetisiert, bei dem eine einzige Aminosäure der β-Kette verändert ist: Statt Glutaminsäure wird die Aminosäure Valin eingebaut. Dadurch verändern sich die Ladungseigenschaften und damit die Raumstruktur des Hämoglobinproteins (s. Kasten).

Heterozygote Träger des Sichelzellallels verfügen über ein unverändertes Gen, ihre roten Blutkörperchen enthalten normales Hämoglobin und HbS im Verhältnis 1:1. Unter Normalbedingungen sind ihre roten Blutzellen unverändert. Erst unter extremem Sauerstoffmangel treten Symptome der Krankheit auf. In manchen Gebieten Afrikas sind bis zu 30 % der Bevölkerung heterozygot betroffen. Heterozygote Personen sind resistent gegen Malaria und haben dadurch einen Selektionsvorteil.

Da der genetische Code redundant ist, wirken sich nicht alle Punktmutationen auf die Aminosäuresequenz aus. Man spricht in diesem Fall von einer *stummen Mutation*. Entsteht aufgrund einer Mutation ein Stopp-Co-

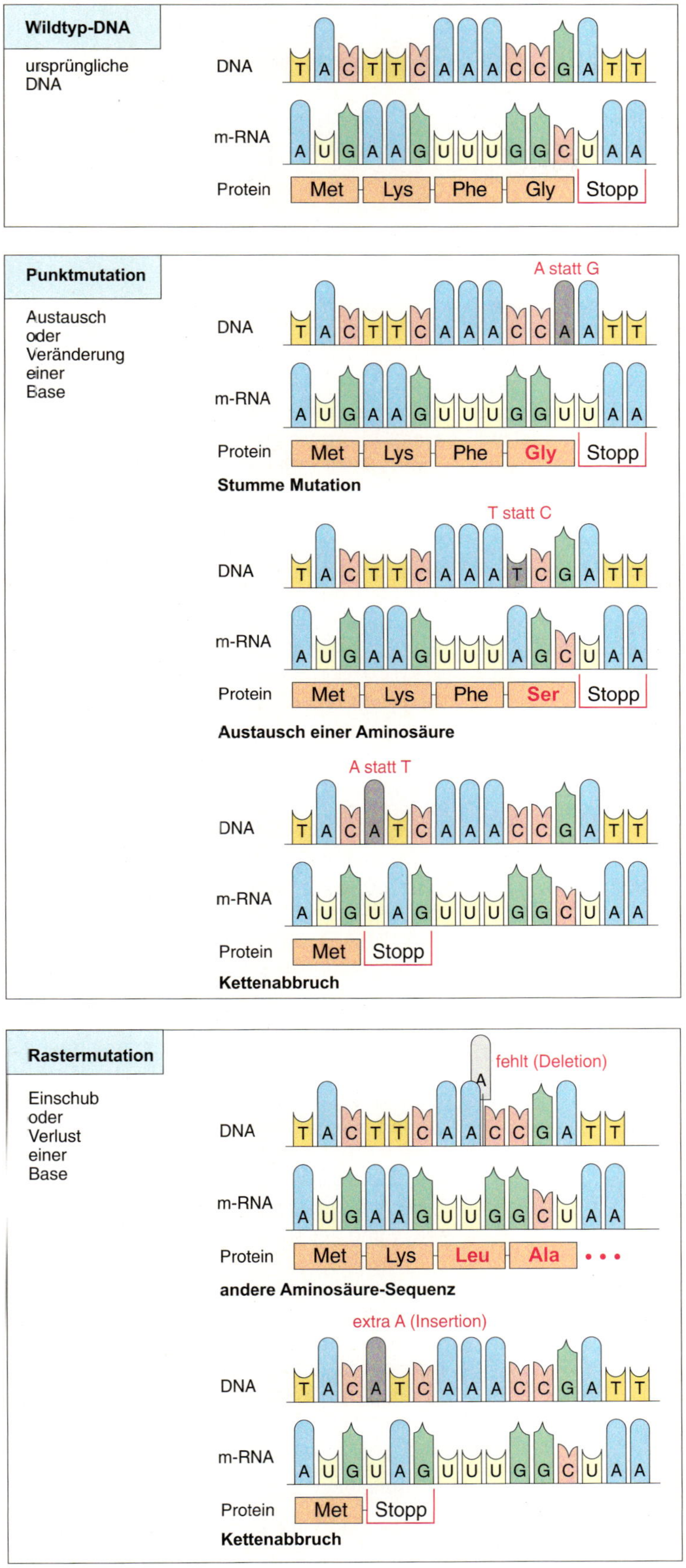

1 Genmutationen

don in der m-RNA, bricht die Translation vorzeitig ab und ein verkürztes, funktionsloses Protein entsteht (s. Abb. 1).

Zahlreiche genetisch bedingte Krankheiten beruhen auf der Veränderung eines Enzyms infolge einer Punktmutation. Betrifft diese Punktmutation beispielsweise eine Signalstelle für die Erkennung eines Introns, so wird die gebildete prä-m-RNA nicht mehr richtig prozessiert. Das Intron wird nicht herausgeschnitten, sodass das gebildete Protein nicht funktionsfähig ist.

Rastermutation

Eine andere Form der Genmutation ist die *Rastermutation*, bei der eine Base zusätzlich eingefügt (*Insertion*) oder entfernt wird (*Deletion*). In beiden Fällen wird das Triplett-Leseraster verschoben. Die Basen werden zu anderen Dreiergruppen zusammengefasst, die andere Aminosäuren codieren. Dadurch entsteht ein völlig verändertes Protein.

Aufgaben

① In einem Gen wird am dritten Nucleotid nach dem Startcodon eine Base ausgetauscht. Erläutern Sie mit Hilfe der Codesonne an einem selbst gewählten Beispiel, welche verschiedenen Auswirkungen dies haben kann. Geben Sie jeweils die zu erwartenden Auswirkungen auf das durch dieses Gen codierte Enzym an.

② Ethidiumbromid ist ein in der Molekularbiologie häufig benutzter Farbstoff. Er hat die Eigenschaft, sich in die DNA einzulagern. Bei der Replikation wird ein Farbstoffmolekül, das zwischen zwei Basen liegt, wie eine zusätzliche Base „abgelesen". Der Gebrauch von Ethidiumbromid unterliegt strengen Sicherheitsbestimmungen. Begründen Sie, weshalb dieser Farbstoff gesundheitsschädlich ist.

③ Durch eine Genmutation entsteht beim Menschen das Hämoglobin HbM mit veränderter β-Kette. Ausschnitte aus den Aminosäuresequenzen der β-Kette von Hb und HbM lauten ab Position 89:
Hb: ... Ser - Glu - Leu - His - Cys - Asp ...
HbM: ... Ser - Glu - Leu - Tyr - Cys - Asp ...
a) Leiten Sie mit Hilfe der Codesonne eine mögliche Basensequenz des codogenen DNA-Strangs ab, welcher den Ausschnitt aus der normalen β-Kette von Hb codiert.
b) Welche Abweichung der Nucleotidsequenz der DNA bewirkt die Veränderung der β-Kette von HbM?

DNA-Reparaturmechanismen

Xeroderma Pigmentosum (XP) ist eine sehr seltene erblich bedingte Hautkrankheit. XP-Patienten sind äußerst empfindlich gegenüber UV-Strahlung und haben ein extrem erhöhtes Hautkrebsrisiko (s. Abb. 2). Bereits ein kurzer Aufenthalt im Sonnenlicht kann zu schweren Sonnenbränden und Hautveränderungen an der Sonne ausgesetzten Körperstellen wie Gesicht, Nacken und Händen führen, aus denen sich bösartige Tumoren entwickeln können. Diese Hauttumoren und die zahlreichen dadurch erforderlichen Operationen führen zu Vernarbung und Entstellung. Durch eine frühzeitige Diagnose und ein konsequentes Meiden von UV-Strahlung kann das Risiko von Hautkrebserkrankungen verringert werden. Da sie bei Tageslicht das Haus allenfalls mit spezieller Schutzkleidung verlassen können und selbst Fenster und Autoscheiben mit UV-Schutzfolie abgeklebt sein müssen, verlagern Betroffene oft ihren Tag/Nacht-Rhythmus und machen die Nacht zum Tag. Sie werden daher auch *Mondscheinkinder* genannt.

1 Mondscheinkinder

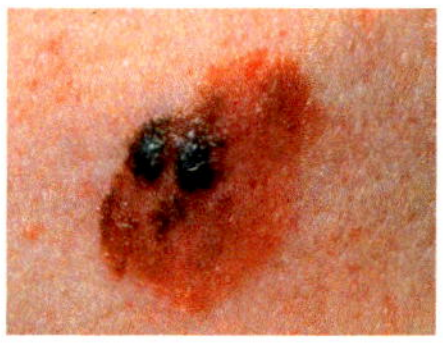

Hautkrebs

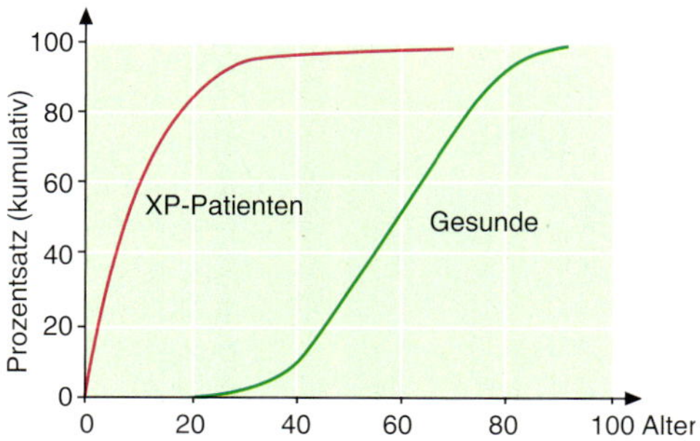

2 Häufigkeit von Hautkrebs

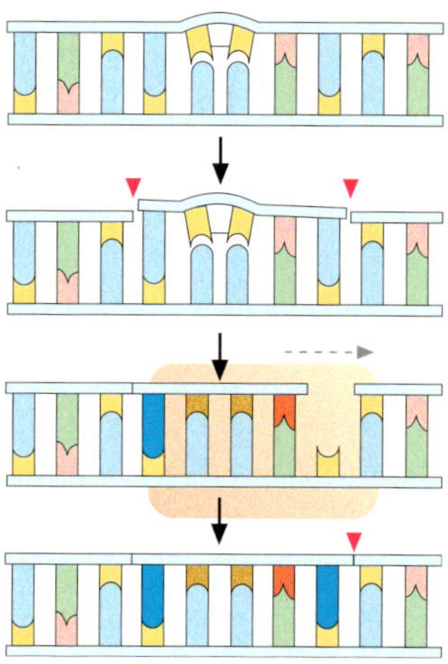

3 DNA-Reparatur

Ursache der XP-Erkrankung ist ein Defekt eines körpereigenen DNA-Reparatursystems. Ständig ist der menschliche Körper äußeren Einflüssen wie UV-Strahlung und Chemikalien, aber auch körpereigenen Stoffwechselprodukten ausgesetzt, die Veränderungen am Erbgut hervorrufen (s. Seite 117). UV-Strahlung führt zu einer Verknüpfung benachbarter Thyminbasen, sodass sie keine Wasserstoffbrücken mehr zu Adenin ausbilden können (s. Abb. 3). Wird der Schaden nicht repariert, bricht die nächste DNA-Replikation an dieser Stelle ab.

Die meisten DNA-Schäden werden erkannt und repariert, bevor sie sich auswirken können. Jede Zelle prüft und repariert regelmäßig ihr genetisches Material. Bislang wurden über 50 verschiedene Enzyme identifiziert, die die korrekte Basenpaarung innerhalb des DNA-Doppelstrangs überprüfen und DNA-Schäden reparieren. Ein DNA-Stück, das eine Schadstelle enthält, wird durch ein Reparaturenzym, eine Endonuclease, aus dem Einzelstrang herausgeschnitten. Die entstandene Lücke wird dann entsprechend der Basensequenz im komplementären Strang wieder mit Nucleotiden aufgefüllt. Dies ist die Aufgabe einer DNA-Polymerase und der DNA-Ligase (s. Abb. 3) Dieser lebenswichtige Mechanismus arbeitet sehr effektiv und genau.

Bei Patienten mit XP funktioniert dieses körpereigene Reparatursystem nicht, sodass UV-induzierte Schäden am Erbmaterial nicht oder nur fehlerhaft repariert werden und sich die Haut nach Sonneneinstrahlung nicht regenerieren kann.

Aufgabe

① Erklären Sie den Anstieg des Hautkrebsrisikos bei XP-Patienten wie auch bei Gesunden mit zunehmendem Alter.

Mutagene

Die meisten Mutationen entstehen nicht durch Ablesefehler bei der Replikation der DNA, sondern durch Umwelteinflüsse auf den Organismus. Solche chemischen und physikalischen Einflüsse, die die Mutationsrate erhöhen, bezeichnet man als *Mutagene*.

Wird die DNA von Körperzellen verändert, handelt es sich um eine *somatische Mutation*. Wenn dadurch einzelne Körperzellen absterben, bleibt dies meist ohne Folgen für den vielzelligen Organismus. Sind allerdings Gene betroffen, die das Wachstum der Zelle kontrollieren, können sich Tumoren bilden. *Keimbahnmutationen* betreffen Keimzellen. Wird deren DNA verändert, tragen alle Zellen des daraus entstehenden Organismus diese Mutation.

Chemische Mutagene

Tropft beim Grillen von Fleisch Fett in die Glut, können krebserregende *Nitrosamine* entstehen. Sie bewirken eine chemische Veränderung der DNA-Basen. Dadurch erhalten diese neue Paarungseigenschaften.

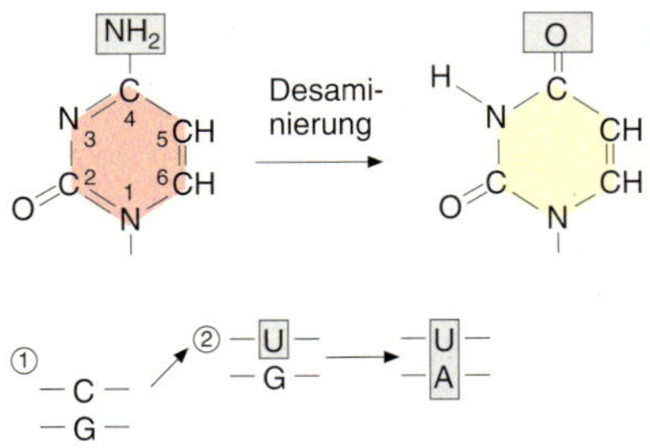

Durch Abspaltung einer Aminogruppe entsteht aus Cytosin Uracil, das nicht mehr komplementär zu Guanin, sondern zu Adenin ist. Bei einer Replikation wird nach einer solchen Mutation im neuen Doppelstrang ein CG-Paar durch ein UA-Paar ersetzt.

Basenanaloga sind basenähnliche Stoffe, die bei der Replikation wie normale Basen eingebaut werden. 5-Bromuracil leitet sich von Thymin ab, dessen Methylgruppe durch Brom ersetzt wurde. 5-Bromuracil wird anstelle des Thymins eingebaut und kann sich erwartungsgemäß mit Adenin paaren, nach spontaner chemischer Umlagerung aber auch mit Guanin. Geschieht dies während einer Replikation, weist einer der DNA-Tochterstränge ein 5-Bromuracil-Guanin-Basenpaar anstelle des ursprünglichen Adenin-Thymin-Paares auf. Nach einer weiteren Replikation trägt das Tochtermolekül mit dem Cytosin-Guanin-Paar eine Punktmutation, die es bei den folgenden Replikation weitergibt.

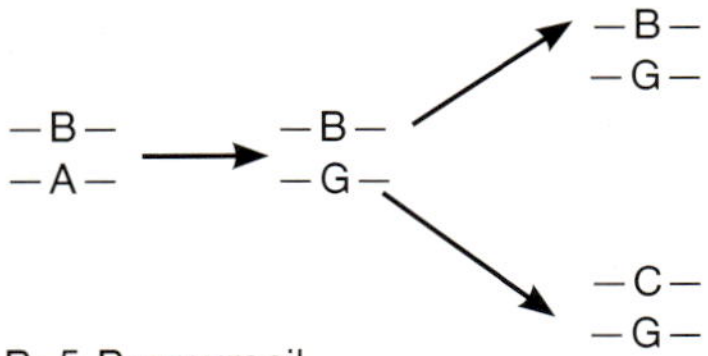

B: 5-Bromuracil

Die *Teerstoffe* des Zigarettenrauchs wirken mutagen und können Krebs verursachen. Als flache Moleküle mit Ringsystemen, können sie sich zwischen die Basen der DNA schieben und eine Base zuviel vortäuschen. Bei einer Replikation der DNA wird im komplementären DNA-Strang eine beliebige Base angelagert. Damit ist dieser DNA-Strang um ein Nucleotid verlängert, eine *Rastermutation* hat stattgefunden.

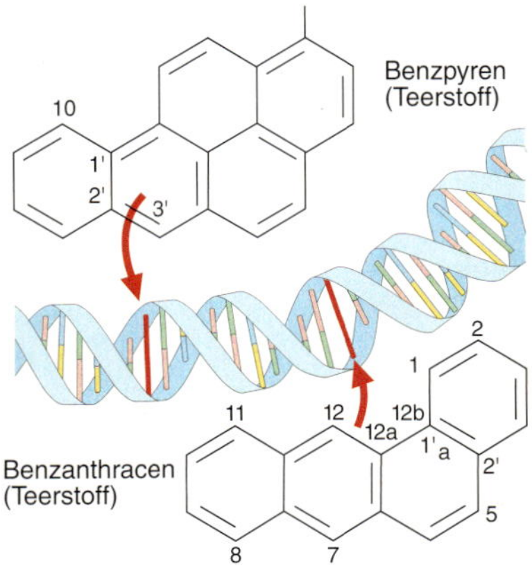

Ionisierende Strahlung

Ionisierende Strahlung wie Röntgen- und γ-Strahlung sowie α- und β-Strahlung geben beim Eintritt in die Zellen Energie ab. Trifft Strahlung auf ein Makromolekül wie die DNA, so können die Folgen drastisch ausfallen. Es werden Strangbrüche, kovalente Verknüpfungen sowie Zerstörung von DNA-Basen beobachtet. Strahlenforscher haben rund 100 verschiedene durch ionisierende Strahlung gebildete Reaktionsprodukte von DNA-Nucleotiden identifiziert, darunter auch 8-Oxoguanin (8-OxoG). Während der Replikation kann gegenüber einem 8-OxoG am Vorlagenstrang sowohl ein Cytosin als auch ein Adenin-Nucleotid eingebaut werden.

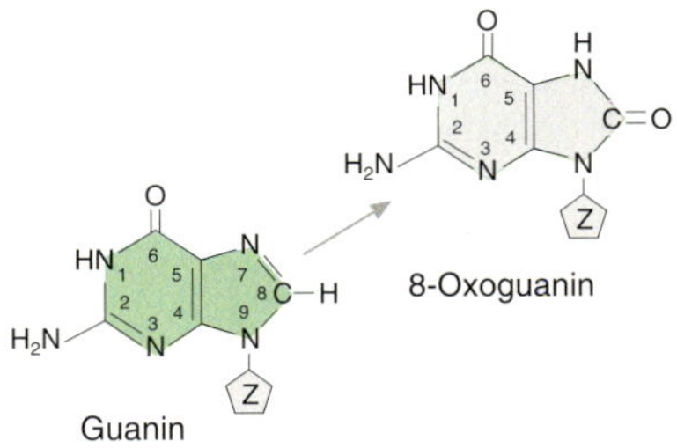

Mutagenitätstest nach Ames

B. N. Ames entwickelte 1970 einen einfachen *Mutagenitätstest* mit einem Stamm des Bakteriums *Salmonella typhimurium*, der aufgrund einer Punktmutation die Aminosäure Histidin nicht bilden kann. Auf Nährböden ohne Histidin kann die Mangelmutante nicht wachsen, also keine Kolonien bilden. Gibt man mutagene Substanzen auf die Nährböden, kommt es vereinzelt zu *Rückmutationen*. Deren Zahl kann an der Kolonienzahl auf der Agarplatte direkt abgelesen werden. Je stärker die Mutagenität einer zu testenden Chemikalie ist, desto größer ist die Zahl der Kolonien nach dem Einwirken. Bei der Beurteilung von Chemikalien muss allerdings bedacht werden, dass viele Ausgangsverbindungen erst durch den Stoffwechsel der Leber in Mutagene verwandelt werden.

Der im Zigarettenrauch enthaltene Teerstoff Benzpyren z. B. wird in der Leber durch Oxidation so abgewandelt, dass er sich zwischen Basenpaare der DNA schieben kann. Deswegen werden zu testende Chemikalien mit einem Leberextrakt vorbehandelt, um deren Mutagenität im menschlichen Körper *(in vivo)* abschätzen zu können.

Krebs — eine Folge fehlgesteuerter Gene?

Tumor
Geschwulst

Onkogen
(griech. onkos: Geschwulst)
Krebsgen

Proto-Onkogen
Gen, das ein Protein codiert, das die Zellteilung fördert. Durch Mutation kann daraus ein Onkogen entstehen.

Tumorsuppressorgen
Gen, das ein Protein codiert, das die Zellteilung hemmt

Nach Herz-Kreislauf-Erkrankungen ist Krebs in den Industriestaaten eine der häufigsten Todesursachen. Krebs ist eine Sammelbezeichnung für bösartige *Tumoren*, also für bösartige Geschwulste von Körpergewebe, in denen sich Zellen unkontrolliert teilen und ihre normale Funktion verlieren. Tumoren verdrängen durch ihr Wuchern das gesunde Gewebe und entziehen dem Organismus lebensnotwendige Nährstoffe für ihren eigenen übersteigerten Stoffwechsel. Nicht jeder Tumor ist als Krebs anzusehen. *Gutartige Tumoren* wachsen sehr langsam und dringen nicht in das umgebende Gewebe ein. Sie sind daher nicht unbedingt lebensbedrohend und können chirurgisch entfernt werden. *Bösartige Tumoren* dringen dagegen in das umgebende Gewebe ein. Zellen können sich aus der Krebsgeschwulst lösen und über Blut- und Lymphsystem in andere Bereiche des Körpers gelangen. Dort bilden sie dann Tochtergeschwulste, die als *Metastasen* bezeichnet werden.

Bei gesunden Zellen regeln bestimmte Gene Zeitpunkt und Häufigkeit der Zellteilungen. Mutationen, welche die Expression dieser Gene verändern, heben diese Kontrollmechanismen auf. Sie führen dazu, dass Krebszellen sich unablässig teilen, ohne sich zu differenzieren und als Gewebe zu ordnen.

Mutationen in zwei großen Gengruppen können zu Krebs führen:
- *Proto-Onkogene* codieren für Proteine, die normalerweise die Zellteilung fördern. Kommt es zu einer Mutation, so wird das Protein entweder in übermäßig großer Menge gebildet oder es entsteht eine aktivere Form des selben Proteins. Dies hat eine übermäßige Zellteilung zur Folge: ein Krebsgen, ein *Onkogen*, ist entstanden.
- *Tumorsuppressorgene* codieren für Proteine, die die Zellteilung unterdrücken. Ein Wegfall der Hemmung führt ebenfalls zu einer erhöhten Zellteilungsrate. Krebs kann nur entstehen, wenn beide Allele eines Gens mutiert sind.

Krebs entsteht, wenn sich in einer Zelle Mutationen anhäufen, die Proto-Onkogene aktivieren oder Tumorsuppressorgene inaktivieren. Die meisten Mutationen haben ihre Ursache in Umwelteinflüssen, wie der Einwirkung krebserregender Substanzen oder energiereicher Strahlung wie Röntgen-, UV oder radioaktiver Strahlung (s. S. 117). Auch bestimmte Viren können Krebs auslösen.

Verschiedene Mutationsereignisse können ein Proto-Onkogen in ein Onkogen verwandeln (s. Abb. 1). Abgebrochene Chromosomenfragmente können an anderer Stelle eingebaut werden, so kann ein Gen unter den Einfluss eines aktiveren Promotors gelangen (a). Ein Gen kann vervielfacht werden und liegt dann in Form vieler Kopien in der Zelle vor (b). Punktmutationen können zur Synthese aktiverer oder abbauresistenter Proteine führen (c).

Im Allgemeinen wird mehr als eine Mutation benötigt, um alle Veränderungen herbeizuführen, die Krebszellen charakterisieren. Dies erklärt weshalb die Krebsanfälligkeit mit dem Alter ansteigt. Je älter man wird, desto mehr Mutationen häufen sich an, desto höher wird die Wahrscheinlichkeit, dass einzelne Zellen alle notwendigen Mutationen erfahren.

Inzwischen sind eine Reihe gefährdeter Gene und ihre Aufgaben in der Zelle bekannt. Das *Ras-Onkogen* spielt eine bedeutende

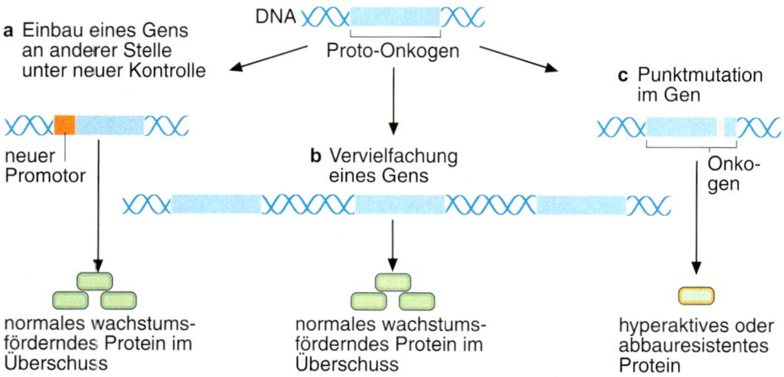

1 Entstehung von Onkogenen

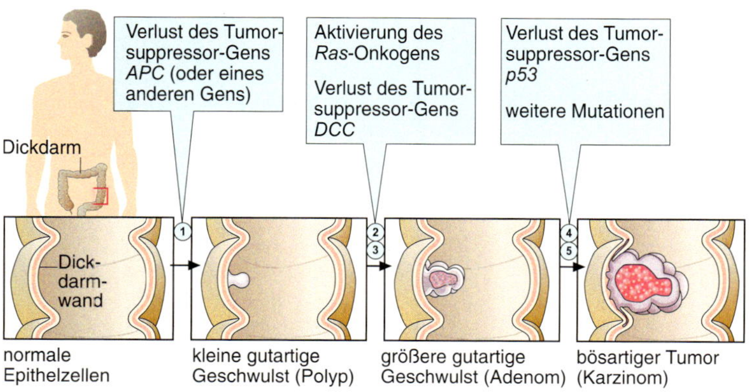

2 Entstehung von Dickdarmkrebs

Rolle für die Entstehung von Dickdarmkrebs, der häufigsten Krebsart. Das Proto-Onkogen auf Chromosom 12 codiert das Protein *Ras*, das Teil einer intrazellulären Signalkette ist, die zum Anschalten bestimmter Gene und letztlich zur Zellteilung führt. Ein membrangebundener Rezeptor bindet normalerweise einen Wachstumsfaktor an der Zellaußenseite und aktiviert daraufhin das Ras-Protein als ersten Schritt der Signalkette (s. Abb. 3a). Durch eine Mutation wird ein verändertes Ras-Protein gebildet. Dieses ist dauernd aktiv und setzt die Signalkette auch ohne äußeres Signal in Gang. Die Zelle teilt sich unkontrolliert und es bilden sich zunächst gutartige Wucherungen. Weitere Mutationen führen dann zu Krebs.

Die kanzerogene Wirkung von Rauchen wird unter anderem auf eine Punktmutation des *Gens p53* auf dem Chromosom 17 zurückgeführt. Es handelt sich um ein Tumorsuppressorgen, das die Entartung von Zellen verhindert. Das codierte Protein *p53* ist ein Transkriptionsfaktor. Ist die DNA einer Zelle geschädigt, wird er aktiviert und bewirkt die Synthese eines Proteins, das die Zellteilung stoppt. So kann der DNA-Schaden entweder repariert oder die Apoptose der betroffenen Zelle eingeleitet werden. Kann das Protein p53 aufgrund einer Mutation nicht oder nicht korrekt gebildet werden, teilen sich auch geschädigte Zellen ungehemmt und bilden Tumoren (s. Abb. 3b). Bei 60 % aller Tumoren ist dieses Gen mutiert.

Wachstumsfaktoren
Proteine, die von Membranrezeptoren gebunden werden und so eine intrazelluläre Signalkette in Gang setzen, an deren Ende das An- oder Abschalten bestimmter Gene steht

Aufgaben

① Begründen Sie, weshalb Mutationen in Proto-Onkogenen dominant vererbt werden, während Mutationen in Tumorsuppressorgenen rezessiv vererbt werden, ein Effekt also nur dann auftritt, wenn beide Alle des Gens verändert sind.

② Erklären Sie, weshalb Krebs in manchen Familien gehäuft auftritt.

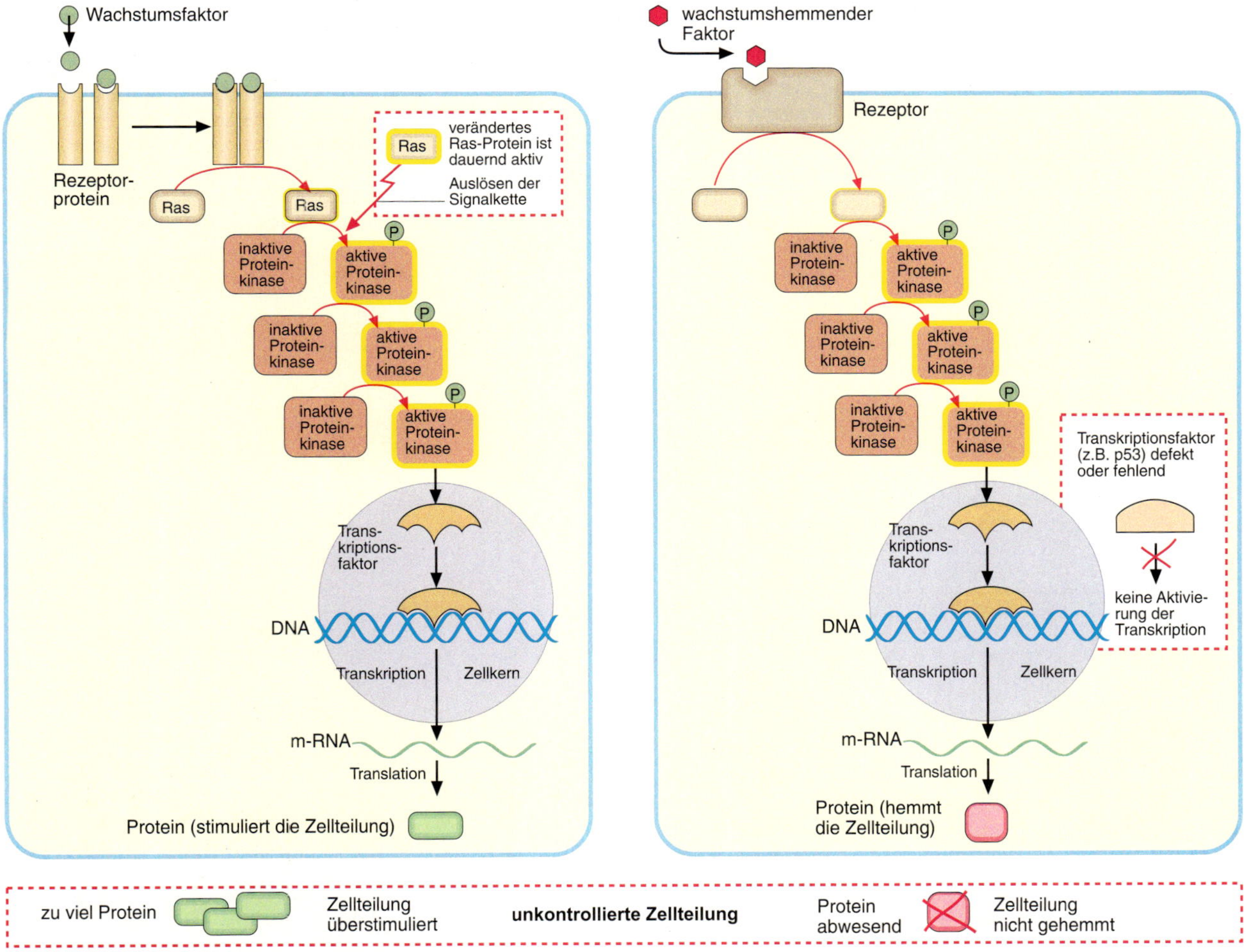

3a) Wachstumsfördernder Signalübertragungsweg **b)** Wachstumshemmender Signalübertragungsweg

Genetik

Experiment von Hershey und Chase

Nachdem bereits im Jahre 1944 mit Transformationsversuchen der erste Nachweis erbracht worden war, dass die DNA Träger der Erbinformation ist, bestätigten Alfred Hershey und Martha Chase wenige Jahre später diese Tatsache mithilfe radioaktiv markierter Phagen. Phagen sind Viren, die Bakterien befallen und diese dazu veranlassen, viele Kopien der Viren herzustellen. Phagen bestehen aus DNA und einer Proteinhülle. Hershey und Chase infizierten Bakterien mit Phagen, die nach Anzucht in einem entsprechenden Medium radioaktive Schwefelatome (^{35}S) bzw. radioaktive Phosphoratome (^{32}P) enthielten.

Aufgaben

① Geben Sie an, in welchen Phagenbestandteilen sich jeweils radioaktive ^{35}S- bzw. ^{32}P-Atome finden.

② Beschreiben Sie die Versuchsdurchführung und das Ergebnis (s. Abb. 1). Erläutern Sie, weshalb dieses Experiment beweist, dass die DNA der Träger der Erbinformation ist.

Bau der DNA und der RNA

Untersuchungen der Basenhäufigkeit ergaben für ein bestimmtes m-RNA-Molekül einer Bakterienzelle, dass 32 % aller Nucleotide Uracil, 28 % Adenin, 26 % Guanin und 14 % Cytosin enthalten.

Aufgaben

③ Begründen Sie, weshalb der prozentuale Anteil von C nicht genauso groß ist wie der von G.

④ Erläutern Sie ausführlich, welche Aussagen man über die prozentuale Nucleotidzusammensetzung a) des codogenen DNA-Abschnitts und b) des DNA-Doppelstrang-Abschnitts, dessen Abschrift dieses m-RNA-Molekül ist, machen kann.

⑤ Begründen Sie, ob solche Aussagen auch für ein m-RNA-Molekül aus einer menschlichen Zelle möglich sind.

Wirkung von Antibiotika

Manche Antibiotika beeinflussen gezielt bestimmte Teilprozesse der Nucleinsäure- oder Proteinbiosynthese.

– Mitomycin bindet an die DNA und führt zur Quervernetzung von DNA-Doppelsträngen.
– Puromycin wird anstelle einer beladenen t-RNA vom Ribosom gebunden. Es enthält eine freie Aminogruppe, aber keine Carboxylgruppe.

Aufgaben

⑥ Erklären Sie, was man unter einem Antibiotikum versteht.

⑦ Erläutern Sie die zellteilungs- und wachstumshemmende Wirkung der beiden oben genannten Antibiotika.

1

Versuchs-durchführung	**Versuchsreihe A** Phagen mit radioaktivem Schwefel (^{35}S) markiert	**Versuchsreihe B** Phagen mit radioaktivem Phosphor (^{32}P) markiert
Bakterien und Phagen werden im Reagenzglas gemischt. • Bakterien · Phagen		
Nach 10 min wird zentrigugiert. • Bakterien · Phagenhüllen	Radio-aktivität im Überstand 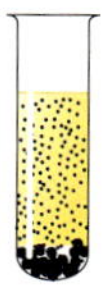	Radio-aktivität im Sediment 

2

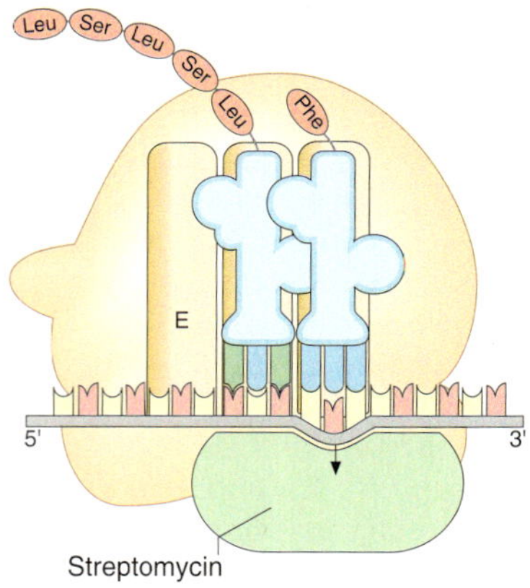

Streptomycin wirkt auf die kleine Ribosomenuntereinheit (s. Abb. 2). Genauere Erkenntnisse über die Wirkungsweise des Streptomycins brachte der folgende Versuch:

Einem zellfreien System von E. coli-Bakterien wurde synthetisch hergestellte m-RNA mit der Sequenz ...UCUCU-CUCUCUC... zugefügt. Anschließend wurde untersucht, welche Aminosäuren in neu synthetisierte Peptide eingebaut wurden. In einer weiteren Versuchsreihe wurde bei sonst gleicher Anordnung Streptomycin zugesetzt. Die Versuchsergebnisse zeigt die Tabelle.

ohne Streptomycin	mit Streptomycin
Leucin Serin	Leucin Serin Phenylalanin Prolin Histidin

Aufgaben

⑧ Geben Sie an, welche Bestandteile neben der m-RNA in einem zellfreien System enthalten sein müssen, damit eine Proteinsynthese erfolgen kann.

⑨ Listen Sie die Codons von Leucin und Serin sowie der drei unter Einfluss von Streptomycin zusätzlich eingebauten Aminosäuren auf.

⑩ Werten Sie die Versuchsergebnisse aus und stellen Sie eine begründete Hypothese über den Wirkungsmechanismus des Streptomycins auf.

⑪ Beurteilen Sie, ob die in Abbildung 2 wiedergegebene Modellvorstellung die Wirkungsweise des Streptomycins hinreichend erklärt.

Molekulargenetische Vorgänge

Abbildung 3 zeigt die Veränderung der DNA-Menge, der Konzentration an freien DNA-Nucleotiden sowie der Aktivität der DNA-Polymerase in einer Zelle.

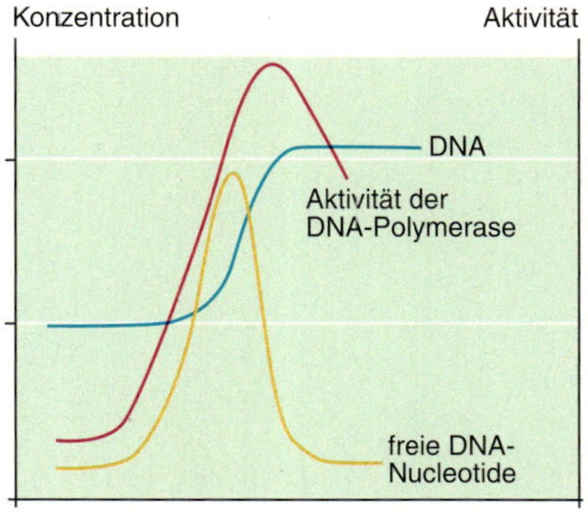

Aufgaben

⑫ Benennen Sie den molekulargenetischen Vorgang, der gerade in dieser Zelle abläuft, und erklären Sie seine Bedeutung für die Zelle.

⑬ Beschreiben und erklären Sie den Verlauf der drei Kurven.

Translation

Einem zellfreien System, das alle zur Proteinbiosynthese notwendigen Komponenten enthält, wird die radioaktiv markierte Aminosäure Serin zugesetzt. Zu bestimmten Zeitpunkten werden Proben entnommen. Diese werden im Dichtegradienten zentrifugiert und die Intensität der radioaktiven Strahlung der einzelnen Fraktionen gemessen. Das Ergebnis zeigt Abbildung 4.

4

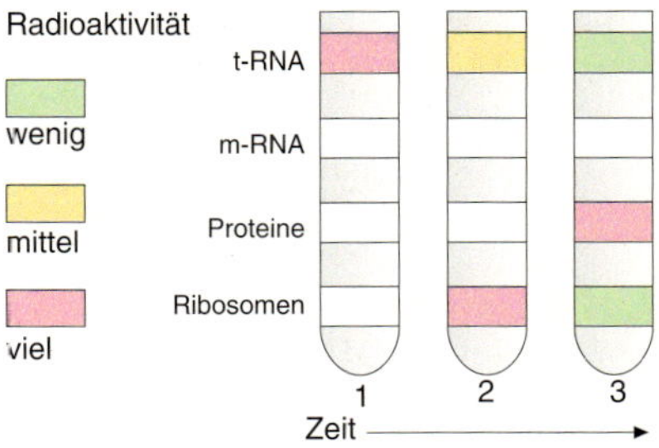

Aufgaben

⑭ Erklären Sie das Auftreten von Radioaktivität in der t-RNA-Fraktion.

⑮ Bei genauerer Untersuchung findet man in der Lösung mehrere verschiedene (!) radioaktive t-RNA-Moleküle. Erklären Sie, wie viele verschiedene t-RNA-Moleküle theoretisch zu erwarten sind. Begründen Sie.

⑯ Erklären Sie die unterschiedliche Verteilung der Radioaktivität zu den verschiedenen Zeitpunkten.

Mutation

Das Hämoglobin-Molekül besteht aus vier Polypeptidketten, zwei α- und zwei β-Ketten. Die gesamte Basensequenz des codogenen Strangs, auf dem das Gen zur Synthese der α-Kette liegt, ist bekannt und lautet in den Basentripletts 138 bis 148:
3' ... TCA TTT ATG GCA ATT CGA CCT CGG AGC CAT CGT ... 5'

Aufgaben

⑰ Geben Sie die Aminosäuresequenz des entsprechenden Abschnitts der α-Kette an. Notieren Sie alle zur Bearbeitung notwendigen Zwischenschritte.

⑱ Die Mutante „Hb Constant Spring" besitzt aufgrund einer Mutation eine in der Länge veränderte α-Kette. Die Aminosäuresequenz lautet ab Position 138:
... Ser - Lys - Tyr - Arg - Gln - Ala - Gly - Ala - Ser - Val - Ala ...
Erklären Sie, wie es zu der veränderten α-Kette der Mutante „Hb Constant Spring" gekommen ist.

⑲ Bei einer anderen Mutante wurde das Gen für die α-Kette um ein Nucleotid verlängert: im Basentriplett 139 wurde zwischen die ersten beiden Thyminbasen die Base Guanin „eingeschoben".
Erläutern Sie die Auswirkungen auf die α-Kette dieser Mutante.

Proteinbiosynthese

In der Zelle ist das Enzym RNA-Nuclease zu finden. Es zerlegt RNA-Moleküle in ihre einzelnen Nucleotide.

Aufgaben

⑳ Fertigen Sie eine Skizze eines RNA-Nucleotids an beschriften Sie die Bestandteile.

㉑ Geben Sie an, wann und wo dieses Enzym in der Zelle zum Einsatz kommen könnte.

㉒ Das Schema zeigt den Weg von der DNA zum Protein, in diesem Fall dem Enzym RNA-Nuclease. Benennen Sie die mit Ziffern gekennzeichneten Strukturen.

㉓ Erläutern Sie, welche Probleme sich bei der Fertigstellung dieses Enzyms ergeben.

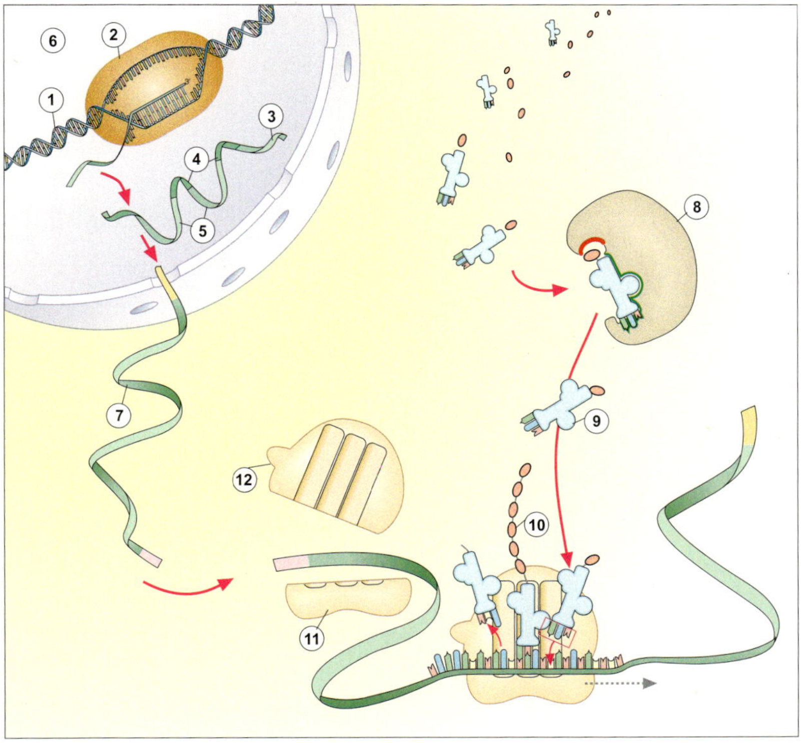

Angewandte Biologie

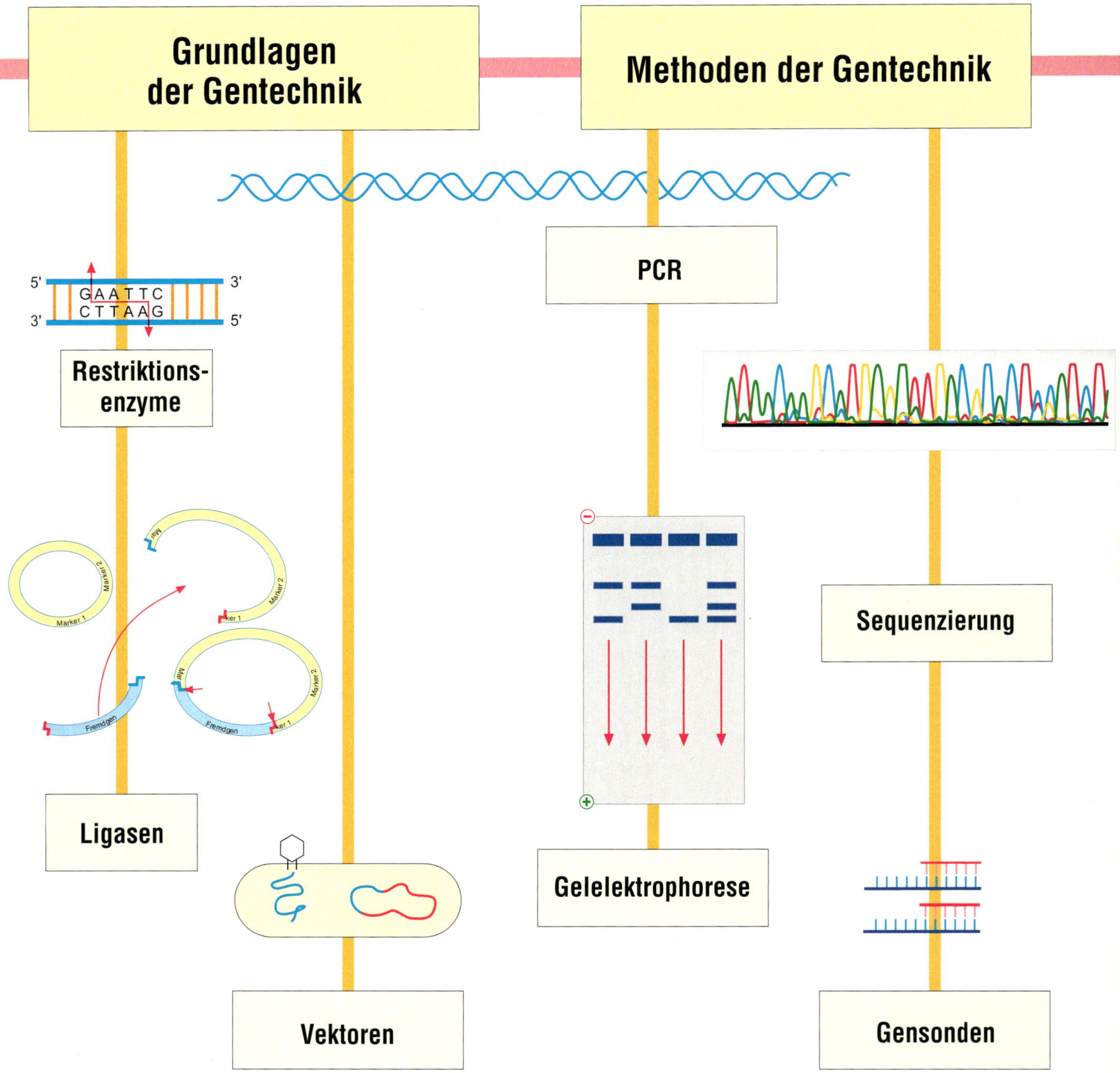

Restriktionsenzyme und Ligasen sind wichtige Enzyme zur Veränderung von DNA. Ihre Entdeckung ermöglichte erst die Entwicklung von gentechnischen Methoden. Unter Gentechnik versteht man Methoden und Verfahren der Molekularbiologie zur gezielten Veränderung und Analyse von DNA.

Molekularbiologische Methoden zur Untersuchung und Veränderung von DNA bilden die Grundlage der Gentechnik. Geringe DNA-Spuren können im Labor vervielfältigt und anschließend analysiert werden. Gentechnische Methoden ermöglichen die Erstellung eines genetischen Fingerabdrucks oder die Diagnose von Erbkrankheiten.

Anwendung der Gentechnik

gentechnisch veränderte Organismen

gentechnisch hergestellte Medikamente

Gentherapie

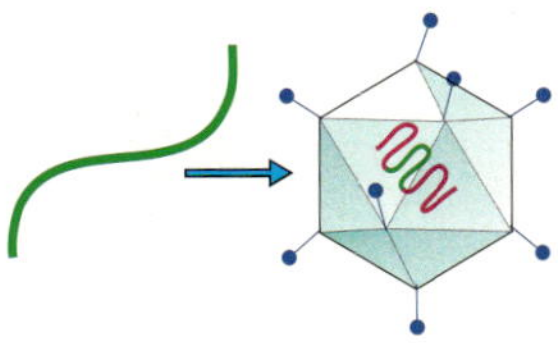

Mithilfe gentechnischer Methoden können Bakterien, Pflanzen und Tiere durch das Einschleusen artfremder Gene gezielt verändert werden. Heute werden viele Medikamente gentechnisch hergestellt. Auch die Produktion von Futter- und Lebensmitteln aus gentechnisch veränderten Organismen ist möglich.

Verfahren der Reproduktionsbiologie

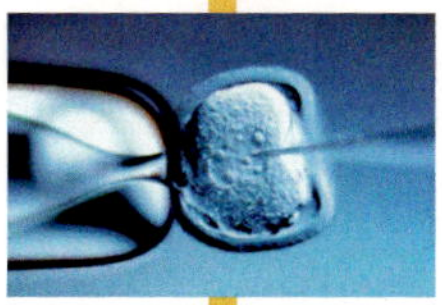

Fortpflanzung

pränatale Diagnostik

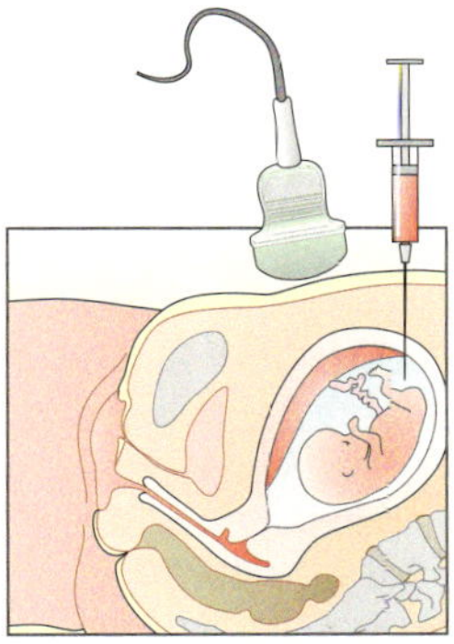

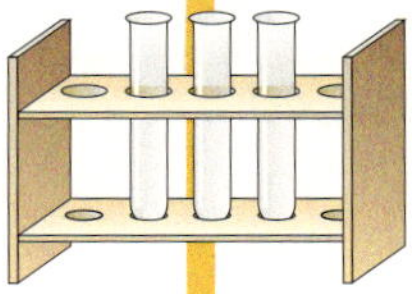

Stammzellen

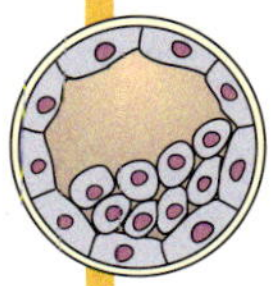

Klonen

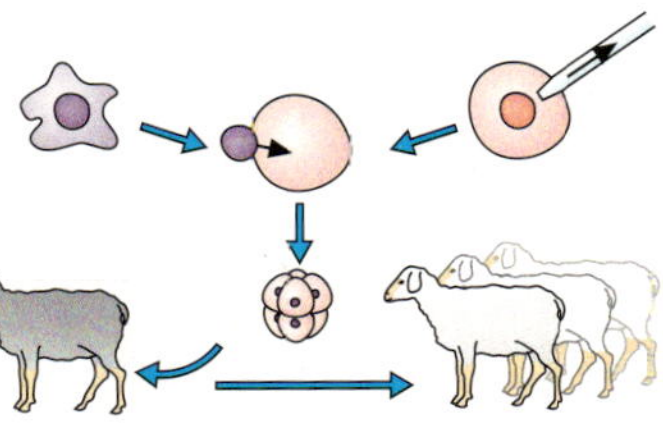

Erkenntnisse und Verfahren der Reproduktionsbiologie machen künstliche Befruchtung und pränatale Diagnostik möglich.
Von Stammzellen erhofft man sich Fortschritte in der Medizin und neue Züchtungsmethoden bei Tieren. Diese neuen Verfahren werfen rechtliche und moralische Fragen auf.

Überblick über gentechnische Methoden

Blutzuckermessung

Die Zuckerkrankheit (Diabetes mellitus) ist eine der häufigsten Stoffwechselerkrankungen in Deutschland. 2006 gab es in Deutschland rund 8 Millionen Diabetiker – Tendenz steigend. Die Bauchspeicheldrüse der Betroffenen stellt nicht ausreichend *Insulin* her.

Das Peptidhormon Insulin spielt eine wichtige Rolle bei der Regulation des Blutzuckerspiegels. Ist die Blutzuckerregelung gestört kommt es zunächst zu Unwohlsein und langfristig zu Organschäden. Ohne Behandlung führt die Krankheit zum Tod.

Früher wurde Insulin aus Bauchspeicheldrüsen von Schweinen oder Rindern gewonnen. Die Gewinnung war jedoch sehr aufwändig und teuer, da das Insulin mühsam isoliert werden musste. Abgesehen von den Kosten, hätte die weltweite Tierproduktion auch nicht ausgereicht, um alle Patienten mit Insulin zu versorgen. Zudem waren die tierischen Insuline bei manchen Patienten nicht wirksam und einige Patienten entwickelten sogar immunologische Abwehrreaktionen. Schweineinsulin unterscheidet sich von Humaninsulin in einer Aminosäure, Rinderinsulin in drei Aminosäuren.

Erste gentechnische Erfolge

transgene Zelle
Zelle, die ein artfremdes Gen enthält

Gentechnik
Molekularbiologische Verfahren zur Herstellung von transgenen Zellen

Der entscheidende Durchbruch gelang 1982 mit der gentechnischen Herstellung von Insulin. Dazu wurde das Gen für Humaninsulin in das Bakterium *Escherichia coli* eingebaut. Die so veränderten Bakterienzellen produzieren dann Insulin. An diesem Beispiel wird das Grundprinzip der Gentechnik deutlich: ein Gen für ein gewünschtes Protein wird isoliert und in eine Zelle einer anderen Art übertragen. Das Ergebnis ist eine *transgene Zelle*, die das gewünschte Protein produziert. Für eine erfolgreiche Übertragung sind unter anderen folgende molekularbiologische Verfahren notwendig.

Isolierung

Um Insulin produzierende Zellen herzustellen, wird der DNA-Abschnitt benötigt, der für das gewünschte Protein (z. B. Humaninsulin) codiert. Dazu gibt es verschiedene Möglichkeiten:

- Der DNA-Abschnitt für das gewünschte Protein kann aus dem Genom isoliert werden. Allerdings ist bei eukaryotischen Organismen zu erwarten, dass der DNA-Abschnitt dann sowohl Exons als auch Introns enthält.
- Ein DNA-Abschnitt ohne Introns lässt sich ausgehend von der m-RNA gewinnen. Diese wird mit dem Enzym *Reverse Transkriptase* in DNA umgeschrieben.
- Kurze DNA-Abschnitte können heute künstlich im Labor synthetisiert werden. Dazu muss allerdings die Sequenz des Proteins genau bekannt sein.

Schneiden

Ein erster Fortschritt für die Gentechnik war die Entdeckung von Enzymen, welche DNA gezielt an bestimmten Stellen schneiden. Mit solch einer „molekularen Schere“ ist es möglich einen DNA-Abschnitt exakt an einer charakteristischen Basensequenz zu schneiden. DNA-Stücke, die mit dem selben Enzym geschnitten wurden, lassen sich mit dem Enzym *Ligase* wieder zusammenfügen (s. S. 126).

Vektoren

Für die Übertragung eines DNA-Abschnittes in einen anderen Organismus ist ein *Vektor* notwendig. Darunter versteht man eine „Genfähre“, die den gewünschten DNA-Abschnitt in die Zielzelle bringt. Wichtig ist, dass die Fremd-DNA in der Zielzelle auch tatsächlich abgelesen wird. Für das Einbringen von Fremd-DNA in eine Bakterienzelle werden häufig *Plasmide* verwendet. Das sind ringförmige DNA-Moleküle, die sich zusätzlich zum Bakterienchromosom in der Zelle befinden können und abgelesen werden (s. S. 127). Wurde artfremde DNA in ein Plasmid eingefügt, spricht man auch von einem *rekombinanten Plasmid*.

Selektion

Die Übertragung von Fremd-DNA in Zielzellen ist nur selten erfolgreich. Im nächsten Schritt müssen die Zellen selektiert werden, bei denen die Fremd-DNA eingebaut wurde und abgelesen wird. Marker-Gene, die zusammen mit dem DNA-Abschnitt übertragen wurden, erleichtern die Suche (s. S. 130). Ein funktionsfähiges Marker-Gen in einem Vektor zeigt durch sein Genprodukt an, dass der Vektor erfolgreich übertragen wurde. Liegt die Schnittstelle und damit die Einfügestelle für das Fremdgen innerhalb eines anderen Marker-Gens, ist das Fehlen des entsprechenden Genprodukts ein Hinweis für das erfolgreiche Einfügen der Fremd-DNA.

Weitere gentechnische Verfahren

Unter dem Begriff *Gentechnik* fasst man verschiedene molekularbiologische Verfahren zusammen, die dazu dienen, das Genom einer Zelle gezielt zu verändern. Außer den oben genannten Methoden gehören dazu noch weitere Verfahren. Mittels Gelelektrophorese lassen sich DNA-Stücke auftrennen, die PCR dient der Vervielfältigung von DNA-Proben und bei der DNA-Sequenzierung wird die Basensequenz eines DNA-Abschnittes entschlüsselt (s. S. 132).

Aufgaben

① Erklären Sie, warum Insulin injiziert werden muss und nicht in Form von Tabletten verabreicht werden kann.

② Begründen Sie, unter welchen Voraussetzungen ein Gen nach der Übertragung in eine andere Zelle immer noch für dasselbe Produkt codiert.

③ Ein DNA-Abschnitt für Humaninsulin soll in Bakterienzellen eingebracht werden. Begründen Sie, welche der hier genannten Verfahren zur Isolierung der Fremd-DNA geeignet sind.

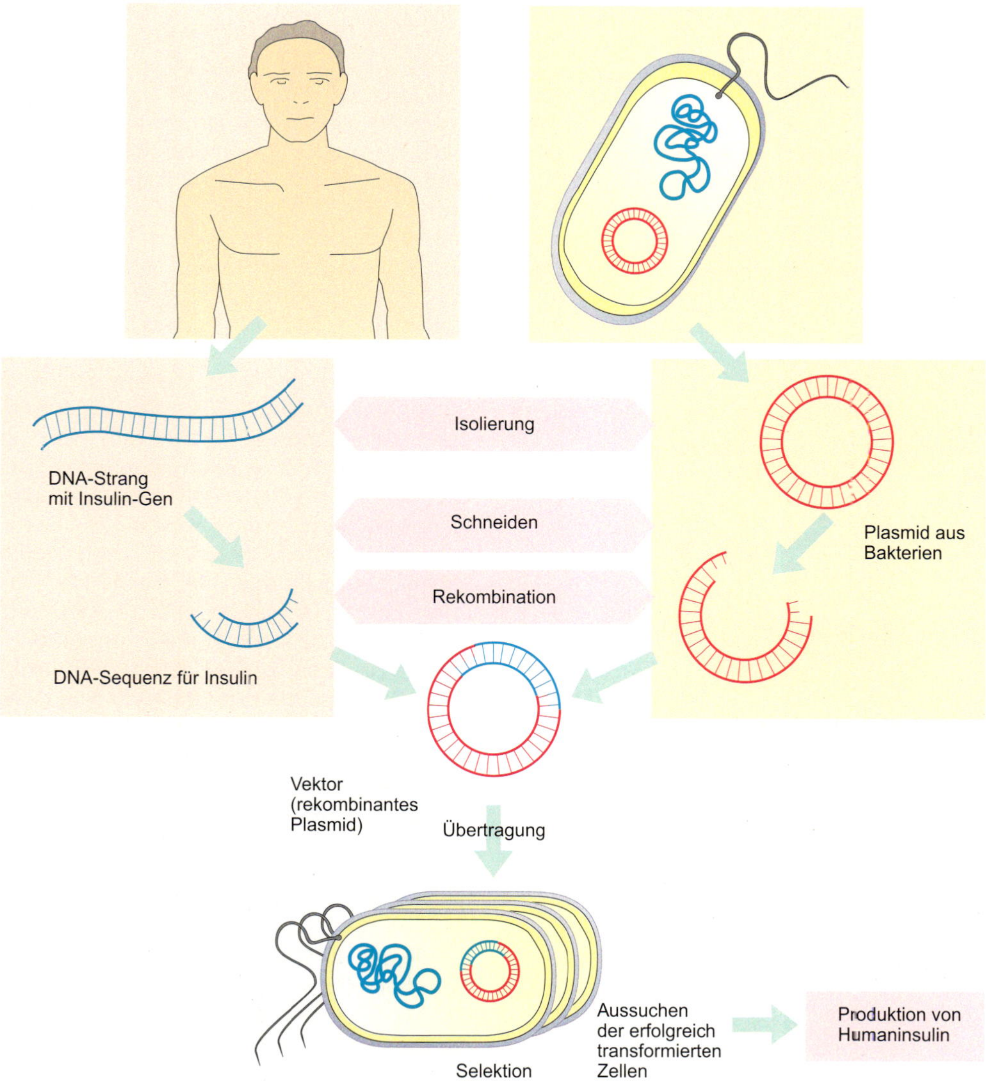

1 Grundprinzip der Gentechnik: Herstellung eines transgenen Organismus

gentechnisch hergestellte Arzneimittel:
1982: Humaninsulin gegen Diabetes
1983: Faktor VIII gegen Bluterkrankheit
1985: Interferone gegen Leukämie
1986: Impfstoff gegen Hepatitis B
1987: Wachstumshormone
1988: Erythropoetin (EPO) gegen Blutarmut

In Deutschland sind bisher über 130 gentechnisch hergestellte Arzneimittel zugelassen.

Restriktionsenzyme und Ligasen

Um das Gen für Humaninsulin in eine Bakterienzelle zu überführen, muss DNA gezielt geschnitten und mit einem geeigneten Vektor in die Zielzelle eingeschleust werden. Hierzu stehen heute geeignete Verfahren zur Verfügung.

Restriktionsenzyme und Ligasen

Restriktionsenzyme
Enzyme, die DNA an spezifischen Basensequenzen schneiden

sticky-ends
Einsträngige DNA-Enden, die sich leicht komplementär zusammenlagern

Ligase
Enzym, das aneinanderliegende DNA-Stücke zu einem durchgehenden Strang verbindet

Vektoren
Strukturen, mit denen Gene in Zellen eingeschleust werden können

rekombinate DNA
DNA-Molekül, das aus artverschiedenen Abschnitten neu kombiniert wurde

WERNER ARBER isolierte 1972 aus Bakterien die ersten *Restriktionsenzyme*, die wie „genetische Scheren" wirken und DNA in kleine Stücke zerteilen. Den Vorgang nennt man *Restriktionsverdau.* Dabei wird die DNA an bestimmten Sequenzen immer auf die gleiche Weise geschnitten (s. Abb. 1). Die Erkennungssequenzen sind meist 4 bis 5 Basen lang und haben oft spiegelsymmetrische Stränge. In solchen Fällen kann das Restriktionsenzym an beide DNA-Stränge gleichermaßen binden. Inzwischen kennt man mehrere Dutzend Restriktionsenzyme.

Die meisten Restriktionsenzyme hinterlassen keinen „glatten" Schnitt, sondern trennen die beiden DNA-Stränge versetzt auf. Dadurch bleiben an der Schnittstelle kurze einsträngige Enden übrig, die komplementär aufeinander passen. Sie werden daher als *„klebrige Enden" (sticky-ends)* bezeichnet. Bruchstücke, die mit dem selben Restriktionsenzym geschnitten wurden, fügen sich leicht wieder zusammen. Größere DNA-Moleküle werden durch ein Restriktionsenzym normalerweise mehrmals geschnitten, da sie die Erkennungssequenz mehrfach enthalten. So entstehen dann unterschiedlich lange Bruchstücke. Bestimmte Enzyme, sogenannte *Ligasen,* verbinden die Zucker-Phosphat-Stränge der Bruchstücke zu einem Strang und wirken damit wie ein „genetischer Kleber". Wenn zwei DNA-Bruchstücke verschiedener Herkunft neu zusammengefügt werden, spricht man von *rekombinanter DNA.*

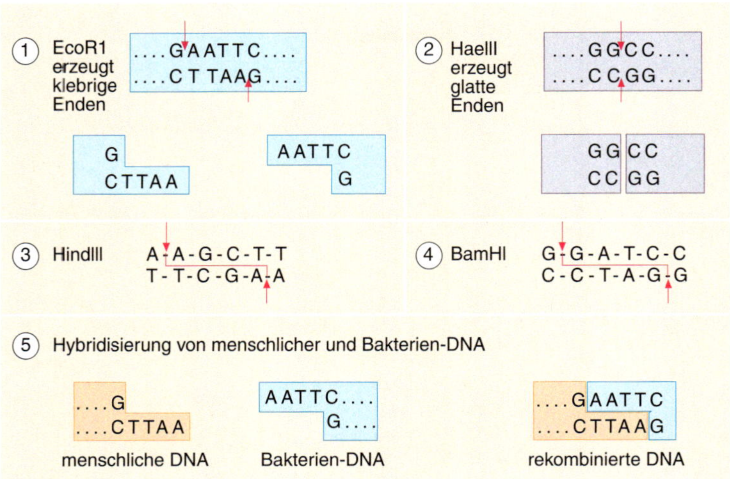

1 Wirkung von Restriktionsenzymen

Vektoren

Für die Übertragung von DNA in Bakterienzellen sind *Plasmide* gut geeignet. Diese ringförmigen DNA-Moleküle kommen im Cytoplasma von Bakterien neben dem Bakterienchromosom vor und können in der Zelle vervielfältigt werden. Insbesondere bei Zellteilungen werden die vorhandenen Plasmide vorher kopiert und auf die Tochterzellen verteilt.

Bakterien können freie Plasmide aufnehmen, ein Vorgang den man *Transformation* nennt. Schneidet man ein bakterielles Plasmid und Fremd-DNA mit demselben Restriktionsenzym, passen die Enden zusammen und können mit Ligase zusammengefügt werden (s. Abb. 2). Das dabei entstandene *rekombinante Plasmid* dient als Vektor, um die eingefügte Fremd-DNA in Bakterien einzuschleusen. Wichtig ist, dass das Plasmid nur an einer Stelle durch das Restriktionsenzym geschnitten wird. Zudem sollte die Schnittstelle innerhalb eines Markergens liegen, damit später geprüft werden kann, ob die Fremd-DNA erfolgreich eingefügt wurde. Oft dienen Resistenzgene gegen Antibiotika als Marker. Darunter versteht man Gene, die eine Resistenz gegen ein Antibiotikum verleihen. Wird jedoch die Fremd-DNA erfolgreich darin eingefügt, geht die Resistenz gegen das betreffende Antibiotikum verloren und die Bakterien können auf einem Nährboden mit diesem Antibiotikum nicht wachsen.

Heute kann man Plasmide auch künstlich herstellen. Beliebt sind Plasmide, die in einem Markergen gleich mehrere alleinige Schnittstellen für verschiedene Restriktionsenzyme bieten. Dieser DNA-Abschnitt heißt *multiple cloning site (MCS).*
Pflanzenzellen nehmen keine freien Plasmide auf. Hier dient oft das Bakterium *Agrobacterium tumefaciens* als Vektor (s. Abb. 3). In der Natur gelangt es über Verletzungen in die Pflanze und schleust dann ein *tumorinduzierendes Plasmid (Ti-Plasmid)* in einzelne Zellen ein. Dort wird ein Teil des Plasmids in

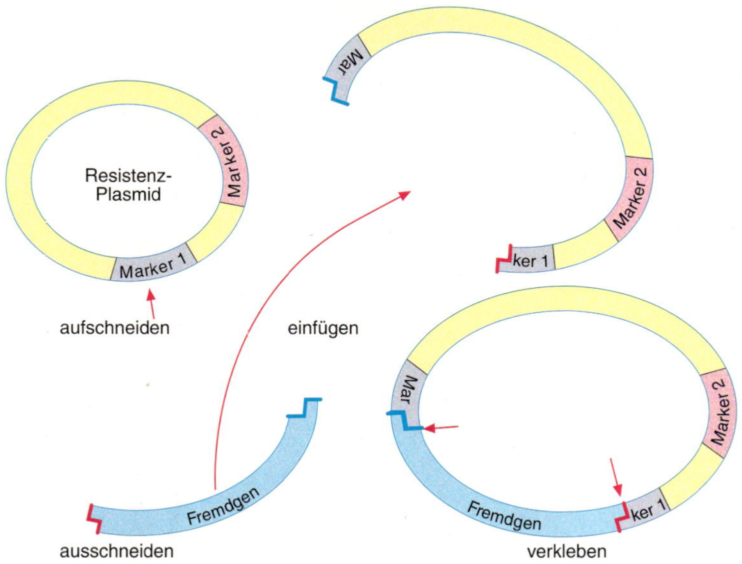

2 Einfügen eines Fremdgens in einen Plasmid-Vektor

das Pflanzengenom integriert und abgelesen. Dadurch werden die Pflanzenzellen zur Teilung angeregt und es entsteht ein Tumor. Die Tumorzellen produzieren einen Stoff (Opin), der für die Pflanze nutzlos ist, aber dem Bakterium Agrobacterium tumefaciens als Nährstoff dient. Dieser Mechanismus kann ausgenutzt werden, um gewünschte Gene in Pflanzenzellen zu integrieren. Dazu werden im Ti-Plasmid die tumorinduzierenden Gene (T-DNA) entfernt und gewünschte Gene eingefügt.

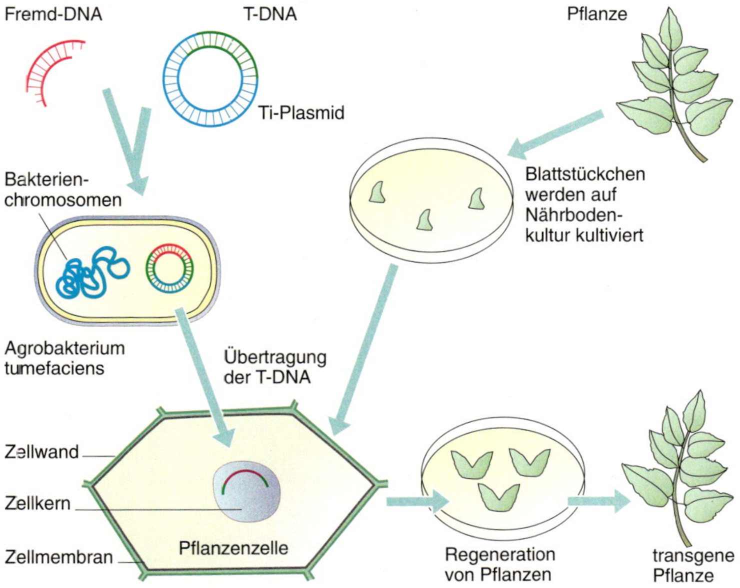

3 Herstellung einer transgenen Pflanze mit *Agrobacterium tumefaciens*

Viren und *Bakteriophagen* sind ebenfalls geeignet, um DNA in Wirtszellen zu schleusen. Bakteriophagen sind Viren, die Bakterien befallen. Um als Vektor dienen zu können, müssen die pathogenen Eigenschaften eliminiert werden und die gewünschte Fremd-DNA in das Genom der Bakteriophagen integriert werden.

Ein weiteres Verfahren ist die Übertragung von DNA mit *Liposomen*. Das sind Partikel aus Lipiden, die mit DNA beladen werden und leicht durch Membranen gelangen. Allerdings erfolgt der Einbau der DNA wenig effektiv. Bei der *Elektroporation* werden mit kurzen elektrischen Impulsen kleine Löcher in der Zellmembran erzeugt und so die Durchlässigkeit für DNA erhöht. Auch mit mikroskopisch feinen Nadeln kann DNA direkt in die Zelle bzw. den Zellkern injiziert werden. Diese *Mikroinjektion* ist vor allem bei großen Zellen wie z. B. Eizellen geeignet. Außerdem kann DNA auf mikroskopisch kleine Metallkügelchen aufgebracht werden und in Zellen geschossen werden. Dieser Partikelbeschuss (*particle gun*) wird vor allem bei Pflanzenzellen verwendet (s. Abb. 4).

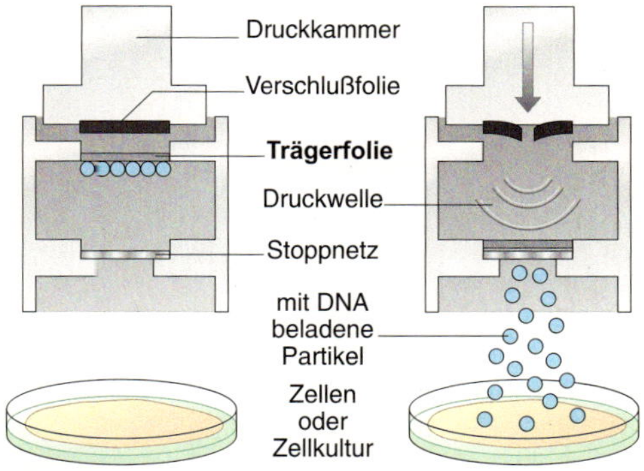

4 Funktionsweise der particle gun

Aufgaben

① Geben Sie an, mit welchem Restriktionsenzym in Abb. 1 bei Beispiel 5 geschnitten wurde.

② Erklären Sie, warum es wichtig ist, dass Plasmid und Fremd-DNA mit dem gleichen Restriktionsenzym geschnitten werden.

③ Erläutern Sie, wie anhand der Produkte der Markergene erkannt werden kann, ob das Fremdgen in das Plasmid in Abb. 2 erfolgreich eingefügt wurde.

④ Stellen Sie in einer Tabelle Zielorganismen und geeignete Vektoren zusammen.

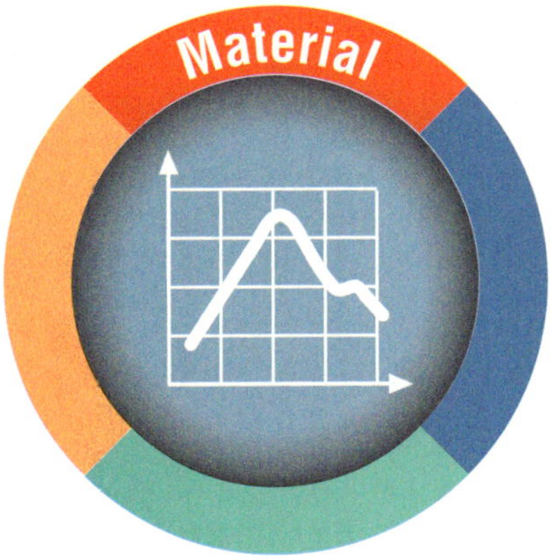

Transformation

Ein bekanntes Beispiel für natürlichen Gentransfer sind die Transformationsversuche von GRIFFITH und AVERY mit Bakterien. Ein weiteres Beispiel ist die Transformation von Plasmiden.

Aufgaben

① Plasmide sind in der Gentechnik beliebte Genfähren, um fremde Gene in Bakterienzellen einzuschleusen. Nennen Sie für diesen Zweck vorteilhafte Eigenschaften von Plasmiden.

② Gegner von gentechnisch veränderten Lebensmitteln weisen auf die Gefahr einer Transformation von DNA aus der Nahrung auf Bakterien der Darmflora hin. Befürworter argumentieren, dass Nucleinsäuren im Darm verdaut werden. Nehmen Sie Stellung.

Natürlicher Gentransfer

Unter *Gentransfer* versteht man die Übertragung von Erbinformation von einer Zelle auf eine andere. Eine Zelle, die fremdes Erbgut aufgenommen hat, heißt *transformiert*. Das Phänomen der Genübertragung ist nicht auf die Gentechnik beschränkt, sondern tritt auch in der Natur auf. Es sind mehrere natürliche Möglichkeiten des Gentransfers bekannt, insbesondere bei Prokaryoten. Zum Teil beruhen gentechnische Verfahren zur Genübertragung auf Vorgängen, die vom natürlichen Gentransfer bekannt sind.

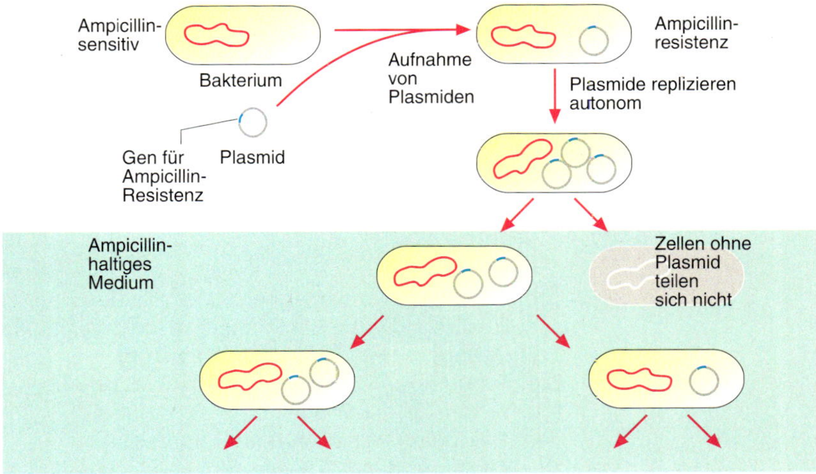

1 Transformation bei Bakterien

Konjugation

LEDERBERG und TATUM experimentierten mit zwei Bakterienstämmen, die jeweils einen bestimmten Stoff nicht bilden konnten. Solche Stämme nennt man auch *Mangelmutanten*. Einer ihrer Stämme konnte die Aminosäure Methionin und das Vitamin Biotin nicht selbst synthetisieren, konnte aber die Aminosäuren Leucin und Threonin herstellen. Bei dem zweiten Stamm war es umgekehrt.

Jeder Stamm konnte also auf einem Minimalnährboden ohne diese vier Stoffe nicht leben. Brachte man aber beide Stämme gleichzeitig auf ein minimales Medium, so wuchsen wenige Kolonien heran. Offensichtlich hatten Bakterien Erbinformation miteinander ausgetauscht. Diesen Vorgang nennt man *Konjugation*. Oft werden dabei kleine DNA-Ringe außerhalb des Bakterienchromosoms, sogenannte *Plasmide*, ausgetauscht. Diese tragen häufig Resistenz-Gene gegen bestimmte Antibiotika. Eine Transformation von Plasmiden kann auch zwischen Bakterien verschiedener Arten ablaufen.

Aufgaben

③ Erklären Sie, warum die Konjugation die Entstehung von antibiotikaresistenten Bakterienstämmen fördert.

④ Notieren Sie Maßnahmen und Regeln, um die Bildung und Verbreitung von antibiotikaresistenten Bakterien einzudämmen.

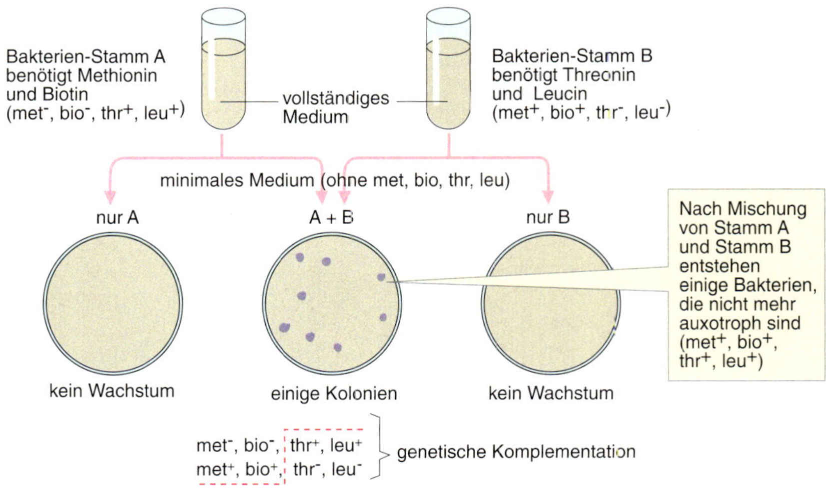

2 Konjugation bei Bakterien

Transduktion

Im Jahr 1952 entdeckten LEDERBERG und TATUM eine weitere Form des Gentransfers. Dabei verwendeten sie zwei Bakterienstämme, die jeweils eine Aminosäure nicht selbst bilden konnten. Diese trennten sie durch einen für Bakterien undurchlässigen Filter und stellten sicher, dass keine freie DNA vorlag. Nach einigen Stunden waren Bakterien entstanden, die beide Aminosäuren selbst herstellen konnten. Als Genüberträger wurden schließlich Bakteriophagen nachgewiesen.
Die Übertragung von DNA mithilfe von Viren heißt *Transduktion*. Ein weiteres Beispiel zeigt Abb. 3. Bestimmte Bakterienstämme der Art *Escherichia coli* können Lactose (Milchzucker) umsetzen, da sie das entsprechende Gen (lac+) aufweisen. Andere Stämme derselben Art besitzen dieses Merkmal nicht (lac⁻). Eine Bakterienkultur des lac+-Stammes wurde mit Phagen infiziert. Danach wurde eine Kultur des lac⁻-Stammes mit ihnen infiziert. Dieser Stamm konnte anschließend Lactose umsetzen.

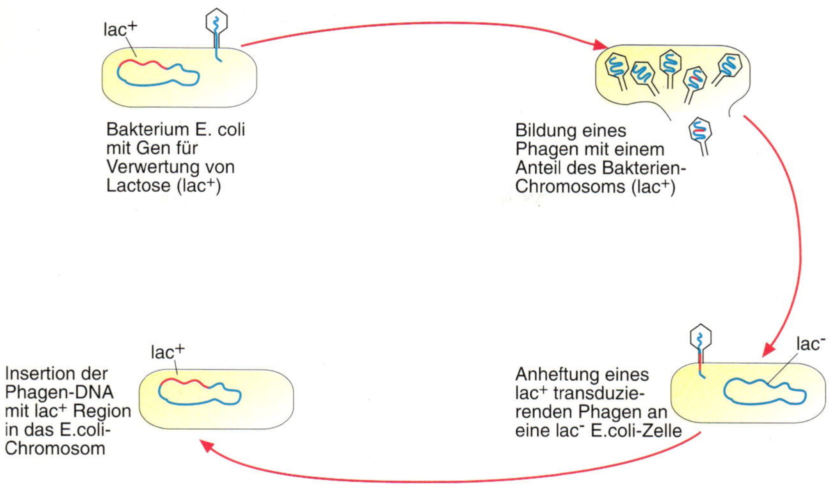

3 Transduktion durch Viren

Aufgaben

⑤ Erklären Sie mithilfe der Abbildung das im Text beschriebene Versuchsergebnis.

⑥ Grenzen Sie die Vorgänge Transformation, Konjugation und Transduktion gegeneinander ab, indem Sie in einer Tabelle Gemeinsamkeiten und Unterschiede zusammenstellen.

Pandemien

Eine *Pandemie* ist eine Infektionskrankheit, die sich weltweit ausbreitet. Verantwortlich sind oft Influenza-Viren. Das sind RNA-Viren, die anhand der Oberflächenmoleküle Hämagglutinin (H) und Neuraminidase (N) in Subtypen eingeteilt werden. Im 20. Jahrhundert gab es drei Influenza-Pandemien in den Jahren 1918, 1957 und 1968. Die Spanische Grippe aus dem Jahr 1918 forderte weltweit zwischen 20 und 50 Millionen Todesopfer. Diese große Zahl von Todesopfern hat mehrere Gründe. Das Virus war besonders aggressiv und es gab kaum medizinische Hilfe.

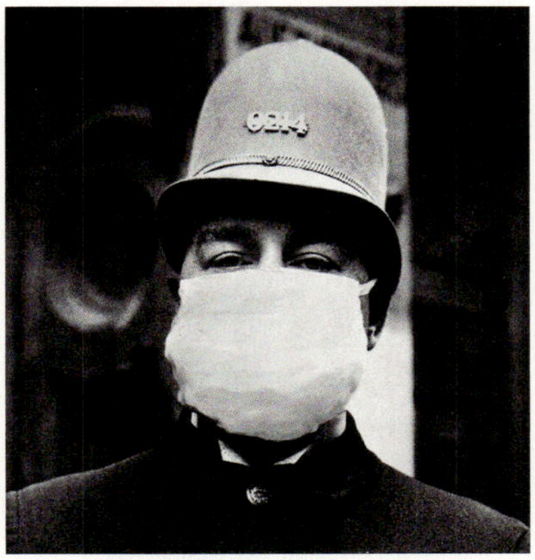

4 Polizist in Seattle während der Spanischen Grippe

Neue Pandemieviren entstehen durch zwei Mechanismen: Ein Tier-Influenzavirus, verändert sich durch Mutationen so, dass es effektiv von Mensch zu Mensch übertragen werden kann. So entstand wahrscheinlich das H1/N1-Virus der Spanischen Grippe. Voraussetzung für den zweiten Mechanismus ist, dass Influenzaviren verschiedener Subtypen gleichzeitig eine Zelle infizieren. Die neu gebildeten Viren können dann Bestandteile verschiedener Ursprungsviren enthalten. Dieser Mechanismus wird als *Reassortment* bezeichnet. So geht man heute davon aus, dass das H3/N2-Virus der Pandemie 1968 aus einem menschlichen H2/N2-Virus und einem von einem Vogel stammenden H3-Virus mit unbekanntem N-Subtyp hervorgegangen ist.

Aufgaben

⑦ Beschreiben Sie, welche Gene beim Influenzavirus der Pandemie von 1968 ursprünglich von Viren des Menschen bzw. Viren von Vögeln stammen.

⑧ Im Herbst und Winter sind viele Menschen mit Viren infiziert. Erklären Sie, warum zu dieser Jahreszeit das Risiko besonders hoch ist, dass sich ein Virus zu einer gefährlicheren Variante weiterentwickelt.

Antibiotika-Resistenzen

Schon vier Jahre, nach dem ersten Einsatz von Antibiotika im Jahr 1940 traten erste gegen Penizillin resistente *Staphylococcus aureus*-Stämme auf. Antibiotika-Resistenzen entstehen zufällig durch Mutationen. Die Wahrscheinlichkeit für eine Resistenzbildung steigt, wenn Antibiotika über einen längeren Zeitraum nicht konsequent oder in zu niedriger Dosierung eingenommen werden. Inzwischen gibt es auch Stämme von *Staphylococcus aureus*, die gegen mehrere Antibiotika resistent sind. Besondere Probleme bereiten solche multiresistente Stämme in Krankenhäusern, da sie dort auf geschwächte Patienten treffen und schwer zu behandeln sind. Vermutlich sind viele multiresistente Bakterienstämme sogar in Krankenhäusern entstanden. Durch die hohe Dichte von verschiedenen Erregern und den vielfältigen Einsatz von Antibiotika ist dort die Gefahr groß, dass Resistenz-Gene zwischen unterschiedlichen Bakterienstämmen ausgetauscht werden. Besonders hohe Hygienestandards sind daher nötig.

Aufgabe

⑨ Beschreiben Sie, wie ein multiresistenter Bakterienstamm entstehen kann, der gegen mehrere Antibiotika unempfindlich ist.

Gentechnische Herstellung von Insulin

Nach einer DNA-Übertragung mit einem Plasmid, sind drei Fälle zu unterscheiden. Die meisten Zellen haben kein Plasmid aufgenommen, andere enthalten ein Plasmid ohne Fremd-DNA und nur wenige besitzen ein Plasmid mit Fremd-DNA. Eine schwierige Aufgabe stellt das Auffinden der gewünschten transgenen Zellen dar.

Selektion transgener Zellen

Beim *Blau-Weiß-Verfahren* (s. Abb. 1) bleiben Bakterien mit Fremd-DNA weiß, während alle anderen einen blauen Farbstoff bilden. Das verwendete Plasmid besitzt ein Resistenzgen gegen das Antibiotikum *Ampicillin* und das Gen für β-Galactosidase. Die einzige Schnittstelle für mehrere Restriktionsenzyme liegt im β-Galactosidase-Gen. Bei der Rekombination dieser Plasmide mit dem Insulin-Gen wird bei manchen Plasmiden an der Schnittstelle ein Insulin-Gen eingefügt. Dies macht das Gen für β-Galactosidase unwirksam. Viele Plasmide bleiben jedoch unverändert. Alle Plasmide bringt man mit einem Stamm von E. coli zusammen, der kein Gen für β-Galactosidase besitzt. Durch Transformation nehmen manche Bakterien Plasmide auf. Anschließend werden die Bakterien auf einem Kulturme-

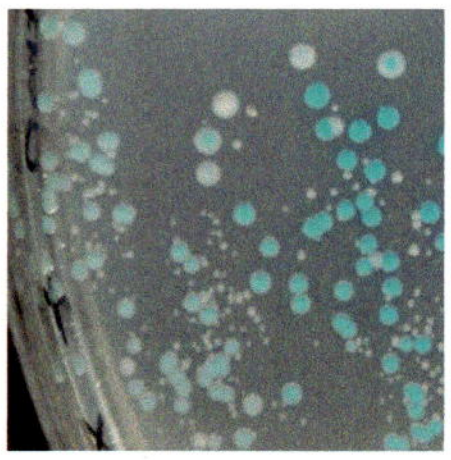

Blau-Weiß-Verfahren

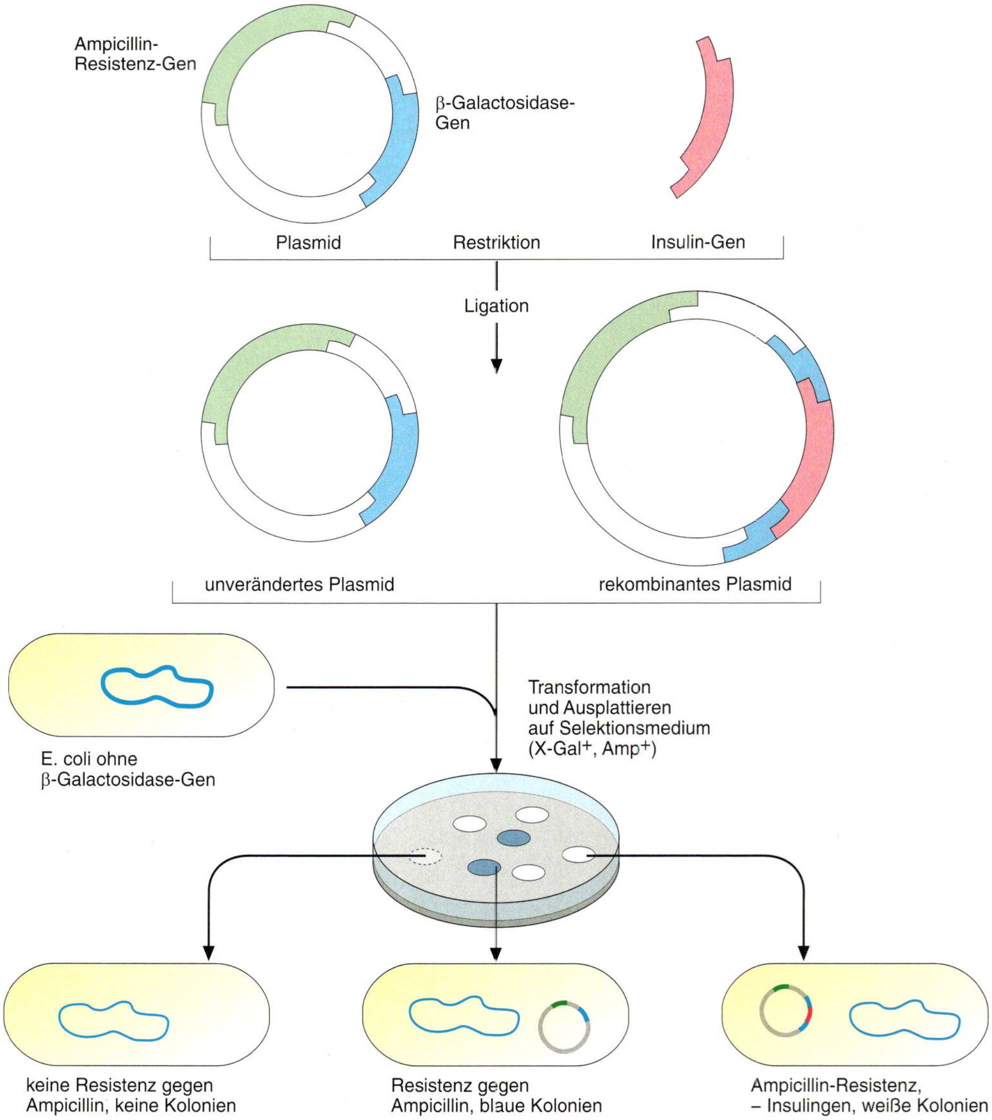

1 Selektion transformierter Bakterienzellen

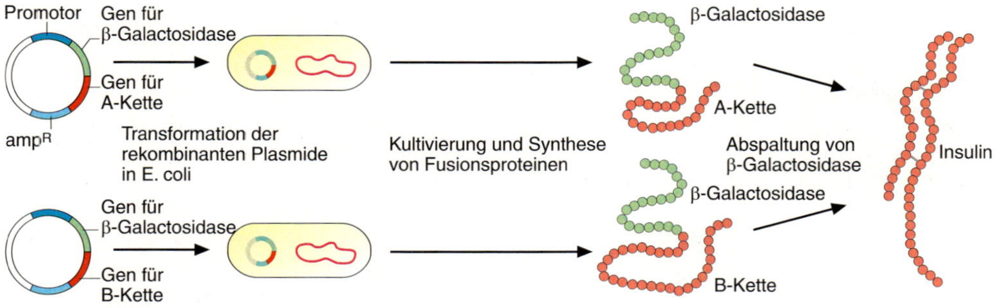

2 Gentechnische Herstellung von Insulin

dium mit Ampicillin und dem Zucker X-Gal ausplattiert. Das Antibiotikum Ampicillin bewirkt, dass nur die Bakterien sichtbare Kolonien bilden können, die ein Plasmid mit einem Ampicillin-Resistenz-Gen besitzen. Der Zucker X-Gal wird von β-Galactosidase in Galactose und einen blauen Farbstoff gespalten. Nur Bakterien, die ein Plasmid ohne Fremd-DNA enthalten, haben ein funktionsfähiges Gen für β-Galactosidase. Diese Bakterienkolonien erscheinen daher blau. Die gesuchten Bakterien haben wegen des eingefügten Insulin-Gens kein wirksames β-Galactosidase-Gen. Deshalb bilden sie weiße Kolonien.

Züchtung transgener Bakterien

Zur Produktion des gewünschten Proteins muss das Insulin-Gen im Plasmid transkribiert werden, d.h. es muss einen aktiven Promotor besitzen. Daher fügt man das Fremdgen in ein *Operon* ein, zum Beispiel dem lac-Operon. Dieses enthält Strukturgene für Enzyme zum Lactoseabbau. Durch Lactose wird der Repressor inaktiviert und die Genaktivität induziert (s. S. 106). Die Wachstumsphase der Bakterien erfolgt zunächst in einem lactosefreien Medium. Erst nach Zugabe von Lactose wird das lac-Operon aktiviert und neben den Strukturgenen auch das eingefügte Insulin-Gen abgelesen. Die Insulinproduktion beginnt.

Produktion von Humaninsulin

Humaninsulin ist ein relativ kleines Peptid. Die aktive Form besteht aus einer A-Kette mit 21 und einer B-Kette mit 30 Aminosäuren, die über zwei Disulfidbrücken miteinander verknüpft sind. Im Körper sezernieren die β-Zellen der Bauchspeicheldrüse ein durchgehendes Polypeptid (Proinsulin), das anschließend enzymatisch in die beiden Ketten gespalten wird.

Bei der gentechnischen Herstellung von Humaninsulin werden zwei getrennte DNA-Abschnitte für die beiden Unterketten verwendet (s. Abb. 2).

Da diese Abschnitte sehr kurz sind, ist die künstliche Synthese der zugehörigen Gene einfacher. Diese werden nun getrennt in Plasmide neben das Gen für die β-Galactosidase eingefügt und damit einem Promotor unterstellt. Zusätzlich enthalten die Plasmide als Marker das Gen für das Antibiotikum Ampicillin.

Die rekombinanten Plasmide werden nun in Bakterienzellen von Escherichia coli eingeschleust. Erfolgreich transformierte Zellen werden selektiert und vermehrt. Die Bakterien stellen nun Fusionsproteine aus einem β-Galactosidaseabschnitt und einer Insulinkette her. Haben die Zellen genügend Proteine erzeugt, werden sie abgetötet und die Fusionsproteine isoliert. Nach der Trennung beider Ketten vom Galactosidaseabschnitt, entsteht durch die Verknüpfung der Ketten über Disulfidbrücken aktives Humaninsulin.

Aufgaben

① Begründen Sie, warum beim Blau-Weiß-Verfahren die Bakterien in den weißen Kolonien ein Plasmid mit Fremd-DNA enthalten müssen.

② Erklären Sie, warum es für die Vermehrung der transgenen Bakterien vorteilhaft ist, wenn das Medium keine Lactose enthält.

③ Heute wird auch Proinsulin für Diabetiker pharmazeutisch hergestellt und wie aktives Humaninsulin ins Gewebe injiziert.
   a) Skizzieren Sie den entsprechenden Plasmidvektor.
   b) Geben Sie Vorteile dieser Produktionsweise an.

β-Galactosidase
Enzym, das natürlicherweise das Disaccharid Lactose spaltet.

X-Gal
Künstliches Substrat, das durch β-Galactosidase so gespalten wird, dass ein blauer Farbstoff entsteht.

Operon
Vollständige Transkriptionseinheit aus Strukturgenen, Promotor und Operator

PCR und Gelelektrophorese

1 Pietrain-Schwein

PCR
(polymerase chain reaction)
Verfahren zur Vervielfältigung von DNA

Taq-Polymerase
Hitzeunempfindliche DNA-Polymerase aus *Thermus aquaticus*

Bei der Schweinerasse Pietrain (s. Abb. 1) gibt es immer wieder sehr stressanfällige Tiere. Durch eine erhöhte Körpertemperatur und Muskelstarre kann es zum Tod der Tiere kommen. Ursache für dieses *Maligne Hyperthermie-Syndrom (MHS)* ist eine Mutation im Gen RYR1, welches für einen Ca^{2+}-Ionenkanal im Muskel codiert. Dieser ist für die Regulation der Muskelkontraktion wichtig. Nur rezessive Tiere mit zwei veränderten Allelen zeigen das Maligne Hyperthermie-Syndrom. Heterozygote Tiere zeigen keine Symptome, können aber bei der Kreuzung kranke Nachkommen erzeugen. Um heterozygote Tiere von der Zucht auszuschließen, wurde ein Gentest entwickelt. Der Test ermöglicht die Bestimmung des Genotyps von Tieren im Labor. Dabei wird aus einer kleinen Gewebeprobe der veränderte Genausschnitt isoliert, vervielfältigt und analysiert.

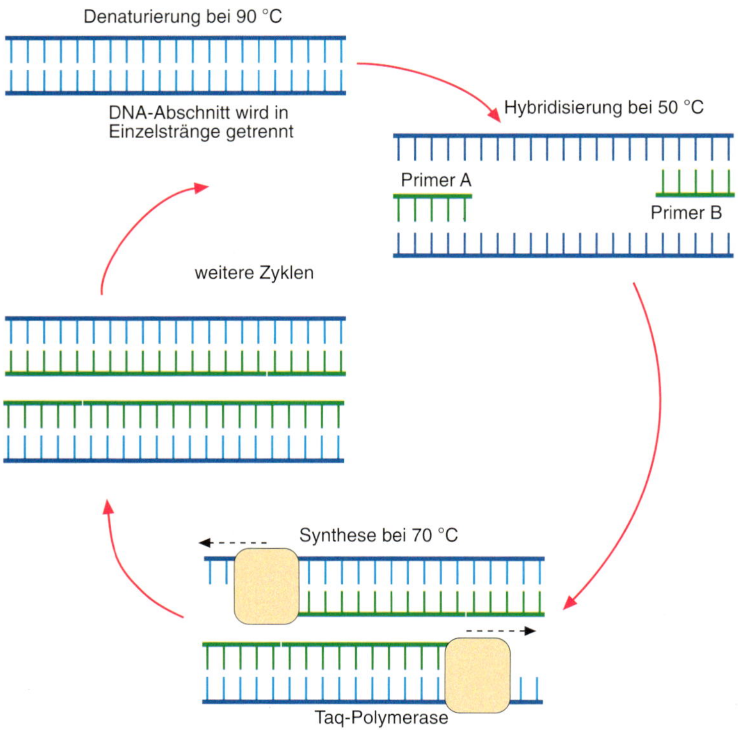

2 Polymerase-Kettenreaktion (PCR)

Polymerasekettenreaktion (PCR)

Mit der von K. Mullis 1983 entwickelten *Polymerase-Kettenreaktion (PCR)* kann der DNA-Abschnitt mit dem RYR1-Gen beliebig oft kopiert werden (s. Abb. 2). Eine PCR besteht aus einer mehrfachen Wiederholung von Zyklen. Bei jedem Zyklus wird ein DNA-Abschnitt kopiert und damit verdoppelt. Jeder Zyklus läuft in drei Schritten ab.

- *Denaturierung:* Zunächst wird doppelsträngige DNA bei hoher Temperatur (90° C) denaturiert, d.h. in Einzelstränge aufgetrennt.
- *Hybridisierung:* Nach dem Abkühlen auf etwa 50° C lagern sich Primer an die Einzelstränge an. Bei der PCR sind dies kurze DNA-Stücke, die komplementär auf Anfang und Ende des zu verdoppelnden DNA-Abschnitts passen. Erst die Anlagerung der Primer ermöglicht die DNA-Synthese durch die DNA-Polymerase.
- *Synthese:* Die Synthese der komplementären Stränge erfolgt bei 70° C. Die verwendete *Taq-Polymerase* hat ein Temperaturoptimum von 72° C. Sie wurde aus dem hitzeunempfindlichen Bakterium *Thermus aquaticus* gewonnen, das in heißen Quellen vorkommt.

Nach der Synthese ist die DNA wieder doppelsträngig. Ein neuer Zyklus kann beginnen. Nach n Zyklen liegen 2^n Kopien vor.

Heute wird die PCR automatisch in *Thermocyclern* durchgeführt. Kernstück ist ein Thermoblock, dessen Temperatur veränderbar ist. Temperatur und Dauer der drei PCR-Schritte sowie die Anzahl der Zyklen lassen sich programmieren und laufen automatisch ab. Nucleotidphosphate und passende Primer müssen zu Beginn in ausreichender Menge mit der DNA-Probe zugeführt werden. Je nach Länge des DNA-Strangs dauert ein Zyklus einige Sekunden bis wenige Minuten. Durch die Wahl der beiden Primer wird bestimmt, welcher DNA-Abschnitt vervielfältigt wird.

Restriktionsverdau

Nachdem der DNA-Abschnitt aus dem RYR1-Gen in ausreichender Menge vorliegt, kann untersucht werden, ob das Allel die für MHS verantwortliche Mutation enthält. Dazu werden die PCR-Produkte mit dem Restriktionsenzym Cfo I verdaut. Die Mutation betrifft die Schnittstelle dieses Restriktionsenzyms. Aufgrund der Mutation kann dieses Enzym das veränderte Allel nicht mehr schneiden. Bruchstücke entstehen also nur, wenn die DNA-Probe das Allel für MHS nicht enthält.

Gelelektrophorese

Mithilfe der *Gelelektrophorese* werden unterschiedlich lange DNA-Moleküle getrennt und nachgewiesen (Abb. 3). Dabei wird die DNA in Vertiefungen (Taschen) eines Gels gebracht und eine Gleichspannung angelegt. Wegen der negativ geladenen Phosphatgruppen wandert die DNA von der Kathode zur Anode. Das Gel enthält lange Molekülketten (z. B. Agarose), die wie ein Molekularsieb wirken. Je länger ein DNA-Molekül ist, desto langsamer kommt es im Gel voran.

Zwar besitzen größere DNA-Moleküle mehr negativ geladene Phosphatgruppen, aber die Bremswirkung des Gels nimmt wesentlich stärker zu. Gleichlange DNA-Fragmente legen in einer bestimmten Zeit gleiche Strecken zurück und bilden Banden. Durch Zugabe von *Ethidiumbromid* wird das Bandenmuster sichtbar. Dieser Farbstoff lagert sich zwischen zwei benachbarte Basenpaare der DNA ein. Diese Einlagerung hat zur Folge, dass der Farbstoff unter UV-Strahlung violett fluoresziert. Eingelagerte Farbstoffmoleküle behindern aber auch die Replikation der DNA und provozieren Rastermutationen.

Aufgaben

1. Vergleichen Sie die PCR mit der DNA-Replikation in Zellen.
2. Zeigen Sie durch ein Kreuzungsschema, wie oft bei der Zucht mit heterozygoten Schweinen Nachkommen mit MHS auftreten.
3. Bei der Entwicklung der PCR war die Methode noch sehr aufwändig, da MULLIS noch keine hitzeresistente DNA-Polymerase hatte. Erläutern Sie, wie er vorgegangen sein muss.
4. Erklären Sie, welche Eigenschaften die Primer haben müssen, damit die gesamte Schweine-DNA in die PCR gegeben werden kann und dennoch nur der zu untersuchende DNA-Abschnitt vervielfältigt wird.
5. Erläutern Sie das Testergebnis in Abb.4 und geben Sie an, welche Tiere zur Zucht geeignet sind.
6. Erläutern Sie, warum Farbstoffe, die sich an DNA anlagern, oft krebserregend sind.

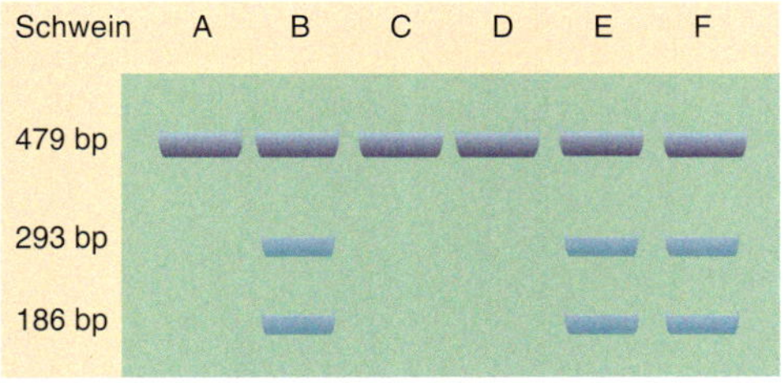

4 Ergebnis eines MHS-Tests

Gelelektrophorese
Verfahren zur Auftrennung von einem Gemisch aus Nucleinsäuren mit einem Gel

Ethidiumbromid
Farbstoff, der an DNA bindet

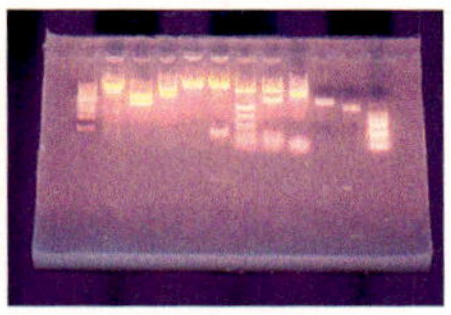

Mit Ethidiumbromid gefärbtes Gel

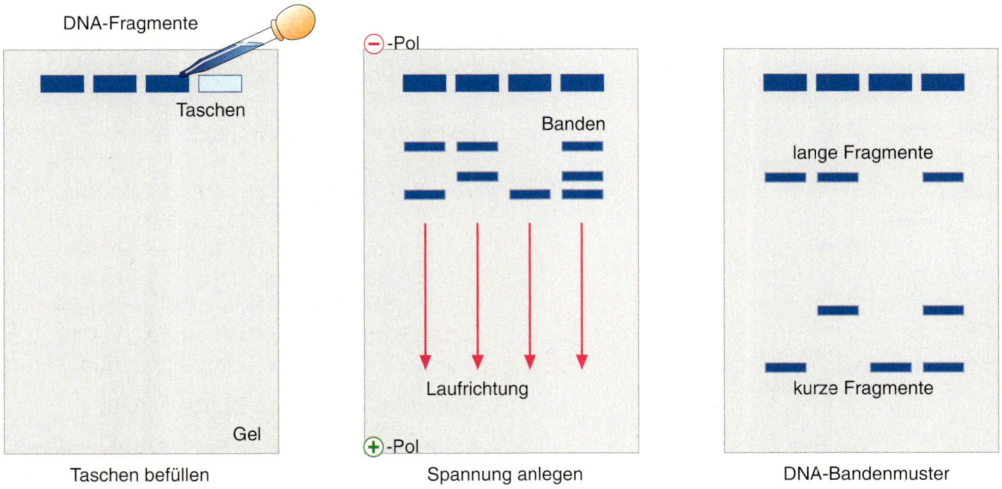

3 Gelelektrophorese

DNA-Analyse

DNA-Sequenzierung
Ermittlung der genauen Basenabfolge in einem DNA-Abschnitt

Um für die Polymerasekettenreaktion die richtigen Primer auszuwählen, muss die Sequenz des entsprechenden Gens bekannt sein. Auch für viele andere Fragestellungen aus Forschung und Medizin ist es notwendig die genaue Basenfolge eines DNA-Abschnitts zu kennen. Ist beispielsweise für eine Erbkrankheit die Sequenz des veränderten Allels bekannt, kann durch eine DNA-Sonde der Nachweis erleichtert werden.

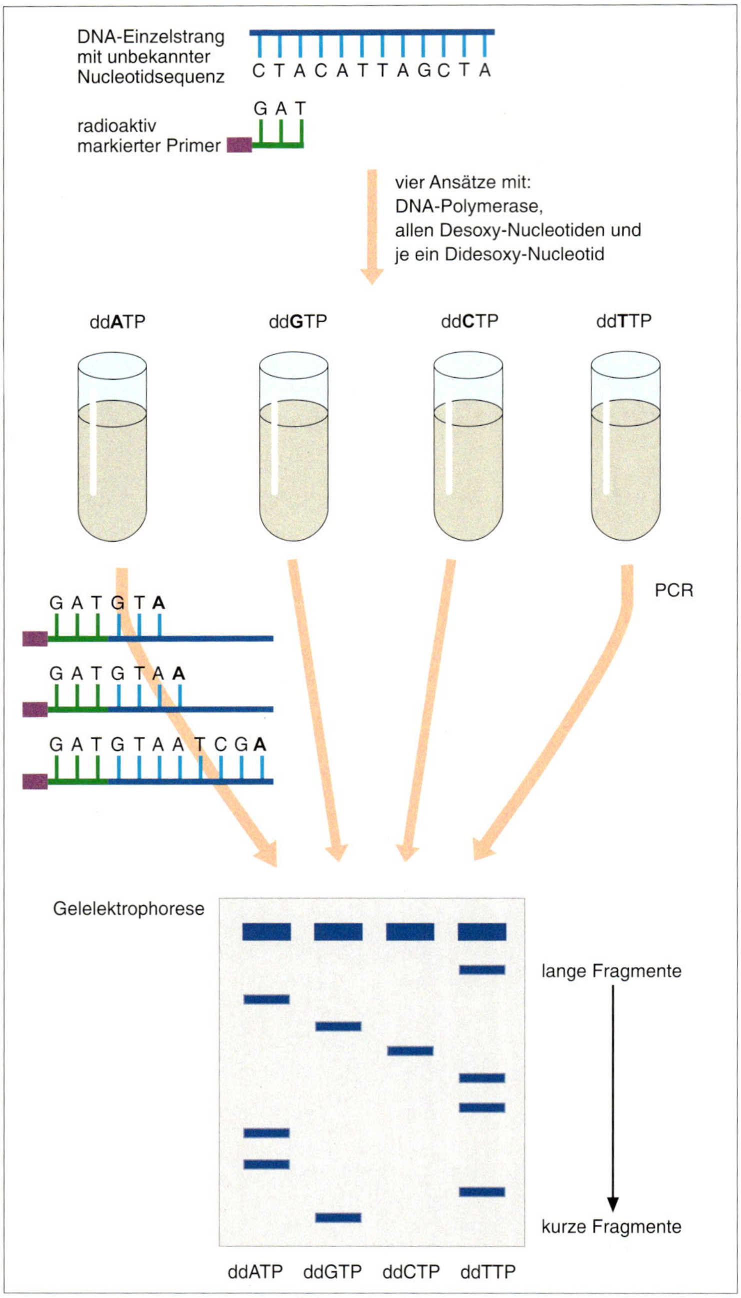

1 Ursprüngliche DNA-Sequenzierung

DNA-Sequenzierung nach Sanger-Coulson

Unter *DNA-Sequenzierung* versteht man die Entschlüsselung der Basenabfolge eines DNA-Abschnitts. Das grundlegende Verfahren wurde von Frederick Sanger und Alan Coulson 1977 beschrieben (s. Abb 1). Dazu wird eine einsträngige DNA-Matrize, deren Basenfolge bestimmt werden soll, zusammen mit Nucleotiden und DNA-Polymerase in vier Sequenzieransätze gegeben. Dort erfolgt die komplementäre Anlagerung von Nucleotiden an den Matrizenstrang. In den Ansätzen befinden sich jedoch neben den normalen Desoxy-Nucleotiden jeweils ein künstliches Didesoxy-Nucleotid (z. B. ddA). Diesem fehlt am dritten C-Atom die OH-Gruppe (Abb. 2). Solange sich normale Nucleotide anlagern, wird die DNA-Synthese fortgesetzt. Nach dem Einbau eines Didesoxy-Nucleotids bricht jedoch die Synthese ab, da am dritten C-Atom kein weiteres Nucleotid binden kann. So entstehen im Sequenzieransatz unterschiedlich lange DNA-Ketten, die mit einem bestimmten Didesoxy-Nucleotid enden. Im ersten Ansatz enden beispielsweise alle DNA-Stränge, deren Synthese frühzeitig beendet wurde, mit ddA. Die vier Sequenzieransätze werden nun durch Gelelektrophorese aufgetrennt. Kürzere Stränge kommen im elektrischen Feld schneller voran. Das Bandenmuster des Gels entspricht daher der Nucleotidsequenz des synthestisierten Strangs. Der unbekannte Matrizenstrang muss die komplementäre Nucleotidsequenz besitzen.

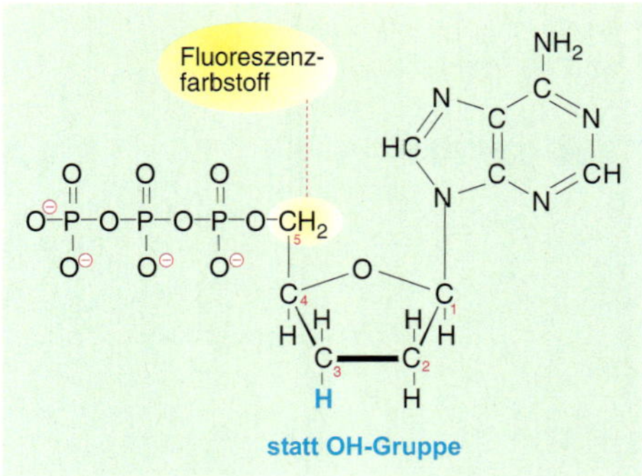

2 Didesoxy-Adenosin-Triphosphat (ddATP)

Modernes Sequenzierungsverfahren

Heute verwendet man zur DNA-Sequenzierung Didesoxy-Nucleotide mit unterschiedlichen Fluoreszenzfarbstoffen (s. Abb. 3).

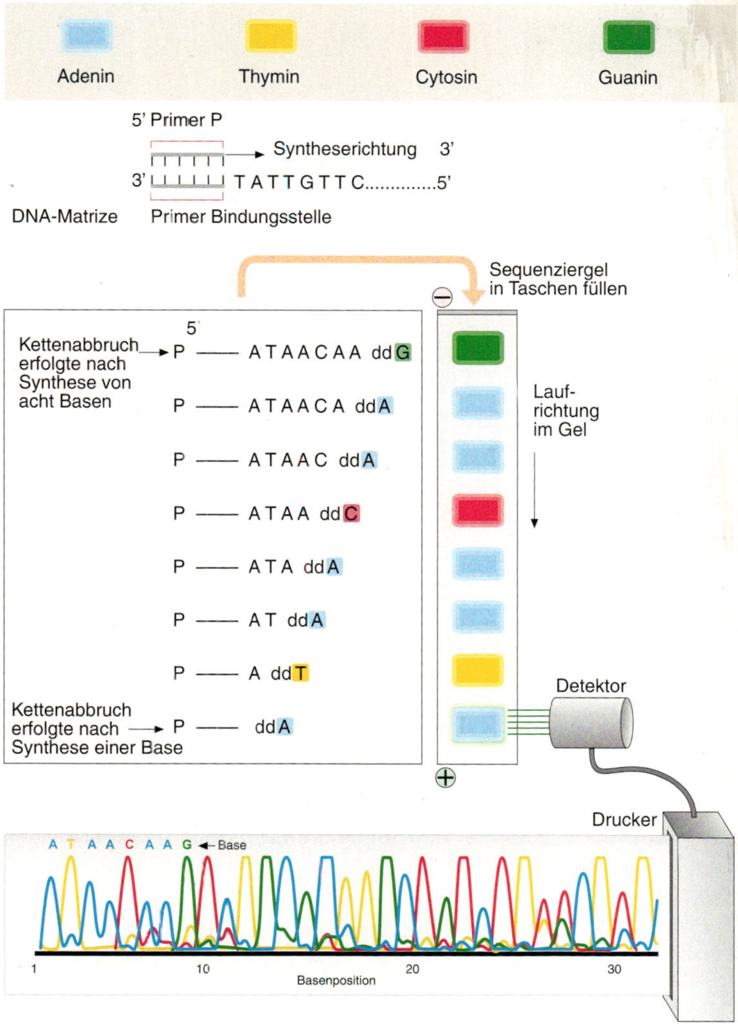

3 Moderne Sequenzierung mit Fluoreszenzmarkierung

Dadurch ist es möglich mit einem Sequenzieransatz zu arbeiten. Darin entstehen durch Kettenabbruch unterschiedlich lange DNA-Stränge, die mit markierten Didesoxy-Nucleotiden enden. Diese werden durch ein Gel geschickt und gelangen so nach ihrer Länge sortiert an einem Detektor vorbei. Dieser erkennt anhand der Fluoreszenzmarkierung, welche Base sich am Ende einer Kette befindet. Die vom Detektor registrierte Basenfolge entspricht der Basenfolge des synthetisierten DNA-Strangs. Die Nucleotidsequenz des Matrizenstrangs ist dazu komplementär.

Die Entschlüsselung des menschlichen Genoms

In den neunziger Jahren des letzten Jahrhunderts gab es einen spannenden Wettlauf um die Entschlüsselung des menschlichen Genoms. Ein öffentlich finanziertes internationales Wissenschaftlerkonsortium *(Human Genom Organisation, HUGO)* und eine amerikanische Firma (Celera Genomics) verwendeten dabei unterschiedlichen Strategien. HUGO ging hierarchisch vor und kartierte erst größere Genabschnitte und dann immer kleinere Abschnitte. Dieses Vorgehen ist zeitaufwändig, aber von jedem Abschnitt ist die Lage auf dem Chromosom bekannt.

Die Firma wendete die sogenannte Schrotschusstechnik an (s. Abb. 4). Dabei wird das Genom gleich in kleine Stücke zerlegt und diese sequenziert. Danach suchen spezielle Computerprogramme nach überlappenden Sequenzen und fügen die Abschnitte zur Gesamtsequenz zusammen. Zunächst wurde bezweifelt, dass die Schrotschusstechnik für das große menschliche Genom geeignet ist. Durch moderne Computer und hochentwickelte Software war das Verfahren jedoch erfolgreich und ist heute eine Standardmethode. Im Jahre 2001 wurde die Sequenz des menschlichen Genoms gemeinsam von HUGO und Celera Genomics veröffentlicht. Es umfasst 3,2 Milliarden Basenpaare. Über die Hälfte besteht aus hochrepetitiven Sequenzen und nur etwa 2 % sind codierende Gene.

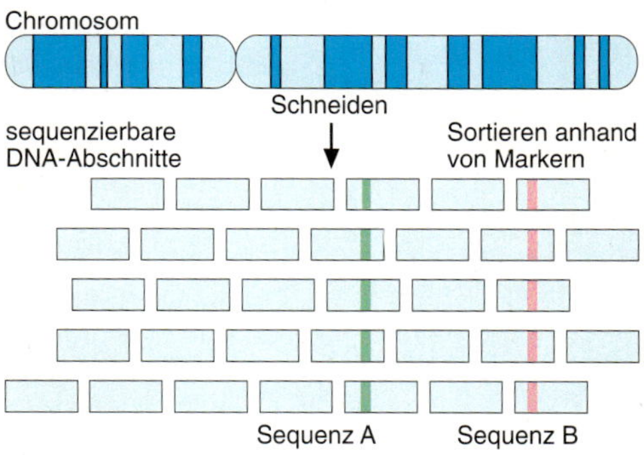

4 Schrotschusstechnik

Aufgaben

① Geben Sie die entstehenden DNA-Fragmente im zweiten Ansatz von Abb. 1 an.

② Erklären Sie, warum beim modernen Sequenzierungsverfahren in Abb. 3 der Detektor nicht am Gel entlanggeführt werden muss.

③ Sowohl das ursprüngliche als auch das moderne Verfahren beruhen auf denselben Prinzipien. Beschreiben Sie die Gemeinsamkeiten der beiden Verfahren.

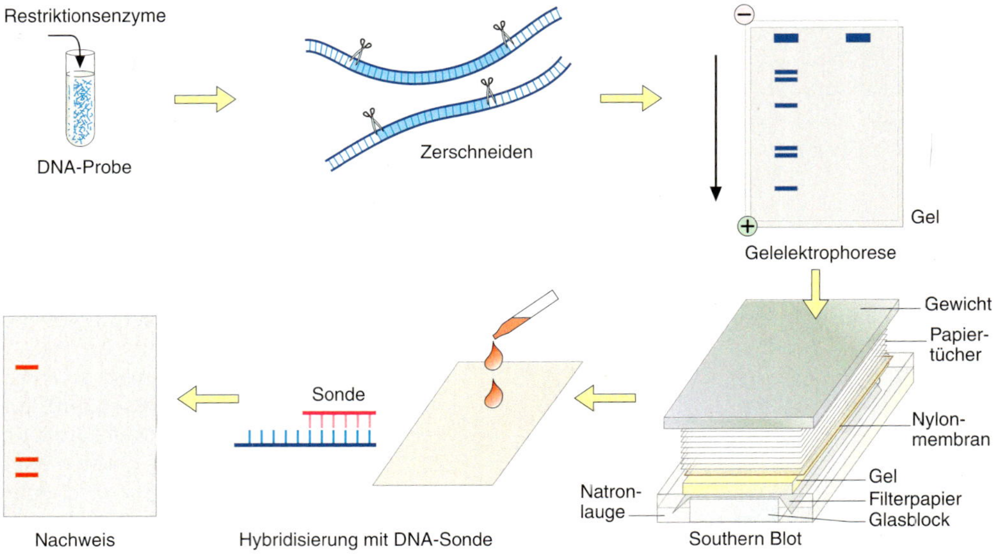

1 Genetischer Fingerabdruck (RFLP-Analyse)

Genetischer Fingerabdruck

Genetischer Fingerabdruck
Charakteristisches Muster von DNA-Fragmenten, das für nicht erbgleiche Individuen mit hoher Wahrscheinlichkeit verschieden ist.

Southern Blot
Verfahren zur Übertragung von einsträngiger DNA aus einem Gel auf eine Nylonmembran

Gensonde
Einsträngiger DNA-Abschnitt zur Markierung einer komplementären DNA-Sequenz

In der Kriminalistik spielen Methoden der DNA-Analyse eine wichtige Rolle. Blutreste, Sperma, Haare oder Speichel können mit sehr hoher Wahrscheinlichkeit einem Verdächtigen zugeordnet werden. Man spricht auch vom *genetischen Fingerabdruck*. Dabei werden jedoch keine Gene analysiert, sondern dazwischen liegende Bereiche, die rund 99,9 % des Genoms ausmachen. Diese Bereiche sind erfahrungsgemäß sehr variabel, denn auf ihnen herrscht kein Selektionsdruck. Es gibt inzwischen mehrere Verfahren zur Ermittlung des genetischen Fingerabdrucks. Immer aber wird die DNA-Probe durch PCR vervielfältigt und dann mit einer Gelelektrophorese analysiert.

Klassische DNA-Analyse

Eine der ersten Methoden war die Analyse der VNTR-Regionen des Genoms. Das sind nichtcodierende DNA-Bereiche, in denen eine Sequenz von 5 bis 50 Basenpaaren etwa 10 bis 100 mal wiederholt wird. Die Anzahl der Wiederholungen (*variable number of tandem repeats, VNTR)* unterscheidet sich von Person zu Person. Werden diese Regionen mit einem geeigneten Restriktionsenzym ausgeschnitten, ergeben sich je nach Anzahl der Wiederholungen unterschiedlich lange DNA-Stücke. Untersucht man mehrere VNTR-Regionen ergibt sich für jede Person wie bei einem Fingerabdruck ein charakteristisches Muster. Man spricht auch vom *Restriktionsfragment-Längen-Polymorphismus (RFLP)*. Die unterschiedlich langen Restriktionsfragmente werden anschließend mit einer Gelelektrophorese aufgetrennt.

Da die Gelelektrophorese DNA nur nach der Länge sortiert, muss beim DNA-Vergleich geprüft werden, ob entsprechende Banden im Gel auch tatsächlich zur identischen VNTR-Region gehören oder nur zufällig die gleiche Länge aufweisen. Dies ist mit dem *Blotting-Verfahren* und *Gensonden* möglich. Weil dazu einsträngige DNA nötig ist, wird diese mit Natronlauge denaturiert. Die Natronlauge wird mit Papiertüchern durch das Gel und die Membran durchgesaugt und dadurch einsträngige DNA vom Gel auf eine Nylon-Membran übertragen. Durch diesen *Southern Blot* ist das Bandenmuster auf der Nylonmembran fixiert. Nun können Restriktionsfragmente mit *Gensonden* identifiziert werden. Gensonden sind einsträngige DNA-Abschnitte, die an komplementäre Sequenzen binden und durch Radioisotope oder Fluoreszenzfarbstoffe markiert sind. Hybridisieren zwei Banden mit der gleichen Sonde, ist davon auszugehen, dass sie identisch sind.

Moderne DNA-Analyse

Für den genetischen Fingerabdruck beim Menschen werden heute *small tandem repeats (STRs)* untersucht. Das sind kurze DNA-Sequenzen aus 2 bis 4 Basenpaaren, die hintereinander in 5- bis 15-fachen Wiederholungen vorliegen. Auf homologen Chromosomen finden sich die gleichen STR-Sequenzen, aber unterschiedlich oft wiederholt. Beispielsweise hat der Vater eines Kindes auf Chromosom 11 für eine bestimmte STR-Sequenz 5 Wiederholungen und auf dem homologen Chromosom 12 Wiederholungen. Die Mutter besitzt für dieselbe Sequenz 6 und 10 Wiederholungen. Dann muss das gemeinsame Kind auf dem väterlichen Chromosom 5 oder 12 Wiederholungen haben und auf dem mütterlichen Chromosom 6 oder 10. Für einen genetischen Fingerabdruck bestimmt man die Anzahl der Wiederholungen für etwa zehn STR-Sequenzen. Abgesehen von eineiigen Zwillingen ist es sehr unwahrscheinlich, dass zwei Personen das gleiche Wiederholungsmuster aufweisen.

Aufgaben

① Erklären Sie, warum DNA-Bereiche, die für Proteine codieren, für den genetischen Fingerabdruck ungeeignet sind.

② Erklären Sie, warum die Zuverlässigkeit des genetischen Fingerabdrucks mit der Anzahl der untersuchten STRs steigt.

③ Gegen den Vorschlag den genetischen Fingerabdruck von allen Bürgern polizeilich zu erfassen wurde argumentiert, dass diese Informationen von Versicherungen oder Arbeitgebern missbraucht werden könnten. Nehmen Sie zu dieser Sorge mit Blick auf die untersuchten DNA-Abschnitte Stellung.

④ Begründen Sie mit der DNA-Analyse von Abb. 3, welcher Mann als Vater in Frage kommt.

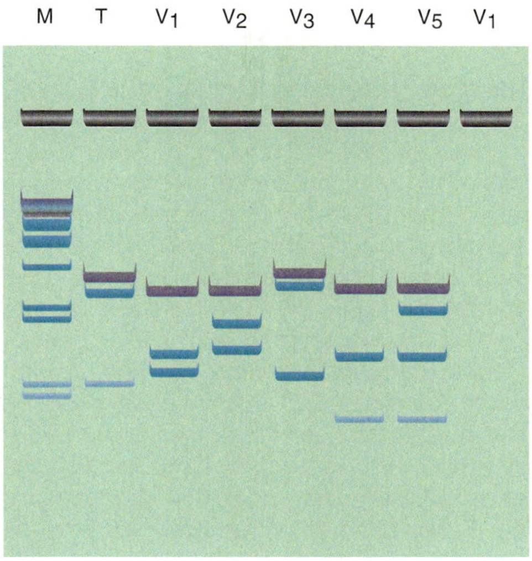

3 Vaterschaftstest

1984 ALEC JEFFREY entdeckt den genetischen Fingerabdruck

1986 erstmaliger Einsatz in einem Kriminalverfahren in England.

1988 erstmals als Beweismittel für ein Todesurteil in einem Strafprozess in den USA anerkannt.

2009 musste in Deutschland ein Zwillingpaar freigelassen werden, obwohl DNA am Tatort gefunden wurde. Es konnte keinem die Täterschaft sicher nachgewiesen werden.

2009 muss die deutsche Polizei zugeben, dass es das Phantom, dem mehrere Kriminalfälle zur Last gelegt wurden, nicht gibt. Vielmehr waren die Wattestäbchen für DNA-Tests nicht steril.

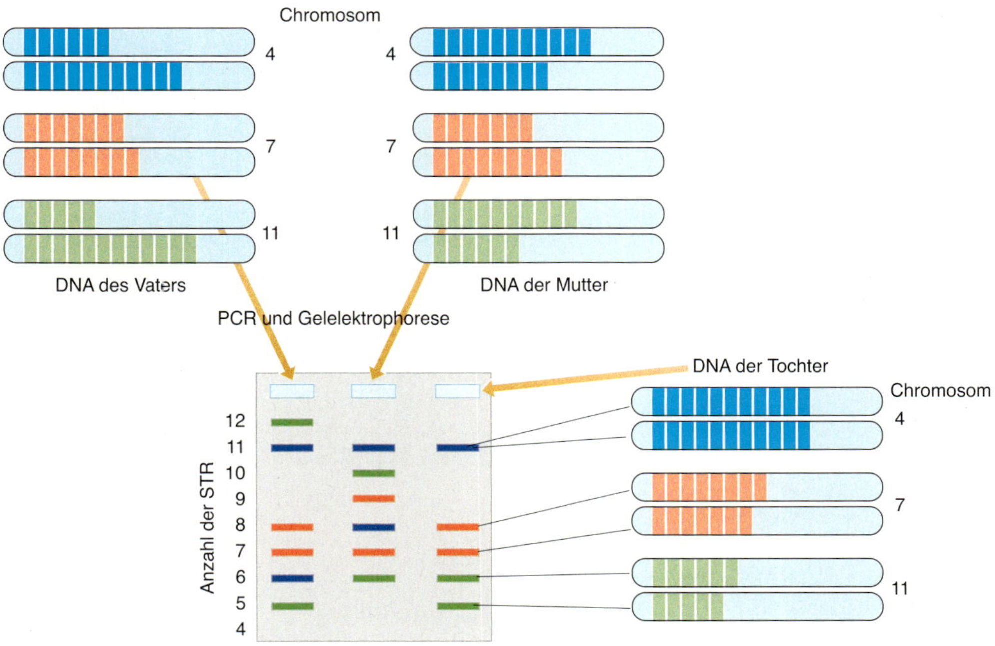

2 Vergleich von STR-Sequenzen

Gentechnisch veränderte Lebensmittel

Goldener Reis

Antisense-RNA
Einsträngige RNA, die komplementär zu einer normalen m-RNA ist

Antisense-Technik
Blockierung der Translation durch Hybridisierung von normaler m-RNA und Antisense-RNA

RNA-Interferenz
Abbau von RNA im Cytoplasma durch einen Enzymkomplex mit einem komplementären RNA-Abschnitt

Seitdem der Mensch Nutzpflanzen anbaut, versucht er diese durch Züchtung zu verbessern. Durch klassische Züchtungsmethoden lassen sich Merkmale innerhalb einer Art neu kombinieren. Mithilfe gentechnischer Methoden spielen Artgrenzen fast keine Rolle mehr. Gene aus Bakterien, Pilzen und anderen Lebewesen lassen sich in Pflanzen- oder Tierzellen übertragen. Dabei sollen erwünschte Gene gezielt in Nutzpflanzen oder Nutztiere eingeschleust werden, um gezielt deren Eigenschaften zu verändern.

Anti-Matsch-Tomate

Die erste gentechnisch veränderte Pflanze, die für die Vermarktung zugelassen wurde, war die *Flavr-Savr-Tomate* oder *„Anti-Matsch-Tomate"*. Tomaten werden wie andere Früchte oft unreif geerntet, damit sie besser transportiert werden können. Leider fehlt solchen nachgereiften Früchten das volle Aroma. Für die Reifung einer Tomate sind mehrere Gene verantwortlich, deren Genprodukte die Tomate rot und aromatisch, aber schließlich auch matschig werden lassen. Das vom „Matsch"-Gen codierte Enzym, die *Pektinase*, baut das Pektin zwischen benachbarten Zellwänden ab. Dadurch wird der Zellverband gelockert und das Gewebe matschig. Bei der Flavr-Savr-Tomate wurde dieses Gen durch die genetische *Antisense-Technik* ausgeschaltet. Dazu wird das „Matsch"-Gen verkehrt herum hinter demselben Promotor nochmals eingebaut. Wird es transkribiert, entsteht eine zur normalen m-RNA (sense) komplementäre m-RNA *(antisense)*. Die beiden RNA-Stränge lagern sich zum Doppelstrang zusammen. Dadurch ist die Translation nicht möglich und es wird keine Pektinase gebildet. Der Hersteller der transgenen „Anti-Matsch-Tomaten" erhoffte sich, dass die reifen Tomaten länger fest bleiben und im reifen, aromatischen Zustand geerntet und verschickt werden können. Die Tomaten altern aber trotzdem. Ihr Vitamingehalt nimmt wie bei den herkömmlichen Tomaten ab. Zudem lassen sich die Tomaten nicht viel besser als herkömmliche reife Tomaten transportieren. In den USA sind diese Tomaten seit 1994 zugelassen, seit 1996 darf Tomatenpüree aus solchen Tomaten auch auf dem EU-Markt verkauft werden.

Golden Rice

In Ländern, in denen Reis das Hauptnahrungsmittel darstellt, ist Vitamin-A-Mangel ein Problem, da Reis kaum Beta Carotin, die Vorstufe von Vitamin A, enthält. Im Jahre 1999 wurde von Schweizer Forschern ein „Vitamin A-Reis" vorgestellt, der durch die Übertragung von mehreren Fremdgenen auf das Reis-Genom entstand. Er besitzt einen höheren Gehalt an Beta-Carotin und ist daher gelblich *(golden rice)*. Dieser Reis soll dazu beitragen, die Vitamin-A-Versorgung in Reisanbauländern zu verbessern.

Amflora® – die Industriekartoffel

Die Stärke von normalen Kartoffeln besteht aus zwei Bestandteilen — Amylopektin und Amylose. Beide Formen sind zur Ernährung

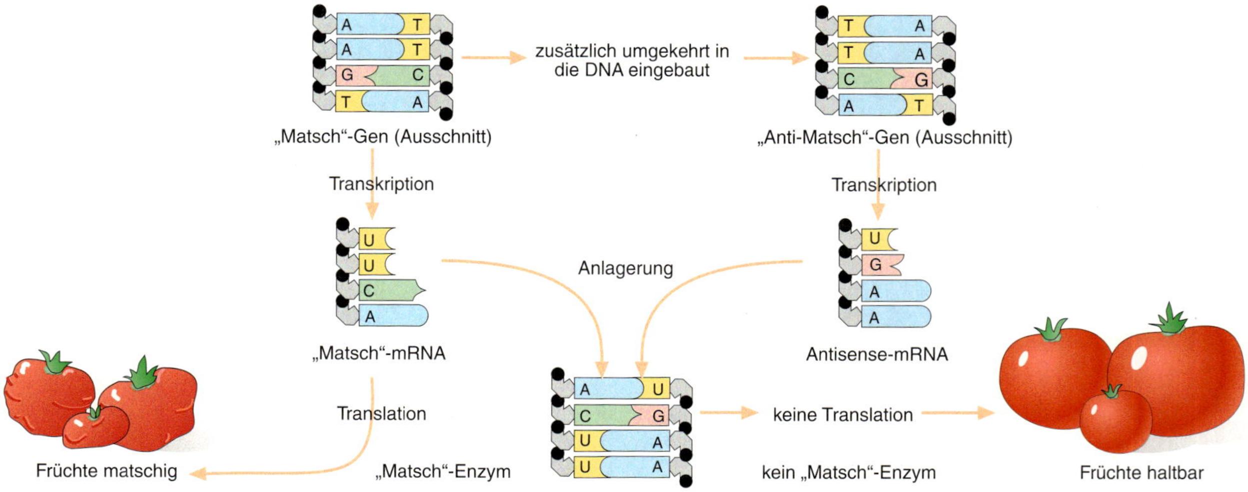

1 Antisense-Technik bei der Tomate

gleichermaßen geeignet. Aber für industrielle Zwecke ist meist nur Amylopektin gefragt. Forscher haben eine Kartoffelpflanze entwickelt, deren Stärke nur aus Amylopektin besteht. Die Pflanze kann das Enzym, das für die Bildung von Amylose notwendig ist, nicht mehr bilden. In das Genom wurde eine DNA-Sequenz eingefügt, die spiegelbildlich zum zugehörigen Gen ist. Wie bei der Anti-Matsch Tomate hybridisieren die beiden m-RNA-Stränge nach der Transkription.

Darüber hinaus wird der RNA-Doppelstrang (dsRNA) anschließend durch *RNA-Interferenz* abgebaut. RNA-Interferenz ist ein Mechanismus zum Abbau von RNA, den es in eukaryotischen Zellen gibt. In der Natur dient er vermutlich der Abwehr von viraler RNA. Die doppelsträngige RNA aus m-RNA und Antisense-RNA wird durch das Enzym *Dicer* („Häcksler") in kurze Stücke gespalten. Ein solches RNA-Fragment bildet mit anderen Enzymen den RISC *(RNA-induced silencing complex)*, wobei sich der RNA-Strang auftrennt. Die einsträngige RNA im Risc-Enzymkomplex bindet nun an komplementäre m-RNA im Cytoplasma und baut diese ab.

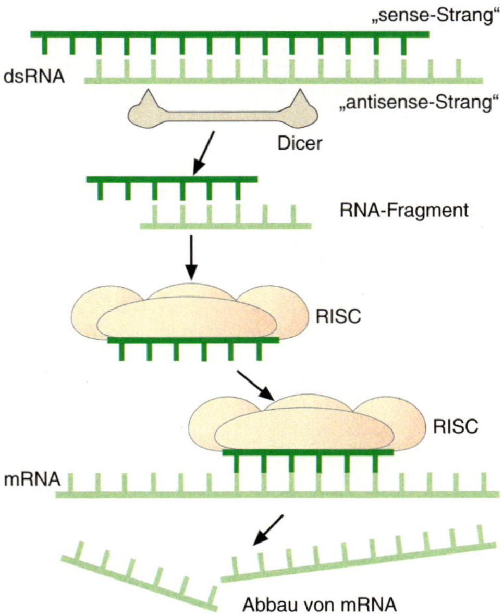

2 RNA-Interferenz

Aufgaben

① Erläutern Sie, inwiefern die Antisense-Technik auch bei der Industriekartoffel eingesetzt wird.

② In das Genom der Anti-Matsch-Tomate wurde zusammen mit dem Antisense-Gen auch ein Resistenzgen gegen das Antibiotikum Kanamycin als Marker eingebaut. Diskutieren Sie die Möglichkeit, dass im Darm durch den Verzehr der Tomaten kanamycinresistente Bakterien entstehen.

③ Informieren Sie sich über das Für und Wider des Golden Rice.

④ Stellen Sie in einem Schema dar, warum transgene Industriekartoffeln keine Amylose herstellen.

⑤ Die RNA-Interferenz wird auch Post-Transcripitional Gene Silencing (PTGS) genannt. Erläutern Sie, inwiefern durch die RNA-Interferenz nach der Transkripition ein Gen unwirksam wird.

Zettelkasten

Kennzeichnungspflicht

Gentechnisch veränderte Futter- oder Lebensmittel betreffen heute alle Verbraucher. Daher wurde eine EU-Verordnung notwendig (1829/2003).

Unter die Verordnung fallen alle Lebensmittel, Zutaten, Zusatzstoffe und Aromen, die
- gentechnisch veränderte Organismen (GVO) sind oder solche enthalten,
- die aus GVOs stammen oder daraus hergestellt sind,
- die mit GVO hergestellt sind, sofern diese noch im Lebensmittel enthalten sind.

Ausgenommen sind Lebensmittel, Zutaten und Zusatzstoffe, die mithilfe von GVOs hergestellt wurden, diese aber nicht mehr enthalten.
Zugelassen werden Lebens- und Futtermittel nur, wenn sie keine nachteiligen Wirkungen auf Mensch, Tier und Umwelt haben und gesundheitlich genau so unbedenklich sind, wie konventionelle Vergleichsprodukte.

Lebensmittel und Zutaten sind von den Zulassungs- und Kennzeichnungsbestimmungen ausgenommen,
- wenn der Anteil nicht mehr als 0,9% beträgt,
- und der Hersteller belegen kann, dass es sich um zufällige und unvermeidbare Verunreinigungen handelt,
- und wenn es sich bei den Beimischungen um bereits zugelassene GVOs handelt.

Kennzeichnungspflicht
Künftig können Lebensmittel mit dem Etikett „ohne Gentechnik" versehen werden, wenn zu ihrer Herstellung keine GVOs verwendet wurden.

Aufgaben

① Geben Sie an, ob die folgenden Produkte unter die Verordnung fallen:
- Tomatenketchup mit gentechnisch veränderten (gv) Tomaten,
- Schokolade mit Sojalecithin aus gv-Soja,
- Soßenwürze mit gv-Hefe,
- Milch von Kühen, die mit gv-Soja gefüttert wurden;
- Schweinefleisch von Tieren, die ohne gv-Futtermittel gemästet, aber mit gentechnisch hergestellten Medikamenten versorgt wurden.

② Strittig ist, ob Zusatzstoffe, die von GVO hergestellt wurden und keine GVO enthalten unter die Verordnung fallen sollten. Notieren Sie Argumente die dafür und dagegen sprechen.

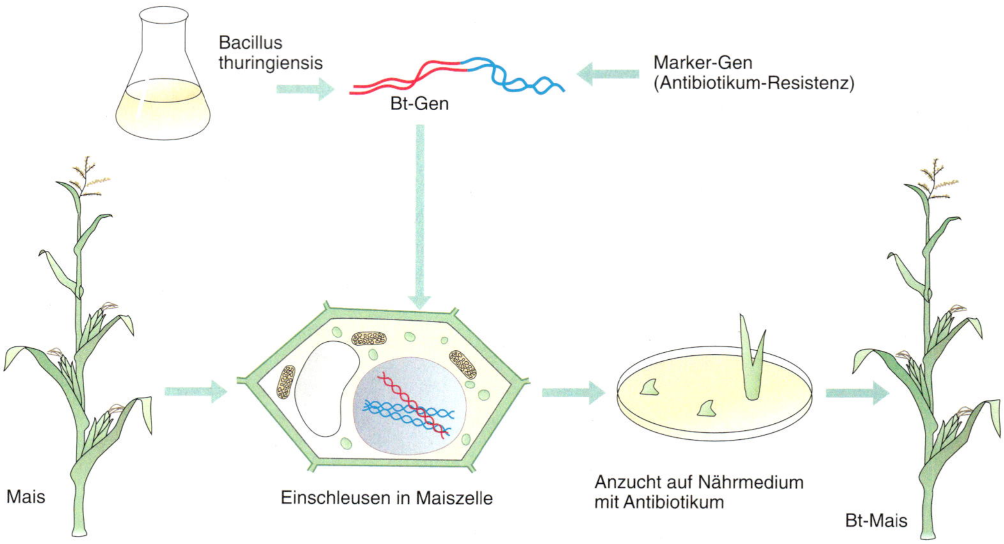

1 Herstellung von Bt-Mais

Gentechnisch veränderte Futtermittel

Mais mit Maiszünslerbefall

Maiszünsler

2008	Anteil der GVO-Sorten
Soja	72 %
Mais	23 %
Baumwolle	47 %
Raps	21 %

Anteil gentechnisch veränderter Sorten weltweit

Im Jahre 2008 wurden weltweit auf über 120 Millionen Hektar transgene Pflanzen angebaut. Dies entspricht der dreifachen Fläche von Deutschland. Die größte wirtschaftliche Bedeutung haben bisher Sojabohne, Mais, Baumwolle und Raps.

Mais

Der unscheinbare Maiszünsler ist ein bedeutender Schädling für den Mais. In Deutschland breitet er sich seit 1930 aus und kommt momentan vor allem in Süddeutschland und im Odergebiet vor. Bei starkem Befall sind Ernteverluste von 30 % möglich. Die Larven fressen sich nach dem Schlüpfen in den Stängel und sind dort gegen Fraßfeinde und Spritzmittel geschützt.

Auf der Suche nach einer Lösung stieß man auf das im Boden vorkommende Bakterium *Bacillus thuringiensis*, das ein für Insekten giftiges Protein produziert *(Bt-Toxin)*. Dieses natürliche Toxin ist schon lange bekannt und wird auch im ökologischen Landbau eingesetzt.

Mit gentechnischen Methoden wurde das aus Bakterien isolierte Gen für Bt-Toxin in das Mais-Genom eingeschleust. Der transgene Bt-Mais bildet nun selbst das Bt-Toxin und die Larven im Stängel nehmen beim Fressen den Wirkstoff auf. Dieser wird im Darm von manchen Insekten in eine für Insekten giftige Substanz umgewandelt. 1995 wurde Bt-Mais in den USA zugelassen und auf immer größeren Flächen angebaut.
Seit einigen Jahren breitet sich ein neuer Maisschädling aus, der *Maiswurzelbohrer*. Auch gegen diesen Schädling wurde ein Gen in den Mais eingefügt. Weitere transgene Maissorten enthalten zusätzliche Gene für eine Herbizidtoleranz. Inzwischen gibt es mehrere Sorten von gentechnisch verändertem Mais, von denen einige auch in der EU zugelassen sind. Heute ist es auch möglich, Bt-Gene mit gewebespezifischen Promotoren zu versehen, die nur in bestimmten Pflanzenteilen „anspringen". Dadurch wird das Bt-Toxin nur da gebildet, wo es benötigt wird. Zum Beispiel bildet Bt-Mais gegen den Maiswurzelbohrer das Bt-Toxin vor allem in den Wurzeln.

Die Auswirkungen des großflächigen Anbaus von Bt-Mais sind schwer abzuschätzen. Eine Gefahr besteht darin, dass der großflächige Anbau von Bt-Pflanzen die Resistenzbildung von Schädlingen gegen Bt-Toxin beschleunigt. Dadurch würden auch die klassischen Bt-Präparate nicht mehr wirken.

Diese Gefahr wird dadurch erhöht, dass das Gen für Bt-Toxin nicht nur in Mais, sondern auch in andere Kulturpflanzen eingeschleust wurde (z. B. Baumwolle, Kartoffel, Tomate). In den USA ist daher vorgeschrieben einen bestimmten Anteil der Flächen mit konventionellen Sorten ohne Bt-Toxin anzubauen.

Soja

Weltweit betrachtet ist die Sojabohne die mit Abstand am häufigsten angebaute gentechnisch veränderte Pflanze. Eine bestimmte transgene Sojabohne ist resistent gegen *Glyphosat*. Dieser Wirkstoff ist für alle normalen Pflanzen giftig und wird als Totalherbizid verwendet, das alle anderen Pflanzen beseitigt.

Der Wirkstoff gelangt mit dem Markennamen Roundup® in den Handel. Glyphosat hemmt das Enzym EPSPS, das in Pflanzen für die Synthese der Aminosäuren Phenylalanin und Tryptophan benötigt wird. Da EPSPS in Tieren nicht vorkommt, gilt Glyphosat als ungefährlich für Tiere. Allerdings enthält das Herbizid Roundup nicht nur den Wirkstoff, sondern noch mehrere Zusatzstoffe. Diese ermöglichen die Aufnahme des Wirkstoffs in Pflanzenzellen. Inzwischen gibt es Hinweise darauf, dass Roundup durch diese Zusatzstoffe auch für menschliche Zellen schädlich ist.

Die Roundup-Sojabohne enthält mehrere genetische Veränderungen, die sie gegen Glyphosat resistent machen.
- Mithilfe *Agrobacterium tumefaciens* wurde das Gen für EPSPS eingeschleust. Dieses bakterielle Enzym besitzt eine andere Aminosäuresequenz und ist unempfindlich gegenüber Glyphosat.
- Ein Gen aus *Petunia hybrida* gewährleistet, dass das im Cytoplasma synthetisierte EPSPS-Enzym in die Chloroplasten gelangt. Dort erfolgt sowohl die Bildung der benötigten Aminosäuren als auch die Wirkung von Glyphosat.
- Schließlich sind noch spezielle Promotor- und Terminator-Sequenzen eingefügt, die eine Transkription der eingefügten Gene gewährleisten.

Ziele und Risiken

Die Ziele einer gentechnischen Veränderung bei Pflanzen können unter anderem eine stärkere Schädlingsresistenz oder ein höherer Gehalt an erwünschten Inhaltsstoffen (z. B. Zucker oder Öle) sein. Am häufigsten werden aber Herbizidresistenz-Gene übertragen (s. Abb. 2). Sie machen die Pflanze unempfindlich gegen ein bestimmtes Herbizid. Häufig stellen große Konzerne nicht nur das gentechnisch veränderte Saatgut her, sondern vermarkten gleichzeitig das entsprechende Herbizid und den passenden Dünger. Gegner befürchten, dass ein umfangreicher Anbau von gentechnisch veränderten Pflanzen eine zunehmende Abhängigkeit der Landwirte von solchen Firmen bewirkt. Um Risiken beim Anbau gentechnisch veränderter Pflanzen zu minimieren, sind weitere Verbesserungen denkbar.
- Statt der oft verwendeten Antibiotika-Resistenzgene als Marker sollten unbedenkliche Alternativen verwendet werden oder die Markergene müssen nach dem Einschleusen des Fremdgens wieder aus dem Zielorganismus entfernt werden.
- Eine Ausbreitung der transgenen Pflanzen muss verhindert werden. Beispielsweise können Gene eingeschleust werden, die zu dazu führen, dass der Pollen nicht befruchtungsfähig ist.
- Der Pollen sollte frei von Fremdgenen oder Wirkstoffen sein. Dies kann durch den Einbau der Fremdgene in Chloroplasten-DNA geschehen. Da Pollenkörner keine Chloroplasten enthalten, wäre eine Auskreuzung ausgeschlossen.

Aufgaben

① Begründen Sie, warum neben dem Bt-Gen ein Antibiotikum-Resistenzgen in die Maiszelle eingeschleust wurde.

② Erklären Sie, warum der großflächige Anbau von Bt-Pflanzen die Bildung resistenter Schädlinge fördert.

③ Mithilfe von *Agrobacterium tumefaciens* können Gene in Sojazellen eingeschleust werden. Beschreiben Sie die Vorgehensweise mit einem Flussdiagramm.

④ Stellen Sie für die Roundup-Sojabohne und den Bt-Mais Vorteile und Risiken gegenüber.

⑤ Erklären Sie, wie es möglich ist, dass die Summe der Prozentzahlen in Abb. 2 über 100 % liegt.

Herbizid
Spritzmittel gegen bestimmte Pflanzen

Totalherbizid
Spritzmittel, das alle natürlichen Pflanzen abtötet

EPSPS
5-Enolpyruvylshikimat-3-phosphat-Synthase

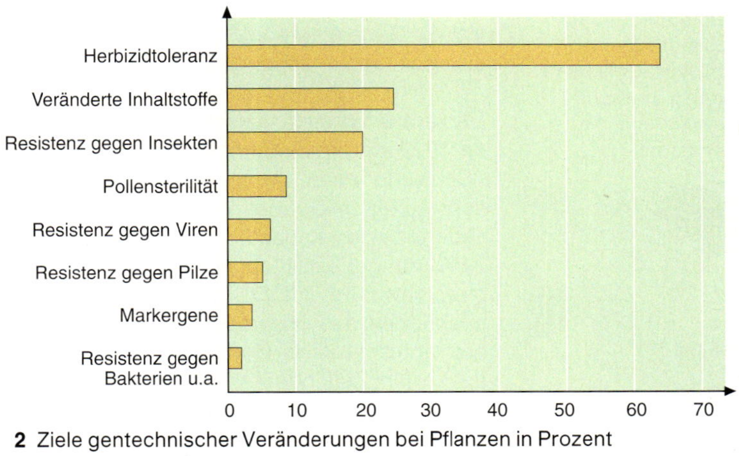

2 Ziele gentechnischer Veränderungen bei Pflanzen in Prozent

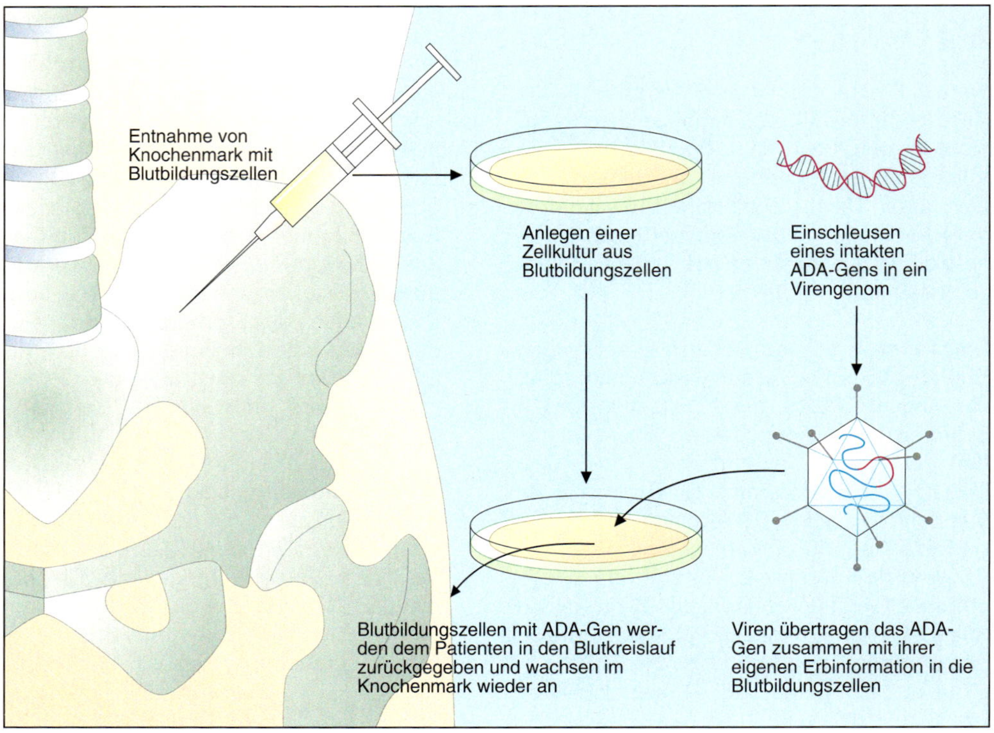

1 Somatische Gentherapie bei ADA-Mangel

Gentherapie

Gentherapie
Behandlung einer erblichen Krankheit durch Einschleusen funktionsfähiger Gene in Zellen des Patienten

Somatische Gentherapie
Behandlung einer erblichen Krankheit durch genetische Veränderung adulter Körperzellen

Keimbahntherapie
Behandlung einer erblichen Krankheit durch genetische Veränderung von Keimzellen

Kind im sterilen Zelt

Mit Hilfe der Gentechnik sind Therapien für Krankheiten denkbar, die auf einen Gendefekt zurückzuführen sind. Durch den Austausch des defekten Gens durch ein funktionsfähiges Gen, soll die Ursache beseitigt werden. Allerdings gibt es für eine solche *Gentherapie* sowohl methodische Probleme als auch ethische Bedenken.

Somatische Gentherapie

Die *somatische Gentherapie* zielt darauf ab, einen genetischen Defekt in den Zellen zu beseitigen, die für die Ausbildung der Krankheit verantwortlich sind. Dabei schleust man intakte Gene an die Stelle im Genom, an der sich das krankmachende Gen befindet.

Der erste Versuch einer Gentherapie wurde 1990 an der vierjährigen ASHANTHI DESILVA unternommen. Sie konnte aufgrund eines sehr seltenen Gendefekts das Enzym ADA (Adenosindesaminase) nicht herstellen. ADA-Mangel führt zu einer schweren Immunschwäche (SCID). Ohne regelmäßige Injektionen des Enzyms können Betroffene nur unter sterilen Bedingungen in einem speziellen Zelt oder Anzug leben. Die Lebenserwartung ist gering. Für die Gentherapie entnahm man Knochenmarkszellen und übertrug in diese mit einem Virus als Vektor das intakte Gen für ADA (s. Abb. 1). Nach anschließender Rückübertragung ins Knochenmark produzierten die gentechnisch veränderten Zellen dort das lebenswichtige Enzym.

Im Jahr 1999 erlitt die Gentherapie einen herben Rückschlag, als der 28-jährige JESSE GELSINGER an den Folgen einer Gentherapie starb. Ihm wurden Viren verabreicht, die als Vektoren intakte Gene in seine Leberzellen bringen sollten. Der Patient entwickelte aber gegen diese Viren eine unerwartet starke Immunreaktion, die zu seinem Tod führte.

Eine große Schwierigkeit der Gentherapie besteht im Auffinden von ungefährlichen Vektoren, die das intakte Gen zuverlässig in die richtigen Zellen im Körper bringen. Ein idealer Vektor ist nicht in Sicht (s. Abb. 2). Zu selten wird das Gen erfolgreich in die richtigen Körperzellen eingebaut. Damit die gewünschte Eigenschaft langfristig erhalten bleibt, müssen aber viele adulte Stammzellen verändert werden. Dies ist schwer zu erreichen. Wiederholte Behandlungen mit denselben Viren sind wegen der verstärkten Abwehr durch das Immunsystem erschwert.

Keimbahntherapie

Bei der *Keimbahntherapie* bringt man ein intaktes Gen durch Mikroinjektion in die befruchtete Eizelle und pflanzt diese anschließend in die Gebärmutter ein. Das Gen ist dann später automatisch in allen Zellen des heranwachsenden Organismus enthalten und wird dort auch exprimiert. So umgeht man die Risiken des nachträglichen Gentransfers mit problematischen Vektoren. Auf diese Weise könnte man theoretisch die Weitergabe genetisch bedingter Krankheiten verhindern. Unbeabsichtigt können aber auch andere genetisch bedingte Merkmale verändert werden. Die Risiken sind nicht kalkulierbar. Die Keimbahntherapie am Menschen ist deshalb in Deutschland und vielen anderen Ländern verboten: Es dürfen keine genetischen Veränderungen an Keimzellen vorgenommen werden.

Genehmigung von Gentherapie

Die somatische Gentherapie ist in vielen Ländern erlaubt. Weil bei der somatischen Gentherapie keine Geschlechtszellen, sondern nur Körperzellen behandelt werden, wird die genetische Veränderung nicht an die Nachkommen weitervererbt. In den USA wird die somatische Gentherapie seit 1990 bei Krebspatienten angewandt und auch in Deutschland werden Experimente genehmigt. Doch trotz vieler Behandlungen und unzähliger Studien haben sich noch keine durchschlagenden Erfolge ergeben.

Aufgaben

① Vergleichen Sie die beiden Gentherapien bezüglich ihrer Wirkung auf den Patient und dessen Nachkommen.

② Erklären Sie, warum ASHANTI nach der Gentherapie nur zum Teil das von ihr benötigte ADA herstellen konnte und immer noch auf Injektionen angewiesen war.

③ Erläutern Sie, warum die Wirkung der somatischen Gentherapie oft nur kurzfristig ist.

④ Erklären Sie, welche besonderen ethischen Probleme die Keimbahntherapie aufwirft.

Retroviren
Viren mit Hülle und Innenkörper (Capsid); die Erbinformation liegt als RNA vor

Adenoviren
Viren ohne Hülle, nur mit Capsid; Erbinformation aus DNA

Zettelkasten

„Der ideologische Glaube an die Vorhersage-Macht der DNA-Sequenzen hat immer schon eine direkte Korrespondenz zwischen Genen, Strukturen und Funktionen vorausgesetzt: ein genetisches Programm. Die meisten Biologen aber erkennen inzwischen an, dass dieser Zusammenhang sehr plastisch ist, zufällig und kontext-abhängig. Selbst wenn das Genom ein Text wäre, es wäre von allen Vieldeutigkeiten der Sprache betroffen und läse sich eher wie ein Gedicht und nicht wie eine Gebrauchsanweisung. Und so wird es auch eine therapeutische Anwendung so bald nicht geben."

PROF. LILY E. KAY, Harvard University, 2000

"Wenn Menschsein bedeutet, unsere Intelligenz zu gebrauchen, um die Lebensqualität zu verbessern, dann besteht wenig Anlass zu ethischer Ambivalenz oder ethischen Zweifeln daran, ob man genetische Geißeln ausrotten soll – ganz ähnlich wie wir es bereits mit solchen Seuchen wie Pocken und Kinderlähmung getan haben. Wer wollte behaupten, dass eine Befreiung von diesen Krankheiten, die früher ganze Völker heimsuchten, uns weniger menschlich fühlen ließe. Unsere biologischen Bauanweisungen im Hinblick auf ein längeres, gesünderes Leben zu verändern, sollte im Idealfall ebenso wenig als Bedrohung verstanden werden wie das Aufbereiten unseres Trinkwassers zum Schutz unserer Gesundheit."

PROF. ARTHUR CAPLAN, Universität Pennsylvania, 1995

Aufgaben

① Formulieren Sie mit eigenen Worten, auf welche Schwierigkeiten bei der Gentherapie PROF. KAY hinweist.

② Nehmen Sie zu dem Zitat von PROF. CAPLAN Stellung.

Retroviren	Adenoviren	Liposomen	reine DNA
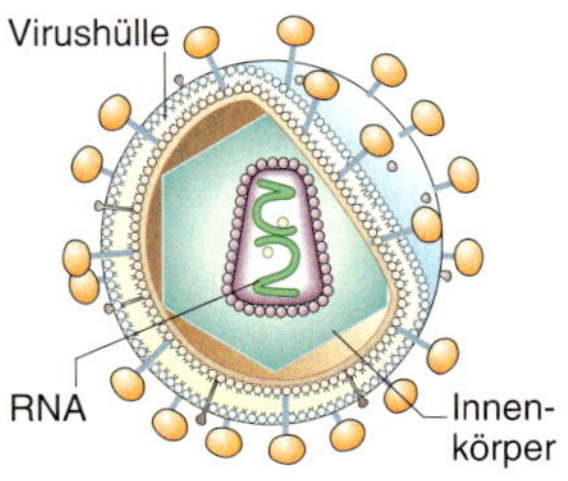	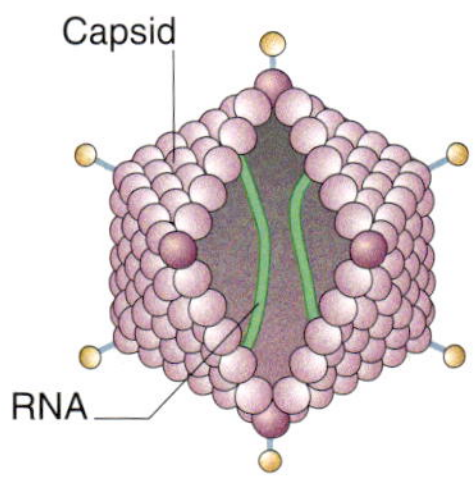	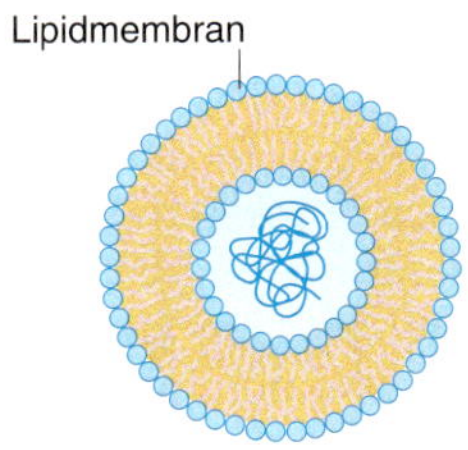	
Vorteil stabiler Einbau ins Genom **Nachteil** nur teilende Zellen infizieren sich zufällig	**Vorteil** Aufnahme großer DNA-Moleküle **Nachteil** kein stabiler Einbau ins Genom	**Vorteil** geringes Erkrankungsrisiko **Nachteil** geringe Effizienz	**Vorteil** geringes Erkrankungsrisiko **Nachteil** geringe Effizienz und unstabil

2 Vektoren für die somatische Gentherapie

Gentechnik in Diagnostik und Therapie

Die Gentechnik hat die diagnostischen und therapeutischen Möglichkeiten in der Medizin tiefgreifend verändert. Sie ermöglicht unter anderem den Nachweis bestimmter erblich bedingter Krankheiten *(genetische Diagnostik)*, sowie die Herstellung von Medikamenten.

Genetische Diagnostik

Kennt man die Basensequenz von Genen, die erblich bedingten Krankheiten zugrunde liegen, kann man diese durch komplementäre Gensonden (s. S. 136) aufspüren. So lässt sich das Gen auch bei Personen erfassen, bei denen die Krankheit noch nicht ausgebrochen ist. Der Träger kann dann z. B. über vorbeugende Maßnahmen aufgeklärt werden, die das Erkrankungsrisiko senken oder die Symptome lindern.

Chorea Huntington ist eine dominant vererbte Krankheit, die sich erst im 25. bis 55. Lebensjahr in Form von Lähmungen, Bewegungsstörungen und dem allmählichen Verlust der Denkleistung äußert. Die Symptome sind die Folge einer Degeneration von Hirngewebe. Ursache ist ein Protein, dessen Gen auf Chromosom 4 liegt. Ein Ausbruch der Krankheit ist umso wahrscheinlicher, je öfter das Triplett CAG in diesem Gen wiederholt vorliegt. Bei gesunden Menschen finden sich 9 bis 35 Wiederholungen, bei Betroffenen bis zu 250. Chorea Huntington ist bisher unheilbar. Die Veranlagung für die Krankheit kann mit einem Gentest bestimmt werden. Ein negatives Testergebnis kann einem familiär Vorbelasteten schwere Sorgen nehmen. Wie reagiert er aber mit einem positiven Ergebnis und der Gewissheit, später zu erkranken?

Gen-Pharming
Produkt eines Genprodukts mit transgenen Tieren (Wortkombination aus „Farming" und „Pharma"

Transgenes Tier
Tier mit artfremden Gen in der Keimbahn

Gentechnisch produzierte Medikamente

Ein Beispiel für ein gentechnisch hergestelltes Medikament ist *Trastuzumab®*, ein Mittel gegen Brustkrebs, das 1998 zugelassen wurde. Damit kann bei etwa einem Drittel der Patientinnen die Überlebensrate um 50 % gesteigert werden. Die Vermehrung der Tumorzellen, wird durch das Zusammenwirken von zwei Wachstumsfaktor-Rezeptoren in der Zellmembran gefördert. Trastuzumab ist ein monoklonaler Antikörper (s. S. 182), der spezifisch an einem dieser Rezeptoren bindet. Die Bindung blockiert weitere Teilungen und führt zur Zerstörung von Tumorzellen. Die Trastuzumab-Antikörper werden in *CHO-Zellen (Chinese Hamster Ovary-Zellen)* produziert. Das sind eukaryotische Zellkulturen, die häufig für gentechnische Produktionsverfahren verwendet werden. Die CHO-Zelllinie lässt sich leicht auf verschiedenen Medien halten und ist wenig anfällig für Krankheitserreger. Allerdings nimmt nur ein kleiner Teil der behandelten Zellen die Fremd-DNA tatsächlich auf. Unter diesen muss eine Zelle herausgefunden werden, die das eingefügte Gen besonders stark abliest. Da die Produktivität von vielen Faktoren abhängt, wie z. B. der Stellung im Genom, sind optimale Zellen sehr selten.

Gen-Pharming

Im Jahre 1990 wurde im Roslin-Institut in Schottland das Schaf Tracy geboren. Tracy produzierte später in seiner Milch den Wirkstoff α1-Antitrypsin (AAT), ein lebensnotwendiges Protein für Patienten mit AAT-Mangel.

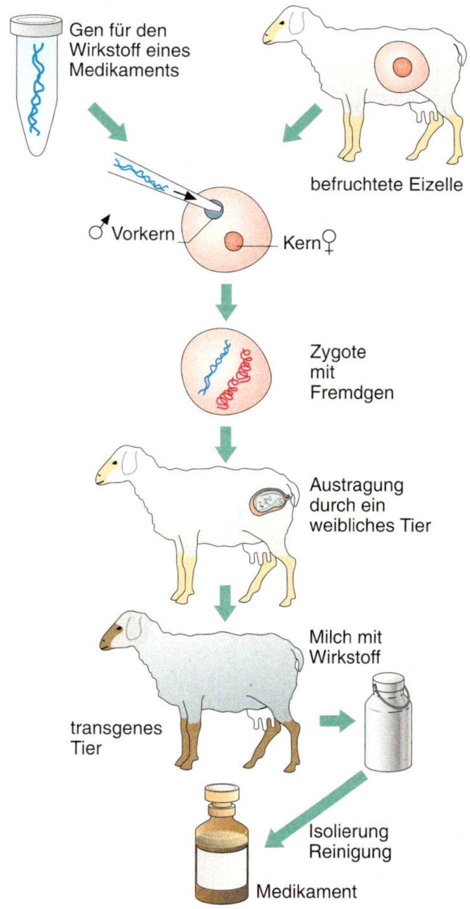

1 Herstellung eines gentechnischen Medikaments mit einem transgenen Tier

Tracy war ein transgenes Tier. Darunter versteht man Tiere, denen ein artfremdes Gen eingeschleust wurde (s. Abb. 1). Die Herstellung eines Medikaments mit transgenen Tieren heißt auch Pharming. Die für ein gewünschtes Protein codierende DNA wird dazu in eine befruchtete Eizelle eines Schafs oder einer Kuh eingeschleust. Aus der Eizelle mit Fremd-Gen entwickelt sich ein transgenes Tier. Sofern das Fremd-Gen im Euter abgelesen wird, enthält die Milch des erwachsenen Tieres das gewünschte Protein. Dies gelingt jedoch selten. Um Tracy zu erzeugen, wurden über 500 Eizellen ohne Erfolg verbraucht.

Aufgaben

① Humangenetiker können das menschliche Genom auf etwa 800 Krankheiten testen. Begründen Sie, in welchen Fällen Sie eine genetische Diagnose von Erbkrankheiten für sinnvoll halten.

② Beschreiben Sie ein Verfahren, mit dem geprüft werden kann, ob die Fremd-DNA erfolgreich in CHO-Zellen integriert worden ist.

③ Geben Sie an, welche Vorteile die Gewinnung eines Wirkstoffs aus der Milch eines Tieres gegenüber der Herstellung mit CHO-Zellen bietet.

Das Schaf Tracy

Zettelkasten

DNA-Chip

Einsträngige DNA-Moleküle lassen sich zu Zehntausenden auf einem Träger-Chip aus Glas oder Silizium unterbringen. Mit solch einem DNA-Chip hofft man, in Zukunft sehr schnell und kostengünstig Genproben auf bestimmte DNA-Sequenzen untersuchen zu können. Alle DNA-Chips funktionieren nach demselben Prinzip: Die Oberfläche ist in ein Raster unterteilt. Auf jedem Feld haften einsträngige DNA-Moleküle einer bestimmten Sequenz, die als Gensonde wirken. Die zu untersuchende DNA-Probe wird in Einzelstränge geteilt, mit einem Fluoreszenz-Farbstoff markiert und auf den Chip aufgebracht. Dort kann sich die zu untersuchende DNA an komplementäre DNA-Sequenzen auf dem Chip anlagern. Anschließend muss gespült werden. Fluoreszenz-Signale zeigen an, wo Hybridisierungen stattgefunden haben. Sie werden mit Scanner und Computer ausgewertet.

DNA-Chip

Aufgabe

① Erklären Sie, warum nach der Hybridisierung gespült werden muss.

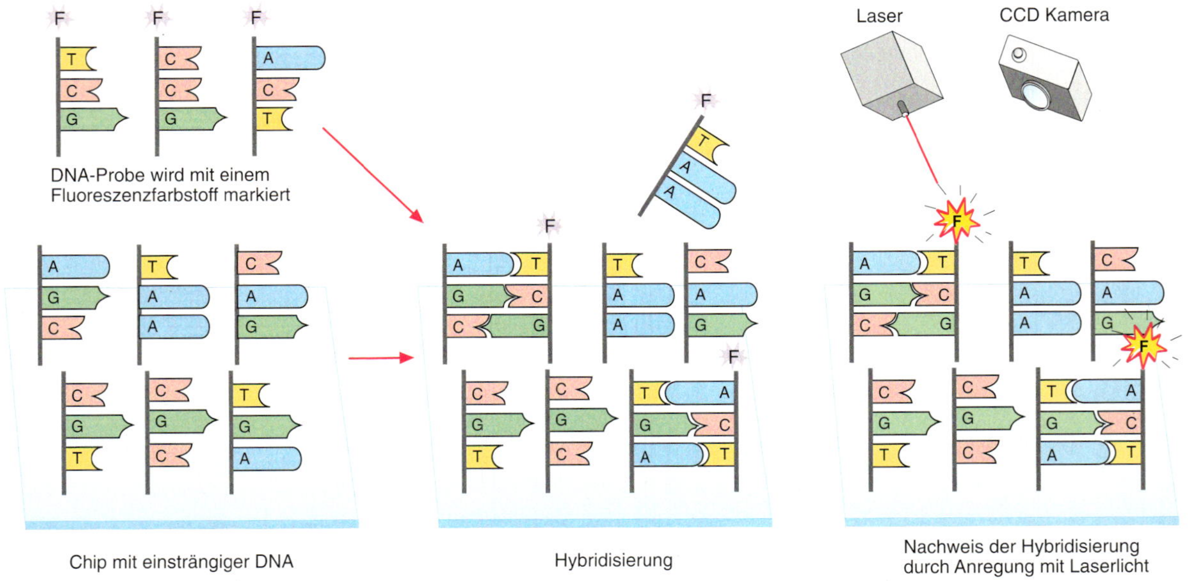

DNA-Untersuchung mit einem DNA-Chip

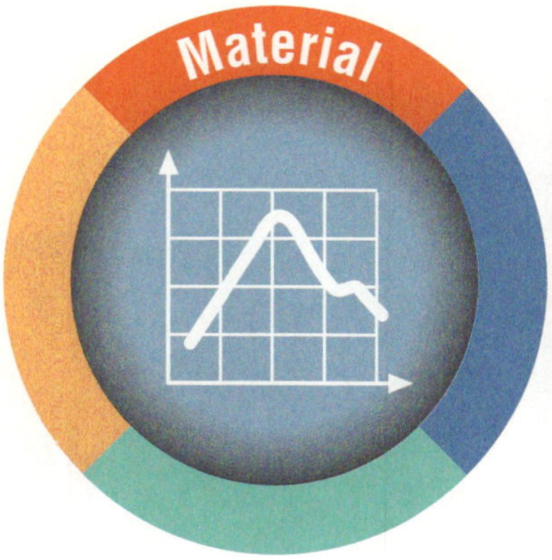

Gentechnik und Grundlagenforschung

Transgene Tiere

Besonderes Aufsehen erregte 1982 eine gentechnisch veränderte Maus. Sie war deutlich größer als ihre Geschwister und wurde daher *„Supermaus“* genannt (s. Abb. 1). Durch Mikroinjektion brachte man das Gen für das Wachstumshormon Somatotropin in eine Eizelle. Die Mikroinjektion erfolgt nach dem Eindringen des Spermiums aber noch vor der Verschmelzung der Kerne (s. Abb. 2). Das transgene Tier liest dann neben dem eigenen Gen das zusätzliche Gen für Somatotropin ab. Dadurch entsteht mehr m-RNA und mehr Somatotropin.
Große Bedeutung für die Forschung

1 „Supermaus“ neben einer normalen Maus

haben *Knockout-Mäuse*, bei denen mit gentechnischen Methoden ein bestimmtes Gen gezielt ausgeschaltet ist, um anhand der Symptome dessen Wirkungen zu untersuchen. Dazu werden aus einer Blastocyste embryonale Stammzellen entnommen und so verändert, dass ein Gen ausgeschaltet wird. Oft wird die *homologe Rekombination* angewandt. Bei diesem Verfahren wird die Sequenz des zu untersuchenden Gens durch eine künstliche Sequenz ersetzt, deren Anfang und Ende homolog zum ursprünglichen Gen ist (s. Abb. 2). Damit wird sichergestellt, dass die neue DNA an der gewünschten Stelle eingefügt wird. Anschließend wird die veränderte Zelle in die Blastocyste einer Maus übertragen. Da die Blastocyste auch unveränderte Zellen enthält, wächst sie zu einer Maus heran, deren Zellen nur teilweise gentechnisch verändert sind. Tiere, deren Zellen unterschiedliche

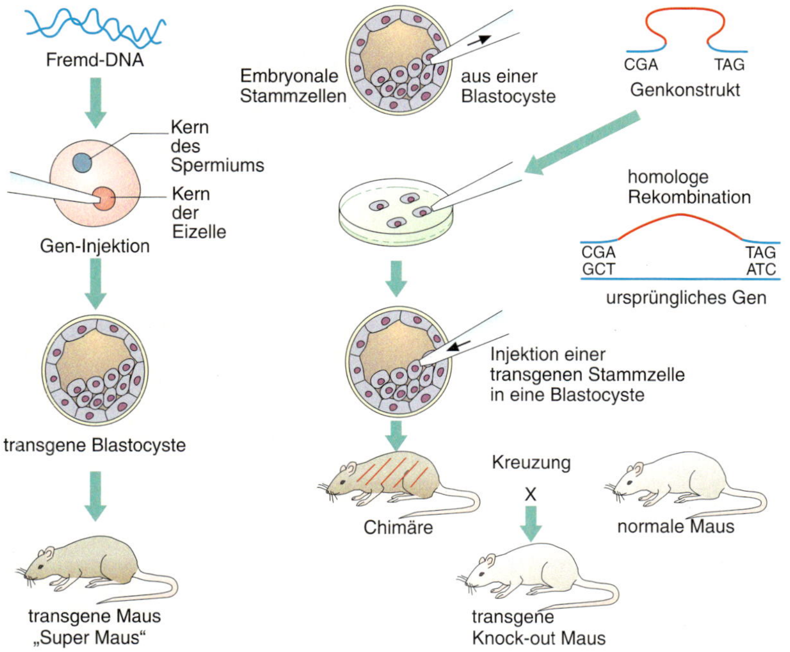

2 Herstellung transgener Tiere

Erbinformationen enthalten werden auch *Chimären* genannt. Zur Weiterzucht werden Tiere ausgewält, bei denen die genetische Veränderung in den Keimzellen vorliegt. Durch das gezielte Ausschalten eines bestimmten Gens entsteht ein Modellorganismus, an dem die Funktionen des entsprechenden Genprodukts erforscht werden können. Bisher sind Tausende transgene Mäusestämme erzeugt worden (s. Tab. 3). Viele davon sind kommerziell erhältlich.

Veränderung	Anwendung
zusätzliches Somatotropin	verstärktes Wachstum
SCID-Maus: defektes Immunsystem	Immunschwäche
defektes P53-Tumorsupressor-Protein	Krebsentstehung
Angiotensinogen-Defekt	Bluthochdruck

3 Wichtige transgene Mäusestämme

Aufgaben

① Begründen Sie, warum die Supermaus keine Knockout-Maus darstellt.
② Beschreiben Sie, wie durch das gezielte Ausschalten eines bestimmten Gens die Funktion des entsprechenden Genprodukts erforscht werden kann.
③ Beschreiben Sie mögliche Anwendungen von Knockout-Mäusen in der Medizin.

Grünfluoreszierends Protein

Das „grün fluoreszierende Protein“ (GFP) ist heute ein wertvolles Werkzeug der Molekularbiologie. Es ermöglicht, die Aktivität eines Gens an lebenden Zellen zu prüfen und damit den Erfolg von gentechnischen Eingriffen zu dokumentieren. Ursprünglich stammt das GFP aus der Qualle *Aequorea victoria* (s. Abb. 4) und ist dort zusammen mit dem Protein Aequorin für die Biolumineszenz (s. S. 57) der Qualle verantwortlich.

Isoliertes GFP lässt sich im Labor durch UV-Strahlung zum Leuchten anregen. In gentechnisch veränderten Organismen, dokumentiert das Leuchten das erfolgreiche Einschleusen und die Aktivität des Gens für GFP. Das Fluoreszenzlicht verrät sogar, in welchem Gewebe das Gen abgelesen wird und wie aktiv es ist.

4 Aequorea victoria

Da diese Untersuchungen an lebenden Organismen möglich sind, kann sogar der zeitliche Verlauf der Genaktivität erforscht werden. So wurde das GFP-Gen dem Fadenwurm *Caenorhabditis elegans* eingefügt und dazu benutzt, um während unterschiedlicher Entwicklungsstadien das Vorkommen von bestimmten Proteinen in unterschiedlichen Zellen zu erforschen.
Heute stehen mehrere Varianten des GFP-Gens zur Verfügung, die bei unterschiedlichen Wellenlängen fluoreszieren. Mit GFP ist es zum Beispiel möglich, die Entwicklung von Nervenzellen oder die Ausbreitung von Krebszellen zu verfolgen.

5 Eine Maus mit GFP-Gen leuchtet bei UV-Bestrahlung grün

Aufgaben

④ Erklären Sie, warum der erfolgreiche Einbau eines Gens in das Genom nicht gleichbedeutend damit ist, dass das entsprechende Genprodukt auch produziert wird.
⑤ Erläutern Sie, wie man mit dem GFP-Gen experimentell nachweisen könnte, dass ein bestimmtes Gen nur in einer jungen Nervenzelle aktiv ist.

Genbibliotheken

Selbst das relativ kleine Genom eines Virus ist für die direkte Sequenzierung viel zu groß. Für die Forschung ist es hilfreich, schnell und einfach an bestimmte Ausschnitte des Genoms zu gelangen. Dazu schneidet man das gesamte Genom mit Hilfe von Restriktionsenzymen in Fragmente. Damit nicht zu viele Fragmente entstehen, verwendet man Restriktionsenzyme, die spezifisch eine seltene Sequenz erkennen und dort schneiden.

Die einzelnen Fragmente werden jeweils in Plasmide eingefügt und mit diesem Vektor in Bakterien überführt. Auf diese Weise entstehen viele verschiedene Bakterien, die jeweils einen bestimmten Ausschnitt des fremden Genoms enthalten und in ihrer Gesamtheit eine *Genbibliothek* des Viren-Genoms darstellen. Durch Kultivierung der Bakterien kann die Genbibliothek jahrelang existieren und vervielfältigt werden.

Aufgaben

⑥ Stellen Sie die Erstellung einer Genbibliothek in einer Schemazeichnung dar.
⑦ Beschreiben Sie ein Verfahren, mit dem das virale DNA-Fragment aus einem Bakterium isoliert werden kann.

Proteomik

Unter dem Begriff *Proteom* versteht man die Gesamtheit aller Proteine in einer Zelle oder einem Organismus. Das Proteom des Bakteriums *Escherichia coli* umfasst etwa 4 000 Proteine.

Bei höheren Organismen geht man davon aus, dass durch Prozesse nach der Translation wie das Spleißen von einem Gen durchschnittlich 10 verschiedene Proteine gebildet werden können.
Bei rund 30 000 Genen des Menschen sind daher einige Hunderttausend verschiedene Proteine zu erwarten.

Die Proteomik umfasst die Erforschung des Proteoms von Lebewesen. Sie untersucht unter anderem, welche Gene in einer bestimmten Entwicklungsphase einer Zelle tatsächlich abgelesen werden. Durch den Vergleich solcher Expressionsmuster wurde festgestellt, dass sich das Proteom einer Zelle im Lauf des Lebens stark verändert. Das Proteom ist deutlich dynamischer als das Genom. Das kann man sich leicht deutlich machen, indem man eine Raupe und den daraus entstehenden Schmetterling vergleicht. Das Genom ist prinzipiell identisch, während das Proteom offensichtlich große Unterschiede aufweist. Zudem wurde auch nachgewiesen, dass sich Proteome verschiedener Zelltypen unterscheiden.

Ein weiteres Forschungsgebiet der Proteomik sind die Wechselwirkungen der Proteine innerhalb einer Zelle. Dabei hat sich gezeigt, dass vielfältige Wechselwirkungen zwischen Genen und Proteinen in einer Zelle bestehen. Selbst Umweltfaktoren können die Genaktivität langfristig beeinflussen. Auch die Organisation des Genoms stellt man sich heute zunehmend dynamisch vor.

Proteine lassen sich mit einem Polyacrylamid-Gel auftrennen. Wird eine Spannung angelegt, werden die Proteine aufgrund ihrer Ladung und Größe getrennt. Zur weiteren Untersuchung überträgt man die Proteinbanden auf eine Membran, die auf das Gel gelegt wird. Als Antrieb dient ein senkrecht zum Gel gerichtetes elektrisches Feld. In Anlehnung an das Southern-Blot-Verfahren zur Übertragung von DNA, wird dieses Verfahren zur Proteinübertragung auch *Western-Blot* genannt. Die an der Membran haftenden Proteine lassen sich z. B. durch spezifische Antikörper weiter untersuchen.

Aufgaben

⑧ Erklären Sie, wie verschiedene Zelltypen eines Organismus unterschiedliche Proteome ausbilden können, obwohl sie erbgleich sind und dieselben Gene enthalten.
⑨ Geben sie jeweils ein Beispiel dafür an, wie Proteine Gene beeinflussen und umgekehrt.
⑩ Stellen Sie die Unterschiede bei Gelelektrophorese und Blotting-Verfahren für DNA und Proteine zusammen.

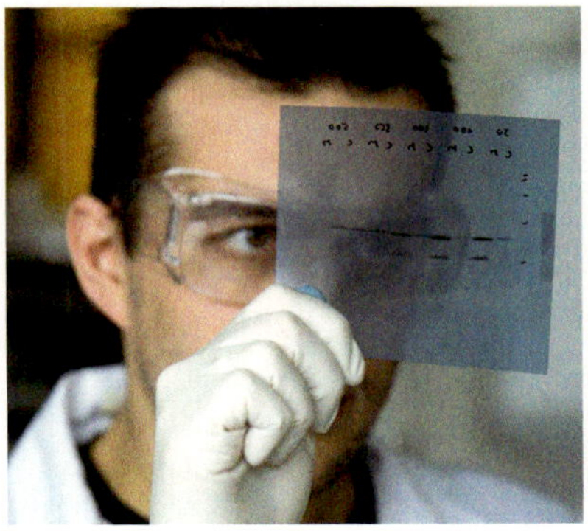

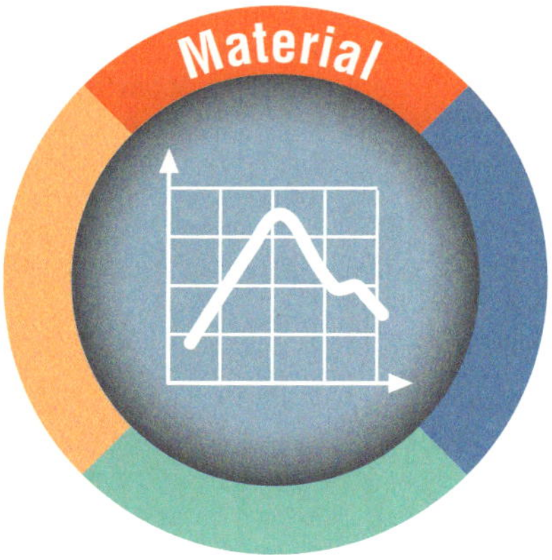

Gen-Ethik

Die Gentechnik eröffnet nicht nur ungeahnte Möglichkeiten für Grundlagenforschung, Medizin und Biotechnologie, sondern stellt auch neuartige Anforderungen an die Ethik in Wissenschaft und Politik. Nicht alles, was machbar ist, erscheint auch legitim.

Medien und Gentechnik

Der Molekularbiologe JENS REICH beschreibt in seinem Buch „Es wird ein Mensch gemacht“ verschiedene Problemfelder der Gentechnik. Der folgende Ausschnitt aus einem fiktiven Dialog zwischen O. und N. beleuchtet die Rolle der Medien.

„O: Da gibt es merkwürdige Zusammenhänge. Die Philosophen und Soziologen, die am vernehmlichsten vor den Gefahren der Gentechnik für das Menschenbild und die Menschenrechte warnen, scheinen am festesten daran zu glauben, dass die Gene unser Schicksal sind und man deshalb vor ihrer Manipulation durch finstere politische Mächte warnen muss. Und die Genforscher, die genau wissen, dass man komplexe Merkmale nicht durch genetische Konstruktion optimieren kann, sind die ersten, die mit ihren Ergebnissen an der Wall Street die Glocke läuten, anstatt sie solide zu veröffentlichen und der Kritik der Fachleute auszusetzen. Ihre Schlagzeilen lauten »Wir haben das Gen für Schizophrenie« oder »das Gen für Zuckerkrankheit«, obwohl sie genau wissen, dass sie das für die schnelle Nachricht vereinfachen und es bei genauerem Hinsehen viel bescheidener klingen müsste.
N: Wie denn?
O: Na zum Beispiel: Wir haben einen Genfaktor gefunden, der bei Zuckerkranken aus dieser oder jener Gegend in Mittelamerika einige Prozent häufiger auftritt als bei Gesunden. Es könnte sein, dass der Faktor mit ein paar Prozent am Risiko beteiligt ist, zuckerkrank zu werden. Das müsste aber zunächst durch andere Studien belegt werden.
N: Na, da wirst Du kaum eine Schlagzeile zustande bringen.
O: Ja, und die Schlagzeile ist wichtig, damit man Geld für weitere Forschung erhält. Also muss man übertreiben. So schaukelt sich das Gedrön auf.“

Aufgabe

① In dem Gespräch wird den Kritikern und den Befürwortern der Gentechnik vorgeworfen zu übertreiben. Erläutern Sie jeweils die Argumentation dafür.

Keimbahntherapie

„Ethisch unerträglich wäre es jedoch, wenn in der unvermeidlichen Experimentalphase genetischer Veränderungen beim Menschen Ergebnisse zustande kämen, die die menschliche Identität und Lebensfähigkeit beeinträchtigen.
Von meinem Verständnis her (...) kann es keine sozusagen fehlgeschlagenen Menschen geben. Sie experimentell in Kauf zu nehmen, gewissermaßen menschlichen »Ausschuss« zu produzieren, ist ein monströser Gedanke.“

HERMANN BARTH, ehemaliger Präsident des Kirchenamtes der Evangelischen Kirche, 2003.

„Es muss eine medizinische Indikation gegeben sein, ebenso die Rechtssicherheit auf ein unmanipuliertes Erbgut. Sicher, es gibt Bösewichter, die Banken ausrauben oder Immobilienpleiten verursachen. Dennoch verzichten wir weder auf Banken noch auf Häuser. Wir haben uns leider angewöhnt, vom worst-case-szenario her neue Technologien zu diskutieren.“
HANS-MARTIN SASS, Begründer des Zentrums für medizinische Ethik, 1995.

Aufgabe

② Beschreiben Sie Fälle, in denen Sie eine Keimbahntherapie erlauben bzw. verbieten würden.

Lebensrecht

„Lässt sich somit die differenzielle Praxis und moralische Rechtfertigung des Schwangerschaftsabbruchs nur konsistent erklären, wenn man die Prinzipien eines abgestuften Lebensschutzes akzeptiert, dann muss es auch bei Embryonen in vitro möglich sein, ebenso wie bei Embryonen in vivo das moralische wie rechtliche Gebot des Lebensschutzes mit konkurrierenden Pflichten und Gütern abzuwägen.“

NATIONALER ETHIKRAT: Stellungnahme zum Import menschlicher embryonaler Stammzellen, 2001

Aufgaben

③ Beschreiben Sie, welcher mögliche Widerspruch in der Rechtsprechung hier angesprochen wird.
④ Belegen Sie, wie der Import von embryonalen Stammzellen verteidigt wird.

Züchtungsziele

Mit gentechnischen Methoden können viele Eigenschaften von Pflanzen verändert werden (s. S. 141). Dabei stehen oft einzelne Interessen im Vordergrund.

Aufgabe

⑤ Erläutern Sie die Kritik, die der Cartoon in Abb. 1 ausdrückt.

Genfood und Verbraucherschutz

Im Gesetz zur Neuordnung des Gentechnikrechts vom 12. Dezember 2004 hat die Bundesregierung Vorschriften zum Anbau und Umgang mit gentechnisch veränderten Pflanzen und Lebensmitteln erlassen.

Sie beruhen auf drei Prinzipien:
Transparenz: Kennzeichnung auf allen Stufen der Herstellung
Koexistenz: Friedliches nebeneinander aller Wirtschaftsformen
Haftung: Ausgleich von Einnahmeverlusten nach Pollenflug
Für die Kennzeichnung gilt ein Schwellenwert von 0,9 Prozent. Enthält ein

Produkt zu einem Prozent gentechnisch veränderte Pflanzen, muss es gekennzeichnet werden. Auch für Produkte wie Sojaöl, die kein gentechnisch verändertes Erbgut enthalten, aber aus gentechnisch veränderten Pflanzen hergestellt wurden.

Beim Anbau von gentechnisch veränderten Pflanzen lässt sich eine Auskreuzung durch Pollenflug nicht mit Sicherheit verhindern. Insbesondere Biobauern fürchten, dass ihre Produkte durch Einkreuzung von veränderten Genen unverkäuflich werden. Dazu wurde gesetzlich festgelegt, dass der Verursacher für den Schaden haftet. Dies gilt auch dann, wenn der „Gentechnik-Landwirt" alle Vorgaben wie Mindestabstände und Heckenpflanzungen eingehalten hat.

Aufgaben

⑥ Begründen Sie, warum für die Kennzeichnungspflicht ein Schwellenwert erforderlich ist.
⑦ Erläutern Sie, inwiefern die Regelungen die drei genannten Prinzipien erfüllen.
⑧ Das erwähnte Gesetz wurde als „Gentechnikverhinderungsgesetz" kritisiert. Nehmen Sie dazu Stellung.

Podiumsdiskussion

Eine Podiumsdiskussion dient dazu, unterschiedliche Sichtweisen und Argumente zu einem Thema zu erörtern. Dazu schlüpfen einzelne Schülerinnen und Schüler in vorgegebene Rollen und diskutieren miteinander. Wichtig ist eine intensive inhaltliche Vorbereitung, da sonst die Diskussion schnell oberflächlich wird.

Die Situation:
In einer kleinen Gemeinde plant Landwirt A ein Versuchsfeld für Roundup-Weizen. Bio-Bauer B ist strikt dagegen. Inzwischen hat sich eine Bürgerinitiative gegen den geplanten Anbau gegründet. Eine vom Bürgermeister einberufene Podiumsdiskussion soll zur Klärung beitragen. Die Teilnehmer vertreten die nachfolgend beschriebenen Positionen.

Aufgaben

⑨ Teilen Sie die Rollen einzelnen Gruppen zu. Sammeln Sie in jeder Gruppe für Ihre Rolle Argumente und Gegenargumente.
⑩ Notieren Sie weitere Argumente, die in der Podiumsdiskussion vorgebracht werden könnten.
⑪ Bestimmen Sie in jeder Gruppe einen Sprecher und führen Sie die Podiumsdiskussion durch.

Landwirt A

Er möchte ein Versuchsfeld einrichten und braucht dringend das Geld, das im die Fima GenTechno für die Durchführung des Freilandexperiments auszahlen wird. Da die Preise für Schweinefleisch stark gesunken sind, ist sein Betrieb finanziell in Schwierigkeiten. Er versteht sich als Unternehmer, der hart kalkulieren muss. Er will selbst entscheiden, was er auf seinen eigenen Feldern anbaut und verweist darauf, dass Roundup-Weizen für den Versuchsanbau freigegeben ist.

Bio-Bauer B

Er befürchtet, dass seine Felder mit Gen-Weizen verunreinigt werden. Insbesondere befürchtet er, dass Pollen von gentechnisch verändertem Weizen auf seine Felder geweht wird und dort seine Pflanzen bestäubt. Eine solche Verunreinigung würde bedeuten, dass er seine Produkte nicht mehr im Bio-Handel verkaufen kann. Er kritisiert, dass immer ertragreichere Sorten angebaut werden, obwohl die Getreidepreise gesunken sind. Zudem ist er der Ansicht, dass die alten Kultursorten von vielen Nutzpflanzen robuster, gesünder und wohlschmeckender sind.

Sprecherin von GenTechno

Sie verteidigt den Freiland-Anbau von Roundup-Weizen, indem sie auf den geringeren Einsatz von Herbiziden verweist. Sie argumentiert, dass Roundup-Produkte die Umwelt weniger belasten und Landwirte, die GenTechno-Produkte nutzen, die besseren Umweltschützer sind. Sie verweist darauf, dass Pflanzen schon immer verändert wurden und neue Techniken oft Ängste erzeugen.

Bürgermeister

Er möchte den Anbau gerne ermöglichen, weil er darauf hofft, dass das Grundwasser nicht weiter belastet wird, wenn weniger Herbizide eingesetzt werden. Da durch starke Düngung bereits der Nitratgehalt des Trinkwassers in der Gemeinde kritisch ist, möchte er eine zusätzliche Belastung durch Herbizide vermeiden. Er ist der Ansicht, dass moderne Betriebe auch moderne Technik und modernes Saatgut einsetzen müssen, um die aktuellen Probleme zu lösen.

Vertreterin der Bürgerinitiative

Sie verweist auf negative Folgen, die beim Anbau mit gentechnisch veränderten Soja-Pflanzen aufgetreten sind: resistente Feldkräuter und verstärktes Aufkommen von anderen Parasiten. Beim geplanten Anbau von Gen-Weizen befürchtet sie ähnliche Folgen. Generell ist sie gegen Gentechnik, Gen-Food, Atomkraft und all diese Techniken, die nur den Konzernen und nicht den Menschen nützen. Es geht ihr um die Zukunft unserer Kinder. Sie befürchtet, dass Gene, die in die Umwelt gelangt sind, nicht mehr eingefangen werden können.

Fortpflanzung bei Tieren und Pflanzen

Brutblatt

Polyp

In den letzten Jahren ist neben der Gentechnik ein weiteres Forschungsgebiet der Biologie in das öffentliche Interesse gerückt: die Reproduktionsbiologie, speziell das sogenannte Klonen. Zum Verständnis der neuen Technologien ist es sinnvoll, die natürlichen Vorgänge bei der Fortpflanzung und bei der Embryonalentwicklung zu verstehen.

Ungeschlechtliche Vermehrung

Bei Pflanzen sind verschiedene Möglichkeiten der ungeschlechtlichen Vermehrung bekannt, z.B. die Ausläufer der Erdbeere oder die Bildung kleiner Pflänzchen beim Brutblatt. Doch auch bei Tieren findet man zahlreiche Beispiele.

Süßwasserpolypen bilden häufig seitliche Knospen, die sich zu selbstständigen Tieren entwickeln (siehe Randspalte). Voraussetzung für die Knospenbildung ist, dass einzelne Zellen eines ausgewachsenen Polypen noch undifferenziert sind. Durch wiederholte Teilungen werden sie zum Ausgangspunkt für eine neue Generation, die eine erbgleiche Kleinausgabe des Stammpolypen darstellt. Bei dieser Art der Fortpflanzung werden keine Keimzellen gebildet, es kommt zu keiner Befruchtung, die Kernteilungen laufen ausschließlich als Mitosen ab. Die Nachkommen entstehen aus nur einem Elternteil. Eine genetische Neukombination ist nicht möglich. Das bedeutet, dass alle Nachkommen untereinander genetisch gleich sind. Man nennt dies ungeschlechtliche Vermehrung.

Wirbeltiere sind nicht in der Lage, erbgleiche Nachkommen abzugliedern. Ihre Körperzellen sind so weit differenziert, dass sie diese Fähigkeit verloren haben. Untersucht man allerdings ihre Embryonalentwicklung, so lässt sich feststellen, dass sich die frühen Stadien noch relativ problemlos in Einzelzellen trennen können und zu eigenständigen, genetisch identischen Individuen heranwachsen, z. B. zu eineiigen Zwillingen beim Menschen.

Geschlechtliche Fortpflanzung

Anfang März kann man in der Umgebung von Tümpeln und Teichen ein vielstimmiges Quaken hören. Es ist der Lockruf, der Grasfroschmännchen und -weibchen zusammenführt. Trifft ein Männchen auf ein Weibchen, so klettert es auf seinen Rücken und lässt sich von ihm zum Laichgewässer tragen. Dort geben sie gleichzeitig ihre Eier bzw. Spermien ins Wasser ab. Trifft ein Spermium auf eine Eizelle, dringt es in sie ein und schließlich verschmelzen die Kerne von Eizelle und Spermium (Befruchtung).

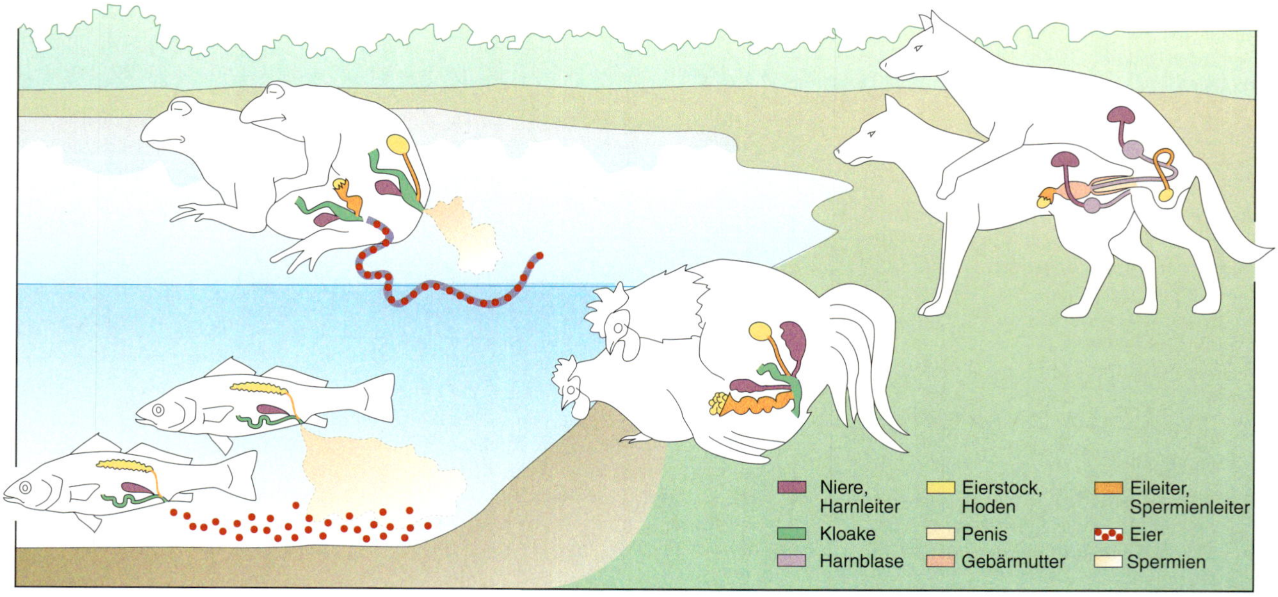

Bei Land bewohnenden Tieren gibt es andere Möglichkeiten der Fortpflanzung. Beispielsweise haben weibliche Säugetiere eine bestimmte Fortpflanzungszeit, in der sie paarungsbereit sind. Zu dieser Zeit liegen die Keimzellen im reifen Zustand vor. Bei den meisten Landbewohnern hat sich eine direkte Übertragung der Spermien in den weiblichen Geschlechtsapparat als vorteilhaft erwiesen. Man nennt dies Begattung oder Kopulation. In diesen Fällen kommt es zu einer inneren Befruchtung. Die Keimzellen werden so vor dem Austrocknen geschützt.

Für geschlechtliche Fortpflanzung sind folgende Charakteristika wesentlich: Es werden spezielle Keimzellen gebildet. Die größeren, unbeweglichen Keimzellen nennt man weibliche Keimzellen bzw. Eizellen. Die männlichen Keimzellen, die Spermien, sind kleiner und beweglich. Keimzellen sind haploid, d. h. sie enthalten nur einen einfachen Satz an Erbinformationen. Bei ihrer Bildung laufen Meiosen ab. Bei der Befruchtung verschmelzen die Zellkerne von Eizelle und Spermium, der Zellkern der entstehenden Zygote, der befruchteten Eizelle, enthält somit eine neue Kombination väterlicher und mütterlicher Erbinformationen. Dies bedeutet, dass die Nachkommen untereinander genetisch verschieden sind.

Die Fortpflanzung der Blütenpflanzen läuft prinzipiell gleichartig ab: Die weiblichen Blütenorgane bestehen aus dem Griffel mit der Narbe und dem Fruchtknoten. Innerhalb des Fruchtknotens liegt die Samenanlage, die die haploide Eizelle umschließt. In den Staubbeuteln entstehen die Pollenkörner. Bei der Bestäubung gelangen sie auf die Narbe. Dort keimen sie zum Pollenschlauch aus. Eine haploide Spermazelle des Pollenschlauchs verschmilzt mit der Eizelle zur diploiden Zygote. Aus ihr entwickelt sich der pflanzliche Embryo.
Die beschriebenen Beispiele zeigen, dass Lebewesen zur Bildung von Nachkommen fähig sind. Dieses biologische **Prinzip** nennt man **Reproduktion** (▶ s. Seite 338).

Pflanzen- und Tierzucht

Seit Jahrtausenden züchtet der Mensch Nutzpflanzen und Nutztiere. Wichtige Zuchtziele sind u. a. ein hoher Ertrag und Unempfindlichkeit gegen Krankheitserreger. Dabei wählt der Züchter Individuen mit vorteilhaften Merkmalen aus und lässt sie sich geschlechtlich vermehren. Durch die geschlechtliche Fortpflanzung gibt es in der Tochtergeneration auch Individuen mit neuen, vorteilhaften Merkmalskombinationen. Diese werden wiederum geschlechtlich vermehrt. Im Laufe vieler Generationen entstehen so Nutzpflanzen bzw. Haustierrassen mit besonders positiven Eigenschaften. Sind die Zuchtziele erreicht, werden diese nur noch ungeschlechtlich vermehrt, damit die positiven Merkmalskombinationen nicht durch Rekombination wieder verloren gehen.

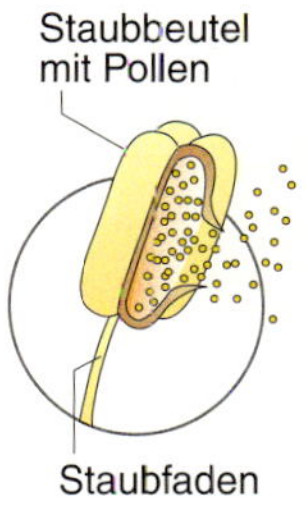

Staubblatt

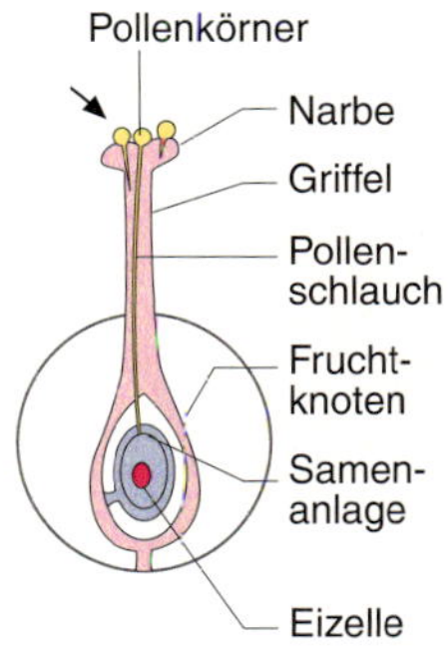

Stempel

Zettelkasten

Befruchtung bei Säugetieren

Bei der Besamung binden zunächst Spermien mithilfe von Rezeptormolekülen an Oberflächenmoleküle der Eihülle *(Schlüssel-Schloss-Prinzip)*. So wird sichergestellt, dass nur Gameten derselben Art miteinander verschmelzen. Die Bindung löst die *Akrosomreaktion* aus: Die vordere Spitze des Spermienkopfes, das *Akrosom*, durchdringt mithilfe von Enzymen die Eihülle. Sobald die Membranen in Kontakt kommen, vereinigen sie sich; Spermienkopf und Mittelstück werden aufgenommen. Dadurch wird die Rindenreaktion ausgelöst: Die Eizelle scheidet eine Substanz aus, ihre Oberfläche ist für weitere Spermien undurchdringbar. Das verhindert eine Mehrfachbefruchtung. Der Eizellkern beendet die Meiose II, Eizell- und Spermazellkern replizieren und verschmelzen. Die Zygote enthält damit einen mütterlichen und einen väterlichen Chromosomensatz, ihr Cytoplasma und die Mitochondrien stammen von der Eizelle. Vereinzelt von der Spermazelle übernommene Mitochondrien werden meist abgebaut.

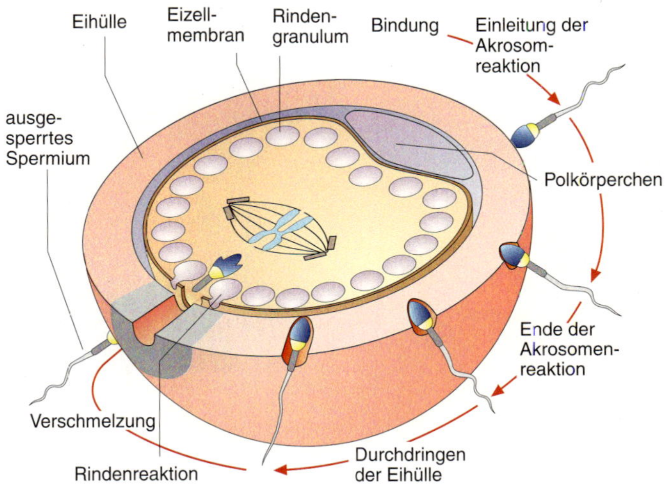

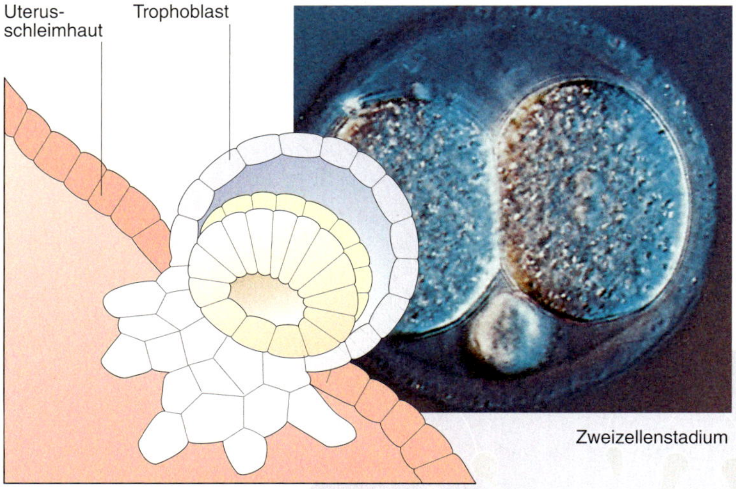

nach ca. 6 Tagen

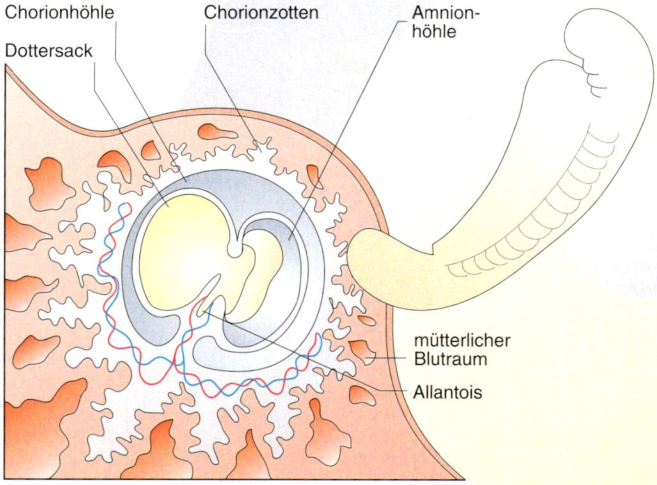

nach ca. 22 Tagen

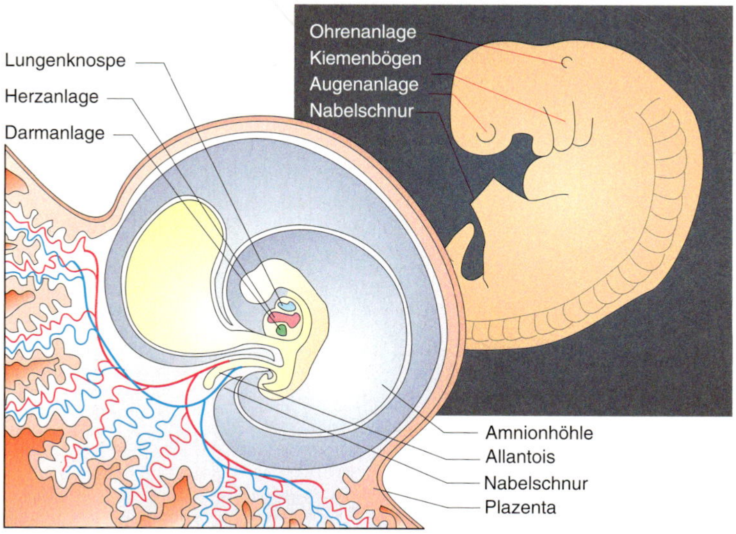

nach ca. 30 Tagen

Keimentwicklung des Menschen

Zwischen Befruchtung und Geburt vergehen beim Menschen ca. 40 Wochen. In dieser Zeit werden aus der Zygote über 100 Billionen differenzierte Zellen.

Bereits auf dem Weg durch den Eileiter zur Gebärmutter vollziehen sich entscheidende Veränderungen: Nach ca. 30 Stunden teilt sich die Zygote zum ersten Mal. Die Furchungen entsprechen dem total-äqualen Modus, wie er für die dotterarmen Eier der Säuger typisch ist. Nach drei Tagen ist durch wiederholte Teilungen bereits ein maulbeerartiger Zellhaufen, die Morula, entstanden. Die Masse des Keims hat sich während dieser Zeit kaum verändert.

Anschließend beginnen sich die Zellen deutlich zu differenzieren: Eine Kugelhülle lässt sich von einem kleinen Kugelhaufen an der Innenwand der Hohlkugel unterscheiden. Nur aus Letzterem wird der eigentliche Embryo. Die Oberflächenzellen der Hohlkugel übernehmen Nährfunktion *(Trophoblast)*. Mit Erreichen dieses Blastulastadiums kann ab dem 6. Tag die Einnistung in die Gebärmutterschleimhaut beginnen. Der Trophoblast bildet dabei Zotten aus *(Zottenhaut* oder *Chorion)* und entwickelt sich mit einem Teil der Gebärmutterschleimhaut später zur Plazenta (Mutterkuchen) – einem Organ mit Versorgungsfunktion.

Die Anheftung des Keims an die mütterliche Gebärmutterschleimhaut ist ein komplexer Durchdringungsprozess. Mutter und Keim müssen hormonell genau aufeinander eingestellt sein. Sie stehen gleichsam in einer Art hormonellem Dialog. Das erste embryonale Signal ist das vom Trophoblasten gebildete Hormon HCG *(Human Choriogonadotropin)*. HCG stimuliert den Gelbkörper zur Aufrechterhaltung der Östradiol- und der Progesteronproduktion. Sonst würde eine Menstruation eintreten, durch die der Keim mit abgestoßen würde. Auf dem Nachweis von HCG beruhen alle gängigen Schwangerschaftstests.

Da der Embryo durch die väterlichen Erbanlagen für das mütterliche Immunsystem fremde Eiweiße trägt, müsste er eigentlich ebenso abgestoßen werden wie ein transplantiertes Organ. Das Immunsystem der Mutter wird jedoch gegen den Embryo ausgeschaltet. Das geschieht dadurch, dass der Trophoblast und die aus ihm hervorgegangene Plazenta nebst Nabelschnur keine spezifischen Eiweiße besitzen. Sie sind immunologisch „leer“ und können daher vom mütterlichen Abwehrsystem nicht erkannt und attackiert werden. Mit der 3. Lebenswoche beginnen besonders einschneidende Veränderungen in der Entwicklung des Embryos. In der Embryoanlage bilden sich drei Hohlräume: Der Dottersack, die *Allantois*, eine Art embryonale Harnblase, und die *Amnionhöhle*, die spätere Fruchtblase. Im Embryo lassen sich außerdem die drei Keimblätter, das Ektoderm, das Mesoderm und das Entoderm, unterscheiden. Die Abkömmlinge der Keimblätter nehmen ganz bestimmte Aufgaben wahr und lassen sich im ausdifferenzierten Körper in ganz bestimmten Organsystemen wiederfinden. Der heranwachsende Embryo liegt zunächst als flacher Schild am Amnion, später löst er sich unter Bildung der Nabelschnur ab und schwimmt dann stoßsicher im Fruchtwasser der Amnionhöhle.

Bereits eine Woche später beginnt das embryonale Herz zu schlagen. Anlagen von Augen und Ohren sind vorhanden und die Arm- und Beinknospen werden angelegt. Der Embryo ist nun 4 mm lang und wächst bis zur 6. Woche auf die dreifache Länge. In dieser Zeit werden besonders Augen, Nase, Mund sowie die Extremitäten weiter ausdifferenziert. Das Gehirn und alle wichtigen Organe sind bereits angelegt. Nach Ablauf des 2. Monats funktioniert beim Embryo ein Zusammenspiel zwischen Sinneseindrücken aus seiner kleinen Umwelt und Reaktionen. Seine Hände haben sich in nur 14 Tagen als zum „Begreifen“ taugliche Werkzeuge herausgebildet. Der Embryo sammelt Erfahrungen und reagiert entsprechend.

Mit der 9. Woche beginnt die zweite Phase im Leben des jetzt *Fetus* genannten Ungeborenen. Alle wichtigen Organe und Strukturen sind angelegt, sodass die nun folgende Zeit ganz im Zeichen von Wachstum, Reifung und Entwicklung von Wahrnehmungen und Bewegungen steht. Mit dem 4. Monat ist auch die Plazenta fertig ausgebildet. Mütterliches und kindliches Blut fließen getrennt durch Membranen aneinander vorbei, ohne sich zu vermischen. Dabei kommt es zum Austausch von Nährstoffen, Gasen, Stoffwechselabbauprodukten, aber auch Giften. Drogen und Krankheitskeime können auf diesem Weg zum Fetus gelangen. Ab der zweiten Schwangerschaftshälfte nimmt der Fetus monatlich ca. 700 g zu, bis er ein durchschnittliches Gewicht von 3000 g erreicht hat. Dabei verschieben sich seine Körperproportionen beträchtlich.

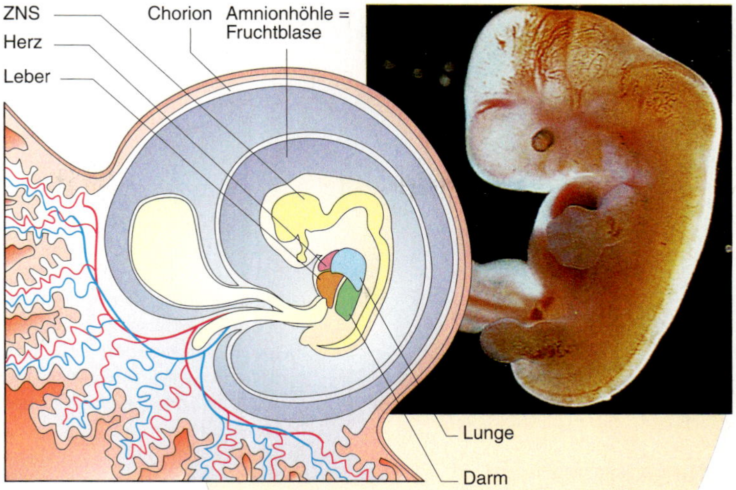

nach ca. 8 Wochen

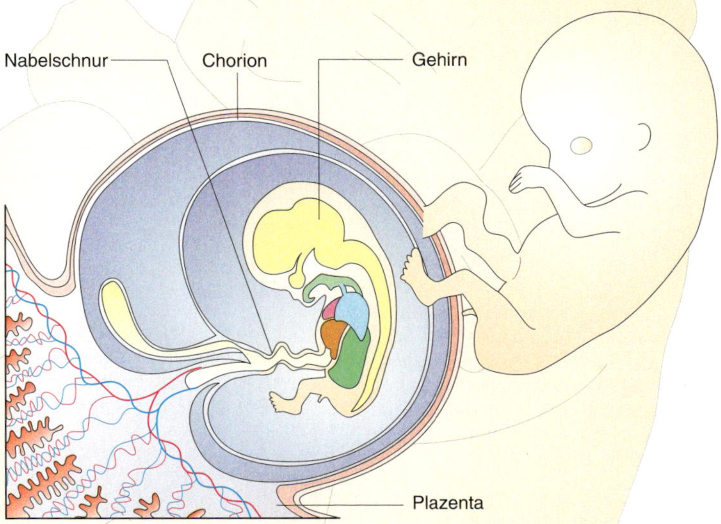

nach ca. 9 Wochen (Fetus)

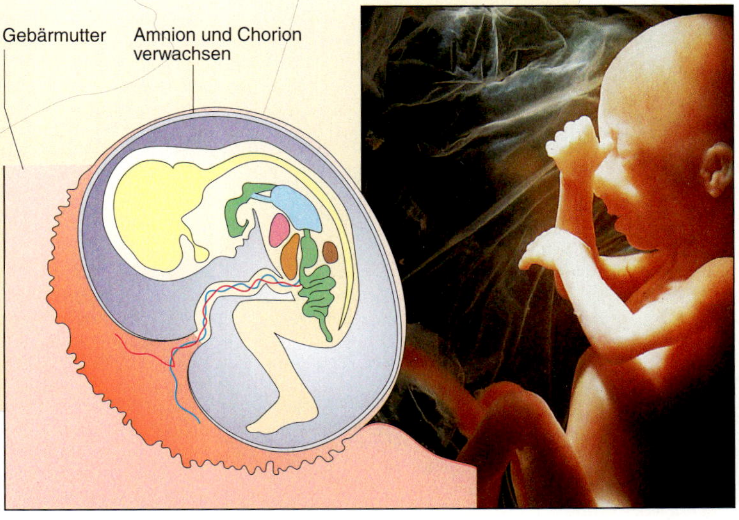

nach ca. 15 Wochen

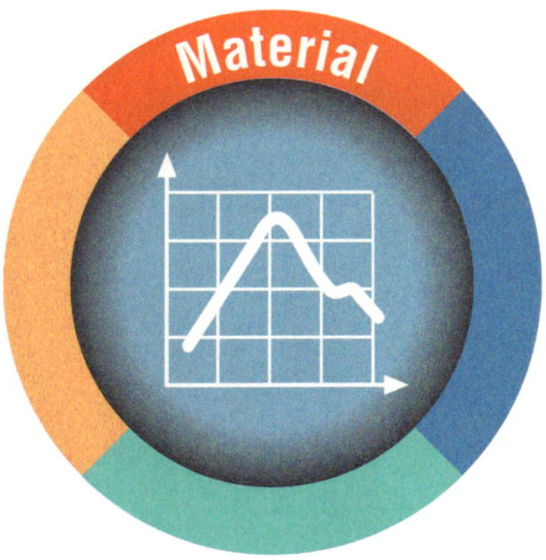

Pränatale Diagnostik

Krankheits- und Familiengeschichte

Anhand der Krankheits- und Familiengeschichte der zukünftigen Eltern lässt sich oft schon das Risiko für ein Kind mit einer erblich bedingten Krankheit erkennen.

Aufgaben

① Zeichnen Sie den Stammbaum folgender Familien und berechnen Sie folgende Wahrscheinlichkeiten.

a) Das erste Kind eines phänotypisch gesunden Elternpaares leidet an einer autosomal-rezessiv vererbten Krankheit. Wie groß ist die Erkrankungswahrscheinlichkeit für das nächste Kind?

b) Ein Elternteil ist Überträger einer autosomal-rezessiv vererbten Krankheit, der andere homozygot gesund. Wie groß ist die Wahrscheinlichkeit, dass ihr Kind erkrankt? Wie groß ist die Wahrscheinlichkeit, dass ihr Kind Überträger ist?

Methoden der Pränataldiagnostik

Bei einer Fruchtwasseruntersuchung wird eine Kanüle durch Bauchdecke und Gebärmutter der werdenden Mutter in die Fruchtblase gestochen. Unter Ultraschallkontrolle entnimmt der Arzt Frucht(blasen)wasser mit Zellen des Fetus. Durch biochemische Untersuchungen des Fruchtwassers lassen sich Stoffwechselstörungen des Fetus nachweisen.

Fetale Zellen gewinnt man durch Zentrifugieren von Fruchtwasser und regt sie in einer Nährlösung zur Teilung an. Das Pflanzengift *Colchicin* unterbricht die Mitose, sodass sich gut erkennbare Metaphase-Chromosomen ansammeln. Diese werden fixiert, gefärbt und lichtmikroskopisch untersucht.

Die durch Chorionzottenbiopsie bzw. Nabelschnurvenenpunktion gewonnenen Zellen werden entsprechend behandelt.

Aufgaben

② Vergleichen Sie die Methoden hinsichtlich des Risikos für das Kind und der Zeit, die den Eltern für eine Entscheidung bleibt.

③ Welchen Eltern würden Sie zu einer pränatalen Diagnostik raten?

④ Der *Triple-Test* misst die Konzentration von drei Hormonen im Blut der Mutter (ab der 15. Schwangerschaftswoche). Bei genauer Kenntnis des Schwangerschaftsalters kann aus den Messwerten errechnet werden, ob ein erhöhtes Risiko besteht, dass das ungeborene Kind am Down-Syndrom oder an einer gestörten Entwicklung des Neuralrohres *(„offener Rücken", Spina bifida)* leidet. Es gibt jedoch viele falschpositive und einige falschnegative Ergebnisse. Diskutieren Sie Vor- und Nachteile des Tests.

Präimplantationsdiagnostik (PID)

Die *Präimplantationsdiagnostik* (PID) ist ein Spezialfall der pränatalen Diagnostik, sie kommt in der Reproduktionsmedizin in Frage. Nach einer In-vitro-Fertilisation (s. Seite 156) wird dem Embryo im Achtzellstadium eine Zelle entnommen und auf genetische Schäden untersucht. Erst danach wird entschieden, ob dieser Embryo in die Gebärmutter der Frau eingepflanzt wird.

Aufgabe

⑤ PID ist in Deutschland verboten. Stellen Sie Argumente der Befürworter und Gegner gegenüber und bilden Sie sich eine eigene Meinung.

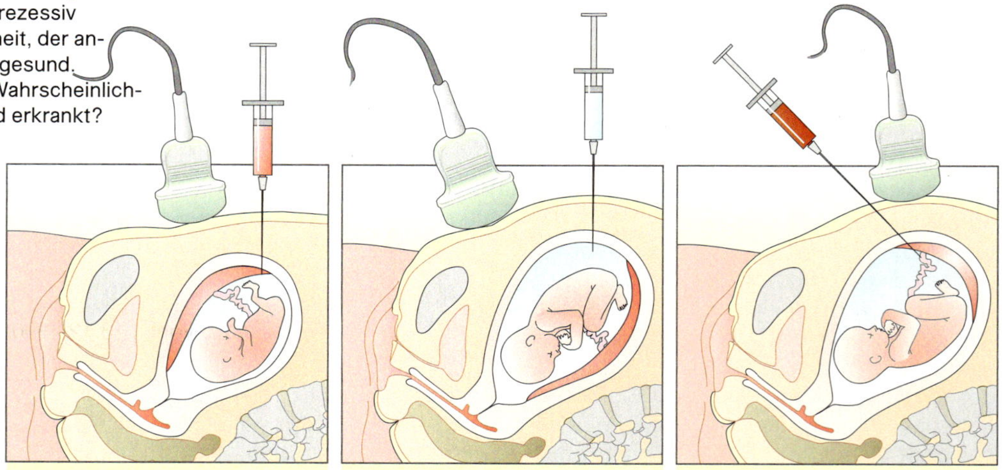

Zellgewinnung			
Methode	Mutterkuchen-Untersuchung (Chorionzottenbiopsie)	Fruchtwasser-Untersuchung (Amniozentese)	Nabelschnurvenenpunktion
Zeitpunkt	ab 11. Schwangerschaftswoche	ab 15. Schwangerschaftswoche	ab 20. Schwangerschaftswoche
Analyse-Ergebnis nach	bei Direktpräparation nach 1 – 7 Tagen bei Langzeitkultur nach 14 – 21 Tagen	nach 14 – 21 Tagen	nach 5 – 7 Tagen
Fehlgeburtenrate	0,5% – 1%	0,5%	1 – 2%

Determinierung
Einschränkung der Entwicklungsmöglichkeiten einer Zelle

Differenzierung
Erreichen der endgültigen Gestalt und Funktion

totipotente Stammzellen
(„zu allem fähig") können einen vollständigen Organismus hervorbringen

pluripotente Stammzellen
können alle Zelltypen, aber keinen vollständigen Organismus hervorbringen

multipotente Stammzellen
können den Zelltyp des umgebenden Gewebes hervorbringen

Stammzelltypen des Menschen
embryonale Stammzellen: pluripotent, adulte Stammzellen: multipotent

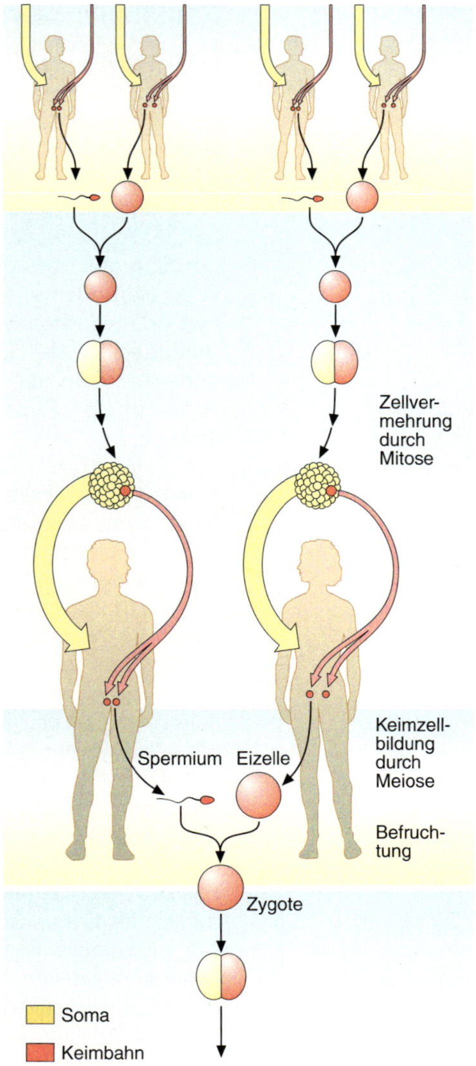

1 Keimbahn

Stammzellen: Alleskönner und Vielkönner

Wie einem Bauplan folgend, entstehen aus den zunächst gleichartigen Zellen eines Mehrzellerkeims spezialisierte Zellen, z.B. Muskel-, Nerven-, Darmzellen. *Entwicklung* bedeutet eigentlich nichts anderes als die zeit- und ortsgerechte *Differenzierung* von Zellen. Die Entwicklungsmöglichkeiten der Zelle werden dabei schrittweise eingeschränkt *(Determination,* s. Seite 9).

Aus der befruchteten Eizelle eines Mehrzellers kann ein vollständiger Organismus hervorgehen, die Zygote ist eine *omnipotente Stammzelle*. Zu den omnipotenten Stammzellen des Menschen zählen auch die Zellen der ersten Zellteilungen, denn aus ihnen können noch eineiige Zwillinge entstehen. Bei den ersten Zellteilungen erhalten die Tochterzellen zwar die gleiche genetische Information, übernehmen aber unterschiedliche Bereiche des mütterlichen Zellplasmas. Konzentrationsunterschiede an m-RNA und Proteinen führen zu einer spezifischen Genexpression in den einzelnen Zellen, auch Nachbarzellen beeinflussen die weitere Entwicklung. Beim Menschen können Zellen aus dem Inneren der frühen Entwicklungsstadien alle Zelltypen, aber keinen kompletten Organismus bilden. Diese *embryonalen Stammzellen* sind *pluripotent* und bringen vermutlich auch die *adulten Stammzellen* hervor. Das sind teilungsfähige Zellen, die im ausgewachsenen Organismus für die Gewebeerneuerung sorgen. Adulte Stammzellen sind *multipotent*, bei ihnen legt die zelluläre Umgebung fest, welche Zelltypen erzeugt werden: Adulte Stammzellen der Haut bilden nur Hautzellen, solche aus dem roten Knochenmark nur Blutzellen usw. Werden adulte Stammzellen aber aus dem Gewebeverband herausgelöst, können sie im Reagenzglas mithilfe verschiedener Wachstumshormone umprogrammiert werden. Stammzellen aus dem Nervensystem entwickeln sich dann z.B. zu Muskelzellen. Bei der Determinierung geht die genetische Gesamtinformation der Zelle also nicht verloren, sie wird nur nicht mehr abgerufen.

Einen Sonderweg schlagen die Keimzellen ein. Sie entstehen meiotisch aus Urkeimzellen und bilden nach einer Befruchtung ein neues Individuum, in dem wiederum auf gleiche Weise Keimzellen entstehen. Zellen dieser *Keimbahn* werden von den Körperzellen *(somatischen Zellen)* unterschieden (Abb. 1).

Aufgabe

① Das *Embryonenschutzgesetz* (ESchG) vom 13.12.1990 verbietet künstliche Veränderungen der Keimbahnzellen, § 8 lautet: „Keimbahnzellen im Sinne dieses Gesetzes sind alle Zellen, die in einer Zelllinie von der befruchteten Eizelle bis zu den Ei- und Samenzellen des aus ihr hervorgegangenen Menschen führen, ferner die Eizelle vom Einbringen oder Eindringen der Samenzelle an bis zu der mit der Kernverschmelzung abgeschlossenen Befruchtung."
Bezieht sich dieses Gesetz auch auf Stammzellen und wenn ja, auf welche Sorte?

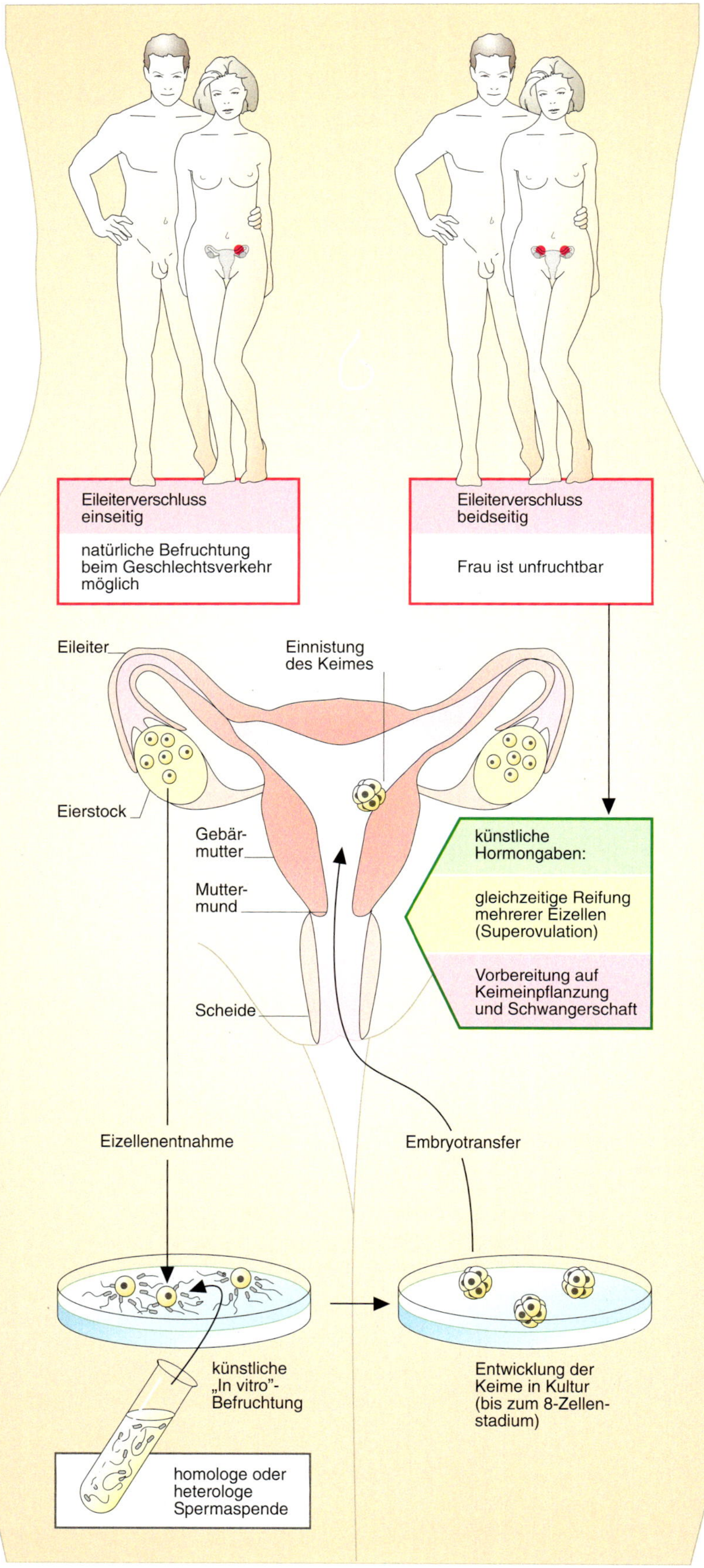

Künstliche Befruchtung

Ein Paar wünscht sich sehnlichst ein Kind. Die Frau blieb bisher kinderlos. Beide begeben sich in die Behandlung eines *Reproduktionsmediziners.* Er macht die Ursachen für die Kinderlosigkeit ausfindig: Die Eileiter der Frau sind nicht passierbar. Bei ihrem Mann hat der Arzt eine verminderte Beweglichkeit der Spermien festgestellt. Der Arzt entwickelt Methoden, diese Störungen zu umgehen und wendet sie beim Ehepaar an. Eine Veränderung der Erbanlagen, wie es mit den Methoden der Gentechnik möglich ist, findet in der Reproduktionsmedizin nicht statt.

Lägen bei der Frau keinerlei Sterilitätsprobleme vor, so könnte der Arzt eine künstliche Übertragung der Spermien des Ehemannes versuchen (*homologe Insemination*). Führt diese Methode zu keinem Erfolg, bleibt die Wahl eines Fremdspenders übrig (*heterologe Insemination*). Da bei der Frau aber Störungen im Bereich der Eileiter vorliegen, muss der Arzt auch ihre Eizellen künstlich gewinnen. Nach einer Hormonbehandlung reifen in den Eierstöcken der Frau während eines Zyklus 10 oder mehr Follikel heran (*Superovulation*). Mithilfe einer speziellen Glasfaseroptik kann der Arzt die reifen Follikel durch einen Schnitt in der Bauchdecke der Frau sehen und mit einem zweiten Instrument absaugen. In einem Glasschälchen werden die so gewonnenen Eier mit Spermaflüssigkeit zusammengebracht. Nach ca. 18 Stunden lässt sich mit dem Mikroskop feststellen, ob und wieviele der Eizellen im Glasschälchen befruchtet wurden („*In-vitro-Fertilisation*"). Sind beispielsweise zwei Keime außerhalb des mütterlichen Körpers (extrakorporal) entstanden, so können beide in die Gebärmutter eingepflanzt werden (*Embryotransfer*). Die Gebärmutter wurde zuvor durch Hormongaben auf die Einnistung des Keims vorbereitet.

Aufgaben

① Recherchieren Sie z. B. im Internet, wie die In-vitro-Fertilisation in Deutschland rechtlich geregelt ist.

② Bei einer In-vitro-Fertilisation ist es möglich, verschiedene genetische Merkmale festzustellen. Man spricht von *Präimplantationsdiagnostik (PID).* Welche Regelungen hat der Gesetzgeber erlassen, um eine Auswahl von Embryonen nach bestimmten Merkmalen *(Embryonenselektion)* zu verhindern?

Klonen bei Tieren

Unter einem Klon versteht man alle Nachkommen eines Elterntiers oder einer Elternpflanze, die durch ungeschlechtliche Fortpflanzung entstanden sind und somit untereinander und mit dem Elternorganismus genetisch identisch sind. Klone können durch natürliche Prozesse entstehen (S. 150), sie können aber auch im Laborexperiment künstlich geschaffen werden. Das bekannteste Beispiel ist das Klonschaf Dolly. Es wurde durch *Kerntransplantation* geschaffen.

Das Klonschaf Dolly

1997 gelang es erstmals, ein erwachsenes Säugetier zu klonen. Eizellen eines Schafs wurden entkernt, um ihnen den Zellkern von Euterzellen eines anderen Schafs einzusetzen. Nachdem man das Produkt zur Teilung angeregt hatte, wurde es in die Gebärmutter eines dritten Schafs gepflanzt, das als Leihmutter fungierte. Die Tragzeit verlief erfolgreich. *Dolly* zeigte allerdings frühzeitige Alterserscheinungen (z. B. Arthritis). Am 14.02.2003 musste Dolly eingeschläfert werden. Schafe werden ca. 12 Jahre alt. Auffällig ist, dass das Kernspender-Schaf 6 Jahre alt war und Dolly ebenfalls 6 Jahre alt wurde. Ob die Erkrankungen mit dem Klonen zusammenhängen, ist nicht klar. Genetiker haben jedoch schon frühzeitig Dollys beschleunigtes Altern vorausgesagt. Die Telomere von Chromosomen gelten als zelluläre Lebensuhren. Als Telomere bezeichnet man Strukturen am Ende von Chromosomen. Sie werden mit jeder Zellteilung kürzer. Dollys Chromosomen stammten von einem älteren Spenderschaf, sie waren bereits verkürzt.

Klonen in der Tierzucht

Außer der Kerntransplantation gibt es zur Herstellung von Klonen noch die Methode der *Embryonenteilung*. Dazu wird von zwei als besonders hochwertig eingestuften Elterntieren eine befruchtete Eizelle erzeugt.

Diese lässt man sich mehrfach teilen. Der so entstandene kleine Embryo wird in Einzelzellen aufgetrennt. Jede dieser Zellen wird in ein Empfängertier übertragen und von dieser „Leihmutter" geboren.

Therapeutisches Klonen

Die beiden oben beschriebenen Methoden des Klonens kann man als reproduktives Klonen bezeichnen, da sie der Erzeugung von Nachkommen dienen. Im Gegensatz dazu ist es das Ziel beim therapeutischen Klonen, Zellklone eines Patienten herzustellen und diese zur Behandlung von Krankheiten einzusetzen. Eine mögliche Vorgehensweise sieht folgerdermaßen aus: Aus einer Eizelle wird der Zellkern entfernt. In die entkernte Eizelle transplantiert man den Zellkern einer Körperzelle des Patienten.

Diese Zelle beginnt sich zu teilen. Es entsteht ein kleiner Zellhaufen, eine sogenannte Blastozyste. Ihr kann man embryonale Stammzellen entnehmen, die sich in einer Zellkultur weiterentwickeln können. Sie werden dem Patienten eingesetzt und können seine erkrankten Zellen ersetzen. Therapeutisches Klonen ist in Deutschland gesetzlich verboten.

Dolly

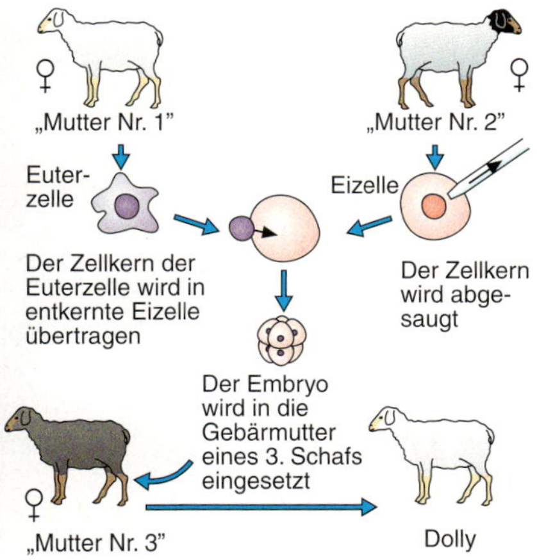

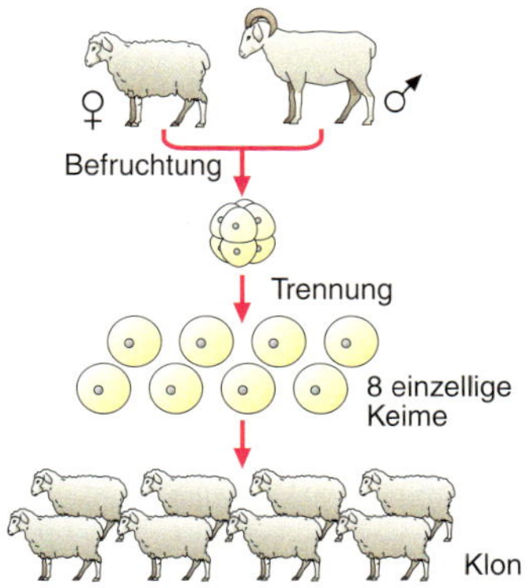

Material

Ethische Aspekte der Biomedizin

Leukämie

„Am nächsten Tag wurden dann weitere Untersuchungen durchgeführt, unter anderem auch eine Knochenmarkpunktion. Danach stand auch 100%ig fest, dass ich an ALL (akute lymphatische Leukämie) erkrankt bin. Am Tag darauf wurde dann auch sofort mit der Chemotherapie begonnen. Mir ging es die ganze Zeit schlecht. Ich musste ständig brechen, obwohl ich eigentlich Medikamente gegen Übelkeit bekam ... Nach Ostern bekomme ich jetzt die nächste Chemo. Die Behandlung wird sich ca. über ein ganzes Jahr strecken. Nach Rücksprache mit den Ärzten brauche ich auf jeden Fall Stammzellen, damit ich geheilt werden kann. Mein Bruder wurde schon getestet und ist leider nicht geeignet. Ich hoffe und bete, dass es auch für mich einen genetischen Zwilling geben wird ... Es war der Hammer, wie viele Leute den Weg hierher angetreten hatten. Als wir ankamen, waren schon über 500 Leute zum Blut abnehmen dagewesen. Ich war und bin überwältigt, von der Hilfsbereitschaft von so vielen Menschen. Dieser Tag gibt mir auf jeden Fall viel Mut und die Kraft, mich nicht hängen zu lassen, sondern fest daran zu glauben, dass wieder alles gut wird ... Wieder zurück in der Tagesklinik wurde ich dann zur Ärztin gebeten und die überbrachte mir die allerbeste Nachricht seit langen: „Wir haben einen Spender für Sie!" ... Nach längerem Gespräch mit der Ärztin und diversen Untersuchungen, wurde der 21.05.07 zum Einzug in die Box festgelegt. Gegen 17:00 Uhr kam dann der Arzt mit den frischen Stammzellen. Das ganze schaut aus wie eine ganz normale Blutkonserve und wird auch so gehandhabt — also absolut unspektakulär. ... und meine Blutwerte immer soweit passten, durfte ich endlich nach fast 7 Wochen am Freitag den 06.07.2007 „hoim". Im Moment geht es mir den Umständen entsprechend gut und die Blutwerte sind auch soweit in Ordnung. Ob wirklich alles von meinem Körper angenommen wurde, wird sich erst noch zeigen. Ich muss nach wie vor einiges an Tabletten einnehmen, damit ich mir nichts „einfange" bzw. damit mein Körper die neuen Zellen nicht abstößt."
(Quellenangabe: www.hilfe-fuer-martina-und-andere.de)

Multiple Sklerose

„Die Behandlung der multiplen Sklerose Die Stammzellen werden zunächst aus dem Knochenmark eines Patienten gewonnen, das aus dem Hüftknochen (Beckenkamm) entnommen wurde, und einige Tage später wieder in den Körper transplantiert. Vor der Transplantation der Zellen wird das Knochenmark in einem unserer Laboratorien untersucht, wo ebenfalls die Menge und Qualität der Stammzellen kontrolliert wird. Diese transplantierten Zellen können sich in verschiedene Arten von Zellen verwandeln und sind in der Lage, beschädigtes Gewebe zu regenerieren. Unsere innovative Stammzellenbehandlung nutzt das Selbstheilungspotenzial des eigenen Körpers des Patienten, um die Regeneration oder Reparatur anzuregen.
(Quellenangabe: www.xcell-center.de)

Ergebnisse
Das folgende Stabdiagramm zeigt die Ergebnisse einer Studie an 19 unserer Patienten mit multipler Sklerose bis zum Januar 2008. Die Studie wurde in einem Zeitraum von einem bis sechs Monaten nach der Behandlung durchgeführt."

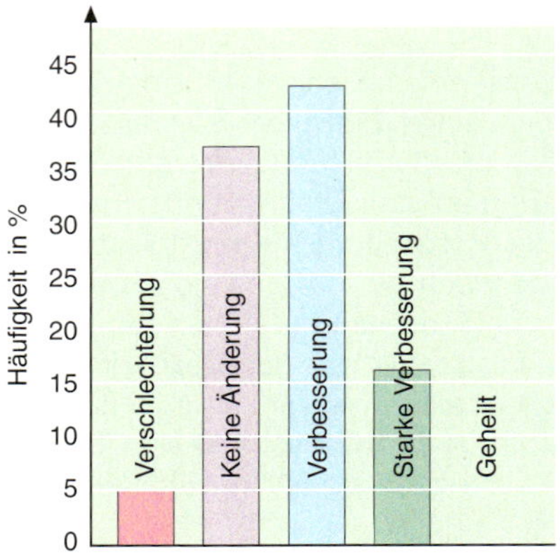

11.12.2008 Warnung vor der Behandlung der Multiplen Sklerose mit Stammzellen
Bei den sog. hämatopoetischen Stammzellen handelt es sich um eine Gruppe von Vorläuferzellen aus dem eigenen Knochenmark oder Blut des Patienten, die heute z. B. vor hochdosierter Chemotherapie von Patienten mit Krebserkrankungen gewonnen werden, um die untergegangenen Blut- und Immunzellen im Bedarfsfall rasch ersetzen zu können ... Mit ähnlichen Methoden wird derzeit im Rahmen von internationalen Studien die Anwendung der intravenösen Stammzelltherapie bei verschiedenen Autoimmunerkrankungen untersucht, so auch bei MS. Eine Strategie hierbei ist, mit Chemotherapie im ersten Schritt autoreaktive (selbst zerstörende) Immunzellen auszulöschen, um danach in einem zweiten Schritt mittels Injektion der Knochenmarks-Stammzellen sozusagen ein neues Immunsystem aufzubauen — ohne die schädlichen autoreaktiven Zellen ... Hinzu kommt eine hohe Nebenwirkungsrate mit z. T. tödlichem Ausgang bei bis zu 8 % der behandelten Patienten. Wissenschaftlich umstritten

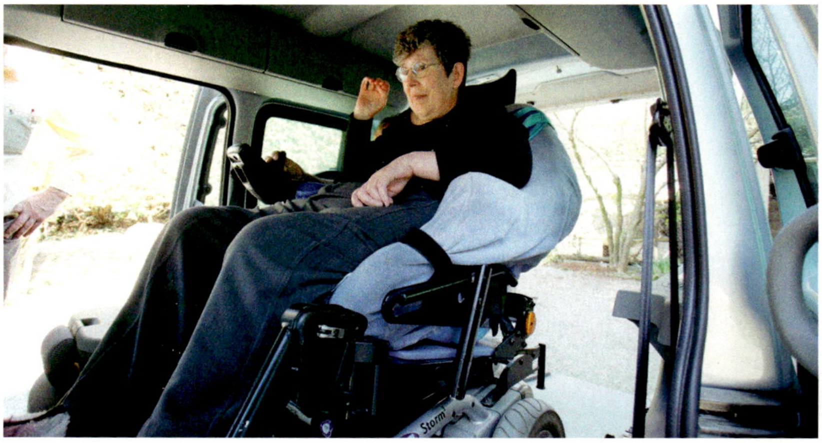

1 Frau mit Multipler-Sklerose

ist nach wie vor die Behauptung, dass sich eine Differenzierung von Stammzellen in verschiedene Gewebezellen (u. a. auch Nervenzellen und Markscheiden bildende Oligodendrozyten) nach intravenöser Gabe in vivo überhaupt ereignet ... Eine seit kurzem auch in Deutschland kommerziell angebotene und jetzt verstärkt beworbene Stammzelltherapie bei der MS halten wir für gefährlich und müssen vor der Anwendung ausdrücklich warnen ... Das Verfahren soll ambulant durchgeführt werden. Die Kosten für die vorab zu bezahlende Behandlung betragen lt. Werbebroschüre/Internet über 6000 Euro und werden nicht von den Krankenkassen erstattet. Die Anbieter dieser Methode behaupten eine Wirksamkeit der Therapie bei der Mehrheit der Patienten ... Diese Versprechungen sind nicht dokumentiert und nicht nachvollziehbar. Es finden sich auch in der wissenschaftlichen Literatur keine publizierten Studienergebnisse. Darüber hinaus gibt es leider keinerlei Beweise, dass zerstörte Axone/Nervenfasern beim Erwachsenen durch Stammzellen wieder auswachsen können.
(Quellenangabe: www.dmsg.de/)

Deutsche Forschungsgemeinschaft

Aus „Empfehlungen der Deutschen Forschungsgemeinschaft zur Forschung mit menschlichen Stammzellen" vom 3. Mai 2001.

„Die Entscheidung über diese Frage läuft auf einen Abwägungsprozess zwischen dem verfassungsrechtlichen Lebensschutz des Embryos einerseits und der ebenfalls verfassungsrechtlich geschützten Forschungsfreiheit andererseits heraus. Der ethische und rechtliche Schutz der Forschungsfreiheit ist nicht absolut; genausowenig wie das Lebensrecht des Embryos. Indem der Gesetzgeber bestimmte Verfahren der Empfängnisverhütung ... gestattet und auch den Schwangerschaftsabbruch unter bestimmten Bedingungen von der Strafverfolgung ausnimmt, ist auch der Schutz des menschlichen Embryos nicht uneingeschränkt gewährt."

„Die DFG ist sich — auch vor dem Hintergrund der jüngsten deutschen Geschichte — der Problematik bewusst, einerseits frühes menschliches Leben zu Forschungszwecken zwar nicht explizit herzustellen, andererseits aber doch zu verwenden. Sie ist der Meinung, dass der Rubikon in dieser Frage mit der Einführung der künstlichen Befruchtung überschritten wurde und dass es unrealistisch wäre zu glauben, unsere Gesellschaft könne in einem Umfeld bereits bestehender Entscheidungen zum Lebensrecht des Embryos (Einführung von Nidationshemmern, Schwangerschaftsabbruch) zum status quo ante zurückkehren. Sie ist jedoch davon überzeugt, dass die vorliegenden Empfehlungen einerseits unserem Verfassungsverständnis und Rechtsempfinden, andererseits aber auch einem Menschenbild entsprechen, das der wissenschaftlichen Forschung an sich wie auch den berechtigten Interessen kranker Menschen gerecht wird."

Die Menschenwürde

„Im Keimbläschen- oder Blastocysten-Stadium, wenn der geklonte Organismus üblicherweise zerlegt wird, um eine Stammzell-Linie daraus zu gewinnen, ist nur ein hohlkugelförmiger Zellhaufen von der Größe des Punktes. (In diesem Stadium heften sich Embryonen normalerweise auch noch nicht an die Gebärmutterwand was viele Menschen als den Beginn der eigentlichen Embryonalentwicklung ansehen.) Die Blastocyste hat keine Organe, kann unmöglich denken oder fühlen und verfügt über keine der typisch menschlichen Eigenschaften."

„Zu Recht verteidigt Spaemann die „biologische Zugehörigkeit zur Menschheitsfamilie" als das einzig akzeptable Kriterium für die Bestimmung des Personenkreises, auf den sich die „Menschenwürde" bezieht. Dabei umgeht Spaemann durchaus die Diskussion der engeren Frage, wann in der menschlichen Entwicklung Personalität einsetzt. Zwar macht er klar, dass auch naturwissenschaftlich — und nicht nur theologisch — für ihn die Befruchtung der Eizelle diesen Zeitpunkt darstellt; aber er ist sich durchaus bewusst, dass dies auch in der Geschichte des Christentums nicht immer so gesehen wurde und selbst heute ist auch unter christlichen Denkvoraussetzungen diese Sichtweise keineswegs so eindeutig. Spaemann lässt sich auf die empirische Seite der Frage, ob der in Großbritannien rechtlich fixierte Zeitpunkt der „Nidation" ethisch akzeptabel sei, nicht wirklich ein. Meines Erachtens sollte man die fundamentale Debatte über den Begriff „Menschenwürde" von der Debatte über den „Beginn der Personalität" unterscheiden."

„Obwohl die Wurzeln dieses Glaubens an die Menschenwürde, auch in seinen säkularisierten Formen, unzweifelhaft in der jüdisch-christlichen Tradition liegen, stellt dies keinen Grund für christlichen Triumphalismus dar. Es gab durchaus Schwierigkeiten der Christen mit der Idee der Menschenrechte, nachdem diese in der amerikanischen und französischen Revolution erstmals greifbare Gestalt angenommen hatten.

Aufgaben

① Erstellen Sie für die Erkrankungen ALL, Multiple Sklerose, Alzheimer, Herzinfarkt, Diabetes mellitus eine Übersicht bezüglich
  - Ursachen
  - Symptomen
  - Möglichkeiten und Grenzen konventioneller Therapie
  - Prognose bei konventioneller Therapie
  - Möglichkeiten und Risiken bei Einsatz biomedizinischer Techniken.

② Zeigen Sie auf der Grundlage eigener Recherche mögliche Beziehungen zwischen
  - Stammzellenforschung
  - Präimplantationsdiagnostik
  - Klonen
  - Gentechnik auf.

③ Befürworter und Gegner biomedizinischer Techniken nehmen für sich in Anspruch, aus ethischen Beweggründen zu handeln. Vergleichen Sie deren Argumentation.

④ Prüfen Sie die Argumentation von Gegnern und Befürwortern anhand eines konkreten Beispiels auf Plausibilität und Anwendbarkeit. Wählen Sie dazu ein geeignetes Beispiel aus (siehe Aufgabe 1). Führen Sie mit Kursteilnehmern eine Diskussionsrunde durch. Dabei sollte je ein Schüler die Position eines Gegners, eines Befürworters und eines Betroffenen einnehmen.

Hinweis: Bei Diskussionen über bioethische Probleme kann die SKIP-Argumentation angewendet werden:
- **S** Spezies-Argument: Alle Angehörigen der Spezies Mensch sind gleich schutzwürdig.
- **K** Kontinuumsargument: Menschliches Leben ist von Anfang an schutzwürdig, weil sich in der Entwicklung kein Zeitpunkt definieren lässt, ab dem die Schutzwürdigkeit beginnt.
- **I** Identitätsargument: Ein Embryo ist mit dem Menschen, zu dem er sich entwickeln kann, in ethischer Hinsicht identisch.
- **P** Potentialitätsargument: Ein Embryo verfügt potentiell über alle Eigenschaften der Spezies Mensch.

Angewandte Biologie

Restriktionsverdau

Das Plasmid pBR322 war eines der ersten künstlich hergestellten Plasmide, um Fremd-DNA in das Bakterium *Escherichia coli* einzuschleusen. Es besteht aus 4361 Nucleotiden und enthält Resistenzgene gegen die Antibiotika Ampicillin und Tetracyclin. Zudem bietet es für viele Restriktionsenzyme genau eine Schnittstelle (s. S. 126). In der Abbildung ist jeweils in der Klammer die Nummer des Nucleotids angegeben, nach dem der Schnitt erfolgt.

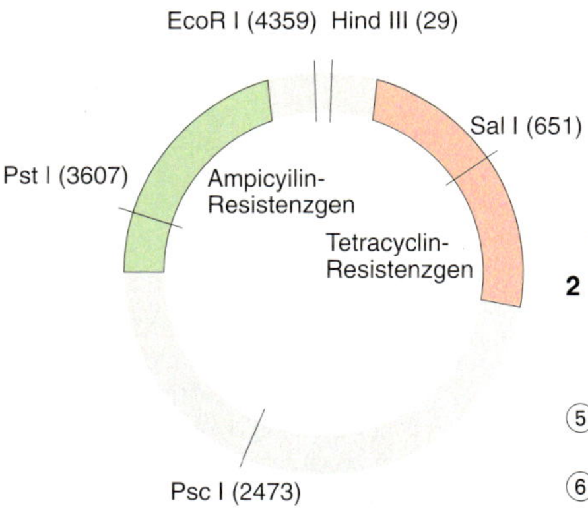

1

Aufgaben

① Einem Ansatz mit Plasmiden vom Typ pBR 322 werden die Restriktionsenzyme EcoR I, Pst I und Sal I zugegeben. Dabei werden nicht alle Plasmide von allen drei Restriktionsenzymen geschnitten. Berechnen Sie die Länge der möglichen Fragmente.

② Die Fragmente werden mit einer Gelelektrophorese aufgetrennt. Zeichnen Sie das Bandenmuster.

③ Erklären Sie, warum das Restriktionsenzym Hind III für das Einschleusen von Fremd-DNA nicht geeignet ist.

④ Erläutern Sie, warum das Plasmid zur Genübertragung zwei verschiedene Resistenzgene enthalten muss, um erfolgreich transformierte Bakterien aufzufinden.

Sequenzierung

Im Rahmen einer DNA-Analyse ergab sich das abgebildete Sequenziergel (schematisch dargestellt).

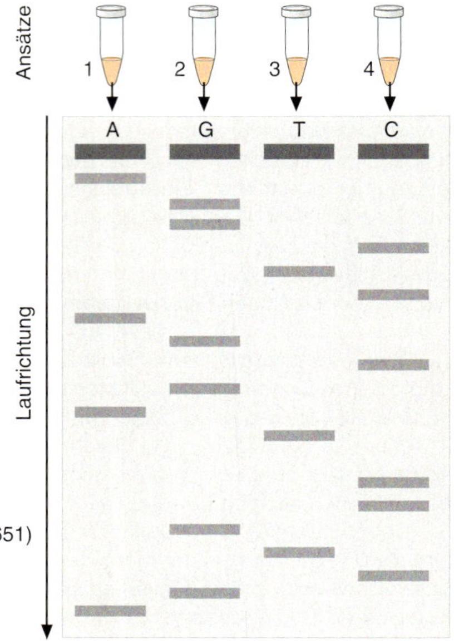

2

Aufgaben

⑤ Geben Sie an, welche Bestandteile in die Ansätze 1 bis 4 gegeben wurden.

⑥ Geben Sie die Polung während der Gelelektrophorese an.

⑦ Erklären Sie, warum sich die DNA-Fragmente im Gel nach ihrer Länge sortieren.

⑧ Ermitteln Sie aus dem Gel die Basensequenz des untersuchten DNA-Abschnitts.

Herstellung von Impfstoffen

Weltweit sind rund 350 Millionen Menschen mit dem Hepatitis-B-Virus (HBV) infiziert und jedes Jahr sterben etwa ein bis zwei Millionen Menschen daran. Seit 1986 steht ein Hepatitis-B-Impfstoff zur Verfügung, der gentechnisch hergestellt wird.

Für die Entwicklung des Impfstoffs isolierten Wissenschaftler aus dem Erbmaterial des Hepatitis-B-Virus das Gen für eines seiner Oberflächenproteine. Dieses Gen wurde anschließend in das Genom der Bäckerhefe *Saccharomyces cerevisiae* eingeschleust.

Die rekombinanten Hefezellen können leicht ungeschlechtlich vermehrt werden. Aus der Hefekultur lässt sich das virale Oberflächenprotein isolieren und zur Herstellung des Impfstoffs verwenden.

Aufgaben

⑨ Erklären Sie, warum von dem Impfstoff keine Infektionsgefahr ausgehen kann.

⑩ Begründen Sie, warum die rekombinanten Hefen ungeschlechtlich vermehrt werden müssen, um den Impfstoff in größeren Mengen zu produzieren.

Künstliche Haut

Adulte Stammzellen können im Labor unter geeigneten Bedingungen dazu gebracht werden, auf einer künstlichen Matrix zu wachsen und sich zu vermehren. So ist es beispielsweise möglich, Fibroblasten aus menschlichem Bindegewebe in einer Kollagenmatrix zu züchten. Fibroblasten produzieren wichtige Bestandteile der Haut, insbesondere Kollagen.

Durch Zugabe von Keratinocyten kann auch eine künstliche Epidermis erzeugt werden. So ist es möglich, eine dreidimensionale Haut aufzubauen. Künstliches Hautgewebe kann als Testsystem für Hautverträglichkeitsprüfungen von Medikamenten und Kosmetika dienen und damit Tierversuche ersetzen.

Aufgaben

⑪ Begründen Sie, warum mit den Fibroblasten nur Hautgewebe und nicht etwa Muskelgewebe gebildet werden kann.

⑫ Bewerten Sie die Verwendung von adulten Stammzellen unter ethischen Gesichtspunkten.

Erythropoetin

Erythropoetin (EPO) ist ein Wachstumsfaktor der Niere, der die Produktion von Erythrocyten anregt. Hält sich ein gesunder Mensch längere Zeit im Gebirge in großer Höhe auf, gibt die Niere verstärkt EPO ab und die Zahl der Erythrocyten steigt.

Je höher die Erythrocytenkonzentration im Blut ist, desto mehr Sauerstoff kann transportiert werden und um so dickflüssiger ist das Blut. Bestimmte Formen von Blutarmut können mit EPO behandelt werden. Seit 1984 wird EPO gentechnisch hergestellt.

Bei Ausdauersportarten spielt der Sauerstofftransport im Blut eine entscheidende Rolle. Immer wieder werden Doping-Fälle bekannt, bei denen Sportler durch Einnahme von EPO ihre Leistungsfähigkeit gesteigert haben. Seit 2000 kann EPO-Doping durch einen Urintest nachgewiesen werden. Das Verfahren beruht darauf, dass sich humanes EPO von rekombinantem EPO geringfügig unterscheidet. Dabei werden monoklonale Antikörper (MAK) eingesetzt, die spezifisch an EPO binden.

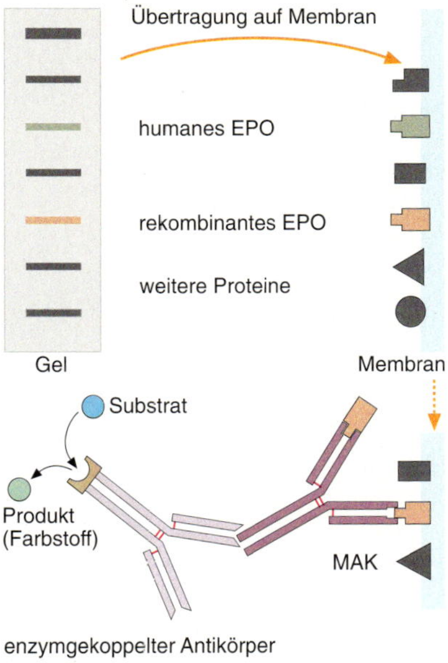

3

Aufgaben

⑬ Beschreiben Sie die wichtigsten Schritte zur Erzeugung eines Bakterienstamms von *Escherichia coli*, der EPO produziert.

⑭ Momentan wird rekombinantes EPO vor allem in CHO-Zellen von Säugetieren produziert. Begründen Sie, warum die Verwendung von Säugetierzellen bei der Produktion von EPO vorteilhaft ist.

⑮ Beschreiben Sie das abgebildete Nachweisverfahren für rekombinantes EPO im Urin.

⑯ Begründen Sie, warum mit diesem Verfahren schon sehr geringe Mengen an EPO nachweisbar sind.

Geschlechtsbestimmung durch PCR

4

Die meisten Papageien und Sittiche sind monomorph, d. h. es sind äußerlich keine eindeutigen Geschlechtsmerkmale (z. B. Federkleid, Größe) erkennbar. In solchen Fällen ist eine Geschlechtsbestimmung sehr schwierig. Gewissheit schafft eine Untersuchung der DNA. Bei Vögeln wird das Geschlecht durch die Verteilung von Geschlechtschromosomen bestimmt. Weibchen haben ein W- und Z-Chromosom, während Männchen zwei Z-Chromosomen aufweisen.

Mithilfe der PCR ist eine Bestimmung des Geschlechts mit nur einer Feder möglich. Dabei macht man sich zu Nutze, dass es einen bestimmten DNA-Abschnitt gibt, der auf dem W-Chromosom länger ist als auf dem Z-Chromosom. Durch geeignete Auswahl der Primer kann dafür gesorgt werden, dass nur der betreffende DNA-Abschnitt in der PCR vervielfältigt wird. Anschließend wird die DNA aus der PCR in einem Gel aufgetrennt. Die Abbildung 5 zeigt ein Untersuchungsergebnis für zwei Vögel.

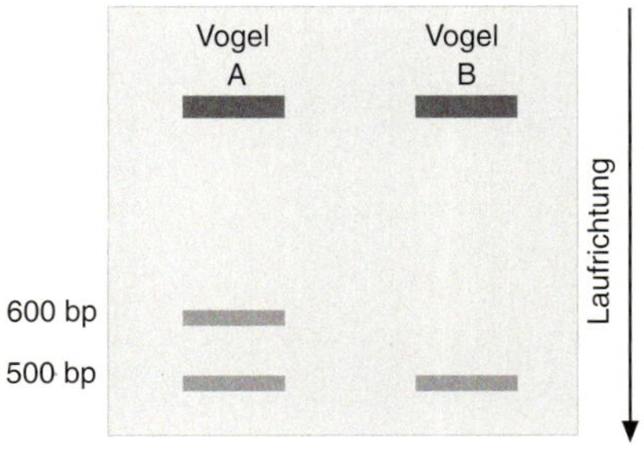

5

Aufgaben

⑰ Notieren Sie Gemeinsamkeiten und Unterschiede zwischen der Geschlechtsbestimmung bei Säugetieren und Vögeln.

⑱ Bestimmen Sie aus dem Bandenmuster des Gels das Geschlecht der untersuchten Vögel A und B.

⑲ Erläutern Sie das Verfahren der Polymerase-Kettenreaktion (PCR).

⑳ DNA aus dem Federkiel, die ursprünglich der PCR zugegeben wurde, enthält das gesamte Genom. Erklären Sie, warum diese DNA im Bandenmuster nicht störend wirkt.

Embryonenschutzgesetz

Im Embryonenschutzgesetz (ESchG) steht in §1 Missbräuchliche Anwendung von Fortpflanzungstechniken:

(1) Mit Freiheitsstrafe bis zu drei Jahren oder mit Geldstrafe wird bestraft, wer
1. auf eine Frau eine fremde unbefruchtete Eizelle überträgt,
2. es unternimmt, eine Eizelle zu einem anderen Zweck künstlich zu befruchten, als eine Schwangerschaft der Frau herbeizuführen, von der die Eizelle stammt

(2) Ebenso wird bestraft, wer
1. künstlich bewirkt, dass eine menschliche Samenzelle in eine menschliche Eizelle eindringt, oder
2. eine menschliche Samenzelle in eine menschliche Eizelle künstlich verbringt, ohne eine Schwangerschaft der Frau herbeiführen zu wollen, von der die Eizelle stammt.

Aufgabe

㉑ Belegen Sie, welche der folgenden Verfahren durch die zitierten Absätze des Embryonenschutzgesetzes verboten sind:
- Keimbahntherapie,
- somatische Gentherapie,
- künstliche Befruchtung,
- therapeutisches Klonen.

Immunbiologie

Unspezifische Abwehr

Barrieren

Lymphsystem

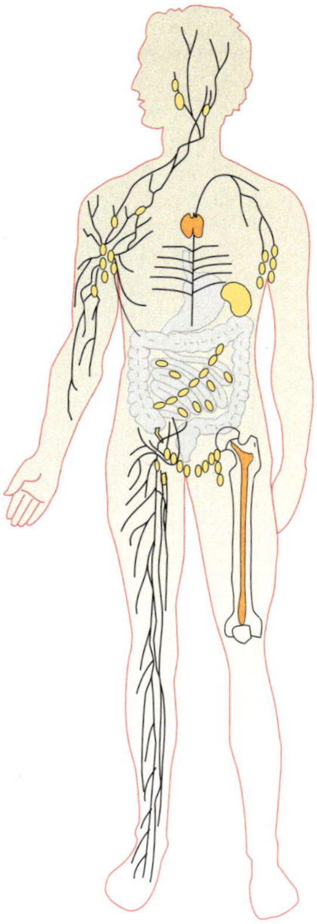

Entzündungsreaktion

Die Abwehr von Krankheitserregern erfolgt durch ein enges Zusammenspiel von verschiedenen Organen und Zellen im Körper. Unsere Haut ist eine wichtige Barriere, die das Eindringen vieler Erreger verhindert. Spezialisierte Zellen bekämpfen körperfremde Zellen. Das Lymphsystem dient dabei als Transportsystem.

Spezifische Abwehr

Antikörper

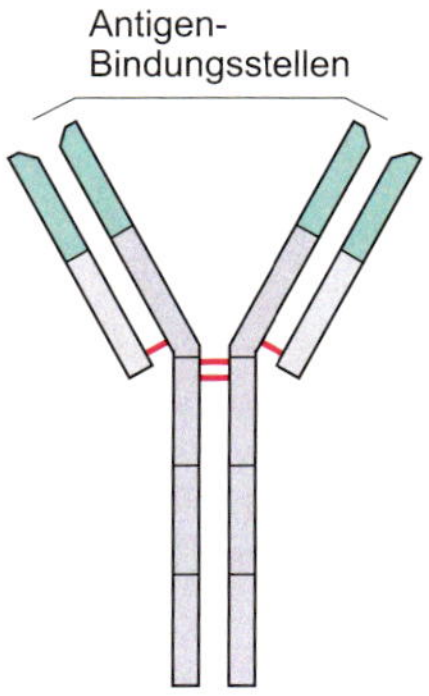

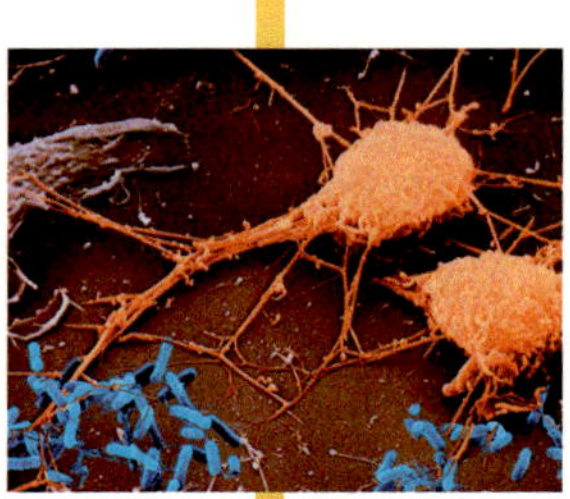

humorale Abwehr

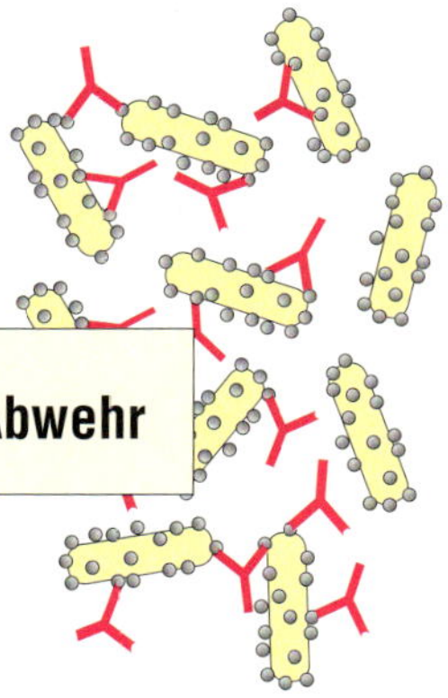

T-Killerzellen

zelluläre Abwehr

Unser Immunsystem ist besonders effektiv, da es sehr spezifisch gegen Erreger vorgehen kann, nachdem es diese erkannt hat. Antikörper beseitigen Erreger in Blut, Lymphe und Gewebsflüssigkeiten, während T-Killerzellen infizierte Zellen zerstören. Die spezifische Abwehr wird durch spezialisierte Lymphocyten bewerkstelligt.

Online-Link
045640-0163

Molekulare Grundlagen

MHC-Proteine

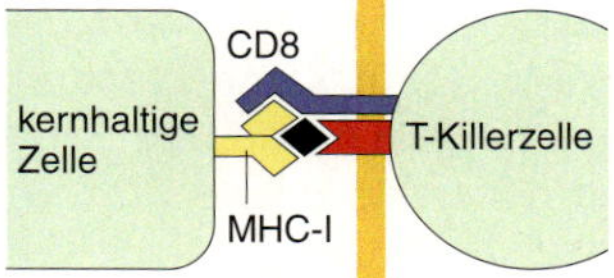

CD4/CD8-Rezeptoren

Signalstoffe

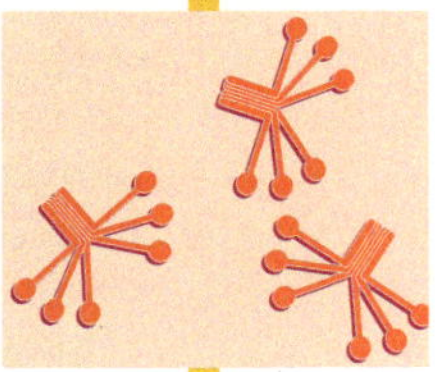

Komplementsystem

Letztlich beruhen alle wichtigen Eigenschaften und Prozesse der Immunabwehr auf spezifischen Molekülinteraktionen. Zellen kommunizieren über bestimmte Oberflächenproteine und dazu passende Rezeptoren oder über Signalstoffe.

Medizinische Anwendungen

Autoimmunerkrankungen

Transplantation

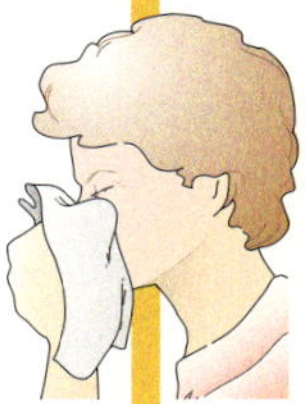

Allergien

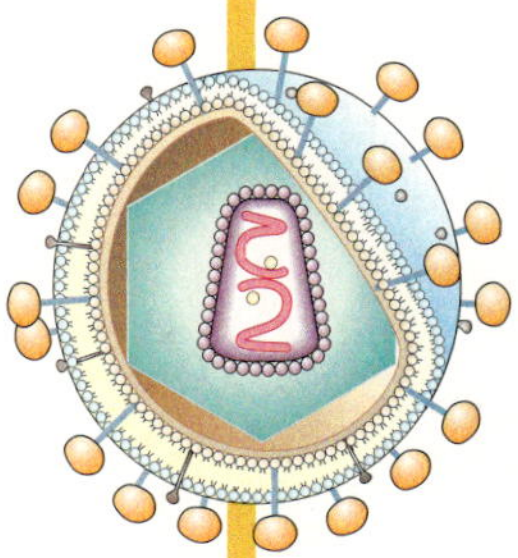

AIDS

monoklonale Antikörper

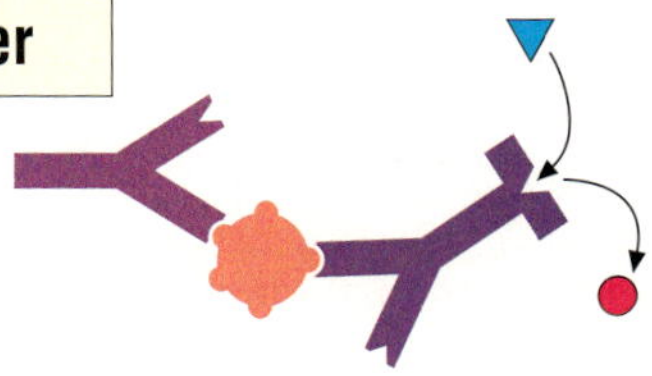

Neue Erkenntnisse in der Immunbiologie erlauben neue Möglichkeiten in der Medizin. Autoimmunerkrankungen können besser behandelt werden, Organtransplantationen verlaufen erfolgreicher und Allergien lassen sich besser verstehen. Insbesondere monoklonale Antikörper sind ein wichtiges Werkzeug in der Grundlagenforschung und Medizin.

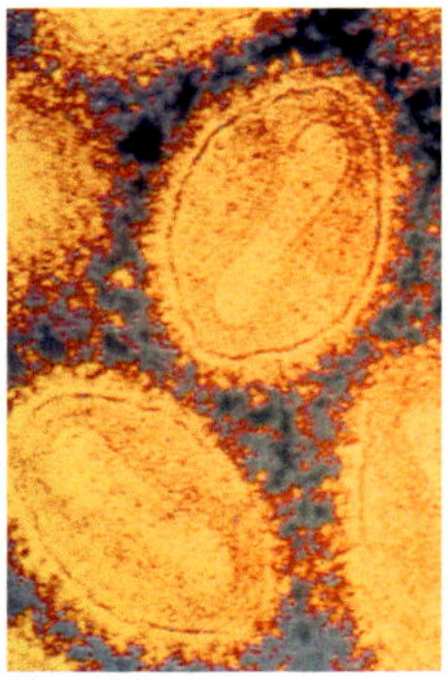

Keuchhustenerreger

Immunreaktion
Abwehrreaktion von Zellen des Immunsystems

Infektion und Abwehr

Viren und Mikroorganismen sind allgegenwärtig. Mikroorganismen sind mikroskopisch kleine Lebewesen wie Bakterien, bestimmte Pilze und Einzeller. Zum größten Teil sind diese ungefährlich für uns Menschen. Beispielsweise leben in unserem Darm unzählige Bakterien, die für eine geregelte Verdauung unverzichtbar sind. Andere Mikroorganismen spielen eine wichtige Rolle bei der Herstellung von Brot, Jogurt und anderen Lebensmitteln. Nur manche Mikroorganismen und Viren schädigen unseren Körper und lösen Infektionskrankheiten aus (s. Abb. 3).

Barrieren

Der erste Schutzmechanismus unseres Körpers gegen Krankheitserreger besteht aus Barrieren, die das Eindringen von Mikroorganismen verhindern (s. Abb. 1). Da aber jeder Organismus Stoffe mit seiner Umwelt austauschen muss, kann er nicht vollständig abgeriegelt sein. Insbesondere Schleimhäute, die dem Stoffaustausch dienen, sind für Mikroorganismen relativ leicht zu überwinden. Noch einfacher gelangen Erreger über Wunden in den Körper.

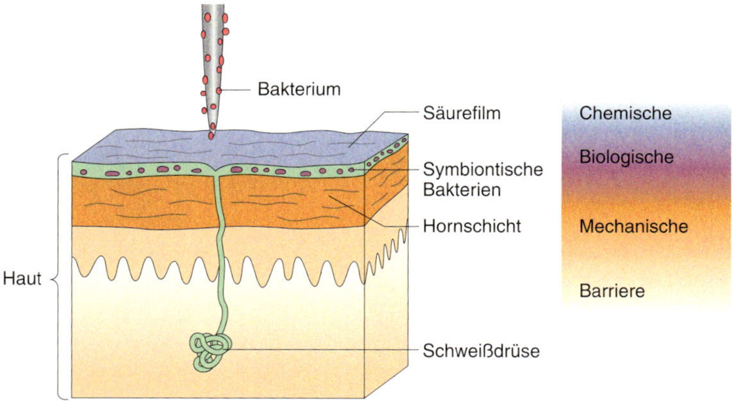

1 Barrieren gegen Mikroorganismen in der Haut

mechanische Barrieren
- die Haut verhindert das Eindringen von Mikroorganismen - Schleimhäute behindern die Beweglichkeit von Bakterien - Flimmerhärchen, Niesen und Durchfall entfernen Erreger aus dem Körper
chemische Barrieren
- saures Milieu auf der Haut und in der Vagina behindert das Wachstum von Bakterien und Pilzen - Salzsäure im Magen zerstört Mikroorganismen - Lysozym in Tränenflüssigkeit, Speichel und Nasensekret tötet Bakterien ab
biologische Barrieren
- die Darmflora konkurriert mit Krankheitserregern

2 Barrieren gegen Krankheitserreger

Abwehrsysteme des Körpers

Falls Mikroorganismen die Barrieren durchdringen, werden sie durch das Immunsystem bekämpft. Fresszellen nehmen alle Zellen auf, die sie als fremd erkennen, und verdauen sie. Dieser zweite Schutzmechanismus unterscheidet nur zwischen fremd und körpereigen und wird daher als *unspezifische Immunreaktion* bezeichnet.

Einen dritten Schutzmechanismus bilden verschiedene Lymphocyten, die Krankheitserreger spezifisch erkennen und durch passende Antikörper und T-Killerzellen bekämpfen. Diese *spezifische Immunreaktion* wehrt Krankheitserreger wirksam ab.

Eigenschaften des Immunsystems

Ein Immunsystem, das über folgende Eigenschaften verfügt, ist in der Lage, Krankheitserreger erfolgreich abzuwehren.

Fremderkennung: Ein funktionierendes Immunsystem muss sicher zwischen körperfremden und körpereigenen Strukturen unterscheiden können. Unser Körper enthält sehr unterschiedliche Zellen mit vielen verschiedenen Oberflächenmolekülen. Nur fremde Zellen und Stoffe dürfen bekämpft werden.

Vielfalt: Das Immunsystem wehrt nicht nur verschiedene Viren, Bakterien, Pilze und Einzeller ab, sondern auch vielzellige Parasiten oder auch einzelne Moleküle wie z. B. Giftstoffe in der Nahrung. Zudem bilden viele Erreger ständig neue Varianten, die ebenfalls erkannt werden müssen. Insbesondere Viren sind sehr veränderlich. Beispielsweise gibt es jedes Jahr neue Varianten von Grippeviren. Unser Immunsystem kann sehr wirkungsvoll auf diese unterschiedlichen Erreger reagieren.

Spezifität: Moleküle, die eine spezifische Immunantwort auslösen, heißen *Antigene*. Antikörper und T-Killerzellen werden nur gegen solche Antigene produziert, denen der Körper auch tatsächlich ausgesetzt ist. Ein wichtiges Merkmal unseres Immunsystems besteht darin, dass es Antigene spezifisch erkennen und mit Antikörpern und T-Killerzellen abwehren kann. Dadurch wird die Effektivität unseres Immunsystems erhöht.

Gedächtnis: Bei einer erneuten Infektion werden Krankheitserreger schneller abgewehrt. Oft kommt es dann gar nicht mehr zum Ausbruch der Krankheit. Der Körper ist immun. Dieses immunologische Gedächtnis bewahrt uns vor einer zweiten Erkrankung. Auch die aktive Immunisierung beruht auf dieser Eigenschaft des Immunsystems.

Das Lymphsystem

Das *Lymphsystem* ist neben dem Blutkreislauf das wichtigste Transportsystem des Körpers und hängt mit diesem eng zusammen (s. Abb. 4). Aus den Kapillaren dringt Blutserum ins Gewebe, wo es Körperzellen mit Nährstoffen versorgt und Abfallstoffe aufnimmt. Die Gewebsflüssigkeit wird als gelblich-weiße *Lymphe* über Lymphgefäße gesammelt und schließlich an der oberen Hohlvene wieder ins Blut zurückgeleitet. Mit der Lymphe werden auch Krankheitserreger aus dem Gewebe transportiert und treffen insbesondere in den Lymphknoten auf bestimmte weiße Blutzellen, die Lymphocyten genannt werden. Insbesondere finden sich in Lymphknoten Makrophagen, B-Zellen und T-Zellen. (s. S. 167).

Viren	
HI-Virus	AIDS
Influenza-Virus	Grippe
FSME-Virus	FSME
Bakterien	
Bordetella pertussis	Keuchhusten
Borellia burgdorferi	Lyme-Borreliose
Vibrio cholerae	Cholera
Einzeller	
Plasmodium falciparum	Malaria
Würmer	
Pärchenegel	Billharziose
Fuchsbandwurm	Echinokokkose

3 Krankheitserreger und Krankheiten

Aufgaben

① Begründen Sie, warum Atemwegserkrankungen und Darminfektionen relativ häufig auftreten.

② Beschreiben Sie jeweils die Folgen für unseren Körper, wenn unser Immunsystem eine der vier genannten Eigenschaften nicht hätte.

③ Nützliche Darmbakterien werden vom Immunsystem toleriert, während Salmonellen abgewehrt werden. Geben Sie dafür eine mögliche Erklärung.

④ Nach einer Infektion schwellen oft die Lymphknoten an. Erklären Sie diese Beobachtung.

Pärchenegel, ein Parasit

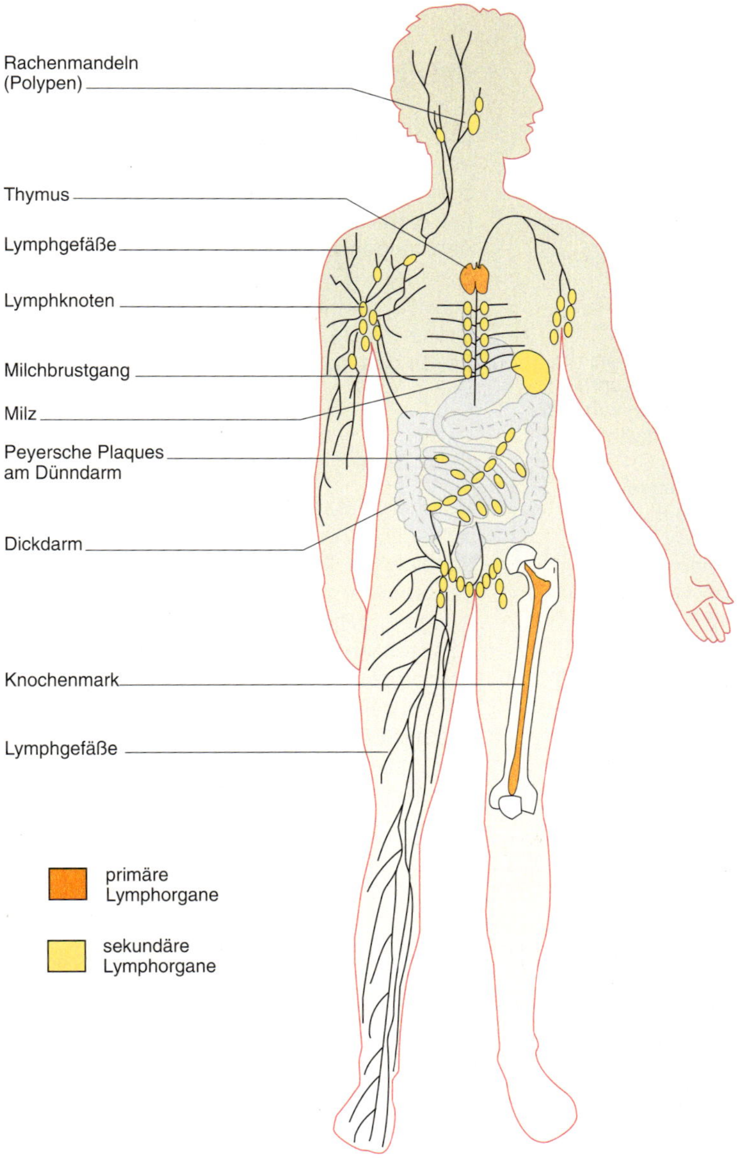

4 Das Lymphsystem

1 Ein Makrophage mit Bakterien (kolorierte REM-Aufnahme

Entzündungsreaktion

Dringt ein kleiner Holzsplitter in die Haut ein, gelangen häufig Bakterien in den Körper. Machmal wird die Verletzung zunächst gar nicht bemerkt. Erst nach einigen Stunden zeigen sich die Symptome einer Entzündung: die betroffene Stelle rötet sich, schwillt an, wird heiß und schmerzt. Ursache ist ein Abwehrkampf von speziellen Zellen des Immunsystems gegen die Bakterien.

Phagocytose
Aufnahme von Feststoffen in eine Zelle durch Membraneinstülpung

Cytokine
Glykoproteine, die Wachstum und Differenzierung von Zellen beeinflussen

Leukocyten
weiße Blutzellen

Lymphocyten
Bestimmte Leukocyten, die u. a. in der Lymphe vorkommen

Fresszellen

Bei der Entzündungsreaktion sind unterschiedliche Leukocyten beteiligt. Eine entscheidende Rolle spielen zwei Typen von Fresszellen, die *Granulocyten* und *Makrophagen (Riesenfresszellen)*. Fresszellen besitzen an ihrer Oberfläche spezielle Rezeptorproteine, mit denen sie Bakterien als körperfremd erkennen können (s. Zettelasten).

Ablauf der Entzündungsreaktion

Eingedrungene Bakterien werden zunächst von Makrophagen erkannt und durch Einstülpung der Membran aufgenommen. Diesen Vorgang nennt man *Phagocytose*. Gleichzeitig geben die Makrophagen *Cytokine* ab. Diese Signalstoffe erweitern Blutkapillaren und machen deren Kapillarwände durchlässiger. So gelangen verstärkt Makrophagen und vor allem Granulocyten aus dem Blut ins Gewebe. Während Makrophagen mehrere Bakterien phagocytieren können, gehen Granulocyten dabei oft selbst zugrunde und bilden den Hauptbestandteil von *Eiter*. Dieser wird schließlich durch Makrophagen abgebaut.

Mastzellen, die sich an der Entzündungsstelle befinden, setzen *Histamin* frei. Dieser Signalstoff macht die Kapillarwände zusätzlich durchlässiger. Durch austretendes Blutplasma schwillt die Stelle an und schmerzt. Mit dem Blutplasma gelangen auch *Komplementproteine* an den Infektionsherd. Diese Moleküle greifen unter anderem die Zellmembran von Krankheitserregern an.

Dauert die Entzündungsreaktion längere Zeit an, lösen von den Makrophagen abgegebene Cytokine eine Fieberreaktion aus. Die erhöhte Körpertemperatur hemmt die Vermehrung von Mikroorganismen und regt die Tätigkeit von Fresszellen an. Zudem locken Cytokine Lymphocyten an, welche eine spezifische Abwehr der Erreger mit Antikörpern und T-Killerzellen einleiten.

Aufgaben

① Beschreiben Sie mit einem Flussdiagramm, wie die Symptome einer Entzündung entstehen.
② Begründen Sie, warum die Entzündungsreaktion zur unspezifischen Abwehr gezählt wird.

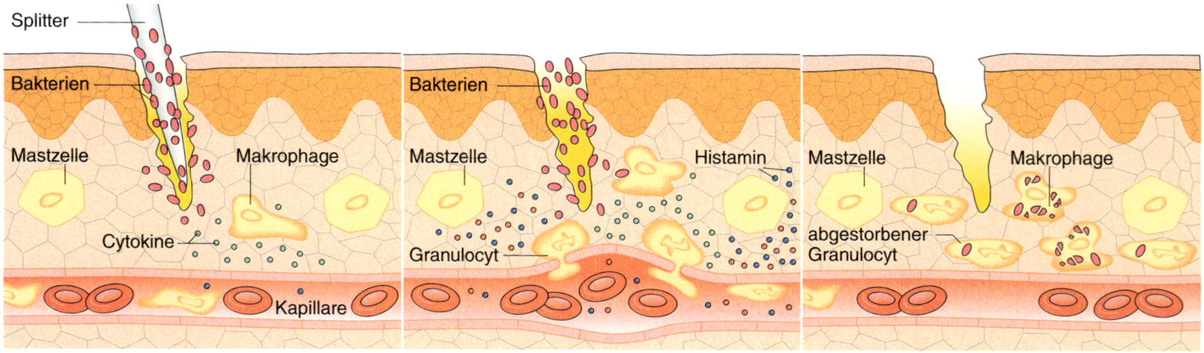

2 Ablauf einer Entzündungsreaktion

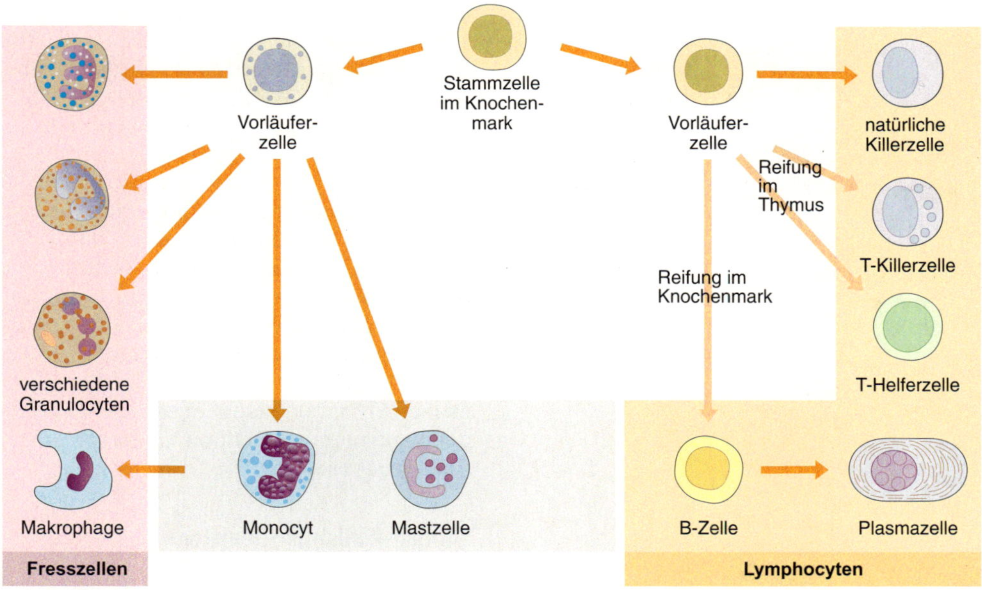

3 Wichtige Leukocyten der Immunabwehr

Zettelkasten

Erkennung von Bakterien

Fresszellen erkennen charakteristische Zellwandbestandteile von Bakterien oder Pilzen und phagocytieren diese. Der dafür verantwortliche *Rezeptor* ist ein Membranprotein, das an typische Moleküle der Zellmembran bindet. Wird ein Bakterium an solch einen *Rezeptor* gebunden, aktiviert dieser in der Fresszelle bestimmte Enzyme.

Jedes dieser Enzyme aktiviert wiederum andere Enzyme. Schließlich führt diese Enzymkaskade dazu, dass ein Signalprotein phosphoryliert wird und in den Zellkern gelangt. Dort bewirkt es die Transkription von über 40 Genen, die bei der Immunabwehr beteiligt sind. Die beschriebene Enzymkaskade kann unterschiedliche Wirkungen haben. Beispielsweise kommt es zur Produktion und Abgabe von Signalstoffen wie Cytokinen und Chemokinen, die dann auf weitere Zellen einwirken können.

Andere Rezeptoren in der Membran von Fresszellen binden an spezifische bakterielle Moleküle und bewirken, dass die Fresszelle das Bakterium durch Phagocytose aufnimmt und in Vesikeln verdaut.

Aufgabe

① Erläutern Sie, welche Strukturen und Prozesse für die Fremderkennung verantwortlich sind.

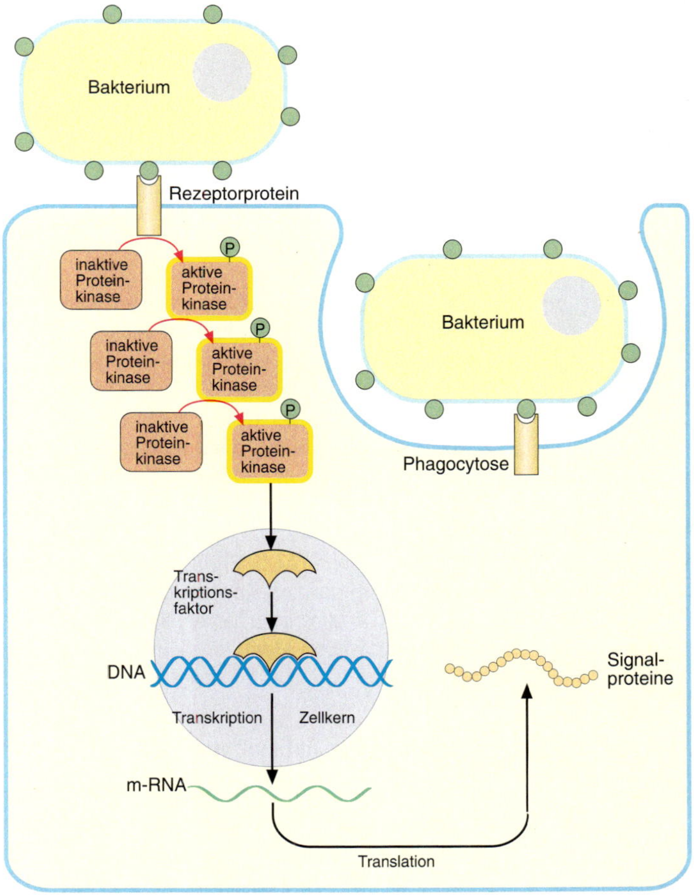

Erkennung und Phagozytose von Bakterien

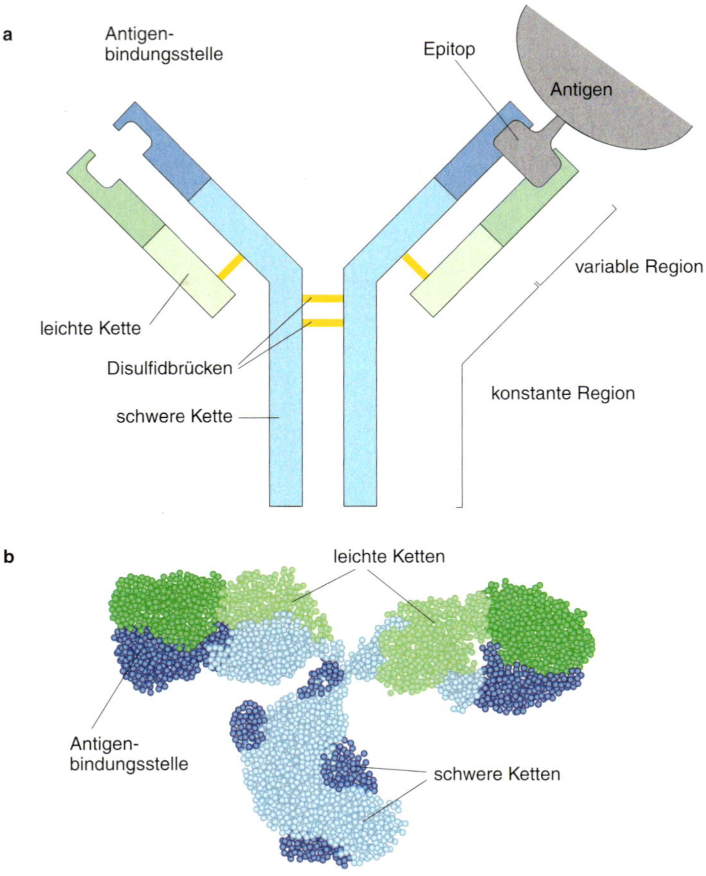

1 Struktur eines Immunglobulins IgG

Innerhalb einer Antikörperklasse ist die konstante Region immer gleich (s. Abb. 3). Für die Erkennung des Erregers ist die variable Region verantwortlich.

Antigen

Antigene sind oft große Moleküle auf der Oberfläche von Bakterien oder Viren, die nach dem Schlüssel-Schloss-Prinzip zur variablen Region eines Antikörpers passen. Dabei bindet die variable Region nur an einen Teilbereich des Antigens, das *Epitop* (Abb. 1). Dieser Bereich stellt die spezifischen Erkennungssequenzen dar. Ein Antigen kann mehrere Epitope für verschiedene Antikörper besitzen.

Antigen-Antikörper-Reaktion

Da jedes Antikörpermolekül zwei identische Antigenbindungsstellen besitzt, können körperfremde Erreger durch Brückenbildung vernetzt werden und dadurch verklumpen. Diesen Vorgang nennt man *Agglutination*. Verklumpte Bakterien oder Viren werden schließlich von Fresszellen phagocytiert (Abb. 2). Auf ähnliche Weise werden Giftstoffe gebunden und beseitigt. In diesem Fall spricht man von *Präzipitation*. Große Erreger werden durch Antikörper markiert. Makrophagen erkennen die konstante Region der anhaftenden Antikörper und phagocytieren die Erreger.

Antikörper

Antikörper
Von B-Zellen produzierte Proteine, die spezifisch an körperfremde Moleküle binden

Antigen
Substanz, die die Bildung von Antikörpern auslöst (*Anti*körper *gen*erierend)

Die grundlegenden Akteure des Immunsystems sind Moleküle. Neben verschiedenen Signalstoffen, die eine Kommunikation zwischen den beteiligten Zellen ermöglichen, spielen Antikörper eine zentrale Rolle. Das sind kleine Proteine, die auch als Immunglobuline bezeichnet werden. Sie heften sich direkt an die Erreger und lösen weitere Prozesse aus, die letztlich zur Beseitigung der Erreger führen (Abb. 2). Immunglobuline finden sich im ganzen Körper. Besonders hoch ist ihre Konzentration aber im Blut. In 100 ml Blutserum sind etwa 1,6 g Immunglobuline enthalten.

Struktur eines Antikörpers

Alle Antikörper haben einen vergleichbaren Grundaufbau. Viele bestehen aus zwei schweren und zwei leichten Aminosäureketten (Abb. 1). Die Ketten sind durch Disulfidbrücken verbunden. Man unterscheidet eine konstante Region und eine variable Region.

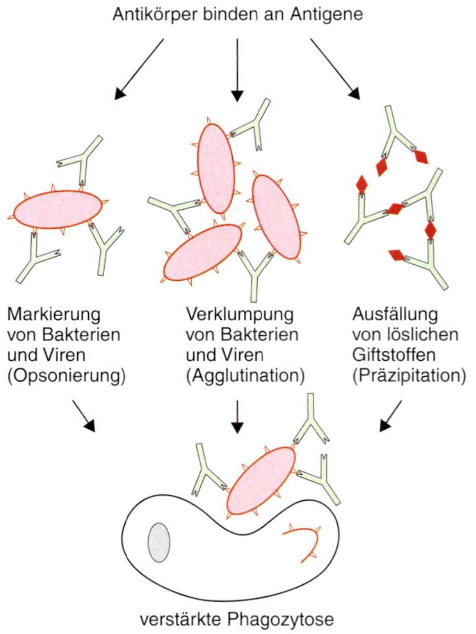

2 Wirkungen von Antikörpern

Bildung von Antikörpern

Antikörper werden von B-Zellen gebildet. Dabei kann eine einzige B-Zelle nur eine Art von Antikörpern produzieren. Im Körper befinden sich aber etwa 100 Millionen verschiedene B-Zellen und somit können sehr viele verschiedene Antikörper gebildet werden. Dadurch ist gewährleistet, dass passende Antikörper für unterschiedlichste Epitope existieren. Durch den Kontakt mit einem Antigen werden B-Zellen zu Zellteilungen angeregt. So entstehen viele erbgleiche B-Zellen, die gleiche Antikörper bilden können. Die Antigen-Antikörper-Reaktion macht deutlich, dass die entscheidenden Prozesse der Immunabwehr zwischen Molekülen stattfinden. Viele biologische Prozesse lassen sich letztlich auf Interaktionen zwischen Molekülen zurückführen. Dies ist das allgemeingültige **Prinzip** der **spezifischen Molekülinteraktion** (▶ s. Seite 332)

Aufgaben

① Begründen Sie, weshalb davon auszugehen ist, dass auf ein Bakterium viele verschiedene Antikörper passen.

② Erläutern Sie, wie Schlangengift, das aus Eiweiß besteht, durch Antikörper bekämpft werden kann.

Anhand der konstanten Regionen lassen sich mehrere Klassen von Antikörpern unterscheiden.	
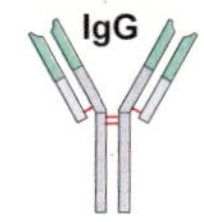	Die häufigsten Antikörper sind Immunglobuline der Klasse **IgG**. Sie werden von Plasmazellen gebildet und treten vor allem bei Sekundärinfektionen in großer Menge auf.
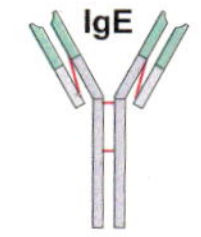	**IgE** werden in der Haut und in Schleimhäuten produziert und dienen der Abwehr von Wurmparasiten. Sie finden sich auf Mastzellen und sind an allergischen Reaktionen beteiligt.
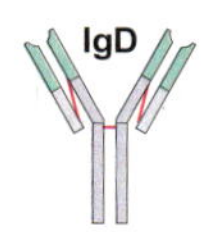	Auf der Oberfläche von B-Zellen findet man Immunglobuline der Klasse **IgD**. Sie ermöglichen die Erkennung von Antigenen und sind für die Aktivierung von B-Zellen wichtig.
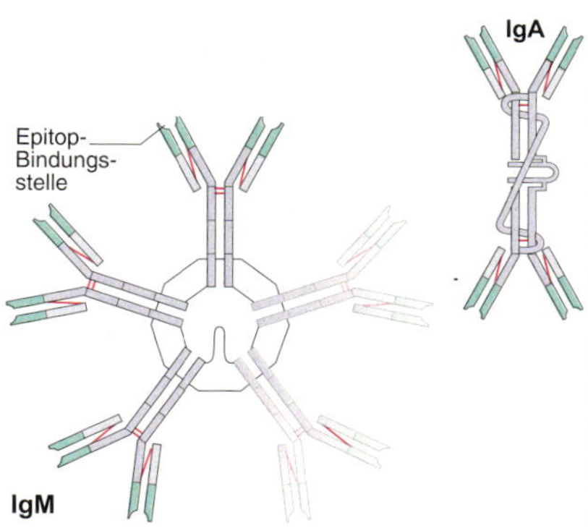	Antikörper der Klasse **IgA** kommen in Speichel, Tränenflüssigkeit, Milch und Verdauungssäften vor. Sie schützen Schleimhäute und den Magen-Darm-Trakt von Säuglingen.
	Immunglobuline der Klasse **IgM** sind bei Primärinfektionen die ersten Antikörper im Blut. Sie sind sehr wirkungsvoll bei der Verklumpung von Bakterien und Viren.

3 Antikörperklassen

Zettelkasten

Antikörper nach dem Baukastenprinzip

Das Immunsystem der Wirbeltiere ist in der Lage, viele Millionen Antikörper zu erzeugen. Entspräche jedem Antikörper ein DNA-Abschnitt, würde das den größten Teil des Genoms beanspruchen. Die Vielfalt der Antikörper wird durch Umsortierung (Rearrangement) einer überschaubaren Anzahl von DNA-Abschnitten bei der Reifung von B-Zellen nach dem Baukastenprinzip erzeugt. Der DNA-Abschnitt, der die Information zur Produktion der leichten (L) Antikörperkette enthält, besteht aus zahlreichen Genabschnitten (V, J, C), die von nicht codierenden Abschnitten unterbrochen werden. V- und J-Segmente codieren für den variablen Abschnitt, das C-Segment für den konstanten Abschnitt. V-Segmente liegen in 200 verschiedenen Ausfertigungen vor. Bei der Reifung einer B-Zelle wird jeweils ein V-Segment mit den J-Segmenten durch Herausschneiden aller übrigen V-Segmente aus der DNA nach dem Zufallsprinzip zusammengebracht *(somatische Rekombination)*. Die Prä-m-RNA der reifen Plasmazelle stellt eine Abschrift dieses rearrangierten DNA-Abschnitts dar. Durch Spleißen (s. S. 104) werden die Introns und auch alle J-Segmente bis auf eines entfernt. Die reife m-RNA wird an den Ribosomen in die L-Kette translatiert. Durch diesen Mechanismus können $200 \cdot 4 = 800$ verschiedene L-Ketten gebildet werden. H-Ketten entstehen nach demselben Prinzip, nur dass dabei zusätzlich nach dem V-Segment eines von 12 verschiedenen D-Segmenten eingebaut wird. Es sind also $200 \cdot 12 \cdot 4 = 9600$ verschiedene H-Ketten möglich. Weil sich H- und L-Ketten zum kompletten Antikörpermolekül zusammenlagern, gibt es $800 \cdot 9600 = 7{,}68$ Millionen Kombinationsmöglichkeiten.

SUSUMU TONEGAWA (Nobelpreis 1987) entdeckte die Ursachen für die enorme Vielfalt möglicher Antikörper trotz relativ geringer Anzahl entsprechender Gene.

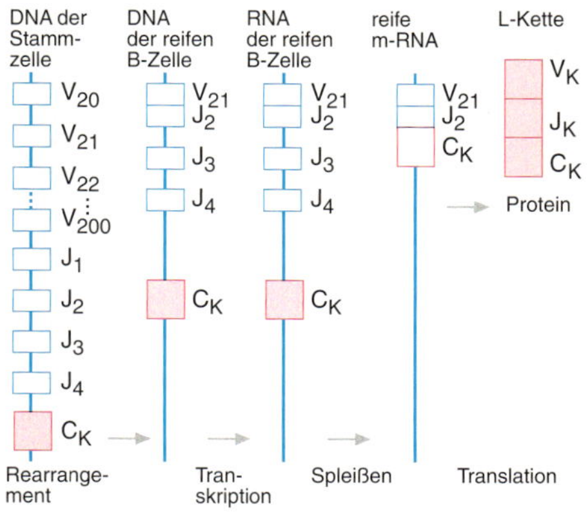

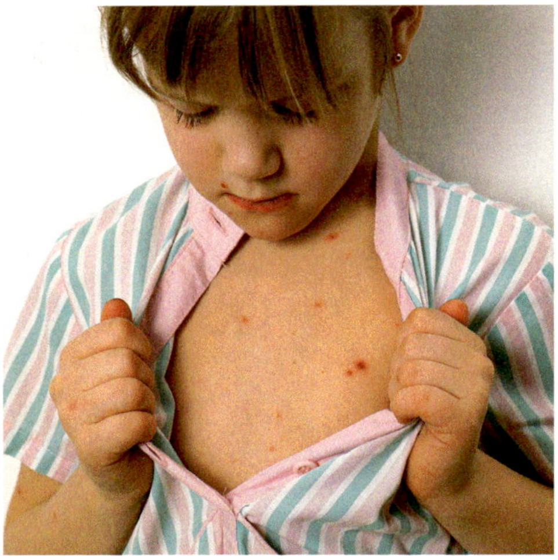

1 Windpocken

Spezifische Immunreaktion

Humorale Immunreaktion
Teil der spezifischen Immunabwehr, der zur Bildung von Antikörpern führt

Zelluläre Immunreaktion
Teil der spezifischen Immunabwehr, der durch die Aktivität von T-Zellen vermittelt wird

Plasmazelle
Antikörper produzierende Zelle, die aus einer B-Zelle entsteht

Klon
Gruppe genetisch identischer Zellen oder Lebewesen

T-Killerzellen
Bestimmte T-Zellen, die infizierte Körperzellen erkennen und zerstören

Bei einer Windpockenerkrankung ist die Haut mit kleinen Pusteln übersät, die nach einigen Tagen wieder verschwinden (s. Abb. 1). Obwohl der Kinderarzt nur die Symptome behandeln kann, verläuft die Krankheit meist harmlos. Windpocken werden durch das Varicella-Zoster-Virus verursacht. Sie gelten als typische Kinderkrankheit, da die meisten Menschen kein zweites Mal daran erkranken. Unser Immunsystem kann offensichtlich Viren und andere Erreger erfolgreich bekämpfen und eine spezifische Immunität herstellen.

Aktivierungsphase

Die spezifische Erkennung der Viren durch B-Zellen erfolgt über B-Zell-Rezeptoren an der Zelloberfläche. Sie ähneln in ihrer Struktur Immunglobulinen. Passt ein Erreger auf den B-Zell-Rezeptor, wird er von der B-Zelle phagocytiert. Anschließend werden Antigenfragmente des Erregers auf der Zelloberfläche präsentiert. Gleichzeitig phagocytieren Makrophagen Erreger im Gewebe und präsentieren ebenfalls Antigenfragmente. Auch auf infizierten Körperzellen finden sich nach wenigen Tagen Antigenfragmente an der Zelloberfläche (Abb. 3).

Bindet ein antigenpräsentierender Makrophage an eine *T-Helferzelle*, setzt er Interleukin 1 frei. Dieser *Signalstoff* bewirkt, dass die T-Helferzelle sich teilt und einen *Klon* von erbgleichen Zellen bildet. Diese aktivieren dann B- und T-Lymphocyten, die auf das gleiche Antigen passen.

Humorale Immunreaktion

Passt eine aktivierte T-Helferzelle auf eine antigenpräsentierende B-Zelle, gibt die T-Helferzelle Interleukin 2 ab und regt dadurch die B-Zelle zu Teilungen an. In der Folge entsteht ein Klon von ungefähr 1000 erbgleichen Zellen. Die meisten dieser Zellen weisen ein besonders umfangreiches raues endoplasmatisches Reticulum auf, was auf eine starke Produktion von Proteinen hinweist. Solche *Plasmazellen* synthetisieren große Mengen spezifischer Antikörper und leben nur 3 bis 5 Tage. In dieser Zeit geben sie pro Sekunde einige tausend Antikörper ab. Da Antikörper vor allem in Blut und Lymphe wirken, heißt dieser Teil der spezifischen Immunabwehr auch *humorale Immunreaktion* (lat.: humor = Körperflüssigkeit). Andere B-Zellen des Klons entwickeln sich zu B-Gedächtniszellen. Sie überdauern Jahre im Körper und können bei einer erneuten Infektion sehr schnell mit der Produktion von Antikörpern starten (s. S. 168).

Zelluläre Immunreaktion

Insbesondere bei viralen Infektionen ist die humorale Abwehr unzureichend, denn Antikörper können keine Viren in Körperzellen bekämpfen. Dies wird durch *T-Killerzellen* (cytotoxische T-Lymphocyten) ermöglicht. Wie die B-Zellen müssen auch die T-Killerzellen vorher durch T-Helferzellen aktiviert werden. Die T-Helferzelle setzt den Signalstoff Interleukin 2 frei, wodurch die T-Killerzelle aktiviert und zu Teilungen angeregt wird. Es entsteht ein Klon aus vielen T-Killerzellen. Diese zerstören befallene Körperzellen, indem sie den programmierten Zelltod *(Apoptose)* auslösen oder Substanzen abgeben, welche die Körperzelle durchlöchern. Dieser Teil der Immunabwehr heißt *zelluläre Immunreaktion.* Neben T-Killerzellen entstehen in dem T-Zell-Klon auch T-Suppressorzellen und T-Gedächtniszellen. T-Suppressorzellen sorgen dafür, dass die Immunreaktion wieder abklingt. T-Gedächtniszellen leben über Jahre im Körper und starten die zelluläre Abwehr bei einer erneuten Infektion schnell wieder.

Klonale Selektion

Die Spezifität der Immunreaktion besteht darin, dass genau die Zellen Klone bilden, die auf das Antigen passen (s. Abb. 2). Dies nennt man *klonale Selektion.* Durch die Vielzahl der B-Zelltypen im Körper bindet praktisch jeder

Erreger an einige B-Zellen und wird mit entsprechenden Antikörpern bekämpft. Ein Klon von B-Plasmazellen produziert nur einen Typ von Antikörpern. Dadurch werden nur solche Antikörper in großen Mengen produziert, die tatsächlich gebraucht werden. Ebenso werden nur passende T-Killerzellen aktiviert und vermehrt. Die klonale Selektion stellt sicher, dass unser Immunsystem auf verschiedenste Infektionen effektiv reagieren kann.

Aufgaben

① Erläutern Sie, warum man an Windpocken selten ein zweites Mal erkrankt.

② Erläutern Sie die Bedeutung der T-Helferzellen bei der spezifischen Abwehr.

③ Für die humorale und die zelluläre Immunreaktion muss das Antigen jeweils von zwei verschiedenen Zellen erkannt werden. Geben Sie mögliche Vorteile dieser doppelten Erkennung an.

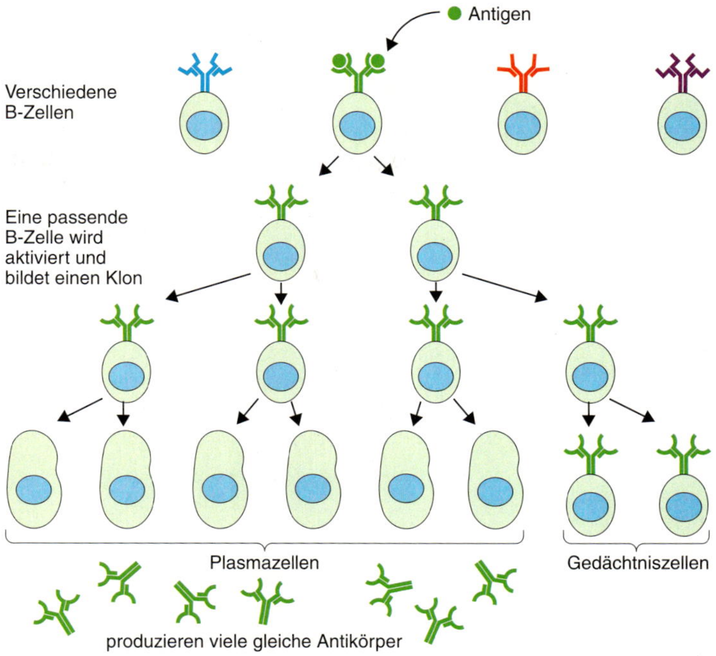

2 Klonale Selektion von B-Zellen

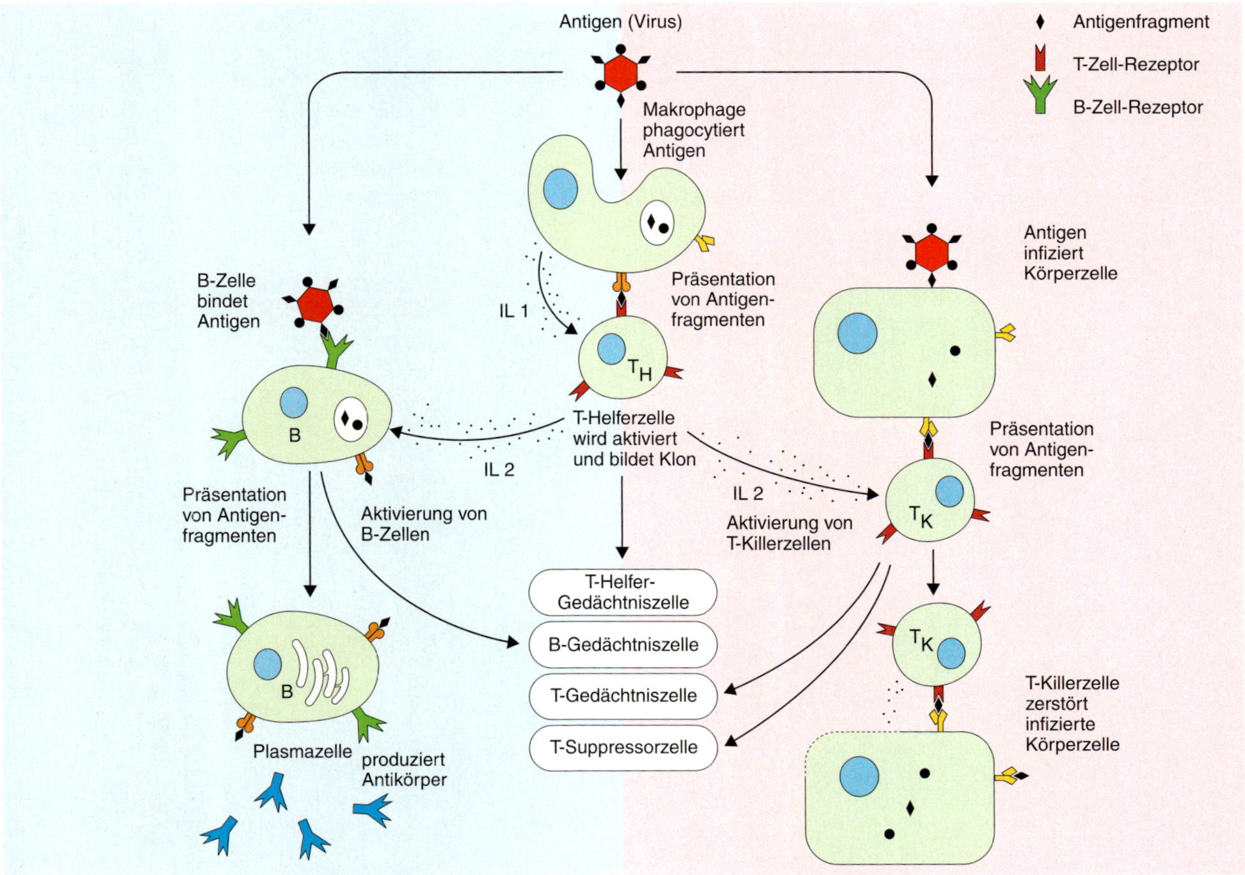

3 Überblick über die humorale und zelluläre Immunreaktion

Kommunikation zwischen den Zellen des Immunsystems

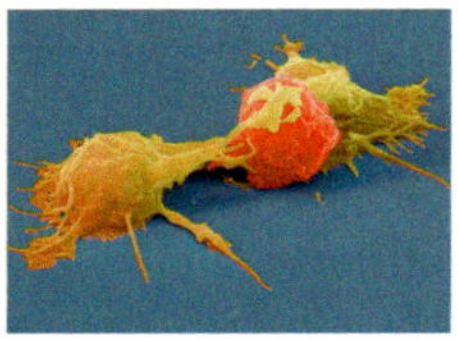

T-Killerzellen (orange) zerstören virusinfizierte Körperzellen (rosa); colorierte REM-Aufnahme

T-Killerzellen nehmen eine entscheidende Rolle bei der spezifischen Abwehr von Virusinfektionen ein. Dabei haben sie Kontakt mit Makrophagen und Körperzellen, die jeweils dieselben Antigenfragmente an ihrer Oberfläche präsentieren. Während die Körperzellen von den T-Killerzellen zerstört werden, bleiben die Makrophagen aber unversehrt, obwohl sie dasselbe Antigenfragment präsentieren. Es muss also einen Unterschied bei der Kommunikation zwischen den beteiligten Zellen geben.

MHC-Proteine
Oberflächenproteine von Zellen, die der Präsentation von Antigenfragmenten und der Kommunikation zwischen Zellen dienen

T-Zell-Rezeptoren
Rezeptoren von T-Zellen, die an MHC-Proteine binden

CD4-/CD8-Rezeptorproteine
Rezeptoren von T-Zellen, die den Kontakt zwischen T-Zell-Rezeptoren und MHC-Proteinen beeinflussen

MHC-Proteine

Alle Zellen eines Menschen tragen an ihrer Oberfläche charakteristische *MHC-Proteine*, die in zwei Klassen eingeteilt werden. Alle kernhaltigen Körperzellen tragen an ihrer Oberfläche MHC-I-Proteine, während Makrophagen und B-Zellen zusätzlich MHC-II-Proteine besitzen (s. Abb. 1). Sowohl MHC-I- und MHC-II-Proteine sind aus mehreren Untereinheiten aufgebaut und besitzen eine Bindungsstelle für Antigenfragmente. Sie dienen so als „Präsentierteller" für körperfremde Moleküle. MHC-I-Proteine heften sich an kleine Moleküle aus dem Cytoplasma und werden dann in die Zellmembran eingebaut, während MHC-II-Proteine Antigenfragmente aus Vesikeln binden. So werden Antigenfragmente aus dem Cytoplasma immer auf MHC-I-Proteinen präsentiert und solche aus Vesikeln auf MHC-II-Proteinen.

CD4- und CD8-Rezeptorproteine

T-Lymphocyten besitzen spezielle Rezeptorproteine, welche den Kontakt eines *T-Zell-Rezeptors* mit MHC-Proteinen unterstützen. Diese Rezeptorproteine der T-Lymphocyten passen wie Schlüssel und Schloss zu den MHC-Proteinen einer anderen Zelle.

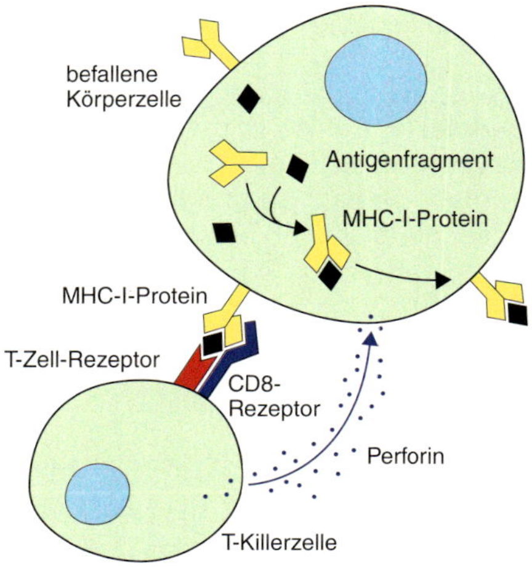

2 Wechselwirkung zwischen T-Killerzelle und Körperzelle

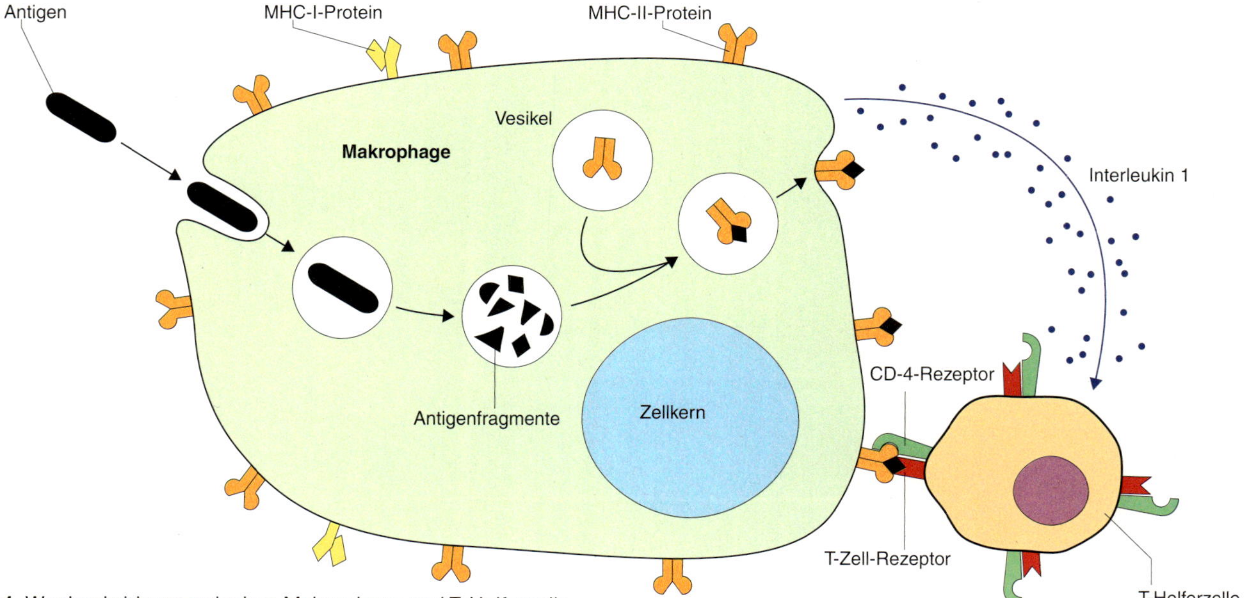

1 Wechselwirkung zwischen Makrophage und T-Helferzelle

Cytokine
Peptide, die Wachstum und Differenzierung von Zellen anregen.

Apoptose
Selbstzerstörung von Zellen aufgrund Einwirkung von anderen Zellen oder zellinternen Vorgängen.

Man unterscheidet dabei *CD4-* und *CD8-Rezeptorproteine*. T-Helferzellen besitzen CD4-Rezeptorproteine (s. Abb. 1), während T-Killerzellen stets CD8-Rezeptoren haben. Die Art des Rezeptorproteins bestimmt nicht nur welcher Zell-Zell-Kontakt möglich ist, sondern auch, welche Wirkung dieser Kontakt hat (s. Abb. 3). T-Killerzellen können mit ihren CD8-Rezeptorproteinen nur an MHC-I-Proteine von Körperzellen und Makrophagen binden. Dies hat die Zerstörung der Zelle durch die T-Killerzelle zur Folge. T-Helferzellen dagegen besitzen CD4-Rezeptorproteine, welche nur auf MHC-II-Proteine von B-Zellen und Makrophagen passen. Ein solcher Kontakt bewirkt eine Aktivierung.

Makrophagen besitzen sowohl MHC-I- als auch MHC-II-Proteine. Wenn sie ein Antigen durch Phagocytose aufnehmen und innerhalb von Vesikeln zerkleinern, werden die Fragmente immer auf MHC-II-Proteinen präsentiert. So können sie nicht von aktivierten T-Killerzellen zerstört werden. Eine T-Killerzelle kann nur dann einen Makrophagen zerstören, wenn dieser tatsächlich infiziert ist und Antigenfragmente aus dem Cytoplasma auf MHC-I-Proteinen präsentiert.

Aktivierung durch Signalstoffe

Neben der molekularen Wechselwirkung zwischen MHC-Proteinen und Rezeptorproteinen spielen Signalstoffe eine wichtige Rolle bei der Kommunikation zwischen Zellen unseres Immunsystems. Heftet sich beispielsweise eine T-Helferzelle an einen Makrophagen, so gibt dieser *Interleukin 1* ab. Dieser Signalstoff aktiviert die T-Helferzelle. Sie beginnt sich zu teilen und bildet einen Klon gleichartiger T-Helferzellen.

Die aktivierten T-Helferzellen geben nun *Interleukin 2* ab. Dieser Signalstoff bewirkt, dass B-Zellen und T-Zellen aktiviert und zu Zellteilungen angeregt werden. Gleichzeitig fördert Interleukin 2 auch die Vermehrung der T-Helferzellen selbst. Neben Interleukin 1 und Interleukin 2 sind noch weitere Signalstoffe an der Kommunikation zwischen den Zellen des Immunsystems beteiligt. Oft werden solche Signalstoffe, die von Makrophagen und T-Zellen abgegeben werden und bei anderen Zellen bestimmte Reaktionen auslösen, unter dem Sammelbegriff *Cytokine* zusammengefasst.

Zerstörung von infizierten Körperzellen

Wenn der T-Zell-Rezeptor zu einem Antigenfragment passt, das auf einem MHC-I-Protein präsentiert wird, bindet eine aktivierte T-Killerzelle an die betreffende Körperzelle. Dieser Kontakt hat zur Folge, dass die T-Killerzelle *Perforin* abgibt. Dieser Stoff bewirkt das Aufplatzen *(Lyse)* der Zielzelle. Außerdem können T-Killerzellen auch den programmierten Zelltod *(Apoptose)* einer Zielzelle auslösen. Rezeptorproteine und Signalstoffe sind Beispiele für das allgemeine **Prinzip** von **Informationen und Kommunikation** (▶ s. Seite 336).

Aufgaben

① Erklären Sie, warum T-Helferzellen nicht direkt an T-Killerzellen binden und diese aktivieren können.

② Malariaerreger vermehren sich unter anderem in Roten Blutkörperchen. Erklären Sie, warum sie dort kaum von der zellulären Immunabwehr erkannt werden.

③ Nennen Sie weitere Beispiele aus der Biologie für das Schlüssel-Schloss-Prinzip.

Antigenfragment	MHC-Proteine		Rezeptorprotein	Wirkung
aus dem Cytoplasma (von der Zelle translatiert)	MHC-I	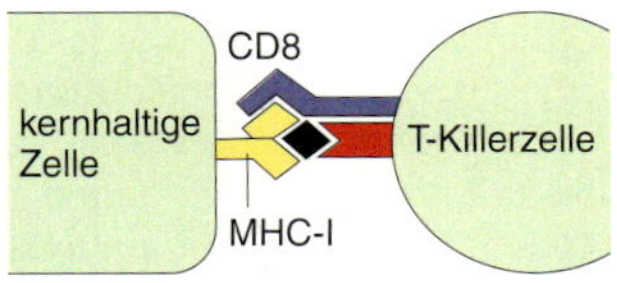	CD 8	Zelltod (Apoptose)
aus Vesikeln (durch Phagocytose aufgenommen)	MHC-II	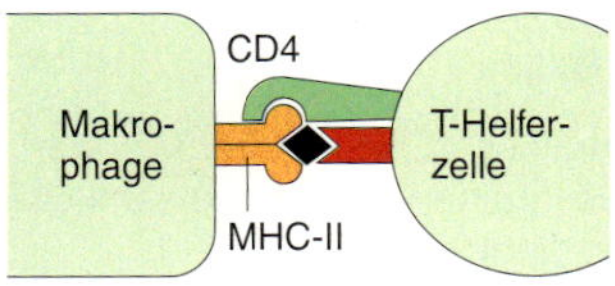	CD 4	Aktivierung

3 Wechselwirkung von MHC-Proteinen und Rezeptorproteinen

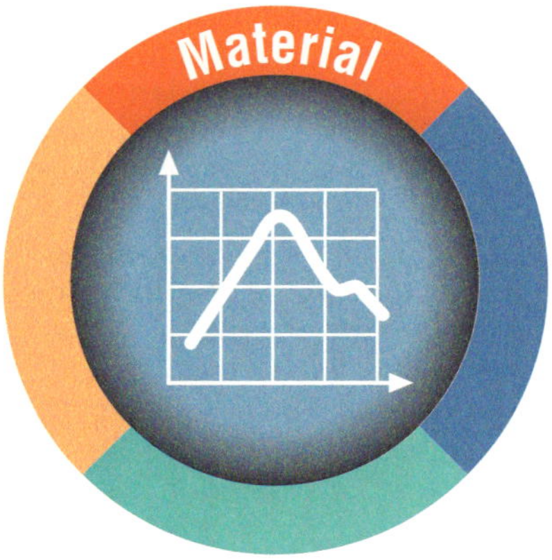

Theorien zur Entstehung spezifischer Antikörper

Dringen Antigene in den Körper ein, so beginnt das Immunsystem nach einigen Tagen mit der Produktion von Antikörpern, die sich spezifisch mit den Antigenen verbinden. Die Frage, wie es dem Immunsystem gelingt, nur die zum Antigen passenden Antikörper in großer Menge zu bilden, hat in den vergangenen 100 Jahren zu drei verschiedenen Theorien über die Mechanismen geführt, die das Immunsystem aktivieren.

Seitenkettentheorie

Der Nobelpreisträger Paul Ehrlich (1854 — 1915) entwickelte um 1900 die *Seitenkettentheorie*. Danach besitzt jede Zelle viele verschiedene, unterschiedlich gebaute Rezeptoren, Seitenketten genannt. Auch in den Körper eindringende Fremdstoffe besitzen Seitenketten. Passen die Rezeptoren der Zellen und die Seitenketten der Fremdstoffe nach dem Schlüssel-Schloss-Prinzip zusammen, verbinden sie sich bei einem Kontakt miteinander. Jetzt verschwinden alle Rezeptoren, die nicht zur Seitenkette des Fremdstoffes passen. Die Zelle produziert nun ausschließlich Seitenketten mit der Spezifität für den gebundenen Stoff und gibt sie ins Blut ab.

Instruktionstheorie

Die Beobachtung, dass das Immunsystem auch gegen chemisch synthetisierte Stoffe, die in der Natur nicht vorkommen und für den Organismus völlig fremd sind, Antikörper bilden kann, führte in den 1940er Jahren zur *Instruktionstheorie*. An ihr haben u. a. der Österreicher Karl Landsteiner (1868 — 1943) und der amerikanische Chemiker und Nobelpreisträger Linus Pauling (1901 — 1995) mitgearbeitet. Nach dieser Theorie wird dem Immunsystem die Struktur des eingedrungenen Antigens bekannt gemacht, bevor Antikörper gebildet werden. Das Antigen wird in die Zelle aufgenommen und dort mit ungefalteteten Polypeptidketten in Kontakt gebracht. Bei diesem Kontakt wird die Polypeptidkette verformt und ihr so die Struktur des Antigens eingeprägt. Auf diesem Weg entstehen Antikörper mit antigenspezifischen Bindungsstellen.

Klonale Selektionstheorie

Zwischen 1955 und 1959 wurde die Vorstellung entwickelt, dass Zellen des Immunsystems nur Rezeptoren eines Typs tragen. Der Vielfalt der Antigene steht eine Vielfalt an Zellen gegenüber, die sich in der Struktur des Rezeptors unterscheiden. Ein passendes Antigen wird vom Zelloberflächenrezeptor gebunden und veranlasst diese Zelle zu mehrfachen Teilungen. Dadurch entsteht ein Klon, d. h. eine Gruppe erbgleicher Zellen. Diese bilden Antikörper der gleichen Spezifität, die der Rezeptor der Ursprungszelle besaß. Die Struktur des Antigens bestimmt also, welche rezeptortragenden Zellen ausgewählt (selektiert) und zur Klonbildung angeregt werden.

Experimenteller Befund

Das folgende Experiment bewirkte eine erste Klärung, da es in Widerspruch zu mindestens einer Theorie steht.

Einer Maus werden aus der Milz Lymphocyten entnommen und diese in einem Reagenzglas mit einem Antigen zusammengebracht (s. Abb. 1).
Das Antigen enthält radioaktive Isotope und strahlt so stark, dass Lymphocyten, die dieses Antigen binden, durch die Strahlung abgetötet werden. Die restlichen Lymphocyten werden wieder in Mäuse injiziert, deren Thymus durch radioaktive Strahlung zerstört wurde. Zwar bilden diese Tiere Antikörper gegen viele Antigene, jedoch nicht gegen das injizierte Antigen.

Aufgaben

① Vergleichen Sie die drei Theorien. Beschreiben Sie Gemeinsamkeiten und Unterschiede.

② Mit fortschreitender Kenntnis über den Aufbau von Proteinen und ihrer Raumstruktur wurde die Instruktionstheorie in der dargestellten Form aufgegeben. Geben Sie an, welcher Widerspruch in der Theorie erkannt wurde.

③ Begründen Sie, welche Theorie zur Antikörperbildung durch das beschriebene Experiment widerlegt wird.

④ Begründen Sie, weshalb das dargestellte Experiment nur dann gelingen kann, wenn die Mäuse, denen die Lymphocyten injiziert werden, einen Thymusdefekt besitzen.

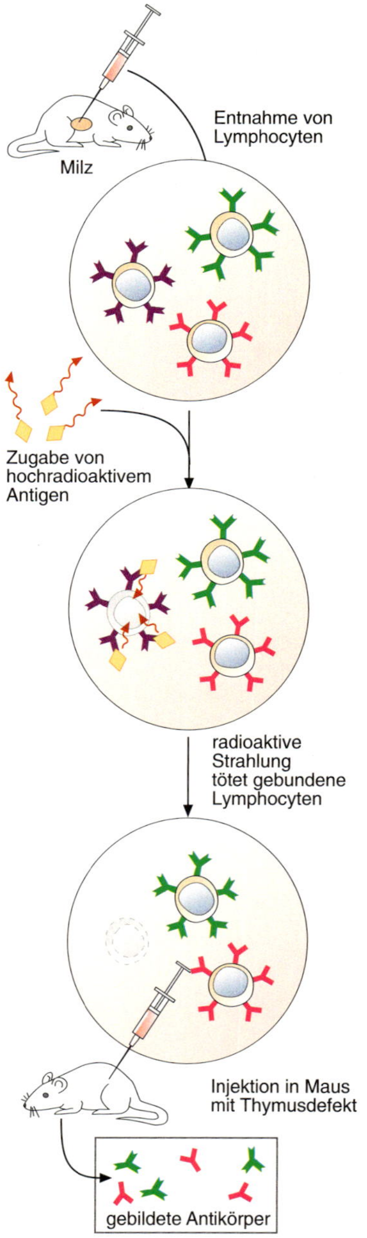

1 Experiment zur Bildung von Antikörpern

Zettelkasten

Das Komplementsystem

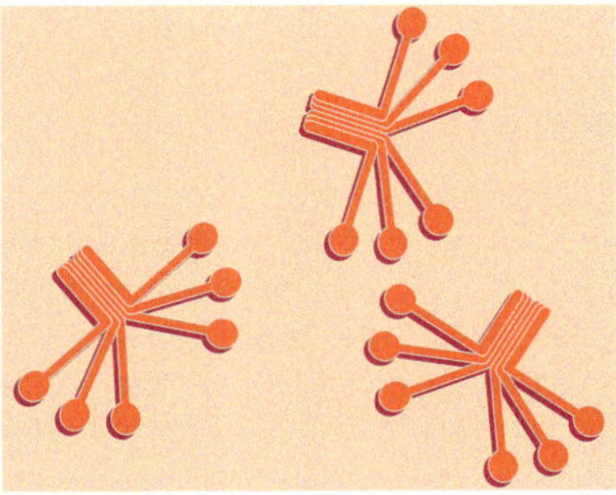

C1-Proteine

Antikörper können Bakterien zwar verklumpen, jedoch nicht abtöten. Bereits Ende des 19. Jahrhunderts wurde entdeckt, dass Antikörper aber in Verbindung mit frischem Blutserum Bakterien zerstören können. Man nahm an, dass im Serum ein unspezifisch wirksamer Faktor enthalten ist, der die Wirkung der spezifischen Antikörper ergänzt (komplementiert). Er wurde daher Komplement genannt.

Inzwischen weiß man, dass es sich nicht um einen einzelnen Stoff handelt, sondern um ein System von Proteinen. Diese zirkulieren in Blut und Lymphe und werden mit C1 bis C9 durchnummeriert. Es handelt sich dabei um Vorstufen von Enzymen, die sich nacheinander aktivieren. Diese Enzymkaskade kann auf unterschiedliche Weise ausgelöst werden.

Klassischer Weg

Die Aktivierung des Komplementsystems durch Antikörper wird als „klassischer Weg" bezeichnet, da diese Wirkung zuerst entdeckt wurde. Zwei eng benachbarte IgG-Antikörper auf der Zelloberfläche eines Bakteriums dienen als Bindungsstelle für den Proteinkomplex C1 (s. Abb. 1). Dieser wiederum bindet C4 und C2 und spaltet jeweils eine kleinere Komponente ab. Die größeren Spaltprodukte lagern sich an die Bakterienoberfläche an und bilden einen neuen Komplex. Dieser wirkt nun selbst als Enzym.

Dieser Enzymkomplex wandelt das Protein C3 um und wird daher auch C3-Konvertase genannt. Das Spaltprodukt lagert sich an den bestehenden Komplex an. Der neue Komplex dient nun als C5-Konvertase. Dessen Reaktionsprodukt C5b heftet sich an die Bakterienoberfläche.

Durch die Anlagerung weiterer Proteine bilden sich neue Enzymkomplexe. Überall, wo sich ein C5b-Protein anlagert, entstehen mit C6 und C7 sogenannte Membranangriffskomplexe. An diese lagern sich kreisförmig so viele C9-Transmembranproteine an bis eine Pore entsteht.

Zu viele Poren schädigen die semipermeablen Eigenschaften der Membran. Durch die ungehinderte Diffusion von Ionen und niedermolekularen Stoffen wird der Stoffwechsel des Bakteriums so stark gestört, dass es stirbt.

Alternativer Weg

Beim „alternativen Weg" wird das Komplementsystem gleich durch C3 gestartet. Die Aktivierung erfolgt durch charakteristische Moleküle auf der Oberfläche von Pilzen, Bakterien und anderen Erregern. Auch hierbei wird eine Enzymkaskade ausgelöst und schließlich die körperfremde Zelle zerstört.

Weitere Wirkungen des Komplementsystems

Am Komplementsystem wird deutlich, wie eng spezifische und unspezifische Abwehr verzahnt sind. Bei einer Bakterieninfektion werden nach einiger Zeit beide Wege des Komplementsystems aktiv sein.

Die Aufgaben des Komplementsystems beschränken sich nicht nur auf die Zerstörung von Zellen. Beispielsweise verstärken die Komponenten C1 bis C3 die phagocytierende Wirkung von Makrophagen und Granulocyten. Damit ist das Komplementsystem an der spezifischen Immunantwort beteiligt.

Ein Spaltprodukt von C3 wirkt auf die innerste Zellschicht von Blutgefäßen und erhöht deren Durchlässigkeit. So strömt verstärkt Serumflüssigkeit ins Gewebe, das dadurch anschwillt. Ein Spaltprodukt von C5 lockt Granulocyten an. Damit ist das Komplementsystem auch an Entzündungen beteiligt.

Aufgaben

① Geben Sie an, was man unter einer Enzymkaskade versteht.

② Erläutern Sie, warum das Komplementsystem sowohl zur spezifischen als auch zur unspezifischen Abwehr beiträgt.

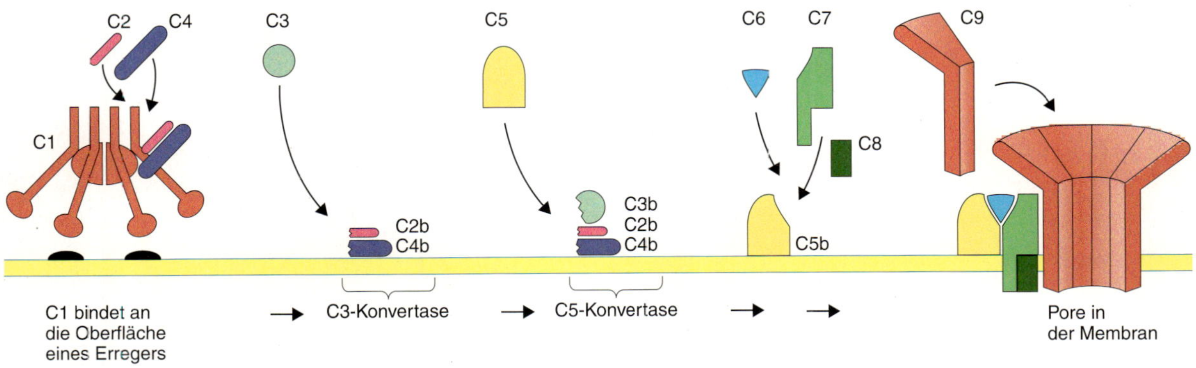

1 Der klassische Weg der Komplementaktivierung

Transplantation

In Deutschland werden jedes Jahr einige tausend Organtransplantationen durchgeführt. Gleichzeitig warten etwa doppelt so viele Patienten auf ein Spenderorgan. Für eine erfolgreiche Organtransplantation müssen mehrere medizinische und organisatorische Probleme gelöst werden.

Abstoßungsreaktion

Hauptgewebsverträglichkeitskomplex (MHC)
Gruppe von Genen, die für die MHC-Proteine codieren

allogen
von einem anderen Menschen

autolog
vom selben Menschen

Nach einer Organtransplantation kommt es ohne entsprechende Gegenmaßnahmen nach wenigen Wochen zu einer Abstoßungsreaktion (s. Abb. 2). Das fremde Gewebe wird vom Immunsystem des Empfängers angegriffen und stirbt ab. Auf der Suche nach den Ursachen für die Abstoßungsreaktion entdeckte man die MHC-Proteine in der Zellmembran. Die zugehörigen Gene wurden *Hauptgewebsverträglichkeitskomplex (Major-Histocompatibility-Complex, MHC)* genannt. Sie liegen beim Menschen auf dem 6. Chromosom. Die von ihnen codierten Proteine sind vielgestaltig. Von jedem Gen sind viele Allele bekannt. Diese Fülle genetischer Variationen bewirkt, dass jeder Mensch einen individuellen Satz von MHC-Proteinen besitzt, nur bei eineiigen Zwillingen sind sie identisch. MHC-Proteine des Spenders wirken im Empfänger als Antigene und lösen eine Immunreaktion aus. Bei Transplantationen sind MHC-Proteine für die Abstoßung von Transplantaten verantwortlich. Daher werden sie beim Menschen auch *Humane Leukocytenantigene (HLA)* genannt. An der Abstoßungsreaktion sind überwiegend T-Killerzellen und Makrophagen beteiligt.

Typisierung

Um die Abstoßungsreaktion möglichst gering zu halten, wird durch Gewebetypisierung versucht, ein Spendergewebe zu finden, dessen MHC-Proteine denen des Empfängers möglichst ähnlich sind. Bei diesem Verfahren wird geprüft, ob verschiedene Test-Antikörper auf die MHC-Proteine passen. Dabei gelten die Gewebe von Spender und Empfänger als identisch, wenn bei allen Test-Antikörpern die gleiche Reaktion auftritt. Doch auch in diesem Fall liegen selten exakt die gleichen MHC-Proteine vor. Das liegt daran, dass mit der Auswahl von Antikörpern ja nur einzelne Epitope der MHC-Proteine geprüft werden können. Sämtliche Merkmale lassen sich nicht testen.

Unterdrückung des Immunsystems

Bei fast allen Transplantationen zwischen zwei Menschen (*allogene* Transplantation) ist eine lebenslange Unterdrückung des Immunsystems notwendig. Nur bei der Verpflanzung von eigenem Gewebe (*autologe* Transplantation) und bei Transplantationen zwischen eineiigen Zwillingen ist keine Ab-

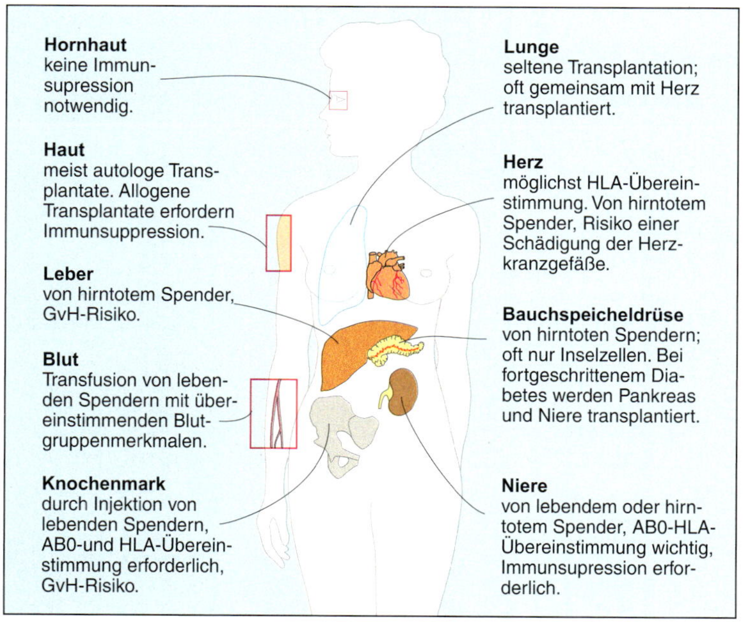

1 Mögliche Organtransplantationen

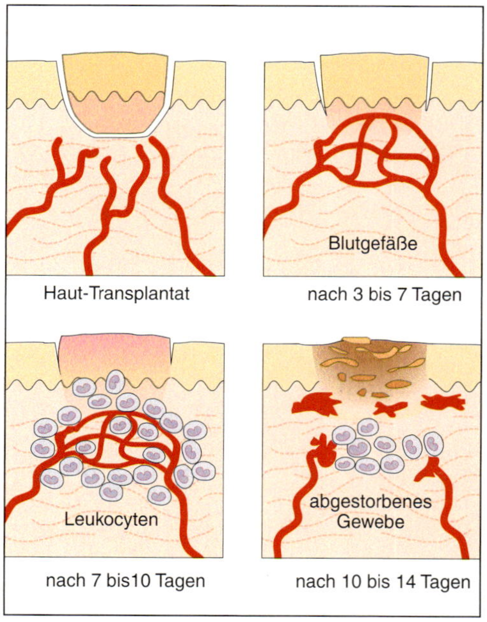

2 Abstoßung eines Transplantats

stoßungsreaktion zu erwarten. Bei der Transplantation von Knochenmark kann auch eine umgekehrte Abstoßungsreaktion auftreten, wenn das transplantierte Knochenmark selbst Immunzellen bildet. Bei einer solchen *Graft-versus-Host-Reaktion* (GvH-Reaktion) greifen T-Zellen des Spenders Gewebe des Empfängers an.

Nach einer Organverpflanzung werden *Immunsupressiva* verschrieben. Diese Medikamente senken die Aktivität des Immunsystems. So hemmt das Hormon Cortison Makrophagen und Lymphocyten. Das aus einem Pilz stammende, nebenwirkungsarme Cyclosporin A verhindert die Aktivierung der T-Zellen. Allerdings gelingt es keiner Therapie, ausschließlich die Antwort auf die fremden MHC-Proteine zu unterdrücken. Meist wird das gesamte Immunsystem geschwächt. Das hat eine erhöhte Anfälligkeit gegenüber Infektionen und längerfristig ein höheres Krebsrisiko zur Folge.

Gesetzliche Regelung der Organspende

Zunächst soll ein Organ derjenige bekommen, der es am dringendsten braucht. Diese Person hat aber oft schlechte Behandlungsaussichten. Die Zuweisung einer Organspende ist gesetzlich geregelt und wird länderübergreifend organisiert.

Vor einer Entnahme eines lebenswichtigen Organs ist die unzweifelhafte Feststellung des Todes notwendig. Nach einem Atemstillstand können heute Patienten künstlich beatmet werden. Teilweise setzt später sogar die selbstständige Atmung wieder ein. Ein Atemstillstand gilt daher nicht als Todeszeichen. Dasselbe gilt für einen Herzstillstand. Allerdings ist bei einem Ausfall des Gehirns dessen Funktionsfähigkeit schon nach wenigen Minuten unwiederbringlich verloren. Deshalb wird heute der Ausfall aller wichtigen Gehirnfunktionen, der *Hirntod*, als sicheres Todeszeichen gewertet.

Hinsichtlich des Einverständnisses zur Organentnahme gibt es zwei Möglichkeiten:
- Die Widerspruchslösung: Wenn der Verstorbene der Organentnahme zu Transplantationszwecken zu Lebzeiten nicht widersprochen hat, ist sie nach dem Tod zulässig.
- Die Zustimmungslösung: Die Organentnahme für eine Transplantation nach dem Tod ist zulässig, wenn der Verstorbene zu Lebzeiten seine Zustimmung dokumentiert hat. Bei der erweiterten Zustimmungslösung können die nächsten Angehörigen stellvertretend zustimmen, wenn keine Entscheidung dokumentiert ist. In Deutschland gilt die erweiterte Zustimmungsregelung.

Graft-versus-Host
Transplantat gegen Wirt

Hirntod
Ausfall aller wichtigen Gehirnfunktionen

Aufgaben

① Beschreiben Sie den Vorgang der Abstoßung eines Hauttransplantats nach Abbildung 2.

② Im Jahre 1907 gelang dem Wiener Arzt Eduard Zirm die erste erfolgreiche Transplantation einer Augenhornhaut. Erklären Sie, warum diese Transplantation ohne Verwendung von Immunsuppressiva gelingen konnte.

③ Schildern Sie die Auswirkungen auf die Organspende, wenn der Tod erst nach dem vollständigen Ausfall aller Organe festgestellt werden dürfte.

Transplantationen in Deutschland 2008 (Quelle: www.eurotransplant.nl)

	Transplantationen	Warteliste (31.12.08)
Niere	2190	7703
Herz	370	815
Leber	1007	1875
Lunge	495	535

Zettelkasten

Organspende – Pro und Contra

„Ich bin für die Organspende nach dem Tode und trage deshalb immer einen Organspendeausweis bei mir. Für mich ist das selbstverständlich, denn auf Grund meines Berufs weiß ich, wie sehr Tausende von Patienten auf eine Organverpflanzung hoffen. Außerdem schließen die für den Fall der Organentnahme vorgeschriebenen Untersuchungen durch unabhängige Ärzte (in der Regel Neurologen oder Neurochirurgen, die an der Organentnahme und -transplantation nicht beteiligt sind) jeden vernünftigen Zweifel an der Diagnose Hirntod aus."

Dr. Klaus Ketzler, Deutsche Stiftung für Organtransplantation

„Ich bin weder bereit, mir ein fremdes Organ einpflanzen noch mir während meines Sterbens ein Organ entnehmen zu lassen. Denn ich bestreite das Dogma der Transplantationsmedizin, dass Hirntote tot sind. Sie sind Sterbende und jede Organentnahme ist ein Eingriff ins Sterben. Wer Leben bewahren will, muss daher auch das Recht der Menschen darauf, in ihrem eigenen Leib zu Ende sterben zu dürfen, schützen. Wer dieses Recht missachtet, verletzt deshalb die Grundlagen der Humanität."

Prof. Klaus-Peter Jörns, evangelischer Theologe

Aufgabe

① Notieren Sie, mit welchen Argumenten die beiden Personen ihre Haltung zur Organspende begründen und nehmen Sie selbst Stellung zur Problematik der Organspende.

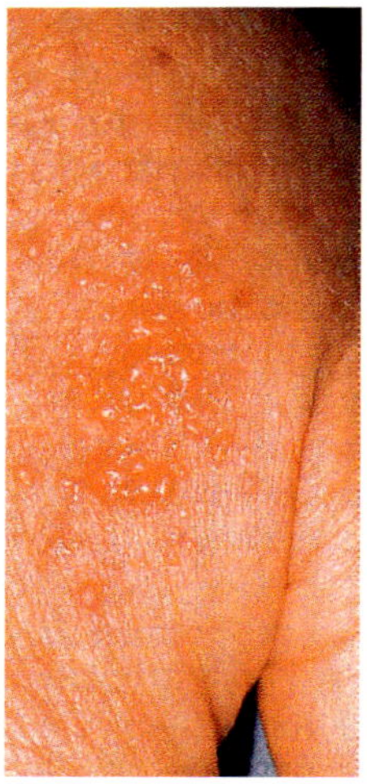

Quaddeln

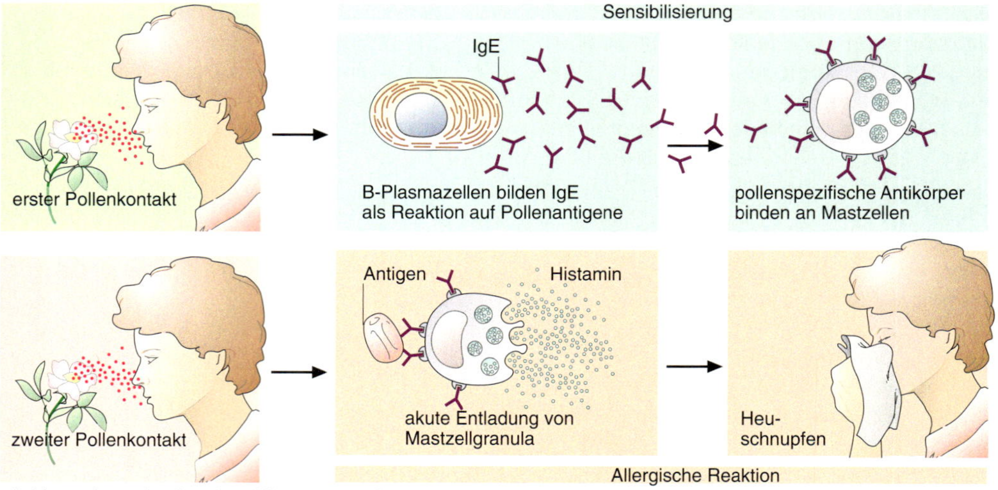

1 Heuschnupfen ist eine Allergie vom Soforttyp

Allergien

Allergie
Überreaktion des Immunsystems auf harmlose Fremdstoffe

Allergen
allergieauslösender Stoff

Quaddeln
oft juckende, flüssigkeitsgefüllte Hauterhebungen

Für viele Menschen sind Frühjahr und Sommer Jahreszeiten, in denen sie möglichst wenig das Haus verlassen: Heuschnupfen plagt sie. Pollen von Hasel, Birke oder auch Süßgräsern bewirken mehrere Symptome. Die Betroffenen klagen über eine Reizung der Schleimhäute, häufiges Niesen, starke Nasenschleimabsonderung sowie Rötung und Schwellung der Augenbindehaut. Der Grund ist eine Überreaktion des Immunsystems gegenüber normalerweise harmlosen Fremdstoffen – eine *Allergie*. Häufig werden Allergien nach dem auslösenden Stoff, dem *Allergen*, benannt (Wespengiftallergie, Nickelallergie). Nach dem Zeitpunkt der Reaktion unterscheidet man Allergien vom Soforttyp und Langtyp.

Soforttyp

Bei Heuschnupfen erfolgt die allergische Reaktion unmittelbar nach dem Kontakt mit Pollen. Die Nase läuft und die Augen röten sich. Eine allergische Reaktion tritt erst auf, wenn große Mengen an IgE-Antikörpern gegen ein Allergen vorhanden sind. Diese wurden in der vorangehenden *Sensibilisierungsphase* gebildet. Beim ersten Kontakt mit dem Allergen (z. B. Pollen) wurde das Immunsystem aktiviert und Plasmazellen zur Produktion von IgE-Antikörpern gegen das Allergen angeregt. Diese Antikörper heften sich an die Oberfläche von Mastzellen, die sich praktisch überall im Gewebe finden. Sie enthalten Granula, die *Histamin* und andere hoch wirksame Substanzen enthalten (s. Abb. 1 oben).

Bei einem erneuten Kontakt mit dem Allergen findet eine allergische Reaktion statt (s. Abb. 1 unten). Diese wird ausgelöst, wenn Allergene jeweils zwei IgE-Moleküle auf Mastzellen verbinden. Daraufhin verschmelzen die Granula mit der Zellmembran und geben ihre Inhaltsstoffe ab. Histamin erweitert die Blutgefäße und erhöht deren Permeabilität. Schwellungen und Rötungen sind die Folge. Weitere Symptome sind Quaddelbildung auf der Haut oder vermehrte Absonderung von Flüssigkeit aus den Schleimhäuten. Bei allergischem Asthma kommt es oft zur Verengung der Bronchien und zu Atembeschwerden. Im Extremfall kann der Blutdruck durch die Weitung der Blutgefäße so weit sinken, dass die Betroffenen bewusstlos werden. Diese lebensgefährliche akute Reaktion wird *anaphylaktischer Schock* genannt. Diese Gefahr besteht insbesondere bei Allergien gegen Wespengift oder bestimmte Medikamente.

Langtyp

Allergien vom Langtyp beobachtet man beim Umgang mit Stoffen, wie Seifen, Kosmetika, Kunstfasern oder Metallen, wie Nickel und Chrom, die täglich in Kontakt mit der Haut kommen. Sie können als Kontaktallergene wirken und verursachen Reaktionen, die nach einem Tag oder erst nach 4 Wochen ihr Maximum erreichen. Allergische Reaktionen, die mit solch einer Verzögerung auftreten, werden nicht durch Antikörper, sondern durch Zellen vermittelt. Es sind verschiedene Zelltypen beteiligt, vor allem

T-Lymphocyten und Makrophagen. Ausgeprägte zelluläre Überempfindlichkeitsreaktionen können zur Schädigung des körpereigenen Gewebes führen und äußern sich z. B. durch Ekzembildung.

Allergietest

Beim Verdacht auf eine Allergie wird der Arzt einen Allergietest durchführen. Beim häufig eingesetzten Prick-Test (s. Abb. 2) werden Stoffe, die als Allergene in Frage kommen, auf die Haut getropft und mit einer Nadel leicht in die Haut eingestochen. Als Vergleich dient jeweils ein Tropfen Histamin und physiologische Kochsalzlösung. Wenn sich nach einiger Zeit an behandelten Hautstellen Rötungen oder Quaddeln bilden, ist der Verdacht bestätigt und zugleich das Allergen identifiziert.

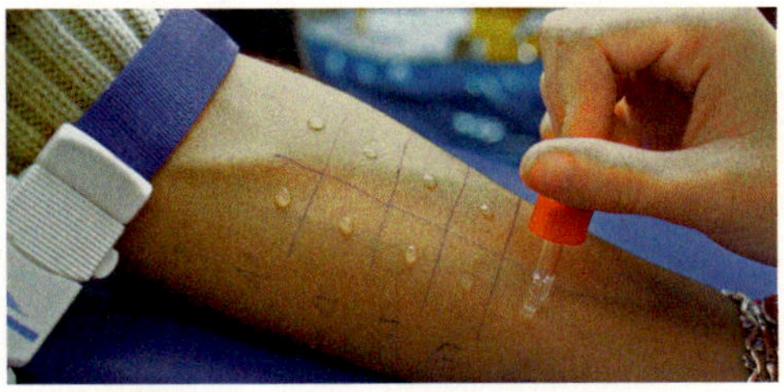

2 Pricktest

Therapie

Über die Ursachen von Allergien ist wenig bekannt, sodass eine gezielte Vorbeugung kaum möglich ist. Sicher ist, dass die IgE-Produktion durch genetische Veranlagung beeinflusst wird. Außerdem begünstigt der regelmäßige Kontakt mit Allergenen die Bildung von IgE. In Deutschland ist die Zahl der Allergiker in den letzten Jahrzehnten angestiegen und wird auf etwa 20 % der Gesamtbevölkerung geschätzt.

Zumindest die Symptome können therapiert werden. Eine naheliegende Methode die Vermeidung des Allergenkontakts. Dies ist bei Nahrungsmittelallergien oder Kontaktallergien leicht möglich, aber bei einer Wespengiftallergie schwierig. Eine andere Methode ist die *Hyposensibilisierung*. Dabei wird durch regelmäßige Injektion oder orale Verabreichung des Allergens mit langsam steigender Dosierung das Immunsystem zur Bildung von IgG-Antikörpern angeregt. Die Mehrfachinjektionen über mehrere Jahre bewirken eine enorm hohe IgG-Konzentration. Gelangt nun das Allergen in den Körper, so konkurrieren die Antikörper vom Typ IgG und IgE um den Fremdstoff. Wenn viel mehr IgG vorhanden sind, findet nur noch selten eine Bindung an IgE statt. Die allergische Reaktion entfällt oder ist vermindert.

Teilweise helfen auch Medikamente gegen allergische Reaktionen. Durch die Einnahme von Mastzellstabilisatoren wird das Ausschütten der Granula der Mastzellen verhindert. Antihistaminika binden freigesetztes Histamin und dämpfen die allergische Reaktion. Beide Behandlungen setzen jedoch nur an den Symptomen an und ihre Wirkung ist zeitlich begrenzt.

Aufgaben

① Erklären Sie, warum beim Pricktest Histamin und Kochsalzlösung zum Vergleich notwendig sind.

② Manche Menschen können wegen einer geringen Aktivität des Enzyms Laktase Milchzucker schlecht verdauen. Teilweise wird auch von „Milchallergie" gesprochen. Begründen Sie, warum es sich hierbei nicht um eine Allergie handelt.

Ekzem
Hauterkrankung, die nicht auf einer Infektion beruht und sich in Bläschen, Rötungen, Krustenbildung und anderen Formen äußert

Hyposensibilisierung
Therapie gegen eine Allergie

Zettelkasten

Die arbeitslose Abwehr

Die natürliche Funktion der IgE-Antikörper und der Granulocyten ist die Abwehr von Wurmparasiten, die im Darm leben. Antigene der Würmer gelangen immer wieder durch die Darmwand in das Lymphsystem. Beim Kontakt mit Lymphocyten wird die Bildung von IgE-Antikörpern ausgelöst. Da Wurmparasiten im Vergleich zu den Abwehreinrichtungen des Immunsystems außerordentlich große Organismen sind, ist die Beseitigung durch die Bildung von Immunkomplexen und anschließender Phagocytose nicht möglich. In diesem Fall lagern sich IgE-Antikörper an Antigene des Parasiten. Granulocyten binden an die konstante Region der Antikörper und schütten den Inhalt ihrer Granula aus. Dabei freigesetzte Proteasen und andere Wirkstoffe greifen den Parasiten an.

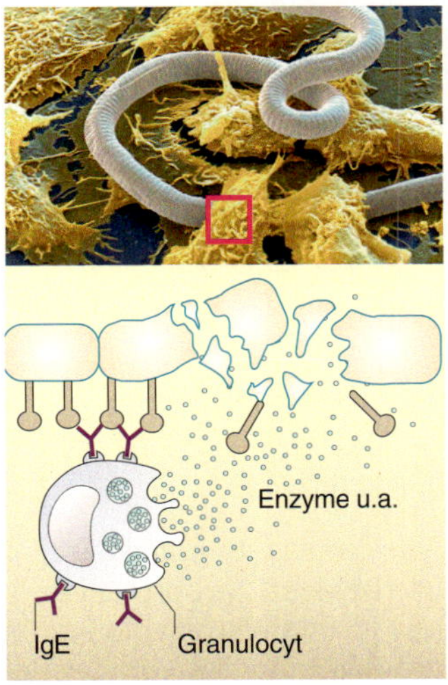

Vor hundert Jahren infizierten sich die meisten Kinder mit Wurmparasiten, wie etwa dem harmlosen Madenwurm. Allergien waren in dieser Zeit selten. Durch die hygienische Lebensweise in den Industriestaaten sind Wurminfektionen in der Bevölkerung sehr selten geworden. Deshalb liegt bei den meisten Menschen dieses äußerst effiziente Abwehrsystem weitgehend brach. Möglicherweise sind IgE-vermittelte Allergien Fehlauslösungen dieses nicht benutzten Abwehrsystems.

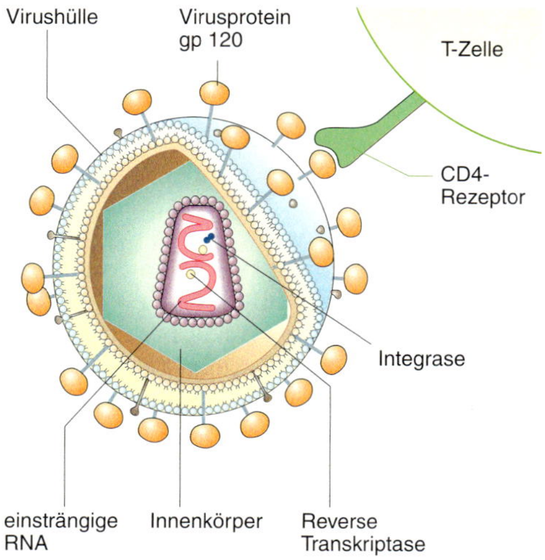

1 HI-Virus

AIDS

AIDS
(Aquired Immuno — deficiency syndrome) erworbenes Immunschwächesyndrom

HIV
Human Immunodeficiency Virus

Der 1. Dezember ist Welt-AIDS-Tag. Eine rote Schleife dient an diesem Tag als Symbol für die Verbundenheit mit den Betroffenen. 1983 wurde der Erreger dieser Immunschwächekrankheit identifiziert, das *Human-Immunodeficiency-Virus* (HIV). Heute sind weltweit rund 33 Millionen Menschen HIV-infiziert und jährlich sterben über zwei Millionen Menschen an den Folgen von AIDS. In Deutschland leben rund 60 000 HIV-Infizierte und jedes Jahr gibt es etwa 3 000 Neuinfektionen.

Übertragungswege

Im Blut tritt das Virus in höchster Konzentration auf. Darum ist durch Blutkontakt das Infektionsrisiko am größten. Bei Drogenabhängigen besteht Infektionsgefahr durch gemeinsamen Gebrauch von Injektionsnadeln. Die häufigsten Neuinfektionen erfolgen beim Geschlechtsverkehr. Die Verwendung von Kondomen senkt das Risiko erheblich. Mit einem HIV-Test wird untersucht, ob eine HIV-Infektion vorliegt (s. S. 182). Weil dabei Antikörper gegen HI-Viren nachgewiesen werden, ist der Test erst ein paar Wochen nach der Infektion aussagekräftig.

Vermehrung von HI-Viren

HI-Viren besitzen eine Hülle aus einer Lipiddoppelschicht, die das Glykoprotein gp120 enthält (s. Abb. 1). Im Innern liegt eine Protein-Kapsel, die RNA und drei verschiedene Enzyme enthält: Protease, Integrase und Reverse Transkriptase. Da HI-Viren als Erbmaterial einsträngige RNA besitzen, zählen sie zu den Retroviren.

Im Körper heften sich HI-Viren mit dem Virusprotein gp120 an CD4-Rezeptoren von Lymphocyten wie z. B. T-Helferzellen an. Daraufhin gibt das Virus den Innenkörper mit RNA und Enzymen in die Zelle ab. Im Cytoplasma schreibt das Enzym Reverse Transkriptase virale RNA in DNA um. Diese DNA wird zum Doppelstrang repliziert und mit Hilfe des Enzyms Integrase in das Genom der Zelle eingebaut. So werden die HI-Viren bei jeder Zellteilung vermehrt und bleiben teilweise jahrelang im Organismus versteckt, ohne eine Angriffsmöglichkeit für die Immunabwehr zu bieten. Schließlich produziert die Zelle Virenbestandteile, die sich zu neuen HI-Viren zusammensetzen und die Zelle verlassen. Die T-Helferzelle wird dabei zerstört.

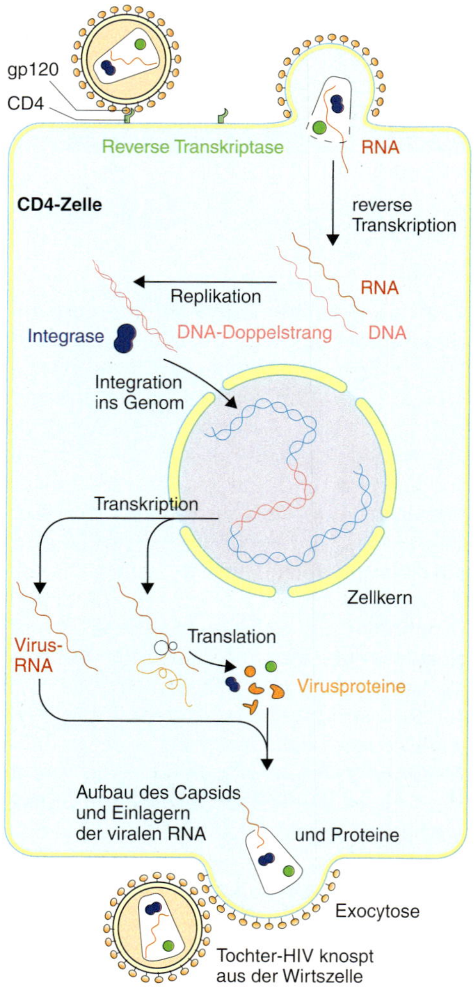

2 Vermehrung von HI-Viren

Folgen einer HIV-Infektion

Kurz nach der Infektion finden die HI-Viren ideale Bedingungen vor, denn im Körper befinden sich viele T-Helferzellen und keine Antikörper gegen HI-Viren. Jeden Tag können bis zu 10 Mrd. Viren entstehen. Die Zahl der T-Helferzellen nimmt dabei rapide ab (s. Abb. 3). Die Betroffenen zeigen oft vergrößerte Lymphknoten und Fieber. Diese unspezifischen Symptome klingen nach ein paar Wochen ab. Dann bildet das Immunsystem Antikörper gegen HI-Viren und die Viruslast sinkt auf weniger als ein Prozent. Solange noch genügend T-Helferzellen vorhanden sind, um eine Immunantwort auszulösen, bleibt die Viruskonzentration gering und die Infizierten fühlen sich gut.

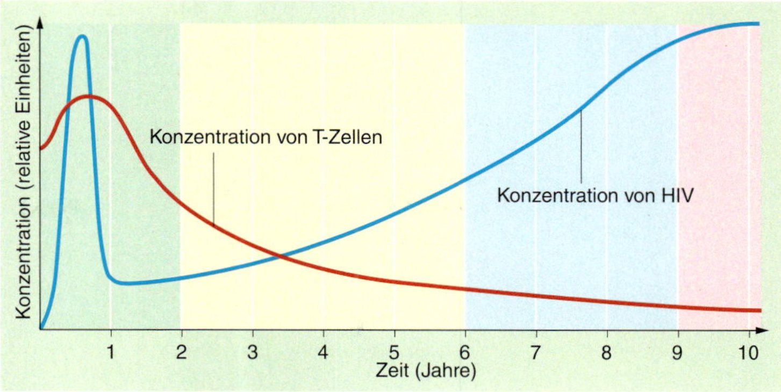

3 Verlauf einer HIV-Infektion

Schließlich sind so viele T-Helferzellen befallen und zerstört, dass das Immunsystem stark geschwächt ist. Durch das Fehlen von T-Helferzellen ist die Bildung von Plasmazellen und Antikörpern stark eingeschränkt. Zudem ist keine Aktivierung von T-Killerzellen möglich. Die Patienten werden immer anfälliger für Infektionen. Darunter sind auch Krankheiten die bei gesunden Menschen nicht auftreten, weil ein intaktes Immunsystem die Erreger schnell beseitigen könnte. Erst wenn solche *opportunistischen Infektionen* (z.B. Pilzinfektionen in Mund, Lunge und Haut) auftreten, spricht man vom Krankheitsbild AIDS. Von der HIV-Infektion bis zum Ausbruch der Krankheit AIDS dauert es Jahre oder Jahrzehnte. Während dieser Latenzzeit können die Betroffenen jedoch andere Personen infizieren.

Forschung und Therapie

Die Herstellung eines Impfstoffes ist sehr schwierig, denn das HIV zeigt eine hohe Mutationsrate. Dies liegt am Enzym Reverse Transkriptase, welches bei der Umschreibung der Information der RNA in eine DNA viele Basenpaarungsfehler erzeugt. Dadurch entstehen immer wieder neue Viren mit neuen Antigenen. Diese Variabilität bewirkt, dass ein großer Anteil der Antikörper, die das Immunsystem bildet, wirkungslos ist. Bis sie produziert werden, sind bereits wieder neue Viren entstanden, die von den Antikörpern nicht gebunden werden können.

Trotz medizinischer Fortschritte in den letzten Jahren, lässt sich die Krankheit AIDS immer noch nicht heilen und verläuft in jedem Fall tödlich. Es gibt lediglich Möglichkeiten, den Vermehrungszyklus des Virus zu verlangsamen. Beispielsweise hemmt der Stoff Azidothymidin (AZT) das Virusenzym Reverse Transkriptase. Bei rechtzeitiger Anwendung kann AZT die Zeit zwischen Infektion und Ausbruch der Krankheit um 2 Jahre verlängern. Günstig ist eine Kombination aus mehreren Medikamenten. Doch auch eine Kombinationstherapie wirkt nur lebensverlängernd und ist oft mit starken Nebenwirkungen verbunden.

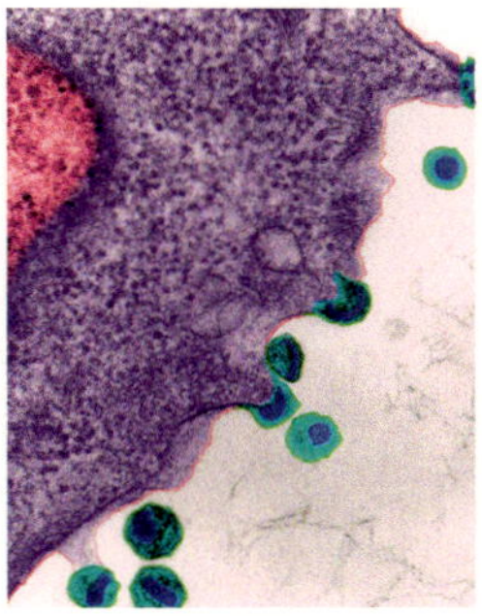

HI-Viren an Zelloberfläche

Jeder sollte die Übertragungswege von HIV kennen und sich schützen. Insbesondere ungeschützter Geschlechtsverkehr beinhaltet ein Risiko. Bei alltäglichen Kontakten mit Infizierten am Arbeitsplatz oder in Schulen besteht in der Regel keine Ansteckungsgefahr. Betroffene dürfen daher nicht ausgegrenzt werden. Sie können ohne Gefahr für andere am gesellschaftlichen Leben teilnehmen und benötigen Verständnis für ihre schwierige Situation.

Opportunistische Infektionen
Infektionskrankheiten, die nur bei geschwächtem Immunsystem auftreten

Aufgaben

① Notieren Sie Faktoren, die dazu führen, dass die HI-Viren nicht wirkungsvoll vom Immunsystem bekämpft werden können.
② Reverse Transkriptase schreibt RNA in DNA um. Erklären Sie, warum ein Hemmstoff gegen dieses Enzym die Virenvermehrung eindämmt und gleichzeitig menschliche Zellen schont.
③ Das Enzym Reverse Transkriptase arbeitet sehr ungenau. Erklären Sie, warum HI-Viren oft neue Varianten bilden.
④ Beschreiben Sie mit Hilfe der Abb. 3 den Unterschied zwischen einer HIV-Infektion und der Krankheit AIDS.
⑤ Geben Sie mögliche Gründe für die Zunahme der HIV-Infektionen in Deutschland an.

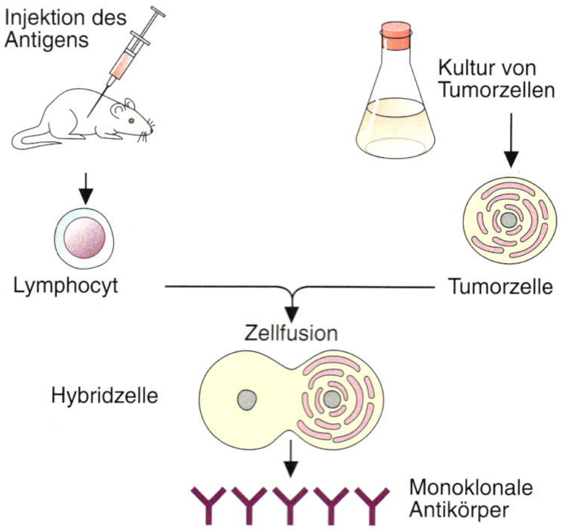

1 Herstellung monoklonaler Anitkörper

Monoklonale Antikörper (MAK)
Antikörper, die aus einem Klon von Plasmazellen stammen

ELISA-Verfahren
(Enzyme-Linked-Immunosorbent-Assay) Nachweisverfahren mit enzymgekoppelten Antikörpern

Monoklonale Antikörper

Die Eigenschaft von Antikörpern, an definierte Epitope zu binden, wird als sehr spezifische Nachweismethode genutzt. In der Medizin kann damit beispielsweise der genaue Typ von Tumorzellen bestimmt und eine gezielte Therapie eingeleitet werden. In der Forschung nutzt man Antikörper zur Darstellung von Zellstrukturen oder zur Identifizierung von Zelltypen anhand von Oberflächenmolekülen. Wenn die Antikörper mit einem Fluoreszenzfarbstoff markiert sind, können sie mit einem Fluoreszenzmikroskop (s. S. 35) leicht nachgewiesen werden. Voraussetzung für diese Art von Nachweisen ist, dass Antikörper eingesetzt werden, die möglichst spezifisch binden. Man benötigt also Antikörper, die von einem Klon von Plasmazellen stammen — sogenannte *monoklonale Antikörper (MAK)*.

Herstellung monoklonaler Antikörper

Um monoklonale Antikörper zu erzeugen, wird eine Maus mit einem Antigen immunisiert (s. Abb. 1). Nach einigen Tagen werden aus der Maus antikörperproduzierende Plasmazellen gewonnen und im Labor mit Tumorzellenzellen vereinigt. Die dabei entstehenden Hybridzellen produzieren die gleichen Antikörper wie die Plasmazellen und besitzen außerdem die unbegrenzte Teilungsfähigkeit der Krebszellen. Damit können sie kultiviert werden. Aus einer solchen Kultur lassen sich permanent monoklonale Antikörper gewinnen. An der Entwicklung dieses Verfahrens war der Freiburger Professor GEORGES KÖHLER beteiligt und wurde dafür 1984 mit dem Nobelpreis geehrt.

GEORGES KÖHLER
(1946 — 1995)

ELISA-Test

Monoklonale Antikörper bieten viele Anwendungsmöglichkeiten in der Medizin. Vor allem bei hochspezifischen Nachweisverfahren haben sie Bedeutung erlangt. Beim ELISA-Verfahren werden bestimmte Moleküle durch passende monoklonale Antikörper gebunden und nachgewiesen (Enzyme-Linked-Immunosorbent-Assay = enzymgekoppelter Immunabsorptionstest). Beispielsweise beruht der HIV-Test auf dem ELISA-Verfahren. Dazu wird die Innenwand eines Nachweisgefäßes mit HIV-Proteinen (Antigenen) belegt (s. Abb. 2). Gibt man nun Blutserum einer Testperson hinzu, das Antikörper gegen HIV enthält, binden diese Antikörper an die Antigene. Anschließend wird das Gefäß ausgespült. Anhaftende Antikörper werden nachgewiesen, indem speziell hergestellte monoklonale Antikörper zugefügt werden, an die jeweils ein Enzym gekoppelt ist. Diese enzymgekoppelten MAK heften sich an die Antikörper gegen HIV, die an Virusproteine angelagert sind. Wiederum schließt sich ein Auswaschvorgang an. Für die Nachweisreaktion wird nun die Vorstufe eines Farbstoffs in das Gefäß gegeben. Das Enzym an den enzymgebundenen MAK wandelt die unsichtbare Vorstufe in einen sichtbaren Farbstoff um. Tritt eine Verfärbung auf ist der Patient HIV-positiv.

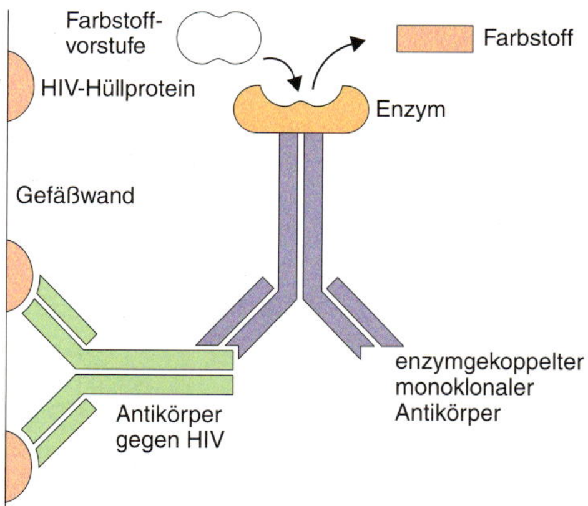

2 ELISA-Methode für HIV

Aufgaben

① Erläutern Sie, wie bei der Herstellung von monoklonalen Antikörpern sichergestellt wird, dass nur ein Antikörpertyp entsteht.
② Begründen Sie, warum beim ELISA-Test zwei Auswaschvorgänge nötig sind.
③ Erklären Sie, warum der ELISA-Test hochspezifisch und sehr empfindlich ist.

Autoimmunerkrankungen

Bei gesunden Menschen richtet sich die Aktivität des Immunsystems nicht gegen den eigenen Körper. Wie wichtig diese Selbsttoleranz ist, wird durch Fälle deutlich, in denen dieser Mechanismus versagt. Man spricht auch von *Autoimmunerkrankungen*. Die Selbsttoleranz beruht auf zwei Mechanismen: Auslöschung und Unterdrückung. Bei der Reifung von B- und T-Zellen werden Zellen aussortiert, die sich gegen körpereigene Merkmale richten könnten. Unreife B-Zellen kommen im Knochenmark mit unterschiedlichen körpereigenen Antigenen in Kontakt. Erkennt die B-Zelle eine körpereigene Struktur, löst dies den programmierten Zelltod (Apoptose) dieser B-Zelle aus. Ein ähnlicher Prozess sortiert gefährliche T-Zellen in der Thymusdrüse aus.

Dieser Ausleseprozess arbeitet jedoch nicht fehlerfrei. Immer wieder gelangen B- und T-Zellen ins Blut, die auf Moleküle von körpereigenen Zellen passen. Insbesondere T-Killerzellen können für das eigene Gewebe sehr gefährlich werden. Spezielle regulatorische Zellen, die T-Suppressorzellen, hemmen die Aktivität von T-Killerzellen. Entscheidend für ein funktionierendes Immunsystem ist die richtige Konzentration von T-Suppressorzellen. Bei zu starker Unterdrückung steigt das Risiko für Krebserkrankungen, da Krebszellen im Körper nicht vom Immunsystem erkannt und beseitigt werden. Bei zu schwacher Unterdrückung treten Autoimmunerkrankungen auf.

Jugenddiabetes

Ein Beispiel für eine Autoimmunerkrankung, die Jugendliche betrifft, ist Diabetes vom Typ I, auch *Jugenddiabetes* genannt. Dabei kommt es zu einer Immunreaktion gegen insulinproduzierende β-Zellen in der Bauchspeicheldrüse. Sterben die Zellen ab, kann der Körper kein Insulin bilden. Die Betroffenen müssen täglich Insulin injizieren. Als Auslöser kommen unter anderem Viren in Betracht, die ähnliche Oberflächenmerkmale wie die β-Zellen besitzen. Bei der Abwehr der Viren werden solche B- und T-Zellen vermehrt, die auch die Bauchspeicheldrüse angreifen.

Multiple Sklerose

Multiple Sklerose ist eine der häufigsten Krankheiten des Nervensystems. Durch entzündliche Prozesse wird dabei Myelin in der weißen Substanz von Gehirn und Rückenmark abgebaut. Myelin ist eine fetthaltige Substanz, welche die Nervenfasern umhüllt und sie ähnlich isoliert, wie die Isolationsschicht einer elektrischen Leitung (siehe S. 190). Dies erlaubt die raschere Übermittlung der elektrischen Impulse. Die häufigsten Fälle sind durch zellvermittelte oder antikörpervermittelte Entzündungsreaktionen gekennzeichnet. Je nach betroffener Region können die Symptome sehr unterschiedlich sein. Sehstörungen oder Koordinationsprobleme sind häufig.

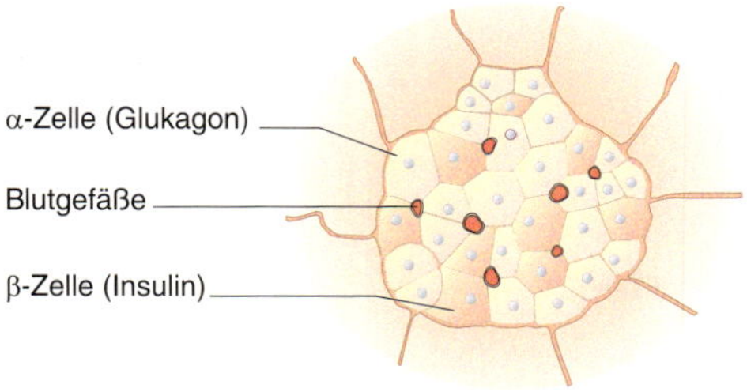

1 Zellen der Bauchspeicheldrüse

Autoimmunerkrankung
Krankheit, bei der das Immunsystem körpereigene Zellen angreift

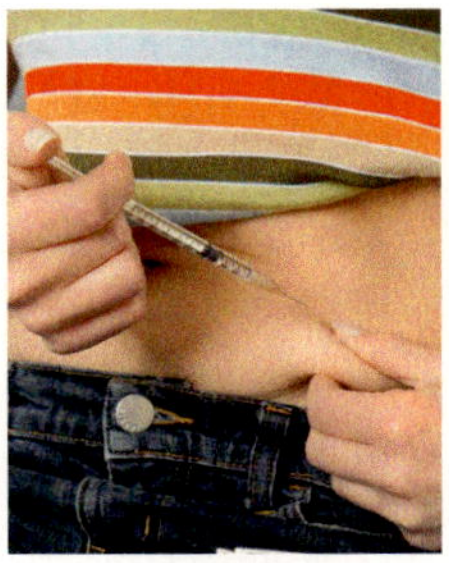
Insulin spritzen

Aufgaben

① Stellen Sie in einem Flussdiagramm dar, wie nach einer Vireninfektion eine Autoimmunerkrankung entstehen kann.

② Experimente an Mäusen haben gezeigt, dass verstärkt Autoimmunerkrankungen auftreten, wenn die T-Suppressorzellen entfernt werden. Erklären Sie dieses Ergebnis.

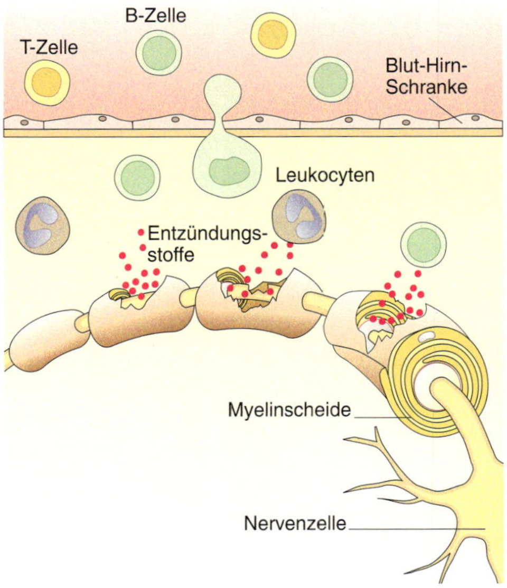

2 Entzündungsprozesse bei Multipler Sklerose

Immunbiologie

Granulomatose

Patienten mit chronischer Granulomatose weisen auf dem X-Chromosom einen genetischen Defekt auf. Dieser hat zur Folge, dass die Funktion von Fresszellen gestört ist. Bei der häufigsten Form ist das Gen für eine Untereinheit des Cytochrom b-Proteins defekt. Dieses Protein ist ein Bestandteil der NADPH-Oxidase, welche in Granulocyten für die Produktion von Oxidradikalen benötigt wird. Diese Radikale sind für eine Abtötung der Erreger wichtig. Die Krankheit führt oft schon im Kindesalter zum Tod. In Deutschland gibt es ungefähr 150 Betroffene.

Aufgaben

1. Erklären Sie, warum praktisch nur Jungen von der Krankheit betroffen sind.
2. Beschreiben Sie Folgen, die für die Betroffenen zu erwarten sind.
3. Erläutern Sie, warum Patienten mit Granulomatose oft schon im Kindesalter sterben.

Flussblindheit

1 Onchocerea volvulus

Der Erreger der Flussblindheit ist der parasitische Wurm *Onchocerca volvulus* (Abb. 1), der südlich der Sahara und in Mittel- und Südamerika vorkommt. Es gibt schätzungsweise 20 Millionen Infizierte. Die Würmer leben vor allem in der Unterhaut und werden durch Kriebelmücken übertragen. Ausgewachsene Würmer können jahrelang eingekapselt unter der Haupt überleben. Gelangen Würmer ins Auge können Reaktionen des Immunsystems zur Erblindung führen. Die Abbildung zeigt die wesentlichen Abwehrvorgänge.

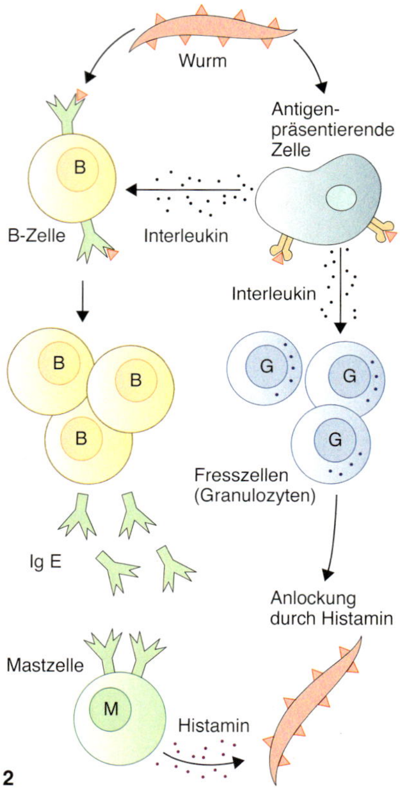

2

Aufgabe

4. Beschreiben Sie die Grafik mit Hilfe der Abwehr der parasitischen Würmer.

Im Unterhautgewebe des Menschen können die Würmer jahrelang überleben. Es wurde sogar beobachtet, dass die Abwehrreaktion des Körpers um so geringer ausfällt, je stärker der Befall ist. Offensichtlich kann *Onchocerca volvulus* Immunreaktionen gezielt unterbinden. Bei anderen parasitischen Würmern in Mäusen wurde ein Stoff (Cystatin) nachgewiesen, der Makrophagen dazu bringt, Interleukin 10 abzugeben. Diese Substanz dämpft die Aktivität verschiedener Zellen des Immunsystems.

Aufgaben

5. Erklären Sie, warum das menschliche Immunsystem eingekapselte Würmer unter der Haut kaum abtöten kann.
6. Geben Sie eine mögliche Erklärung für das Phänomen, dass die Abwehrreaktion bei stärkerem Befall schwächer ausfällt.

T-Suppressorzellen

Nach einer Organtransplantation müssen Patienten ihr Immunsystem mit Hilfe von Medikamenten unterdrücken. Damit sind starke Nebenwirkungen verbunden. Wissenschaftlern in Braunschweig ist es gelungen, bei Mäusen eine Abstoßungsreaktion ohne den Einsatz von Medikamenten zu verhindern. Den Mäusen wurde ein Herz transplantiert und gleichzeitig T-Suppressorzellen injiziert. Letztere hemmen unter anderem die Aktivität von T-Lymphocyten. Obwohl keine Immunsuppressiva verabreicht wurden, erfolgte keine Abstoßungsreaktion.

Aufgaben

7. Erklären Sie, warum die Mäuse die transplantierten Herzen nicht abgestoßen hatten.
8. Planen Sie ein Kontrollexperiment an Mäusen, mit dem geprüft werden kann, ob die injizierten T-Suppressorzellen tatsächlich für den Erfolg der Transplantation verantwortlich waren.
9. Experimente an Mäusen haben ergeben, dass eine Injektion zu vieler T-Suppressorzellen eine erhöhte Tumorbildung bewirken können. Erklären Sie dieses Ergebnis.

Xenotransplantation

Unter einer Xenotransplantation versteht man eine Organübertragung zwischen unterschiedlichen Arten. Aufgrund der starken Abstoßungsreaktionen stand die Forschung in diesem Bereich lange Zeit still. Nun gibt es aber Fortschritte. Wissenschaftler haben entdeckt, dass bei einer Transplantation von Inselzellen der Bauspeicheldrüse von Schweinen die Abstoßungsreaktion nur schwach ausfällt. Inselzellen vom Schwein haben den Vorteil, dass ihnen der Zucker α-1-3-Galactose fehlt. Dieser Zucker kommt auf anderen Schweinezellen an der Oberfläche vor und ist der stärkste Auslöser für die Abstoßungsreaktion.

Bei der Transplantation von Inselzellen aus Schweinen, die Insulin produzieren, wurden bereits klinische Studien vorbereitet. Seit 2001 gibt es sogar gentechnisch veränderte Schweine, denen auf allen Zellen der Zucker α-1-3-Galactose fehlt. Alle Organe solcher Schweine müssten also bei einer Transplantation eine verminderte Abstoßungsreaktion hervorrufen. Paviane überleben mit solchen Schweineherzen sechs Monate. Weitere Verbesserungen sollen zusätzliche gentechnische Veränderungen der Schweine bringen.

Aufgaben

⑩ Begründen Sie, warum bei Xenotransplantationen normalerweise schnelle und heftige Abstoßungsreaktionen auftreten.
⑪ Geben Sie an, welche Patienten von einer Transplantation der Inselzellen profitieren könnten.
⑫ Beschreiben Sie den Ablauf einer Abstoßungsreaktion in einem Flussdiagramm.
⑬ Erläutern Sie, warum es auch ohne α-1-3-Galactose zu Abstoßungsreaktionen kommen kann.

ELISA-Verfahren

Mit einem ELISA-Verfahren soll getestet werden, ob eine Wurst Rindfleisch enthält. Dabei werden monoklonale Antikörper verwendet, die auf ein charakteristisches Rinderprotein passen.

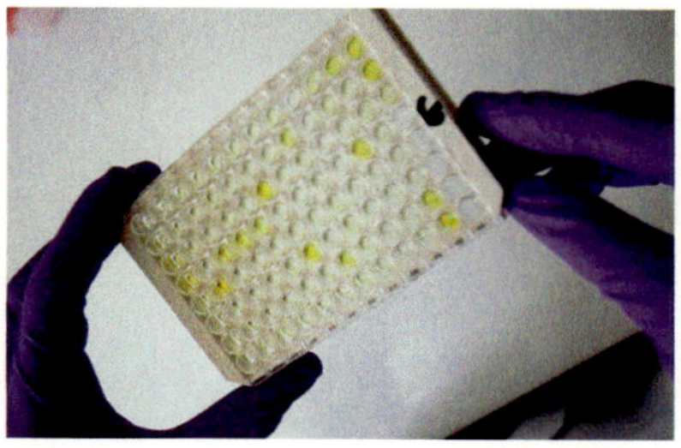

3 ELISA

Für den tatsächlichen Nachweis sind enzymgekoppelte Antikörper gegen das Rinderprotein notwendig, die ein Enzym tragen, das ein farbloses Substrat in einen Farbstoff umwandelt. Das Nachweisverfahren ist hochspezifisch und sehr empfindlich.

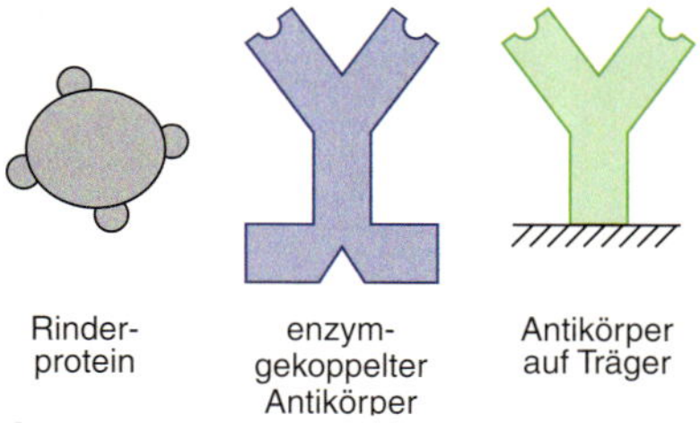

4

Das folgende Diagramm zeigt, wie die Farbstoffkonzentration von der Antigenkonzentration abhängt.

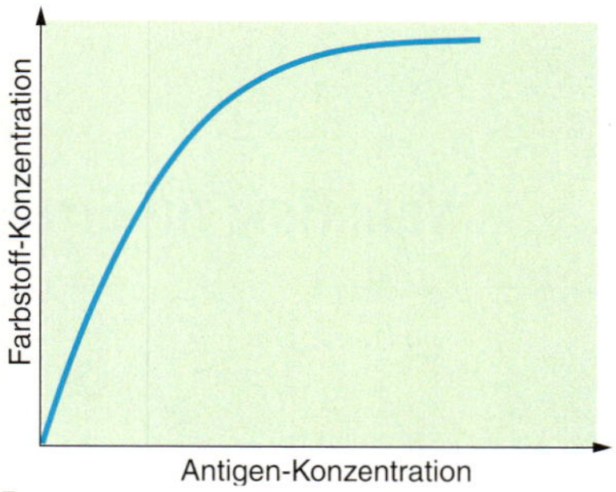

5

Aufgaben

⑭ Zeichnen Sie, wie sich die beteiligten Strukturen bei einem positiven Nachweis zusammenlagern.
⑮ Begründen Sie, warum der Test bei stark erhitzter Wurst nicht mehr aussagekräftig ist.
⑯ Beschreiben und erklären Sie den Kurvenverlauf.
⑰ Begründen Sie, warum für dieses Diagramm die Messung der Farbstoffkonzentration immer nach der gleichen Zeit erfolgen muss.

Organtransplantation der Zukunft

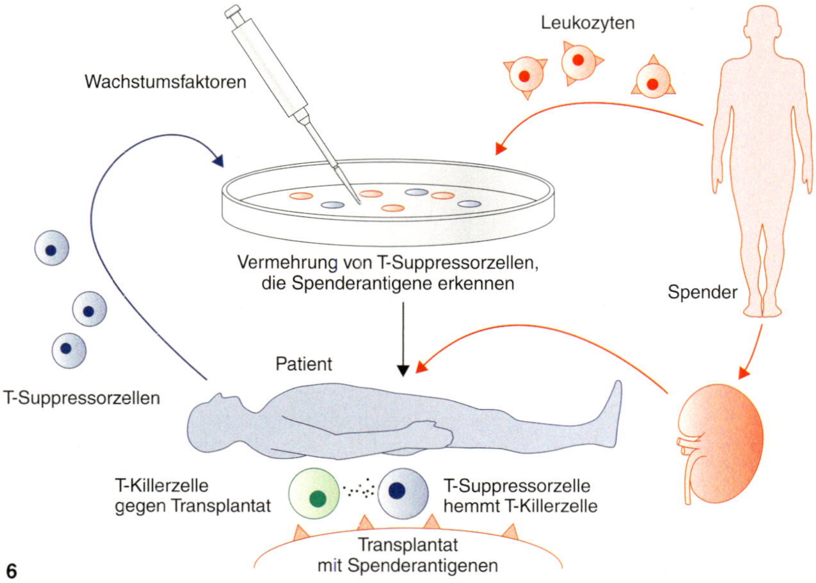

6

Durch eine Therapie mit T-Suppressorzellen, die auf Oberflächenmerkmale des Spenderorgans passen, könnten in Zukunft nur die Zellen des Immunsystems gehemmt werden, die das Transplantat angreifen. Dabei wird ausgenutzt, dass sich in Gegenwart von bestimmten Wachstumsfaktoren und Antigenen vor allem solche T-Suppressorzellen vermehren, die zu den Antigenen passen.

Aufgaben

⑱ Beschreiben Sie anhand der Abbildung die Vorgehensweise.
⑲ Begründen Sie, warum mit dieser Methode das Immunsystem gezielt und nicht insgesamt gedämpft wird.
⑳ Erklären Sie, warum die beschriebene Methode bei Organspenden nach einem plötzlichen Tod (Unfall) des Spenders nicht möglich ist.

Neurobiologie

Nervenzellen – Bau und Funktion

Vom Reiz zur Erregung

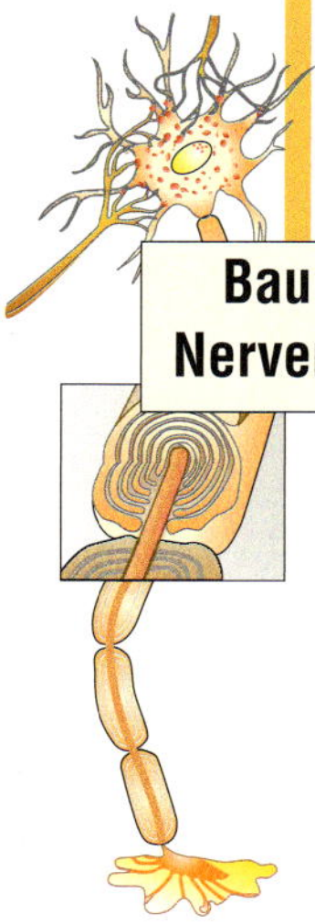

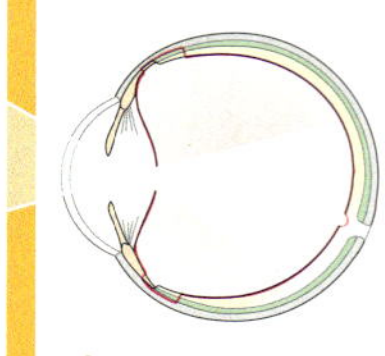

Bau der Nervenzelle

Ruhepotential

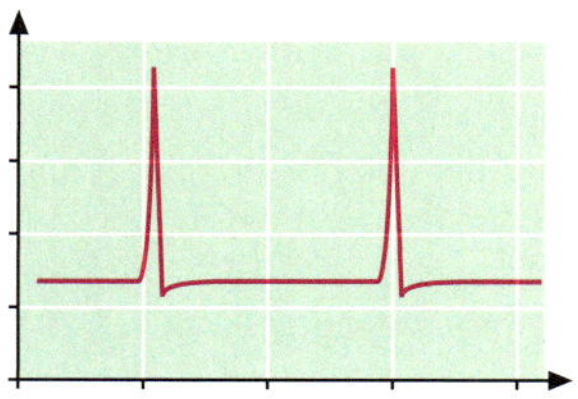

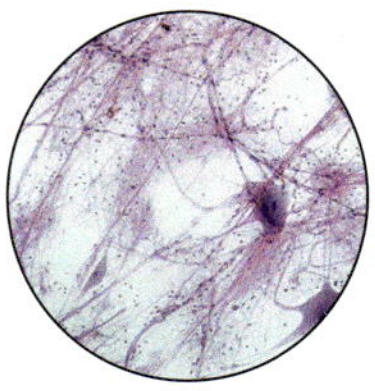

Aktionspotential

Durch Reize gelangen Informationen in den Organismus. Dabei werden Sinnes- und Nervenzellen erregt. In den Erregungen sind Informationen über die Umwelt codiert. Nervenzellen empfangen, verarbeiten und leiten Informationen. Dabei entstehen elektrische Signale, die Aktionspotentiale.

Neuronale Vernetzung

Synapse

Synapsengifte

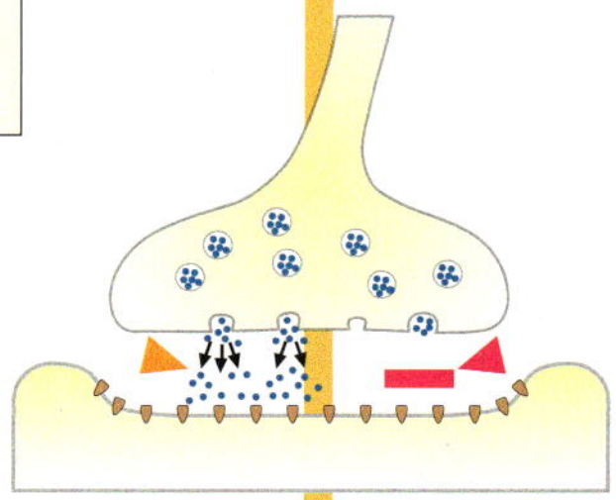

Verrechnung

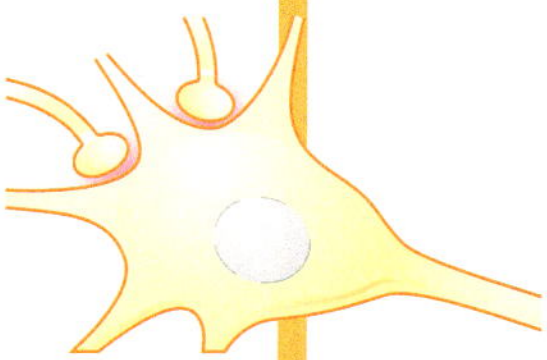

Reflexe

Synapsen sind Kontaktstellen, die Sinnes- und Nervenzellen sowie die Muskelfasern zu komplexen und leistungsfähigen Systemen verknüpfen. Zur Signalübermittlung werden Stoffe zwischen Zellen übertragen.
Reflexe sind unwillkürlich ablaufende Reaktionen. Sie werden durch feste Verknüpfungen zwischen Nervenzellen ermöglicht.

Online-Link
045640-0187

Reizaufnahme und Erregung

Transduktion

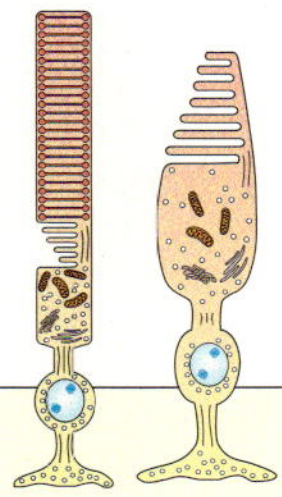

Lichtsinneszellen

Adaptation

Farbensehen

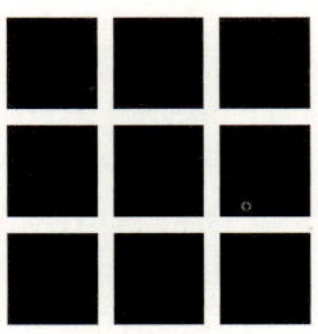

Kontrastverstärkung

Sinneszellen besitzen Strukturen zur Aufnahme von Reizen, die in der Zelle physikalische und chemische Vorgänge auslösen.
Die Kenntnis der Arbeitsweise von Sinneszellen ermöglicht es, die vielfältigen Leistungen der verschiedenen Sinnesorgane zu erklären.

Nervensystem und Wahrnehmung

Nervensystem

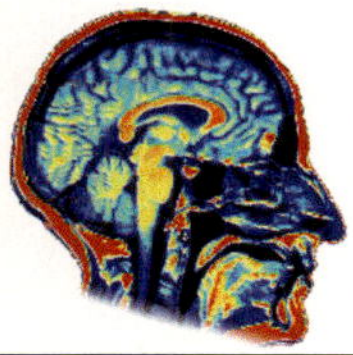

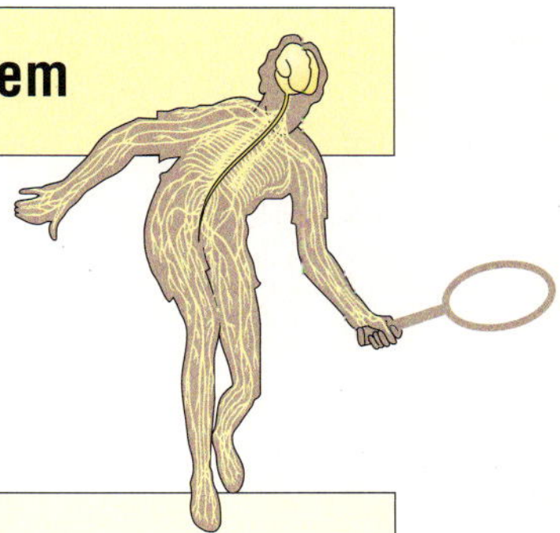

Gehirn

Regelung

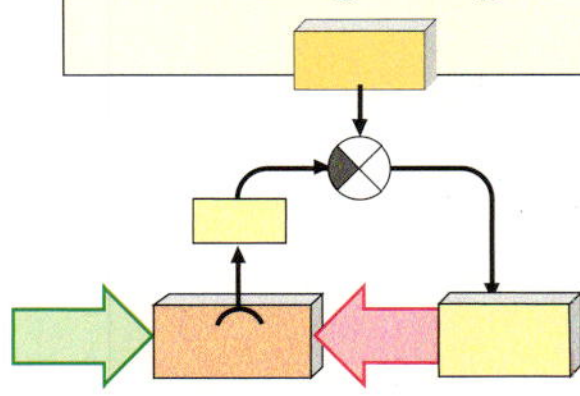

Wahrnehmung

Gedächtnis

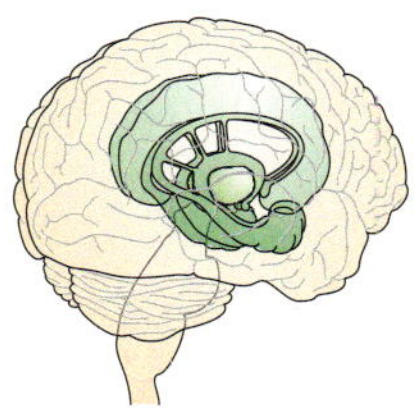

Das Nervensystem durchzieht den gesamten Körper. Rückenmark und Gehirn bilden das zentrale Nervensystem. Das Gehirn ist der Ort der Informationsverarbeitung und Informationsspeicherung, der Wahrnehmung und des Willens.
Das Zwischenhirn verbindet Nerven- und Hormonsystem. Es ist ein Regelzentrum. Gehirnfunktionen sind durch Medikamente und Drogen beeinflussbar.

1 Erfolgreiche Jagd

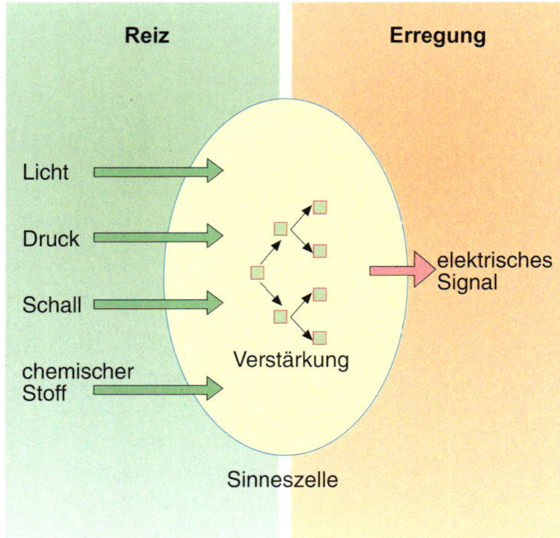

2 Sinneszelle als Signalwandler

Vom Reiz zur Reaktion

Reize
Signale der Umwelt, für die Organismen Rezeptoren besitzen

Sinn
Fähigkeit des Organismus, ein bestimmtes chemisches oder physikalisches Signal aufzunehmen

Sinneszelle
(Rezeptorzelle) Zelle, die bei Empfang eines Reizes erregt wird und elektrische Signale erzeugt

Adäquater Reiz
Reiz, für den eine Sinneszelle die größte Empfindlichkeit aufweist

Ein Bär fängt am Wasserfall einen Lachs, der gerade aus dem Wasser hochspringt. Das erfordert sichere Wahrnehmung und schnelle Reaktion. Diese Fähigkeiten sind für den Bären überlebenswichtig, denn er muss sich in der kurzen Zeit, in der die Lachse in den Flüssen stromaufwärts ziehen, einen großen Fettvorrat für den Winterschlaf zulegen.

Sinnesorgane

Für Tier und Mensch stellen die *Sinnesorgane* Fenster zur Umwelt dar. Das ermöglicht die Orientierung in der Umwelt und damit auch zweckmäßiges Verhalten in vielerlei Situationen, wie bei der Nahrungssuche, der Partnersuche, einem Angriff oder bei der Flucht.

Sinnesorgane empfangen *Reize* und nehmen damit Informationen über die Umgebung auf. Trotz teils großer Unterschiede im anatomischen Bau, wie etwa bei Auge oder Ohr, haben alle Sinnesorgane weitreichende funktionelle Gemeinsamkeiten. Alle Sinnesorgane besitzen spezialisierte *Sinneszellen* (Rezeptorzellen), die der Aufnahme thermischer, optischer, mechanischer oder chemischer Reize dienen. Manche Sinnesorgane besitzen Strukturen, die eintreffende Reize leiten und teilweise umformen. Das sind beim Auge beispielsweise der Glaskörper und die Augenlinse.

Sinneszellen

Alle Sinneszellen sind stark spezialisiert, wobei jeder Zelltyp besonders empfindlich für eine bestimmte Reizqualität ist, den *adäquaten Reiz*. Die Energiemenge, die mit einem Reiz auf eine Sinneszelle übertragen werden muss, um sie zu erregen, ist bei adäquaten Reizen besonders gering. Beispielsweise lassen sich die Sinneszellen der Augen auch durch kräftiges Reiben erregen. Trotz beträchtlicher Energieübertragung bewirkt dies nur die Wahrnehmung geringer Lichteffekte. Licht mit Wellenlängen zwischen etwa 400 und 700 nm vermag die Sinneszellen wesentlich stärker zu reizen, obwohl dabei viel weniger Energie übertragen wird. Reize lösen in einer Sinneszelle eine Folge von molekularen Prozessen aus, die sich selbst verstärken. Die erregten Sinneszellen erzeugen nun elektrische Signale.

In allen Sinnesorganen sind die Sinneszellen in Kontakt mit *Nervenzellen*. Die Reizung von Sinneszellen bewirkt, dass dann in den nachfolgenden Nervenzellen elektrische Signale auftreten. Diese Signale der Nervenzellen unterscheiden sich im Nervensystem nicht voneinander, egal ob sie durch akustische, optische oder Reize anderer Qualität hervorgerufen werden. So betrachtet stellen die Sinneszellen in den Sinnesorganen Signalwandler dar (Abb. 2), die bei Einwirkung verschiedenartiger äußerer Einflüsse gleichartige Signale erzeugen.

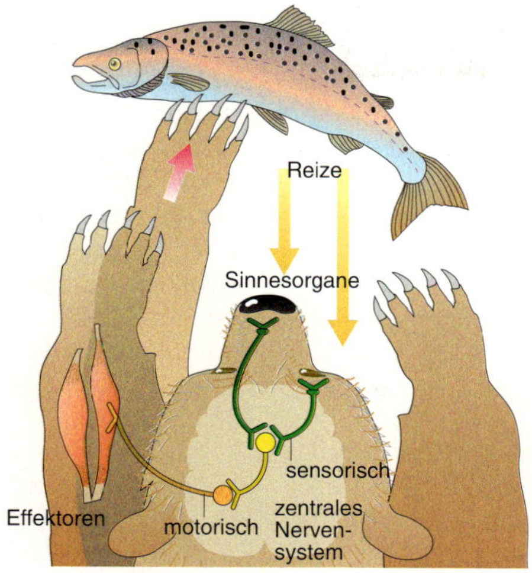

3 Informationsaufnahme und -verarbeitung

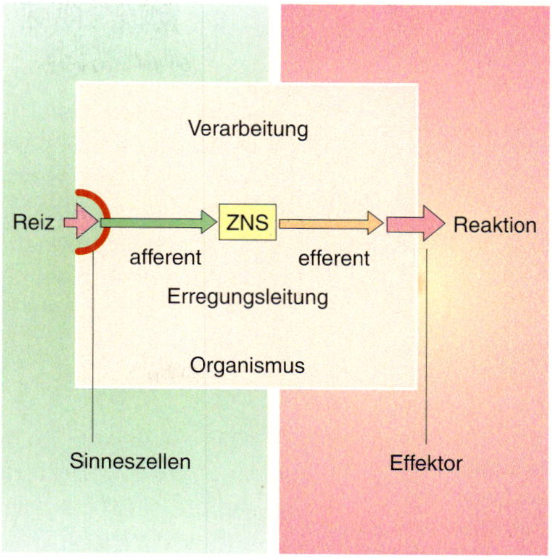

4 Schema Reiz und Reaktion

Afferente Nervenzellen
(von lat. affere = hintragen, zuführen)
Alle Nervenzellen, die Signale von der Peripherie zum ZNS leiten

Sensorische Nervenzellen
Nervenzellen, die Signale von Sinnesorganen zum ZNS leiten

Efferente Nervenzellen
Nervenzellen, die Signale zu Effektoren (Muskeln, Drüsen) leiten

Motorische Nervenzellen
Nervenzellen, die Signale zu Muskeln leiten

Informationsverarbeitung

Bei vielen Tieren und dem Menschen findet die Informationsverarbeitung im Zentralen Nervensystem (ZNS) statt. Die Nervenzellen, die Signale von den Rezeptorzellen zum ZNS transportieren, werden als *afferente* oder *sensorische* Nervenzellen bezeichnet.
Erst die Gleichartigkeit der elektrischen Signale der Nervenzellen ermöglicht die Verknüpfung von Informationen, die von den verschiedenen Sinnesorganen geliefert werden. Für das Beispiel des jagenden Bären bedeutet dies, dass die Informationen, die er über Seh- und Geruchsinn empfängt, zusammengeführt werden. Es gelangen Signale sowohl vom Auge als auch von der Nase zum Gehirn. Bei der Verarbeitung und Auswertung wird das Vorhandensein von Nahrung erkannt und als Folge werden die entsprechenden Reaktionen eingeleitet.

Reiz-Reaktions-Modell

Effektoren ermöglichen Reaktionen des Organismus. Effektoren sind Muskeln oder Drüsen. Auch sie werden durch Signale der Nervenzellen aktiviert. Generell bezeichnet man Nervenzellen, die Signale zu den Effektoren leiten als *efferent*. Die Nervenzellen, die Muskeln aktivieren, heißen *motorische Nervenzellen.*

Alle an der Informationsleitung und Informationsverarbeitung beteiligten Organe, sowie die Effektoren werden durch gleichartige Signale aktiviert. Das ermöglicht das Zusammenwirken der verschiedenen Organe. Das Schema in Abbildung 4 zeigt in vereinfachter Form den funktionalen Zusammenhang zwischen den Sinnesorganen mit ihren Sinneszellen und den Effektoren. Die verbindenden Elemente sind Nervenzellen. Sie durchziehen den gesamten Organismus, und erreichen alle Organe. Sie bilden ein riesiges vernetztes System, das *Nervensystem.*
Die Neurobiologie untersucht den Aufbau und die Funktionsweise dieses komplexen Kommunikations- und Informationsverarbeitungssystems des Körpers.

Sinnesorgan	Sinn	Adäquater Reiz
Auge	Lichtsinn	Licht von 400 bis 700 nm Wellenlänge
Ohr	Gehör	Schall im Frequenzbereich 20 Hz bis 20 kHz
Nase	Geruch	Gasförmige Stoffe
Mundhöhle	Geschmack	Gelöste Stoffe
Haut	Tastsinn	Mechanischer Druck, Vibrationen

Bespiele Sinnesorgane und adäquate Reize

Aufgaben

① Sinneszellen kann man als Signalwandler bezeichnen. Erläutern Sie diese Aussage.
② a) Erläutern Sie am Beispiel des jagenden Bären, über welche Sinnesorgane er Informationen aufnimmt, bis er den Fisch gefangen hat.
b) Beschreiben Sie an diesem Beispiel die Funktion affarenter und efferenter Nervenzellen.

Das Neuron

Die Baueinheit des Nervensystems ist die Nervenzelle, auch *Neuron* genannt. Neuronen sind spezialisierte Zellen. Meist sind sie stark verzweigt und haben oft lange Fortsätze. Ihre Länge reicht von wenigen Mikrometern bis zu etwa einem Meter. Nervenzellen können sehr individuelle Gestalt zeigen. Dennoch ist es möglich, aus der Formenvielfalt ein allgemeines Schema abzuleiten.

Das Neuron ist in Zellkörper und Zellfortsätze, Axon und Dendriten, gegliedert. Dendriten sind oft reich verzweigte Fortsätze („Bäumchen"). Selten sind sie länger als 2 mm.

Die stark verzeigten Dendriten haben viele Kontaktstellen zu anderen Neuronen. Sie leiten Erregungen zum Zellkörper hin. Das Axon dient der Erregungsleitung über große Entfernungen vom Zellkörper bis zu den Endknöpfchen.

Neuron im Kleinhirn

im Rückenmark

im autonomen Nervensystem

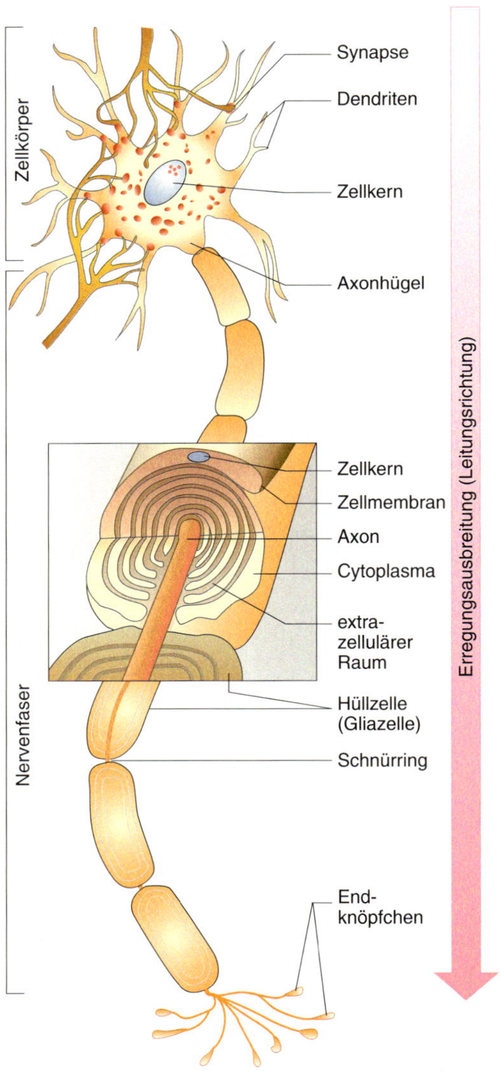

1 Schema des Neurons

Das *Axon* ist oft wesentlich länger. Ein Neuron besitzt meist nur ein einziges Axon mit einem kegelförmigen Ursprungsbereich, dem Axonhügel. Die Funktion der Nervenzelle, Informationen zu übertragen, zeigt sich in der langen Ausdehnung und der großen Anzahl der Verzweigungen, die auf vielfältige Kontakte zu anderen Zellen hinweisen. Dieses Beispiel zeigt, wie man von der Struktur auf die Funktion der Zelle schließen kann.

Neuronen sind von Hüllzellen, den *Gliazellen*, umgeben, die sie stützen und isolieren. Es gibt es etwa 10 mal so viele Gliazellen wie Neuronen. Die Gliazellen, die das Axon umgeben, nennt man auch *Schwannsche Zellen*. Zwischen ihnen bleiben kleine Lücken, die *Schnürringe*. Das Axon mit seinen Hüllzellen heißt *Nervenfaser*. Die meisten Axone der Wirbeltiere sind von Schwannschen Zellen eingehüllt. Sie bilden die *Markscheide*, die das Axon von der Umgebung isoliert. Man spricht dann von *markhaltigen Neuronen*. Wirbellose Tiere haben meist *marklose Neuronen*.

Gliazellen umschlingen Axone bei ihrer Entwicklung. Dabei entsteht eine dicke, eng gepackte Schicht von Zellmembranen. Diese stark lipidhaltige Substanz um das Axon heißt *Myelin*. Die Abbildung 2 zeigt das elektronenmikroskopische Bild eines Querschnitts durch eine myelinisierte Nervenfaser.

Das Axon endet in mindestens einer Verdickung, meist aber in mehreren. Diese Endknöpfchen sind Teile der Verbindungsstellen *(Synapsen)* zu Muskelfasern und anderen Neuronen.

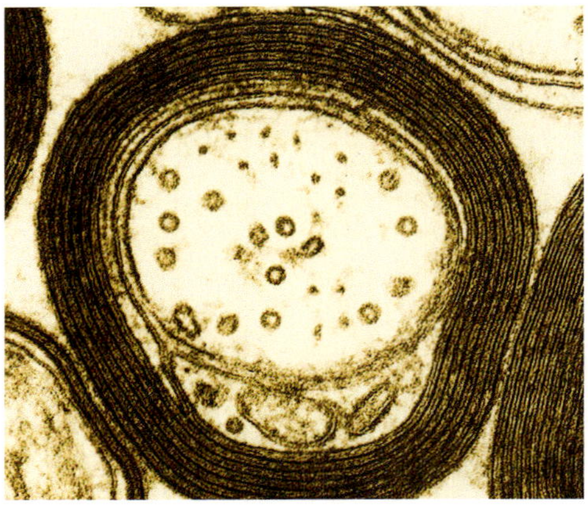

2 Axon mit Markscheide

Praktikum

Nervenzelle und Nerv

Präparation von Nervenzellen

Die folgende Anleitung beschreibt, wie aus Rückenmarkgewebe ein gefärbtes Quetschpräparat hergestellt wird.

Material:
- Rückenmarksstrang von einem Schwein, frisch, oberflächlich leicht angefroren
- scharfe Rasierklinge oder Skalpell
- spitze Schere oder spitze Pinzette
- 10 Objektträger
- 2 Petrischalen
- Mikroskop und Zubehör
- Giemsa Lösung
- destilliertes Wasser
- Handschuhe

Durchführung:

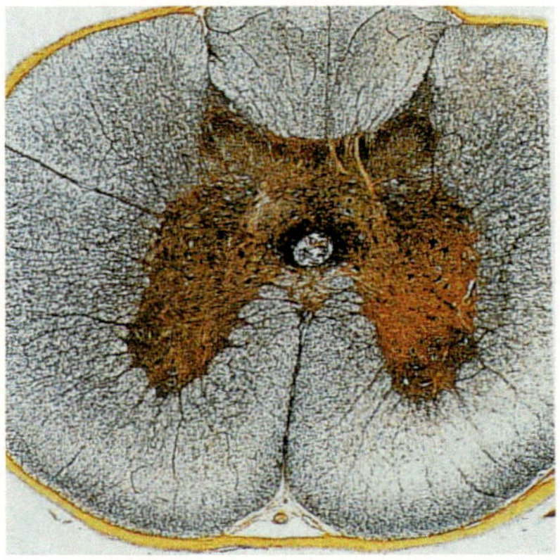

- Der Rückenmarksstrang wird quer geschnitten und seine ursprüngliche, runde Form wieder hergestellt. Umgeben von einer Bindegewebshülle ist eine äußere weißliche und eine innere schmetterlingsförmige, zartrosa Fläche zu sehen, die der weißen bzw. der grauen Substanz entsprechen.
- Aus dem *Vorderhorn* der grauen Substanz wird mithilfe einer Pinzette etwas Material entnommen und auf einen Objektträger gebracht.
- Das Rückenmark wird neu angeschnitten, Material entnommen und der erste und zweite Schritt wiederholt, bis 5 Proben auf 5 Objektträgern vorliegen.
- Mit je einem weiteren Objektträger wird jede Probe etwas gequetscht. Anschließend werden die beiden Objektträger gedreht und gegeneinander verschoben. So entstehen zwei Präparate.
- Zum Färben wird Giemsa Lösung dick aufgetropft. Man lässt sie 5 Minuten einwirken. Um Austrocknung zu verhindern, werden die Präparate in eine Petrischale gelegt.
- Mit destilliertem Wasser wird die überschüssige Giemsa-Lösung abgespült und vor dem Mikroskopieren ein Deckglas aufgelegt.

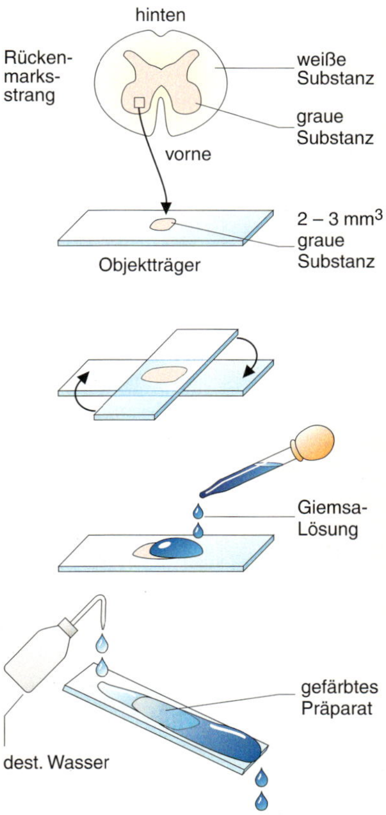

Aufgaben

① Untersuchen Sie die Präparate unter dem Mikroskop. Geben Sie an, welche typischen Strukturen der Nervenzellen sichtbar sind. Welche Färbungen zeigen die verschiedenen sichtbaren Zellbestandteile? Häufig kann man vereinzelte Zellkerne sehen. Geben Sie an, woher diese Zellkerne stammen könnten.

② Erläutern Sie, weshalb es sinnvoll ist, mehrere Präparate anzufertigen.

Aufbau von Nervengewebe

Als Nerven bezeichnet man viele gebündelte Nervenfasern. Sie sind zusammen mit Blutgefäßen von einer Bindegewebshülle umschlossen.
Die Abbildungen zeigen drei Mikrofotos von geschnittenen und gefärbten Nerven, sowie von Gehirngewebe.

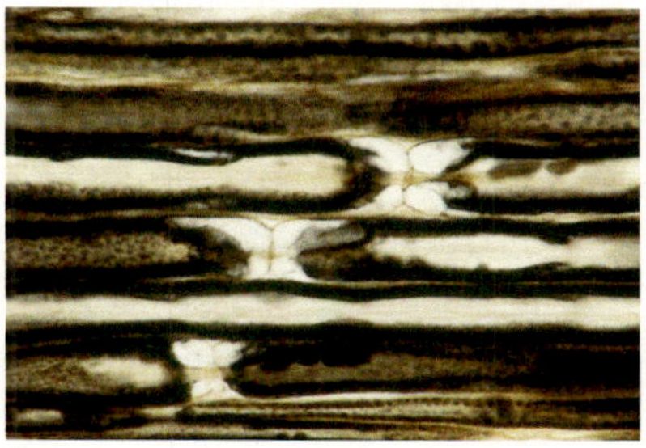

A

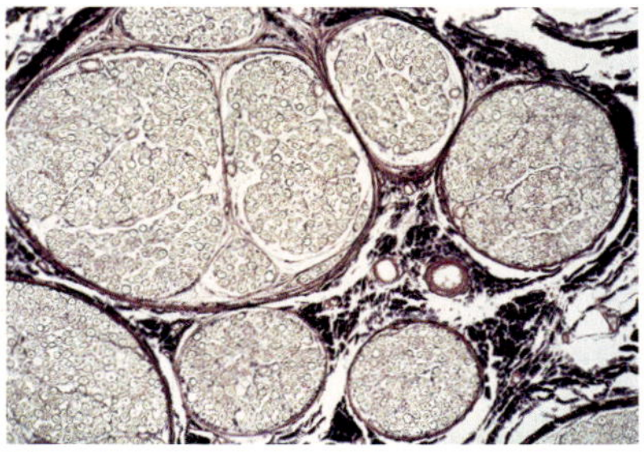

B

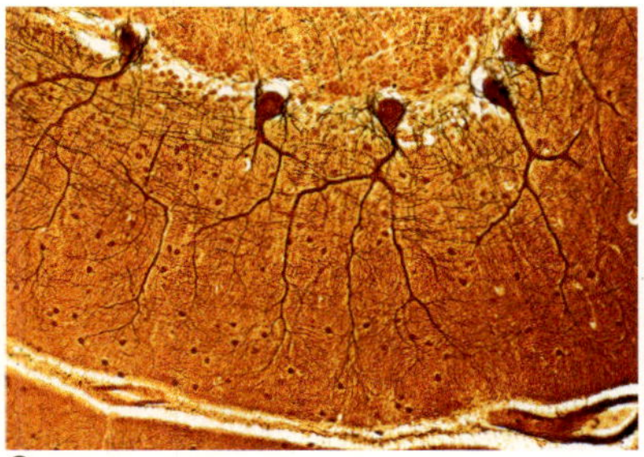

C

Aufgaben

③ Geben Sie an, welche Darstellung die Fotos A, B und C jeweils zeigen. Begründen Sie Ihre Zuordnungen.

④ Fertigen Sie je eine Übersichtszeichnung der Schnitte an und beschriften Sie sicher erkennbare Strukturen.

⑤ Geben Sie an, welche typischen Strukturen des Nervengewebes am besten am Längsschnitt von Nerven erkennbar sind.

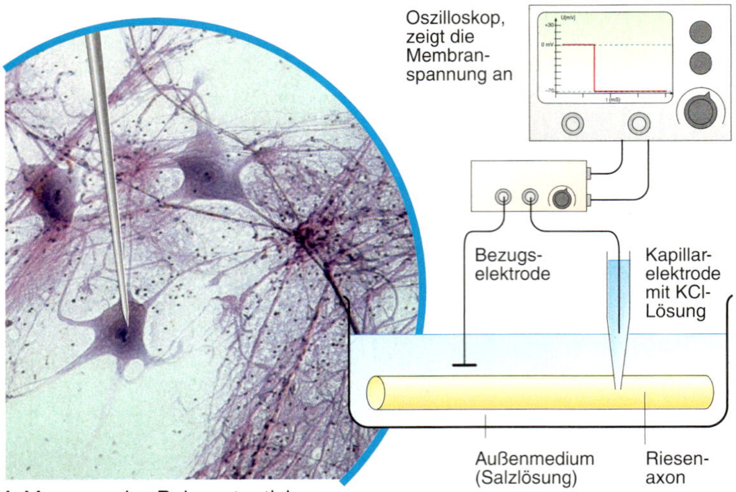

1 Messung des Ruhepotentials

Das Ruhepotential

Bereits im 18. Jahrhundert war bekannt, dass in Lebewesen elektrische Vorgänge ablaufen. Sie beruhen vor allem auf Vorgängen, die in Nervenzellen stattfinden. Die Untersuchung der elektrischen Eigenschaften einzelner Neuronen geschieht im Labor unter dem Mikroskop.

Messung des Membranpotentials

Zuerst werden Neuronen einem Organismus entnommen und in eine physiologische Salzlösung gelegt. Die Konzentration der gelösten Stoffe in einer physiologischen Lösung entspricht der Konzentration der gelösten Stoffe im Cytoplasma. In dieses Außenmedium wird eine Elektrode eingebracht. Man bezeichnet sie als *Bezugselektrode*, für die das Potential null festgelegt wird. Weil alle gemessenen Spannungswerte auf diese Elektrode bezogen werden, gibt man üblicherweise Potentialwerte an.

2 Elektrophysiologielabor

Als zweite Elektrode wird eine *Glasmikroelektrode* verwendet. Bezugselektrode und Glasmikroelektrode sind an einen Messverstärker angeschlossen, der die geringen Spannungen so verstärkt, dass sie mit dem Oszilloskop angezeigt werden können. Befinden sich beide Elektroden in der Lösung, so zeigt das Oszilloskop Null an.

Sticht man mit der Glasmikroelektrode durch die Membran in das Axon eines Neurons (intrazelluläre Ableitung), so ist auf dem Oszilloskop zu sehen, dass der Elektronenstrahl nach unten springt. Man misst zwischen den Elektroden eine Spannung von etwa -70 mV. Das Zellinnere ist also negativ geladen im Vergleich zum Außenraum. Diese Spannung kann je nach Zelle von −40 mV bis −90 mV variieren. Sie wird im Allgemeinen als *Membranpotential* bezeichnet. An allen Zellen von Tieren und Pflanzen gibt es ein solches Membranpotential, also nicht nur an Nervenzellen. Wird das Neuron nicht gereizt, so wird das Membranpotential als *Ruhepotential* bezeichnet.

Entstehung des Ruhepotentials

In wässrigen Lösungen treten Ionen als frei bewegliche Ladungsträger auf. Wie durch sie eine elektrische Spannung entstehen kann, zeigt ein Modellversuch (s. Abb. 3). Ein mit Wasser gefülltes Gefäß ist durch eine selektiv permeable Membran in zwei Bereiche unterteilt. Links wird Kaliumchloridlösung zugegeben. So gelangen positive Kaliumionen und negative Chloridionen in diesen Bereich. Die Membran enthält Poren, durch die nur die kleineren Kaliumionen hindurch treten können, jedoch nicht die größeren Chloridionen.

Infolge des Konzentrationsunterschieds diffundieren Kaliumionen entlang des Konzentrationsgefälles in den rechten Bereich. Eine Diffusion von Chloridionen wird durch die engen Poren der Membran verhindert. Daher kommt es an der Membran zur Trennung der unterschiedlichen Ladungen. Die negativ geladenen Ionen bleiben zurück. In den rechten Bereich gelangen nur positiv geladene Ionen.

Zwischen den beiden Bereichen baut sich eine elektrische Spannung auf. Je höher sie ist, desto mehr behindert sie die weitere Diffusion der Kaliumionen. Sie werden von den überschüssigen negativen Ladungen im linken Bereich angezogen und von den positiven Ladungen des rechten Bereichs abgestoßen. Der Prozess kommt daher zum Stillstand, bevor ein Konzentrationsausgleich erreicht ist. Jetzt tritt ein Gleichgewichtszustand auf, bei dem sich die entgegenwirkenden Kräfte auf die Kaliumionen, hervorgerufen durch Konzentrationsgefälle und Ladungsunterschied, gerade ausgleichen.

Ionenverteilung an der Axonmembran

Die elektrischen Erscheinungen an Neuronen werden von den verschiedenen Ionen und den Eigenschaften der Zellmembran bestimmt. Die Tabelle zeigt eine Ionenverteilung zwischen dem Zellinneren und der umgebenden Körperflüssigkeit. Die Zellmembran, die den intrazellulären vom extrazellulären Bereich trennt, erhält den Konzentrationsunterschied der Ionen *(Ionengradient)* aufrecht.

In der Zellmembran befinden sich verschiedene Ionenkanäle. Sie sind selektiv durchlässig für Ionen mit einer bestimmten Ladung und einem bestimmten Durchmesser. Es handelt sich um Kalium-, Natrium- und Chloridionenkanäle.

An einer nicht erregten Axonmembran sind Kanäle für Kaliumionen geöffnet. Entlang des Konzentrationsgefälles diffundieren Kaliumionen durch die Membran von innen nach außen. Die wesentlich größeren negativ geladenen Anionen (Säurereste organischer Säuren oder geladene Proteine) können die Zelle nicht verlassen und die Chloridionen können nur eingeschränkt diffundieren (siehe S. 194).
Infolgedessen bleiben negative Ladungen in der Zelle zurück und im Außenraum sammeln sich positive Ladungen an. So entsteht das Ruhepotential, bei dem das Zellinnere negativ geladen ist gegenüber dem extrazellulären Raum.

Aufgaben

① Erläutern Sie den Versuchsaufbau zur Messung des Ruhepotentials. Geben Sie dazu die Funktion der einzelnen Geräte an.

② Erklären Sie das Entstehen einer elektrischen Spannung mithilfe des Modellversuchs mit einer Kaliumchloridlösung.

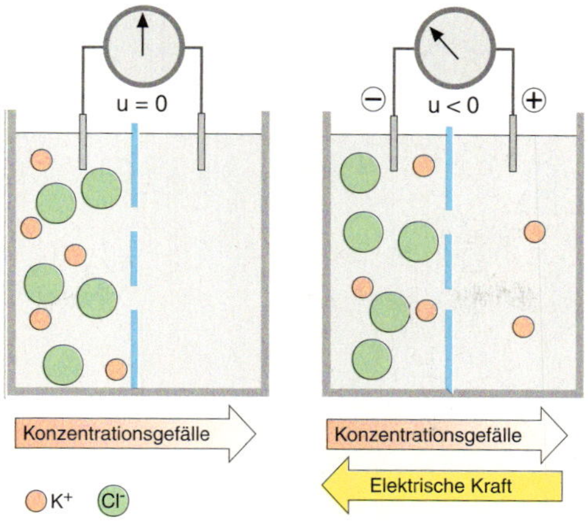

3 Modellversuch zum Membranpotential

Erklären Sie, wie sich die Spannung zwischen den beiden Kammern verändert, wenn rechts Kaliumchloridlösung zugegeben wird.

③ Erklären Sie, weshalb bei einer Nervenzelle im nicht erregten Zustand die Verteilung der Kaliumionen im Wesentlichen das Ruhepotential bestimmt.

Ionen	Konzentrationen in mmol/L	
	extrazellulär	intrazellulär
K^+	4–5	120–155
Na^+	140–150	5–15
Cl^-	120–130	4–5
Organ. Anionen A^-	0	155

Ionendurchmesser
K^+ 138 pm
Na^+ 102 pm
Cl^- 181 pm
pm: Picometer
1 pm = 10^{-12} m

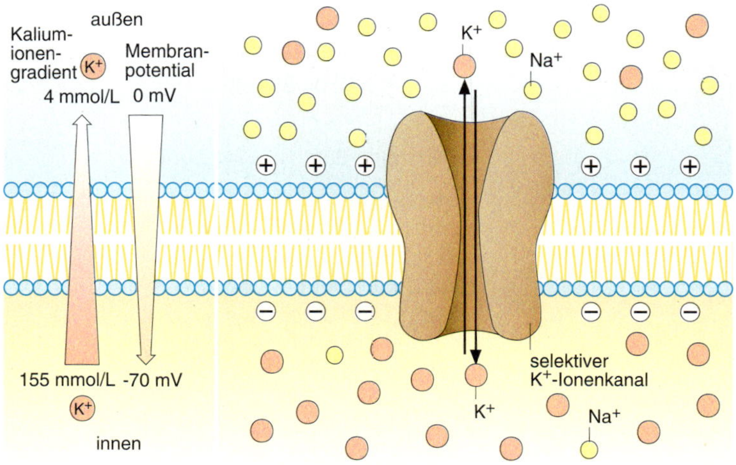

4 Kaliumionenverteilung und Membranpotential

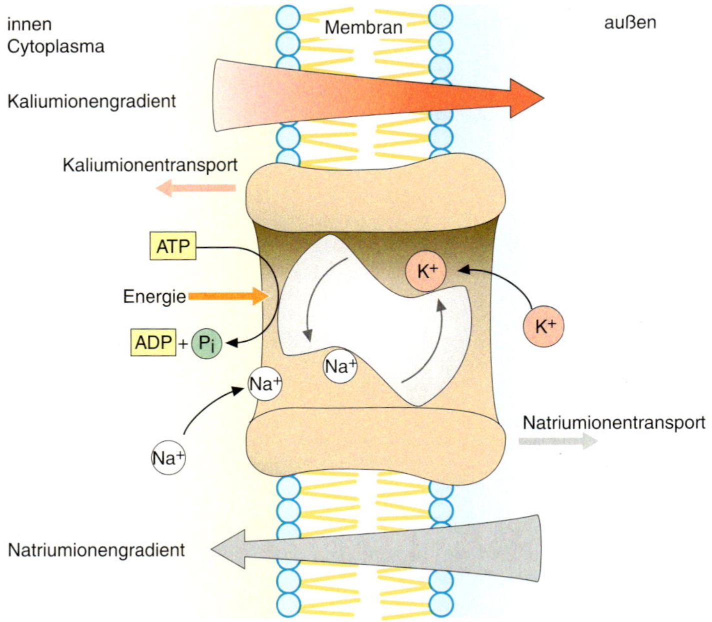

1 Na^+-K^+-Ionenpumpe

Relative Permeabilitätskoeffizienten für Ionen

K^+	1
Na^+	0,04
Cl^-	0,45
A^-	0

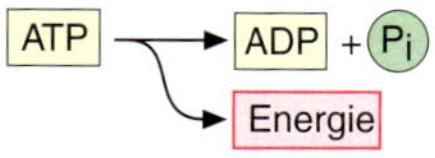

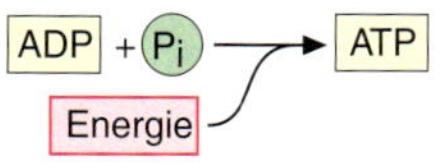

ATP
(Adenosintriphosphat) ein energiereicher Stoff

Erhaltung der Ionenverteilung

Hat an einer Nervenzelle die Ionenverteilung durch die Membrankanäle stattgefunden, so müsste nach den bisherigen Überlegungen für lange Zeit ein stabiler Gleichgewichtszustand bestehen. Das Ruhepotential müsste so lange erhalten bleiben, wie die Zellmembran ihre Funktion besitzt, das Cytoplasma vom Außenraum der Zelle abzugrenzen.
Verabreicht man der Zelle Hemmstoffe, welche die Bildung des energiereichen Stoffes ATP behindern, zeigt sich, dass sich das Ruhepotential langsam abbaut. Es kommt zu einem Abbau der Ionengradienten; die Ionenkonzentrationen gleichen sich aus. Daraus lässt sich schließen, dass ein Energie verbrauchender Mechanismus erforderlich ist, um die Ionenverteilung über der Membran aufrecht zu erhalten.

Leckströme durch die Membran

Untersuchungen mit radioaktiv markierten Ionen haben gezeigt, dass die Membran nicht ideal selektiv permeabel ist. Sie hat Lecks. So diffundieren ständig auch Na^+-Ionen ins Zellinnere. Weil dadurch die negativen Ladungen im Inneren der Zelle neutralisiert werden, strömen weitere K^+-Ionen nach außen.
Die Randspalte zeigt für die verschiedenen Ionensorten die sogenannten relativen Permeabilitätskoeffizienten der Membran. Dabei wird die Permeabilität der K^+-Ionen mit dem Wert 1 angenommen und die Permeabilität für die anderen Ionen im Vergleich dazu angegeben.

Die Natrium-Kalium-Ionenpumpe

Diese Ionenleckströme durch die Zellmembran der Nervenzelle werden durch einen aktiven Transportmechanismus ausgeglichen. Die Natrium-Kalium-Ionenpumpe (Abb. 1) ist ein Membranprotein, das Na^+-Ionen aus der Zelle hinausbefördert und im Gegenzug K^+-Ionen in die Zelle transportiert.
Beide Ionenströme verlaufen gegen bestehende Ionengradienten. Die dazu notwendige Energie liefert ATP als universeller Energieüberträger in der Zelle. ATP wird an der Ionenpumpe in ADP und Phosphat gespalten. Dabei wird Energie auf die Ionenpumpe übertragen. Sie kann nun Ionen gegen den Konzentrationsgradienten transportieren. Es handelt sich um einen *aktiven Transport*.

Bei einem Pumpzyklus werden zwei K^+-Ionen in die Zelle hinein befördert und drei Na^+-Ionen hinaus. Es findet also ständig eine Entfernung positiver Ladungen aus dem intrazellulären Raum statt. So wird langfristig der Konzentrationsunterschied der Ionen und das Ruhepotential aufrecht erhalten, trotz auftretender Leckströme.

In der Zellmembran eines Neurons befinden sich zahlreiche Natrium-Kalium-Ionenpumpen. Ihre Aktivität bestimmt zu einem erheblichen Teil den Energiebedarf von Nervenzellen, der meist sehr viel größer ist als der Energiebedarf anderer Zellen.

Aufgaben

① Erklären Sie, weshalb die Hemmung der ATP-Bildung einer Nervenzelle zum Abbau des Ruhepotentials führt.
② Ermitteln Sie den Faktor, um den die Permeabilität der Membran für Kaliumionen größer ist als für Natriumionen.
③ Erläutern Sie die Bedeutung der Natrium-Kalium-Ionenpumpe für die Nervenzelle.
④ Beschreiben Sie, woher die Energie in einer Zelle stammt, die zum Aufbau von ATP benötigt wird. Erläutern Sie die Aussage der beiden Grafiken auf der Randspalte. Begründen Sie, welche Grafik die Energieübertragung auf die Natrium-Kalium-Ionenpumpe zeigt.
⑤ Erklären Sie, wo die Energie verbleibt, die auf die Natrium-Kalium-Ionenpumpe übertragen wird.

Zettelkasten

Entwicklung der Messtechnik für die Elektrophysiologie

Im 18. Jahrhundert beobachtete der italienische Forscher Luigi Galvani, dass das Nerv-Muskelpräparat eines Froschbeins bei Einwirkung von Elektrizität zu zucken beginnt. Er schrieb:

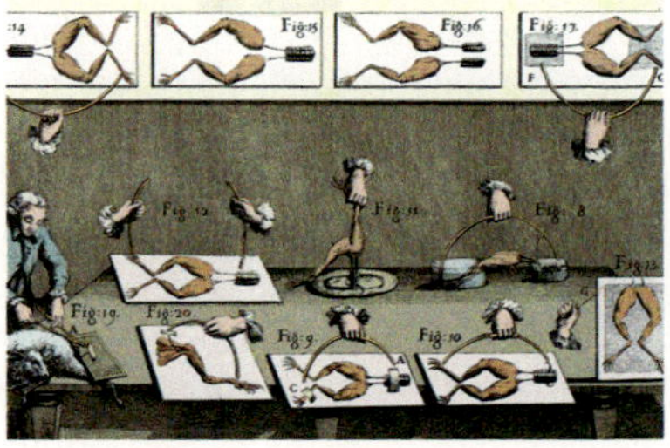

„Ich zerschnitt einen Frosch und bereitete ihn... auf den Tisch, worauf die Elektrisiermaschine stand; als... einer meiner Zuhörer die Spitze des Messers... an den inneren Schenkelnerv des Frosches brachte, so wurden die Muskeln aller Glieder sogleich zusammen gezogen... Ein anderer... glaubte zu bemerken, es geschähe nur zu der Zeit, wenn die Elektrisiermaschine einen Funken gäbe... Ich wurde sogleich von der Begierde, das Verborgene zu erforschen, hingezogen".

Bei Galvanis Experimenten wurde der Schenkelnerv des Frosches elektrisch gereizt. Die Elektrizität wurde von einer Elektrisiermaschine erzeugt. Mit ihr werden Metallkugeln aufgeladen, die in ihrer Umgebung ein sehr starkes elektrisches Feld erzeugen. Berührt man in der Nähe der geladenen Kugeln den Nerv mit einem metallischen Gegenstand, werden die Ladungen im Metall durch das elektrische Feld verschoben und es entsteht ein Strom, der den Nerv reizt. Die Nervenreizung führt schließlich zur Muskelzuckung.

Die messtechnischen Probleme

Von diesen Anfängen bis zu den heutigen Erkenntnissen über die Vorgänge an Nervenzellen war es ein weiter Weg. Dabei waren drei zentrale experimentelle Probleme zu bewältigen:

- die Verstärkung der geringen Spannungen einer Zelle. Ohne Verstärker muss die Energie für die Anzeige der Zelle entnommen werden. Dies belastet das Messobjekt sehr stark und führt zu völlig ungenauen Messwerten.
- die Entwicklung von Messgeräten, die es ermöglichen, den zeitlichen Verlauf von rasch veränderlichen Spannungen anzuzeigen. Mit den einfachen elektromechanischen Geräten des 19. und frühen 20. Jahrhunderts war die Aufzeichnung von Impulsen im Millisekundenbereich nicht möglich.
- die Entwicklung von kleinen Elektroden, die es ermöglichen, an einzelnen Zellen intrazellulare Messungen vorzunehmen, ohne die Zellen wesentlich zu schädigen.

Das Oszilloskop

Mit der Erfindung der Elektronenröhre begann um 1910 neben der Zeit des Rundfunks auch eine neue Ära in der Messtechnik. Nun war es möglich, schwache Signale so zu verstärken, dass sie gut messbar waren.
Die Erfindung der Braunschen Röhre durch Konrad Ferdinand Braun 1897 ermöglichte die Entwicklung des Oszilloskops. Dabei wird zur Anzeige von Spannungen kein mechanisches Bauteil eingesetzt, sondern ein praktisch trägheitsfreier Elektronenstrahl, der dem zu messenden Spannungssignal unmittelbar folgt. Der Elektronenstrahl wird durch elektrisch geladene Plattenpaare bewegt und seine jeweilige Position auf einem nachleuchtenden Schirm sichtbar gemacht.

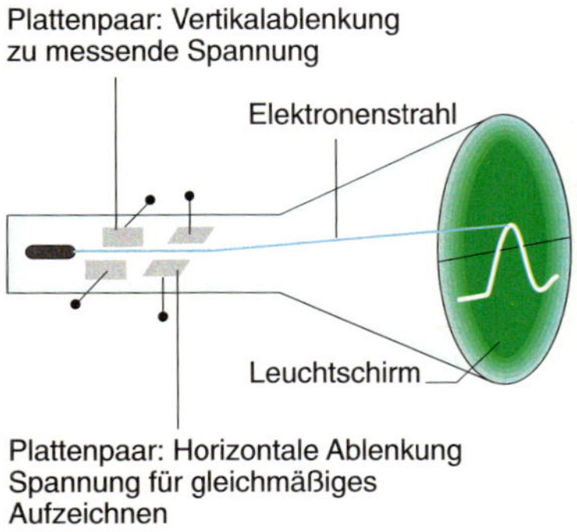

Messungen von Hodgkin, Huxley und Katz

Mit Messverstärker und Oszilloskop gelangen Alan Hodgkin, Andrew Huxley und Bernard Katz in den späten 1940er und in den 1950er Jahren wichtige Experimente an den Riesennerven des Kalmars (Loligo). Für ihre Arbeit wurden sie mit dem Nobelpreis ausgezeichnet. Zur intrazellulären Messung verwendeten sie Glaskanülen, die in das bis zu einem Millimeter dicke Axon eingeführt wurden.

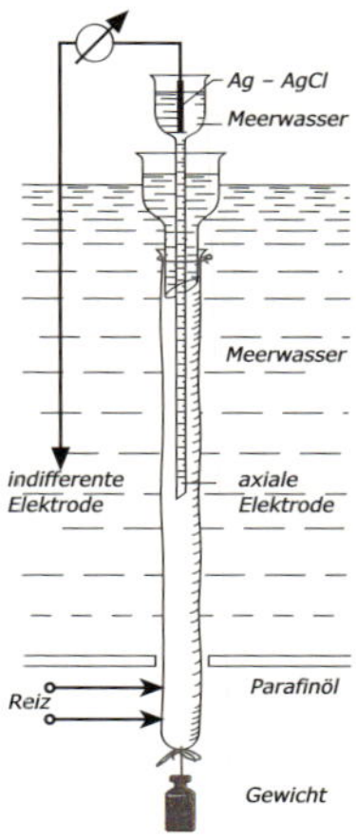

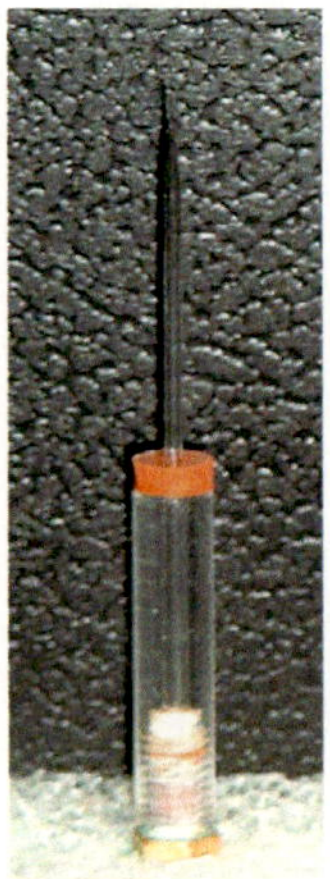

Die Glasmikroelektrode

Die Forscher G. Ling und Ralph W. Gerard entwickelten 1949 die universell einsetzbare Glasmikroelektrode. Eine Elektrode wird aus einem dünnen Glasröhrchen hergestellt, das in einer Glühwendel stark erwärmt wird. Wenn das Glas zu schmelzen beginnt, wird das Röhrchen in die Länge gezogen. Dabei wird es länger und dünner und reißt schließlich ab. So entstehen zwei Elektroden mit offenen Spitzen, die kleiner sind als 0,5 µm. Die Elektrode wird mit elektrisch leitender Kaliumchloridlösung gefüllt. Beim Einstechen in eine Zelle schmiegt sich die Zellmembran an die Elektrodenspitze und dichtet die Zelle gegen ihre Umgebung ab. Heute werden in Labors Untersuchungen durchgeführt, wobei mit bis zu 20 Elektroden gleichzeitig an Nervengeweben gemessen wird.

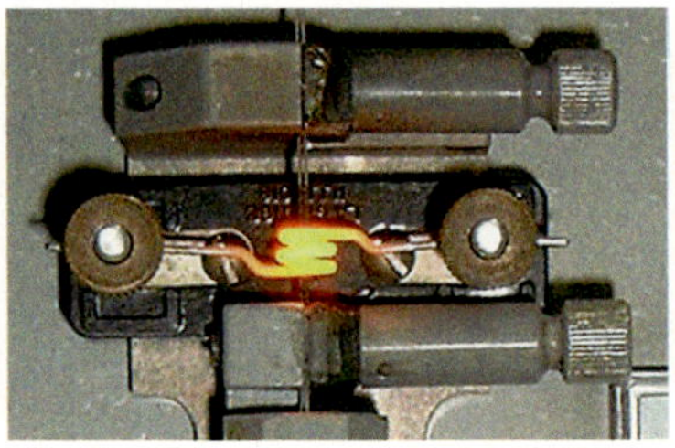

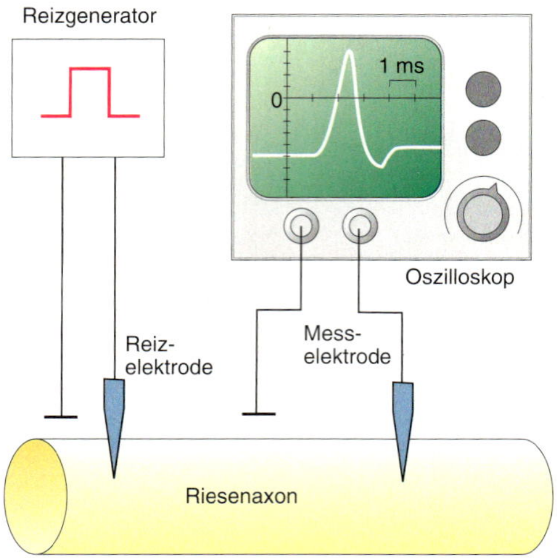

1 Messung des Aktionspotentials

Das Aktionspotential

Wesentliche Erkenntnisse über die Funktionsweise von Nervenzellen erhält man bei der Untersuchung von Axonen. Dafür eignen sich besonders die Riesenaxone des Kalmars, einem Tintenfisch. Ihr Durchmesser beträgt bis zu einem Millimeter.

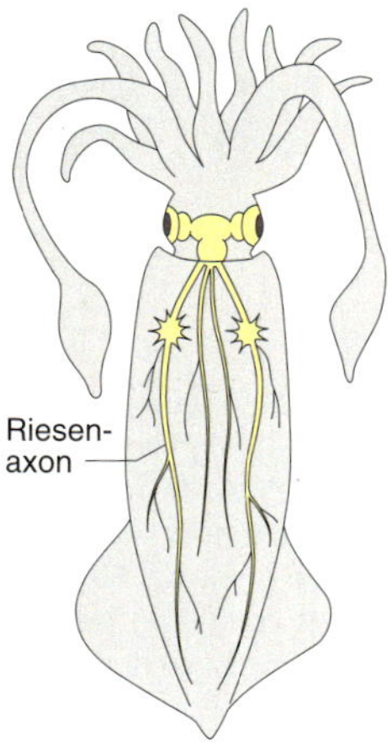

Kalmar

Erregung
Reizbedingte Veränderung des Membranpotentials

Aktionspotential
Charakteristische, kurzdauernder Veränderung des Membranpotentials

Cholin
Körpereigener Stoff, Bestandteil des Acetylcholins

Künstliche Reizung des Axons

Zur Untersuchung der elektrischen Vorgänge wird ein einzelnes Axon verwendet und in eine physiologische Lösung gebracht. Außer der Elektrode zur Messung des Membranpotentials wird an einem benachbarten Ort eine weitere Elektrode eingestochen. Sie ist mit dem Pluspol eines Reizgenerators verbunden, der kurzdauernde elektrische Spannungsimpulse liefert. Diese Impulse verändern kurzzeitig das Membranpotential des Axons. Durch die Polung der Reizspannung wird der Ladungsunterschied an der Membran verringert; die Membran wird *depolarisiert*. Die Veränderungen des Membranpotentials laufen sehr schnell ab. Der zeitliche Verlauf lässt sich mithilfe des Oszilloskops darstellen, das an den Messverstärker angeschlossen ist.

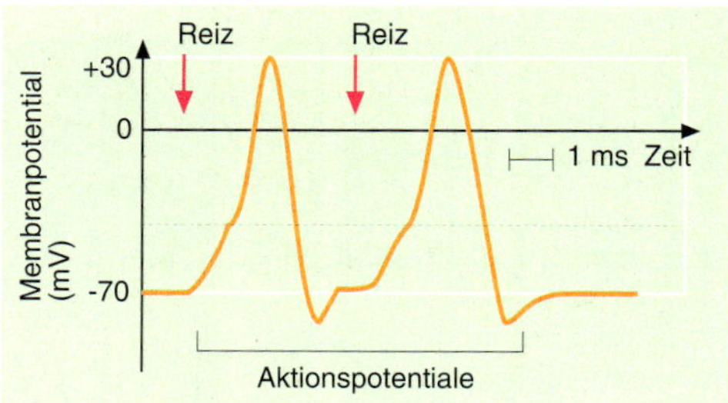

2 Zeitlicher Verlauf Aktionspotential

Vom Reiz der Erregung

Wird zur Reizung eine hohe Reizstärke gewählt, dann erzeugt das Axon ein elektrisches Signal. Es ist erregt. Dieses Signal dauert 1 bis 2 Millisekunden. Wie die Aufzeichnung zeigt, geht dabei das Membranpotential rasch auf null. An der Axonmembran gibt es zu diesem Zeitpunkt keine Ladungsunterschiede mehr. Die Membran ist völlig depolarisiert. Im weiteren Verlauf kehren sich die Ladungsverhältnisse um. Die Membran wird *umpolarisiert*.
Das Zellinnere wird positiv gegenüber dem Außenraum. Das Membranpotential steigt auf etwa +30 mV an, um dann wieder auf den Wert des Ruhepotentials abzusinken. Diesen zeitlichen Verlauf des Membranpotentials bezeichnet man als *Aktionspotential*. Diese elektrische Erregung der Axonmembran ist typisch für die Aktivität von Nervenzellen. Durch Aktionspotentiale werden Informationen im Nervensystem übermittelt.

Ionentheorie der Erregung

Die Veränderungen des Membranpotentials lassen sich durch Veränderung der Ionenkonzentrationen (siehe S. 193) an der Innen- und Außenseite der Axonmembran erklären. Die Wissenschaftler HODGKIN und KATZ führten 1949 Experimente an Tintenfischaxonen durch, bei denen sie die außerhalb des Axons vorhandenen Na^+-Ionen durch positiv geladene Cholinionen ersetzten. Für diese wesentlich größeren Cholinionen ist die Axonmembran undurchlässig.

Nach dem Ionenaustausch konnte kein Aktionspotential ausgelöst werden. Die Forscher vermuteten, dass das Aktionspotential durch das Öffnen von Na^+-Ionenkanälen und den Einstrom der Na^+-Ionen in das Axon entsteht. Diese Hypothese wird durch den Befund gestützt, dass die extrazelluläre Konzentration der Na^+-Ionen etwa 10fach höher ist gegenüber der Konzentration im Cytoplasma des Axons. Die Hypothese des Na^+-Ionen-Einstroms ließ sich durch direkte Messungen der Ionenströme an Ionenkanälen bestätigen. Aus derartigen Befunden wurde die „Ionentheorie der Erregung" entwickelt. Sie besagt, dass die elektrische Erregung von Nervenzellen durch Ionen verursacht wird, die durch die Zellmembran hindurch strömen.

Ruhepotential (Abb. 3a)
Das Aktionspotential wird von Ionenströmen durch die Axonmembran verursacht. Beteiligt sind Na^+-Ionen- und K^+-Ionen, die durch spezielle Ionenkanäle in das Axon hinein und heraus strömen. Die Abbildungen zeigen die Abläufe, ausgehend von der nicht erregten Membran mit ihrem Ruhepotential. Kaliumkanäle, die das Ruhepotential verursachen, sind dauernd geöffnet. Das Zellinnere ist negativ geladen gegenüber dem Außenraum.

Depolarisation (Abb. 3b)
Durch den elektrischen Reiz wird die Membran depolarisiert. Ab einem Schwellenwert von etwa -50 mV kommt es zur Öffnung von Na^+-Ionenkanälen. Diese Kanäle sind spannungsgesteuert. Sie öffnen sich, wenn die Axonmembran depolarisiert wird. Nun diffundieren Na^+-Ionen entlang des Konzentrationsgefälles in das Innere des Axons. Der Anteil positiv geladener Ionen wird außerhalb geringer und innerhalb größer.

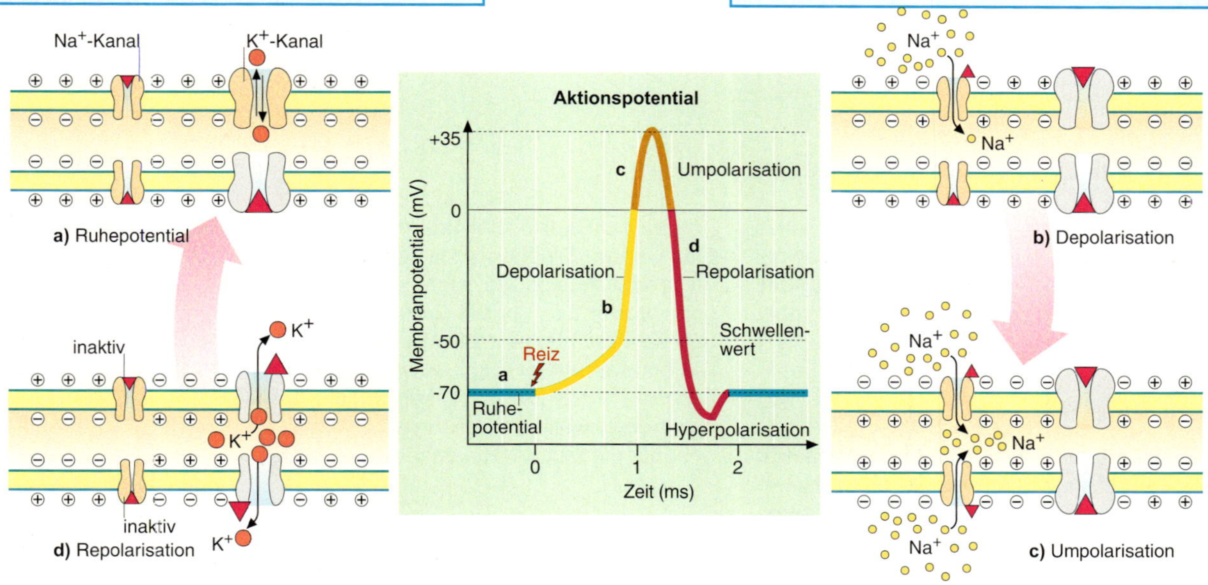

Repolarisation (Abb. 3d)
Die Na^+-Ionenkanäle schließen sich wieder nach weniger als 1 ms. Die nun eintretende Repolarisation der Axonmembran wird zum einen durch den K^+-Ionen-Ausstrom durch ständig geöffnete K^+-Ionenkanäle und zum anderen durch weitere spannungsgesteuerte K^+-Ionenkanäle verursacht. Hierdurch wird das Zellinnere wieder zunehmend negativ. Der K^+-Ionenausstrom ist so stark, dass das Zellinnere kurzzeitig negativer wird als beim Ruhepotential *(Hyperpolarisation)*.

Umpolarisation (Abb. 3c)
Die Veränderung des Membranpotentials führt zur Öffnung weiterer spannungsgesteuerter Na^+-Ionenkanäle. So kommt es nach der vollständigen Depolarisation zu einer Umkehrung der Ladungsverhältnisse im Vergleich zum nicht erregten Zustand.

Bedeutung der Na^+-K^+-Ionenpumpe

Da bei einem Aktionspotential die Ionenverteilung nur unmittelbar an der Membran verändert wird, ändert sich die Ionenkonzentration nur geringfügig. Das Ruhepotential stellt sich von selbst wieder ein. Laufen tausende von Aktionspotentialen über die Axonmembran, so ist die Natrium-Kalium-Ionenpumpe (Siehe S. 194) von Bedeutung. Sie verhindert, dass sich die Ionenverteilung trotz der ständigen Ionenströme nicht verändert und erhält so auf Dauer das Ruhepotential des Neurons aufrecht.

Aufgaben

① Erläutern Sie, weshalb man bei der Depolarisation, die zur Bildung des Aktionspotentials führt, von einem sich selbst verstärkenden Vorgang spricht (s. Randspalte).

② Zeichnen Sie den zeitlichen Verlauf des Aktionspotentials für den Fall, dass ein Großteil der K^+-Ionenkanäle in der Axonmembran durch einen Giftstoff blockiert und damit undurchlässig ist.

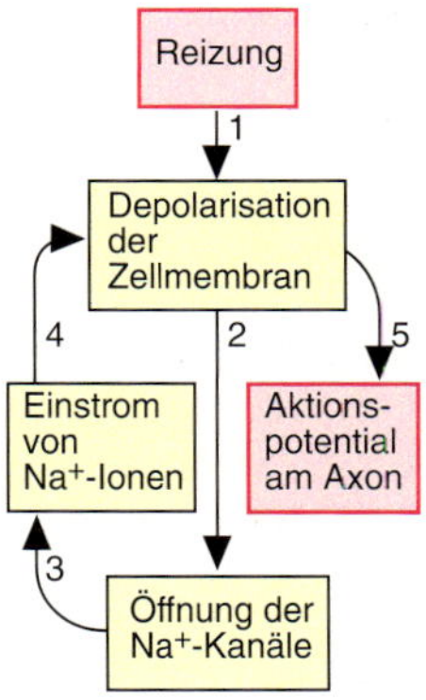

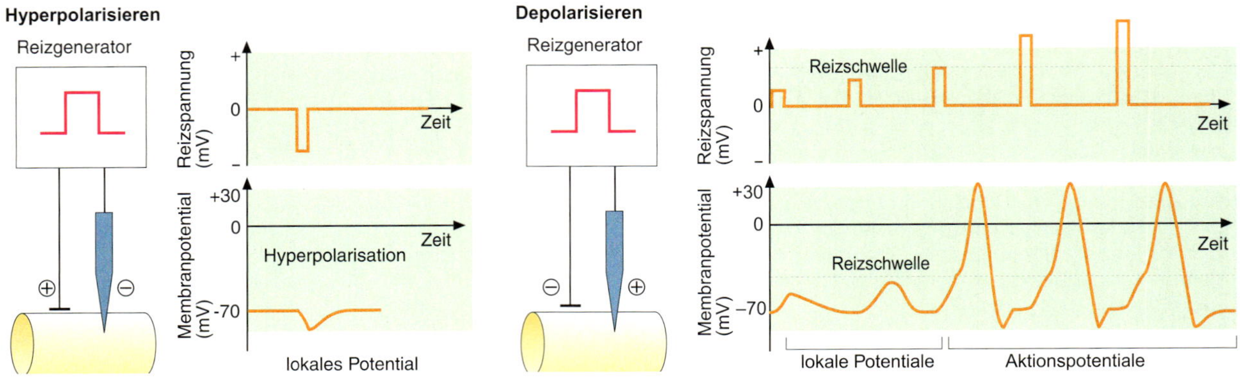

1 Reizstärke und Membranpotential

Unter- und überschwelliges Reizen

Nicht bei jeder elektrischen Reizung eines Axons entsteht ein Aktionspotential. Sowohl die Polarität der Reizelektrode als auch die Stärke des elektrischen Reizes bestimmen, welche Reaktionen am Axon auftreten.

Hyperpolarisation

Wird die Reizelektrode mit dem negativen Pol des Reizgenerators verbunden, so nimmt beim Reizen das Membranpotential negativere Werte an. Die Axonmembran wird *hyperpolarisiert*. Wie das Diagramm in Abb. 1 zeigt, folgt das Membranpotential im zeitlichen Verlauf nicht genau der Reizspannung, sondern setzt etwas verzögert ein und klingt nach Ende der Reizung auch mit einer gewissen Verzögerung wieder ab. Diese Veränderungen bleiben auf den Bereich um die Reizstelle begrenzt. Daher spricht man von *lokalen Potentialen*. Durch Hyperpolarisation lassen sich keine Aktionspotentiale am Axon auslösen.

Depolarisation

Wird die Reizelektrode mit dem positiven Pol der Reizspannungsquelle verbunden, so nimmt beim Reizen das Membranpotential höhere Werte an. Dabei wird die Membran *depolarisiert*. Je höher die Reizspannung, desto stärker ist die *Depolarisation* der Axonmembran.

Wird die Reizspannung immer weiter gesteigert, dann bleibt es nicht mehr bei der lokalen Depolarisation. Die Reizstärke hat die *Reizschwelle* erreicht und damit die Depolarisation der Axonmembran einen *Schwellenwert* überschritten. Erst jetzt kommt es zur impulsartigen Änderung des Membranpotentials. Es tritt ein Aktionspotential auf. Eine weitere Erhöhung der Reizsstärke führt stets zur Auslösung eines Aktionspotentials, wobei der Verlauf und die Amplitude unverändert bleiben. Die Entstehung eines Aktionspotentials folgt einem *Alles-oder-Nichts-Gesetz*. Ein Aktionspotential tritt nur bei überschwelliger Reizung auf und ist dann unabhängig von der Reizstärke.

Refraktärzeit

Wird das Axon durch zwei rasch aufeinanderfolgende überschwellige Impulse gereizt, so bildet sich nur ein Aktionspotential aus (s. Abb. 2). Das Axon ist nach dem Ablauf eines Aktionspotentials für eine gewisse Zeit unempfindlich gegenüber einem überschwelligen Reiz. Diese Zeit der Unempfindlichkeit, die *Refraktärzeit*, beträgt etwa eine Millisekunde. Erst danach ist wieder ein Aktionspotential auslösbar. Die Ursache der Refraktärzeit besteht in einer Zustandsänderung der Na^{+}-Ionenkanäle. Sie nehmen nacheinander drei Zustände an (s. Abb. 3). Im geschlossenen Zustand sind sie aktivierbar. Bei der Depolarisation der Axonmem-

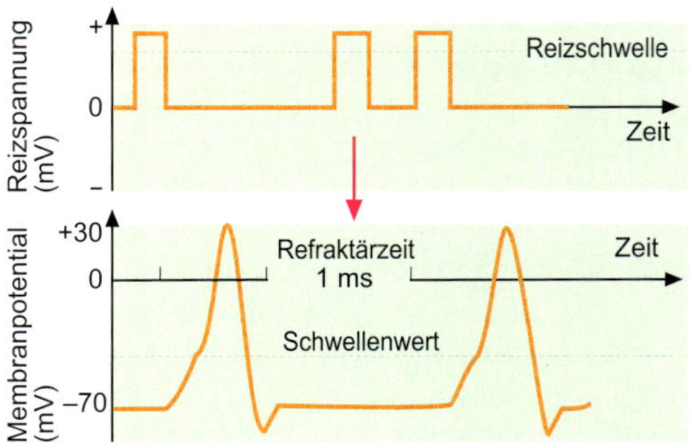

2 Refraktärzeit

Hyperpolorisation
Potential ist negativer als das Ruhepotential

Depolarisation
Potential ist positiver als das Ruhepotential

Erregung
Reizbedingte Veränderung des Membranpotentials

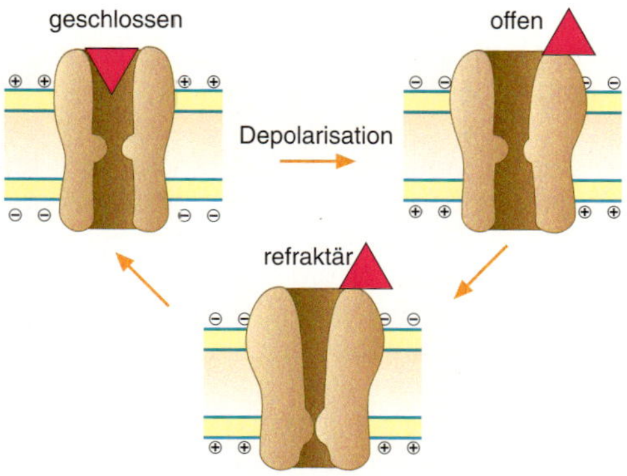

3 Na$^+$-Ionenkanäle, Zustandsänderung

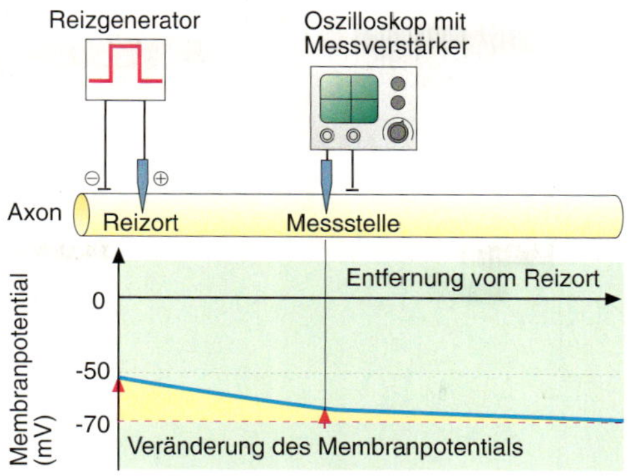

4 Abklingen lokaler Potentiale

bran gehen sie in den zweiten Zustand über. Es öffnet sich ein Tor, durch das Natriumionen ins Zellinnere strömen. Nach weniger als einer Millisekunde geht der Kanal in den dritten Zustand, den Refraktärzustand über. Der Kanal ist zwar geschlossen, doch nicht aktivierbar. Nach etwa einer Millisekunde gelangt der Kanal wieder in den ersten Zustand und ist dann wieder zu öffnen.

Ausbreitung von Erregungen

Wird ein Axon überschwellig gereizt, so lässt sich mit einer Messelektrode auch in einer Entfernung von einigen Zentimetern von der Reizstelle ein Aktionspotential registrieren. Es schwächt sich nicht ab und zeigt die gleiche Amplitude wie am Reizort. Im Gegensatz dazu klingt bei einer unterschwelligen Reizung die Veränderung des Membranpotentials mit der Entfernung rasch ab (elektrotonische Ausbreitung, s. S. 201). Lokale Potentiale lassen sich bei Neuronen nicht nur am Axon, sondern auch an den Dendriten und dem Zellkörper erzeugen. Zwar können so Informationen nicht über weite Strecken übermittelt werden. Es ist jedoch wichtig für die Signalübermittlung von den Dendriten bis zum Axonhügel.

Aufgaben

① Erläutern Sie, was man unter dem Alles-oder-Nichts-Gesetz versteht.
② Erklären Sie, welche Bedingungen bei der Reizung eines Axons durch Spannungsimpulse erfüllt sein müssen, damit ein Aktionspotential entsteht.

Zettelkasten

Ionenkanäle gesucht — die Patch-Clamp-Technik

Die spannungsgesteuerten Ionenkanäle der Neuronen ermöglichen das Aktionspotential. 1991 erhielten die beiden deutschen Wissenschaftler ERWIN NEHER und BERT SAKMANN den Nobelpreis für die Entwicklung einer Technik, mit der sich die Ströme einzelner Ionenkanäle messen lassen.
Mit einer Elektrode wird ein sehr kleiner Membranfleck („patch") einer Zelle angesaugt. Eine Apparatur misst den Strom durch die Ionenkanäle, die sich unter der Elektrodenspitze befinden. Dabei wird zugleich mit einer zweiten Elektrode das Membranpotential der Zelle konstant gehalten („clamp"). Die Stromstärken liegen im Bereich von Picoampère (10^{-12} A). So konnte man feststellen, dass ein spannungsgesteuerter Natriumionenkanal während eines Aktionspotentials 0,7 ms lang geöffnet ist und etwa 10 000 Ionen durchströmen lässt.

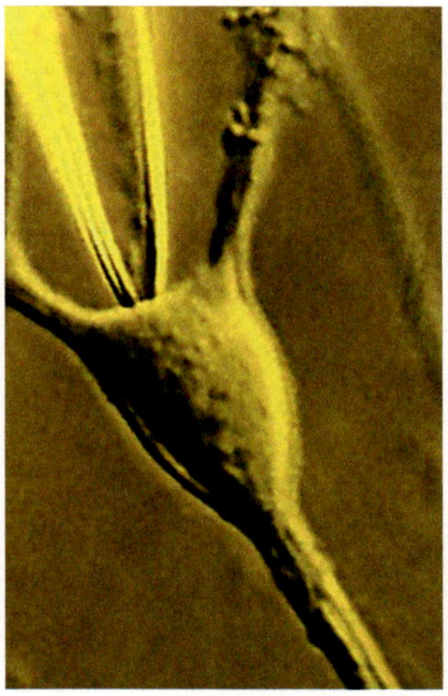

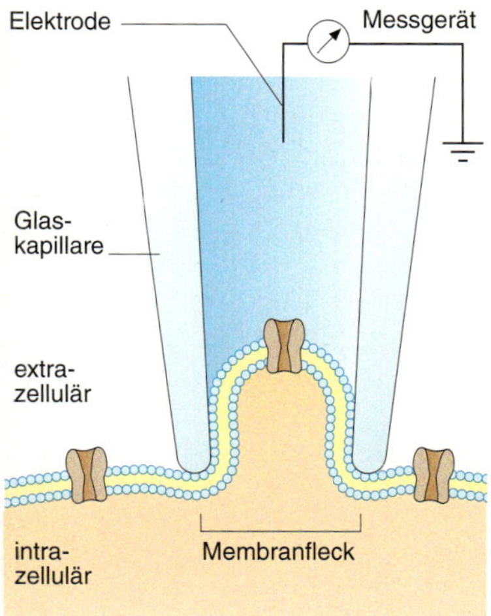

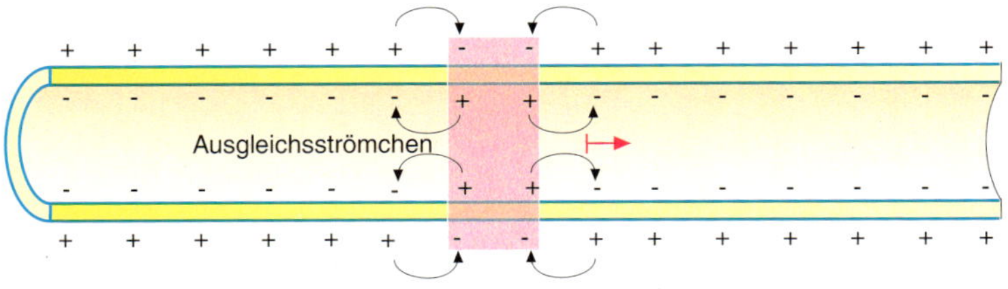

1 Kontinuierliche Erregungsleitung

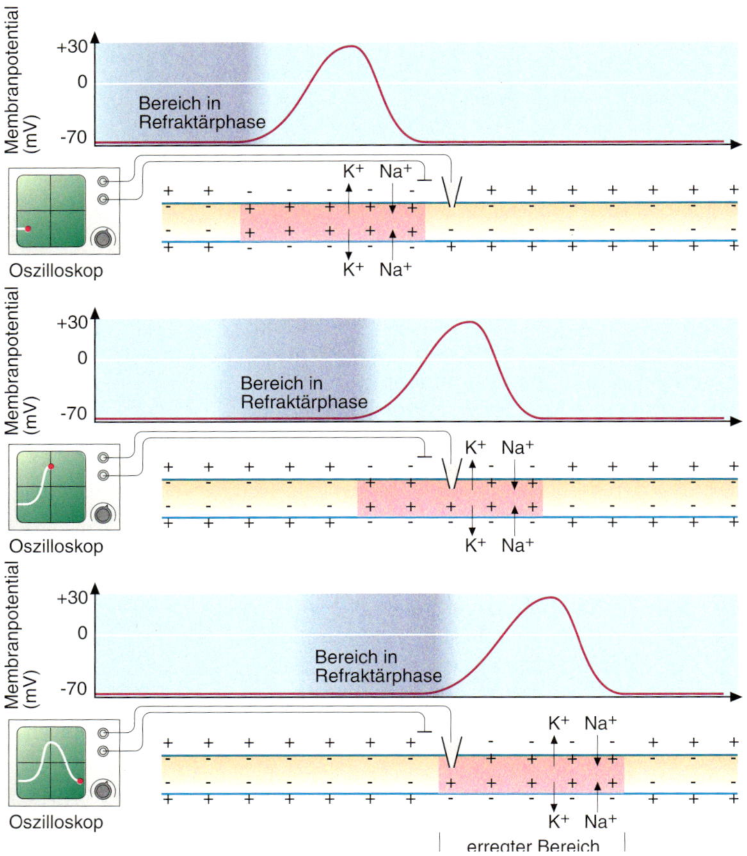

2 Momentbilder zur Ausbreitung des Aktionspotentials

Fortleitung des Aktionspotentials

Aktionspotentiale entstehen am Neuron am Axonhügel. Zur Ausbreitung über das Axon sind im Verlauf der Evolution zwei verschiedene Mechanismen entstanden.

Kontinuierliche Erregungsleitung

Diesen Leitungstyp findet man bei nicht-myelinisierten Neuronen, die überwiegend bei wirbellosen Tieren vorkommen. Tritt an einer Stelle der Axonmembran ein Aktionspotential auf, so hat dies Einfluss auf benachbarte Abschnitte. Abbildung 1 zeigt, dass an der erregten Stelle infolge des starken Natriumioneneinstroms sowohl im Axon als auch außen positiv und negativ geladene Bereiche direkt nebeneinander liegen.

Daher kommt es in Längsrichtung des Axons zu Ionenbewegungen. Innerhalb des Axons fließen eingeströmte Natriumionen in nicht erregte Nachbarbezirke mit negativer Überschussladung. An der Außenseite der Membran befinden sich weniger positive Ladungen. Daher zieht dieser Bereich Natriumionen aus der Nachbarschaft ab. Diese lokalen Ströme werden als *Ausgleichsströmchen* bezeichnet. Sie bewirken, dass der Membranabschnitt neben der erregten Stelle depolarisiert und schließlich ebenfalls erregt wird. Es öffnen sich auch hier die spannungsgesteuerten Natriumionenkanäle und ein Aktionspotential entsteht am benachbarten Membranabschnitt.

Durch die Wiederholung dieser Vorgänge leitet sich das Aktionspotential selbst fort. Dabei wird es nicht schwächer, weil es an jeder Stelle der Membran neu gebildet wird. Es findet eine *kontinuierliche Erregungsleitung* statt. Abbildung 2 zeigt, wie sich das Aktionspotential über dem Axon ausbreitet, wobei an einer Stelle der zeitliche Verlauf des Membranpotentials gemessen wird.

Die depolarisierenden Ausgleichsströmchen fließen in beide Richtungen des Axons. Dennoch breitet sich das Aktionspotential nur in einer Richtung aus. Dort, wo gerade ein Aktionspotential ausgebildet wurde, kann nicht sofort wieder ein neues ausgelöst werden. Die Ursache liegt darin, dass die Natriumionenkanäle inaktiviert sind (s. S. 198). Sie lassen sich erst wieder öffnen, wenn die Refraktärzeit verstrichen ist und das Ruhepotential für etwa eine Millisekunde wieder besteht. Da also nur Natriumionenkanäle geöffnet werden können, die vor dem Aktionspotential liegen, breitet sich das Aktionspotential nur in eine Richtung aus. Die Leitungsgeschwindigkeit beträgt bis zu 25 m/s.

Einfluss des Durchmessers

Je größer der Durchmesser der Axone, desto schneller leiten sie Aktionspotentiale. Im Zellinnern gibt es für die Ausgleichströmchen einen elektrischen Widerstand. Dieser ist um so geringer, je dicker ein Axon ist. Hier zwei Beispiele von Tintenfischen: Ein Axon mit 400 µm Durchmesser (Kalmar) leitet mit 20 m/s, ein Axon mit 200 µm Dicke (Sepia) nur mit 7 m/s.

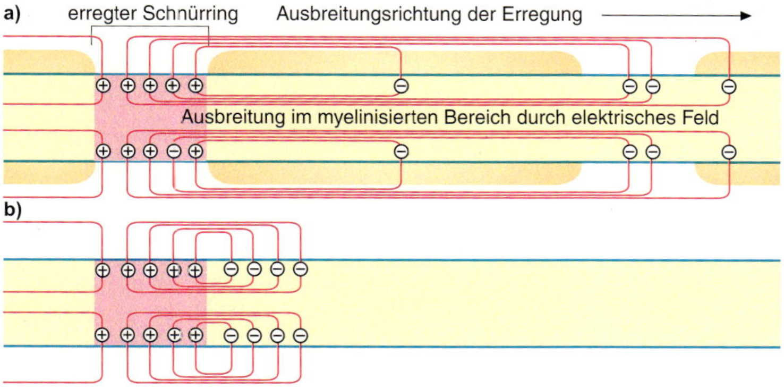

3 Ausbreitung der Erregung mit (a) und ohne Myelinscheide (b)

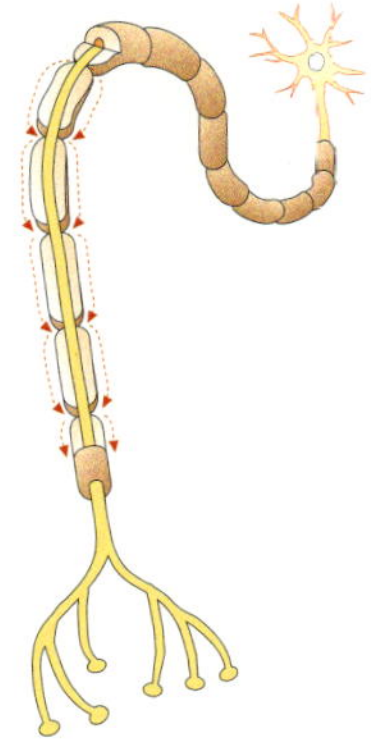

Saltatorische Erregungsleitung

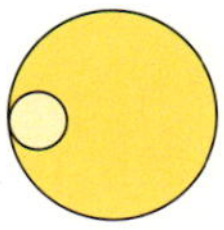

Axondurchmesser bei gleicher Leitungsgeschwindigkeit 20 m/s
400 µm, nicht myelinisiert (Kalmar)
10 µm myelinisiert (Grasfrosch)

Saltatorische Erregungsleitung

Höhere Leitungsgeschwindigkeiten, bis zu etwa 120 m/s, treten an Axonen mit Myelinscheide auf. Aktionspotentiale bilden sich nur an den myelinfreien Schnürringen zwischen den Hüllzellen aus und nur hier gibt es spannungsgesteuerte Natriumionenkanäle. Die nicht myelinisierten Bereiche werden von den Aktionspotentialen scheinbar ohne zeitliche Verzögerung übersprungen. Diesen Leitungsmechanismus bezeichnet man als *saltatorische Erregungsleitung*.

Zwar treten an myelinisierten Axonen ebenfalls Ausgleichsströmchen auf, nur beschleunigen sie die Erregungsausbreitung nicht. Die elektrischen Ladungen sind längs des Axons ungleichmäßig verteilt. Die Myelinschicht bewirkt, dass im myelinisierten Bereich die Dichte der Ladungen geringer ist als an den Schnürringen. Die Ursache der raschen Erregungsleitung erklärt ein Modell, welches das elektrische Feld berücksichtigt.
Jede elektrische Ladung erzeugt ein elektrisches Feld. Es wird durch Feldlinien dargestellt. Sie beginnen an positiven und enden an negativen Ladungen. Jede Veränderung der Ladungsmenge oder der Ladungsverteilung bewirkt eine Veränderung des elektrischen Feldes. Eine Veränderung breitet sich mit Lichtgeschwindigkeit aus und wird mit größerer Entfernung schwächer.

Abb. 3 zeigt die Ladungsverteilung nachdem Natriumionen an einem Schnürring eingeströmt sind. Ihr elektrisches Feld wird im myelinisierten Bereich nur wenig abgeschwächt, weil wenige negative Ladungen vorhanden sind. Es erreicht blitzschnell den benachbarten Schnürring und bewirkt das Verschieben negativer Ladungen. Nun wird hier die Membran depolarisiert und es entsteht ein Aktionspotential. Das elektrische Feld breitet sich im myelinisierten Bereich viel schneller aus als Ionenströmen beim Auftreten der Ausgleichsströmchen. Diese passive Fortleitung von Erregungen durch elektrische Felder, wird als *elektrotonische Ausbreitung* bezeichnet.

Biologische Bedeutung

Die saltatorische Erregungsleitung ist effektiver als die kontinuierliche Erregungsleitung. Sie ermöglicht die gleiche Ausbreitungsgeschwindigkeit bei geringerem Axondurchmesser. Das bedeutet Materialeinsparung. Mit dünneren Axonen ist die Ausbildung komplexerer und leistungsfähigerer Nervensysteme möglich. Weil nur etwa alle 2 Millimeter an den Schürringen Aktionspotentiale entstehen, ist auch der Energiebedarf des Nervensystems geringer.

Aufgaben

① Erklären Sie, weshalb die Geschwindigkeiten bei saltatorischer Erregungsleitung meist höher sind als bei kontinuierlicher Leitung.
② Stellen Sie die energetischen Vorteile der saltatorischen Erregungsleitung dar.

Zettelkasten

Extrazelluläre Ableitung des Aktionspotentials

Das Aktionspotential lässt sich auch durch zwei extrazelluläre Elektroden messen. Läuft ein Aktionspotential über das Axon und erreicht es die erste Elektrode, so wird zwischen den beiden Elektroden eine Spannung aufgebaut. Liegt der erregte Axonabschnitt zwischen den Elektroden, ist die Spannung null. Erreicht er die zweite Elektrode, so entsteht eine Spannung umgekehrter Polariät. Die beiden Signale treten nacheinander auf und geben damit die Zeitspanne an, die das Aktionspotential benötigt, um die Strecke zwischen den beiden Elektroden zurückzulegen.

Aufgabe: Die beiden Elektroden haben einen Abstand von 15 mm. Berechnen Sie die Ausbreitungsgeschwindigkeit der Erregung auf dem Axon.

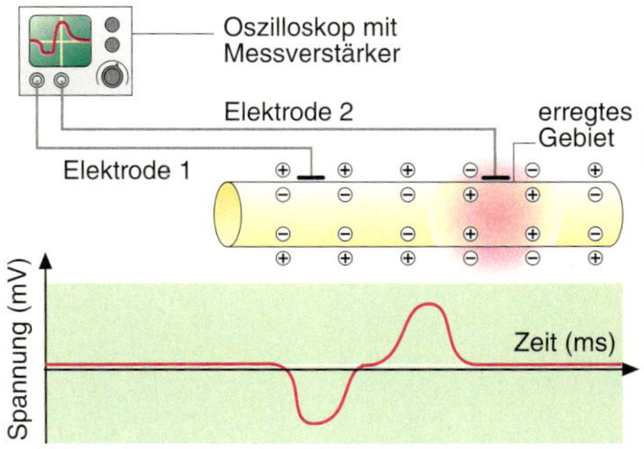

Codierung durch Aktionspotentiale

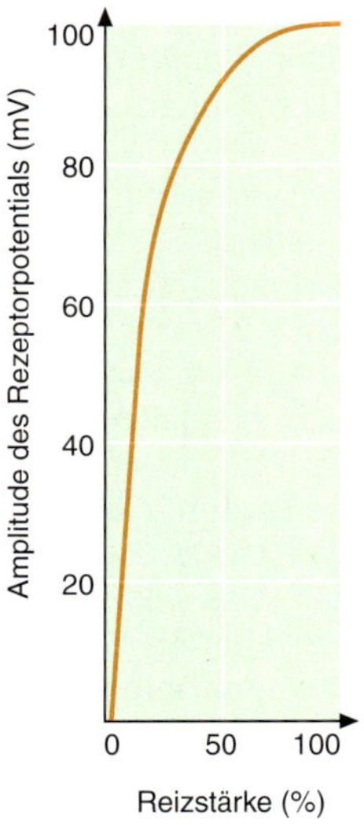

Rezeptorpotential
Membarpotential der gereizten Sinneszelle

Reize aus der Umwelt und auch aus dem Inneren des Körpers werden in Signale des Nervensystems übersetzt. Zur Reizaufnahme findet man bei Tier und Mensch häufig spezialisierte Neuronen, die *primären Sinneszellen* (s. Kasten S. 212). Ihre Dendriten sind reizempfindlich und befinden sich u.a. in Muskelspindeln. Diese liegen im Muskel parallel zu den Muskelfasern. Muskelspindeln reagieren auf die Veränderungen der Länge der Muskelfasern und dienen der Regulation von Bewegungen. Wird die Muskelfaser gedehnt, so werden die Muskelspindeln ebenfalls gedehnt. Dabei werden in einer spezialisierten Region des sensorischen Neurons dehnungsempfindliche Natriumionenkanäle geöffnet. Der Einstrom von Natriumionen depolarisiert die Membran. Diese Depolarisation stellt ein lokales Potential dar und wird als *Rezeptorpotential* bezeichnet. Es breitet sich elektrotonisch aus (s. S. 201). Erreicht es die Bereiche der Zellmembran, die spannungsgesteuerte Natriumionenkanäle enthalten, wird bei überschwelliger Reizung ein Aktionspotential ausgelöst und fortgeleitet.

Reizstärke und Signalcodierung

Eine große Dehnung der Muskelfaser ist ein starker Reiz. Das führt zu einem Rezeptorpotential mit großer Amplitude. Wie Abbildung 1 zeigt, bestimmt die Amplitude des Rezeptorpotentials die Frequenz der ausgelösten Aktionspotentiale. Das heißt, die Stärke eines Reizes ist durch die Frequenz der Aktionspotentiale codiert. Diesen Zusammenhang zwischen Reiz- und Erregungsstärke findet man bei vielen Sinnesorganen. Abbildung 1 zeigt eine weitere typische Eigenschaft von Sinnes- und Nervenzellen. Mit zunehmender Dauer der Reizeinwirkung, sinkt die Amplitude des Rezeptorpotentials und die Frequenz der Aktionspotentiale. Die beteiligten Zellen passen sich der hohen Reizstärke an; sie werden mit der Zeit immer weniger empfindlich, sie *adaptieren*.

Ein drittes typisches Phänomen zeigt die Abbildung der Randspalte. Bei geringer Reizstärke bewirken kleine Veränderungen des Reizes deutliche Veränderungen der Erregung. Bei hohen Reizstärken haben dieselben Änderungen einen kleineren Effekt.

Aufgabe

① Erklären Sie anhand der Abbildung 1 den Zusammenhang zwischen den Reizstärken, den Rezeptor- und Aktionspotentialen. Beschreiben Sie den Einfluss der Reizdauer auf die Erregungsstärke.

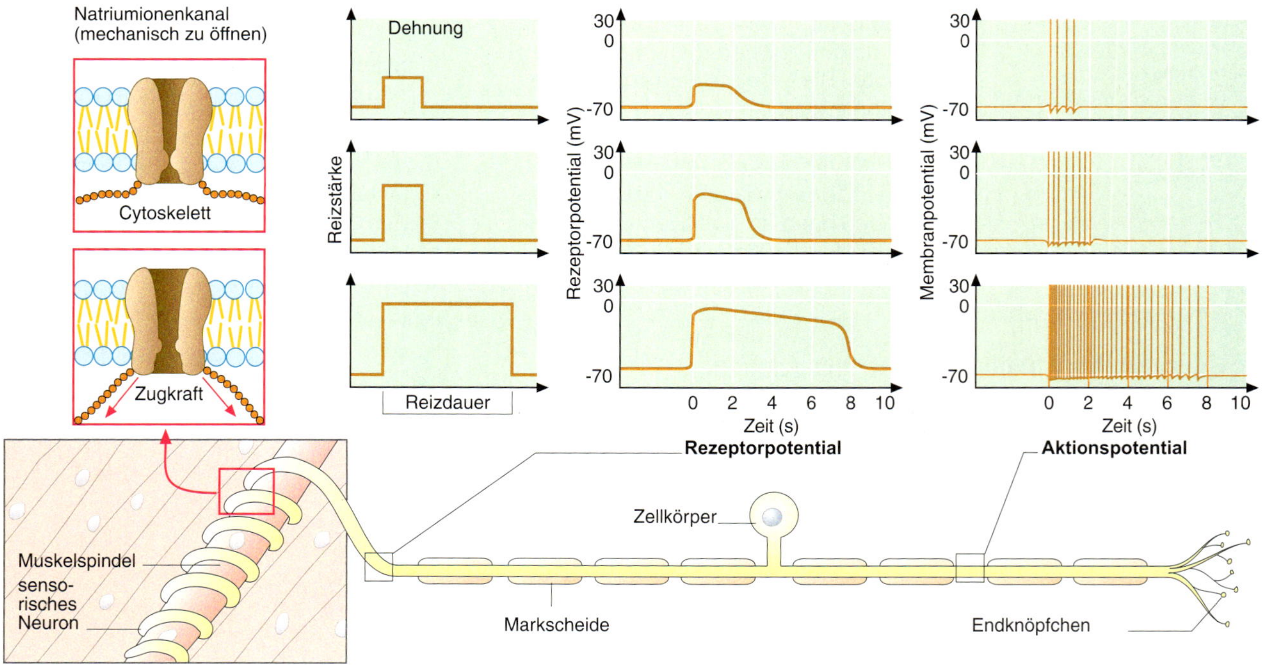

1 Codierung

Material

Neurone

K^+-Konzentration und Ruhepotential

Experimentell kann die K^+-Konzentration extrazellulär leicht verändert werden, indem das Axon in verschiedene Badelösungen getaucht wird. Es wird jeweils das Ruhepotential gemessen.

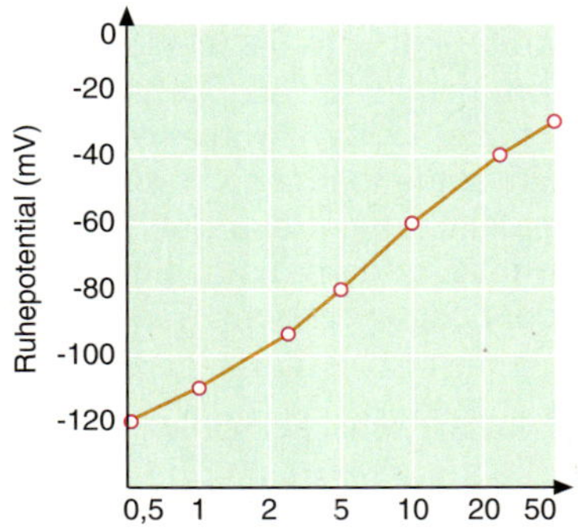

1 Einfluss der K^+-Konzentration

Aufgabe

① Beschreiben Sie die Ergebnisse (Abb. 1) und erklären Sie sie auf Teilchenebene.

Einfluss der Na^+-Konzentration

An isolierten Axonen wird die Na^+-Konzentration der Badelösung schrittweise verringert. Dabei werden die Na^+-Ionen durch Glucosemoleküle ersetzt. Die Aktionspotentiale werden jeweils ausgelöst und registriert. In Abbildung 2 werden Veränderungen im Vergleich zur Amplitude eines Aktionspotentials unter normalen Bedingungen aufgetragen.

Aufgaben

② Zeichnen Sie ein typisches Aktionspotential und tragen Sie die Veränderungen durch die Verringerung der extrazellulären Na^+-Ionenkonzentration ein.

③ Erklären Sie die Beobachtungen mithilfe der Ionentheorie des Aktionspotentials.

④ Was würde passieren, wenn die Na^+-Ionen nicht durch Glucosemoleküle ersetzt werden würde?

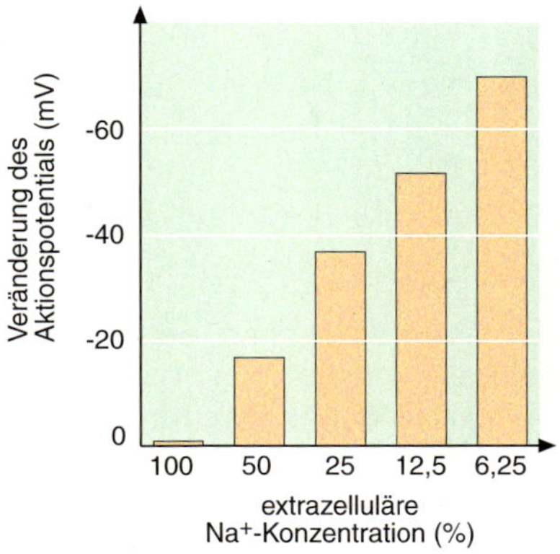

2 Einfluss der Na^+-Konzentration

Vergiftung von Neuronen

Cyanide sind stark giftig, weil sie u. a. die Atmungskette blockieren, sodass kein ATP zur Verfügung gestellt werden kann. Gibt man Cyanide auf Neurone, sind zunächst noch Aktionspotentiale auslösbar. Schließlich können sie aber nicht mehr ausgelöst werden. Zugleich wird das Ruhepotential kleiner.

Aufgabe

⑤ Begründen Sie die Wirkung von Cyaniden auf Neurone.

Leitungsgeschwindigkeit

Die Leitungsgeschwindigkeit eines Nervs am Unterarm wird bestimmt, indem nacheinander je ein kleiner Stromstoß im Ellenbogen und am Handgelenk gesetzt werden (Abb. 3). Die Stellen liegen 27 cm voneinander entfernt. Die Wirkung der ausgelösten Aktionspotentiale wird am Daumenmuskel extrazellulär als Muskelaktionspotential abgeleitet. Auch Muskelzellen zeigen ein Aktionspotential.

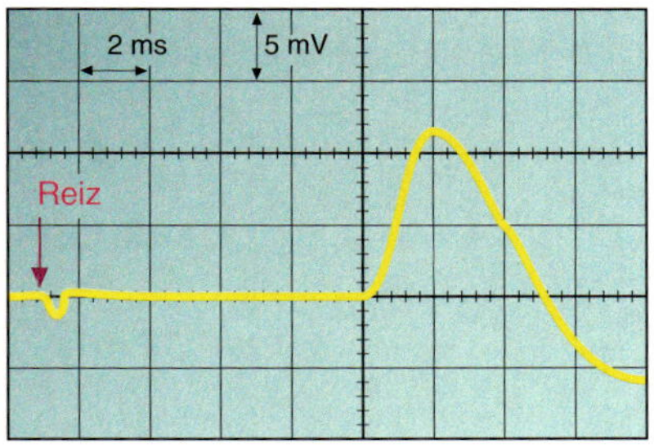

a) nach Reiz am Ellenbogen

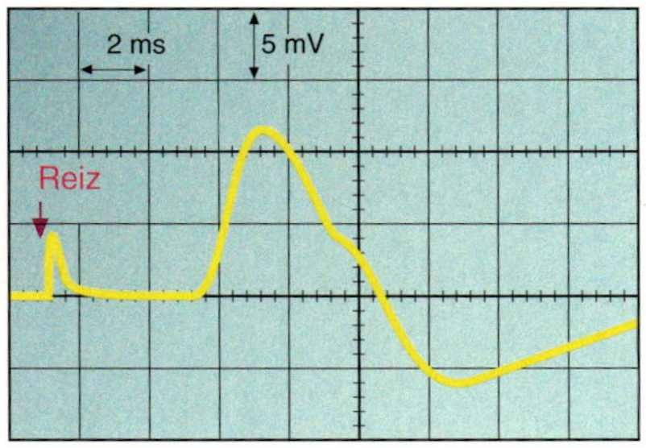

b) nach Reiz am Handgelenk

3 Leitungsgeschwindigkeit

Nervenfasertyp	Fasedurchmesser (µm)	mittlere Leitungsgeschwindigkeit (m/s)	Beispiele
nicht myelinisiert	1	1	langsame Schmerzfaser (Säuger)
	700	25	Riesenfaser (Tintenfisch)
myelinisiert	3	15	sensorische Fasern von Mechanorezeptoren des Muskels (Säuger)
	9	60	Berührungsempfindungen der Haut
	13	80	sensorische Faser von den Muskelspindeln (Säuger)
	13	30	Faser im Rückenmark (Frosch)

Aufgaben

⑥ Berechnen Sie aus den dargestellten Messergebnissen die Leitungsgeschwindigkeit.

⑦ In der nebenstehenden Tabelle sind Beispiele für die mittlere Leitungsgeschwindigkeit unterschiedlicher Neurone angegeben. Leiten Sie aus den Daten die Faktoren ab, welche die Geschwindigkeit der Erregungsleitung beeinflussen und begründen Sie.

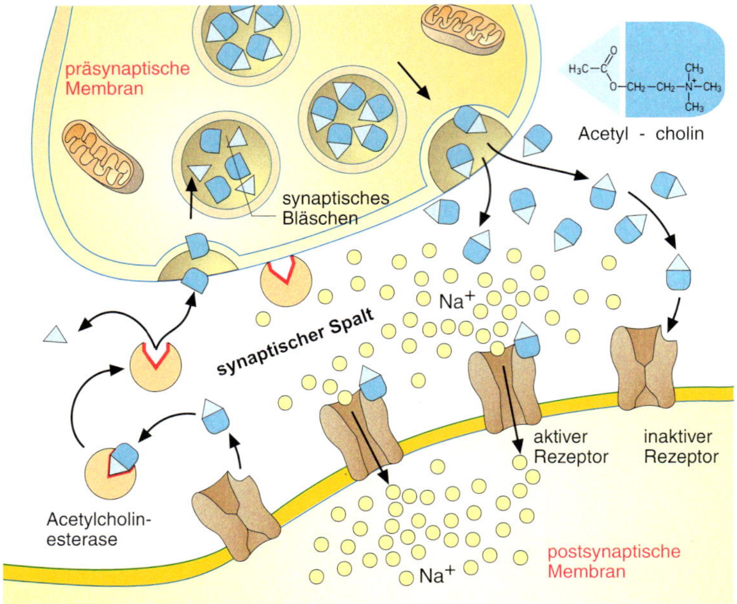

1 Funktionsschema einer Synapse

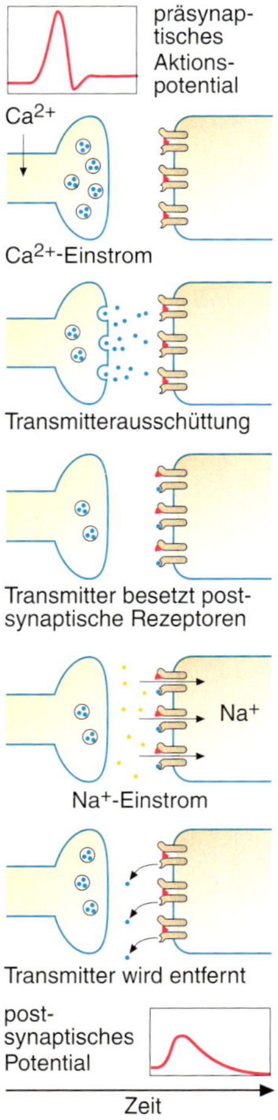

Synapsen

Die Erregungsübertragung zwischen Neuronen erfolgt häufig auf chemischem Weg mit Signalstoffen. Die Verbindungsstelle wird als *chemische Synapse* bezeichnet. Synapsen gibt es zwischen Neuronen, aber auch zwischen Neuronen und Muskelfasern, Drüsenzellen und Sinneszellen. Eine *Synapse* besteht aus dem *Endknöpfchen*, einer Verdickung am Axonende, einem nur elektronenmikroskopisch sichtbaren Spalt von etwa 0,02 μm Breite, dem *synaptischen Spalt*, sowie dem gegenüber liegenden Membranbereich der folgenden Zelle. In den Endknöpfchen befinden sich membranumhüllte Bläschen, die *synaptischen Vesikel*. Sie enthalten einen Überträgerstoffe *(Transmitter)*, zum Beispiel das *Acetylcholin*. Die Zelle und ihre Teile, die vor dem synaptischen Spalt liegen, werden *präsynaptisch* genannt, die dahinter liegenden Teile *postsynaptisch*.

Erregungsübertragung an der Synapse

Erreicht ein Aktionspotential das Endknöpfchen, öffnen sich hier spannungsgesteuerte Calciumionenkanäle. Es strömen Calciumionen entlang des Konzentrationsgefälles ein. Dadurch wandern synaptische Bläschen zur präsynaptischen Membran und verschmelzen mit ihr. Die Transmittermoleküle werden freigesetzt und diffundieren in den synaptischen Spalt. In der postsynaptischen Membran befinden sich Natriumionenkanäle, die eine Bindungsstelle für Transmittermoleküle besitzen. Hieran passt der Transmitter wie ein Schlüssel zum Schloss. Die Transmittermoleküle gehen mit dem Rezeptor eine kurzfristige Bindung ein, was den Kanal vorübergehend öffnet. Es handelt sich um einen *transmittergesteuerten Kanal.*

Durch die geöffneten Ionenkanäle strömen Natriumionen entlang des Konzentrationsgefälles in die postsynaptische Zelle und depolarisieren sie. Je mehr Transmittermoleküle abgegeben werden, desto mehr Ionenkanäle werden geöffnet und desto stärker ist die Depolarisation.
Die Transmittermoleküle werden im synaptischen Spalt von dem Enzym Acetylcholinesterase durch Spaltung (ca. 50 Moleküle/ms) unwirksam gemacht. Das Spaltprodukt Cholin wird zur erneuten Synthese in das Endknöpfchen aufgenommen. Würden die Transmittermoleküle nicht aus dem synaptischen Spalt entfernt, käme es zu einer Dauererregung der postsynaptischen Zelle.

Erregung der postsynaptischen Zelle

Die Depolarisation der postsynaptischen Membran, die von einem Aktionspotential verursacht wird, besteht länger als ein Aktionspotential. Sie breitet sich passiv (elektrotonisch) über den Zellkörper bis zum Axonhügel aus. Nur hier und im Axon befinden sich spannungsgesteuerte Na^+-Ionenkanäle. Erreicht die Depolarisation am Axonhügel den Schwellenwert, so entsteht ein Aktionspotential. Da die Depolarisation ein Aktionspotential auslösen kann, spricht man von einem *erregenden postsynaptischen Potential (EPSP).*

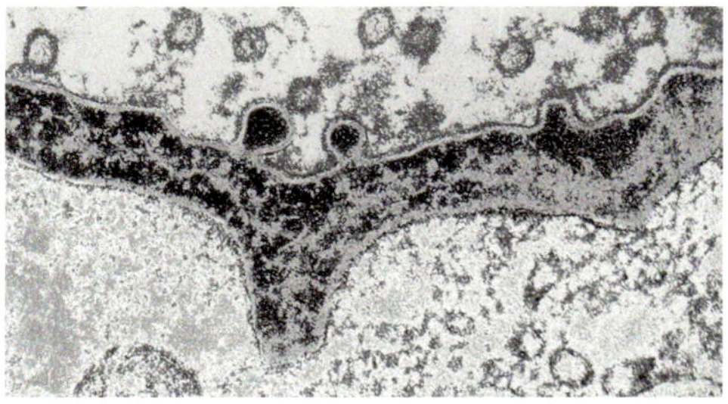

2 Synaptischer Spalt (EM-Aufnahme)

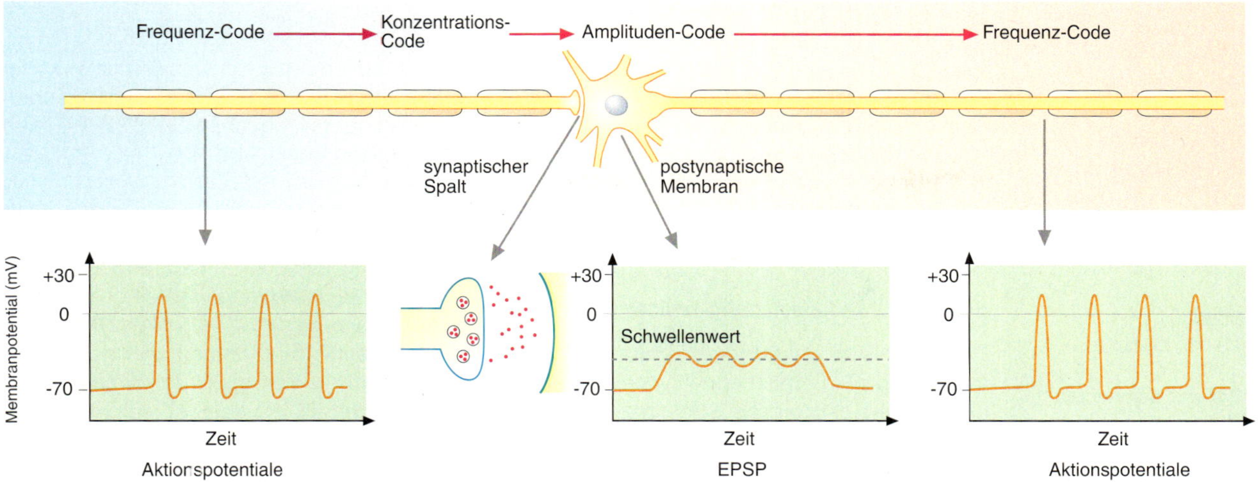

3 Informationscodierung

Codewechsel bei der Informationsleitung

In den Nervenfasern werden Informationen über Reize in Form von Aktionspotentialen geleitet. Die Intensität eines Reizes ist in der Frequenz der Aktionspotentiale verschlüsselt. Hier liegt ein Frequenz-Code vor. Im synaptischen Spalt ist es ein Konzentrations-Code (siehe Abb. 1). Je schneller die Aktionspotentiale aufeinander folgen, desto mehr Transmittermoleküle werden freigesetzt und desto höher ist die Konzentration der Transmittersubstanz.
An der postsynaptischen Zelle wird erneut umcodiert. Die Transmittermoleküle verursachen ein EPSP, dessen Amplitude von der Konzentration der Transmittersubstanz abhängt. Da die Amplitude des Signals variabel ist, spricht man von einem Amplituden Code. Löst das EPSP am Axonhügel der postsynaptischen Zelle Aktionspotentiale aus, so liegt die Information wieder im Frequenz-Code vor.

Die Informationsleitung ist bei Frequenzcodierung störungssicherer als bei Amplitudencodierung. Signalamplituden könnten bei der Fortleitung über lange Strecken abgeschwächt werden. Das würde den Informationsgehalt der Signale verfälschen. Dagegen eignet sich der Amplituden-Code, wie er am Zellkörper auftritt, besonders gut zur Verrechnung der Informationen von vielen Synapsen (siehe S. 206).

Synaptische Verzögerung

Die Erregungsübertragung an der chemischen Synapse erfordert Zeit. Hier kommt es zu einer Verzögerung bei der Informationsleitung von etwa 0,3 bis 0,5 ms.

Das erscheint nicht viel. Doch während die Geschwindigkeit der Informationsleitung im Axon beispielweise 10 m/s beträgt, ist sie im synaptischen Spalt mit etwa 0,05 mm/s zweihunderttausend Mal geringer.

Zettelkasten

Neuromuskuläre Synapse – motorische Endplatte

Über die motorische Nervenzelle werden Aktionspotentiale zum Muskel geleitet. Der Muskel kontrahiert. Das Bindeglied zwischen der Nervenzelle und dem Muskel ist eine spezifische Synapse, die *motorische Endplatte*.
Motorische Endplatten sind größer als die Synapsen zwischen Neuronen; der Aufbau ist jedoch prinzipiell gleich. Auch hier werden durch das Aktionspotential Transmittermoleküle (Acetylcholin) freigesetzt, die an der postsynaptischen Membran – hier ist es die Muskelfasermembran Natriumionenkanäle öffnen. Der Natriumionen Einstrom führt zu einer Depolarisation der Muskelfasermembran. Diese löst ein Muskel-Aktionspotential aus, das sich über die Fasermembran fortpflanzt. Aktionspotentiale bewirken den Einstrom von Calciumionen in die Muskelfaserzelle. Die freigesetzten Calciumionen ermöglichen das Ineinandergleiten von Proteinmolekülen und führen so zur Kontraktion der Muskelfaser.

Synapsengifte

Tödliche Dosis
(Erwachsene):

Botulinumtoxin
0,01 mg (Nahrung)
0,003 mg (Blutbahn)

Coniin
0,5 bis 1 Gramm

Gift der Schwarzen Witwe
ca. 40 mg
Mittlere Giftmenge einer Spinne:
0,22 mg

E605
Im Volksmund auch unter dem Begriff „Schwiegermuttergift" bekannt. Das Gift wurde für viele Morde und Suizide missbraucht.
ca. 250 mg

Viele Pflanzen und Tiere bilden Gifte. Manche wirken an der motorischen Endplatte (siehe Kasten S. 205). Diese Synapsengifte haben unterschiedliche Wirkmechanismen. Allen ist gemeinsam, dass sie die Erregungsübertragung zwischen Nervenzellen und Muskelfasern beeinträchtigen.

Hemmung der Acetylcholin-Freisetzung

Das Bakterium *Clostridium botulinum* lebt anaerob, d. h. in Abwesenheit von Sauerstoff und vergärt organische Substanz. Es kann z. B. in schlecht konservierten Nahrungsmitteln wie Fisch, Fleisch oder Bohnenkonserven auftreten. Konservendosen mit infiziertem Inhalt erkennt man oft daran, dass der Deckel durch die bei der Gärung entstehenden Gase gewölbt ist. Die typischen Vergiftungssymptome wie Kopfschmerzen oder Muskelschwäche setzen 4 bis 24 Stunden nach dem Verzehr ein. Der Tod erfolgt durch Atemlähmung oder Herzstillstand. *Botulinumtoxin* ist eines der stärksten Gifte. Durch Kochen wird es unwirksam. Das Gift zersetzt ein Protein in der Membran der synaptischen Bläschen, das die Verschmelzung der Bläschen mit der präsynaptischen Membran ermöglicht. Damit blockiert es die Übertragung der Erregungen von Nervenzellen auf Muskelfasern (Abb. 1b). Botulinumtoxin wird als „Botox" in der kosmetischen Medizin gegen Faltenbildung eingesetzt. Auch bei krankhaften Verkrampfungen kommt es zur Anwendung.

Die *Schwarze Witwe* ist eine Spinne, die in den südlichen US-Bundesstaaten verbreitet ist, aber auch im Mittelmeerraum vorkommt. Giftig sind nur die Weibchen. Nach einem Biss treten Schüttelfrost, Schmerzen und Atemnot auf. Manchmal tritt der Tod durch Atemlähmung ein. Das Gift bewirkt die gleichzeitige Entleerung aller synaptischen Bläschen der motorischen Endplatten in den synaptischen Spalt (Abb. 1a).

Blockade des Acetylcholin Rezeptors

Coniin ist das Gift des Gefleckten Schierlings *(Conium maculatum)*, einer einheimischen Pflanze. Es verursacht bei vollem Bewusstsein eine schlaffe Lähmung und schließlich den Tod durch Versagen der Atemmuskulatur. Der Wirkstoff verbindet sich reversibel mit den Rezeptoren für Acetylcholin an der postsynaptischen Membran, ohne die Natriumionenkanäle zu öffnen (Abb. 1c).

Hermmung der Cholinesterase

Alkylphosphate sind organische Phosphorsäureester und Bestandteil von Insektiziden (z. B. E605, seit 2002 verboten), Weichmachern in Kunststoffen und von chemischen Kampfstoffen *(Tabun, Sarin)*. Einige Alkylphosphate verbinden sich mit dem Enzym Acetylcholinesterase und hemmen es irreversibel. Als Folge kommt es zu einer Verkrampfung der Skelettmuskulatur und schließlich zum Tod durch Atemlähmung.

Aufgaben

① Stellen Sie für die Synapsengifte eine Tabelle auf mit Wirkort und Wirkungen.
② Erläutern Sie, welche Vorgänge an der motorischen Endplatte zu Krämpfen und welche zu Lähmungen führen können.
③ Botulinumtoxin ist eines der stärksten Gifte. Es lässt sich durch Kochen zerstören. Entwickeln Sie eine Hypothese zum chemischen Aufbau der Substanz und erklären Sie die beiden Befunde.

a b c

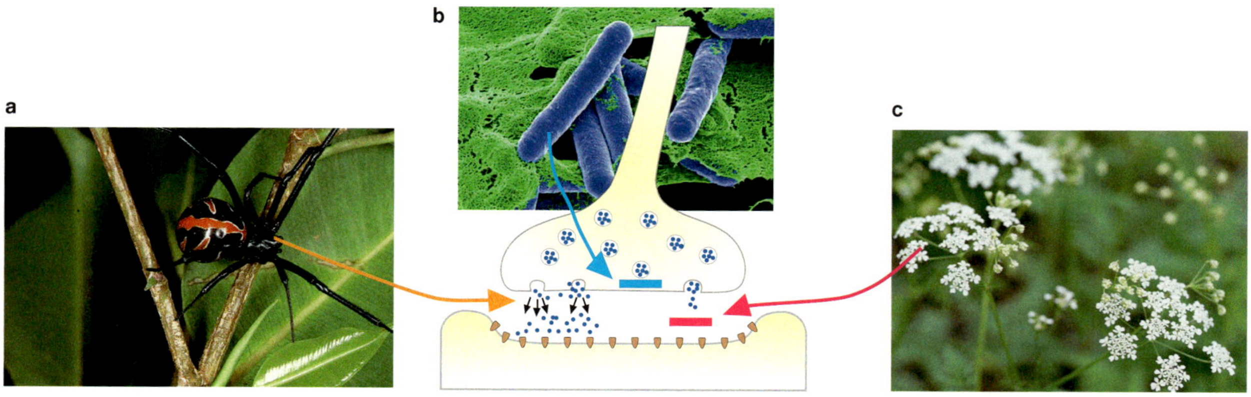

1 Wirkung der Gifte von Schwarze Witwe, Clostridium botulinum und Schierling an der Synapse

Material

Synapsengifte als Arzneimittel

Synapsengift in der Medizin

Der Wirkstoff *Tubocurarin* wird bei chirurgischen Eingriffen zur Muskelerschlaffung eingesetzt. Er ermöglicht es beispielsweise, die Atembewegungen des Patienten bei Operationen am offenen Brustkorb auszuschalten.

Nach Beendigung der Operation kann die muskelerschlaffende Wirkung durch Injektion der Substanz Neostigmin wieder aufgehoben werden. Neostigmin ist ein Alkylphosphat, das reversibel an die Acetylcholinesterase bindet und das Enzym nur für kurze Zeit hemmt.

Aufgaben

① Begründen Sie, was sich aufgrund der Wirkung von Neostigmin über den genauen synaptischen Wirkort von Tubocurarin aussagen lässt. Nennen Sie einen weiteren Stoff, der vergleichbar wirkt.
② Erläutern Sie, welche Bindungseigenschaften ein synaptischer Hemmstoff aufweisen muss, damit er therapeutisch einsetzbar ist.
③ Erläutern Sie, was gegen die Verwendung von Alkylphosphaten wie E605 oder Sarin spricht, um die Wirkung von Tubocurarin aufzuheben.

Atropin ist das Gift der Tollkirsche *(Atropa belladonna)* und anderer Nachtschattengewächse. Es besetzt die Natriumionenkanäle in den Synapsen des Herzens und weiterer innerer Organe. Es wirkt aber auch in der Irismuskulatur des Auges, die bei Aktivierung die Iris vergrößert und damit die Pupille weitet.

Aufgaben

④ Erläutern Sie, weshalb häufig vor einer augenärztlichen Untersuchung Atropin auf das Auge getropft wird.
⑤ Geben Sie eine Erklärung dafür, dass die Wirkung von Atropin nach einiger Zeit nachlässt und schließlich verschwindet.
⑥ Begründen Sie, weshalb sich Atropin als Gegenmittel bei einer Vergiftung mit einem Acetylcholinesterase Hemmstoff eignet.
Erläutern Sie welche Vorgänge an einer Synapse ablaufen, wenn Gift und Gegengift zugleich vorhanden sind.

Wirkort von Curare

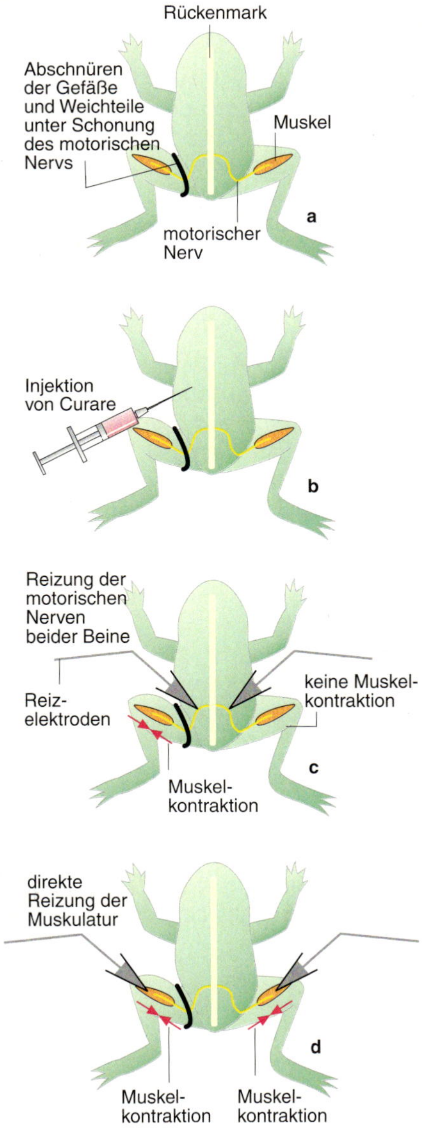

Curare ist ein Gemisch verschiedener Pflanzengifte, mit dem Indianer Südamerikas die Spitzen ihrer Jagdpfeile bestreichen. Gelangt das Gift in den Blutstrom des Beutetiers, kommt es zu einer raschen Lähmung der Skelettmuskulatur. Das Gift könnte an Nerven, Synapsen oder der Muskulatur seine Wirkung entfalten. An welcher Stelle Curare im Organismus wirkt, klärt das in der Abbildung dargestellte historische Experiment. Es wurde bereits 1857 von CLAUDE BERNARD durchgeführt.

Aufgaben

⑦ Beschreiben Sie das Experiment und seine Ergebnisse.
⑧ Erklären Sie, welche Aussage das Experiment über Wirkort und Wirkungsweise von Curare ermöglicht.

Erkrankung Myasthenia gravis

Myasthenia gravis bedeutet schwere Muskelschwäche. Von 100 000 Menschen sind etwa 5 bis 7 betroffen. Die Patienten leiden unter Ermüdungserscheinungen der Skelettmuskulatur, die sich im Laufe des Tages und vor allem unter körperlicher Belastung verstärken. Den Patienten sinken die Augenlider herab oder ihre Mimik ist gestört, manche haben Probleme beim Sprechen. Bei Ruhe bessern sich die Symptome wieder. In schweren Fällen kann die Krankheit durch Versagen der Schluck- und Atemmuskulatur tödlichen Verlauf nehmen.
Bei der Krankheit liegt eine Störung der Erregungsübertragung zwischen Nervenzellen und Muskelfasern vor. Ursache ist eine Autoimmunerkrankung: Das Immunsystem bildet Antikörper gegen Acetylcholinrezeptoren, sodass diese blockiert werden. Auf Grundlage dieser Kenntnisse wurden neue Therapieverfahren entwickelt. Die Behandlungsmöglichkeiten sind günstig, viele Patienten sind nahezu symptomfrei und wieder berufsfähig.

Aufgaben

⑨ Erläutern Sie den Zusammenhang zwischen der Bildung von Antikörpern, die sich gegen den Acetylcholinrezeptor richten und dem Auftreten der beschriebenen Symptome bei Myasthenia gravis.
⑩ Schlagen Sie auf der Grundlage der molekularen Ursache der Krankheit eine mögliche medikamentöse Behandlung vor und erläutern Sie Ihren Vorschlag.

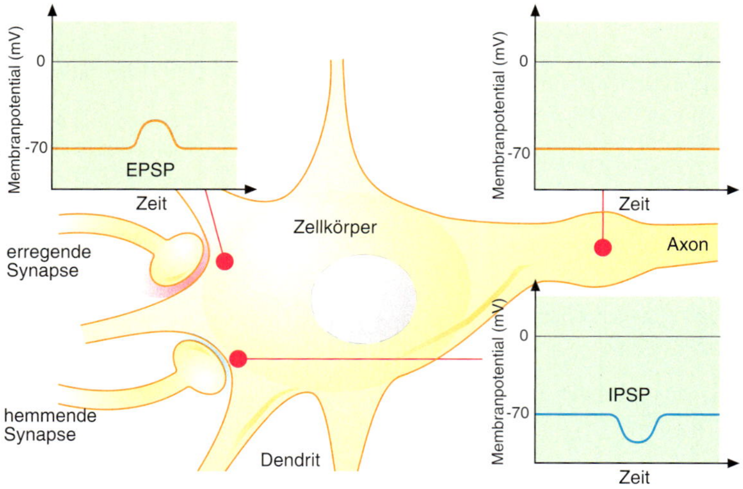

1 Erregende und hemmende Synapse

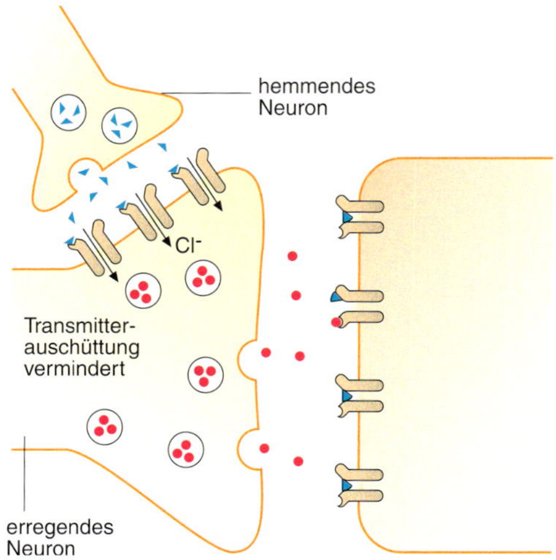

2 Präsynaptische Hemmung

Verschaltung von Nervenzellen

Ein Neuron im Zentralnervensystem ist mit vielen anderen Neuronen verbunden. Es empfängt Signale von bis zu 10 000 Synapsen und verrechnet sie. Je nachdem wie stark die Membran am Axonhügel depolarisiert wird, sendet das Neuron Aktionspotentiale in verschiedener Frequenz weiter.

Erregende und hemmende Synapsen

Im Nervensystem findet man zwei Typen von Synapsen, die äußerlich nicht zu unterscheiden sind: *erregende* und *hemmende Synapsen*. Im Zentralnervensystem kommen sie etwa gleich häufig vor. Im Unterschied dazu arbeiten neuromuskuläre Synapsen immer erregend. Während erregende Synapsen an der postsynaptischen Membran zu einer Depolarisation führen, bewirken hemmende Synapsen eine *Hyperpolarisation*.

Dabei setzen die Endknöpfchen Transmittermoleküle frei, die Chloridionenkanäle in der postsynaptischen Membran öffnen. Durch den Einstrom negativ geladener Chloridionen sinkt das Membranpotential unter den Ruhewert und entfernt sich von der Schwelle, ab der ein Aktionspotential ausgelöst werden könnte (siehe Abbildung 1). Es entsteht ein *inhibitorisches postsynaptisches Potential (IPSP)*.

Präsynaptische Hemmung

Ein weiterer wirkungsvoller Kontrollmechanismus bei der Weiterleitung von Erregungen ist die *präsynaptische Hemmung* (Abb. 2). Sie ist bedeutsam für die Regulation von Muskelbewegungen. Die hemmenden Synapsen setzen am Endknöpfchen einer erregenden Synapse an und bewirken eine verminderte Ausschüttung des erregenden Transmitters.

Durch die Öffnung von Chloridionenkanälen und dem Einstrom von Chloridionen ins Endknöpfchen wird die depolarisierende Wirkung ankommender Aktionspotentiale verringert. Infolgedessen wird der Calciumioneneinstrom reduziert und die Transmitterfreisetzung vermindert. Das EPSP des weiterleitenden Neurons bleibt dadurch unter dem Schwellenwert, sodass dort kein Aktionspotential ausgelöst wird.

Räumliche Summation

Über die Synapsen, die am Zellkörper eines Neurons liegen, können zur gleichen Zeit viele Erregungen das postsynaptische Neuron erreichen. Werden gleichzeitig mehrere räumlich getrennte erregende Synapsen aktiviert, so zeigt sich dies in Form einer größeren Amplitude des EPSP am Zellkörper (siehe Abbildung 3). Man spricht von einer *räumlichen Summation*.
Je näher eine Synapse am Axonhügel ist, desto stärker ist ihr EPSP, das sie am Axonhügel hervorruft.

Häufig reicht das durch ein präsynaptisches Aktionspotential hervorgerufene EPSP nicht aus, um ein postsynaptisches Aktionspotential auszulösen. Vereinzelt eintreffende prä-

EPSP
erregendes postsynaptisches Potential

IPSP
inhibitorisches postsynaptisches Potential

Inhibitorisch
lat. inhibere = hindern, zurückhalten

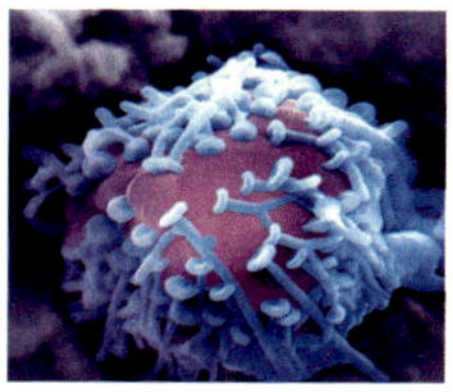
Synapsen (REM-koloriert)

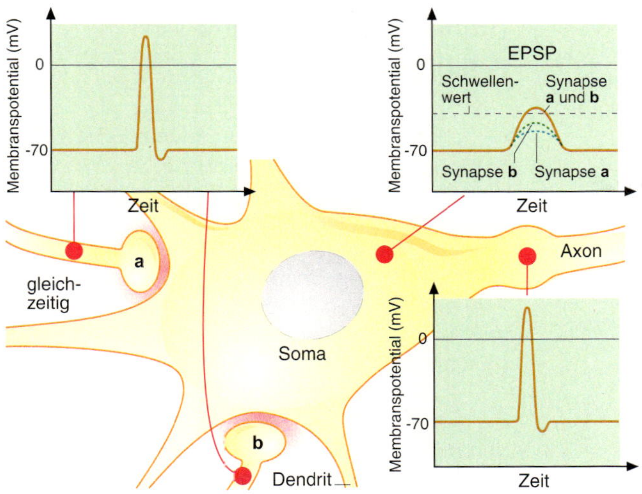

3 Räumliche Summation

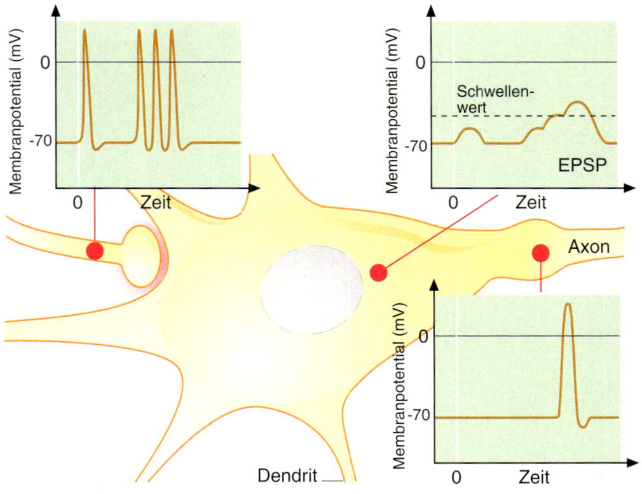

4 Zeitliche Summation

synaptische Aktionspotentiale werden nicht weitergeleitet. Nur die Summation der erregenden Potentiale, die von mehreren Synapsen herrühren, führt am Axonhügel zur überschwelligen Depolarisation. Am postsynaptischen Axon entsteht erst ein Aktionspotential, wenn präsynaptisch mehrere Aktionspotentiale zugleich eintreffen.

Zeitliche Summation

Gelangen über ein präsynaptisches Neuron in einem Zeitraum von einigen Millisekunden nacheinander mehrere Aktionspotentiale an eine Synapse, so können sie am postsynaptischen Neuron Aktionspotentiale auslösen (Abbildung 4). Das postsynaptische Potential, das ein Aktionspotential erzeugt, baut sich nur allmählich ab.

Erreichen Aktionspotentiale eine Synapse in rascher Folge, so addiert sich das jeweils folgende postsynaptische Potential zu dem noch vorhandenen. Die Amplitude des entstehenden EPSP ist wesentlich größer als bei einzelnen Aktionspotentialen. Durch diese zeitliche Summation kann am Axonhügel des postsynaptischen Neurons ein Aktionspotential ausgelöst werden.

Zeitliche und räumliche Summation sind auf den gleichen Vorgang zurückzuführen. Treffen präsynaptische Aktionspotentiale an verschiedenen Synaspen gleichzeitig oder an einer Synapse kurz nacheinander ein, so ist die Menge ausgeschütteter Transmittermoleküle größer als bei einem einzelnen Aktionspotential. Dies führt zu einem stärkeren EPSP.

Auch der gegenteilige Effekt tritt auf. Durch die Aktivität hemmender Synapsen wird das postsynaptische Potential verringert. Sind gleichzeitig auch erregende Synapsen aktiv, so ist die Entstehung postsynaptischer Aktionspotentiale erschwert.

Signalverarbeitung in komplexen Systemen

Die Summation von EPSP und IPSP zeigt grundlegende Mechanismen der Verarbeitung von Signalen im Nervensystem. Beim Eintreffen eines Reizes wird im Nervensystem eine sehr große Anzahl von Nervenzellen aktiviert. Folglich ist ein Rückschluss auf das Zustandekommen bestimmter Sinneseindrücke oder das Entstehen von Reaktionen aufgrund von Potentialmessungen an wenigen Neuronen nur selten möglich.

Aufgaben

1. Erläutern Sie den Unterschied zwischen erregenden und hemmenden Synapsen.
2. Im Nervensystem können Synapsen, bei denen Acetylcholin die Transmittersubtanz darstellt, sowohl hemmend als auch erregend wirken. Erklären Sie dieses Phänomen.
3. Beschreiben und erklären Sie, wie sich die Schaubilder in Abb. 1 (linke Seite) ändern würden, wenn sich die erregende bzw. die hemmende Synapse näher am Axonhügel befinden würde.
4. Erläutern Sie, was man unter räumlicher und zeitlicher Summation versteht. Begründen Sie, inwiefern sich die beiden Vorgänge an einem Neuron überlagern können.

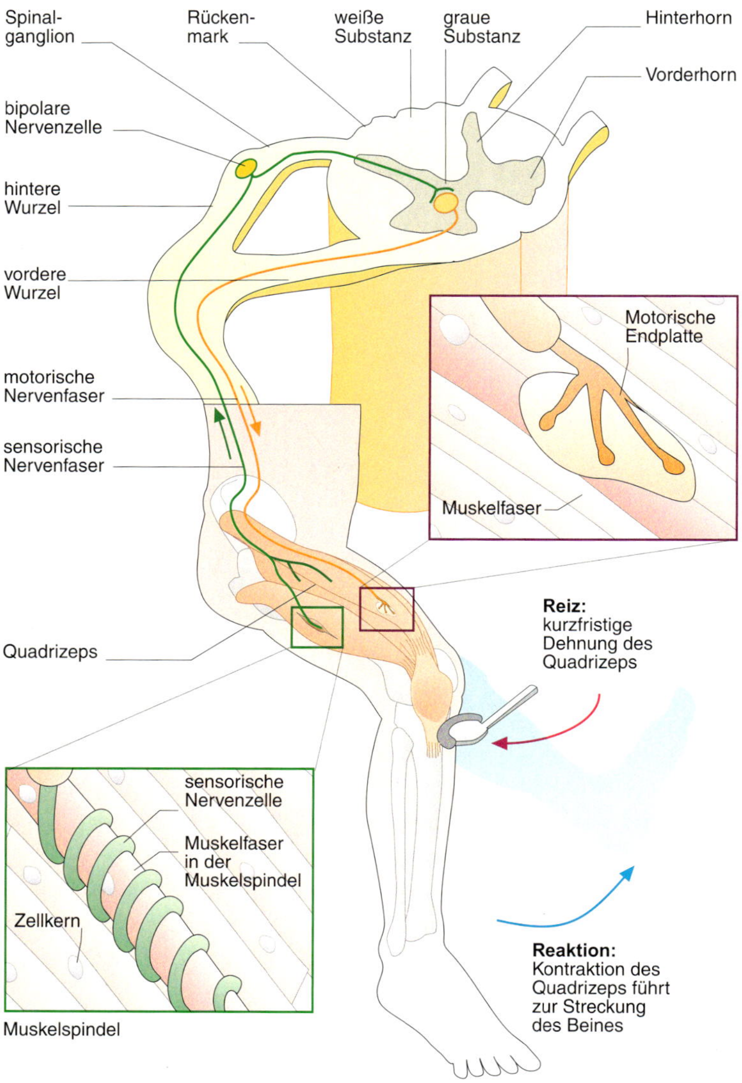

1 Reflexbogen beim Kniesehnenreflex

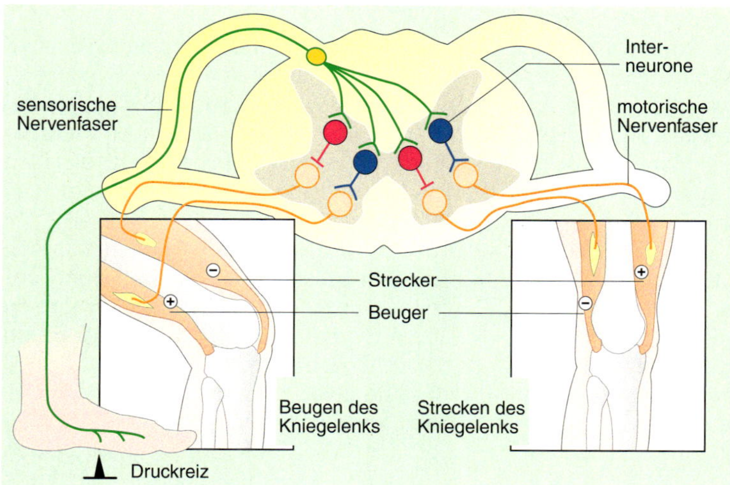

2 Gekreuzter Beuger-Strecker-Reflex

Reflexe und neuronale Verschaltung

Im Laufe der Entwicklung eines Lebewesens bilden sich im Nervensystem vielerlei Verschaltungen aus, die bei allen Individuen einer Art gleiche Leistungen ermöglichen. Diese Verschaltungen sind genetisch bedingt und ermöglichen u. a. Reflexe. Das sind schnelle, stets in gleicher Form ablaufende unwillkürliche Reaktionen, die durch einen bestimmten Reiz ausgelöst werden.

Es gibt einige Reflexe beim Menschen, an denen erkennbar ist, dass die Handlung automatisch und völlig unbewusst abläuft. So wird der Hustreflex ausgelöst, wenn feste oder flüssige Stoffe in die Atemwege eindringen und mechanisch gereizt werden. Ohne bewusstes Zutun hustet man. Selbst das willentliche Unterdrücken ist manchmal nicht möglich. Vergleichbar ist der Lidschlussreflex. Wenn unerwartet ein Luftstrom auf das Auge trifft, wird das Augenlid geschlossen. Die neurobiologische Grundlage der Reflexe ist eine einfache Verschaltung von Nervenzellen, die eine besonders kurze Reaktionszeit ermöglicht. Das ist wichtig, weil viele Reflexe dazu dienen, den Körper zu schützen.

Der Reflexbogen als Modell

Die neuronale Verschaltung, die einen Reflex ermöglicht, liegt im Reflexzentrum vor. Beim Menschen befinden sich Reflexzentren im Rückenmark und in Teilen des Gehirns. Die zugrunde liegende Verschaltung lässt sich als Reflexbogen darstellen (Abb 3). Er beginnt mit einem sensiblen Neuron oder einer Sinneszelle, an der ein Reiz zu einer Erregung führt. Diese wird über eine sensorische Nervenzelle zum Reflexzentrum geleitet. Dort erfolgt die Umschaltung auf ein motorisches Neuron, das zum reagierenden Organ *(Effektor)* führt. Es sind jeweils mehrere sensorische und motorische Nervenzellen beteiligt, deren Nervenfasern zu Nerven gebündelt sind.

Kniesehnenreflex

Ein vorsichtiger Schlag auf ein entspanntes, abgewinkeltes Bein unmittelbar unter der Kniescheibe löst ein unwillkürliches Hochschnellen des Unterschenkels aus (*Kniesehnenreflex*, Abb. 1). Der Schlag bewegt die Sehne in den Gelenkspalt und führt so zur Dehnung des Quadrizepsmuskels im Oberschenkel.

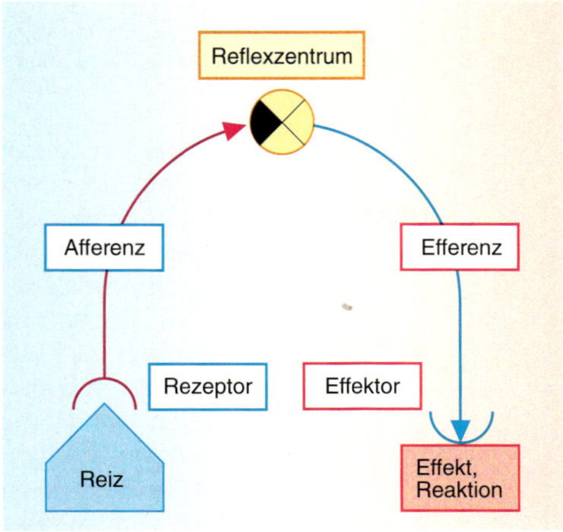

3 Reflexbogen

Reflex
Reiz-Reaktions-Zusammenhang, bei dem ein bestimmter Reiz bei allen Individuen einer Art dieselbe rasche, unwillkürliche Reaktion hervorruft.

Interneurone
Neurone mit kurzen Axonen, die nur innerhalb des ZNS verlaufen, der Verschaltung dienen und häufig hemmende Synapsen besitzen.

Die Muskelspindeln in den Skelettmuskeln (siehe S. 202) werden gereizt (siehe Abb. 4). Über *sensorische Nerven* gelangen Erregungen zum Zentralnervensystem. In der grauen Substanz des Rückenmarks sind die sensorischen Neuronen durch Synapsen direkt mit motorischen Neuronen verbunden. Diese senden Aktionspotentiale zum Quadrizepsmuskel. Das bewirkt die Kontraktion, die den Unterschenkel hochschnellen lässt. Dabei werden die Erregungen der sensorischen Bahn durch eine Synapse auf die motorische Bahn übertragen; es liegt ein *monosynaptischer Reflex* vor.

Beuger-Strecker-Reflex

Tritt man mit dem Fuß auf einen spitzen Gegenstand, so hebt man unwillkürlich das Bein an und streckt zugleich das andere. Bei diesem gekreuzten Beuger-Strecker-Reflex (Abb. 2) sind Muskeln beider Beine beteiligt. Dabei erfolgt eine Übertragung des sensorischen Signals auf die motorischen Neuronen durch Interneurone. Das ist ein polysynaptischen Reflex. Die Aktivierung des Beugemuskels in dem Bein, das den Druckreiz erhält, ermöglichen Interneurone mit aktivierenden Synapsen. Interneurone mit hemmenden Synapsen hemmen die Neuronen des Streckmuskels. Die Muskulatur des Standbeins wird über die Interneurone gegensinnig beeinflusst: Der Streckmuskel wird über Interneurone aktiviert und der Beugemuskel inaktiviert.

Reaktionszeit bei Reflexen

Die Reaktionszeiten bei Reflexen variieren u.a. deshalb, weil die neurale Verschaltung unterschiedlich komplex ist. Während bei monosynaptischen Reflexen eine weitgehend konstante Reaktionszeit auftritt – beim Kniesehnenreflex etwa 30 ms – liegt sie bei polysynaptischen Reflexen zwischen 60 ms und 200 ms.

Aufgaben

① Beschreiben Sie anhand Abb. 1, welche Strukturen zum Reflexbogen gehören.
② Erklären Sie mit Abb. 4, welche Signale im Nervensystem bei einem Reflex autreten.
③ Bei Verdacht auf Verletzungen des zentralen Nervensystems prüfen Ärzte ihre Patienten auf das Vorhandensein von Reflexen. Begründen Sie diese Untersuchungsmethode. Informieren Sie sich über Reflexe, die in solchen Verdachtsfällen geprüft werden.

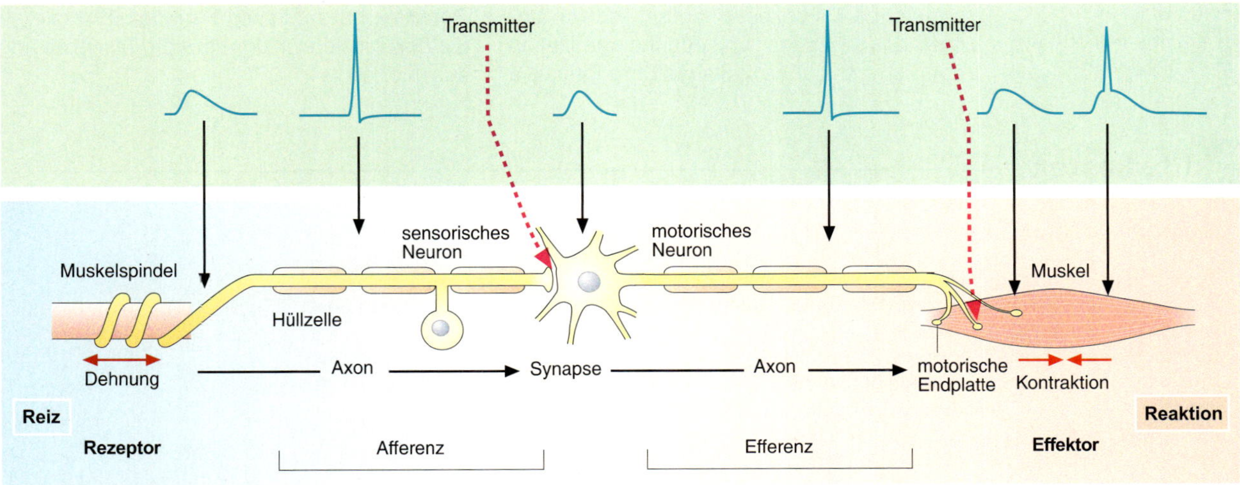

4 Vom Reiz zur Reaktion

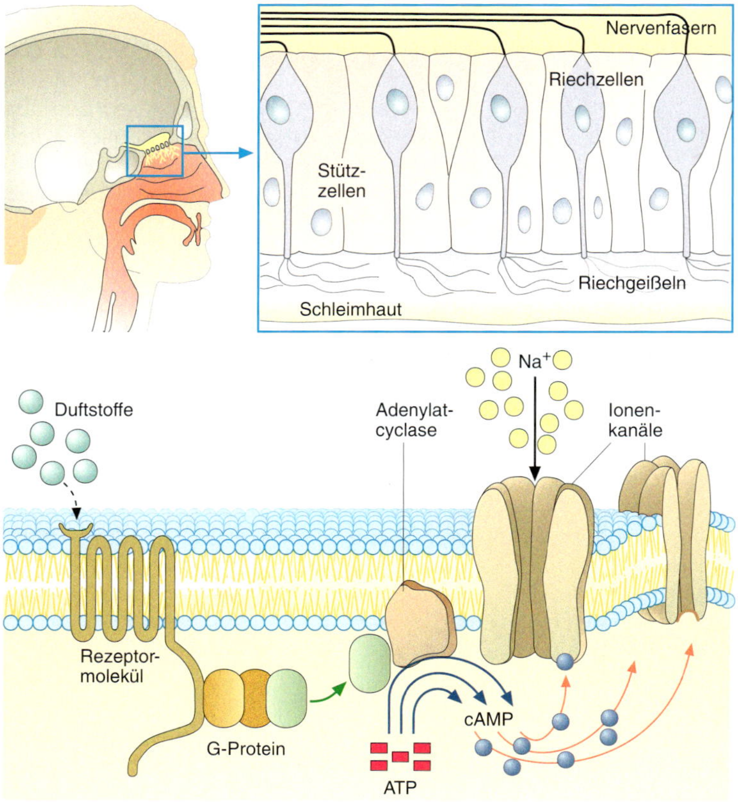

1 Riechepithel und Membran der Riechzelle

Transduktion
Umwandlung von Reizen in Erregungen

Sekundärer Botenstoff
Signalstoff, der als Folge eines extrazellulären Signals in der Zelle gebildet wird

Sinneszellen reagieren auf Reize

In allen Sinnesorganen befinden sich Zellen, mit denen Reize in Wechselwirkung treten. Die molekularen Vorgänge lassen sich am Beispiel von Riechsinneszellen erkennen. Vergleichbare Prozesse laufen auch in anderen Sinneszellen ab. Riechsinneszellen tragen lange, dünne Zellausstülpungen, die Riechgeißeln. Sie enthalten in der Zellmembran Rezeptormoleküle, die sich mit einem Duftstoffmolekül, dem *primären Botenstoff*, verbinden können. Der Kontakt mit einem Duftstoffmolekül verändert die Raumstruktur des Rezeptormoleküls. Dadurch wird ein Protein (G-Protein), das an das Rezeptormolekül gekoppelt ist, verändert. Infolge löst sich eine Kompenente ab. Sie aktiviert das Enzym Adenylatcyclase, das an der Innenseite der Zellmembran gebunden ist. Dieses Enzym wandelt ATP in zyklisches AMP (cAMP) um. Dieses Molekül stellt einen *sekundären Botenstoff* dar, der sich an die Bindungsstellen der Natriumionenkanäle in der Zellmembran anlagert und sie so öffnet. Durch den Einstrom von Natriumionen entsteht ein Rezeptorpotential. Nach einiger Zeit wird das Duftstoffmolekül am Rezeptormolekül enzymatisch abgebaut und die Adenylatcyclase inaktiviert. Nun bildet sich wieder das Ruhepotential aus.

Transduktion und Verstärkung

Die Vorgänge, die zur Ausbildung eines Rezeptorpotentials führen, werden als *Transduktion* bezeichnet. Dabei kommt es zur Verstärkung der durch den Reiz eingeleiteten Reaktionen. Diese intrazellulläre Signalverstärkung besteht darin, dass ein Duftstoffmolekül ein Enzymmolekül (Adenylatcyclase) aktiviert, das dann seinerseits etwa 1 000 Moleküle cAMP bilden kann, die Ionenkanäle öffnen. Dadurch entsteht ein Rezeptorpotential. Diese Reizantwort transportiert ein Vielfaches mehr an Energie als mit dem Reiz auf die Zelle übertragen wird. Der Reiz hat nicht die Funktion Energie an die Zelle zu liefern, sondern die Transduktion auszulösen.

Zettelkasten

Übersicht Sinneszellen

1. Primäre Sinneszellen besitzen neben Reiz aufnehmenden Strukturen auch Axone, die Erregungen in Form von Aktionspotentialen über größere Strecken weiterleiten. Man findet sie beispielsweise in den Muskelspindeln (siehe S. 202) oder der Riechschleimhaut
2. Sekundäre Sinneszellen sind stark spezialisierte Zellen (z. B. Lichtsinneszellen, Haarsinneszellen oder Geschmacksinneszellen) und stehen in synaptischem Kontakt mit sensorischen Neuronen.
3. Freie Nervenendigungen besitzen verzweigte Dendriten, die in das Axon übergehen. Der Zellkörper liegt meist seitlich. Sie kommen beispielsweise in der Haut vor und vermitteln den Schmerzsinn.

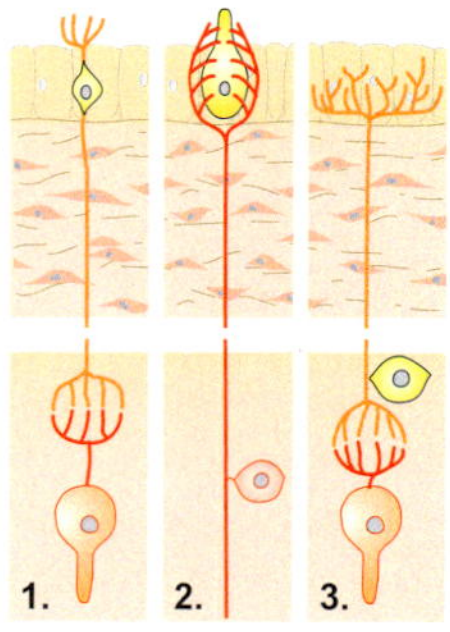

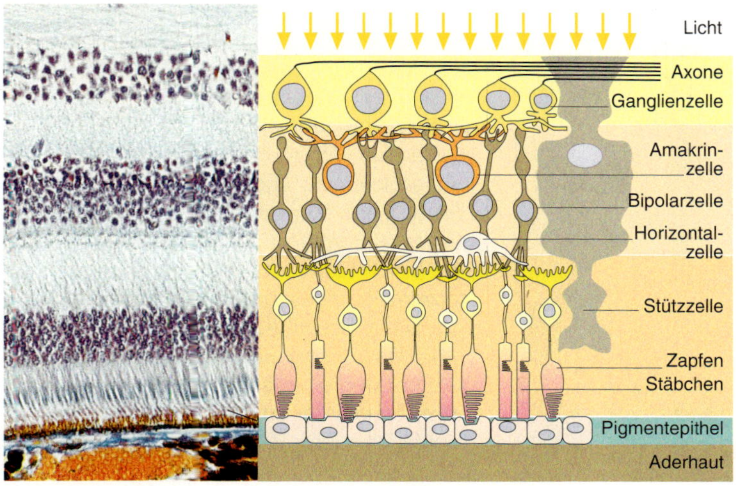

2 Netzhautquerschnitt

Zellen in der Netzhaut des Menschen
Stäbchen
ca. 120 Millionen,
Zapfen
ca. 6 Millionen,
Ganglienzellen
ca. 1 Million

Bau der Netzhaut

Die *Netzhaut* ist die innerste Schicht der Augenwand (siehe Grundlagenseite 16/17) und grenzt an das Pigmentepithel. Abbildung 1 zeigt das lichtmikroskopische Bild der Netzhaut. Sie besteht im Wesentlichen aus drei Zellschichten. Gut sichtbar sind die stark angefärbten Zellkerne. Die erste Schicht wird von den Lichtsinneszellen gebildet. Sie liegen am Pigmentepithel. Die Lichtsinneszellen haben synaptische Kontakte zu *Bipolarzellen*. Diese Neuronen bilden die zweite Schicht und leiten Signale weiter in die dritte Schicht mit den *Ganglienzellen*. Ihre Nervenfasern vereinigen sich zum Sehnerv. Außerdem befinden sich in der Netzhaut *Horizontalzellen* und *Amakrinzellen*. Sie verschalten Lichtsinneszellen sowie Bipolar- und Ganglienzellen untereinander.

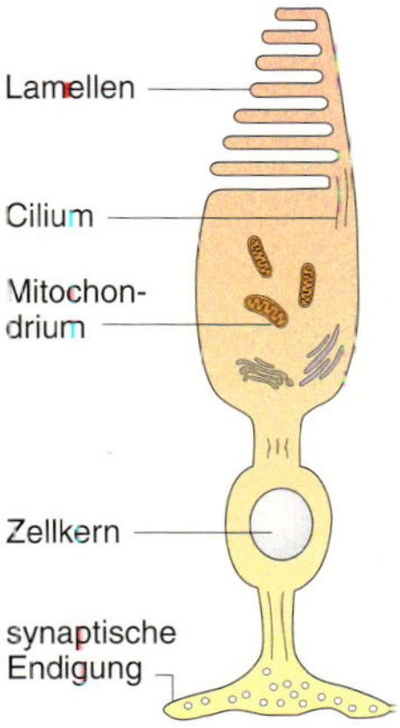

Zapfen

Stäbchen und Zapfen

Es gibt zwei Typen von Lichtsinneszellen: Die schlanken *Stäbchen*, die dem Hell-Dunkel-Sehen dienen, und die kegelförmigen *Zapfen*, die das Farbensehen ermöglichen. Elektronenmikroskopische Aufnahmen zeigen, dass beide Zelltypen einen ähnlichen Feinbau zeigen. Das Außensegment ist durch Cilien mit dem Innensegment verbunden. Danach folgt die synaptische Endigung. Das zylindrische Außensegment der Stäbchen enthält etwa 800 runde Membranscheibchen, die frei im Cytoplasma liegen. Sie enthalten einen lichtempfindlichen Sehfarbstoff, das *Rhodopsin*. Beim konisch geformten Außensegment der Zapfen zeigt die Zellmembran eine Großzahl von Einfaltungen. In ihnen befindet sich der Sehfarbstoff, der sich in seinem chemischen Aufbau etwas von dem der Stäbchen unterscheidet. Das Außensegment der Lichtsinneszellen dient der Lichtabsorption. Im Innensegment finden alle Syntheseprozesse statt. Über die synaptische Endigung geben die Zellen Transmitterstoffe an die Bipolarzellen und übertragen damit Signale in die zweite Netzhautschicht.

Verschaltung der Sehzellen

Die etwa 126 Millionen Sehzellen der Netzhaut sind mit etwa 1 Million Ganglienzellen verschaltet. Im Bereich der zentralen Sehgrube (Gelber Fleck, siehe S. 16) befinden sich nur Zapfen, wovon jeder über Bipolarzellen mit einer Ganglienzelle verschaltet ist (siehe Abb. 3). Das hat zur Folge, dass die Lichtempfindlichkeit gering, aber das Auflösungsvermögen, und damit die Möglichkeit Details zu erkennen, groß ist. In den Randbereichen der Netzhaut sind überwiegend Stäbchen. Sie sind so verschaltet, dass die Erregungen mehrerer Sinneszellen an einer Ganglienzelle summiert werden. Sie bilden ein rezeptives Feld. Diese Verschaltung erhöht die Lichtempfindlichkeit bei gleichzeitiger Verringerung des Auflösungsvermögens.

Aufgaben

① Beschreiben Sie, wie Zellen der Netzhaut durch Licht nacheinander erregt werden.

② Erklären Sie, weshalb man Details eines Gegenstands nur bei guter Beleuchtung erkennen kann.

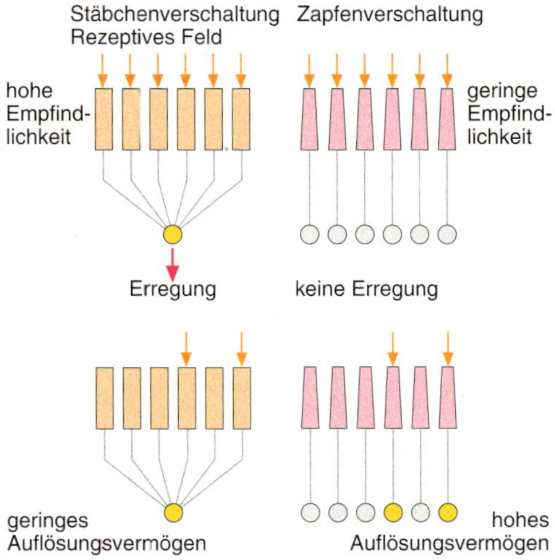

3 Verschaltung der Sehzellen

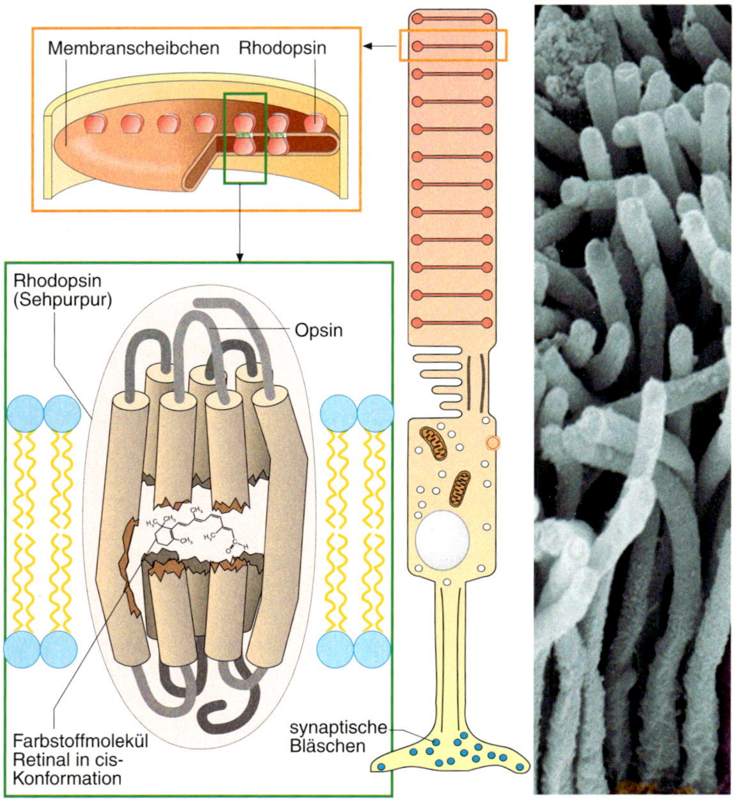

1 Aufbau des Stäbchen

Vorgänge in Lichtsinneszellen

Der Sehfarbstoff ermöglicht die Wechselwirkung zwischen dem einfallendem Licht und der Lichtsinneszelle. In den Stäbchen befindet sich der Farbstoff *Rhodopsin*, auch Sehpurpur genannt. Er ist in den Membranen der Membranscheibchen eingelagert.

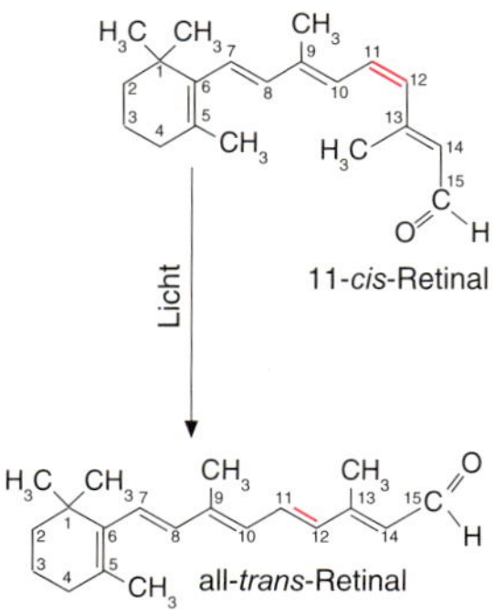

Lichtaktive Reaktion des Sehfarbstoffes

Ein Stäbchen enthält etwa 2000 Membranscheibchen mit je 1 Million Rhodopsinmolekülen

Der Sehfarbstoff Rhodopsin

Rhodopsin besteht aus zwei Komponenten: Einem Proteinanteil, dem Opsin, und einem weiteren wesentlich kleineren Bestandteil, dem *Retinal*. Opsin ist eine mehrfach gefaltete Polypeptidkette, von der sieben Regionen innerhalb der Scheibchenmembran verlaufen.

Der farbgebende Bestandteil des Rhodopsins ist das Retinal, welches im Organismus aus Vitamin A gebildet wird. Retinal liegt in zwei verschiedenen Isomeren vor. Man unterscheidet die gewinkelte *11-cis-Form* und die gestreckte *all-trans-Form*. Im unbelichteten Zustand liegt Retinal in der cis-Form vor, die in das große Opsinmolekül eingelagert ist.

Elektrische Eigenschaften der Stäbchen

Das Membranpotential der Stäbchen hat im Dunkeln etwa den Wert −35 mV. Bei Belichtung entsteht ein Rezeptorpotential mit Werten bis −55 mV (siehe Abb. 2). Das heißt im Vergleich zu anderen Sinneszellen verhält sich das Membranpotential bei Reizung gerade umgekehrt. Lichtsinneszellen werden durch Lichtreize hyperpolarisiert; ohne Reizeinwirkung ist die Zellmembran stark depolarisiert. Ursache dafür sind Ionenströme. Ohne Belichtung sind Natriumionenkanäle geöffnet und ein ständiger Einstrom der positiven Ionen, der so genannte *Dunkelstrom*, depolarisiert die Zellmembran. Bei Belichtung schließen sich diese Natriumionenkanäle und die Zellmembran wird hyperpolarisiert. Die Natrium-Kalium-Ionenpumpe in der Zellmembran bewirkt, dass wieder ein starker Konzentrationsunterschied der Ionen beiderseits der Zellmembran entsteht.

Transduktion im Stäbchen

Bei Belichtung kommt es zu einer Lichtaktivierung von Rhodopsin, indem 11-cis-Retinal Licht absorbiert und dadurch seine Raumstruktur verändert. Es geht von der gewinkelten cis-Form in die die gestreckte all-trans-Form über (siehe Abbildung Randspalte). Aktiviertes Rhodopsin zerfällt nach einiger Zeit in Opsin und all-trans-Retinal. Bevor der Zerfall eintritt, setzt lichtaktiviertes Rhodopsin eine Kaskade in Gang. Es diffundiert in der Scheibchenmembran und trifft dabei das Protein *Transducin*, ein G-Protein (siehe S. 212). Dieses ist an der Außenseite der Membran angelagert. Bei dem Kontakt wird Transducin ebenfalls aktiviert. Ein aktiviertes Rhodopsinmolekül kann vor seinem Zerfall Hunderte von Transducinmolekülen aktivieren.

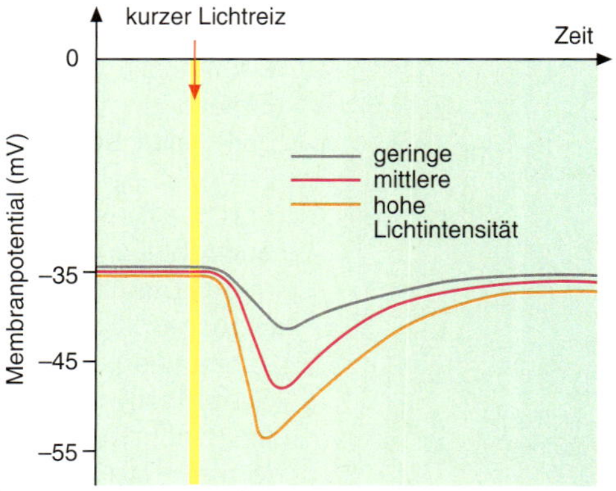

2 Rezeptorpotential am Stäbchen

cGMP
cyklisches Guanosinmonophosphat
Sekundärer Botenstoff, der Natriumionenkanäle geöffnet hält

Aktiviertes Transducin aktiviert das Enzym Phosphodiesterase (PD), das an die Membran der Scheibchen gebunden ist. Das Enzym katalysiert den Abbau von cGMP. Ein PD-Enzymmolekül kann hunderte Moleküle cGMP abbauen. Vorhandenes cGMP lagert sich reversibel an die Natriumionenkanäle an und hält sie so geöffnet. Durch den Abbau von cGMP werden Natriumionenkanäle geschlossen, der Natriumionen-Einstrom verringert sich und die Lichtsinneszelle wird hyperpolarisiert.

Diese Kaskade, die durch die Lichtabsorption ausgelöst wird, hat Verstärkerfunktion. Die Aktivierung eines Rhodopsinmoleküls führt zur Spaltung von etwa 100000 Molekülen cGMP und kann damit auf ebenso viele Natriumionenkanäle einwirken.

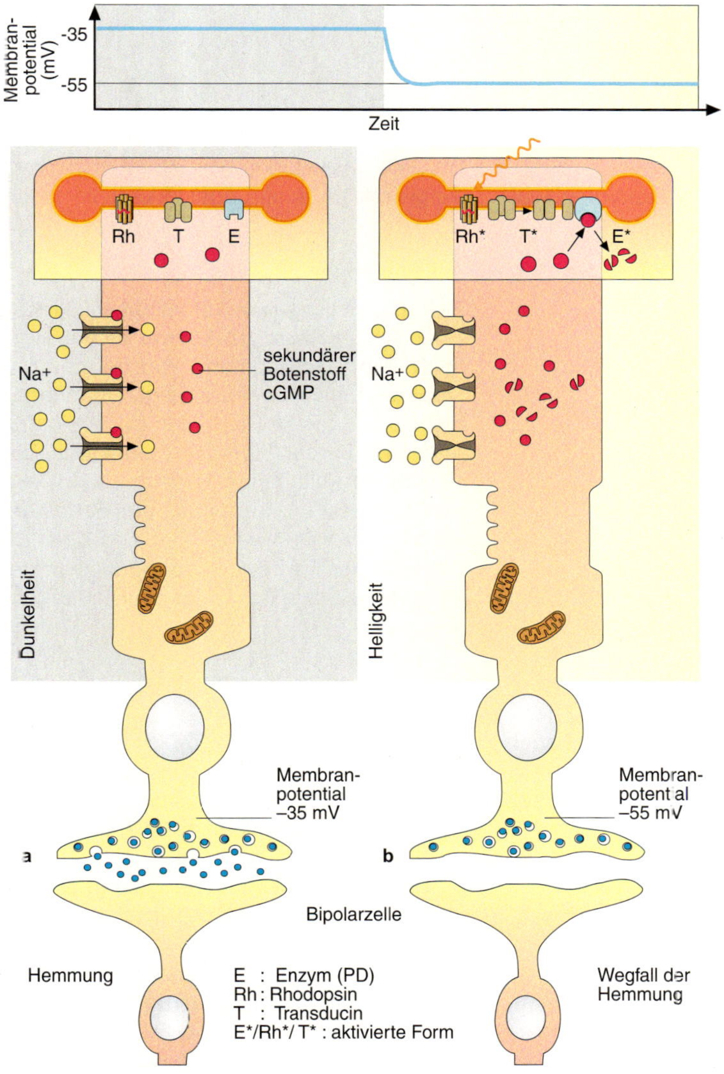

3 Vorgänge im Stäbchen bei Belichtung

Regeneration des Sehfarbstoffs

Nach der Spaltung von Rhodopsin entsteht aus all-trans-Retinal durch enzymatische Umwandlung wieder cis-Retinal und durch Verbindung mit Opsin wieder Rhodopsin. Retinal wird aus der Vorstufe Retinol gebildet. Dieser Stoff wird vom Körper nicht hergestellt werden, sondern als Vitamin A mit der Nahrung aufgenommen. Fehlt dem Organismus Vitamin A, so kann er nicht genügend Sehfarbstoff für die lichtempfindlichen Stäbchen bilden. Die Folge ist unter anderem eine verminderte Sehfähigkeit bei Dämmerung, die als *Nachtblindheit* bezeichnet wird.

Synaptische Aktivität

Unbelichtete Stäbchen sind depolarisiert und geben ständig hemmend wirkende Transmitterstoffe an die nachfolgenden Bipolarzellen ab. Die Bipolarzellen werden dadurch hyperpolarisiert. Bei Lichtabsorption kommt es zur Erregung und Hyperpolarisierung der Stäbchen. Das bewirkt eine Verminderung der Transmitterabgabe an die Bipolarzellen. Infolge dessen werden die Bipolarzellen depolarisiert und erregen mit ihrem Transmitterstoff die nachfolgenden Ganglienzellen. Die Ganglienzellen senden nun vermehrt Aktionspotentiale über den Sehnerv zum Gehirn, wo die eintreffenden Erregungen zu Lichtempfindung führen.

Aufgaben

① Erläutern Sie die Bedeutung von Rhodopsin.
② Beschreiben Sie die Vorgänge, die in Stäbchen bei Belichtung ablaufen.
③ Zeigen Sie am Außensegment der Stäbchen den Zusammenhang zwischen Struktur und Funktion.

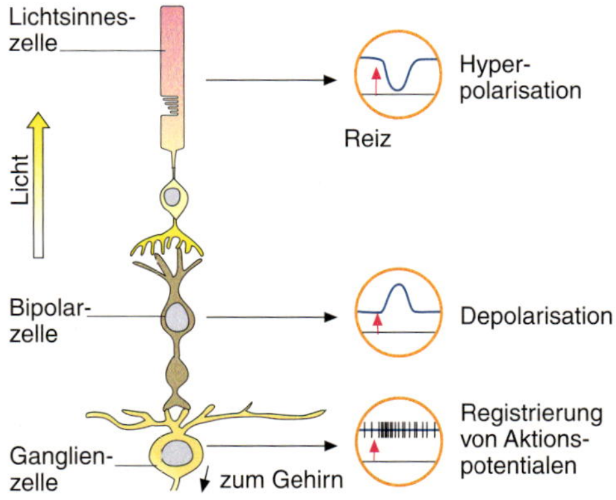

4 Verschaltung in der Netzhaut

Adaptation

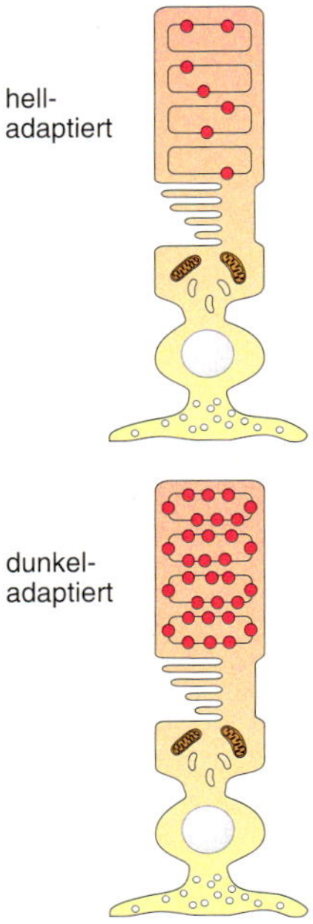

Fixiert man für 20 Sekunden den schwarzen großen Punkt links in Abb. 1 und dann rechts den schwarzen Punkt, so sieht man für kurze Zeit einen hellen Kreis. Dieses negative Nachbild verblasst dann allmählich. Die Empfindlichkeit der Netzhaut hat sich in einem kleinen Bereich verändert. Sie wurde an die geringere Beleuchtungsstärke angepasst. Dieser Vorgang heißt *Dunkeladaptation*.

Messung der Dunkeladaptation

Die Dunkeladaptation wird wie folgt gemessen: Eine Person blickt auf einen sehr hell erleuchteten Schirm, der abrupt verdunkelt wird. In kurzen Zeitabständen wird dann geprüft, wie hell ein Leuchtpunkt sein muss, damit er von der Versuchsperson gerade noch wahrgenommen wird. Die geringste Reizstärke, die noch eine Empfindung auslöst, heißt *Schwellenreizstärke*. Es werden dabei zwei Kurven ermittelt, je nachdem, ob die Netzhaut im Gelben Fleck belichtet wird oder andere Bereiche. Die größte Empfindlichkeit wird außerhalb der Sehgrube erreicht. Die Beleuchtungsstärke bei maximaler Dunkeladapation wird als *Absolutschwelle* bezeichnet und gleich 1 gesetzt.

Da sich in am Gelben Fleck nur Zapfen befinden und Stäbchen nur außerhalb vorkommen, zeigt die rote Kurve (Abb. 1) den Verlauf der Zapfenadaption und die blaue die Adaption der Stäbchen. Man erkennt, dass die Stäbchen viel empfindlicher sind als die Zapfen. Stäbchen ermöglichen das Sehen bei Schwachlicht (Dämmerungssehen); zum Sehen mit den Zapfen ist eine viel höhere Beleuchtungsstärke erforderlich.

Hier 20 s fixieren und dann Punkt fixieren.

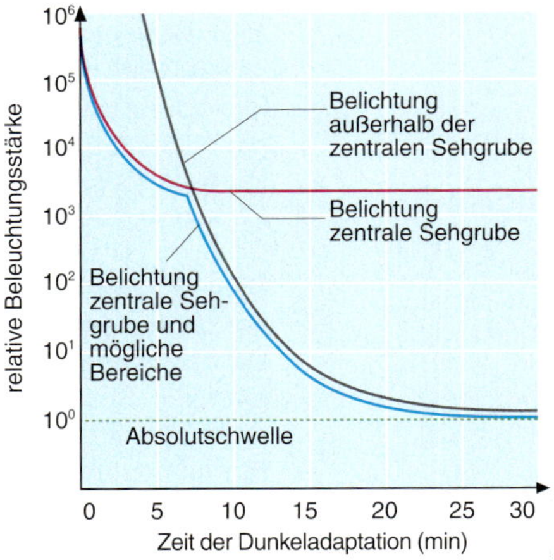

1 Dunkel-Adaptations-Kurve

Vorgänge in den Lichtsinneszellen

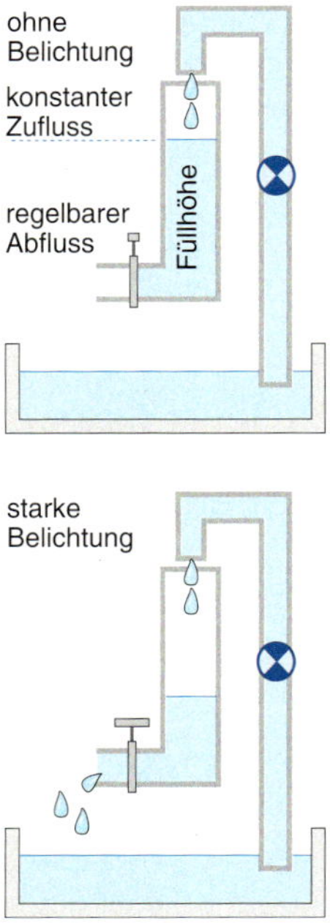

Die Empfindlichkeit der Netzhaut hängt mit der Menge des Sehfarbstoffs in den Lichtsinneszellen zusammen. Durch Belichtung zerfällt ständig Sehfarbstoff und wird auch zugleich wieder aufgebaut. Die Intensität, mit der die Neubildung erfolgt, ist praktisch konstant und unabhängig von der Beleuchtungsstärke. Trifft für einige Zeit weniger Licht auf die Lichtsinneszellen, so reichert sich der Sehfarbstoff in den Membransystemen an (siehe Randspalte). In den Membransystemen von Stäbchen und Zapfen nimmt die Konzentration des Sehfarbstoffs zu und damit auch die Lichtempfindlichkeit der Zellen. Die höchste Empfindlichkeit wird nach etwa 30 Minuten Dunkelheit erreicht. Trifft nun wieder Licht ein, so zerfallen wesentlich mehr Moleküle des Sehfarbstoffs als zuvor. Die Zelle wird stärker erregt und man nimmt die gleiche Beleuchtungsstärke heller wahr.

Helladaptation

Betritt nach längerem Aufenthalt im Dunkeln einen hellen Raum, so kommt es zur Blendung. Die Wahrnehmung von Formen und Farben ist stark beeinträchtigt. Doch innerhalb von 15 bis 60 Sekunden passt sich die Netzhaut an, die Sicht ist wieder gut. Diese schnell ablaufende Helladaptation lässt sich dadurch erklären, dass der Zerfall des Sehfarbstoffs nur wenig Zeit erfordert. Bei verminderter Farbstoffkonzentration in den Lichtsinneszellen ist die Empfindlichkeit geringer.

Aufgaben

① Fixiert man längere Zeit weiße Haufenwolken und blickt man anschließend auf den blauen Teil des Himmels, so sieht man abgedunkelt wieder dieselben Wolkenformen. Erklären Sie.

② Die Randspaltenabbildung zeigt ein Modell zur Adaptation der Lichtsinneszellen. Die Füllhöhe der Flüssigkeit entspricht der Menge an Sehfarbstoff. Erläutern Sie, welchen Strukturen der Lichtsinneszellen die anderen Teile des Modells entsprechen. Erklären Sie damit Hell- und Dunkeladaptation.

1 Gittertäuschung

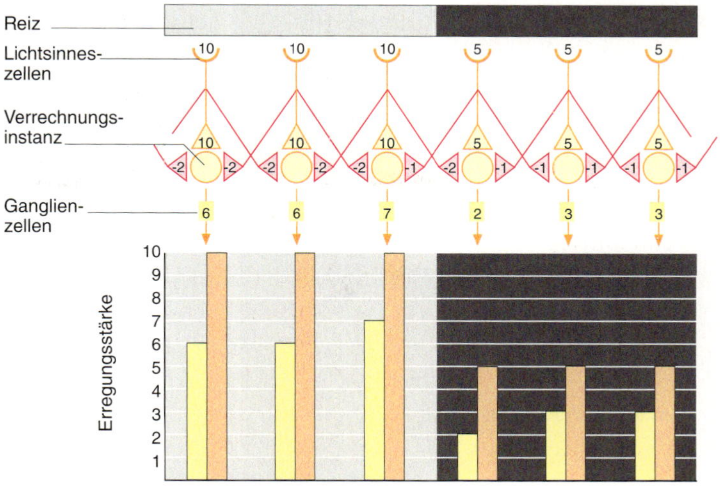

2 Modell einer Verschaltung

Verarbeitung in der Netzhaut

Betrachtet man das Gitter mit den schwarzen Quadraten, so erscheinen beim Fixieren einer weißen Kreuzungsstelle die anderen Kreuzungsstellen grau. Fixiert man eine der grau erscheinenden Kreuzungsstellen, so sieht sie weiß aus. Diese Erscheinung wird als *Gittertäuschung* bezeichnet.

Verschaltung in der Netzhaut

Die Gittertäuschung entsteht auf dem Informationsweg zwischen Lichtsinneszellen und Ganglienzellen und ist damit ein Produkt unseres Wahrnehmungssystems. Ursache sind seitliche (laterale) neuronale Verschaltungen in der Netzhaut durch Horizontalzellen und Amakrinzellen (siehe S. 213), die hemmend wirken. Ist eine Lichtsinneszelle erregt, so hemmt sie Erregungen ihrer Umgebung. Es tritt *laterale Inhibition* auf. In der Netzhaut des Menschen sind rund 126 Millionen Lichtsinneszellen über Bipolarzellen mit etwa 1 Million Ganglienzellen verschaltet. Vereinfacht darf man annehmen, dass eine Gruppe belichteter Lichtsinneszellen (rezeptives Feld) über Bipolarzellen eine Ganglienzelle erregt. Dies wird als ein Kanal bezeichnet (siehe Randspalte). In der Netzhaut gibt es etwa 1 Million Kanäle, wobei benachbarte Kanäle durch laterale Verschaltungen verbunden sind. Für die folgenden Überlegungen wird nur noch eine lineare Kette von Kanälen betrachtet (Abb. 2).

Die Hälfte der Lichtsinneszellen wird stark beleuchtet. Ihre Erregungsstärke hat den relativen Wert 10. Die andere Hälfte wird schwach beleuchtet. Ihre Erregungsstärke hat den Wert 5. Durch den seitlichen hemmenden Einfluss hat die Erregungsstärke der Ganglienzellen stets kleinere Werte. Modellhaft wird angenommen, dass jeder erregte Kanal seinen Nachbarkanal mit 20 Prozent der Erregungsstärke seiner Lichtsinneszellen hemmt. Der zweiten Kanal wird vom linken und rechten Nachbarn gehemmt. Die Erregungsstärke seiner Ganglienzelle ist $10 - 2 - 2 = 6$. Durch laterale Inhibition werden zwar die Erregungen der Ganglienzellen gemindert, doch der Kontrast nimmt an der Hell-Dunkel-Grenze zu. Während der Kontrast an den Lichtsinneszellen $10 : 5 = 2$ beträgt, hat er an den Ganglienzellen den Wert $7 : 2 = 3{,}5$ und ist nahezu verdoppelt. Laterale Inhibition führt bei Hell-Dunkel-Übergängen zu *Kontrastverstärkung*.

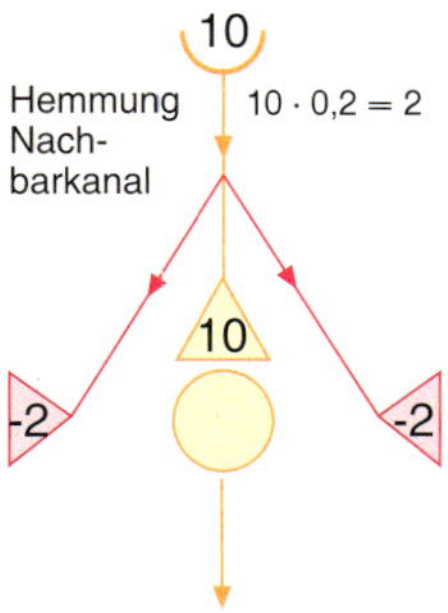

Kanalmodell

Erklärung der Gittertäuschung

Betrachtet man die schmalen weißen Streifen zwischen den schwarzen Quadraten, so bewirkt die Kontrastverstärkung eine Aufhellung. Von der Mitte der weißen Kreuzungen sind die schwarzen Felder weit entfernt. Hier entfällt diese Aufhellung. Beim Fixieren einer Kreuzungsstelle verschwindet der graue Fleck. Dabei entsteht das optische Bild auf dem Gelben Fleck der Netzhaut. Hier gibt es keine horizontalen Verschaltungen und damit entfällt die Kontrastverstärkung. Die biologische Bedeutung der Kontrastverstärkung besteht darin, dass Sie das Erkennen von Konturen verbessert.

Kontrast
Intensitätsverhältnis der Erregungen benachbarter Kanäle

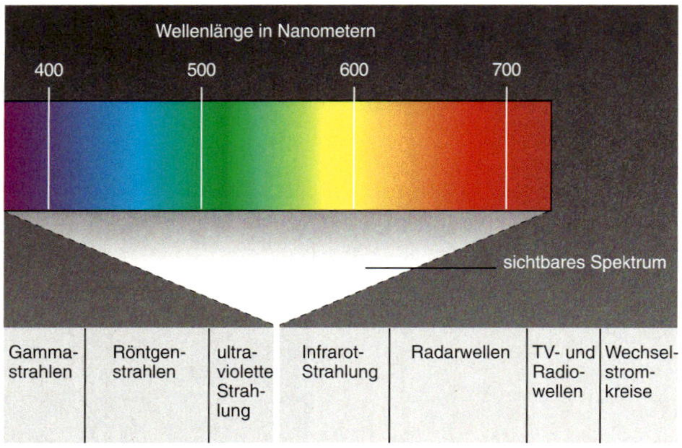

1 Elektromagnetisches Spektrum

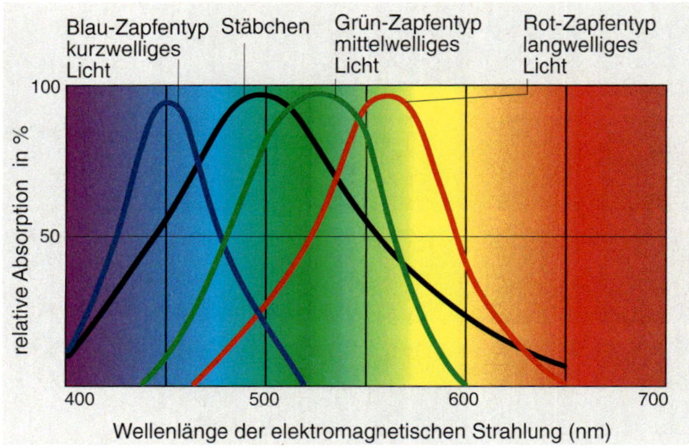

2 Absorptionsspektrum der Lichtsinneszellen beim Menschen

Das Farbensehen

Farben erweitern den Wahrnehmungsbereich. Während der Mensch nur 500 Helligkeitsabstufungen unterscheiden kann, gelingt die Unterscheidung von mehreren Millionen Farbnuancen. Physikalisch betrachtet handelt es sich bei Licht um elektromagnetische Wellen. Licht unterschiedlicher Farbe unterscheidet sich in der Wellenlänge. Mithilfe eines Prismas lässt sich weißes Licht in seine Spektralfarben aufspalten. Der sichtbare Wellenlängenbereich liegt etwa zwischen 400 nm (violett) und 700 nm (rot). Jede Farbe im Spektrum entspricht einer Wellenlänge. Neben den Spektralfarben gibt es Mischfarben, die durch Überlagerung von Licht unterschiedlicher Wellenlänge entstehen.

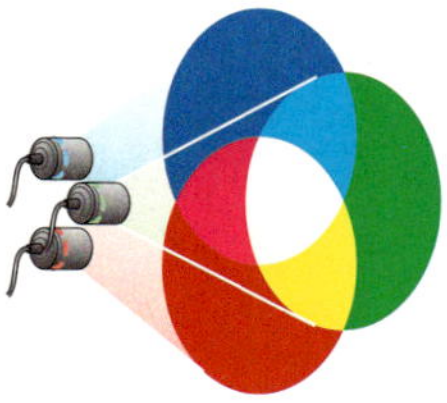

Additive Farbmischung

Zapfen ermöglichen Farbensehen

Zur Erzeugung aller wahrnehmbaren Farbeindrücke reichen die drei Grundfarben Rot, Grün und Blau aus. Mischt man die Lichter der Grundfarben, so entsteht der Eindruck weiß. Das ist die *additive Farbmischung*. Durch Variation der Lichtintensitäten entstehen alle Farben des Spektrums sowie weitere Farben wie beispielsweise Purpur.

Die Zapfen in der Netzhaut des Menschen und vieler Wirbeltiere ermöglichen das Farbensehen. Beim Menschen gibt es drei verschiedene Typen von Zapfen, die auch als *Farbrezeptoren* bezeichnet werden. Sie besitzen verschiedene Sehfarbstoffe, die Retinal enthalten, sich jedoch in ihrer Proteinkomponente unterscheiden (s. Seite 214). Wie Abbildung 2 zeigt, absorbieren Zapfen Licht in unterschiedlichen Wellenlängenbereichen. Die Absorptionsmaxima liegen bei 450 nm, 530 nm und 570 nm. Daher spricht man von Blau-, Grün- und — nicht ganz zutreffend — auch von Rotrezeptoren.

Farberkennung durch Farbmischung

Würde jeder Zapfentyp nur auf genau eine Wellenlänge ansprechen, so ließen sich nur drei Farben unterschieden. Da sich die Absorptionsspektren der Zapfentypen (Abb. 2) teilweise überlappen, sind meist zwei oder alle drei Zapfentypen bei der Erkennung einer Farbe aktiviert. So werden durch Licht der Wellenlänge 580 nm, das wir als gelbes Licht empfinden, sowohl die Rotrezeptoren als auch die Grünrezeptoren erregt. Das entspricht der additiven Mischung von Licht unterschiedlicher Farbe. Das Wahrnehmungssystem wertet das Erregungsmuster der Farbrezeptoren aus und lässt im Gehirn einen entsprechenden Farbeindruck entstehen.

Weitere Farbsysteme im Tierreich

Farbensehen gibt es bei allen Wirbeltieren. Die Neuweltaffen (s. S. 312) besitzen zwei Zapfentypen. Den Rezeptor für Blau und einen für den langwelligen Bereich. Vermutlich ist ihr Farbunterscheidungsvermögen geringer als das der Altweltaffen, die drei Zapfentypen haben wie der Mensch. Bei Vögeln hat man vier Zapfentypen gefunden, was auf sehr gutes Farbensehen schließen lässt.

Aufgaben

① Erläutern Sie anhand der Absorptionsspektren die unterschiedliche Wirkung von spektralreinem grünen oder gelbgrünen Licht auf das Farbsehsystem.

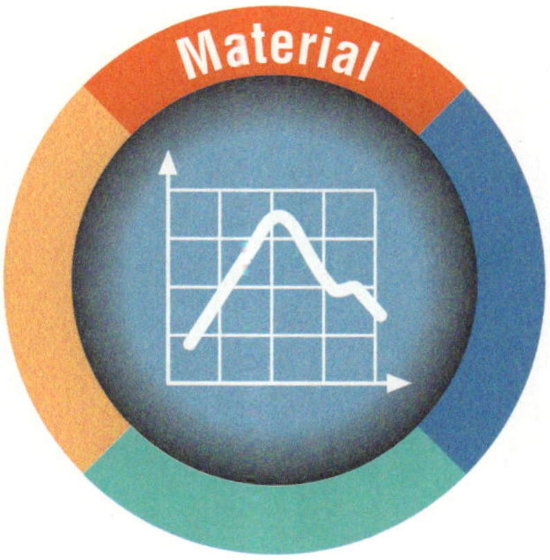

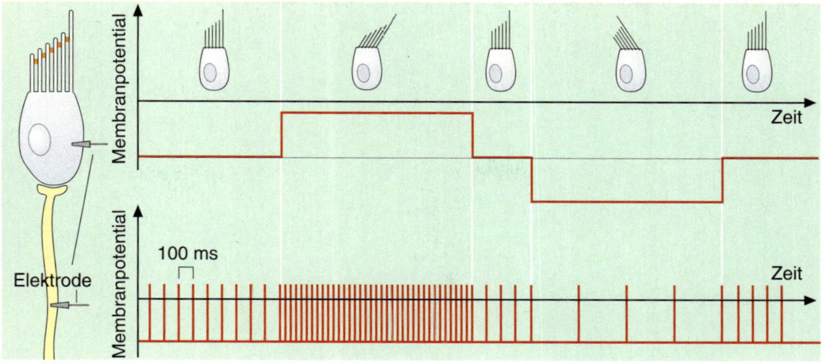

1

Reize und Sinneszellen

Haarsinneszellen

Die Abbildung zeigt eine Haarsinneszelle des Lagesinnesorgans (siehe S. 221). Diese Zellen besitzen an einem Zellpol etwa 30 – 150 Sinneshärchen (Cilien), die in Reihen angeordnet und in der Membran verankert sind. Ein Härchen einer jeden Zelle ist besonders lang und wird als Kinocilium bezeichnet. Die kürzeren nennt man Stereocilien. Sie sind an der Zelloberfläche der Länge nach aufgereiht und untereinander an den Spitzen über Proteinbrücken verbunden.
Im Experiment wird eine Sinneszelle gereizt und das Membranpotential der Sinneszelle und einer nachfolgenden Nervenzelle gemessen. Die Diagramme zeigen modellhaft die Messergebnisse.

Aufgaben

① Um welchen Sinneszelltyp handelt es sich bei der Haarsinneszelle? Begründen Sie (s. Kasten S. 212).

② Ermitteln Sie anhand von Abb 1, welcher Einfluss den adäquaten Reiz darstellt. Geben Sie eine Erklärung für die Funktion der Proteinbrücken zwischen den Cilien.

③ Untersuchen Sie anhand der Abb. 1 die Auswirkung von Reizen auf Rezeptor- und die Nervenzelle.

④ Suchen Sie die Zeitabschnitte, in denen die Haarsinneszelle nicht gereizt wird und beschreiben Sie für diese Situation die Bedeutung des Begriffs „Ruhefrequenz“ für den Erregungszustand der Nervenzelle. Entwickeln Sie eine Hypothese zur Entstehung der Ruhefrequenz.

⑤ Entwickeln Sie in Anlehnung an die Erregungsbildung an der Muskelspindel (s. S. 202) eine Hypothese, wie durch Verbiegen der Cilien ein Rezeptorpotential entstehen kann.

Geruchsinneszelle

Einem Frosch werden zwei Elektroden an den Messstellen 1 und 2 in die Riechschleimhaut eingeführt. Anschließend leitet man ihm zwei verschiedene Duftstoffe zu. Die Abbildung 2 zeigt Ergebnisse der durchgeführten Messungen.

⑥ Ordnen Sie die Diagramme A – D den entsprechenden Messstellen zu. Begründen Sie Ihre Zuordnung.

⑦ Vergleichen Sie den strukturellen Aufbau der beiden Duftstoffmoleküle sowie die Wirkung der Duftstoffe auf die Sinneszellen und die Erregungsbildung in den beteiligten Neuronen. Entwickeln Sie eine Hypothese, welche die Wirkungsunterschiede erklärt.

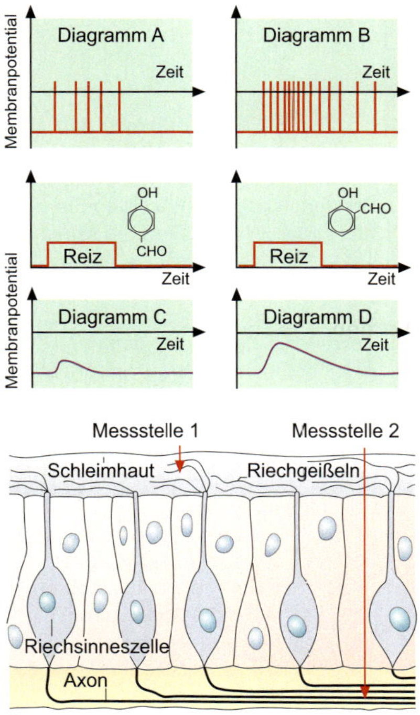

2

⑧ Erläutern Sie, was sich anhand der Diagramme vermuten lässt, wie das Tier die beiden Duftstoffe im Vergleich wahrnimmt.

⑨ Für Menschen sind viele Gase geruchlos, darunter auch das sehr gefährliche Kohlenstoffmonoxid (CO). Entwickeln Sie eine Hypothese die erklärt, dass bestimmte Gase nicht wahrnehmbar sind.

Intrazelluläre Prozesse

Dunkeladaptierte Zapfen werden einer Dauerbelichtung ausgesetzt und dabei wird das Membranpotential gemessen.

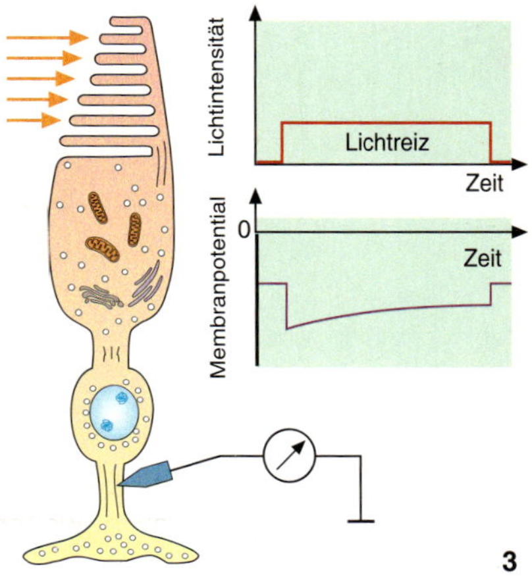

3

Aufgaben

⑩ Beschreiben Sie den Verlauf des Membranpotentials und die Empfindung, die dabei auftritt.

⑪ Erläutern Sie, welche Vorgänge bei Belichtung in der Lichtsinneszelle ablaufen, die das Membranpotential verändern.

⑫ Erklären Sie, welche Vorgänge dazu führen, dass sich hier während der konstanten Belichtung das Membranpotential des Zapfens verändert.

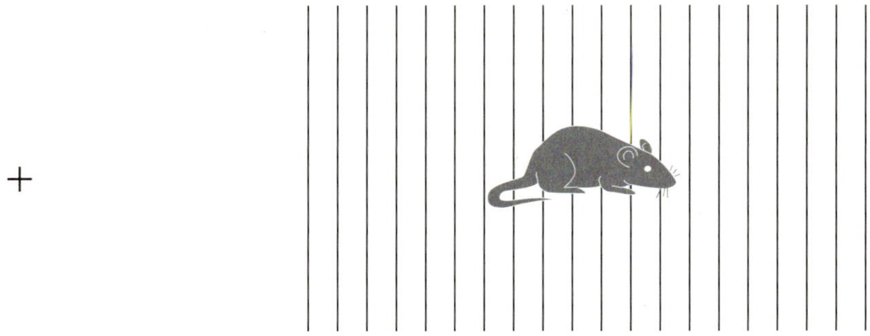

Sehen

Gesichtsfeld

Hält man den Kopf still, schließt das linke Auge und fixiert mit dem rechten Auge einen Punkt, so ist der Raumbereich, der nun wahrgenommen wird, das rechte einäugige Gesichtsfeld. Es soll untersucht werden, welchen Winkelbereich das Sehfeld in der Horizontalen umfasst und wie das Farbenerkennen im Gesichtsfeld verteilt ist.

Material:
Perimeter

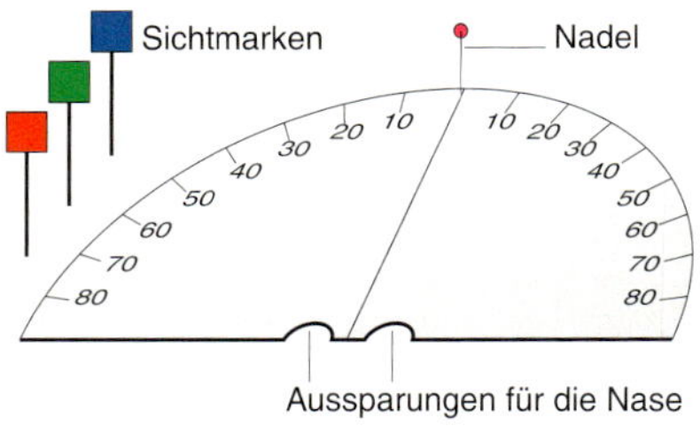

Zur Herstellung wird aus fester Pappe oder dünnem Holz ein Halbkreis mit 25 cm Radius ausgeschnitten. Links und rechts vom Mittelpunkt sind zwei Vertiefungen für die Nase anzubringen. Die null Grad Marke befindet sich auf der Symmetrieachse und trägt eine Nadel als Fixierpunkt. Am Rand des Halbkreises befinden sich Gradeinteilungen in 10 Grad Schritten.
Farbige Sichtmarken mit schwarzem, weißem, rotem, grünem und blauem Quadrat der Kantenlänge 2 cm, angeklebt an Holzstäbchen o. ä.

Durchführung:
Das Perimeter wird von der Versuchsperson horizontal gehalten und die null Gradmarkierung einäugig fixiert. Eine zweite Person führt von hinten in zufälliger Reihenfolge die Sichtmarken langsam von 90 Grad in Richtung null Grad. Eine dritte Person achtet darauf, dass die Versuchsperson die null Grad Marke ständig fixiert. Durch mehrfache Annäherung der Sichtmarken werden die Winkel ermittelt, bei denen die Versuchsperson erstens ein Objekt wahrnimmt und zweitens dessen Farbe erkennen kann.

Aufgabe

① Protokollieren Sie Ihre Ergebnisse. Geben Sie an in welchem Winkelbereich die Farben Rot, Grün und Blau erkennbar sind.

Gesichtsfeldausfall

Halten Sie das obige Testbild in ca. 30 cm Entfernung vor das Gesicht. Fixieren Sie einäugig mit dem rechten Auge das Kreuz. Bewegen Sie das Testbild langsam vor und zurück, bis die Maus nicht mehr zu sehen ist.

Aufgaben

② Erklären Sie diese Erscheinung.
③ Fixieren Sie erneut einäugig mit Ihrem rechten Auge. Wiederholen Sie den Vorgang und achten Sie auf das Gitter. Wie erklären Sie sich die Tatsache, dass der Gesichtsfeldausfall im täglichen Leben nicht bemerkt wird?
④ Zeichnen Sie die Form des Gesichtsfeldausfalls auf, indem Sie den Kopf mit der linken Hand abstützen und damit den Abstand des rechten Auges zum Tisch konstant halten. Fixieren Sie rechtsäugig bei geschlossenem linkem Auge ein Kreuz. Setzen Sie die Spitze eines Stiftes in den Gesichtsfeldausfall und ziehen Sie Striche in alle Richtungen, bis Sie die Spitze gerade wieder sehen können. Markieren Sie so die Grenzpunkte des Gesichtsfeldausfalls und verbinden Sie diese zu einer Fläche.

Nachbilder

Decken Sie die Buchseite bis auf diese Abbildung mit weißen Blättern ab. Zeichnen Sie auf das Blatt, das sich rechts neben der Abbildung befindet, ein schwarzes Kreuz. Fixieren Sie für 30 Sekunden aus etwa 30 cm Abstand bei guter Beleuchtung die Mitte der Abbildung und blicken Sie danach auf das schwarze Kreuz daneben.

Aufgabe

⑤ Beschreiben und erklären Sie Ihre Wahrnehmung.

Farbdarstellung

Material: Lupe mit 10-facher Vergrößerung, Computer mit Bildschirm

Durchführung:
Betrachten Sie mit der Lupe einen Computerbildschirm an verschiedenen farbigen Stellen.

Aufgaben

⑥ Untersuchen Sie, wie sich weiße und schwarze Bildschirmstellen voneinander unterscheiden. Ermitteln Sie die Unterschiede zwischen roten, grünen und blauen Stellen
⑦ Geben Sie an, was Sie für gelbe Stellen erwarten und prüfen Sie Ihre Vermutung.
⑧ Standardmäßig können Computerbildschirme $2^{16} = 65\,536$ verschiedene Farben darstellen. Erläutern Sie, wie diese Vielfalt realisiert wird.

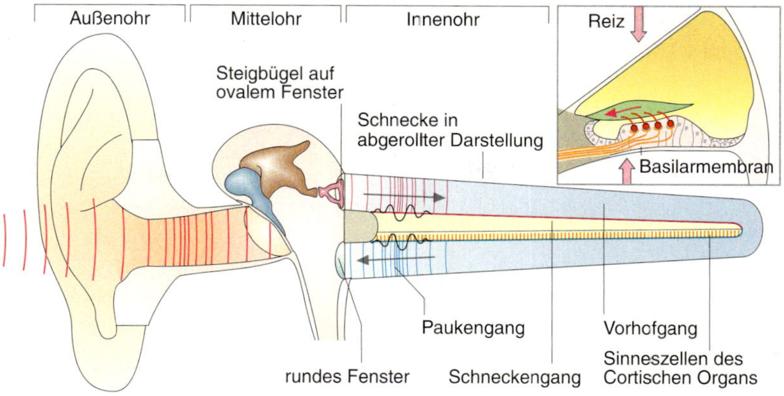

Weitere Sinne

Der Volksmund sagt, der Mensch verfügt über fünf Sinne, und meint Sehen, Hören, Tasten, Riechen und Schmecken. Tatsächlich verfügen Mensch und Tier über wesentlich mehr Sinne.

Geschmackssinn

Die Zunge trägt Geschmackspapillen. In ihrer Oberfläche liegen die Geschmacksknospen, die aus jeweils 50 bis 100 gebündelten sekundären Sinneszellen bestehen. Fingerförmige Fortsätze der Sinneszellen (Mikrovilli) ragen in den Geschmacksporus. So gelangen gelöste Stoffe an die Zellmembranen der Sinneszellen.

Der Mensch unterscheidet die Hauptgeschmacksqualitäten süß, sauer, salzig, bitter und umami, was im Japanischen "Fleischgeschmack" bedeutet. Er wird beispielsweise durch den Würzstoff Glutamat hervorgerufen. Jeder Geschmacksstoff erregt die Sinneszellen in eigener Weise. Nimmt man Kochsalz auf, so diffundieren Natriumionen durch spezielle Membrankanäle in die Zelle und depolarisiert sie. Über ihre Synapsen erregt sie eine sensorische Nervenzelle.
Bei Aufnahme saurer Stoffe gelangen Wasserstoffionen in die Sinneszellen. Hier blockieren sie Kaliumionenkanäle, verhindern den Kaliumionenausstrom und wirken ebenfalls depolarisierend. Zucker, künstliche Süßstoffe und Bitterstoffe dringen nicht in die Zellen ein. Sie binden an Rezeptormoleküle an der Zellmembran der Mikrovilli. Dies bewirkt die Freisetzung sekundärer Botenstoffe in der Zelle, die eine Signalkette auslösen. (s. Seite 212).

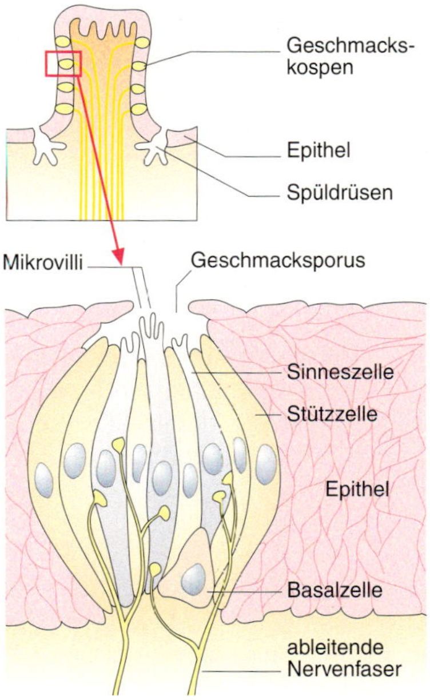

Sinnesorgane des Innenohrs

Das Innenohr ist ein komplexes Hör-, Lage- und Drehsinnesorgan.

1. Die Schnecke ist das Hörorgan. Sie besteht aus drei nebeneinander verlaufenden, lymphgefüllten Kanälen. Zwischen Schnecken- und Paukengang liegt die Basilarmembran, die das Cortische Organ mit den Hörsinneszellen trägt. Schallwellen, die auf das Ovale Fenster übertragen werden, erzeugen Druckwellen in der Lymphflüssigkeit. Je nach Frequenz des Schalls schwingt die Basilarmembran an einem Ort besonders stark mit. Je tiefer der Ton ist, desto näher liegt diese Stelle an der Schneckenspitze. So werden je nach Frequenz unterschiedliche Hörsinneszellen gereizt.

2. Die beiden Vorhofbläschen enthalten je ein Lagesinnesorgan. In eine Gallertkappe (Cupula) mit Kalkkristallen ragen die Cilien sekundärer Sinneszellen. Wird der Kopf geneigt, kippt die Cupula zur Seite, die Cillen werden gebogen und die Sinneszellen gereizt. Sie geben vermehrt Transmitter an die sensorischen Neuronen ab, die nun nun Aktionspotentiale höherer Frequenz erzeugen. Wird der Kopf in Gegenrichtung geneigt verringert sich die Frequenz der Aktionspotentiale.

3. Das Drehsinnesorgan besteht aus drei Bogengängen (Labyrinth) mit je einer Verdickung (Ampulle). Hier befinden sich Sinneszellen, deren Cilien in eine Gallertkappe ragen. Beim Beginn einer Drehbewegung wird die Gallertkappe gegen die ruhende Lymphflüssigkeit bewegt und gebogen. Bei längerer Drehbewegung wird die Lymphe mitbewegt. Beim Abbremsen bewegt sich die Lymphe weiter, drückt gegen die Gallertkappe und biegt sie. Das Umbiegen reizt die Sinneszellen und führt zu Erregungen in den sensorischen Neuronen.

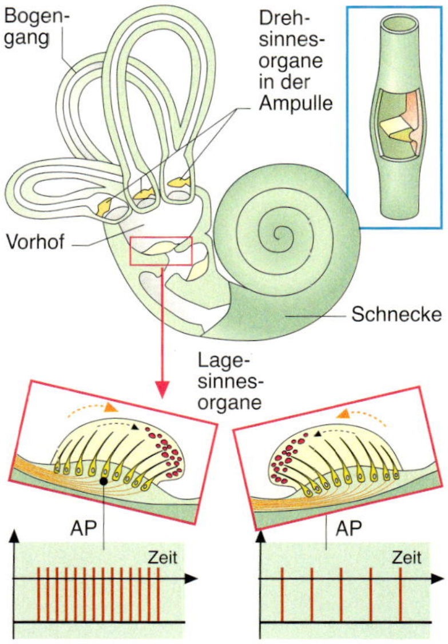

Übersicht über das Nervensystem

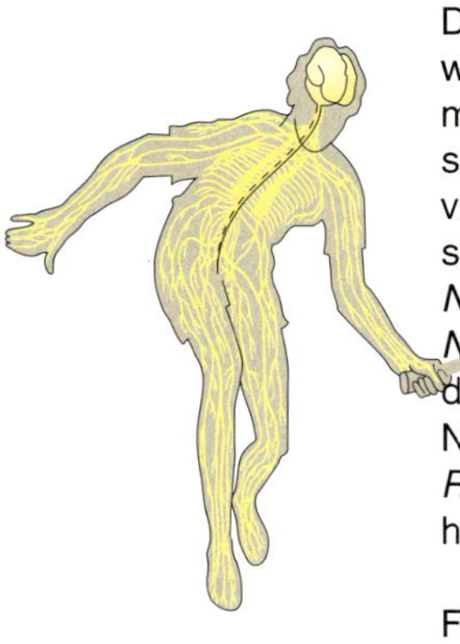

Die Anzahl der Neuronen eines Menschen wird auf 10^{11} geschätzt. Sie bilden zusammen mit ihren Gliazellen das Nervensystem. Es wird je nach Betrachtungsweise verschieden eingeteilt. Anatomisch unterscheidet man zwischen dem *peripheren Nervensystem* (PNS) und dem *zentralen Nervensystem* (ZNS). Das PNS durchzieht den gesamten Körper und ist bis in einzelne Nervenfasern verästelt. Das ZNS wird von *Rückenmark* und *Gehirn* gebildet und enthält etwa 99 % aller Nervenzellen.

Funktionell unterscheidet man zwischen *sensorischem* und *motorischem* Nervensystem. Eine weitere Einteilung besteht in der Unterscheidung zwischen dem Teil des Nervensystems, das der willentlichen Beeinflussung unterliegt und als somatisches Nervensystem bezeichnet wird. Der üblicherweise nicht willentlich zu beeinflussende Teil ist das *vegetative Nervensystem*.

Einteilung des Nervensystems (NS)

Aufbau
zentrales NS
peripheres NS

Funktion
sensorisches NS
motorisches NS

Steuerung
somatisches NS
autonomes NS

Aufbau des Zentralnervensystems

Das ZNS schwimmt in einer farblosen Flüssigkeit, dem *Liquor*, über den der Stoffaustausch verläuft. Die Kapillaren der Blutgefäße, die das ZNS versorgen, sind dicht mit besonderen Zellen ausgekleidet, die fast alle Stoffe selektiv transportieren. Sie bilden die *Blut-Hirn-Schranke*. Nur Kohlenstoffdioxid, Sauerstoff und Wasser können ungehindert passieren. Für Glucose, Aminosäuren und andere wichtige Stoffe gibt es Transportsysteme durch die Zellmembranen. Nur bestimmte kleine Moleküle, wie z. B. Alkohol und einige Drogen durchdringen ungehindert diese Schranke zum Gehirn.

Gehirn

Beginnend am Rückenmark lässt sich das Gehirn in fünf Abschnitte gliedern: *Nachhirn* (oder verlängertes Mark), *Hinterhirn* mit Brücke und Kleinhirn sowie *Mittelhirn*, *Zwischenhirn* und *Großhirn*. Auffallend sind am menschlichen Gehirn die tief gefurchten Hälften *(Hemisphären)* des Großhirns mit den Windungen. Die *Hirnrinde* ist 1,5 bis 5 mm dick und enthält mehrere Neuronenschichten. Sie bilden die graue Substanz. Darunter liegt *weiße Substanz*, die überwiegend aus Nervenfasern besteht. Dazu gehört auch der *Balken*, der die beiden Hemisphären verbindet.

Rückenmark

Das *Rückenmark* verbindet das Gehirn mit dem peripheren Nervensystem. Es enthält aufsteigende sensorische und absteigende motorische Leitungsbahnen. Außerdem ist das Rückenmark eine selbstständige Umschaltstelle zwischen sensorischen und motorischen Neuronen. Diese Funktionen befinden sich in unterschiedlichen Bereichen. Die Leitungsbahnen liegen in der äußeren weißen Substanz, die Verschaltungen befinden sich in der inneren grauen Substanz. Zwischen zwei Wirbeln entspringt rechts und links ein *Rückenmarksnerv (Spinalnerv)* mit einer vorderen und einer hinteren Wurzel. Durch die hinteren Wurzeln leiten sensorische Neuronen Erregungen zum ZNS. Von den vorderen Wurzeln verlaufen motorische Nervenfasern zu den Muskeln.

Beide Wurzeln vereinigen sich zu einem Rückenmarksnerv mit sensorischen und motorischen Fasern. Insgesamt gibt es beim Menschen 31 Paare Rückenmarksnerven.

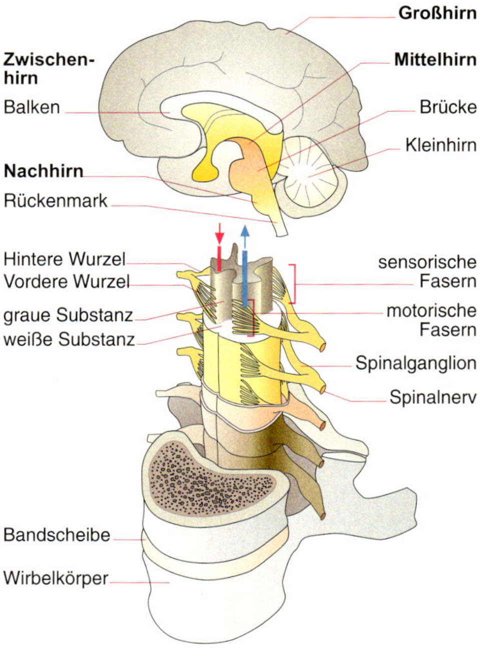

1 Gehirnabschnitte und Bau des Rückenmarks

Sympathicus
Teilsystem des vegetativen Nervensystems, das den Körper in Leistungsbereitschaft versetzt

Parasympathicus
Teilsystem des vegetativen Nervensystems, das Vorgänge in Gang setzt, die zur Erholung und Regeneration führen

Antagonisten
(Gegenspieler)
Teilsysteme, die entgegensetzt wirken

Vegetatives Nervensystem

Das vegetative Nervensystem kontrolliert die inneren Zustände des Körpers und ist weitgehend der willkürlichen Kontrolle entzogen. Es besteht aus Teilen des ZNS sowie motorischen Nerven des PNS. Im peripheren Teil gibt es zwei Untersysteme, den *Parasympathicus* und den *Sympathicus*. Sie arbeiten als Gegenspieler (Antagonisten). An vielen Organen enden die Nerven beider Systeme.

Der Sympathicus versetzt den Körper in Leistungsbereitschaft. Überwiegt seine Aktivität, so wird u. a. die Durchblutung der Muskulatur verstärkt, die Atmung vertieft und der Herzschlag beschleunigt. Alle Vorgänge, die nicht die Leistungsfähigkeit erhöhen, wie etwa die Verdauung, werden gedrosselt. Der Parasympathicus bewirkt das Gegenteil. Er ist besonders aktiv bei körperlicher Ruhe. Seine Aktivität fördert die Regeneration und Erholung des Körpers. Die unterschiedlichen Wirkungen von Sympathicus und Parasympathicus beruht auf verschiedenen Transmitterstoffen. An den Synapsen der Organe wird vom Sympathicus, *Adrenalin* und *Noradrenalin* ausgeschüttet, beim Parasympathicus dagegen *Acetylcholin*.

Aufgaben

① Beschreiben Sie wesentliche Funktionen des Rückenmarks.

② Erläutern Sie an ausgewählten Beispielen von Abbildung 2, dass Sympathicus und Parasympathicus antagonistisch arbeiten.

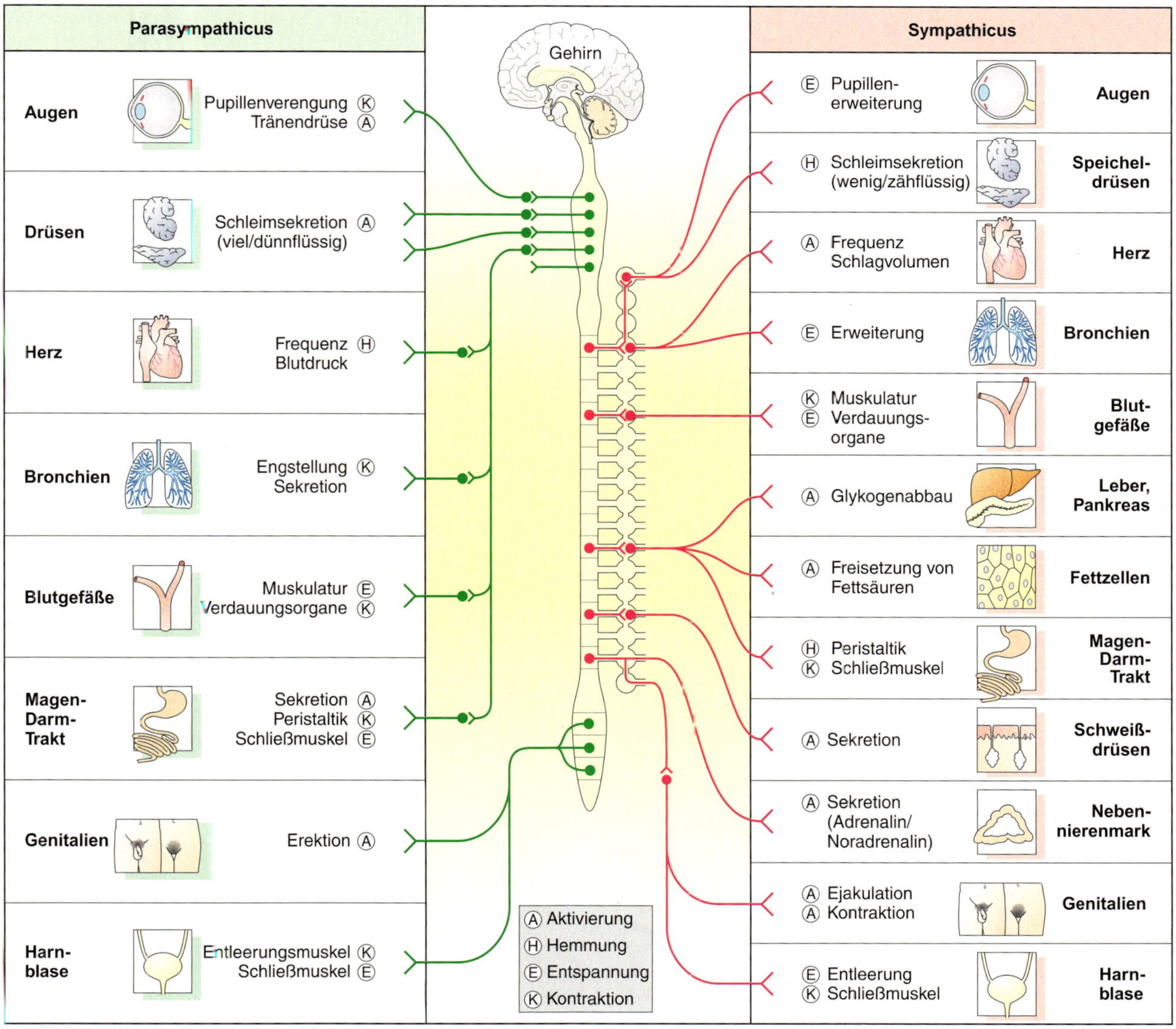

2 Vegetatives Nervensystem mit Sympathicus- und Parasympathicusaktivierung

Regulation — Anpassung von Körperfunktionen

Steuerung
Beeinflussung einer Zustandsgröße ohne Wirkungskontrolle.

Regelung
Einstellung einer Zustandsgröße auf ei-nen Sollwert mit Kontrolle der Wirkung durch Rückkopplung

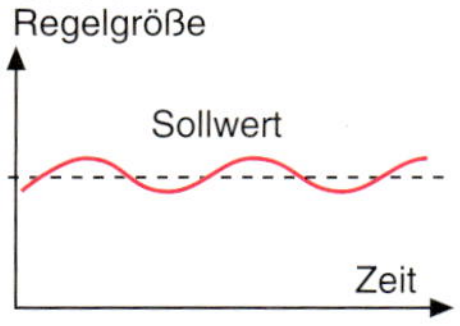

Geregelte Zustandsgröße

Ohne dass wir es wahrnehmen, sind das Gehirn und das vegetative Nervensystem ständig aktiv, um lebenswichtige Vorgänge im Körper zu kontrollieren. Das ermöglicht beispielsweise die dauernde Versorgung aller Zellen mit Sauerstoff und Nährstoffen bei unterschiedlichen Belastungszuständen.
Der Sauerstoffbedarf eines erwachsenen Menschen liegt ohne körperliche Belastung etwa bei 0,4 Liter je Minute. Mit zunehmender Belastung steigt der Sauerstoffbedarf stark an. Das merkt man daran, dass bei starker körperlicher Arbeit die Atemzüge tiefer werden und die Atemfrequenz zunimmt. Im Körper laufen Prozesse ab, die ihn an die erhöhte Belastung anpassen.

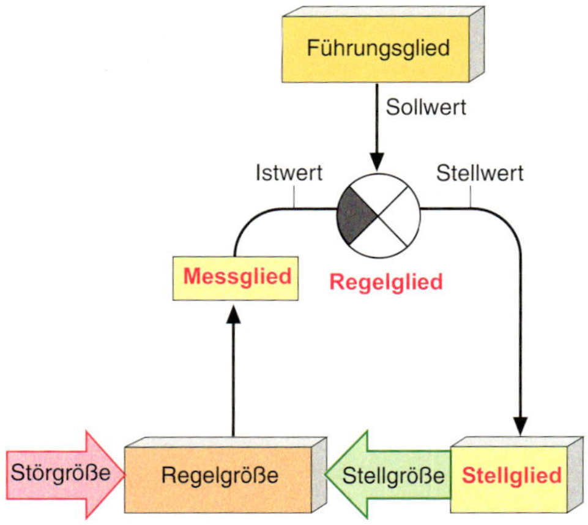

2 Regelkreis

Der Regelkreis

Entscheidend für die Unversehrtheit der Organe ist eine genügend hohe Konzentration von Sauerstoff in den Geweben. Im Körper wird nicht die Atmungsaktivität, sondern die Sauerstoffkonzenration konstant gehalten.
Das Konstanthalten einer Zustandgröße erfolgt durch *Regelung* mit einem Regelkreis. Jeder Regelkreis besteht aus denselben Funktionsbestandteilen. Seine strukturellen Bestandteile werden als *Glieder* bezeichnet. Beim Zusammenwirken der einzelnen Glieder verändern sich im Regelkreis Zustände, die man *Werte* nennt.

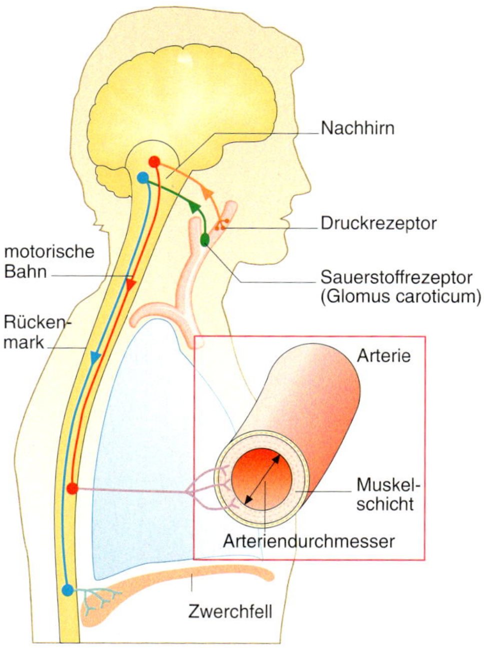

1 Regelung der Sauerstoffkonzentration

Die *Regelgröße* hat zu jedem Zeitpunkt einen bestimmten Zustand. Dieser Istwert wird vom *Messglied* ermittelt und an das *Regelglied* (kurz: Regler) übertragen. Hier findet ein Vergleich mit dem vorgegebenen Sollwert statt. Der *Sollwert* wird vom Führungsglied vermittelt. Aus der Differenz von Soll- und Istwert ergibt sich ein Stellwert, der zum *Stellglied* übertragen wird. Das Stellglied nimmt nun mit einer *Stellgröße* direkt Einfluss auf die Regelgröße und passt sie an.

Die Regelung arbeitet so, dass der Stellwert verringert wird, wenn der Istwert über den Sollwert steigt. Diese gegenläufige Veränderung bezeichnet man als negative *Rückkopplung*. Sie ist ein Kennzeichen jeder Regelung. So können Abweichungen der Regelgröße vom Sollwert ausgeglichen werden. Durch die negative Rückkopplung kann die Regelgröße mit geringen Schwankungen praktisch konstant gehalten werden, auch wenn *Störgrößen* auf das System einwirken.

Regelung der Sauerstoffkonzentration

Am Beispiel der Sauerstoffkonzentration des Bluts wird deutlich, wie Rezeptoren, Nerven, Gehirn und Effektoren bei der Regulation zusammenwirken.
Die Sauerstoffkonzentration wird von Rezeptorzellen registriert, die sich beim Menschen in einem knötchenförmigen Organ *(Glomus caroticum)* an der Aufzweigung der Halsschlagader, etwa auf der Höhe des Kehlkopfes befinden. Von hier aus leiten Nervenfasern, die zu Gehirnnerven gehören, Erregungen ins verlängerte Mark (Nachhirn).

Hier befindet sich ein Zentrum, das regelmäßige Erregungen aussendet (Automatiezentrum). Diese Erregungen verlaufen über das Rückenmark und weitere vegetative Nervenbahnen bis zur Zwerchfell- und Zwischenrippenmuskulatur und bewirken hier die Atembewegungen. Die von Sensoren ankommenden Signale erhöhen oder erniedrigen die Frequenz der Erregungen, die das Automatiezentrum bildet.

Außer der sauerstoffabhängigen Regelung existiert noch ein weiterer Regelkreis. Mit sinkender Sauerstoffkonzentration steigt die Kohlenstoffdioxidkonzentration im Gewebe und damit nimmt zugleich der pH-Wert ab. Rezeptorzellen im Nachhirn registrieren die Ansäuerung der Gehirnflüssigkeit (Liquor) und bewirken eine verstärkte Erregung der Atemmuskulatur. Diese Erregung ist für die normale Aufrechterhaltung der Atmung lebensnotwendig.

Vernetzte Regelkreise

Im Organismus sind viele verschiedene Regelkreise miteinander vernetzt. Neben dem Nervensystem ist auch das Hormonsystem an Regelungsvorgängen beteiligt. Die negative Rückkopplung ermöglicht, dass sich die Regelsysteme nicht gegenseitig stören, sondern ergänzen. Damit werden in einem sehr komplexen System die Gleichgewichtszustände vieler lebenswichtiger Zustandsgrößen konstant gehalten.

Nicht nur im komplexen Organismus, sondern auch in den einzelnen Zellen treten Regulationsvorgänge auf. Man findet in allen lebenden Systemen das allgemeine biologische **Prinzip** der **Regulation** (► s. S. 334/335).

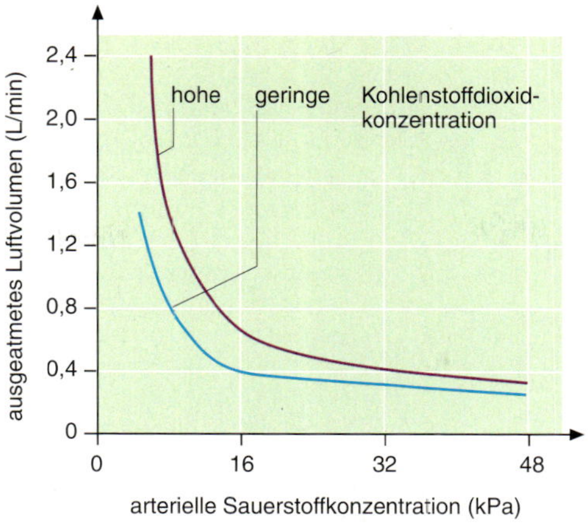

3 Atmungsaktivität in Abh. der O_2-Konzentration

Aufgaben

① Nennen Sie die Strukturen, die an der Regulation der Sauerstoffkonzentration im Blut beteiligt sind. Ordnen Sie den einzelnen Elementen des Regelkreisschemas die jeweiligen Strukturen zu.
Nennen Sie Einflüsse, die als Störgrößen wirken und den Sauerstoffgehalt im Blut beeinflussen können.

② Abb. 3 zeigt das Ergebnis der Untersuchung des Atmungsverhaltens einer Ente. Gemessen wurde die Atmungsaktivität in Abhängigkeit der Sauerstoffkonzentration im Blut. Erläutern Sie das Diagramm. Erklären Sie, inwiefern die Kurven belegen, dass an der Regulation der Atmung zwei Gase beteiligt sind.

③ a) Nennen Sie Stellglieder im Regelkreis für die Körpertemperatur und erläutern Sie ihre Wirkungsweise.
b) Erläutern Sie, welche Veränderung im Temperaturregelkreis zum Auftreten von Fieber bewirkt.

Zettelkasten

Regulation von Blutdruck und Körpertemperatur

Die Regulation des Blutdrucks erfolgt mithilfe von Rezeptorzellen, die in einer Verdickung der Halsschlagader (Sinus carotis) eingebettet sind und die Wandspannung der Arterie registrieren. Über den Sinusnerv werden Erregungen an ein weiteres Zentrum im Nachhirn geleitet und so der Istwert übermittelt. Den Sollwert übermitteln andere höhere Gehirnabschnitte an den Regler. Bei allen Vögeln, Säugetieren und beim Menschen ist das Konstanthalten der Körperkerntemperatur lebenswichtig. Unter 34 °C tritt beim Mensch Bewusstseinstrübung auf, bei weniger als 27 °C kommt es zur Bewusstlosigkeit gefolgt von Atem- und Kreislaufstillstand. Auch zu hohe Temperaturen sind gefährlich. Über 42,6 °C denaturieren Proteine im Körper, was zum Tod führt.

Im Körper gibt es Temperaturrezeptoren in der Haut, im Körperinnern, im Rückenmark und im Hypothalamus, der zum Zwischenhirn gehört (siehe S. 226). Alle Rezeptoren senden Erregungen zum Temperaturzentrum im Hypothalamus, wobei die Rezeptoren des Gehirns den stärksten Einfluss auf die Regelung haben. Je nach Über- oder Unterschreiten des Sollwerts werden unterschiedliche Neuronen aktiv und bewirken entsprechende Körperreaktionen, die zu vermehrter Bildung oder Abgabe thermischer Energie führen.

Bau und Funktion des menschlichen Gehirns

① Das Großhirn

z.B. motorische Steuerung der Körpermuskeln

Das *Großhirn* des Menschen nimmt ca. 80 % des Hirnvolumens ein. Es besteht aus der Hirnrinde *(Cortex)*, die beim Menschen eine enorme Oberflächenvergrößerung durch Furchung erfahren hat und aus Milliarden von Neuronen besteht. Darunter liegt die weiße Masse. Diese ist ein Neuronengeflecht, das die Kommunikation der einzelnen Hirnareale der Hirnrinde untereinander ermöglicht. Das Großhirn besteht aus zwei Hälften, den *Hemisphären*. Diese sind beim Menschen von der Funktion her nicht gleichwertig. Bei den meisten Menschen ist die rechte Hirnhälfte mehr für das nichtsprachliche, ganzheitliche Erfassen von Informationen verantwortlich. Die linke Hirnhälfte dient der Aufnahme sprachgebundener Informationen und ermöglicht die Analyse von Detailinformationen.

Die *Hirnrinde* lässt sich funktionell in verschiedene Areale aufteilen. In *sensorischen Feldern* werden die von den Sinnesorganen einlaufenden Informationen wahrgenommen, von *motorischen Feldern* gehen Erregungen zur Steuerung der Muskulatur aus und in *Assoziationsfeldern* werden Informationen miteinander verknüpft.

Im Stirnbereich befinden sich Assoziationsfelder mit Bereichen für die Handlungsplanung, das Sozialverhalten und die Verarbeitung von Inhalten des Kurzzeitgedächtnisses.

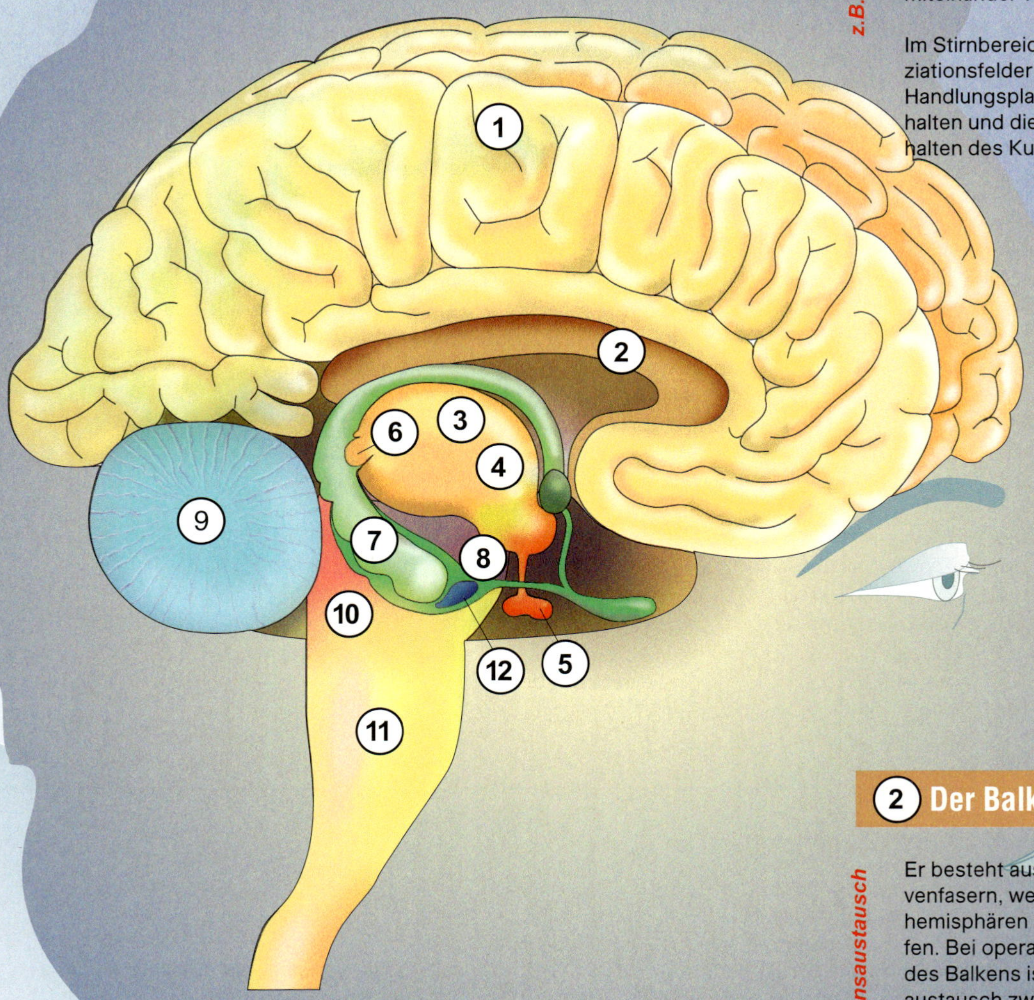

② Der Balken

z.B. Informationsaustausch

Er besteht ausschließlich aus Nervenfasern, welche die beiden Hirnhemisphären miteinander verknüpfen. Bei operativer Durchtrennung des Balkens ist ein Informationsaustausch zwischen den Hirnhälften nicht mehr möglich. Wird solchen Patienten ein Gegenstand so in das linke Gesichtsfeld gebracht, dass die Informationen von der Netzhaut nur in die rechte Hirnhemisphäre gelangen, kann der Patient den Gegenstand nicht benennen, da das Sprachzentrum in der linken Hirnhälfte liegt.

3 – 6 Das Zwischenhirn

Es besteht aus dem *Thalamus* mit der *Epiphyse* (Zirbeldrüse) und dem darunter liegenden *Hypothalamus* mit der *Hypophyse*.

Im oben gelegenen **Thalamus (3)** befindet sich eine wichtige Umschaltstelle für alle afferenten Bahnen der Sinnesorgane (außer dem Geruchssinn) zum Großhirn. Hier erfolgt eine Verschaltung der Erregungen, bevor sie dem Großhirn zugeleitet und damit bewusst werden. Man nennt den Thalamus daher auch das Tor zur Hirnrinde.

z.B. Verschaltung der Erregungen

4 Hypothalamus

Der darunter gelegene **Hypothalamus (4)** ist die Steuerzentrale für das autonome Nervensystem und das Hormonsystem. Seine zentrale Aufgabe ist die Regelung der Biorhythmik des Körpers. So gibt der Hypothalamus Freisetzungshormone *(Releasing-Hormone)* an die untergeordnete Hypophyse ab. Auch motivationale und emotionale Verhaltensweisen werden hier geregelt.

z.B. Hormonsystem

5 Hypophyse

Die kirschkerngroße **Hypophyse (5)** setzt unter der Kontrolle des Hypothalamus Hormone frei, die man als *stimulierende Hormone* bezeichnet. Sie ist mitverantwortlich für Körperfunktionen wie Wärmehaushalt oder Sexualität. Die Hormone steuern auch Eireifung, Schwangerschaft, Wachstum, Wasserhaushalt und Grundumsatz. Im Falle der Eireifung nennt man das spezifische Hypophysenhormon beispielsweise *Follikel stimulierendes Hormon* (FSH).

z.B. Steuerungshormone

6 Epiphyse

Die **Epiphyse (6)**, auch *Zirbeldrüse* genannt, ist bei einigen Wirbeltierklassen ein lichtempfindliches Organ, dessen Hormone am Farbwechsel der Haut beteiligt sind. Bei Säugern gibt sie das Hormon Melatonin ab. Melatonin steuert Funktionen, die mit dem Licht und dem jahreszeitlichen Wechsel zusammenhängen, z. B. auch den Schlafrhythmus.

z.B. Tag-Nachtrhythmus

11 Das Nachhirn

Das Nachhirn *(Verlängertes Mark)* ist ein sehr ursprünglicher Gehirnteil. Es ist die Zentrale für lebenswichtige Reflexe, wie Speichelfluss, Schlucken, Erbrechen, Husten und Niesen sowie Automatiezentrum für Atmung, Herzschlag und Blutdruck. Werden diese lebenswichtigen Funktionen zum Beispiel bei einem Genickbruch gestört, tritt unmittelbar der Tod ein. Das Nachhirn wird zusammen mit der Brücke und dem Mittelhirn auch als *Stammhirn* bezeichnet.

z.B. Herzschlag und Blutdruck

7 Der Hippocampus

Sein Name ist auf die seepferdchenartige Gestalt zurückzuführen und liegt als Teil der Hirnrinde am inneren Rand der beiden Schläfenlappen. Der Hippocampus hat vielfältige Funktionen. Er ist das Tor zum Langzeitgedächtnis. Er weist die Gedächtnisinhalte den entsprechenden Arealen der Hirnrinde zu. Er ermöglicht die sprachliche Informationsverarbeitung, die räumliche Erinnerung und die Entdeckung von Neuem. Außerdem bestimmt er das Sozialverhalten und die Verarbeitung von Furcht. Er spielt auch eine Rolle in der Wahrnehmung unseres Gefühls für den Körper.

z.B. Lernprozesse

9 Das Kleinhirn

Es steuert Motorik- und Gleichgewichtsfunktionen. Über das Kleinhirn laufen die Erregungen von und zu den motorischen Zentren der Großhirnrinde, die für Körperhaltung oder Gleichgewicht notwendig sind. Das Kleinhirn gibt seine Erregungen entweder direkt an die motorischen Zentren der Großhirnrinde oder über Bahnen der weißen Substanz des Rückenmarks weiter. Hier sind auch erlernte Handlungsabläufe und Koordinationen, wie Autofahren und Fahrradfahren gespeichert. Ein Funktionsausfall des Kleinhirns führt nicht zum Ausfall konkreter Bewegungsabläufe, sondern zum Verlust der Bewegungskoordination.

z.B. Informationen zum Raumgefühl

12 Das Limbische System

Es ist eine Sammelbezeichnung für Teile des Großhirns sowie für Teile des Zwischenhirns. Zum Limbischen System gehören z. B. der *Hippocampus* (**7**) und der *Mandelkern* (**12**). Es spielt die entscheidende Rolle bei der Übertragung von Informationen ins Langzeitgedächtnis. Es liefert die emotionale Bewertung der aufgenommenen Informationen und bewertet diese für die Übertragung ins Langzeitgedächtnis. Durch seine emotionale Bewertung spielt es eine entscheidende Rolle bei Lernvorgängen und beim Abrufen dieser Informationen aus der Hirnrinde.

z.B. Gedächtnis und Sprache

8 Das Mittelhirn

Es leitet Impulse aus Auge, Ohr und Oberflächenrezeptoren an andere Hirnzentren weiter. Es ist zuständig für eine schnelle Orientierung im optischen Bereich. Hier geht es um das Bewegungssehen, die Verfolgung eines bewegten Objekts mit dem Blick. Was man sieht, wird erst in der Großhirnrinde verarbeitet. Auch die Hörwahrnehmung und die Schmerzwahrnehmung werden hier verschaltet.

z.B. Impulse aus dem Auge

10 Die Brücke

Die Brücke *(Pons)* verbindet die Kleinhirnhemisphären und leitet Erregungen von den Großhirnhälften zum Kleinhirn. Sie ist mitverantwortlich für Bewegungen, sowie für Schlafen und Aufwachen. Während des Träumens ist sie aktiv.

z.B. Erregungsleitung

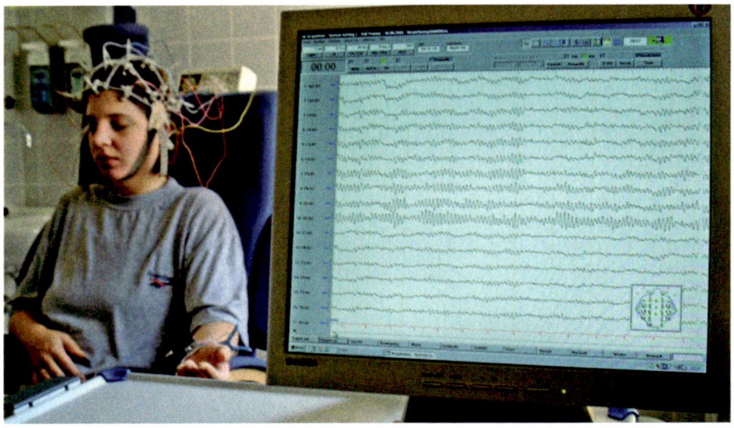

1 Elektroenzephalogramm

Methoden der Hirnforschung

Seit dem 19. Jahrhundert gelingt es, die Funktionen der Gehirnabschnitte aufzuklären. Eine erste Methode bestand darin, nach Gehirnverletzungen oder Gehirnerkrankungen, die eintretenden Ausfallserscheinungen zu untersuchen und die verletzten Stellen im Gehirn zu lokalisieren. Der französische Arzt Paul Broca konnte 1861 ein Sprachzentrum nachweisen. Er entdeckte am Großhirn eines Verstorbenen, der zu Lebzeiten die Sprechfähigkeit verloren hatte, eine krankhafte Veränderung Bereich des linken Schläfenlappens.

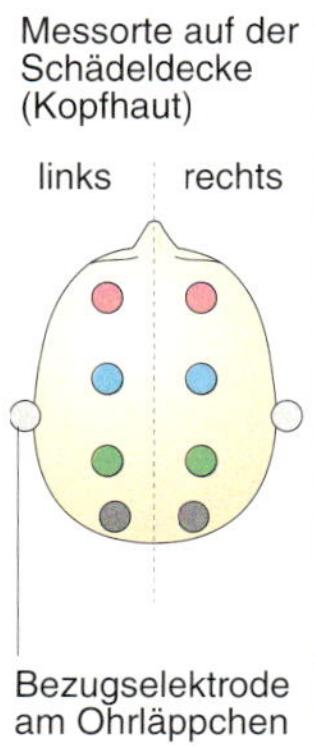

Ein andere Methode verwendete 1909 der Neurochirug Harvey Cushing. Er führte elektrische Reizungen der Großhirnrinde durch. Da das Gehirn keine Schmerzrezeptoren hat, ist dies bei vollem Bewusstsein nach örtlicher Betäubung der Kopfhaut möglich. Cushing reizte verschiedene Regionen der Großhirnrinde und die Patienten nahmen leichtes Kribbeln an unterschiedlichen Stellen der Körperoberfläche wahr. Damit ließen sich Areale der Hirnrinde einzelnen Körperregionen zuordnen.

Elektroenzephalogramm

Moderne Methoden ermöglichen Gehirnuntersuchungen ohne direkte Eingriffe. Dazu gehört das *Elektroenzephalogramm* (EEG). Dabei werden elektrische Signale der Nervenzellen durch die Schädeldecke hindurch gemessen. Wie Abbildung 1 zeigt, werden an der Kopfhaut zahlreiche Elektroden angebracht. Die ableitbaren Potentiale sind schwach und liegen im Bereich von Mikrovolt. Sie sind das Resultat der Überlagerung der elektrischen Aktivität vieler Nervenzellen. Bei diesen *Summenpotentialen* handelt es sich um *erregende postsynaptische Potentiale* (EPSP) von etwa einer Million Neuronen. Sie zeigen charakteristische Wellenformen, die sich je nach Tätigkeit verändern. Damit lassen sich Aktivitäten wie Sprechen oder Sehen auf 3 bis 5 cm genau den Oberflächenarealen des Großhirns zuordnen. Medizinisch Anwendungsgebiete sind beispielsweise die Diagnose von Schlafstörungen und Epilepsie, die Ermittlung der Narkosetiefe und die Untersuchung auf *Hirntod.*

Messung der Hirndurchblutung

Etwa 15 bis 20% des Energiebedarfs des Körpers werden vom Gehirn benötigt, obwohl seine Masse nur etwa 2% der Körpermasse beträgt. Erhöhte Aktivität in bestimmten Hirnarealen führt zu einer Steigerung des Energiestoffwechsels und damit innerhalb von Sekunden zu erhöhter Glucoseaufnahme. Diese Veränderungen lassen sich mithilfe der PET *(Positronen Emissions-Tomographie)* messen. Einem Patienten wird eine kleine, ungefährliche Menge einer radioaktiven Testsubstanz injiziert. Häufig wird speziell radioaktiv markierte Glucose verwendet. Glucose wird bevorzugt in Bereiche mit hoher Stoffwechselaktivität transportiert. Beim radioaktiven Zerfall entstehen zwei Teilchen, *Positron* und *Elektron.* Diese Teilchen werden von einem Scannerring, in dem der Patient liegt, registriert.

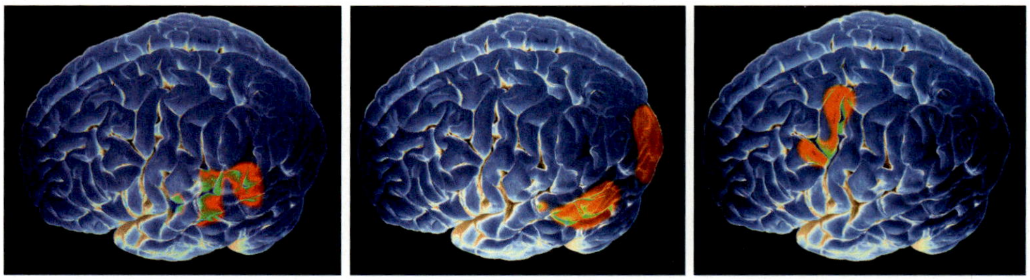

2 Positronen-Emissions-Tomografie: Worte hören, Worte sehen, Worte sprechen (v. l. n. r.)

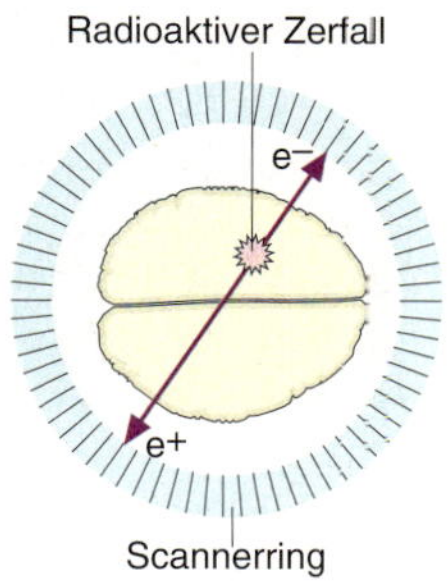

Das gleichzeitige Erkennen der Teilchen mit den Detektoren des Scannerrings ermöglicht es mithilfe eines Computers, ein Bild von der Verteilung der radioaktiven Glucose zu erstellen. Damit können Gehirnbereiche auf wenige Millimeter genau lokalisiert werden, die bei bestimmten Tätigkeiten besonders aktiv sind.

MRT — Methode

Die *Kernspin- oder Magnetresonanztomographie (MRT)* nutzt die Eigenschaft der Wasserstoffatome, dass ihre Atomkerne *(Protonen)* magnetische Eigenschaften haben, ähnlich einer Kompassnadel *(Spin)*.

Durch Ausrichten aller Spins durch ein starkes äußeres Magnetfeld und dem Zurückschwingen nach Abschalten des Feldes, entstehen Radiowellen. Sie werden von Detektoren aufgefangen, im Computer ausgewertet und in Bildern sichtbar gemacht. Damit sind Strukturen bis zu einer Größe von 1 Millimeter erkennbar.

Die fMRT-Methode

Die funktionelle Magnetresonanztomographie (fMRT) arbeitet mit den magnetischen Eigenschaften des Hämoglobins. Oxigeniertes Hämoglobin hat andere magnetische Eigenschaften als sauerstoffreies Hämoglobin. Dieser Unterschied lässt sich mit dem fMRT-Verfahren darstellen und ermöglicht wie das PET-Verfahren die Untersuchung der Hirnaktivität über die Änderung der Durchblutungsstärke einzelner Areale bei bestimmten Tätigkeiten. Der Vorteil dieses überwiegend in der Forschung eingesetzten Verfahrens liegt im Verzicht auf ein radioaktives „Kontrastmittel" und der guten räumlichen Auflösung.

Felder der Großhirnrinde

Die Ergebnisse der Forschung zeigen, dass sich in der Großhirnrinde drei verschiedene Felder unterscheiden lassen:
Motorische Felder steuern die willkürlichen Bewegungen der Skelettmuskulatur. *Sensorische Felder* empfangen und verarbeiten Erregungen der Sinnesorgane. Dabei sind die Areale der linken Hemisphäre für die rechte Körperhälfte zuständig und umgekehrt. *Assoziationsfelder* verknüpfen die Signale, die von Sinnesorganen kommen, miteinander und mit Gedächtnisinhalten. Sie haben selbst Gedächtnisfunktion und dienen der Wahrnehmung, der Bewegung und der Motivation.

In den sensorischen und motorischen Feldern sind alle Teile des Körpers durch Neuronen repräsentiert, sodass man die Organe auf die Hirnrinde abbilden kann. Die Flächenareale, welche die einzelnen Organe beanspruchen, entsprechen nicht ihrer Größe, sondern ihrem Bedarf an Neuronen für Wahrnehmung und Bewegungssteuerung (siehe Abb. 3).

Aufgaben

① Ordnen Sie die Untersuchungsverfahren danach, ob sich damit Strukturen oder Funktionen aufklären lassen.

② Vergleichen Sie die PET-Bilder in Abb. 2 mit Abb. 4. Geben Sie an, welche Hirnrindenfelder jeweils aktiv sind.

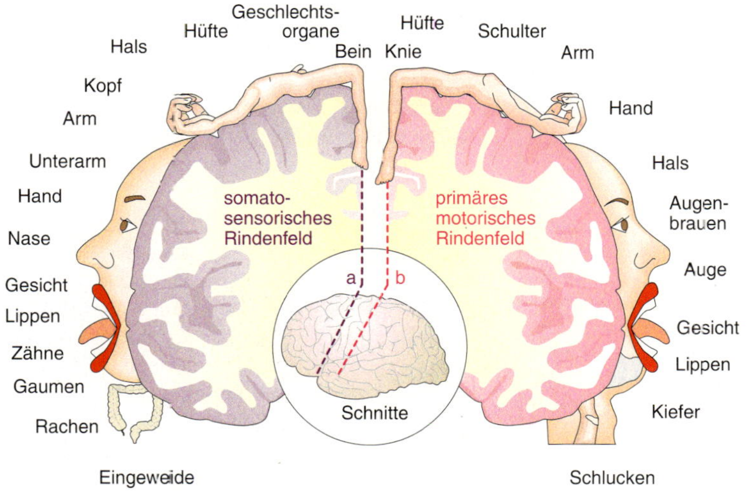

3 Zuordnung von Körperregionen zu Rindenfeldern

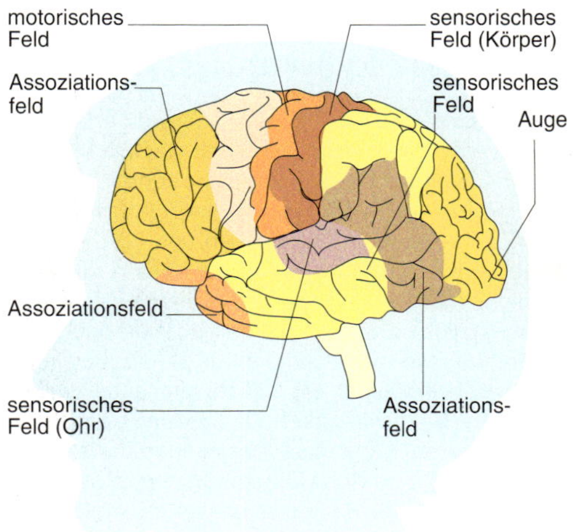

4 Rindenfelder des Großhirns

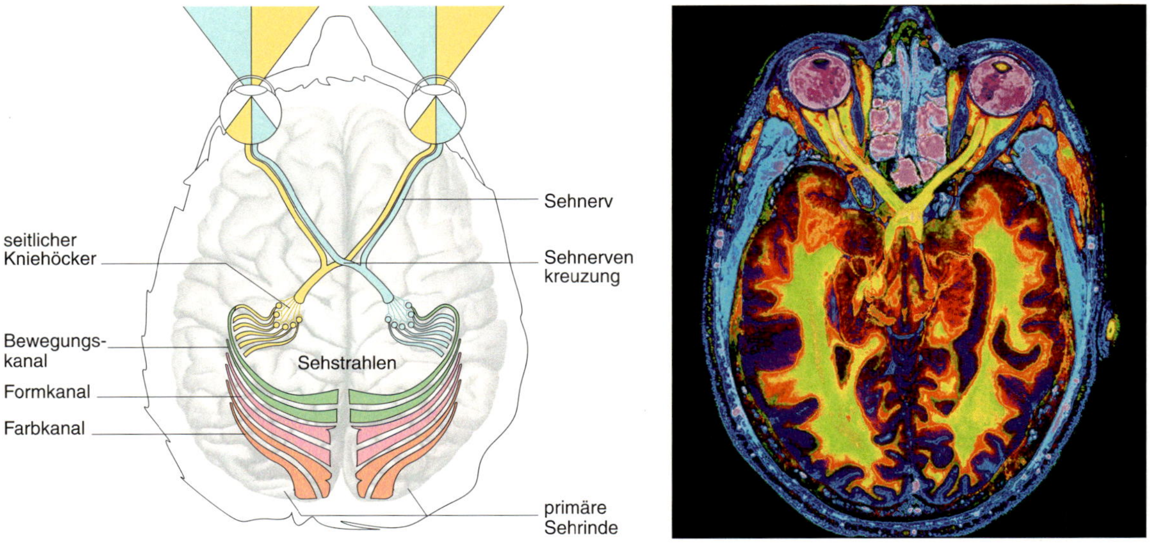

1 Sehbahn im Gehirn des Menschen, Schema und computertomographisches Bild

Vom Reiz zur Wahrnehmung

Gesichtsfeld
Ausschnitt aus der Umgebung, der mit unbewegten Augen wahrgenommen wird

Magnozellen
lat. *magnus*: groß, kräftig

Parvozellen
lat. *parvus*: klein, gering

Ein rotes Auto fährt auf einer Straße, die eine Person überqueren will. Die verschiedenen optischen Reize bei einer solchen Situation werden in den Lichtsinneszellen der Netzhaut in elektrische Erregungen umgewandelt und über verschaltete Neuronen zum Gehirn geleitet. Etwa eine Million Neuronen bilden den Sehnerv, der vom Auge zum Gehirn führt. Die Sehnerven beider Augen treffen sich an der Sehnervenkreuzung. Dort kreuzen Teile der Nervenfasern zur gegenüber liegenden Seite des Gehirns. Die Verteilung ist so, dass alle Nervenfasern, deren Ursprung in der rechten Netzhauthälfte der beiden Augen liegen, in die rechte Großhirnhälfte verlaufen und umgekehrt. Diese Aufteilung bewirkt wie Abb. 1 zeigt, dass die Bildinformationen aus der rechten Hälfte des Gesichtsfelds in die linke Großhirnhälfte gelangen und die Bildinformationen der linken Gesichtsfeldhälfte in die rechte Großhirnhälfte.

Zettelkasten

Störungen der Bewegungswahrnehmung

Bereits gegen Ende des 19. Jahrhunderts beobachte SIGMUND FREUD das Unvermögen einiger Patienten, visuelle Merkmale zu erkennen. Er führte dies nicht auf Defekte im Auge, sondern im Gehirn zurück.
Eine Patientin verlor durch einen Schlaganfall die Bewegungswahrnehmung, konnte jedoch Farben und Formen erkennen. Die Patientin hatte Schwierigkeiten, Tee in eine Tasse zu gießen, da sie die Flüssigkeit nicht in Bewegung sah. Sie empfand sie als "gefrorene Flüssigkeit". Eine zusätzliche Schwierigkeit ergab sich dadurch, dass sie nicht erkennen konnte, wie die Flüssigkeit in der Tasse anstieg. Probleme traten auch auf der Straße auf. Sie konnte die Autos zwar wahrnehmen, nicht jedoch deren Geschwindigkeit, da die Autos plötzlich hier und dann auf einmal dort waren, ohne dass sie gesehen hatte, wie die Autos sich bewegten. Dies führte zu Schwierigkeiten, eine Straße zu überqueren. Sie musste lernen, andere Faktoren, wie lauter werdende Fahrzeuggeräusche, zur Orientierung mit einzubeziehen.

Signalverarbeitung

Das Bild der Umwelt spiegelt sich im räumlichen Erregungsmuster der Neuronen wider. Die Projektion der Netzhaut ist allerdings verzerrt, da die Bereiche, die nahe der Stelle schärfsten Sehens liegen, detailreicher erfasst werden als die Randbereiche des Sehfeldes. Dies entspricht der Verteilung der Sehzellen in der Netzhaut, die im Zentrum wesentlich dichter stehen als am Rand. Die Auftrennung der Bildinformationen beginnt bereits in der Netzhaut. Hier gibt es zwei verschiedene Ganglienzelltypen. Der großzellige M(agno)-Typ dient dem Bewegungssehen und der kleinzellige P(arvo)-Typ dem Farben- und Formensehen. Die Nervenfasern der Sehnerven enden im Zwischenhirn im rechten und linken *seitlichen Kniehöcker* ebenfalls an großen M-Zellen und kleinen P-Zellen. Hier werden die Signale verarbeitet und über Nervenfasern, die Sehstrahlung, in drei getrennten Kanälen in die primäre Sehrinde des Großhirns geleitet.

Die Neuronen der primären Sehrinde sind bei verschiedenen optischen Reizen unterschiedlich aktiv. Es gibt drei Auswertsysteme, die mit den Kanälen der Sehstrahlung in Verbindung stehen. Die M-Zellen des M-Kanals vermitteln Bewegung und räumliche Tiefe. Die P-Zellen bilden zwei Kanäle: einen für Formen und Kanten und einen weiteren für die Farbe. Die Weiterverarbeitung und die Wahrnehmung erfolgen an verschiedenen Stellen des Gehirns (siehe S. 232).

Sehen mit Augen und Gehirn

Die visuelle Wahrnehmung ist Ergebnis der getrennten Verarbeitung von Signalen in drei verschiedenen visuellen Systemen. Funktionsstörungen in einem System führen zu selektiven Wahrnehmungsstörungen (siehe Kasten links). Die Information, welche die größte Aufmerksamkeit erzeugt, bestimmt die Wahrnehmung; andere Objekte werden ignoriert. Diese Auswahl geschieht vermutlich in den seitlichen Kniehöckern im Thalamus. Dies ist vergleichbar mit dem Ausleuchten der Umgebung mit einem Scheinwerfer: Nur einige Teile werden erleuchtet, die anderen bleiben im Dunkeln. Beim Überqueren einer Straße ist es die Bewegung des Autos, die unsere Aufmerksamkeit erregt. Die Information wird in der Großhirnrinde ausgewertet und lässt uns am Straßenrand warten (Abb. 3).

Eine visuelle Wahrnehmung entsteht durch Informationsverarbeitung in der Großhirnrinde. Dabei stammen nur etwa 20 % der Erregungen aus der Netzhaut. Der übrige Anteil

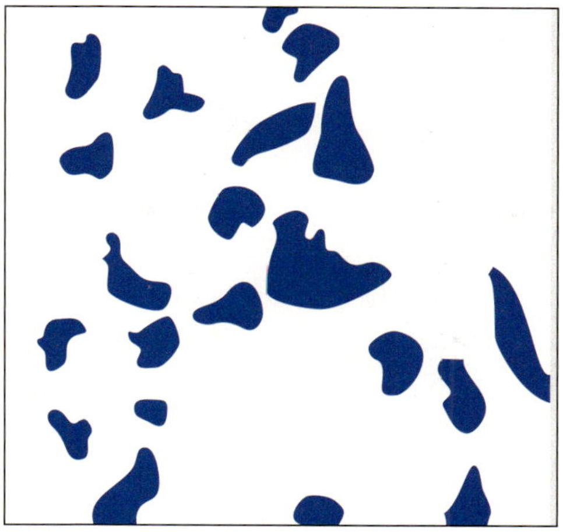

2 Blaue Flecken

kommt aus anderen Hirnregionen. Das Bild in unserem Bewusstsein ist also nicht vergleichbar mit einem Foto, sondern es ist ein Bild, das mit zusätzlichen Informationen aus vielen Erfahrungen ausgestattet ist. Es wird vom Gehirn konstruiert. Dies verdeutlicht Abb. 2. Betrachtet man sie, so erkennt man zunächst nur wahllos angeordnete blaue Flecken. Betrachtet man die Abbildung ein zweites Mal mit der Information, dass hier ein Pferd mit Reiter dargestellt wurde, so lässt sich ein solches Bild erkennen. Durch die Zusatzinformation wird die Auswertung der Sinnesdaten im Gehirn verändert und es entsteht eine neue Wahrnehmung.

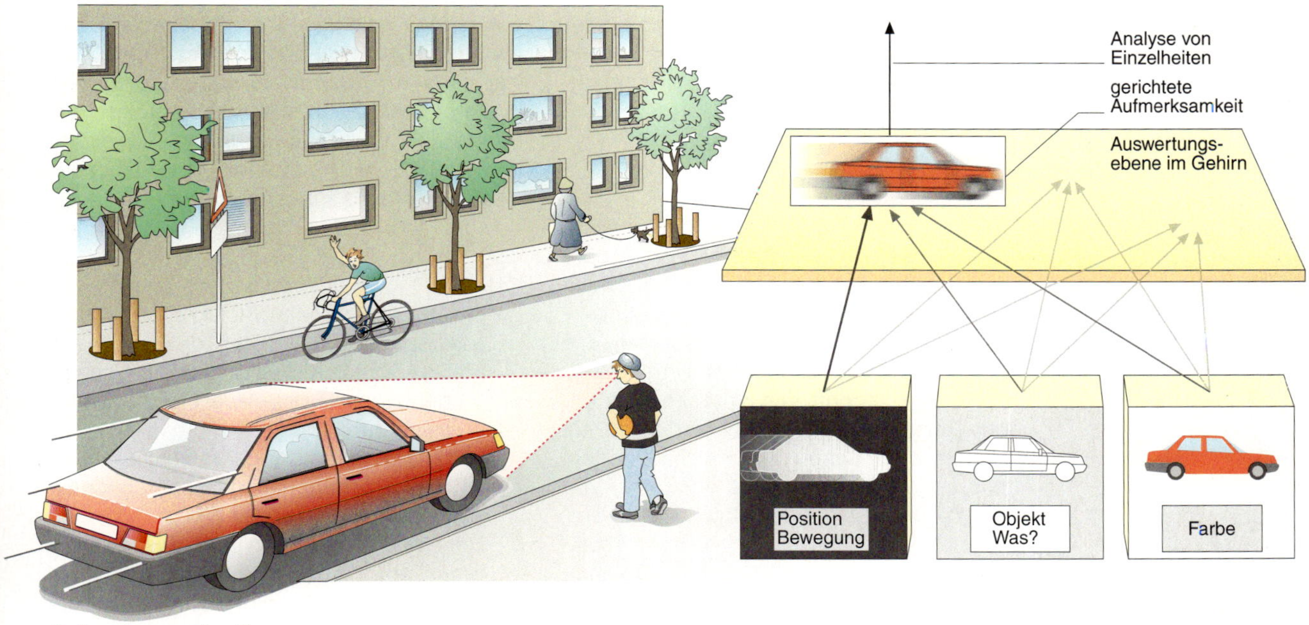

3 Drei Auswertkanäle

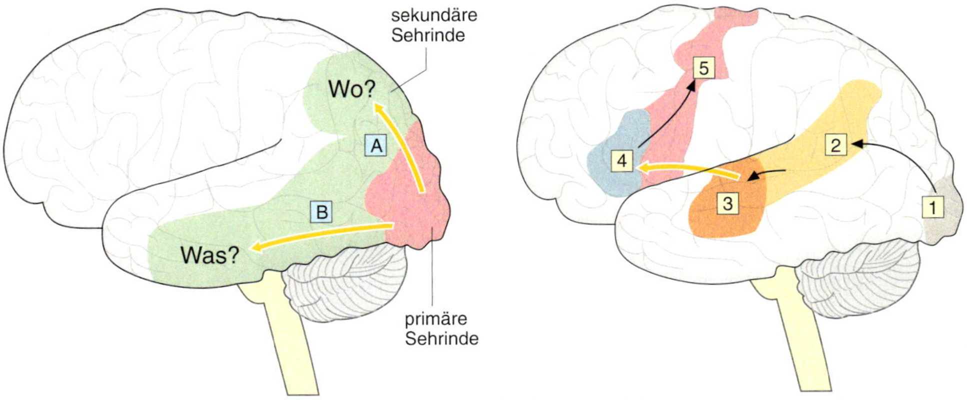

1 Informationswege im Gehirn beim Sehen sowie beim Lesen und Aussprechen eines Wortes

Zusammenarbeit der Rindenfelder

Carl Wernicke
(1848 – 1905) deutscher Neurologe und Psychiater

Gyrus
gr.-lat.: Kreis
wulstartige Erhebung auf der Oberfläche von Groß- oder Kleinhirn (Hirnwindung)

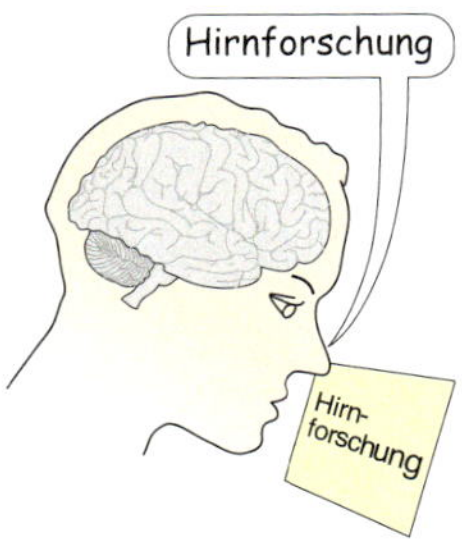

Viele Tätigkeiten können nur ausgeführt werden, wenn die Informationen von den Sinnesorganen verknüpft werden. Das geschieht teilweise in der Großhirnrinde, wo die verschiedenen Areale zusammenarbeiten.

Sehen und Erkennen

Beim Sehen findet eine Auftrennung der optischen Information in Kanäle statt; die Teilinformationen werden getrennt verarbeitet (siehe S. 231). Dazu gibt es entsprechende Regionen der Hirnrinde. Von der primären Sehrinde gelangen Signale in die sekundäre Sehrinde. Auf dem Signalweg A wird die Lage eines Objekts im Raum, sowie sein Bewegungszustand ermittelt. Auf dem Weg B wird bestimmt, welche Form das Objekt besitzt und um welches Objekt es sich dabei handelt. Der Farbwahrnehmung dienen sowohl Bereiche der primären als auch der sekundären Sehrinde.

Lesen-Verstehen-Sprechen

Carl Wernicke entwickelte im 19. Jahrhundert die Theorie, dass es neben dem Broca-Areal, das für die Motorik des Sprechens zuständig ist, noch ein weiteres Sprachzentrum gibt. Dieses sensorische Areal, das heute *Wernicke-Areal* genannt wird, ermöglicht das Verständnis von Sprache. Das folgende Beispiel beschreibt die Vorgänge, die im Gehirn beim Lesen und anschließendem Aussprechen eines Wortes ablaufen. Von der Netzhaut gelangen Signale zur Umschaltstation im Zwischenhirn, dem Thalamus, und schließlich in die primäre Sehrinde (1). Hier entsteht das neuronale Bild des geschriebenen Worts. Diese Information wird zu einer Hirnwindung (Gyrus angularis, 2) übermittelt. In diesem Assoziationsbereich wird die visuelle Information des gesehenen Worts mit der akustischen Information des gesprochenen Worts verknüpft. Diese wird ans Wernicke-Areal (3) weitergeleitet. Dieses Areal ermöglicht das Verstehen des Wortes. Hier wird auch Signalen mit akustischen Informationen, die vom Hörnerv eingehen, eine Bedeutung zugeordnet. Ein Nervenfaserbündel transportiert anschließend Signale zum Broca-Areal (4), wo eine Art Umprogrammierung stattfindet.

Die eingehenden Signale entsprechen der Lautfolge des gelesenen Worts. Die abgehenden Signale entsprechen der Bewegungsfolge des Sprechapparats, damit die passende Lautfolge erzeugt wird. Schließlich werden vom Broca-Areal die Informationen in die benachbarten motorischen Felder (5) übertragen. Vorn hier aus wird die Muskulatur des Sprechapparats aktiviert und das gelesene Wort wird ausgesprochen.

Aufgaben

① Erläutern Sie neurobiologisch die folgenden Befunde.
   a) Das Sprachverständnis ist bei Schädigung des Broca-Areals nicht beeinträchtigt.
   b) Schädigung des Assoziationsfelds beeinträchtigt das Verstehen gesprochener und gehörter Worte.

② Um einen schwierigen Text zu verstehen wird empfohlen, ihn laut zu lesen. Erklären Sie die neurobiologische Grundlage dieser Empfehlung.

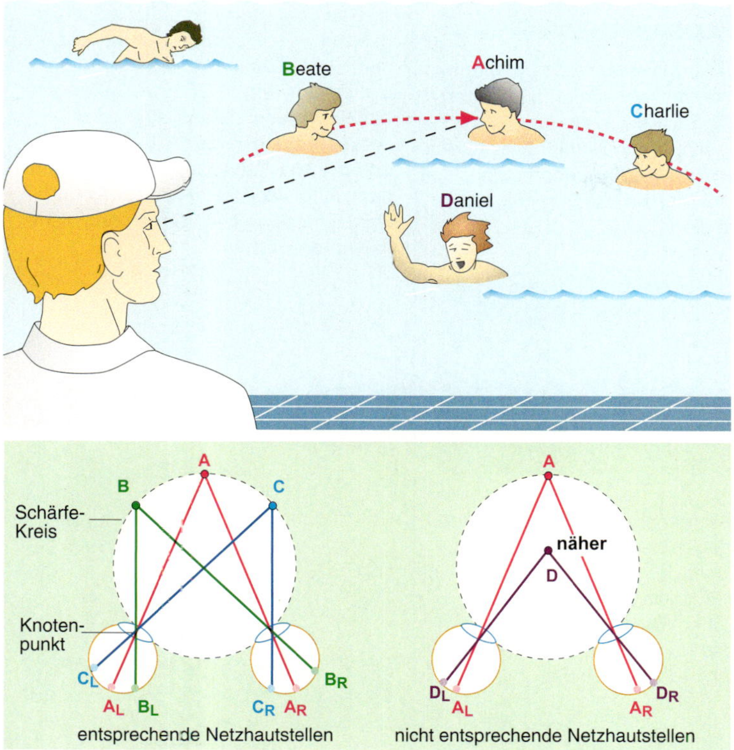

1 Beidäugiges Sehen

Räumliches Sehen

Schärfekreis
Alle Punkte der Kreislinie werden auf korrespondierende Netzhautstellen abgebildet.

Im Auge entsteht auf der Netzhaut ein zweidimensionales Abbild der Umgebung. Bei der Sehwahrnehmung kommt die dritte Dimension dazu, also das Erkennen des Raums. Bei vielen Sportarten zeigt sich, dass man trotz der Zweidimensionalität des Netzhautbilds räumliche Entfernungen sicher beurteilen kann.

Einander entsprechende Netzhautstellen

Bewegungsparallaxe
Scheinbare Bewegung eines Objektes bei Änderung der Position des Beobachters.

Vor allem im Nahbereich ermöglicht das beidäugige Sehen räumliches Wahrnehmen. Entscheidend ist, dass sich die Gesichtsfelder der beiden Augen überlappen und so Objekte auf den Netzhäuten beider Augen zugleich abgebildet werden. Durch die unterschiedlichen Blickwinkel entstehen etwas verschiedene Bilder auf den Netzhäuten. Fixiert man einen Punkt, dann werden die Augen so zueinander gedreht, dass dieser Punkt in beiden Augen auf einander entsprechende Netzhautstellen abgebildet wird. Die Informationen gelangen in einander entsprechende Bereiche der Sehrinde im Gehirn. Nun werden beide Abbildungen als ein Punkt wahrgenommen.

Räumliches Sehen im Nahbereich

Die praktische Bedeutung zeigt Abbildung 1. Die Aufsichtsperson am Schwimmbad schaut zu Achim. Gleichzeitig befinden sich auch Beate und Charlie auf einer Kreislinie, die durch den Fixationspunkt – hier Achim – und die beiden Knotenpunkte der Augen der Aufsichtsperson verläuft. Alle Personen, die sich auf diesem Kreis befinden, dem *Schärfekreis*, werden auf einander entsprechende Netzhautstellen abgebildet. Jede Person, die sich außerhalb bzw. innerhalb des Kreises befindet, wie Daniel, wird dagegen auf nicht entsprechende Netzhautstellen abgebildet. Würde man die Netzhäute beider Augen übereinander legen, so würden die Bildpunkte der Personen in der Fixationsentfernung direkt übereinander liegen (z. B. A_L und A_R im Abb. 1), die Bildpunkte von Personen, die näher oder weiter entfernt liegen, dagegen nicht (D_L und D_R). Aus den Unterschieden der Netzhautbilder der einander entsprechend abgebildeten Objekte wird vom Gehirn die Entfernung bestimmt. Dabei entsteht die Vorstellung von der räumlichen Entfernung und die plastische Wahrnehmung der Umgebung.

Räumliches Sehen muss erlernt werden

Räumliches Sehen entsteht durch Verrechnung im Gehirn. Das beruht auf Erfahrungen und muss bereits in der Kindheit erlernt werden. Bei Kindern, die schielen, ist die Koordination der Augenbewegungen gestört. Hier kann sich das räumliche Sehen nicht entwickeln. Bei der Sehwahrnehmung werden die Signale von einem Auge unterdrückt. Wird Schielen nicht rechtzeitig behandelt, kommt es zu irreversiblen Änderungen der neuronalen Vernetzung in der Sehrinde. Synaptische Kontakte zu Nervenfasern des unterdrückten Auges werden abgebaut. Eine räumliche Wahrnehmung durch beidäugiges Sehen ist dann nicht mehr möglich.

Räumliches Sehen im Fernbereich

Bei großer Entfernung von Objekten sind die Netzhautbilder im linken und rechten Auge praktisch gleich. Zur Beurteilung der Entfernung helfen hier andere Mechanismen. Vor allem trägt die Bewegungsparallaxe zur Entstehung eines Tiefeneindrucks bei. Bei Bewegungen des Kopfes oder des Körpers bewegen sich Gegenstände im Gesichtsfeld je nach Entfernung scheinbar unterschiedlich schnell. Dabei gilt: Je langsamer die scheinbare Bewegung, desto weiter entfernt.

Lexikon

Wahrnehmung

Unter künstlichen Sehbedingen, mit denen man normalerweise nicht konfrontiert ist, sind Fehlleistungen der Wahrnehmung möglich. Wahrnehmungstäuschungen geben eine Vorstellung davon, wie das Gehirn optisch aufgenommene Information auswertet.

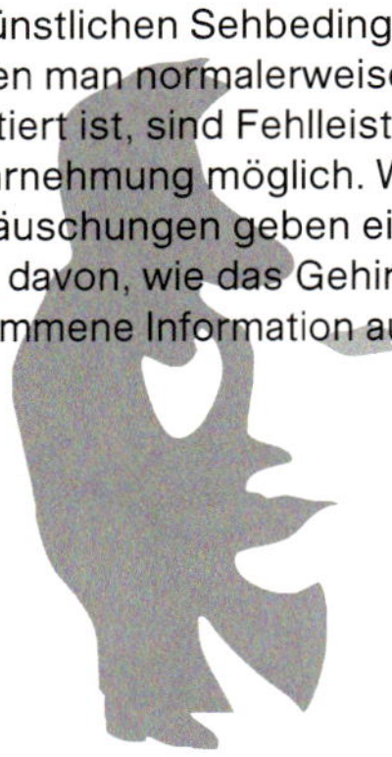

Mehrdeutige Darstellungen

Durch Erfahrungen, Interessen, Erwartungen oder auch die momentane Stimmung ist man voreingenommen und nimmt Reize selektiv auf. Was den Erwartungen entspricht, also mit bereits gespeicherten Gedächtnisinhalten in Zusammenhang gebracht werden kann, wird bevorzugt wahrgenommen. Davon hängt es ab, was der Betrachter solcher Bilder, die mehrere Interpretationen zulassen, als Erstes sieht.

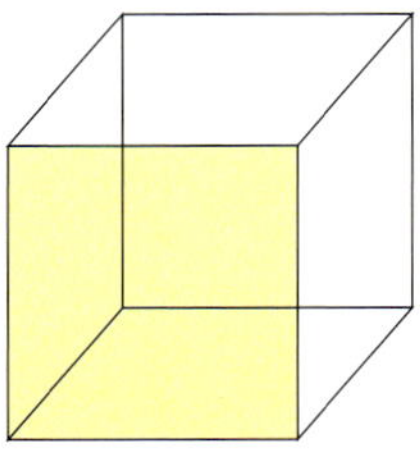

Mehrdeutig kann auch die räumliche Wahrnehmung eines Bildes sein. So kann die farbige Fläche als Vorder- oder Rückseite eines Würfels gesehen werden. Bei längerer Betrachtung „springt" der Würfel. Dieser Wechsel kann nicht unterdrückt werden.

Fata Morgana

Eine Fata Morgana ist eine Luftspiegelung, die entsteht, wenn Luftschichten verschiedener Temperatur und damit auch verschiedener Dichte übereinander liegen. Flach auftreffende Lichtstrahlen werden an der Grenzfläche total reflektiert.

Dieses Phänomen kann man an heißen Sommertagen beobachten, wenn die Luft über dem Asphalt zu flirren beginnt. Plötzlich scheinen Pfützen aufzutauchen. Diese sind Spiegelungen des Himmels an einer heißen Luftschicht über der Straße.

Mondillusion

Die Größenkonstanz ist Ursache dieser Täuschung: Mond oder auch Sonne erscheinen am Horizont sehr viel größer als im Zenit, da die Entfernung zum Horizont wesentlich größer eingeschätzt wird als die zum Firmament.

Unmögliche Objekte

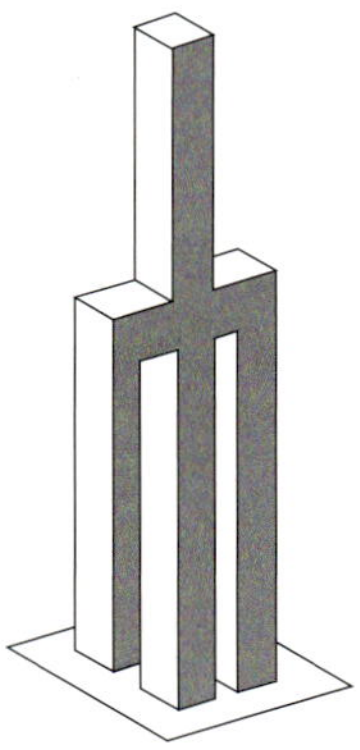

Die Abbildungen verdeutlichen, dass das Gehirn stets versucht, in zweidimensionale Darstellungen Dreidimensionalität hinein zu bringen. Beliebige Winkel werden, sofern möglich, als perspektivisch verzerrte rechte Winkel interpretiert. Dem kann man sich auch dann nicht widersetzen, auch wenn klar ist, dass solche Formen real nicht existieren können.

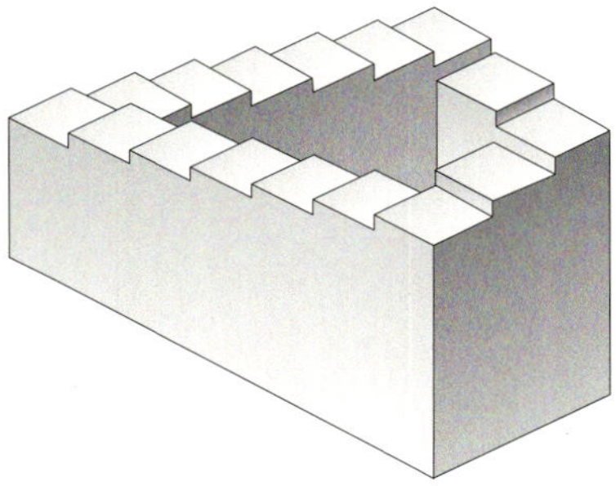

Geometrisch-optische Täuschung

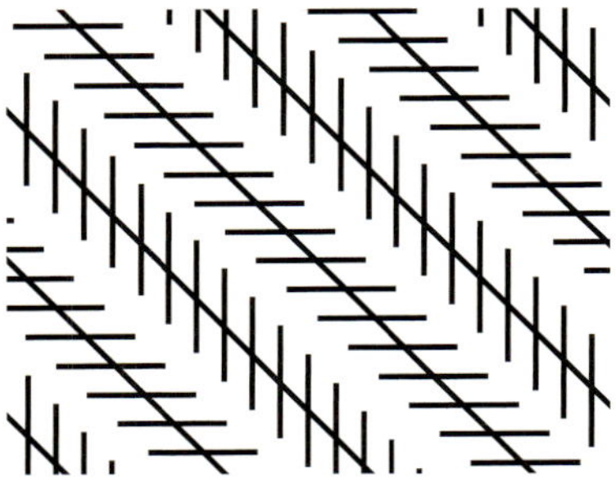

Bei Betrachtung der obigen Figur unterliegt man einer Winkeltäuschung: Parallele Geraden scheinen aufeinander zuzulaufen, da man die spitzen Winkel überschätzt, unter denen die Geraden von den Scharen kurzer Parallelen geschnitten werden. Die Täuschung verschwindet, wenn die Blickrichtung parallel zu den Geraden verläuft.

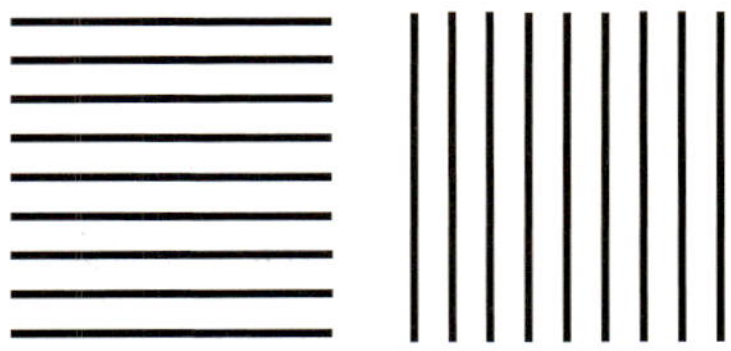

Vom Lesen ist man an eine Augenbewegung von links nach rechts gewöhnt und führt diese daher schneller aus als eine Bewegung von oben nach unten. Daher neigt man dazu, vertikale Linien überzubewerten, sodass es zu einer Höhenüberschätzung kommt.

Optische TÄUSCHUNG

Bei den folgenden Strichzeichnungen handelt es sich um geometrisch-optische Täuschungen.

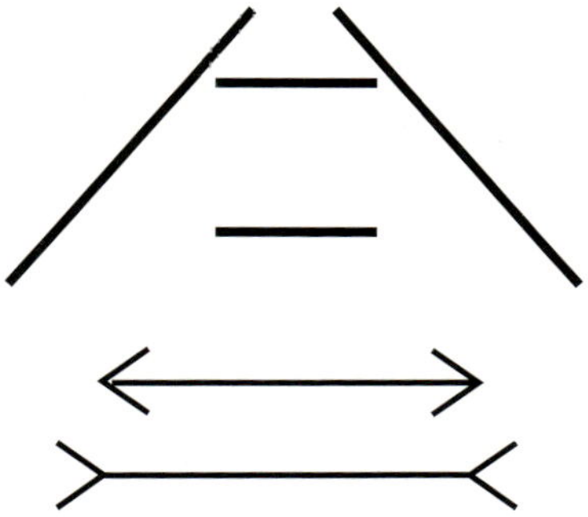

Aufgaben

① Welche der beiden waagerechten Strecken ist jeweils länger? Überprüfen Sie Ihre Vermutungen durch Nachmessen.

② Versuchen Sie die Beurteilungsfehler zu erklären. Berücksichtigen Sie dabei die räumliche Interpretation der Figuren durch unser Gehirn.

Aufgaben

③ Welcher Täuschung unterliegt der Betrachter dieser Figuren?

④ Schlagen Sie eine Erklärung für diese fehlerhafte Wahrnehmung vor.

Aufgaben

⑤ Betrachten Sie die oben stehende Abbildung und beschreiben Sie Ihre Wahrnehmung.

⑥ Suchen Sie nach einer möglichen Erklärung.

Aufgaben

⑦ Erläutern Sie, weshalb in den obigen Darstellungen zum einen ein Dreieck, zum anderen eine gewellte Linie zu erkennen sind, obwohl diese in Wirklichkeit gar nicht existieren.

⑧ Welche Rückschlüsse lassen die oben stehenden Darstellungen auf den Wahrnehmungsvorgang im Gehirn zu?

⑨ Entwerfen Sie nach diesem Prinzip eine eigene Darstellung und testen Sie ihre Wirkung an anderen Kursteilnehmern.

Aufgaben

⑩ Vergleichen Sie die Grautöne in den Teilabbildungen miteinander.

⑪ Welche Folgerung können Sie aus dieser Betrachtung für die Helligkeitsmessung des Gehirns ziehen?

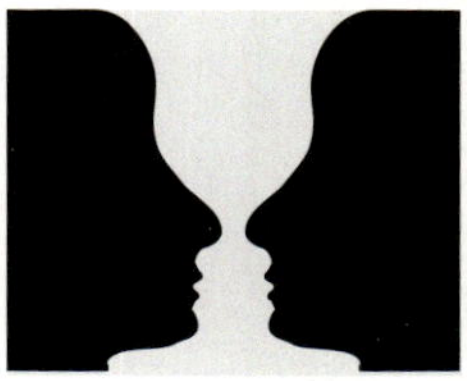

Aufgaben

⑫ Betrachten Sie die beiden Abbildungen jeweils eine Minute lang und notieren Sie Ihre Wahrnehmungen.

⑬ Drehen Sie nun das Buch um 180° und betrachten Sie das erste Bild erneut. Was nehmen Sie wahr?

⑭ Welche Feststellung können Sie machen, wenn Sie Ihre Eindrücke mit denen vergleichen, die andere Kursteilnehmer gemacht haben?

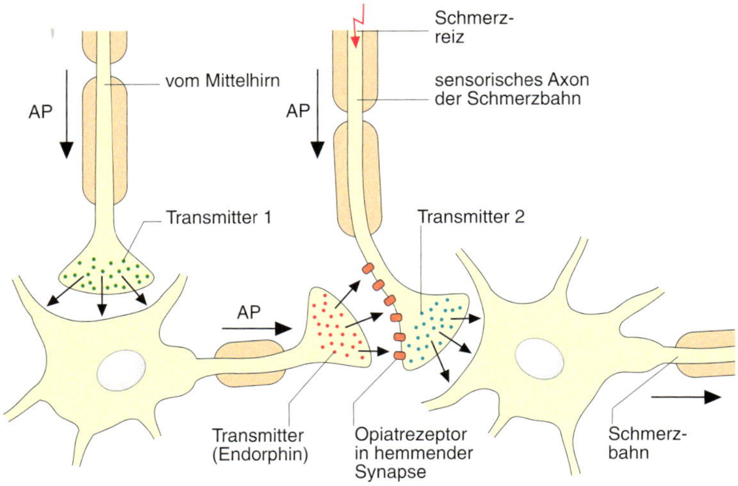

1 Wirkung von Opiaten und Endorphinen

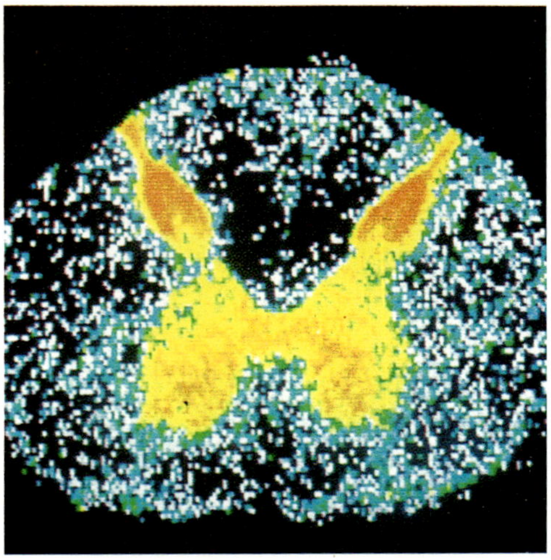

2 Opiatrezeptormoleküle im Rückenmark

Psychoaktive Stoffe

Cocastrauch

Schon in alten Kulturen versuchten Menschen, ihre Empfindungen und Stimmungen durch Einnahme von Stoffen zu beeinflussen. Das Kauen von Coca-Blättern ist in den Anden seit Jahrhunderten verbreitet. Hunger, Müdigkeit und Kälte lassen sich so für eine gewisse Zeit verdrängen.

Auch bei uns werden pflanzliche und synthetische Stoffe gebraucht und auch missbraucht. Alle psychoaktiven Stoffe, die auf das ZNS einwirken und Gemütszustände beeinflussen, fasst man unter der Bezeichnung Drogen zusammen. Dazu zählen sowohl legale Drogen wie Alkohol, Koffein und Nikotin, Psychopharmaka wie Aufputsch-, Beruhigungs-, Schlaf- oder Schmerzmittel, aber auch illegale Rauschmittel, beispielsweise Haschisch, Kokain, Heroin, LSD oder Ecstasy. Körperliche Schäden und Abhängigkeit sind mögliche Folgen der Einnahme solcher Stoffe. Von vielen Stoffen, insbesondere von den illegalen Drogen, kennt man die Wirkmechanismen. Im ZNS existieren Rezeptoren an den Neuronen, an die sich Drogen anlagern und so die Neuronen erregen oder hemmen.

Opiate

Opium ist ein Extrakt des Schlafmohns und wird schon lange medizinisch zur Schmerzlinderung genutzt. Es enthält über 30 verschiedene Substanzen, sogenannte Opiate. Der Hauptbestandteil ist Morphin, eines der stärksten bekannten Schmerzmittel.

Mithilfe radioaktiv markierter Opiatmoleküle lassen sich im Rückenmark Opiatrezeptoren sichtbar machen (Abb. 2). Am größten ist die Rezeptordichte in der hinteren Wurzeln der grauen Substanz (orange). Dort haben die Nervenfasern, die Schmerzempfindung vermitteln (Schmerzfasern), synaptische Kontakte zu Neuronen, deren Axone bis ins Gehirn reichen. Die Opiatrezeptoren befinden sich an den Synapsen der Schmerzfasern (Abb. 1). Opiate hemmen die Schmerzfasern, indem sie an den synaptischen Endknöpfchen den Calciumioneneinstrom hemmen. So wird die Transmitterausschüttung vermindert und die Schmerzschwelle erhöht.

Opiatrezeptoren befinden sich auch in einigen Bereichen des Gehirns, u. a. im Thalamus. Opiate verändern hier die Wahrnehmung: Schmerzreize werden unterbewertet, Wohlbehagen wird empfunden.

Endorphine — körpereigene Morphine

Die Existenz von Opiatrezeptoren legt nahe, dass es körpereigene morphinähnliche Substanzen gibt. Gefunden wurden zwei *Endorphine*, das *Leukin* und das *Methionin-Enkephalin*. Sie werden an Synapsen ausgeschüttet, die Schmerzfasersynapsen aufsitzen und diese hemmen (Abb. 1).

Zur Endorphinausschüttung kommt es in Notfallsituationen. Vermutlich bewirken die Endorphine, dass manchmal schwer verletzte Menschen unmittelbar nach der Verletzung keinen Schmerz spüren. Endorphine erzeugen auch die überwältigenden Glücksgefühle, die bei Extremsportarten wie Fallschirmspringen, Freeclimbing oder Marathon laufen auftreten können.

Agonisten und Antagonisten

Endorphine und Opiate verbinden sich mit Opiatrezeptoren und aktivieren sie. Diese Stoffe sind Agonisten. Dagegen sind Antagonisten Stoffe, die sich mit dem Rezeptor verbinden, ihn aber nicht aktivieren, sondern blockieren. Antagonisten werden beispielsweise in der Notfallmedizin angewendet. Bei Überdosierung von Heroin oder Morphin droht Atemstillstand. Wird der antagonistisch wirkende Stoff Naloxon verabreicht, so verdrängt er Opiate vom Rezeptor und kompensiert dadurch die Wirkung der Droge.

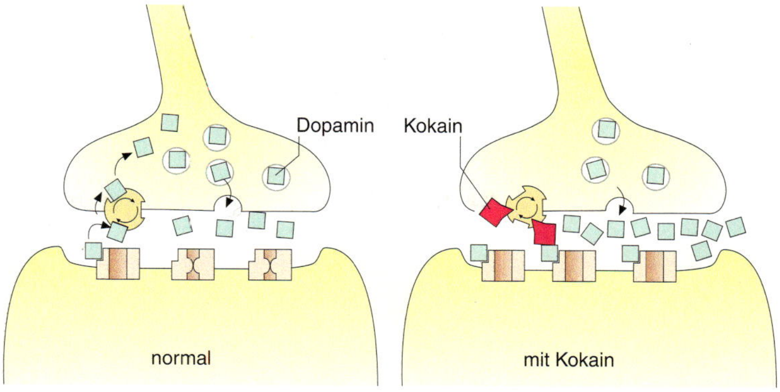

3 Wirkung von Kokain

Aufputschmittel

Stimulanzien steigern die psychische Aufmerksamkeit, Kokain und Amphetamine wie Speed oder ihre Derivate heben die Stimmung. Kokain und Amphetamine wirken auf bestimmte Synapsen, die hauptsächlich im limbischen System vorkommen. Amphetamine führen zur Ausschüttung des Transmitters Dopamin. Kokain verhindert die Wiederaufnahme des Dopamins in das synaptische Endknöpfchen. Die Dopaminkonzentration im synaptischen Spalt ist dadurch erhöht (Abb. 3) und die Neuronen sind länger und stärker erregt.

Angst lösende Mittel

Manche Menschen leiden ohne eigentlichen Grund ständig unter Angst. Eine solche Erkrankung lässt sich psychotherapeutisch oder in schweren Fällen auch medikamentös behandeln. *Barbiturate* wirken ähnlich wie Alkohol beruhigend und werden als Schlafmittel eingesetzt. Wer müde ist, hat weniger Angst. *Librium* und *Valium* zum Beispiel wirken angstlösend und in höheren Dosen einschläfernd. Auch hier besteht die Gefahr einer Abhängigkeit. Hinzu kommt eine schwer abschätzbare Gefahr bei Kombination dieser Medikamente mit Alkohol. Die Wirkung der Barbiturate beruht auf einer Besetzung der GABA Rezeptoren im limbischen System und in der Großhirnrinde. Der Neurotransmitter GABA wirkt hemmend auf die postsynaptische Membran, diese Hemmung wird durch Barbiturate noch weiter verstärkt.

Barbiturate
Abgeleitete Stoffe der Barbitursäure, die in der Medizin als Schlafmittel eingesetzt werden

GABA
Gamma-Amionobuttersäure
Transmitter an inhibitorischen Synapsen

Aufgaben

① Erklären Sie anhand von Abbildung 1 die schmerzstillende Wirkung von Opiaten.
② Erläutern Sie, wodurch Drogen Wahrnehmung und Gefühle verändern.
③ Das antagonistisch wirkende Medikament Naloxon wird im Organismus rascher abgebaut als Opiate. Erläutern Sie, weshalb ein Patient, der nach einer Heroinüberdosis Naxolon erhält, für längere Zeit klinisch überwacht werden muss.
④ Nennen Sie ein Synapsengift das vergleichbar wirkt wie Naloxon.

Zettelkasten

Sucht

Bei der Entstehung einer Drogensucht treten zwei Phänomene auf. Zum einen kommt es zur *Toleranzentwicklung.* Um dieselbe Wirkung zu erzielen, sind immer höhere Dosen der Droge erforderlich. Zum anderen entsteht *körperliche Abhängigkeit.* Wird die Droge abgesetzt, so treten oft die entgegen gesetzten Erscheinungen auf, die der Stoff bewirken würde. Forschungsergebnisse weisen darauf hin, dass alle abhängig machenden Substanzen gleich wirken. Im Bereich des Vorderhirns liegt der Kern *Nucleus accumbens.* Es handelt sich um eine Ansammlung von Nervenzellen, die den Transmitter Dopamin ausschütten. Dopaminausschüttung bewirkt Wohlbefinden und ist ein natürliches Belohnungssystem. In den Nucleus accumbens gelangen Erregungen von mehreren anderen Hirnbereichen, u. a. dem Hippocampus und dem Mandelkern. Drogen wie Kokain, Amphetamin, Alkohol oder Nikotin erhöhen den Gehalt an Dopamin im Nucleus accumbens. Er wird also durch verschiedenste Drogen aktiviert, deren Rezeptoren sich an unterschiedlichen Stellen im Gehirn befinden. Drogen bewirken Vorgänge, die auch bei Lernvorgänge ablaufen. Durch Drogeneinnahme „lernt" der Süchtige immer weiter Drogen zu konsumieren.

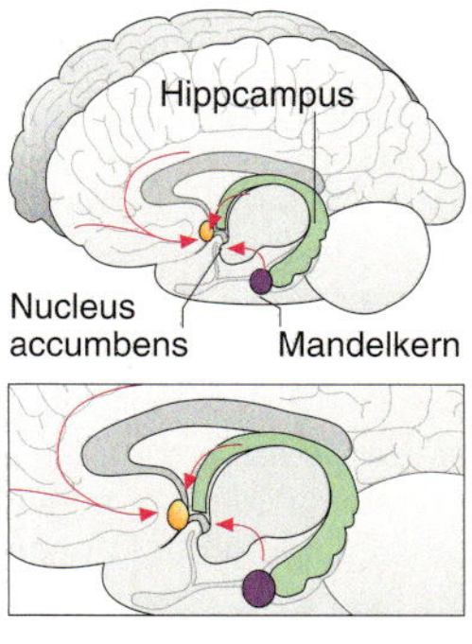

Medizinische Aspekte der Neurobiologie

Menschen mit Sonderbegabungen

Es gibt etwa 50 Menschen auf der Welt, die man als Savants bezeichnet. Sie können auf einzelnen Gebieten Unvorstellbares leisten.

Der wohl berühmteste Savant war KIM PEEK (1951 – 2009). Er besaß ein phänomenales Gedächtnis. Nach eigenen Angaben kannte er den Inhalt von 12 000 Büchern. PEEK gab an, dass er zwei Seiten innerhalb von acht Sekunden gleichzeitig lesen konnte, je eine mit dem linken Auge und mit dem rechten Auge. Er selbst nannte sein Verfahren „scannen". Von dem, was er gelesen hatte, vergaß er fast nichts. Auch nicht, was er gehört hatte. Er kannte jedes einmal gehörte Musikstück auswendig.
Aber solche Sonderbegabungen sind oft mit starken Schattenseiten gepaart. PEEK war Autist; er lebte zumeist in seiner eigenen Welt. Er kommunizierte wenig und war ist schwierig, sich mit ihm zu unterhalten. PEEK konnte nicht alleine leben, denn er war nicht in der Lage, für sich zu sorgen. Doch die Paarung von Hochbegabung und Hilflosigkeit trifft nicht für alle Savants zu.
Über die Ursachen, die dazu führen, dass Menschen solche unglaublichen Inselbegabungen entwickeln, weiß man wenig. Die Fähigkeiten von PEEK wurden erkannt, als er im vierten Lebensjahr lange Texte, die er nur einmal gehörte hatte, vollständig aufsagen konnte. Er besaß bereits als Kleinkind ein überdurchschnittlich großes Gehirn. Ob das bedeutsam ist, kann man nicht sicher sagen, denn das ist nicht bei allen Savants der Fall. Medizinische Untersuchungen haben gezeigt, dass bei PEEK die beiden Großhirnhälften nur wenig miteinander verbunden sind. Daraus wurde die Hypothese abgeleitet, dass normalerweise die rechte und die linke Großhirnhälfte sich gegenseitig bei der Informationsspeicherung kontrollieren und hemmen. Ein Ausfall dieser Kontrolle hätte den unkontrollierten Zugang zum Langzeitgedächtnis zur Folge.
Der Brite DANNIEL TAMMET (* 1979) spricht zehn Sprachen. Außerdem kann er mathematische Operationen außerordentlich schnell und genau durchführen. Die Ergebnisse kann er bis hundert Nachkommastellen aufsagen.
Im Gegensatz zu PEEK kann die Entwicklung der Sonderbegabungen bei TAMMET auf ein Ereignis zurückgeführt werden. Er erlitt im Alter von drei Jahren einen sehr schweren epileptischen Anfall. Statt mit anderen Kindern zu spielen, begann er danach er sich mit Büchern und Mathematik zu beschäftigen.
Trotz erster Ansätze, ist die Wissenschaft noch lange nicht in der Lage, das Phänomen der Savants zu erklären. Die Grundfragen lauten: Sind diese Möglichkeiten in jedem von uns angelegt? Müssen sie nur freigegeben werden, damit jeder über sie verfügen kann?

Alzheimer Erkrankung

Wie heißen Sie?" – „Auguste." „Familienname?" – „Auguste." – „Wie heißt ihr Mann?" – „Ich glaube Auguste." – „Ihr Mann?" – „Ach so, mein Mann..."
Dies ist ein Ausschnitt aus dem Gespräch zwischen dem Psychiater ALOIS ALZHEIMER und seiner Patientin AUGUSTE DETER aus dem Jahr 1901. Damit begann die Erforschung einer bis heute nicht heilbaren Krankheit, der sogenannten *Alzheimer Demenz*, auch *Morbus Alzheimer* genannt. Sie betrifft ältere Menschen und gilt als eine große Bedrohung für die Industrienationen der Welt, in denen durch medizinischen Fortschritt die Lebenserwartung immer mehr gestiegen ist. Derzeit sind weltweit etwa 18 Millionen Menschen erkrankt, davon etwa 0,8 Millionen in Deutschland. Es wird geschätzt, dass bis zum Jahr 2040 weltweit die Anzahl auf 80 Millionen ansteigen wird.
Die Symptome dieser Krankheit, die sich schleichend entwickelt, sind anfangs nur Erinnerungslücken. Zunehmend kommt es zum Verlust der Orientierung, der Urteilsfähigkeit und schließlich der Persönlichkeit.

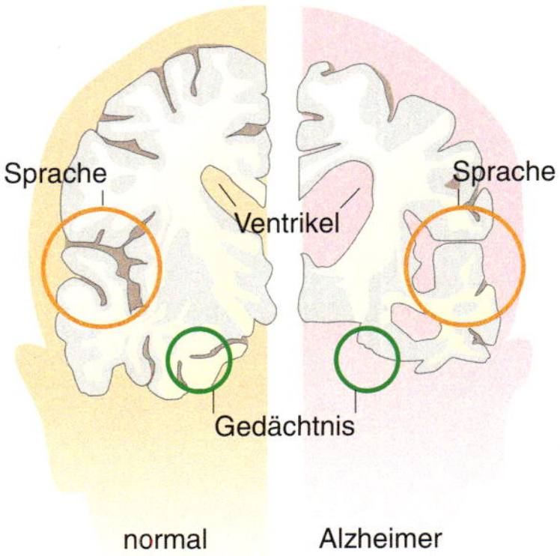

Gesundes und erkranktes Gehirn

Im Gehirn sterben immer mehr Neuronen ab. Das führt zum Ausfall von Hirnfunktionen und nimmt schließlich einen tödlichen Verlauf. Eine sichere Diagnose ist nur durch anatomische Untersuchungen des Hirngewebes möglich. Es zeigt deutlichen Substanzverlust im Vergleich zu gesundem Gewebe. Zwischen den Neuronen befinden sich Eiweißablagerungen, sogenannte Amyloid-Plaques. Sie entstehen durch die Zusammenlagerung von Bruchstücken eines bestimmten Proteins, das im gesunden Gewebe abgebaut wird. Es wird vermutet, dass die Plaques die Signalübertragung zwischen den Nervenzellen stören, Entzündungen auslösen und zum Absterben der Nervenzellen führen.

Insbesondere im Anfangsstadium der Krankheit ist es schwierig, sie zu diagnostizieren. Ein neues diagnostisches Verfahren beruht auf der Verwendung einer speziellen Substanz, die radioaktives Fluor (^{18}F) enthält. Diese Tracersubstanz wird in die Blutbahn injiziert und lagert sich selektiv an die Plaques an. Mithilfe der PET (siehe S. 228) können die Plaques sichtbar gemacht werden. Sind sie vorhanden, so ist dies ein Hinweis auf die Erkrankung. Doch es gibt auch Fälle, in denen sich Plaques nachweisen ließen und keine Demenz aufgetreten ist. Sichere Diagnoseverfahren sind wichtig, weil eine frühzeitig einsetzende Therapie den Krankheitsverlauf deutlich verzögern kann. Das gibt Patienten auch Zeit, Notwendiges zu Fragen der Pflege und die Vergabe von Vollmachten zu regeln.

Schnittstellen zwischen Mensch und Maschine

Retina Implantate

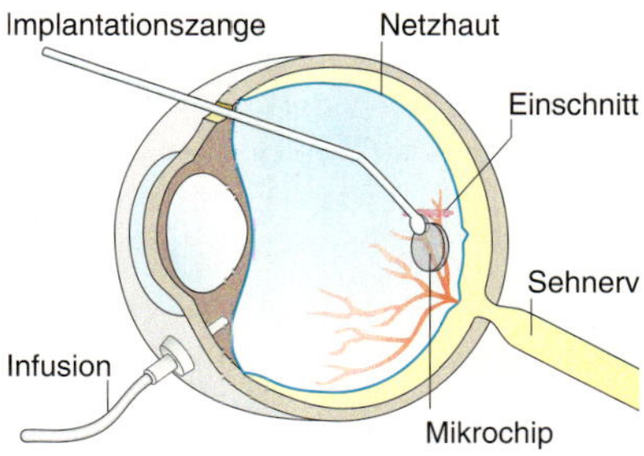

1

Blindheit kann unterschiedliche Ursachen haben. Oft ist infolge einer Erkrankung die Netzhaut geschädigt. Ein Beispiel ist die Maculadegeneration. Infolge der Ansammlung von glasig, schleimartigen Stoffen zwischen der Pigmentschicht und den Netzhaut (siehe S. 213) sterben die Lichtsinneszellen im Bereich des gelben Flecks ab. Retinitis pigmentosa ist eine Erkrankung, die zu völliger Erblindung führt. In den Lichtsinneszellen werden veränderte Enzyme gebildet, die im Laufe von Jahren zum Absterben der Zellen führen.

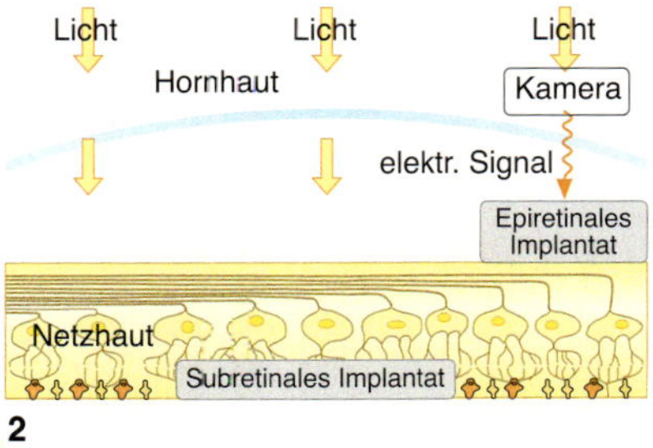

2

Weltweit wird nach Lösungen gesucht, um blinden Menschen zu helfen. Hoffnung gibt die Entwicklung von Mikrochips, die in das Auge eingesetzt werden und die defekte Netzhaut ersetzen. Diese Retinaimplantate befinden sich noch im Entwicklungsstadium. Es gibt zwei Erfolg versprechende Möglichkeiten: Das subretinale Implantat wird unter der Netzhaut eingesetzt, während das epiretinale Implantat auf die Netzhaut gesetzt wird.

Das epiretinale Implantat empfängt Signale von einer Minikamera, die der Patient an einer Brille trägt. Das Implantat reizt elektrisch Zellen der Netzhaut. Das subretinale Implantat ist lichtempfindlich und ersetzt abgestorbene Lichtsinneszellen. Es besteht aus einem Mikrochip mit einer Fläche von ca. 0,1 x 0,1 mm^2 und etwa 1 500 lichtempfindlichen Pixelfeldern. Bei Belichtung reizt der Mikrochip Netzhautzellen.

Aufgaben

① Erläutern Sie, welche Sehstörungen bei einer Maculadegeneration zu erwarten sind. Begründen Sie, was dafür spricht, dass Retinitis pigmentosa eine genetisch bedingte Krankheit ist.

② Erklären Sie, welche Strukturen des Sehsystems funktionsfähig sein müssen, damit Retinaimplantate Erblindeten eine Hilfe sein können.

③ Die Abb. 2 zeigt die Lage des subretinalen und des epiretinalen Netzhautimplantats. Erklären Sie, welche Zellen der Netzhaut jeweils gereizt werden.

④ Vergleichen Sie die Eigenschaften des subretinalen Mikrochips mit denen der Netzhaut. Bewerten Sie die zu erwartende Sehleistung mit dem Chip im Vergleich zur normalen Sehleistung.

Brain-Computer Interface

Es gibt Menschen, die sich infolge einer Lähmung nur noch mühevoll verständigen können oder bei völliger Lähmung gar nicht mehr mit ihrer Umwelt kommunizieren können. Dies kann z. B. durch die Amyotrophe Lateralsklerose (ALS) verursacht werden. Bei dieser Erkrankung sterben die Motoneuronen ab.

Ein „Brain-Computer Interface" (BCI) eröffnet diesen Patienten einen neuen Kommunikationsweg. Mit diesem Gerät wird eine Verbindung zwischen dem Gehirn und einem Computer hergestellt. Ein BCI, das sich zum Verfassen von Texten eignet, besteht aus einer Gummikappe mit vielen Elektroden, einem Verstärker und einem Computer mit spezieller Software. Der Patient trägt die Kappe auf dem Kopf. Die Elektroden sitzen verteilt auf der gesamten Schädeloberfläche. Sie leiten von der Schädeldecke elektrische Signale ab (siehe S. 228). Diese werden zuerst verstärkt und dann über ein Interface an einen Computer geleitet. Mithilfe der Software ermittelt der Computer, an welcher Stelle der Kopfoberfläche die Signale entstehen. Außerdem lassen sich Signalform und Signalstärke unterscheiden. Das ermöglicht, verschiedene Denkvorgänge des Patienten voneinander zu unterscheiden. Solche auswertbaren Signale entstehen, wenn der Patient intensiv an einen Vorgang denkt, den er ausführen möchte. Besonders eignet sich dafür die Vorstellung einer Bewegung. So kann der Patient an eine Bewegung der linken Hand oder des linken Fußes denken. Damit steuert er einen Cursor auf dem Computerbildschirm z. B. auf und ab. Weitere Vorstellungen bewegen den Cursor nach rechts oder links über eine virtuelle Tastatur. Der Patient sieht auf den Bildschirm die Cursorposition und kontrolliert sie. Das „Drücken" der Taste erfolgt mit der gedanklichen Vorstellung wie z. B. beide Beine nach vorne strecken.

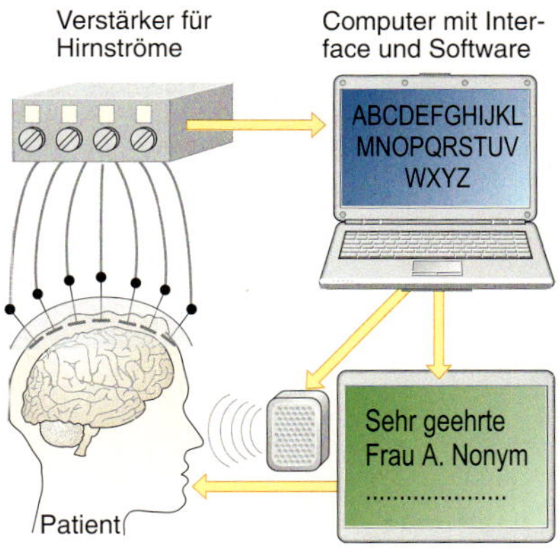

3 optische und akustische Rückmeldungen

Das ist mühsam, doch so kann auch ein vollständig gelähmter Mensch noch mit seiner Umwelt kommunizieren.

Aufgaben

⑤ Erläutern Sie, wieso an der Kopfoberfläche elektrische Signale entstehen können.

⑥ Erklären Sie, weshalb ein vollständig gelähmter Mensch das BCI bedienen kann.

⑦ Erläutern Sie auf der Grundlage der Großhirnorganisation (siehe S. 229), weshalb die Vorstellung von Bewegungen besonders geeignet ist, das BCI gezielt zu steuern.

Gedächtnis — Speichern und Abrufen

Untersuchungsebenen der Gedächtnisforschung
- psychologische Ebene
- anatomische Ebene
- zelluläre und molekulare Ebene

Psychologie
Wissenschaft vom Erleben und Verhalten des Menschen

Personen, die einen Unfall mit Kopfverletzung hatten, berichten häufig, dass sie sich an den Unfallhergang nicht erinnern können. Die Informationen wurden also nicht gespeichert oder können nicht abgerufen werden. Das Gedächtnis wurde gestört. Das Gedächtnis arbeitet nicht nur dann, wenn man sich etwas merken will. Im Gehirn laufen ständig Speichervorgänge ab. Wir merken uns Vieles unbewusst: Wege, den Geschmack von Nahrungsmitteln oder Gesichter.

Die Untersuchungen zur Erforschung des Gedächtnisses laufen auf verschiedenen Ebenen. Psychologisch erforscht wird das Lernen und das Vergessen. Auf der medizinisch anatomischen Ebene wird versucht, die informationsspeichernden Strukturen des Gehirns zu lokalisieren. Auf der zellulären und molekularen Ebene wird erforscht, wie Informationen als Folge von Stoffwechselprozessen und Wechselwirkungen der Zellen miteinander als Gedächtnisinhalte fixiert werden. Die psychologische Forschung liefert ein Gedächtnismodell, das drei Gedächtnisebenen beschreibt, die sich in der Speicherdauer unterscheiden.

Sensorisches Gedächtnis

Das *sensorische Gedächtnis* speichert die aufgenommenen Informationen nur innerhalb der Sinnesorgane. Aufgenommene Reize werden in Erregungen umgewandelt und für 0,015 s Sekunden (Sehen) bis etwa zwei Sekunden (Hören) zur weiteren Verarbeitung bereitgestellt.

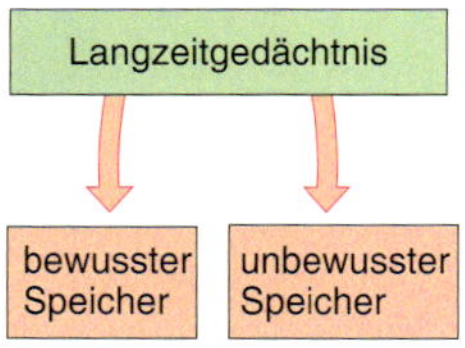

Arbeitsgedächtnis

Im *Arbeitsgedächtnis*, früher Kurzzeitgedächtnis genannt, bleiben die Informationen etwa für 10 Sekunden bis zu wenigen Minuten verfügbar. Die Kapazität ist nur auf wenige Informationseinheiten beschränkt, wie etwa eine Telefonnummer. Das Arbeitsgedächtnis ist bei allen Vorgängen beteiligt, die geistige Aktivität erfordern und uns bewusst sind wie Lernen, Sprechen, Verstehen und Schlussfolgern. In diesem Speicher können neue Informationen mit bereits vorhandenen verknüpft werden.

Langzeitgedächtnis

Im Langzeitgedächtnis werden Informationen dauerhaft verankert. Neue Informationen werden besonders dann ins Langzeitgedächtnis weitergeleitet, wenn dazu Verknüpfungen, also Assoziationen vorhanden sind. Werden neue Informationen im Arbeitsgedächtnis nicht mit Inhalten aus dem Langzeitgedächtnis verknüpft, so gehen sie meist wieder verloren.

Nach dem derzeitigen Erkenntnisstand ist die Speicherfähigkeit im Langzeitgedächtnis praktisch unbegrenzt und die Speicherdauer lebenslang. Die Abrufbarkeit von Gedächtnisinhalten ist von verschiedenen Faktoren abhängig, vor allem aber von der Qualität des Speichervorgangs. Die Qualität wird von den Verknüpfungen, den sogenannten Hinweisreizen bestimmt. Dazu gehört die momentane Stimmung. Eine extreme Stimmungslage wie Freude kann den Speichervorgang verbessern. Angst wirkt sich nachteilig auf die Speicherung aus. Vergessen, also das „Verlieren" von Informationen, wird derzeit als fehlende Möglichkeit den Zugriff auf Gespeichertes angesehen. Je besser Informationen gespeichert werden, desto schneller und sicherer kann der Zugriff erfolgen.

Gedächtnissysteme

Wissen wird je nach Art der Information in unterschiedlichen Speichern abgelegt. Man unterteilt das Gedächtnis in einen *unbewussten* und einen *bewussten Speicher*. Der bewusste Speicher besteht zum einen aus dem Wissensgedächtnis, auch *semantisches Gedächtnis* genannt. Hier werden Fakten wie etwa das Schulwissen gespeichert. Der andere Teil ist das *episodische Gedächtnis*. Es speichert Begebenheiten und Ereignisse wie etwa Kindheitserlebnisse. Diese beiden Gedächtnistypen sind bewusstseinsfähig. Es ist möglich, sich aktiv an einen gesprochenen Satz, eine mathematische Formel oder ein Erlebnis zu erinnern. Beim Erinnern entstehen innere Bilder, durch die die gespeicherten Informationen beschreibbar sind. Dieser Teil des Gedächtnissystems wird beim aktiven Lernen in der Schule und der Ausbildung gefordert.

Im unbewussten Speicher läuft Lernen unbemerkt ab. Die gespeicherte Information lässt sich nicht beschreiben. Dass etwas gespeichert wurde, zeigt sich in Verhaltensänderungen. Auch im unbewussten Speicher gibt es verschiedene Speicherprozesse. Im *prozeduralen Gedächtnis* sind motorische Fertigkeiten verankert wie Radfahren oder das Binden von Schnürsenkeln.

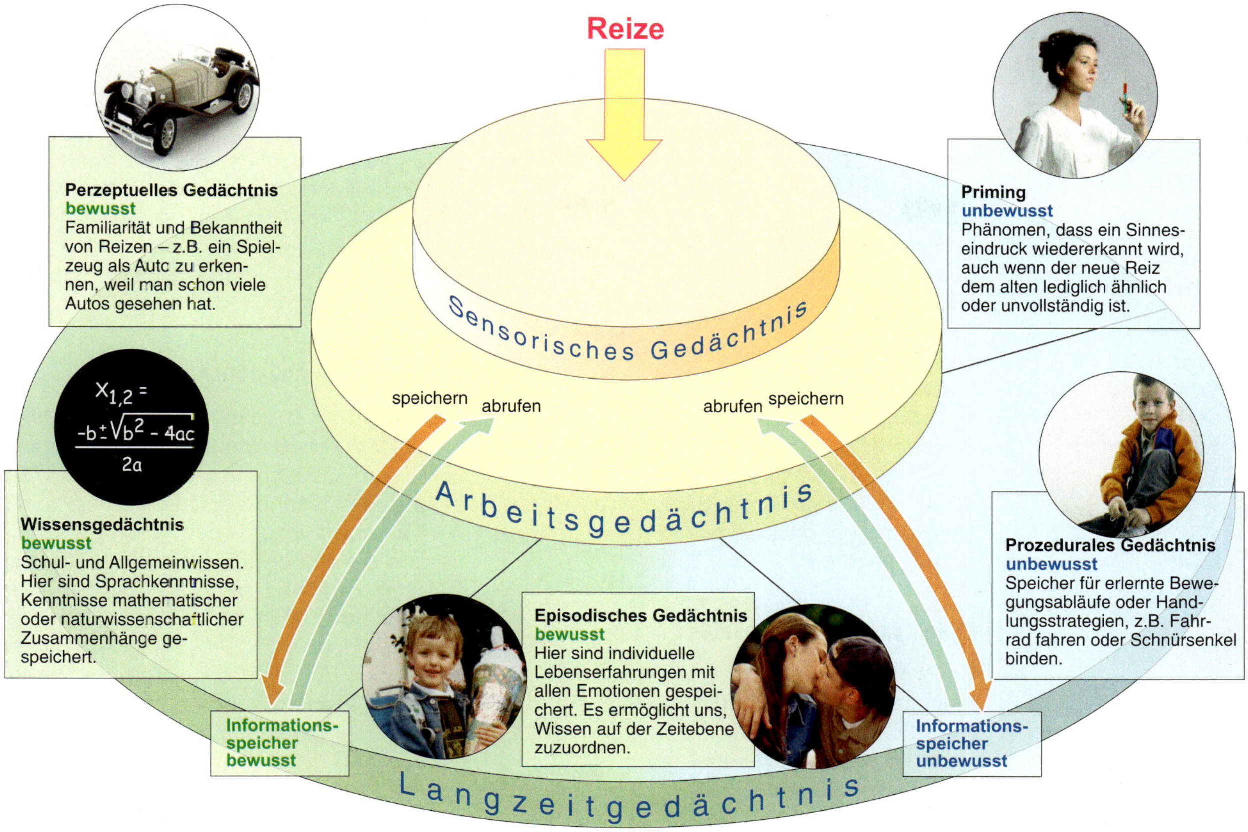

1 Gedächtnismodell

Das *perzeptuelle Gedächtnis* dient der Speicherung gemeinsamer Merkmale von Objekten. Ein Auto wird als solches erkannt, auch wenn man das Modell noch nicht gesehen hat, da jedes Auto charakteristische Merkmale hat.

Der als *Priming* bezeichnete Vorgang stellt eine unbewusste Verbindung zum semantischen Gedächtnis dar. Die Auswirkung zeigt ein Beispiel: In einer komplexen Reizsituation, wie etwa beim Rummelplatzbesuch, werden die vielfältigen akustischen, optischen und chemischen Reize unbewusst gespeichert. Wenn zu einem späteren Zeitpunkt nur ein Reiz wieder auftritt, z.B. der Geruch gebrannter Mandeln, so erinnert man sich automatisch an alle Reize. Vergleichbar ist die Situation beim Arztbesuch. Oft erinnert man sich bereits der Anblick des weißen Kittels an alle damit verknüpften unangenehmen Erfahrungen.

Störungen der Gedächtnisfunktion

Um von Erinnerungen oder Erlerntem zu berichten, muss die Information aus dem Langzeitgedächtnis ins Arbeitsgedächtnis übermittelt werden. Ist dieser Vorgang nicht mehr möglich, spricht man von Gedächtnisverlust, oder *Amnesie*. In diesen Fall liegt *retrograde* Amnesie vor. Betroffene Personen haben nur noch eingeschränkten oder keinen Zugriff mehr auf ihre Erinnerungen. Das kann so weit gehen, dass die eigene Biographie völlig fehlt und Verwandte und Freunde zu Fremden werden. Können neue Informationen nicht mehr gespeichert werden, so spricht man von *anterograder* Amnesie. Für die Betroffenen bleibt die Zeit stehen. Sie leben nur mit der Erinnerung aus der Zeit, die vor dem Ereignis liegt, das zur Amnesie geführt hat.

Aufgabe

① Lassen Sie sich 4 verschiedene Zahlen im Zahlenraum bis 1 000 in zufälliger Folge nennen und geben Sie diese Zahlen geordnet von klein nach groß wieder. Welcher Gedächtnisteil wird genutzt? Erläutern Sie an diesem Beispiel, wie hierbei neue Informationen mit bestehenden Informationen verknüpft werden.

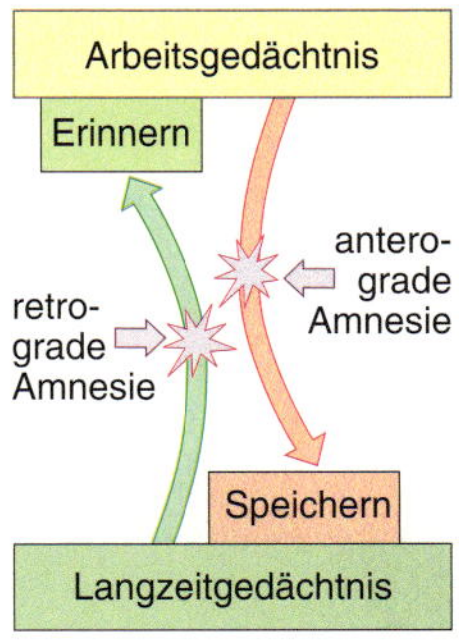

Das Gehirn: Ort des Gedächtnisses

Epilepsie
Spontan auftretende Krampfanfälle als Folge anomaler Erregungsbildung im Gehirn

Hippocampus
Innerer Teil der Schläfenlappen des Gehirns.
Die Form erinnert an ein Seepferdchen, was die Namensgebung bestimmte.

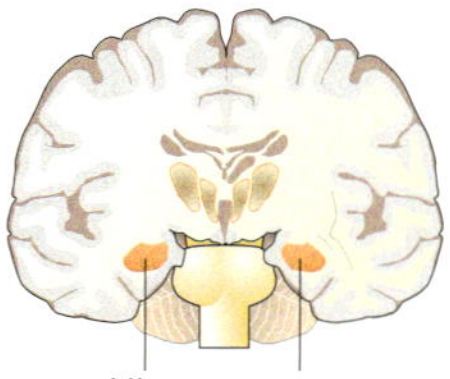

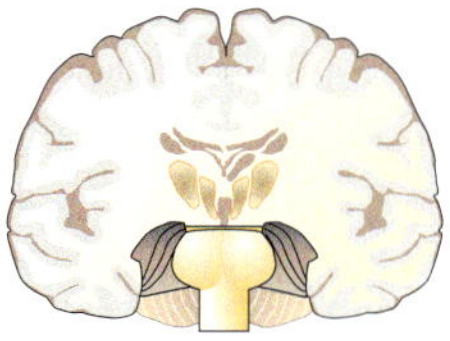

Die Frage, in welchen Teilen des Gehirns sich das Gedächtnis befindet, konnte teilweise anhand der Krankengeschichte des Patienten H. M. geklärt werden. Er litt als Kind an Epilepsie. Als sich der Krankheitsverlauf wesentlich verschlechterte, wurden bei ihm im Jahr 1953 im Alter von 27 Jahren die Teile des Gehirns entfernt, von denen die Krampfanfälle ausgelöst wurden (siehe Abbildung Randspalte). Die Operation verbesserte seinen Gesundheitszustand. Er war fast anfallsfrei und verhielt sich auf den ersten Blick völlig normal. Allerdings wurde rasch deutlich, dass der Eingriff sein bewusstes Gedächtnis zerstörte. Alles was nach der Operation geschah, konnte er nur für ganz kurze Zeit behalten, dagegen waren alle früheren Erinnerungen erhalten.

Bedeutung des Hippocampus

Bei H. M. wurde im Innern der beiden Schläfenlappen der Hippocampus und angrenzende Strukturen entfernt. Dieser Teil Gehirns ist also erforderlich, um Erfahrungen speichern zu können.

Beim Menschen wurde gezeigt, dass beim Vokabellernen ganz bestimmte Neuronen aktiv werden und im Hippocampus beim Lernen und Erinnern bereits nach kurzer Zeit neue Inhalte repräsentiert sind. Dieser Teil des Gehirns wird immer wieder neu organisiert, je nachdem, welche Erfahrungen gemacht werden. Dazu passt auch der Befund, dass sich im Hippocampus Nervenzellen neu bilden können. Inzwischen ist geklärt, dass das Gedächtnis über weite Teile des Gehirns verteilt ist. Die Abbildung in der Randspalte unten zeigt, wo insbesondere bei Lern- und Erinnerungsvorgängen im Gehirn hohe Stoffwechselaktivitäten auftreten.

Molekulare Veränderungen

Derzeit geht man davon aus, dass Synapsen und ihre Veränderlichkeit die Grundlage für Lern- und Gedächtnisprozesse sind. Dies zeigt sich unter anderem in präsynaptischen und in postsynaptischen Veränderungen, welche die Stärke einer synaptischen Verbindung zwischen Neuronen beeinflussen. Die Zahl der freisetzbaren Vesikel einer Synapse entscheidet über die Stärke der synaptischen Verbindung. Gibt es wenige Vesikel und werden sie langsam nachgeliefert, ermüdet die Synapse rasch bei dauerhafter Aktivierung. Wenn sie jedoch schnell neue Vesikel bilden kann, liegt eine starke Kopplung zwischen den beteiligten Zellen vor. Nun hat sich gezeigt, dass es im Gehirn Synapsen gibt, die bei dauerhafter Aktivierung stärker auf das postsynaptische Neuron wirken. Wie Abb. 1 zeigt, entstehen an der postsynaptischen Zelle nach längerer Reizung viel intensivere EPSP's (siehe S. 208).

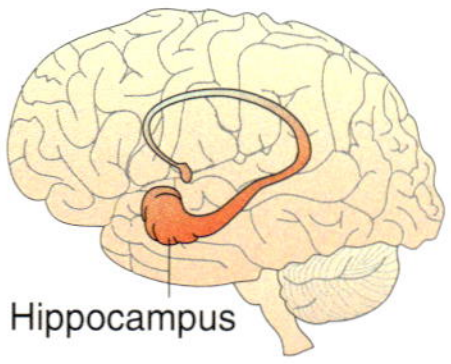

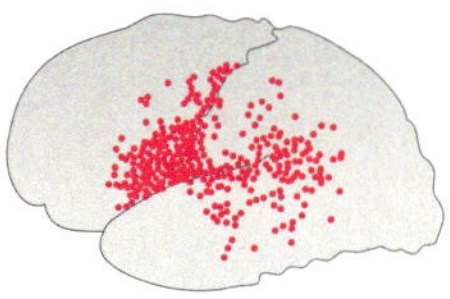

Stoffwechselaktivität beim Lernen und Erinnern

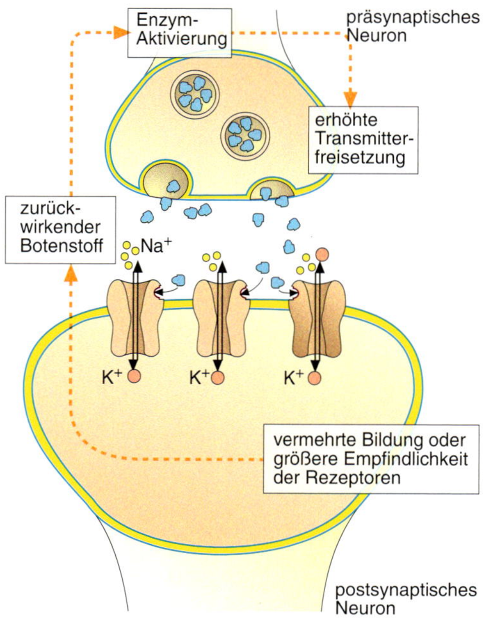

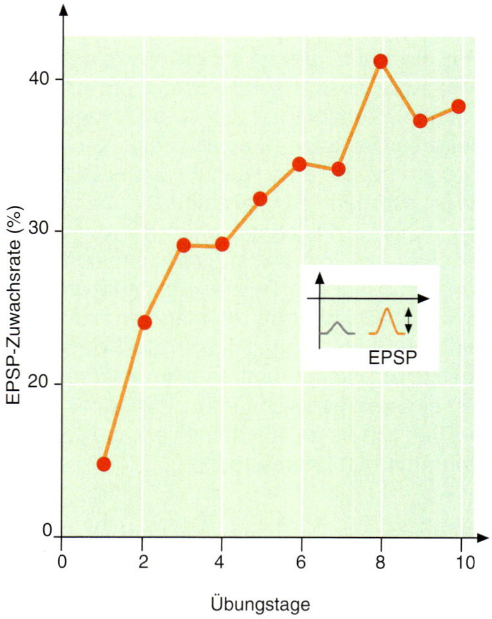

1 Dauerhafte Aktivierung synaptischer Verbindungen

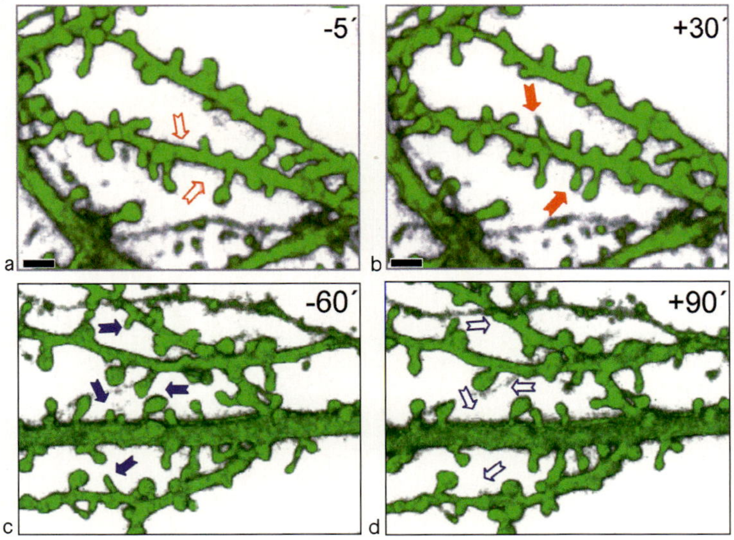

2 Bildung und Rückbildung von Synapsen

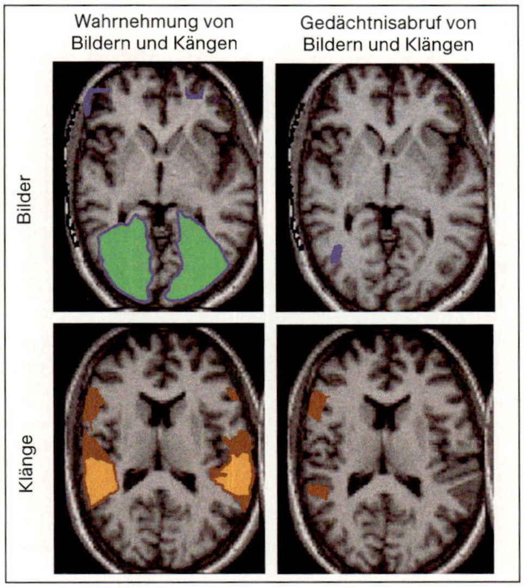

3 Gehirnaktivität beim Lernen und Erinnern

Dafür scheint auch ein Protein (Munc 13) in den Endknöpfchen verantwortlich zu sein. Es macht die Vesikel für die Verschmelzung mit der präsynaptischen Membran fusionsfähig. Außerdem nimmt die Anzahl der postsynaptischen Rezeptoren oder ihre Empfindlichkeit für die Transmittersubstanz zu. Diese beiden Prozesse steuern die Synapsenaktivität. Mit dieser *Langzeitpotenzierung* lässt sich die Funktionsweise des Arbeitsgedächtnisses erklären. Kurzzeitspeicherung ermöglicht die verstärkte Synapsenaktivität.

Mechanismus der Langzeitspeicherung

Der Übergang von der Kurzzeit- zu einer Langzeitspeicherung erfordert den Übergang von molekularen Prozessen zu strukturellen Veränderungen der Neuronen. Beim Aufbau von Langzeitinhalten bilden sich neue synaptische Verbindungen aus. Experimentell konnte gezeigt werden, dass die Verstärkung von Synapsen bei intensiver Reizung mit kleinen zellulären Veränderungen einhergeht. Dabei entstehen an Dendriten kleine Verzweigungen, die *dendritischen Dornen* (Spines). Sie wachsen gezielt auf mögliche Kontaktpartner zu (Abb. 2a/b). Innerhalb der ersten acht Stunden können noch keine Signale übertragen werden. Erst in den darauf folgenden Stunden entscheidet sich, ob eine Verbindung bestehen bleibt oder sich zurückbildet. Die Kontakte werden dann zu voll funktionsfähigen Synapsen. Dies ist nach derzeitiger Auffassung die zelluläre Basis für das Langzeitgedächtnis. Sind Synapsen dagegen lange Zeit kaum aktiv, so bilden sie sich zurück (Abb. 2c/d).

Aufgaben

① Beschreiben Sie, welche synaptischen Veränderungen die Informationenspeicherung ermöglichen.
② Vergleichen Sie in Abbildung 3, welche Teile des Gehirns beim Wahrnehmen und Erinnern aktiv sind.
③ Erklären Sie, soweit möglich, die Bedeutung der unten aufgeführten Lerntipps.

Zettelkasten

Wie lernt man am besten?

Es gibt sehr gut abgesicherte Vorstellungen, wie das Gehirn am besten sicher und dauerhaft Informationen speichert.

- Weder unter Stress noch gelangweilt arbeiten.
- Interesse an der Sache verbessert die Lernleistung.
- Neues immer wieder mit Bekanntem verknüpfen.
- Lernstoff portionieren und auf verschiedene Tage verteilen.
- Gelerntes mehrfach wiederholen.
- Regelmäßig Lernpausen einlegen
- Das Gehirn verarbeitet Erfahrungen im Schlaf und bei körperlicher Aktivität. Nach dem Lernen keine Tätigkeiten beginnen, welche die Aufmerksamkeit umlenken (z. B. Computerspielen, aufregende Filme anschauen u. ä.), sondern Sport treiben oder ausruhen.

Neurobiologie

Potentialmessungen am Axon

Die Abbildung zeigt vier Versuche a bis d zur Messung von Membranpotentialen am gereizten und nicht gereizten Axon. Die Ergebnisse sind in den Schaubildern 1 bis 4 zusammengestellt.

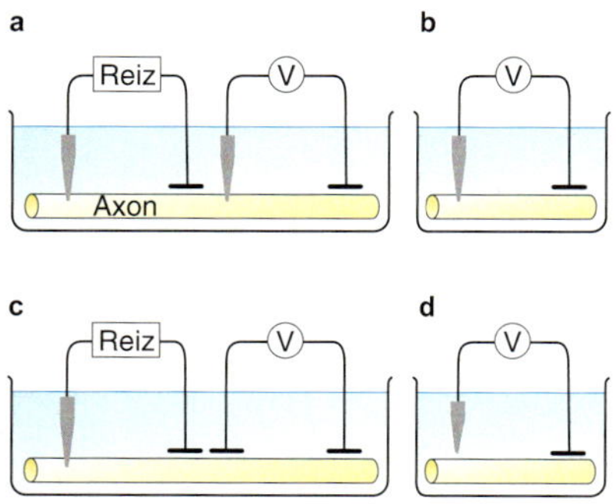

1

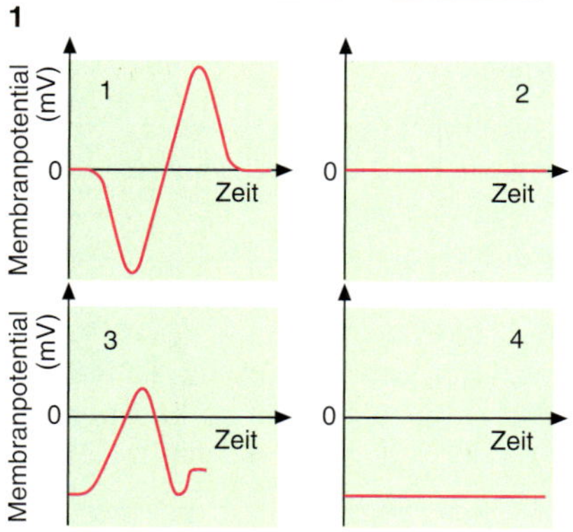

Aufgaben

① Ordnen Sie den Versuchen die jeweiligen Messergebnisse zu und begründen Sie Ihre Zuordnung.

② Erklären Sie, wie sich das Messergebnis bei Versuch b ändert, wenn in das Axon ein Stoff injiziert wird, der den Aufbau von ATP hemmt und über längere Zeit gemessen wird.

Bernsteins historische Theorie des Aktionspotentials

Julius Bernstein (1839 — 1917) war Professor für Physiologie an der Universität Halle. Er untersuchte mit den technischen Mitteln seiner Zeit die elektrischen Erregungen von Muskeln und Nerven. 1902 veröffentlichte er eine umfassende „Membrantheorie der bioelektrischen Ströme“. Seiner Theorie liegen folgende Annahmen zugrunde:

- Nerven- und Muskelfasern sind von einer semipermeablen Membran umgeben.
- Die Membran ist im Ruhezustand ausschließlich für positive Kaliumionen durchlässig.
- Intrazellulär sind negativ geladene Phosphationen vorhanden, welche die Zellmembran nicht durchdringen können.

Nach Bernsteins Theorie baut sich an der Membran ein Potential auf, indem die intrazellulär in hoher Konzentration vorhandenen Kaliumionen ausströmen, bis das entstehende Membranpotential den weiteren Ausstrom von Kaliumionen verhindert. Für die Entstehung eines „Aktionspotentials“ nahm er eine vorübergehende unselektive Erhöhung der Membrandurchlässigkeit für alle Ionen an.

Aufgaben

③ Vergleichen Sie Bernsteins Annahmen und Folgerungen zu den elektrischen Phänomenen an nicht erregten Nervenzellen mit den heutigen Vorstellungen.

④ Die Abbildung 2 zeigt drei Diagramme A, B und C. Begründen Sie, welches Diagramm den Verlauf des Aktionspotentials wiedergibt, der zu Bernsteins Theorie passt.
Beschreiben Sie die wesentlichen Unterschiede zwischen dem tatsächlichen Verlauf des Aktionspotentials und dem Verlauf nach Bernsteins Theorie.
Geben Sie an, wodurch diese Unterschiede zustande kommen.
Erläutern Sie, welche zusätzlichen Erkenntnisse erforderlich waren, um von der Bernsteinschen Membrantheorie ausgehend die heute anerkannte Ionentheorie der Erregung zu entwickeln.

⑤ Bernstein prüfte seine Theorie zum Membranpotential an nicht erregten Muskelfasern, indem er die extrazelluläre Kaliumionenkonzentration erhöhte.
Erläutern Sie, welche Änderung des Membranpotentials aufgrund seiner Theorie zu erwarten ist und welcher Effekt im Experiment auftritt.

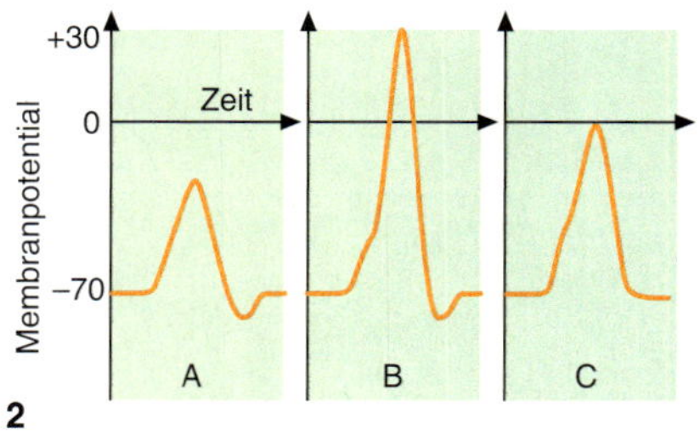

2

Ionenkanäle

In den Zellmembranen von Sinneszellen und Nervenzellen sind Natriumionenkanäle, die geöffnet werden können. Es gibt verschiedene Öffnungsmechanismen.

Aufgaben

⑥ Erläutern Sie die Bedeutung von Natriumionenkanälen, deren Öffnung gesteuert werden kann.

⑦ Erklären Sie die verschiedenen dargestellten Öffnungsmechanismen. Geben Sie für jeden Fall ein Beispiel an.

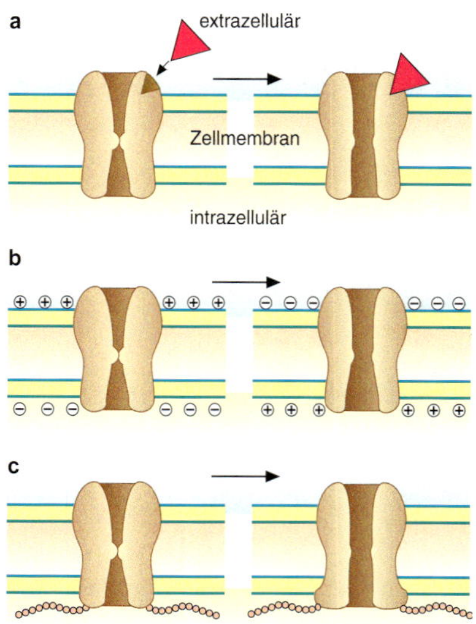

3

Thermoregulation bei Säugetieren

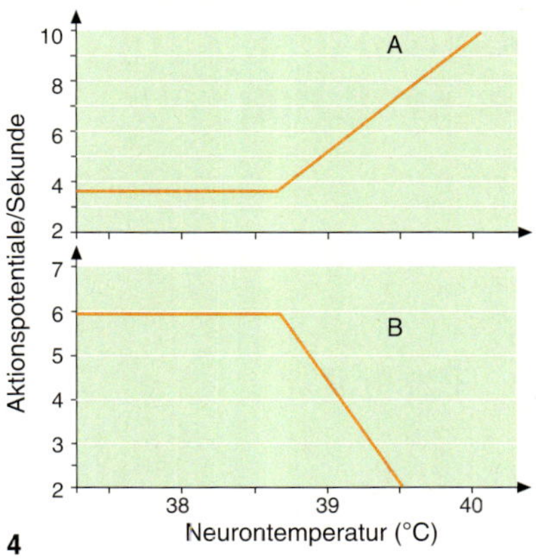

4

Die Temperaturregulation ist bei allen Säugetieren und beim Mensch von großer Bedeutung.

Aufgaben

⑧ Zeichnen Sie ein Regelkreisschema für die Regulation der Körpertemperatur beim Menschen und ordnen Sie den Gliedern des Regelkreises die beteiligten Strukturen zu.

⑨ Im Gehirn von Kaninchen wurden verschiedene Neuronentypen entdeckt, deren Aktivität von der Hypothalamustemperatur abhängt. Beschreiben Sie, was die beiden Schaubilder A und B darüber aussagen. Entwickeln Sie Hypothesen, welche Körperaktivitäten durch die beiden Neurontypen gesteuert werden könnten.

⑩ Die Abbildung C zeigt den Verlauf von Körperkerntemperatur und Ohrtemperatur eines Kaninchens, das sich bei einer Umgebungstemperatur von 10° C in einem Laufrad bewegt. Beschreiben Sie das Schaubild. Erläutern Sie die biologische Bedeutung des dargestellten Zusammenhangs. Geben Sie eine Erklärung für den Verlauf der Kurve oberhalb einer Körperkerntemperatur von 40,5° C.

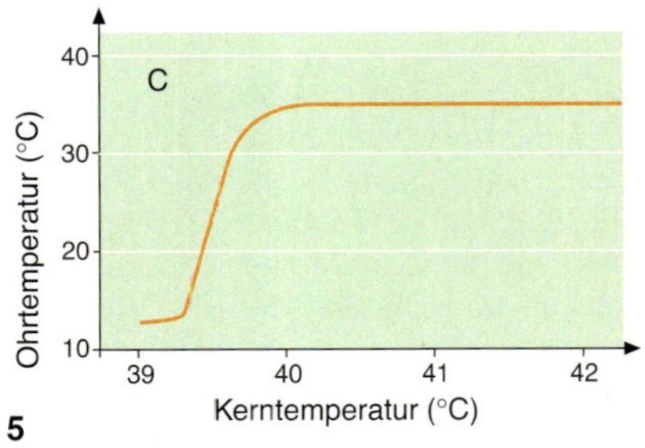

5

Sehen und Wahrnehmen

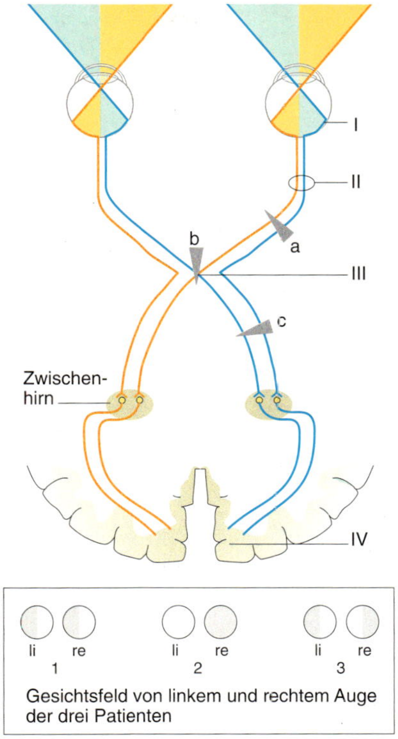

6

Die Abbildung 6 zeigt das Gesichtsfeld der beiden Augen des Menschen und schematisch wichtige anatomische Strukturen, welche die Sehwahrnehmung ermöglichen.
Bei drei Patienten, die in ihrem Gesichtsfeld Sehausfälle haben, wurden jeweils an einer der mit a, b und c bezeichneten Stellen krankhafte Veränderungen festgestellt. Die grau dargestellten Bereiche der Abbildung geben die Ausfälle im Gesichtsfeld an.

Aufgaben

⑪ Benennen Sie die Strukturen I, II, III und IV.

⑫ Ordnen Sie die Gesichtsfeldausfälle der drei Patienten den Veränderungen an den Stellen a bis c zu. Begründen Sie Ihre Zuordnungen.

⑬ Beschreiben Sie eine wesentliche Funktion der Sehnervüberkreuzung.

⑭ Im Zwischenhirn befindet sich eine Umschaltstelle, in der die Signale der Sehnerven verarbeitet und weitergeleitet werden. Benennen Sie die Umschaltstelle und geben Sie deren Funktion an.

Synaptische Verknüpfungen

Drei Neuronen lassen sich einzeln erregen. Sie erzeugen dann Aktionspotentiale von gleicher Frequenz. Sie sind über Synapsen A, B und C mit einem postsynaptischen Neuron verschaltet, an dessen Axon das Membranpotential gemessen wird. Die Schaubilder 1 bis 4 zeigen die Messergebnisse in Abhängigkeit der jeweiligen Synapsenaktivität.

Aufgaben

⑮ Vergleichen Sie das Schaubild 1 mit den Erregungen, die an Synapse A eintreffen. Erklären Sie den Unterschied.

⑯ Erläutern Sie, das Zustandekommen der Messergebnisse, der Schaubildern 2, 3 und 4.

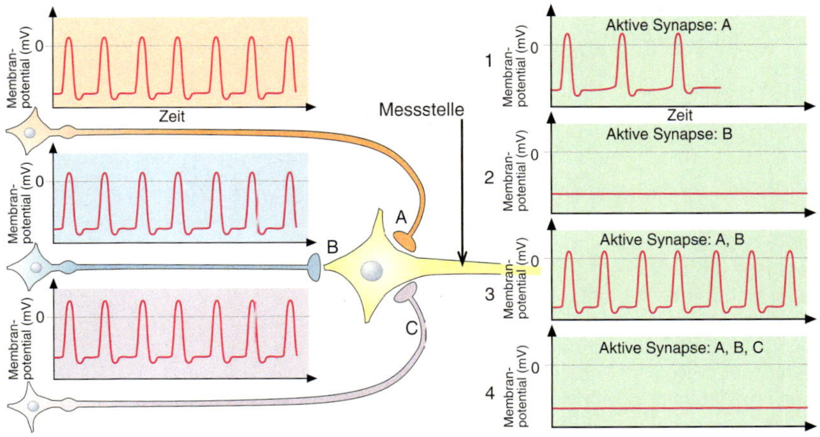

7

Evolution

Biodiversität und Evolutionstheorien

Artenvielfalt

Lamarck

Darwin

Die Vielfalt der Organismen ist das Ergebnis der Evolution. Die Evolutionstheorie gibt Erklärungen zu ihrem Verlauf und untersucht die Ursachen. Ob eine wissenschaftliche Theorie richtig ist oder nicht hängt davon ab, ob ihre Aussagen in Einklang mit Naturbeobachtungen oder mit den Ergebnissen von Experimenten sind. Darwins Evolutionstheorie ist auch unter Einbeziehung heutiger Erkenntnisse gültig.

Mechanismen der Evolution

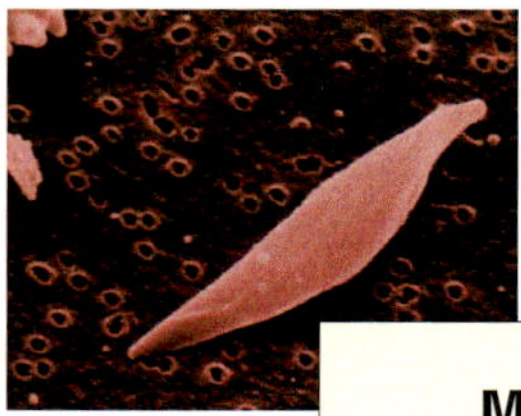

Gendrift

Mutation

Isolation

Rekombination

Selektion

Artbildung

Evolution und Ökosysteme

Mutation, Rekombination und Selektion sind die Mechanismen der Evolution die Artveränderungen durch Anpassung an die jeweiligen ökologischen Bedingungen erklären. Weitere Mechanismen, die zur Bildung neuer Arten führen sind Isolation und Gendrift. Mit der Veränderung der Arten ist ein Wandel der Ökosysteme verbunden.

Online-Link
045640-0247

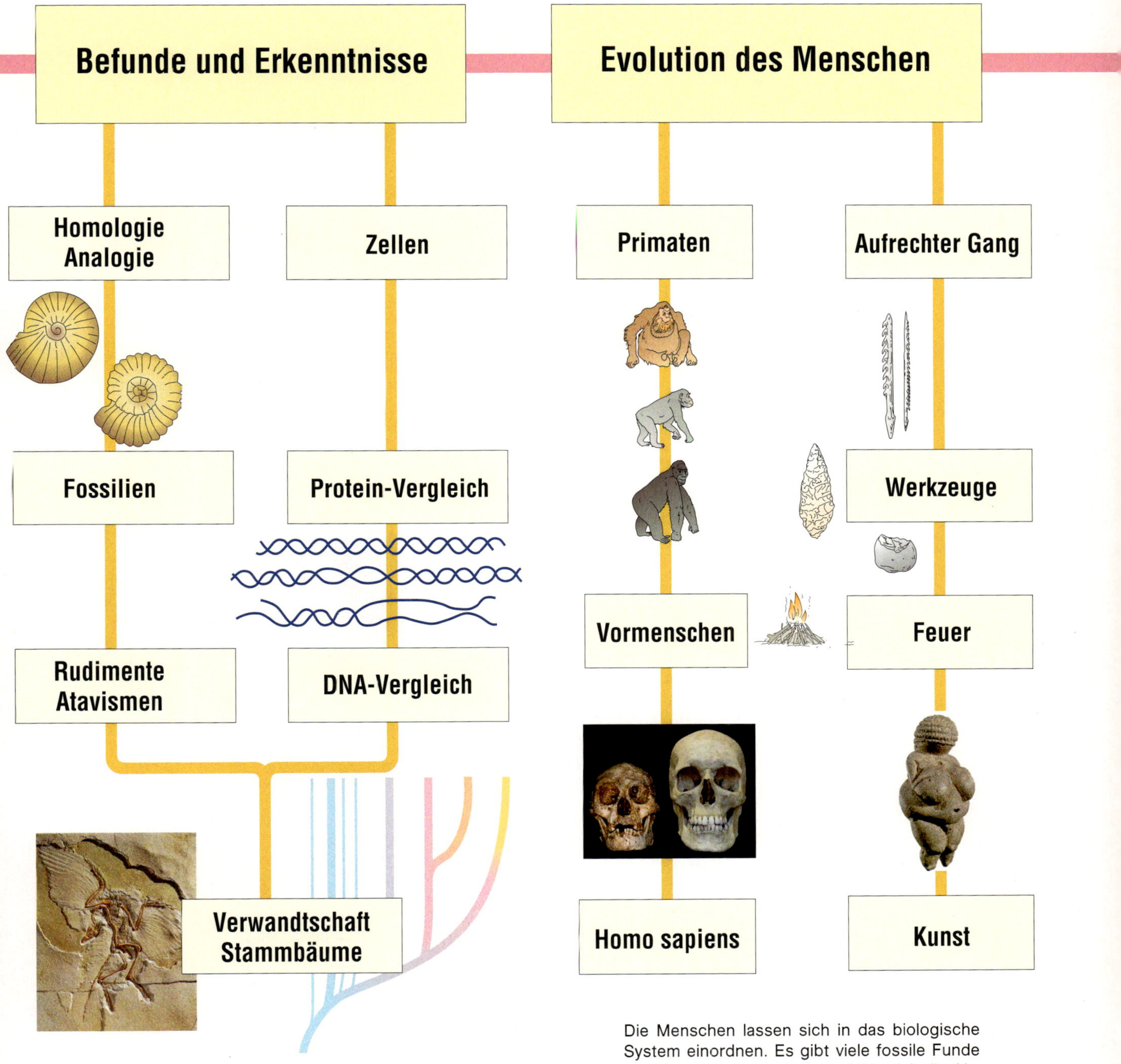

Aus vielen Bereichen der Biologie, wie z. B. der vergleichenden Anatomie, der Cytologie und der Molekularbiologie gibt es Befunde, die Hinweise auf die Evolution und deren Verlauf geben und damit Belege für die Evolutionstheorie darstellen.
Die Verwandtschaft von Organismen lässt sich in Form von Stammbäumen zeigen. Viele Tiergruppen sind durch fossile Zwischenformen miteinander verbunden.

Die Menschen lassen sich in das biologische System einordnen. Es gibt viele fossile Funde von Vormenschen, mit deren Hilfe sich die Abstammung des Menschen darstellen lässt.
Parallel zur biologischen Evolution findet auch eine kulturelle Evolution statt. Funde von Feuerstellen, Werkzeugen und Kunstwerken belegen diesen Prozess bei unseren Vorfahren.

Artenvielfalt und Variabilität

In Baden-Württemberg leben 137 Arten von Tagfaltern, weltweit gibt es mehr als 100 000 Schmetterlingsarten. Etwa 1,75 Millionen Pflanzen, Tiere und Mikroorganismen wurden bisher wissenschaftlich beschrieben. Noch völlig unbekannt ist, wie viele Arten existieren — Schätzungen liegen zwischen drei und über 100 Millionen.
Wie kann die biologische Vielfalt auf der Erde erfasst und beschrieben werden? Wie kann die erstaunliche Formenfülle erhalten werden? Welche Bedeutung hat diese unermessliche Vielfalt für die Natur und für den Menschen? Das sind einige der Fragen, welche die Biodiversitätsforschung zu beantworten sucht.

Biologischer Artbegriff
Gruppe von Individuen, die miteinander fruchtbare Nachkommen haben können

Morphologischer Artbegriff
Gruppe von Lebewesen, die in wesentlichen Merkmalen untereinander und mit ihren Nachkommen überein stimmen

Der Artbegriff

Alle Individuen, die sich unter natürlichen Bedingungen untereinander kreuzen und fruchtbare Nachkommen haben können, gehören derselben Fortpflanzungsgemeinschaft an. Sie bilden eine *Art*. Darauf gründet der *biologische Artbegriff*.
Um die Arten im Gelände beschreiben und bestimmen zu können, orientiert man sich am Aussehen, wie z. B. an Gestalt, Färbung, Stimme und vielen anderen Merkmalen. Auf solche Kriterien stützt sich der *morphologische Artbegriff*.

2 Tagpfauenauge

Bei der Einordnung von Fossilien lässt sich nicht mehr untersuchen, welche Organismen eine Fortpflanzungsgemeinschaft gebildet haben. Die Zuordnung zu jeweiligen Arten kann in diesen Fällen nur über den morphologischen Artbegriff erfolgen.

3 Europäische Kohlmeise Japanische Kohlmeise

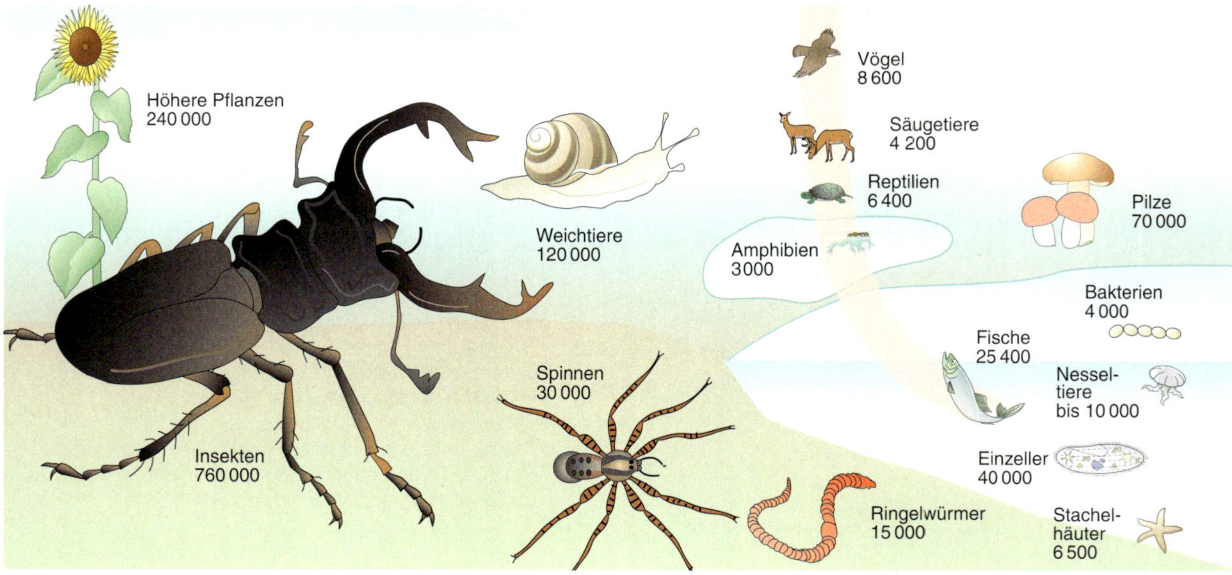

1 Artenzahlen

4 Eingang zum Saatgutbunker

Biodiversität

Das Phänomen der Vielfalt in der belebten Natur wird durch den Begriff der *Biodiversität* charakterisiert. Dazu gehören:

1. die molekulare und die genetische Vielfalt innerhalb der Arten, die Vielfalt der Erbinformation und die molekulare Vielfalt aller Individuen.
2. Die Artenvielfalt der Tiere, Pflanzen, Pilze und einzelliger Lebewesen.
3. die *ökologische Vielfalt* der Lebensgemeinschaften und Ökosysteme, wie zum Beispiel Bach, Wiese, Wald, Meeresküsten, Wüsten usw. (s. Abb. in der Randspalte).

Bedeutung der Vielfalt

Die drei genannten Ebenen stehen in enger Abhängigkeit zueinander. Natürliche Einflüsse, wie Klimaveränderungen aber auch Belastung und Zerstörung von Lebensräumen, lassen einzelne Arten verschwinden und beeinflussen die genetische Vielfalt anderer Arten nachhaltig. Noch sind die Zusammenhänge in sich ändernden Ökosystemen zu wenig bekannt. Es ist nicht leicht zu erkennen, ob die Aufgaben, die eine Art erfüllt — so etwa Bestäubung oder natürliche Schädlingsbekämpfung — auch von anderen Lebensformen übernommen werden können. Eine entscheidende Voraussetzung zu diesem Verständnis ist die Erfassung der Vielfalt.

Zu allen Zeiten war die Mannigfaltigkeit das Überlebensprinzip der Natur: Die biologische Vielfalt birgt das kreative Potential der Natur, mit Veränderungen fertig zu werden und Neues hervorzubringen. Je vielfältiger die Arten und Lebensgemeinschaften sind, desto größer ist die Chance, dass Individuen da sind, die mit veränderten Bedingungen zurecht kommen. Diversität sichert das Fortbestehen von Arten und Gemeinschaften. Ein komplexes System überlebt nicht allein durch Optimierung, sondern auch durch Vielgestaltigkeit: Leben braucht Vielfalt.

Der gegenwärtige Verlust an Arten und Ökosystemen ist dramatisch. Eine entscheidende Frage für die Zukunft der Menschheit ist, ob es gelingt die Biodiversität zu nutzen und zu erhalten. Dezimierung der Biodiversität ist ein schwerwiegender Eingriff, der nicht rückgängig zu machen ist.

Auf der norwegischen Polarinsel *Spitzbergen* wird mit viel Aufwand ein Versuch unternommen die Vielfalt zu bewahren. Seit 2008 werden in einer alten Kohlemine bei Temperaturen von minus 180 °C bis zu 3 Millionen Saatgutproben aufbewahrt. Sie sollen nach eventuellen Umweltkatastrophen uns Menschen als Saatgut zur Verfügung stehen.

Die Medien berichteten von einem „gefrorenen Garten Eden" und „der Arche Noah, um die Biodiversität für kommende Generationen zu sichern." Die Abb. 4 zeigt den Eingang der Anlage, die in den Permafrostboden, 150 m über dem Meer, hineingebaut wurde.

Die fundamentale Fragen der Evolution heißen: „Wie entstand die gewaltige Formenfülle?" und „Warum gibt es so viele verschiedene Lebewesen auf der Erde?"
Antworten auf diese Fragen versucht die Evolutionsforschung zu geben.

Aufgaben

① Abb. 3 zeigt die europäische und die japanische Kohlmeise. Beschreiben Sie Möglichkeiten, wie man entscheiden kann, ob die Kohlmeisen einer gemeinsamen Art angehören.

② Liger sind Nachkommen von Tiger und Löwe, die sich im Zoo kreuzen lassen. Begründen Sie, warum man Tiger und Löwen dennoch als verschiedene Arten betrachtet.

③ Einzeller, wie z. B. die Amöben, pflanzen sich durch Zellteilung fort. Begründen Sie anhand der Artdefinitionen, warum es sich bei allen Nachkommen um die gleiche Art handelt.

Bach

Wiese

Meeresküste

Erfassung der Vielfalt

Das Bodenfenster

Material:
Plane oder 4 Meter langes Seil, Schreibzeug, Bestimmungsliteratur, Lupen, Pinzetten.

Durchführung:
Schneiden Sie in eine Plane von etwa 5 x 5 m ein kreisrundes Loch von etwa 150 cm Durchmesser.
Legen Sie die Folie vorsichtig auf eine Wiese oder ein Stück Waldboden.
Legen Sie sich auf die Folie, sodass Sie die Lebewesen des Bodens ganz nahe betrachten können.

Beobachten Sie den Boden und die Lebewesen innerhalb des Fensters. Schätzen Sie zunächst die Zahl unterschiedlicher Arten — Pilze, Pflanzen und Tiere — die Sie innerhalb dieses Fensters finden.

Ordnen Sie die beobachteten Lebewesen so genau wie möglich ins System ein: Handelt es sich um Pilze, Tiere oder Pflanzen; sind die Tiere Insekten, Spinnentiere, Ringelwürmer, ...?
Versuchen Sie möglichst viele Wechselwirkungen zwischen den Lebewesen zu entdecken und beschreiben Sie diese.

Vegetationsaufnahme

Material:
Schreibzeug, Lupe, Pinzette, Pflanzenbestimmungsbuch, Maßband, Pflöcke oder Baustellenband zur Abgrenzung der Aufnahmefläche, Kompass, topographische Karte.

Durchführung:
Wählen Sie eine möglichst einheitliche Fläche im zu untersuchenden Lebensraum aus. Grenzen Sie eine rechteckige Aufnahmefläche ab. Die Größe der Fläche wird auf den Vegetationstyp abgestimmt: im Wald etwa 100 m^2, in Äckern und Gebüsch 25 bis 100 m^2, auf Wiesen, Weiden, Heide 10 bis 25 m^2, auf Felsen oder Mooren genügen 5 — 10 m^2. Bestimmen Sie die Größe der Fläche.

Bestimmen Sie mithilfe eines Bestimmungsbuches alle blühenden Pflanzen der Untersuchungsfläche und erfassen Sie diese in einer Liste. Eine Vorlage ist unten auf der Seite dargestellt.

Schätzen Sie nun die Menge jeder Pflanzenart mithilfe der folgenden Artmächtigkeitsskala:

- r: selten, 1 Exemplar vorhanden
- +: 2 — 5 Individuen vorhanden
- 1: 6 — 50 Individuen, Deckung < 5 %
- 2: > 50 Individuen und/oder Deckung 5 — 25 %
  3 — 5: Individuenzahl beliebig.
- 3: Deckung 26 — 50 %
- 4: Deckung 51 — 75 %
- 5: Deckung 76 — 100 %

Unter dem Begriff *Deckung* versteht man die Fläche, die eine Art bei senkrechter Projektion überdeckt. Stellen Sie zunächst fest, ob der Deckungsgrad größer oder kleiner als 50 % ist, gehen Sie dann schrittweise auf 25 bzw. 75 % usw. Da sich die einzelnen Arten oft überlagern, kann der komplette Bedeckungsgrad über 100 % liegen.

Variationen in Populationen

Sammeln Sie einige Beispiele für die phänotypische Variation einer bestimmten Art in einer natürlichen Population. Die von Ihnen untersuchten Lebewesen dürfen dabei nicht beschädigt werden.

Aufgaben

① Suchen Sie Lebewesen einer Art aus, die in genügend großer Anzahl vorhanden sind.
② Überlegen Sie sich, welche Größe (Länge, Zahl, Gewicht, Geschwindigkeit, Farbe ...) Sie am ausgesuchten Organismus messen können und wollen.

Beschreiben Sie, wie Sie die ausgewählte Art identifiziert und wie Sie sich vergewissert haben, dass alle ausgewerteten Individuen zur selben Art und zur gleichen Population gehören. Erläutern Sie, wie Sie Variationen beschreiben, deren Ursachen das Geschlecht, das Alter oder der Standort sein könnte.

Beschreiben Sie Ihre Messmethode.
Erfassen Sie Ihre Ergebnisse numerisch. Wenn Sie eine Eigenschaft untersuchen, die nicht unmittelbar in Zahlen auszudrücken ist, wie z. B. Farben, so suchen Sie einen Weg, die Größe zu quantifizieren.

Geben Sie für jedes Individuum ein Referenzmaß (Körperlänge, Gewicht) an, das als Kontrolle für die Variation der untersuchten Größe dienen kann. Überlegen Sie sich sinnvolle Größenklassen, in die Sie Ihre Messwerte einteilen und stellen Sie die Häufigkeitsverteilung in einem Diagramm dar.

Ermitteln Sie den Mittelwert Ihrer Messungen.
Stellen Sie die Messwerte für das untersuchte Merkmal gegen die Referenzgröße grafisch dar.

Vegetationsaufnahme von		Schichtung		
Ort			Höhe	Deckung
Datum		Bäume 1		
Höhe m über NN	Größe der Fläche m^2	Bäume 2		
Relief		Sträucher		
Boden		Kräuter		
Artenliste	Menge			Menge

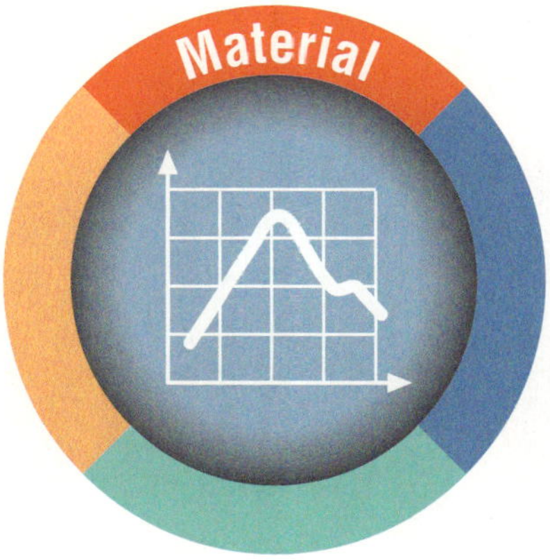

Lebendige Vielfalt

Vielfalt erkennen

Vielfalt ist nicht nur zwischen unterschiedlichen Arten, wie etwa auf einer Blumenwiese, sondern auch innerhalb von Arten zu beobachten. Nur auf den ersten Blick scheinen die Individuen einer Art gleich auszusehen. Alle in der Abbildung gezeigten Falter des Braunen Bären haben sich aus einem einzigen Gelege des gleichen Muttertieres entwickelt, dennoch gleicht kein Individuum völlig dem anderen. Die äußerlichen Farbvarianten lassen Varianten im Stoffwechsel und im Genotyp vermuten.

Aufgaben

① Beschreiben Sie die Variabilität der Falter.
② Begründen Sie, aufgrund welcher Merkmale die Falter zur selben Art gehören.

Vielfalt beschreiben

Das Entdecken, Beschreiben und Zählen von Arten hat eine wichtige Bedeutung für die Zukunft der Menschheit. Das ist eine entscheidende Voraussetzung für den Artenschutz, da wir nur schützen können was wir kennen.
Arten, die wie Orchideen, Vögel oder Schmetterlinge auch dem Laien ins Auge fallen, sind besonders gut erfasst. Groß ist dagegen die Dunkelziffer bei vielen Insekten, Einzellern und Pilzen.
Es sind auch nicht alle Lebensräume der Erde gleich gut erforscht. Tiefsee- und Urwaldexpeditionen führen immer wieder zu neuen Entdeckungen. Die Vielfalt auf der Erde ist nicht gleichmäßig verteilt. In den verschiedenen Klimazonen und Kontinenten leben unterschiedliche Arten, was auf unterschiedliche Entwicklungsgeschichten hinweist.

Aufgaben

③ Nennen Sie Klimazonen mit relativ geringer Artenzahl und formulieren sie eine Begründung.
④ Entwickeln Sie einen Weg, um zu einer geschätzten Anzahl von Arten auf ihrem Schulgelände, einer Wiese oder in ihrem Garten zu kommen. Führen Sie entsprechende Untersuchungen durch.

Vielfalt nutzen

Die Artenvielfalt und mit ihr die Vielfalt der Ökosysteme stellt intakte Stoffkreisläufe sicher. Sauberes Wasser, reine Luft und fruchtbarer Boden sind die Lebensgrundlage aller Lebewesen auf dem Planeten. Darüber hinaus ziehen wir Menschen direkten Nutzen aus der Artenvielfalt. Etwa 41 % aller Medikamente werden aus Organismen hergestellt. Wissenschaftler gehen davon aus, dass noch mindesten 50 000 Stoffe aus Lebewesen als zukünftige Medikamente in Frage kommen.

Die Welternährung wird nur durch etwa 12 verschiedene Pflanzenarten gewährleistet. Diese Pflanzen sind genetisch eintönig und extrem anfällig gegen Schädlinge oder Pflanzenkrankheiten. Durch Einkreuzung von resistenten Rassen oder Übertragung geeigneter Gene kann dem entgegen gewirkt werden. Die Erhaltung der Artenvielfalt ist dafür die Voraussetzung.

a) b) c)

Aufgaben

⑤ Nennen Sie die Namen der für die Welternährung entscheidenden Nutzpflanzen.
⑥ Recherchieren Sie die drei wichtigsten Nahrungsmittelpflanzen und beschreiben Sie die Probleme, wenn die Ernährung der Menschen nur auf diesen drei Pflanzen beruhen würde.
⑦ Die Bilder zeigen folgende Pflanzen: Hirse, Kamille, Hanf. Ordnen Sie die Namen den Bildern a) bis c) zu.
⑧ Ordnen Sie den Pflanzenarten folgende Nutzungskategorien zu: Nahrung, Bausstoff, Kosmetika, Arznei und Droge.
⑨ Suchen Sie in Ihrer Hausapotheke alle Medikamente, die aus Lebewesen hergestellt wurden. Stellen Sie Name, Wirkung und Herkunft in einer Tabelle zusammen.

Vielfalt schützen und erhalten

Biodiversität ist das Stichwort, unter dem der Artenreichtum, die Variabilität innerhalb einer Art und die Vielfalt der Lebensräume in den Mittelpunkt der Naturschutzbestrebungen gerückt sind. Internationale Abkommen wie das „Übereinkommen über die biologische Vielfalt", aber auch das „Washingtoner Artenschutzabkommen" sollen für den Erhalt der lebendigen Vielfalt sorgen. Hier werden Schutzbestimmungen für selten gewordene Tiere und Pflanzen sowie Beschränkungen für deren Ein- und Ausfuhr festgelegt. Der Handel mit gefährdeten Arten freilebender Tiere und Pflanzen ist weitgehend verboten.

Aufgabe

⑩ Entwerfen Sie ein Informationsblatt über Möglichkeiten des Artenschutzes im Urlaub. Gehen Sie dabei von einer beliebten Urlaubsregion (Karibik, Mittelmeer) aus oder von bestimmten Lebewesen (Reptilien, Elefanten, Gorillas, Orchideen).

1 Kleiner Grundfink

2 Kaktus-Grundfink

Der Evolutionsgedanke

Endemisch
Nur in einem bestimmten, begrenzten Gebiet vorkommend

Die *Galapagosinseln* liegen im Pazifik 1 100 km westlich von Ecuador. Hier leben Finken, die sich weitgehend in den Körperproportionen und ihrem Gefieder gleichen. Sie unterscheiden sich jedoch in der Körpergröße und in den Schnabelformen. Untersuchungen ergaben, dass diese Vögel 13 verschiedenen Arten zuzuordnen sind, die überwiegend nur auf *Galapagos* vorkommen.

Herkunft der Finken

Sucht man nach Erklärungen dafür, dass die Finken nur in diesem kleinen Verbreitungsgebiet leben, also hier *endemisch* sind, so bieten sich folgende Möglichkeiten an:

1. Die Finkenarten wurden auf Galapagos erschaffen. Sie sind dort seit den Tagen der Schöpfung zuhause.
2. Die Arten gelangten zufällig auf verschiedene Inseln des Archipels. Während sie auf den Kontinenten ausgestorben sind, haben sie auf Galapagos überlebt.
3. Die endemischen Finkenarten sind auf Galapagos aus einer gemeinsamen Stammform hervorgegangen.

In den drei Annahmen spiegeln sich unterschiedliche Grundanschauungen. Den ersten beiden Vorschlägen liegen Vorstellungen von der Unveränderbarkeit der Arten zu Grunde. Der erste nimmt an, dass die Erde und die auf ihr lebenden Pflanzen und Tiere schon immer in ihrer heutigen Form existierten. Nach der zweiten Annahme haben sich nicht die Tiere, aber ihre Verbreitungsgebiete verändert. Der dritte Erklärungsversuch geht davon aus, dass sich die Erde und ihre Lebewesen verändern, dass Arten aus anderen Formen hervorgingen und dass ihre Vielfalt zugenommen hat. Bis ins 18. Jahrhundert hinein wäre die dritte Annahme kaum erwogen worden, vor allem weil die Bibel berichtet, dass die Welt und alle Lebewesen durch einen Schöpfungsakt erschaffen wurden. Diese Betrachtung schloss eine Veränderung der Arten aus. Sie vermittelte ein statisches Weltbild.

Um die dritte Annahme einer Abstammung überhaupt in Betracht ziehen zu können, müssen folgende Probleme beachtet werden. Ist die Erde alt genug, dass eine Artbildung aus gemeinsamen Vorfahren stattfinden konnte? Und wie ist die Veränderung abgelaufen, die nicht direkt beobachtbar ist, weil sie sich über sehr lange Zeiträume erstreckt hat.

Das Alter der Erde

Aus biblischen Quellen wurde 1650 von einem irischen Bischof der Beginn der Schöpfung auf Sonntag, den 23. Oktober 4004 v. Chr. berechnet. Der französische Naturforscher GEORGES-LOUIS LECLERC DE BUFFON schätzte 1760 das Alter der Erde auf mindestens 75 000 Jahre. CHARLES LYELL, ein schottischer Geologe und Zeitgenosse DARWINS, ermittelte ein Alter von mindestens 240 Millionen Jahren. Die Basis dafür waren geologische Untersuchungen unter anderem an fossilen Weichtieren. Damit verbunden war die Erkenntnis, dass sich das Bild der Erde im Verlauf langer Zeiträume verändert hat und genügend Zeit für die Entwicklung neuer Arten aus Stammformen zur Verfügung stand.

Aktualitätsprinzip

Im Jahre 1830 formulierte LYELL ein Prinzip, um die Veränderungen in der Natur zu erfassen. Es beruht darauf, dass die Erdgeschichte eine „ununterbrochene, kontinuierliche Abfolge von physikalisch zu beschreibenden Ereignissen war, welche Gesetzen unterliegen, die auch heute noch wirksam sind."

Danach galten in der Vergangenheit die gleichen Naturgesetze, die auch heute aktuell noch gültig sind. LYELLS Prinzip wurde daher als *Aktualitätsprinzip* bezeichnet. Es beruht darauf, Vergangenes aus heute zu beobachtenden Vorgängen zu erschließen. Finden wir zum Beispiel Gesteine, die wie aus flüssiger Lava erstarrtes Gestein aussehen, so schließen wir, dass vergleichbares Gestein vulkanischer Herkunft ist.

Evolutionsforschung

Die Veränderlichkeit der Arten zu belegen ist nicht leicht. Artveränderungen oder die Entstehung neuer Arten können nicht unmittelbar beobachtet werden. Die Nachkommen von Pflanzen, Tieren und Menschen gehören zur selben Art wie ihre Eltern.

Der Prozess der Evolution verläuft so langsam und die Veränderungen sind während der Lebenszeit eines Menschen meist so gering sind, dass sie sich nicht erkennen lassen. Damit sind Experimente, wie sie Naturwissenschaftler zur Prüfung von Hypothesen sonst ausführen, weitgehend ausgeschlossen. Sie müssten extrem große Zeiträume umfassen. Lediglich mit Organismen, die wie Bakterien in kurzer Zeit viele Generationen hervorbringen, lassen sich Modellexperimente zur Untersuchung evolutiver Ereignisse ausführen.

Bei den *Galapagosfinken* fällt auf, dass sich die Arten hauptsächlich in ihren Schnabelformen unterscheiden. Bei einigen Vögeln ist der Schnabel kurz und dick, bei anderen zierlich und pinzettenartig. Auf diese Weise besetzen sie unterschiedliche ökologische Nischen. Finken mit dicken Schnäbeln ernähren sich überwiegend von harten Samen und Körnern, die anderen von Früchten, Nektar oder Insekten. Diese Beobachtung legt nahe, dass die unterschiedlichen Schnabelformen und damit die verschiedenen Finkenarten als Anpassung an die jeweilige Nahrung entstanden sind. Dies entspricht der Vorstellung einer Evolution, dass neue Arten von gemeinsamen Vorfahren abstammen.

Die Frage, ob Evoluton stattgefunden hat, kann nur durch die Beobachtung und anhand von Vergleich von heute lebenden und ausgestorbenen Organismen beantwortet werden. Es stellt sich dabei die Frage, welche Faktoren in der Vergangenheit zu den gegenwärtigen Zuständen geführt haben. Dies kann lediglich aus Hypothesen und Beobachtungen erschlossen werden.

Bereits DARWIN hat sich mit diese Frage beschäftigt und sie allgemein beantwortet. Er übertrug das Aktualitätsprinzip von LYELL auf die Entwicklung der Lebewesen, dass heißt auf die *Entstehung der Arten*. Es ist einleuchtend, wenn man annimmt, dass heute erkennbare Ursachen auch in der Vergangenheit in derselben Weise wirksam waren.

Das Aktualitätsprinzip war für CHARLES DARWIN eine wichtige Basis zur Formulierung seiner Evolutionstheorie, die sich mit den Antworten auf zwei zentrale Fragen beschäftigt:

— Was sind die Ursachen der Evolution?
— Wie ist die Evolution verlaufen?

Vampirfink

Spechtfink

Kleiner Grundfink

Aufgaben

① Erklären Sie, inwiefern das Aktualitätsprinzip heutige Klimamodelle, Frühwarnsysteme oder die Vorhersage ökologischer Folgen erst möglich macht.
② Prüfen Sie die auf Seite 252 als Nr. 2. genannte Hypothese. Beschreiben Sie, welche Befunde diese Hypothese stützen würden.
③ Erklären Sie, warum man üblicherweise keine Experimente zur Evolution machen kann.
④ Beschreiben Sie die Schnabelform der abgebildeten Finkenarten und geben Sie an, an welche Nahrung sie angepasst sind.

Evolutionstheorie von Darwin

Am 24. November 1859 erschien das Darwins Hauptwerk: „On the origin of species“. Darin legte er das Fundament für eine der bedeutendsten Theorien der Gegenwart, die nicht nur die Biologie, sondern das gesamte Weltbild nachhaltig verändern sollte. Bei näherer Betrachtung kann seine *Evolutionstheorie* in eine *Abstammungstheorie* und in eine *Selektionstheorie* unterteilt werden.

Abstammungstheorie

Darwin gelangte zur Überzeugung, dass alle Arten von gemeinsamen Vorfahren abstammen. Diese These untermauerte er auch durch Erkenntnisse aus anderen Wissenschaftsgebieten, wie zum Beispiel der Geologie.

Als Belege für die Wandelbarkeit der Arten dienten Darwin in erster Linie Merkmale gegenwärtiger Lebewesen und deren Verbreitung auf der Erde. So konnte er die Verwandtschaft der Tiere wie z. B. der Finken, die auf den Galapagosinseln leben, mit denen des nächstgelegenen Festlands erklären (s. S. 252). Ferner konnte er auch darlegen, wie es zur Bildung der endemischen Arten auf *Galapagos* gekommen ist.

Bei der Auswertung von *Fossilien* erkannte er bemerkenswerte Gesetzmäßigkeiten, wie z. B. dass sich Fossilien um so stärker von heutigen Lebewesen unterscheiden, je älter sie sind und dass sich fossile und rezente Arten eines Kontinents oft sehr stark ähneln. Wogegen sie sich in vielen Fällen von den Organismen anderer Kontinente deutlich unterscheiden.

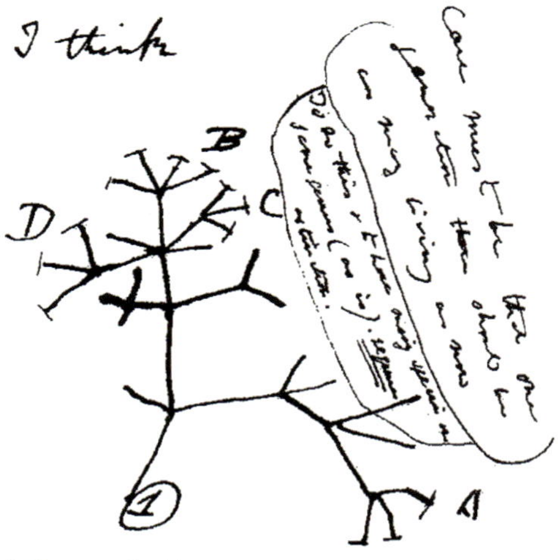

1 Darwins first tree

Charles Darwin

Charles Darwin (1809 – 1882) studierte als Sohn eines wohlhabenden englischen Arztes zunächst Medizin, wandte sich aber aus wirtschaftlichen Gründen bald der Theologie zu. Daneben galt sein besonderes Interesse biologischen Problemen.

Im Jahre 1831 bot sich ihm die einmalige Chance, an Bord des Vermessungsschiffes „Beagle“ eine fast fünfjährige Forschungsreise (1831 – 1836) rund um die Erde zu unternehmen. Dabei gelangte er zu Forschungsergebnissen, die mit der damals herrschenden Vorstellung von der Unveränderlichkeit der Arten nicht in Einklang zu bringen waren. Ab 1837 versuchte er, Belege für die Veränderlichkeit der Arten zu finden und die Ursachen des Artwandels zu klären. Dazu wertete er nicht nur das umfangreiche Material seiner Forschungsreise aus, sondern arbeitete insbesondere auch eng mit Tierzüchtern und Gärtnern zusammen.

Seine Ergebnisse veröffentlichte er 1859 in dem bahnbrechenden Werk „On the Origin of Species by Means of Natural Selection or the Preservation of Favoured Races in the Struggle for Life“. Sein Buch fand eine so große Beachtung, dass die erste Auflage bereits nach einem Tag ausverkauft war.

Darwin machte darin zunächst keine Ausführungen zur Evolution des Menschen. Vermutlich befürchtete er stark ablehnende Reaktionen der Öffentlichkeit. Es waren damals auch nur wenige Fossilfunde bekannt, die eine Verwandtschaft zwischen Menschen und Affen belegen konnten. Erst im Jahre 1871 veröffentlichte er sein zweites Hauptwerk „The Descent of Man“.

Wegen seiner angegriffenen Gesundheit lebte Darwin in seinen letzten Jahren zurückgezogen in einem kleinen Dorf in der Grafschaft Kent. Er starb am 19. 4. 1882

Stammbaum

Abbildung 1 zeigt einen von DARWIN skizzierten Stammbaum, DARWINS *"first tree"*, der mit den Worten „I think" überschrieben ist. Die Abstammungstheorie ermöglicht es Stammbäume aufzustellen, um verwandtschaftliche Beziehungen der Arten sichtbar zu machen.

Die Selektionstheorie

DARWIN beschränkte sich nicht nur auf die Aussage, dass es eine Evolution gibt. Er fand auch die treibende Kraft, die Ursache der Evolution: die *natürliche Auslese*. Auf die Idee der natürlichen Selektion brachten ihn eigene Beobachtungen und Schlussfolgerungen, aber auch die Gedanken prominenter Zeitgenossen. Wie WALLACE (siehe S. 258) und LYELL, der 1830 sein Werk „Principles of Geology„ veröffentlichte. Darin beschrieb er das *Aktualitätsprinzip*. (siehe S. 253).

DARWIN sah, dass auch die Ressourcen der Natur – Nahrung, Raum, Brutplätze, Partner – nicht unbegrenzt vorhanden sind. Individuen einer Art müssen also um begrenzte Vorräte konkurrieren. Die revolutionäre Erkenntnis DARWINS war, dass der Evolution kein Plan zugrunde liegt. Damit unterschied er sich eindeutig von seinen Vorläufern. Die grundlegenden Aussagen der Selektionstheorie sind folgende:

- Es werden viel mehr Nachkommen gezeugt, als später das Erwachsenenalter erreichen.
- Die verfügbaren Ressourcen (Nahrung, Raum, Partner) sind begrenzt.
- Die Größe einer Population bleibt über längere Zeiträume annähernd konstant.
- Die Sterblichkeit innerhalb einer Population muss also hoch sein.
- Individuen einer Art unterscheiden sich in Bau, Lebensweise und Verhalten.
- Die variierenden Merkmale sind erblich und treten auch bei Nachkommen auf.
- Innerhalb einer Population kommt es zwischen den verschiedenen Individuen zu einem Existenzkampf *(struggle for life)*.
- Träger vorteilhafter Merkmale überleben mit höherer Wahrscheinlichkeit (survival of the fittest) und können ihre Anlagen an die nächste Generation weitergeben.
- Selektion bewirkt eine sich ständig verbessernde Anpassung an die Umwelt.
- Ändern sich die Umweltbedingungen, so können neue Arten entstehen.

2 Wasser als knappe Ressource

Züchtung als Evolutionsmodell

Als Tierzüchter hatte DARWIN erkannt, dass jeder Organismus einzigartig ist und dass ein Teil der Variationen erblich ist. Die Wirkungen der *Zuchtwahl* auf Nutzpflanzen und Haustiere konnte DARWIN unmittelbar beobachten. *Züchtung* läuft in überschaubarer Zeit ab und ist der Beobachtung und dem Experiment zugänglich. So war es ihm gelungen, durch *Kreuzung* ausgewählter Taubenrassen wildfarbene Tauben zu züchten, die der Felsentaube, der Stammform aller Tauben, stark ähneln. (s. Abb. Randspalte)

Schlussfolgerung

DARWIN betrachtete die Züchtung als Modell für den Wandel der Arten in der Natur. Wie ein Züchter durch Kreuzung und anschließende Auslese neue Rassen erzeugt, so entstehen in der Natur immer neue Varianten, von denen einige die begrenzten Ressourcen besser nutzen können als andere. Es kommt zu einer Auslese, da einige „fittere" Individuen überleben und ihre Merkmale weitervererben, andere dagegen nicht. Diesen Vorgang nannte er *natürliche Selektion*.

Aufgaben

① Stellen Sie die grundlegenden Aussagen von DARWINS Selektionstheorie in einem Flussdiagramm dar.
Unterscheiden Sie dabei Beobachtungen von Folgerungen

② Erklären Sie DARWINS Beobachtung, dass fossile Formen, je älter sie sind sich umso stärker von den rezenten unterscheiden.

Felsentaube

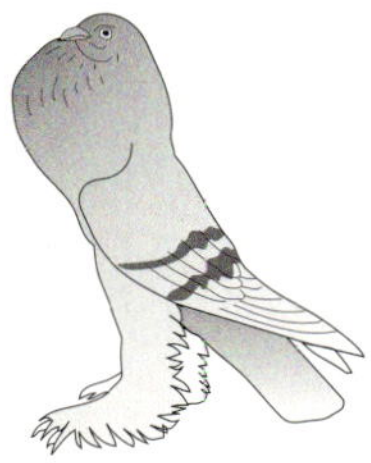

Kropftaube

Pfauentaube

Jakobinertaube

1 Jean Baptiste de Lamarck (1744—1829)

Die Evolutionstheorie Lamarcks

JEAN BAPTISTE DE LAMARCK stellte im Jahr 1809 eine erste zusammenhängende Evolutionstheorie vor. Er beschrieb darin den Einfluss der Umweltfaktoren auf die Änderung von Merkmalen. Er war der erste, der 50 Jahre vor DARWIN, eine *Evolutionstheorie* vertrat, die eine allmähliche Umgestaltung von Arten in andere Arten angenommen hat.

LAMARCK erläuterte seine Theorie am Beispiel der Abstammung der heutigen *Giraffen* von kurzhalsigen Vorfahren, die in nahrungsarmen Gegenden lebten und nach LAMARCK das Bedürfnis hatten, das Laub der Bäume abzufressen. Die Giraffen mussten sich ständig anstrengen, um die Baumkronen zu erreichen. Infolge des ständigen Gebrauchs sind die Vorderbeine länger als die Hinterbeine geworden und der Hals hat sich verlängert. Diese Eigenschaften wurden an die Nachkommen der Giraffen vererbt.

Aus LAMARCKS Theorie folgt, dass Eigenschaften, die im Laufe des Lebens erworben wurden weiter vererbt werden. Durch den häufigen Gebrauch eines Organs entwickelt und vergrößert es sich. Falls erforderlich können auch neue Organe entstehen. Anders verhält es sich bei Nichtgebrauch eines Organs. Dieses wird unmerklich schwächer und verschwindet schließlich ganz. Die Abb. 2 stellt die Zusammenhänge grafisch dar.

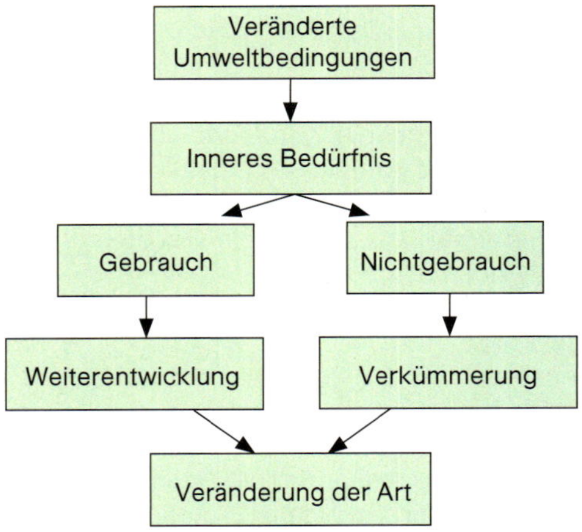

2 LAMARCKS Evolutionstheorie

Aufgaben

① Ordnen Sie die Zitate im Kasten dem Beispiel der Evolution der Giraffen zu.

② Analysieren Sie die Aussage in LAMARCKS zweitem Gesetz. Formulieren Sie dieses Gesetz unter Verwendung der Fachbegriffe der Genetik und nehmen Sie dazu Stellung.

③ Erklären Sie mithilfe der LAMARCKschen Theorie, dass viele Höhlentiere, wie die Grottenolme, funktionslose Augen haben.

Zettelkasten

Als erstes Prinzip der Evolution nannte LAMARCK die Fähigkeit zum Erwerb immer höherer Komplexität:
„Die Natur hat mit den unvollkommensten oder einfachsten Tieren begonnen und mit den vollkommensten aufgehört.
Als zweites Prinzip der Evolution postulierte LAMARCK die Fähigkeit der Lebewesen, auf Umstände zu reagieren.
„Die wahre Ordnung der Dinge, die wir hier betrachten wollen, besteht darin“:

— dass jede ein wenig beträchtliche und anhaltende Veränderung in den Verhältnissen, in denen sich eine Tier befindet, eine wirkliche Veränderung der Bedürfnisse derselben bewirkt;
— dass jede Veränderung in den Bedürfnissen der Tiere andere Tätigkeiten nötig macht, um diese neuen Bedürfnisse zu befriedigen und sich folglich andere Gewohnheiten entwickeln;
— dass jedes neue Bedürfnis... den größeren Gebrauch eines Organs erfordert, ...wodurch dasselbe entwickelt und beträchtlich vergrößert wird, oder den Gebrauch neuer Organe, entstehen lässt.“

Diese Gedanken fasste LAMARCK, in zwei „Gesetzen“ zusammen:

1. „Bei jedem Tiere, stärkt der häufige Gebrauch eines Organs dasselbe allmählich, entwickelt und kräftigt es. Der konstante Nichtgebrauch macht es schwächer, vermindert seine Fähigkeiten und lässt es endlich verschwinden.“
2. „Alles, was Individuen durch Gebrauchs oder Nichtgebrauchs erwerben oder verlieren, wird auf die Nachkommen vererbt...“

Material

Lamarck und Darwin – ein Vergleich

1

Die Abb. 1 zeigt die Entstehung der langen Hälse bei Giraffen, entsprechend der Evolutionstheorie DARWINS.

Aufgabe

① Erläutern Sie die Entstehung der Giraffenhälse aus Vorfahren mit kurzen Hälsen im Sinne. DARWINS und vergleichen Sie mit der Erklärung LAMARCKS.

Känguru

In seinem Werk schreibt LAMARCK: „Gibt es ein treffenderes Beispiel als das *Känguru*? Dieses Tier, das seine Jungen in dem unter dem Hinterleibe befindlichen Beutel trägt, hat die Gewohnheit angenommen, beinahe aufrecht und bloß auf seinen Hinterbeinen und auf seinem Schwanze zu stehen und sich nur durch ununterbrochene Sprünge fortzubewegen, bei denen es, um seinen Jungen nicht unbequem zu werden, die aufrechte Haltung beibehält."

2 Känguru

Aufgabe

② Erläutern Sie die Entstehung der typischen Beine und des Schwanzes beim Känguru im Sinne von LAMARCK.

Spechte

Spechte haben eine sehr lange Zunge, mit der sie Insekten aus kleinen Ritzen und Löchern der zerklüfteten Borke von Bäumen herausholen.

Aufgabe

③ Schildern Sie die evolutive Entstehung der Spechtzunge im Sinne LAMARCKS und im Sinne DARWINS. Gehen Sie dabei von hypothetischen Vorfahren aus, die keine spezialisierte Zunge besaßen.

Flügellose Insekten

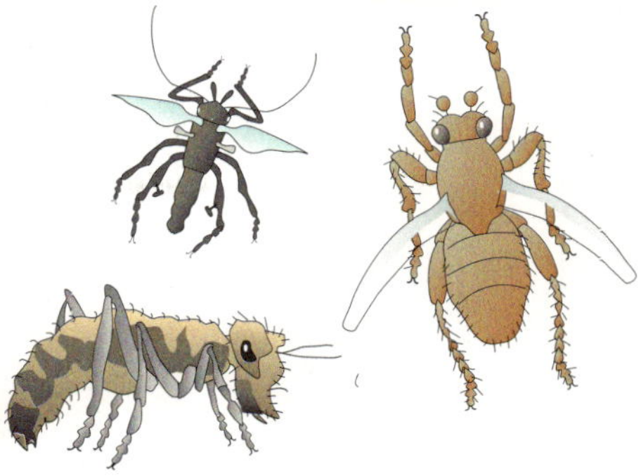
3 Flügellose Insekten

Auf den *Kerguelen*, einer Gruppe kleiner Inseln im südlichen Indischen Ozean, leben mehrere Fliegen- und Schmetterlingsarten, deren Flügel so stark zurück gebildet sind, dass sie nicht mehr fliegen können. Die Abbildung zeigt Beispiele solcher flugunfähiger Insekten, die nur auf den Kerguelen vorkommen. Das Merkmal ist die Folge von Mutationen und scheint auf den ersten Blick für die Tiere von Nachteil zu sein. Doch sind die Inseln meist starken Winden ausgesetzt, sodass unter diesen Bedingungen Flugfähigkeit für die kleinen und leichten Tiere ungünstig wäre. Fliegende Insekten würden leicht aufs Meer getrieben und dabei umkommen.

Aufgabe

④ Stellen Sie sich vor, GEORGES CUVIER (s. S. 258), JEAN BAPTISTE LAMARCK und CHARLES DARWIN hätten sich auf einem fiktiven wissenschaftlichen Kongress getroffen. Sie diskutieren über das Vorkommen flügelloser Insekten der Kergueleninseln. Führen Sie ein erfundenes Streitgespräch mit verteilten Rollen über die Entstehung dieser Insekten.

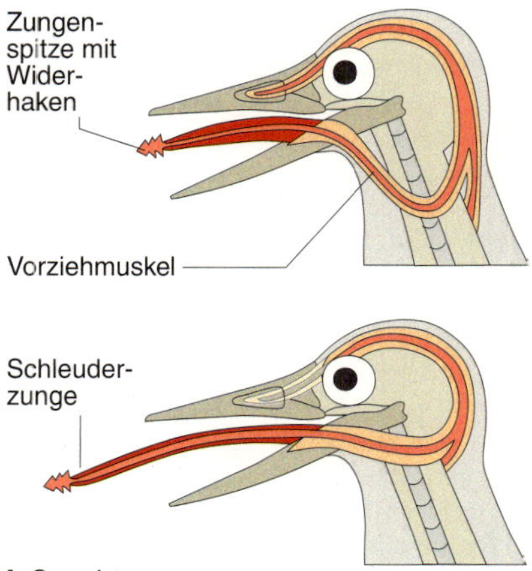

4 Spechtzunge

Lexikon

Historische Entwicklung des Evolutionsgedankens

Carl von Linné (1707 – 1778)
Veröffentlichte im Jahre 1735 mit „Systema naturae", ein grundlegendes Werk zur hierarchischen Gliederung der Lebewesen. Arten charakterisierte er durch einen Art- und einen Gattungsnamen (binäre Nomenklatur). Den Menschen stellte er zusammen mit Affen, Lemuren und Fledermäusen zur 1. Ordnung der Klasse der Säugetiere, zu den Primaten, den Herrentieren. Linné ging, ganz im Geist seiner Zeit, von der Unveränderlichkeit der Arten, der Artkonstanz, aus.

George Cuvier (1769 – 1832)
war einer der bedeutendsten Wissenschaftler zu Beginn des 19. Jahrhunderts. Er versuchte durch intensive anatomische Studien Linnés System weiterzuentwickeln und war wie er ein Vertreter der Lehre von der Konstanz der Arten. Cuvier erforschte die geologischen Schichten im Pariser Becken und er stellte fest, dass unterschiedliche Schichten unterschiedliche Fossilien enthalten. Zur Erklärung nahm er an, dass in größeren Zeitabständen in einem bestimmten Gebiet Tiere und

Pflanzen durch Naturkatastrophen vernichtet wurden. Danach wurden die verwüsteten Gebiete durch Lebewesen, aus benachbarten, nicht betroffenen Regionen wieder neu besiedelt. Diese Hypothese galt für ihn so umfassend, dass er sie als *Katastrophentheorie* bezeichnete.

Alfred Russel Wallace (1823 – 1913)
erforschte die geografische Verbreitung von Lebewesen. Im Jahre 1858 erhielt Darwin von ihm ein Manuskript, in dem Wallace, unabhängig von Darwin, das Prinzip der *natürlichen Selektion* beschrieb. Darwin erkannte die Bedeutung dieser Arbeit und veröffentlichte den Artikel im Jahre 1858 zusammen mit seiner eigenen, berühmt gewordenen Arbeit. Wallace ist ein bedeutender Mitbegründer der Selektionstheorie.

Theodosius Dobzhansky (1900 – 1975)
hat als Zoologe und Genetiker in Leningrad, Pasadena und New York gearbeitet und an der Taufliege Drosophila experimentelle Genetik betrieben. Dobzhansky vereinigte die klassische Mendelgenetik mit der Darwinschen Selektionstheorie. Er gab einen systematischen Überblick über *Variation, Selektion* und *Isolationsmechanismen* in natürlichen Populationen. Er definierte *Evolution* als Veränderung der Genhäufigkeit in einer Population.

Zusammen mit Ernst Mayr, leistete er bedeutende Beiträge zur Erweiterung der Darwinschen Theorie zur *Synthetischen Evolutionstheorie* und prägte den vielzitierten Satz:
"Nothing makes sense in biology, except in the light of evolution."

Ernst Mayr (1904 – 2005)
zeigte auf dem Hintergrund von Darwins *Selektionstheorie*, wie neue Arten durch geografische Trennung von Populationen entstehen können.

Zusammen mit Dobzhansky hat Mayr das Konzept der Art als eine Fortpflanzungsgemeinschaft entwickelt. Dieser Artbegriff ist ein wichtiger Beitrag zur *Synthetischen Evolutionstheorie*, an deren Formulierung er maßgeblich beteiligt war.

Die Synthetische Theorie der Evolution

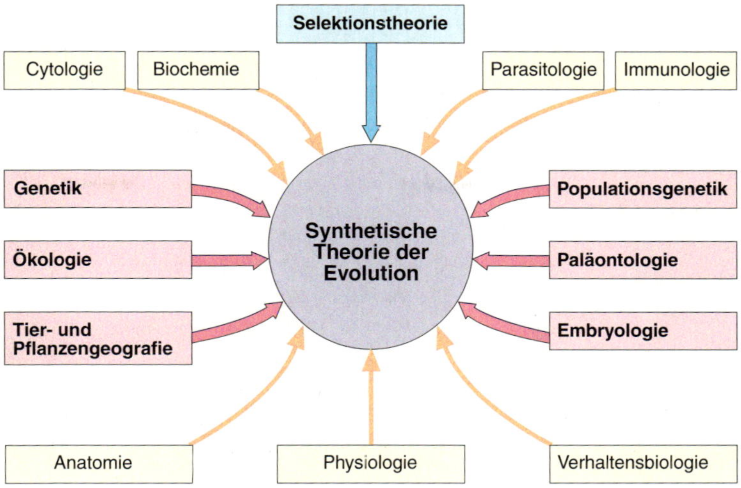

1 Verknüpfung der Wissenschaftsgebiete zur Synthetischen Theorie

DARWIN entwickelte seine Evolutionstheorie im 19. Jahrhundert auf Grundlage des Wissens seiner Zeit. Im 20. Jahrhundert führten neue Erkenntnisse vor allem in den Bereichen Cytologie, Genetik und Molekulargenetik zur *Synthetischen Theorie der Evolution*. Zu ihren Grundlagen gehören die wesentlichen Elemente von DARWINS Theorie: Variabilität, Überproduktion von Nachkommen und Selektion. Wie Abb. 1 zeigt wurden sie mit Erkenntnissen aus allen Arbeitsgebieten der Biologie und ihrer Nachbarwissenschaften in einer Synthese zusammengefügt.

Evolutionstheorie und Genetik

Am Beispiel der Genetik soll die Fortentwicklung DARWINS historischer Evolutionstheorie zur modernen Synthetischen Theorie der Evolution beschrieben werden:

DARWIN schrieb in seinem 1859 veröffentlichtem Werk: „Die Gesetze, denen die Vererbung unterliegt, sind größtenteils unbekannt." Daher war er nicht in der Lage das Phänomen der Variabilität und die Entstehung von Merkmalsunterschieden zu erklären. Beide Phänomene waren aber unverzichtbare Bestandteile seiner Theorie.

Erst mithilfe der Mendelschen Regeln, der Entdeckung der Chromosomen als Träger der Erbinformation und der Aufklärung der molekulargenetischen Vorgänge ließ sich das Entstehen von Merkmalsunterschieden bei Nachkommen eines Elternpaares schlüssig erklären. Aus diesem Grund wurde die Genetik in die Evolutionstheorie integriert. Mit ihrer Hilfe konnte die Entstehung der Variabilität durch *Mutation* und *Rekombination* erklärt werden. Demnach ist die Entstehung von Merkmalsunterschieden nie zielgerichtet, sondern unterliegt dem Zufall.

Fortpflanzung und Selektion

Die Individuen die besser an die Umwelt angepasst sind haben einen größeren Fortpflanzungserfolg. Sie setzen sich in der Population durch. Ändert sich die Umwelt und damit die Selektionsfaktoren, so kommt es zu einer stetigen Veränderung der Phänotypen in der Population, die dadurch besser mit der neuen Umwelt zurecht kommt. So können neue Rassen und Arten entstehen (siehe Seite 255).

Der wichtigste Unterschied zu DARWINS Theorie ist eine Verlagerung der Betrachtung. Nicht Arten oder einzelne Organismen stehen im Mittelpunkt der Evolution, sondern Populationen.

Die Wissenschaft, die sich der Häufigkeit von Merkmalen und Allelen in Populationen beschäftigt ist die *Populationsgenetik* (siehe Seite 272).

Beiträge weiterer Wissenschaftsbereiche

Neben der Genetik leisten auch andere Bereiche wichtige Beiträge zur Synthetischen Theorie. Entwicklungsbiologen erforschen die Keimesentwicklung und leisten so wichtige Beiträge für anatomische Vergleiche. Tier- und Pflanzengeografen zeigen, wie die Evolution durch die Verteilung der Lebewesen auf der Erde beeinflusst wurde. Paläontologen befassen sich mit ausgestorbenen Organismen. In fossilen Ökosystemen untersuchen Ökologen die Zusammenhänge zwischen Organismen und Umwelt. Sie tragen wesentlich zur Rekonstruktion von Stammbäumen und zur Aufklärung von Verwandtschaftsverhältnissen bei. Die synthetische Evolution umgreift nicht nur Bereiche der Biologie, sondern auch die der anderen Naturwissenschaften und der Technik.

Aufgabe

① Erläutern Sie, inwiefern die Ergebnisse der Genetik bedeutsam waren für die Weiterentwicklung der darwinschen Evolutionstheorie.

Synthese
synthesis, griech: Zusammenfügung, Verknüpfung

Population
Lebewesen einer Art, die zur gleichen Zeit in einem Biotop leben

Was ist eine Theorie?

Bei der Beschreibung der Evolution stößt man auf Schwierigkeiten, da es sich bei ihrem Ablauf um nicht wiederholbare Ereignisse handelt. Ferner liegen die Vorgänge für menschliche Begriffe unermesslich lange zurück. Daher gibt es auch keine Zeitzeugen, die davon berichten könnten. Wie können Wissenschaftler dann Erkenntnisse über ihren Verlauf gewinnen?
Die Quellen naturwissenschaftlicher Erkenntnis sind Naturbeobachtungen und Experimente. Diese führen zu *Hypothesen*, aus denen bestimmte Schlussfolgerungen abgeleitet und Vorhersagen getroffen werden können, die sich überprüfen lassen. An der *Abstammungstheorie* soll das exemplarisch verdeutlicht werden.

1. Beobachtung
Beobachtet man die belebte Natur, so lässt sich eine riesige Zahl von Tier- und Pflanzenarten beschreiben. Man kann auch durch fossile Funde feststellen, dass in vergangenen Zeiten eine große Zahl von Organismen gelebt hat, von denen die meisten ausgestorben sind.

2. Fragestellung
Bereits im 18. und 19. Jahrhundert haben sich Naturforscher die Frage gestellt, welche Zusammenhänge zwischen den heute lebenden Arten und den ausgestorbenen bestehen könnten.

3. Hypothese
Alle Tier- und Pflanzenarten lassen sich auf gemeinsame Vorfahren zurückführen, d.h. sie sind miteinander verwandt.

4. Vorhersagen
Eine der Vorhersagen aus dieser Hypothese ist, dass Merkmale der Lebewesen erblich sind. Sollte dies nicht der Fall sein, dann wäre die Hypothese als falsch erkannt, sie wäre falsifiziert. Tatsächlich sind die Mechanismen der Genetik soweit geklärt, dass diese Vorhersage bestätigt wurde.

5. Theoriebildung
Es wurde als Beispiel eine der Hypothesen besprochen, auf die sich die Abstammungstheorie gründet. Für die *Theoriebildung* ist kennzeichnend, dass sie auf mehreren Hypothesen beruht, die durch Beobachtungen oder Experimente überprüfbar sein müssen. Ergibt sich daraus, dass die Hypothese falsch ist wird sie verworfen und abgewandelt, oder eine neue tritt an ihre Stelle, die nun ihrerseits wieder an der Realität überprüft wird.

Mit der Zeit entstehen mehrere gut fundierte Hypothesen, aus denen sich Vorhersagen ergeben, die sich bestätigen lassen. Können mit diesen Hypothesen viele unterschiedliche Beobachtungen erklärt werden, bilden sie in ihrer Gesamtheit eine Theorie (Abb. 1).

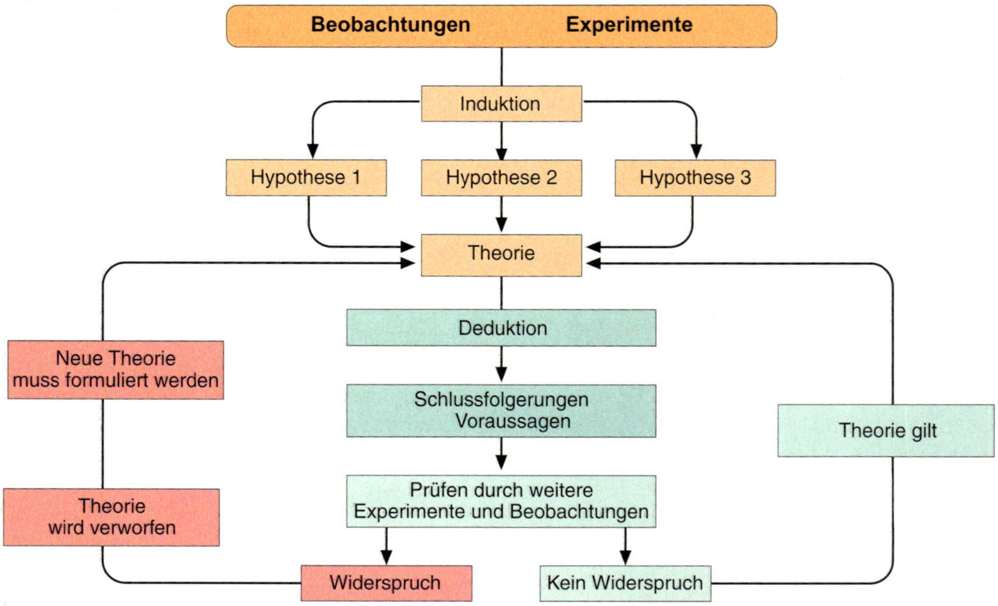

1 Theoriebildung

Die Zelltheorie

1. Beobachtung

Zelluläre Strukturen

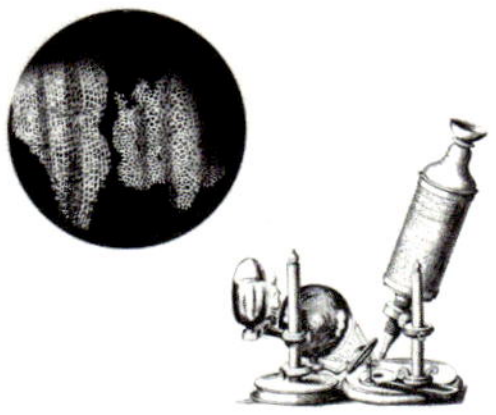

↓

2. Fragestellung

Bestehen alle Lebewesen aus Zellen?

↓

3. Hypothese

Alle Lebewesen bestehen aus Zellen.

↓

4. Vorhersagen

Alle Lebewesen die wir kennen und untersuchen werden bestehen aus Zellen.

↓

5. Theoriebildung

Alle Lebwesen sind aus Zellen aufgebaut.

↓

6. Weitere Beobachtungen

↓

Die Zelltheorie gehört zu den am besten abgesicherten Theorien in der Biologie.

Alltagssprache

In der Alltagssprache verwenden wir häufig Formulierungen wie „... mal theoretisch gesprochen..." „Das ist doch nur bloße Theorie..." Auch wenn wir Menschen als Theoretiker bezeichnen, meinen wir damit, dass sie Ansichten vertreten, die in der Wirklichkeit keine Bedeutung haben, ja im schlimmsten Fall sogar unsinnig erscheinen.

Im Gegensatz dazu sind naturwissenschaftliche Theorien keine unbewiesene willkürliche Gedankenspiele. Sie bestehen aus Hypothesen, die sich prüfen lassen. Im Gegensatz dazu sind Vermutungen, die sich prinzipiell nicht überprüfen lassen, kein Gegenstand der *empirischen* naturwissenschaftlicher Forschung.

2 Schwarzer Schwan

Induktion

Betrachtet man die Hypothesenbildung am Beispiel der *Zelltheorie* (s. Randspalte S. 260), so ist zu sehen, dass aus Einzelbeobachtungen von Zellen in verschiedenen Lebewesen behauptet wird, dass alle Lebewesen aus Zellen bestünden. Aus dieser Hypothese folgt die Vorhersage, dass jedes Lebewesen, das wir untersuchen werden, aus Zellen besteht. Es wird von Einzelfällen auf das Allgemeine geschlossen. Diese Methode wird als *Induktion* bezeichnet.

Solche Verallgemeinerungen von Einzelfällen kommen im Alltag, wenn es um den gesunden Menschenverstand geht, häufig vor. Denken wir uns als Beispiel eine Gruppe Touristen, die Schwäne auf einem See beobachten. Sie sehen, dass die Vögel weiß sind. Sie kommen zu dem Schluss, d.h. zu der Hypothese: Alle Schwäne sind weiß. Sie schließen *induktiv* aus dem beobachteten Einzelfall auf eine Eigenschaft aller Schwäne, obwohl sie das nicht wirklich wissen können, da sie niemals alle Schwäne kennen lernen werden. Aussagen, die auf induktivem Wege entstanden sind, enthalten eine Spekulation. Daher ist die induktive Vorgehensweise für sich allein genommen nicht zuverlässig.

Deduktion

Allgemeine Aussagen, wie etwa alle Schwäne sind weiß oder alle Lebewesen bestehen aus Zellen, lassen sich prüfen. In Neuseeland gibt es tatsächlich schwarze Schwäne (s. Abb. 2). Ein Einzelfall reicht aus, um zu zeigen, dass die allgemeine Behauptung „Alle Schwäne sind weiß" falsch ist.

In Bezug auf die Zelltheorie hat bisher jedes untersuchte Lebewesen die allgemeine Aussage „Alle Lebewesen bestehen aus Zellen" bestätigt. Die logische Vorgehensweise vom Allgemeinen, d.h. von der Hypothese auf das Besondere, den Einzelfall zu schließen, heißt *Deduktion*. Ist einer der Schlüsse falsch, dann ist auch die allgemeine Aussage, die Hypothese falsch. Je mehr Befunde die Hypothesen einer Theorie bestätigen, desto abgesicherter ist sie. Es gehört zum ihrem Wesen, dass sie solange als wahr gilt, solange sie nicht widerlegt ist. Das bedeutet, dass naturwissenschaftliche *Theorien* im mathematischen Sinn nicht beweisbar sind.

Die *Evolutionstheorie* hält seit etwa 150 Jahren ständigen Überprüfungen stand. Sie ist durch zahlreiche Befunde belegt und durch viele neue Erkenntnisse erweitert in der *Synthetischen Theorie der Evolution* aufgegangen. Auf den folgenden Seiten werden dazu zahlreiche Belege beschrieben.

Aufgaben

① Machen Sie am Beispiel der Formulierung der Abstammungshypothese die induktive Vorgehensweise deutlich.

② Nehmen Sie Stellung zur Aussage eines Fernsehjournalisten: „Wo der Beweis fehlt, da beginnt die Theorie".

③ Im Mittelalter gab es einen Streit unter philosophischen Gelehrten wie viele Engel auf den Kopf einer Stecknadel passen. Erklären Sie warum dieses Problem mit naturwissenschaftlichen Methoden nicht geklärt werden kann.

Empirie
gr. *empireia*: Erfahrung, Erfahrungswissen

Erhebung von Daten, gezielten Beobachtungen und wissenschaftlichen Experimenten

Induktion
Schlussfolgerung vom Speziellen auf das Allgemeine

Deduktion
Schlussfolgerung vom Allgemeinen auf das Besondere (Spezielle)

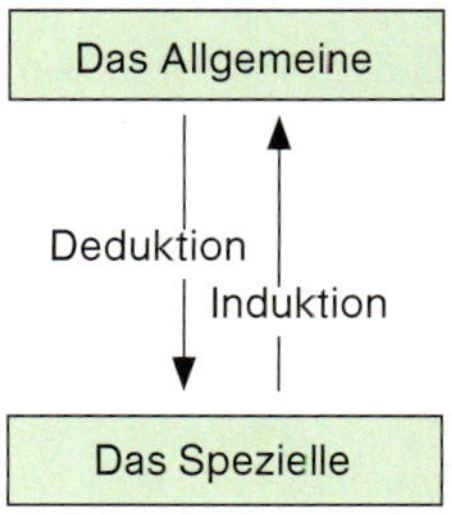

Evolution oder Kreation

Biblische Aussagen zur Schöpfung

Texte zur Schöpfung bilden den Rahmen für das zentrale Anliegen, nämlich das Schicksal Israels und das Wirken Jesu. Die Bibel beginnt mit zwei Darstellungen zur Schöpfung und schließt mit der visionären Schilderung vom Ende der Welt. In diesem Zusammenhang finden sich wiederum zahlreiche Hinweise auf die Schöpfermacht Gottes, um seine Autorität zu untermauern.

„Im Anfang schuf Gott Himmel und Erde, die Erde aber war wüst und wirr, Finsternis lag über der Urflut und Gottes Geist schwebte über dem Wasser.“ (Genesis 1, 1,2) „Dann sprach Gott: Das Land lasse junges Grün wachsen, alle Arten von Pflanzen, die Samen tragen und von Bäumen, die auf der Erde Früchte bringen mit ihren Samen darin... Gott sah, dass es gut war.“ (Genesis 1, 11,12)... „Dann sprach Gott: Das Land bringe alle Arten von lebendigen Wesen hervor. „(Genesis 1, 24)... „Dann sprach Gott: Lasst uns Menschen machen als unser Abbild, uns ähnlich. Sie sollen herrschen...“ (Genesis 1, 26)

Im Anfang war das Wort, und das Wort war bei Gott,... Alles ist durch das Wort geworden und ohne das Wort wurde nichts , was geworden ist. In ihm war das Leben, und das Leben war das Licht der Menschen... (Evangelium nach Johannes 1, 1 – 3)

„Durch den Glauben erkennen wir, dass die Welt durch Gottes Wort gemacht ist.“ (Hebräerbrief 11,3)
„Und dann sah ich einen neuen Himmel und eine neue Erde; denn der erste Himmel und die erste Erde sind vergangen, auch das Meer ist nicht mehr. (Offenbarung des Johannes, 21, 1)

Theologische Aussagen

Die naturwissenschaftliche und die religiöse Betrachtung stellen zwei unterschiedliche Zugänge zur Wirklichkeit dar. Die Naturwissenschaftler beschreiben aufgrund von Beobachtungen und logischen Schlüssen eine Theorie über die Entstehung der Arten. Die moderne Theologie geht historisch-kritisch an die biblischen Texte heran. Sie möchte die religiöse Bedeutung der biblischen Aussagen vor dem Hintergrund ihrer Entstehungsgeschichte jeweils zeitgemäß formulieren. Sehr stark vereinfacht sagt die christliche Theologie: Der Glauben an einen Schöpfergott schließt die Hoffnung mit ein, dass das Leben des Menschen als Stellvertreter Gottes einen Sinn hat.

„Zunächst einmal müssen wir eine früher herrschende Auffassung korrigieren, nach der die Bibel nur eine, ein für allemal feststehende Vorstellung von dem Vorgang der Schöpfung kenne und die Bejahung dieser einen Vorstellung identisch mit dem Glauben an den Schöpfer sei ...” – „Gott als Schöpfer anzuerkennen und nach den Anfängen wissenschaftlich zu fragen, das schließt sich ...nicht aus. Das Nebeneinander der verschiedenen Schöpfungsberichte innerhalb der Bibel macht deutlich: Die Frage, wie Gott die Welt geschaffen hat, ist keine Glaubensfrage.” *Evangelischer Erwachsenenkatechismus*

„Ein rechtschaffen in der Schöpfung verstandener Glaube und eine rechtschaffen aufgefasste Evolutionslehre behindern sich nicht. Die Evolution setzt ja die Schöpfung voraus; die Schöpfung zeigt sich im Lichte der Evolution wie ein Ereignis, das sich über die Zeit erstreckt - wie eine creatio continua, in der dem Gläubigen Gott als Schöpfer des Himmels und der Erde sichtbar wird.” *Johannes Paul II.*

„Naturwissenschaftler analysieren Wirkweisen, Religionen suchen nach Sinn und Zweck des Lebens.... . Sie überliefert Antworten früherer Generationen. Deren Schöpfungsgeschichten sagen die Welt sei aus der Liebe Gottes hervorgegangen. Alles was geschieht habe einen Sinn. Die Fragen von Glauben und Naturwissenschaft sind so unterschiedlich, dass sich ihre Antworten nicht wirklich widersprechen können. (Burkhard Weitz in Chrismon)

„Die überragende Stellung des Menschen über der ganzen Kreatur beruht also gerade nicht auf seiner höheren Geburt, sondern einzig und allein auf dem einzigartigen Verhältnis, in das Gott zu ihm tritt.“ (K. Heim, Theologe)

Kreationistische Aussagen

Der aus den USA kommende Kreationismus (lat. creatio = Schöpfung) hält an den wortwörtlichen Aussagen der Bibel fest. Daher fordert er, dass vor ca. 6 000 Jahren in einem Zeitraum von 6 Tagen Himmel und Erde geschaffen wurden.

„Ich glaube, dass die Bibel das inspirierte Wort Gottes ist und dass wir sie wörtlich zu verstehen haben.“
(Till Biskup)

„Der gravierendste Unterschied ist wohl der, dass sich die Basissätze der Evolution nicht beweisen lassen, wohingegen sich die Basissätze, die der Bibel entnommen sind, praktisch erleben lassen. .... Das erste, was beim Lesen des biblischen Schöpfungsberichte auffällt, ist die absolute Sicherheit über die Richtigkeit der dort erwähnten Vorgänge. Wenn man einen Text zur Evolution liest, findet man bei jedem neuen Gedankengang Begriffe wie „vermutlich", „möglicherweise", usw." (B. Scheurer, Christus Gemeinde München)

„Im direkten Gegensatz zu all den Versuchen, den Ursprung der Erde durch natürliche Prozesse zu erklären, sagt die Bibel, dass Gott alle Dinge auf übernatürliche Weise schuf. ... Das bedeutet, dass sie vom menschlichen Verstand nur durch spezielle Offenbarung begriffen werden kann. Nur Gott kann uns sagen, wie die Welt entstand, denn kein Mensch war dabei, als sie geschaffen wurde." (J. C. Whitcomb)

Antipositionen zum Kreationismus

„Der Kreationismus argumentiert in der Regel naturwissenschaftlich, solange die Karten (scheinbar) günstig liegen und zieht sich auf seinen Biblizismus zurück, wenn es eng wird. Der Kreationismus will Wissenschaft sein und doch nicht sein." (Hansjörg Hemminger, Zentralstelle für Weltanschauungsfragen in Stuttgart)

„Unerträglich ist die Arroganz der Dummheit, denn sie wurzelt in der selbstgefälligen Zufriedenheit, die sich einstellt, wenn man sich gegenüber den ... Tatsachen verschließt. Ein klassisches Beispiel für die Arroganz von Ignoranten ist der Kampf der christlichen Fundamentalisten gegen die Evolutionslehre." (William V. Meyer, NASA)

„Die Wissenschaft hat Beweise ohne Sicherheit. Der Kreationismus hat Sicherheit ohne Beweise". (Ahley Montagu)

Aussagen des Intelligent Designs

„Intelligent Design Theorien" akzeptieren die Evolution als eine Tatsache, sehen aber dahinter die ordnende Absicht eines Schöpfers. Der Beginn des Lebens und die Bildung großer systematischer Gruppen wird durch göttliches Eingreifen erklärt. Nach der „Grundtyp-Forschung" wurden in der „Schöpfungswoche" nicht alle Lebewesen erschaffen, sondern nur Grundtypen, aus denen sich die anderen Lebensformen entwickelten.

„Experimente und Freilandbeobachtungen haben gezeigt, dass innerhalb von Grundtypen sehr wohl neue Arten durch natürliche Prozesse entstehen können. Artbildungsvorgänge sind jedoch meistens mit Spezialisierung verbunden (zum Beispiel durch Anpassung an spezielle Umweltbedingungen) und haben nichts mit Makroevolution zu tun. Das heißt: Solche Vorgänge bewegen sich innerhalb des Grundtyprahmens, so dass man sagen kann: Die Entstehung neuer Grundtypen wurde bisher nicht nachgewiesen." „Biochemische Vorgänge, die Basisfunktionen von Lebewesen aufrecht erhalten, sind zum Teil so komplex verknüpft, dass die Abwesenheit nur eines Elements zum Totalzusammenbruch führt. Solche Strukturen können nicht schrittweise entstanden sein und die Anzahl der bekannten Systeme und ihre Komplexität schließen jeden Zufall aus." (Reinhard Junker)

„Die Intelligent-Design-Theorien sind dagegen eine „mildere" Form des Kreationismus und verlagern den Schöpfungsakt weiter in die Vergangenheit zurück. Es wird anerkannt, dass die Schöpfungsarten („Grundtypen") nicht synchron erschaffen wurden, wie der Kreationismus behauptet, sondern — im Einklang mit den paläotonlogischen Formenreihen — sukzessive entstanden sind. Insgesamt wird versucht die Erkenntnisstrategie der Wissenschaft gegen einen ... „god of gaps" einzutauschen." (Martin Neukam)

Naturwissenschaftler

„In der ersten Ausgabe meiner „Entstehung der Arten" ließ ich es bei der Andeutung bewenden, dass durch dieses Werk Licht verbreitet würde auch über den Ursprung des Menschen und seine Geschichte. Darin lag eingeschlossen, dass der Mensch hinsichtlich seines Erscheinens auf der Erde den selben allgemeinen Schlussfolgerungen unterworfen sei wie jedes andere Lebewesen." (Charles Darwin)

„Bei der biologischen Evolution geschieht nichts, was es nötig machen würde, übernatürliche Kräfte oder noch nicht entdeckte physikalische Gesetze zu Hilfe zu rufen." (Ernst Mayr, Evolutionsbiologe)

„Der Mensch steht allein im Universum, als einzigartiges Produkt eines langen, unbewussten, unpersönlichen materiellen Vorgangs, mit einzigartigen Fähigkeiten des Verstandes und Möglichkeiten der Entwicklung. Diese verdankt er niemanden außer sich selbst. Er ist daher nur sich selbst verantwortlich.
Er ist nicht das Geschöpf unbeherrschbarer und unbestimmter Mächte, sondern sein eigener Herr. Er kann und muss sein eigenes Schicksal entscheiden und lenken. (G. Simpson, Paläontologe)

„ ... wir sagen, wenn Gott das Leben geschaffen hat, dann hat er es nach den Regeln der Naturgesetze getan. Er wird keine Naturgesetze hervorbringen, um sie dann wieder zu umgehen. Also muss sich die Entstehung des Lebens irgendwie erklären lassen. Wir stellen also nicht die Frage, ob Gott es war oder ob es Gott gibt, sondern wir schauen uns an, wie die Lebensprozesse ablaufen." (Manfred Eigen, Nobelpreisträger)

„Ich finde Gott in meinen Forschungen, aber nur, weil er mich schon zuvor gefunden hat. Er schenkte mir, dass ich an ihn glaube, und dieser Glaube bestimmt mein ganzes Leben und besonders meine Forschung. Ich habe nie versucht, ihn durch Forschen zu finden." (Pater G. V. Coyne, Direktor der Sternwarte des Vatikan)

Aufgaben

1. Fassen Sie die Positionen der Theologen, der Kreationisten, des Intelligent-Design und der Naturwissenschaftler zur Frage „Schöpfung oder Evolution?" zusammen.
2. Erklären Sie die verschiedenen zitierten Positionen in Zusammenhang mit den Grundannahmen, auf die sie sich stützen.
3. Ordnen Sie die Zitate auf dieser Seite den Aussagen von Montagu zu und begründen Sie ihre Zuordnung.
4. Interpretieren Sie die Karikatur von Darwin.
5. Erklären Sie, was Neukam mit „God of gaps" meint.
6. Vergleichen Sie die naturwissenschaftliche Methode der Theoriebildung (s. S. 260 f.) mit der Vorgehensweise, mit der die Kreationisten ihre Aussagen gewinnen.

1 Heideschnecken

Ursachen der Variabilität

Allel
Zustandsform eines Gens

Variabilität
Vielfalt der Merkmale

Heideschnecken kann man in sehr trockenen Lebensräumen finden. An Sommertagen kleben sie an Ästen und Stämmen fest und überdauern hier die Zeit der größten Hitze. Findet man eine große Anzahl von Tieren, so erkennt man augenblicklich die *Variabilität* der Gehäusemuster. Trotz der Verschiedenheit sind es Tiere einer Art, die sich uneingeschränkt untereinander fortpflanzen können. Die variierenden Gehäusemuster werden von verschiedenen Genen bestimmt.

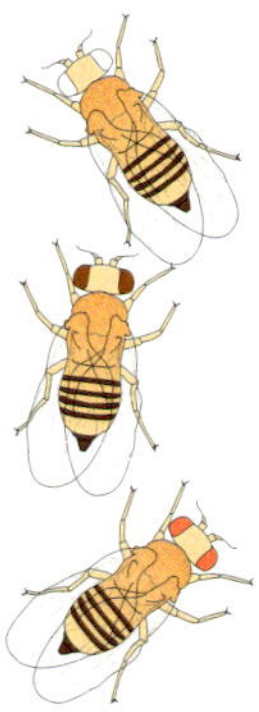

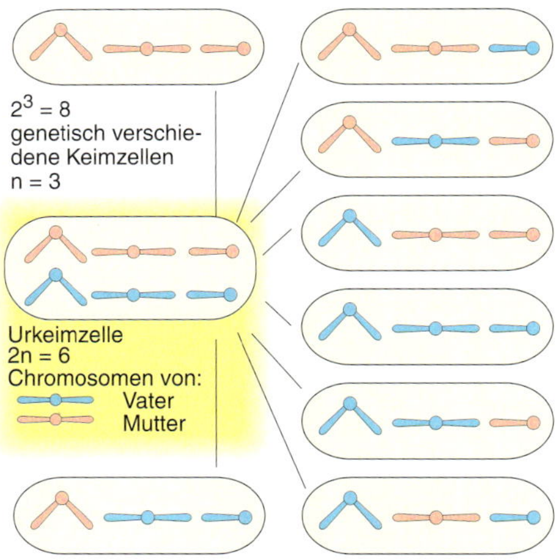

2 Genetische Vielfalt bei der Keimzellenbildung

Genpool
Gesamtheit der Allele in einer Population

Von jedem Gen gibt es mehrere *Allele*. Die genetische Vielfalt ist in erster Linie die Ursache der beschriebenen Merkmalsvielfalt innerhalb einer Population.

Für die Entstehung der Variabilität werden als wichtige Ursachen zwei genetische Vorgänge beschrieben, die *Rekombination* und die *Mutation*.

Rekombination

Unter *Rekombination* versteht man die neue Zusammenstellung der Allele bei der sexuellen Fortpflanzung. *Meiose* und *Befruchtung* bewirken, dass die Allele in jeder Generation neu gemischt und in jedem Individuum neu kombiniert werden. Bei der *Keimzellenbildung* werden *homologe Chromosomen* voneinander getrennt und zufällig auf die Keimzellen verteilt. Es entstehen viele genetisch verschiedene Keimzellen. Beim Menschen sind $2^{23} = 8\,388\,608$ unterschiedliche Kombinationen von Chromosomen in einer Keimzelle möglich. (s. Abb. 2)

Bei der Befruchtung vereinigen sich zwei Keimzellen, zwei Chromosomensätze treffen in der Zygote zusammen. Alle Organismen einer Population – das sind die Lebewesen einer Art, die zur gleichen Zeit im selben Biotop leben – können an diesem Genaustausch teilnehmen. Sie bilden eine Fortpflanzungsgemeinschaft. Die Zahl möglicher Allelkombinationen übersteigt die Anzahl der Individuen bei weitem. So entstehen immer wieder neue Geno- und Phänotypen.

Sie variieren nicht nur in den sichtbaren, sondern auch in physiologischen Merkmalen, wie beispielsweise der Toleranz gegenüber Wassermangel oder der Resistenz gegen Krankheitserreger.

Mutationen

Die genetische Vielfalt in Populationen wird fortwährend durch Mutationen erhöht. Dabei werden einzelne Gene verändert. So entstehen neue Allele.

Bei der Taufliege *Drosophila treten* mehrere Augenfarben auf. Die häufigste Farbe ist rot (s. Abb. Randspalte). Gelegentlich findet man auch Tiere mit weißen oder braunen Augen. Genetische Untersuchungen zeigen, dass verschiedene Allele des zugehörigen Gens in einer *Population* vorliegen. Die Gesamtheit der Allele in einer Population wird als *Genpool* bezeichnet.

Diese Allele sind durch Mutationen des ursprünglichen Allels für rote Augenfarbe entstanden. Mutationen treten immer wieder von selbst, ohne erkennbaren Anlass auf. Sie verändern Erbanlagen zufällig und ungerichtet. Der Zeitpunkt für ein solches Ereignis und seine Auswirkungen sind nicht vorhersagbar. Betrifft eine Mutation nur ein Basenpaar der DNA, so spricht man von einer Punktmutation. Ihre Auftrittshäufigkeit liegt statistisch bei etwa 10^{-5} bis 10^{-9} je Gen und Generation. Das bedeutet, dass ein bestimmtes Gen innerhalb von 100 000 bis 1 Milliarde Generationen, statistisch betrachtet, einmal mutiert. Durch Mutationen wird die Gesamtheit aller genetischen Informationen in einer Population, der Genpool, erweitert.

Bereits die Änderung eines Basenpaares kann ein funktionsunfähiges Protein erzeugen. So bewirkt eine Punktmutation, dass statt des Hämoglobins A das Hämoglobin S hergestellt wird. Hämoglobin S enthält an der 6. Position in der β-Kette statt Glutaminsäure die Aminosäure Valin.
Bei homozygoten Trägern des Allels S nehmen die roten Blutzellen eine sichelförmige Gestalt an, es entsteht *Sichelzellanämie* (s. Seite 269).

Mutationen können vorteilhaft, nachteilig oder neutral sein. Die Wahrscheinlichkeit für vorteilhafte Änderungen ist bei gut angepassten Lebewesen viel geringer als für nachteilige. Bei diploiden oder polyploiden Lebewesen wirken sich Mutationen phänotypisch nicht aus, wenn das mutierte Allel rezessiv wirkt, also von der Wirkung des homologen Allels überdeckt ist. Es gibt aber auch Fälle, bei denen eine Mutation zu einer neuen Anpassung führt. Beim Bakterium *Pseudomonas aeruginosa* bewirkt die Mutation eines Gens, welches ein Enzym codiert, dass das Bakterium völlig andere Substrate als Nahrung nutzen kann als die ursprüngliche Bakterienkolonie.

Die Ursache für *Variabilität* ist Rekombination und Mutation. **Variabilität** Ist eines der grundlegenden **Prinzipien** im gesamten Bereich der Biologie (▶ s. Seite 340).

Die genetische *Variabilität* ermöglicht Selektion. Sie ist daher eine der wichtigsten Voraussetzungen für Evolution. Ohne *Variabilität* hätten alle Individuen einer Population völlig gleiche Phänotypen und damit gleiche Überlebens- und Fortpflanzungschancen - Evolution wäre nicht möglich.

Aufgaben

① Erläutern Sie, warum sich bei der Meiose die Tochterzellen genetisch voneinander unterscheiden, bei der Mitose dagegen nicht.
② Untersuchen Sie mithilfe des genetischen Codes, welche Basentripletts beim Hämoglobin A die 6. Aminosäure in der DNA codieren können.
③ Ermitteln Sie, welche und wie viele verschiedene Punktmutationen zu Sichelzellhämoglobin führen können.

Zettelkasten

Modifikation

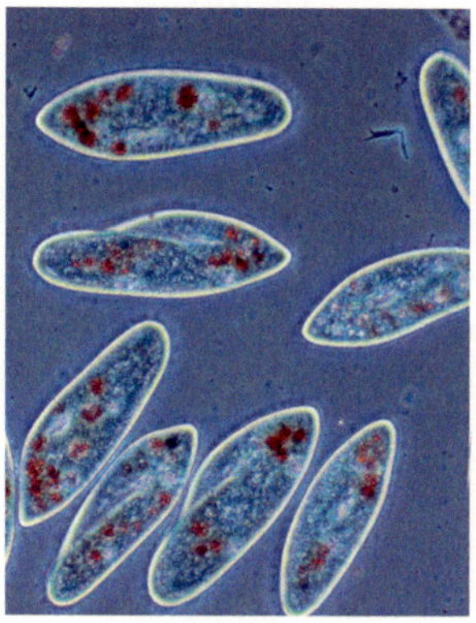
3 Pantoffeltierchen

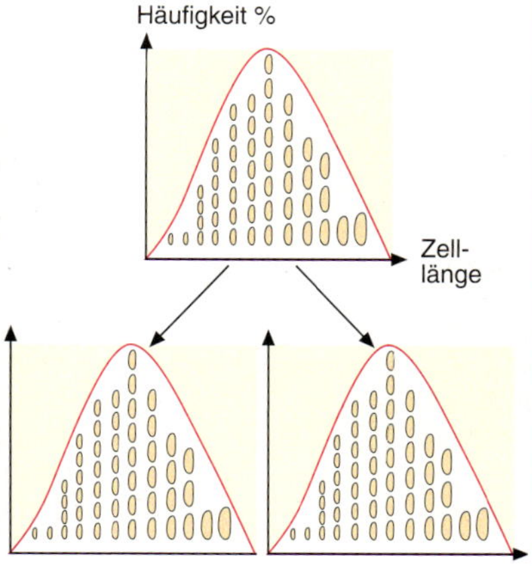

4 Modifikatorische Längenvariation

Pantoffeltierchen, die in einer Kultur aus einem Ausgangsindividuum ungeschlechtlich durch Zellteilung hervorgehen sind genetisch identisch. Sie bilden einen Klon. Bei genauer Untersuchung kann man erkennen, dass sie trotzdem nicht in allen Merkmalen gleich sind. So kann man feststellen, dass sie sich in ihrer Zelllänge unterscheiden. Die genaue Länge der Einzeller ist also nicht genetisch bestimmt.

Es ist nur eine Variationsbreite festgelegt. Innerhalb dieser Grenzen entscheidet hauptsächlich der Ernährungszustand, der pH-Wert und das Licht über die Länge. Das heißt günstige oder ungünstige Lebensbedingungen führen zu unterschiedlicher Größe der Einzeller.

Die Abb. 4 zeigt die relative Häufigkeitsverteilung der verschiedenen Zelllängen. Man kann sehen, dass die Längenvariationen fließend sind und die Werte um einen Mittelwert herum streuen.

Die Pantoffeltierchen haben trotz gleichen Genotyps verschiedene Phänotypen. Die Ursache für diese *phänotypische Variabilität* liegt in unterschiedlichen Umweltfaktoren. Solche Variationen heißen *Modifikationen*.

Wählt man ein kurzes (oder langes) Pantoffeltierchen und bildet mit ihm durch ungeschlechtliche Vermehrung wieder einen Klon, so findet man wieder die obige Variationsbreite und den gleichen Mittelwert. Modifikationen sind also nicht erblich.

1 Helle und dunkle Birkenspanner auf flechtenlosen und flechtenbewachsenen Eichenrinden

Selektion verändert Populationen

Birkenspanner bei der Paarung

Birkenspanner sind nachtaktive Schmetterlinge mit hellen feinscheckig gemusterten Flügeln. Tagsüber sitzen sie meist bewegungslos auf der Borke von Birken und Eichen (Abbildung. 1). Ihre Färbung verleiht ihnen eine gute Tarnung und schützt sie vor Fressfeinden. Bis zur Mitte des 19. Jahrhunderts gab es in England, abgesehen von seltenen Einzelfunden mit dunkler Flügelfarbe, nur die helle Form dieser Schmetterlingsart.

Beobachtung

Im Jahr 1848 wurden vermehrt dunkle Exemplare entdeckt. Bestandsaufnahmen aus den 1960er-Jahren belegen, dass sich die Zusammensetzung der Birkenspannerpopulation gravierend verändert hatte. In manchen Teilen Großbritanniens herrschte die dunkle Form vor, in anderen war die helle Form häufiger zu finden (Abb. 3).

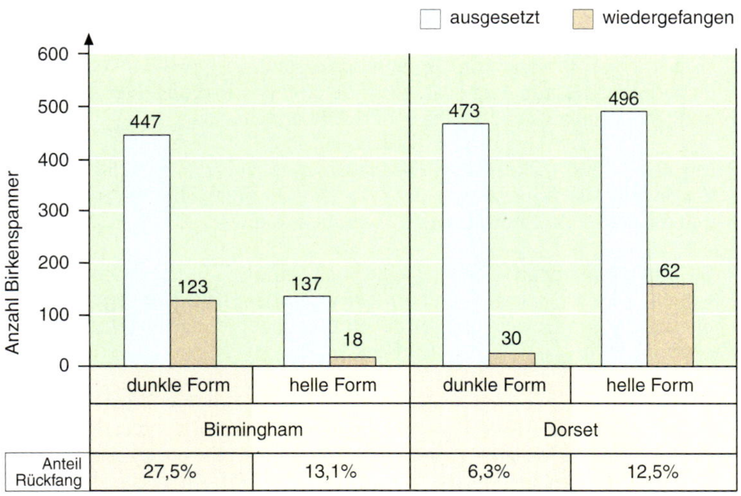

2 Rückfangexperiment

Hypothese

Bernard Kettlewell untersuchte die Veränderung der Birkenspannerpopulation. Er entwickelte folgende Hypothese: Die dunkle Flügelfarbe ist auf eine Mutation zurückzuführen, die eine verstärkte Produktion des Farbstoffs Melanin bewirkt. Dabei ist das Allel für *Melanin* dominant. In den industriefernen Gebieten waren die Stämme der Birken und Eichen mit hellen Flechten bewachsen. Mit zunehmender Industrialisierung starben diese empfindlichen Organismen in den Wäldern nahe der Industriezentren ab, da der Gehalt an Schwefeldioxid in der Luft stieg. Zusätzlich schwärzten Staub und Ruß die Borken. Die hellen Birkenspanner, die auf den hellen flechtenbewachsenen Baumstämmen tagsüber kaum zu entdecken waren, fielen auf den verrußten braun-schwarzen Rinden bereits von weitem auf. Dagegen waren die dunklen Falter auf dem veränderten Untergrund hervorragend getarnt (Abb. 1). Die hellen Formen wurden öfter von den Vögeln erkannt und gefressen als die dunklen Formen. Daher konnten diese häufiger Nachkommen hervorbringen als ihre hellen Artgenossen.

Rückfangversuche

Kettlewell überprüfte die Hypothese in Freilandexperimenten. Er markierte Birkenspanner durch Farbtupfer auf der Flügelunterseite und setzte sie in Wäldern in der Nähe von Birmingham aus. In den nachfolgenden Nächten wurden die ausgesetzten Falter durch Lichtfallen wieder angelockt. Es zeigte sich, dass der Anteil der wieder eingefangenen Tiere bei der dunklen Form mehr als doppelt so groß war wie bei den helle Formen (s. Abbildung 2). Durch solche Rückfangversuche konnte KETTLEWELL zeigen, dass die Überlebensrate der dunklen Tiere wesentlich höher war als bei den hellen Formen.

In einem Parallelexperiment ließ er Birkenspanner in einem Wald bei Dorset in einem ländlichen, industriefernen Gebiet frei. Hier fing er mehr als doppelt so viele helle wie dunkle Falter. Ferner konnte KETTLEWELL anhand von Beobachtungen belegen, dass die natürlichen Fressfeinde Blaumeisen, Singdrosseln, Rotkehlchen und Gartenrotschwänze nur wenige Tage brauchen, bis sie die schlecht getarnten Schmetterlinge als Beute erkennen und fangen können.

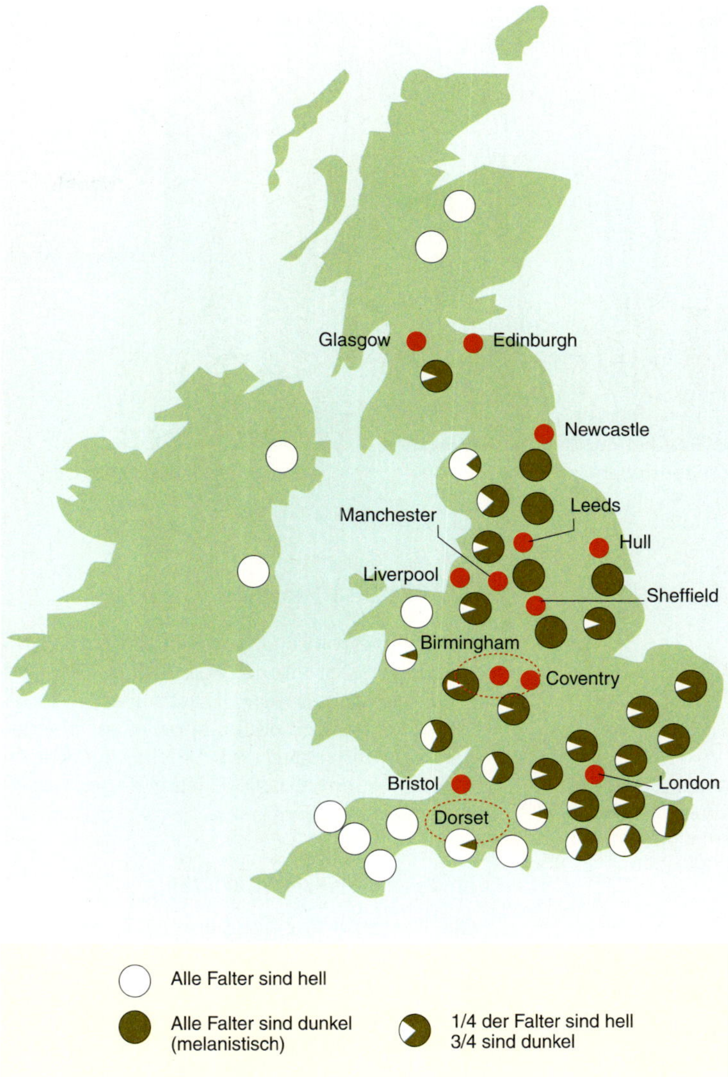

3 Häufigkeit von Birkenspannern in Großbritannien (1958)

Anwendung der Selektionstheorie

Anhand der Farbe der Birkenspanner wird das Wirken der natürlichen Auslese, der *Selektion* deutlich. Die dunklen Falter waren in den Industriegebieten besser getarnt als die hellen. Damit waren sie an die veränderten Umweltbedingungen besser angepasst und bekamen im Vergleich zu den hellen Schmetterlingen mehr Nachkommen. Dunkle Birkenspanner besaßen so in den Industriegebieten eine höhere *reproduktive Fitness* als helle. Im Laufe der Generationen nahm ihr Anteil an der Gesamtpopulation zu, der Anteil der weniger gut Angepassten sank. Birkenspanner wurden so an den Lebensraum angepasst.

Die Dunklen wurden durch die Selektion bevorzugt und ihre Allele gelangten vermehrt in den *Genpool* der Folgegeneration. Dementsprechend definieren Biologen *Evolution* als eine Veränderung der Allelhäufigkeiten von Generation zu Generation. Gemäß der Selektionstheorie ist Evolution ein Prozess, der durch Selektion hervorgerufen wird und auf der Ebene von Populationen abläuft. Individuen können nicht evolvieren.

1898 hatten 99 % der Birkenspanner in den Industriegebieten dunkle Flügel. Die Evolution der Schmetterlinge war so rasch verlaufen, da sich die Umweltbedingungen so schnell verändert hatten und Schmetterlinge eine Generationsdauer von nur einem Jahr haben. Auf viele andere Populationen treffen diese Voraussetzungen nicht zu. Deshalb verlaufen evolutive Prozesse meist wesentlich langsamer.

Aufgabe

① In den vergangenen 30 Jahren hat man in den Industriegebieten Englands den Umweltschutz weiter vorangetrieben. Die Luft ist viel sauberer geworden. Beschreiben Sie, welche Beobachtungen bei den Populationen der Birkenspanner zu erwarten sind.
Unterscheiden Sie dabei zwei Fälle:
a) KETTELWELL wird widerlegt.
b) KETTELWELL wird bestätigt.
Erläutern Sie die Folgen für die Selektionstheorie, wenn a) oder b) zuträfe.

reproduktive Fitness
Fähigkeit eines Organismus seine Erbanlagen in den Genpool der nächsten Generation einzubringen.

Selektion
natürliche Auslese durch Umweltbedingungen

Selektionsfaktor
Veränderung der Allelhäufigkeiten in Populationen

1 Kandelaberkaktus

2 Kakteen sind Trockenpflanzen

Selektionsdruck
Einwirkung der Selektionsfaktoren auf eine Population

Selektionsfaktoren

Organismen stehen in vielfältiger *Wechselwirkung* mit ihrem Lebensraum. Sie sind an diesen angepasst. Ursache dieser *Angepasstheit* sind Evolutionsprozesse, bei denen Umweltfaktoren als Selektionsfaktoren wirken, indem sie die besser angepassten Individuen begünstigen.

Abiotische Selektionsfaktoren

Die Faktoren der unbelebten Umwelt, z. B. Temperatur, Licht, Verfügbarkeit von Wasser, Windgeschwindigkeit, Salzgehalt des Wassers, Gifte, bestimmen wesentlich die Lebensbedingungen in einem Ökosystem. Solche Faktoren bezeichnet man als *abiotische Selektionsfaktoren.*

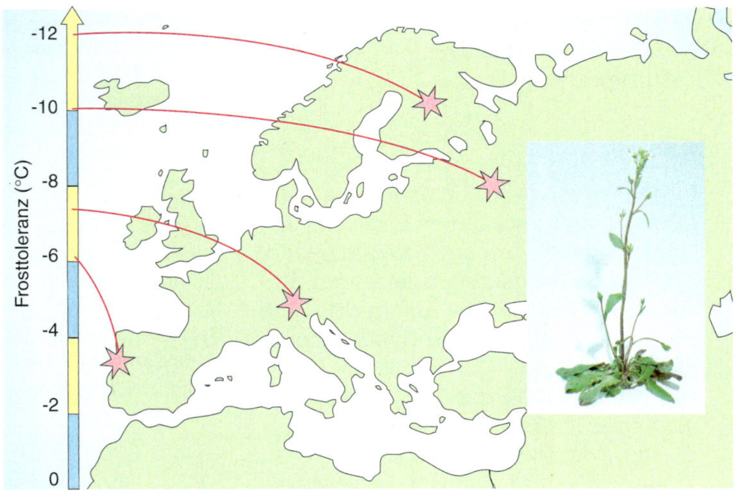

3 Frosttoleranz bei der Ackerschmalwand

Die Lebewesen sind durch die Selektion angepasst und in der Lage, dadurch unterschiedliche *ökologischen Nischen* zu besetzen.

Unter den Vorfahren der Kakteen waren diejenigen in trockenen Lebensräumen begünstigt, die in ihrem Gewebe Wasser speichern konnten. Sie hatten besonders viele Nachkommen, wobei diejenigen mit der besten Wasserspeicherfähigkeit am erfolgreichsten waren. So erschlossen die Pflanzen den konkurrenzarmen Lebens-raum Wüste und es entstanden die heute bekannten Kakteen. Sie speichern Wasser im Rindengewebe des Stamms. Es sind *Stammsukkulanten* (s. Abb. 2).

Innerhalb einer Art können durch unterschiedlichen *abiotischen Selektionsdruck* auch regionale Unterschiede entstehen. So unterscheidet sich z. B. die Ackerschmalwand, eine kleine krautige Pflanze, die zu den Kreuzblühern gehört, in verschiedenen Regionen Europas hinsichtlich der Frosttoleranz der überwinternden Generation (s. Abb. 3). Dies ist ein Beispiel dafür, wie durch die Selektion der Genpool einzelner Populationen verändert wird.

Pinguine sind ein weiteres Beispiel für die Abhängigkeit der Organismen von abiotischen Faktoren wie dem Klima. Pinguine, die auf den Galapagosinseln, etwa auf der Höhe des Äquators, vorkommen, haben eine Körpergröße von durchschnittlich 53 cm. Sie sind damit deutlich kleiner als der Kaiserpinguin, der mit einer Körpergröße von 115 cm in der Antarktis vorkommt.

Große Tiere haben im Verhältnis zu ihrem Körpervolumen eine kleinere Oberfläche als kleine Tiere. Große Tiere kühlen daher nicht so rasch aus wie kleine. Aus diesem Grund haben große gleichwarme Organismen in kalten Lebensräumen einen Selektionsvorteil. Daher sind Lebewesen in kalten Regionen größer als ihre Verwandten in wärmeren Gebieten (Bergmann Regel).

Aufgaben

① Erläutern Sie die möglichen Folgen für die Verbreitung der Ackerschmalwand, wenn die Durchschnittstemperatur in Europa um 4 K ansteigt.

② Begründen Sie anhand der Abb. 1 und 2 die Beobachtung, dass die Kanderlaberkakteen in relativ großer Entfernung zueinander stehen.

Biotische Selektionsfaktoren

Anämie
Krankhafte Verminderung des Sauerstofftransports im Blut

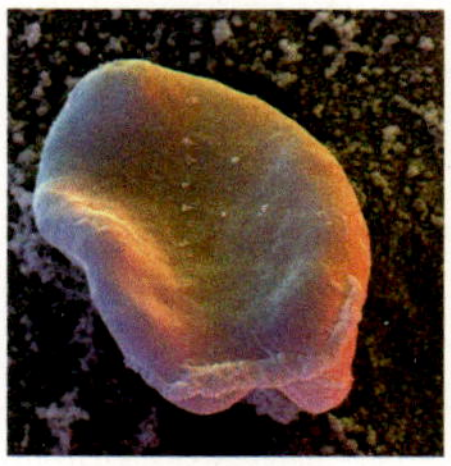

EM-Aufnahme einer mit Plasmodien befallenen Zelle

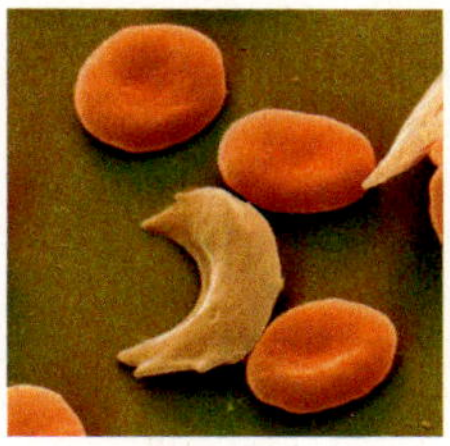

„sichelförmige" Erythrocyten

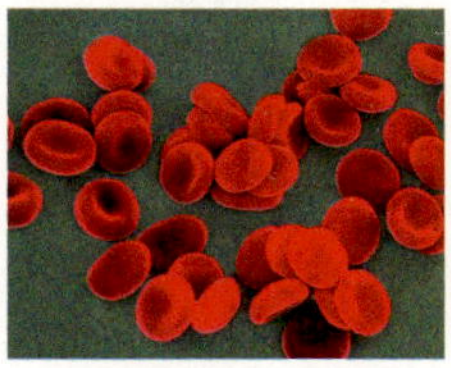

normale Erythrocyten

Lebewesen unterliegen nicht nur der Selektion durch *abiotische Faktoren,* sondern auch einer Selektion durch andere Organismen. So konkurrieren innerhalb einer Art die Individuen um Nahrung, Lebensraum oder Sexualpartner. Zwischenartlich können die Organismen als Fressfeinde, als Symbionten oder als *Parasiten* auftreten. So wirken die Lebewesen in Ökosystemen als *biotische Selektionsfaktoren* aufeinander ein.

Malaria ist eine Tropenkrankheit, die von einzelligen Parasiten, den Plasmodien, hervorgerufen wird. Die Übertragung erfolgt durch eine weibliche Stechmücke der Gattung Anopheles (s. Abb. 1). Ein Teil der Entwicklung des Parasiten erfolgt in den roten Blutzellen eines infizierten Menschen. Diese leiden an periodisch wiederkehrenden Fieberschüben mit sehr hohen lebensbedrohenden Temperaturen. Über 200 Millionen Menschen sind weltweit infiziert. Jährlich sterben etwa eine Million Menschen, hauptsächlich Kinder, an Malaria.

In den Gegenden Afrikas, wo das Infektionsrisiko für Malaria besonders hoch ist, tritt eine rezessive Erbkrankheit gehäuft auf, die zu einer Degeneration der roten Blutzellen führt. Im mikroskopischen Bild ist das leicht erkennbar (s. Randspalte). Viele Erythrocyten haben nicht die gewohnt runde Form sondern sie sind sichelförmig. Dadurch ist die Funktion der roten Blutzellen stark eingeschränkt. Daher heißt die Krankheit auch *Sichelzellanämie.*

Homozygote Träger des Allels für Sichelzellanämie sterben meist bevor sie Nachkommen haben. Heterozygote Träger erkranken unter normalen Bedingungen nicht. Nur unter extremem Sauerstoffmangel macht sich das mutierte Allel phänotypisch bemerkbar.

1 Anopheles-Mücke

Normalerweise kommen die Allele für Sichelzellanämie sehr selten vor. Eine Ausnahme machen die Malariagebiete in Afrika, wo diese Allele in den menschlichen Populationen häufig auftreten. Menschen, die entweder an Sichelzellanämie erkrankt sind oder das Gen heterozygot tragen, sind gegenüber Malaria resistent. Der Grund dafür ist nicht genau bekannt. Es wird diskutiert, dass die Entwicklung der Parasiten gestört wird, wenn ein Mensch das Allel für Sichelzellanämie heterozygot trägt.

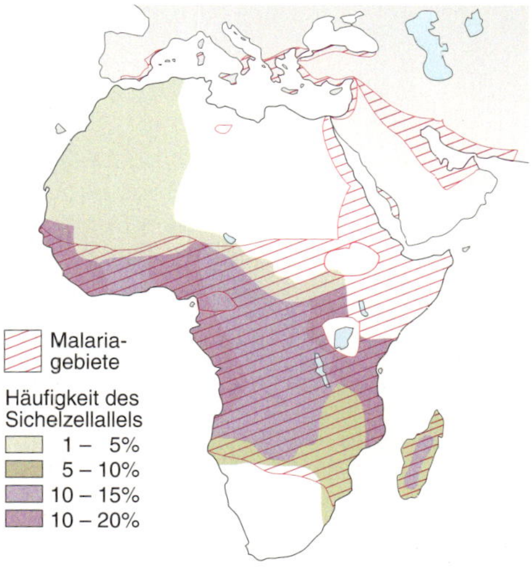

2 Verbreitung der Malaria und des Sichelzellallels

Gegenüber den Menschen, die keine Allele für Sichelzellanämie besitzen haben die heterozygoten Träger in den Malariagebieten einen Selektionsvorteil. Sie erkranken nicht an Malaria, können sich fortpflanzen und bringen das Sichelzellallel in den Genpool der Folgegenerationen ein.

Aufgaben

① Begründen Sie, warum in Mitteleuropa die Sichelzellanämie eine sehr seltene Krankheit ist.

② In Bezug auf das gehäufte Auftreten von Sichelzellanämie in Afrika liest man häufig den Ausdruck „Heterozygotenvorteil" Erklären Sie diesen Begriff und stellen Sie einen Zusammenhang zu der Verbreitungskarte (Abb. 2) her.

③ Erklären Sie die Gründe, die zum frühen Tod der homozygoten Träger des Sichelzellallels führen.

1 Kampfläufer während der Balz

Sexuelle Selektion

Die *reproduktive Fitness* (s. S. 267) eines Lebewesens ist zunächst davon abhängig, wie gut es ihm gelingt, einen Geschlechtspartner zu finden.

Geschlechtsdimorphismus

Kampfläufer sind etwa 30 cm große Schnepfenvögel, die in feuchten Wiesen und Mooren brüten. Die Tiere sind normalerweise unscheinbar und durch ihre Färbung ausgezeichnet getarnt. Die Abb. 1 zeigt männliche Kampfläufer während der Balzzeit, in der sie richtiggehend herausgeputzt sind. Sie tragen eine imposante aufrichtbare Halskrause und lange Ohrbüschel.

sexuelle Selektion
Selektion, die das unterschiedliche Aussehen von Weibchen und Männchen (während der Balz) erklärt

Solche Beobachtungen lassen sich bei vielen Tierarten machen. Die Geschlechter unterscheiden sich in Körpergröße, Gestalt, Färbung und Körperschmuck. Das sind *sekundäre Geschlechtsmerkmale*, die mit dem Vorgang der Fortpflanzung nicht in direktem Zusammenhang stehen. Das häufig anzutreffende unterschiedliche Erscheinungsbild von Männchen und Weibchen bezeichnet man als *Geschlechtsdimorphismus.* Auf den ersten Blick erscheinen die männlichen Merkmale als unsinnig. Ihre Bildung erfordert einen beträchtlichen Energieeinsatz und sie sind sehr auffällig und somit für die Überlebensfähigkeit im Alltag nicht besonders geeignet.

Selektionsvorteil für die Männchen

Für die Männchen der Kampfläufer birgt ihre Auffälligkeit tatsächlich erhebliche Risiken. Je auffälliger sie sind, desto eher werden sie von ihren Fressfeinden, wie zum Beispiel von Raubvögeln, entdeckt. Diesem gravierenden Selektionsnachteil während der Balz steht der Vorteil gegenüber, dass auffällige Männchen häufiger von den Weibchen als Geschlechtspartner ausgewählt werden. Die prächtigen Geschlechtsmerkmale helfen den imposanten Männchen, ihre Gene weiterzugeben. Sie steigern so ihren Fortpflanzungserfolg, ihre *reproduktive Fitness*. Die Existenz des Geschlechtsdimorphismus zeigt, dass in der Bilanz die Vorteile die Nachteile überwiegen.

Selektionsvorteil für die Weibchen

Auch für die Weibchen, wie z. B. Pfauenhennen, ist es vorteilhaft, ein besonders imposantes Männchen auszuwählen. Meist spiegelt ein prächtiges äußeres Erscheinungsbild einen ausgezeichneten Gesundheits- und Ernährungszustand wider. Solche attraktiven Männchen zeugen vermutlich gesunde Nachkommen, die zudem selbst wieder attraktiv sind. Diesen Prozess bezeichnet man als geschlechtliche Zuchtwahl oder *sexuelle Selektion*.

2 Pfauhahn mit Pfauhenne

Aufgaben

① Nennen Sie Vermutungen, warum Pfauenhennen den unnütz scheinenden Federschmuck der Männchen attraktiv finden und sich bevorzugt mit den besonders prächtigen paaren.
Beschreiben Sie die Selektionsnachteile für die Pfauenhähne.

② Erklären Sie, welche Faktoren der Ausbildung extremer Unterschiede zwischen den Geschlechtern entgegen stehen.

Modellspiele zur Selektion

Im Modellspiel lässt sich das Wirken der Selektion in einer Population über mehrere Generationen nachvollziehen. Wie bei allen Modellen handelt es sich aber nur um Annäherungen an die Wirklichkeit.

„Alles Geschehen in unserer Welt gleicht einem großen Spiel, in dem von vornherein nichts als die Regeln festliegen. Ausschließlich diese sind objektiver Erkenntnis zugänglich. Das Spiel selber ist weder mit dem Satz seiner Regeln, noch mit der Kette von Zufällen, die seinen Ablauf individuell gestalten, identisch.“ (Manfred Eigen, geb. 1927 in Bochum, Nobelpreis 1967)

Visuelles Selektionsspiel

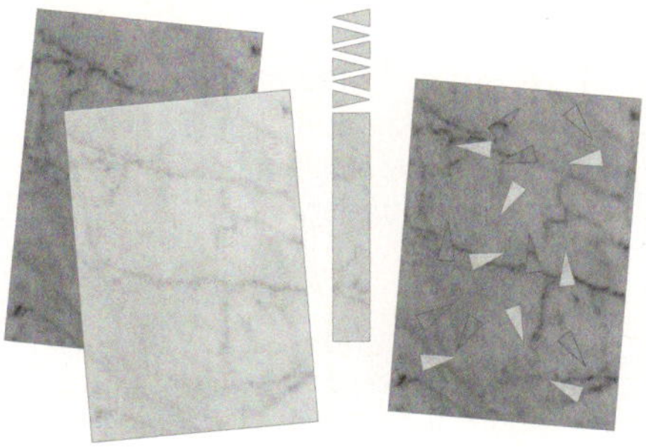

Spielmaterial:
DIN A3-Kopien von hellen und dunklen Musterblättern, Protokollbögen, helle und dunkle Papierdreiecke

Vorbereitung:
Bereiten Sie am PC ein Blatt Papier mit einem Muster vor, das an eine natürliche Oberflächenstruktur erinnert. Verwenden Sie dazu z. B. ein Digitalfoto von Borke oder den Füllmustereffekt „Marmor“. Kopieren Sie dieses Blatt zweimal mit deutlich verschiedenen Helligkeitsstufen. Schneiden Sie nun Dreiecke mit jeweils 1 cm Kantenlänge aus.

Ausführung:
Das Spiel erfolgt in Gruppen mit einem Spielleiter und lässt sich in verschiedenen Varianten durchführen. Ausgangspunkt ist zunächst eine gleiche Anzahl heller und dunkler Dreiecke jeweils auf einem hellen und einem dunklen Blatt Papier.

1. Variante: Der Spielleiter gibt eine Zeit vor, in der die Spieler versuchen, möglichst viele Dreiecke abzusammeln. Protokolliert werden die verbleibenden Dreiecke nach Farbe und Unterlage.
2. Variante: Sammeln Sie eine genaue Anzahl von Dreiecken (z. B. 15) ohne Zeitvorgabe und protokollieren Sie die jeweils auf der Unterlage verbliebenen.
3. Variante: Verändern Sie die Helligkeit im Raum und wiederholen Sie das Absammeln.

Aufgaben

① Arbeiten Sie mit folgender Variante des Spiels über mehrere Generationen. Für die Reproduktion werden nach dem ersten Absammeln für jedes verbleibende Dreieck ein weiteres in gleicher Farbe bzw. Helligkeit nachgelegt, bevor wieder abgesammelt wird.
② Wechseln Sie nach der zweiten Generation die Unterlage für die verbleibenden Dreiecke.
③ Erläutern Sie, inwieweit das Spiel die Selektionssitutation beim Birkenspanner (s. S. 266) nachbildet.

Selektionsspiele nach Eigen

Spielmaterial:
Brett mit 6 x 6 Feldern und jeweils 36 Farbchips (Knöpfe, Perlen) in blau, gelb und grün, 2 verschiedenfarbige Würfel

Vorbereitung:
Jeweils 12 Chips von jeder Farbe beliebig auf dem Spielfeld verteilen. Jeder Wurf mit beiden Würfeln ergibt die Koordinaten eines Chips.

Ausführung Basisversion:
1. Wurf: Betreffender Chip wird entfernt.
2. Wurf: Leerfeld wird durch Chipfarbe des erwürfelten Feldes ersetzt.

Variante Mutation:
Vor jedem zweiten Wurf wird ein zusätzlicher Mutationswurf eingeschoben. Bei Würfen von 1 bis 5 gilt wie immer die Farbe der anschließend erwürfelten Koordinaten, würfelt man aber die 6, wird das Leerfeld durch die seltenste Farbe besetzt.

Variante Reproduktion und Selektion:
Vor jedem Wurf wird ein weiterer Wurf eingeschoben, der 1. Zwischenwurf entscheidet, ob der Chip entfernt wird *(Selektion)*, der 2. entscheidet, ob das Leerfeld durch die erwürfelte Chipfarbe ersetzt wird *(Reproduktion)*. Für jede Farbe gelten andere Punktwerte, z. B.

	Selektion	Reproduktion
gelb	1	1, 2, 3, 4, 5, 6
blau	1, 2, 3	1, 2
grün	1, 2, 3, 4, 5, 6	1

Aufgaben

④ Beschreiben Sie, auf welche Weise sich das Spiel nach Eigen am Computer z. B. in einer Tabelle verwirklichen lässt, bis eine Farbe dominiert.
⑤ Beschreiben Sie, wie sich die Variante Mutation und die Variante Reproduktionsrate, jeweils auf den Endstand der Farben auswirken.

1 Schema zur Ermittlung der Genotypenfrequenz in der F_1-Generation

Populationsgenetik

Das Beispiel Birkenspanner (s. S. 266) zeigt, dass sich Populationen verändern, indem sich die Häufigkeiten der Allele im Genpool ändert. Die *Populationsgenetik* beschäftigt sich mit den Gesetzmäßigkeiten solcher Veränderungen.

Die Genetiker GODFREY HARDY und WILHELM WEINBERG entwickelten 1908 ein einfaches mathematisches Modell, das zeigt, dass in einer *idealen Population* (s. Randspalte) keine Evolution stattfindet, da über Generationen hinweg der Genpool konstant bleibt.

Ideale Population
Individuenzahl ist so groß, dass Tod oder Geburt keinen Einfluss auf die Allelhäufigkeit haben

Alle Individuen können sich beliebig paaren

Keine Selektionsvorteile bestimmter Genotypen

Keine Mutationen

Keine Zu- oder Abwanderungen

Hardy-Weinberg-Modell

Als Beispiel soll eine Schmetterlingspopulation von 100 Tieren dienen, in deren Genpool 200 Allele vorkommen. Darunter sollen sich 120 Allele A (für dunkel) und 80 Allele a (für hell) befinden. Die Häufigkeit des Allels A im Genpool wird p genannt und beträgt in diesem Fall 120 : 200 = 0,6 oder 60 %. Die Häufigkeit des Allels a, wird q genannt und beträgt 80 : 200 = 0,4 oder 40 %. Da dies alle im Beispiel vorkommenden Allele sind, ergibt die Summe p + q = 1,0 oder 100 %. Die Häufigkeiten der Genotypen ergeben sich dann aus den Wahrscheinlichkeiten der möglichen Kombinationen. Man erhält sie aus den Kreuzungsquadraten (Abb. 1):

- Die Häufigkeit von AA beträgt p^2, im Beispiel 0,36 oder 36 %.
- Die Häufigkeit von Aa bzw. aA beträgt 2 pq, im Beispiel 0,48 oder 48 %.
- Die Häufigkeit von aa beträgt q^2, im Beispiel 0,16 oder 16 %.

Da dies alle im Beispiel vorkommenden Genotypen sind, ergibt die Summe 1,0 oder 100 %. Es gilt: $p^2 + 2\,pq + q^2 = 1$. Mit den im Beispiel gewählten Allelhäufigkeiten gibt es also nur 16 % helle Falter neben 84 % dunklen Faltern.

Die Werte von p und q bestimmen zugleich die relative Häufigkeit, mit der die Allele a und A in allen Gameten auftreten. Pflanzt sich die Elterngeneration fort, so kommen die Allele a und A in die F_1 Generation genau mit der Häufigkeit, mit der sie in der Elterngeneration vertreten waren. Daraus folgt, dass in der F_1 Generation und den Folgegenerationen dieselben Allelhäufigkeiten auftreten wie in der Elterngeneration. Mithilfe dieses Modells lassen sich in Populationen die Allelhäufigkeiten berechnen.

In *realen Populationen* sind die Bedingungen einer idealen Population nicht erfüllt. Bei Birkenspannern gibt es Selektion, die zur Bevorzugung bestimmter Phäno- und Genotypen führt. Dadurch verändert sich in den Folgegenerationen der Genpool; Evolution findet statt.

Aufgaben

① Vergleichen Sie die ideale mit der realen Population.

② Beschreiben Sie ein Szenario, das dazu führt, dass in den oben genannten Schmetterlings-Population im Lauf der Zeit überwiegend helle Formen auftreten.

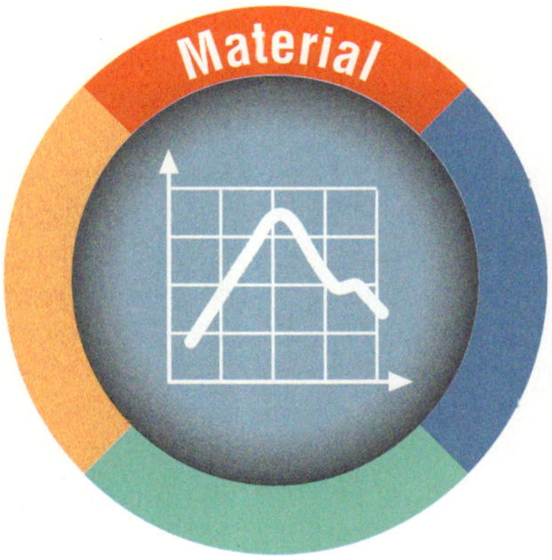

Simulation von Evolutionsprozessen

Mit Computerprogrammen können evolutive Vorgänge simuliert werden. Die Daten auf dieser Seite sind das Ergebnis von Modellberechnungen. *Modelle* beinhalten immer Vereinfachungen und geben reale Verhältnisse nicht in allen Einzelheiten wieder.

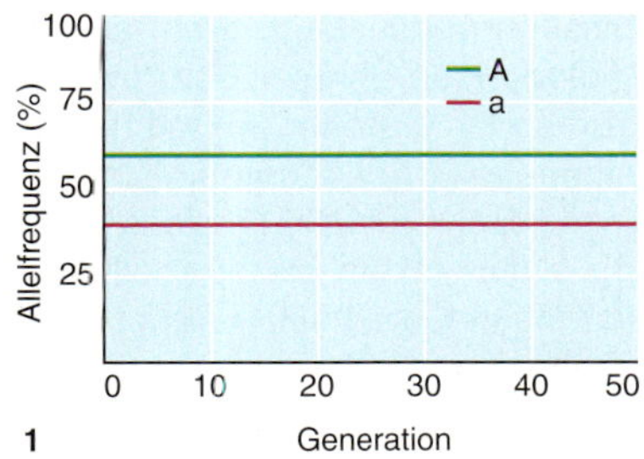

1

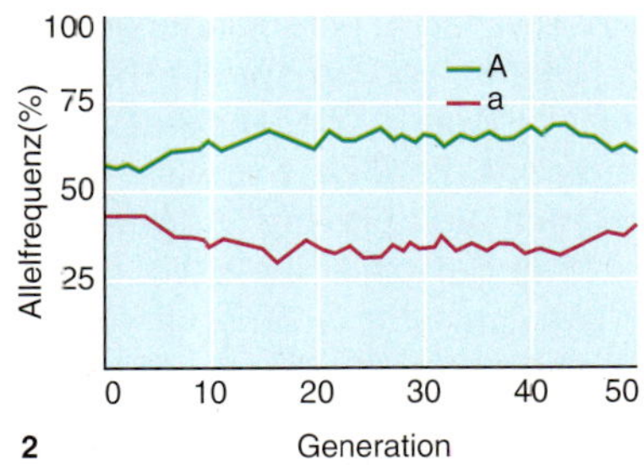

2

Abb. 1 zeigt den zeitlichen Verlauf der Häufigekeit der Allele A und a über mehrere Generationen in einer Population mit 100 000 Individuen.

Aufgaben

① Bestimmen Sie die Häufigkeiten der Genotypen AA, Aa und aa sowie die absolute Anzahl der Träger der zugehörigen Merkmale.

② Abb. 2 zeigt den Verlauf der selben Allelhäufigkeit für eine weitere Population. Vergleichen Sie die beiden Abbildungen. Begründen Sie, welche Abbildung praktisch eine Idealpopulation beschreibt. In welcher Eigenschaft können sich die beiden Populationen unterscheiden?

Sichelzellanämie

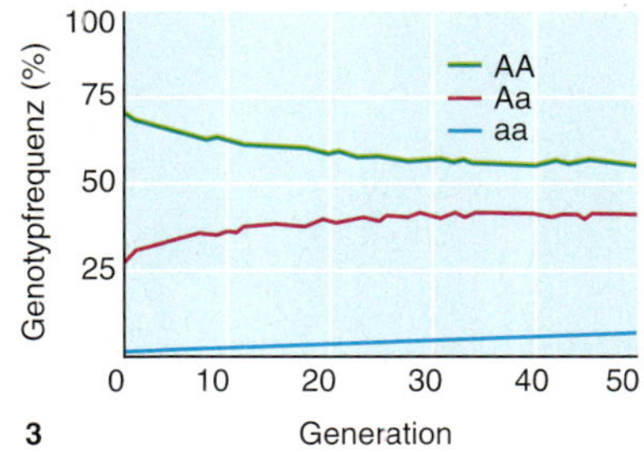

3

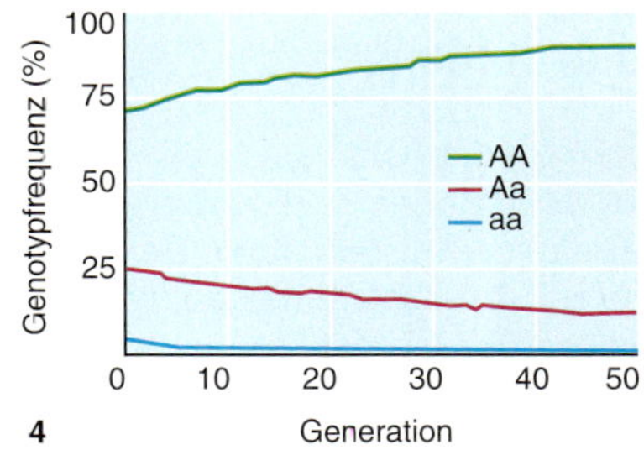

4

In einer Population tritt das Sichelzellallel a mit einer Häufigkeit von 15 % auf. Abb. 3 und 4 zeigen den simulierten zeitlichen Verlauf der Häufigkeiten der Genotypen für die Fälle, dass die Population in ein malariafreies bzw. in ein malariaverseuchtes Gebiet übersiedelt.

Aufgaben

③ Begründen Sie, welches der Diagramme die Verhältnisse wiedergibt, die bei der Population im Malariagebiet eintreten werden.

④ Diskutieren Sie die Kurvenverläufe.

In einer Population mit Birkenspannern, die an helle Baumrinden angepasst sind, findet man 1 % dunkle Individuen.

Aufgaben

⑤ Berechnen Sie mit der HARDY-WEINBERG-Regel, wie viele homozygote und heterozygote dunkle Tiere in einer Population mit 10 000 Individuen vorhanden sind.

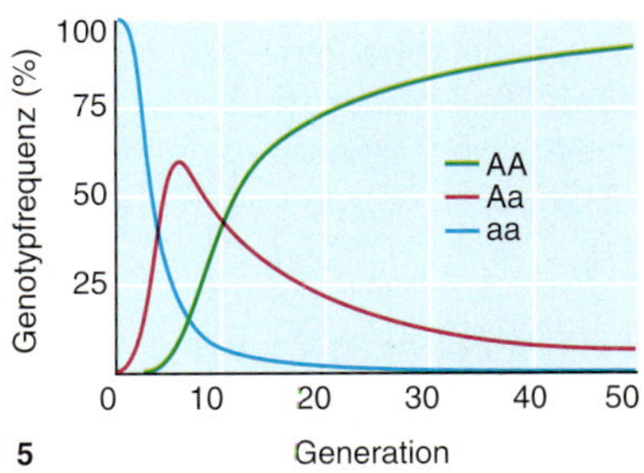

5

⑥ Abb. 5 zeigt den zeitlichen Verlauf der Genotyphäufigkeiten für den Fall, dass infolge von Luftverunreinigungen die Baumrinden dunkel gefärbt werden. Erklären Sie den Verlauf der Genotyphäufigkeiten, insbesondere Anstieg und Abnahme beim Genotyp Aa.

⑦ Überlegen Sie, ob die Genotypen Aa und aa bei sehr großen Populationen unter den Selektionsbedingungen von Aufgabe 6 verschwinden können, wenn man Neumutationen ausschließt. Diskutieren Sie Ihr Ergebnis im Hinblick auf eine Umkehr der Selektionsbedingungen, wenn durch Umweltschutzmaßnahmen die Luftqualität verbessert und die Baumrinden wieder heller werden.

Mukoviszidose

Mukoviszidose ist eine autosomal-rezessive Krankheit. Sie tritt etwa mit der Häufigkeit 1 : 5000 auf und kann tödlich verlaufen. Der in den Atemwegen gebildete Schleim weist einen zu geringen Flüssigkeitsgehalt auf. Er kann nur schwer abgehustet werden, so besteht ständig die Gefahr der Lungenentzündung. Eine hypothetische Möglichkeit zur Verminderung der Häufigkeit des Mukoviszidoseallels wäre, dass sich keiner der Merkmalsträger fortpflanzt. In einer Simulation wird untersucht, wie sich dadurch die Allelfrequenz in der Bevölkerung verändern würde. Es wird angenommen, dass Heterozygote keinen Selektionsvorteil besitzen.

Generation	Allelhäufigkeit
0	1,40 %
5	1,25 %
10	1,13 %
15	1,00 %
20	0,92 %
25	0,87 %
30	0,84 %
35	0,81 %

Aufgaben

⑧ Zeichnen Sie mithilfe der Tabelle ein Diagramm, das die Abnahme des krankheitsverursachenden Allels in Abhängigkeit der Zeit zeigt. Extrapolieren Sie bis zu dem Zeitpunkt, an dem die Allelfrequenz auf die Hälfte abgenommen hat.

⑨ Bestimmen Sie die Zeitspanne, in der die Allelhäufigkeit auf die Hälfte absinkt. Gehen Sie von 25 Jahren Generationszeit aus.

1 Grünspecht und Grauspecht

Isolation und Artbildung

allopatrisch
in verschieden Gebieten vorkommend

sympatrisch
im selben Gebiet vorkommend

Ethologie
Lehre vom Verhalten

Grünspecht und *Grauspecht* sind zwei Spechtarten, die Waldränder und lockere Mischwälder besiedeln. Bei flüchtiger Betrachtung können sie leicht miteinander verwechselt werden. Der Grünspecht ist in vielen Schattierungen grün gefärbt, besitzt eine schwarze Gesichtsmaske und trägt eine rote Haube (s. Abb. 1). Beim Grauspecht ist der Vorderkopf des Männchens rot, beim Weibchen graugrün. Das Gefieder ist an einigen Stellen grau.

Geografische Isolation

Die Entstehung dieser zwei Spechtarten aus einer Art ist auf Klimaänderungen in der Vergangenheit zurückzuführen. Im Verlauf der letzten Kaltzeit rückten Gletscher von Skandinavien nach Süden und von den Alpen nach Norden vor. Dazwischen bildete sich vor etwa 20 000 Jahren eine baumlose Kältesteppe aus. Daher blieben für viele wärmebedürftigen Arten nur Lebensräume im Südosten und im Westen Europas. Die ursprünglichen Populationen wurden in östliche und westliche Teilpopulationen getrennt.

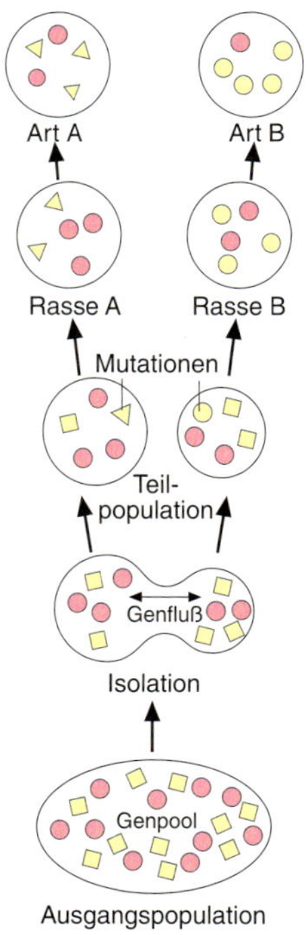

Diese *geografische Isolation* führte zu einer Unterbrechung des *Genflusses*. Dies bewirkte die *genetische Isolation* der Genpools. Es folgte die unabhängige Entwicklung der getrennten Populationen bei verschiedenen Umwelt- und Selektionsbedingungen. Beide Genpools wurden unterschiedlich verändert.

Dadurch entstanden Unterarten, die man als *geografische Rassen* bezeichnet. Sie unterschieden sich zwar voneinander, hätten aber bei der Aufhebung der Isolation zu diesem Zeitpunkt wieder zu einer Population verschmelzen können (s. Abb. Randspalte).

Nach dem Rückzug der Gletscher wurden die Gebiete wieder besiedelt und die Populationen trafen wieder aufeinander. Die genetischen Unterschiede waren nun so weit fortgeschritten, dass sie sich die Vögel nicht mehr kreuzen konnten. Der Genfluss blieb unterbrochen. Die *geografische Isolation* hatte bewirkt, dass sich aus einer Art zwei Arten entwickelt haben. Im Osten entstand der Grauspecht, im Westen der Grünspecht.

Einnischung

Die beiden Spechtarten konkurrieren nur wenig miteinander. Der Grünspecht ernährt sich hauptsächlich von Ameisen. Mit seiner langen Leimrutenzunge stochert er in Nestern und Ameisenhaufen. Der Grauspecht hält sich häufig an Baumstämmen auf und sucht dort Insekten und deren Larven. Da asiatische Grauspechte überwiegend Bodenspechte sind, nimmt man eine Anpassung der europäischen Grauspechte an die speziellen Bedingungen ihres Lebensraumes an. Als Baumspechte stehen sie mit den bodenbewohnenden Grünspechten nicht mehr in Konkurrenz. Der evolutive Prozess der zu Anpassung einer Art an die speziellen Lebensbedingungen führt, heißt *Einnischung*.

Weitere Isolationsmechanismen

Kommen zwei Arten in verschiedenen ökologischen Nischen vor, so spricht man von *ökologischer Isolation*. Besondere Verhaltenselemente wie die Balz, Lautäußerungen und Färbungen auf die nur Artgenossen reagieren sind Beispiele für *ethologische Isolation*. *Mechanische Isolation* finden wir bei vielen Insektenarten, die artspezifische Begattungsorgane ausbilden, die wie ein Schlüssel ins Schloss zu einander passen.

Isolation kann zur Vermehrung der Arten führen. Neue Arten können aus Ursprungsarten entweder in voneinander getrennten Gebieten entstehen, dann spricht man von *allopatrischer Artbildung*. Oder sie bilden sich im gleichen Gebiet, dann spricht man von *sympatrischer Artbildung*.

Aufgabe

① Begründen Sie, inwiefern es sich bei Grau- und Grünsprecht um allopatrische oder sympatrische Artbildung handelt.

Evolution der Baumläufer

Baumläufer gehören zur Gattung *Certhia*. In Europa kommen die beiden Arten *Gartenbaumläufer (C. brachydactyla)* und *Waldbaumläufer (C. familiaris)* vor. Sie gleichen sich in vielen Merkmalen. Sie leben in Gebieten mit größerem Baumbestand. Ihre Nahrung besteht aus kleinen Samen und Spinnen, die in den Ritzen der Borke leben. Ihr Nistplatz ist eine Halbhöhle, meist in durch Zweigen geschützten Astgabeln oder Baumvertiefungen. Daneben gibt es auch einige Unterschiede (s. Abbildung). Wegen der großen Ähnlichkeiten bezeichnet man solche Arten als *Zwillingsarten*. Man nimmt bei den Baumläufern eine gemeinsame Abstammung aus einer Urart an, die vor der Eiszeit in Mitteleuropa existierte.

Aufgabe

① Stellen Sie eine begründete Hypothese über die Artbildung von Gartenbaumläufer und Waldbaumläufer auf. Erklären Sie in diesem Zusammenhang auch die heutigen Unterschiede im Vorkommen.

Die Gesänge beider Baumläuferarten sind sehr verschieden, sie sind also eindeutig identifizierbar. Geht man von der Hypothese einer gemeinsamen Urart aus, sollte man, wie bei vielen anderen Merkmalen auch, eine größere Ähnlichkeit erwarten. Das Ausmaß der Verschiedenheit ist daher bemerkenswert. Auch die Schnabellängen und -breiten der Baumläufer zeigen Unterschiede sowohl zwischen beiden Arten als auch innerhalb jeder Art.

Aufgaben

② Stellen Sie eine begründete Hypothese auf, wie die ökologischen Unterschiede innerhalb jeder Art entstanden sein könnten. Vergleichen Sie dabei die Regionen des gemeinsamen Vorkommens beider Arten mit Regionen, in denen nur eine Art vorkommt.

③ Erklären Sie die Bedeutung des Gesangs bei Singvögeln einerseits für die Auseinandersetzung zwischen männlichen Tieren und andererseits für die Partnerwahl.

Gartenbaumläufer

Lebensraum in Mitteleuropa: Laubmischwälder, Gärten, Parks, seltener Kiefernwälder, insgesamt häufiger im Flachland als im Gebirge

Lebensraum in Spanien auch Nadelwald, in Nordafrika häufig auch immergrüne Wälder

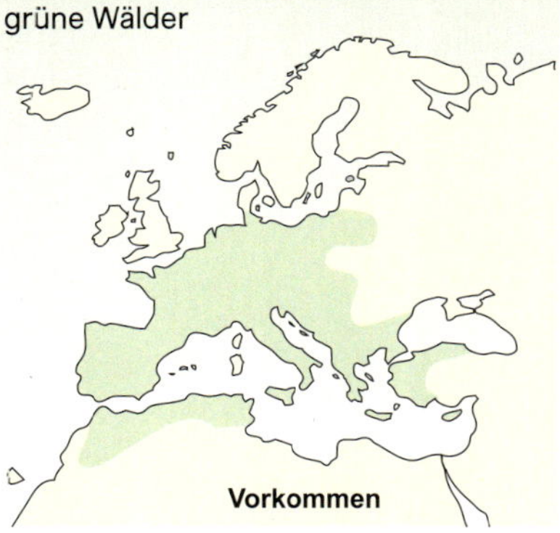

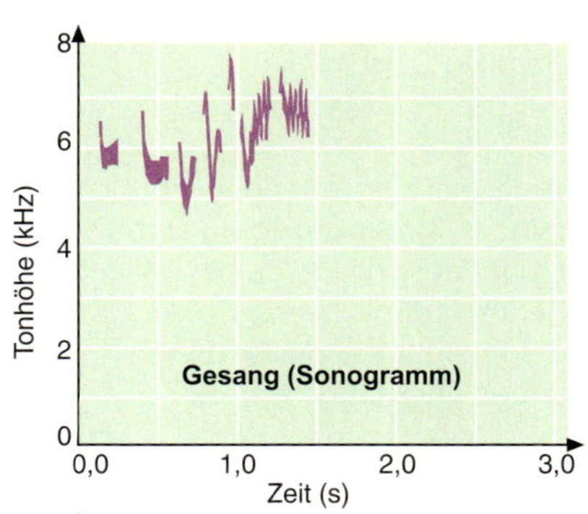

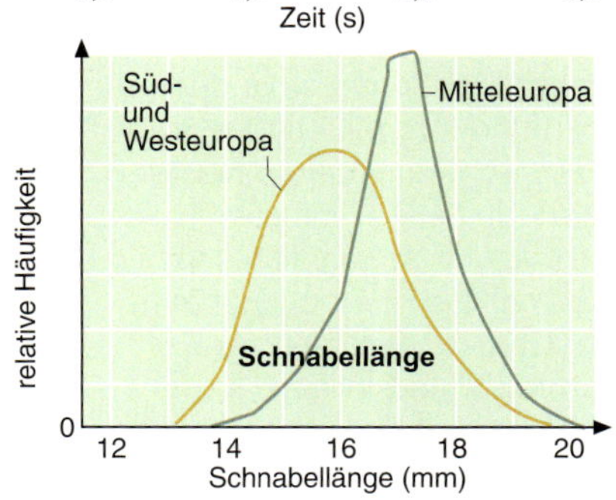

Waldbaumläufer

Lebensraum in Mitteleuropa: dunkler Nadelwald (meist Fichten oder Tannen) im Flachland und im subalpinen Gebirge

Lebensraum in Asien Birkenmischwälder, auf den britischen Inseln auch Laubwald und sogar Parks und Gärten

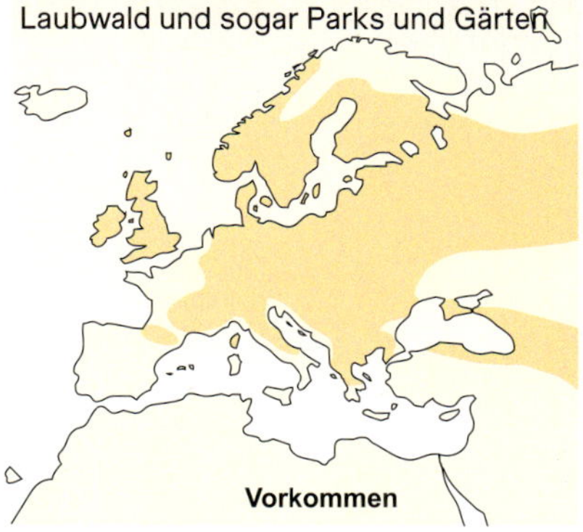

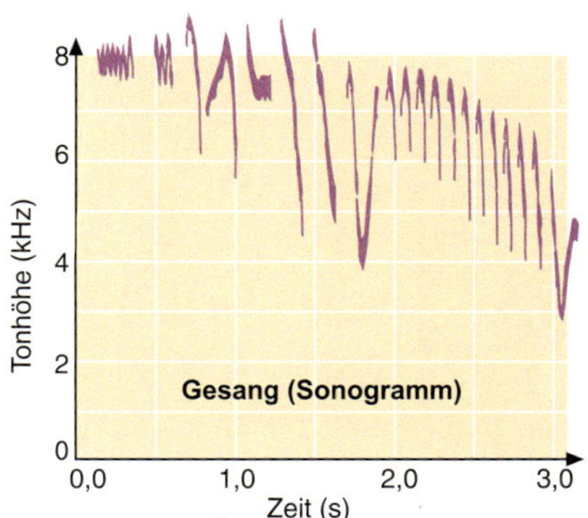

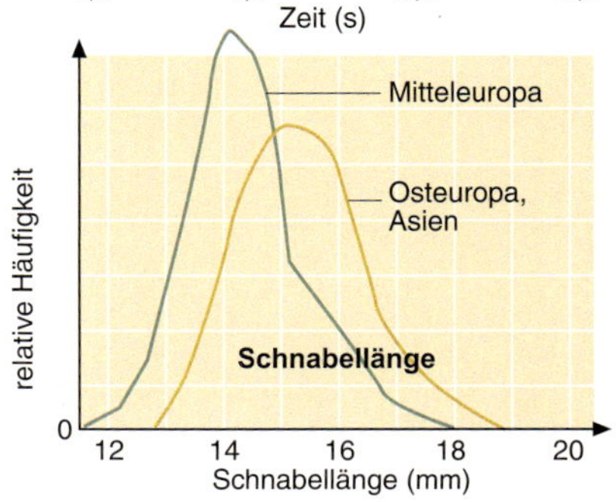

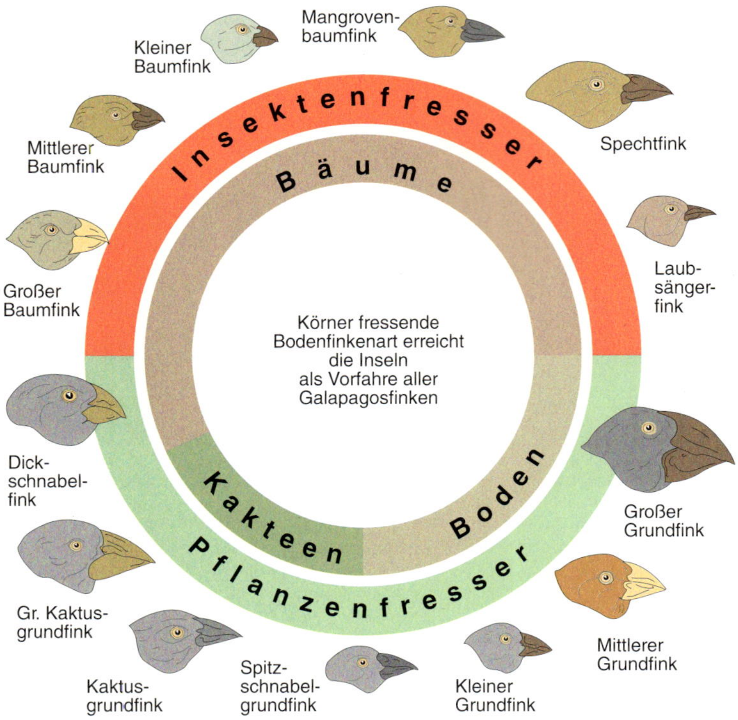

1 Darwinfinken auf Galapagos

Adaptive Radiation

Charles Darwin erreichte bei seiner Forschungsreise im Jahre 1835 die Galapagosinseln, eine Gruppe vulkanischer Inseln, die dem südamerikanischen Kontinent auf der Höhe des Äquators vorgelagert sind. Der Archipel entstand vor 1 bis 5 Millionen Jahren durch unterseeische Vulkanausbrüche

Finken auf Galapagos

Darwin beobachtete die hier lebenden Finken, die unscheinbar bräunlich grau bis schwarz gefärbt und denen auf dem südamerikanischen Festland ähnlich sind. Er fand auf jeder Insel nur Finkenarten, die an die jeweiligen Bedingungen angepasst waren.

Bei der Untersuchung durch Vogelkundler fielen weitere Merkwürdigkeiten auf. Die *Finken von Galapagos* gleichen einander in ihren Proportionen und ihrem Gefieder, alle haben einen kurzen Schwanz, bauen Nester mit Dach und legen weiße Eier mit rosa Flecken. Sie sind einander so ähnlich, dass Männchen manchmal ein Weibchen einer anderen Art anbalzen. Andererseits unterscheiden sie sich auffallend in der Körpergröße, im Lebensraum und der bevorzugten Nahrung; ihre Schnäbel sind so unterschiedlich wie die von Kernbeißer, Specht, Laubsänger und Spatz. Heute ordnet man sie 13 verschiedenen Arten zu. Alle diese Finken kommen nur auf Galapagos vor; sie sind *Endemiten*. Ihre nächsten Verwandten leben auf dem etwa 1000 km entfernten südamerikanischen Festland.

Schnabelformen und Ernährung

Die *Galapagosfinken* zeigen eine erstaunliche Vielfalt in der Nahrungsauswahl (s. Abb. 1). Die *Grundfinken* leben am Boden und knacken mit ihrem dicken Schnabel Körner und Samen. *Kaktusfinken* dagegen suchen ihre Nahrung auf Kakteen, sie ernähren sich überwiegend von Nektar und Fruchtfleisch. Der *Laubsängerfink* bewohnt Bäume und pickt mit seinem spitzen Schnabel Insekten auf. *Spitzschnabel-Grundfinken*, oft auch als *Vampirfinken* bezeichnet, setzen sich auf den Rücken anderer Vögel und hacken auf deren Gefieder ein, bis Blut fließt und trinken es. Ferner werfen sie Eier gegen die Felsen und trinken das Eigelb. *Spechtfinken* fressen, ähnlich unseren Spechten, Insektenlarven, die im Holz der Bäume leben.

Zwar fehlt ihnen der meißelförmige Schnabel und die lange Spechtzunge, aber mit einem Kaktusstachel im Schnabel können sie ihre Beute mit verblüffender Geschicklichkeit aus kleinen Bohrlöchern herausholen. Die Schnabelformen sind eine spezielle Angepasstheit der Finken an das jeweilige Nahrungsangebot.

Finken, die sich ausschließlich von Insekten ernähren, gibt es nur auf Galapagos. Daher hatte bereits Darwin vermutet, dass sich die endemischen Arten auf dem Archipel selbst entwickelt haben; man nennt sie ihm zu Ehren *Darwinfinken*. Nicht alle 13 Arten leben auf jeder Insel. Die Populationen sind weitgehend voneinander isoliert.

Besiedlung der Inseln

Wahrscheinlich wurden die ersten Finken durch Stürme oder auf Baumstämmen treibend vom südamerikanischen Festland auf die Inselgruppe verschlagen und bildeten eine *Gründerpopulation*. Ohne Nahrungskonkurrenten und Fressfeinde vermehrten sich die Vögel schnell, wodurch Nahrung und Raum bald knapp wurden. Kleine Abwandlungen im Verhalten und Körperbau machten es Teilpopulationen möglich, neue Nahrungsquellen zu erschließen und weitere Inseln zu besiedeln.

2 Modell zur Radiation der Darwin-Finken

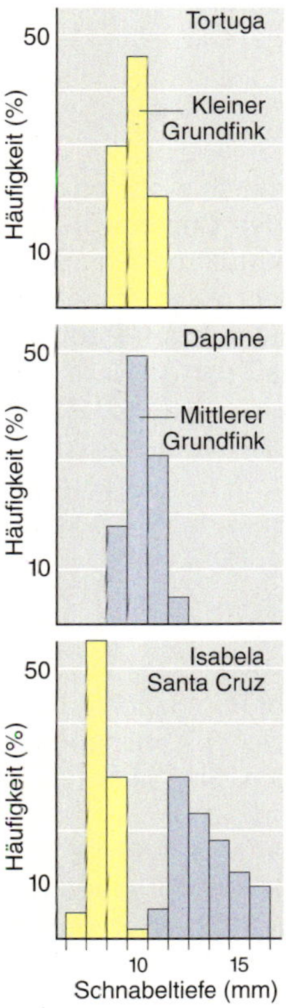

Artbildung

Die Entstehung der verschiedenen Finkenarten stellt man sich folgendermaßen vor (s. Abb. 2): Die Galapagos-Inseln wurden zunächst von einer Gründerpopulation Körner fressender Bodenfinken besiedelt (1 in Abb. 2). Aus der verdrifteten Gründerpopulation entstand durch *Einnischung* eine Inselpopulation. Stürme oder sporadische Flüge verfrachteten einige Vögel auf Nachbarinseln (2), wo wieder Einnischungsprozesse stattfanden. Kehrten Nachkommen dieser Vögel nach vielen Generationen auf die Insel ihrer Vorfahren zurück (3), so zeigte sich, ob eine neue Art entstanden war: Paarten sich die Neuankömmlinge nicht mehr mit der Inselpopulation, so waren zwei Arten entstanden. Meist sind es feine Unterschiede im Gesang, die es den Weibchen möglich macht, Männchen der eigenen Art zu wählen.

Wenn die Konkurrenz zwischen den Arten nicht zu groß ist, weil sich ihre Nischen genügend unterscheiden, können beide Populationen auf einer Insel nebeneinander existieren. Durch Besiedlung weiterer Inseln (4), Einnischung und Rückwanderung (5) entstanden weitere Arten.

Die Aufspaltung einer *Gründerart* in neue Arten durch Anpassungen an neue ökologische Nischen wird als *adaptive Radiation* bezeichnet. Eine Übersetzung ins Deutsche wäre etwa: „anpassungsbedingte Auffächerung".

Vorgang der Radiation

Es sind vor allem drei Faktoren, die eine adaptive Radiation auf Galapagos ermöglichen:

- Die Inseln waren vor Ankunft der Finken nicht von konkurrierenden Vogelarten bewohnt.
- Die Populationen einzelner Inseln entwickelten sich lange Zeit räumlich voneinander getrennt.
- Auf den Inseln gab es genügend freie ökologische Nischen, in die sie sich einnischen konnten. Spezialisierte Formen machten sich dadurch nur wenig Konkurrenz.

Adaptive Radiation zeichnet sich dadurch aus, dass trotz mehrerer Unterschiede im Aussehen, Verhalten und der Lebensweise, wesentliche Merkmale einer Stammart erhalten bleiben.

Grundsätzlich ist Radiation möglich, wenn:

- eine Population auf unbesiedeltes Gebiet gelangt, wie beispielsweise die ersten Landpflanzen
- eine konkurrierende systematische Gruppe ausstirbt. So ermöglichte das Aussterben der Dinosaurier die Radiation der Säugetiere.
- eine Population durch den Erwerb eines Schlüsselmerkmals wie zum Beispiel die Entwicklung der Flugfähigkeit bei Vögeln, eine neue Großnische erschließen kann.

Aufgaben

① „Die größten Schaufenster für das Wirken von Radiation sind Inselgruppen wie Galapagos oder Hawaii". Geben Sie dafür eine mögliche Erklärung.

② Im Gegensatz zur Pflanzenwelt ist die Tierwelt auf dem Galapagosarchipel artenarm. Erklären Sie diesen Sachverhalt.

③ Die Finken des südamerikanischen Kontinents haben keine Radiation wie die Finken von Galapagos durchgemacht. Erklären Sie diese Beobachtung.

④ Zwei Finkenarten ernähren sich von Samen und Früchten. Auf kleinen Inseln lebt jeweils nur eine Art auf größeren beide gemeinsam. Die Grafiken auf dem Rand zeigen die relativen Häufigkeiten verschiedener Schnabeltiefen bei beiden Arten. Erklären Sie, warum sich die Schnabeltiefen der Grundfinkenarten unterscheiden, je nachdem, ob auf einer Insel eine oder zwei Arten leben.

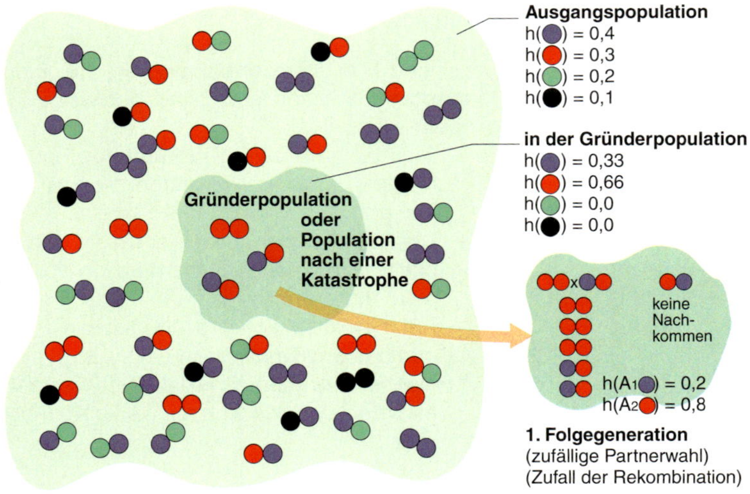

1 Schema zum Flaschenhalseffekt (h = Häufigkeit)

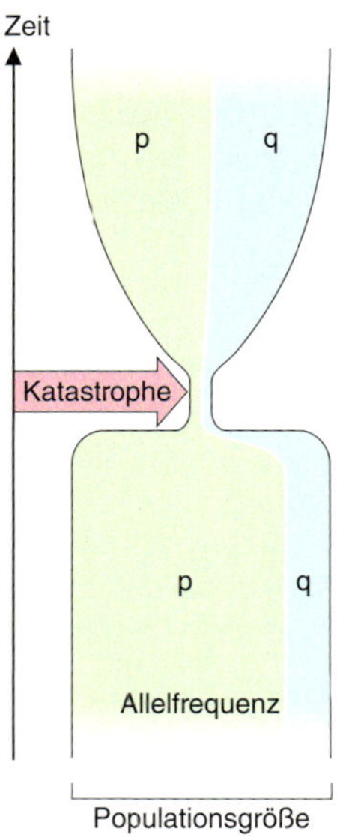

Gendrift

Seitenfleckenleguane sind Reptilien, die vorwiegend im Westen Nordamerikas vorkommen. Auf einigen Inseln im Golf von Kalifornien leben kleine Populationen, die im Gegensatz zu den bräunlichen Individuen auf dem Festland dunkelgrün gefärbt sind. Deutlich heben sie sich vom hellen Untergrund ab (s. Abb. 2). Da diese Tiere für Fressfeinde eine gute Beute sind und die Färbung bei der Balz keine Bedeutung zu haben scheint, ist Selektion als Erklärung für ihr auffälliges Erscheinungsbild auszuschließen. Biologen gehen davon aus, dass es unter den getarnten Festlandsindividuen immer wieder einzelne grünliche Leguane gegeben hat, die allerdings aufgrund ihrer Auffälligkeit eine vergleichsweise geringe reproduktive Fitness besaßen. Sind kleine Gruppen dieser grünlichen Individuen zufällig auf Inseln ohne Feinde gelangt, konnten sie sich stark vermehren. Tiere mit diesem Erbgut sind dann in den Inselpopulationen viel häufiger vertreten als in denen auf dem Festland. Solche Veränderungen des Genpools durch Zufallsereignisse bezeichnet man als *Gendrift*.

Gendrift ist in der Natur nicht direkt nachweisbar. Erst wenn alle anderen Evolutionsfaktoren ausscheiden, wird von *Gendrift* ausgegangen.

Modellvorstellung

Modellhaft kann man die Auswirkungen des Zufalls in der Natur durch ein Urnenexperiment veranschaulichen. Zieht man 1000-mal eine Kugel aus einer Urne mit 50 roten und 50 weißen Kugeln (mit Zurücklegen), dann würde ein Ergebnis von 700-mal rot zu 300-mal weiß erstaunen. Zieht man dagegen nur 10-mal, ist ein Ergebnis von 7 : 3 aufgrund der wenigen Versuche durchaus denkbar. Je kleiner die Anzahl der Ziehungen, desto stärker kann sich der Zufall auf das Versuchsergebnis auswirken. In kleinen Populationen wirken sich Zufallsereignisse stärker aus als in großen.

2 Seitenfleckenleguane

Gründereffekt

Bei den Seitenfleckenleguanen unterscheiden sich die Genpools der Insel- und Festlandpopulationen, weil kleine, nicht repräsentative Teilpopulationen ausgewandert sind und neue Lebensräume besiedelt haben. Diese Form der *Gendrift* nennt man *Gründereffekt*.

Flaschenhalseffekt

Kleine Populationen kommen nicht nur auf Inseln, in Bergtälern oder Oasen vor, sie entstehen auch nach Katastrophen, Seuchen, Waldbränden oder durch Zunahme der Feinde. Bei einer drastischen Reduktion der Populationsgröße kann sich die Zusammensetzung des Genpools durch Zufall verändern. Manche Allele nehmen in ihrer Häufigkeit zu, andere ab, dritte gehen ganz verloren. Diese Form der Gendrift bezeichnet man als *Flaschenhalseffekt*.

Aufgaben

① Die Verringerung einer Populationsgröße führt in der Regel zu einer Abnahme der Variabilität. Begründen Sie diese Beobachtung.

② Dürreperioden, Krankheiten und die Bejagung durch den Menschen haben die Geparden fast ausgerottet. Begründen Sie über den Genpool der Gepardenpopulationen, warum diese gefährdet sind.

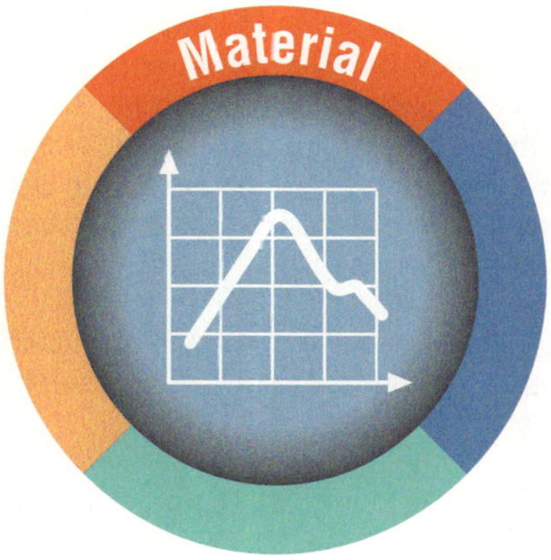

Adaptive Radiation

Beuteltiere

Adaptive Radiationen stehen mit der Erschließung neuer Lebensräume in Zusammenhang. Ein besonders eindrucksvolles Beispiel ist die Radiation der Beuteltiere. Sie sind ursprüngliche Säugetier und bilden die vorherrschende Wirbeltiergruppe Australiens. Sie besetzen dort die gleichen ökologischen Nischen, die in anderen Teilen der Welt zu den modernen Säugetieren (Plazentatiere) gehören. Im Verlauf der Kreidezeit (vor 135 bis 65 Millionen Jahren) haben sich die Beuteltiere und die Plazentatiere als *Schwestergruppe* entwickelt.

Aufgaben

(1) Frühe Fossilien von Beuteltieren stammen aus dem heutigen Nord- und Südamerika. Stellen Sie Hypothesen auf, die erklären, wie Beuteltiere Australien besiedeln konnten. Benutzen Sie dazu die abgebildeten Weltkarten.

(2) Erklären Sie, wie es kommt, dass heute nur noch in Australien zahlreiche Beuteltiere vorkommen.

(3) Die untenstehende Abbildung zeigt die adaptive Radiation der Beuteltiere in Australien. Erklären Sie wie es zur Einnischung in die verschiedenen ökologischen Nischen und damit zur Bildung der Beuteltierarten gekommen sein kann.

(4) Auf den anderen Kontinenten werden die selben Nischen von den modernen Säugetieren, den Plazentatieren besetzt. Nennen Sie zu jedem der unten abgebildeten Tiere ein entsprechendes Plazentatier.

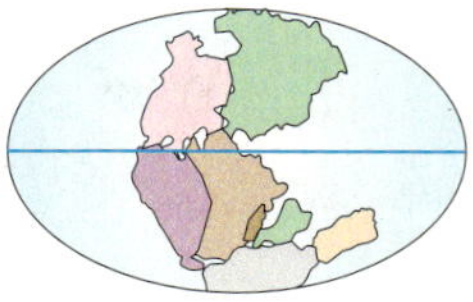

Lage der Kontinente vor 125 Millionen Jahren

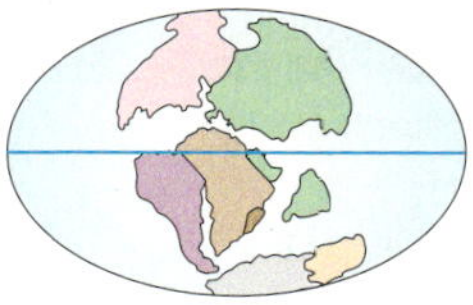

Lage der Kontinente zu Beginn des Tertiärs vor 65 Millionen Jahren

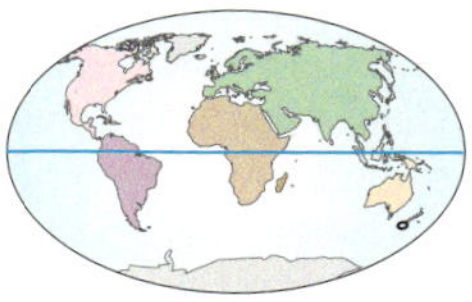

Gegenwärtige Anordnung der Kontinente

Fauna Amerikas

Etwa 70 Millionen Jahre lang war die Verbindung zwischen Nord- und Südamerika unterbrochen. Zur Zeit der ersten Säugetiere hatten die beiden Kontinente keine Verbindung miteinander, davor war ein Übergang nur auf dem Umweg über Europa und Afrika möglich (s. Karte). Faultiere, Gürteltiere und Ameisenbären sind Überlebende der ursprünglichen südamerikanischen Fauna.

Im Tertiär gab es keine Säuger, die sowohl in Nord- als auch in Südamerika vorkamen. Vergleichbare Lebensräume wurden von Säugern besiedelt, die sich konvergent entwickelt hatten, aber nicht näher miteinander verwandt waren: Die Raubtiere Südamerikas waren Beuteltiere, die Nordamerikas Plazentatiere. Als vor rund 2 Mio. Jahren die heutige Landverbindung entstand, begannen die Tiere beider Kontinente, sich zu vermischen; Beutelratten und Opossums wanderten nach Nordamerika, Raubkatzen nach Süden.

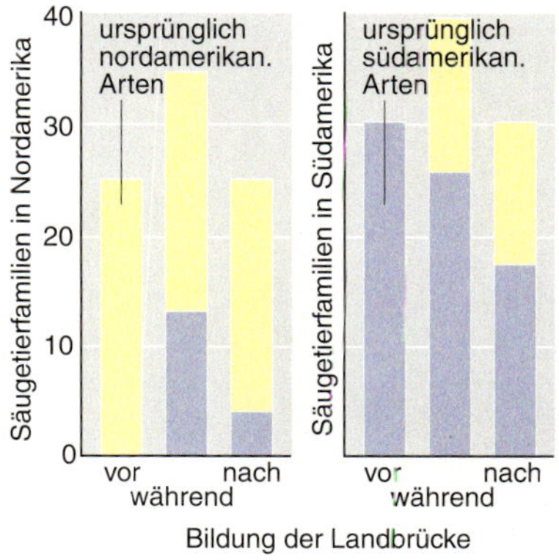

Aufgaben

(5) Beschreiben Sie mithilfe von Abb. 1
  a) die Entwicklung der Zahl der Säugetierfamilien in beiden Teilkontinenten,
  b) die Entwicklung der Zusammensetzung der Faunen aus Tieren unterschiedlichen Ursprungs.

(6) Entwerfen Sie Hypothesen um folgende Sachverhalten zu erklären:
  - Die Zahl der Säugetierfamilien heute ist etwa gleich groß ist wie vor Bildung der Landbrücke.
  - Auf beiden Subkontinenten gab es in dem unmittelbaren Zeitraum vor und nach der Ausbildung der Landbrücke mehr Säugetierfamilien als vorher und nachher.
  - In Südamerika konnten sich zu allen Epochen mehr Säugetierfamilien ansiedeln als in Nordamerika.
  - Mehr nordamerikanische Familien konnten sich in Südamerika durchsetzen als umgekehrt.

1 Bestäubung von Blüten durch Tiere

Koevolution

Schwertschnabel

Symbiose
Zusammenleben zu gegenseitigem Nutzen

Koevolution
gemeinsame Evolution verschiedener Arten bei wechsel-seitiger Abhängigkeit

Windblütler sind Blütenpflanzen, deren Pollen durch den Wind auf die Blüten anderer Pflanzen derselben Art übertragen wird. Da der Wind den Pollen ungezielt über eine große Fläche verteilt, ist diese Art des Pollentransports nicht sehr zuverlässig und es müssen große Mengen an Pollen produziert werden. Bekannte Beispiele für windblütige Pflanzen sind Gräser und Nadelbäume.

Bei Pflanzen, deren Pollen gezielt durch Insekten oder andere Tiere übertragen werden, sind wesentlich weniger Pollen ausreichend. Allerdings müssen die bestäubenden Tiere angelockt werden. Dies geschieht mit weithin sichtbaren Blütenblättern oder mit Duftstoffen. Die Blüten bieten Pollen und Nektar als Nahrung für die Blütenbesucher, die von Blüte zu Blüte fliegen und dabei gleichzeitig den Pollen übertragen.

Die Beziehung zwischen den Bestäubern und den Blütenpflanzen ist ein Beispiel für eine *Symbiose*, dem Zusammenleben zu gegenseitigem Nutzen. Durch die Bestäubung mithilfe von Tieren sind die Pflanzen unabhängig vom Wind. Wenn Tiere nur Blüten einer Art besuchen, ist dies besonders vorteilhaft, weil der Pollen dann nicht auf artfremde Blüten übertragen wird, wo er für die Bestäubung verloren wäre. Andererseits ist es auch für eine Tierart von Vorteil, wenn durch den speziellen Bau der Blüte nur sie für die Bestäubung in Frage kommt, weil sie so keine Konkurrenz durch andere Bestäuber hat.

Die Abbildung in der Randspalte zeigt den 22 cm langen Schwertschnabel, ein Kolibri aus Ecuador, der mit einer Schnabellänge von 11 cm seine Nahrung in langen röhrenförmigen Blüten von Nachtschattengewächsen sucht. Die Schwertschnabelkolibris und die von ihnen besuchten Blüten der Nachtschattengewächse haben sich im Laufe der Stammesgeschichte durch wechselseitige Anpassungen entwickelt.

Derartige Wechselbeziehungen zweier sich gegenseitig beeinflussender Arten bezeichnet man als *Koevolution*.

Ökosysteme

Die Koevolution zwischen Blüten und blütenbesuchenden Insekten oder anderen Tieren, wie Kolibris ist kein Sonderfall. Koevolution ist für fast alle Lebewesen bedeutsam. Pflanzen, Pilze und Bakterien bereiten den Boden für andere Pflanzen. Diese sind Wohnraum und Nahrung für Tiere, die wiederum Pflanzensamen verbreiten.

Die Lebewesen treten mit anderen Organismen als Räuber und Beute, Konkurrenten, Parasiten und Wirt oder als Symbionten in wechselseitige Beziehungen. Dabei ist jeder Organismus ein Teil der Umwelt des anderen und damit ein Selektionsfaktor für die Evolution des anderen. Es überlebt dabei nicht der Stärkere, sondern „the fittest“, d. h. derjenige, der am besten in seine Umwelt passt. Viele Tier- und Pflanzenarten können nur gemeinsam in einer Kombination von Wettbewerb und wechselseitiger Abhängigkeit voneinander leben und konnten nur durch eine gemeinsame Evolution entstehen.

Die evolutive Entwicklung von Lebewesen wird nicht nur von abiotischen Selektionsfaktoren bestimmt. In den Ökosystemen ist auch die Wechselwirkung zwischen den Organismen von großer Bedeutung. **Wechselwirkung** ist ein biologisches **Prinzip** (► s. Seite 344), das die Entwicklung der globalen Ökosysteme entscheidend geprägt hat.

Aufgaben

1. Erklären Sie die wechselseitigen Vorteile, die Blütenbesucher und die Blütenpflanzen haben.
2. Bei verschiedenen Orchideen haben die Blüten Ähnlichkeit mit Weibchen bestimmter Insekten. Beschreiben Sie die Vorteile für diese Orchideen bestimmte Insektenmännchen anzulocken.
3. Erklären Sie, ob es sich bei dem Beispiel aus Aufgabe 2 um Koevolution handelt.

Material

Evolutive Wechselwirkung

Blüten und Blütenbesucher

Material:
Schreibzeug, Bestimmungsliteratur für Blumen und Insekten, Netz oder Exhaustor, Erhebungsbogen, Becherlupen, Stoppuhr, Thermometer, Fotoapparat.

Aufgaben

① Beobachten Sie auf einer Wiese Blüten besuchende Insekten. Nähern Sie sich vorsichtig. Wenn ein Insekt die Blüte wechselt, so folgen Sie langsam in ausreichendem Abstand.

② Verfolgen Sie über einen Zeitraum bis zu 15 Minuten alle Blütenbesuche des Insekts.

③ Fotografieren Sie die besuchten Blüten. Vergleichen Sie die Blütenformen und -farben. Gibt es besondere Einrichtungen der Blüten (Farbmuster, Sporne, Hörnchen, Rillen, ...)? Duften die Blüten intensiv? Versuchen Sie, die Blüten einem der unten abgebildeten Gestalttypen zuzuordnen.
- Messen Sie die jeweilige Verweildauer des Insekts an den besuchten Blüten.
- Bestimmen Sie die besuchten Pflanzen.
- Fangen Sie nach Ablauf der Beobachtungszeit das Insekt mithilfe des Netzes oder des Exhaustors ein und setzen Sie es in ein Becherlupenglas. Lassen Sie die Gläser nicht in der Sonne stehen!
- Betrachten Sie das Tier genau. Skizzieren oder fotografieren Sie es.
- Bestimmen Sie das Insekt mithilfe der Bestimmungsliteratur und geben Sie die Ordnung, Familie, und wenn möglich die Namen der Gattung und Art an.
- Notieren Sie alle erkennbaren Merkmale im Bau und Verhalten des Tieres, die zum Sammeln von Pollen und Nektar dienen.
- Lassen Sie das Tier wieder an dem Ort frei, an dem es eingefangen wurde.

④ Beschreiben Sie Anpassungsmerkmale zwischen den besuchten Blüten und den bestäubenden Insekten.

⑤ Überlegen Sie, welche Bedeutung die verschiedenen Blütenformen im Hinblick auf Insektenbesuche haben könnten und formulieren Sie Ihre Überlegungen.

⑥ Ordnen Sie den unten abgebildeten Blüten die typischen Blütenbesucher zu und begründen Sie Ihre Zuordnung.

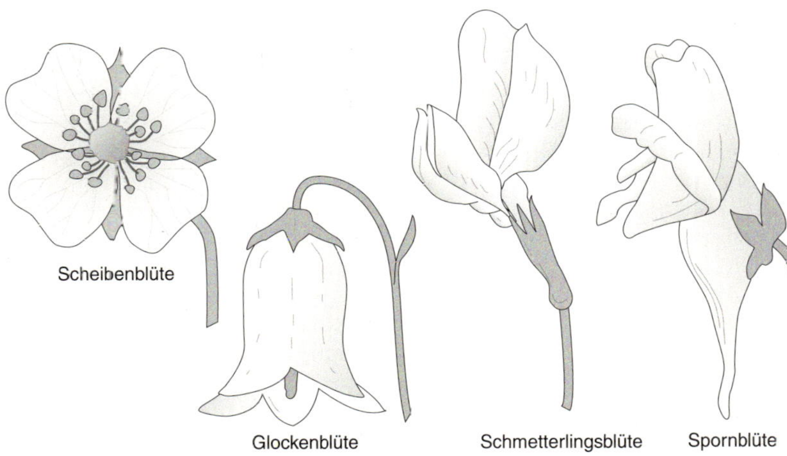

Stern von Madagaskar

Auf Madagaskar wächst die Orchidee *Stern von Madagaskar* (Angraecum sesquipedale). Ihre Blüte ist elfenbeinweiß und sternförmig, sie hat einen Durchmesser von bis zu 12 cm und duftet besonders intensiv in der Nacht. Auffällig ist der über 25 cm lange Blütensporn, der im untersten Teil den Nektar beinhaltet. DARWIN behauptete, dass der Bestäuber ein Nachtfalter mit einem 25 cm langen Rüssel sein müsse, zog sich damit aber den Spott der Insektenforscher zu, da die Evolution dieses Falters nach DARWIN eigener Theorie nicht möglich war: Würde eine Orchidee einen so langen Sporn entwickeln, müsse sie aussterben, da kein Schmetterling über einen ausreichend langen Rüssel verfüge. Ebenso wäre ein Schmetterling mit so langem Rüssel benachteiligt, gäbe es keine Blüte mit entsprechend langem Sporn. 1903 wurde aber tatsächlich ein solcher Falter gefunden und bekam den Namen *Xanthopan morganipraedicta*, wobei praedicta „die Vorhergesagte" heißt. Seine Raupen leben auf dem Regenwaldbaum Artabotrys.

Xanthopan morganipraedicta bestäubt den „Stern von Madagaskar".

⑦ Beschreiben Sie die Bedeutung der Bestäubung und Befruchtung für die Pflanzen und für die bestäubenden Tiere.

⑧ Nennen Sie Indizien, die DARWIN zu der Behauptung geführt haben, dass ein Nachtfalter die Orchidee bestäubt.

⑨ Entkräften Sie den Einwand der Insektenforscher gegen DARWIN Behauptung.

⑩ Viele Bestäuber haben sich im Körperbau und ihrer Brutbiologie der Gestalt und dem Rhythmus einer einzigen Pflanzenart angepasst. Beschreiben Sie die Vorteile einer exakten gegenseitige Anpassung.

⑪ Nennen Sie Gefahren, die für beide Partner von dieser exklusiven Anpassung ausgehen.

1 Ichthyosaurier

Fossilien — Zeugen der Evolution

Jura
Zeitabschnitt des Erdmittelalters vor 204 bis 130 Millionen Jahren

Rezente Organismen
Heute lebende Organismen im Gegensatz zu den fossilen

Ammoniten

Im Vorland der Schwäbischen Alb werden in zahlreichen Steinbrüchen, z. B. in Holzmaden bei Aichelberg, Schieferplatten abgebaut. Sie erlangten Weltruhm durch hervorragend erhaltene Fossilfunde. *Fossilien* sind Reste und Spuren früherer Lebewesen.

Besonders auffallend sind die den Delfinen ähnelnden *Ichthyosaurier* (Abb. 1) und die *Plesiosaurier*, die unter Wasser „flogen". Daneben findet man in großer Zahl *Ammoniten* und *Belemniten*, das sind ausgestorbene Kopffüßer. Aber auch Krokodile, Haifische und Seelilien blieben als weitere Zeugen einer artenreichen Tierwelt erhalten.

Die Bildung von Fossilien

Diese Organismen lebten während der *Jurazeit*, vor etwa 200 Millionen Jahren in einem flachen und warmen Meer, das weite Teile Europas bedeckte. Auch die damaligen ökologischen Verhältnisse lassen sich anhand zahlreicher Funde rekonstruieren. Es gab kaum Austausch zwischen dem warmen, sauerstoffreichen Oberflächenwasser und dem kühlen, sauerstoffarmen Tiefenwasser. Nach dem Absterben sanken die Organismen in die Tiefe. Durch die geringe Sauerstoffkonzentration kam es nur zu einem geringen oxidativen Abbau, sodass die Kadaver nicht verwesten. Sie wurden nur teilweise anaeorb zersetzt. Dabei bildeten sich Faulschlamm und giftige Faulgase. Zu Boden gesunkene Tier- und Pflanzenleichen wurden in den Faulschlamm eingebettet, in dem sie nur noch wenig zerfielen. So blieben Schalen und Skelette weitgehend intakt. Oft wurde sogar die Haut von Sauriern in Form eines schwarzen Belags konserviert, der den Körperumriss wiedergibt. Selbst der Mageninhalt einiger Tiere ist erhalten. Besonders spektakulär sind Embryonen, die in Muttertieren fossil erhalten sind. In einem Fall ist sogar der Vorgang der Geburt als Versteinerung zu sehen.

Im Laufe von Jahrmillionen verfestigte sich das aus Fäulnisstoffen, Ton und kalkigen Bestandteilen zusammengesetzte Sediment und die Leichen, die darin eingebettet waren, wurden zu Gestein. Solche Vorgänge werden als *Fossilisation* bezeichnet.

Bei der beschriebenen Fossilisation kam es durch das immense Gewicht der aufliegenden Sedimentmassen zu einer starken Pressung der späteren Fossilien. Da sie sehr stark zusammengedrückt wurden, sind viele Fossilien aus Holzmaden nur wenige Millimeter dick.

Im schwarzen Jura findet man Bitumen, welches aus anaerob zersetztem organischem Material, zum Beispiel innere Organe der Tiere, entsteht. Es ist eine Mischung polymerer organischer Substanzen, aus denen Erdöl destilliert werden kann. Über dem Ölschiefer lagerten sich weitere Sedimente des Jura ab, die heute das Albvorland und die Gesteinsstrukturen der Schwäbischen Alb aufbauen (siehe Seite 284).

Vorgang der Fossilbildung – Fossillisation

Die Vorgänge der Fossilisation wurden bereits im 18. Jahrhundert beschrieben:
„Vor allem in Eisleben ... wird schwarzes Gestein ausgegraben ... In ihm sieht man oft die Formen von Fischen. Die meisten nehmen zu einem Spiel der Natur ihre Zuflucht. Wie aber, wenn wir sagen, dass ein großer See mit seinen Fischen .... durch eine ...mächtige Ursache mit Erde verschüttet wurde, die dann zu Stein erhärtet, die Reste der eingepressten Fische bewahrte und, als die tierischen Überreste längst zerstört waren, mit metallischem Stoff ausgefüllt wurden."
(GOTTFRIED W. LEIBNIZ, 1646 – 1716)

Die Erklärungsversuche von LEIBNIZ sind auch nach etwa 300 Jahren noch aktuell. Heute bezeichnen wir die Wissenschaft, die sich mit den Lebewesen der Erdgeschichte befasst, als *Paläontologie*. Nur an fossilen Dokumenten können wir frühere Lebensformen untersuchen. Der Erforschung der Fossilien kommt besondere Bedeutung zu. Sie hilft, die *Stammesgeschichte der Lebewesen* zu erklären.

Um fossile Funde deuten zu können, müssen wir uns zunächst mit der *Fossilisation* befassen. Wie bei der *Fossilbildung* im Jurameer beschrieben (s. S. 282), werden durch anaerobe Destruenten die abgestorbenen Tiere und Pflanzen zersetzt. Sie bleiben nur dann erhalten, wenn sie rasch in sauerstofffreier Umgebung eingeschlossen werden. Geologische Einflüsse, wie hoher Druck, Erosion oder Verschiebungen im Gestein, beeinträchtigen allerdings die Erhaltung von Fossilien.

Fossilien entstehen dann, wenn Stoffkreisläufe der Natur unterbrochen sind. Dies kann geschehen, wenn eine Reihe von Bedingungen erfüllt sind:
- Tier- und Pflanzenreste gelangen nach dem Tod des Organismus in ein sauerstofffreies Milieu; z.B. indem sie am Grunde eines Gewässers im Schlamm versinken oder in Baumharz, das zu Bernstein (Abb. 3) erhärtet, eingeschlossen werden.
- Das Einbettungsmedium muss relativ rasch erhärten, da sonst das Fossil durch Bewegungen zerstört wird.
- Das fossilführende Gestein darf im Laufe der Erdgeschichte nicht verwittern, ebenso darf es weder hohem Druck noch hohen Temperaturen ausgesetzt sein.

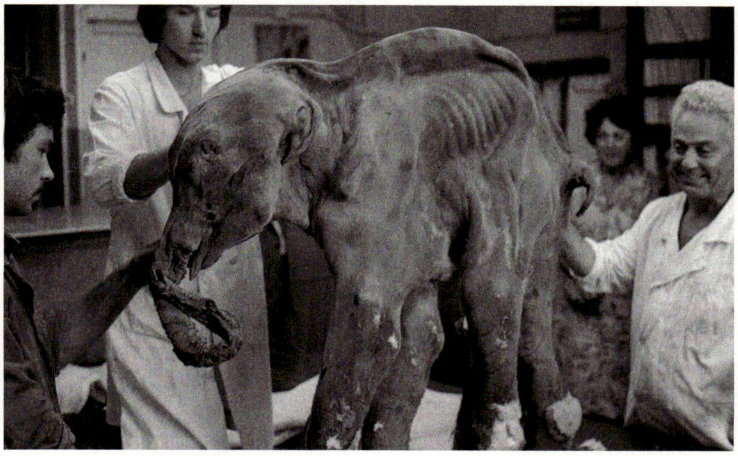

2 Mumifiziertes Mammut

Meist sind keine kompletten Lebewesen fossil erhalten, sondern nur Hartteile wie Schalen oder Knochen. Je älter Fossilien sind, desto größer ist die Wahrscheinlichkeit, dass sie nach ihrer Einbettung umgewandelt wurden: Sie werden deformiert, imprägniert, oder umkristallisiert. Oft sind nur noch verkohlte Substanz, Abdrücke im Schlamm, Ausgüsse der Schalen *(„Steinkerne")* oder Fährten erhalten. Gelegentlich kommt es zur Mumifizierung, z.B. durch „Gefriertrocknung" im Permafrost wie bei Mammuts (Abb. 2) oder der Gletschermumie „Ötzi", die 1991 in den Ötztaler Alpen gefunden wurde (siehe Randspalte).

„Ötzi"

3 Bernstein mit fossilem Insekt

Aufgaben

① Nennen Sie Gründe, die es für die Menschen des 18. Jahrhunderts schwer vorstellbar machten, dass in Eisleben (Thüringen) Reste von Meerestieren gefunden werden konnten.

② Erklären Sie das Fehlen bodenlebender Tiere im Ölschiefermeer.

③ Beschreiben Sie Maßnahmen, die dazu führen, dass Ötzi nach seiner Bergung nicht zu verwesen beginnt.

1 Juraschichten bei Ehingen

Methoden der Altersbestimmung

Fossilien spiegeln die Geschichte des Lebens auf der Erde wider. Dies ist das entscheidende Motiv, sie gründlich zu erforschen. Um den „Fossilbericht" zu verstehen, muss man die Fossilien zeitlich einordnen.

Relative Datierung

Die *relative Datierung* sagt aus, ob ein Fossil gleichalt, älter oder jünger ist als ein anderes. Sie beruht auf der Lehre von der Bildung und Abfolge der Gesteinsschichten, der *Stratigraphie*.

Das Schichtenprinzip

In der *Schwäbischen Alb* lassen sich drei typische Schichten erkennen: der *Schwarze*, der *Braune* und der *Weiße Jura* (Abb. 2). Im Allgemeinen lagern sich Sedimente schichtweise übereinander. In ungestörten Schichtpaketen liegt daher die älteste Schicht unten. Sie wird von jüngeren Schichten überlagert. Zur Ablagerung einer dicken Schicht sind meist größere Zeiträume nötig als zur Ablagerung einer weniger mächtigen. So kann geschätzt werden, wie lange die Bildung einer Schichtenfolge gedauert hat. Um Gesteine, die in größerer Entfernung voneinander liegen, vergleichen zu können, verfolgt die *Lithostratigraphie* charakteristische Gesteinsmerkmale der Schichten. Dies lässt sich bei den Vorbergen der Alb gut erkennen (Abb. 2).

Leitfossilien

Im *Schwarzen Jura* findet man häufig die Muschel *Posidonia*, die in anderen Schichten nicht vorkommt. Sie ist für diese Gesteinsschicht kennzeichnend. Jede Schicht ist durch eine besondere Zusammenstellung von fossilen Organismen charakterisiert. Man geht davon aus, dass Schichten mit gleichem Fossilinhalt gleich alt sind.

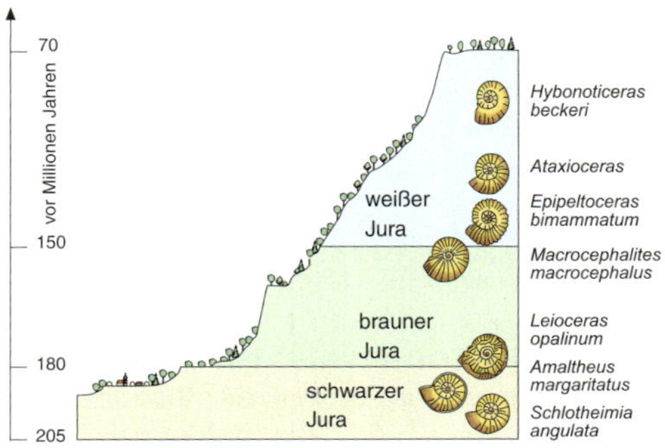

3 Leitfossilien im Jura

Fossilien, wie *Posidonia*, die einerseits weit verbreitet aber andererseits nur auf bestimmte Schichten beschränkt sind, werden als *Leitfossilien* bezeichnet. Finden wir Versteinerungen in einer Schicht, in der auch *Posidonia* vorkommt, so können wir auf das Alter der unbekannten Versteinerung schließen. *Leitfossilien* können daher für die *Altersbestimmung* herangezogen werden. Der Schwarze, der Braune und der Weiße Jura enthalten jeweils verschiedene Ammoniten als Leitfossilien, die in Abb. 3 dargestellt sind.

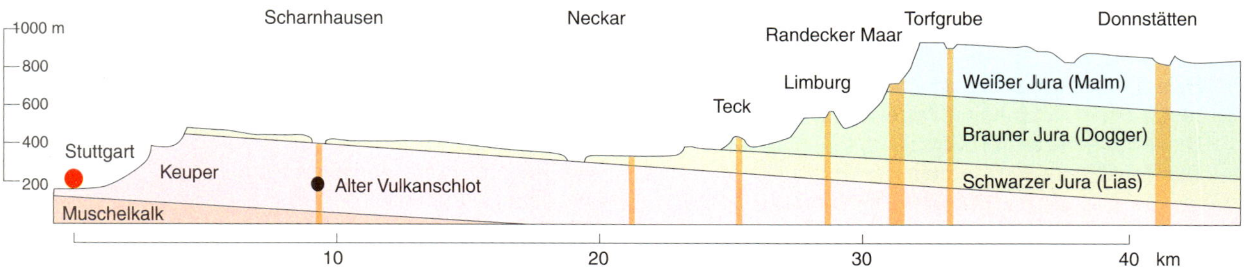

2 Schichtenfolge der Schwäbischen Alb

Absolute Datierung

Die *relative Datierung* zeigt, wie die Ereignisse der Erdgeschichte aufeinander folgen. Die *absolute Datierung* liefert dagegen Zahlenwerte für das Alter der Gesteine. Durch Verknüpfung beider Methoden entstanden zunehmend präzisere, in Jahrmillionen gemessene Zeittafeln.

Die wichtigsten Methoden zur absoluten Datierung beruhen auf dem Zerfall *radioaktiver Isotope*. Sie zerfallen unter Abgabe radioaktiver Strahlung, bis neue, stabile Atome entstehen. Die Zerfallsrate ist für jedes *Isotop* konstant und durch die *Halbwertszeit* beschrieben: Wenn nur noch die Hälfte der ursprünglich vorhandenen Isotope existiert, ist eine Halbwertszeit abgelaufen. Ist sie bekannt und kann zum Beispiel das Mengenverhältnis zwischen Mutterisotop und Tochterisotop gemessen werden, so lässt sich das Alter eines Fundes errechnen.

Die Kalium-Argon-Methode

Zur Datierung von vulkanischem Gestein wird die *Kalium-Argon-Methode* eingesetzt. Kaliumverbindungen enthalten neben dem häufigen Isotop Kalium-39 Spuren des radioaktiven Kalium-40 (^{40}K), das unter Bildung von Argon-40 (^{40}Ar) und Calcium-40 (^{40}Ca) zerfällt. Der Zerfall erfolgt mit einer Halbwertszeit von 1,3 Milliarden Jahren.

Schmilzt bei einem Vulkanausbruch das Gestein, so entweicht bereits vorhandenes Argon. Frisch erstarrte Lava enthält also kein Argon. Enthält dieses Gestein Kaliumverbindungen, so zerfällt das Kalium-40 unter Bildung von Argon, das aus dem festen Gestein nicht entweichen kann. Die Kalium-Argon-Uhr beginnt mit dem Zeitpunkt des Erstarrens zu „ticken". Im Labor kann das Mengenverhältnis $^{40}Ar/^{40}K$ ermittelt und daraus errechnet werden, wann das Gestein erstarrte. Sind in einer Basaltschicht 50 % des ^{40}K zerfallen, so sind 1,3 Milliarden Jahre vergangen.

Die Radiocarbonmethode

Die *Radiocarbonmethode* ist eine Möglichkeit zur Altersbestimmung jüngerer Fossilien (Abb. Randspalte). Durch kosmische Strahlung entsteht in der Atmosphäre das instabile Kohlenstoffisotop C-14 (^{14}C). Es sendet beim Zerfall Betastrahlen aus. Die Halbwertszeit des Zerfalls beträgt 5720 Jahre. In der Atmosphäre liegen 0,03 millionstel Prozent des CO_2 als $^{14}CO_2$ vor. Da sich Bildung und Zerfall die Waage halten, ist das Verhältnis $^{14}CO_2/^{12}CO_2$ in der Atmosphäre konstant. Bei der Fotosynthese bauen Pflanzen Kohlenstoff in ihr Gewebe ein. Dabei gelangen die beiden Isotope ^{14}C und ^{12}C im gleichen Verhältnis in den Pflanzenkörper, wie sie als $^{14}CO_2$ und $^{12}CO_2$ in der Atmosphäre vorliegen. Über die Nahrungskette gelangt ^{14}C wieder im selben Verhältnis in die Konsumenten.

Nach dem Tod eines Lebewesens geht der Zerfall weiter, neues ^{14}C gelangt jedoch nicht in den Körper. Die ^{14}C-Konzentration sinkt stetig. Damit sinkt auch die Strahlungsintensität. Durch Messung der Strahlung kann so das Alter eines Fossils bestimmt werden. Die Methode ist geeignet, um Funde bis zu einem Alter von etwa 55 000 Jahren zu datieren.

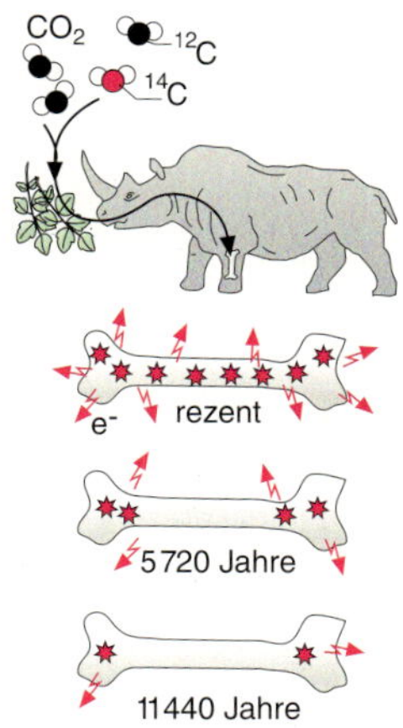

Datierung mithilfe der Radiocarbonmethode

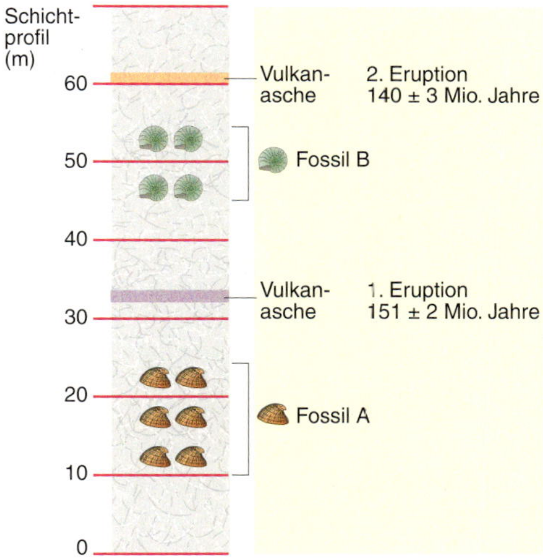

4 Schichtprofil

Isotope
Atome mit gleicher Protonenanzahl, aber unterschiedlicher Neutronenanzahl

Aufgaben

① Erklären Sie, warum gerade am Beginn des Albaufstiegs bei Aichelberg Schiefersteinbrüche liegen, in denen viele Versteinerungen gefunden wurden.

② Erklären Sie, warum die oben beschriebene Radiocarbonmethode zur Datierung vieler Fossilfunde ungeeignet ist.

③ Zeichnen Sie eine Zerfallskurve von ^{14}C und geben Sie an, nach wie vielen Jahren über 99 % der radioaktiven Isotope zerfallen sind.

④ Nennen oder beschreiben Sie Anwendungsbereiche der Kalium-Argon-Methode.

⑤ Zeigen Sie am Schichtprofil in Abb. 4 wie die Fossilien datiert werden können.

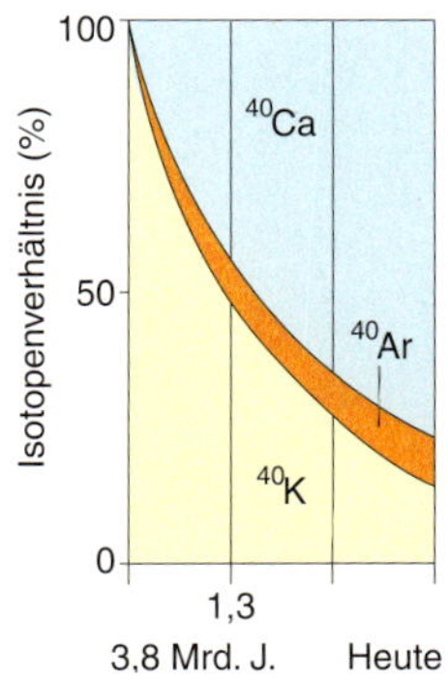

Verhältnis der Isotope ^{40}K, ^{40}Ar und ^{40}Ca in Abhängigkeit vom Alter des Gesteins

1 Fischsaurier im Jurameer

Homologe Organe

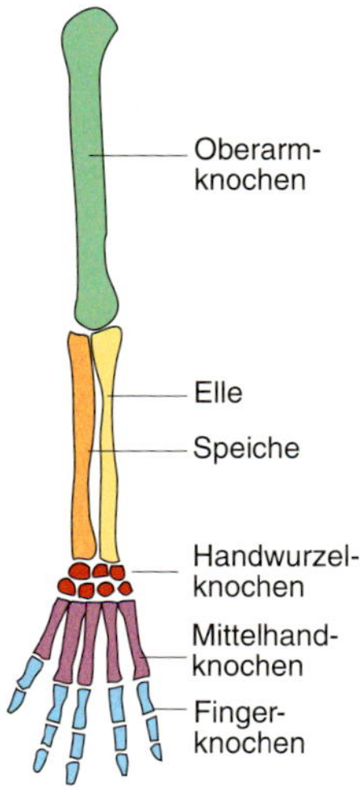

Grundbauplan

Manche Menschen würden die oben abgebildeten Tiere den Fischen zuordnen. Tatsächlich handelt es sich um Rekonstruktionen von *Fischsauriern* (Ichthyosaurus) aus dem Schwarzen Jura. Es waren wasserlebende Reptilien, die am Ende der Kreidezeit, vor ca. 65 Millionen Jahren ausstarben.

Die Extremitäten

Untersucht man die Flossen des Fischsauriers genauer, so ist im Gegensatz zu den Fischflossen, ein Knochenskelett zu erkennen, wie es auch bei landlebenden Wirbeltieren vorkommt (siehe Abb. 2).

Alle in Abb. 2 dargestellten *Extremitäten* haben folgende Knochen gemeinsam: Oberarmknochen, Unterarmknochen (Elle und Speiche), Handwurzelknochen, Mittelhandknochen und die Knochen von meist fünf Fingern. Die Extremitäten sind jedoch unterschiedlich abgewandelt, angepasst an die Bedingungen der jeweiligen Lebensweise: So ist der Oberarmknochen des Maulwurfs sehr kurz und die Unterarmknochen sind verdickt. Das kräftige Armskelett besitzt günstige Hebelverhältnisse für kraftvolles Graben. Dagegen besteht das leichtgewichtige Flügelskelett einer Fledermaus aus dünnen langen Knochen, zwischen denen eine Flughaut aufgespannt ist. Die Vorderextremitäten dieser und weiterer Wirbeltiere zeigen trotz unterschiedlicher Nutzung einen gemeinsamen Grundbauplan (siehe Randspalte).

Homologie

Strukturen, die sich so auf ein gemeinsames Grundmuster zurückführen lassen, werden als *homologe Organe* oder allgemeiner als *homologe Strukturen* bezeichnet.
Es ist äußerst unwahrscheinlich, dass sich das Grundmuster bei vielen Tausenden von Wirbeltierarten zufällig gebildet hat. Wesentlich wahrscheinlicher ist es, dass die Ursache für gemeinsame Grundmuster auf gemeinsame Gene zurückzuführen ist. Aus diesen Überlegungen folgt, dass die wasserlebenden Fischsaurier von landlebenden Sauriern abstammen. Die Abstammungslehre geht daher davon aus, dass die hier betrachteten Tiergruppen von gemeinsamen Vorfahren abstammen, die entsprechende Extremitäten besessen haben. Aus diesen Ahnen haben sich verschiedene Tierarten entwickelt, die heute noch das Merkmal, teilweise in stark abgewandelter Form besitzen (s. Abb. 2). Im Verlauf dieses Prozesses haben sich die Lebewesen verändert und die Organe einen Funktionswechsel erfahren.

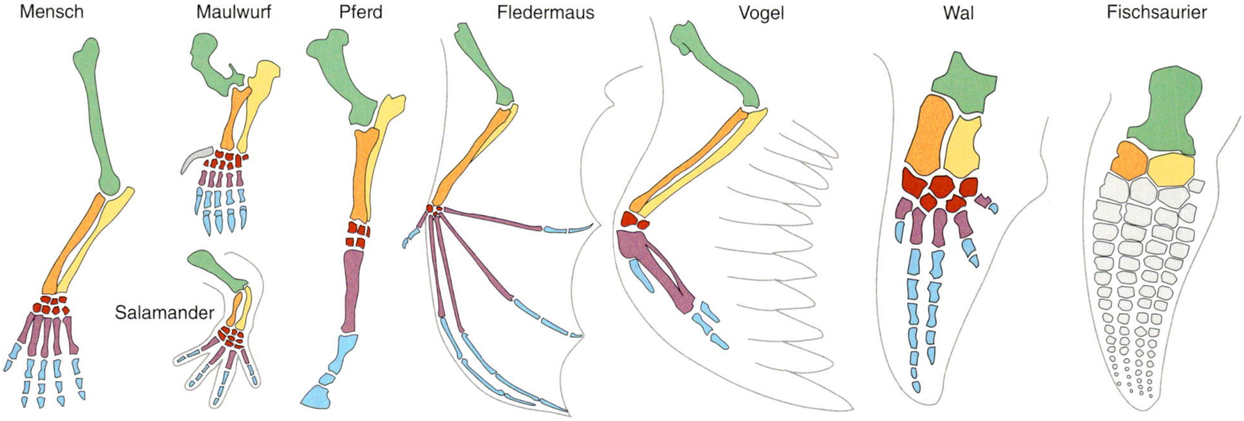

2 Vergleich der Vorderextremitäten verschiedener Wirbeltiere und des Fischsauriers

Homologiekriterium der Lage und der spezifischen Qualität

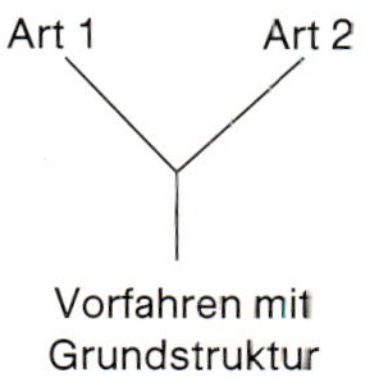

Homologie ist die Folge von Abstammung. Findet man bei verschiedenen Lebewesen homologe Strukturen, so haben sie gemeinsame Vorfahren, die mit deren Grundstrukturen ausgestattet waren (s. Abb. Randspalte). Sind bei verschiedenen Arten Organe homolog, so gilt dies meist, aber nicht immer, auch für andere Organe.

Homologe Strukturen zu erkennen ist nicht immer so einfach wie im o.g. Beispiel. Zur Aufklärung von Homologie wurden *Homologiekriterien* entwickelt.

Beim Vergleich der Vorderextremitäten lässt sich feststellen, dass die gemeinsamen Strukturen Oberarm, Unterarm und Hand relativ zueinander die gleiche Lage einnehmen. Das wird als *Kriterium der Lage* bezeichnet. Demnach sind Strukturen homolog, wenn sie in einem vergleichbaren Gefügesystem die gleiche Lage einnehmen.

Homologie
Ähnlichkeit von Srukturen im Bauplan verschiedener Lebenwesen infolge gemeinsamer Abstammung.

Ein Beispiel aus dem Bereich der Pflanzen sind Dornen, die in der Achsel von Tragblättern entspringen. Sie sind daher den Sprossen homolog und heißen Sprossdornen. Die Abbildung in der Randspalte zeigt den Weißdorn als Beispiel.

Sprossdornen

Die Hautschuppen der Haie besitzen eine Schuppenhöhle, die von Zahnbein (Dentin), mit Zahnschmelz umkleidet, gebildet wird. Sie haben den selben Grundbauplan wie die Zähne der Säugetiere (siehe Abb. 3). Trotz unterschiedlicher Lage im Organismus sind Struktur und Schichtung der Einzelelemente im jeweiligen Organismus identisch. Beide Strukturen sind homolog, weil sie in vielen Strukturdetails übereinstimmen. Das ist das *Kriterium der spezifischen Qualität.* Es besagt, dass komplex aufgebaute Organe, unabhängig von ihrer Lage im Organismus, dann homolog sind, wenn sie in mehreren besonderen Merkmalen übereinstimmen.

Mit dem Kriterium der spezifischen Qualität und dem Kriterium der Lage wird auch erkennbar, dass die Schwimmblase der Knochenfische zur Lunge der Landwirbeltiere homolog ist (s. Abb. 4). Sie ist wie die Lunge mit dem Vorderdarm verbunden und mit einem Netz aus Blutgefäßen ausgekleidet. Bei den meisten Knochenfischen dient die Schwimmblase der Auftriebsregulation. Manche Fische, wie die Lungenfische, nutzen dieses Organ auch zum Gasaustausch.

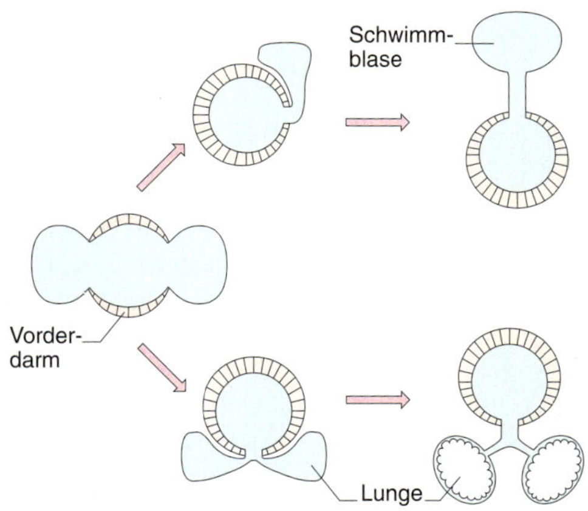

4 Entwicklung von Schwimmblase und Lunge

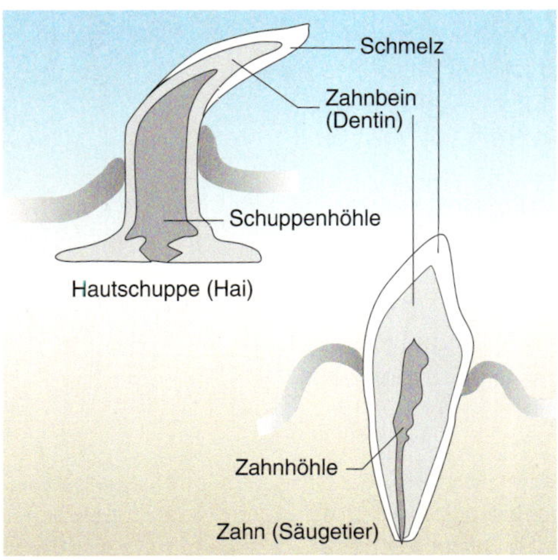

3 Hauptschuppe und Zahn im Vergleich

Trifft eines der Homologiekriterien zu, wird man Homologie vermuten. Sind mehrere Kriterien erfüllt, gilt die Annahme, dass es sich um homologe Strukturen handelt, als gesichert.

Aufgaben

① Machen Sie Aussagen über die Haut der Vorfahren der Haie und begründen Sie.
② Beschreiben Sie die Abwandlungen im Grundbauplan der Extremitäten bei Mensch, Salamander, Pferd, Wal, Fledermaus, Fischsaurier und Vögeln.
③ Erklären Sie, inwiefern die Zähne der Haie und die des Menschen einander homolog sind.

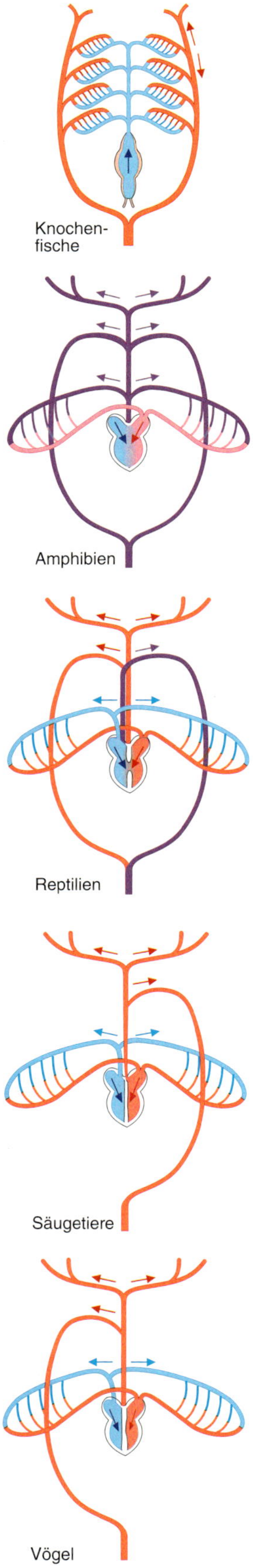

1 Blukreisläufe

Homologiekriterium der Stetigkeit

Der Vergleich des *Blutkreislaufs* der Knochenfische mit dem der anderen Wirbeltiere zeigt erhebliche Unterschiede.

Das *Herz der Fische* besitzt einen Vorhof und eine Herzhauptkammer. Das Blut wird in einen Arterienstamm gepumpt und über bogenförmige Arterien in die Kiemen geleitet. Die weiterführenden Gefäße münden in die Körperschlagader, die Aorta. Der Kopf wird durch Arterien, die dem vordersten Kiemenbogen entspringen mit, Blut versorgt.

Das *Amphibienherz* ausgewachsener lungenatmender Tiere ist dreiteilig. Es hat zwei Vorhöfe und eine Hauptkammer, in der sich sauerstoffreiches und sauerstoffarmes Blut vermischten. Beim vierteiligen *Reptilienherz* sind die zwei Hauptkammern meist unvollständig getrennt.

Das *Säugetierherz* besteht aus zwei Vorhöfen und zwei Hauptkammern. Es pumpt Blut durch den Lungen- und den Körperkreislauf, die vollständig voneinander getrennt sind. Es sind paarige Lungen- und Kopfarterien vorhanden. Die Körperschlagader ist unpaarig.

Vergleicht man die Kreislauforgane der Wirbeltiere, so lässt sich eine durchgängige Entwicklung von den Fischen bis zu den Säugetieren bilden. Die Anzahl der Kiemenbögen wird verringert. Sie werden zu Schlagadern. Beim Blutkreislauf der Fische verlässt das sauerstoffreiche Blut die Kiemenkapillaren mit geringem Druck und kehrt als sauerstoffarmes Blut zum Herzen zurück.

Bei den Säugern und Vögeln gelangt sauerstoffreiches Blut von der Lunge noch einmal zurück zum Herzen. Dort wird es in den Körperkreislauf gepumpt. Das gewährleistet einen raschen Blutstrom zur Muskulatur und zu den Organen. Sauerstoffreiches und sauerstoffarmes Blut sind bei Vögeln und bei den Säugern durch die beiden Herzkammern vollständig voneinander getrennt. So ist gewährleistet, dass sauerstoffreiches Blut mit hohem Druck in den Körper fließt. Die Umstellung der Kiemen- auf die Lungenatmung und die erhöhte Leistungsfähigkeit sind eine Anpassung an das Leben an Land.

Es ist wahrscheinlich, dass die Reihe der Blutkreisläufe auch den Ablauf der evolutiven Entwicklung wiedergibt. Daher geht man davon aus, dass die Blutkreisläufe der Wirbeltiere einander homolog sind. Man spricht vom *Kriterium der Stetigkeit*. Es besagt, dass verschieden gestaltete Organe dann homolog sind, wenn sie sich durch Zwischenformen miteinander verbinden lassen.

Die homologen Organe einer Organismengruppe und deren Lage ergeben zusammen den *Grundbauplan*. So hat jeder Tierstamm oder jede Pflanzenabteilung einen eigenen Bauplan. Er enthält die Grundstrukturen, die bei jedem Vertreter dieses Stammes bzw. dieser Abteilung zu finden sind.

Divergenz

Die Grabbeine des Maulwurfs und die Flossen des Wals lassen sich auf eine gemeinsame Ausgangsform zurückführen. Im Laufe der Evolution entwickeln sich aus deren Grundstruktur Vorderextremitäten mit unterschiedlichen Funktionen. Entstehen bei der Bildung homologer Organe aus einer gemeinsamen Grundstruktur unterschiedliche Strukturen mit jeweils eigener Funktion, bezeichnet man dies als *Divergenz*.

Aufgaben

① Vergleichen Sie den Blutkreislauf von Vögeln, Säugetieren und Reptilien. Klären Sie daran Verwandtschaftsbeziehungen.

② Bei einer Seerosenblüte lässt sich von außen nach innen verfolgen, wie die Blütenblätter immer mehr in Staubblätter übergehen. Ziehen Sie mithilfe der Homologiekriterien begründete Schlüsse aus dieser Beobachtung.

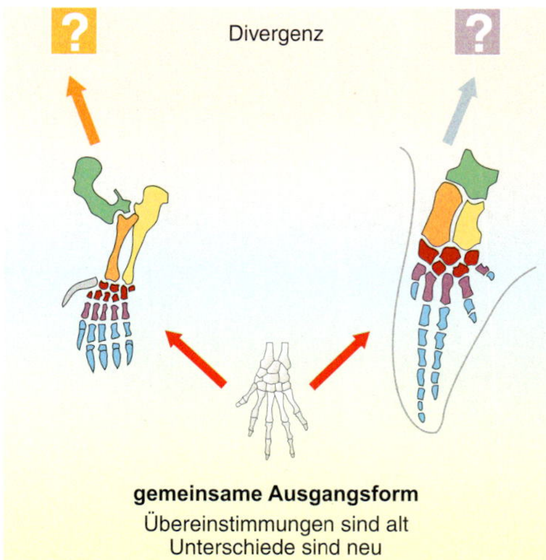

2 Divergenz

1 Maulwurf

2 Maulwurfsgrille

Analoge Organe

Die einheimische *Maulwurfsgrille*, ein etwa 4,5 cm großes Insekt, lebt unterirdisch und kommt nur zur Paarungszeit an die Erdoberfläche. Ihr Körperbau weist viele Merkmale auf, die für das unterirdische Leben vorteilhaft sind. Dazu gehören beispielsweise der kegelförmige Kopf, Gehörorgane mit Schutz gegen eindringende Erde und kräftige, schaufelähnliche Vorderbeine. Diese Grabbeine sind in ihrer Gestalt den Vorderbeinen eines Maulwurfs sehr ähnlich. Der *Maulwurf* besitzt als Wirbeltier ein knöchernes Innenskelett, während die Maulwurfsgrille, wie alle Insekten, ein Außenskelett aus Chitin besitzt. Übergangsformen zwischen beiden Arten existieren nicht. Überdies sind die Grundbaupläne von Insekten und Säugern so verschieden, dass *Homologie* nicht vorliegen kann. Von gemeinsamen Vorfahren mit derartigen Grabbeinen kann also nicht ausgegangen werden.

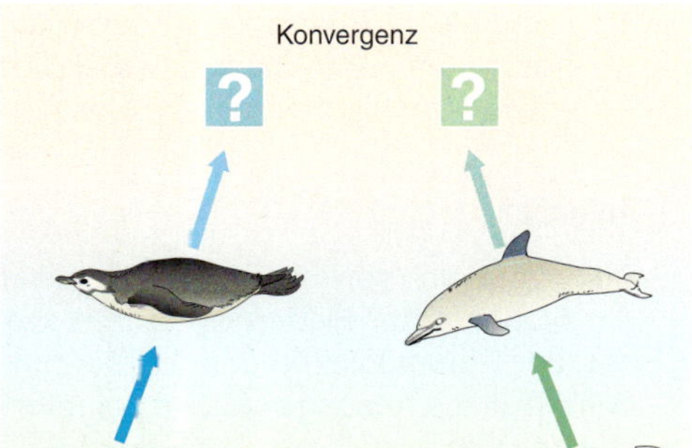

3 Konvergenz

Konvergenz

Wie ist am Beispiel von Maulwurf und Maulwurfsgrille die auffallende Ähnlichkeit zu erklären? Beide Tierarten besiedeln Lebensräume, in denen die selben Umweltbedingungen herrschen. Nimmt man eine Evolution an, so sind bei gleichen Selektionsbedingungen und ähnlicher Lebensweise Merkmale entstanden, durch die beide Organismen an ihren Lebensraum angepasst wurden. Dies bezeichnet man als *konvergente Entwicklung* oder *Konvergenz*. Das Ergebnis sind Organe ähnlicher Gestalt mit gleicher Funktion, jedoch verschiedenen Bauplänen. Man spricht in diesem Fall von *analogen Organen*.

Analogien sind kein Beweis für eine Verwandtschaft, aber ein weiteres Indiz für die Entwicklung und Veränderung der Arten, verursacht durch Umweltbedingungen. Weitere Beispiele für analoge Organe sind die Flossen von Meeressäugern und Fischen. Auch im Pflanzenreich sind Analogien als Ergebnis konvergenter Entwicklung beobachtbar. Die in Amerika heimischen Kakteen sind an trockene Standortbedingungen besonders angepasst: Sie besitzen Wasserspeichergewebe im stark verdickten Spross und zu Stacheln reduzierte Blätter zur Einschränkung der Verdunstung. In den Trockengebieten Afrikas findet man Wolfsmilchgewächse, die auch an die Trockenheit angepasst sind und den Kakteen ähnlich sehen (s. Randspalte). Beim Vergleich der Merkmale stellt man fest, dass bei Kakteen das Rindengewebe des Sprosses die Wasserspeicherung übernimmt, bei Wolfsmilchgewächsen übernimmt das Mark diese Funktion. Die Homologiekriterien sind nicht erfüllt, d.h. es liegt *Analogie* vor. Das bedeutet, dass die *Sukkulenz* im Verlauf der Entwicklungsgeschichte dieser Pflanzengruppen zweimal unabhängig voneinander entstanden ist.

Aufgabe

① Begründen Sie, ob es sich bei der Körperform von Delfinen und Fischen um Homologie oder Analogie handelt.

Analogie
Ähnlichkeit funktionsgleicher Strukturen verschiedener Lebewesen, die bei Vorfahren nicht aufgetreten sind

Sukkulenz
Ausbildung von Wasserspeichergeweben und Reduzierung der Oberfläche als Verdunstungsschutz

Kaktus

Wolfsmilch

1 Fledermaus und Taube

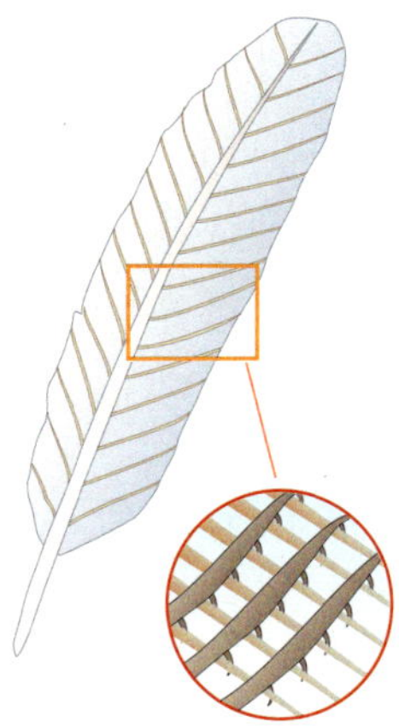

2 Feder

Flügel von Wirbeltieren

Die Fledermaus und die Taube sind fliegende Wirbeltiere aus zwei verschiedenen Tierklassen (siehe Abb. 1). Ihre Vorderextremitäten bilden Flügel, die als Tragflächen dienen und für den nötigen Auftrieb beim Fliegen sorgen. In beiden Fällen werden die Flügel von der Körperbedeckung der Tiere, einmal von der Haut und einmal von den Federn gebildet und vom Armskelett stabilisiert.

Die Extremitätenskelette der Wirbeltiere sind einander homolog (s. S. 286). Es soll untersucht werden, inwiefern dies auch für die Flügel der Vögel und die Flügel der Fledermäuse zutrifft.

Das Armskelett

Betrachtet man das Skelett der *Vorderextremität* (Abb. 1), so sieht man, dass die Fledermäuse fünf Finger (blau) und fünf Mittelhandknochen (rot) haben, ferner sind Unterarmknochen Elle und Speiche (gelb und orange) sowie ein Oberarmknochen (grün) erkennbar. Vergleicht man mit dem Armskelett eines Vogels, so findet man ebenfalls Oberarm und Unterarm, dann statt fünf jedoch nur drei Finger. Es wird angenommen, dass es zur Reduktion verschiedener Knochen gekommen ist. Es ist so eine stabile Ansatzstelle für die Federn und eine Vorderkante des Flügels entstanden. Alle Knochen des Armskeletts befinden sich in der gleichen relativen Lage wie bei den Fledermäusen. Nach dem *Kriterium der Lage* sind die *Armskelette* von Vögeln und Fledermäusen zueinander homolog.

Tragflächen

Federn sind leblose Gebilde, die aus einem Protein, dem *Keratin* bestehen. Von diesem Protein wird auch die Hornsubstanz von Reptilienschuppen, von Haaren und von Finger- bzw. Zehennägeln gebildet.

Betrachtet man die *Federn* unter dem Mikroskop, so zeigt sich ein charakteristischer Bau (siehe Abb. 2). An den Federästen befinden sich Strahlen mit Häkchen, die benachbarte Äste verbinden, sodass eine geschlossene Fläche entsteht. Die Federn sind nicht durchblutet. Sie wachsen aus der Außenhaut der Arme und bilden mit dem Armskelett den Flügel.

Die *Flughaut* der Fledermäuse ist zwischen vier Fingern, den Mittelhandknochen, dem Arm und den Hinterextremitäten aufgespannt. Sie entstand aus einer Hautfalte und ist ein gut durchblutetes Organ.

Werden die *Homologiekriterien* (s. S. 287 f.) auf die Flughaut und die Federn angewandt, so kann festgestellt werden, dass sie weder in Lage, noch in spezifischer Qualität übereinstimmen. Stetige Übergänge kommen auch nicht vor. Somit trifft keines der drei Homologiekriterien zu. Bei den Tragflächen von Vögeln und Fledermäusen muss es sich aus diesem Grund um analoge Strukturen handeln.

Die Flügel der Fledermäuse und der Vögel sind in Bezug auf das Skelett der Vorderextremität zueinander homolog. Die Federn und die Flughaut sind konvergente Entwicklungen und zueinander analog.

Der letzte gemeinsame Vorfahr von Fledermäusen und Vögeln hatte kein Flugorgan, besaß aber dem Grundbauplan entsprechend eine fünfstrahlige Vorderextremität.

Aufgaben

① Beim Vergleich von Federn der Vögel mit der Flughaut der Fledermäuse trifft keines der Homologiekriterien zu. Begründen Sie diese Aussage anhand der Informationen im Text.

② Erklären Sie, wie die Ähnlichkeit der Flügel von Vogel und Fledermaus entstanden ist.

③ Vergleichen Sie die Flügel eines Schmetterlings mit denen von Fledermaus und Taube. Erklären Sie, ob es sich um homologe oder analoge Strukturen handelt.

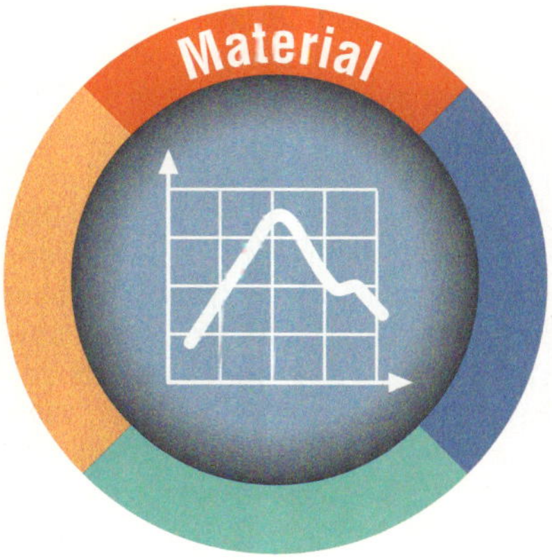

Homologie und Analogie

Vergleicht man Formen und Strukturen von ähnlichen Organismen, kann man viele offensichtliche Homologien finden. Daneben gibt es aber auch solche, die sich schwerer identifizieren lassen. Sind Ähnlichkeiten zwischen Formen und Strukturen nicht mithilfe der Homologiekriterien als Homologie zu identifizieren, so werden sie als Analogien angesehen.

Linsenaugen

Vergleicht man die Augen eines Kopffüßers wie dem Tintenfisch (s. Abb. 1) mit denen der Säugetiere, so stellt man zahlreiche Übereinstimmungen fest. Die unten stehenden Abbildungen zeigen schematisch die Bildung der Linsenaugen im Verlauf der Embryonalentwicklung bei Wirbeltieren und bei Kopffüßern.

Aufgaben

① Nennen Sie die Strukturen im Linsenauge des Tintenfischs, die mit den Augen der Säugetiere vergleichbar sind.
② Begründen Sie, ob die Augen der beiden Tiergruppen homolog sind oder nicht. Nennen Sie die Homologiekriterien, die Sie für Ihre Argumentation verwenden.
③ Machen Sie Aussagen über die evolutive Entwicklung von Augen bei Kopffüßern und bei Säugetieren. Verwenden Sie bei Ihrer Antwort auch das Ergebnis aus Aufgabe 2.

2 Tintenfisch

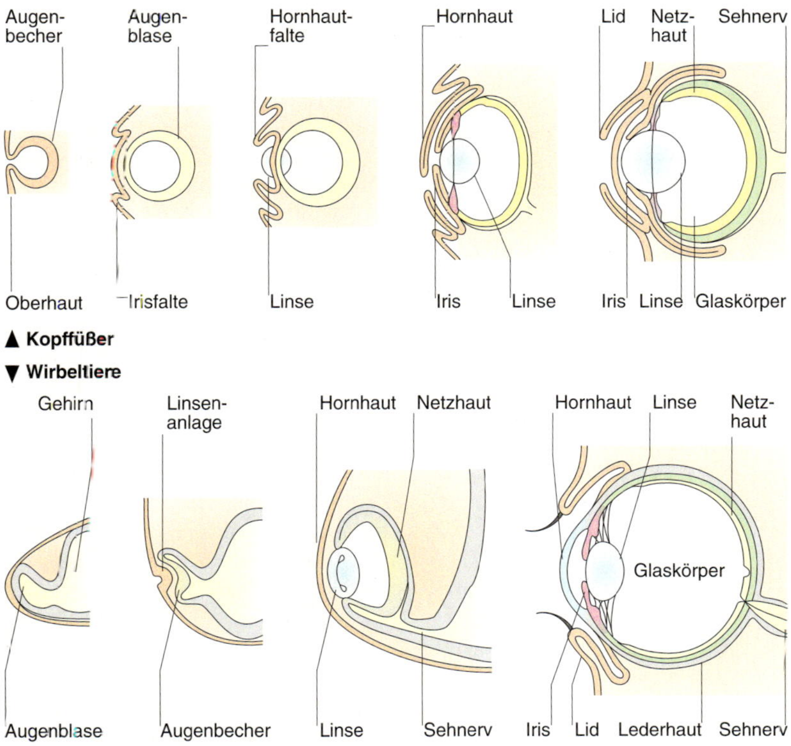

1 Auge von Kopffüßer und Wirbeltier

Hahnenfußgewächse

Küchenschelle, Leberblümchen und Buschwindröschen sind bekannte Pflanzen aus der Familie der *Hahnenfußgewächse*.

Betrachtet man bei verschiedenen Vertretern dieser Pflanzenfamilie die Blätter und die Blüten, so sieht man, dass sich bei der Küchenschelle hoch am Spross in Blütennähe Blätter befinden. Solche Blätter werden als *Hochblätter* bezeichnet.

An diesen Beispielen kann mithilfe der Homologiekriterien die Frage untersucht werden, ob die Kelchblätter der Blüte aus Laubblättern hervorgegangen sind oder nicht.

3 Hahnenfußgewächse

Aufgaben

④ Vergleichen Sie die Blätter der abgebildeten Pflanzen.
⑤ Ordnen Sie die Pflanzen in eine Reihe, in Bezug auf die Lage der Hochblätter.
⑥ Erklären Sie, wie sich aus der Abbildung ersehen lässt, ob die Kelchblätter des Leberblümchens aus Laubblättern hervorgegangen sind.

Rudimente
Teilweise oder völlig funktionslose Merkmale

Atavismen
Auftreten von überholten Merkmalen, die ursprünglich für die Vorfahren von Bedeutung waren

1 Atavistische Gesichtsbehaarung

Rudimentäre Organe und Atavismen

Lebewesen besitzen manchmal Strukturen, die keine erkennbare Funktion besitzen. Dies lässt sich auf dem Hintergrund der Abstammungstheorie verstehen.

Rudimente

Pferde haben eine stark ausgebildete Mittelzehe. Dem dritten Mittelfußknochen liegen links und rechts dünne, schwache Knochen an (Griffelbeine), die für die Fortbewegung offensichtlich keine Bedeutung haben.

Die Vorfahren der heutigen Pferde lebten vor etwa 58 bis 36 Millionen Jahren in Wäldern. Es waren etwa 30 cm hohe Tiere, welche an den Hinterbeinen drei vollausgebildete Zehen besaßen. Die Griffelbeine der heutigen Pferde sind demnach Überbleibsel aus der Stammesgeschichte.

Solche Strukturen und Organe, die im Verlauf der Evolution ihre Funktion verloren haben, bezeichnet man als *Rudimente* bzw. *rudimentäre Organe*.

Ein weiteres Beispiel sind Knochen bei Walen, die im Rumpfbereich auf der Höhe des Afters liegen und mit dem restlichen Skelett nicht verbunden sind. Es handelt sich dabei um Reste von Beckenknochen, die anzeigen, dass die Vorfahren der heutigen Wale ursprünglich vier Extremitäten besaßen. Das lässt den Schluss zu, dass diese sich ursprünglich vierbeinig fortbewegt haben. Weil sich diese Art der Fortbewegung bei Landtieren entwickelt hat, wird angenommen, dass die Vorfahren der Wale landlebende Säugetiere waren. Dies ist auch durch zahlreiche Fossilfunde belegt. Ferner zeigen biochemische und anatomische Untersuchungen, dass die Wale eine enge Verwandtschaft zu den Huftieren aufweisen.

3 Bartenwal

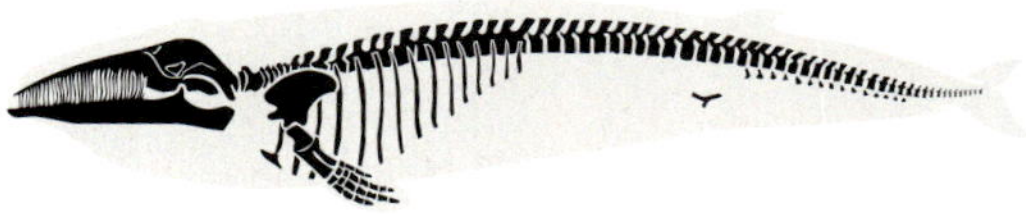

4 Beckenknochen bei Walen

Die beinlosen Blindschleichen besitzen Reste eines funktionslosen Schultergürtels. Dessen Existenz ist leicht zu erklären, wenn man annimmt, dass Blindschleichen von ursprünglich vierbeinigen Reptilien abstammen.
Rudimente haben bisweilen einen Funktionswandel durchgemacht. Der *Wurmfortsatz* des Menschen, der sog. *Blinddarm*, hat für die Verdauung keinerlei Bedeutung mehr. Er dient aber im Rahmen der Immunabwehr als lymphatisches Organ.

Atavismen

In seltenen Ausnahmefällen werden Pferde geboren, die eine zweite oder sogar eine dritte Zehe mit einem Huf aufweisen

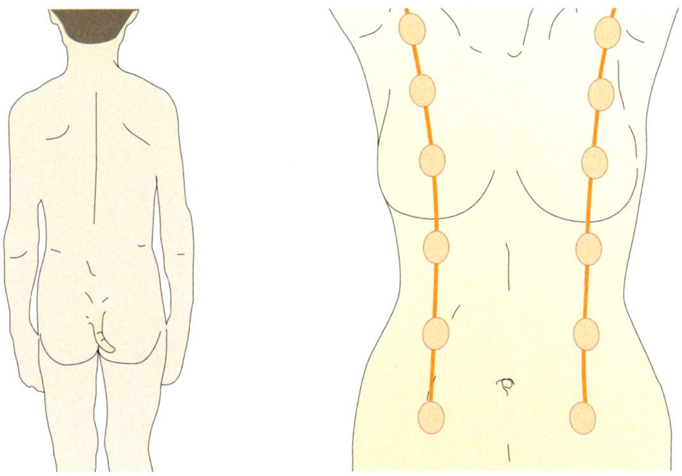

2 Avatismen

(siehe Randspalte rechts). Diese mehrzehigen Pferde besitzen ein Merkmal, das auf eine mehrstrahlige Wirbeltierextremität hinweist. Derartige urtümliche Merkmale, die bei heute lebenden Organismen nur ausnahmsweise auftreten, für deren Vorfahren aber typisch waren, nennt man *Atavismen* (lat. atavus = Großvater).

Auch beim Menschen sind Atavismen immer wieder zu beobachten: zum Beispiel fellartige Körperbehaarung (Abb. 1), Ausbildung einer Schwanzwirbelsäule oder überzählige Brustwarzen (Abb. 2). Ein weiteres Beispiel sind Halsfisteln, das sind pathologische Atavismen. Man deutet sie als offene Kiemenspalten, die normalerweise während der Embryonalentwicklung geschlossen werden. Die Entstehung von Atavismen lässt sich durch Rückmutationen bestimmter Gene erklären. Eine weitere Möglichkeit besteht in der Änderungen der Genregulation, mit einer erneuten Aktivierung ursprünglich blockierter Gene.
Diese werden aktiv und lassen ein ursprüngliches Merkmale der Vorfahren phänotypisch wieder sichtbar werden. Atavismen und Rudimente liefern Hinweise auf Merkmale der Vorfahren. Es sind daher wichtige Belege für die Abstammung.

Aufgabe

① Erklären Sei eine mögliche Entstehung des in Abbildung 1 dargestellten Atavismus und seine Bedeutung für die Abstammung des Menschen.
Erklären Sie am Beispiel der Wale die Bedeutung der rudimentären Beckenknochen in Bezug auf deren Vorfahren.

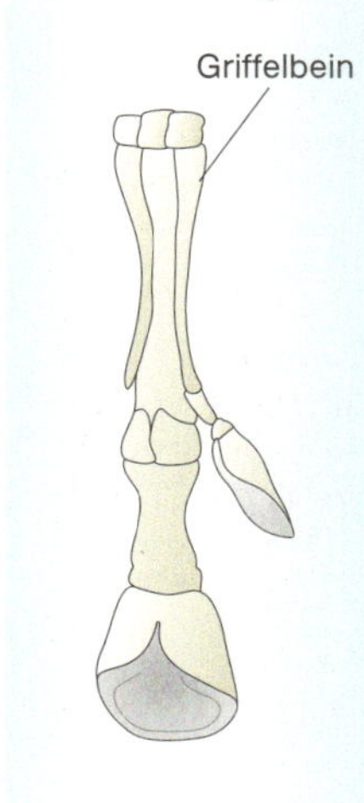

Mehrzehiger Pferdefuß

Zettelkasten

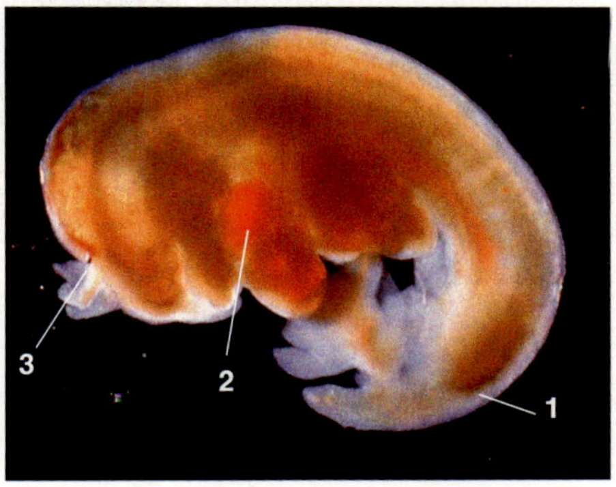

Biogenetische Grundregel

Bereits Karl Ernst von Baer hat 1828 beobachtet, dass sich die Embryonen der Wirbeltiere in den anfänglichen Entwicklungsstadien sehr ähneln. Einige ihrer Anlagen erinnerten an Merkmale die man bei ihren stammesgeschichtlichen Vorfahren vermutet hatte.

Embryonalentwicklung des Menschen

Im frühen Stadium der Embryonalentwicklung des Menschen ist die Verwandtschaft mit den Wirbeltieren unverkennbar. Obige Abbildung zeigt einen menschlichen Embryo im Alter von vier Wochen. Die Kopfanlage (3) ist erkennbar. Der Embryo hat Kiementaschen (2) und eine als Schwanz verlängerte Wirbelsäule (1) hinter dem After. Beides sind Kennzeichen aller Wirbeltiergruppen.

Im Jahre 1866 formulierte Ernst Haeckel aus Vergleichen von Embryonen verschiedener Lebewesen, wie sie in nebenstehender Abbildung dargestellt sind, die Biogenetische Grundregel:

„Die Keimesentwicklung (Ontogenese) ist eine kurze, unvollständige und schnelle Wiederholung der Stammesentwicklung (Phylogenese).“ Diese Regel trifft nur auf bestimmte Organanlagen zu, wie z. B. die Anlage von Kiemenspalten und -bögen, nicht jedoch auf den ganzen Organismus.

Der Vergleich von Entwicklungsstadien ermöglicht auch die Aufklärung von Verwandtschaftsverhältnissen, die bei erwachsenen Lebewesen nur schwer zu erkennen sind.

Aufgabe

① Begründen Sie die möglichen Verwandtschaftsverhältnisse der abgebildeten Organismen.

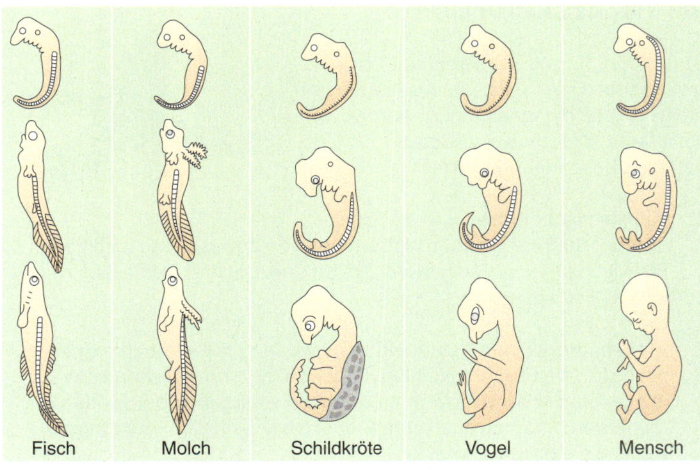

1 Archaeopteryx lithographica (Berliner Exemplar)

Brückentiere

Im Jahr 1861, zwei Jahre nach DARWINS bahnbrechender Veröffentlichung „On the Origin of Species", wurde in *Solnhofen* im Altmühltal ein taubengroßes Fossil gefunden (Abb. 1). Der Fund wurde aus einer ca. 150 Millionen Jahre alten Steinschicht geborgen.

Von dem versteinerten Tier waren der Kopf, eine Wirbelsäule, zwei Beine, Arme mit Federn und ein langer befiederter Schwanz deutlich zu erkennen. Aufgrund des Skelettbaus ließ sich rekonstruieren, wie das Fossil zu Lebzeiten ausgesehen haben mag. Mikroskopische Untersuchungen zeigten u. a., dass die Struktur der Federn mit denen der heutigen Vögel übereinstimmt. Da es sich seinerzeit um das älteste bekannte Fossil mit Federn handelte, erhielt es den Namen *Archaeopteryx*, was „alte Feder" bedeutet.

Federn sind die kennzeichnenden Strukturen der heute lebenden Vögel. Da lag der Gedanke nahe, dass es sich bei *Archaeopteryx* um einen altertümlichen Vogel, einen sog. „Urvogel" handeln könnte. Vor 150 Millionen Jahren, im Zeitalter des Jura, waren Reptilien die vorherrschende Tiergruppe. Moderne Vögel traten erst in der Kreidezeit auf.

Fossile Feder des Archaeopteryx

Ein Mosaiktyp

Archaeopteryx besitzt neben Vogelmerkmalen auch eine ganze Reihe von Merkmalen seiner Zeitgenossen, der Saurier. Einige Strukturen sind den Vögeln und andere den Reptilien zuzuordnen. Vergleicht man mit Vögeln, so können neben Federn noch weitere Vogelmerkmale, in der Abb. 3 blau eingezeichnet, festgestellt werden. Das sind die zu einem Gabelbein verwachsenen Schlüsselbeine, verwachsene Mittelfußknochen und die nach hinten gerichtete große Zehe. Letztere findet man auch bei einigen Dinosauriern, wie dem Compsognathus, die als nahe Verwandte von Archaeopteryx gelten.

Andererseits sind auch eine Reihe von Reptilienmarkmalen (grün) zu erkennen: Das sind Kiefer mit kegelförmigen Zähnen, Finger mit freien Krallen am Flügel, ein flaches Brustbein, ein Schwanz mit vielen Wirbeln und Bauchrippen zum Schutz der Eingeweide. Im Körperbau von Archaeopteryx findet man, wie in einem Mosaik, Vogel- und Reptilienmerkmale nebeneinander. Solche Fossilien werden als *Mosaiktypen* bezeichnet.

2 Compsognathus

Zettelkasten

Der Flug des Archaeopteryx

Strittig ist, ob und wie Archaeopteryx fliegen konnte. Diese Frage ist bis heute noch nicht vollständig geklärt. Es werden verschiedene Hypothesen diskutiert, von denen zwei beschrieben werden:

1. Mithilfe seiner Krallen konnte Archaeopteryx wohl auf Bäumen klettern und von dort gleitend losfliegen. Die Mechanik von Federn und Skelett ermöglichte auch einen kurzen Schlagflug.

2. Archaeopteryx besaß Laufbeine. Deswegen wäre es auch möglich, dass sich die Flugfähigkeit bei räuberischen Bodenläufern entwickelte, die bei der Jagd kurze Distanzen springend überwanden. Die Federn konnten auch zum Steuern bei schnellen Richtungswechseln eingesetzt werden.

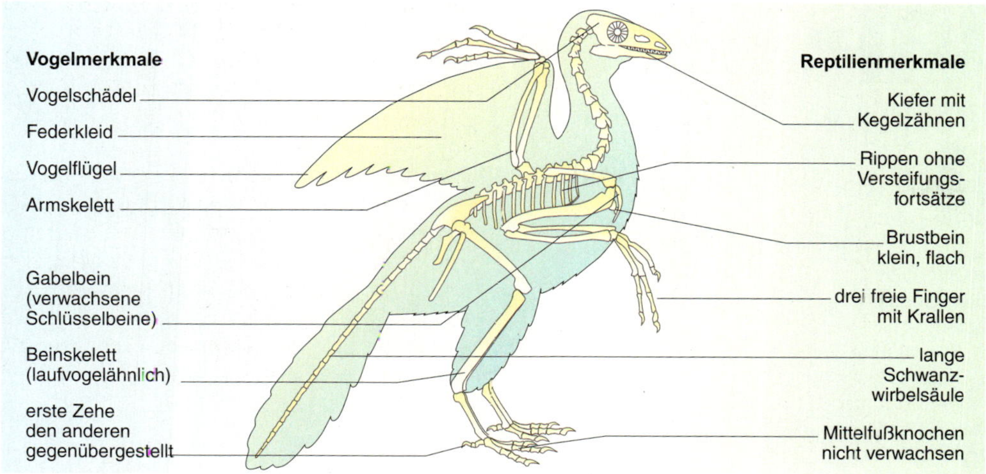

3 Archaeopteryx

Übergangsformen

Archaeopteryx ist für die Abstammungstheorie von entscheidender Bedeutung. Er stellt modellhaft eine Übergangsform zwischen den Reptilien und den Vögeln dar.
Seine Vorfahren waren zweibeinige Raubsaurier (s. Abb. 2), aus denen sich die heutigen Vögel als direkte Nachfahren der Saurier entwickelten. Das ist inzwischen durch zahlreiche Fossilien lückenlos belegt. Übergangsformen stehen als Mosaiktypen zwischen verschiedenen Tiergruppen und werden als *Brückentiere* bezeichnet.

Ichthyostega

Cynognathus

Weitere fossile Brückentiere

In Grönland wurde 1932 *Ichthyostega*, ein 380 Millionen Jahre altes Fossil gefunden. Sein Schwanz mit einem Flossensaum und die charakteristische Schädelform sind einerseits Fischmerkmale. Andererseits besaß er knöcherne Extremitäten, die mit einem Schulter- bzw. Beckengürtel verbunden waren. Er war vermutlich das erste an Land lebende vierbeinige Wirbeltier und gilt als Brückentier zwischen den Fischen und den Amphibien.

Vor etwa 240 Millionen Jahren lebte *Cynognathus*, ein Raubtier, das bis zu zwei Meter lang wurde. Es hatte einen Körper und einen Schwanz wie eine Echse und legte vermutlich Eier. Seine Zähne lassen sich in Schneide-, Eck- und Backenzähne einteilen und der Unterkiefer bestand aus einem einzigen Knochen. Das sind Merkmale von Säugern. Cynognathus, was soviel heißt wie „Hundekiefer", war ein Brückentier zwischen Reptilien und Säugetieren.

Rezente Brückentiere

Neben ausgestorbenen Brückentieren gibt es auch rezente, also heute noch lebende Brückentiere. So weist das Schnabeltier (Abb. Randspalte), einige Merkmale von Reptilien auf: Es ist wechselwarm, legt Eier und die Ausführgänge von Geschlechtsorganen, Ausscheidungsorganen und Darm münden in eine gemeinsame Öffnung, die Kloake. Als Merkmale der Säugetiere treten u. a. ein Haarkleid und Milchdrüsen auf.

Schnabeltier

Aufgaben

① Erklären Sie die Bedeutung der Brückentiere für die Evolutionstheorie.
② Begründen Sie anhand der Abbildungen, ob Archaeopteryx ein guter oder ein schlechter Flieger war.
③ Beurteilen Sie, ob die Bezeichnung „Urvogel" für Archaeopteryx berechtigt ist.

Stammbaum der Wirbeltiere

Dieser Stammbaum der Wirbeltiere ist extrem vereinfacht, er stellt die Geschichte derfünf großen Wirbeltierklassen ohne weitere Untergliederung dar. Fossilfunde bezeugen, dass Wirbeltiere – kleine kieferlose Fische – schon im *Kambrium*, also seit mindestens 543 Mio. Jahren existieren. Fische mit paari-gen Flossen und Kiefern erschienen im *Silur*. Erste Landwirbeltiere traten im *Devon* vor etwa 417 Mio. Jahren auf, seit dem *Karbon* vor 354 Mio. Jahren gibt es Reptilien. Säugetiere gab es schon in der *Trias* vor etwa 248 Mio. Jahren, aber erst in der Erdneuzeit wurden sie zur dominierenden Gruppe der Landwirbeltiere. Aus der *Jurazeit* vor ca. 206 Mio. Jahren sind die ersten Vögel bekannt.

Alle Wirbeltiere haben einen gemeinsamen Ursprung. An der Wurzel stehen Stammformen wie das „Urfischchen" *Haikouella*, die zwar weder Wirbelsäule noch Gliedmaßen besaßen, im Übrigen aber den Bauplan der Wirbeltiere hatten. Der Körper wird durch einen elastischen Achsenstab – die *Chorda* – versteift. *Myllokunmingia* hatte eine Wirbelsäule und eine Schädelkapsel.

Auch alle Landwirbeltiere gehen auf eine gemeinsame Wurzel zurück. Devonzeitliche Fische wie *Eustenopteron* mit muskulösen Flossen, einfachen Lungen und einem Hautpanzer dürften ihre Vorfahren sein. Der Dachschädler *Ichthyostega* hat die Form eines Fisches, dazu vier Beine mit jeweils fünf Zehen; er schlägt die Brücke von den Fischen zu den Vierfüßern *(Tetrapoden)*.

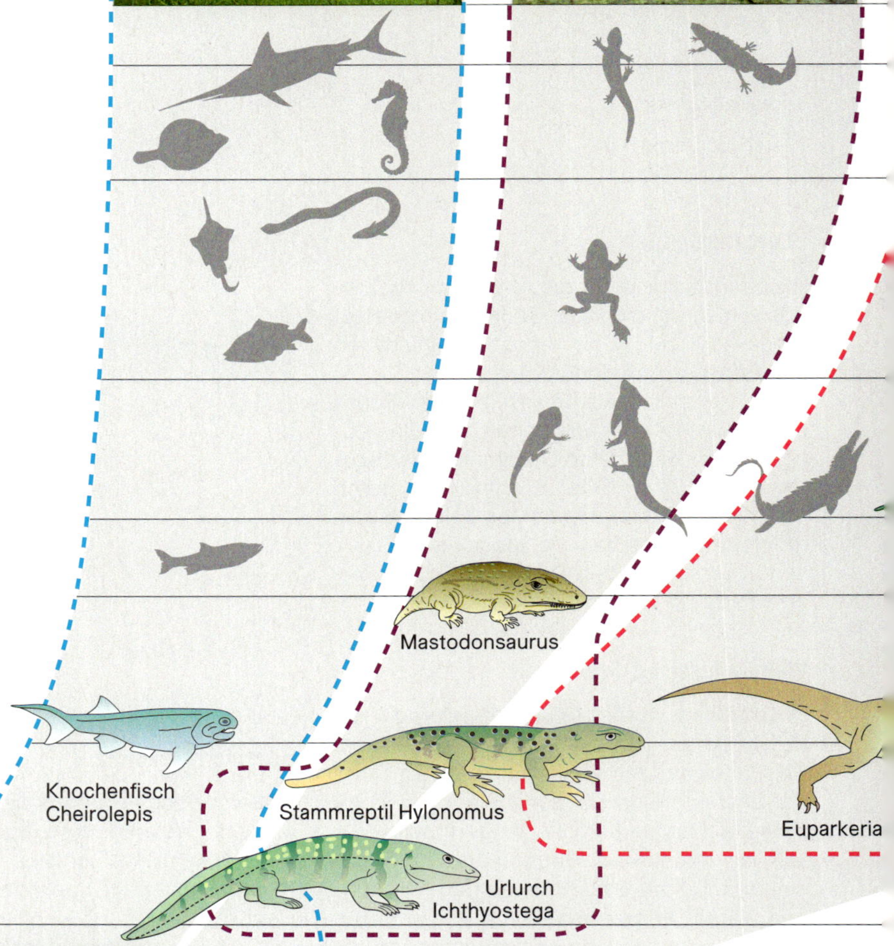

Im *Karbon* ist der besondere Verlauf der Keimesentwicklung der Reptilien, Säuger und Vögel entstanden sein. Ihre Embryos entwickeln sich in einer Fruchtblase *(Amnionhöhle)*, die bei Reptilien und Vögeln von einer festen Eischale umhüllt, bei Säugetieren im Mutterleib geschützt ist. Die Stammesgeschichte der Wirbeltiere kann man als die zunehmende Unabhängigkeit der Tiere vom Lebensraum Wasser beschreiben. Meist waren es ein oder mehrere Schlüsselmerkmale, die ihren Trägern neue Möglichkeiten erschlossen, und so eine neue Tierklasse entstehen ließen:

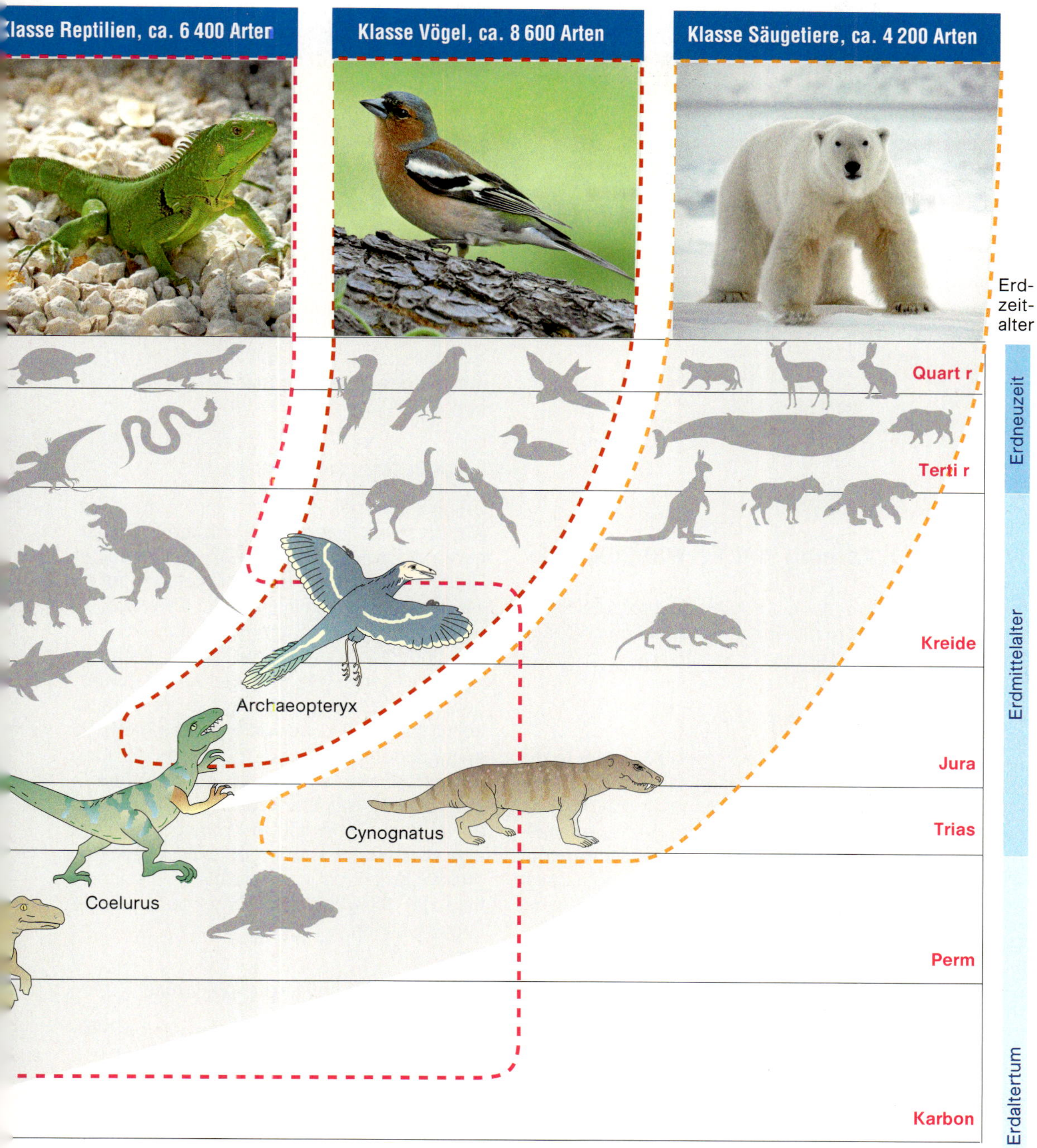

Fische sind an den Lebensraum Wasser gebunden. Ihre Fortbewegungsorgane (Flossen), Atmung (Kiemen), Fortpflanzung (äußere Befruchtung), Körperform und -bedeckung sind diesen Umweltbedingungen angepasst. Durch Bildung vieler Nischen in Süßgewässern und im Meer wurden sie die größte und mannigfaltigste Gruppe der Wirbeltiere.

Amphibien sind zur Fortpflanzung auf das Wasser angewiesen. Aus der mit Kiemen atmenden Larve entsteht nach der Verwandlung der am Land lebende Lurch mit vier Beinen und Lungenatmung. Frühe Amphibien lebten wohl ähnlich wie heute die Salamander: Sie waren langsam, nachts unterwegs und auf Feuchtigkeit angewiesen. Die Frösche traten zusammen mit geflügelten Insekten erstmals im Jura auf.

Reptilien sind nicht nur durch ihre Embryonalentwicklung für das Landleben spezialisiert. Schuppen und Panzer schützen zusammen mit leistungsfähigen Nieren vor Wasserverlust. Die Saurier waren während des Erdmittelalters die vorherrschenden Tiere des Festlandes. Die Reptilien sind eine Sammelgruppe: Krokodile sind näher mit den Vögeln verwandt als mit Schildkröten oder Schlangen.

Säugetiere und **Vögel** sind Nachfahren der Reptilien, jedoch gleichwarm. Ihre Embryos entwickeln sich in einer Fruchtblase. Das Fell der Säugetiere und das Federkleid der Vögel schützen vor Kälte. Homoiothermie ist eine wichtige Voraussetzung für ein hoch entwickeltes Gehirn und hohe körperliche Aktivität.

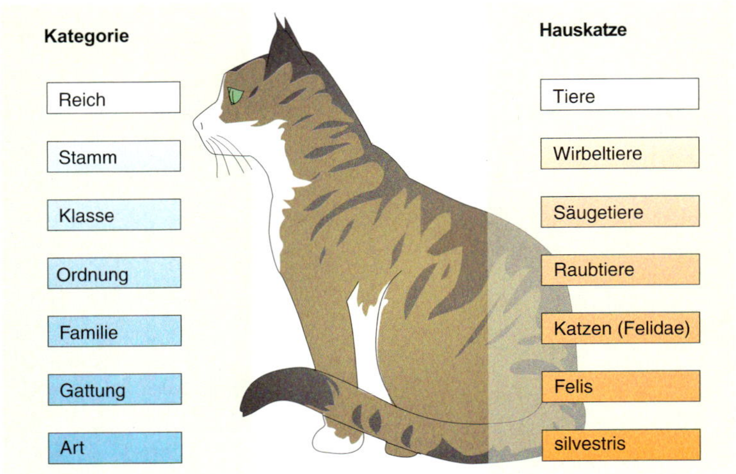

1 Taxonomie am Beispiel der Hauskatze

Feststellung von Verwandtschaft

LINNÉ begündete die binäre Nomenklatur, nach der jede Art durch einen Doppelnamen benannt wird. So heißt die Hauskatze Felis silvestris. Der erste Namen bezeichnet die Gattung, der zweite die Art.

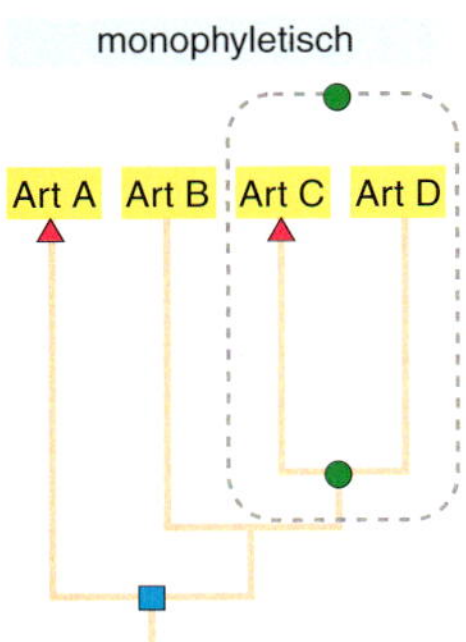

Die *Konstruktion von Stammbäumen* verläuft in drei Schritten:

1. Homologievermutung
2. Außengruppenvergleich
3. Prinzip der einfachsten Erklärung

Ein Stammbaum ist gut abgesichert, wenn er durch viele Merkmale gestützt wird.

Zu Feststellung von Verwandtschaft werden Lebewesen miteinander verglichen und nach ähnlichen Merkmalen gruppiert.

Ordnungssysteme

CARL VON LINNÉ (1707 bis 1778) ordnete die Organismen nach typischen Kriterien. So systematisierte er z. B. Pflanzen nach der Zahl der Staubblätter in der Blüte. Demnach stellte er Linde, Seerose und Mohn, die alle über 20 Staubblättern in der Blüte haben, in eine gemeinsame Gruppe. Man weiß aber inzwischen, dass diese Pflanzen nicht näher verwandt sind. LINNÉS Kriterien sind willkürlich gewählt. Sie geben keine Hinweise auf Verwandtschaft. Man spricht daher von einem *künstlichen System*. Jede Art erhält einen Doppelnamen aus Art- und Gattungsnamen. Durch weitere Gruppierung entsteht eine Hierarchie von *Familien*, *Ordnungen*, *Klassen*, *Stämmen* (siehe Abb. 1)

Ordnung und Verwandtschaft

Es wird angestrebt in einem Ordnungssystem die Verwandtschaft der Organismen darzustellen. In diesem Fall spricht man von einem *natürlichen System*. In ihm lassen sich die Verwandtschaftsbeziehungen als *Stammbaum* darstellen, dessen Verzweigungen die stammesgeschichtliche Entwicklung widerspiegeln. Die heute lebenden Arten sind die Endpunkte der Zweige, die Verzweigungsstellen markieren eine gemeinsame Stammart. Diejenigen Zweige, die sich auf einen gemeinsamen Ast zurückverfolgen lassen, bilden einen Verwandtschaftskreis, bestehend aus der Stammart und sämtlichen Nachkommen. Man bezeichnet sie als *monophyletische Gruppe*. So erhält man ein hierarchisches Ordnungssystem.

Um Verwandtschaft feststellen zu können, werden Merkmale miteinander verglichen. Dabei sind die Homologiekriterien (siehe S. 286 ff) eine wichtige Hilfe. Vergleicht man zum Beispiel die Milchdrüsen bei verschiedenen Säugetieren, so stellt man fest, dass sie einander homolog sind. Dies ist ein Hinweis darauf, dass die Säugetiere einen gemeinsamen Vorfahren mit Milchdrüsen haben.

Der Außengruppenvergleich

Am Beispiel der Raubtiere wird aufgezeigt, wie diese sich gegenüber anderen Säugetieren abgrenzen lassen. Die Gebisse der Raubtiere sind einander homolog und es wird vermutet, dass die Raubtiere auf eine gemeinsame Stammart zurückzuführen sind. Der gemeinsame Vorfahr hätte als neues abgeleitetes Merkmal ein Raubtiergebiss aufgewiesen. Um diese Vermutung zu stützen wird kontrolliert, ob das Merkmal auch außerhalb der betrachteten Gruppe vorkommt. Man spricht von *Außengruppenvergleich*. Da das Merkmal Raubtiergebiss in der Außengruppe nicht vorkommt, ist es neu erworben. Das Raubtiergebiss ist ein Alleinstellungsmerkmal der Raubtiere, die innerhalb der Säugetiere eine monophyletische Gruppe bilden.

Das Prinzip der einfachsten Erklärung

Haben Vögel und Fledermäuse eine gemeinsame Stammform, das „Flügelwirbeltier", von der sie sich ableiten lassen und die sie von den „flügellosen Wirbeltieren" trennt? Vergleicht man Fledermäuse mit Arten der „Flügellosen", stellt man fest, dass man Milchdrüsen oder ein Fell nicht nur bei Fledermäusen, sondern auch bei „Flügellosen" wie zum Beispiel bei Pferden findet. Bei einer Einteilung in „Flügeltiere" und „Flügellose" müssten Milchdrüsen und Fell mehrfach entstanden sein. Nimmt man dagegen an, dass sich die Flügel unabhängig voneinander entwickelt haben, so ist nur ein Merkmal parallel entstanden.
Es ist ein anerkanntes *Prinzip der einfachsten Erklärung* den Vorzug zu geben. Daher gibt es keinen Verwandtschaftskreis der Flügeltiere, sondern eine Unterteilung in Säugetiere und Vögel.

	Taxon, Merkmal	Amphibien	Schildkröten	Eidechsen und Schlangen	Krokodile	Vögel	Säugetiere
1	vier Extremitäten	+	+	+	+	+	+
2	Eihülle (Amnion)	–	+	+	+	+	+
3	Schläfenfenster	–	–	+	+	+	+
4	vier Fußzehen	–	–	–	+	+	–
5	Mahlmagen	–	–	–	+	+	–
6	Homoiothermie	–	–	–	–	+	+
7	nackte Haut	+	–	–	–	–	–
8	Panzer	–	+	–	–	–	–
9	Häutung	–	–	+	–	–	–
10	3faches Augenlid	–	–	–	+	–	–
11	Federn	–	–	–	–	+	–
12	Milchdrüsen	–	–	–	–	–	+

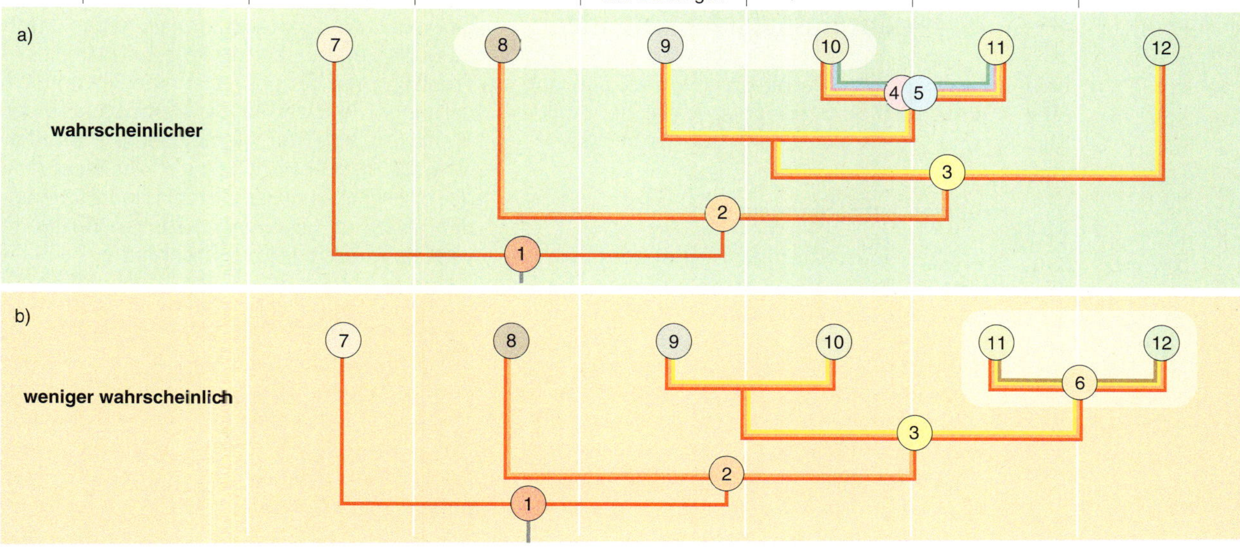

2 Auswahl abgeleiteter Merkmale und Stammbaum der vierfüßigen Wirbeltiere (Tetrapoda)

Erstellung eines Stammbaums

Ausgangspunkt ist eine Merkmalstabelle. Merkmale, die bei vielen systematischen Gruppen auftauchen, stehen in der Tabelle weiter oben. Tierarten mit vielen abgeleiteten Merkmalen stehen in der Tabelle weiter rechts (Abb. 2). Im Stammbaum markiert jeder farbige Knotenpunkt das erste Erscheinen eines neuen Merkmals, die farbigen Zweige seine Weitergabe. Man beginnt an den Zweigenden und verknüpft dann Gruppen, die Merkmale gemeinsam haben. Häufig gibt es mehrere Möglichkeiten: Vögel und Säugetiere könnten eine monophyletische Gruppe der „Gleichwarmen" bilden. Dann müssten Mahlmagen und Vierzehigkeit der Krokodile und Vögel konvergent entstanden sein (Abb. 2). Es führt zu weniger Widersprüchen (Prinzip der einfachsten Erklärung), Krokodile und Vögel als monophyletische Gruppe anzusehen und die *Homoiothermie* als konvergentes Merkmal zu betrachten (Abb. 2a). Der Stammbaum zeigt, dass die gemeinsame Stammart der Schildkröten, Eidechsen, Schlangen und Krokodilen auch der Vorfahr der Vögel und Säugetiere ist. Die Gruppe der „Reptilien" bildet also keine monophyletische Gruppe, da sie nicht alle Abkömmlinge der Stammart enthält.

Aufgaben

① Formulieren Sie eine Begründung des „Prinzips der einfachsten Erklärung".

② Zeichnen Sie einen möglichen Stammbaum der „Flügelwirbeltiere". Kennzeichnen Sie die Stellen, an denen demnach Fell und Milchdrüsen entstanden sein müssten.

Homiotherme Organismen
Organismen, die ihre Körpertemperatur unabhängig von der Umgebung regulieren können

abgeleitetes Merkmal
Merkmal, das eine evolutive Neuheit darstellt

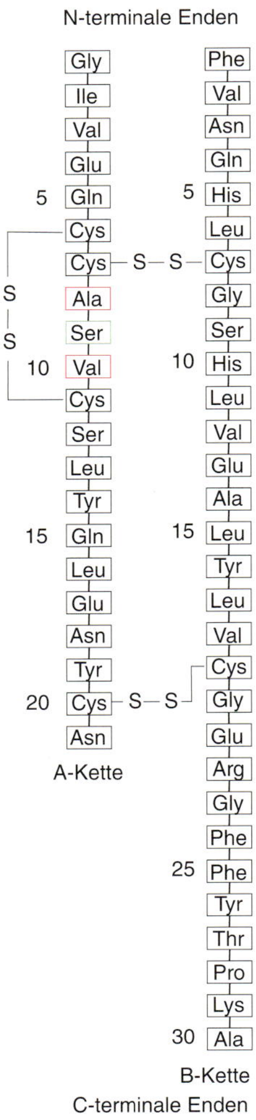

Rinderinsulin

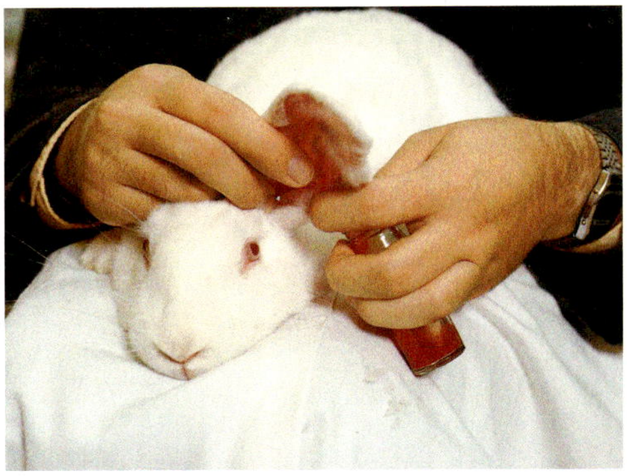

1 Blutentnahme bei einem Kaninchen

Molekularbiologische Befunde

Nicht nur der Vergleich von Organen sondern auch von Molekülen dient der Aufklärung von Verwandtschaftsverhältnissen.

Antigen-Antikörperreaktion

Dringen körperfremde Stoffe oder Krankheitserreger in den Körper von Wirbeltieren ein, kommt es zur Bildung spezifische Antikörper. Diese reagieren mit den Antigenen und machen sie unschädlich, indem sie in einer Antigen-Antikörper-Reaktion vernetzen (siehe S. 170). Antikörper sind hochgradig spezifisch. Sie reagieren nur mit den Antigenen, die ihre Bildung ausgelöst haben. Injiziert man beispielsweise einem Kaninchen Blutserum des Menschen, so wirken die menschlichen Serumproteine als Antigene und das Immunsystem des Kaninchens bildet passende Antikörper.

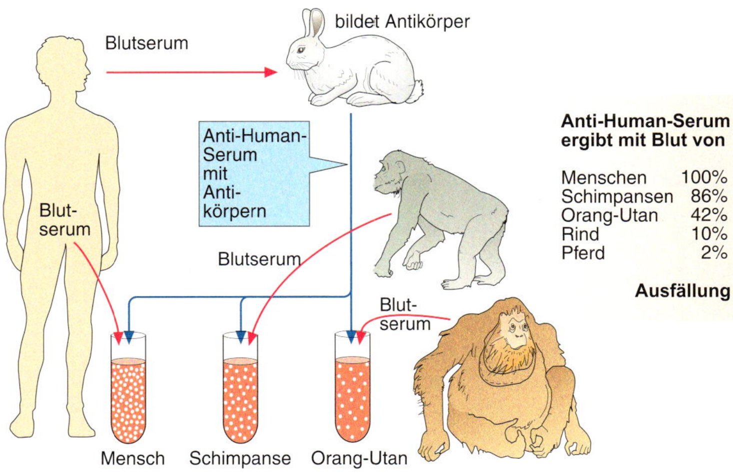

2 Präzipintest

Präzipitintest

Man entnimmt einem Kaninchen Blut mit Antikörpern gegen menschliche Blutproteine und gewinnt daraus Serum, das *Anti-Human-Serum*. Gibt man dazu menschliches Blutserum, so ist eine starke Ausfällung festzustellen. Den Grad dieser Ausfällung setzt man gleich 100 %. Versetzt man das Anti-Human-Serum der Kaninchen mit Blutserum anderer Lebewesen, so sind Ausfällungen unterschiedlicher Stärke zu beobachten (Abb. 2). Die Unterschiede zeigen die abgestufte Ähnlichkeit zwischen den Serumproteinen des Menschen und den Serumproteinen anderer Wirbeltiere. Je höher der Grad der Ausfällung, desto ähnlicher sind die Proteine, umso weniger Mutationen haben stattgefunden und umso weniger Zeit ist seit der Trennung von der gemeinsamen Stammform vergangen. Kürzer ist der Zeitraum seit der Trennung von der gemeinsamen Stammform. Je stärker der Grad der Ausfällung ist, desto enger sind die Organismen miteinander verwandt. Das geschilderte Verfahren wird als *Präzipitintest* bezeichnet.

Vergleich von Aminosäuresequenzen

Proteine bilden eine Stoffgruppe mit einer ungewöhnlichen Vielfalt an Strukturen und Funktionen (s. S. 46). Die chemische Struktur und damit auch die Funktion eines Proteins ist von der Reihenfolge der Aminosäurebausteine abhängig.

Insulin ist ein Hormon, das bei Säugetieren eine Senkung des Blutzuckerspiegels bewirkt. Es besteht aus 51 Aminosäurebausteinen. Untersucht man deren Sequenz, so stellt man zwischen Rind und Schaf nur einen einzigen Unterschied in Position 9 fest. Rind und Schwein unterscheiden sich dagegen in den Positionen 8 und 10 der Insulin A-Kette (s. Randspalte).

Aufgaben

① Beschreiben Sie, wie sich die Verwandtschaft von Rindern und Schafen mithilfe des Präzipintests ohne Blutserum des Menschen ermitteln lässt.

② Klären Sie, ob mit dem beschriebenen Verfahren die Verwandtschaft zwischen Menschen und Kaninchen geklärt werden kann.

③ Erklären Sie die Schlussfolgerungen, die sich aus einem Aminosäurevergleich des Insulins von Rind, Schwein und Schaf ziehen lassen.

Lexikon

Befunde aus Cytologie und Molekulargenetik

Neben dem Vergleich der Proteine gibt es noch weitere Befunde aus der Biochemie, Genetik und Cytologie.

Genetischer Code

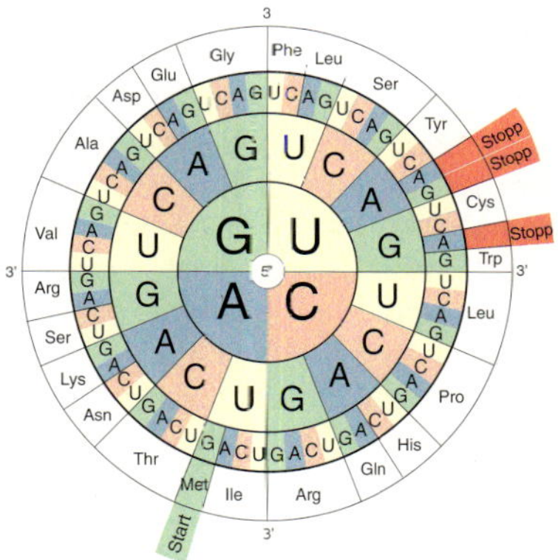

Auch bei anderen biologisch wichtigen Makromolekülen gibt es weitreichende Übereinstimmungen. In der DNA ist durch die Abfolge von Basentripletts die Abfolge der 20 verschiedenen Aminosäuren codiert, aus denen die Proteine bestehen.
Die Codierung, die in Form der Codesonne dargestellt ist, erfolgt bei allen Lebewesen auf prinzipiell gleiche Weise. Der *genetische Code* ist universell.

Die Mechanismen der *Transkription*, und *Translation*, die Strukturen der beteiligten Enzyme und der *Ribonucleinsäuren* sind bei zahlreichen Organismen sehr ähnlich, selbst dann, wenn diese nur weitläufig miteinander verwandt sind.

Zellen

Alle Lebewesen bestehen aus Zellen mit Zellorganellen. Diese Strukturen werden durch Membranen sowohl nach außen als auch nach innen begrenzt (s. S. 49). Ferner sind die grundlegend wichtigen Stoffwechselreaktionen der Zelle, wie z. B. die Zellatmung, bei allen Lebewesen gleich, egal ob es sich um Gletscherfliegen oder Bakterien aus heißen Quellen handelt.

Diese Befunde sind Hinweise darauf, dass Pflanzen und Tiere aus gemeinsamen Vorfahren entstanden sind. Der gemeinsame Vorfahr hatte bereits zelluläre Strukturen, den *Triplettcode* und typische Stoffwechselvorgänge, wie man sie bei heutigen Organismen findet.

Geißeln

Geißeln sind im Vergleich zum Zellkörper auffällig lange Organellen, die bei vielen Einzellern, wie zum Beispiel bei Euglena, der Fortbewegung dienen. *Wimpern*, wie sie z. B. Pantoffeltierchen besitzen, gleichen in ihrer Struktur den Geißeln, sind aber viel kürzer. Der innere Aufbau ist bei allen Geißeln und Wimpern der Eukaryoten gleich (s. S. 30).

Endosymbiontentheorie

Bei genauer Untersuchung von Zellen und Zellorganellen, wie Mitochondrien und Chloroplasten, macht man folgende Beobachtungen:

1. Die *Elementarmembranen* (s. S. 49) der Zellen haben stets eine gleichartige Feinstruktur. Dabei zeigen sich bei der Untersuchung der chemischen Zusammensetzung bemerkenswerte Besonderheiten: Die innere Membran der Mitochondrien besitzt ein bestimmtes Lipid, das *Cardiolipin*. Dieses kommt außer in den Mitochondrien sonst bei Eukaryoten nicht vor, ist aber Bestandteil der Membran von Prokaryoten. Die äußere Membran der Mitochondrien enthält das für Eukaryoten typische *Cholesterol*, das man bei Prokaryoten jedoch nicht findet. Chloroplasten und Mitochondrien haben demnach zwei Biomembranen, eine äußere, die wie die der Eukaryoten gebaut ist, und eine innere, die der Membran von Prokaryoten ähnelt.
2. Sie besitzen eigene Ribosomen, die gleich gebaut sind wie die der Prokaryoten.
3. Sie besitzen eine eigene ringförmig geschlossenen DNA ohne Histone und vermehren sich selbstständig durch Teilung.
4. Sie haben eine eigene Proteinbiosynthese, die durch die selben Antibiotika gehemmt wird wie bei den Prokaryoten.
5. In den Chloroplasten befindet sich das gleiche Chlorophyll wie in Cyanobakterien.

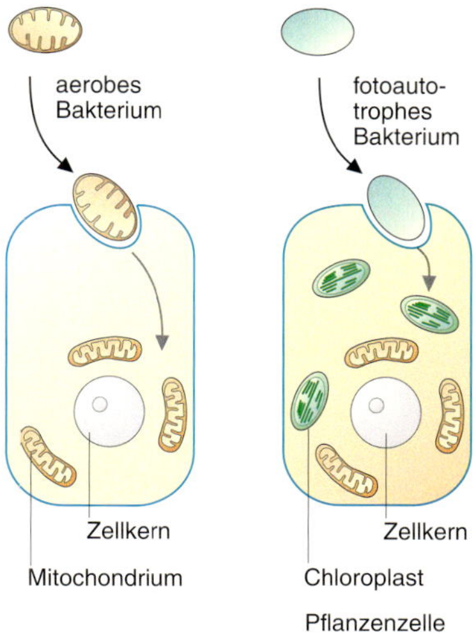

Solche Beobachtungen haben zur Formulierung der *Endosymbiontenhypothese* geführt: Die Vorfahren der heutigen Eukaryoten umschlossen Prokaryoten wie bei der *Phagocytose* (Endocytose) und nahmen sie in das Zellinnere auf. Dort wurden sie jedoch nicht verdaut, sondern bildeten Zellorganellen. Auf diese Weise lässt sich zum Beispiel die Entstehung der Doppelmembran bei Chloroplasten und Mitochondrien erklären. Die Eukaryoten profitieren von den Stoffwechselprodukten der Organellen diese wiederum von der konkurrenzarmen und ressourcenreichen Umwelt im Zellinnern. Dieses Zusammenleben zum gegenseitigen Nutzen im Zellinnern wird als *Endosymbiose* bezeichnet.

Nach der *Endosymbiontentheorie* ist anzunehmen, dass die Gemeinsamkeiten zwischen den Eukaryoten-Organellen und den Prokaryoten auf phylogenetische Verwandtschaft zurückzuführen ist.

DNA-Hybridisierung

Die DNA zweier zu vergleichender Arten A und B wird isoliert und durch Enzyme in Fragmente von ca. 500 Basenpaaren zerlegt. Die DNA der Art A wird radioaktiv markiert, die der Art B bleibt unmarkiert und wird in 1000-fachem Überschuss zu der DNA von A zugegeben. Das Gemisch wird auf 95 °C erhitzt. Bei dieser Temperatur lösen sich die Wasserstoffbrücken, die DNA-Stränge trennen sich, sie „schmelzen". Danach kühlt man auf 60 °C ab. Ein Teil der DNA Einzelstränge bildet Hybriddoppelstränge der Arten A und B. Das Gemisch wird auf eine Trennsäule gegeben, die Doppelstränge bindet und Einzelstränge passieren lässt. Erhöht man nun die Temperatur in Schritten von 2,5 °C, so „schmelzen" nach und nach Hybriddoppelstränge, abhängig davon, wie vollständig die Basenpaarung ist. Die jeweils neu entstandenen Einzelstränge werden ausgewaschen und aufgefangen. Die Temperatur, bei der sich 50 % der Hybrid-DNA wieder getrennt hat, bezeichnet man als „Schmelzpunkt".
In einem Parallelansatz wird ausschließlich die DNA von A verwendet. Die Differenz der Schmelzpunkte artreiner und Hybrid-DNA nennt man $\Delta T_{50}H$-Wert.

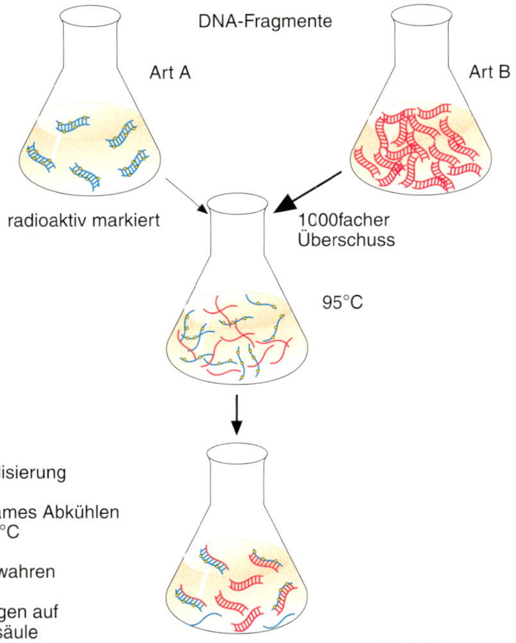

Hybridisierung

langsames Abkühlen auf 60°C

Aufbewahren

Auftragen auf Trennsäule

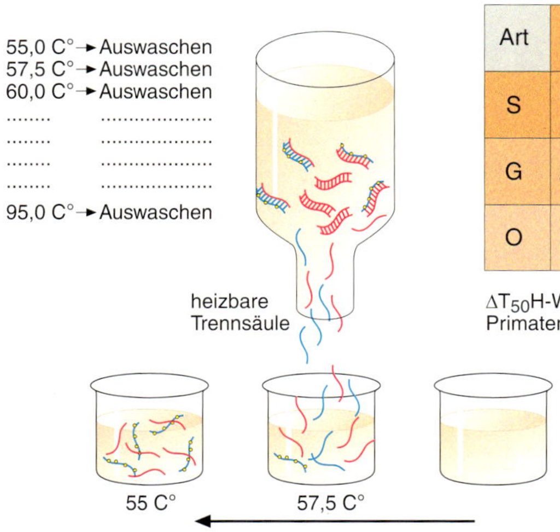

Art	S	G	O
S	–	–	–
G	2.21	–	–
O	3.58	3.55	–

$\Delta T_{50}H$-Werte für verschiedene Primaten

S = Schimpanse
G = Gorilla
O = Orang-Utan

DNA-Hybridisierung bei Primaten

Befunde aus der Molekulargenetik

Die Information zur Ausbildung der Phänotypen ist in den Genen, genauer in der Basensequenz der DNA, codiert. Durch die Reihenfolge der Basen in der DNA ist jedes Lebewesen in eindeutiger Weise charakterisiert. Somit ist die Evolution der Organismen letztlich auf Veränderung von Genen zurückzuführen. Es liegt daher nahe, die DNA direkt zu untersuchen, um Verwandtschaftsverhältnisse zu klären.

DNA-Hybridisierung

Die DNA verschiedener Organismenarten unterscheidet sich in ihrer Basensequenz. Bei nahe verwandten Arten beschränken sich die Sequenzunterschiede auf die vergleichweise wenigen Mutationen, die seit der Trennung von der gemeinsamen Stammform aufgetreten sind. Hybridisiert man DNA-Einzelstränge zweier Arten, so bilden sich um so mehr Wasserstoffbrücken aus, je größer die Übereinstimmung der Basensequenzen ist.

Zum Trennen dieser Hybrid-DNA wird sie erwärmt. Je mehr Wasserstoffbrücken getrennt werden müssen, desto höher muss die Temperatur sein zum Schmelzen des DNA-Doppelstrangs. Artreine DNA hat demnach die höchste Schmelztemperatur. Je größer die Sequenzunterschiede der DNA-Einzelstränge sind, desto niedriger liegt die Schmelztemperatur. Aus der Erniedrigung der Schmelztemperatur im Vergleich zu artreiner DNA lässt sich auf die Ähnlichkeit der DNA und damit auf den Verwandtschaftsgrad schließen.

Die Differenz der Schmelzpunkte artreiner und *Hybrid-DNA* nennt man $\Delta T_{50}H$-Wert. Sie dient als Maß für die Verwandtschaft zweier Arten. Je größer die Differenz ist, desto unterschiedlicher sind die DNA-Moleküle. Ein geringer Wert zeigt eine nahe, ein hoher Wert eine nur entfernte Verwandtschaft an.

Die „molekulare Uhr"

Die Größe des $\Delta T_{50}H$-Werts ist ein relatives Maß für die Zeit, die vergangen ist, seit sich die beiden Arten voneinander abgespalten haben. Je größer der Wert ist, desto länger liegt die Trennung zurück. So entsteht eine Zeitmessung, die als *„molekulare Uhr"* bezeichnet wird.

Um Aussagen über den tatsächliche Zeitpunkt der Abspaltung von der Stammform machen zu können, genügt es jedoch nicht, die Unterschiede der DNA-Sequenzen zu kennen, man muss sie auch in Beziehung zur tatsächlich vergangenen Zeit bringen, d. h. die Uhr muss geeicht werden. Dazu geht man von folgenden Voraussetzungen aus:

- Die zu vergleichenden DNA-Abschnitte verändern sich in gleichem Zeitraum mit gleicher Geschwindigkeit.
- In den betrachteten DNA-Abschnitten ist die Wahrscheinlichkeit für das Auftreten von Mutationen an allen Stellen gleich groß.

Um eine Eichung durchzuführen, wird auf die Altersbestimmung von Fossilien zurückgegriffen. Diese Daten lassen den Schluss zu, dass die Abspaltung der Linie, die zum Orang-Utan führt, von der Linie zu den Gorillas und Schimpansen vor etwa 16 Millionen Jahren begann. Von dieser Zeit an entwickelten sich beide Linien getrennt voneinander. Der Durchschnitt der $\Delta T_{50}H$-Werte von Schimpanse und Gorilla zu Orang-Utan beträgt 3,56 K. Dieser Wert entspricht somit einem Zeitraum von 16 Millionen Jahren.

Bei DNA Vergleichen beschränkt man sich nicht nur auf DNA aus dem Zellkern. Besonders interessant ist die DNA der Mitochondrien (mt-DNA), da sie ausschließlich über die mütterliche Linie vererbt wird und keiner Meiose und Rekombination unterliegt. Man kennt auf der ringförmigen mt-DNA einen hochvariablen, nicht codierenden Bereich, der für Analysen bevorzugt verwendet wird.

Aufgaben

① Berechnen Sie anhand der Werte aus der Tabelle, wann die Abspaltung der übrigen Arten erfolgt ist.

② Geben Sie Gründe dafür an, dass bei der DNA-Hybridisierung die DNA der Art B in 1000-fachem Überschuss zugegeben wird.

③ Begründen Sie, warum beim Vergleich der mt-DNA der nicht codierende Bereich bevorzugt verwendet wird.

Zettelkasten

Molekulare Homologie und Analogie (von Proteinen)

Verwandtschaftsbeziehungen lassen sich auch durch den Vergleich von Proteinen untersuchen. Stimmen die Aminosäuresequenzen überein, geht man davon aus, dass sie auf gemeinsamer Erbinformation beruhen, es sich also um homologe Proteine handelt. Die Erbinformation stammt in diesem Fall von gemeinsamen Vorfahren.
Ähnlichkeiten zwischen Molekülen können jedoch auch durch gleichartige Funktion bedingt sein und wie bei ähnlichen anatomischen Strukturen auf Analogie beruhen. Das würde bedeuten, dass es homologe und analoge Makromoleküle gibt.

	M = Mensch S = Schaf										
					1				5		
					Met	Lys	Trp	Val	Thr	Phe	Ile
M	AACCCACGCCUUUGGCACA				AUG	AAG	UGG	GUA	ACC	UUU	AUU
S	CCCACAAACCUUUGGCACA				AUG	AAG	UGG	GUG	ACU	UUU	AUU
					Met	Lys	Trp	Val	Thr	Phe	Ile
			10					15			
	Ser	Leu	Leu	Phe	Leu	Phe	Ser	Ser	Ala	Tyr	Ser
M	UCC	CUU	CUU	UUU	CUC	UUU	AGC	UGC	GCU	UAU	UCC
S	UCC	CUU	CUC	CUU	CUC	UUC	AGC	UCU	GCU	UAU	UCC
	Ser	Leu	Leu	Leu	Leu	Phe	Ser	Ser	Ala	Tyr	Ser
		20					25				
	Arg	Gly	Val	Phe	Arg	Arg	Asp	Ala	His	Lys	Ser
M	AGG	GGU	GUG	UUU	CGU	CGA	GAU	GCA	CAC	AAG	AGU
S	AGG	GGU	GUG	UUU	CGU	CGA	GAU	ACA	CAC	AAG	AGU
	Arg	Gly	Val	Phe	Arg	Arg	Asp	Thr	His	Lys	Ser
	30					35					40
	Glu	Val	Ala	His	Arg	Phe	Lys	Asp	Leu	Gly	Glu
M	GAG	GUU	GCU	CAU	CGG	UUU	AAA	GAU	UUG	GGA	GAA
S	GAG	AUU	GCU	CAU	CGG	UUU	AAU	GAU	UUG	GGA	GAA
	Glu	Ile	Ala	His	Arg	Phe	Asn	Asp	Leu	Gly	GLU
					45					50	
	Glu	Asn	Phe	Lys	Ala	Leu	Val	Leu	Ile	Ala	Phe
M	GAA	AAU	UUC	AAA	GCC	UUG	GUG	UUG	AUU	GCC	UUU
S	GAA	AAU	UUU	CAA	GGC	CUG	GUG	CUG	AUU	GCC	UUU
	Glu	Asn	Phe	Gln	Gly	Leu	Val	Leu	Ile	Ala	Phe

Serumalbumin besteht aus 600 Aminosäuren. Betrachtet man die ersten 100 Aminosäuren des Serumalbumins von Mensch und Schaf, so sind 84 identisch. Die meisten Aminosäuren können durch mehrere Tripletts codiert werden. Wenn die Erbinformation nicht gleichen Ursprungs ist, so ist bei den Genen nur eine geringere Überseinstimmung der Tripletts zu erwarten (33 %). Vergleicht man die Basentripletts der Aminosäuren, so zeigt sich, dass 64 der 84 Aminosäuren durch das selbe Triplett codiert werden. Das entspricht einer Übereinstimmung von 76 % und ist damit mehr als doppelt so hoch wie bei unabhängiger Entstehung zu erwarten wäre. Man schließt daraus, dass die Erbinformation von gemeinsamen Vorfahren stammt, die Serumalbumine also homologe Proteine sind.

Proteine unterliegen, wie alle phänotypischen Merkmale, der Selektion. Die Bildung analoger Strukturen kann daher nicht völlig ausgeschlossen werden. Die Aussagen über Verwandtschaft, die durch Vergleich von Proteinen gewonnen werden, sind daher weniger sicher als der DNA-Vergleich. Welches von verschiedenen Basentripletts eine bestimmte Aminosäure codiert, unterliegt nicht der Selektion, da dies sich nicht phänotypisch auswirken kann.

1 Kolibri vom Oberrhein

Fossile Ökosysteme

Vor etwa 30 Millionen Jahren, in der Mitte des *Tertiärs*, war das Gebiet des heutigen Oberrheingrabens von einem Meer bedeckt, das zeitweise eine Verbindung zwischen dem Urmittelmeer und dem Nordmeeresarm darstellte (Abb. 2). In ihm lebten Fische, auch Haie, Meeresschildkröten, Seekühe und Krokodile. An seinen Ufern standen Lorbeerbäume und Palmen. Dort gab es Flamingos, Pelikane, Nashörner und Elefanten. Informationen über Tier- und Pflanzenwelt liefern Fossilien.

Im Jahre 2008 wurde in einer Tongrube bei Heidelberg sogar ein fossiler Kolibri (s. Abb. 1) gefunden. Dies belegt, dass im Tertiär im heutigen Baden-Württemberg subtropisches Klima geherrscht hat, vergleichbar mit dem der heutigen Karibik. Die Durchschnittstemperatur betrug ca. 20 °C, während sie heute 10,5 °C beträgt. Zum Ende des Tertiärs sanken die Temperaturen auf 12 °C ab. Das führte dazu, dass sich die subtropische Flora und Fauna aus den nördlichen Regionen weit nach Süden zurückgezogen hat.

Ursachen der Veränderungen

Die Ursachen für die Veränderungen beruhen auf globalen geologischen Ereignissen, die zur Folge hatten, dass die Erde — über lange Zeiträume gesehen — einem ständigen Wandel der *abiotischen Faktoren* unterworfen war. Verliefen die Veränderungen langsam, so war eine Anpassung an die veränderten Umweltbedingungen möglich. Bei raschen Änderungen jedoch starben viele Tiergruppen aus und neue entwickelten sich.

Ein wichtiger abiotischer Faktor ist das Klima. Die Abb. 4 zeigt den Verlauf der globalen Temperatur und des *globalen Klimas* während der vergangenen 600 Millionen Jahre. Diese Klimaänderungen hatten entscheidenden Einfluss auf die Ökosysteme der Erde: In kalten Zeiten wurde viel Wasser an den Polen und in den Gletschern als Eis gebunden. In den warmen Epochen sind die Eismassen abgeschmolzen.

Daher änderte sich auch die Höhe des Meeresspiegels. Bei Tiefständen kam es zu *Massenaussterben.* Davon betroffen waren hauptsächlich marine Organismen, da durch sinkende Meeresspiegel riesige Landflächen entstanden. So wurde den Bewohnern der ursprünglichen Flachwasserzonen die Lebensgrundlage entzogen.

Massenaussterben von Organismen markieren der Erde erdgeschichtlicher Epochen. In Abb. 4 sind Massenaussterben mit Pfeilen gekennzeichnet.

Die Ursachen für die Klimaänderungen auf der Erde beruhen auf Abweichungen der Erdumlaufbahn um die Sonne. Ferner spielt auch die Kontinentalverschiebung eine Rolle. Durch sie verändert sich Lage und Größe der Kontinente. Dadurch wird die Richtung der globalen Meeresströmungen beeinflusst.

2 Land/Meer-Verteilung im Tertiär

3 Lebewesen des Jurameeres

Vor etwa 65 Millionen Jahren, am Ende der Kreidezeit, sind alle Saurier, auch die Meeresbewohner, ausgestorben. Mit ihnen verschwanden zahlreiche weitere Pflanzen- und Tierarten, wie zum Beispiel auch die Ammoniten.
Eine Hypothese sieht die Gründe in einem Meteoriteneinschlag von gewaltigem Ausmaß, der die Erde lange Zeit verwüstet und die Selektionsbedingungen radikal verändert hat.

Im Tertiär besetzten Säugetiere die frei gewordenen ökologischen Nischen. Im Verlauf dieser Radiation entstanden die Vorfahren vieler Säugerordnungen, wie z. B. der Raubtiere und der Huftiere.

Das Jurameer in Süddeutschland

Vor etwa 100 Millionen Jahren herrschten in Süddeutschland völlig andere Umweltbedingungen als heute. Europa war nahezu vollständig vom *Jurameer* bedeckt. Abb. 5 zeigt die Verteilung von Land und Meer.

Durch hohe Temperaturen während der Jurazeit (s. Abb. 4) waren die Polkappen abgeschmolzen und der Meeresspiegel lag etwa 200 m über dem heutigen Niveau. Im tropischen Klima entwickelte sich im *Jurameer* eine Fülle von Planktonorganismen, von denen sich eine reiche Tierwelt ernähren konnte. Es lebten dort unter anderem Wirbeltiere aus der Gruppe der Reptilien wie Fischsaurier und Krokodile.
Auch wirbellose Tiere, wie z. B. *Ammoniten*, die zu den Tintenfischen gehören, findet man im Jurameer in großer Zahl. Unter ihnen gab es Arten mit einem Durchmesser bis zu 1,5 Metern.

5 Jurameer

Die Beispiele zeigen, dass die Evolution der Lebewesen untrennbar mit der Evolution der Ökosysteme verbunden ist.

Aufgaben

① Erklären Sie, wie es möglich ist ein Lebensbild eines fossilen Ökosystems wie in Abbildung 3 zu entwicklen.

② Erläutern Sie Ursachen, die zur Veränderung fossiler Ökosysteme geführt haben.

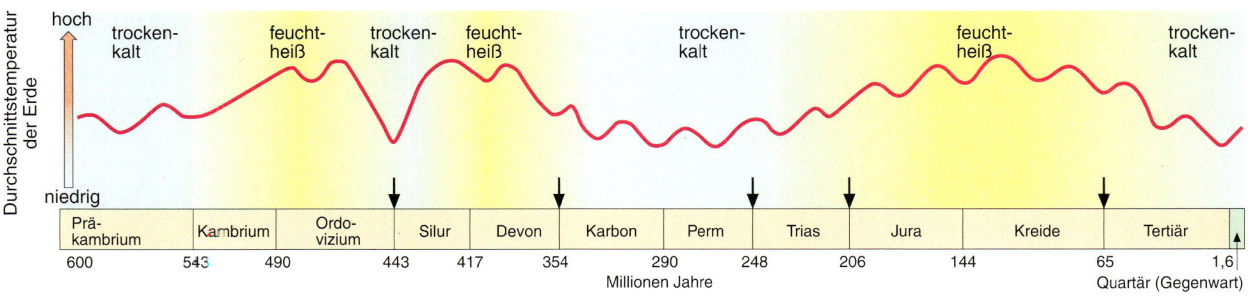

4 Globale Temparatur- und Klimaverlauf

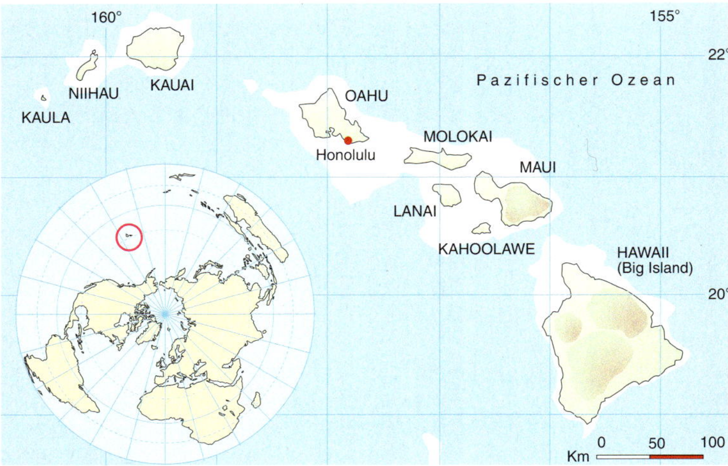

2 Karte von Hawaii

1 Verwildertes Schwein im Regenwald

Hawaii – endemische Arten in Gefahr

Hawaii ist eine abgeschiedene Inselkette inmitten des Pazifischen Ozeans. Die Entfernung zum nächsten Festland beträgt ca. 4000 km. Der gesamte Archipel besteht aus 132 Inseln, von denen die meisten winzige Riffe und Felsen im Meer sind. Vulkanische Tätigkeit am Meeresboden, die bis heute andauert, ließ die hawaiianischen Inseln entstehen. Die ältesten Atolle sind etwa 40 Millionen Jahre alt.

Die Ökosysteme solcher abgelegener Inseln haben sich über lange Zeiträume unabhängig entwickelt und sind einzigartig. Eingriffe des Menschen hatten ungeahnte Folgen für die Ökosysteme der Inseln und das umgebende Meer.

COOK auf Hawaii

Tiere und Pflanzen der Inseln

Über Jahrmillionen entwickelte sich auf den Inseln eine einzigartige Flora und Fauna, ausgehend von natürlich eingewanderten Arten. Die Evolution der Einwanderer verlief unabhängig von anderen Populationen. Dies zeigt sich daran, dass bis vor wenigen Jahrhunderten 89% der vorkommenden Arten und Unterarten *endemisch* waren, d.h. sie kamen ausschließlich auf Hawaii vor. Bedingt durch die gewaltige Entfernung zu den Kontinenten erreichten neue Arten die Inseln nur zufällig und selten; es bestand praktisch kein Genaustausch mit den Populationen auf den Kontinenten.

Ursprünglich heimisch sind auf Hawaii nur zwei Säugetierarten, die im Meer lebende Mönchsrobbe und eine Fledermausart. Unter den besonderen Selektionsbedingungen der Insellage entwickelten sich bemerkenswerte Eigenheiten. So erschlossen sich Vögel im Laufe der Zeit viele Lebensräume. Einige Arten sind flugunfähige Bodenbrüter. Ohne bodenlebende Fressfeinde stellte diese Entwicklung keinen Selektionsnachteil dar. Bei den Pflanzen findet man weder Dornen noch giftige Blätter. Das ist ein Hinweis darauf, dass ihre Evolution ohne den Selektionsdruck durch Pflanzen fressende Tiere verlaufen ist.

Der Einfluss der Menschen

Die Beeinträchtigung der natürlichen Tier- und Pflanzenwelt begann mit der Besiedlung durch den Menschen. Die ersten Siedler waren Polynesier. Diese machten unerbittlich Jagd auf Vögel. Die Federn wurden zur Anfertigung von Helmen und Staatsroben der Häuptlinge verwendet. Die intensive Bejagung der Vögel war bereits eine ernsthafte Bedrohung der endemischen Arten der Insel.

Zu den größten Feinden endemischer Arten zählen mitgebrachte Haustiere und andere eingeschleppte Tier- und Pflanzenarten. Die Siedler brachten vor allem Hühner und Schweine auf die Inseln. Die Kanus der Polynesier transportierten auch Ratten sowie Hausfliegen. Walfänger brachten Kakerlaken, Mäuse und Moskitos. Kapitän COOK, der die Inselgruppe im Jahr 1778 entdeckte, setzte die ersten Ziegen aus, damit für anlandende Schiffsbesatzungen Nahrung zu finden war. Später kamen auch Rinder dazu.

Folgen für die Ökosysteme

Durch die eingeschleppten Tiere, die sich teilweise sehr schnell vermehrten, entstanden unabsehbare Folgen. So beeinträchtigten die ausgewilderten Ziegen und Kühe die einheimische Flora und verwilderte Hausschweine schädigten die Regenwälder.

Die Kette unvorhersehbarer Auswirkungen, die das Einbringen fremder Arten in dieses empfindliche Ökosystem hatte, wird am Beispiel der verwilderten Schweine betrachtet. Wildschweine dringen in die Wälder ein und wühlen große Flächen des Waldbodens um. Der frisch aufgeworfene Boden bietet dann fremden Pflanzen eine Ansiedlungsmöglichkeit, die sonst nicht oder nicht in diesem Umfang wachsen könnten.

Folgen für den Vogelbestand

In den Regenwäldern stoßen Wildschweine Baumfarne um. Die entwurzelten Stämme werden von oben benagt, sodass die Tiere an das stärkehaltige Mark im Innern gelangen. In den ausgenagten Vertiefungen sammelt sich bei den häufigen Regenfällen Wasser. Diese Wasserpfützen sind kleine Feuchtbiotope auf Zeit, in denen Mücken ihre Larven ablegen, darunter auch eingeschleppte Moskitos, die den Erreger der *Vogelmalaria* tragen. Im Gegensatz zu Festlandsvögeln besitzen hawaiianischen Vogelarten kaum Abwehrmöglichkeiten gegen den Erreger der Vogelmalaria. Von den ursprünglich 69 Vogelarten existieren heute nur noch 44 Arten, von denen 27 als gefährdet gelten. Ein Teil des Artenverlusts ist auf die Vermehrung der Malariamücke zurückzuführen. Inzwischen hat sich die Vogelmalaria zu einer der größten Bedrohungen der Vogelwelt Hawaiis entwickelt.

Folgen für das Korallenriff

Bei starken Regenfällen kommt es in den von den Wildschweinen geschädigten Wäldern zu einer starken Erosion des Waldbodens. Die Humusschicht wird abgetragen und fließt mit dem ablaufenden Regenwasser an den Lavahängen abwärts ins Meer. Hier wiederum bedecken die sehr feinen Schwebteilchen die Korallenriffe. Nach einiger Zeit werden die grünblauen Riffe weiß (Abb. 3 und 4), ein untrügliches Zeichen für das Absterben der Korallenpolypen mit ihren symbiontisch lebenden Grünalgen. Dieses Beispiel zeigt, dass die Verwilderung von Schweinen auf der Insel sogar die Beeinträchtigung der marinen Ökosysteme bewirkt.

Aufgaben

1. Stellen Sie in einem Flussdiagramm die Auswirkungen der Auswilderung der Hausschweine dar.
2. Begründen Sie, weshalb eingewanderte Festlandarten häufig den Bestand von Inselarten gefährden, jedoch der umgekehrte Fall praktisch nie eintritt.
3. Nehmen Sie begründet Stellung zu der Frage, ob der Mensch in der Lage wäre, auf Hawaii wieder diejenigen Bedingungen zu schaffen, wie sie vor der Besiedlung herrschten.

3 Intaktes Korallenriff und geschädigtes Korallenriff

Erdurzeit (Präkambrium)	Erdaltertum (Paläozoikum)				
3500 Millionen Jahre	543	490	443	417	354

Präkambrium

Im **Präkambrium** vor 3,5 Milliarden Jahren bilden Cyanobakterien *Stromatolithen*. 1,5 Milliarden Jahre später treten erste eukaryotische *Einzeller* auf; es handelt sich um Planktonalgen mit komplizierten Zellwänden. Fremd und skurril erscheinen uns die ersten *Vielzeller (Ediacara-Fauna)*. Manche sind offensichtlich Vorläufer der Tiere, andere scheinen weder Tier noch Pflanze zu sein, sondern erloschenen Gruppen anzugehören. Weder Maul noch After sind zu finden. Sie leben im Wasser schwebend oder als Matten auf dem Sediment, genährt durch symbiontische Mikroben oder durch im Wasser gelöste Nährstoffe.

Kambrium

Im **Kambrium** ist das Leben im Meer reich entwickelt, das Festland dagegen weitgehend unbesiedelt. Fossil überliefert sind *Wirbellose*, z. B. Trilobiten, Stachelhäuter, Weichtiere und Chordatiere, die vielleicht als Schutz vor räuberischen Arten Schalen und Skelette ausgebildet haben. Von ihnen wird viel Karbonat gebildet und abgelagert. Das Kambrium ist eine Phase besonders starker Artaufspaltung, viele der neuen Arten sterben noch im Kambrium wieder aus. Auf der Südhalbkugel liegt der Großkontinent *Gondwana*, im Norden kleinere Kontinente.

Ordovicium

Im **Ordovicium** sind alle noch heute bekannten Stämme der Meerestiere vorhanden. Besonders die *Weichtiere* (Schnecken, Muscheln und Tintenfische) entfalten sich arten- und individuenreich. Unter den Tintenfischen hat sich bis heute *Nautilus* als lebendes Fossil gehalten. Es bilden sich erste Korallenriffe an der Küste. Kalk bildende *Grünalgen* dringen bis in das Brackwasser vor. Das Ordovicium endet mit einem ersten Massenaussterben.

Silur

Im **Silur** besiedeln erste Pflanzen das Festland. Es sind einfach gebaute Nacktfarne *(Psilophyten)* mit einem Verdunstungsschutz gegen Austrocknung, Leitgeweben zum Wassertransport und Festigungsgeweben für eine aufrechte Gestalt. *Tausendfüßer* und *Skorpione* folgen den Pflanzen an Land. In den Meeren entfalten sich die Wirbeltiere in Form verschiedener Fischklassen.

Devon

Im **Devon** treten *Insekten* auf und die *Wirbeltiere* erobern Landlebensräume (mit Bärlappen und Farnen). Die Dachschädler *(Ichthyostega)* gelten als *Brückentier* zwischen Fischen und Amphibien. Sie bewegen sich auf vier Beinen, besitzen einen Verdunstungsschutz aus Knochenplatten und atmen mit Kiemen und Lungen.

Karbon

Im **Karbon** entstehen Sumpfwälder aus baumhohen *Farnen*, *Schachtelhalmen* und *Bärlappen*, deren Reste wir heute als *Steinkohle* kennen. *Rieseninsekten* erobern den Luftraum. Kollisionen der Großkontinente führen zur Gebirgsbildung, Gondwana vereist.

Erdmittelalter (Mesozoikum) | Erdneuzeit (Neozoikum)

290 | 248 | 206 | 144 | 65 | 1,6

Perm

Im **Perm** entfalten sich *Reptilien*; sie sind landlebenden Amphibien durch innere Besamung und beschalte Eier überlegen. *Samenpflanzen* verdrängen *Sporenpflanzen*, es gibt Käfer und Schmetterlinge. Der Superkontinent *Pangaea* entsteht. Das Perm endet mit einem Massenaussterben.

Trias

Im **Trias** beherrschen Reptilien Meer, Land und Lüfte, darunter sind sehr große Arten wie die *Dinosaurier*. Aus einer alten Reptiliengruppe entwickeln sich die ersten *Säugetiere*. Bei den Landpflanzen dominieren *Farne, Ginkgos* und *Nadelbäume*. Auch das Trias endet mit einem Massenaussterben.

Jura

Im **Jura** erscheinen die Vorfahren der Vögel *(Archaeopteryx)*, weiterhin sind *Reptilien* die vorherrschende Tiergruppe. Neben den Nadelbäumen gibt es erste *Laubbäume*. Im Meer entfalten sich Gehäuse-Tintenfische *(Ammoniten* und *Belemniten)*, außerdem leben dort *Knochenfische* und *Meeresreptilien*. Die Ozeane dehnen sich aus und überfluten große Teile des heutigen Eurasiens.

Kreide

In der **Kreide** leben viele kalkhaltige, riffbildende Meerestiere, die fossil als Schreibkreide erhalten bleiben. Vermutlich löst der Einschlag eines Meteoriten eine weltweite Umweltkatastrophe aus: Staub verdunkelt den Himmel und lässt die Erdtemperatur sinken. Ammoniten, Belemniten, Dinosaurier und viele Reptiliengruppen sterben aus. Das Tethys-Meer teilt *Pangaea* in den Südkontinent *Gondwana* und den Nordkontinent *Laurasia*.

Tertiär

Im **Tertiär** entwickeln sich bei warmem bis tropischem Klima vielfältige *Säugetier-* und *Vogelarten*. Die *Radiation der Säugetiere* führt relativ schnell zur Bildung neuer Ordnungen, wie Nagetiere, Primaten, Fledermäuse, Wale oder Robben. Pflanzliche Ablagerungen vertorfen und bilden *Braunkohle*. Blütenpflanzen entfalten sich in einer Koevolution mit den Insekten. Die Lage der Kontinente nähert sich der heutigen Verteilung, Meeresströmungen ändern sich und der Meeresspiegel schwankt stark. Es entstehen die heutigen Flusssysteme und Gebirge.

Quartär

Im **Quartär** breitet sich die Gattung *Homo* auf allen Kontinenten aus. Das Klima im Quartär ist geprägt durch den Wechsel von *Eis-* und *Warmzeiten*. Im Eiszeitalter verdrängen Inlandvereisungen besonders auf der Nordhalbkugel die subtropische Lebenswelt. An Kälte angepasste Tiere wie das *Mammut* tauchen auf. In der Nacheiszeit kehren die durch die Kälte vertriebenen Arten teilweise in die eisfreien Gebiete zurück. Es entwickeln sich allmählich die heutigen Vegetationsverhältnisse. Durch wachsende Bevölkerungszahlen und technische Entwicklung greift der Mensch nachhaltig in die Biosphäre ein.

Perm vor 290 Mio. Jahren

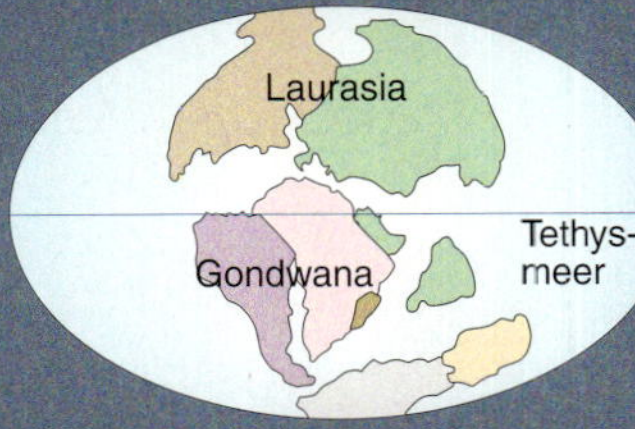

Jura vor 205 Mio. Jahren

Heute seit 1,6 Mio. Jahren

Mensch und Schimpanse — ein Vergleich

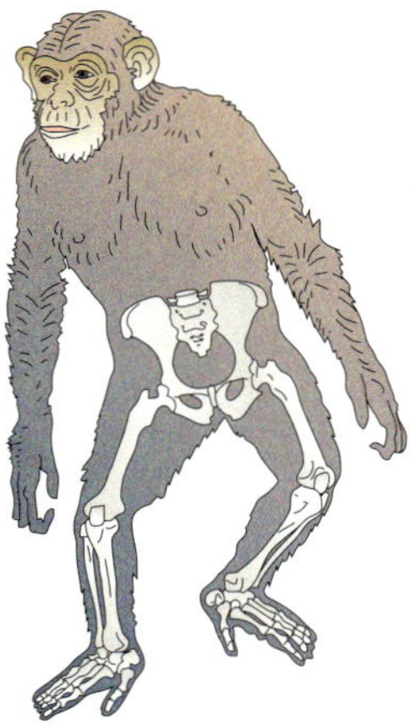

Der Vergleich von *Schimpanse* und *Mensch* kann die Frage beantworten helfen, wie die Entwicklung vom gemeinsamen Vorfahren zum heutigen Menschen abgelaufen sein könnte.

Fortbewegung und Skelettbau

Das Skelett des Menschen mit seinen im Vergleich zu den Armen längeren Beinen ist an den *aufrechten, zweibeinigen Gang* angepasst. Der Fuß ist gewölbt und kann Erschütterungen gut abfedern. Auch die Kniegelenke sind den hohen Belastungen des ständigen aufrechten Gangs gewachsen. Das Becken des Menschen ist schüsselförmig, kurz und breit. Es trägt den größten Teil der Last des Rumpfes. Die Wirbelsäule ist doppelt-S-förmig gekrümmt und kann Druck und Scherbelastungen sehr gut aufnehmen. Der Brustkorb ist relativ breit, hat dafür aber eine geringe Tiefe. Dadurch liegt sein Schwerpunkt auf der Körperachse. Das *Hinterhauptsloch* liegt in der Mitte der Schädelunterseite, sodass sich der Schädel bei aufrechter Körperhaltung in einer günstigen Schwerpunktlage befindet.

Schimpansen gehen am Boden meist auf allen Vieren, wobei sie die längeren Arme mit den Fingerknöcheln abstützen (Knöchelgang). Dabei wird der Kopf an der schräg gerichteten Wirbelsäule von der kräftigen Nackenmuskulatur gehalten. Die Wirbelsäule geht geradlinig in das Becken über. Der Brustkorb ist tief, die Schulterblätter sind weit nach hinten verlagert. So können die Arme im Schultergelenk in alle Richtungen bewegt werden. Relativ selten erheben Schimpansen sich zum aufrechten, zweibeinigen Gehen, etwa wenn sie Früchte mit den Händen an einen anderen Ort bringen. Beim Laufen auf zwei Beinen bleibt der Körper gebeugt. Knie- und Hüftgelenk sind dabei abgeknickt. Nur so bleiben die Füße unterhalb des Körperschwerpunkts.

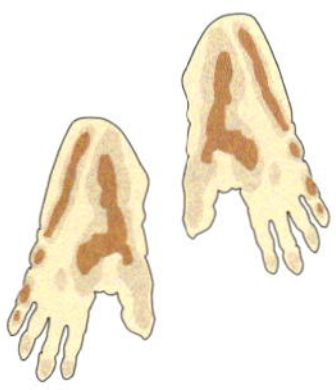

Schimpansen sind Waldbewohner und leben im tropischen Afrika. Beim Klettern stellen sie nicht nur den Daumen den anderen Fingern, sondern auch die große Zehe den anderen Zehen gegenüber. So können sie mit Händen und Füßen Äste umgreifen (*Greifhand* und *Greiffuß*). Dadurch sind Schimpansen an das Leben in Bäumen angepasst, auf denen sie Nahrung suchen und Schutz finden.

Gebrauch der Hand

Die Hände des Menschen sind universell einsetzbare Greifwerkzeuge, die einen perfekten Werkzeuggebrauch ermöglichen. Der Unterarm ist um seine Längsachse drehbar.

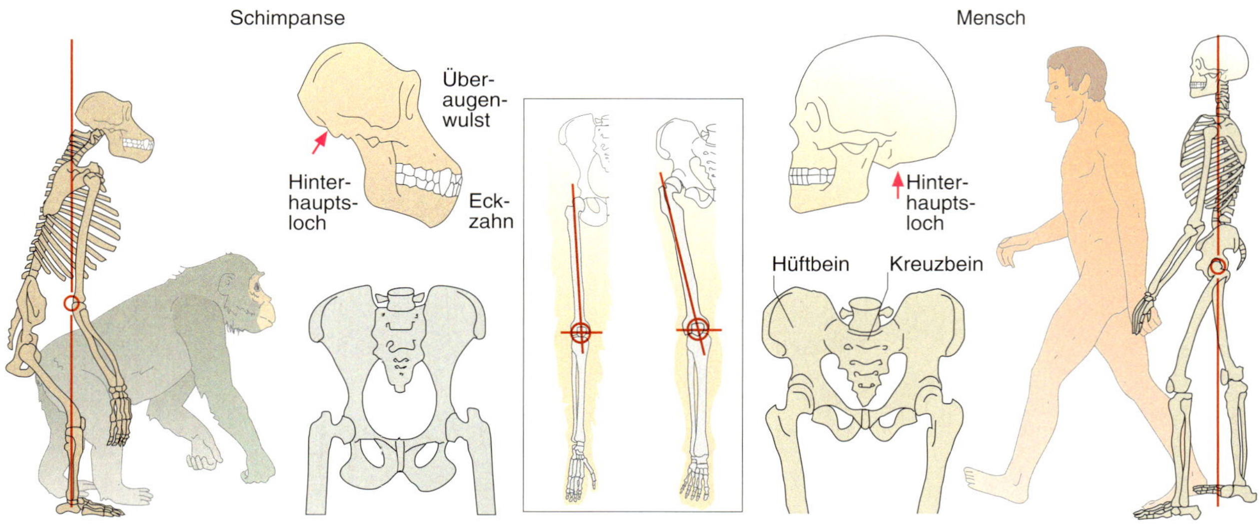

1 Vergleich von Skelettmerkmalen

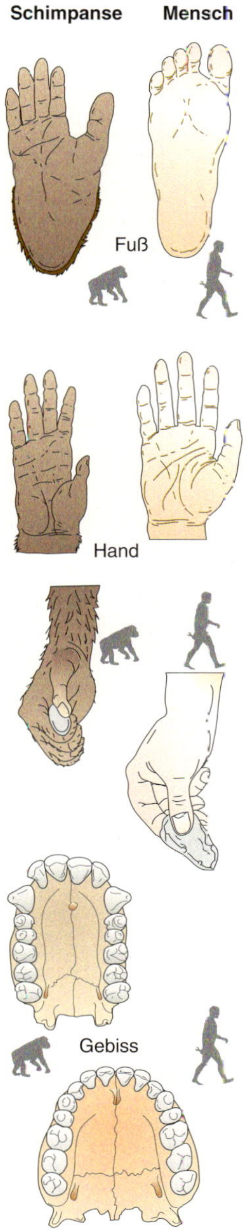

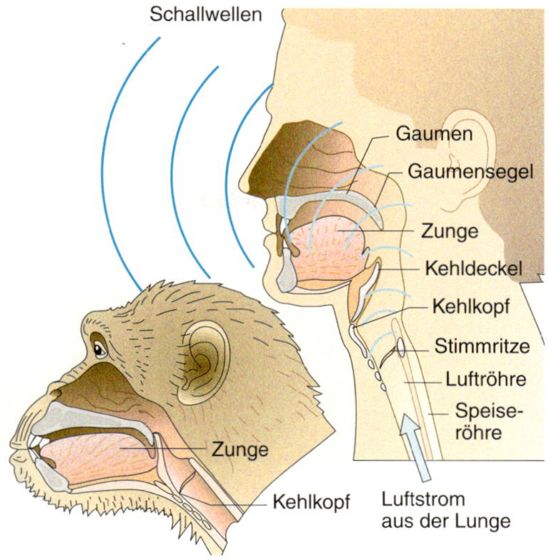

2 Lage des Kehlkopfes im Vergleich

Der Daumen kann jedem Finger der Hand gegenübergestellt werden. Auf diese Weise ist ein Präzisionsgriff möglich. Das Hautleistenmuster mit den darunter liegenden Sinneszellen ermöglicht eine sehr feine Dosierung der Kraft, mit der zum Beispiel ein Gegenstand gehalten wird.

Kleinere Gegenstände werden auch von Schimpansen wie von Menschen zwischen Daumen und Zeige- bzw. Mittelfinger gefasst. Aber: Im Unterschied zum Menschen halten Schimpansen den Gegenstand dabei nur seitlich mit der Daumenkante und nicht mit der Daumenkuppe. Die Hände eignen sich im Vergleich zum Menschen nur zu einfachem Werkzeuggebrauch. So angeln wild lebende Schimpansen mittels eines passenden Halmes, den sie umklammern, Termiten aus deren Bau (s. Abb. 3).

Schädel und Gebiss

Der Schädel des Schimpansen zeigt eine deutlich ausgebildete Schnauze. Der Gehirnschädel hat ein Volumen von ca. 350 cm^3. Die Stirn ist fliehend, die Augen sind durch Überaugenwülste vor Verletzungen geschützt. Beim Menschen dagegen ist keine Schnauze erkennbar. Der Gesichtsschädel liegt weitgehend unter dem großen Gehirnschädel, dessen Volumen im Mittel 1450 cm^3 groß ist. Die Stirn ragt fast senkrecht nach oben. Die Augen liegen geschützt in tiefen Augenhöhlen, Überaugenwülste fehlen. An der Unterseite des Gehirnschädels befindet sich ein fast kreisrundes *Hinterhauptsloch*, durch welches das Rückenmark in den Schädel eintritt. Bei Schimpansen liegt das Hinterhauptsloch im Vergleich zum Menschen sehr weit hinten. Die *Kiefer von Schimpansen* sind in der Aufsicht U-förmig, die des Menschen parabelförmig. Den stark entwickelten Eckzähnen der Schimpansen steht jeweils eine Zahnlücke gegenüber. Beim Menschen sind die Eckzähne nicht größer als die anderen Zähne. Gegenüberliegende Zahnlücken fehlen.

Intelligenz, Sozialverhalten und Sprache

Im Vergleich zu allen Affen besitzt der Mensch im Verhältnis zur Körpermasse das größte Gehirn. Es ist die Voraussetzung für die typisch menschlichen Fähigkeiten, zum Beispiel die ausgeprägte Lernfähigkeit, das komplexe Sozialverhalten sowie die Kommunikation durch Sprache und die sich daraus ergebende enorme Flexibilität und Anpassungsfähigkeit. Aber auch Schimpansen zeigen herausragende Fähigkeiten: Sie kommunizieren über Mimik, Gestik und Laute. Sie besitzen ein einfaches Sprachverstehen. Der Kehlkopf liegt relativ hoch, sodass der Raum über der Zunge nur wenig verengt werden kann (s. Abb. 2). Für eine artikulierte Sprache fehlen ihm die anatomischen Voraussetzungen. Schimpansenkinder haben eine lange Lernphase und lernen z. B. den Gebrauch von teilweise selbst angefertigten Werkzeugen und die Rangordnung innerhalb der Gruppe.

3 Schimpanse stochert nach Termiten

Aufgaben

① Stellen Sie tabellarisch die Merkmalsunterschiede zwischen Mensch und Schimpanse zusammen.

② Erläutern Sie an drei Merkmalen den Zusammenhang von Struktur und Funktion.

③ Erklären Sie, warum Schimpansen, wenn sie auf zwei Beinen laufen, mit gebeugtem Körper und abgeknicktem Knie- und Hüftgelenk gehen (s. Abb. 1).

1 Mensch und Schimpanse

> „Nachfahren von Affen! Mein Gott, hoffen wir, dass es nicht wahr ist; sollte es doch wahr sein, so lasst uns dafür beten, dass es nicht allgemein bekannt wird.“
>
> Frau des Bischofs von Worcester am 30.6.1860 in Oxford, nach einem Vortrag zur Theorie DARWINS

Der Mensch – ein Primat

Viele Jahrhunderte lang galten wir Menschen als „Krone der Schöpfung“. Nehmen wir auch nach heutigen Erkenntnissen eine Sonderstellung ein?

Merkmale der Primaten

Bereits 1758 stellte LINNÉ (siehe S. 258) aufgrund von *Merkmalsvergleichen* die Affen zusammen mit dem Menschen in die gemeinsame Gruppe der *Primaten*.

Primaten haben an das Greifen angepasste Hände und Füße und ein im Verhältnis zu anderen Säugern großes Gehirn. Damit verbunden ist eine relativ gut ausgebildete Intelligenz. Die Lebenserwartung ist hoch, die Anzahl der Nachkommen gering und die Brutpflege intensiv. Statt Krallen wie die anderen Säuger besitzen Primaten Plattnägel. Durch die nach vorn stehenden Augen überdecken sich die Gesichtsfelder, sodass räumliches Sehen möglich ist. Die genannten Merkmale treffen sowohl für die Menschenaffen als auch für den Menschen zu.

Einteilung der Primaten

Bei den Primaten unterscheidet man *Halbaffen* und *Affen*. Die bekannteste Gruppe der Halbaffen sind die *Lemuren* auf Madagaskar.

Die Affen unterteilt man in Alt- und Neuweltaffen (siehe Abb. 2). Die *Altweltaffen* besiedeln Afrika und Asien. Zu ihnen gehören die *Meerkatzen* und die *Menschenaffen*. Ihre kennzeichnenden Merkmale sind schmale Nasenlöcher und eine schmale Nasenscheidewand. In Südamerika leben *Neuweltaffen*. Sie besitzen runde Nasenöffnungen und eine breite Nasenscheidewand.

Verwandtschaft der Primaten

Früher wurden die Primaten aufgrund anatomischer Merkmale als *Hominoidea* (Menschenartige) bezeichnet und in drei Familien eingeteilt, die *Gibbonartigen*, die großen Menschenaffen – *Orang-Utan, Gorilla* und *Schimpanse* – und die Menschen. Nach dieser Systematik waren die Schimpansen näher mit den Gorillas verwandt als mit den Menschen.

Zur Bestimmung der Verwandtschaft von Menschen und Affen eignet sich auch der Chromosomenvergleich. Während Schimpansen 2n = 48 Chromosomen besitzen, enthalten die Körperzellen des Menschen 2n = 46 Chromosomen. Vergleicht man die *Karyogramme*, so zeigen die meisten Chromsomen eine große Ähnlichkeit in Form, Größe und Bandenmuster. Eine genaue Analyse zeigt, dass sich die geringere Chromosomenanzahl beim Menschen auf eine Verschmelzung der Chromosomen 2 und 3 zurückzuführen lässt (siehe Abb. 3). Demnach weist auch der Chromosomenvergleich auf eine enge Verwandtschaft von Mensch und Menschenaffen hin.

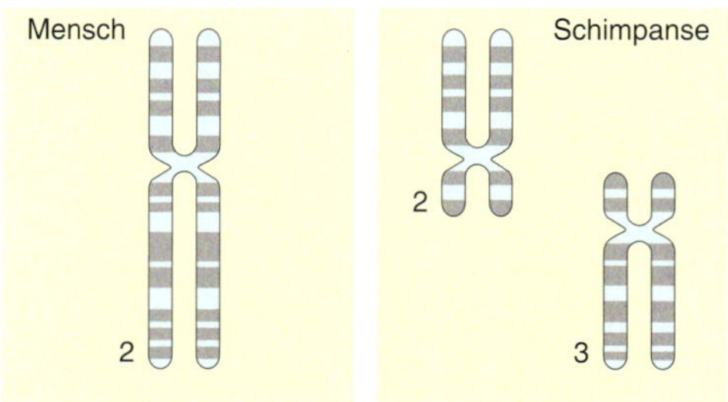

3 Chromosomvergleich

2 Primaten

Weitere Aufschlüsse über die Verwandtschaft des Menschen mit den Affen ergibt ein *DNA-Vergleich*. Wissenschaftler sequenzierten Teile des Schimpansen-Genoms und verglichen es mit den DNA-Sequenzen der entsprechenden menschlichen Gene. Es waren durchschnittlich 987 von 1000 Basen identisch, was einem Unterschied von nur 1,3 % entspricht.

Vergleicht man die DNA von Menschen und Schimpansen mit der Methode der *DNA-Hybridisierung* (s. S. 302), so zeigt sich, dass die Hybridstränge nur einen geringen Unterschied in der Schmelztemperatur aufweisen. Das ist eine weitere Bestätigung der engen Verwandtschaft zwischen Schimpansen und Menschen. Die Tabelle (Abb. 4) zeigt die $\Delta T_{50}H$-Werte verschiedener Primaten. Je größer der $\Delta T_{50}H$-Wert zweier Arten ist, desto mehr Unterschiede weist deren DNA auf.

Konstruktion eines Stammbaums

Mit Hilfe der $\Delta T_{50}H$-Werte kann man einen Stammbaum der Primaten erstellen, der die verwandtschaftlichen Beziehungen veranschaulicht (s. Abb. 5). Man setzt voraus, dass aus gemeinsamen Vorfahren zwei neue Arten entstanden sind, die sich später wiederum in weitere neue Arten getrennt haben. Je kleiner der $\Delta T_{50}H$-Wert, desto kürzer ist die seit der Artaufspaltung verstrichene Zeit. Aufgrund von Fossilfunden wird angenommen, dass ein $\Delta T_{50}H$-Wert von 5 Kelvin einem Zeitraum von etwa 21 Millionen Jahren entspricht.

Bei der Erstellung des Stammbaums geht man folgendermaßen vor: Vergleicht man die DNA des Gorillas mit der von Schimpanse, Bonobo und Mensch, so stellt man fest, dass sich die $\Delta T_{50}H$-Werte geringfügig voneinander unterscheiden (s. Abb. 4). Man bildet aus den drei Messwerten einen Mittelwert, der im genannten Fall 2,28 Kelvin beträgt. Das bedeutet, dass sich die DNA von Schimpanse, Bonobo und Mensch von der des Gorillas um einen durchschnittlichen $\Delta T_{50}H$-Wert von 2,28 Kelvin unterscheidet. Der durchschnittliche Unterschied für die DNA des Orang-Utans zu den anderen Primaten beträgt 3,573 Kelvin. In Abb. 5 sind diese Mittelwerte eingetragen.

So lässt sich ein Stammbaum aufstellen, an dem die verwandtschaftlichen Beziehungen zwischen Menschen und Menschenaffen deutlich werden. Dabei zeigt sich, dass Schimpansen näher mit Menschen verwandt sind als mit den anderen Menschenaffen. Somit nehmen wir Menschen keine Sonderstellung ein.

Aufgaben

① Vergleichen Sie die Ergebnisse des Stammbaums (Abb. 5) mit der Einteilung der Menschenartigen in drei Familien.

② Ordnen Sie mit der Information aus dem Text dem Stammbaum eine Zeitachse zu.

③ Gibbons haben gegenüber allen in der Tabelle genannten Primaten einen gemittelten $\Delta T_{50}H$-Wert von 4,8. Übernehmen Sie den Stammbaum (Abb. 5) ins Heft und zeichnen Sie den Gibbon mit ein.

Art	M	B	S	G	O
M	0	–	–	–	–
B	1.64	0	–	–	–
S	1.63	0.69	0	–	–
G	2.27	2.37	2.21	0	–
O	3.60	3.56	3.58	3.55	0

4 $\Delta T_{50}H$-Werte für verschiedene Primaten

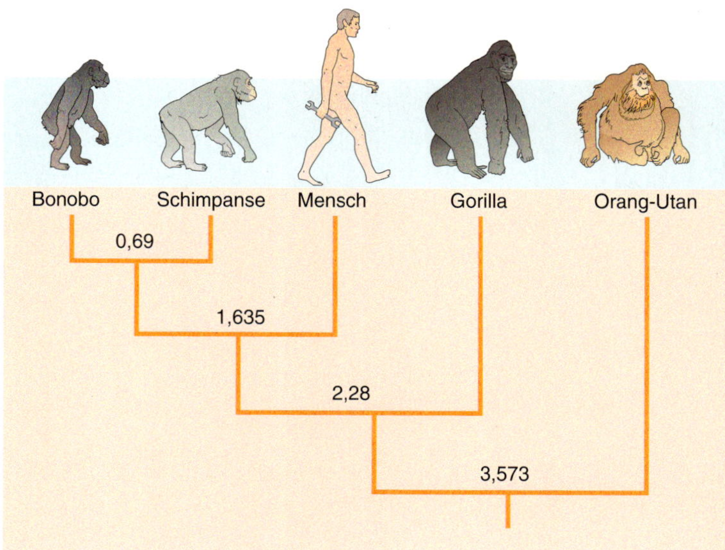

5 Stammbaum auf der Basis der $\Delta T_{50}H$-Werte

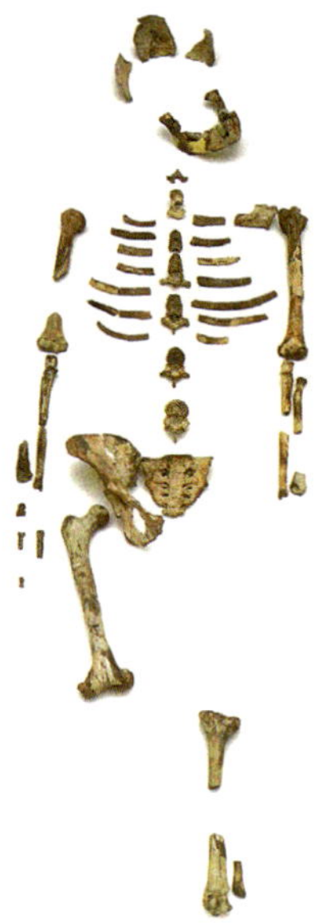

1 Lucy

Lucy – ein Vorfahr der Menschen

Menschen unterscheiden sich von den anderen *Primaten* u. a. durch den aufrechten Gang und ein wesentlich größeres Gehirn. Fossilfunde belegen, dass der *aufrechte Gang* schon sehr früh, lange vor der starken Volumenzunahme des Gehirns, entstand.

Einen bedeutenden Fund menschlicher Vorfahren machte der Amerikaner DONALD JOHANSON. Er entdeckte 1974 im Wüstengebiet des Afar-Dreiecks im südlichen Äthiopien einen Schädel und eine Reihe weitere Knochen, die alle von dem selben weiblichen Skelett stammen. Die Forscher nannten den Fund *Lucy*, nach einem Lied der Beatles. Der Fund wurde auf etwa 3,3 Mio. Jahre datiert und der Art *Australopithecus afarensis* zugeordnet.

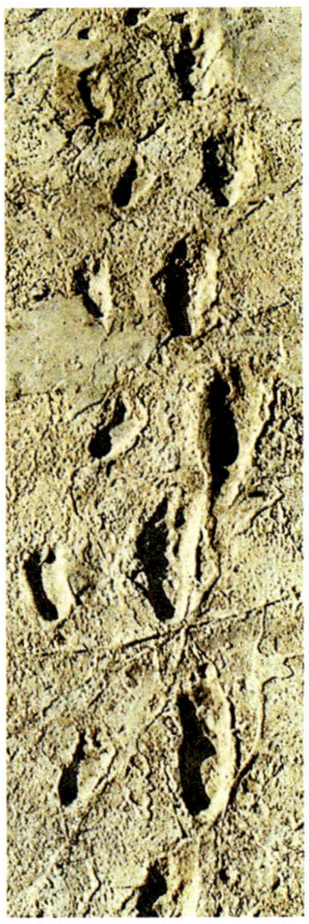

Fußspuren von Laetoli

Australopithecus der „Südaffe"

Der Name *Australopithecus* bedeutet übersetzt „Südaffe". Er steht für eine Gattung einer Reihe von Vorfahren der Menschen, die u. a. auch in Südafrika gefunden wurden.

Alle Arten, die zu der zum Menschen führenden Entwicklungslinie gehören, werden als *Hominiden* zusammengefasst. Vermutlich ist A. afarensis bereits vor ca. 4 Mio. Jahren entstanden. Diese Art wird als ein möglicher Vorfahr aller nachfolgenden *Hominiden* angesehen.

Schritte zur Menschwerdung

Kniegelenke, Becken und ein zentral liegende Hinterhauptsloch zeigen, dass Lucy aufrecht gehen konnte. In Laetoli, einem Fundort in Ostafrika, fand man 3,6 bis 3,7 Mio. Jahre alte fossile Fußspuren, die dies bestätigen (siehe Abb. Randspalte). Daher gilt sie als Vertreterin einer Art, die den ersten Schritt zur Menschwerdung, das aufrechte Gehen, vollzogen hatte. Neuere Untersuchungen der Beinknochen zeigen, dass Australopithecinen gleichzeitig auch gut klettern konnten.

Der Schädel von Lucy zeigt noch eine Reihe ursprünglicher Merkmale. Ihr vorspringender Gesichtsschädel lag vor dem Gehirnschädel. Sie hatte eine fliehende Stirn und das Gehirnvolumen lag bei ca. 400 bis 550 cm^3. Eine kräftige Nackenmuskulatur hielt den Kopf im Gleichgewicht. Wahrscheinlich gab es einen ausgeprägten Geschlechtsdimorphismus. Weibliche Individuen waren nur wenig über einen Meter groß und nur ca. 30 kg schwer, Männchen waren dagegen deutlich größer und schwerer.

Die Vorfahren von Lucy

Neben Lucy wurden viele weitere Fossilien gefunden, die ihren Vorfahren zugeordnet werden. Der älteste Fund wird auf 4,4 Mio. Jahre datiert, es handelt sich um *Ardipithecus ramidus*. Er konnte vermutlich aufrecht gehen und steht zeitlich dem gemeinsamen Ursprung von Mensch und Schimpanse relativ nahe. Ob mit ihm das „missing link", die Brückenform zwischen Schimpansenvorfahren und Hominiden gefunden ist, bleibt jedoch unklar.

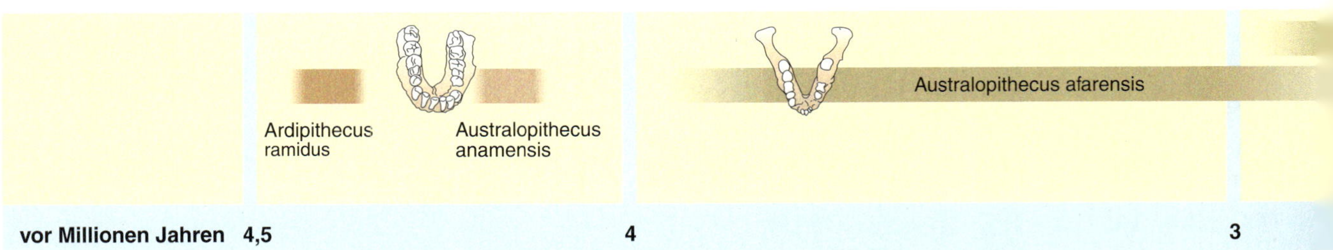

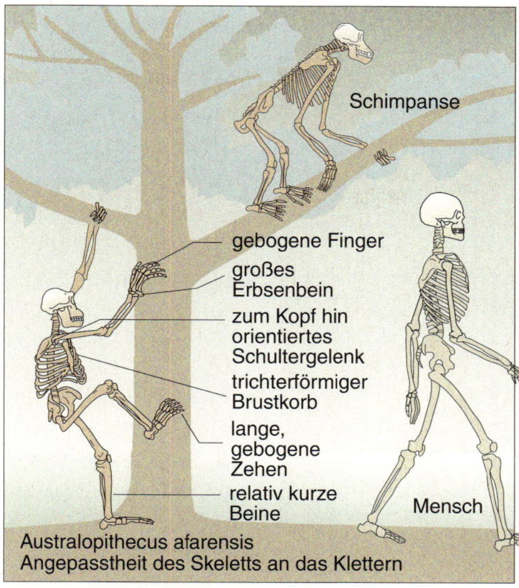

2 Skelettvergleich

Etwas jünger ist *Australopithecus anamensis*, der als die älteste Art der Australopithecinen gilt. Seine Merkmale erinnern einerseits an die von Menschenaffen, andererseits ging er vermutlich aufrecht. Wegen der Unvollständigkeit der Funde ist die systematische Einordnung unsicher. Zurzeit geht man davon aus, dass A. anamensis zu den möglichen Vorfahren von A. afarensis gehört, von dem es neben Lucy eine Reihe weiterer Fossilfunde gibt.

Nachfahren von Lucy

Australopithecus afarensis verschwand vor 3 bis 2,5 Mio. Jahren. Zur gleichen Zeit entstand ein anderer Hominide mit etwa gleichem Gehirnvolumen, *A. africanus*. Er war wie sein Vorgänger von grazilem Körperbau. Die Abnutzungsspuren auf den Zahnoberflächen beider Arten deuten auf vorzugsweise pflanzliche Kost hin. Aus A. africanus ging wahrscheinlich eine weitere Gruppe von Hominiden mit robustem Körperbau hervor, die von den meisten Wissenschaftlern einer neuen Gattung *Paranthropus* zugeordnet werden. Man unterscheidet drei Arten: *Paranthropus aethiopicus, P. boisei* und *P. robustus*. Ihre mächtig ausgebildeten Kiefer, ihr kräftiges Gebiss und die Abnutzungsmerkmale an den Zähnen deuten auf harte pflanzliche Kost hin. Dementsprechend charakteristisch ist der ausgeprägte Scheitelkamm des Gehirnschädels (s. Abb. 3). Er bildete großflächige Ansatzstellen für eine kräftige Kaumuskulatur. Das Gehirnvolumen lag zwischen 410 und etwas über 500 cm^3.

Zu Beginn der Entwicklung der Menschenartigen gab es also verschiedene Arten der Gattung Australopithecus und der Gattung Paranthropus. Sie entstanden alle in Afrika und bewohnten dort vielgestaltige Savannenlandschaften. Ein Verbreitung über Afrika hinaus ist nicht erfolgt.

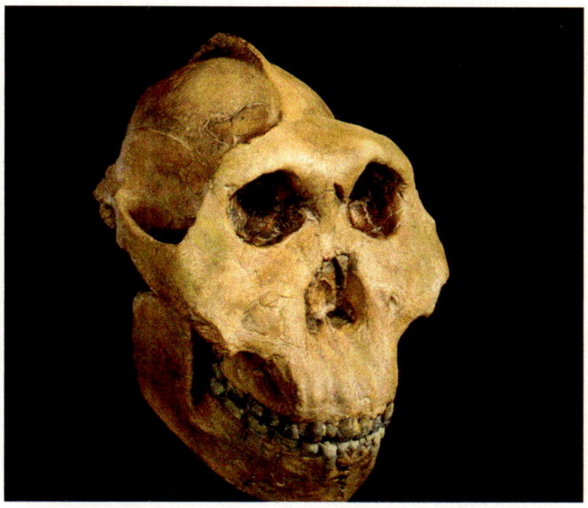

3 Schädel von Paranthropus

Aufgaben

① Stellen Sie die Merkmale zusammen, die zur Annahme führen, dass Australopithecus afarensis sowohl aufrecht gehen als auch gut klettern konnte.

② Erklären Sie, warum Paranthropus boisii auch als „Nussknackermensch“ bezeichnet wird.

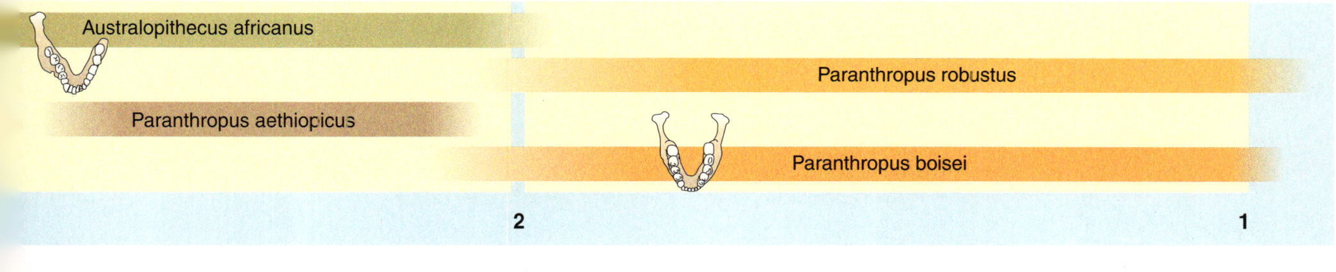

Fossile Vertreter der Gattung Homo

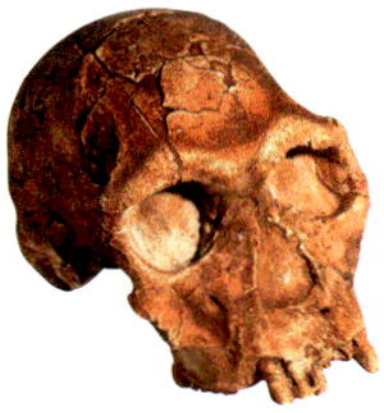

Homo habilis

Homo rudolfensis

Homo ergaster

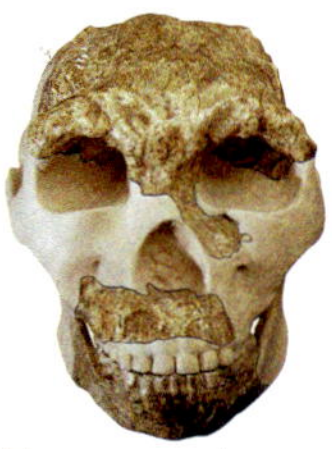

Homo erectus

Friedemann Schrenk fand den bisher ältesten Überrest eines Menschen am Nordwestufer des Malawisees im ostafrikanischen Grabenbruch (s. S. 318).

1 Steinwerkzeug

Homo rudolfensis

Der älteste Vertreter der Gattung Homo erhielt den Namen *Homo rudolfensis*. Er ist etwa 2,5 Millionen Jahre alt, wurde bis zu 1,55 Meter groß und hatte ein Gehirnvolumen von 600 bis 800 cm^3. *H. rudolfensis* fertigte die ersten Steinwerk-zeuge: Mit scharfkantigen Abschlägen an Steinen konnte er Kadaver zerlegen und sich damit völlig neue Nahrungsquellen erschließen. Die ersten Menschen begannen als Aasfresser die Großtiere der Savanne als Nahrungsquelle zu nutzen. Die Herstellung von Steinwerkzeugen ist für alle Arten der Gattung Homo ein charakteristisches Merkmal.

Homo habilis

Im gleichen Zeitraum lebte in Afrika *Homo habilis*. Er wurde etwa 1,45 Meter groß und wog bis zu 40 Kilogramm. Er war ein geschickter Werkzeughersteller (habilis = geschickt). Sein Gehirnvolumen war mit 500 bis 650 cm^3 bereits deutlich größer als das von *Australopithecus africanus*, seinem möglichen Vorfahr.

Homo erectus-Gruppe

Die *Homo erectus-Gruppe* umfasst mehrere Formen, die zwischen 2 Millionen und 100 000 Jahre alt sind. Fossilfunde aus Asien zeigen, dass Menschen Afrika schon früh verließen. Ein auf Java gefundener Schädel wurde auf 1,6 bis 1,8 Mio. Jahre datiert und der Art *Homo erectus* zugeordnet. Weitere, auch weitaus jüngere Funde aus Asien gehören zu dieser Art. Afrikanische Funde von H. erectus-Schädeln haben im Vergleich dazu eine höher gewölbte Stirn und schlankere, größere Körper. Die verschiedenen Formen wurden als eine Art (Homo erectus) beschrieben. Manche Forscher ordnen sie jedoch eigenen Arten zu: *Homo ergaster*, H. erectus und *H. heidelbergensis*. Dies drei Homo-Arten bilden die Homo erectus-Gruppe. Ihre Gehirnvolumina schwanken zwischen ca. 850 cm^3 bei frühen und ca. 1300 cm^3 bei späteren Funden.

Homo ergaster

Der etwas jüngere Homo ergaster hatte ein Gehirnvolumen ca. 750 cm^3. Er zeigt deutlich modernere Merkmale als seine möglichen Vorfahren H. habilis oder H. rudolfensis. Aus welchem der beiden er hervorging, ist nicht geklärt.

H. ergaster nutzte kontrolliert das *Feuer*. Dies ermöglichte ihm nicht nur die Abwehr von Tieren, er konnte so erstmals kalte Klimazonen besiedeln. Zudem stellte Homo ergaster höher entwickelte Steingeräte her, wie z. B. symmetrische *Faustkeile*.

Homo heidelbergensis

Die frühen Menschen begannen vor weniger als 1 Mio. Jahren von Afrika aus auch Europa zu besiedeln. Sie werden von vielen Wissenschaftlern in Anlehnung an den etwa 600 000 Jahre alten Unterkieferfund von Mauer bei

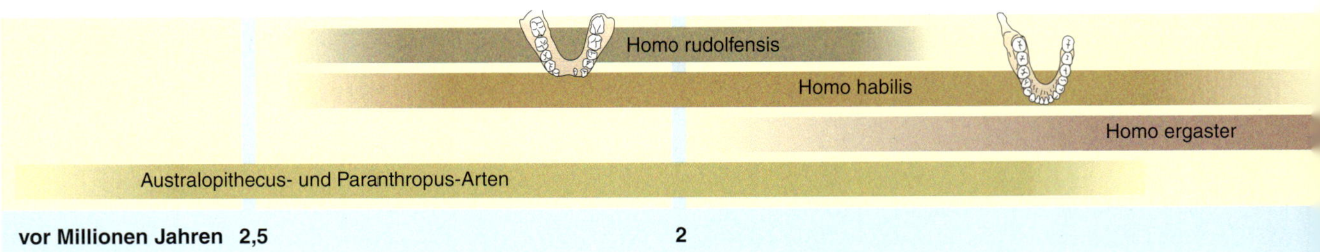

Heidelberg als *Homo heidelbergensis* und damit als eigene Art eingeordnet. Diese Menschenart war auch im westlichen Asien und im nördlichen Afrika verbreitet.

Der Weg zum Homo sapiens

Auf der Grundlage dieser Klassifizierung geht man heute davon aus, dass europäische Populationen des *Homo heidelbergensis* Vorfahren des *Neandertalers*, des *Homo neanderthalensis,* sind. Dieser entstand vor etwa 200 000 Jahren in Europa oder im Nahen Osten.

Aus afrikanischen Populationen der Homo erectus-Gruppe soll vor 150 000 bis 200 000 Jahren der heute lebende *Homo sapiens* entstanden sein. Er verließ vor ca. 100 000 Jahren ebenfalls Afrika, besiedelte die ganze Erde und ist heute die einzige noch existierende Menschenart.

Der moderne Mensch entwickelte sich innerhalb weniger Millionen Jahre. Seine Evolution geht mit einer Weiterentwicklung in der *Werkzeugherstellung* einher. Er stellte Klingen und Spezialwerkzeuge wie zum Beispiel Kratzer, Spitzen und sägeähnliche Geräte her.

Um die schnelle Entwicklung zu verstehen, muss die Gehirnentwicklung und die veränderte Umwelt in Ostafrika (s. S. 318) berücksichtigt werden. Die Hypothesen dazu stützen sich zum einen auf Überlegungen zum *Werkzeuggebrauch* und Sozialverhalten des Menschen, zum anderen auf ökologische Zusammenhänge.

Das Gehirn

Homo sapiens unterscheidet sich neben anderen anatomischen Merkmalen durch ein großes und leistungsfähiges Gehirn von seinen Vorfahren. Sein Gehirnvolumen beträgt im Durchschnitt 1450 cm^3. Es ist damit etwa doppelt so groß wie das von Homo habilis.

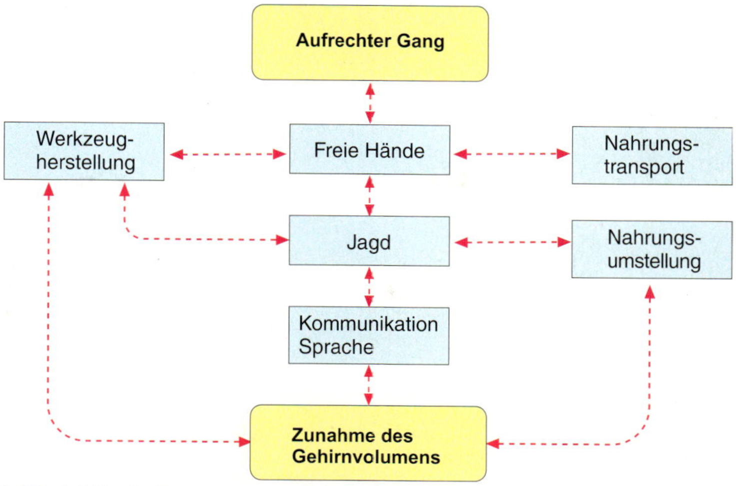

2 Modell für die Zunahme des Gehirnvolumens

Es befähigt ihn komplizierte Werkzeuge herzustellen und durch komplexe Sprache mit seinen Artgenossen zu kommunizieren.

Der aufrechte Gang war die entscheidende Voraussetzung für die Entwicklung des Gehirns. Die Nahrungsumstellung lieferte Fleisch und phosphathaltiges Knochenmark. Proteine und Phosphat sind eine wichtige stoffliche Grundlage für die Gehirnentwicklung.

Die gesamten Faktoren und Zusammenhänge, die zu der enormen Größenzunahme des Gehirns geführt haben, sind in Abb. 2 grafisch dargestellt.

Aufgaben

① Stellen Sie die Gehirnvolumina und den Zeitraum des Vorkommens folgender Arten in einer Tabelle zusammen: Australopithecus, H. habilis, H. erectus, H.neanderthalensis und H. sapiens.

② Formulieren Sie die in Abbildung 2 dargestellten Zusammenhänge in einem Text.

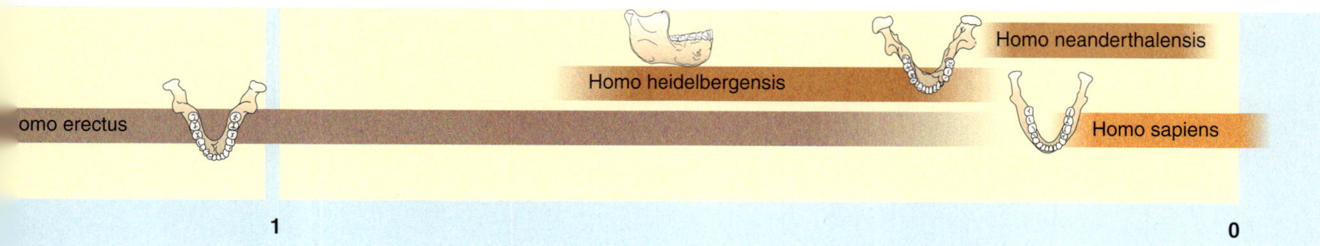

1 Savannenlandschaft

Ökosystem und Evolution des Menschen

Zentralafrika mit dem Kongobecken ist ein bedeutendes Verbreitungsgebiet von Menschenaffen. Die frühen Hominiden-Fossilien stammen dagegen aus den östlich an das Rift-Valley angrenzenden Gebieten.

Klimaänderung

Vor etwa 20 Mio. Jahren begann sich das mehr als 6 000 km lange *ostafrikanische Grabensystem* zu bilden (s. Abb. 2). Entlang dieser Zone kam es in Ostafrika zu Vulkanismus und Gebirgsauffaltungen. So geriet Ostafrika in den Regenschatten von Gebirgen mit der Folge, dass die Regenwälder verschwanden und sich vielgestaltige Savannenlandschaften bildeten. Dadurch gab es zwei Regionen mit andersartigen ökologischen Bedingungen, in denen unterschiedliche Evolutionsfaktoren wirkten.

In der westlich des Grabenbruchs liegenden feuchten und mit Regenwald bestandenen Region entwickelten sich die Menschenaffen, in Ostafrika mit seinen trockenen *Savannen* (Abb. 1) entstanden die Vorfahren der Menschen. Die ökologischen Bedingungen lassen sich aufgrund von Daten der *Pollenanalyse* rekonstruieren. In allen Sedimenten sind Pflanzenpollen enthalten. Für das Gebiet um Omo in Ostafrika konnte man nachweisen, dass vor rund 4 Millionen Jahren 24 verschiedene Baumarten existierten. 3 Millionen Jahre später waren es nur noch elf. Anfangs lagerten sich mehr als doppelt so viele Baum- wie Gräserpollen ab. Später kamen auf einen Baumpollen mehr als 100 Pollen verschiedene Grasarten. Aufgrund von Fossilfunden weiß man auch, welche Tiere diese Landschaften bewohnten. Gebissformen, Abnutzungs-spuren an den Zähnen und Mikrospuren, die sich im Rasterelektronenmikroskop erkennen lassen, verraten, ob die Pflanzenfresser Blätter, Früchte, Gräser oder einen Mix aus Pflanzenteilen zu sich nahmen. Nage- und Bissspuren an Knochenresten und versteinerter Kot liefern weitere Auskünfte über die Nahrungsbeziehungen im damaligen Ökosystem.

Folgen

Aus diesen und anderen Daten lässt sich schließen, dass sich das Gebiet östlich des Grabenbruchs in der Zeit der Hominidenevolution stark verändert hat. Ausgedehnte Wälder schrumpften zu kleinen voneinander isolierten Resten. In diesem „Waldmosaik" herrschten unterschiedliche Umweltbedingungen. Dadurch wurde die Differenzierung der lokalen Populationen vorangetrieben. Durch die schrumpfenden Wälder waren die waldbewohnenden Hominiden gezwungen, in die Randbereiche zwischen Wald und Savanne oder direkt in die Savanne auszuweichen. Im Vergleich zum Leben im Regenwald fanden sie dort völlig veränderte Selektionsbedingungen vor.

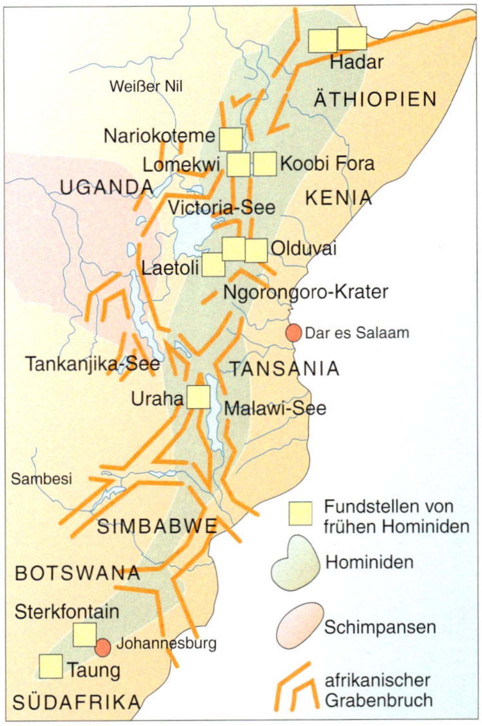

2 Ostafrikanischer Grabenbruch

Entwicklung des aufrechten Gangs

In der Savannenlandschaft lebten Hominiden wie Australopithecus- und Paranthropusarten und Arten der Gattung Homo. Allen Hominiden ist gemeinsam, dass sie aufrecht gehen konnten. Zur Entstehung des *aufrechten Gangs* gibt es eine ganze Reihe von Hypothesen.

Savanne

Ein hypothetisches Modell geht davon aus, dass der aufrechte Gang in der Savanne entstand. Danach hatten dort Zweibeiner gegenüber Vierbeinern folgende Selektionsvorteile:

- Die aufrechte Körperhaltung ermöglichte eine gute Übersicht. Raubtiere, Beute oder Nahrungspflanzen konnten früher entdeckt werden.
- Die Hände wurden frei für die Benutzung von Werkzeugen.
- Mögliche Nahrungsquellen waren in der Savanne über weite Gebiete verstreut. Daher war es notwendig große Strecken zu überwinden. Die zweibeinige Fortbewegungsweise erwies sich bei geringem Tempo als energetisch sehr günstig.
- Die Hände konnten zum Transport von gesammelten Nahrungsmitteln über größere Entfernungen eingesetzt werden.
- Durch den aufrechten Gang wurde die Sonneneinstrahlung auf den Körper vermindert und die Kühlung durch den Wind verbessert.

Regenwald

Vor etwa 8 Millionen Jahren lebten erste Populationen von Menschenaffen am Rand des Regenwalds in lichten Waldgebieten im östlichen Bereich des afrikanischen Grabens. Der aufrechte Gang hat sich nach einer neueren Hypothese aus einer zweibeinig kletternden Fortbewegung entwickelt, wobei die Arme zum Hangeln benutzt wurden.

Die Besiedlung der Savanne begann erst vor etwa 6 Millionen Jahren. Der aufrechte Gang, hat sich demnach schon 2 Millionen Jahre zuvor entwickelt. Er erwies sich nun als besonders vorteilhaft für das Überleben im freien Gelände der Savanne. Nach dieser Hypothese war in der Population der Menschenaffen die zweibeinige Fortbewegungsweise schon vorhanden. Sie wurde unter den veränderten Umweltbedingungen in der Savanne zu einem Selektionsvorteil. In einem solchen Fall spricht man von *Prädisposition*.

2 Frühe Vertreter der Gattung Homo in der afrikanischen Savanne

Ernährung

Die Savanne bot im Gegensatz zum Regenwald nur faserige und harte Kost. Paranthropus (s. S. 315) „löste" dieses Problem auf biologische Weise durch Entwicklung kräftiger zum Kauen und Zermahlen geeigneter Kiefer und Zähne.

Die Arten der Gattung Homo begannen Steinwerkzeuge herzustellen, mit deren Hilfe sie in der Lage waren harte Pflanzenkost zu zerschneiden oder sich von tierischen Kadavern zu ernähren. Das Nahrungsproblem wurde von den Menschen durch den Werzeuggebrauch, d.h. durch die Entwicklung einer *Werkzeugkultur* gelöst. Kiefer, Zähne und Kaumuskulatur sind daher im Vergleich zu Paranthropus relativ leicht gebaut.

Gebrauchsspurenanalysen weisen auf das Schneiden von Fleisch und Pflanzen sowie Holzbearbeitung hin. Diejenigen, die zum ersten Mal mithilfe von primitiven Steinwerkzeugen die Haut eines Tieres öffnen und es zerlegen konnten, erwarben damit wichtige Überlebensvorteile. Mit den Werkzeugen konnten auch Tiere gejagt und erlegt werden. Die riesigen Großtierherden Ostafrikas, die das trockene Grasland bewohnten, boten ideale Lebensbedingungen für unsere Vorfahren.

Aufgabe

1. Bewerten Sie die im Text formulierten Hypothesen zum aufrechten Gang.
2. Nennen Sie wichtige Selektionsbedingungen beim Leben in der Savanne im Vergleich zum Leben im Wald.

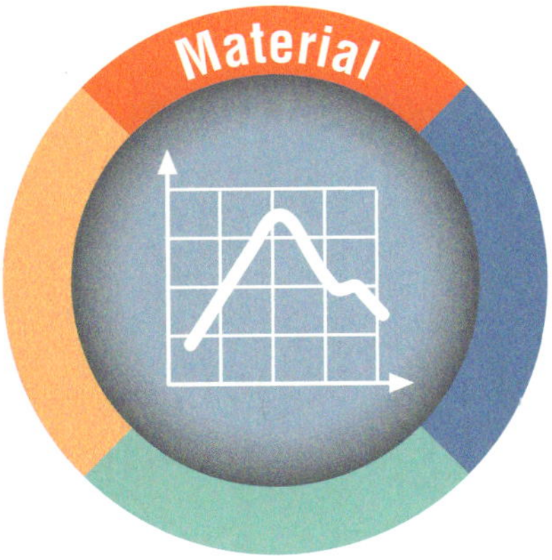

Fossilfunde in Deutschland

Die Stadt Steinheim liegt an der Murr, einem Nebenfluss des Neckars ca. 20 km nördlich von Stuttgart. An der Murr wurden seit vielen Jahren Sand- und Kiesvorkommen abgebaut, die vor rund 250 000 Jahren dort abgelagert wurden waren. Beim Abbau wurden Fossilien gefunden.

Am 24. Juli 1933 meldete KARL SIGRIST, der Sohn des Kiesgrubenbesitzers, dem Hauptkonservator der Württembergischen Naturaliensammlung in Stuttgart, FRITZ BERCKHEMER, einen Aufsehen erregenden Fund. Schon am nächsten Tag wurde ein erstaunlich gut erhaltener Schädel geborgen. Es gab eine Vereinbarung zwischen SIGRIST und BERCKHEMER, Fossilienfunde zu melden. Bei dieser Entdeckung handelte es sich also nicht um einen glücklichen Zufallstreffer, sondern um das Ergebnis einer jahrelangen intensiven Zusammenarbeit.

In der gleichen Schotterlage fand man Fossilien von Waldelefanten, Löwen, Wasserbüffeln und Nashörnern. Die unmittelbar darüber liegenden Schichten enthalten Fossilien von Wollnashorn, Mammut, Steppenbison und Steppenelefant.

1 Homo Steinheimensis

Der Steinheimer Schädel ist ca. 250 000 Jahre alt und gehört damit in eine Zwischeneiszeit. Der Schädel von *Homo steinheimensis* ist lang und schmal. Überaugenwülste erinnern an die Neandertaler, der abgerundete Hinterkopf gleicht dagegen eher den modernen Menschen. Das Gehirnvolumen beträgt ca. 1160 mL oder cm^3. Der Schädel wurde an der linken Seite stark beschädigt. Die Schädelbasis wurde aufgebrochen. Der „Steinheimer" ist vermutlich eine Steinheimerin, die im Alter von etwa 25 Jahren gestorben ist.

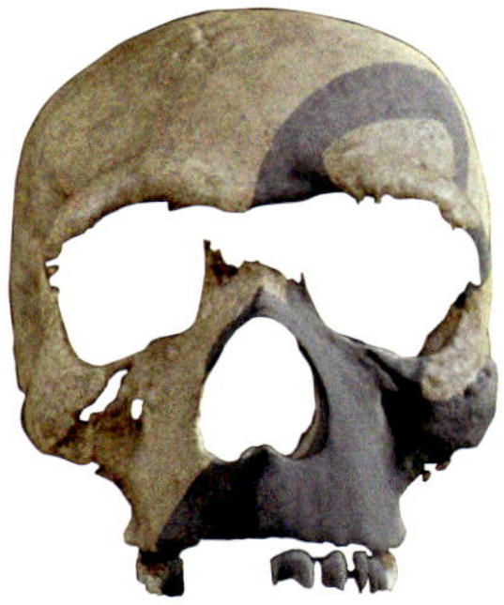

2 Rekonstruktion des Schädels

Aufgaben

① Geben Sie an, welche Rückschlüsse man aus diesen Funden auf die Umwelt und die Lebensweise des Steinheimer Menschen ziehen kann.
② Welche Rückschlüsse auf die Stellung des *Homo steinheimensis* in der Stammesgeschichte des Menschen lassen die beschriebenen Funde zu?
③ Geben Sei mögliche Erklärungen für die Öffnung der Schädelbasis.

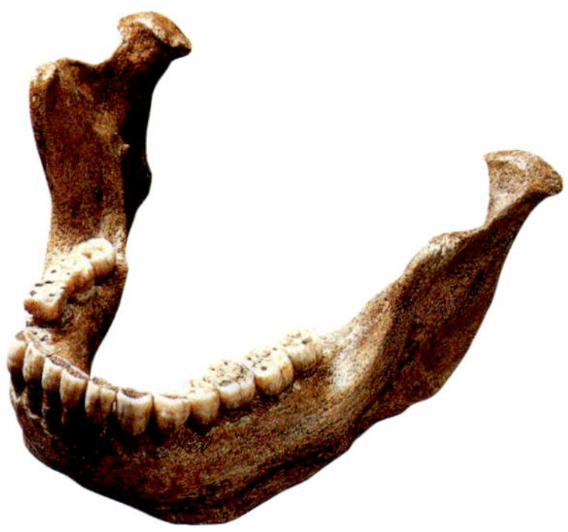

3 Kiefer von H.heidelbergensis

Schon 1907 wurde in der Sandgrube Rösch bei Mauer in der Nähe Heidelbergs ein Unterkiefer entdeckt. Der damalige Dozent an der Universität Heidelberg, OTTO SCHOETENSACK, nahm die wissenschaftliche Auswertung dieses Homo heidelbergensis vor.

Der Heidelberger Fund besteht nur aus einem Unterkiefer mit gut erhaltenen Zähnen (Abb. 3). Aus der Abnutzung der Zähne kann man schließen, dass dieser Heidelberger zwischen 18 und 25 Jahre alt wurde. Die Altersbestimmung ergibt einen Wert von 783 000 bis 520 000 Jahren. Damals lag die Heidelberger Fundstelle an einer Flussschleife des Neckars. Das Klima war feucht und warm. Als der Lauf des Neckars sich änderte, trocknete das Flussbett aus und es entstand die heutige Sandgrube.

Aufgaben

④ Vergleichen Sie den Unterkiefer des Heidelbergers mit dem eines modernen Menschen und eines Schimpansen. Beschreiben Sie Gemeinsamkeiten und Unterschiede.
⑤ Formulieren Sie die Schlussfolgerungen, die man daraus ziehen kann.

Nördlich von Erfurt, in Bilzingsleben (Thüringen), wurden seit 1969 Überreste von Menschen gefunden. Es handelt sich dabei um Schädelfragmente, Zähne und einen Unterkiefer. Die Schädel von Bilzingsleben (Abb. 4) weisen einen nicht unterbrochenen Überaugenwulst auf, sie gleichen damit den Funden von Homo erectus in Zoukoudian (Peking-Mensch) und Java.

4 Schädel von Bilzingsleben

Die Bedeutung der Funde von Bilzingsleben liegt vor allem in den zahlreichen Geräten, den Feuerstellen, den Spuren einfacher Behausungen, von Werkstätten und Speiseabfällen.

Alle Funde stammen vom Uferbereich eines hoch gelegenen, flachen Sees. Wahrscheinlich durch den Bau eines Biberdamms stieg der Wasserspiegel rasch an, überflutete den Lagerplatz und konservierte die Funde. Darüber bildete sich eine 5 bis 6 m mächtige feste Travertinplatte. Das Alter der Funde wird mit ca. 300 000 Jahren angegeben.

Für die Rekonstruktion der Lebensbedingungen einer Gruppe von Menschen ist es wichtig, eine Vorstellung von den herrschenden Klimabedingungen, der Pflanzenwelt, von Raubtieren und von jagdbarem Wild zu bekommen.

Am Beispiel der Funde von Bilzingsleben kann dies exemplarisch gezeigt werden: Der Fundhorizont ist in Travertin eingelagert. Travertin ist ein porenreicher Kalksinter, der bei Erwärmung aus kalkhaltigem Wasser ausfällt. Bisher wurden ca. 500 000 Fundobjekte registriert:

Werkzeuge aus Geröllen und Feuerstein, aus Knochen, Geweih und Elfenbein. Speere und Wurfhölzer aus Holz kommen vor – die ältesten Holzgeräte der Welt. Mehr als 2000 kg Knochentrümmer der Jagdbeute wurden geborgen. Bejagte Tierarten waren Waldelefant, Wald- und Steppennashorn, Bison, Ur, Wildpferd, Rothirsch, Damhirsch, Biber, Löwe und Makake. Die meisten der gefundenen Elefantenzähne stammen von Jungtieren.

Dazu kommen Fossilien von Weichtieren, Muschelkrebsen und kleinen Wirbeltieren sowie Abdrücke zahlreicher Pflanzen (Eiche, Buchsbaum und Hasel).

Aufgaben

⑥ Die Abbildung unten zeigt eine Karte mit der Umwelt der Menschen von Bilzingsleben. Beschreiben Sie mithilfe dieser Abbildung die Umwelt und die Existenzgrundlage dieser Menschen. Nennen Sie Gründe, warum die Menschen sich gerade an diesem Ort angesiedelt haben.

⑦ Rekonstruieren Sie aus der Karte und den Angaben im Text die Lebensbedingungen und die Lebensweise der Menschen von Bilzingsleben.

⑧ Vergleichen Sie mit den Angaben zu den Lebensräumen anderer Hominiden. Erörtern Sie Unterschiede und Gemeinsamkeiten.

Bei der Auswertung derartiger Funde stellt sich stets die Frage, wie aussagekräftig sie sind:

- Beim *„working-back"*-Verfahren werden alle gefundenen Überreste sorgfältig analysiert, neben den Hominidenfunden auch Begleitfauna, Begleitflora und Indikatoren für die Umweltbedingungen.
- Beim *Analogverfahren* werden aus der vergleichenden Untersuchung heute noch lebender Naturvölker Rückschlüsse auf die Deutung von Fossilfunden gezogen.

Aufgaben

⑨ Nehmen Sie zur Aussagekraft beider Methoden Stellung.

⑩ Bei manchen Fundstellen sind die Forscher dazu übergegangen, nur Teile der Fundstelle auszugraben und andere Teile unverändert zu belassen. Sie verzichten damit bewusst auf mögliche weitere Funde und damit auf weitere Erkenntnisse. Begründen Sie diese Vorgehensweise.

In Ehringsdorf bei Weimar wurden mehrere, neben- und übereinanderliegende Feuerstellen mit Steingeräten und Jagdtierresten entdeckt. In Süßwasserkalken fand man Reste von vermutlich neun Individuen. Es handelt sich vor allem um Schädelknochen und ein Stück eines Oberschenkelknochens. Das Gehirnvolumen betrug ca. 1300 cm^3; ein Überaugenwulst ist vorhanden. Spuren von Lagerfeuern und Steinwerkzeuge wurden entdeckt. An einem der Schädelknochen ist eine verheilte Bissverletzung zu erkennen.

Waldelefanten und Waldnashörner waren wohl die bevorzugten Beutetiere der Menschen von Ehringsdorf. Die Datierung der Funde ist schwierig – Schätzungen liegen zwischen 260 000 und 115 000 Jahren, viele Wissenschaftler gehen von 220 000 Jahren aus.

Aufgaben

⑪ Begründen Sie, zu welcher Gruppe von Hominiden man den Fund von Ehringsdorf stellen kann.

⑫ Ordnen Sie die auf diesen beiden Seite beschriebenen Fossilien gemeinsam mit dem Neandertaler in eine Zeitleiste ein.

Die Schnecke Helicigona banatica war vor 300 000 Jahren in Mischwäldern Mitteleuropas verbreitet und kam auch in Bilzingsleben vor. Heute liegt ihr Verbreitungsgebiet in Südosteuropa.

Aufgaben

⑬ Erläutern Sie Rückschlüsse, die auf die Umwelt und die Lebensweise von Steinzeitmenschen von Bilzingsleben gezogen werden können, wenn am selben Fundort eine große Zahl von Helicigona-Gehäusen gefunden wird.

⑭ Helicigona banatica toleriert Umweltveränderungen nur in sehr engen Grenzen. Erklären Sie die Bedeutung dieses Sachverhalts für die Schlussfolgerungen, die in Aufgabe 13 gezogen wurden.

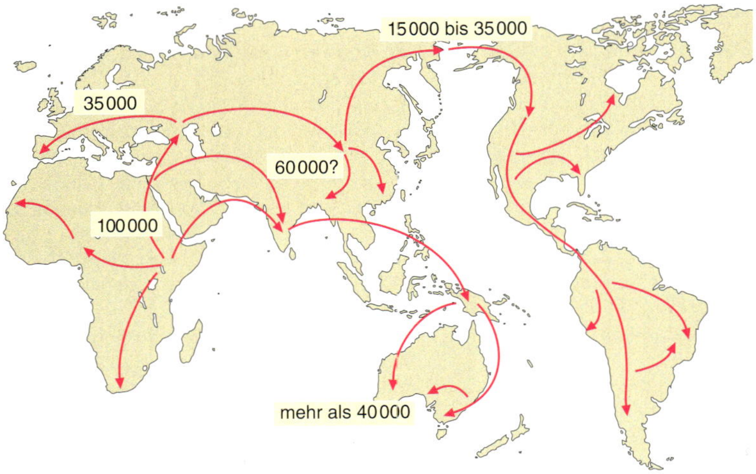

1 Ausbreitung des Homo sapiens nach dem „Out of Africa"-Modell

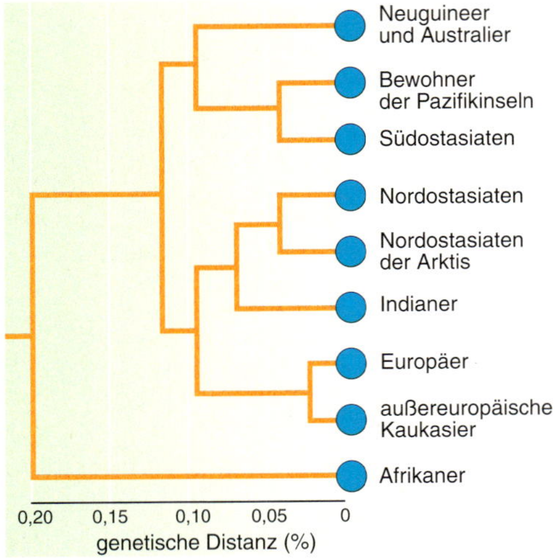

2 Unterschiede in der mt-DNA (vereinfacht)

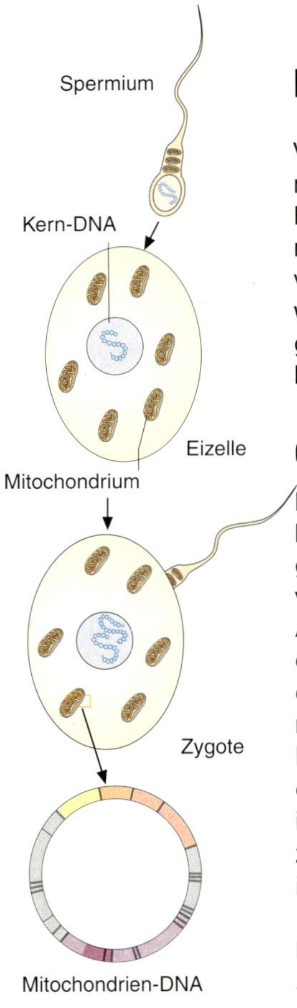

Die Vererbung der mitochondrialen DNA erfolgt über die Mutter. Mutationen der mt-DNA unterliegen nicht der Selektion. Mutationen bleiben so erhalten und häufen sich mit der Zeit immer mehr an.

Herkunft des Homo sapiens

Viele Forscher vertreten auf der Basis der räumlichen und zeitlichen Verteilung von Fossilfunden das *Out of Africa-Modell.* Danach entstand der moderne Homo sapiens vor weniger als 200 000 Jahren in Afrika, von wo er sich etwa 100 000 Jahre später über die ganze Erde ausbreitete und dabei die dort bereits ansässigen Hominiden verdrängte.

Out of Africa-Modell

Das *Out of Africa-Modell* wird durch molekulargenetische Befunde gestützt: Man verglich die DNA der Mitochondrien (mt-DNA) von 147 Menschen in Europa, Afrika, Asien, Australien und Neuguinea. Weil Mitochondrien von der Mutter vererbt werden, entfällt die genetische Rekombination weitgehend; mt-DNA-Unterschiede lassen sich somit auf Mutationen zurückführen. Man nimmt an, dass die genetische Distanz, ausgedrückt in Basenpaarunterschieden, proportional zur Zeit seit der Trennung der Populationen ist. Die Eichung dieser *molekularen Uhr* (s. S. 313) erfolgte anhand von gut datierbaren menschlichen Fossilien. Danach entspricht einem Zeitraum von 100 000 Jahren eine mittlere Veränderung der mt-DNA von 0,2 bis 0,4 %. Mithilfe der Ergebnisse konnte man einen Stammbaum erstellen und danach die Ausbreitungswege rekonstruieren. Die genetische Distanz zwischen Afrikanern und allen übrigen Menschen ist am größten, beträgt aber auch nur 0,2 % (100 000 Jahre). Kritiker wenden ein, dass die Schlussfolgerungen aus der Untersuchung der mt-DNA auf zum Teil ungesicherten Annahmen beruhen. Zum Beispiel führen sie an, dass die Mutationsrate nicht über den gesamten Zeitraum gleich groß gewesen sein muss.

Das multiregionale Modell

Neben dem Out of Africa-Modell wird auch das *multiregionale Modell* der Menschwerdung diskutiert. Es geht davon aus, dass in mehreren Gebieten Afrikas, Europas und Asiens unabhängig voneinander aus *Homo erectus* bzw. *Homo ergaster* der moderne Homo sapiens entstanden sei. Intensiver Genfluss zwischen den Populationen soll dann dafür gesorgt haben, dass Homo sapiens heute nur noch eine Art bildet. Das multiregionale Modell ist jedoch sehr umstritten.

Aufgaben

① Begründen Sie, warum sich mt-DNA gut für Stammbaumanalysen eignet.

② Vergleichen Sie den Stammbaum auf Seite 323 mit den in Abb. 1 dargestellten Ausbreitungswegen.

③ Stellen Sie die wichtigsten Aspekte des Out of Africa-Modells und der Hypothese von der multiregionalen Entwicklung gegenüber.

④ Begründen Sie, nach welcher der Theorien die gemeinsame Wurzel aller Menschen weiter zurück liegt.

⑤ Beschreiben Sie anhand des Stammbaums von S. 323 die Entwicklungslinien, die von Australopithecus zu Homo sapiens führen.

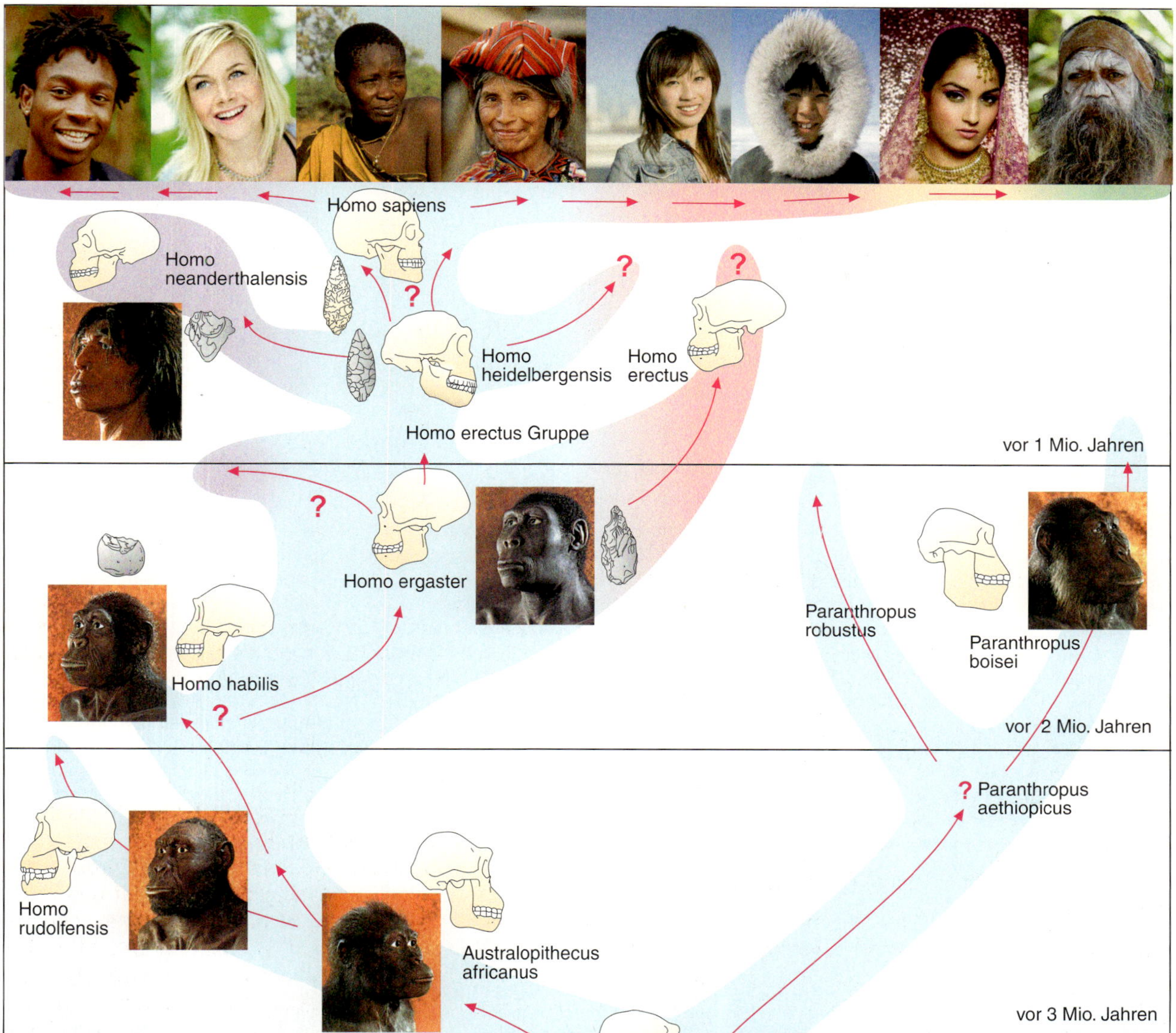

Out of Africa:

Ein möglicher Stammbaum des Menschen

Stammbäume zur Evolution des Menschen spiegeln den augenblicklichen Kenntnisstand wider und haben wegen der relativ geringen Anzahl an Funden und sonstiger Daten einen stark hypothetischen Charakter. Jeder neue Fund bzw. jede neue Erkenntnis kann einen Stammbaum wieder in Frage stellen.

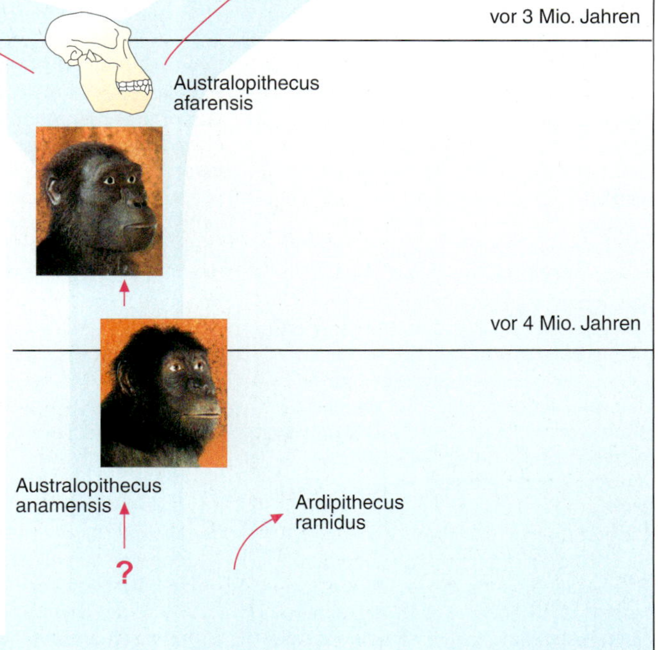

Verbreitung in
- Afrika
- Europa und im Nahen Osten
- Asien
- Amerika
- Australien

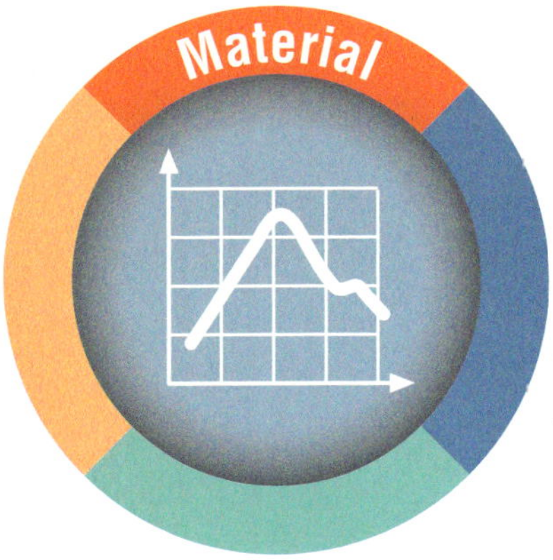

Neandertaler — Bruder, Urahn oder Vetter des Homo sapiens?

Die ersten Fossilien eines Homo neanderthalensis wurden 1856 im Neandertal bei Düsseldorf entdeckt. Er ist der erste fossile Mensch, von dem Skeletteile gefunden wurden. Der *Neandertaler* und der heutige Mensch zeigen charakteristische Unterschiede in ihrem Körperbau. Den heutigen Menschen bezeichnet man auch als „anatomisch modernen" Menschen.

Die Neandertaler hatten einen gedrungen Körperbau und waren durchschnittlich 1,60 m groß. Ihre Extremitäten waren relativ kurz. Die großen Muskelansatzstellen an ihren kräftigen Knochen weisen auf eine stark entwickelte Muskulatur hin. Neandertaler hatten eine flache Stirn; Überaugenwülste schützten die Augenhöhlen, die Kiefer standen etwas weiter vor. Ihr Hirnvolumen lag zwischen 1200 bis 1750 cm^3 und war mindestens so groß wie das des heutigen Menschen. Die zur Zeit der Neandertaler lebenden Vertreter des anatomisch modernen Menschen dagegen maßen ca. 1,75 m und besaßen ein deutlich grazileres Skelett.

Die Neandertaler lebten vor ca. 220 000 bis ca. 28 000 Jahren. Diese Zeit war gekennzeichnet durch das Auftreten von Eiszeiten. In ihrem Verbreitungsgebiet in Europa und dem Nahen Osten lebten sie in kleinen Gruppen und machten Jagd vor allem auf Rentiere, aber auch Wollnashörner und Mammuts. Als Werkzeuge benutzten die Neandertaler u. a. Faustkeile, Pfeilspitzen, Messer und Schaber aus Feuerstein. Sie wohnten in Fellzelten und Höhlen und fertigten offensichtlich auch dem Schmuck dienende Gegenstände. In Höhlen des Karmel-Gebirges (im heutigen Israel) fand man eindeutige fossile Belege dafür, dass in diesem Gebiet bereits vor 100 000 Jahren Neandertaler und anatomisch moderne Menschen nebeneinander lebten. Sie benutzten offenbar die gleichen Werkzeuge. Man fand bei den Grabungen das Zungenbein eines Neandertalers, das von dem des heutigen Menschen praktisch nicht zu unterscheiden ist. Das Zungenbein ist ein Bestandteil des stimmbildenden Apparates. Neandertaler begruben offensichtlich ihre Toten. Das zeigt die Lage und Körperhaltung der gefundenen Skelette. Ein Neandertalergrab im heutigen Irak enthielt Blütenpollen, ein Indiz für mögliche Grabbeigaben. Vor etwa 45 000 Jahren verschwand im Nahen Osten der Neandertaler.

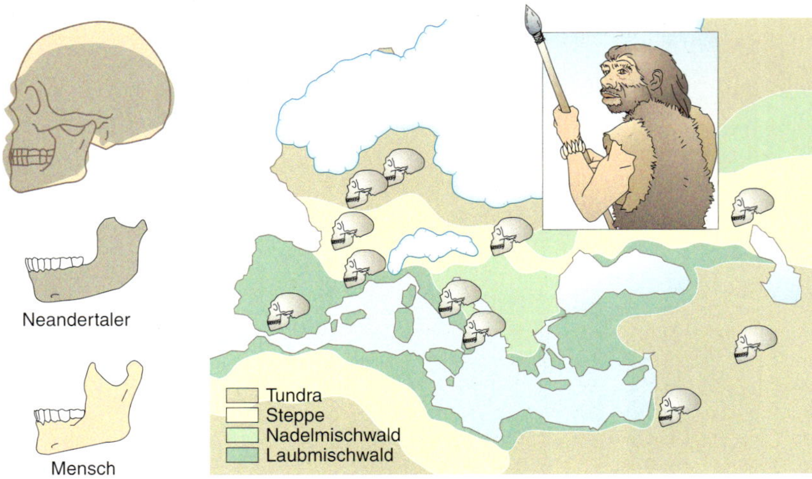

1 Verbreitung des Neandertalers

1997 gelang es, aus dem Oberarmknochen des Fundes im Neandertal kurze Fragmente mitochondrialer DNA zu isolieren, durch die Polymerase-Ketten-Reaktion zu vervielfältigen und mit dem entsprechenden Abschnitt der mitochondrialen DNA heutiger Menschen verschiedener Erdteile sowie Schimpansen zu vergleichen. Abbildung 2 zeigt das Ergebnis. Die vergleichende Untersuchung eines zweiten Fundes aus dem Kaukasus erbrachte ein vergleichbares Resultat.

Aufgaben

① Stellen Sie die wesentlichen Unterschiede im Schädel- und Skelettbau tabellarisch dar.

② Stellen Sie begründet einen Zusammenhang zwischen Körperbau des Neandertalers, seiner Verbreitung und den damaligen klimatischen Gegebenheiten her.

③ Starb der Neandertaler aus oder kam es zu einer Vermischung mit dem anatomisch modernen Menschen? Stellen Sie die Fakten bzw. Indizien aus der Molekularbiologie und der Paläontologie gegenüber, die einerseits für die Vermischung und andererseits für ein Aussterben sprechen. Begründen Sie Ihre Annahme.

④ Erläutern Sie, weshalb die Befunde der vergleichenden DNA-Untersuchung das Out of Afrika-Modell stützen. Welches Ergebnis wäre nach der Hypothese der multiregionalen Entstehung des heutigen Menschen zu erwarten?

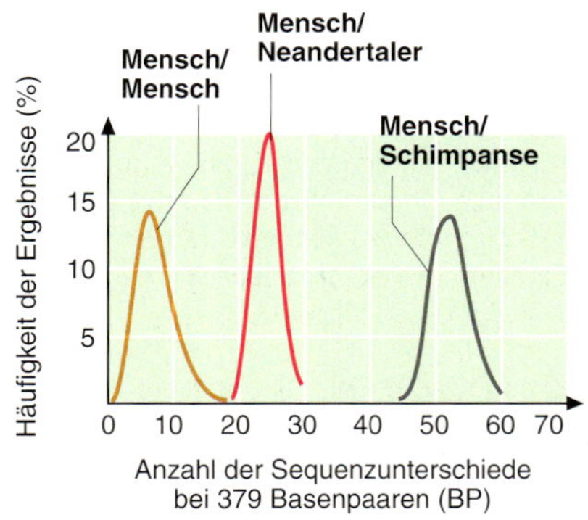

A	B	C
Neandertaler	1	0
Europäer	510	28,2
Afrikaner	478	27,1
Asiaten	498	27,7
Indianer	167	27,4
Australier, Ozeanier	20	28,3

A: Population
B: Anzahl der getesteten Personen
C: durchschnittliche Abweichungen von der Neandertalersequenz (BP)

2 Ergebnisse eines DNA-Vergleichs

Verwandtschaft heutiger Menschen

Bereits ARISTOTELES (384 bis 322 vor Christus) klassifizierte die Menschen nach ihrer Herkunft. Bis zum Ende des 20. Jahrhunderts wurden die Menschen aufgrund äußerer Unterschiede, z. B. der Hautfarbe, des Körperbaus, in unterschiedlich viele Rassen eingeteilt und bewertet.

Man grenzte zum Beispiel Europide, Mongolide, Indianide, Negride und Australide voneinander ab und bezeichnete diese als Großrassen. Man versuchte auch Unterschiede in der Intelligenz und der Leistungsfähigkeit zwischen einzelnen Menschen- bzw. Bevölkerungsgruppen zu definieren.

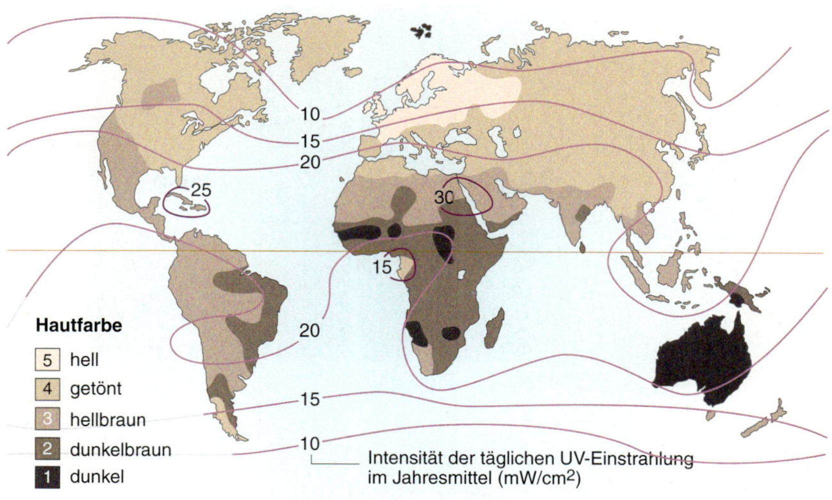

4 Geografische Verbreitung der Hautfarbe und UV-Einstrahlung

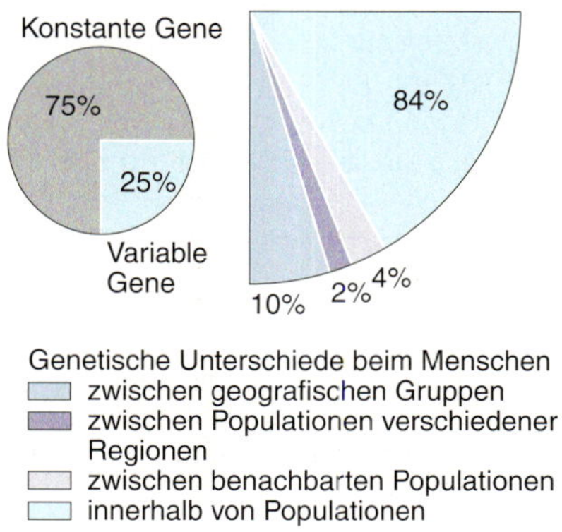

3 Konstante und variable Gene

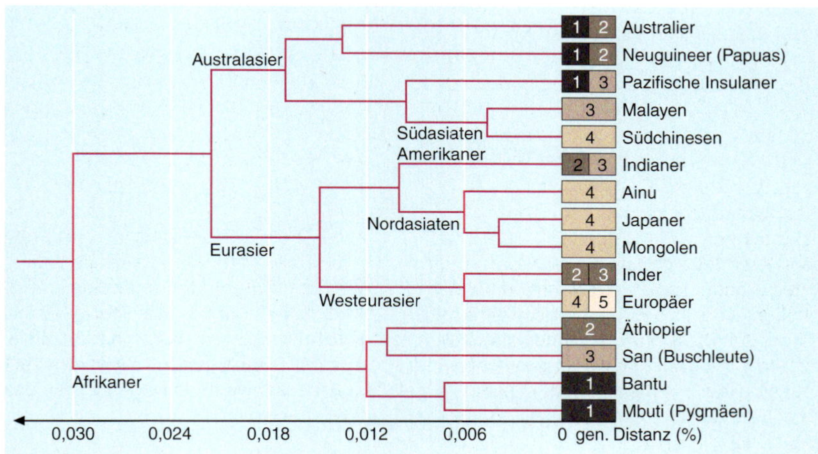

5 Dendrogramm nach CAVALLI-SFORZA

In einem Biologielexikon des Jahres 1994 kann man lesen: „Wie andere Arten ist auch der heutige Homo sapiens (Mensch) in jeweils relativ einheitliche Rassen mit charakteristischen Genkombinationen gegliedert".

Die moderne Genetik und Datenerfassung führten zu anderen Fragestellungen und Erkenntnissen. Es war der Amerikaner CAVALLI-SFORZA mit seinem Forscherteam, der 42 Populationen aus 5 Kontinenten auf 120 Gene hin untersuchte und miteinander verglich.

Die untersuchten Gene waren zum größten Teil nicht für äußerlich sichtbare Merkmale verantwortlich, sondern determinierten z. B. die Fähigkeit zur Blutgerinnung und zur Absorption bestimmter Vitamine. Dazu wurden Daten benutzt, die aus etwa 50 Jahren und von mehreren Tausend heute lebenden Personen stammten. So entstand schließlich im letzten Jahrzehnt des 20. Jahrhunderts der bis dahin vollständigste Stammbaum der Menschheit.

Es zeigte sich, dass etwa 75 % der Gene bei allen Menschen übereinstimmen, d. h. sie sind nicht variabel. Ein Viertel der Gene ist also variabel. Nur ein ganz kleiner Anteil der variablen Gene hängt allerdings mit der Herkunft aus verschiedenen geografischen Regionen zusammen. Diese Unterschiede beziehen sich fast ausschließlich auf Gene der Hautfarbe sowie der Haar- und Gesichtsform.

Aufgaben

⑤ Analysieren Sie die Verteilung der Hautfarben auf der Erde und erläutern Sie die Evolutionsmechanismen, die zu dieser Verteilung geführt haben.

⑥ Abbildung 5 zeigt ein Dendrogramm nach CAVALLI SFORZA. Die Verzweigungen zeigen die genetische Nähe aufgrund der Häufigkeitsverteilung von 120 Allelen. Die Kästchen geben die Hautfarbe der in der Abbildung genannten Menschen an.
Erläutern Sie mithilfe des Dedrogramms die verwandtschaftlichen Beziehungen zwischen den heutigen Menschen. Vergleichen Sie die Ergebnisse mit dem mt-DNA-Stammbaum (siehe Seite 322).

⑦ Stellen Sie die Ergebnisse aus Aufgabe 1 und 2 der Einteilung der Menschheit in Großrassen gegenüber und nehmen Sie eine vorläufige Bewertung vor.

⑧ Rasse ist „ein soziales Konstrukt — mehr Ausdruck sozialer Zuordnungen als ein Spiegelbild biologischer Unterschiede"
Nehmen Sie Stellung zu diesem Zitat von CRAIG VENTER.

⑨ Fassen Sie begründet zusammen, weshalb die Einteilung der Menschen in „Rassen" nicht haltbar ist.

1 Mensch und Feuer

Kulturelle Evolution

Für die Entwicklung der menschlichen Kultur waren die Herstellung von Werkzeugen und die Beherrschung des Feuers entscheidende Stationen auf dem Weg zum modernen Menschen.

Werkzeuge

Schimpansen benutzen Steine, um damit Nüsse zu knacken, oder sie brechen Zweige ab, die sie sich zurecht machen, um in Termitenbauten zu stochern (s. S. 311). Diese Beispiele zeigen, dass die Fähigkeit zur primitiven Werkzeugherstellung schon auf frühen Entwicklungsstufen vorhanden war. Bearbeitete Steinwerkzeuge des Menschen treten erstmals vor etwa 2,5 bis 1,5 Millionen Jahren auf.

Homo habilis stellte Werkzeuge her, die zum Aufschneiden von Haut und zum Zerschneiden von Fleisch und Pflanzenteilen geeignet waren. Die Herstellung solcher Geräte erfordert sehr gutes räumliches Vorstellungsvermögen und motorische Koordination. Wissenschaftler haben die Werkzeuge unserer Vorfahren nachgebaut, um die Probleme bei der Herstellung und die Eigenschaften der Produkte besser zu verstehen. Es gelang Klingen herzustellen, die rasiermesserscharf waren. Diese Vorgehensweise wird als experimentelle Archälogie bezeichnet.

Bei der Herstellung eines Faustkeils müssen bestimmte Schlagwinkel beachtet werden und je besser die Werkzeugtechnik wurde, desto mehr Arbeitsgänge waren erforderlich. Abbildung 2 zeigt einen ursprünglichen *Faustkeil* wie er von Homo erectus hergestellt wurde. Für dieses Werkzeug waren 25 Schläge in einem Arbeitsgang erforderlich. Für das „verbesserte Modell" benötigte H. erectus bereits zwei Arbeitsgänge mit 20 + 45 Schlägen.

Aus der Tabelle ist die zunehmende Komplexität bei der Werkzeugherstellung durch verschiedene Menschen der Gattung Homo zu erkennen.

Hersteller	Werkzeug	Zahl der Abschläge	Zahl der Arbeitsgänge	
Homo erectus	Faustkeil	25	1	
Homo erectus	Faustkeil	20+45	2	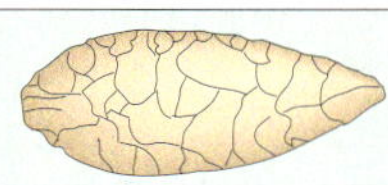
Neandertaler	Messer	35+25+1+50	4	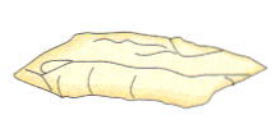
Homo sapiens	Messer	3+15+10 +12+30+10 +1+50+130	9	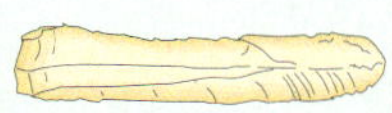

2 Werkzeugherstellung

Feuer

Eine der ältesten Spuren über den Gebrauch des *Feuers* stammen aus *Swartkrans* in Südafrika, etwa 30 km von Johannesburg entfernt. Sie sind über eine Million Jahre alt und wurden zusammen mit *H. ergaster* (s. S. 316) gefunden. Daraus lässt sich schließen, dass er vermutlich einer der ersten Menschen war, die das Feuer kontrolliert nutzen konnten. Aufgrund weiterer Funde weiß man, dass sich auch Homo erectus das Feuer nutzbar gemacht hat. Die nächst jüngeren Belege befinden sich in der Grotte von L´Escale in Südfrankreich. Die Feuerstellen dort sind etwa 650 000 Jahre alt. Die ältesten Feuerstellen in Deutschland stammen von einem Lagerplatz in Bilzingsleben (s. S. 321), einem Ort in Thüringen. Ihr Alter wurde auf etwa 400 000 Jahre datiert.

Das Feuer beherrschen zu können war für die Menschen eine bedeutende Leistung. Es gab in der Nacht Schutz vor wilden Tieren. Die Nahrung konnte zubereitet werden. Gegrillt ist Fleisch besser zu beißen und leichter verdaulich als in rohem Zustand. Ferner konnten mithilfe des Feuers kältere Lebensräume erschlossen werden. Ohne das Feuer wäre ein Überleben der Menschen während der Eiszeit in Europa nicht möglich gewesen.

3 Wildpferdfigur aus dem Lonetal

Höhlen auf der Schwäbischen Alb

In den *Karsthöhlen* der Schwäbischen Alb, zwischen Tübingen und Ulm, wurden die ältesten Kunstgegenstände der Welt gefunden. Die Karsthöhlen wurden von den Steinzeitmenschen als Zufluchts- und Wohnstätten genutzt. Während die Menschen in den meisten *Höhlen* nur Werkzeuge und Waffen hinterließen, wurden in vier kleinen Höhlen der Alb – *Geißenklösterle, Vogelherd, Hohlenstein* und *Hohler Fels* – auch plastische Figuren gefunden. In der Vogelherdhöhle im Lonetal wurden Tierfiguren aus Elfenbein ausgegraben: Darstellungen von Mammut, Löwe, Nashorn und dem berühmten Wildpferdchen. Die bestechend schönen Tierfiguren waren klein, unter 10 cm. Sie besaßen eine Durchbohrung und wurden vermutlich als Anhänger verwendet. Die erste bekannte figürliche Darstellung eines Menschen wurde vor 35 000 Jahren in ein Stückchen Elfenbein geritzt. Fast alle Kleinplastiken tragen Kreuzzeichen und Punkte, deren Bedeutung unbekannt sind.

4 Mammut

Der *„Löwenmensch"* (Abb. 5), eine meisterhaft geschnitzte Statuette, stellt eine aufrecht stehende Person dar, deren Körper den Kopf eines Höhlenlöwen trägt. Die Plastik ist das größte und spektakulärste Objekt des kleinen Ensembles altsteinzeitlicher Elfenbeinfiguren. Sie wurde vom Tübinger Urgeschichtler N. CONARD in viele Teile zerbrochen gefunden. Unter seiner Leitung wurden fast 200 Bruchstücke wieder zu einer vollständigen Figur zusammengesetzt. Sie ist knapp 30 cm hoch. Ihr Alter wurde durch Untersuchung von Begleitfunden mit der Radiocarbonmethode auf 32 000 Jahre angesetzt.

5 Löwenmensch

Die damaligen Bewohner der Alb schufen nicht nur Kunstgegenstände, sie musizierten auch. Im Geißenklösterle wurde das älteste Musikinstrument der Welt gefunden, eine 30000 Jahre alte Flöte aus Schwanenknochen. An gleicher Stelle wurden auch Farbspuren entdeckt, die auf ein Alter von 33 000 bis 36 000 Jahren datiert werden. Es handelt sich dabei vermutlich um Reste von Höhlenmalereien.

Höhle von Lascaux

Die Funde auf der Schwäbischen Alb sind etwa 20 000 Jahre älter als die ebenfalls weltweit berühmten Höhlenmalereien in der Höhle von Lascaux, bei Montignac in Südfrankreich (Abb. 6). Auf einer Länge von 250 m sind dort etwa 1 800 Figuren abgebildet. Es handelt sich dabei hauptsächlich um Auerochsen, Pferde und Hirsche. Als weiteres Motiv kommen häufig die Umrisse einer menschlichen Hand vor. Die Malereien sind über eine längere Periode vor 17 000 bis 15 000 Jahren angefertigt worden.

6 Höhlenmalerei von Lascaux

Die Menschen, die diese Kunstwerke geschaffen haben, unterscheiden sich in biologischer Hinsicht kaum vom heutigen Menschen. Die wesentlichen Veränderungen bis zur Gegenwart bestanden in der kulturellen Fortentwicklung. Die Entstehung der Schrift ermöglichte die Geschichtsschreibung und damit die Übertragung der weiteren kulturellen und sozialen Entwicklung des Menschen.

Aufgaben

① Ordnen Sie die Steinzeitmenschen, die Kunstwerke geschaffen haben, einer der Ihnen bekannten Menschenarten zu und begründen Sie die Zuordnung.

② Formulieren Sie plausible Hypothesen, zu welchem Zweck unsere Vorfahren Kunstwerke geschaffen haben.

Evolution

Aktualitätsprinzip

CHARLES DARWIN hat sich u. a. auch mit der Frage beschäftigt, welche Faktoren in der Vergangenheit zu den heutigen Organismen geführt haben. Dazu übertrug er das Aktualitätsprinzip von LYELL auf die Entwicklung der Lebewesen, d. h. auf die Entstehung der Arten.

1 Lavaströme

Aufgaben

① Formulieren Sie allgemein das Aktualitätsprinzip von LYELL.

② Man beobachtet heute, dass bei Vulkanausbrüchen Lavaströme von flüssigem Gestein zu Tal fließen und nach dem Erkalten wellenförmige Formationen bilden (s. Abb. 1). Beschreiben Sie die Schlussfolgerungen aus dem Aktualitätsprinzip, wenn in Gesteinsformationen, die viele Millionen Jahre alt sind, solche wellenförmige Strukturen zu finden sind.

③ Beschreiben Sie die Bedeutung des Aktualitätsprinzips für die Entstehung von fossilen Organismen.

④ Erklären Sie die Bedeutung des Aktualitätsprinzips für DARWINS Theorie von der Evolution der Lebewesen.

Evolutionstheorie

Austernfischer sind Wattvögel, die sich von Muscheln ernähren. Dabei bevorzugen sie aufgrund ihrer Schnabelkonstruktion Beutetiere mittlerer Größe.

Kleine Muscheln sind zwar leicht zu knacken enthalten aber wenig Fleisch. Je größer die Muscheln sind, desto mehr Fleisch enthalten sie, desto schwerer sind sie aber zu öffnen.

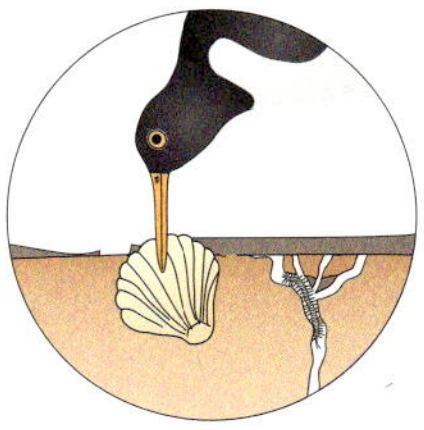

Aufgaben

⑤ Zeichnen Sie ein schematisches Diagramm, das bei Austernfischern die Abhängigkeit zwischen dem Nahrungsgewinn (in mg pro Sekunde) und der Muschelgröße zeigt.

⑥ Erklären Sie mithilfe der Synthetischen Evolutionstheorie, die Anpassung der Schnäbel von Austernfischern an Muscheln mittlerer Größe.

⑦ Kennzeichnen Sie in Ihrer Antwort aus Aufgabe 6 Beiträge, die aus DARWINS Theorie stammen.

Gendrift

Das Pingelap-Atoll gehört zu einer Inselgruppe, die vulkanisch entstanden ist. Sie liegt mitten im pazifischen Ozean, zwischen den Philippinen und Hawai.

Auf den abgelegenen Inseln leben etwa 1600 Eingeborene, von denen über 5 % vollständig farbenblind sind. Daher kommt auch die Bezeichnung „Insel der Farbenblinden". Auf dem Festland kommt die völlige Farbenblindheit im Verhältnis 1:30 000 vor.

Aufgaben

⑧ Beschreiben Sie mögliche Ereignisse, durch die es auf Pingelab zu einer so ungewöhnlichen Zahl von völlig Farbenblinden kommen konnte.

⑨ Erläutern Sie obiges Beispiel mithilfe des Flaschenhalseffekts. Fertigen Sie dazu eine beschriftete Zeichnung an.

Vangawürger

Vangawürger, auch Blauwürger genannt, bilden eine Familie der Sperlingsvögel, die ausschließlich auf Madagaskar vorkommen. Es gibt 15 noch existierende Arten. Eine Art, der Kurzzehen-Kleibervanga, ist ausgestorben.

Vangawürger sind sehr unterschiedliche und spezialisierte Singvögel, die sich vom Festland isoliert auf Madagaskar entwickelt haben. Abbildung 2 zeigt einen Kleibervanga.

2 Kleibervanga

Aufgaben

⑩ Beschreiben Sie die ökologische Nische, die vom Kleibervanga besetzt wird.

⑪ Erläutern Sie, welcher Vogel auf Galapagos die Nische des Kleibervangas besetzt.

⑫ Erklären Sie, wie die verschiedenen Vangawürger auf Madagaskar entstanden sind.

⑬ Diskutieren Sie mögliche Gründe, warum der Kurzzehen-Kleibervanga auf Madagaskar ausgestorben ist.

Altersbestimmung

Auf der Schwäbischen Alb wurden in den letzten Jahren zahlreiche Kunstgegenstände aus Knochen oder Elfenbein gefunden. Es handelt sich um Darstellungen von Menschen oder Tieren, wie zum Beispiel eines Mammuts. Mit der Radiocarbonmethode wurden die Funde auf ein Alter von 31 000 bis 37 000 Jahren datiert.

Aufgaben

⑭ Beschreiben Sie die Radiocarbonmethode und zeichnen Sie eine beschriftete Zerfallskurve. Gehen Sie von einer Halbwertszeit von 5 700 Jahren aus.

⑮ Geben Sie an, ob die Radiocarbonmethode auch geeignet ist, um Fundstücke von Australopithecus zu datieren. Begründen Sie.

Homologie – Analogie bei Tieren

Einige Saurier der Kreidezeit hatten vordere Gliedmaßen, die eine Tragfläche bilden, ähnlich wie bei heutigen Fledermäusen.

3

Aufgaben

⑯ Vergleichen Sie mithilfe der Abbildung den Flügel von Flugsaurier und Fledermaus.

⑰ Begründen Sie, ob Flugsaurier als direkte Vorfahren der Fledermäuse in Frage kommen.

⑱ Erläutern Sie, ob es sich bei der Vorderextremität von Flugsaurier und Fledermaus um homologe oder um analoge Strukturen handelt.

⑲ Erklären Sie die Entstehung der Flügel beim Flugsaurier mit der Theorie von LAMARCK.

Homologie – Analogie bei Pflanzen

Kletternde Pflanzen besitzen zum Teil Ranken, mit denen sie sich festhalten. Vergleicht man die Ranken verschiedener Pflanzen, so kann man eine Reihe von Unterschieden feststellen. Die Abbildung zeigt zwei Beispiele.

4

Aufgaben

⑳ Beschreiben Sie anhand der Abbildung, aus welchen Pflanzenorganen die Ranken beim Kürbis und die Ranken bei der Passionsblume entstanden sind.

㉑ Erläutern Sie, ob die Ranken von Kürbis oder Passionsblume homologe oder analoge Strukturen sind.

Hypophysenhinterlappen

Hormone des Hypophysenhinterlappens kommen bei allen Wirbeltierklassen vor. Diese Hormone ähneln sich stark in ihrer chemischen Struktur.

Es sind stets Verbindungen aus neun Aminosäuren. Die verschiedenen Hormone unterscheiden sich nur in den Aminosäuren der Positionen 3, 4 und 8. Über das Vorkommen dieser Hormone bei den verschiedenen Wirbeltiergruppen informiert die folgende Abbildung.

Vasotocin	Valitocin	Isotocin	Mesotocin	Oxytocin	Arginin Vasopressin	Lysin Vasopressin
Cys	Cys	Cys	Cys	Cys	Cys	Cys
Tyr	Tyr	Tyr	Tyr	Tyr	Tyr	Tyr
Ile	Ile	Ile	Ile	Ile	Phe	Phe
Gln	Gln	Ser	Gln	Gln	Gln	Gln
Asn	Asn	Asn	Asn	Asn	Asn	Asn
Cys	Cys	Cys	Cys	Cys	Cys	Cys
Pro	Pro	Pro	Pro	Pro	Pro	Pro
Arg	Val	Ile	Ile	Leu	Arg	Lys
Gly	Gly	Gly	Gly	Gly	Gly	Gly

	Vasotocin	Valitocin	Isotocin	Mesotocin	Oxytocin	Arginin Vasopressin	Lysin Vasopressin
Rundmäuler	+						
Haie	+	+					
Lungenfische	+			+			
Knochenfische i.e.S.	+		+				
Lurche	+			+			
Kriechtiere	+			+ oder	+		
Vögel	+				+		
Säugetiere					+	+	+

Aufgaben

㉒ Vergleichen Sie die Aminosäuresequenzen der dargestellten Hormone und gliedern Sie diese in Gruppen.

㉓ Stellen Sie eine mögliche Entwicklungsreihe der Hormone auf und begründen Sie Ihre Anordnung.

㉔ Erstellen Sie eine hypothetische Entwicklungsreihe der Wirbeltiere.

Homo sapiens und Neandertaler

Einige Forscher beschreiben den Neandertaler als Homo sapiens neandertalensisandere als Homo neandertalensis und grenzen ihn so gegen den modernen Menschen ab.

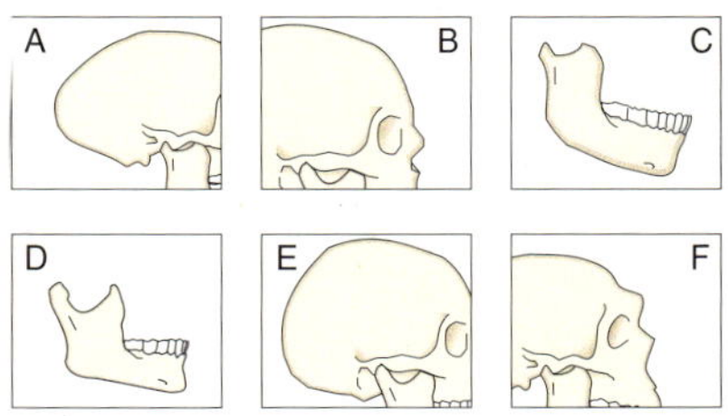

Aufgaben

㉕ Die Abb. zeigt verschiedene Schädelfragmente von Neandertalern und von Homo sapiens. Ordnen Sie diese jeweils den beiden Menschen zu und begründen Sie Ihre Zuordnung.

㉖ Definieren Sie den Artbegriff.

㉗ Interpretieren Sie die unterschiedliche wissenschaftliche Zuordnung des Neandertalers zu den Menschen.

Prinzip: Struktur und Funktion

Lebewesen bestehen aus verschiedenen geordneten Bauteilen, aus Strukturen, die zweckmäßige Funktionen erfüllen. Dieser Zusammenhang wird als *Prinzip von Struktur* und Funktion bezeichnet.

Bemerkenswerterweise gilt das Prinzip von Struktur und Funktion nicht nur für Lebewesen, sondern auch für alle technischen Anwendungen. Durch eine genaue Analyse von Strukturen ergeben sich auch Hinweise auf ihre Funktion.

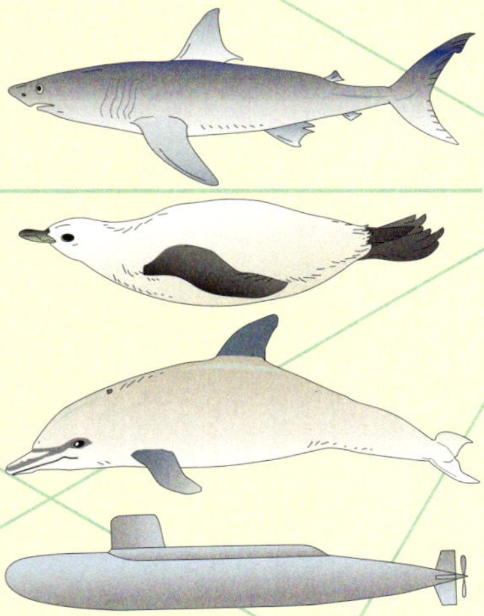

Bei biologischen Systemen entsteht die Struktur-Funktions-Beziehung als Folge von evolutiver Anpassung.

Moleküle

Moleküle

Membranen bestehen zum großen Teil aus *Phospholipidmolekülen*, wie dem *Lecithin*. Diese Moleküle haben sowohl einen hydrophoben Bereich (im Bild gelb), bedingt durch die Fettsäurebestandteile, als auch einen blau markierten hydrophilen Teil, der durch Phosphatgruppen verursacht wird.

Die Lipidmoleküle bilden eine Doppelschicht, wobei die hydrophoben Teile zur Membranmitte zeigen und die hydrophilen zum Cytoplasma und zur Zellumgebung.
Die Lipiddoppelschicht bestimmt die Eigenschaften der Membran, wie Stabilität, Flexibilität und die Undurchlässigkeit für große organische Moleküle.

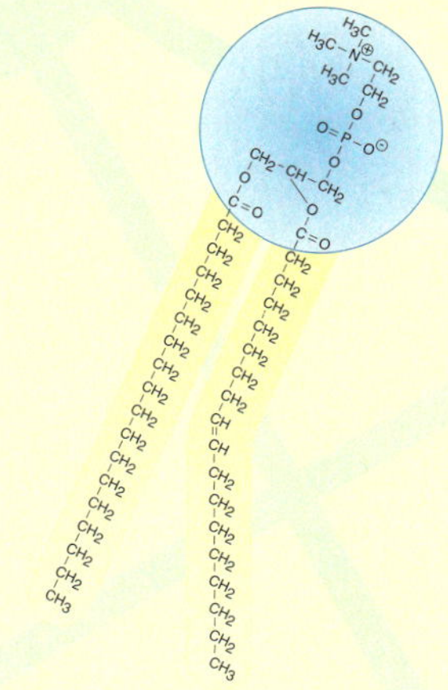

Zellen

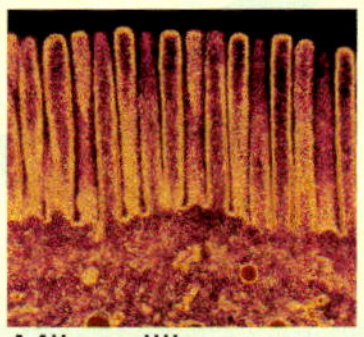

Mikrovilli

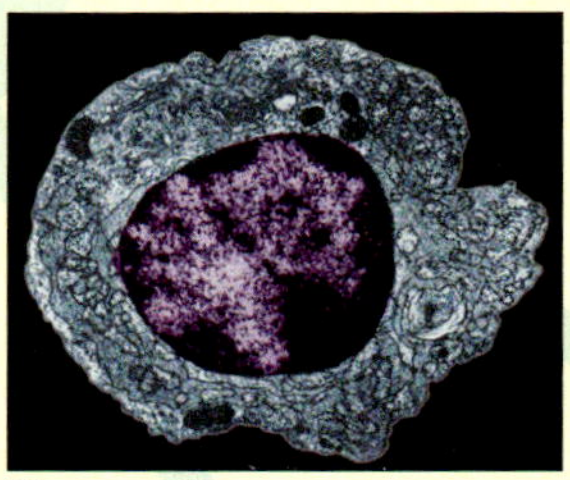

Plasmazelle

Zellen

Zellen der *Darmschleimhaut* nehmen Nährstoffe aus dem Darmlumen auf. Ihre Zellmembran besitzt elektronenmikroskopisch kleine Ausstülpungen, die *Mikrovilli*. Ihre Funktion besteht darin die Zelloberfläche zu vergrößern, um die Nährstoffbausteine möglichst effizient aufnehmen zu können.

Die *Plasmazellen* des Immunsystems fallen durch einen hohen Anteil des endoplasmatischen Reticulums auf, das mit Ribosomen besetzt ist (raues ER). Dies ist ein Hinweis auf die intensive Proteinbiosynthese. Die Hauptfunktion der Plasmazellen ist die Bildung von *Antikörpern*.

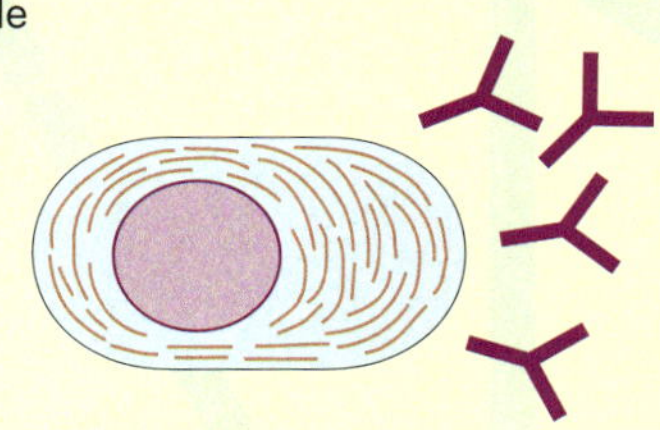

Antikörper verlassen Plasmazelle

Organellen

Organellen

Die innere Membran der *Mitochondrien* und *Chloroplasten* enthält Enzyme in einer festen räumlichen Anordnung. Diese Membran ist bei beiden Zellorganellen stark gefaltet. Die Strukturierung vergrößert diese Membranoberfläche beträchtlich und bewirkt eine Steigerung der Stoffwechselleistung dieser Organellen.

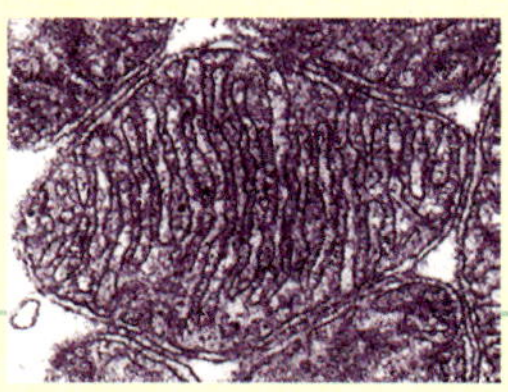

Mitochondrium

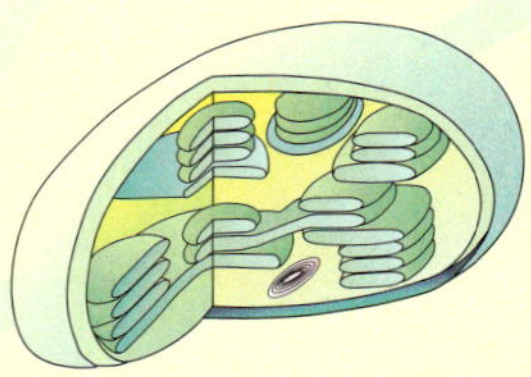

Chloroplast

Laubblatt

Laubblatt

Die *Venusfliegenfalle* ist eine „Fleischfressende" Pflanze. Ihre drei Zentimeter langen Blätter sind eigenartig geformt. Ein Teil des Blattes dient als Anflugstelle für Insekten, die anderen Teile bilden zwei gezähnte Klappen. Landet ein durch Nektar angelocktes Insekt auf dem Blatt und kriecht zwischen die Klappen, so löst es einem Mechanismus aus. Wenn die am Grund befindlichen Borsten berührt werden, schnappen die Klappen in Sekundenbruchteilen zusammen.
Die gezähnten Fortsätze greifen ineinander und bilden einen Käfig, aus dem das Tier nicht mehr entweichen kann.

Venusfliegenfalle

Fliegenragwurz

Blüte

Die *Fliegenragwurz* ist eine Orchideenart, deren Blüte einem Insekt ähnlich sieht. Durch Duftstoffe, die dem Sexuallockstoff von Weibchen gleichen, werden männliche Insekten zur Blüte gelockt. Hier angekommen versuchen sie das vermeintliche Weibchen zu begatten und übertragen dabei Pollen.

Blüte

Körpergestalt

Fetzenfische sind mit den Seepferdchen verwandt, auch wenn das nicht auf den ersten Blick zu erkennen ist.
Ihre ungewöhnlichen Konturen bestimmen die lappenartigen und stacheligen Fortsätze. In ihrem Lebensraum halten sie sich in Seegraswiesen und zwischen Tangen auf. Durch ihre Körperanhänge wird die Körperkontur im Pflanzengestrüpp aufgelöst, so dass das Tier perfekt getarnt ist. Fetzenfische sind dazu noch in der Lage ihre Körperfärbung der Umgebung anzupassen.

Körpergestalt

Fetzenfisch

Aufgaben

① Stellen Sie Struktur und Funktion für die dargestellten Beispiele tabellarisch zusammen
② Erläutern Sie aus dem Bereich der Moleküle ein weiteres Beispiel, an dem das Prinzip Struktur und Funktion erkennbar wird.
③ Erklären Sie den Zusammenhang zwischen Proteinbiosynthese, dem hohen Anteil an rauem endoplasmatischen Reticulum und der Bildung von Antikörpern in Plasmazellen.
④ Zeigen Sie an speziellen Organen von Blütenpflanzen und Wirbeltieren weitere Zusammenhänge von Struktur und Funktion.
⑤ Nennen Sie weitere Beispiele für Tarnung im Tierreich. Ordnen Sie diese Beispiele in geeignete Kategorien.
⑥ Im Rahmen des Prinzips von Struktur und Funktion spielt die Vergrößerung von Oberflächen eine bedeutende Rolle. Stellen Sie dazu weitere Beispiele aus der Biologie und der Technik zusammen und beschreiben Sie die jeweilige Funktion.

Prinzip: Spezifische Molekülinteraktion

Jeder Organismus verfügt über eine Vielzahl von Molekülen, die eine hoch spezifische Struktur besitzen. Eine Wechselwirkung, die Interaktion, findet oft mit genau dazu passenden Molekülen statt. In diesen Fällen spricht man vom Prinzip der *spezifischen Molekülinteraktion* oder dem *Schlüssel-Schloss-Prinzip*. Erst die Spezifität dieser Wechselwirkungen ermöglicht Organismen die Vorgänge, die als Kennzeichen des Lebendigen gelten, wie die Genexpression, ein geordneter Ablauf von Stoffwechselprozessen, Informationsaufnahme und -verarbeitung sowie eine Reaktion auf Reize.

Die Struktur der wechselwirkenden Moleküle entzieht sich der unmittelbaren optischen Betrachtung. Auch mit dem Elektronenmikroskop lassen sich die entscheidenden Molekülstrukturen nicht sichtbar machen. Dennoch gelingt es mit verschiedenen Verfahren, u. a. der Röntgenstrukturanalyse, für ausgewählte Moleküle sehr detaillierte Modelle zu erstellen, welche die Spezifität der Wechselwirkungen verdeutlichen. Entscheidend ist dabei nicht nur die räumliche Passung der Molekülabschnitte, sondern auch die Verteilung elektrischer Ladungen innerhalb der Moleküle.

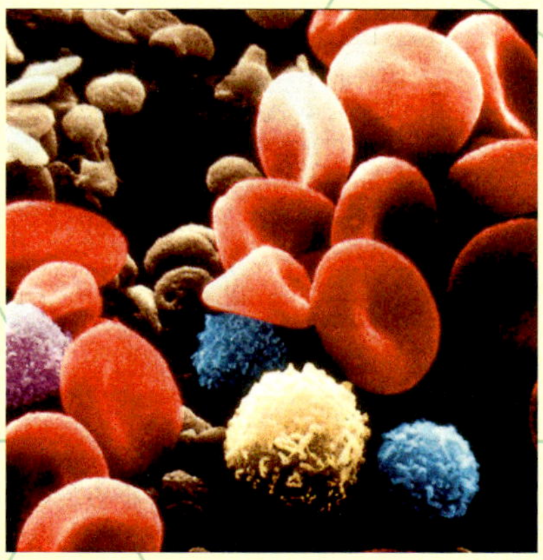

B-Lymphocyten im Blut

Enzyme

Die katalytischen Eigenschaften von *Enzymen* werden durch die gute räumliche Passung ermöglicht, die zwischen dem aktiven Zentrum und dem Substrat besteht. Das erklärt, weshalb Enzyme substratspezifisch sind. Wenn ein bestimmtes Enzym in einer Zelle vorliegt, wird eine spezifische biochemische Reaktion in dieser Zelle ermöglicht.

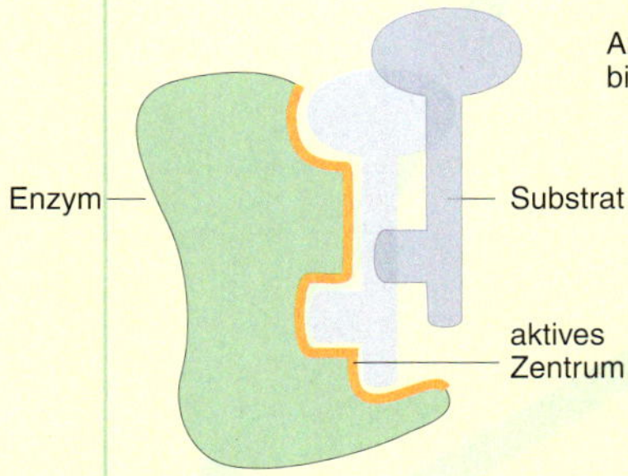

Enzym-Substrat-Komplex

Enzyme

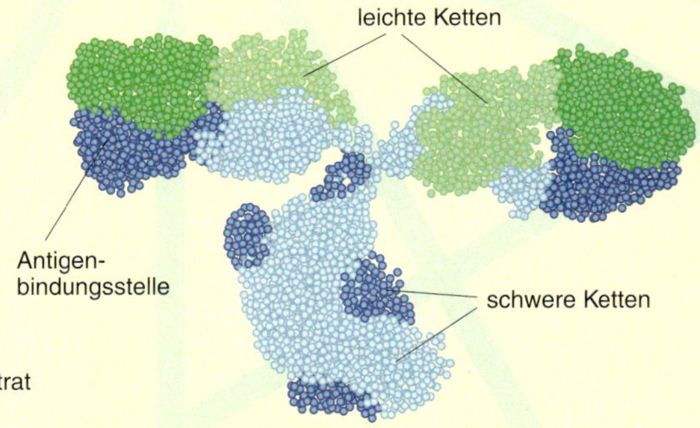

Immunsystem

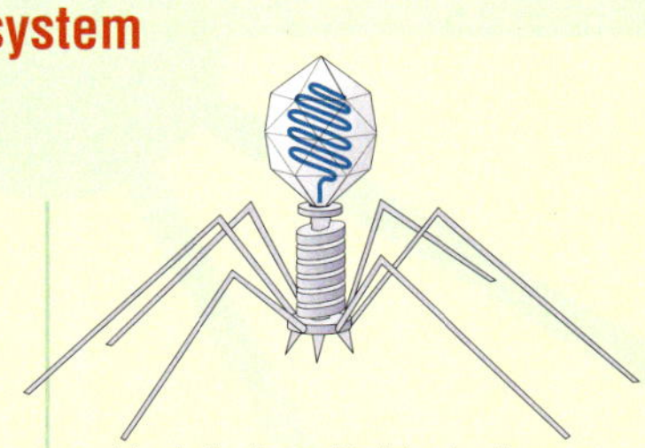

Modell eines Bakteriophagen

Immunsystem

Das Immunsystem der Säugetiere bildet spezifische Moleküle, die *Antikörper*, die sich mit den molekularen Strukturen eines Krankheitserregers, eines *Antigens*, verbinden. Die Wirksamkeit des Immunsystems beruht auf der Fähigkeit zur spezifischen Molekülinteraktion vieler seiner Komponenten. Dabei ist die Bildung von Antigen-Antikörper-Komplexen nur einer der letzten Schritte der humoralen Immunabwehr. Zuvor finden vielfältige molekulare Kontakte zwischen Erreger und Lymphocyten sowie der Lymphocyten untereinander statt, um die Antikörper zu bilden und zugleich spezifisch wirksame Abwehrzellen (T-Killerzellen) in großer Anzahl zu bilden.

Viren

Viren tragen an ihrer Oberfläche spezielle Moleküle, durch die sie mit ihren Wirtszellen in Kontakt treten. Nur wenn eine Zelle an ihrer Zellmembran ein dazu passendes Rezeptormolekül besitzt, kann sich das Virus anheften und die Zelle infizieren.

Das *Vogelgrippevirus* H5N1 besitzt an seiner Oberfläche das Protein Hämagglutinin. Kommt es an der Zellmembran in Kontakt mit einem bestimmten Glycoprotein, so wird das Virus in die Wirtszelle aufgenommen und vermehrt. Dieses Glycoprotein, das als Rezeptormolekül fungiert, trägt eine bestimmte Molekülgruppe (Sialinsäuregruppe), die sich mit Hämagglutinin verbindet. Dieses Rezeptormolekül kommt beim Menschen ausschließlich in den Zellen des Lungengewebes vor.

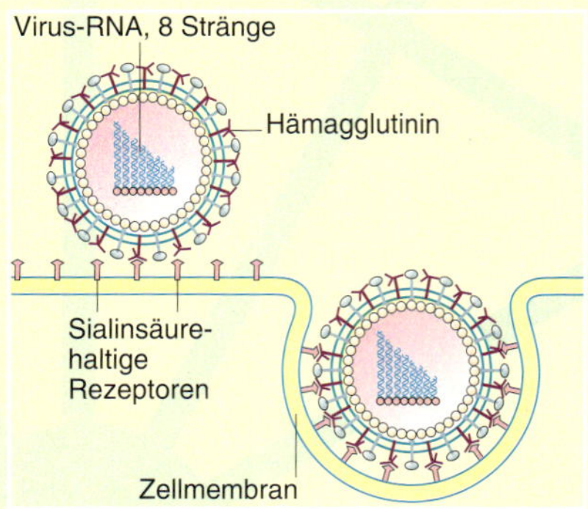

Viren

Basen-paarung

Basenpaarung

Die organischen Basen Adenin und Thymin sowie Cytosin und Guanin liegen in der DNA gepaart vor. Die Moleküle enthalten stark elektronegative Atome, wie Sauerstoff und Stickstoff, die polarisierend wirken. So entstehen negative und positive Teilladungen. Bei gepaarten Basen stehen sich jeweils positiv und negativ polarisierte Bereiche gegenüber, die sich gegenseitig anziehen und Wasserstoffbrücken bilden. So kann es keine Paarung zwischen Adenin und Cytosin geben, weil sich dabei gleichnamige und somit abstoßende Ladungen gegenüberstehen würden.

In einem DNA-Molekül gibt es eine große Anzahl Wasserstoffbrücken, sodass einerseits ein sicherer Zusammenhalt der Einzelstränge gegeben ist, andererseits jedoch bei Replikation und Transkription die enzymatische Trennung in Einzelstränge ermöglicht wird.

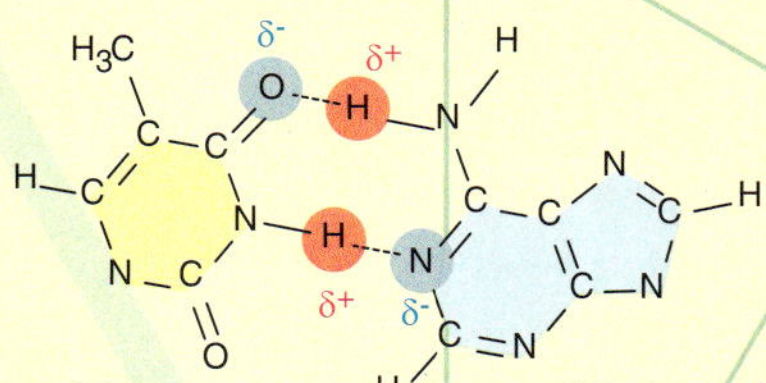
Thymin Adenin

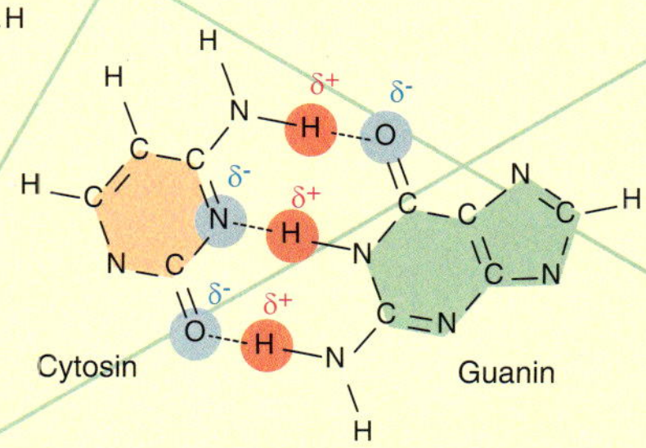
Cytosin Guanin

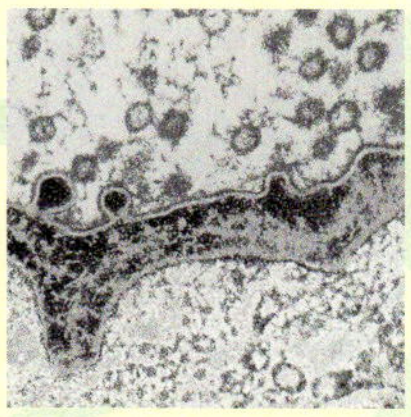
Synapse

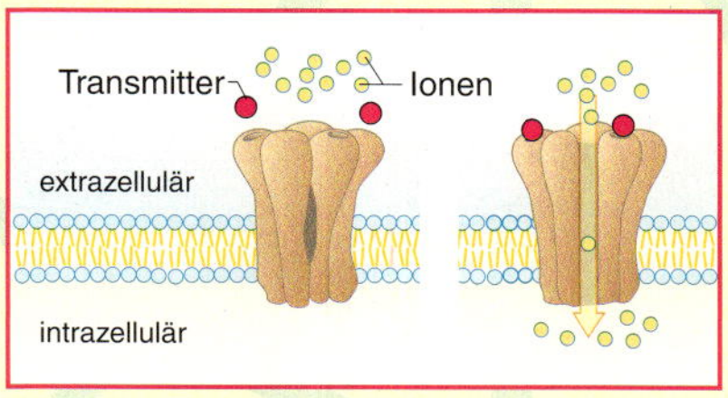

Ionenkanal und Transmittersubstanzen

Synapse

In den Synapsen treten verschiedene Transmittersubstanzen auf. An der postsynaptischen Membran befinden sich Kanalmoleküle mit einer Rezeptorstelle, an die sich ein Transmittermolekül anlagern kann. Je nachdem, welcher Transmitterstoff vorhanden ist, kann ein bestimmter Rezeptor besetzt und damit der bestimmter Ionenkanal geöffnet werden.

Synapse

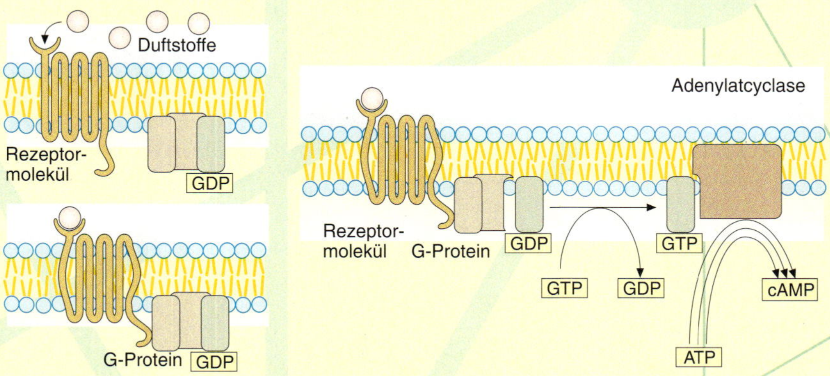

G-Protein gekoppelte Rezeptormoleküle

Bei der Erregungsbildung in Lichtsinneszellen und Riechzellen sind G-Protein gekoppelte Rezeptormoleküle von entscheidender Bedeutung. Es sind Proteine mit sieben α-Helix Abschnitten, die schleifenförmig die Zellmembran durchziehen. Bei Riechsinneszellen gibt es verschiedene Rezeptormoleküle, die sich in der Struktur ihrer Rezeptorstelle unterscheiden. An die Rezeptorstelle kann ein primärer Botenstoff binden. Wird die Rezeptorstelle besetzt, verändert das Rezeptormolekül seine räumliche Struktur. Dadurch wird es in der Membran beweglich. Trifft es auf ein G-Protein, so nimmt es GTP auf, gibt GDP ab und zerfällt in zwei Teile. Die GTP-tragende Untereinheit löst weitere Reaktionen aus, die schließlich zur elektrischen Erregung führen.

Rezeptor-moleküle

Aufgaben

1. Erstellen Sie tabellarisch eine Übersicht der dargestellten Molekülwechselwirkungen. Benennen Sie die interagierenden Moleküle bzw. Strukturen sowie die sich einstellende Wirkungen oder Reaktionen.
2. Geben Sie soweit wie möglich an, zu welchen Stoffgruppen die interagierenden Moleküle gehören. Prüfen Sie, welche Stoffgruppe besonders häufig auftritt. Geben Sie dafür eine mögliche Erklärung.
3. Zeigen Sie an der DNA, wie die Aufklärung der molekularen Struktur einen Beitrag zum Verständnis genetischer Prozesse geliefert hat.
4. Signalstoffe können fett- oder wasserlöslich sein. Begründen Sie, weshalb G-Proteingekoppelte Rezeptormoleküle vor allem der Erkennung wasserlöslicher Signalstoffe dienen.
5. Viren können nur bestimmte Wirtszellen befallen. Erläutern Sie die Ursache dieser Spezifität.
6. Es gibt die Befürchtung, dass Stämme von Vogelgrippeviren, die für den Menschen noch ungefährlich sind, durch Mutation infektiös werden könnten. Erläutern Sie, wie Mutationen bei Viren den Befall der Zellen neuer Wirte ermöglichen.

Netz

Prinzip: Regulation

Organismen halten den Wert vieler Zustandsgrößen wie beispielsweise den Blutzuckerspiegel weitgehend konstant, selbst wenn sich innere oder äußere Faktoren kurzfristig erheblich ändern. Daneben gibt es auch Zustandsgrößen, die variabel an die jeweilige Situation angepasst werden. In beiden Fällen handelt es sich um eine Regelung. Grundlegendes Merkmal einer Regelung ist, dass sie stets auf negativer Rückkopplung beruht.

Geregelte Systeme lassen sich durch einen Regelkreis beschreiben. Die Darstellung ist in Form von Block- oder Pfeildiagrammen üblich. Der Sollwert der Regelgröße wird vom Führungsglied vorgegeben. In Systemen, in denen es kein Führungsglied gibt, stellt sich durch die Rückkopplung von selbst ein stabiler Wert der Regelgröße ein.

Regulation findet auf allen Strukturebenen in einem Organismus statt. Regelkreise existieren auf der Ebene der Moleküle, der Zelle, der Gewebe, der Organe und des Gesamtorganismus.

Pupillenreflex

Pupillenreflex

Die Beleuchtungsstärke auf der Netzhaut ist geregelt. Bei verstärktem Lichteinfall wird die Pupille unwillkürlich verkleinert. Dieser Pupillenreflex bewirkt, dass sich die Eintrittsöffnung für Licht verkleinert, weniger Licht ins Auge gelangt und die Beleuchtungsstärke der Netzhaut wieder dem Sollwert angenähert wird. Bei vermindertem Lichteinfall vergrößert sich die Pupille. Das Beispiel zeigt, dass Reflexe als Aktivitäten von Stellgliedern in Regelkreisen betrachtet werden können.

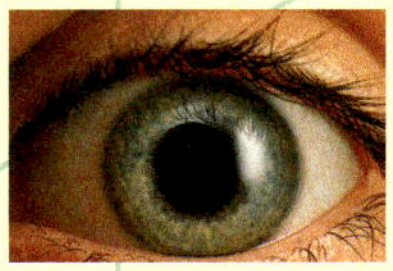

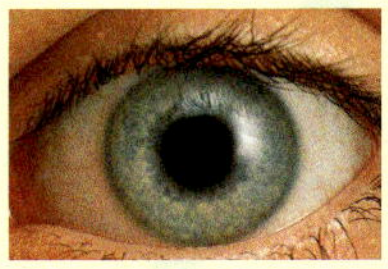

Körpertemperatur

Körpertemperatur

Vögel und Säugetiere sind in der Lage, ihre Körperkerntemperatur in sehr engen Grenzen konstant zu halten. Diese exakte Regelung ermöglichen zwei ganz verschiedene Stellglieder, die gegensätzlich arbeiten. Die Aktivierung der Muskulatur ermöglicht die aktive Erwärmung, die Absonderung von Schweiß und bzw. das Hecheln bei Tieren dient der aktiven Kühlung des Körpers.

Bei wechselwarmen Tieren übernehmen Verhaltensweisen teilweise die Stellgliedfunktionen, über die gleichwarme Tier verfügen. So regulieren Reptilien im Hochgebirge oder in der Steppe ihre Körpertemperatur durch Sonnenbäder bei Tag und das Aufsuchen geschützter Höhlen in der Nacht.

Blutzuckerspiegel

Blutzuckerspiegel

Die Glucosekonzentration des Bluts wird im Bereich von 60 bis 120 mg Glucose pro 100 ml gehalten. An der Regulation des Blutzuckerspiegels sind zwei Hormone der Bauchspeicheldrüse (Insulin, Glucagon) beteiligt. Ihre Konzentration wird wiederum von weiteren Organen, Nervensignalen und Hormonen beeinflusst.

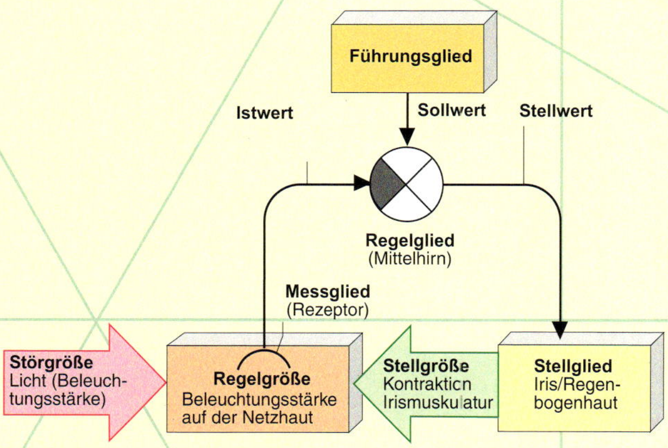

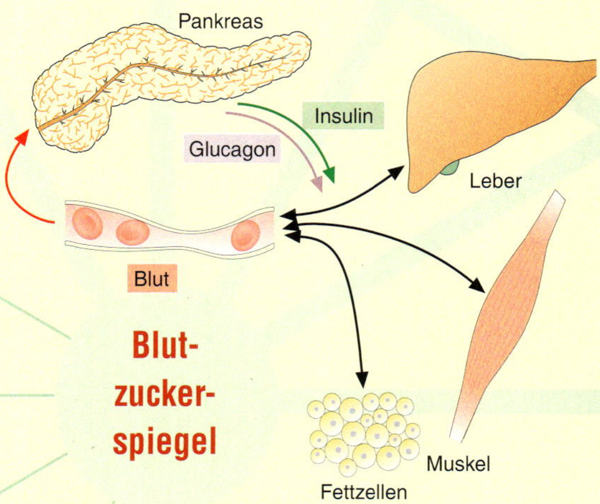

Enzym-aktivität

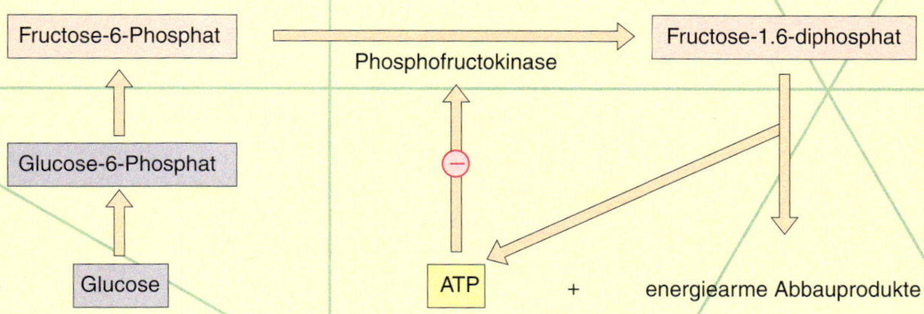

Enzymaktivität

In Zellen wird durch den Abbau von Glucose bei der Zellatmung Energie frei, die für den für den ATP-Aufbau eingesetzt wird. Wenn genügend ATP vorliegt, lagert es sich reversibel an das Enzym Phosphofructokinase an. Dabei ändert das Enzym seine Raumgestalt. Es kann nun kein Substrat mehr aufnehmen und die ATP-Bildung ist unterbrochen. So wird durch die allosterische Hemmung des Enzyms die ATP-Menge in der Zelle geregelt.

Genaktivität

In der Bakterienzelle sind die Gene einer Synthesekette aktiv. Dabei entstehen Enzyme, die nach einiger Zeit inaktiv werden. Ein Enzym wandelt die Vorstufe eines Stoffs zum Endprodukt um. Dieses Endprodukt lagert sich an ein inaktives Repressorprotein verändert dabei dessen Form und aktiviert es. Das Protein wirkt nun als Repressor, indem es sich an die DNA anlagert und den Operator des Operons blockiert. Damit beendet das Produkt seine eigene Synthese. Nimmt die Konzentration des Endprodukts ab, wird der Repressor wieder inaktiv und die Stoffproduktion wird wieder aufgenommen.

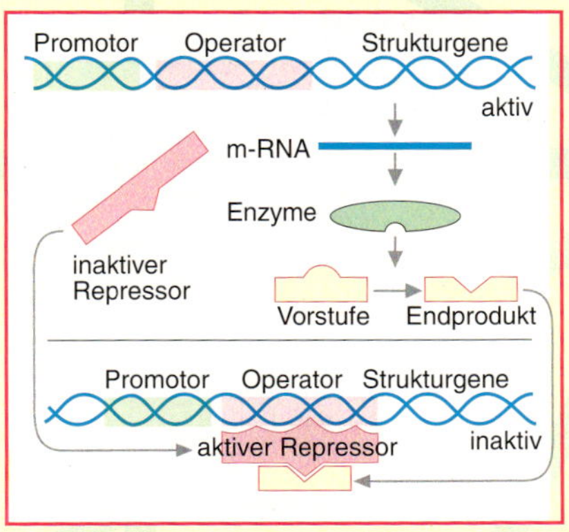

Gen-aktivität

Aufgaben

① Geben Sie für die dargestellten Beispiele jeweils an, welche Größe geregelt wird.
Nennen Sie soweit möglich, welche biologische Struktur das Führungsglied darstellt.

② Bestimmen Sie für die dargestellten Regelkreise, welcher biologischen Strukturebene sie zugeordnet werden können.

③ Die negative Rückkopplung im Regelkreis ermöglicht es, Abweichungen von einem Sollwert auszugleichen. Erläutern Sie dies am Beispiel der Blutzuckerregulation.

④ Erläutern Sie, welche Strukturen es ermöglichen, dass der Glucoseabbau in Zellen reguliert wird.

⑤ Stellen Sie für die Regulation der Genaktivität ein Regelkreisschema in Form eines Blockdiagramms auf und beschriften Sie es so weit möglich.

⑥ Erläutern Sie am Beispiel der Herzschlagfrequenz die Arbeitsweise des vegetativen Nervensystems. Erklären Sie, welches Glied im Regelkreis das Herz darstellt.

⑦ Vergleicht man die Funktion biologischer Systeme mit technischen Regelsystemen, so lassen sich teilweise deutliche Parallelen feststellen. Beschreiben Sie einfache technische Regelsysteme, die Sie aus Ihrem Alltag kennen, und zeigen Sie die Gemeinsamkeiten zu biologischen Systemen.

Vegetatives Nervensystem

Das vegetative Nervensystem regelt lebenswichtige Körperfunktionen. Bei körperlicher Belastung wird die Herzfrequenz erhöht und in Ruhephasen vermindert. Bei Aktivität des Sympathicus nimmt die Herzfrequenz zu, bei Aktivität des Parasympathicus dagegen ab. Diese antagonistische Wirkung ermöglichen die unterschiedlichen Transmitterstoffe, die von den Nervenenden an das Herz abgegeben werden. Während der Sympathicus Adrenalin abgibt, gibt der Parasympathicus Acetylcholin ab.

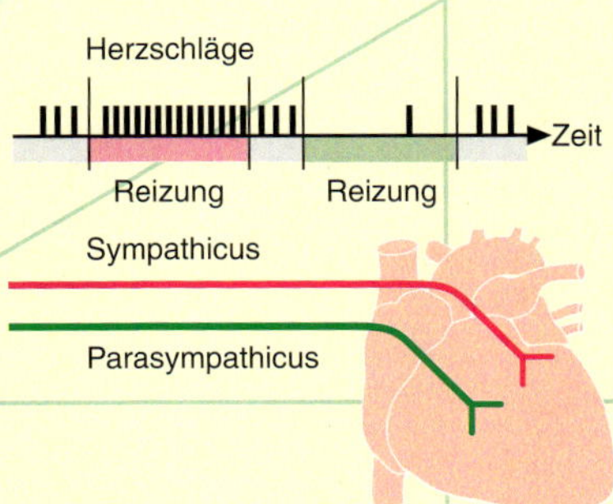

Vegetatives Nerven-system

Netz

Prinzip: Information und Kommunikation

In der Natur wird auf verschiedene Weise Information gespeichert, abgerufen und ausgetauscht. *Information* kann man als eine Mitteilung definieren, die aus einer räumlichen oder zeitlichen Folge von Signalen besteht, die beim Empfänger eine Reaktion hervorrufen können.

Die Übermittlung von Information bezeichnet man als *Kommunikation*. Sie findet sowohl zwischen Organismen als auch innerhalb eines Organismus und in der Zelle statt. Dabei werden Informationen mithilfe von Signalen von einem Sender zu einem Empfänger übermittelt. Die Information wird vom *Sender* verschlüsselt und vom *Empfänger* wieder rekonstruiert und verstanden. Zwischen Sender und Empfänger muss eine Vereinbarung über die Bedeutung der Signale bestehen. Diese Vereinbarung nennt man *Code*.

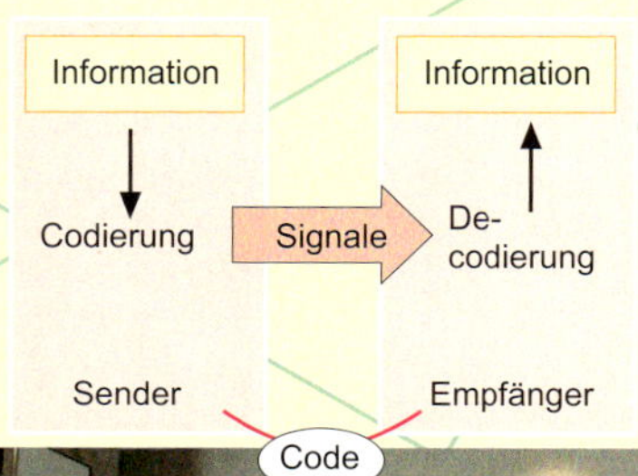

DNA

Leben ist von der stabilen und kompakten Speicherung genetischer Information abhängig. Die genetische Information des Menschen umfasst rund $3 \cdot 10^9$ Basenpaare. Als Buchstabenfolge geschrieben würde die Basensequenz etwa 2000 Bücher dieses Formats füllen.

DNA

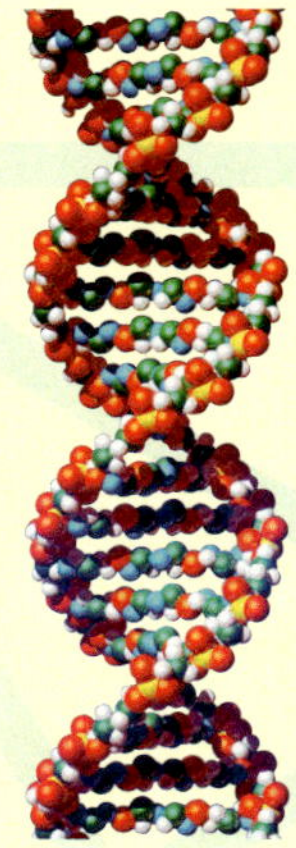

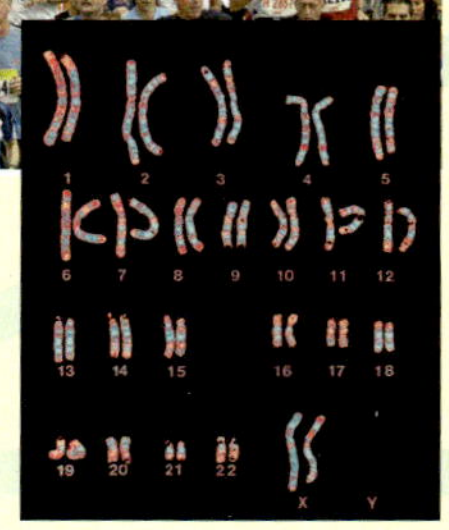

Genpool

Genpool

Der *Genpool* ist die Gesamtheit der genetischen Information einer Population. Er umfasst alle Allele der Angehörigen einer Population.

Evolutionsfaktoren wirken auf den Genpool einer *Population* ein: Mutation vergrößert den Genpool und erhöht so die Variation einer Population. *Selektion* entscheidet darüber, welche Allele in den Genpool der Folgegeneration eingebracht werden.

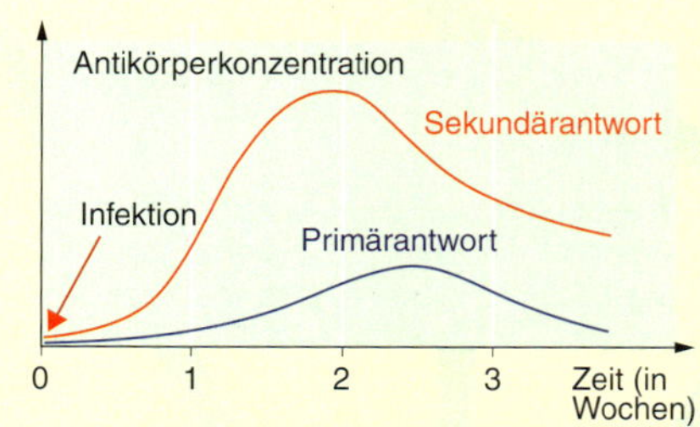

Immunität

Nach einer überstandenen Erkrankung ist man immun gegen den Erreger dieser Krankheit. Das Immunsystem speichert Information über die Antigene. Bei der ersten Immunantwort werden B- und T- Gedächtniszellen gebildet. Durch sie ist der Körper bei einem Zweitkontakt sofort in der Lage, die passenden Antikörper zu bilden.

Immunität

Gap-Junctions

Gap-Junctions

Benachbarte Zellen eines Gewebes können miteinander kommunizieren. *Gap-Junctions* sind Verbindungen, über die Zellen Ionen, Zucker, Aminosäuren und andere kleine Moleküle austauschen. Sie bestehen aus Proteinen (Connexinen), die in die Zellmembran eingebaut sind und Kanäle bilden. Ihre Bedeutung ist vielfältig. Beispielsweise ermöglichen sie im Herz die Ausbreitung der elektrischen Erregung und damit die koordinierte Kontraktion der Herzmuskelzellen. Bei manchen Tieren bilden sie im Nervensystem elektrische Synapsen und vermutlich werden über Gap-Junctions bei der Regeneration verletzter Gewebe Signalstoffe ausgetauscht, die die Zellteilung einleiten und wieder beenden.

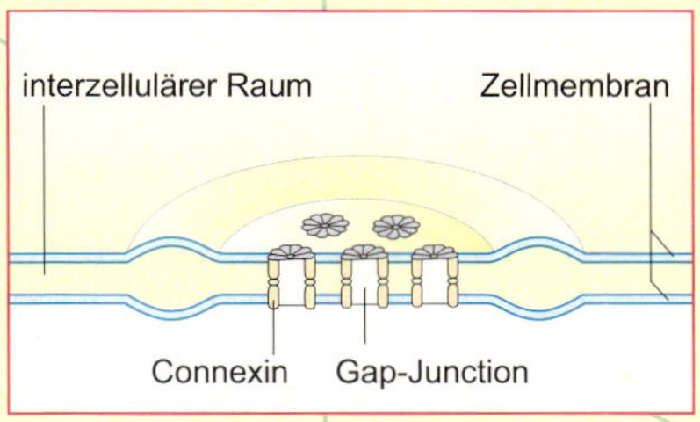

Hormonsystem

Hormone sind Signalstoffe, die der Kommunikation zwischen Organen dienen. Zwar erreichen Hormone mit dem Blutstrom alle Bereiche des Körpers, doch können nur Organe, deren Zellen die passenden Rezeptormoleküle besitzen, ein Hormon als Signalstoff empfangen. Die Decodierung dieses Signals geschieht, indem die besetzten Hormonrezeptoren spezifische Stoffwechselreaktionen der Zelle einleiten.

Hormonsystem

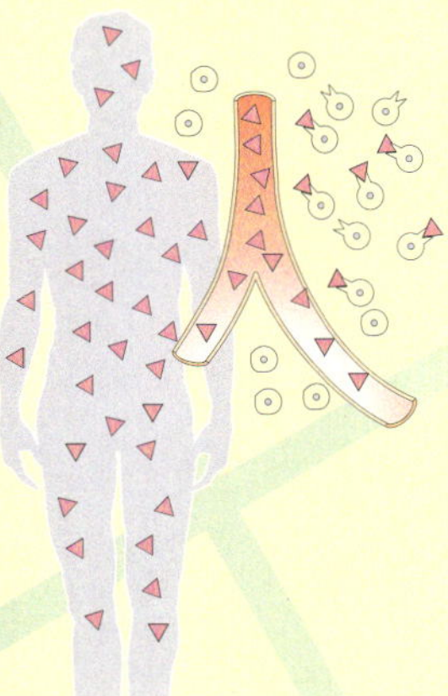

Aufgaben

① Prüfen Sie für jedes der sechs dargestellten Beispiele, ob es den Aspekt Information oder auch den Vorgang der Kommunikation repräsentiert.

② Geben Sie für diejenigen Beispiele, die Kommunikation beschreiben, den Informationsträger und die Kommunikationspartner an.

③ Kommunikation kann innerhalb einer Zelle oder zwischen Zellen, innerartlich oder zwischen Organismen verschiedener Arten erfolgen. Ordnen Sie die dargestellten Beispiele, soweit möglich, in diese Kategorien ein. Nennen Sie weitere Beispiele.

④ Vergleichen Sie die Informationsübertragung mittels Nerven- und Hormonsystem. Stellen Sie dazu in einer Tabelle Merkmale einander gegenüber.

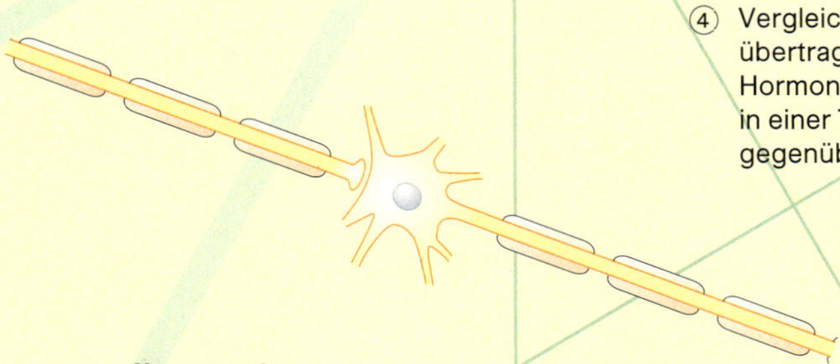

Nervensystem

Das Nervensystem dient der Kommunikation zwischen den Organen, die über Nerven miteinander verbunden sind. Bei der Übertragung wechseln sich die auftretenden Signalarten ab. Neben *Aktionspotentialen*, mit denen die Informationen schnell über weite Strecken gesendet werden, treten in Dendriten und Zellkörpern der Nervenzellen *elektrische postsynaptische Potentiale* und in den *Synapsen* chemische Signale auf. Bei jedem Wechsel der Signalart findet eine Umcodierung statt.

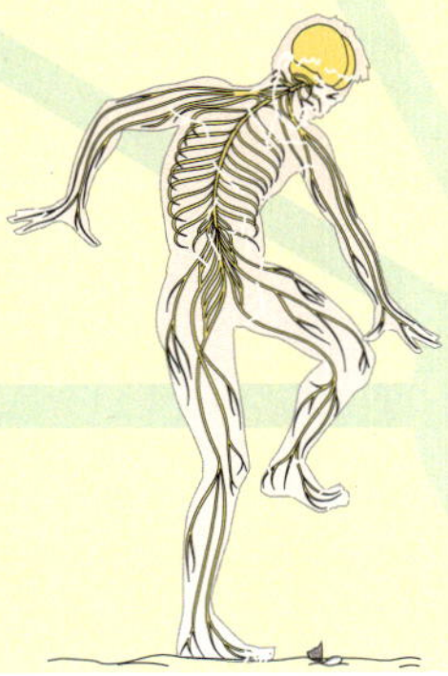

Nervensystem

⑤ Stellen Sie die verschiedenen Codierungen bei der Informationsübermittlung in Nervensystemen dar.

⑥ Zeigen Sie jeweils an Beispielen, dass Nucleinsäuren sowohl der Informationsspeicherung als auch der Informationsübertragung dienen.

⑦ Nennen Sie Medien, die vom Menschen als Informationsträger genutzt werden, und geben Sie jeweils an, in welcher Form die Information gespeichert wird.

Prinzip: Reproduktion

Lebewesen haben im Gegensatz zur unbelebten Natur die Fähigkeit zur *Reproduktion*, sie können Nachkommen hervorbringen. Leben erzeugt selbst neues Leben. Dabei werden Gene von einer Generation an die nächste weitergegeben. Bei der Weitergabe ergeben sich Möglichkeiten zur Veränderung und damit die Voraussetzung für Evolution.

Ungeschlechtliche Vermehrung

Ungeschlechtliche Vermehrung

Einzeller teilen sich, Pflanzen bilden Ausläufer, Brutknospen oder Tochterzwiebeln. Die *ungeschlechtliche Vermehrung* kommt auch bei den wirbellosen Tieren vor, z. B. bei den Nesseltieren. Bei den höheren Tieren ist sie aber äußerst selten, hier dienen Zellteilungen dem Wachstum und der Regeneration des Organismus.

Replikation

Replikation

Die Verdoppelung der DNA ist die molekulargenetische Voraussetzung für die Vermehrung von Zellen. Nach der Replikation kann bei eukaryotischen Zellen die Mitose und anschließend die Zellteilung erfolgen.

Die Replikation wird technisch in der *Polymerase-Kettenreaktion*, PCR, eingesetzt. Die vervielfältigte DNA steht dann in ausreichender Menge für weitere Untersuchungen zur Verfügung.

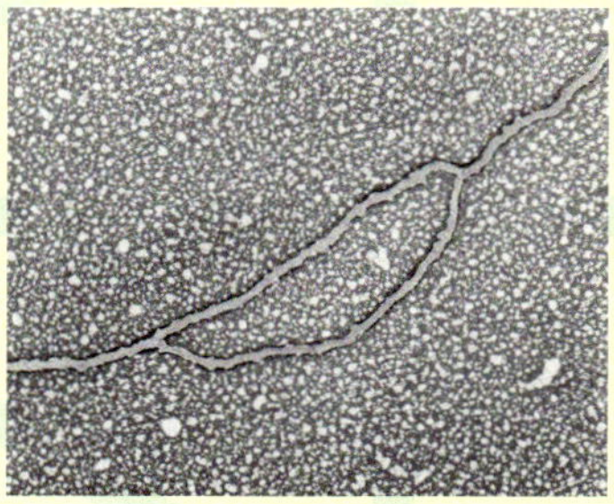

Geschlechtliche Fortpflanzung

Geschlechtliche Fortpflanzung

Bei der *sexuellen Fortpflanzung* wird eine große, stationäre, weibliche Keimzelle von einer kleinen, beweglichen männlichen Keimzelle befruchtet. Die *Sexualität* erhöht die genetische Vielfalt durch die Neukombination der Gene. Die Gene werden bei der Befruchtung durch das Zusammentreffen jeweils verschiedener Keimzellen neu zusammengestellt. Die Keimdrüsen können auf zwei verschiedene Organismen verteilt sein, die sich teilweise stark voneinander unterscheiden.

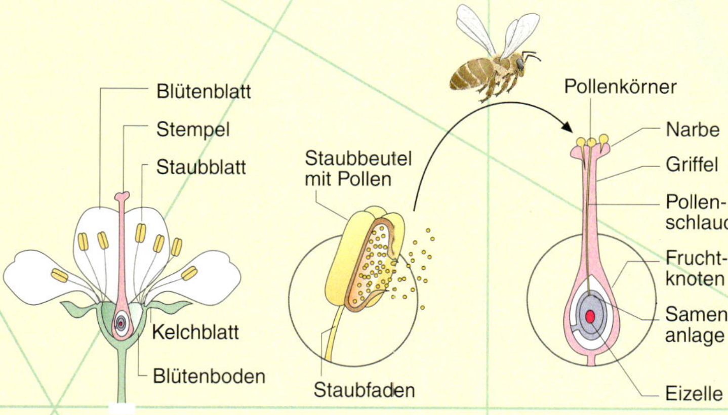

Blüte Staubblatt Stempel

Viren

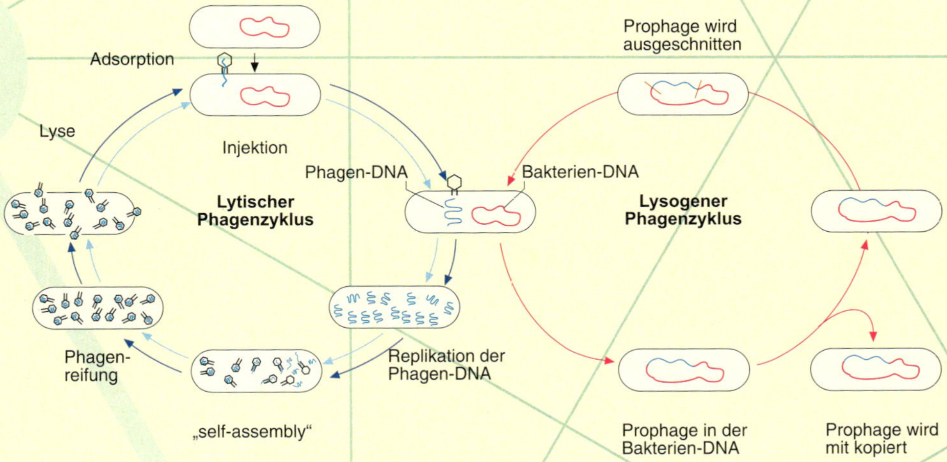

Viren

Viren nutzen die Reproduktionsmechanismen der infizierten Wirtszelle. Da sie sich nicht selbstständig vermehren können, handelt es sich nicht um Lebewesen.

Fortpflanzungsstrategien

Eltern investieren in ihren Nachwuchs, dabei verbrauchen sie Resourcen und bringen sich selbst in Gefahr. Unterschiedliche Verhaltensweisen gewährleisten einen möglichst effektiven Einsatz der begrenzten Kapazitäten.
So pflanzen sich manche Arten im Verlauf ihres Lebens zwar nur selten fort, investieren aber durch Brutpflege viel in das Überleben der Nachkommen. Andere Arten haben häufiger viele Nachkommen, investieren aber wenig in deren Überleben.

Agaven der amerikanischen Wüsten verwirklichen beide Strategien. Sie vermehren sich ungeschlechtlich durch einzelne Tochterpflanzen, die aus dem Wurzelstock entstehen. Nur in außergewöhnlich niederschlagsreichen Jahren werden Blüten gebildet, die zahlreiche Früchte hervorbringen.

Fortpflanzungsstrategien

Klonen

Durch gentechnische Veränderung von Keimzellen und Klonen greift der Mensch sogar in die natürlichen Reproduktionsmechanismen ein.
Beim *Klonen* können embryonale Zellen voneinander getrennt und zu eigenständigen Organismen herangezogen werden.
Beim Kerntransfer werden die Kerne dem gewünschten Erbgut in teilungsfähige Zellen übertragen und dann zu eigenständigen Organismen herangezogen.

Klonen

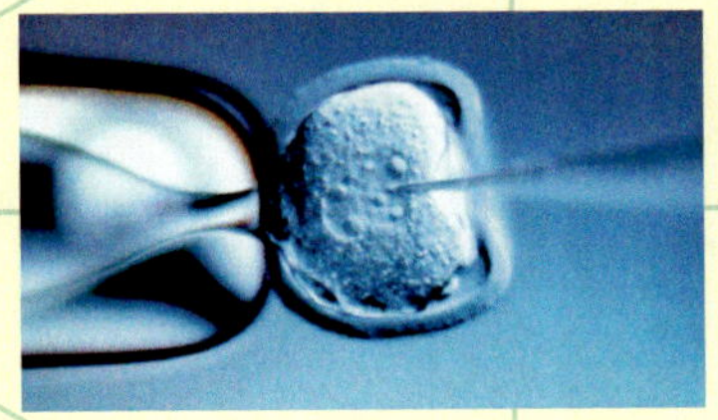

Aufgaben

① Prüfen Sie, welche der genannten Beispiele in Zusammenhang mit der Reproduktion des Menschen eine Rolle spielen.
② Grenzen Sie die Reproduktion der Viren gegenüber der Reproduktion „echter" Lebewesen ab.
③ Zeigen Sie an einem Beispiel, dass Fortpflanzung nicht automatisch Vermehrung bedeutet.
④ Vergleichen Sie die sexuelle Fortpflanzung mit der ungeschlechtlichen Vermehrung.
⑤ Erläutern Sie, inwiefern die Replikation bei den genannten Beispielen eine Rolle spielt.
⑥ Begründen Sie, warum bei der Hochleistungszüchtung von Nutztieren sexuelle Fortpflanzung unerwünscht ist.
⑦ Fitness im Sinne DARWINS wird an der Anzahl fruchtbarer Nachkommen gemessen. Erläutern Sie in diesem Zusammenhang das Beispiel der Agaven.

Netz

Prinzip: Variabilität und Angepasstheit

Auf allen Organisationsebenen des Lebendigen, von den Molekülen bis zu den Organismen, lässt sich Variabilität erkennen. Variabilität bedeutet, dass sich Individuen, Zellen, Funktionen, Strukturen oder Verhaltensweisen unterscheiden.

Variabilität ist die entscheidende Voraussetzung für Evolution. Variabilität macht es möglich, dass Organismen verschiedene Lebensräume und unterschiedliche ökologische Nischen besiedeln können.

Man spricht von *Angepasstheit*, wenn eine Struktur und die damit verbundene Funktion das Überleben eines Organismus in seiner Umwelt fördert.
Als *Anpassung* bezeichnet man den Vorgang, der im Verlauf der Evolution über lange Zeiträume und viele Generationen zum beobachtbaren Zustand der Angepasstheit führt.

Polymorphismus

Polymorphismus

In Populationen zeigen Individuen genetisch bedingt unterschiedliche Variationen ihres Phänotyps, wobei sie keine Rassen oder Unterarten darstellen. In diesem Fall spricht man von *Polymorphismus*.

Das Landkärtchen, ein Schmetterling, zeigt einem ausgeprägten *Dimorphismus*. Es bildet im Verlauf einer Saison zwei Generationen aus, deren Flügelmuster so unterschiedlich sind, dass sie früher von CARL V. LINNÉ als unterschiedliche Arten beschrieben wurden.

Modifikation

Modifikation

Organismen sind in ihren Reaktionen auf die Umwelt nicht ausschließlich genetisch festgelegt. Sie können sich vielmehr auch individuell an Umweltbedingungen anpassen. Ein Beispiel dafür ist die *Chinesische Primel*. Reinerbig rote Pflanzen blühen bei Temperaturen unter 30 °C leuchtend rot. Bei Temperaturen über 30 °C blühen genetisch identische Pflanzen dagegen weiß. Solche phänotypischen Veränderungen als Reaktion auf unterschiedliche Umweltfaktoren nennt man *Modifikationen*. Da sie nicht auf Änderungen des Genotyps beruhen, werden Modifikationen nicht vererbt.

Konvergenz

In einem Lebensraum können durch ähnliche Lebensweise bei gleichen Selektionsbedingungen, unabhängig von der Verwandtschaft der Arten, weitgehende Übereinstimmungen in der Gestalt des Körpers oder einzelner Organe entstehen. Ein bekanntes Beispiel für diese *Konvergenz* ist die stromlinienförmige Körperform schnell schwimmender Wirbeltierarten im Meer.

Konvergenz

Mutation

Mutation

Mutationen sind spontane Änderungen im Genom, die zu Veränderungen des Phänotyps führen können. Der Austausch von nur einer Base in der DNA kann bereits beträchtliche Veränderungen bewirken.

Teosinte ist eine in Mexiko beheimatete Wildmaissorte, die als Vorfahr des heutigen Kulturmais gilt. Dieser hat etwa 40 000 Gene und unterscheidet sich von Teosinte lediglich in 5 bis 6 Genen.

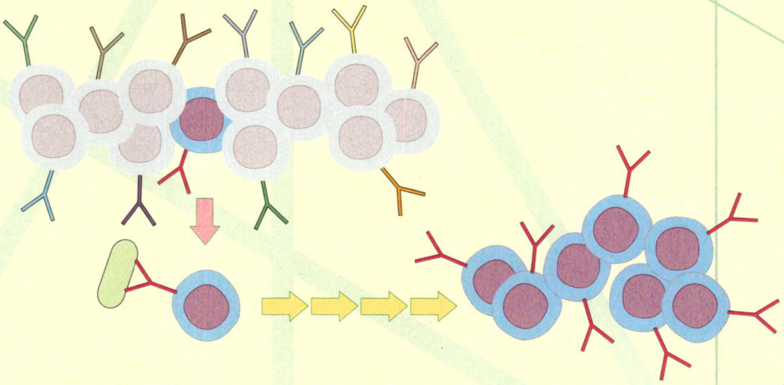

Klonselektion

Das Immunsystem stellt etwa 10 Millionen verschiedene B-Zellen her, von denen jede einen anderen Typ von *Antikörpern* bilden kann. Nur die B-Zelle, die ein Antigen erkannt hat, vermehrt sich. Die entstandenen Plasmazellen stellen dann in großen Mengen passende Antikörper her. So erfolgt eine Selektion des passenden Zellklons und eine selektive Produktion von solchen Antikörpern, die der Bekämpfung der Eindringlinge dienen.

Klonselektion

Rekombination

Bei Organismen, die sich geschlechtlich fortpflanzen, kommt es in jeder Generation zu einer Neukombination der Erbanlagen. Bei der Keimzellenbildung werden mütterliche und väterliche Chromosomen durch Meiose zufällig auf die Keimzellen verteilt. Die Anzahl der möglichen verschiedenen Keimzellen ist dabei sehr groß. Bei der Befruchtung kommt es zur Neukombination von Erbanlagen. Infolge der vielfältigen Möglichkeiten zur Neukombination des genetischen Materials, die als *Rekombination* bezeichnet wird, entstehen Nachkommen mit neu kombinierten Merkmalsausprägungen. Rekombination ist die Hauptursache der *Variabilität.*

Rekombination

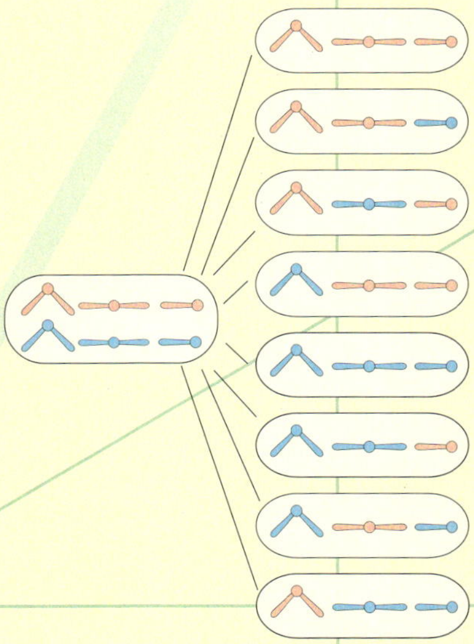

2n = 8 Urkeimzellen

Chromosomen von:
Vater
Mutter

Aufgaben

① Geben Sie für jedes der sechs Beispiele an, ob Variabilität oder Angepasstheit auf der Ebene von Molekülen, Zellen, Organen oder Organismen beschrieben wird.

② Erläutern Sie, wie Variabilität und Angepasstheit entstehen.

③ Erklären Sie, wie sich zeigen lässt, dass eine Modifikation, wie z. B. die Blütenfarbe bei chinesischen Primeln, nicht erblich ist.

④ Beschreiben Sie, auf welche Weise festgestellt werden kann, ob es sich bei den beiden Formen des Landkärtchens um zwei verschiedene Arten handelt oder nicht.

⑤ Nehmen Sie am Beispiel Konvergenz Stellung zu dem Zitat „survival of the fittest" und der Übersetzung „Überleben des Stärksten".

⑥ Erläutern Sie die Vorgänge, die Grundlage der Variabilität sind.

⑦ Erklären Sie, inwiefern Antikörper ein Beispiel für das Prinzip Variabilität und Angepasstheit sind.

⑧ Beschreiben Sie das Prinzip der Variabilität und Angepasstheit am Beispiel der Resistenzbildung von Bakterien gegen Antibiotika.

⑨ Sexualität beschleunigt die Evolution. Nehmen Sie zu dieser Aussage Stellung.

⑩ In der pharmazeutischen Forschung werden in neuen Produkten ungezielt Moleküle verändert und dann auf eine mögliche Wirksamkeit überprüft. Vergleichen Sie diese Vorgehensweise mit der biologischen Evolution.

Netz

Prinzip: Biologische Systeme

Typisch für Lebewesen ist ihre *zelluläre Organisation.* Alle Lebensvorgänge sind an Zellen gebunden, die aufgrund ihrer speziellen Strukturen zur Ausübung bestimmter Funktionen besonders geeignet sind.

Lebewesen nehmen ständig bestimmte Stoffe und Energieträger aus ihrer Umgebung auf. In ihren Zellen wandeln sie diese in andere, für sie nutzbare Energieformen um.

Energieumwandlung und zelluläre Organisation sind wesentliche Charakteristika *biologischer Systeme.* Systeme sind abgegrenzte Teile der Umwelt, deren Eigenschaften und Änderungen untersucht werden. Biologische Systeme können z. B. Zellorganellen sein, aber auch ganze Zellen, Gewebe, Organe, Organismen oder Ökosysteme. Die Leistungen eines Systems sind oft größer als die Summe der Leistungen seiner Einzelbestandteile. Oft sind Systeme wiederum Bestandteile größerer, übergeordneter Systeme.

Membranen

Membranen

Die Abbildung zeigt einen Ausschnitt aus einer *Bakterienmembran* mit einem Transmembranprotein, dem Bakteriorhodopsin. Es ist als Bändermodell dargestellt. Das Protein besteht aus sieben Untereinheiten. Es ist ein spezialisiertes Transportprotein, das als Protonenpumpe dienen kann. Im Bereich der Lipiddoppelschicht ist das Protein hydrophob. Wo es mit dem Zellplasma in Kontakt steht, ist es hydrophil.

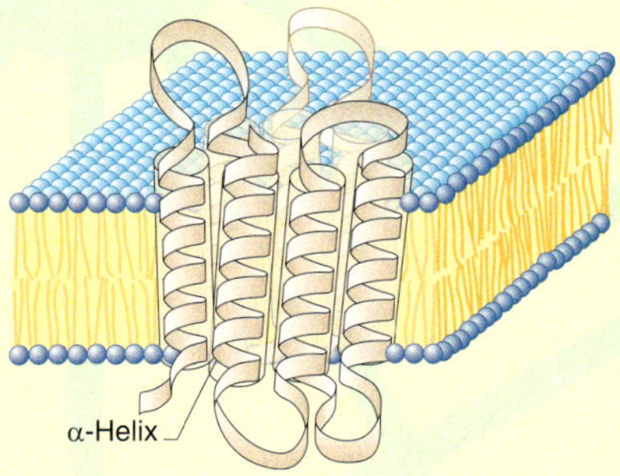

Kompartimente

Kompartimente

Jede Eukaryotenzelle ist durch Membranen in mehrere ineinander geschachtelte Reaktionsräume unterteilt. Jedes *Kompartiment* besitzt charakteristische Enzyme und nimmt besondere Aufgaben wahr. So sind z. B. Mitochondrien für die Energiegewinnung durch die Zellatmung zuständig und Chloroplasten für die Fotosynthese. Die spezialisierten Kompartimente stehen aber untereinander in Kontakt: ER, Golgi-Apparat und die Plasmamembran sind z. B. durch Abschnürungs- und Fusionsprozesse verbunden. Man spricht von Membranfluss. Endo- und Exocytose zeigen beispielhaft, wie Membranfluss Stofftransport ermöglicht.

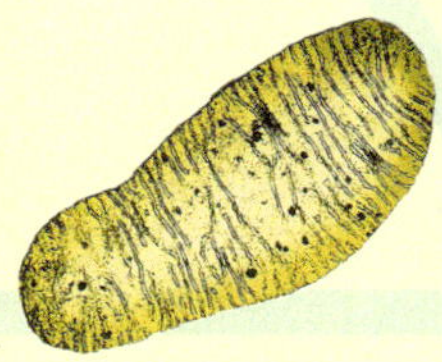

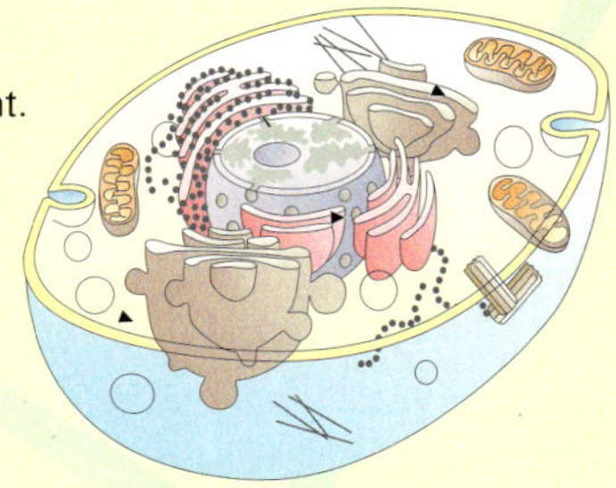

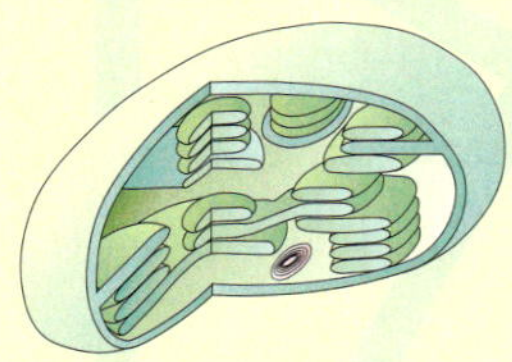

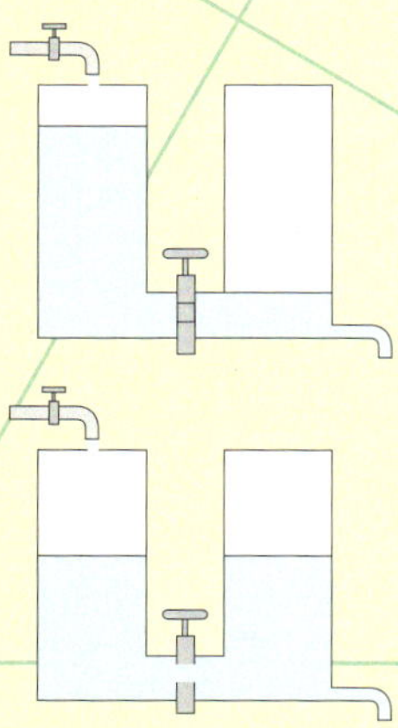

Fließgleichgewichte

Fließgleichgewichte

Fließgleichgewichte sind dadurch gekennzeichnet, dass ein bestimmtes System Stoffe und Energieträger aus der Umgebung aufnimmt, diese in seinem Inneren umwandelt, zur Aufrechterhaltung seiner Lebensvorgänge nutzt und anschließend andere für das System nicht nutzbare Stoffe und Energieträger abgibt. Langfristig gleichen sich dabei Aufnahme und Abgabe aus, das System kann einen bestehenden Zustand aufrechterhalten.

Energie schafft Ordnung

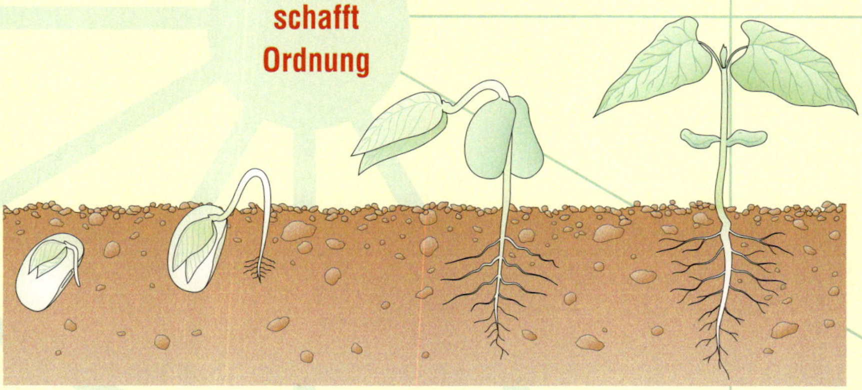

Energie schafft Ordnung

Lebende Systeme zeichnen sich durch einen hohen Grad an *Ordnung* aus: Biologisch wichtige Moleküle, z. B. Enzyme, können nur funktionieren, wenn sie eine ganz bestimmte Struktur aufweisen. Membranen schaffen in einer Zelle bestimmte Reaktionsräume, ohne die der Zellstoffwechsel zum Erliegen käme.

Derartige hoch geordnete Systeme entstehen niemals von alleine, sondern erst durch die Zufuhr von Energie. Keimt z. B. ein Pflanzensamen aus, wird die in ihm gespeicherte Energie dazu genutzt, einen hoch geordneten Pflanzenkörper zu bilden.

Energetische Kopplung

Energetische Kopplung

Viele biologische Prozesse sind ohne Energiezufuhr nicht möglich. Dazu gehören z. B. die Synthese energiereicher Stoffe wie Stärke oder Fette, das Verrichten mechanischer Arbeit durch die Muskulatur, der Stofftransport gegen ein Konzentrationsgefälle. Ermöglicht werden derartige Vorgänge durch die *energetische Kopplung*: Reaktionen, bei denen Energie frei wird, liefern über bestimmte Energieüberträger, wie z. B. ATP, die nötige Energie für den Ablauf energiebenötigender Prozesse.

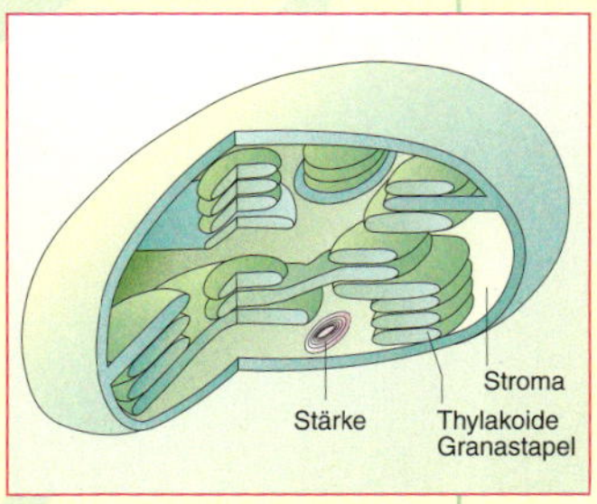

Spezialisierung

Das elektronenmikroskopische Bild zeigt einen Querschnitt durch ein Axon mit umgebende Myelinscheide. Sie besteht aus eng aneinander liegenden Membranen hoch spezialisierter Hüllzellen, die das Axon von seiner Umgebung elektrisch isolieren. Sie sind fast nur aus Phospholipiden aufgebaut und weisen keine Transmembranproteine auf. Werden diese Membranen bei der Autoimmuner-krankung *Multiple Sklerose* angegriffen, kann es zu Bewegungs- oder Wahrnehmungsstörungen kommen.

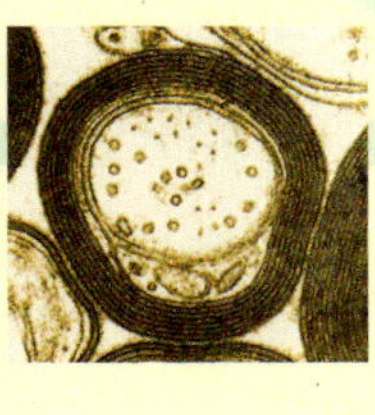

Spezialisierung

Aufgaben

① Überprüfen Sie für die beschriebenen Beispiele, inwiefern sie der zellulären Organisation, der Energieumwandlung oder dem Systembegriff zugeordnet werden können.

② Beschreiben Sie die Struktur der abgebildeten Membran. Erläutern Sie am Beispiel des Bakteriorhodopsins, inwiefern Membranen der Kompartimentierung in Systemen dienen können. Beschreiben Sie die Struktur des Proteins, gehen Sie dabei insbesondere auf die Bereiche mit hydrophilem und hydrophobem Charakter ein.

③ Erläutern Sie am Beispiel von Chloroplasten und Mitochondrien die Bedeutung der Kompartimentierung. „Die Identität eines Zellkompartiments beruht im Wesentlichen auf spezifischen Proteinbestandteilen seiner Membran." Erläutern Sie diese Aussage an diesem Beispiel.

④ Von den Membranen bis zur Biosphäre kann man eine „Einschachtelung von Kompartimenten" feststellen. Erläutern Sie dies und nennen Sie Beispiele.

⑤ Beschreiben Sie je ein Beispiel für ein Fließgleichgewicht auf molekularer, zellulärer und organismischer Ebene.

⑥ Wenn eine grüne Pflanzenzelle Fotosynthese betreibt, kann man in ihren Chloroplasten Stärkekörnern beobachten. Erläutern Sie an diesem Beispiel die energetische Kopplung, gehen Sie auch darauf ein, wie „Energie Ordnung schafft".

⑦ Erläutern Sie, warum die Membranen der Myelinscheide gute elektrische Isolatoren sind. Zeigen Sie an diesem Beispiel, warum diese Funktion nur von extrem spezialisierten Zellen wahrgenommen werden kann. Erläutern Sie, wie es bei multipler Sklerose zu den genannten Symptomen kommen kann. Eine Behandlungsmöglichkeit ist das Spritzen von Peptiden, deren Aminosäurezusammensetzung derjenigen der Membranen von Myelinscheiden ähnelt. Begründen Sie dies.

Netz

Prinzip: Wechselwirkungen

Zur Aufrechterhaltung des Gleichgewichtszustandes in Organismen sind ständige Wechselwirkungen auf allen Organisationsebenen des Lebendigen erforderlich. Sowohl zwischen den Zellen als auch zwischen Zellen und Organen ist das Zusammenspiel notwendig. Auch zwischen den Lebewesen und ihrer Umwelt und zwischen den Lebewesen in einem Ökosystem bestehen vielfältige Interaktionen.

Molekül — Zelle

Lymphocyten zirkulieren im Blut- und Lymphsystem. In den Lymphknoten treten Antigene mit den Abwehrzellen, den B-Lymphocyten, in Kontakt. Es gibt viele Millionen von B-Lymphocyten, die sich durch verschiedene Antigenrezeptoren unterscheiden. Durch die Vielzahl der B-Lymphozyten wird praktisch jedes mögliche Antigen erkannt. Besitzt die B-Zelle die passende Struktur, so nimmt sie das Antigen in ihr Zellinneres auf. Mit der Erkennung der körperfremden Struktur wird die spezifische Abwehr in Gang gesetzt.

Molekül – Zelle

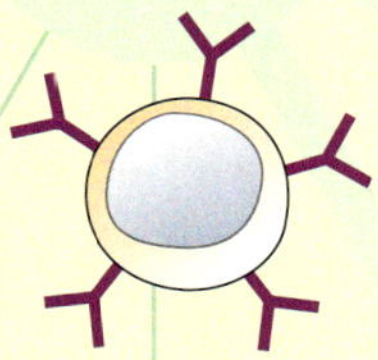

Zelle — Gewebe

Eine Organtransplantation ist in vielen Fällen die letzte Möglichkeit, das Leben eines schwer erkrankten Patienten zu retten. Besitzt das Transplantat andere Gewebeantigene als der Empfänger, so wird es von dessen T-Zellen als fremd erkannt. In der Folge kommt es zur Bildung von cytotoxischen T-Zellen (T-Killerzellen), die das fremde Gewebe angreifen und dessen Zellen lysieren. Das führt meist innerhalb von 1 bis 2 Wochen nach der Transplantation zur Abstoßung des fremden Organs.

Zelle – Gewebe

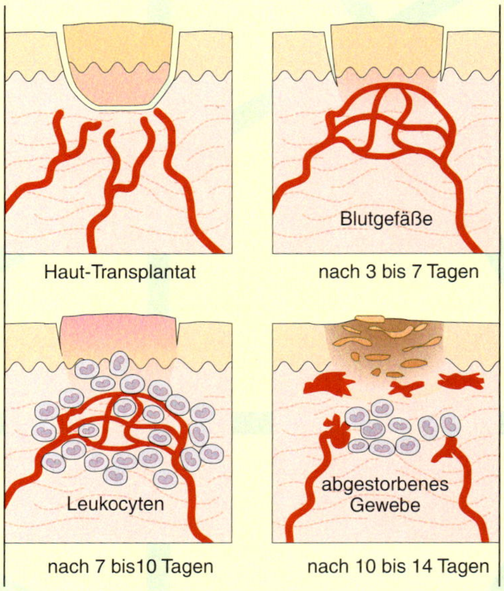

Zelle — Zelle

In der Netzhaut liegen die Lichtsinneszellen, die Stäbchen und Zapfen, direkt an den Zellen der Pigmentschicht. Einfallendes Licht wird in den Stäbchen vom Sehfarbstoff absorbiert, der daraufhin zerfällt. Er wird in die angrenzende Pigmentzelle transportiert, wo er wieder regeneriert und in das Stäbchen zurück transportiert wird. Dort kann er dann erneut Licht absorbieren.

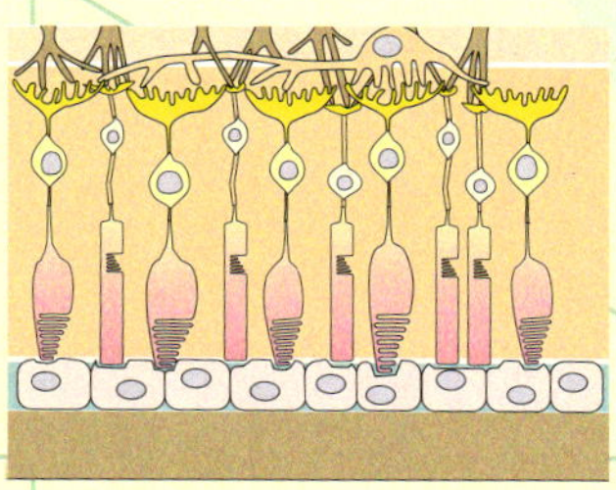

Zelle – Zelle

Koevolution

Koevolution

Bei bestimmten Leuchtkäfern der Gattung Photinus senden die Männchen während des Flugs artspezifische Folgen von Lichtblitzen aus. Die am Boden sitzenden Weibchen antworten mit einem eigenen Lichtblitz auf jedes zweite Lichtsignal des Männchens. Die Männchen erkennen diese Signale, landen bei den blinkenden Weibchen und paaren sich mit ihnen. Es gibt artfremde Weibchen, die mit genau dem selben Code den Männchen antworten. Die artfremden Weibchen haben aber nicht die Absicht sich zu paaren, sondern die landenden Männchen werden als Beute gefressen.

Sexuelle Selektion

Die Lebewesen der meisten Arten müssen einen Geschlechtspartner finden, um sich fortpflanzen zu können. Im allgemeinen sind es die Weibchen, die ihren Geschlechtspartner auswählen. Beim Männchen werden daher Merkmale durch die Selektion bevorzugt, welche die Aufmerksamkeit des Weibchens auf sich ziehen. Solche Merkmale wirken meist auch imponierend und abschreckend auf die anderen Männchen. Diese Form der Auslese wird als *sexuelle Selektion* bezeichnet.

Sexuelle Selektion

Lebewesen – Umwelt

Das Leben auf der Erde entstand vor etwa 3,5 bis 4 Milliarden Jahren. Zur Zeit der Entstehung erster prokaryotischer Zellen gab es in der Erdatmosphäre so gut wie keinen Sauerstoff. Die ersten Zellen lebten heterotroph von energiereichen Substanzen des Urmeeres, aus denen sie auf ursprüngliche Weise (Glykolyse) Energie gewannen.
Eine entscheidende Wende brachte die Entstehung von autotrophen Organismen, die vor etwa 2 Milliarden Jahren begonnen haben, mithilfe des Sonnenlichtes durch Fotosynthese energiereiche Stoffe herzustellen. Der dabei gebildete Sauerstoff war für zahlreiche urtümliche Anaerobier eine Katastrophe. Da für sie der Sauerstoff giftig war, sind die meisten ausgestorben. Diese Vorgänge führten zu einer völligen Veränderung der globalen Ökosysteme.

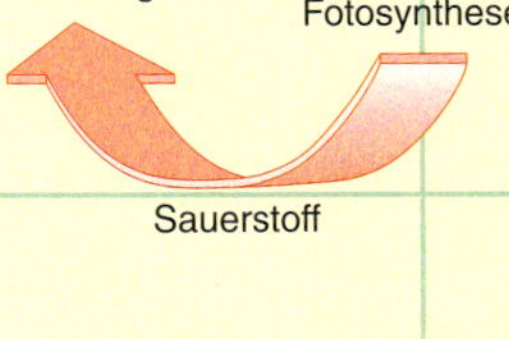

Lebewesen – Umwelt

Aufgaben

① Stellen Sie die auf dieser Seite beschriebenen Wechselwirkungen in einer Tabelle zusammen.
② Geben Sie bei den Beispielen Koevolution und sexuelle Selektion die Organisationsebenen an, zwischen denen die Wechselwirkungen stattfinden.
③ Erklären Sie, warum nur zwischen körperfremden Antigenen und B-Zellen eine Wechselwirkung erfolgt.
④ Stellen Sie die Wechselwirkung zwischen einem Stäbchen und einer Pigmentzelle grafisch dar.
⑤ Erklären Sie, auf welche Weise die Wechselwirkung zwischen T-Zellen und einem transplantierten Organ vermieden werden kann.
⑥ Beschreiben Sie, worin die Koevolution beim Beispiel der Leuchtkäfer besteht.
⑦ Erklären Sie, inwiefern die Lichtsignale des Leuchtkäfermännchens als Ergebnis sexueller Selektion gedeutet werden können.
⑧ Beurteilen Sie Wechselwirkungen der heute lebenden Menschen mit der Umwelt.

Deutsch	Englisch	Französisch
Zelle und Stoffwechsel	**Cells and Metabolism**	**Cellule et métabolisme**
Adenosin-Triphosphat	adenosine triphosphate	adénosine *f* triphosphate
Aminosäure	amino acid	acide *m* aminé
Carrier	carrier	protéine *f* de transport *m*
Deplasmolyse	deplasmolysis	déplasmolyse *f*
Diffusion	diffusion	diffusion *f*
Endocytose	endocytosis	endocytose *f*
Exocytose	exocytosis	exocytose *f*
Fließgleichgewicht	steady state	équilibre *m* dynamique
Fotosynthese	photosynthesis	photosynthèse *f*
Ionenkanal	ion channel	canal *m* ionique
Kopplung, energetische	energy coupling	liaison *f*, énergétique
Osmose	osmosis	osmose *f*
Plasmolyse	plasmolysis	plasmolyse *f*
Primärstruktur	primary structure	structure *f* primaire
Protein	protein	protéine *f*
Quartärstruktur	quarternary structure	structure *f* quaternaire
Sekundärstruktur	secondary structure	structure *f* secondaire
Stofftransport	substance transport	transport *m* de la matière *f*
System,	system	système *m*,
- abgeschlossenes	- closed	- fermé
- offenes	- open	- ouvert
Tertiärstruktur	tertiary structure	structure *f* tertiaire
Transport,	transport,	transport *m*,
- aktiver	- active	- actif
- passiver	- passive	- passif
Wasserpore	aquaporin	aquaporine *f*
Zellmembran	plasma membrane	membrane *f* cellulaire
Genetik	**Genetics**	**Génétique**
Adenin	adenine	adénine *f*
Albinismus	albinism	albinisme *m*
Alkaptonurie	alkaptonuria	alcaptonurie *f*
Allel	allele	allèle *m*
Aminoacyl-t-RNA-Synthetase	aminoacyl-tRNA synthetase	aminoacyl-ARNt-synthétase
Aminosäurebindungsstelle	amino acid binding site	site de fixation *m* de l'acide aminé *m*
Antibiotika	antibiotic	antibiotique *m*
Anticodon	anticodon	anticodon *m*
Base, komplementäre	base, complementary	base *f*, complémentaire
Basentriplett	base triplet	triplet *m* de bases
Bicoid	bicoid (gene)	bicoid
Chromatid	chromatid	chromatide *f*
Chromosom	chromosome	chromosome *m*
Codesonne	codon wheel	code *m* génétique
Codon	codon	codon *m*
Cytosin	cytosine	cytosine *f*
Deletion	deletion	délétion *f*
Desoxyribose	deoxyribose	désoxyribose *m*

Deutsch	Englisch	Französisch
Dichtegradientenzentrifugation	density gradient centrifugation	centrifugation *f* en gradient de densité
Differenzierung	differentiation	différenciation *f*
diploid	diploid	diploïde
DNA-Extraktion	DNA extraction	extraction *f* de l'ADN
DNA-Polymerase	DNA polymerase	polymérisation *f* de l'ADN
DNA-Reparatur	DNA repair	réparation *f* de l'ADN
Endonuclease	endonuclease	endonucléase *f*
Endproduktrepression	end-product inhibition	répression *f* génétique
Eukaryot	eukaryote	eucaryote *m*
Gen	gene	gène *m*
Genaktivierung	gene activation	activation *f* de gène *m*
genetischer Code	genetic code	code *m* génétique
Genexpression	gene expression	expression *f* génique
Genmutation	gene mutation	mutation *f* génétique
Genom	genome	génome *m*
Genotyp	genotype	génotype *m*
Genregulation	gene regulation	régulation *f* des gènes
Gibberellinsäure	gibberellic acid	acide *m* gibbérellique
Guanin	guanine	guanine *f*
Hämoglobin	haemoglobin	hémoglobine *f*
haploid	haploid	haploïde
Hautkrebs	skin cancer	cancer *m* de la peau
Helicase	helicase	hélicose *f*
heterozygot	heterozygous	hétérozygote
Histon	histone	histone *f*
homolog	homologous	homologue
homozygot	homozygous	homozygote
Hormon	hormone	hormone *f*
Insertion	insertion	insertion *f*
Interphase	interphase	interphase *f*
Krebs	cancer	cancer *m*
Kretinismus	cretinism	crétinisme *m*
Lactose	lactose	lactose *m*
Ligase	ligase	ligase *f*
Mangelmutant	deficiency mutant	mutant *m* déficient
Meiose	meiosis(-ses)	méiose *f*
Mendelsche Regeln	Mendelian laws	lois de Mendel *f*
Metaphase	metaphase	métaphase *f*
Minimalnährboden	minimal culture medium	milieu de culture *m* minimal
Mitose	mitosis	mitose *f*
Mondscheinkind	children of the moon	enfant de la lune (Xeroderma Pigmentosum)
Musterbildung	pattern formation	formation *f* modèle *m*
Mutagen	mutagenic agent	mutagène *m*
Mutation	mutation	mutation *f*
Neurospora	neurospora	neurospora *m*
Nitrosamin	nitrosamine	nitrosamine *f*

Deutsch	Englisch	Französisch
Nucleotid	nucleotide	nucléotide *m*
Onkogen	oncogene	oncogène *m*
Operator	operator	opérateur *m*
Operon-Modell	operon model	modèle *m* de l'opéron *m*
Phänotyp	phenotype	phénotype *m*
Phenylketonurie	phenylketonuria	phénylcétonurie *f*
Polysom	polysome	polysome *m*
Primer	primer	primer
Prokaryot	prokaryote	procaryote *m*
Promotor	promoter	promoteur *m*
Prophase	prophase	prophase *f*
Proteinbiosynthese	protein synthesis	biosynthèse *f* des protéines
Punktmutation	point mutation	mutation *f* ponctuelle
Rastermutation	frameshift mutation	décalage *m*
redundant	redundant	redondant
Regulation	regulation	régulation *f*
Regulatorgen	regulatory gene	gène *m* régulateur
Regulatorprotein	regulatory protein	protéine *f* régulatrice
Replikation, semikonservative	replication, semiconservative	réplication *f*, semiconservative
Repressorprotein	repressor protein	(protéine *f*) represseur *m*
Reproduktion	reproduction	reproduction *f*
Retinsäure	retinoic acid	acide *m* rétinoïque
Ribonucleinsäure	ribonucleic acid	acide *m* ribonucléique
Ribosom	ribosome	ribosome *m*
Riesenchromosom	giant chromosome	chromosome *m* géant
Rückkopplung	feedback	rétrocontrôle *m*
Segmentierungsgen	metameric segmentation gene	gène *m* de segmentation *f*
Sichelzellanämie	sickle cell anaemia	anémie *f* falciforme
Spleißen	splicing	épissage *m*
Startcodon	start codon	codon *m* d'initiation *f*
Stoppcodon	stop codon	codon-stop
Strang	strand	brin *m*
- codogener	- template	- codogène
- nicht codogener	- coding	- discontinu
- kontinuierlicher	- leading	- continu
- diskontinuierlicher	- lagging	
Synthese-Phase	synthesis phase	phase *f* de synthèse
Telophase	telophase	télophase *f*
Thymin	thymine	thymine *f*
Transformation	transformation	transformation *f*
Transkription	transcription	transcription *f*
Translation	translation	traduction *f*
Triplett	triplet	triplet *m*
Tumor	tumour	tumeur *f*
Tumorsuppressorgen	tumour suppressor gene	gène *m* suppreseur de tumeur *f*
UV-Strahlung	UV (ultraviolet) radiation	rayonnement *m* ultraviolet (UV)
Wachstumsfaktor	growth factor	facteur *m* de croissance *f*
Zellzyklus	cell cycle	cycle *m* cellulaire

Deutsch	Englisch	Französisch
Angewandte Biologie	**Applied biology**	**biologie appliquée**
Bandenmuster	band pattern	
Bauchspeicheldrüse	pancreas	pancréas *m*
Biotechnologie	biotechnology	biotechnologie *f*
Brustkrebs	breast cancer	cancer du sein *m*
Chorea Huntington	Huntington's disease	chorée *f* de Huntington
Chorionzottenbiopsie	chorionic villus sampling	choriocentèse *f*
DNA-Chip	DNA microarray	puce *f* à ADN f
DNA-Sequenzierung	DNA sequencing	séquençage *m* de l'ADN *f*
Elektroporation	electroporation	électroporation *f*
ELISA-Test	ELISA	ELISA *m*
embryonale Stammzelle	embryonic stem cell	cellule souche *f* embryonnaire
Embryo	embryo	embryon *m*
Embryotransfer	embryo transfer	transfert *m* embryonnaire
Gelelektrophorese	gel electrophoresis	électrophorèse *f* sur gel
Genbibliothek	gene library	banque f de gènes
genetischer Fingerabdruck	genetic fingerprint	empreinte *f* génétique
Gensonde	DNA probe	sonde *f* génétique
Gentechnik	genetic engineering	génie *m* génétique
gentechnisch veränderter Organismus	genetically modified organism	organisme *m* génétiquement modifié
Gentransfer	gene transfer	transfert *m* de gènes
Gentherapie	gene therapy	thérapie *f* génique
Geschlechtsmerkmale	sex(ual) characteristic	caractères *mpl* sexuels
Granulomatose	granuloma	granulomatose *f*
Grün fluoreszierendes Protein	green fluorescent protein	protéine *f* fluorescente verte
Insemination	insemination	insémination *f*
- heterologe	- heterologous	- hétérologue
- homologe	- homologous	- homologue
Insulin	insulin	insuline *f*
In-vitro-Fertilisation	IVF (in vitro fertilization)	fécondation *f* in vitro
Keimbahntherapie	germ line gene therapy	thérapie *f* germinale
Kerntransplantation	nuclear tranfer	transplantation *f* nucléaire
klonale Selektion	clonal selection	sélection *f* clonale
klonen	clone	cloner
Knockout-Maus	knockout mouse	souris *f* knock-out
Konjugation	conjugation	conjugaison *f*
Krebserkrankung	cancer	cancer *m*
künstliche Befruchtung	artificial fertilization	insémination *f* artificielle
Leihmutter	surrogate mother	mère *f* porteuse
Mais	maize corn	maïs *m*
Mikroinjektion	microinjection	micro-injection *f*
Plasmazelle	plasma cell	plasmocyte *m*
Plasmid	plasmid	plasmide *m*

Deutsch	Englisch	Französisch
Polymerasekettenreaktion	polymerase chain reaction (PCR)	réaction *f* en chaîne par polymérase
Präimplantationsdiagnostik (PID)	preimplantation genetic diagnosis (PGD)	diagnostic *m* préimplantatoire (DPI)
pränatale Diagnostik	prenatal diagnosis	diagnostic *m* prénatal
Proteom	proteome	protéome *m*
rekombinante DNA	recombinant DNA	ADN *m* recombinant
Reproduktionsmedizin	reproductive medicine	médecine *f* de la reproduction
Restriktionsenzym	restriction enzyme	enzyme *f* de restriction
Sojabohne	soybean	soja *m*
Somatische Gentherapie	somatic gene therapy	thérapie *f* génique somatique
Transduktion	transduction	transduction *f*
Transformation	transformation	transformation *f* génétique
transgene Zelle	transgenic cell	cellule *f* transgénique
Virus	virus	virus *m*
Immunbiologie	**Immunobiology**	**Immunologie f**
Abstoßungsreaktion	rejection reaction	réaction *f* de rejet *m*
adulte Stammzelle	adult stem cell	cellule *f* souche adulte
Allergie	allergy	allergie *f*
anaphylaktischer Schock	anaphylactic shock	choc *m* anaphylactique
Antibiotikum-Resistenz	antibiotic resistance	résistance *f* aux antibiotiques
Antigen	antigen	antigène *m*
Antigenfragment	antigen fragment	fragment *m* antigénique
Antikörper	antibody	anticorps *m*
Autoimmunerkrankung	autoimmune disease	maladie *f* auto-immune
Bakteriophage	bacteriophage	bactériophage *m*
Bakterium	bacterium	bacterie *f*
Entzündung	inflammation	inflammation *f*
Heuschnupfen	hay fever	rhume *m* des foins
Immunsystem	immune system	système *m* immunitaire
Impfstoff	vaccine	vaccin *m*
Infektionskrankheit	infectious disease	maladie *f* infectieuse
Komplementsystem	complement system	système *m* du complément *m*
Krankheitserreger	pathogen	agent *m* pathogène
Lymphsystem	lymphatic system	système *m* lymphatique
Mastzelle	mast cell	mastocyte *m*
Hauptgewebsverträglichkeitskomplex (MHC)	major histocompatibility complex (MHC)	complexe *m* majeur d‘histocompatibilité (CMH)
monoklonale Antikörper	monoclonal antibodies	anticorps *m* monoclonaux
opportunistische Infektion	opportunistic infection	maladie opportuniste *f*

Deutsch	Englisch	Französisch
Organspende	organ donation	don *m* d‘organe
T-Killerzelle	cytotoxic T cell	cellule *f* T cytotoxique
T-Suppressorzelle	suppressor T cell	lymphocyte T *m* suppresseur
T-Zell-Rezeptor	T cell receptor	récepteur *m* des cellules T
Transplantation	transplantation	greffe *f*
Neurobiologie	**Neurobiology**	**Neurobiologie** *f*
Aktionspotential	action potential	potentiel *m* d‘action
Antagonist	antagonist	antagoniste *m*
antagonistisch	antagonistic	antagonique / antagoniste
Axon	axon	axone *m*
Dendrit	dendrite	dendrite *f*
Depolarisation	depolarization	dépolarisation *f*
Drogen	drugs	drogue *f*
Elektrode	electrode	électrode *f*
Erregung	excitation	excitation *f*
Farbensehen	colour vision	vision *f* des couleurs
Frequenz	frequency	fréquence *f*
Gedächtnis	memory	mémoire *f*
Gehirn	brain	encéphale *m*
Großhirn	cerebrum	cerveau *m*
Haut	skin	peau *f*
Hormon	hormone	hormone *f*
Hormondrüse	endocrine gland	glande *f* endocrine
hormonell	hormonal (-ly, adv.)	hormonal
Information	information	information *f*
Ionengradient	ion(ic) gradient	gradient *m* ionique
Ionenkanal	ion channel	canal *m* ionique
Ionenpumpe	ion(ic) pump	pompe *f* ionique
Kalium	potassium	potassium *m*
Kommunikation	communication	communication *f*
Membranpotential	membrane potential	potentiel *m* de membrane
Muskel	muscle	muscle *m*
Natrium	sodium	sodium *m*
Nerv	nerve	nerf *m*
Nervenfaser, Neurit	nerve fibre	fibre *f* nerveuse
- marklose	- unmyelinated	- myélinisée
- markhaltige	- myelinated	- amyélinique
Nervensystem	nervous system	système *m* nerveux
- peripheres	- peripheral	- périphérique
- vegetatives	- autonomic	- végétatif
- zentrales	- central	- central
Nervenzelle, Neuron	nerve cell, neuron, neural cell	cellule *f* nerveuse, neurone *m*
- motorische	- motor	- moteur
- sensorische	- sensory	- sensoriel
Netzhaut	retina	rétine *f*
postsynaptisch	postsynaptic	postsynaptique
präysnatisch	presynaptic	présynaptique
Reflex	reflex	réflexe *m*
Regelgröße	control(ed) variable	condition *f* de contrôle *m*
Regelkreis	control loop	circuit contrôle *m*
Regulation	regulation	régulation *f*
Reiz	stimulus	stimulus *m*

Deutsch	Englisch	Französisch
- adäquater	- adequate	- adéquat
- überschwelliger	- treshold stimulus	- supraliminaire
- unterschwelliger	- sub-treshold stimulus	- subliminal
Rezeptorpotential	receptor potential	potentiel *m* de récepteur *m*
Rückenmark	spinal cord	moelle *f* épinière
Ruhepotential	resting potential	potentiel *m* de repos *m*
Schmerz	pain	douleur *f*
Sehzelle, Stäbchen	rod (cell)	bâtonnets *mpl*
Sehzelle, Zapfen	cone (cell)	cônes *mpl*
Signalumwandlung	signal conversion	
Sinn	sense	sens *m*
Sinnesorgan	sense organ	organe *m* sensoriel
Sinneszelle	sensory receptor	cellule *f* sensorielle
Synapse	synapse	synapse *f*
synaptischer Spalt	synaptic cleft	fente *f* synaptique
Transmitterstoff	transmitter substance	matière *f* de transmetteur
Zellkörper	cell body	corps *m* cellulaire
Zwischenhirn	diencephalon	diencéphale *m*
Evolution	**Evolution**	**Evolution** *f*
Abstammungstheorie	theory of evolution	théorie *f* de l'évolution f
Analogie	analogy	analogie *f*
Auslese, natürliche	selection, natural	sélection *f* naturelle
Befruchtung	fertilization	fécondation *f*
Bestäubung	pollination	pollinisation *f*
Blutkreislauf	blood circulation	circulation *f* sanguine
Deduktion	deduction	déduction *f*
Diversität	diversity	diversité *f*
Einnischung	annidation	implantation *f*
endemisch	endemic	endémique
Erbgut	genetic material	patrimoine *m* héréditaire
Fledermaus	bat	chauve-souris *f*
Flossen	fins	nageoire *f*
Fossilien	fossils	fossile *m*
Gendrift	genetic drift	dérive *f* génétique
Genpool	gene pool	pool *m* génétique
Geschlechtsdimorphismus	sexual dimorphism	dimorphisme *m* sexuel
Greiffuß	prehensile foot	pied *m* préhensible
Greifhand	prehensile hand	main *f* préhensible
Gründereffekt	founder effect	effet fondateur
Gründerpopulation	founder population	population fondatrice *f*
Hinterhauptsloch	foramen magnum	trou *m* occipital
Hypothese	hypothesis	hypothèse *f*
induktiv	inductive	inductif(-ive)
Katastrophentheorie	catastrophe theory	théorie des catastrophes
Keimesentwicklung	embryonic development	développement des germes *m*
Keimzelle	germ cell	gamète *m*
Keratin	keratin	kératine *f*
Konvergenz	convergence	convergence *f*
Kreationismus	creationism	créationnisme *m*
Kreuzung	cross	croisement *m*

Deutsch	Englisch	Französisch
Lithostratigraphie	lithostratigraphy	lithostratigraphie *f*
Meiose	meiosis(- ses)	méiose *f*
Modifikation	modification	modification *f*
Mutation	mutation	mutation *f*
Nahrungskonkurrenten	competitors for food	concurrent alimentaire
Ökosystem	ecosystem	écosystème *m*
Organ	organ	organe *m*
Population	population	population *f*
Präzipintest	precipitation test	test *m* á la précipitine
Primat	primate	primate *m*
Rasse	race	race *f*
Rekombination	recombination	recombinaison *f*
Schöpfung	creation	création *f*
Selektionsfaktor	selection factor	facteur *m* de sélection *f*
Selektionstheorie	selection theory	théorie *f* de la sélection *f* naturelle
Sichelzellanämie	sickle cell anaemia	anémie *f* falciforme
Stratigraphie	stratigraphy	stratigraphie *f*
Sukkulenz	succulence	succulence *f*
Symbiose	symbiosis, mutualism	symbiose, mutualism *f*
Variante	variant	variante *f*
Variation	variation	variation *f*
Vorfahren	ancestor	ancêtre mf
Vorhersage	prediction	prédiction *f*
Züchtung	cultivation	culture *f* / élevage *m*
Zygote	zygote	zygote *m*

Register

R

S

Bildnachweis

Fotos: Cover.1 Mauritius Images (Omikron/Photo Researchers, Inc.), Mittenwald – Cover.2 FOCUS (David Davis/Photo Researchers), Hamburg – 4. Avenue Images GmbH RF (image 100), Hamburg – 6. Mauritius Images (Zak), Mittenwald – 9.1, 2. Mauritius Images (Biology Media/Photo Researchers, Inc.), Mittenwald – 9.3 FOCUS (Edelmann/SPL), Hamburg – 12. Okapia (Biophoto/NAS), Frankfurt – 14. FOCUS (Dr Tony Brain/SPL), Hamburg – 15. FOCUS (Andrew Syred/Science Photo Library), Hamburg – 16. FOCUS (Bluestone/Science Photo Library), Hamburg – 19.1 blickwinkel (F. Hecker), Witten – 19.2 Limbrunner, Alfred, Dachau – 20.1 FOCUS (ISM), Hamburg – 20.2 Ullstein Bild GmbH (David Scharf), Berlin – 22.1a, 1b, Rd.1, Rd.2 Deutsches Museum, München – 22.2 FOCUS (Francis Leroy, Biocosmos/SPL), Hamburg – 24.1 medicalpicture, Köln – 24.2 Prof. Dr. Rita Triebskorn, Rottenburg – 24.3 Kage Mikrofotografie, Lauterstein – 25.4a, 4b Klett-Archiv (Aribert Jung), Stuttgart – 25.5 Peter Arnold images.de (Peter Arnold), Berlin – 25.6 Klett-Archiv (Ulrich Bielefeld), Stuttgart – 26.1 Okapia (Biophoto Ass./Science Source), Frankfurt – 26.2 Okapia (Castano/Overseas), Frankfurt – 26.Rd FOCUS (Sinclair Stammers), Hamburg – 27.5 Okapia (NAS/Dr. D. W. Fawcett), Frankfurt – 27.6 FOCUS (Eye of Science/SPL), Hamburg – 28.1 FOCUS (ISM), Hamburg – 28.4 Prof. Dr. Thomas Braunbeck, Heidelberg – 29.1a, 1b, 3 Prof. Dr. Hartwig Wolburg, Tübingen – 29.2 Prof. Dr. Werner Wehrmeyer, Kirchhain – 30.1, 2 Prof. Dr. Hartwig Wolburg, Tübingen – 30.3 Prof. Dr. Rita Triebskorn, Rottenburg – 31.1 FOCUS (Steve Gschmeissner/SPL), Hamburg – 31.2 Okapia (NAS), Frankfurt – 31.3 Prof. Dr. Klaus Hausmann, Berlin – 31.4 Prof. Dr. Thomas Braunbeck, Heidelberg – 32 Prof. Dr. Thomas Braunbeck, Heidelberg – 33.2, 3 Prof. Dr. Rita Triebskorn, Rottenburg – 33.4, 5 Prof. Dr. Thomas Braunbeck, Heidelberg – 35.1 aus "Wolfgang Hennig, Genetik" (S. 67), Springer Verlag, Heidelberg – 35.2, 3 Klett-Archiv (Horst Schneeweiß), Stuttgart – 36. Okapia (Kwangshin Kim/NAS), Frankfurt – 37.1 FOCUS (Andrew Syred/SPL), Hamburg – 37.2 Okapia (Klaus Rose), Frankfurt –37.Rd Klett-Archiv (Aribert Jung), Stuttgart – 38.1 Mauritius Images (Spitzkatz), Mittenwald – 38.2 Okapia (Norm Thomas/NAS), Frankfurt – 38.3 Paul von Sengbusch, Heide – 38.4 Okapia (Dr.Bradfute/P. Arnold, Inc.), Frankfurt – 41. Klett-Archiv (Claudia Dreher), Stuttgart – 42.1 Okapia (Gerard Lacz), Frankfurt – 42.2a, 2b Thomas Seilnacht, Bern – 43.1a, 1b Klett-Archiv (Nature + Science AG/Mangler), Stuttgart – 43.Rd.1 Okapia (NAS/David M. Phillips), Frankfurt – 43.Rd.2, Rd.3 Okapia (D. M. Phillips/PR Science Sc), Frankfurt – 49.1 FOCUS (Fawcett/SPL), Hamburg – 57. Okapia (NAS/Darwin Dale), Frankfurt – 62.Rd.1 Alamy Images (Oyvind Martinsen), Abingdon, Oxon – 62.Rd.2 Picture-Alliance (CMI/Picture24/Wawrzyniak, Ralf), Frankfurt – 62.Rd.3 Klett-Archiv (Guido Rotermann, Haselünne), Stuttgart – 66. Illustration by David S. Goodsell, the RCSB Protein Data Bank – 72.Rd. FOCUS (SPL, John Bavosi), Hamburg – 74.1, 2 Copyright Swiss Institute of Bioinformatics, Switzerland – 75.1 FOCUS (CNRI, Science Photo Library), Hamburg – 75.2 Klett-Archiv (Alfred Tompert), Stuttgart – 76.1 Das Fotoarchiv (Thomas Mayer), Essen – 76.2 Okapia (Hans Reinhard), Frankfurt – 77.1 Mauritius Images (Rosenfeld), Mittenwald – 77.2 StockFood GmbH, München – 78.1 Okapia (Nigel Cattlin/Holt Studios), Frankfurt – 80 Johannes Lieder, Ludwigsburg – 81.1 Okapia (Jef Meul/SAVE), Frankfurt – 81.2 Okapia (Jef Meul), Frankfurt – 81.3 Okapia (Nigel Cattlin/Holt Studios), Frankfurt – 82 FOCUS (SPL), Hamburg – 89.1 FOCUS (Dr. Gopal Murti/SPL), Hamburg – 89.2 Klett-Archiv (Claudia Dreher), Stuttgart – 90.1, 2, 3, 4, 5, 6 Johannes Lieder, Ludwigsburg – 91 Okapia (Ca. Biological/Phototake), Frankfurt – 92.Rd DSMZ - Deutsche Sammlung von Mikroorganismen und Zellkulturen GmbH – 102 FOCUS (Dr. Elena Kiseleva/SPL), Hamburg – 109 Johannes Lieder, Ludwigsburg – 111.1 FOCUS (Herman Eisenbeiss/NatureSource), Hamburg – 111.5 FOCUS (EOS), Hamburg – 113.1 Roland Frank, Stuttgart – 113.2 Johannes Lieder, Ludwigsburg – 114.1 Kage Mikrofotografie, Lauterstein – 114.2 FOCUS (Jackie Lewin, Royal Free Hospital/SPL), Hamburg – 116.1 STUDIO X images de presse (Gamma, Gaillarde Raphael), Limours – 116.Rd. FOCUS (SPL), Hamburg – 123.1 laif (Ronald Frommann), Köln – 123.2 iStockphoto (Elena Elisseeva), Calgary, Alberta – 123.3 VISUM Foto GmbH (Marc Steinmetz), Hamburg – 124. Rd. Keystone (Jochen Zick), Hamburg – 129.1 Corbis (Hulton-Deutsch Collection), Düsseldorf – 130. Klett-Archiv (Alexander Maier, Dußlingen), Stuttgart – 132.1 Ullstein Bild GmbH (CARO/Blume), Berlin – 133.Rd. Okapia (Rolf Fischer), Frankfurt – 138.Rd. Picture-Alliance (dpa/Universität Freiburg), Frankfurt – 140.Rd.1, Rd.2 WILDLIFE Bildagentur GmbH (D. Harms), Hamburg – 142.Rd. SUPERBILD (B.S.I.P.), Taufkirchen/München – 145.1 Interfoto (Science Museum/SSPL), München – 145.2 FOCUS (Olaf Ballnus), Hamburg – 146.1 Okapia (Dr.R.L. Brinster/Peter Arnold Inc.), Frankfurt – 147.4 FOCUS (Geoff Tompkinson/SPL), Hamburg – 147.5 Inter Topics GmbH (Jerome Delafosse/Witness), Hamburg – 147.6 Okapia (Rolf Fischer), Frankfurt – 148.1 Wolfgang Horsch Cartoonist, Niedernhall – 150.Rd.1 WILDLIFE Bildagentur GmbH (D.Harms), Hamburg – 150.Rd.2 Okapia (Roland Birke), Frankfurt – 152.1 Albert Bonniers Förlag AB (Lennart Nilsson), Stockholm – 153.1 Albert Bonniers Förlag AB (Lennart Nilsson), Stockholm – 153.2 Okapia (Derek Bromhall/OSF), Frankfurt – 157.1 Picture-Alliance (dpa), Frankfurt – 158.1 SUPERBILD (Phanie), Taufkirchen/München – 161.4 Fotolia LLC (Gary Hartz), New York – 162.1 Dr. Bruno P. Kremer, Wachtberg – 162.2 Okapia (Manfred & Christina Kage), Frankfurt – 164.Rd. Okapia (Manfred P. Kage), Frankfurt – 165. FOCUS (NIBSC/SPL), Hamburg – 166.1 FOCUS (EOS/Meckes), Hamburg – 169. Picture-Alliance (dpa/Pressensbild Code 007), Frankfurt – 170.1 Helga Lade (BAV), Frankfurt – 172. Rd. FOCUS (EOS/Meckes), Hamburg – 178. FOCUS (Dr. P. Marazzi/SPL), Hamburg – 179.1 Das Fotoarchiv (Klaus Rose), Essen – 179.2 FOCUS (Meckes/Ottawa/eye of science), Hamburg – 181.Rd. Corbis (Dennis Kunkel Microscopy, Inc./Visuals Unlimited), Düsseldorf – 182.Rd. Picture-Alliance (dpa/Rolf Haid), Frankfurt – 183.Rd. avatra images (stefanie sudek), Emmering – 184.1 FOCUS (Meckes/Ottawa/eye of science), Hamburg – 185.3 A1PIX, Taufkirchen – 186.1 Okapia (Norbert Lange), Frankfurt – 187. Okapia (S. Camazine/NAS), Frankfurt – 188.1 Reinhard-Tierfoto, Heiligkreuzsteinach – 190.2 Cedric S. Raine, Bronx – 191.1, 2 Johannes Lieder, Ludwigsburg – 191.3 Okapia (Manfred & Christina Kage), Frankfurt – 191.4 Johannes Lieder, Ludwigsburg – 192.1 FOCUS (Colin Cuthbert/SPL), Hamburg – 192.2 Okapia (Norbert Lange), Frankfurt – 195.1 FOCUS (Science Source/Photo Researchers), Hamburg – 195.2, 3 Klett-Archiv (Roland Frank), Stuttgart – 199. MPI- Medizinische Forschung (Bert Sakmann, Ernst Neher), Heidelberg – 204.2 Okapia (Fawcett, Friend/ScienceSou), Frankfurt – 205. Mauritius Images (Don

W. Fawcett/Photo Researchers, Inc.), Mittenwald — 206.1 FOCUS (Dr. Gary Gaugler/SPL), Hamburg — 206.2 Okapia (John Mitchell/OSF), Frankfurt — 206.3 Okapia (Ernst Schacke, Naturbild), Frankfurt — 208. Getty Images (Visuals Unlimited/Dr. Don Fawcett), München — 213.1 Johannes Lieder, Ludwigsburg — 214.1 Corbis (Photo Quest Ltd/Science Photo Library), Düsseldorf — 228.1 Okapia (Klaus Rose), Frankfurt — 228.2a, 2b, 2c FOCUS (Sovereign, ISM/SPL), Hamburg — 230.1 FOCUS (Mehau Kulyk/SPL), Hamburg — 234.1 Mauritius Images (Westend61), Mittenwald — 234.2 Mauritius Images (Nägele), Mittenwald — 236.2 National Institute on Drug Abuse (Michael J. Kuhar), Baltimore, USA — 236.Rd. FOCUS, Hamburg — 238. laif (Adam Nadel), Köln — 241.1a iStockphoto (Tarek El Sombati), Calgary, Alberta — 241.1c Prof. Jürgen Wirth, Dreieich — 241.1d Corbis (Tom & Dee Ann McCarthy), Düsseldorf — 241.1e f1 online digitale Bildagentur (PhotoAlto), Frankfurt — 241.1f all images direct (photorevolution_de), Deisenhofen — 243.2a Max-Planck-Institut für Neurobiologie (Bonhoeffer), Martinsried bei München — 243.2b Max-Planck-Institut für Neurobiologie (Bonhoeffer & Nägerl), Martinsried bei München — 243.3 FOCUS (Zanca/ISM), Hamburg — 246.1a, 1b, 1c MEV Verlag GmbH, Augsburg — 246.2 Picture-Alliance (dpa), Frankfurt — 246.3 FOCUS (Jackie Lewin, Royal Free Hospital/SPL), Hamburg — 246.4 Getty Images RF, München — 247.1 Museum für Naturkunde der Humboldt- Universität, Berlin — 247.2 Getty Images (AFP/Stringer), München — 247.3 Ullstein Bild GmbH (AISA), Berlin — 248.2 Pixelio.de (W. Klaeber), München — 248.3a Tierbildarchiv Angermayer (Rudolf Schmidt), Holzkirchen — 248.3b Klett-Archiv, Stuttgart — 249.1 Picture-Alliance (PHOTOPQR/LA PROVENCE/ LAUNETTE Florian), Frankfurt — 249.Rd.1, Rd.3 MEV Verlag GmbH, Augsburg — 249.Rd.2 Klett-Archiv (Aribert Jung), Stuttgart — 250. Fotosearch Stock Photography, Waukesha, WI — 251.2a MEV Verlag GmbH, Augsburg — 251.2b iStockphoto (RF/David Hughes), Calgary, Alberta — 251.2c Okapia (Martin Wendler), Frankfurt — 251.3a Okapia (Harald Lange), Frankfurt — 251.3b Corbis RF (RF), Düsseldorf — 252.1 Dr. Eckart Pott, Stuttgart — 252.2 Okapia (Fritz Pölking), Frankfurt — 253.Rd.1 blickwinkel (F. Pölking), Witten — 253.Rd.2, Rd.3 Okapia (Alan Root), Frankfurt — 254.1 AKG, Berlin — 255.2 Corel Corporation Deutschland, Unterschleissheim — 256.1 Deutsches Museum, München — 257.2 Fotolia LLC (Martina Berg), New York — 258.1 Corbis (Bettmann), Düsseldorf — 258.2 PIXTAL, New York NY — 258.3 Deutsches Museum, München — 258.4 FOCUS (SPL), Hamburg — 258.5 Corbis (Rick Friedman), Düsseldorf — 260.1, 2 Deutsches Museum, München — 261.2 TOPICMedia, Ottobrunn — 262. AKG, Berlin — 264.1 blickwinkel (F. Hecker), Witten — 265.3 Okapia (Roland Birke), Frankfurt — 266.1a, 1b Okapia (NAS/Michael Tweedie), Frankfurt — 266.Rd. Prof. Dr. Ulrich Kattmann, Bad Zwischenahn — 268.1 Dr. Eckart Pott, Stuttgart — 268.3 WILDLIFE Bildagentur GmbH (D. Harms), Hamburg — 269.1 FOCUS (Jack K. Clark/AGSTOCKUSA/SPL), Hamburg — 269.Rd 1 FOCUS (David Scharf/SPL), Hamburg — 269.Rd.2 FOCUS (Meckes/Ottawa/eye of science), Hamburg — 269.Rd.3 Kage Mikrofotografie, Lauterstein — 270.1 Okapia (Winfried Wisniewski), Frankfurt — 270.2 Picture-Alliance (dpa/dpaweb), Frankfurt — 274.1a, 1b Tierbildarchiv Angermayer (Rudolf Schmidt), Holzkirchen — 275.1 Tierbildarchiv Angermayer (Rudolf Schmidt), Holzkirchen — 275.2 Arco Images GmbH (K. Wothe), Lünen — 278.1 TOPICMedia (Lane), Ottobrunn — 278.2 Photoshot (NHPA), Hamburg — 279 Okapia (Hans Reinhard), Frankfurt — 280.1 Okapia (W. Kratz), Frankfurt — 280.Rd. WILDLIFE Bildagentur GmbH (P. Oxford), Hamburg — 282.1 Urwelt-Museum Hauff, Holzmaden — 282.Rd. Okapia (KHS), Frankfurt — 283.2 Corbis (Bettmann), Düsseldorf — 283.3 Fotolia LLC (yong hong), New York — 283.Rd. Landespolizeikommando für Tirol, Innsbruck (Anton Koler, Sölden — 284.1 Klett-Archiv (Robert Gegler-Tautz, Weil der Stadt), Stuttgart — 286.1 Getty Images (De Agostini), München — 287.Rd. Picture-Alliance (bifab), Frankfurt — 289.1 Reinhard-Tierfoto, Heiligkreuzsteinach — 289.2 Okapia (Dr. Frieder Sauer), Frankfurt — 289.Rd.1; 289.Rd.2 Dr. Eckart Pott, Stuttgart — 290.1a Okapia (Joe McDonald), Frankfurt — 290.1b Okapia (Michael Leach/OSF), Frankfurt — 291. Okapia (David Wrobel), Frankfurt — 292.1 Picture-Alliance (dpa/Barbara Walton), Frankfurt — 292.3 Okapia (Francois Gohier), Frankfurt — 293 laif (Claude Edelmann/Hoa-qui/Eyedea Illustration), Köln — 294.1 Senckenberg Forschungsinstitut und Naturmuseum Frankfurt (Abguss. Das Original befindet sich im Museum für Naturkunde Berlin — 294.2 FOCUS (Roger Harris/SPL), Hamburg — 294.Rd. Museum für Naturkunde der Humboldt- Universität (W. Harre), Berlin — 295.Rd. Okapia (Alan Root), Frankfurt — 296.1, 2 Reinhard-Tierfoto, Heiligkreuzsteinach — 297.1 Tierbildarchiv Angermayer, Holzkirchen — 297.2 Corbis (zefa/Poelking), Düsseldorf — 297.3 Reinhard-Tierfoto, Heiligkreuzsteinach — 300.1 Fotosearch Stock Photography (Digital Vision), Waukesha, WI — 304.1 Picture-Alliance (Uli Deck), Frankfurt — 305.3 Klett-Archiv (Klett-Archiv), Stuttgart — 306.1 Corbis (Galen Rowell), Düsseldorf — 306.4 Okapia (Kurt Amsler), Frankfurt — 306.Rd. Interfoto (Bildarchiv Hansmann), München — 307.3 Okapia (M. Hurley/Global Pictures), Frankfurt — 311.3 WILDLIFE Bildagentur GmbH (A.Shah), Hamburg — 312.1 Biosphoto (Biosphoto/Ruoso Cyril), Berlin — 314.1 The Associated Press GmbH (Pat Sullivan), Frankfurt am Main — 314.Rd.1, Rd.2 FOCUS (John Reader/SPL, Photo Researchers), Hamburg — 315.3 Alamy Images (Friedrich Saurer), Abingdon, Oxon — 316.1 Picture-Alliance (EPA/STR), Frankfurt — 316.Rd.1 AKG (Bildarchiv Steffens), Berlin — 316. Rd.2 Bridgeman Art Library Ltd., Berlin — 316.Rd.3, Rd.4 AKG (Erich Lessing), Berlin — 318.1 Klett-Archiv (Claudia Dreher), Stuttgart — 319.2 aus "Evolution des Menschen", Spektrum Akademischer Verlag, S. 67, Patricia J. Wynne — 320.1 AKG, Berlin — 320.2 Picture-Alliance (Harry Melchert), Frankfurt — 320.3 John Reader/SPL — 320.4 Imago (photo2000), Berlin — 323.1 Corbis RF, Düsseldorf — 323.2 iStockphoto (knape), Calgary, Alberta — 323.3 blickwinkel (McPHOTO), Witten — 323.4 Mauritius Images (Urs Flüeler), Mittenwald — 323.5 Getty Images (Taxi Japan/Hisayoshi Osawa), München — 323.6 Getty Images (RR/Image Bank/Sue Flood), München — 323.7 iStockphoto (Kateryna Govorushchenko), Calgary, Alberta — 323.8 Getty Images (The Image Bank/Tim Graham), München — 323.9, 10, 11, 12,13, 14, 15, 16 Bilderberg (Ernsting), Hamburg — 326.1 laif (Berthold Steinhilber), Köln — 327.3 Floss, Dr. Harald (Hilde Jensen, Institut für Ur- und Frühgeschichte), Tübingen — 327.4 Klett-Archiv, Stuttgart — 327.5 Foto: Thomas Stephan, copyright Ulmer Museum — 327.6 Corbis (Bettmann), Düsseldorf — 328.1 Fotex GmbH (westend 61), Hamburg — 328.2 FOCUS (Frans Lanting), Hamburg — 329.1 Okapia (Joe McDonald), Frankfurt — 330.1 Prof. Dr. Hartwig Wolburg, Tübingen — 330.2 Okapia (Omikron/PR Science Source), Frankfurt — 331.1 PantherMedia GmbH (Detlev B.), München — 331.2 Okapia (David B. Fleetham, OSF), Frankfurt; 331.3a; 331.3b Okapia (NAS/Dan Suzio), Frankfurt — 332.1 Okapia (K. Eward/Science Source), Frankfurt — 332.2 aus "Koolman/Röhm: Taschenatlas Biochemie des Menschen", Seite 311, Georg Thieme Verlag KG, Stuttgart — 333.1 Okapia (Fawcett, Friend/ScienceSou), Frankfurt —

334.1 Okapia (G. I. Bernard/OSF), Frankfurt — 334.2 Okapia (G. I. Bernard, OSF), Frankfurt —334.3 blickwinkel (A. Krieger), Witten — 336.1 Fotosearch Stock Photography, Waukesha, WI — 336.2 Ullstein Bild GmbH (Imagebroker.net/Michael Weber), Berlin — 336.3 FOCUS (SPL), Hamburg — 336.4 Corbis (Digital Art), Düsseldorf — 338.1 Biosphoto (Venot Jean), Berlin — 338.2 FOCUS (Dr. Gopal Murti/SPL), Hamburg — 339.1 allOver (Galerie Photo), Plourivo — 339.2 VISUM Foto GmbH (Marc Steinmetz), Hamburg — 340.1 Bildarchiv Sammer, Neuenkirchen — 340.2, 3 Juniors Bildarchiv, Ruhpolding —341.1 National Science Foundation (Nicolle Rager Fuller), Arlington — 342. Cedric S. Raine, Bronx — 345.1 Okapia (NAS/ Sidney Bahrt), Frankfurt — 345.2 SUPERBILD (H.Schmidbauer), Taufkirchen/München

Grafiken: Prof. Jürgen Wirth; Visuelle Kommunikation, Dreieich unter Mitarbeit von Matthias Balonier, Evelyn Jungqueira, Nora Wirth

Nicht in allen Fällen war es uns möglich, den Rechteinhaber der Abbildungen ausfindig zu machen. Berechtigte Ansprüche werden selbstverständlich im Rahmen der üblichen Vereinbarungen abgegolten.

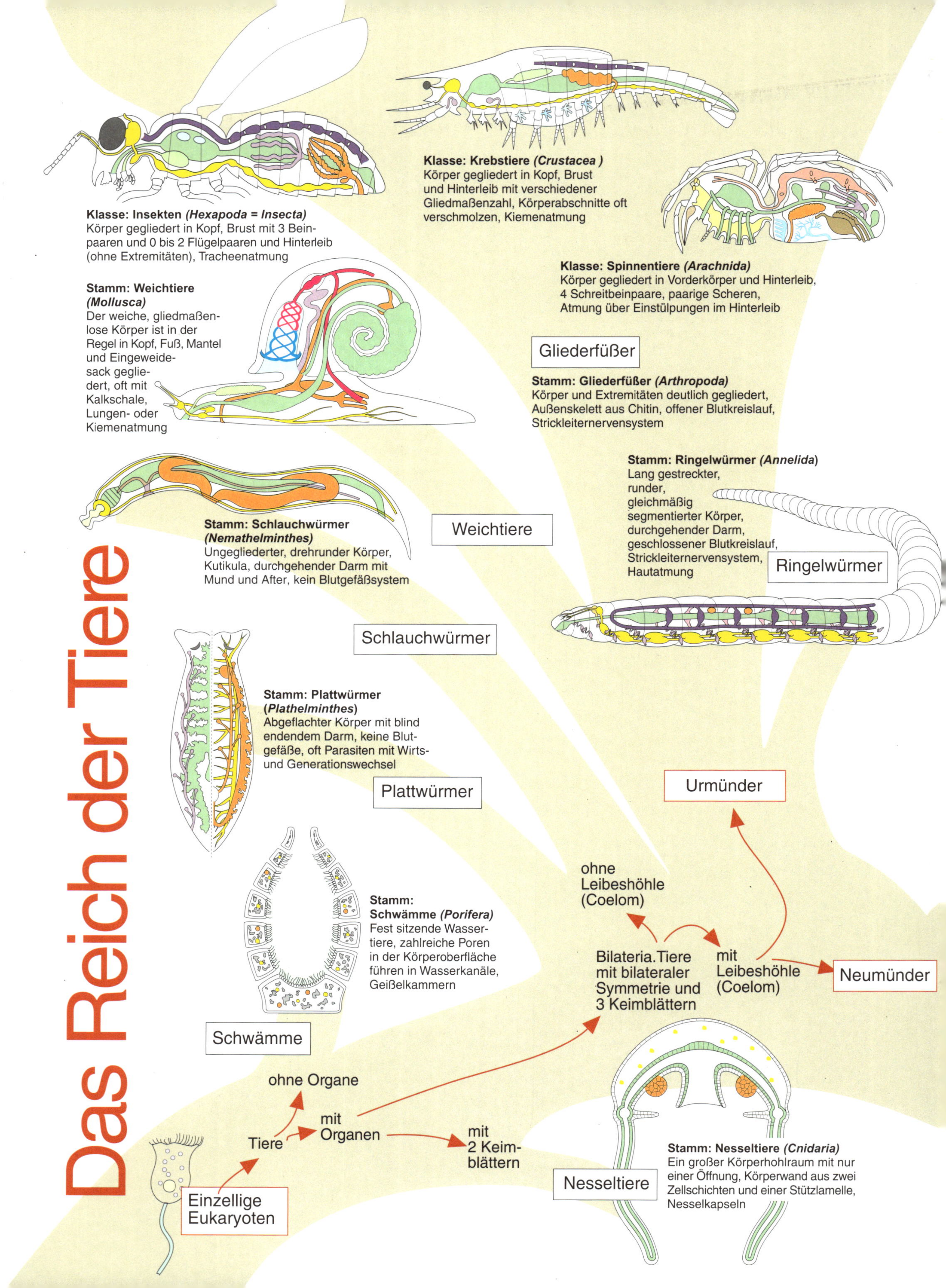
Das Reich der Tiere
Klasse: Insekten (Hexapoda = Insecta)
Körper gegliedert in Kopf, Brust mit 3 Beinpaaren und 0 bis 2 Flügelpaaren und Hinterleib (ohne Extremitäten), Tracheenatmung
Klasse: Krebstiere (Crustacea)
Körper gegliedert in Kopf, Brust und Hinterleib mit verschiedener Gliedmaßenzahl, Körperabschnitte oft verschmolzen, Kiemenatmung
Klasse: Spinnentiere (Arachnida)
Körper gegliedert in Vorderkörper und Hinterleib, 4 Schreitbeinpaare, paarige Scheren, Atmung über Einstülpungen im Hinterleib
Gliederfüßer
Stamm: Gliederfüßer (Arthropoda)
Körper und Extremitäten deutlich gegliedert, Außenskelett aus Chitin, offener Blutkreislauf, Strickleiternervensystem
Stamm: Weichtiere (Mollusca)
Der weiche, gliedmaßenlose Körper ist in der Regel in Kopf, Fuß, Mantel und Eingeweidesack gegliedert, oft mit Kalkschale, Lungen- oder Kiemenatmung
Weichtiere
Stamm: Ringelwürmer (Annelida)
Lang gestreckter, runder, gleichmäßig segmentierter Körper, durchgehender Darm, geschlossener Blutkreislauf, Strickleiternervensystem, Hautatmung
Ringelwürmer
Stamm: Schlauchwürmer (Nemathelminthes)
Ungegliederter, drehrunder Körper, Kutikula, durchgehender Darm mit Mund und After, kein Blutgefäßsystem
Schlauchwürmer
Stamm: Plattwürmer (Plathelminthes)
Abgeflachter Körper mit blind endendem Darm, keine Blutgefäße, oft Parasiten mit Wirts- und Generationswechsel
Plattwürmer
Urmünder
ohne Leibeshöhle (Coelom)
Stamm: Schwämme (Porifera)
Fest sitzende Wassertiere, zahlreiche Poren in der Körperoberfläche führen in Wasserkanäle, Geißelkammern
Bilateria.Tiere mit bilateraler Symmetrie und 3 Keimblättern
mit Leibeshöhle (Coelom)
Neumünder
Schwämme
ohne Organe
Tiere
mit Organen
mit 2 Keimblättern
Einzellige Eukaryoten
Nesseltiere
Stamm: Nesseltiere (Cnidaria)
Ein großer Körperhohlraum mit nur einer Öffnung, Körperwand aus zwei Zellschichten und einer Stützlamelle, Nesselkapseln